Microsoft Office SharePoint Server 2007 管理大全

屠立刚　吴翠凤　著

電子工業出版社
Publishing House of Electronics Industry
北京•BEIJING

内 容 简 介

本书内容为台湾精诚资讯股份有限公司-悦知文化出版的《Microsoft Office SharePoint Server 2007 新一代企业 Web 解决方案（第 1 集）》与《Microsoft Office SharePoint Server 2007 新一代企业表单与内容管理（第 2 集）》的合集，主要讲解 Microsoft Office SharePoint Server（MOSS）在企业信息化建设中的应用。本书重点介绍了如何建立 MOSS 2007 系统环境与基本网站环境，并且对于基本信息的建立和操作、访问权限做了详细说明。在此基础上，作者阐述了 MOSS 2007 系统中的三大重要基本应用（工作流、Excel 计算服务和搜索）的基本架构及使用，为企业网站管理提供了新的解决方案。在书中作者还通过丰富的案例设计，介绍了 MOSS 2007 中的文件管理与应用，详细说明了各项组件库中的文档库内容、文件库内容的应用，以及如何对文件内容类型进行设计与管理。特别的，对于网站中经常使用的搜索功能，本书中特意用两章进行讲解，并探讨高级搜索，对不同的文件类型都能进行全文检索。

版权贸易合同登记号　图字：01-2007-5716

图书在版编目（CIP）数据

Microsoft Office SharePoint Server 2007 管理大全 / 屠立刚，吴翠凤著. —北京：电子工业出版社，2008.9
ISBN 978-7-121-07307-6

I. M… II. ①屠… ②吴… III. 企业管理－应用软件，Microsoft Office SharePoint Server 2007
IV. TP393.092/F270.7

中国版本图书馆 CIP 数据核字（2008）第 133640 号

责任编辑：许　艳
印　　刷：北京天宇星印刷厂
装　　订：三河市鹏成印业有限公司
出版发行：电子工业出版社
　　　　　北京市海淀区万寿路 173 信箱　邮编 100036
开　　本：850×1168　1/16　　印张：46.5　　字数：1373.6 千字
印　　次：2008 年 9 月第 1 次印刷
定　　价：118.00 元

凡所购买电子工业出版社图书有缺损问题，请向购买书店调换。若书店售缺，请与本社发行部联系，联系及邮购电话：（010）88254888。

质量投诉请发邮件至 zlts@phei.com.cn，盗版侵权举报请发邮件至 dbqq@phei.com.cn。

服务热线：（010）88258888。

推荐序一

被微软定位为未来信息工作者协同工作基础的Microsoft Office SharePoint Server 2007，除了强化与前端Office应用程序的整合之外，更新增了包括RSS、AJAX、Wiki、Blog与Social Network等Web 2.0相关技术，藉此以协助身处于当今被抹平的世界中的多点组织与经营团队，通过企业信息化解决方案及网络环境，串联各地专业人员和商业信息，藉由分享的态度与观点，以开创无限可能之商机。

当世界变成平的，对企业而言，如何有效地评估及进行IT建设投资，应用新技术再造流程，进而强化组织的统一与运筹，将成为致胜的关键竞争力。为消弭企业内、外部疆界，Microsoft Office SharePoint Server 2007首度提出7大主轴服务，完整涵盖了：信息化网站平台服务、协同工作、入口、搜索、内容管理、商业流程以及商业智能，宛如架构稳固城邦之基础建设，通过与Office中Word、Excel、Access、InfoPath等软件的整合，即可创造出一个沟通无碍的平台，让企业在面对虚拟化和全球化的挑战时，能妥善活络Web的优势，提升系统运作性能，以务实地满足企业多元化之应用需求。

“分享”是Microsoft Office SharePoint Server 2007的设计精神，这不仅止于商业思维，放诸人生，分享也是最高贵的价值。基于分享，两位作者屠立刚、吴翠凤多年来致力于信息科技的研究，并将其经验藉由教育推广工作传承给更多的学习者，其专业地位不需言谕。如同作者在其序文所说，对SharePoint Server的探究已历经许多版本，终于在Microsoft Office SharePoint Server 2007将多年的心得整理成册发表，很乐于见到这样一本内容扎实的工具书出版，并由衷地推荐给所有的信息工作者，期望能藉由本书协助您与企业融入Microsoft Office SharePoint Server 2007所建构的美好愿景。

台湾微软信息工作者事业部

副总经理　黄文德

Eric Huang

推荐序二

知识经济时代，知识工作者的工作模式与信息息息相关，而知识工作者之间的信息整合管理变成一个难解的问题。针对这个问题，微软推出一个崭新的产品来协助企业进行信息整合管理，协同信息工作者的工作，这个产品就是 Microsoft Office SharePoint Server 2007。这个产品既可以提供完整的 Web 解决方案，同时又可以与 Microsoft Office 前端完美结合，方便地为企业打造一个协同工作的平台，简化工作流程及文件管理，同时又能加强商业智慧控管，藉此能降低企业协同作业的沟通成本，提升知识工作者的生产力。

随着竞争的日趋激烈，营运流程也因而随时须动态调整以适应顾客的需求，然而，流程的改变不是说得到就容易做得到的事，企业复杂的信息系统环境，未必能跟得上企业流程改变的脚步；同时人员协同运作的需求也愈来愈大，此时，应用 Web 2.0 的机制恰可让企业将分散在各地的数据、人员串联起来，以满足企业的"统合通讯（Unified Communication）"战略。微软 SharePoint Server 2007 便因应这样的需求而生，在 SharePoint Server 2007 中，微软增加了许多对 Web 2.0 的技术支持，且提供易于使用的应用程序整合套件，让企业可以对传统的信息分散、独力完成的工作模式做革命性的转变，快速对市场做出反应，因此，任何仰赖知识工作者以创造价值的的企业环境，都应该会对 SharePoint Server 2007 有所依赖。

本书两位作者在信息领域已经浸淫十数年，对于微软产品的研究可说非常深入，他们两位经常为微软技术代言，此外，也具备多年的授课经验，是难得的技术与表达能力兼具的人才，此次利用余暇编撰本书，缘因于他们对技术推广的强烈热情，相信由他们执笔撰写本书，应该会很容易让读者对 Microsoft Office SharePoint Server 2007 有深入的了解。写书是一件孤独的事，本书的定稿，相信对于读者与作者而言，均是一件美事。

精诚信息知识产品事业部
资深处长　张智凯
Richard Chang

序一

自从微软发布了 SharePoint 产品之后，我们一直对它很感兴趣并有所期待，最喜欢的就是 SharePoint 这个词，它可以翻译成“共同观点”，也可以翻译成“共享观点”，还可以翻译成“共享优点”。总之，在技术领域中，我们最喜欢的就是能与大家分享我们的 SharePoint。

SharePoint 在一开始出现于 Exchange 系统的 Team Folder 中，后来渐渐转向 SQL 数据库系统的访问。访问界面也从原本附属在 Exchange 共享文件夹中，转向独立的网站网页访问环境，逐渐也有了自己独立的风貌。

我们对 SharePoint 的欣赏是从 Windows SharePoint Server 2.0（简称 WSS 2.0）开始的，我觉得微软最了不起的地方在于将 WSS 2.0 免费地附属于 Windows Server 2003 产品中，让许多系统用户或开发人员可以有一个网站，而且在 Windows Server 基础环境下就可以免费享用或开发这个信息平台、甚至是信息化的网站平台。当然，WSS 2.0 所提供的是一个基础信息平台，所以，微软为了将此平台延伸扩展到企业的信息化应用环境，也推出了以 WSS 2.0 为基础而扩展出来的 SharePoint Portal Server 2003（SPP 2003），这同时也奠定了微软在提供企业信息化应用系统的架构。

在 WSS 2.0 发表一年后，有一天我们去逛书店，询问有没有介绍 WSS 2.0 相关的中文书籍，发现竟然一本都没有。于是，这激发了笔者动笔写书的念头，但由于笔者还有许多其他方面的研究工作，以至于针对 WSS 2.0 所撰写的内容非常零散，当然也谈不上可以集结成书，直到 Windows SharePoint Server 3.0（简称 WSS 3.0）的出现。

WSS 3.0 的出现对我们来说，又是另一个惊喜，笔者看到了微软对 SharePoint 产品的用心。微软重新将 WSS 3.0 定位在企业信息化平台的基础架构上，调整并构建新的 SharePoint 基础环境，并将 WSS 3.0 架构在.NET Framework 3.0 上，由基础架构来支持企业信息化的基础平台。而最令人赞赏的是 WSS 3.0 的使用沿袭了 WSS 2.0 的惯例，只要拥有 Windows Server 2003 服务器操作系统就可以享用 WSS 3.0 的环境。

接下来 Microsoft Office SharePoint Server 2007（简称 MOSS 2007）的推出更是让笔者惊讶了，因为 MOSS 2007 将 WSS 3.0 的基础架构发挥得淋漓尽致（当然也埋藏了许多的伏笔），让笔者不得不静下心来认真撰写 MOSS 2007 的相关书籍。

在撰写 MOSS 2007 的时候，有许多人问笔者，为什么不写 WSS 3.0 而要写 MOSS 2007 呢？笔者觉得其实这只是观点不同而已，MOSS 2007 是以 WSS 3.0 为基础所发展出来的企业信息化应用平台，所涵盖的功能与应用当然也就包含了 WSS 3.0。但最主要的是 MOSS 2007 发展出了许多 WSS 3.0 所没有的功能，这些功能能够更加方便快速地提供企业信息化的应用。所以笔者当然要挑 MOSS 2007 来写啰！换句话说，您学会了 MOSS 2007 的系统也就同时学会了 WSS 3.0！

由于 MOSS 2007 的内容与应用非常多，说实话，想要在一本书里写完，基本上是比较困难的。但笔者希望能够详细地来介绍系统的内容，好让读者能轻松地阅读和学习，因此在篇幅上势必会非常多，于是笔者决定采用第 1 集、第 2 集……这种连载的方式推出，直到读者觉得谈完为止。所以笔者非常需要您的鼓励和支持，让我们有继续写下去的动力，也让您可以通过本书更轻松地完成您想要的企业信息化平台设置环境。最后，再次感谢您的支持！谢谢！

屠立刚 | 吴翠凤

序二

承蒙读者对《Microsoft Office SharePoint Server 2007 新一代企业 Web 解决方案（第 1 集）》的爱护与支持，让笔者有信心推出本书（第 2 集），希望读者继续对我们支持、批评与指教。本书延续第 1 集为基础的技术知识、架构与范例，继续延伸讨论、说明 MOSS 2007 中的技术内容与应用。

在第 1 集中，我们的重点是放在介绍如何建立 MOSS 2007 系统环境与基本网站环境，对于基本信息的创建与操作、访问权限管理做了详细说明，建立您对 MOSS 2007 系统管理基础的能力，最后我们分别又介绍、说明了在 MOSS 2007 系统中的三大重要应用基础技术知识，包括了工作流、Excel 计算服务与搜索的基本架构与使用，最后由于篇幅的关系，只能将想要告诉您的技术知识与内容先告一个段落。说老实话，笔者巴不得一口气把 MOSS 2007 的技术内容全部告诉读者您，可是在此也不得不说，MOSS 2007 系统实在是一项不可多得的信息管理跨世代系统，所要说明、讲解的内容非常多，从系统配置、基础应用到系统设计、高级定制应用、系统管理到信息系统的开发、整合工作流平台、整合企业信息系统高级应用等，都是需要详细说明的内容，而 MOSS 2007 本身又是配置在 Web 平台架构下，引进的也都是目前最新的 Web 技术，例如目前网页处理中非常流行的 AJAX 处理方式，就大量应用在 MOSS 2007 的系统环境中，所以非得分成多集才能让笔者详细地写给您看，让您看完之后，就可以明白、了解 MOSS 2007 系统的优点与用途，进而可以直接应用在企业环境下，发挥其信息应用效果。所以读者一定要继续支持我们喔！帮我们加油、打气！让我们可以有继续的原动力。

在本集（第 2 集）中，延续第 1 集范例与架构，往下开始详细地探讨各信息环境下需要使用到的组件库。组件库是文档库与列表库的总称，在 MOSS 2007 下提供了多种不同的组件库，除了一些特殊应用的组件库与网页类型的组件库安排在后面续集说明外，本书将详细说明各项文档库与列表库的使用与应用。此外，在说明完各项的文档库与列表库后，最重要的就是文件信息的内容类型，内容类型是 MOSS 2007 信息应用定义的主轴，了解内容类型的信息应用就了解了 MOSS 2007 系统是如何来管理、设计、配置信息处理的架构的。

而在本集中还有一个非常重点的主轴，就是详谈“表单（Form）”在 MOSS 2007 系统的应用处理。笔者发现许多有关英文书籍在谈到 MOSS 2007 表单处理时，都非常简略（或者我应该讲非常精要吧！），这种精要的程度，对大部分学习 MOSS 2007 系统的表单处理的读者来说是一个非常大的致命伤！因为看不懂！既没有前面的表单基础概念，也没有后面的表单应用方式，就讲了个表单怎么发布，然后就结束了！我们相信这对大部分的读者来说，通常都会有两种感觉，一种就是这个表单操作没什么重要的！另一种就是，啊！这到底用在哪里啊！

您可知道在 MOSS 2007 系统中，几乎所有包含输入、选择字段的设置页面，都是用表单方式做出来的，您说 MOSS 2007 的表单操作重不重要呢？所以，笔者为了为您打开一扇善用表单来发展 MOSS 2007 信息系统的窗户，特别花了较大的篇幅，详细说明表单操作的处理程序、设计概念与应用方式，所以有许多有关 MOSS 2007 表单操作的精要也都在其中喔！值得您详细地阅读与学习。

还有，由于 MOSS 2007 系统中所提供的搜索操作，涵盖的内容非常广泛，所以在本集最后一章继续来为您深入探讨搜索操作的应用，包括了如何创建不同文件类别的搜索，例如 PDF、JPG、XPS 等的文件格式，让您的搜索操作可以针对各种不同的文件类型都能进行全文检索，除此之外，笔者更花了很大的工夫来说明连英文书籍中都没有详细谈到的中继属性架构与应用，这可是许多研究 MOSS 2007 系统的专家都不一定弄得清楚的地方喔！非常值得您研究。另外，更进一步地告诉您如何定制高级的搜索操作，可以让您将搜索发挥得更好、应用得更广泛。

最后，如果您是从第 1 集延续过来的读者，将会发现笔者撰写这些书籍的用心，其说明的架构与方法与其他使用参考功能方式说明的书籍完全不同，您可以随着本书说明的进度来循序渐进地学习与了解 MOSS 2007 系统。如果您没有购买第 1 集，建议您可以一起购买，才会有完整的学习途径，好的书要您的支持与帮忙，多给我们鼓励、多给我们打气、多与朋友分享我们的用心，让本书能够分享给更多的读者，让我们有持续的动力为您完成完整的说明。再次感谢您的支持！

屠立刚 | 吴翠凤

导读

Microsoft Office SharePoint Server 2007（简称 MOSS 2007）是微软提出信息化平台解决方案中相当重要的里程碑，因为从这个版本开始，才算是微软在网站型的企业信息访问上提出了完整的解决方案架构。这个架构从网站基础架构到网站应用架构上都显示了新的成熟技术。

要谈 MOSS 2007 系统，还是要先谈信息化的发展。因特网的信息应用在 2000 年之后发展非常迅速，由于不受地域边界限制与访问方便的特性，许多企业提出希望通过网站环境来访问企业的相关信息，于是就有许多 ERP、CRM 等系统，通过网站服务器端的程序开发（ASP、PHP、Java Servlet）来完成这些信息化系统。除此之外，在 ISP 所提供的网站服务中，也开始发展个人信息访问的环境，例如：博客就是在这样的情况下发展起来的。

但是，这样的信息化系统在开发上碰到了许多困难，从应用面到系统面都产生了许多新的问题，例如：系统交互的访问、数据上传下载、人性化界面的处理、网站系统访问的性能、分散环境的访问、网站内容的发布……这些问题都在实实在在地考验网站程序的开发者。

为了解决以上这些问题，微软在 Windows 2003 服务器上市之后，将原本的 SharePoint Team Services（WSS 1.0）改良，重新提出了 Windows SharePoint Server 2.0（简称 WSS 2.0）的服务系统，并将 Windows Server 2003 操作系统附加在网站环境下，用来提供信息化访问的基础环境。但是由于当时还有许多网站访问处理技术都还在发展中，每项不同的技术都散落在各种不同的系统上，彼此之间也没有整合在一起，所以虽然 Windows SharePoint Server 2.0 提供了一个非常方便的信息化访问环境，但由于本身还是架构在特殊的应用程序环境中，导致网站开发者在使用此环境来开发定制的信息化系统时变得非常困难。另外，当时由于 WSS 也只提供一台服务器的网站环境，所以一旦面临因特网大量访问，就无法解决系统性能与访问同步的窘境，于是微软为了让 Windows SharePoint Services 能够支持大型网站分散均衡负载能力的处理，便以 Windows SharePoint Services 为基础发展了 SharePoint Portal Server 2003 系统，提供大型企业门户网站的信息化应用系统环境。

但由于这些系统环境是在较旧式环境下所发展出来的应用环境，对于网站开发者而言，还是面临着开发困难的问题。除此之外，在新技术不断被开发应用的状况下，旧有的网站应用环境其实已经到了一个开发延伸上的瓶颈（例如：Web 2.0 的网站访问技术）。

微软为了能够确切提供一个良好的信息化平台应用系统环境，展开了网站技术架构整体的规划与开发，希望提供一个从基础框架一直到应用系统环境都能够有的具体性的整体环境以及应用开发环境，而 MOSS 2007 系统就是在这样的情形下所开发出的信息化整体系统服务。所以，与其说 MOSS 2007 是一套网站应用系统，还不如说它是新一代网站技术开发的系统平台，这也就是为什么我们在前面讲到 MOSS 2007 是微软在信息化平台解决方案中的一个相当重要的里程碑。

由于 MOSS 2007 是在微软新一代网站技术系统环境下所提出的信息化网站应用系统服务，所以此服务的底层便需要有许多新的基础架构来支持才可以提供 MOSS 2007 系统的运作，这些底层包括了 Microsoft .NET Framework 2.0、Microsoft .NET Framework 3.0、Windows SharePoint Server 3.0 的环境。

许多人从 Windows SharePoint Services 2.0 开始就常常会问， Windows SharePoint Services 2.0 与 SharePoint Portal Server 2003 有什么不一样？到现在还是有许多人问我们 Windows SharePoint Services 3.0 与 Microsoft Office SharePoint Server 2007 有什么不一样？难道不能只使用 Windows SharePoint 2.0 或 Windows SharePoint 3.0 吗？

其实这个答案我们在前面已经回答了，不管是 Windows SharePoint Services 2.0 或是现在的 Windows

SharePoint Services 3.0，都是微软在网站技术环境下所提供的信息化系统的基础环境，它是以服务器为单位的基础应用系统，提供了基本的网站应用架构与服务，可以用在开发环境或小型企业的信息化应用系统环境，但是如果要提供高性能的门户网站、分散平衡负载的需求，让网站应用系统服务可以有效地扩张其处理能力，则必须使用 SharePoint Portal Server 2003 或是 Microsoft Office SharePoint Server 2007。

或许您又会问了，Microsoft Office SharePoint Server 2007 为什么比以往的命名又多了个 Office，如果你这么问就对了！Microsoft Office SharePoint Server 2007 与以往的 SharePoint Portal Server 2003 的差异，除了底层框架不一样外，最主要的是提供了 Office 的服务器服务处理环境，此部分是 Windows SharePoint Services 3.0 也无法提供的。Microsoft Office SharePoint Server 2007 在 Windows SharePoint 3.0 的架构下独立提供另外的共享服务，这些服务包括了将 Office 所制作的内容直接在服务器上进行计算处理并通过网页的方式呈现出来。这与以往的或基本系统比较起来差异就非常大了，例如，在 MOSS 2007 中提供分散式搜索引擎处理、表单服务器处理、Excel 计算服务处理等服务功能，这些功能都是 MOSS 2007 环境下才有的项目，这也是为什么我们会以 Microsoft Office SharePoint Server 2007 来撰写本书的原因，毕竟企业信息化的应用最主要的目的是希望通过快速、简单、有效率的方式来完成企业信息的交换处理。如果一个环境还需要通过许多开发才能够为企业提供应用的话，在成本与竞争条件上就差了许多。

Microsoft Office SharePoint Server 2007 在推出时，以创造企业信息化平台为最主要的诉求对象，要求快速、简易、强大的服务功能来为企业提供信息化平台的需求，并以 7 大主轴来说明 Microsoft Office SharePoint Server 2007 的服务。

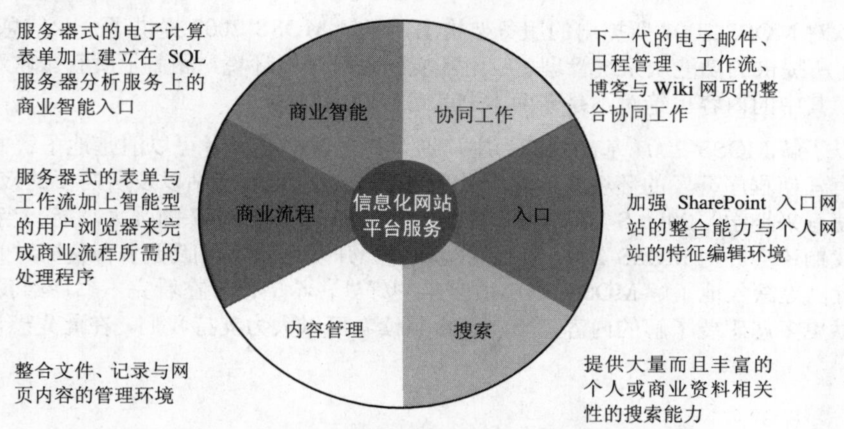
服务器式的电子计算表单加上建立在 SQL 服务器分析服务上的商业智能入口
商业智能
协同工作
下一代的电子邮件、日程管理、工作流、博客与 Wiki 网页的整合协同工作
服务器式的表单与工作流加上智能型的用户浏览器来完成商业流程所需的处理程序
商业流程
信息化网站平台服务
入口
加强 SharePoint 入口网站的整合能力与个人网站的特征编辑环境
内容管理
搜索
整合文件、记录与网页内容的管理环境
提供大量而且丰富的个人或商业资料相关性的搜索能力
整合 ASP.NET 2.0 的工作区基础架构来提供更具弹性、扩缩性的能力

信息化网站平台服务

MOSS 2007 以新一代的网站平台环境来提供全新的网站企业信息，其中包括以 Microsoft .NET Framework 2.0 的 ASP.NET 2.0 为开发基础框架，提供 Microsoft .NET Framework 3.0 的应用平台，并创建于 Windows SharePoint Services 3.0 的应用信息平台上，提供信息化网站技术的处理。

协同工作

MOSS 2007 与现有的 Office 2007 紧密结合在一起，为企业提供协同运作的服务，通过自动化电子邮件传送方式使得数据的访问不再仅限于线上数据的处理，所有信息处理可以通过电子邮件来进行。除此之外，为即时协同运作环境、移动设备协同环境都提供了良好的互动访问功能。

门户

MOSS 2007 将以往的内容管理服务（Content Management Services）系统纳入进来，提供了完整的发布作业，通过 Front-End、Back-End 架构提供分散负载平衡与开发、正式发布的门户网站环境。除此之外，为企业提供所需的各种不同类型的网站模板，让企业可以依据需求快速创建所需要的网站信息交换或门户网站环境。

搜索

MOSS 2007 提供了比 WSS 3.0 更强大的搜索引擎功能，不但可以针对分散服务器下的数据进行索引搜索，还提供了各种不同类型数据访问的环境进行索引搜索的功能，所以对企业中常用的文件共享环境、Exchange 共享文件夹环境、企业内部网站环境、因特网网站环境都可以创建所需要的索引查询处理。

在搜索访问权限上，MOSS 2007 系统提供了对访问权限内容的索引，可以让企业信息在安全无忧的情况下来使用搜索内容，没有授权访问内容的用户是没有办法在 MOSS 2007 系统提供的搜索中找到该数据的。

内容管理

MOSS 2007 系统提供了各种自定义的内容类型，通过不同内容类型让企业信息可以有更完善的处理功能，另外，在内容的监控上提供了完整的稽核记录，让内容访问能够有效地掌握其访问性能。

商业流程

MOSS 2007 的系统环境下提供了更多的工作流程活动处理，不但提供表单服务器服务处理让表单数据可以通过网页的方式来访问，更可以通过 Office 中的 SharePoint Designer 2007，使企业可以在不需要开发程序的环境下，创建出所需要的工作流以达到商业流程处理的目的。

商业智能

在 MOSS 2007 中提供了创新的 Excel 计算服务与商业智能中所需要的电子数字仪表板与网页组件，让商业智能的开发可以在 Excel 环境中轻松的完成，并且通过网页的方式为企业提供对商业智能的分析。

从以上微软对 MOSS 2007 所提出的服务架构上，了解 MOSS 2007 提供了企业信息化强大的功能与系统平台环境，而所提供的功能从系统管理、应用环境到系统开发环境，涵盖了所有微软新一代网站的技术，若要认识并了解其中的内容也绝对不是一两本书就可以阐述完的。

本书内容以了解 MOSS 2007 基础功能为主，通过许多案例让读者可以清楚地了解 MOSS 2007 的系统环境，并在没有任何程序开发的环境下，将企业所需要的信息访问网站以及所需要的应用环境创建起来。希望本书可以使有兴趣学习 MOSS 2007 的读者发掘并了解 MOSS 2007 的强大功能。当然笔者也要在这里先预告一下，我们还会针对 MOSS 2007 应用发展环境、开发环境等出版更多有关探讨 MOSS 2007 系统使用的书，让您可以更深入地了解 MOSS 2007 所带来的好处，希望读者在看完本书后给我们提出建议，让我们可以为您贡献更多您想要了解的内容，当然也希望读者可以大力支持我们，在此先感谢各位读者，谢谢！

目 录

第 1 章 MOSS 2007 的安装与设置

本章提要

Microsoft Office SharePoint Server 2007 是创建在 Windows SharePoint Services 3.0 应用平台下的 IIS 网站环境，它是新一代使用 Web 2.0 技术的信息应用性平台，支持小型企业到大型企业所需要的各种网站型信息架构，所以在安装 MOSS 2007 系统环境时，不同架构就会有不同的需求环境，本章重点介绍 MOSS 2007 安装预置环境需求与如何安装 MOSS 2007 系统的环境。

安装 MOSS 2007 系统的环境可分成两种，一种是标准安装类型，就是使用 SQL Express 数据库方式将 MOSS 2007 与 SQL Express 安装在同一台服务器主机上，另一种则是分布式的 MOSS 2007 系统安装，将 MOSS 2007 所需搭配的服务角色安装在不同的服务器环境中，提供大中型企业的网络服务环境。

本章重点

在本章，您将学会：

- MOSS 2007 的预置环境需求
- 基本型 MOSS 2007 系统配置
- 安装 MOSS 2007 服务器场系统
- 将 MOSS 2007 服务器加入现有服务器场
- 服务器场中各服务器服务的配置
- 配置服务器场共享服务
- MOSS 2007 系统安装后的基本设置

1.1 MOSS 2007 的预置环境需求

微软新开发的 Microsoft Office SharePoint Server 2007（MOSS 2007）是以 Windows SharePoint Services 3.0（WSS 3.0）为基础的网站型信息共享、协同工作、提供单一门户的应用平台服务器环境，它可以配置在一台独立的服务器（Standalone Server）上，为小型企业人员提供共同使用信息工作的环境，也可以是局域网中的一台成员服务器（Member Server）与 AD 树系局域网信息整合，提供企业组织架构与完整信息的分享，更可以在 AD 树系局域网的架构下，于分布式数据库的环境中，创建均衡式负载的前端或后端服务器的分散服务工作，以供大型企业的用户使用。

不管 MOSS 2007 系统要安装在前面说明的哪一种环境中，都必须针对该服务器，检查其是否具备安装 MOSS 2007 的预置环境条件，而 MOSS 2007 系统所需的预置环境条件有哪些呢？

- 必要环境
  - IIS 的 ASP.NET 环境
  - Microsoft .NET Framework 2.0 的环境
  - Microsoft .NET Framework 3.0 的环境
- 选择环境
  - 局域网环境的需求
  - SQL 服务器的环境
  - DNS 的环境
  - 电子邮件服务器的环境
  - 凭证中心的环境
  - 版权管理服务中心的环境
  - 分散服务器共同使用的服务账户

在上述的预置条件中，可分成两部分的环境来看，一个是必要环境，另一个是选择环境。所谓“**必要环境**”指的是在每一个要安装 MOSS 2007 系统全部功能或部分功能的机器上都需要准备的环境，而“**选择环境**”则是在分布式的规划环境中应该提供的环境。这些环境有些是搭配性质的，以提供 MOSS 2007 系统所需要撷取的信息环境，但有些环境则是功能选择性的环境（即没有该环境，便无法启动许多功能），最后，还有些是 MOSS 2007 系统本身会提供的必要性或选择性的环境（例如，SQL 数据库）、前端、后端服务器等。

在安装 MOSS 2007 服务器的环境之前，必须先行规划出所要配置的网络环境，其中包括了是否要包含 AD 的局域网环境、SQL 服务器的网络访问环境、电子邮件服务器的环境（包括了企业正常在使用的 Exchange 服务器环境与提供 MOSS 2007 服务器所需要独立使用的电子邮件服务器环境）、企业内部网络访问的网络架构、企业因特网的访问架构，还要包含企业防火及防毒的网络安全架构等。

在准备 MOSS 2007 服务器的预置环境前，假设以上所说明的这些环境都已经先备妥了（请千万不要忽略这些网络基础规划环境的重要性）。

1.1.1 IIS 与 ASP.NET 1.1 环境配置

MOSS 2007 是以网页为基础的信息应用服务，所以要安装 MOSS 2007 系统之前，该服务器必须先行安装 IIS 的 ASP.NET 环境。首先请您使用具有本机管理员身份的账户，在准备安装 MOSS 2007 系统的服务器上进行登录（该账户通常是本机 SAM 数据库中的 Administrator）。如果安装的环境是在局域网环境下，则可以使用局域网中所规划的局域网系统管理员账户（Beauty\Administrator）进行登录的操作，本书中所说明的练习环境是以 Beauty.Corp 局域网的 Administrator 账户作为 MOSS 2007 所有系统所需的最大权限管理员账户，此账户具有所有相关服务器的最大管理权限，其中包括了 SQL 服务器的管理权限。

1 移动鼠标依次单击“开始”→“管理您的服务器”。

2 当“管理您的服务器”页面打开之后，请移动鼠标单击“添加或删除角色”的选项超链接。

3 请在“配置您的服务器向导”页面上，单击“下一步”按钮。

4 当“服务器角色”页面打开，请勾选“应用程序服务器（IIS，ASP.NET）”选项前的复选框，并单击“下一步”按钮。

5 请在“应用程序服务器选项”的页面，勾选“启用 ASP.NET”选项前的复选框，并单击“下一步”按钮。

6 在“选择总结”页面中，会显示如下所要安装的内容，请单击“下一步”按钮，进行以下组件的安装：

- 安装 Internet 信息服务（IIS）。
- 为远程处理启用 COM+。
- 为远程访问启用 Microsoft 分布式处理协调程序（DTC）。
- 启用 ASP.NET。

7 当系统开始安装 IIS 与 ASP.NET 相关的内容时，记得要将 Windows 2003 的原始光盘放入光驱，或告诉安装程序原始光盘内容放置在哪个目录。

8 当安装完成后，请于“配置您的服务器向导”窗口中，单击“完成”按钮。

验证 IIS 是否启动

1 移动鼠标依次单击：“开始”→“控制面板”→“管理工具”→“Internet 信息服务（IIS）管理器”。

2 请单击【图 1-1】所示的 IIS 管理员工具左边的“Web 服务扩展”选项，此时右边会出现系统在 Web 服务扩展中所安装或启动的各项服务项目，其中应该有 ASP.NET v1.1.4322 版本的服务项目，表示 ASP.NET 成功地安装到 IIS 的系统环境中，并且也成功地启动。

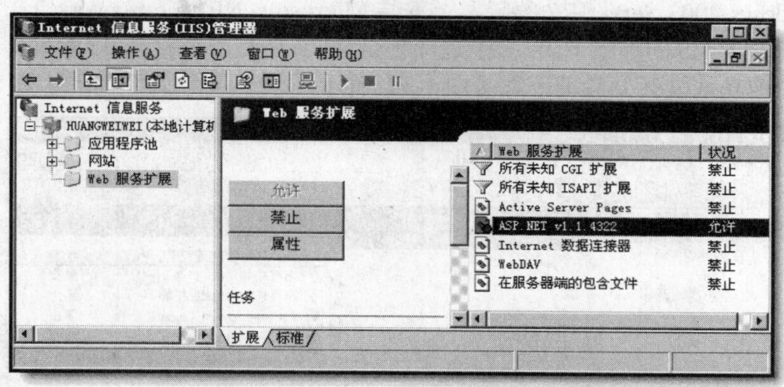

图 1-1 检查在 IIS 环境中，是否成功地安装 ASP.NET 1.1 环境

1.1.2 配置 Microsoft .NET Framework 2.0 环境

因为 MOSS 2007 系统必须配置在 ASP.NET 2.0 的环境下，所以在安装好 IIS 的 ASP.NET 1.1 环境后，还必须继续安装 ASP.NET 2.0（也就是 Microsoft .NET Framework 2.0）的程序，并将 ASP.NET 2.0 的功能在 IIS 的环境中启动起来。

ASP.NET 2.0 的程序包含在 Microsoft .NET Framework 2.0 的套件中，您可以到微软的网站上下载，该套件中文版本的网址如下①：

```
http://www.microsoft.com/downloads/details.aspx?displaylang=zh-tw&
FamilyID=0856eacb-4362-4b0d-8edd-aab15c5e04f5
```

① 注：该网址为繁体版 ASP.NET 2.0 下载地址，简体中文版的下载地址为：http://www.microsoft.com/downloads/browse.aspx?displaylang=zh-cn&productID=DE7BB609-3FD0-4B0F-865D-5ED2463AD5D0

也可以先行链接到 http://msdn.microsoft.com，然后在搜索的字段下输入“ASP.NET 2.0”，寻找可以下载 Microsoft .NET Framework 2.0 的网址。

如果您所要安装的服务器是 Windows Server 2003 R2 版本，则在系统内建的环境中就提供 Microsoft .NET Framework 2.0。以下是在 Windows Server 2003 R2 的服务器上安装 Microsoft .NET Framework 2.0 的操作步骤：

1 移动鼠标依次单击“开始”→“控制面板”→“添加或删除程序”。

2 单击“添加或删除程序”窗口页面左下方的“添加/删除 Windows 组件”的按钮。

3 向下滚动“添加或删除程序”窗口的选项列表，直到您看到“Microsoft .NET Framework 2.0”的选项，并在移动鼠标勾选此项目后，请单击“下一步”按钮。

4 当完成安装后，您将可在【图 1-2】所示的“添加或删除程序”窗口中看到 Microsoft .NET Framework 2.0 的安装项目。

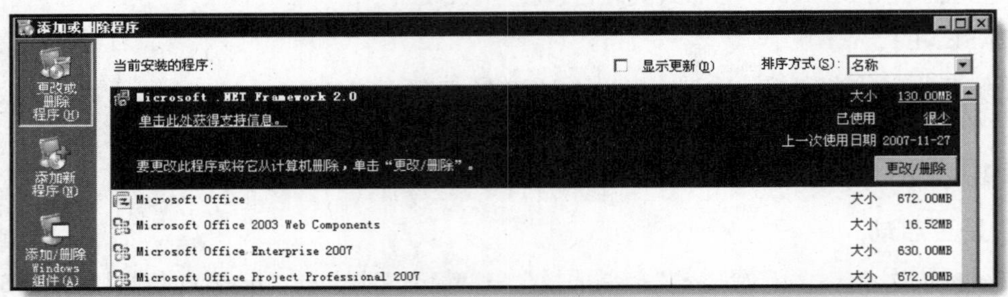

图 1-2　在“添加或删除程序”窗口中，可看到已安装完成的.NET Framework 2.0 项目

检查 IIS 是否成功启动 ASP.NET 2.0

如果您是在 Windows 2003 Server R2 的版本上安装 Microsoft .NET Framework 2.0，安装程序应该会自动地将 ASP.NET 2.0 功能在 IIS 的环境下启动。不过即使是如此，还是应该打开 IIS 管理器，检查一下 ASP.NET 2.0 功能，看看它是否成功地安装并启动，如【图 1-3】所示。

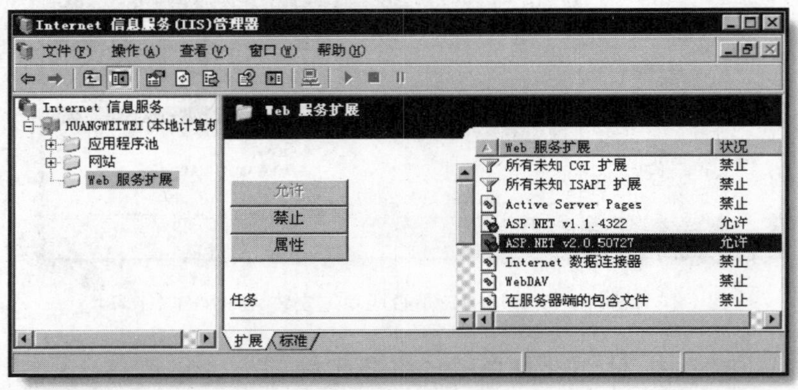

图 1-3　可在图右边看到 ASP.NET v2.0.50727 版本已成功启动

注册 ASP.NET 2.0 为 IIS 中主要环境

ASP.NET 2.0 不管是通过网络下载的方式安装还是在 Windows Server R2 环境中直接安装，IIS 默认的环境都不以 ASP.NET 2.0 功能为主，所以为了将 IIS 的环境改为是以 ASP.NET 2.0 功能为主要提供者的环境，就必须使用手动的方式在 IIS 环境中注册 ASP.NET 2.0 为主要的运行环境，其设置步骤如下：

1 移动鼠标依次单击：“开始”→“所有程序”→“附件”→“命令提示符”。

2 请在“命令提示符”窗口中，将工作目录切换至系统安装.NET Framework 的目录（\Windows\Microsoft.NET\Framework），并使用 dir 查看该目录的内容，如【图 1-4】所示。

```
命令提示符
Microsoft Windows [版本 5.2.3790]
(C) 版权所有 1985-2003 Microsoft Corp.

C:\Documents and Settings\Administrator>cd\

C:\>cd\WINDOWS\Microsoft.NET\Framework

C:\WINDOWS\Microsoft.NET\Framework>dir v*.*
 驱动器 C 中的卷没有标签。
 卷的序列号是 B08F-DE7D

 C:\WINDOWS\Microsoft.NET\Framework 的目录

2007-11-06  15:25    <DIR>          v1.0.3705
2007-11-08  09:20    <DIR>          v1.1.4322
2007-11-27  15:39    <DIR>          v2.0.50727
               0 个文件              0 字节
               3 个目录  9,964,281,856 可用字节

C:\WINDOWS\Microsoft.NET\Framework>_
```

图 1-4 查看.NET Framework 2.0 所安装的文件夹内容

3 安装 Microsoft .NET Framework 2.0 之后，.NET Framework 2.0 的相关程序会放置在下列目录中：

\Windows\Microsoft.NET\Framework\v2.0.50727

我们可以通过命令提示符的环境，切换到该目录下来验证 Microsoft .NET Framework 2.0 是否已经安装到 Windows 系统环境中。

4 接下来是在命令提示符的窗口中键入【图 1-5】所示的指令来查询 IIS 中 ASP.NET 2.0 的状态，并设置以 ASP.NET 2.0 为主的 IIS 环境。

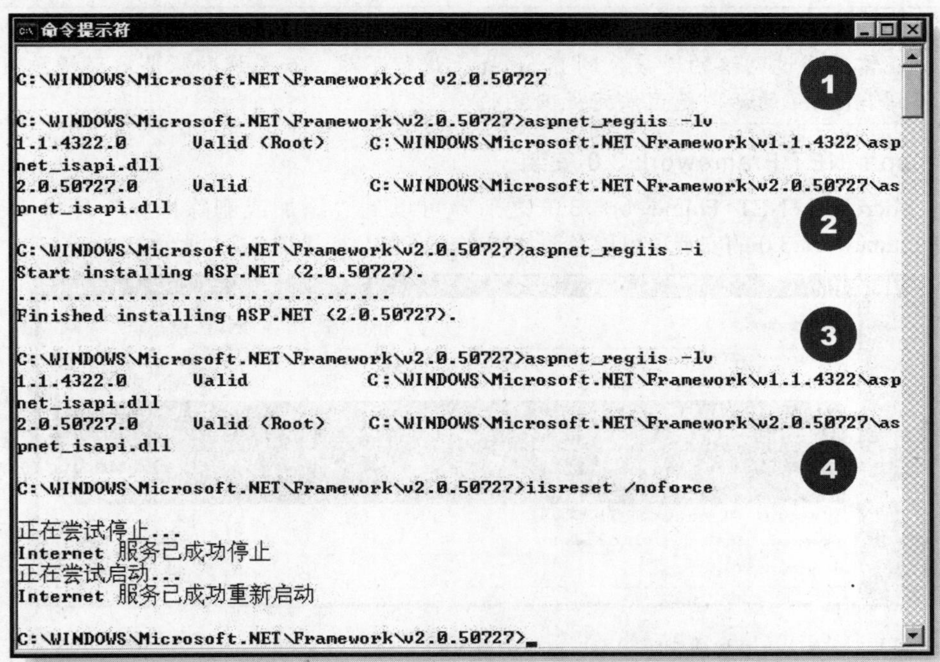

图 1-5 查询 IIS 中 ASP.NET 2.0 状态，并设置以 ASP.NET 2.0 为主的 IIS 环境

上述的第 1 个指令与第 3 个指令（**aspnet_regiis –lv**）主要是查看 ASP.NET 在 IIS 中注册的情况，第 2 个指令（**aspnet_regiis –i**）目的是安装及注册以 ASP .NET 2.0 为主的 IIS 环境，第 4 个指令（**iisreset /noforce**）则是在注册安装成功后重新启动 IIS 的服务。

1.1.3 配置 Microsoft .NET Framework 3.0 环境

MOSS 2007 除了需要 ASP.NET 2.0 的环境作为 IIS 网站的基础之外，还需要使用到 Microsoft .NET Framework 3.0 的应用环境功能，所以当您在完成 Microsoft .NET Framework 2.0 的安装与设置后，还需要到微软网站上下载 Microsoft .NET Framework 3.0 的可转发套件，并安装到服务器上。请参考【图 1-6】，中文版的套件则可以到如下网址[②]下载文件名为 **dotnetfx3setup.exe** 的安装程序。

http://www.microsoft.com/downloads/details.aspx?familyid=10CC340B-F857-4A14-83F5-25634C3BF043&displaylang=zh-tw

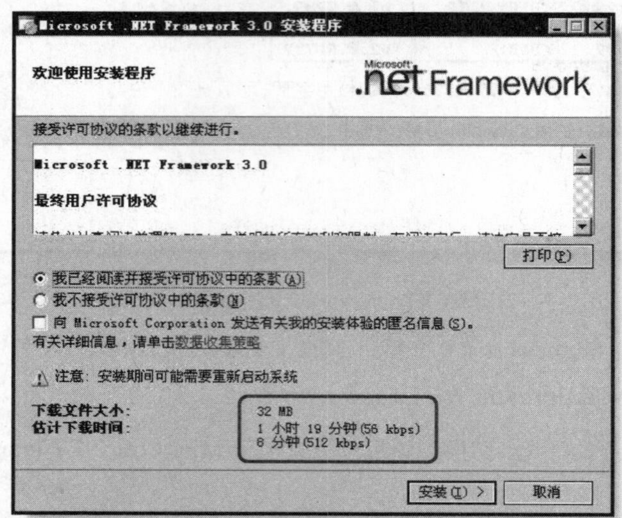

图 1-6　在安装页面中告知您还有 32 MB 的数据要在安装的过程中下载

> **注意** 此下载程序只提供安装启动的操作，不包含完整的安装。所以在执行此程序后，还需要通过网络的连接，到 Internet 上进行下载，如果您的服务器环境没有连接到 Internet 的话，是无法完成安装的。

确认 Microsoft .NET Framework 3.0 安装

在安装完 Microsoft .NET Framework 3.0 之后，可以到“添加或删除程序”环境下查看是否有 Microsoft .NET Framework 3.0 的安装项目以及简体中文语言包（如【图 1-7】所示）。

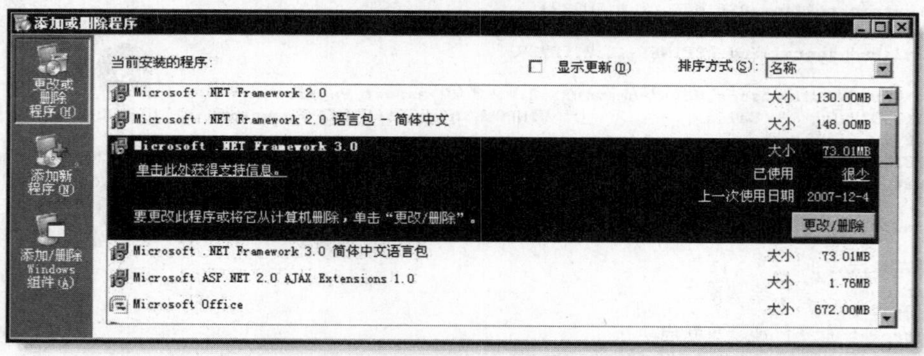

图 1-7　确认“添加或删除程序”窗口中有.NET Framework 3.0 与中文语言包的项目

另外，您也可以切换到命令提示符的窗口环境，检查一下在\Windows\Microsoft.NET\Framework 目录下是否有 v3.0 的子目录出现，如【图 1-8】所示。不过在该目录下，不像 2.0 版本那样有 **aspnet***的相关工具

② 注：该网址为繁体版 Microsoft .NET Framework 3.0 的下载地址，简体中文版的下载地址为：http://www.microsoft.com/downloads/browse.aspx?displaylang=zh-cn&productID=DE7BB609-3FD0-4B0F-865D-5ED2463AD5D0

程序，原因是 .NET Framework 3.0 是创建在 .NET Framework 2.0 上的加强应用环境，所以相关的 aspnet* 工具程序是沿用 2.0 版本的工具程序。

而 Microsoft .NET Framework 3.0 的安装对 IIS 的环境不会有任何的影响，主要还是因为 Microsoft .NET Framework 3.0 是建立在 Microsoft .NET Framework 2.0 上的应用功能。

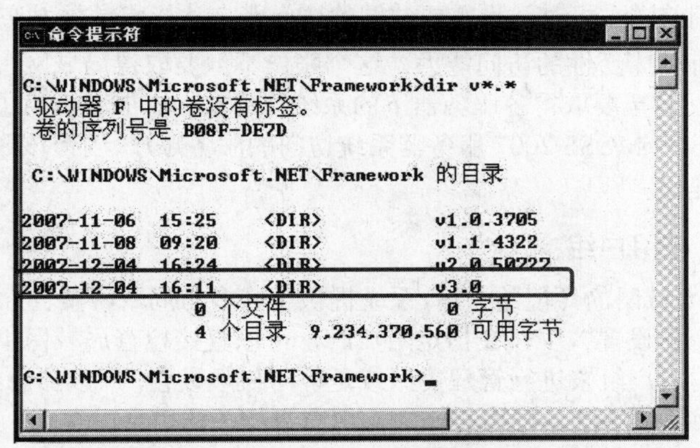

图 1-8　在指定的目录下会出现.NET Framework 3.0 的子目录

1.1.4 局域网环境的需求

在本书中所介绍的 MOSS 2007 系统创建在一个名叫 Beauty.Corp 的局域网环境下，这家企业名称为“美景企业股份有限公司”，该企业所创建的网络环境是一个中型企业架构下的 MOSS 2007 系统环境。

MOSS 2007 的系统一定需要建立在局域网的环境中吗？不！MOSS 2007 可以建立在独立服务器的环境下，但是，如果要提供一个具有完整性的 MOSS 2007 系统环境，最好是要有局域网的环境，才能充分发挥整合性的效果。那么，在局域网的环境下，需要准备什么样的环境内容呢？答案有下列三项：

- 系统共享的服务账户
- 局域网下的用户账户与用户组
- 用户在 AD 上的企业组织架构信息

系统共享的服务账户

MOSS 2007 系统可以创建在独立的主机下，将所有服务与功能都安装在同一台服务器上，但也可以在分布式的服务器场（Server Farm）环境中提供服务与功能，所谓的服务器场是将各项不同服务的功能分散安装在不同服务器主机上。而在分布式服务器系统环境下，MOSS 2007 强烈建议要将此服务器场创建在一个局域网的系统架构下。

举例来说，当 SQL 服务与 MOSS 2007 服务不在同一台服务器主机时，相对的，就会产生一个很重要的问题，那就是访问验证的问题。在 MOSS 2007 服务器上的服务要访问在不同主机上的 SQL 服务时，SQL 服务器会要求 MOSS 2007 服务器进行访问的验证，所以 MOSS 2007 必须要有正确访问 SQL 服务器的账户来进行访问的验证，在验证通过之后，才能够正确地访问在 SQL 服务器上面的数据。如果 MOSS 2007 服务器与 SQL 服务器都采用独立主机服务器的环境，在 MOSS 2007 与 SQL 服务器上，都要创建一个密码相同的相同账户来提供相互之间访问的验证，否则就要采用 SQL 服务器的账户验证方式。

像这样分散服务器的环境，还不只对 SQL 服务器而已，对其他分散的均衡负载服务器、前端/后端服务器等，都需要使用相同的账户来提供共同的访问验证，如果这些都在独立服务器的环境下，势必难以维护此共享的服务账户，相对的，也很容易产生安全性问题。

依据以上的需求，这个用来提供共同访问验证的账户最好是在一个局域网的架构下，使用局域网中的账号来作为访问验证的账户。因为使用局域网中的账户来进行访问验证有许多好处，包括：系统可以提供较严谨的验证运算，还有只需在局域网中创建一个账户，即提供了该账户整合性验证的访问，不需要到每个服务器上创建所要使用的验证账户，所以 MOSS 2007 系统强烈建议在分布式的 MOSS 2007 系统环境中，要有局域网环境来提供各服务器之间可以共同使用的验证账户。

除此之外，因为 MOSS 2007 的系统中会提供许多系统管理操作，这些管理操作会依照管理需求到不同的服务器上创建或管理不同的内容。举例来说，在 MOSS 2007 中创建应用程序环境时，需要到 SQL 服务器上创建数据库，此时这个访问验证账户就必须要有 SQL 管理访问权，这样 MOSS 2007 系统才能够使用该账户通过网络到 SQL 服务器上创建数据库。

再举个例子，在 MOSS 2007 的环境中可以创建前端/后端的服务器，提供发布型网站架构，此时后端主机要将数据发布或复制到前端主机时，也需要共同的访问账户才能将数据发布或复制到前端服务器上。

为了让此服务账户具有较广泛性的访问能力，这个账户不但要取得局域网中的服务管理权，也要取得 SQL 服务器的服务管理权，甚至要取得各服务器下的系统管理权。本书范例为了练习方便，使用局域网中的 Beauty\Administrator 账户为 MOSS 2007 服务器系统访问的服务账户，因为该账户在各服务器环境中默认都有该系统或该主机的管理权。

局域网下的用户账户与用户组

当 MOSS 2007 系统与局域网的环境结合后，系统提供了许多与局域网整合性功能，例如：在 MOSS 2007 许多设置（像权限设置或工作设置）中，在指定用户时，可以直接检查局域网中的用户；在权限设置上，也可以直接使用局域网中的用户组来进行管理委派或是访问权限设置，所以当您在创建 MOSS 2007 的系统环境前，应该在 AD 局域网环境下准备好用户账户与用户组相关的信息内容。

在本书所提供的文件下载中，**“\安装”**文件夹有一个名称为 **MOSSLBT.CSV** 的美景企业局域网用户组织架构导入文件，与一个名称为 **Addgroup.bat** 的用户组创建批处理文件。请您将这两个文件复制到域控制器服务器的 C：磁盘驱动器下，然后运行命令行工具，在命令提示符的窗口下，切换到 C：的磁盘驱动器上，执行 **csvde –i –f mosslbt.csv**，请参考【图 1-9】。

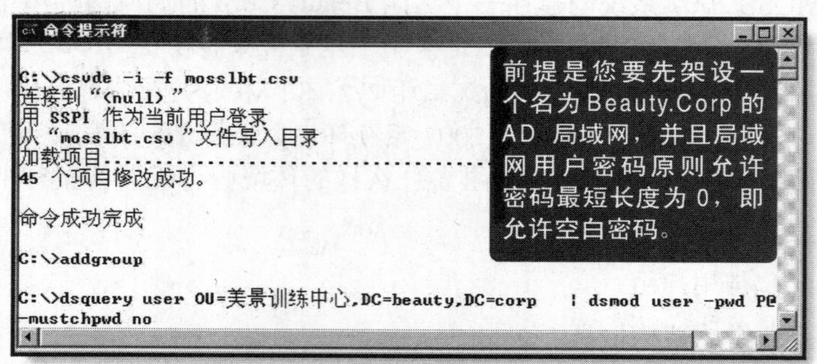

图 1-9 使用 CSVDE 的指令将美景企业的组织架构用户数据进行导入

在成功执行导入工作（要有 45 个项目导入，如果没有，则表示 AD 示范环境有问题）之后，再执行 Addgroup.bat 的批处理（如【图 1-9】所示），将所需要的相关用户管理用户组创建起来。在完成以上两项操作后，打开“Active Directory 用户和计算机”的管理工具，重新整理一下，并查看前面两项操作所产生后在管理工具中所显示的的内容与结果，如【图 1-10】所示。

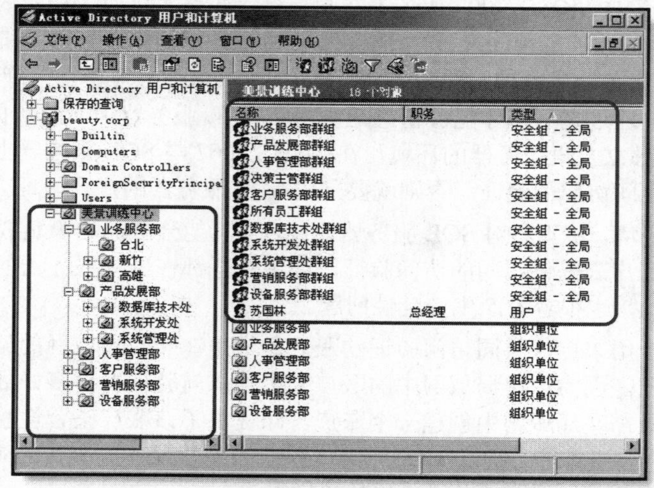

图 1-10 导入所需要的美景企业的组织架构用户数据与用户组管理的数据

以上的这些用户与用户组会在后面的各项例子中使用，所以我们要在域控制器的环境下，先将这些用户账户与用户组环境创建起来。

用户在 AD 上的企业组织架构信息

当 MOSS 2007 系统环境与 AD 树系局域网整合在一起后，MOSS 2007 系统会抓取在 AD 中的用户组织信息，并在用户“我的网站”中显示出每个人的组织架构。所以，如果要充分发挥 MOSS 2007 在企业信息整合的能力，就要先在用户账户的组织页面上的职称、部门、公司、主管名称等字段输入数据，在【图 1-11】例子中，所示范的是李人和的账户资料，他的主管名称叫周惠卿，他的属下有两位，一位是林宣岷，另一位是许秀菁，这就是企业组织架构的信息。

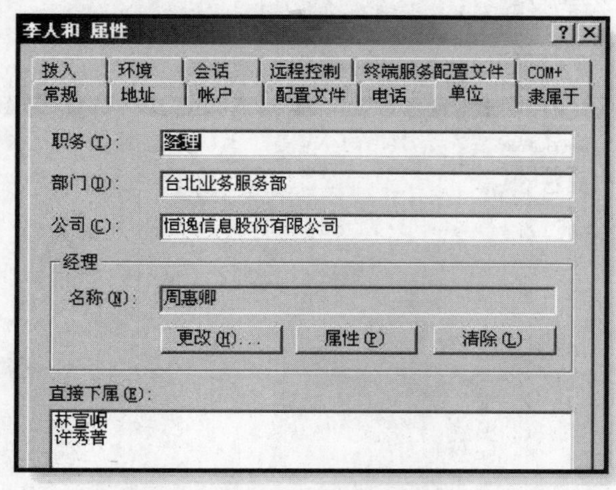

图 1-11　设置每个账户在企业组织中上下之间的主管与部属关系

1.1.5　SQL 服务器配置需求

MOSS 2007 使用 SQL 数据库服务器来当做存储数据的服务器，如果所要安装的 MOSS 2007 是基本型服务器环境，就不需要在其他服务器上安装 SQL 服务器，因为 MOSS 2007 会在同一台主机上安装 SQL 单机服务器版本，此种单机服务器版本可以提供给小型企业作为数据库环境使用。如果 MOSS 2007 要提供给中型企业以上的环境，我们建议将 SQL 服务器与 MOSS 2007 服务器分开，在负载效能的考虑上会比较理想。当 MOSS 2007 架构是在一个分散服务器的环境时，网络环境最好是在一个 AD 局域网环境下，这样才可以充分发挥 MOSS 2007 所有的功能，其中包括了单一登录整合验证、企业组织架构数据应用等。

要让 MOSS 2007 系统在安装时可以有效联机到 SQL 服务器上，建立 MOSS 2007 数据库，必须在 SQL 服务器上创建一个可以访问 SQL 服务器的服务账户，并且提供在该服务器下创建数据库与安全管理的权限。在本书的例子中是以局域网 Administrator 账户为整个 MOSS 2007 系统服务账户，您可以打开 SQL 管理工具去验证一下 Beauty\administrator 账户在 SQL 服务器上是否有所需要的权限来提供给 MOSS 2007 系统所使用，如【图 1-12】所示。

1.1.6　DNS 环境需求考虑

在 MOSS 2007 配置环境中，DNS 服务器的存在是绝对不能缺少的，因为所有 MOSS 2007 服务器的联机都是通过 DNS 服务器的名称解析来找到网站的地址，除此之外，在 MOSS 2007 服务器环境中，常常会在同一台服务器的 80 端口号上，利用不同的主机头名称（Host Header Name）区分成不同的网站虚拟服务器，尤其是在同一台服务器上，要创建不同的网站虚拟服务器，而又不想用不同的端口号来区分不同的网站虚拟服务器时，就会使用到主机头设置方式，来区分连接到不同的网站虚拟服务器，可是要解释这些主机头，客户端就必须要通过 DNS 服务器的查询才能够正确连接到所要链接的网站。

通常，MOSS 2007 网页环境都会配置在企业内部的局域网环境下，如果您有 AD 树系环境，通常我们会建议将所有服务器的局域网后缀都创建在树系根域下，这是因为一方面根域的局域网后缀比较短，另一方面，树系根域的 DNS 数据可以复制到该树系下的所有域控制器的 DNS 服务器环境中。举例来说，美景企业在配置 MOSS 2007 系统规划上主要创建的网站有训练中心网站（网址是 center.beauty.corp）、企业的门户网站（网址是 www.beauty.corp）、我的网站（网址是 mysite.beauty.corp）。这些网站我们都会创建在 mossvr 的服务器主机上，所以这些网址名称必须要先在 DNS 服务器上将所要指定的 IP 创建进去。

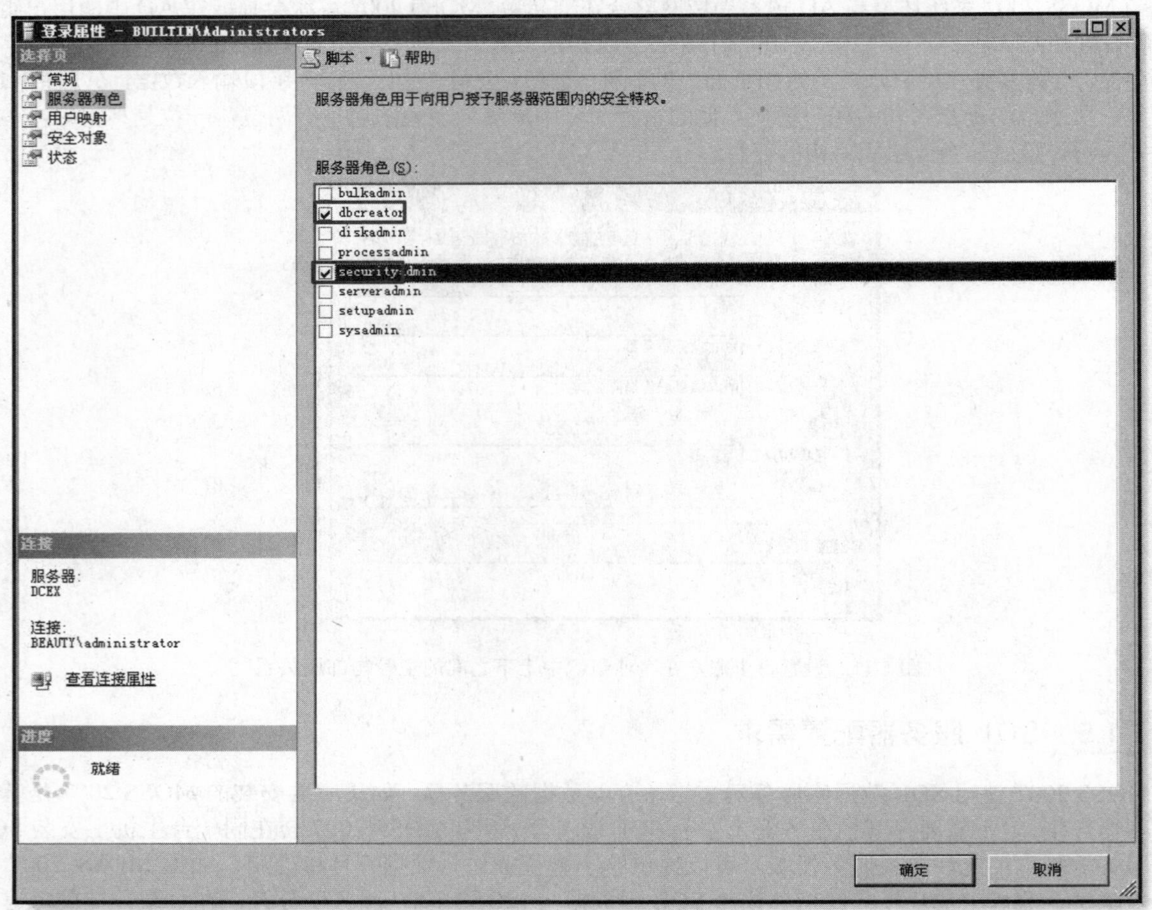

图 1-12　检查所要安装的服务账户在 SQL 服务器下是否已取得正确的管理权

另外，因为在 MOSS 2007 系统中可以让用户通过电子邮件将文档送到指定的文档库，或是 MOSS 2007 系统会传送通知、警告、记录相关的信息给用户，所以此时会使用到电子邮件服务器。那你可能会问：这个跟电子邮件服务器有关，跟 DNS 服务器有什么关系呢？是的，如果 MOSS 2007 系统要发送邮件的话，只要在 MOSS 2007 系统中设置电子邮件服务器的地址即可，这与 DNS 无关，但是如果要让用户可以通过其他的电子邮件服务器将电子邮件中的文档送到 MOSS 2007 的文档库中，就必须要指定一个电子邮件的局域网后缀，可以让用户所联机的电子邮件服务器通过 DNS 的查询找到 MOSS 2007 所指定收取电子邮件的服务器，来接收传送进来的信件，此时，就必须在 DNS 服务器上设置一个给 MOSS 2007 所使用的电子邮件局域网后缀。要提供一个电子邮件的后缀，需要考虑一个问题，那就是可不可以使用企业内部常用的电子邮件局域网后缀？答案是不行。

举例来说，美景企业内部所使用的电子邮件局域网后缀是 beauty.corp，所有用户，例如：joseph，他的电子邮件名称就是 joseph@beauty.corp，此时，这个电子邮件局域网后缀在 DNS 的服务器中就已经被使用了。如果你要提供 MOSS 2007 系统所需要的电子邮件局域网后缀，就不能使用 beauty.corp，而要改成其他的电子邮件局域网后缀。那要怎么设置呢？通常我们会带上 MOSS 2007 所设置服务器的名称。举例来说，mossvr 是美景企业的 MOSS 2007 服务器，其中，MOSS 2007 所使用的电子邮件服务器也在此主机上，故我们就在 DNS 中设置一个名称为 mossvr.beauty.corp 的 MX 记录，如果该电子邮件服务器在其他的服务器上，则就以该服务器名称来命名。综合以上要做的各项设置，请参考【图 1-13】在美景企业局域网的 DNS 服务器上应该创建起来的各项查询记录。

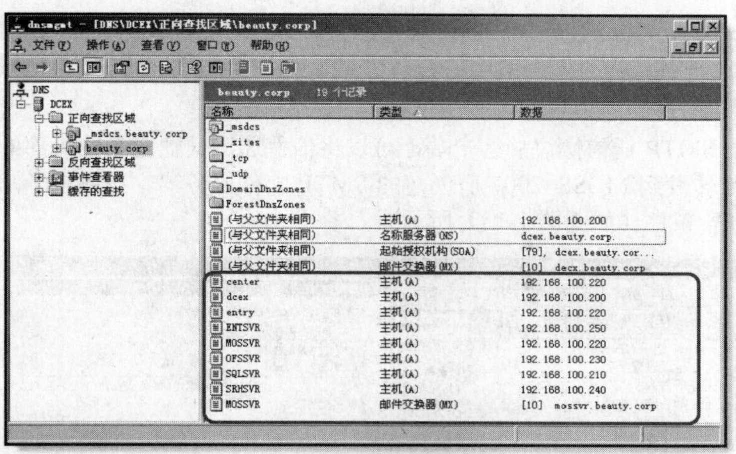

图 1-13　MOSS 2007 在 DNS 上所需要的记录设置

1.1.7 电子邮件服务器环境配置

MOSS 2007 系统会使用到的电子邮件服务器可以分成两个部分，一个是所有局域网中用户所要使用的一般性电子邮件服务器环境，另一个则是 MOSS 2007 服务器系统要做自动发送、接收信件使用的电子邮件服务器环境。

局域网中，一般用户所使用的电子邮件服务器通常是在企业环境正常工作下的电子邮件服务器，以微软所提供的电子邮件服务来说，通常都会以 Exchange 服务器为主。而 MOSS 2007 系统所使用的电子邮件服务器不需要使用到 Exchange，MOSS 2007 系统可以直接使用 IIS 服务提供的 SMTP 服务器，通常这个 SMTP 的电子邮件服务器可以直接安装在 MOSS 2007 系统的服务器上。

安装 IIS 环境下的 SMTP 服务是学习过 Windows 服务器管理的人都应该会的安装步骤，在此我们不再多做说明，您应该在 MOSS 2007 的服务器上安装 SMTP 服务，并到 IIS 管理环境下检查它是否安装成功。在安装 SMTP 服务器之后，系统会以该服务器的 DNS 全名作为此服务器的电子邮件局域网后缀，这个局域网后缀就可以直接提供给 MOSS 2007 系统使用。

如【图 1-14】所示，MOSSVR 是主要的 MOSS 2007 系统服务器，我们将 SMTP 服务安装在此服务器上，配合前面 DNS 服务器的设置，对应至此 MOSS 2007 系统所要使用的电子邮件局域网后缀，那就是 mossvr.beauty.corp。由于此 SMTP 是给系统所使用的，所以不需要对系统进行配额的限制，故请将“启用投递目录限额”选项关闭。

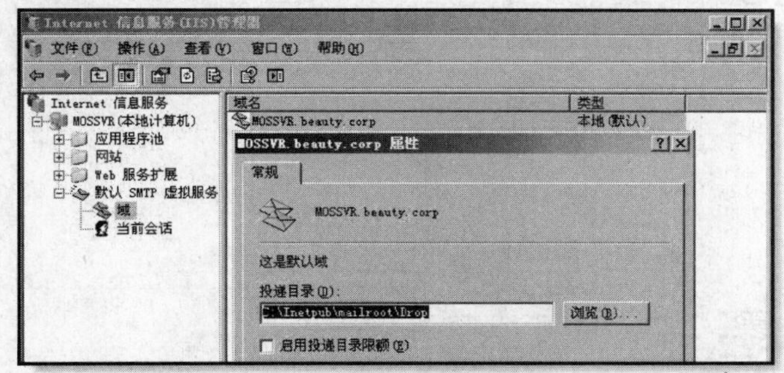

图 1-14　在 MOSS 2007 的服务器上，将“启用投递目录限额”的功能关闭

如果企业网络有 Exchange 服务器环境，要让用户可以通过 Exchange 服务器将邮件转发到所指定 MOSS 2007 的 SMTP 服务器下，就必须在 Exchange 的 SMTP 虚拟服务器上设置可以转发的网络环境。

> **注意**　以上的电子邮件服务器是在 MOSS 2007 系统的服务器上设置的，而且该服务器并没有与 Exchange 服务安装在同一台主机上，如果 Exchange 与 MOSS 2007 服务器安装在同一台主机上，Exchange 会改变系统默认的 SMTP 环境，而 MOSS 2007 系统就不能够使用系统默认的环境来设置接收邮件服务器的环境了，也就是说，MOSS 2007 的接收邮件服务器不能与 Exchange 服务器在同一台主机上。

在企业网络环境中，电子邮件客户程序的形态可能会有好几种，例如：一种是联机到 Exchange 服务器的 Exchange 客户端，此种客户端所采用的送信通信协议是 Exchange 的 RPC，另一种是标准的 POP3 或是 IMAP 客户端（这两种客户端的送信协议都采用标准的 SMTP）。

如果要使采用标准 SMTP 送信协议的客户端，可以将信件通过其他在企业内部的电子邮件服务器或是 Exchange 服务器将信件转发到 MOSS 2007 所创建的 SMTP 邮件服务器，在各电子邮件服务器上就必须创建可以转发的客户端网段条件（如【图 1-15】所示）。

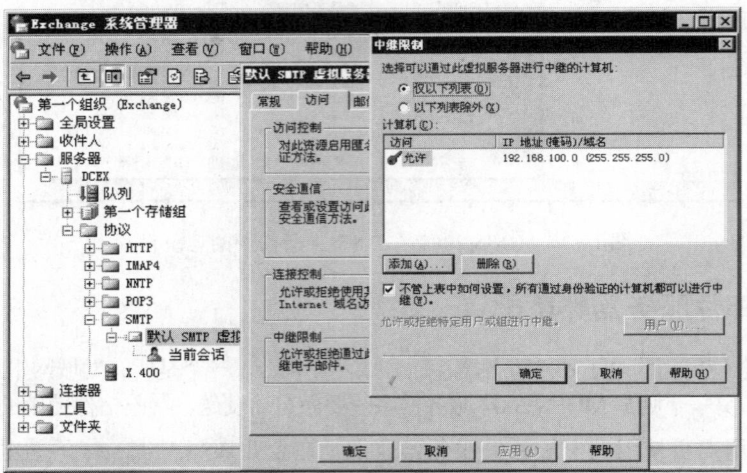

图 1-15　在各电子邮件服务器上，设置允许转送电子邮件服务器的网段范围

如果客户端所使用的是 Exchange，则信件通过 Exchange 服务器来发送即可，所以就不需要设置上述的转发网段条件，但是要让 Exchange 服务器更有效地直接判断所要寄送 MOSS 2007 的邮件局域网环境，在 Exchange 的服务器上创建连接到 MOSS 2007 主机的 SMTP 连接器，在连接器上，必须指定要发送的桥头服务器（Bridgehead Server）、MOSS 2007 的邮件局域网后缀，以及勾选“允许将邮件中继到这些域”的设置，请参考【图 1-16】。

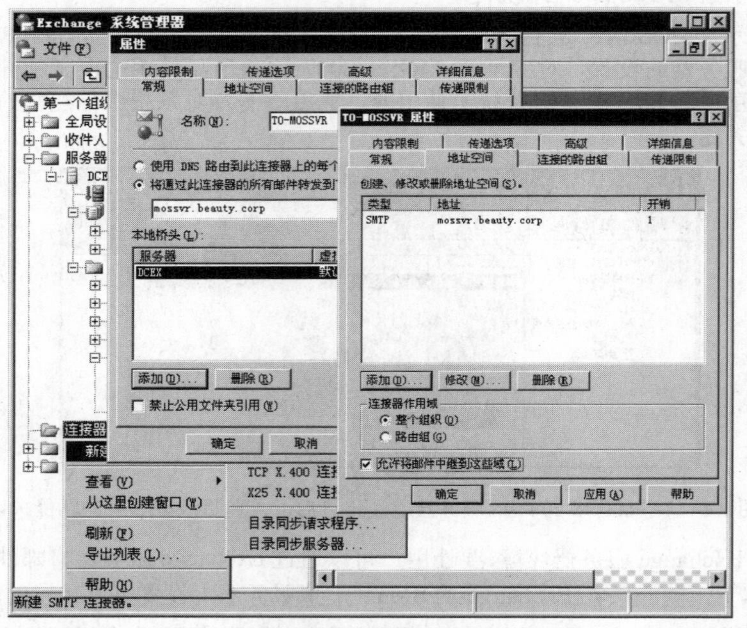

图 1-16　在 Exchange 中设置一个可以转发到 MOSS 2007 服务器的连接器

1.1.8　凭证中心的环境

凭证中心（Certification Authority）最主要是提供企业网络系统需要使用到凭证相关技术的网络环境，例如，网站的 SSL 环境，使用 https 的方式连接到需要有安全访问的网站环境下。又例如，电子邮件需要验

证用户的邮件签章，或要进行加密邮件的传送时，也会使用凭证中心来申请电子邮件的签章，所以如果您的 MOSS 2007 环境要提供如上述所举例的需求，那就应该准备凭证中心的环境。

企业内部所使用的凭证中心大部分都是自行在树系的根域上创建 Enterprise Root CA 服务器，当企业型的凭证中心创建起来之后，该局域网下的成员主机都可以自行安装企业的根证书，以取得各主机与该凭证中心之间的信任关系，所以如果 MOSS 2007 的网站要创建 SSL 的联机环境，可以在 IIS 的网站服务器上申请网页服务器证书，来创建 SSL 的环境。

至于如何创建凭证中心，因为不是 MOSS 2007 系统首要的主题，所以在此不多做说明，请参考凭证中心创建的相关文档，至于在 MOSS 2007 系统中如何使用此部分的整合设置，在后续的章节中再来说明。

1.1.9 客户端 IE 浏览器环境设置

MOSS 2007 所提供的客户端大多都是通过 IE 浏览器的环境链接到 MOSS 2007 的服务器上的，而有些在 MOSS 2007 所提供的特殊功能上，则必须通过 ActiveX 的组件安装在 IE 的环境中，才可以达到这些所需要的效果，除此之外，在新的 IE 环境中做了许多有关安全性的保护措施，所以在 IE 的环境上，必须将 MOSS 2007 的网站服务器地址创建到“信任网站”的区域中，并且设置以下可以访问的选项条件（IE →“工具”→“Internet 选项”→“安全”→“自定义级别”），这些条件也可以设置在 AD 的组策略中，通过 AD 上的组策略直接设置到客户端的 IE 选项设置中。

下载已签署的 ActiveX 控件	启用
下载未签署的 ActiveX 控件	提示
执行 ActiveX 控件与插件	启用
对标示为安全的 ActiveX 控件执行脚本	启用
访问跨局域网的数据源	启用

1.2 基本型 MOSS 2007 系统配置

MOSS 2007 的安装可以分成两种安装的方式，一种是基本型的安装，此种安装方式是将 MOSS 2007 系统的所有功能，包括所需要使用到的 SQL 服务器都安装在同一台服务器主机的环境下。另一种则是高级型的安装，可以选择将 MOSS 2007 系统上不同的功能或服务安装到不同的分布式服务器主机上。我们先来说明第一种基本型的安装，以下是安装的操作步骤。

1 在安装 MOSS 2007 的服务器上，请使用 Beauty\Administrator 账户登录，并将 MOSS 2007 的原始光盘放入光驱中，然后打开“资源管理器”，执行光驱下的 setup 安装程序，打开【图 1-17】所示的页面。输入产品密钥后，单击“继续”按钮，出现【图 1-18】所示页面，勾选“我接受此协议的条款”。

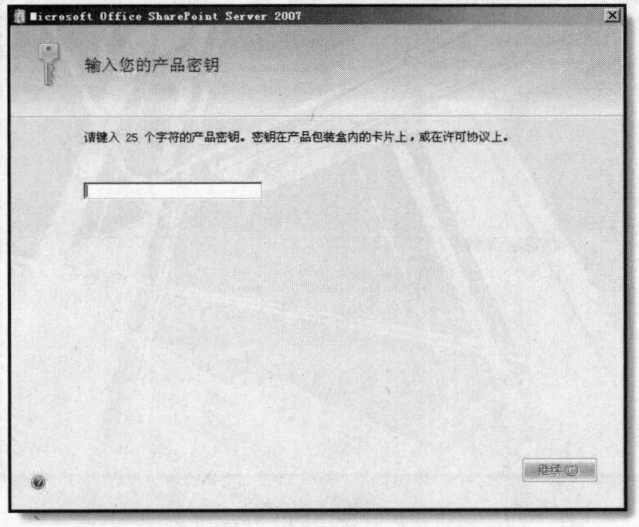

图 1-17　输入正确的产品密钥后，才可以单击右下方的“继续”按钮

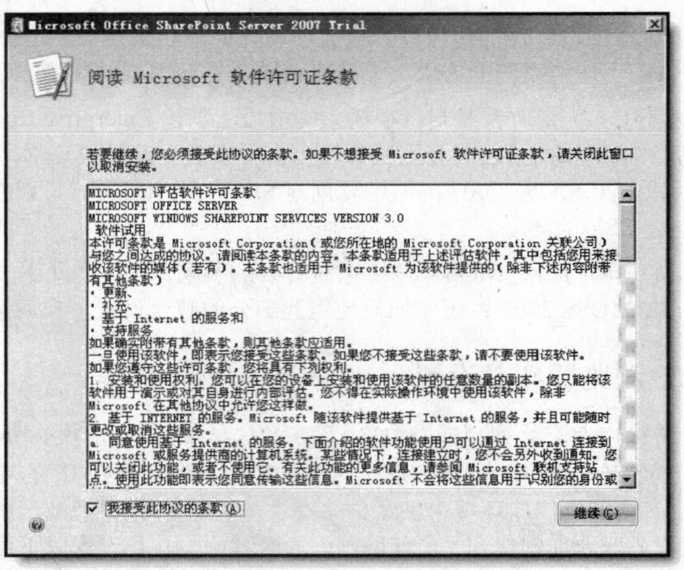

图 1-18　勾选“我接受此协议的条款”后，才可单击右下方的“继续”按钮

2 单击“继续”按钮后，在“选择所需的安装”对话框下，有两种安装方式可以选择，一种是基本安装，另一种是高级安装，如【图 1-19】所示。

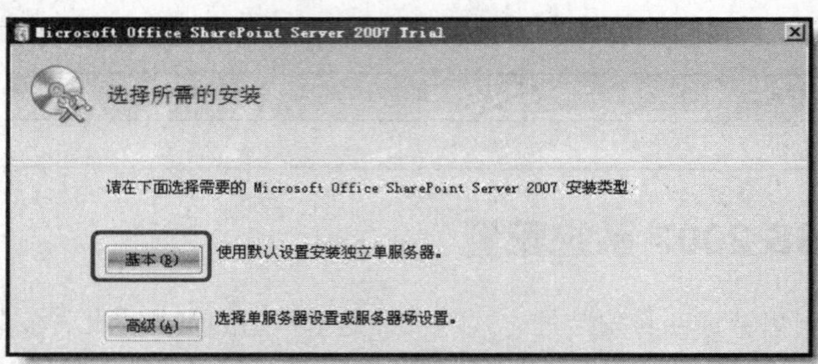

图 1-19　移动鼠标单击“基本”按钮

3 在您单击了 基本(B) 按钮后，系统便进入 MOSS 2007 的基本安装过程，如【图 1-20】、【图 1-21】所示，由于此种安装方式是在一台服务器上，所以将所有 MOSS 2007 的相关内容都安装在此服务器中。

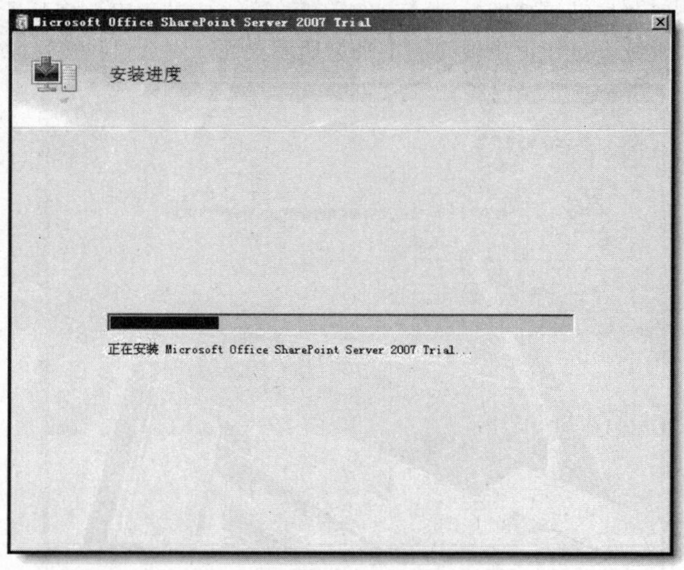

图 1-20　系统在进行安装的过程，需要一些时间

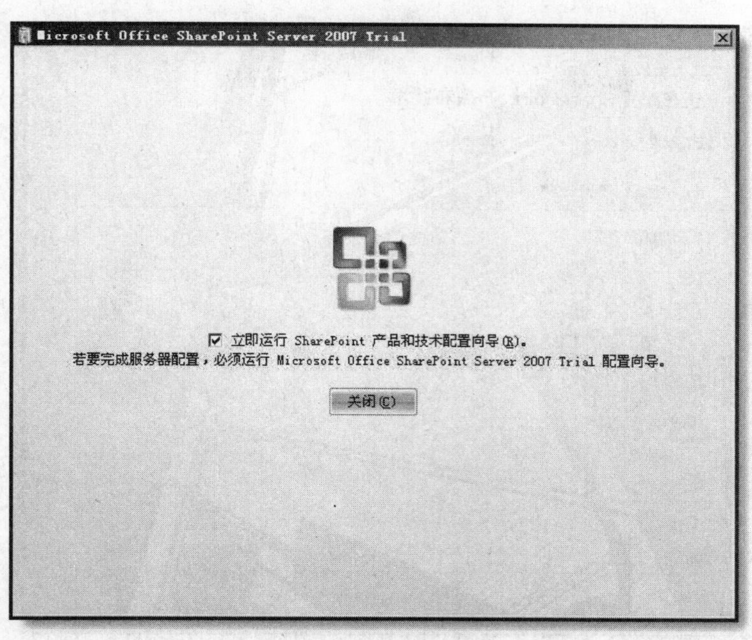

图 1-21　系统已完成基本环境的安装，要进行下一个操作

[4] 在出现【图 1-21】所示的窗口后，代表 MOSS 2007 系统的基本环境已经安装完成了，但是还没有进行 IIS 的扩充与 MOSS 2007 的应用环境配置。此时如果将页面切换到系统环境里，在“开始”菜单中，已经有了 Microsoft Office Server 的菜单，如【图 1-22】所示。

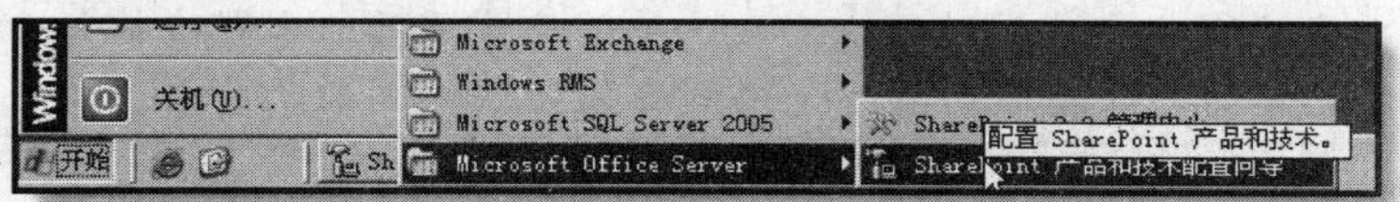

图 1-22　在完成第一阶段的安装后，菜单下就会有 MOSS 2007 的菜单

[5] 当您在【图 1-21】所示的窗口页面移动鼠标单击“关闭”按钮后，因为系统勾选“立即运行 SharePoint 产品和技术配置向导”选项，所以接下来就会关闭原来的窗口，而启动另一个配置向导处理程序的窗口。如【图 1-23】所示。

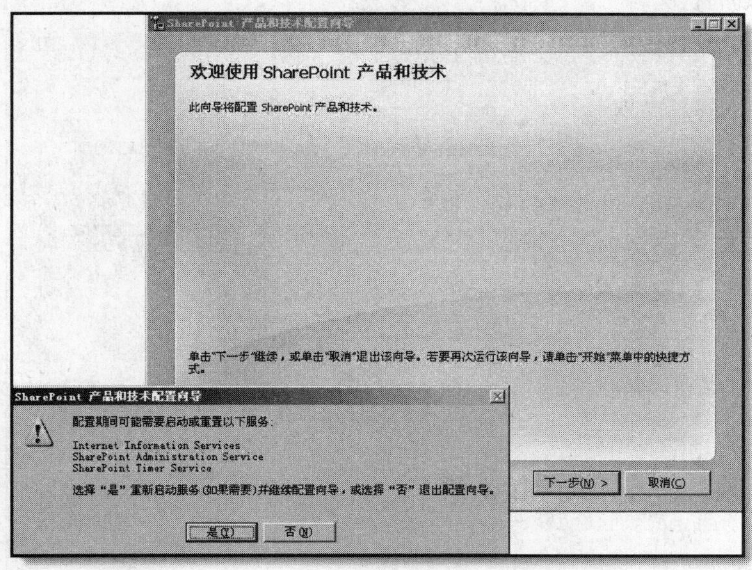

图 1-23　在进入产品及技术设置向导对话框后，单击“下一步”按钮

[6] 在出现“SharePoint 产品和技术配置向导”窗口后，移动鼠标单击 下一步(N) > 按钮，此时系统会出现需要重新启动 IIS 相关服务的提示信息，请单击 是(Y) 按钮，进入【图 1-24】所示页面。

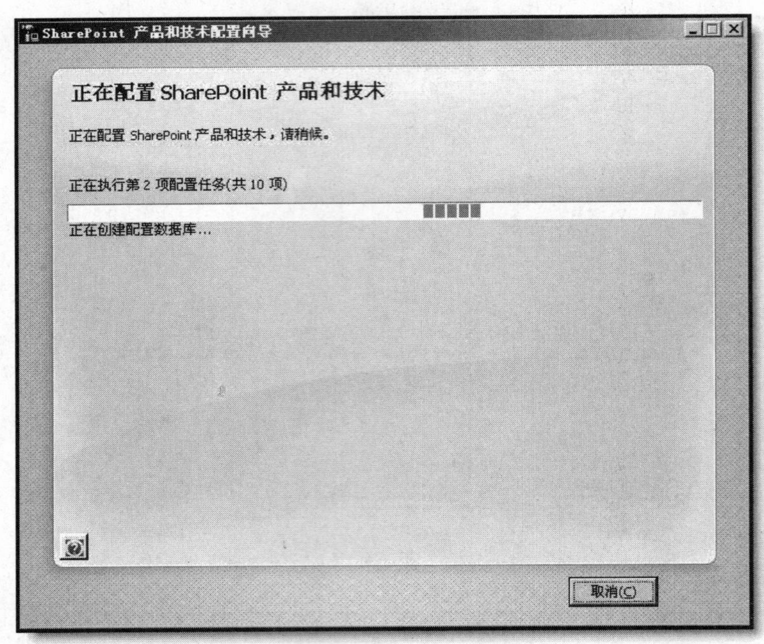

图 1-24　系统进行第二阶段产品和技术配置向导的处理

第二阶段的产品和技术配置向导的处理总共有 10 个环境要创建，会需要比较长的时间，请耐心等待，不要随意在处理的过程中单击“取消”按钮，取消创建。

我们在多次测试安装的过程中发现，关闭此步骤后，立即去执行 SharePoint 产品和技术配置向导的处理，有时会得到安装失败的结果。

在执行第二阶段的处理时，如果产生错误，会出现如【图 1-25】所示的对话框。此时，请先到事件查看器中去查询，看看出现了什么问题。我们从事件查看器的记录中查询，发现通常是由于安装程序在登录新创建的 SQL 服务器环境时，登录验证失败导致安装失败。此状况也可以从设置失败对话框中所提供的信息来判断。故我们大胆假设，因为安装程序在系统刚刚创建起的 SQL 服务器环境下，系统并没有成功地重新启动 SQL 服务，才会造成登录验证的失败，进而造成安装程序没办法继续将数据产生在 SQL 服务器中，最后造成安装设置失败的状况。

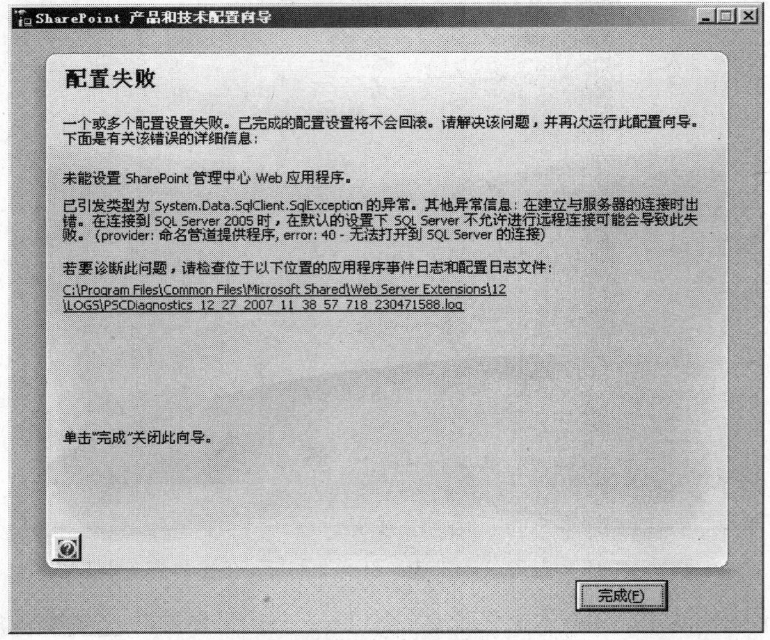

图 1-25　在进行产品和技术配置向导处理的过程中，出现安装失败的情况

那么，要怎样解决呢？我们建议在安装完第一阶段步骤后，将【图 1-21】页面上的“立即运行 SharePoint 产品和技术配置向导”选项的勾选取消，并移动鼠标单击“关闭”按钮。然后回到系统的环境，将服务器重新启动，再用管理员的账户登录，移动鼠标依次单击：“开始”→“Microsoft Office Server”→“SharePoint 产品和技术配置向导”，此时会出现如【图 1-23】的窗口页面，再重新进行配置向导的处理工作，通常都可以成功地完成安装。

在出现如【图 1-26】所示的页面后，先不要急着单击“完成”按钮，此时系统还在非常忙碌的状态，因为即使配置向导在完成以上 10 个设置环境的处理过程后，真正环境的配置处理过程还没有完成，此时，您应该观察硬盘处理的情况，等到显示硬盘数据处理的灯不再这么忙碌的情况下，再单击“完成”按钮。在按下“完成”按钮后，系统会直接打开 SharePoint 3.0 管理中心，就可看到正确的管理中心网页了。

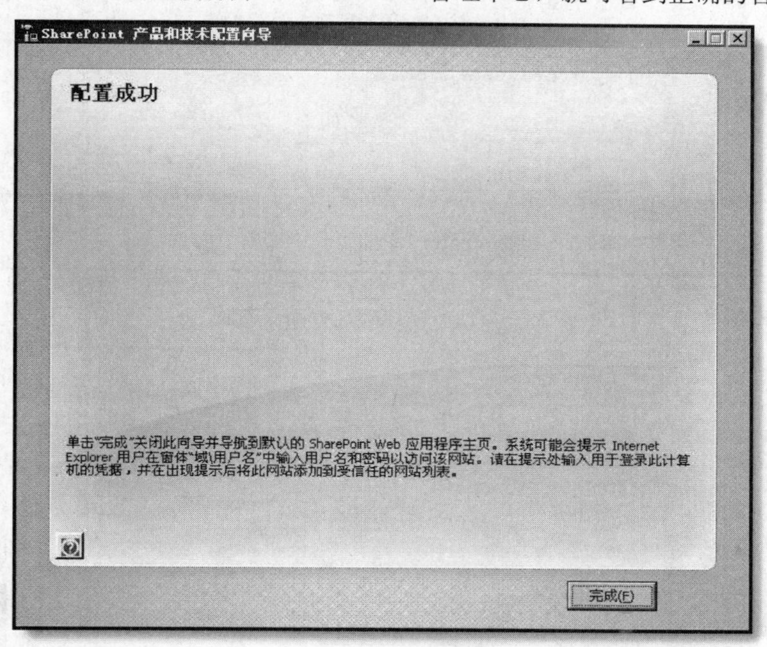

图 1-26　配置向导在成功地完成设置的工作后，会出现的对话框

如果您看到系统所启动的管理中心网页有错误信息，请再稍做等待，关掉错误的页面窗口，再经过一段时间之后，重新依次单击：“开始”→“Microsoft Office Server”→“SharePoint 3.0 管理中心”项目，如果正确地出现管理中心的网页页面，就代表已经成功地将 MOSS 2007 的系统安装完成了。

基本安装后的环境检查

当完成了基本安装后，还需要检查一下在安装 MOSS 2007 系统的服务器上发生了什么样的变化。

1．SharePoint 3.0 管理中心的环境

MOSS 2007 的系统架构在 SharePoint 3.0 的系统架构下，所以要启动 MOSS 2007 的管理中心，就必须单击 SharePoint 3.0 的管理中心。其操作可以鼠标依次单击：“开始”→“所有程序”→“Microsoft Office Server”→“SharePoint 3.0 管理中心”。

若出现 SharePoint 3.0 管理中心的页面，如【图 1-27】所示，代表成功联机到 MOSS 2007 的系统环境中，您可以从管理中心的页面看到所有的环境，包括共享服务管理的环境，都已成功地创建完成，以上例而言，管理中心所使用的网站服务端口号为 9885。

2．由共享服务管理创建的 SharedService1 管理中心

接下来移动鼠标单击在“共享服务管理”下的“SharedService1”项目，如【图 1-28】所示，之后右边的网页页面会切换到共享服务管理中心的设置页面，您要注意的是，此共享服务管理的页面是从另一个服务端口 40644 切入的，这代表了在共享服务管理下所创建的 SharedService1 是另一个提供 MOSS 2007 系统共享服务管理中心的网站虚拟服务器（Web Virtual Server）。

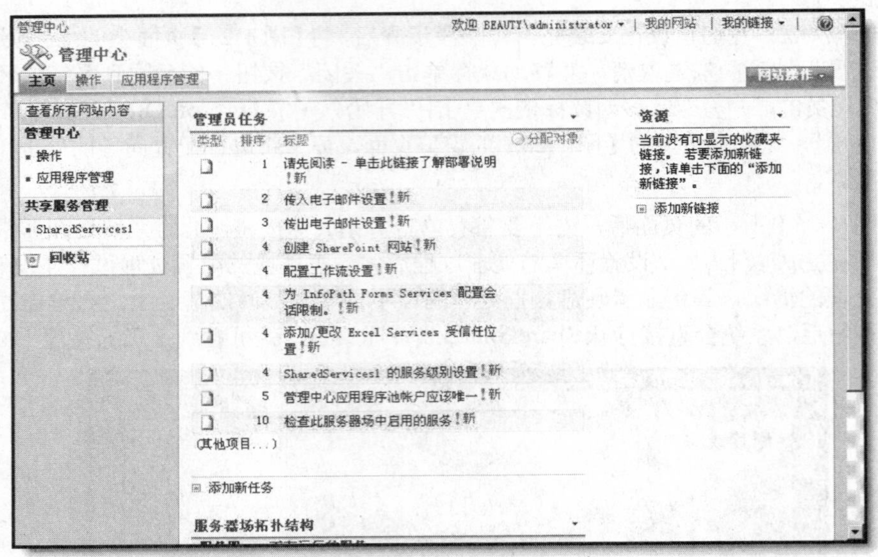

图 1-27　SharePoint 3.0 的管理中心首页页面

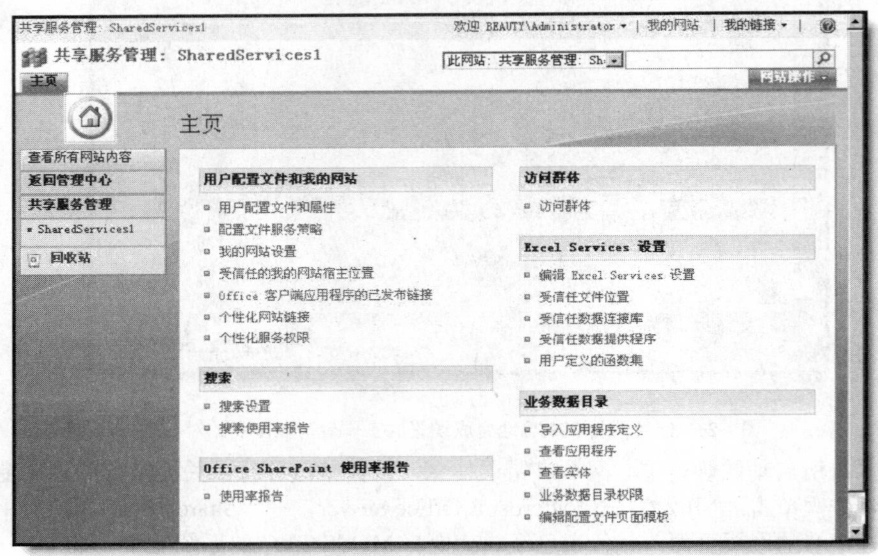

图 1-28　在管理中心下，切换至 SharedService1 的共享服务管理页面

3．检查“我的网站”的创建

“我的网站”是 MOSS 2007 系统提供给每一位用户可以独立使用的网站环境，因此又是另一个独立的网站虚拟服务器，系统默认会创建该网站的环境。要确认“我的网站”环境是否可以正常使用，可以在管理中心下创建 Administrator“我的网站”，以确保“我的网站”创建在系统环境中。

移动鼠标单击在管理中心网页页面右上方的“我的网站”项目，之后系统经过一段的时间处理，将管理员 Administrator 的“我的网站”创建完成，并自动转进 Administrator 账户的“我的网站”网页页面。

从【图 1-29】的网址部分，您可以看到联机的网址没有显示任何的服务端口编号，所以表示“我的网站”是创建在标准的 80 端口号的网站下。另外，还要请您注意的是，Administrator 的网站必须放在 **personal** 的子网站目录下，此子网站目录的名称后面会用到：

http://mossvr/personal/administrator/default.aspx

4．基本型所创建的 SQL 服务器

安装基本型的 MOSS 2007 系统会在本机的环境中安装一个 SQL Server 2005 的简易版本环境，所以在检查安装后的管理环境时，也不要忽略对 SQL 服务器环境的检查工作。请参考【图 1-30】依次单击：“开始”→“所有程序”→“Microsoft SQL Server 2005”→“配置工具”→“SQL Server 配置管理器”。

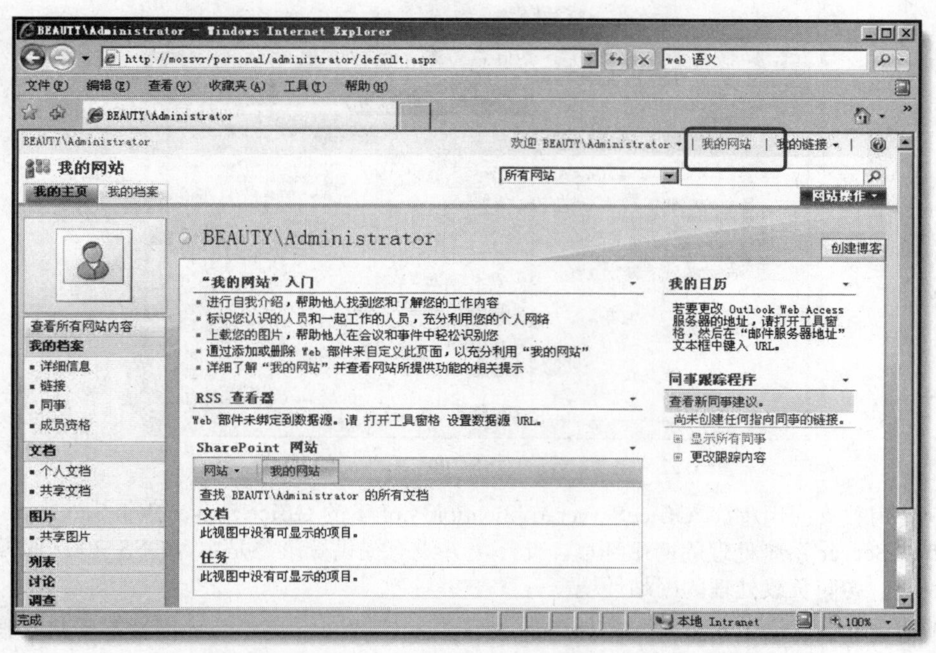

图 1-29　创建 Administrator 账户的"我的网站"环境

图 1-30　选择在"开始"下的"SQL Server 2005"配置管理器

此项表示基本型的安装会在 MOSS 2007 的服务器上安装一个简易型的 SQL 2005 服务器，此种服务器没有提供管理接口，并且只提供给本机系统的应用程序所使用的简易型数据库。

从【图 1-31】中可以看到基本型 MOSS 2007 系统所创建起来的简易版 SQL Server 2005，所使用实体名称叫做 OFFICESERVERS，这个名称你必须要记住，因为在 MOSS 2007 系统开发的环境中，要进行此 SQL 数据库的联机设置时，就会使用这个名称。

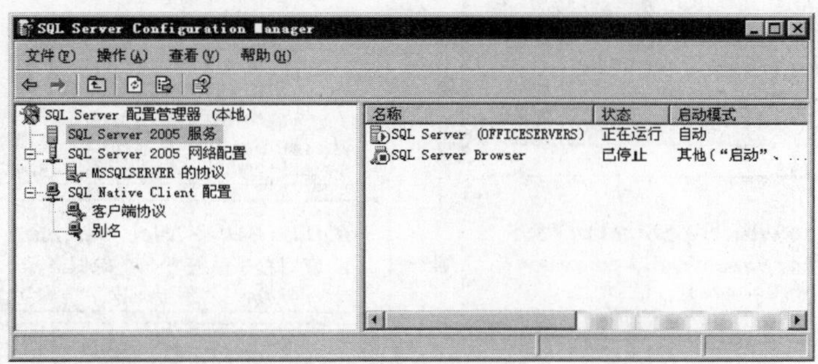

图 1-31　基本型 MOSS 2007 系统所使用的 SQL Server 2005 数据库配置

5．安装后的 IIS 环境

最后我们来到 IIS 的环境中，看一下基本安装的设置工作针对 IIS 环境做了什么样的改变？请移动鼠标依次单击："开始"→"控制面板"→"管理工具"→"Internet 信息服务（IIS）管理器"，看到【图 1-32】所示的界面。

最后我们查看到 IIS 所产生的变化如下：

- 默认的网站将会停用，因为被 MOSS 2007 配置处理程序停止使用。
- 有一个使用独立应用程序 SharePoint Central Administration v3 的 SharePoint Central Administration v3 管理中心网站环境，此环境是为管理员提供的可以进行登录管理的网站环境，所以从前面图中可以看到启动 SharePoint 3.0 管理中心的网站便是此网站。

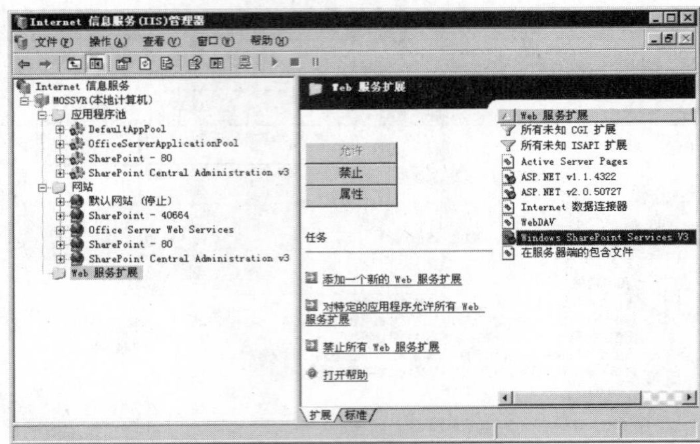

图 1-32 基本安装 MOSS 2007 系统后的 IIS 环境

- 有一个使用独立应用程序 OfficeServerApplicationPool 下的 Office Server Web Services，此环境是提供 Office Server 系统处理的网站环境，此环境并没有提供登录，是由 MOSS 2007 服务系统进行搜索、数组、均衡负载处理的网站环境。
- 有一个使用 SharePoint – 80 应用程序下的 SharePoint – 40644 网站，此网站是为共享服务提供商提供“管理中心”的网站环境，在【图 1-28】单击 SharedServices1 后所出现的管理内容便是链接到此网站上的。
- 最后一个是同样使用 SharePoint – 80 应用程序所创建起 SharePoint – 80 的网站，提供给“我的网站”所使用的网站环境，您可以从【图 1-32】中看到当我们单击到“我的网站”环境下，是链接在标准的 80 端口号的环境下。

根据在 IIS 中所创建的环境，我们将应用程序与网站虚拟服务器的关系列表如【图 1-33】所示。

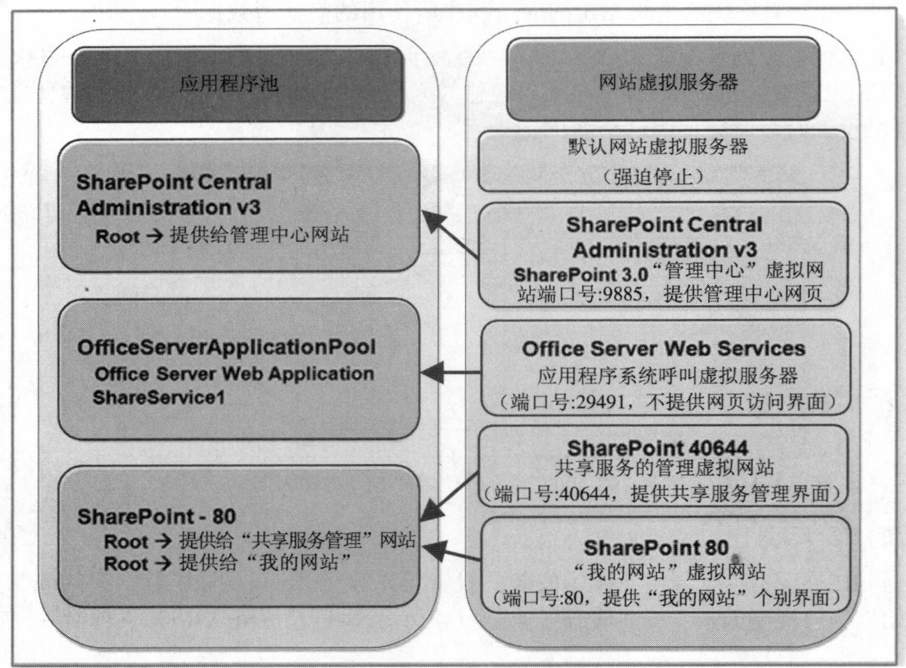

图 1-33 在 IIS 中，应用程序与网站虚拟服务器之间的关系

1.3 MOSS 2007 服务器场系统安装

高级型 MOSS 2007 的安装是提供给大中型企业服务器场的安装，在服务器场的环境下，将不同服务安装在不同服务器上，通过分散负载处理，提供大量用户链接使用。

在这样分散的服务器场中，系统环境必须先行准备已安装好的 SQL 服务器，然后才能安装创建主要的 MOSS 2007 服务器，接下来将提供不同服务的服务器安装到现有服务器场中，最后进行服务器场功能的设置。

在分布式环境中，各服务器会扮演不同的服务角色，为了清楚地说明不同服务角色的服务器，以下列出本书中各服务的服务器名称，以及该服务器所扮演的角色。

- **SQLSVR**：此服务器是提供 SQL 数据库的服务器。
- **MOSSVR**：此服务器是提供主要 MOSS 2007 系统的服务器。
- **SRHSVR**：此服务器是提供 MOSS 2007 搜索服务的服务器。
- **ENTSVR**：此服务器是提供 MOSS 2007 发布网站的服务器。

安装高级型服务器场的环境，其开始步骤如【图 1-17】与【图 1-18】一样，直到进入到【图 1-19】的步骤上，请移动鼠标单击 高级(A) 按钮，进入服务器类型的设置页面，如【图 1-34】所示。

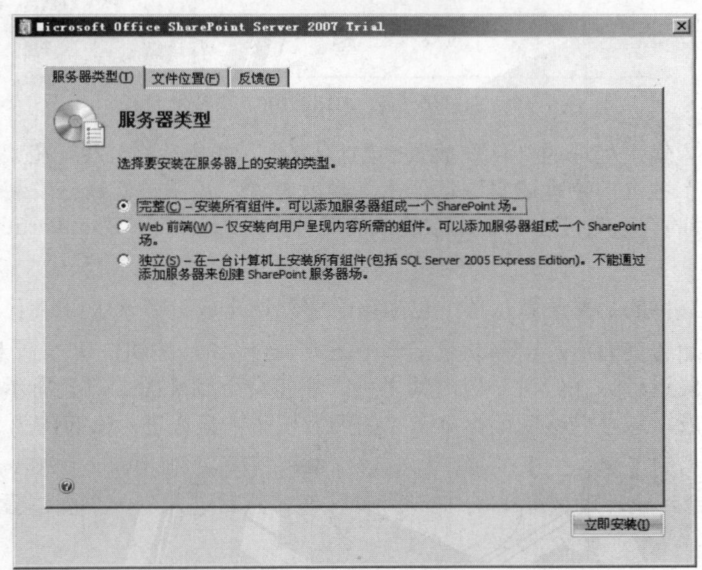

图 1-34　选择“完整”的服务器安装类型

进入【图 1-34】的对话框，可以看到有三个选项卡，一个是选择服务器的类型，一个是指定要安装的文件位置，最后一个是设置是否参加微软反馈。

- 服务器类型的选择

在“服务器类型”的设置页面上共有三种选择：

完整：在创建一个新的服务器场环境时，需要选择此项，如果您的 SQL 服务器是使用已存在的服务器环境，在创建第一台 MOSS 2007 的服务器时就必须选择此项。

Web 前端：如果在服务器场的环境中已经将第一台 MOSS 2007 服务器安装完成，为了要提供前端门户网站的服务器环境，可以选择此项，但在此阶段是不能选择此项的。

独立：这是系统进入此页面后默认的选项。此安装与前面基本型安装的选择一样，会在本机环境中创建简易的数据库环境，所以如果此主机已经有 SQL 数据库，则不能选择此项。

- 文件位置的选择

当单击“文件位置”选项卡后，则会出现如【图 1-35】所示的页面，这个页面主要是设置安装 MOSS 2007 系统环境文件路径的位置。

第一个字段是安装 MOSS 2007 系统的指定目录，默认值是在“C:\Program Files\Microsoft Office Servers”目录下，所有 MOSS 2007 系统所需要使用的系统组件，包括网站所需要使用到的网站组件，都会安装在此路径的文件夹下，所以请记住此路径。

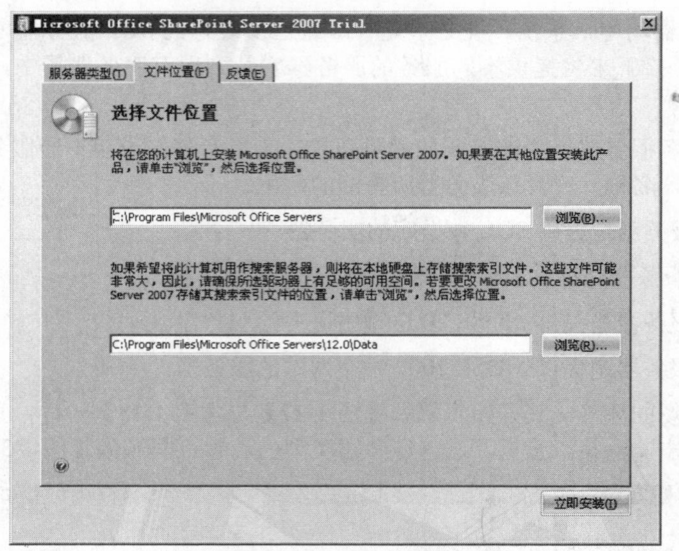

图 1-35 选择要安装 MOSS 2007 系统的目录

第二个字段则是设置索引处理的文件要放置的磁盘位置。如果再考虑系统在索引处理能力上的提升，建议将此路径设置到一个独立的物理磁盘驱动器上（也就是说，该服务器最好安装两个以上的物理磁盘驱动器），以提升索引处理的存取效能，不要跟系统或启动分区（System or Boot Partition）放在同一个磁盘环境下。

除此之外，如果您选择的是系统默认值，也应该了解默认是放在哪一个目录下。

在设置好以上两项配置页面后，请移动鼠标单击下方 立即安装(I) 按钮，进入到【图1-20】所示的页面，进行安装处理的第一阶段过程。在经过一段时间之后，您将会看到【图 1-21】所示的页面，这代表了第一阶段的安装处理已经完成，您可以移动鼠标单击“关闭”按钮，直接进入安装的第二阶段。

第二阶段一开始，如同【图 1-23】一样，移动鼠标单击 下一步(N) > 按钮，接下来会出现一个“系统会停止 IIS 服务”的警告信息，请移动鼠标单击 是(Y) 按钮，然后进入下一个创建服务器场的设置页面，如【图 1-36】所示。

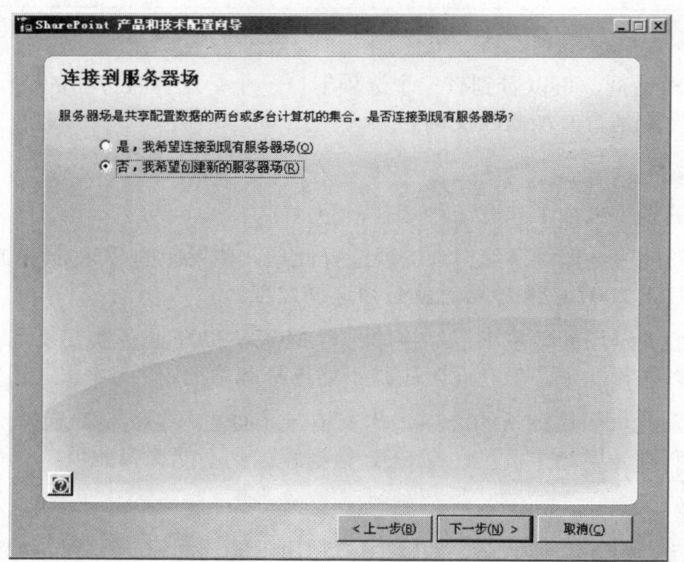

图 1-36 要创建一个新的服务器场环境，要选第二项

在“连接到服务器场”的设置页面上，选择是要创建一个新的服务器场环境，还是要新增一台服务器到已经存在的服务器场环境。以目前的例子来说，是要创建一个新的服务器场环境，所以要勾选第二项，“否，我希望创建新的服务器场”，然后移动鼠标单击 下一步(N) > 按钮，进入【图 1-37】所示数据库选择的设置页面。

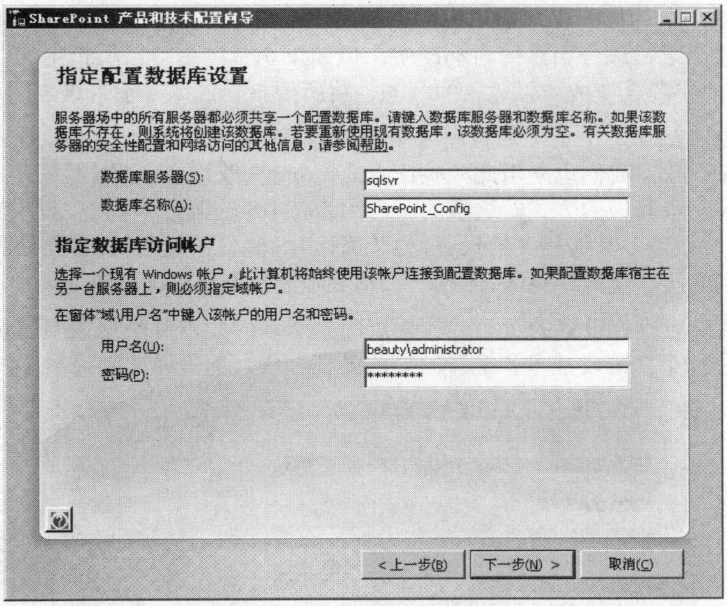

图 1-37　设置与数据库连接的服务器名称与登录验证的账户及密码

在“指定配置数据库设置”项目下面，要指定连接的 SQL 数据库服务器名称，以及 MOSS 2007 系统需要创建的设置环境数据库名称，系统默认的名称为 SharePoint_Config，除此之外，还必须设置可以访问 SQL 数据库的访问验证账户及密码（本练习采用的账号是 Beauty\ Administrator）。设置完成后，单击 下一步(N) > 按钮。

如果 SQL 数据库联机的设置出现了【图 1-38】所示错误信息的话，代表了您所设置的数据库名称在 SQL 服务器上已经存在，所以必须先到 SQL 服务器上将重复的数据库名称删除，才可以继续往下进行，打开如【图 1-39】所示的“配置 SharePoint 管理中心 Web 应用程序”。

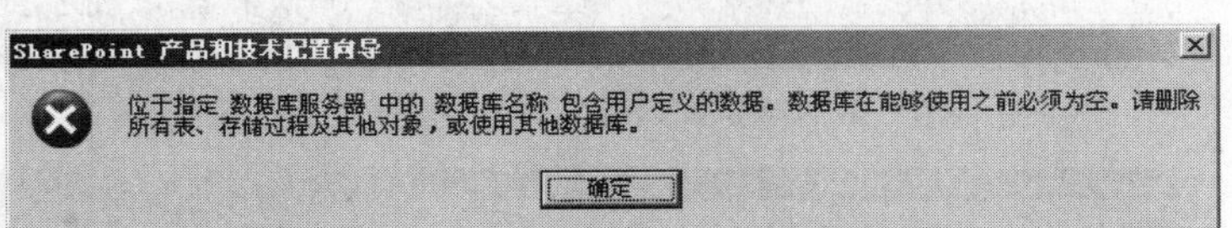

图 1-38　如果出现以上的信息，代表所设置的数据库名称是重复的

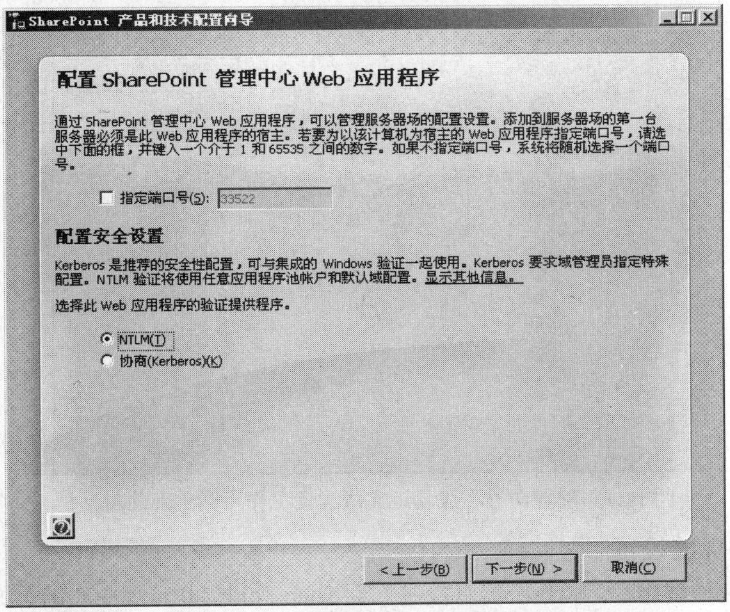

图 1-39　配置 SharePoint 管理中心所要使用的端口号与验证方式

在“配置 SharePoint 管理中心 Web 应用程序”页面上，第一个部分是配置管理中心的网站虚拟服务器所要使用的端口号，这个端口编号由系统自动产生，但如果您希望用自己所指定的端口号，可以勾选“指定端口号”，此时旁边的字段会变成可以输入的状态，将所要指定的编号输入进去即可。

第二个部分则是设置在 IIS 中的应用程序区中创建的应用程序所要使用的验证方式是哪一种。系统默认是使用 NTLM 的验证方式，我们也采用此种验证方式来处理。或许您会问，不是有 AD 局域网的环境吗？为什么不用交涉（Kerberos）验证的方式？这里的考虑因为在 IIS 的服务环境中，要设置使用交涉（Kerberos）验证的方式，还必须额外做许多其他相关的设置，为了简化 IIS 验证的处理机制，此处我们暂时先采用 NTLM 的验证方式，日后说到高级环境时，再来详细说明 IIS 的交涉（Kerberos）验证处理机制。

【图 1-40】是系统最后检查设置的页面，如果页面上所示的配置都是您需要的设置，请移动鼠标单击 下一步(N) > 按钮，开始进行第二阶段技术和配置向导的处理过程。配置成功则显示【图 1-41】所示对话框。

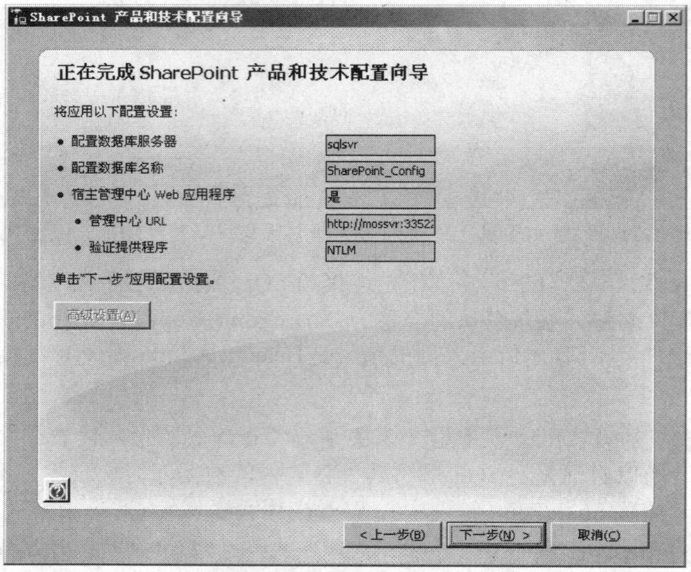

SharePoint 产品和技术配置向导

正在完成 SharePoint 产品和技术配置向导

将应用以下配置设置：

- 配置数据库服务器 sqlsvr
- 配置数据库名称 SharePoint_Config
- 宿主管理中心 Web 应用程序 是
  - 管理中心 URL http://mossvr:3352
  - 验证提供程序 NTLM

单击“下一步”应用配置设置。

高级设置(A)

< 上一步(B) 下一步(N) > 取消(C)

图 1-40　最后确定高级配置项目的内容是否正确

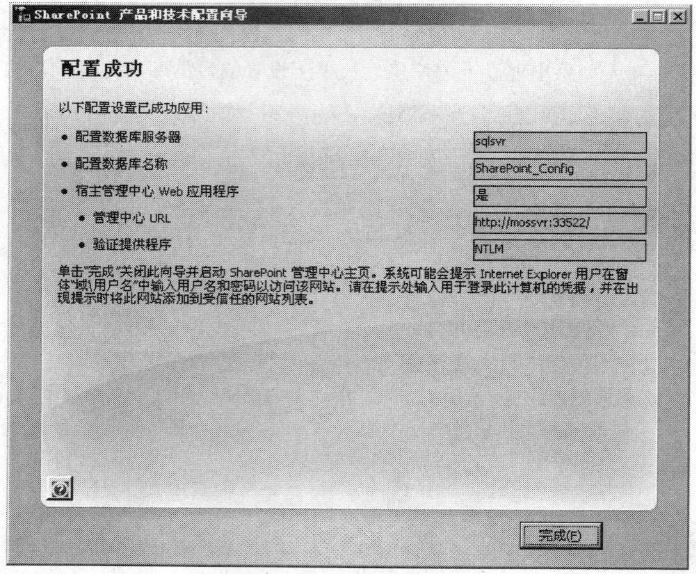

图 1-41　配置向导在成功地完成设置工作后会出现的对话框

安装后的服务器环境设置

在完成高级的安装处理过程后，系统会直接进入到 SharePoint 3.0 管理中心的页面，此时的服务器系统环境比基本安装的系统环境还要简洁，请比较【图1-27】与【图1-42】。我们不妨也看一下，高级安装后的 IIS 环境与基本安装后的 IIS 环境，互相比较一下不同的地方。

比较基本安装环境与高级安装环境的不同，可以发现基本安装是将所有需要使用的基本环境都在系统默认的状态下安装配置起来，而高级安装只创建 SharePoint 3.0 的基本环境，至于高级性 MOSS 2007 的系统环境，并没有全部设置完成。从【图1-42】可以看出，高级型的安装只提供基本 SharePoint 3.0 管理中心的环境，在进入到 SharePoint 3.0 管理中心的环境后，在首页的左上方，会出现服务器场设置未完成的警示信息，并在页面的右边显示管理员还要继续完成的工作项目。

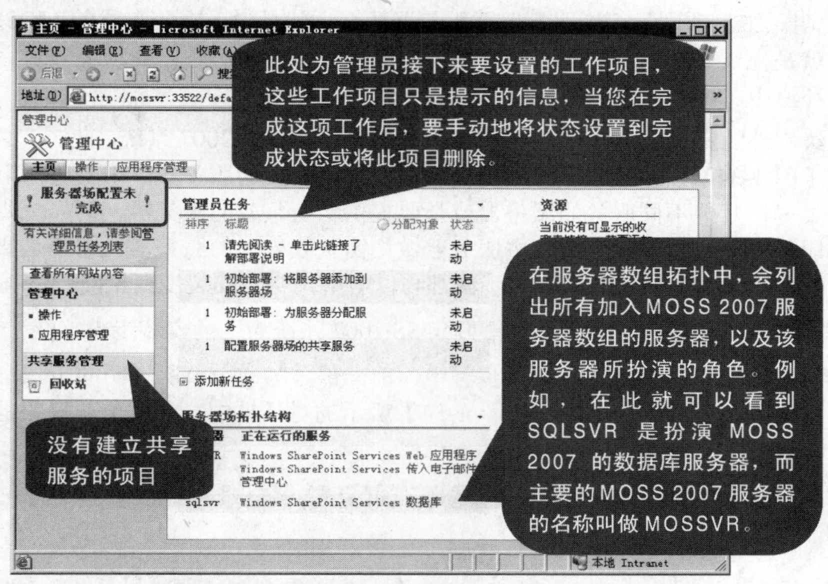

图1-42　高级安装后的管理中心环境，还缺少共享服务管理下的创建项目

在【图 1-42】的页面中，可以看到管理中心的左边显示着服务器场设置未完成的字样，在中间的页面分成上下两部分，上面管理员任务表示在高级安装完成后，还有哪些工作需要完成。下面服务器场拓扑结构表示已经加入 MOSS 2007 系统的服务器有哪些。其中包括了安装主要的 MOSS 2007 服务器 MOSSVR，以及 MOSS 2007 所指定的 SQLSVR 数据库服务器。在高级安装的过程完成后，系统并不会创建 MOSS 2007 中所需要的共享服务项目，也不会创建“我的网站”环境，这是因为在服务器场的环境中，所指定的“共享服务”或是“我的网站”都可能会被创建在不同的服务器上，所以高级的安装并不会自动地创建这些环境，这些环境都必须由管理员依照所规划的 MOSS 2007 环境来创建所需要的“共享服务”与“我的网站”环境。

【图 1-43】所示的 IIS 管理控制台页面中，可以看到与基本安装的环境相比，在应用程序池中，少了一个应用程序（提供给共享服务管理及“我的网站”所使用的应用程序）。在网站虚拟服务器上，少了两个网站虚拟服务器，也就是少了在基本安装环境下，应用程序池中的 SharePoint - 80，以及共享服务管理的网站虚拟服务器和“我的网站”的网站虚拟服务器。

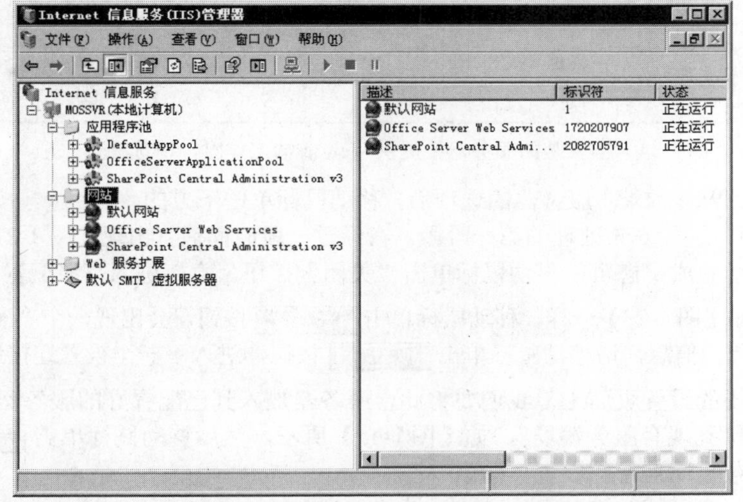

图1-43　在完成高级安装设置后，IIS 管理环境中所产生的变化

1.4 将 MOSS 2007 服务器加入现有服务器场

前一节说明创建新的 MOSS 2007 服务器场的环境后，在 SharePoint 3.0 管理中心首页上显示的管理员工作中，第一项工作是了解 MOSS 2007 系统部署的说明，您可以单击这个项目其中的内容，了解一下 MOSS 2007 的部署说明。第二项则是新增服务器至服务器场，也就是说，在分布式的 MOSS 2007 系统环境下，如果初期规划就是提供分散的服务器环境，系统建议您先将所有服务器的环境安装完成后，加入到已创建的服务器场的环境中，再进行服务器环境的设置。

所以在高级安装的第二项工作是在其他服务器上安装 MOSS 2007 系统。此时，必须区分一下增加的服务器（请参考【图 1-34】），如果该服务器是提供创建前端网页的服务器，则要选择第二个（Web 前端）项目，但是如果要提供其他不同服务的服务器或是要提供均衡负载的服务器，例如，要将数据索引搜索服务分开到不同的服务器下或是要多一台与主服务器做均衡负载处理的服务器，则还是要选择第一种（完整）的安装方法。除此之外，在安装时其他的步骤都与以下所说明的安装步骤相同。

以下所说明的是以创建一个 Web 前端的 MOSS 2007 系统为主的安装步骤。

在安装 Web 前端 MOSS 2007 系统的步骤中，前一部分与前一节所说明的步骤一直到【图 1-34】所示的对话框都一样，故在此不再赘述。在【图 1-34】所示的对话框中，我们要选择的是第二项：Web 前端，如【图 1-44】所示。

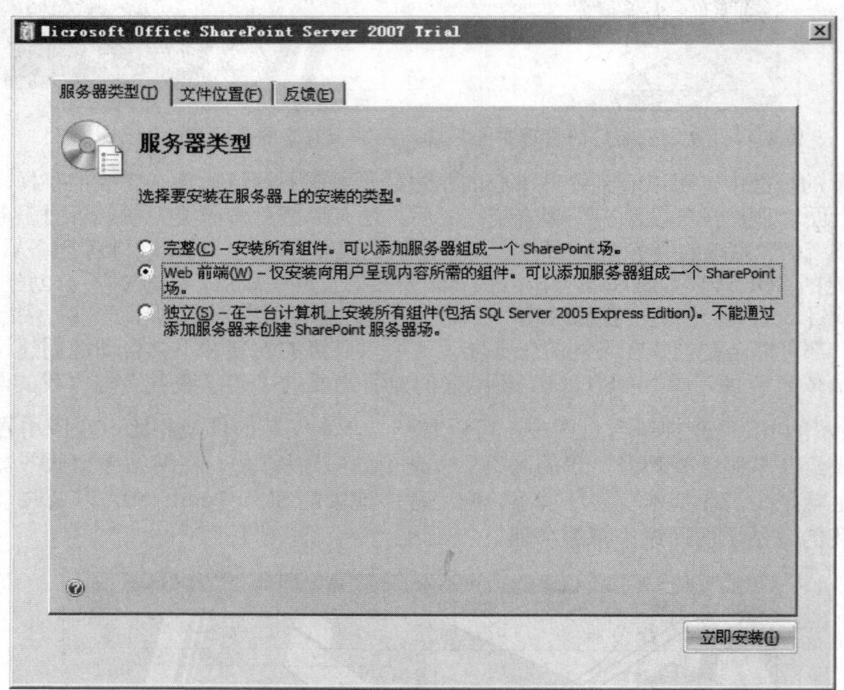

图 1-44　当安装的服务器要提供 Web 前端工作时，请选择第二项

在选择了第二项“Web 前端”服务器的选项后，移动鼠标单击下方的 立即安装(I) 按钮，之后系统会进入【图 1-20】所示的页面，进行安装处理的第一阶段。在经过一段时间后，出现【图 1-21】所示的页面，表示第一阶段安装处理已经完成，您可以移动鼠标单击“关闭”按钮，直接进入高级配置安装的第二阶段。

第二阶段一开始如【图 1-23】一样，移动鼠标单击 下一步(N) > 按钮，会出现一个“配置期间可能需要启动或重置以下服务”的警告信息，请移动鼠标单击 是(Y) 按钮，进入下一个设置连接服务器场的页面。

在连接到服务器场的设置页面上，我们要将此台服务器加入到已配置好的服务器场中，所以请勾选第一项“是，我希望连接到现有服务器场”，如【图 1-45】所示，然后移动鼠标单击 下一步(N) > 按钮，进入下一个【图 1-46】所示数据库连接的设置页面。

在进入“指定配置数据库设置”的界面后，此处设置与前面一节所说明的设置就不一样了，其原因是前面的安装过程将所需要的服务器场环境配置起来了，相对的，在服务器场上所使用的数据库也创建起来了，故此处要做的是选择正确的数据库服务器，将此服务器的数据存放到该数据库服务器中。

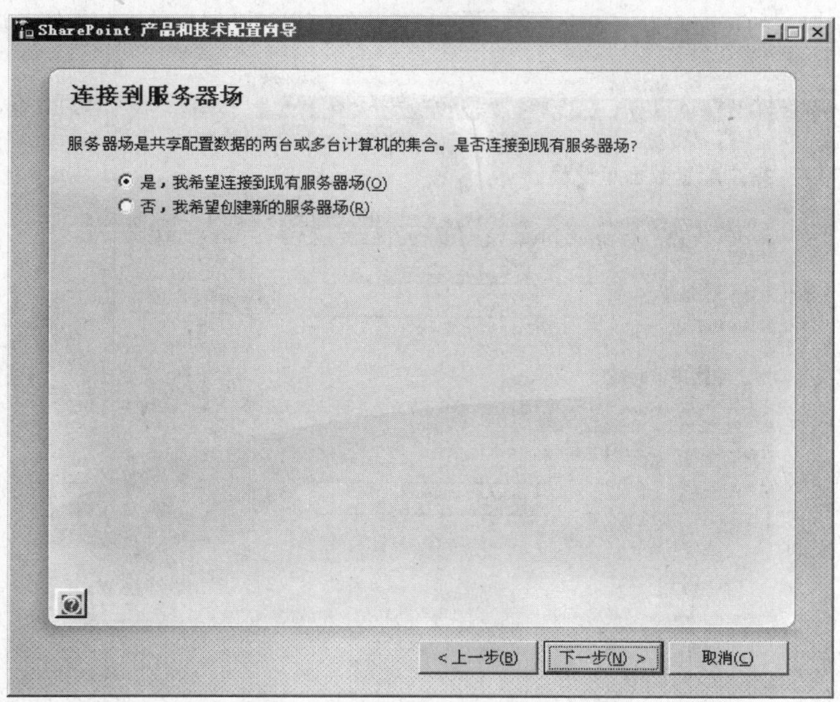

图 1-45　如果安装的服务器要加入到现有的服务器场中，则要选择第一项

如【图 1-46】所示，在“数据库服务器”字段上，输入前一节所指定的“SQLSVR”，并单击 检索数据库名称(R) 按钮。接下来，系统会通过网络连接到数据库服务器上，寻找 MOSS 2007 设置的服务器场数据库，如果成功找到，就会将之前所设置的数据库名称与所使用的管理员账户显示在以下的字段上。

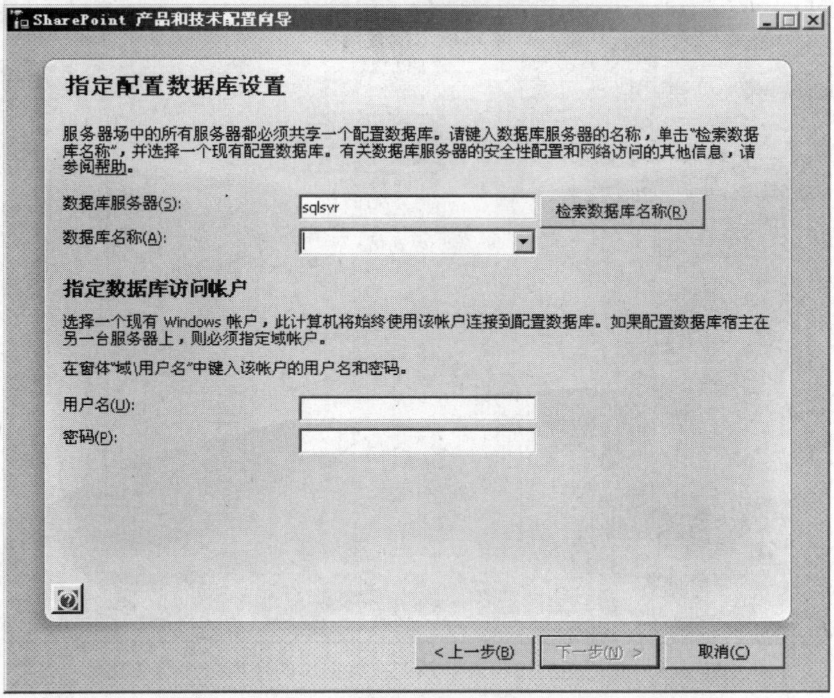

SharePoint 产品和技术配置向导

指定配置数据库设置

服务器场中的所有服务器都必须共享一个配置数据库。请键入数据库服务器的名称，单击“检索数据库名称”，并选择一个现有配置数据库。有关数据库服务器的安全性配置和网络访问的其他信息，请参阅帮助。

数据库服务器(S): sqlsvr　检索数据库名称(R)

数据库名称(A):

指定数据库访问帐户

选择一个现有 Windows 帐户，此计算机将始终使用该帐户连接到配置数据库。如果配置数据库宿主在另一台服务器上，则必须指定域帐户。

在窗体“域\用户名”中键入该帐户的用户名和密码。

用户名(U):

密码(P):

< 上一步(B)　下一步(N) >　取消(C)

图 1-46　请在数据库服务器的字段上输入数据库服务器的名称

如【图 1-47】所示，系统成功在 SQLSVR 数据库服务器上找到之前服务器场系统所创建的 **SharePoint_Config** 数据库，同时也会将当时所设置的管理员账户显示出来，其中唯一没有数据内容的字段，就是“密码”，您必须输入管理员账户的密码，完成后移动鼠标单击 下一步(N) > 按钮，经过处理后，出现如【图 1-48】所示的页面，表示已经注册成功。

在【图 1-48】所示的页面左方有一个 高级设置(A) 按钮，您可以移动鼠标单击此按钮，进入“高级设置”的页面。

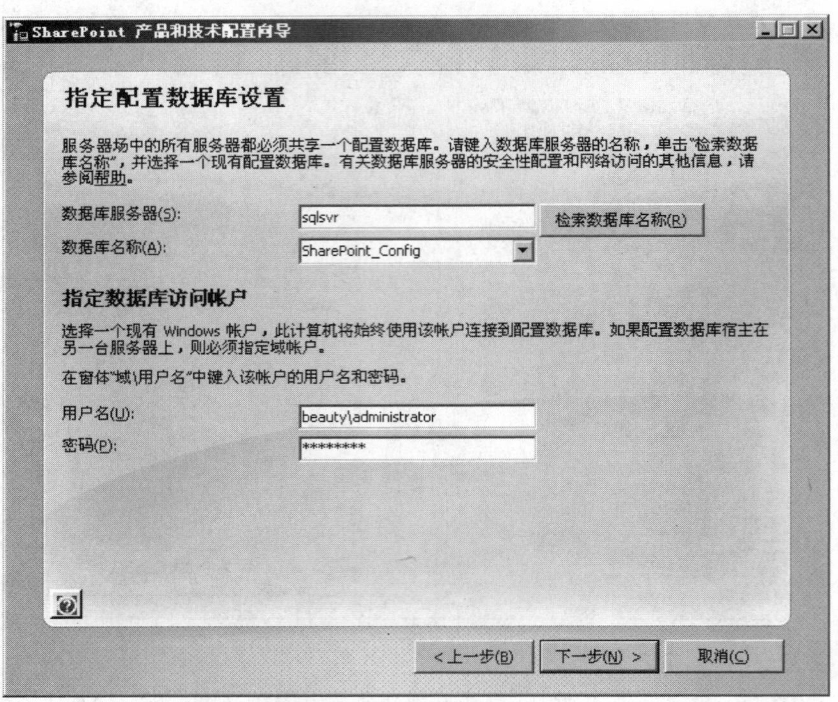

图 1-47　系统在找到服务器场的数据库后，请输入管理员账户的密码

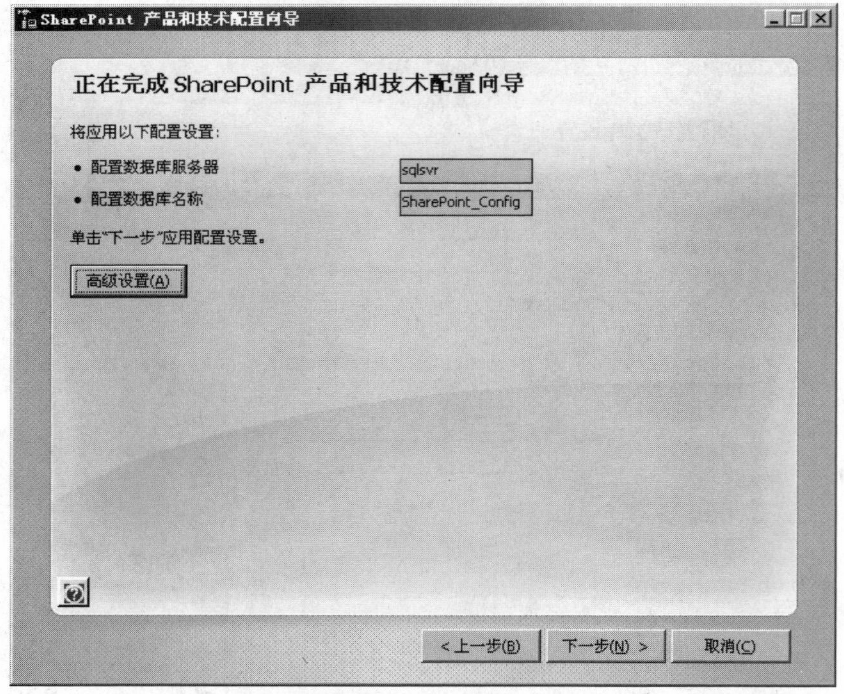

图 1-48　此页面的出现表示系统在数据库的环境中注册成功

在“高级设置”中可以设置是否要在此台服务器上创建 SharePoint 3.0 的管理中心网站，如果是属于同一组服务器场，系统不建议您再创建一个新的管理中心，所以通常选择的是第一项“不将此计算机用作网站的宿主”，如【图 1-49】所示，设置好后移动鼠标单击 确定(O) 按钮，回到原来的页面上，移动鼠标单击 下一步(N) > 按钮。

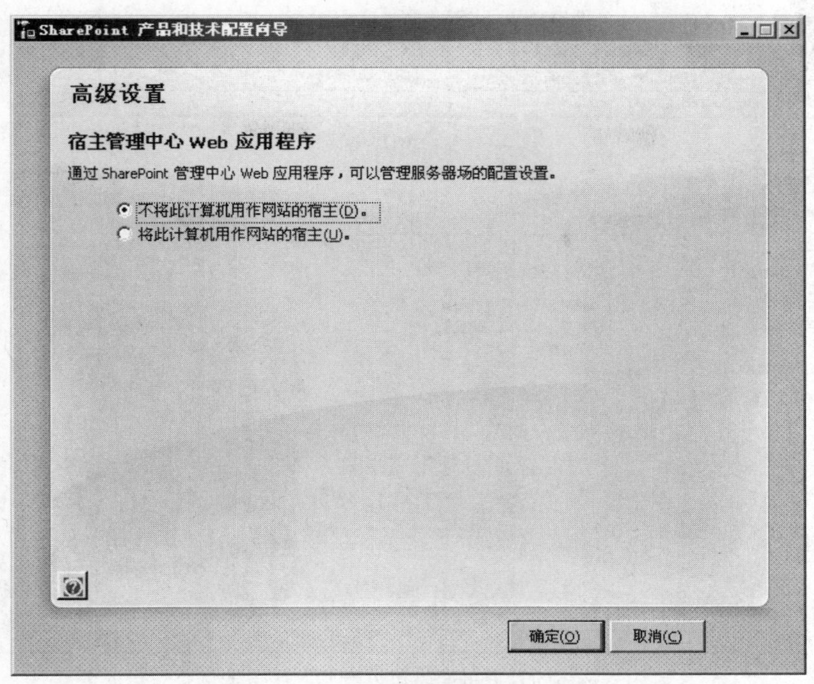

图 1-49 服务器场的高级设置

此时系统开始进行第二阶段的设置，要稍等一下，系统出现【图 1-50】所示的页面，表示完成此服务器的安装。进入安装后的管理页面，可以看到如【图 1-51】所示页面。

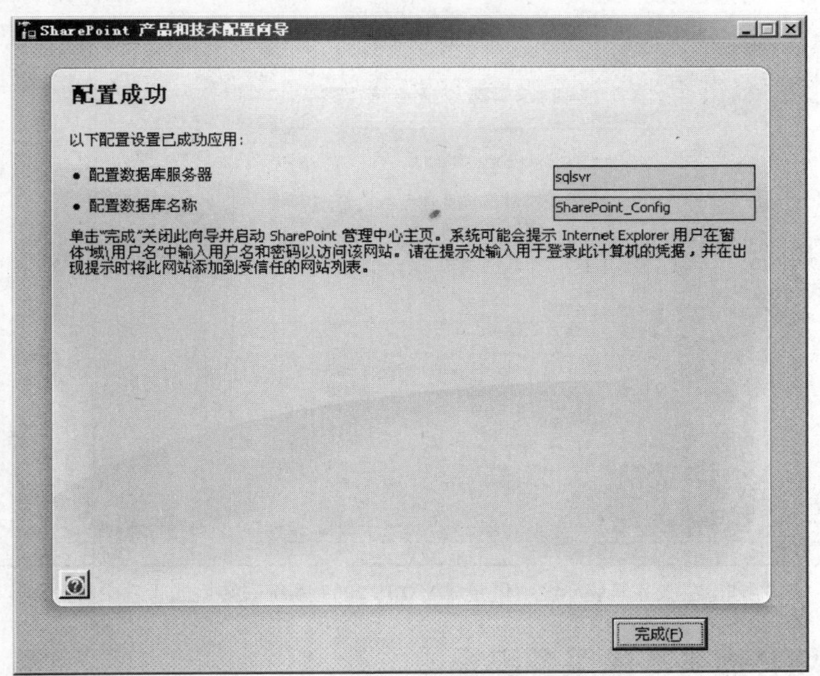

图 1-50 成功地将一台 Web 前端的服务器加入到 MOSS 2007 的服务器场中

在本书所举的服务器场架构中，还有一台分散服务器是提供搜索索引服务的服务器，通过以上说明，来进行此服务器的安装，此服务器在设置上唯一不同的地方是在选择服务器种类时，选择第一个（完整）选项。

完成此服务器的安装后，可以看到 MOSS 2007 服务器场系统环境共有 4 台服务器，这 4 台分别是主要的 MOSS 2007 服务器（MOSSVR）、数据库服务器（SQLSVR）、Web 前端服务器（ENTSVR），以及数据搜索索引服务器（SRHSVR），如图【图 1-52】所示。除此之外，在整个 MOSS 2007 系统的运作网络环境中，也别忘了还有 AD 域控制器与 Exchange 服务整合在一起的服务器（DCEX）。

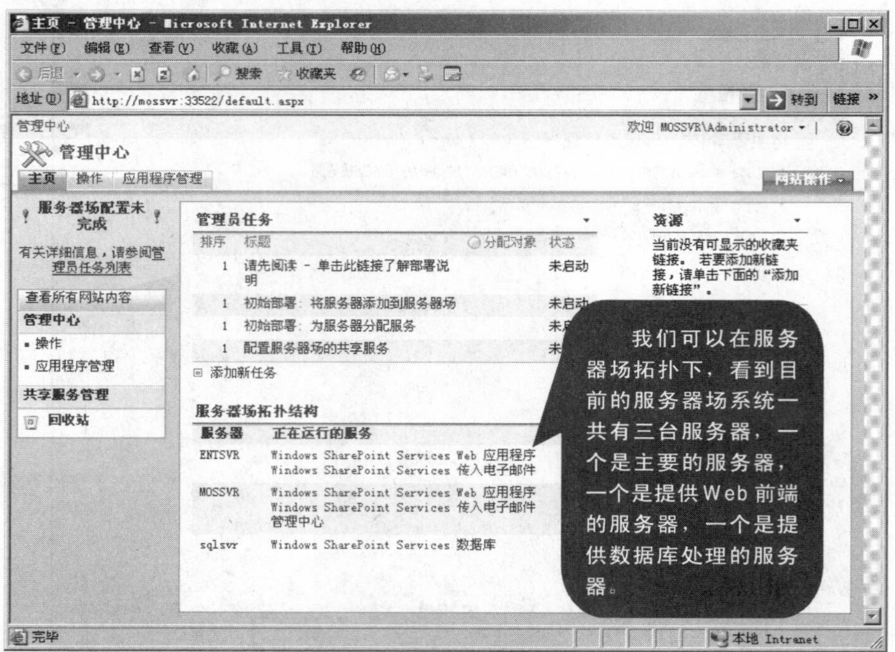

图 1-51　进入安装后的管理页面，可以看到此服务器场有三台服务器

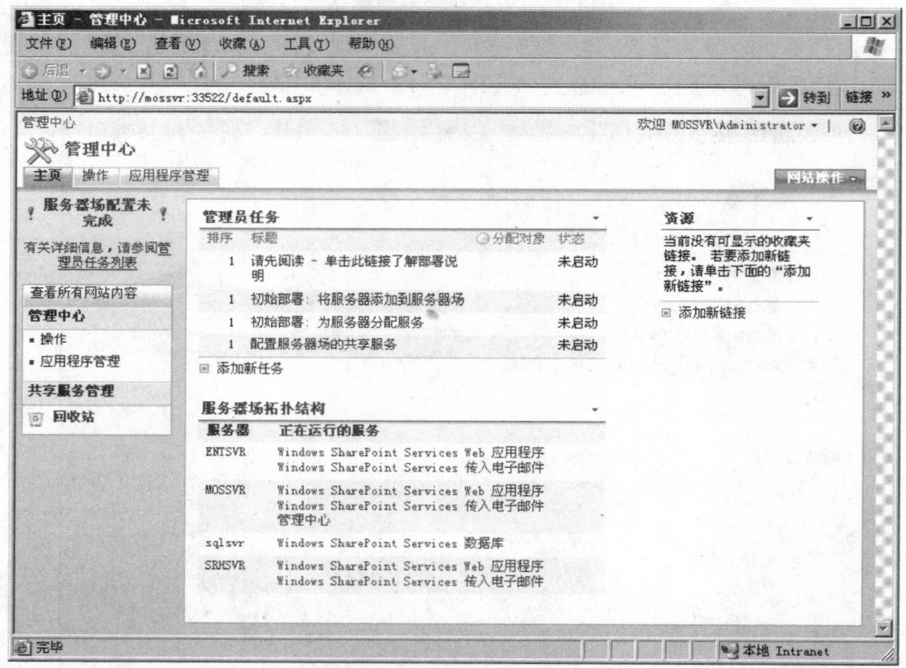

图 1-52　在服务器场环境中，完成 MOSS 2007 系统安装后的管理中心页面

1.5　服务器场各服务器的服务配置

在 MOSS 2007 的服务器场环境中，将所需要的服务器都安装完成后，就完成了安装配置的第二个步骤，接下来进入安装配置的第三个步骤，进行各服务器上服务的启动与设置。

选择设置各服务器上的服务，可以直接在 SharePoint 3.0 管理中心首页上单击第三项“初始部署：为服务器分配服务”，进入此项管理工作后，移动鼠标再次单击此名称项目，切换到真正要设置的页面，您也可以直接单击在左边“管理中心”下方的“操作”项目，在右边页面出现“操作”的设置页面后，单击“拓扑与服务”区块下的“服务器上的服务”项目。

以上这两种方式都会进入到【图 1-53】所示的“服务器上的服务”设置页面，在“服务器上的服务”

页面上，可以分成三个部分来看，第一个部分是服务器的选择，当您要设置不同服务器上的服务功能时，可以单击服务器字段右边的向下按钮，此时会出现“更改服务器”选项，在单击该项目后，会进入到选择服务器名称的选择页面，单击所要进入的服务器名称，再回到服务设置的页面时，就会变成所要的服务器的服务设置环境。举例来说，【图 1-54】所示的便是我们将 MOSSVR 服务器服务设置页面切换到 ENTSVR 服务器的设置环境的过程。

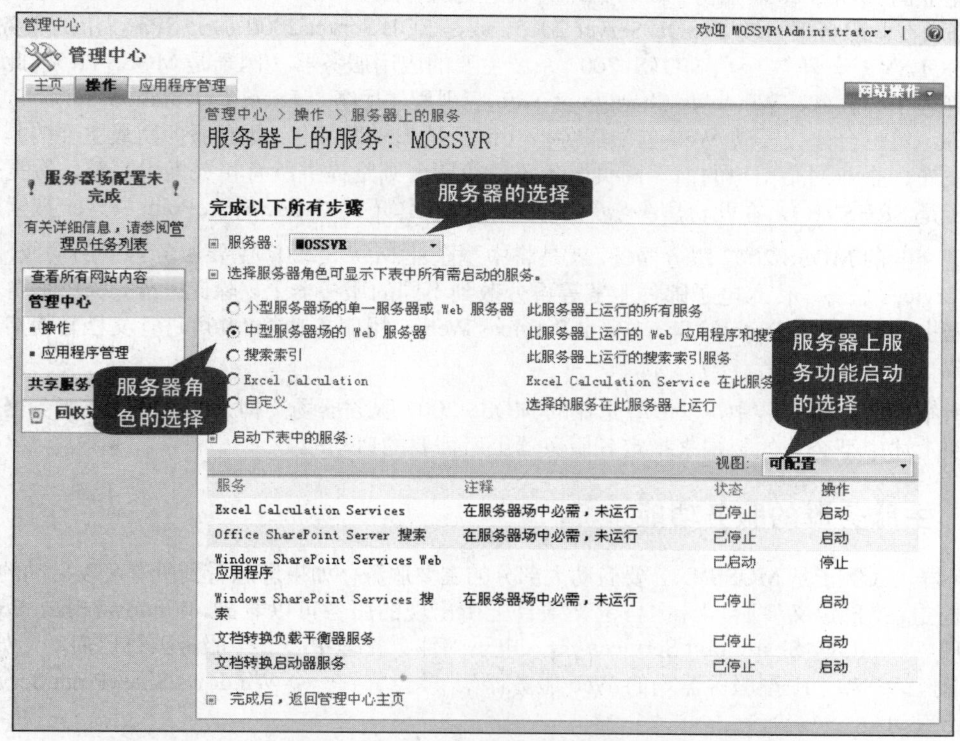

图 1-53　进入设置服务器场环境下，在各服务器上所需要启动的服务

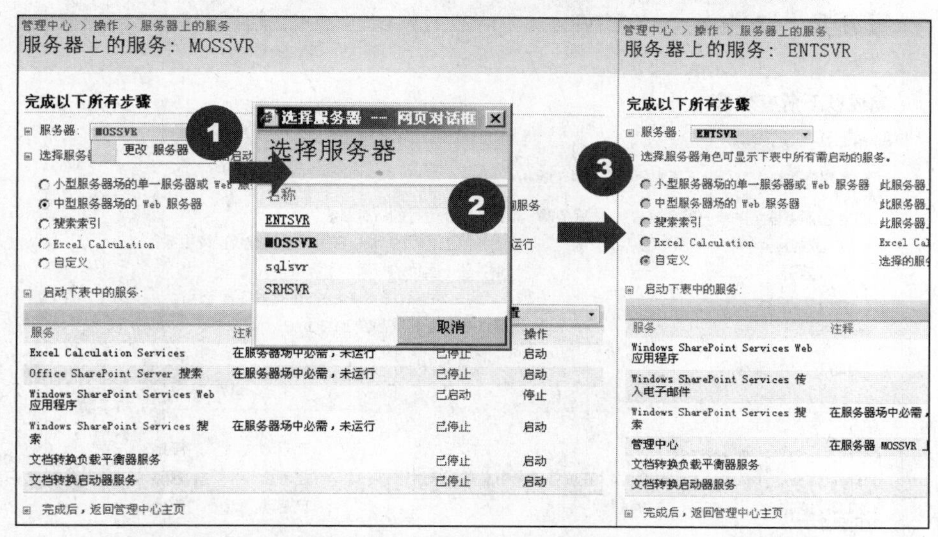

图 1-54　通过单击不同的服务器名称，切换到不同服务器下的服务设置环境

“服务器上的服务”第二部分是服务器角色的选择，其中可以选择的项目共有 5 个，系统默认会停在第二个选项上（中型服务器场的 Web 服务器），您可以移动鼠标分别单击其他角色选项，下方的服务项目会根据选择的角色改变成不同的内容。举例来说，当您单击“搜索索引”角色选项时，下方服务只会出现“Office SharePoint Server 搜索”的服务项目。

角色项目的选择主要是提供给您区别各服务器角色应该有的服务功能，当您选到自定义项目时，系统则会将所有服务项目都显示出来。

在 MOSS 2007 服务器场中的设置其实是依照企业所提供的系统环境来区分为小、中、大的服务器场环境。如果为小型企业环境，表示是在同一台服务器上提供 MOSS 2007 需要的所有服务，其中包括数据库服务、MOSS 2007 应用程序服务、搜索服务、Excel 计算服务等。这些都安装在一台服务器上，此时就可以选择第一项（小型服务器场的单一服务器或 Web 服务器）。

对中型企业的 MOSS 2007 服务器场，系统建议您把服务器分成四部分，第一台服务器是提供数据库的服务器，您可以在此服务器上安装 SQL Server 2005，或是 SQL Server 2000 加上 SP3 以上的服务器环境（我们的例子是 SQLSVR），第二台是 MOSS 2007 系统主要的应用服务器（例子是 MOSSVR），此台服务器上会安装主要管理中心服务、Windows SharePoint Web 应用程序服务、Excel Calculation Services 服务、传入电子邮件服务，第三台建议安装 Web 前端服务器（例子是 ENTSVR），此台服务器最主要的是提供内网或外网的网页发布、企业网站门户的前端网页服务器，第四台则是提供所有相关索引汇整、数据查询的搜索服务器（例子是 SRHSVR），在此台服务器上会安装共同操作下的 Office SharePoint Server 搜索服务功能。

对于大型企业的 MOSS 2007 服务器场，就是将中型企业 MOSS 2007 主要服务器中的功能，例如，Excel Calculation Services 服务、传入电子邮件服务等再分散到不同的服务器上，除此之外，大型服务器场还可以在多台服务器上同时提供 Windows SharePoint Services Web 应用服务功能，并可进行文档转换启动器服务与文档转换负载平衡器服务。

在我们所举例的高级安装中，以中型企业的 MOSS 2007 服务器场架构为主，所以在服务器上启动服务功能，会依照上述中型企业的架构来指定各服务器上所需要的启动服务。

1.5.1 主服务器的服务功能

在主服务器上（例子是 MOSSVR）要启动大部分的主要服务，如果您想看到所有可以启动的服务，可以将角色选项选定在“自定义”项目上，在自定义项目上所出现的服务可以看到，Windows SharePoint Services Web 应用程序、Windows SharePoint Services 传入电子邮件、管理中心三个服务项目已启动，如【图 1-55】所示。如果选择第二项“中型服务器场的 Web 服务器”，只会看到一个 Windows SharePoint Services Web 应用程序服务已启动。

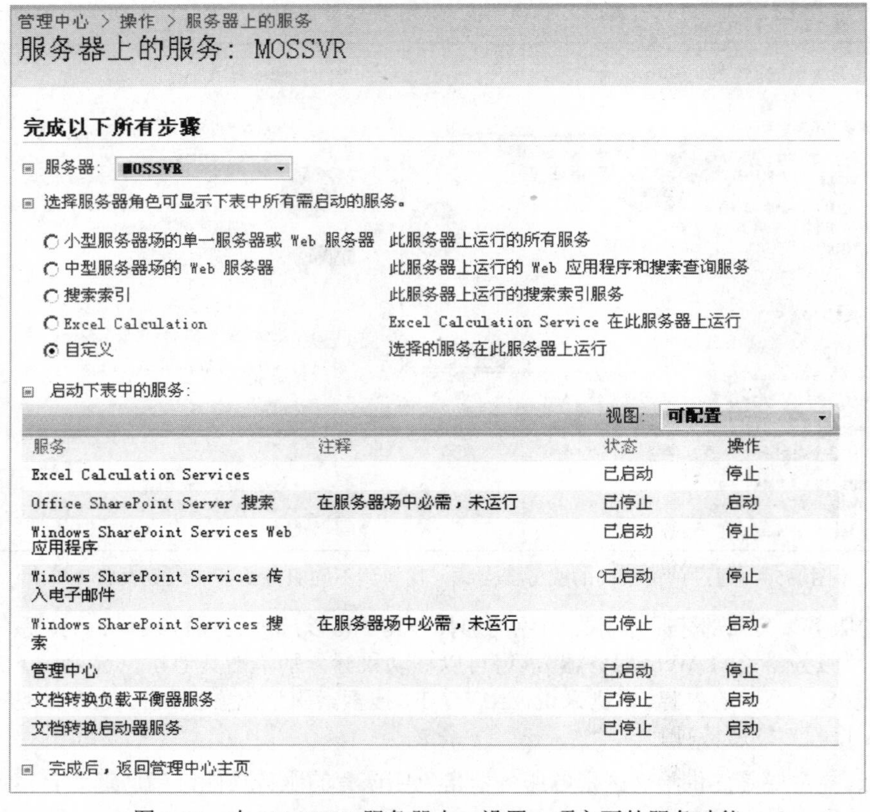

图 1-55　在 MOSSVR 服务器上，设置 4 项主要的服务功能

以上主服务器上大部分的服务都已启动，除了 Excel Calculation Services 服务项目，此服务在本例中也要在主服务器上启动，所以请您在 MOSSVR 服务器的服务设置页面下，移动鼠标单击在 Excel Calculation Services“操作”字段下的“启动”项目。

1.5.2 搜索服务器的服务功能

搜索服务器主要是提供数据的编目索引与搜索数据的服务，当您要设置搜索的服务功能时，会发现可以设置的搜索服务有两个，一个是 Office SharePoint Server 搜索，另一个是 Windows SharePoint Services 搜索，这两个有什么差别呢？

Windows SharePoint Services 搜索服务是 WSS 3.0（Windows SharePoint Services 3.0）系统所提供的搜索服务，此项搜索服务是针对 WSS 3.0 创建的网站内容、网页组件、列表数据与相关系统说明文档数据等内容进行数据编目索引处理，并为用户提供对这些内容的搜索，所以如果是在不同的 WSS 3.0 服务器下，搜索工作无法一起做编目与搜索的处理。

基于以上 Windows SharePoint Services 搜索服务的缺点，在 MOSS 2007 的系统中，通过“共享服务”下的环境提供另外一项搜索服务工作，那就是 Office SharePoint Server 搜索服务，此项搜索服务可以在特定的服务器中集中索引所有服务器场下的数据以及统一提供浏览搜索的工作，这样就解决了 Windows SharePoint Services 搜索的缺点。

除此之外，Office SharePoint Server 的搜索服务，还提供了高级搜索功能。例如，对特定文字、词组、关键词的搜索与各项文档数据属性对应的搜索，也提供了应用程序所需的搜索功能调用组件。

如果依照上面所说的，在 MOSS 2007 的系统环境下就不需要启动 Windows SharePoint Services 搜索的服务了吗？

答案是 Yes or No。答 Yes 是因为不启动 Windows SharePoint Services 的搜索服务，不会影响 MOSS 2007 的主要搜索服务，答 No 是因为不启动 Windows SharePoint Services 的搜索服务，MOSS 2007 系统说明中的搜索功能就无法使用。

咦！蛮奇怪的！别太惊讶，MOSS 2007 系统在 WSS 3.0 的环境中被配置完成后，会将 Windows SharePoint Services 搜索服务定位在只提供 MOSS 2007 系统说明文档的索引。

在本书例子中，SRHSVR 是提供 MOSS 2007 系统指定的数据索引搜索服务的服务器，所以在此台服务器上，需要将两种搜索服务都启动。因此要使用 MOSS 2007 系统说明中的查询时，就要到此台服务器上来查询了，至于其他服务器上，是否要启动 Windows SharePoint Services 搜索服务，则要根据实际的需求来决定了。

1. 指定搜索服务的服务器

要在此服务器上设置 Office SharePoint Server 搜索服务，先要将服务设置的页面切换到 SRHSVR 服务器设置页面上，请移动鼠标单击“服务器”字段右边向下的按钮，在出现下拉菜单后，单击“更改服务器”打开“选择服务器”页面，然后单击页面上 SRHSVR 服务器名称，系统将会切换到 SRHSVR 服务器的服务设置页面。

2. 停用不必要的服务功能

此服务器如果纯粹只有执行索引搜索服务，可以将此服务器上的其他服务功能停用。例如，Windows SharePoint Services Web 应用程序与 Windows SharePoint Services 传入电子邮件的服务。

要停用 Windows SharePoint Services Web 应用程序的服务，可以移动鼠标单击 Windows SharePoint Services Web 应用程序项目“操作”字段下的“停止”名称，此时会出现如【图 1-56】所示的对话框。

图 1-56　系统询问是否要将所选定的 Windows SharePoint Services Web 应用程序服务功能停用，单击“确定”按钮后，系统便会将此应用程序的服务功能停止使用

接下来还要停用 Windows SharePoint Services 传入电子邮件服务，移动鼠标单击 Windows SharePoint Services 传入电子邮件项目“操作”字段下的“停止”名称，此时会出现【图 1-57】所示的对话框。

图 1-57 单击“确定”按钮后，系统会将传入电子邮件的功能停止使用

【图 1-58】是在停止以上的两项服务功能后所显示的设置环境页面。

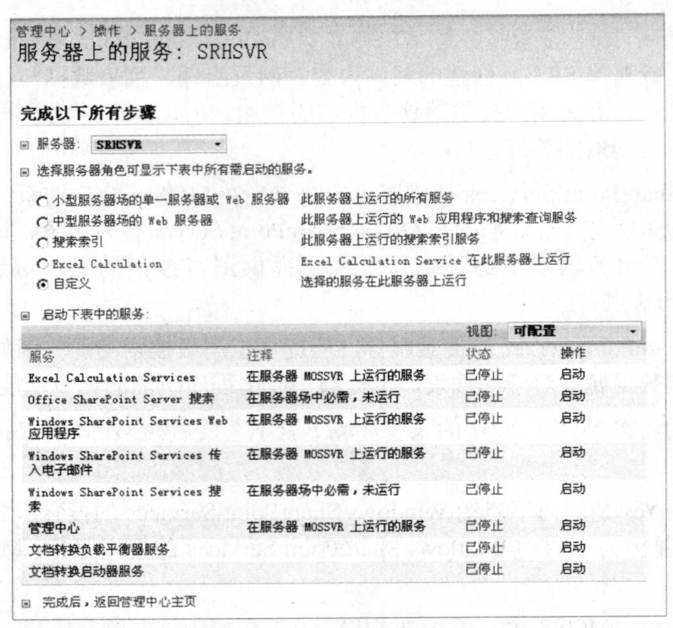

图 1-58 将 SRHSVR 服务器上不必要的服务都停止使用

3. 启动 Office SharePoint Server 搜索的服务功能

接下来要将 Office SharePoint Server 搜索服务在 SRHSVR 服务器上启动，请参考以下的操作步骤。

1 请在设置 SRHSVR 的页面下，移动鼠标单击“Office SharePoint Server 搜索”项目→“操作”字段下的“启动”名称。

2 系统进入 SRHSVR 服务器的“Office SharePoint Server 搜索服务设置”页面，移动鼠标勾选“使用此服务器索引内容”，以及“使用此服务器提供搜索查询服务”项目，如【图 1-59】所示。

3 请在“联系人电子邮件地址”设置区块上的“电子邮件地址”字段内输入管理员的电子邮件：administrator@beauty.corp。

4 在“服务器场搜索服务账户”设置区块上，指定一个账户可以访问服务器场中各服务器上的数据内容，所以该账户必须有各服务器内容的读取权。在本例中，直接使用管理员默认账户 beauty\administrator。

5 设置好以上的几个项目后，滚动设置页面的垂直滚动条，滚动到下方的“索引服务器默认文件位置”的设置页面上，如【图 1-60】所示。

6 默认索引文件位置是在安装 Microsoft Office SharePoint Server 2007 时就已经被指定好的，所以该路径并不允许被修改，这个系统默认的路径如下：

C:\Program Files\Microsoft Office Servers\12.0\Data\Office Server\Applications

7 “索引器效能”设置是指在此台服务器上，索引服务程序一旦进行，会影响用户查询的响应时间，为了不让索引搜索服务占用系统百分之百的资源，可以在此设置上降低索引服务的处理效能，让系统可以处理其他的程序。

8 系统默认在“部分减少”的选项上，表示索引服务功能不会以全开的方式进行数据处理，但如果您选择“最大值”选项，则系统会以全开的方式进行索引数据处理。

管理中心 > 操作 > 服务器上的服务 > Office SharePoint Server 搜索服务设置

配置服务器 SRHSVR 上的 Office SharePoint Server 搜索服务设置

使用此页面可配置 Office SharePoint Server 搜索服务设置。

警告：未对此网页进行加密以进行安全通讯。将以明文形式发送用户名、密码和任何其他信息。有关详细信息，请与管理员联系。

查询和索引

使用此选项可指定是否将该服务器用于搜索查询或索引，或同时用于二者。

☑ 使用此服务器索引内容

☑ 使用此服务器提供搜索查询服务

联系人电子邮件地址

指定一个电子邮件地址，以便在对外部网站进行爬网的过程中出现问题时，外部网站管理员可与其联系。该设置适用于服务器场中的所有服务器。

电子邮件地址：

administrator@beauty.corp

示例：someone@example.com

服务器场搜索服务帐户

搜索服务将使用此帐户运行。设置或更改此帐户将影响服务器场中的所有索引和查询服务器。

出于安全原因以及为了访问数据库和内容索引，服务器场搜索服务帐户不能是内置帐户。例如，本地服务和网络服务都是内置帐户。

用户名

beauty\administrator

密码

●●●●●●●●●

图 1-59　在“搜索服务设置”页面上，勾选及设置键入所需要的信息

9 如果在企业的环境中设置了 Web Front End（WFE）服务器，可以指定将索引服务器在进行查询后的结果放在此台 WFE 服务器上进行处理，然后再提供给其他 WFE 服务器，这样就不需要每台都做爬网处理工作，以提升处理工作的效能。

10 在本例中，配置了一台 WFE 服务器，名称为 ENTSVR，所以在“Web 前端和爬网”设置上，就指定此服务器来进行此项工作处理。

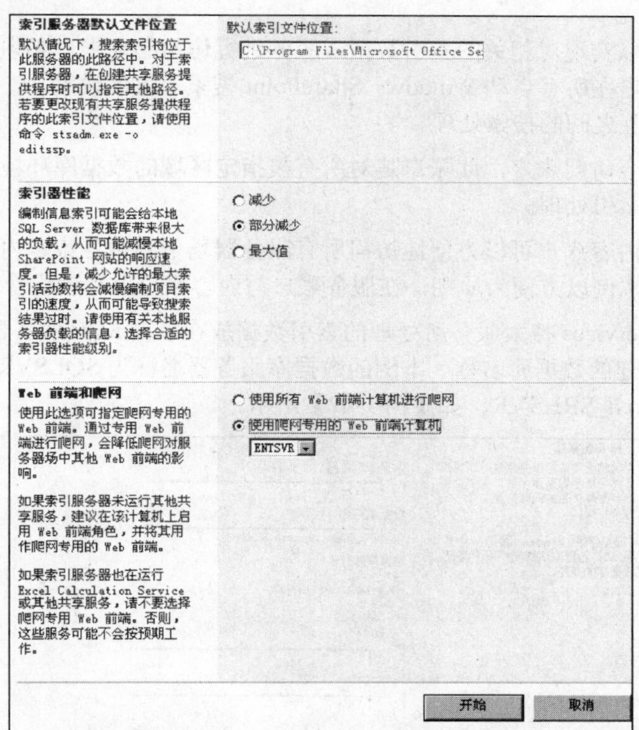
索引服务器默认文件位置
默认情况下，搜索索引将位于此服务器的此路径中。对于索引服务器，在创建共享服务提供程序时可以指定其他路径。若要更改现有共享服务提供程序的此索引文件位置，请使用命令 stsadm.exe -o editssp。
默认索引文件位置：
C:\Program Files\Microsoft Office Se
索引器性能
编制信息索引可能会给本地 SQL Server 数据库带来很大的负载，从而可能减慢本地 SharePoint 网站的响应速度。但是，减少允许的最大索引活动数将会减慢编制项目索引的速度，从而可能导致搜索结果过时。请使用有关本地服务器负载的信息，选择合适的索引器性能级别。
减少
部分减少
最大值
Web 前端和爬网
使用此选项可指定爬网专用的 Web 前端。通过专用 Web 前端进行爬网，会降低爬网对服务器场中其他 Web 前端的影响。
如果索引服务器未运行其他共享服务，建议在该计算机上启用 Web 前端角色，并将其用作爬网专用的 Web 前端。
如果索引服务器也在运行 Excel Calculation Service 或其他共享服务，请不要选择爬网专用 Web 前端。否则，这些服务可能不会按预期工作。
使用所有 Web 前端计算机进行爬网
使用爬网专用的 Web 前端计算机
ENTSVR
开始
取消

图 1-60　选择设置 Web 前端服务器要处理爬网工作的服务器名称

11 确认了以上的设置后，移动鼠标单击 开始 按钮，系统就会在 SRHSVR 服务器上开始进行搜索的启动处理。

3．启动 Windows SharePoint Services 搜索的服务功能

如果您要在每台 MOSS 2007 服务器上提供对基本 WSS 3.0 系统数据环境与说明文档环境的索引与搜索，则可以在每台安装了 MOSS 2007 系统的服务器上，将 Windows SharePoint Services 搜索服务启动。但

是相对的，对每台服务器而言，都多了一项服务功能的负载，而此项负载却是不必要的负载。所以建议您还是有选择性地启动 Windows SharePoint Services 搜索服务。

本例是在 SRHSVR 的服务器上启动 Windows SharePoint Services 搜索服务，所以请移动鼠标单击“Windows SharePoint Services 搜索”项目→“操作”字段下的“启动”，进入“Windows SharePoint Services 搜索服务设置”页面，如【图 1-61】所示。

管理中心 > 操作 > 服务器上的服务 > Windows SharePoint Services 搜索服务设置

配置服务器 SRHSVR 上的 Windows SharePoint Services 搜索服务设置

使用此页面可配置 Windows SharePoint Services 搜索服务设置。

警告：未对此网页进行加密以进行安全通讯。将以明文形式发送用户名、密码和任何其他信息。有关详细信息，请与管理员联系。

⊟ 服务帐户

搜索服务将使用此帐户运行。

为了访问数据库，搜索服务帐户不能是内置帐户。像本地服务和网络服务都是内置帐户。

用户名

beauty\administrator

密码

●●●●●●●●●

⊟ 内容访问帐户

搜索服务将使用此帐户访问所有内容。

该帐户将被添加到“完全读取”策略中，并被授予对所有内容的只读权限。

为确保相应的搜索功能和信息安全，请勿使用管理员帐户以及可修改内容的帐户。

用户名

beauty\administrator

密码

●●●●●●●●●

图 1-61 在 SRHSVR 服务器上设置启动 Windows SharePoint 搜索服务的功能

Windows SharePoint 搜索索引服务处理是被指定到 MOSS 2007 服务器的内容（Content）数据库中进行数据索引处理。

所以为了要让系统可以实现对相关的索引数据或服务进行访问的要求，必须要设置两个访问账户，一个是服务访问账户，此账户在所有启动 Windows SharePoint 搜索服务的设置上，要使用相同的服务账户，以便索引服务可以进行相互之间的搜索处理。

第二个访问账户是内容访问账户，此账户是对所有被指定区域的数据库环境，至少需有读取权，才能够对这些指定的内容进行索引处理。

为了要让服务账户或内容账户可以方便地访问所有服务器场下的服务或是内容数据，要尽量采用相同的局域网账户来做设置。本例以方便为原则，在服务账户与内容账户上都设置管理员账户。

Windows SharePoint Services 搜索服务所处理的索引数据放在后端 SQL 服务器数据库中，所以必须指定 SQL 服务器的名称与要创建的数据库名称。本例的数据库服务器名称为 SQLSVR，此服务使用的数据库名称设置为 WSS_BeautySearch_SRHSVR，如【图 1-62】所示。

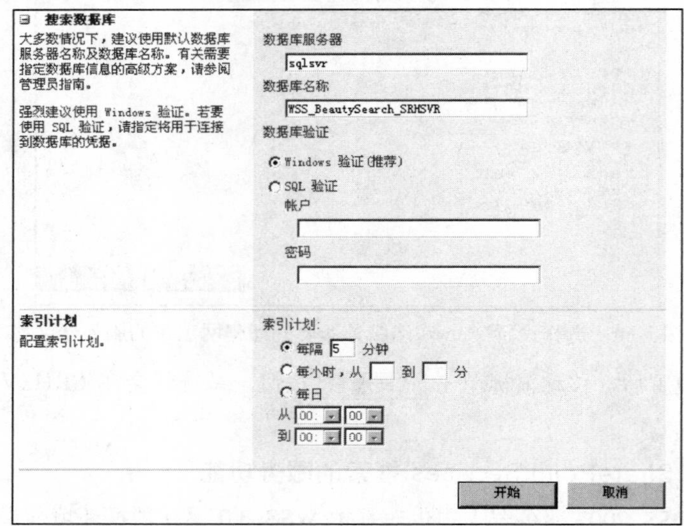

图 1-62 设置 Windows SharePoint 搜索服务所要访问的数据库

数据库验证采用 Windows 的验证方式，索引处理进程，系统默认就是每 5 分钟做一次处理，此部分随时可以依照实际数据处理的情况来调整要处理的时间。

在完成以上说明的设置后，移动鼠标单击 开始 按钮，系统便开始在 SRHSVR 的服务器上创建 Windows SharePoint Services 搜索服务工作，完成后回到【图 1-63】所示的设置页面上。

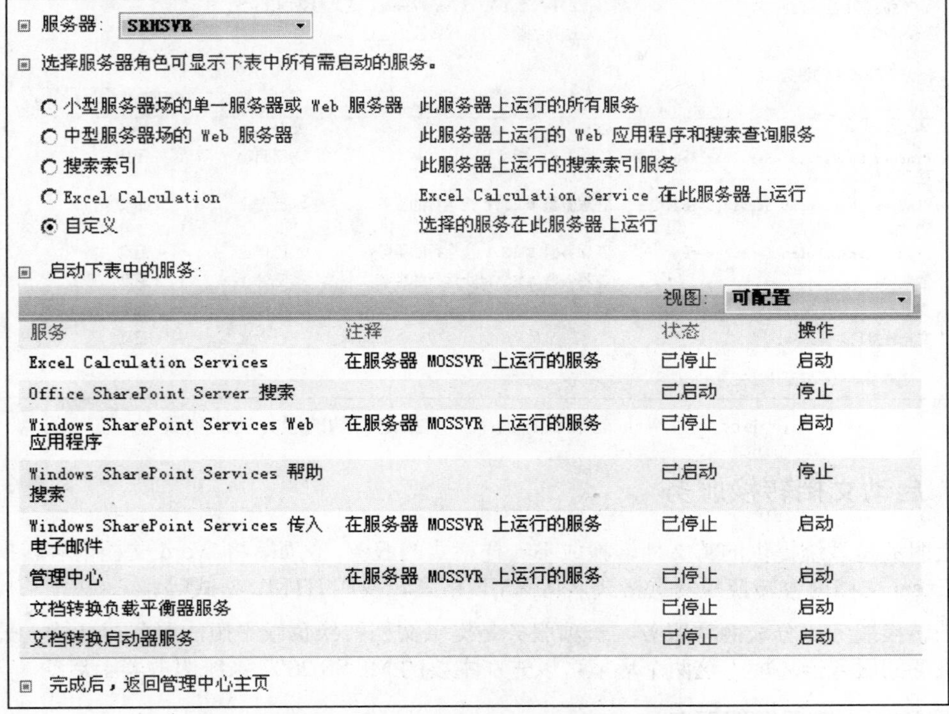

图 1-63　指定 SRHSVR 服务器为 MOSS 2007 服务数组的搜索服务服务器

1.5.3 Web 前端服务器环境设置

配置 Web 前端服务器最主要的目的是提供扩增用户网站联机与均衡负载的服务器环境的这些环境内容，使其可以通过移转、发布、同步等工作供大中型企业的门户网站与高负载联机时使用。

Web 前端服务器的环境在一开始只需要启动 Windows SharePoint Services Web 应用程序服务就可以了，所以我们可以在此服务器将其他服务先停止使用。直到后面有不同应用需求时，再分别对不同服务进行启动。

您可以单击“服务”设置页面下的“服务器”项目，选择“更改服务器”，将服务器切换到 Web 前端服务器（本例的名称为 ENTSVR），然后停用传入电子邮件服务。

要停止此服务，移动鼠标单击此项目“操作”字段下的“停止”项目，之后会出现如【图 1-64】所示的对话框。

图 1-64　在出现此对话框后，单击【确定】按钮将“传入电子邮件”服务的功能停止使用

最后在 Web 前端服务器上启动的服务只有一个，那就是 Windows SharePoint Services Web 应用程序服务，请参考【图 1-65】。

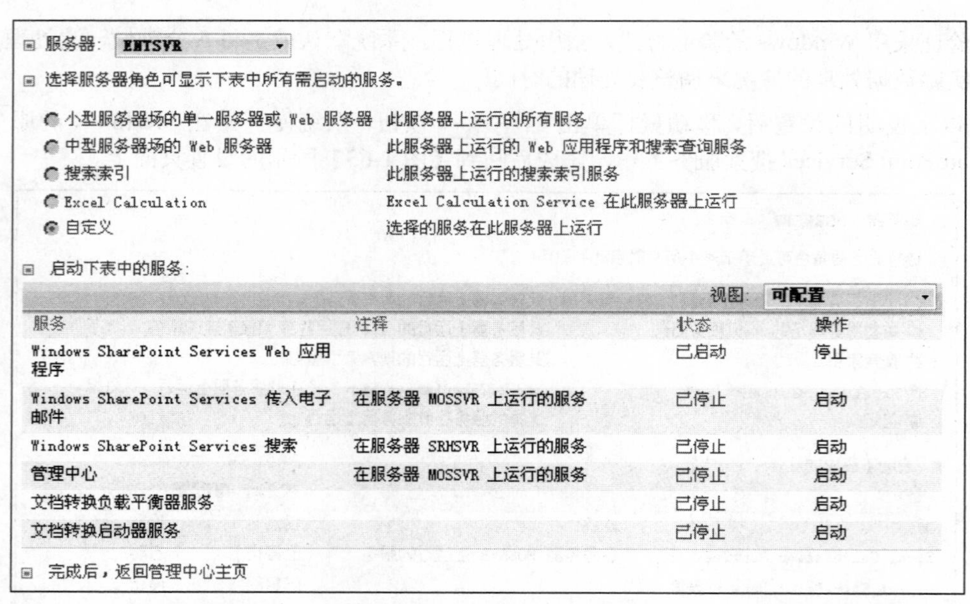

图 1-65　在 Web 前端服务器上，所指定启动的服务功能项目

1.5.4 启动文档转换服务

文档转换服务是系统提供的将文档转换成不一样格式的服务。例如，将 Word 文档内容转换成网页格式的内容，将 Excel 文档内容转换成网页格式，将 XML 格式转换成 HTML 格式等。

此项文档转换服务可分成两项服务，一项服务是提供文档转换负载平衡的服务器环境，另一项则是启动文档转换服务的服务器环境，这两个环境可以先在主要的 MOSS 2007 系统服务器上启动。

启动文档转换负载平衡器服务

要启动文档转换负载平衡器服务，您可以单击服务设置网页下的“服务器”项目，选择“更改服务器”，将服务器切换到主要 MOSS 2007 系统服务器（本例的名称为 MOSSVR）。

移动鼠标单击“文档转换负载平衡器服务”项目，此时会进入“负载平衡器服务设置”的页面，本例采用系统默认值就可以了，如【图 1-66】所示。

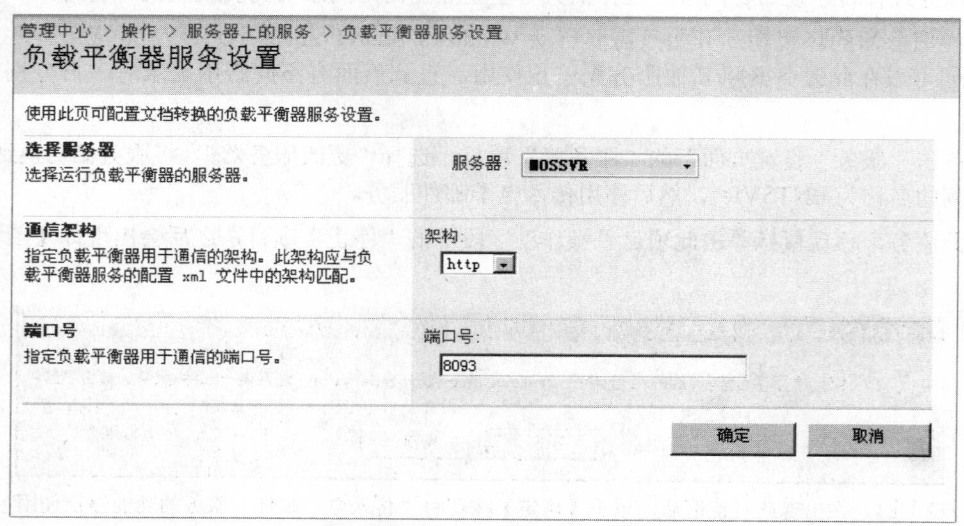

图 1-66　设置文档转换负载平衡器服务的内容

确定所设置的内容后，单击“确定”按钮，回到原来的服务设置；重新单击“文档转换负载平衡器服务”项目→“操作”字段下的“启动”项目。

启动文档转换启动器服务

移动鼠标单击“文档转换启动器服务”项目，此时会进入“启动器服务设置”页面，在“负载平衡器服务器”字段上，单击右边的向下按钮，此时会出现上面所启动负载均衡服务的服务器名称，单击该服务器名称（本例为 MOSSVR）后，移动鼠标单击“确定”按钮，如【图 1-67】所示。

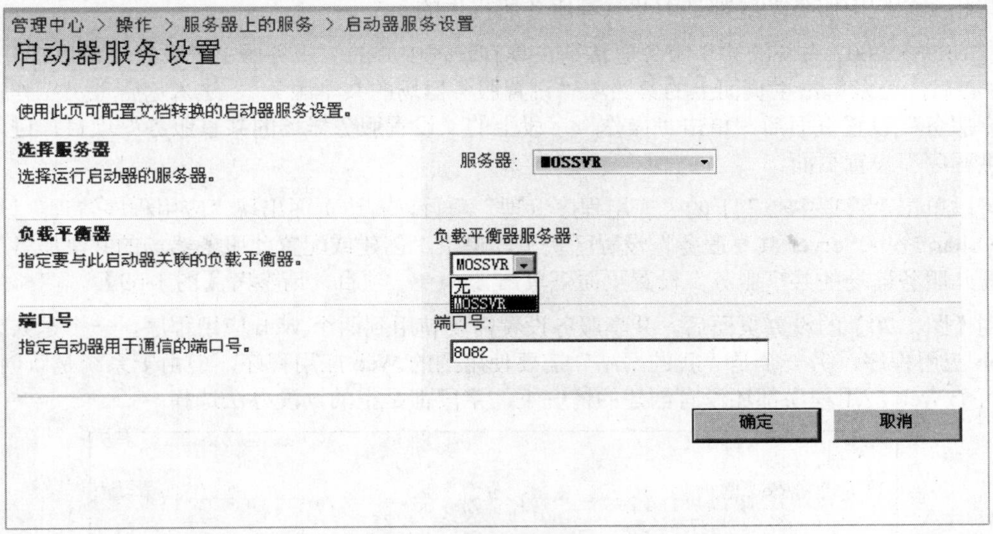

管理中心 > 操作 > 服务器上的服务 > 启动器服务设置
启动器服务设置
使用此页可配置文档转换的启动器服务设置。
选择服务器
选择运行启动器的服务器。
服务器： MOSSVR
负载平衡器
指定要与此启动器关联的负载平衡器。
负载平衡器服务器：
MOSSVR
无
MOSSVR
端口号
指定启动器用于通信的端口号。
端口号：
8082
确定 取消

图 1-67　设置文档转换启动器服务的内容

回到原来的服务设置网页下，重新单击“文档转换启动器服务”项目的“操作”字段下的“启动”项目，将此项目启动即可。

1.5.5 集中服务功能的环境

上述所有服务是在分布式服务器场环境中，在不同服务器上将各项不同服务分别启动起来，但是如果配置的 MOSS 2007 环境，只分成 SQL 数据库服务器与 MOSS 2007 服务器，就必须将以上说明的所有服务在同一台服务器上启动，如【图 1-68】所示，此时所有设置服务器名称的字段，除了 SQL 服务器名称保持与上述设置内容一样之外，其余都应该改成主服务器名称。

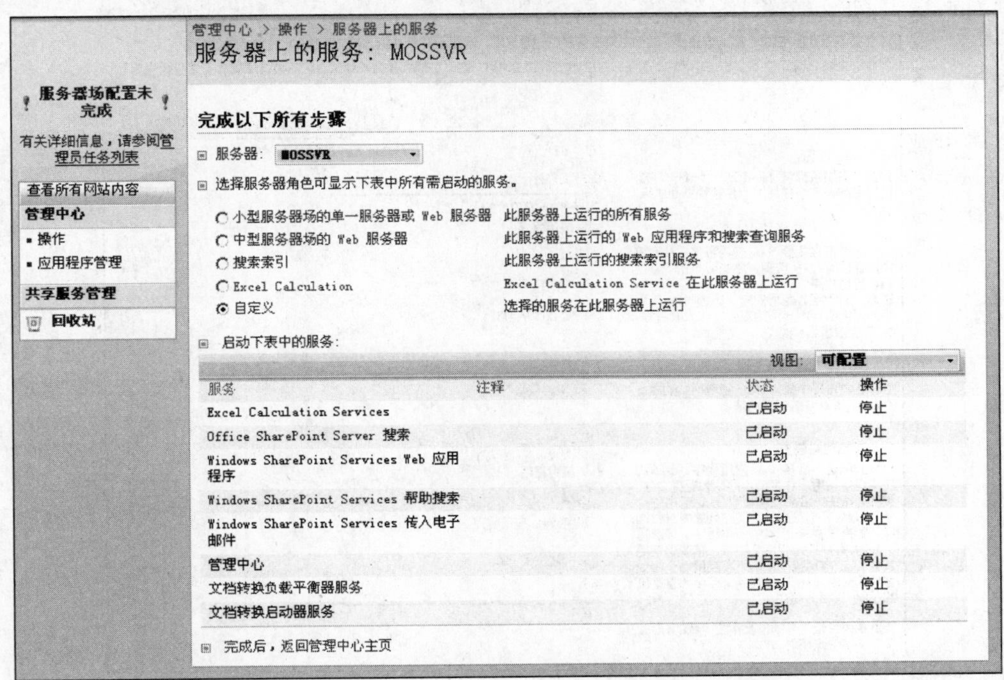

图 1-68　在只有一台 MOSS 2007 系统的服务器上，所有的服务功能都必须在此台服务器上启动

1.6 配置服务器场共享服务

高级安装的最后一个阶段是要手动创建服务器场之间共同使用的共享服务（Shared Services）。此项共享服务是 MOSS 2007 系统特有的服务环境，MOSS 2007 系统与 Windows SharePoint 3.0 不一样的地方也在这里。这些相关的应用服务功能都是由此共享服务所提供的。

要创建 MOSS 2007 系统的共享服务通常是在具有管理中心的主服务器上来设置，所以打开 SharePoint 3.0 管理中心后，可以单击主页面上的第四项“设置服务器场的共享服务”，进入“管理员工作：设置服务器场的共享服务”设置页面后，单击“操作”字段上的“设置服务器场的共享服务”项目，进入“新建共享服务提供程序”设置页面。

您也可以单击“管理中心”下的“应用程序管理”项目，右边页面出现“应用程序管理”设置页面后，在“Office SharePoint Server 共享服务”设置区块下，单击“创建或配置此服务器场的共享服务”项目，之后在“管理此服务器场的共享服务”设置页面下单击 新建 SSP 项目，请参考【图 1-69】。

进入到【图 1-70】的设置页面后，共享服务设置需要使用到两个 Web 应用程序，一个是共享服务需要用到的 Web 应用程序，另一个是“我的网站”需要使用到的 Web 应用程序，但由于系统是新创建的环境，所以在这两个 Web 应用程序都还没有创建的情况下，字段都是空的，没办法选择。

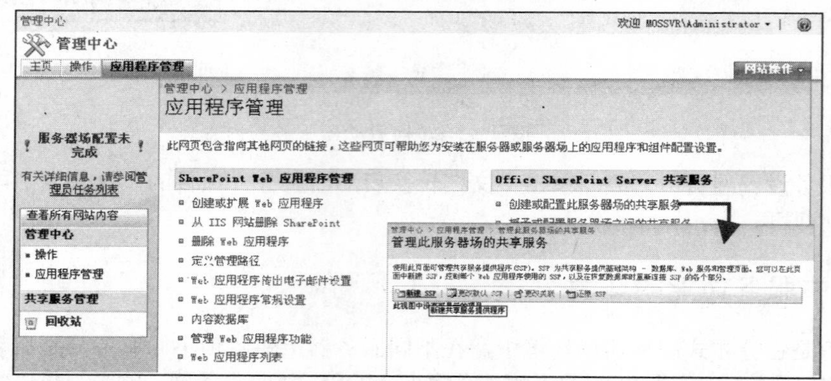

图 1-69 在“应用程序管理”的页面下，单击“创建或配置此服务器场的共享服务”

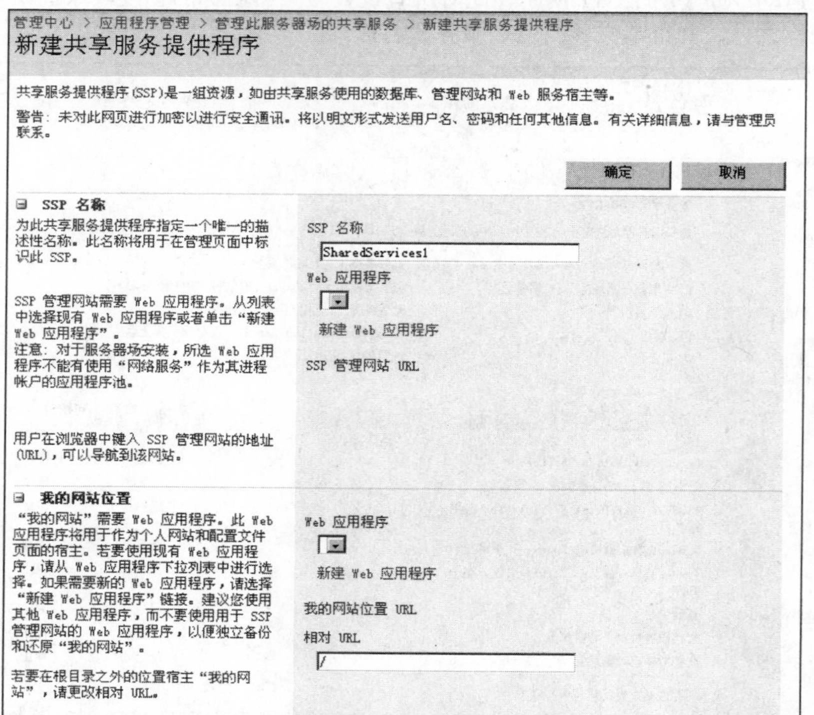

图 1-70 在“新建共享服务提供程序”设置页面下，Web 应用程序还是空的，所以无法选择

要创建新的Web应用程序可以直接在“Web应用程序”字段下方，直接单击“新建Web应用程序”项目，您也可以跳回管理中心选择“创建Web应用程序”，请参考【图1-69】。

1.6.1 创建共享服务使用的Web应用程序

移动鼠标依次单击：“管理中心”→“应用程序管理”，在右边的页面上出现了“应用程序管理”设置页面后单击“SharePoint Web应用程序管理”区块下“创建或扩展Web应用程序”项目，如【图1-71】所示。

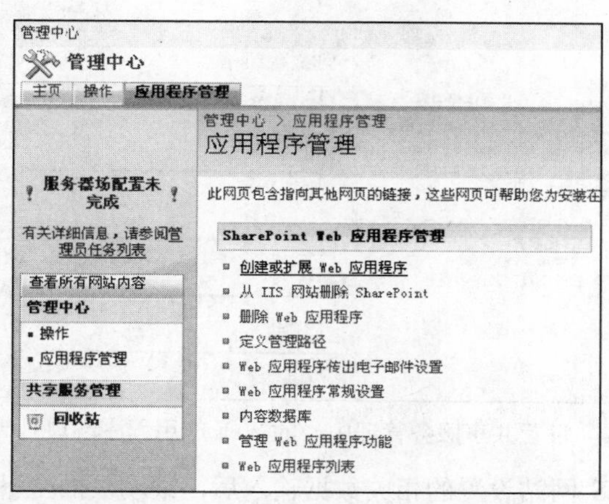

图1-71 单击在“应用程序管理”下的“创建或扩展Web应用程序”项目

进入“创建或扩展Web应用程序”设置页面后，移动鼠标单击“新建Web应用程序”项目，如【图1-72】所示。

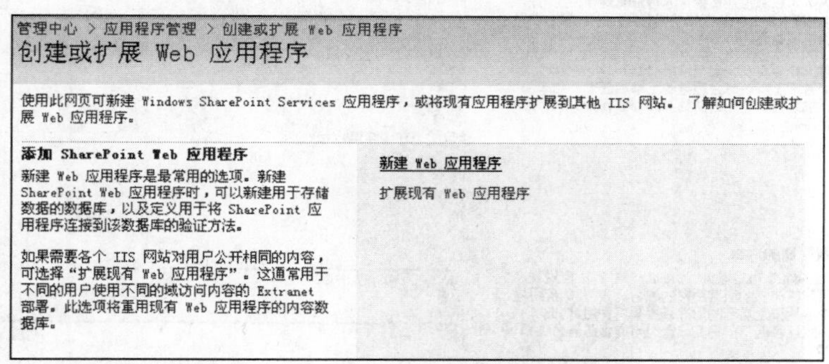

图1-72 单击“新建Web应用程序”项目

进入“新建Web应用程序”设置页面后，第一部分“IIS网站”是设置所要创建的网站，系统会测试该服务器上的IIS环境，如果IIS环境的预设网站还没有被设置，就会以80的端口号作为主要Web应用程序的网站，如【图1-73】所示。

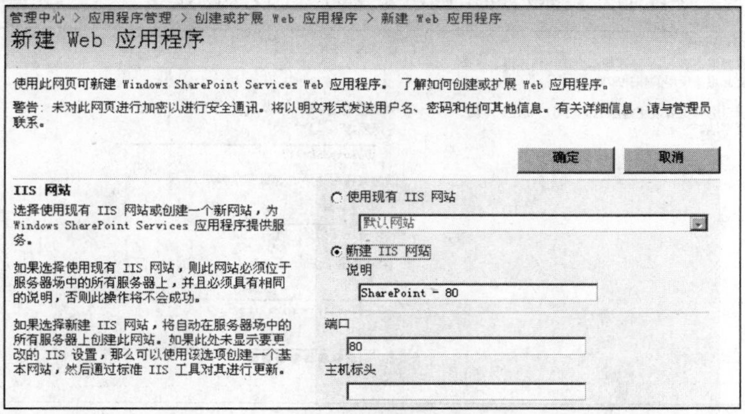

图1-73 系统如果侦测到没有默认网站可以使用时，端口就会被指定在80上

在此步骤所创建的 Web 应用程序是要提供给共享服务的管理中心使用的，所以不需要使用到 80 的端口号，您可以在端口的字段上指定一个特定的端口号给共享服务所要创建的管理中心。以本例来说，要设置 8888 端口号为共享服务管理中心的网站端口号，所以请在“端口”字段上输入 8888，如【图 1-74】所示。

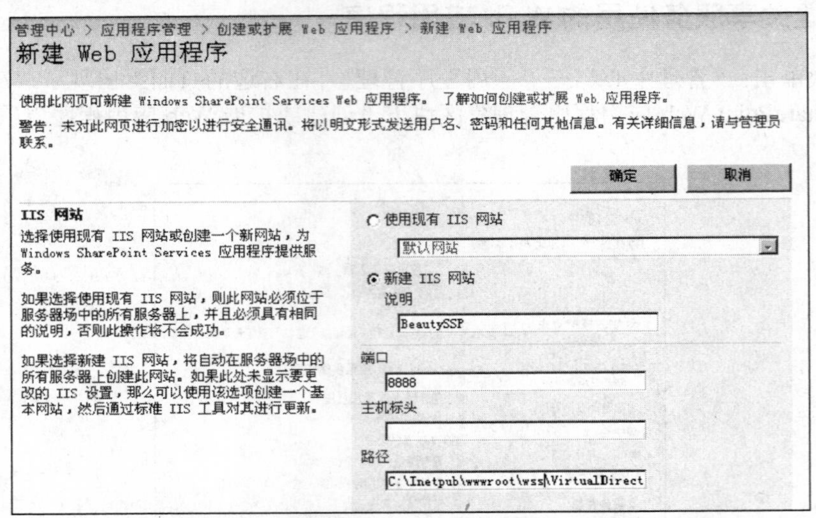

图 1-74　设置共享服务管理中心的 Web 应用程序端口号为 8888

如【图 1-74】所示，将 IIS 网站设置的相关数据输入后，滚动页面至下方的“安全性配置”区块，设置“验证提供程序”的方式，在此我们保留系统所设置的默认值，如【图 1-75】所示。

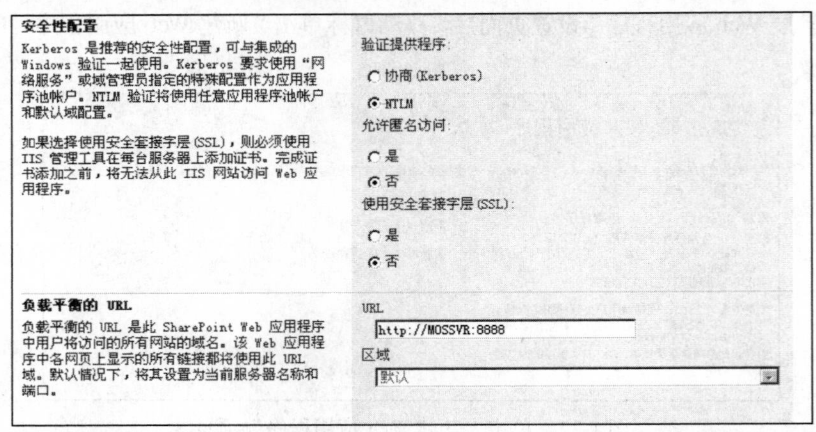

图 1-75　系统验证提供者的默认值为 NTLM、不允许匿名人员登录

将设置页面再往下滚动至“应用程序池”的区块，此处设置要创建的 IIS 应用程序，所以在“应用程序池名称”字段上输入“BeautySSP-AP”以及设置此应用程序的服务账户，本例输入“beauty\administrator”管理员账户并在“密码”字段输入该账户的密码，如【图 1-76】所示。

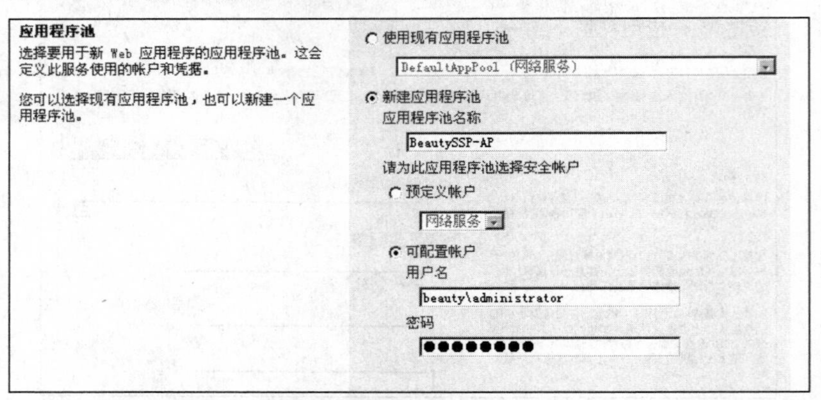

图 1-76　输入在 IIS 环境下要创建的应用程序名称以及服务用户名与密码

设置好应用程序后，继续滚动设置页面至下方“重置 Internet 信息服务”区块，因为前面的设置会在 IIS 环境中创建新的应用程序，要使用该应用程序就要重新启动 IIS 服务，所以在此“重置 Internet 信息服务”区块中选择“自动重新启动 IIS”，如【图 1-77】所示。

页面的第二段是指定共享服务管理中心的数据库环境，所以必须设置数据库服务器名称（SQLSVR）和创建的数据库名称（BeautySSP_DB），对数据库访问验证的设置采用系统默认的 Windows 验证方式，最后在确认以上所有设置后，移动鼠标单击“确定”按钮，系统便开始进行创建 Web 应用程序的处理。

重置 Internet 信息服务

使用此部分可允许 SharePoint 重新启动服务器场中其他服务器上的 IIS。为了完成此过程，必须手动重新启动本地服务器。如果不选择此选项且服务器场中有多台服务器，则必须等待所有服务器完成 IIS 网站的创建，然后在每台 Web 服务器上运行“iisreset /noforce”。完成该操作之前，将无法使用新的 IIS 网站。

◉ 自动重新启动 IIS
○ 手动重新启动 IIS

数据库名称和验证

大多数情况下，建议使用默认数据库服务器名称及数据库名称。有关需要指定数据库信息的高级方案，请参阅管理员指南。

强烈建议使用 Windows 验证。若要使用 SQL 验证，请指定将用于连接到数据库的凭据。

数据库服务器
sqlsvr
数据库名称
BeautySSP_DB
数据库验证
◉ Windows 验证(推荐)
○ SQL 验证
帐户
密码

搜索服务器

搜索服务提供者
Office SharePoint Server 搜索

确定　取消

图 1-77　设置自动重新启动 IIS 服务和此应用程序所需要创建的数据库

在系统创建应用程序完成后，会出现如【图 1-78】所示的页面，而此应用程序是创建共享服务时使用的，所以不需要再往下创建网站集了。

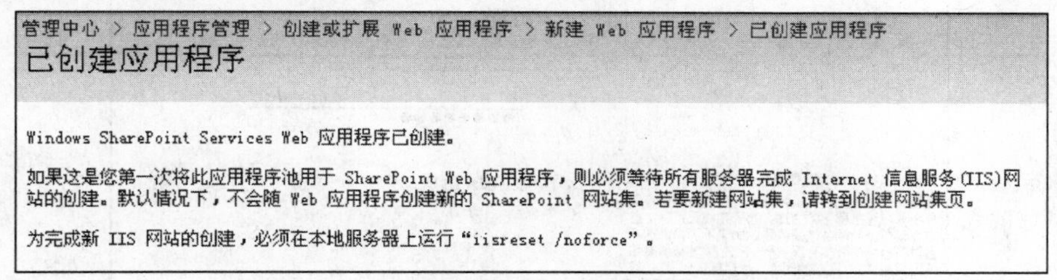

图 1-78　完成共享服务所需要使用到的应用程序

1.6.2　创建“我的网站”所使用的应用程序

以上在创建好共享服务要使用的 Web 应用程序后，重新回到“创建或扩展 Web 应用程序”设置页面，单击“新建 Web 应用程序”项目，再次进入到“新建 Web 应用程序”设置页面。

此次要创建的 Web 应用程序是“我的网站”使用的 Web 应用程序，为了要让每个用户都可以非常方便地进入到“我的网站”，Web 应用程序最好能够创建在 80 的端口号上，并且要使用主机标头名称来划分网站环境。本例中，在“说明”字段下输入 BeautyMySite，“端口”字段上输入 80，“主机标头”字段上输入“mysite.beauty.corp”，最后移动鼠标单击“路径”字段，该路径值会自动改变，如【图 1-79】所示。

输入了第一部分“IIS 网站”设置内容后，请直接参考【图 1-80】设置其余内容。设置完成后移动鼠标单击“确定”按钮，创建完第二个 Web 应用程序。

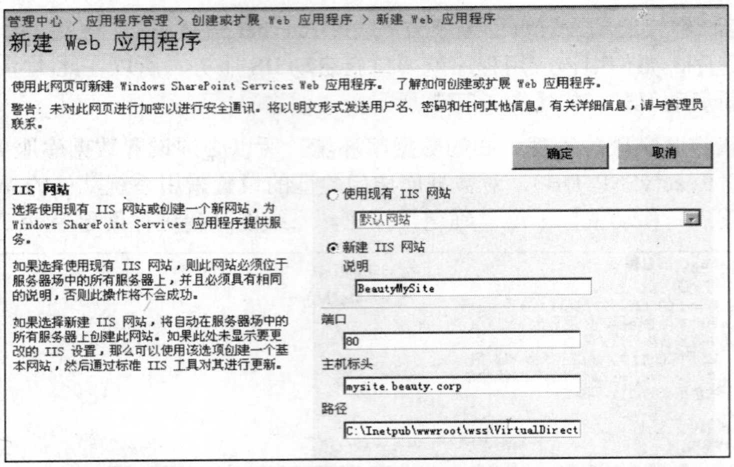

管理中心 > 应用程序管理 > 创建或扩展 Web 应用程序 > 新建 Web 应用程序

新建 Web 应用程序

使用此网页可新建 Windows SharePoint Services Web 应用程序。了解如何创建或扩展 Web 应用程序。

警告：未对此网页进行加密以进行安全通讯。将以明文形式发送用户名、密码和任何其他信息。有关详细信息，请与管理员联系。

确定 取消

IIS 网站

选择使用现有 IIS 网站或创建一个新网站，为 Windows SharePoint Services 应用程序提供服务。

如果选择使用现有 IIS 网站，则此网站必须位于服务器场中的所有服务器上，并且必须具有相同的说明，否则此操作将不会成功。

如果选择新建 IIS 网站，将自动在服务器场中的所有服务器上创建此网站。如果此处未显示要更改的 IIS 设置，那么可以使用该选项创建一个基本网站，然后通过标准 IIS 工具对其进行更新。

○ 使用现有 IIS 网站
默认网站
◉ 新建 IIS 网站
说明
BeautyMySite
端口
80
主机标头
mysite.beauty.corp
路径
C:\Inetpub\wwwroot\wss\VirtualDirect

图 1-79 创建 MySite 所需要的网站名称、端口与主机标头名称

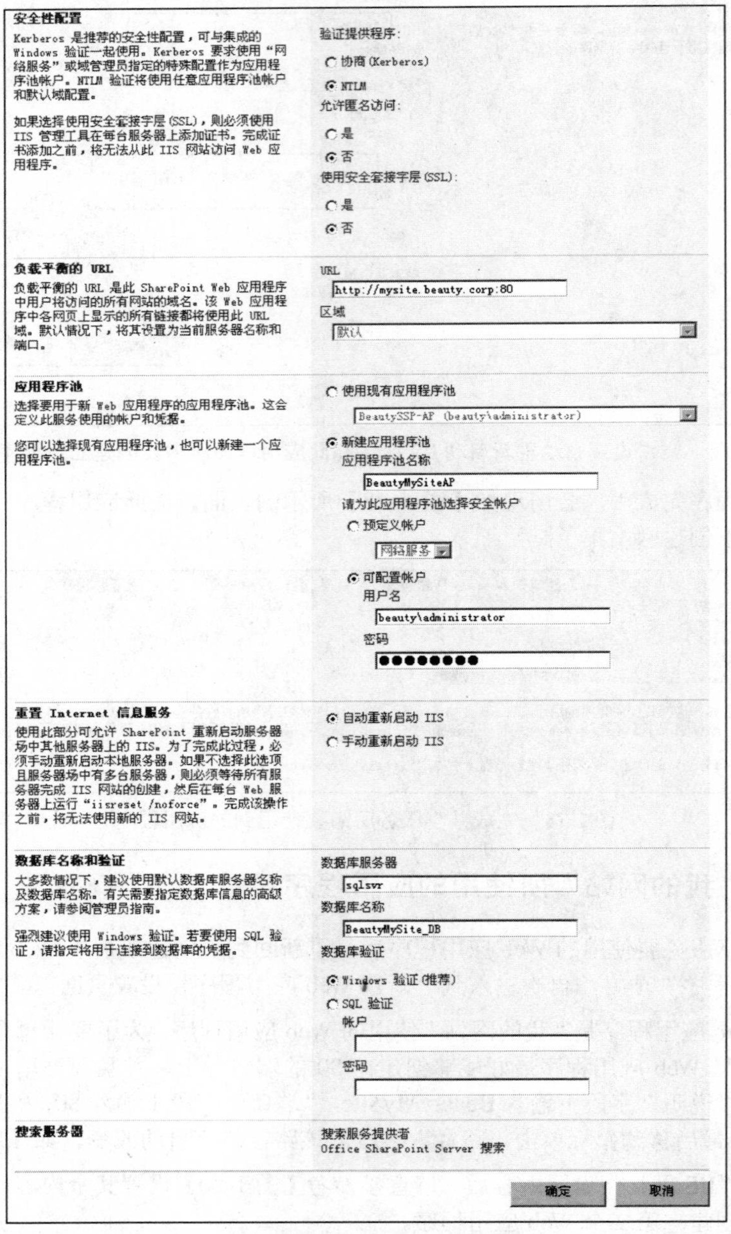

安全性配置

Kerberos 是推荐的安全性配置，可与集成的 Windows 验证一起使用。Kerberos 要求使用“网络服务”或域管理员指定的特殊配置作为应用程序池帐户。NTLM 验证将使用任意应用程序池帐户和默认域配置。

如果选择使用安全套接字层(SSL)，则必须使用 IIS 管理工具在每台服务器上添加证书。完成证书添加之前，将无法从此 IIS 网站访问 Web 应用程序。

验证提供程序：
○ 协商(Kerberos)
◉ NTLM
允许匿名访问：
○ 是
◉ 否
使用安全套接字层(SSL)：
○ 是
◉ 否

负载平衡的 URL

负载平衡的 URL 是此 SharePoint Web 应用程序中用户将访问的所有网站的域名。该 Web 应用程序中各网页上显示的所有链接都将使用此 URL 域。默认情况下，将其设置为当前服务器名称和端口。

URL
http://mysite.beauty.corp:80
区域
默认

应用程序池

选择要用于新 Web 应用程序的应用程序池。这会定义此服务使用的帐户和凭据。

您可以选择现有应用程序池，也可以新建一个应用程序池。

○ 使用现有应用程序池
BeautySSP-AP (beauty\administrator)
◉ 新建应用程序池
应用程序池名称
BeautyMySiteAP
请为此应用程序池选择安全帐户
○ 预定义帐户
网络服务
◉ 可配置帐户
用户名
beauty\administrator
密码
●●●●●●●●

重置 Internet 信息服务

使用此部分可允许 SharePoint 重新启动服务器场中其他服务器上的 IIS。为了完成此过程，必须手动重新启动本地服务器。如果不选择此选项且服务器场中有多台服务器，则必须等待所有服务器完成 IIS 网站的创建，然后在每台 Web 服务器上运行“iisreset /noforce”。完成该操作之前，将无法使用新的 IIS 网站。

◉ 自动重新启动 IIS
○ 手动重新启动 IIS

数据库名称和验证

大多数情况下，建议使用默认数据库服务器名称及数据库名称。有关需要指定数据库信息的高级方案，请参阅管理员指南。

强烈建议使用 Windows 验证。若要使用 SQL 验证，请指定将用于连接到数据库的凭据。

数据库服务器
sqlsvr
数据库名称
BeautyMySite_DB
数据库验证
◉ Windows 验证(推荐)
○ SQL 验证
帐户

密码

搜索服务器

搜索服务提供者
Office SharePoint Server 搜索

确定 取消

图 1-80 设置“我的网站”所需要使用的 Web 应用程序内容

1．创建“我的网站”所需要的网站路径

“我的网站”在 MOSS 2007 系统中是一个非常特别的网站，它为所有用户提供自己的网站使用空间，在自己的网站空间下，系统会将协同运作的信息发送到每个人自己的网站。除此之外，“我的网站”还提供了个人在企业中的组织相关信息，用户可以创建自己经常联机的网站、将自己的相关信息提供给企业其他用户来进行协同运作数据的查询与应用，达到信息交流、沟通的目的。

系统要将每个人的“我的网站”都放到一个网站环境中，为了区分个人区域的内容，在指定的网站下预设了一个特定的子目录叫做 personal，所以在创建“我的网站”的 Web 应用程序前要先创建一个 personal 的子网站路径。

请移动鼠标单击“管理中心”下的“应用程序管理”项目，在右边的页面上出现了“应用程序管理”设置页面，此时单击“SharePoint Web 应用程序管理”区块下“定义管理路径”项目，如【图 1-81】所示。

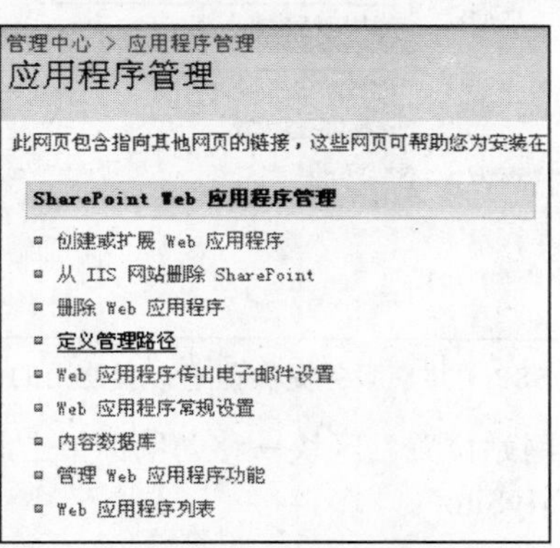

图 1-81　单击定义管理路径项目

在进入“定义管理路径”设置页面后，先检查“Web 应用程序”字段上是不是 http://mysite.beauty.corp/，因为此项目是计划提供给“我的网站”所使用的 Web 应用程序，如【图 1-82】所示。

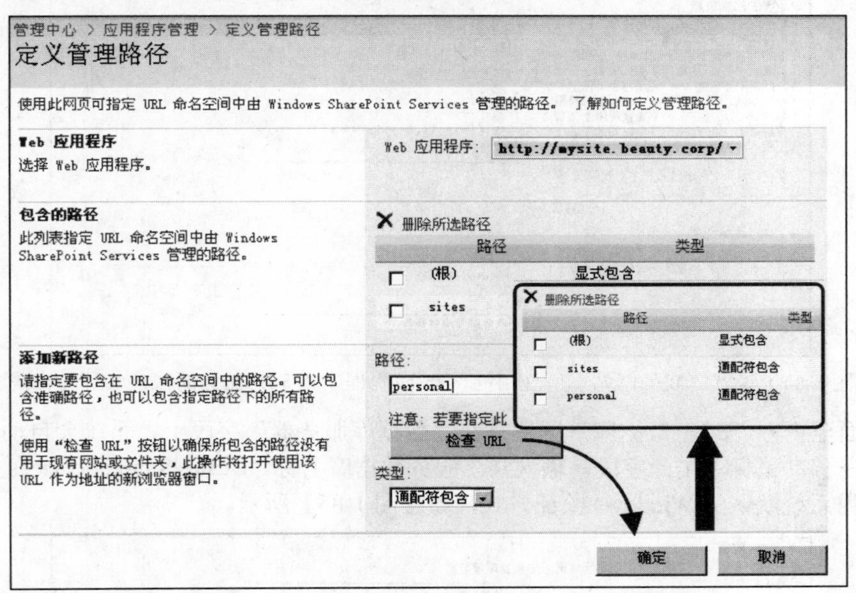

图 1-82　创建一个名称为 personal 的子路径

接下来，请按顺序执行下列操作：移动鼠标单击“路径”字段，并输入 personal，然后单击“确定”按钮，您将会发现在“包含的路径”区块下多了一个 personal 子路径，该路径设置为“通配符包含”，完成后请回到管理中心的主页面。

2．创建 MOSS 2007 的共享服务

在创建完成以上的 Web 应用程序后，便可以重新回到“创建新的共享服务”页面环境中，请参考【图 1-69】与【图 1-70】。

进入到“新建共享服务提供程序”的设置页面后，在 Web 应用程序的字段上，就会看到可以选择的 Web 应用程序项目。

1 移动鼠标单击“SSP 名称”字段→输入“BeautySharedServices”→移动鼠标单击“Web 应用程序”字段右边的向下按钮→单击下拉列表中的“BeautySSP”项目，如【图 1-83】所示。

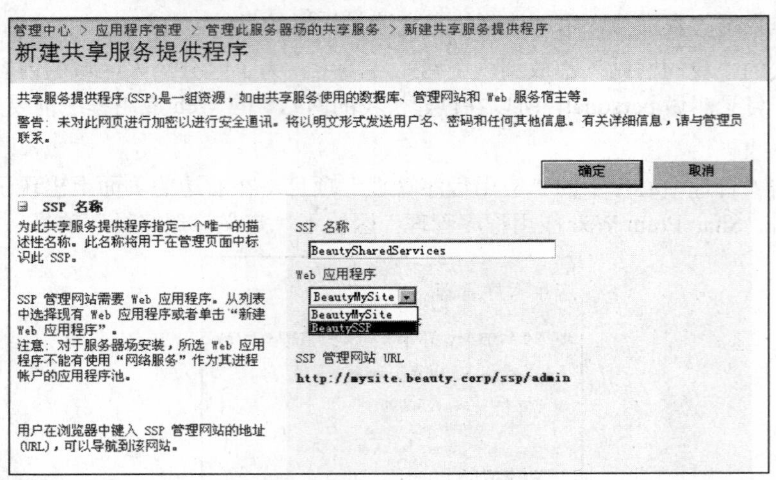

图 1-83 设置 SSP（共享服务提供程序）所使用的 Web 应用程序

2 滚动设置页面至下方“我的网站位置”区块→移动鼠标单击此区块“Web 应用程序”字段右边向下按钮→单击下拉列表中的“BeautyMySite”。

3 移动鼠标单击“用户名”字段→输入“beauty\administrator”验证账户名称→移动鼠标单击 按钮→系统检查账户名称正确后，账户名称会变成有下画线的账户名称→移动鼠标单击“密码”字段→输入账户名称的密码，如【图 1-84】所示。

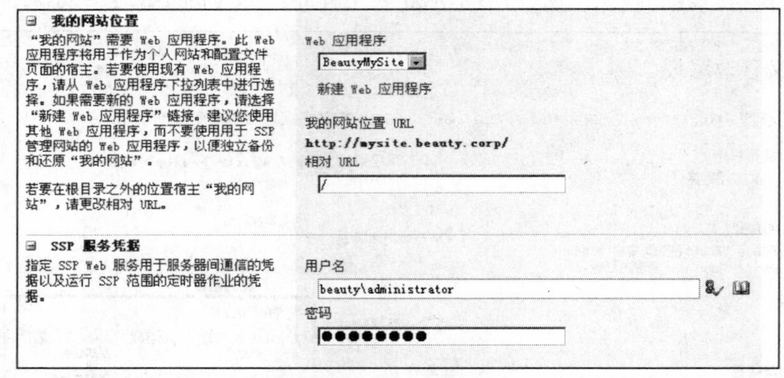

图 1-84 设置“我的网站”所使用的 Web 应用程序和 SSP 服务的账户名称与密码

4 滚动页面至下方“SSP 数据库”区块→在“数据库服务器”字段上，系统会自动显示所连接的数据库服务器名称→移动鼠标单击此字段→输入共享服务数据库名称“BeautySharedServices_DB”→ 设置数据库账户验证采用系统默认的 Windows 验证方式，如【图 1-85】所示。

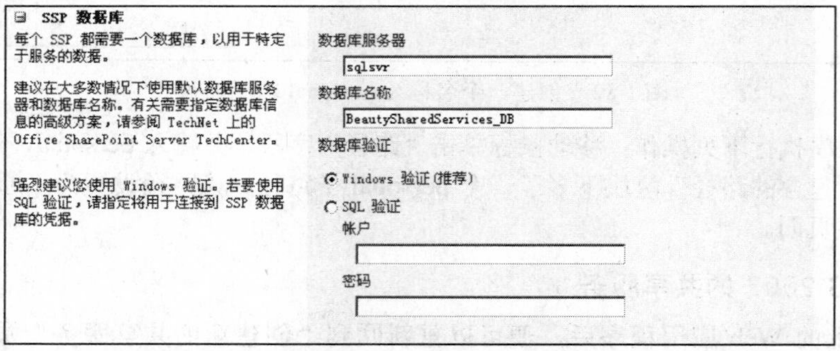

SSP 数据库
每个 SSP 都需要一个数据库，以用于特定于服务的数据。
建议在大多数情况下使用默认数据库服务器和数据库名称。有关需要指定数据库信息的高级方案，请参阅 TechNet 上的 Office SharePoint Server TechCenter。
强烈建议您使用 Windows 验证。若要使用 SQL 验证，请指定将用于连接到 SSP 数据库的凭据。
数据库服务器
sqlsvr
数据库名称
BeautySharedServices_DB
数据库验证
Windows 验证(推荐)
SQL 验证
帐户
密码

图 1-85 设置共享服务管理中心所需要存放数据的数据库服务器与数据库名称

[5] 滚动设置页面至下方的搜索数据库设置区块，如【图 1-86】所示。

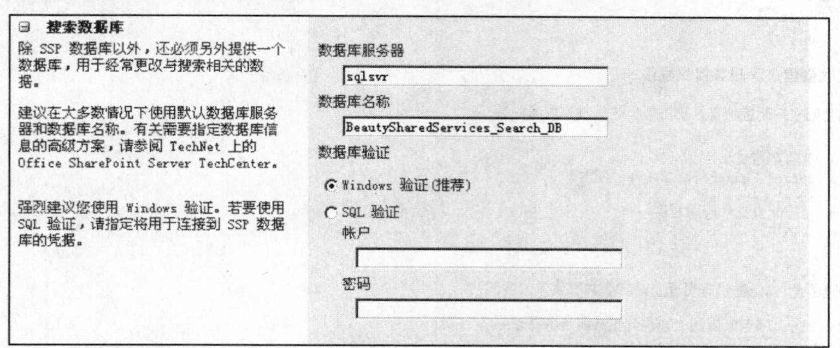

图 1-86　设置共享服务所创建的搜索功能需要存放索引数据的数据库

[6] 在“数据库服务器”字段，系统会自动放入 MOSS 2007 系统所指定的数据库服务器名称→移动鼠标单击“数据库名称”字段→输入 BeautySharedServices_Search_DB→“数据库验证”采用系统默认的 Windows 验证。

您是否还记得前面在介绍设置启动各服务器功能时，设置搜索功能项目上有两个功能，一个是 Office SharePoint Services 搜索功能，另一个是 Windows SharePoint Services 搜索功能。当您在设置 Windows SharePoint Services 搜索功能时，设置页面上有请您输入要创建的数据数据库名称，但是在设置 Office SharePoint Services 搜索时却没有。不知道您当时有没有觉得奇怪，为什么 Office SharePoint Services 搜索功能不需要存放索引数据的数据库呢？如果有这种疑问表示您还蛮聪明的喔！

没错！Office SharePoint Services 搜索的数据库设置是放在共享服务环境下的，如果没有创建此项共享服务，就没有 MOSS 2007 系统提供的功能（此时都是 Windows SharePoint 3.0 的功能）。相对的，Office SharePoint Services 搜索功能也就不起作用，所以 MOSS 2007 系统将设置 Office SharePoint Services 搜索要使用的数据库放在共享服务中来做。请参考【图 1-87】。

索引服务器
选择将对与此 SSP 关联的所有 Web 应用程序中的内容进行爬网的索引服务器。
指定索引服务器上用于保存索引的路径。
注意：更改索引服务器将会重置索引。若要移动索引而不重置，必须使用 STSAdm。
索引服务器
SRHSVR
索引文件位置的路径
C:\Program Files\Microsoft Office Se
用于 Web 服务的 SSL
使用安全套接字层(SSL)可保护与 Web 服务的双向通信。
注意：如果选择使用 SSL，则必须使用 IIS 管理工具在每台服务器上添加证书。在完成此操作之前，Web 服务将不可用。
使用安全套接字层(SSL)
是
否
确定　取消

图 1-87　索引服务器的设置由系统预定义

在单击“确定”按钮后，系统开始创建共享服务提供程序环境，经过一段时间处理之后，出现【图 1-88】所示的页面就代表成功地创建了共享服务环境。

[7] 在【图 1-88】的页面上，单击“确定”按钮，会回到“管理此服务器场的共享服务”设置页面，如【图 1-89】所示，此时就可以看到系统所创建共享服务提供程序（SSP）的环境，共有三个网站环境共同使用了创建起来的共享服务提供程序环境。其中，一个是共享服务系统要使用的网站环境，第二个是提供给所有用户可以联机的“我的网站”网站服务环境，第三个是提供给共享服务管理中心管理的网站环境。

在确认共享服务提供程序环境创建后，移动鼠标单击“管理中心”项目，回到管理中心的主页面下，可以看到主页面左上方“服务器场设置-未完成”的字眼不见了，而设置页面右边也出现了新的设置步骤，这表示高级安装工作到此已经完成了，您可以参考【图 1-90】与【图 1-27】做比较，这两个设置环境就非常相似了。

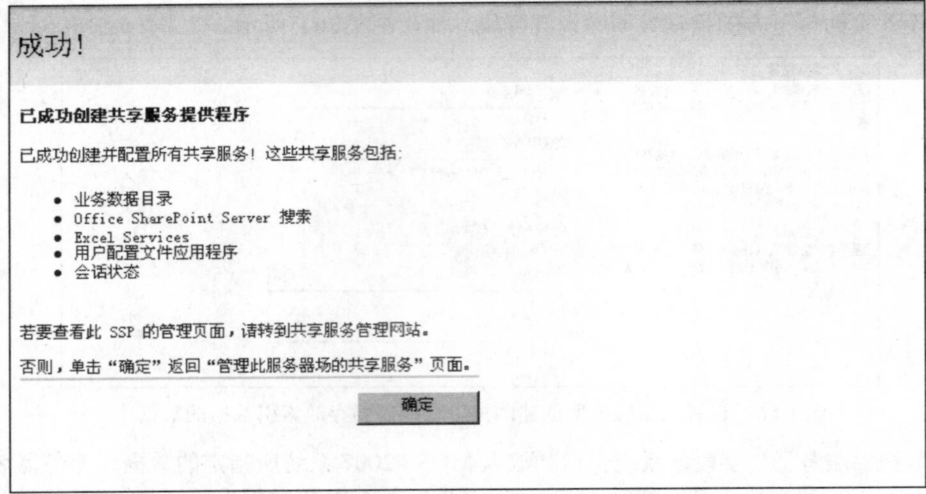

图 1-88　表示系统创建了共享服务，请直接单击“确定”按钮

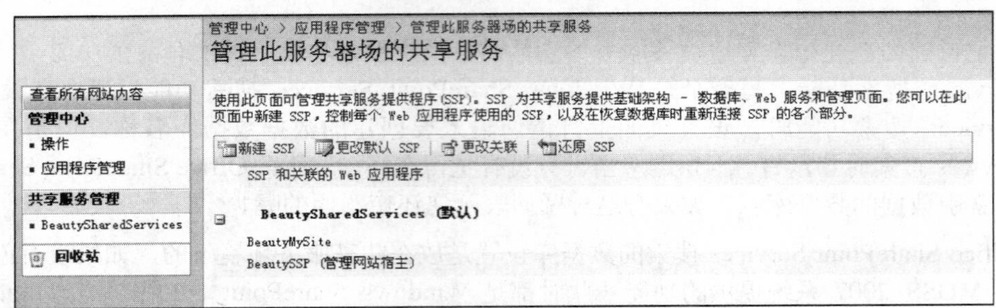

图 1-89　系统创建共享服务的网站环境

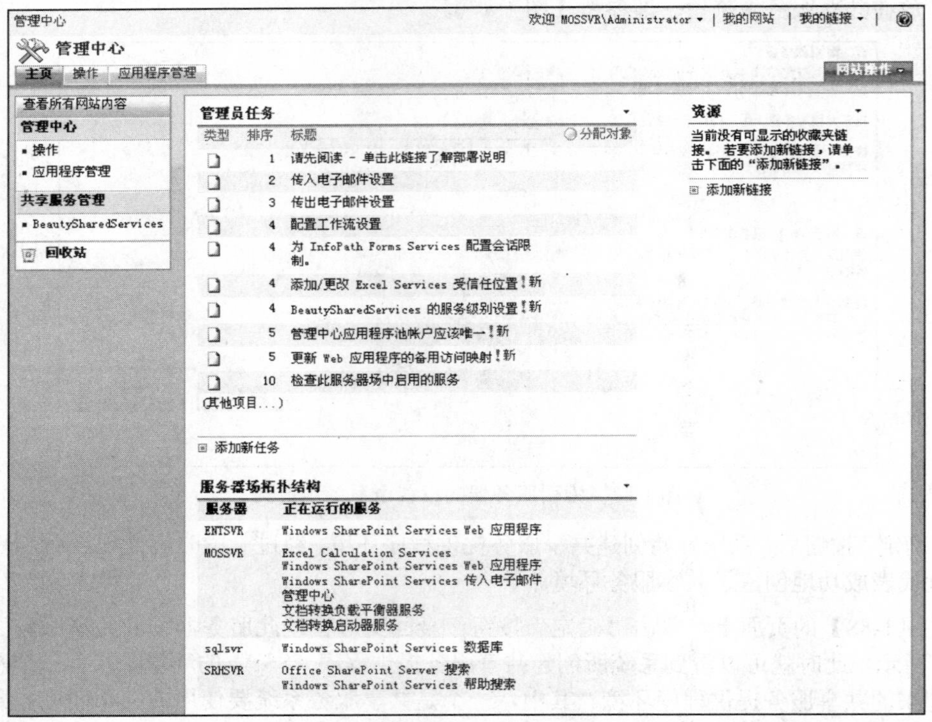

图 1-90　完成高级安装的管理中心页面

在共享服务成功创建完成后，共享服务的管理环境也创建出来，所以单击“共享服务管理”下的“BeautySharedServices”项目，系统会在右边页面切换到共享服务的管理中心设置页面上，如【图 1-91】所示。

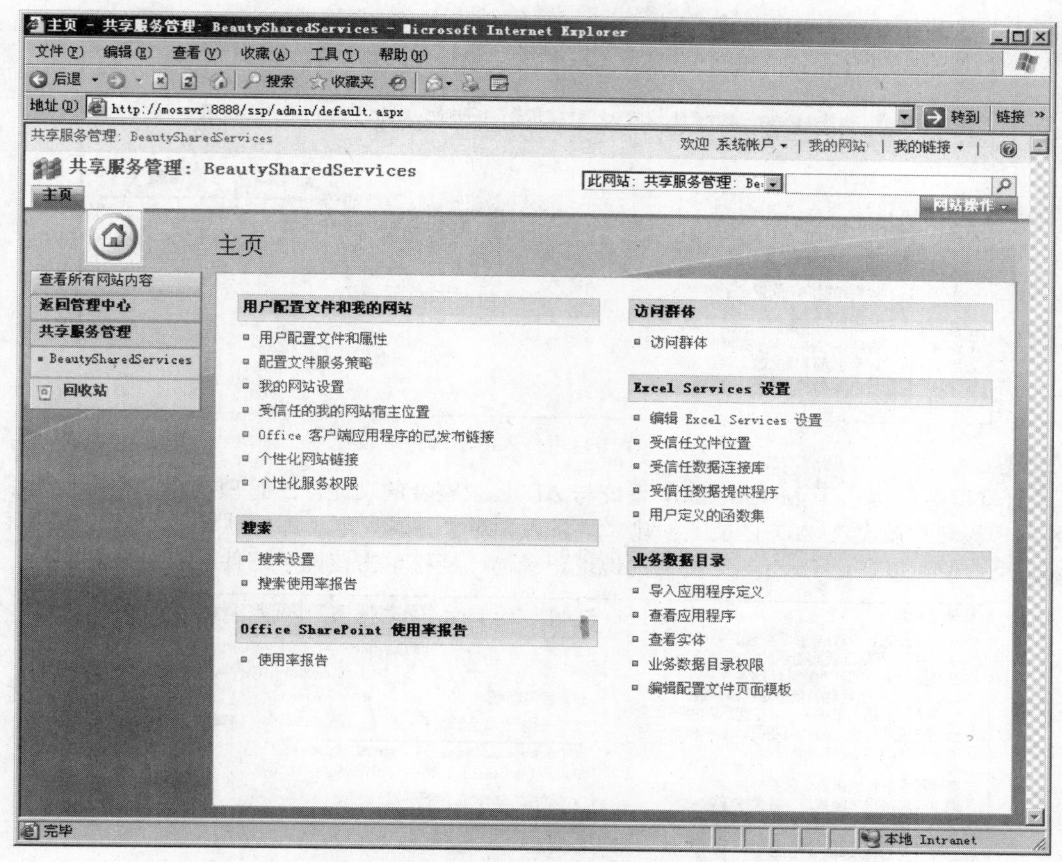

图 1-91　单击“共享服务管理”下的“BeautySharedServices”设置环境

1.7　MOSS 2007 系统安装后的基本设置

完成了基本安装（请参考【图 1-27】与【图 1-28】）或高级安装（请参考【图 1-87】与【图 1-88】）后，还需要对安装的 MOSS 2007 环境进行基本设置，才能够正式使用 MOSS 2007 系统。

在“管理中心”页面右边列出的基本设置项目中，原则上，一开始不需要将每一个设置项目都设置完成，但其中第 2 项与第 3 项，设置传入与传出的电子邮件环境则一定要先进行配置。

1.7.1　传入电子邮件的设置

传入电子邮件设置是 MOSS 2007 系统用来作为接收邮件的邮件服务器的配置，以下是传入电子邮件的配置步骤：

1 移动鼠标单击“管理中心”页面右边→管理员任务下的第 2 项“传入电子邮件设置”→出现“管理员任务：传入电子邮件设置”的页面→移动鼠标单击“操作”字段右边的“传入电子邮件设置”项目。

2 也可以使用另一种方式：移动鼠标单击在“管理中心”下的“操作”→在右边的页面出现“操作”的设置页面后→单击在“拓扑与服务”设置区块下的“传入电子邮件设置”项目。

3 以上两种选择的方式，都会进入到【图 1-92】所示的“配置传入电子邮件设置”的页面中，要启动传入电子邮件设置，移动鼠标单击“启用传入电子邮件”区块下的“是”选项。单击后，在下方的设置模式中，设置为“自动”，高级模式是设置 MOSS 2007 系统到指定的服务器目录下来撷取接收进来的信件，此种设置方式牵涉较复杂的环境，在此先不做详细的说明。

4 向下滚动页面至“目录管理服务”的设置区块上，如【图 1-93】所示。

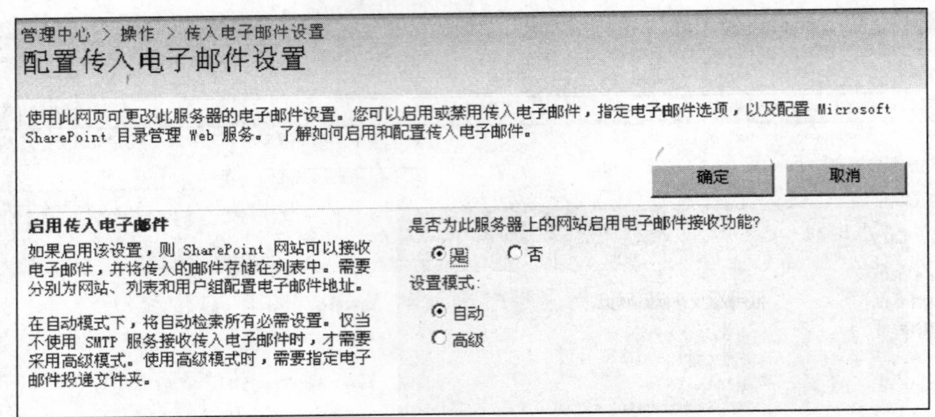

图 1-92　单击启用传入电子邮件的设置

“目录管理服务”提供了 MOSS 2007 系统与 AD 目录整合的功能，当管理员在文档库设置了一个电子邮件名称，该名称就会在 AD 目录上创建“联系人”对象并设置电子邮件地址，如果在 AD 环境下有 Exchange，用户便可以通过 Exchange 提供的地址记录簿，轻松单击该电子邮件地址发送文档。

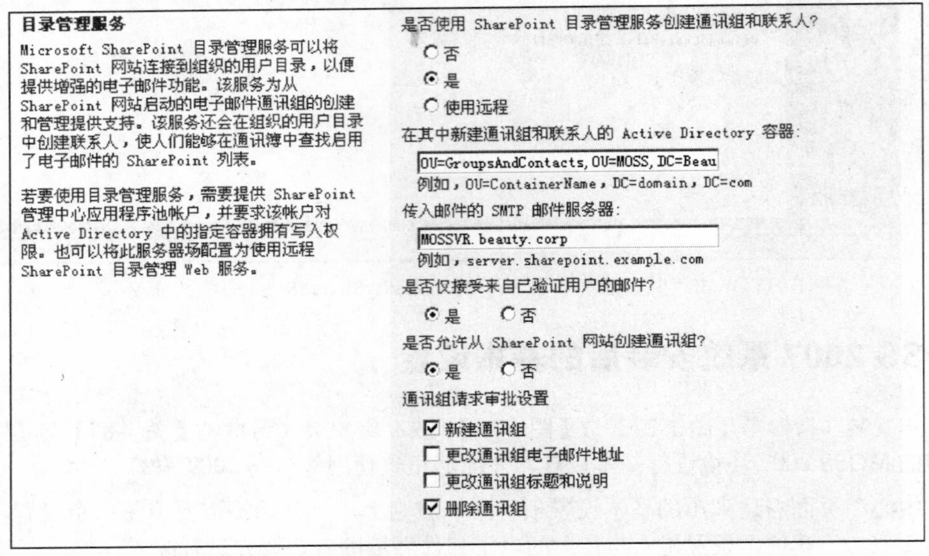

图 1-93　设置结合 AD 目录管理服务的功能

本例是要启动此项功能，所以在下方“在其中新建通讯组和联系人的 Active Directory 容器”字段上，输入 AD 目录已经创建好的可识别名称（Distinguish Name，DN），请参考【图 1-94】，我们将在 AD 上创建的组织单位路径为：

OU=GroupsAndContacts,OU=MOSS,DC=Beauty,DC=Corp

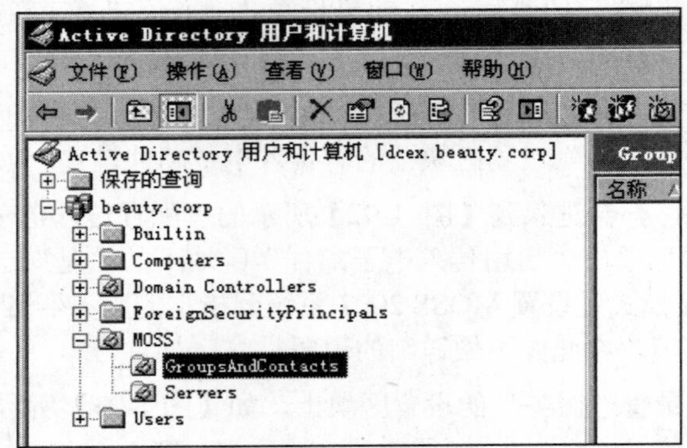

图 1-94　在 AD 上创建 MOSS 2007 可以放置联系人或用户组的组织单位的路径

除此之外，在下方“传入电子邮件服务器显示地址”字段上，系统会出现 MOSSVR.beauty.corp，这是因为我们在前面安装时，指定此服务器启动传入电子邮件服务功能，所以默认会是此服务器，如【图 1-95】所示。

以下其他字段设置则采用系统默认值，表示只接受局域网中的用户电子邮件寄送，以及允许 MOSS 2007 系统自动创建电子邮件的分布列表用户组（Distribution List Group）。

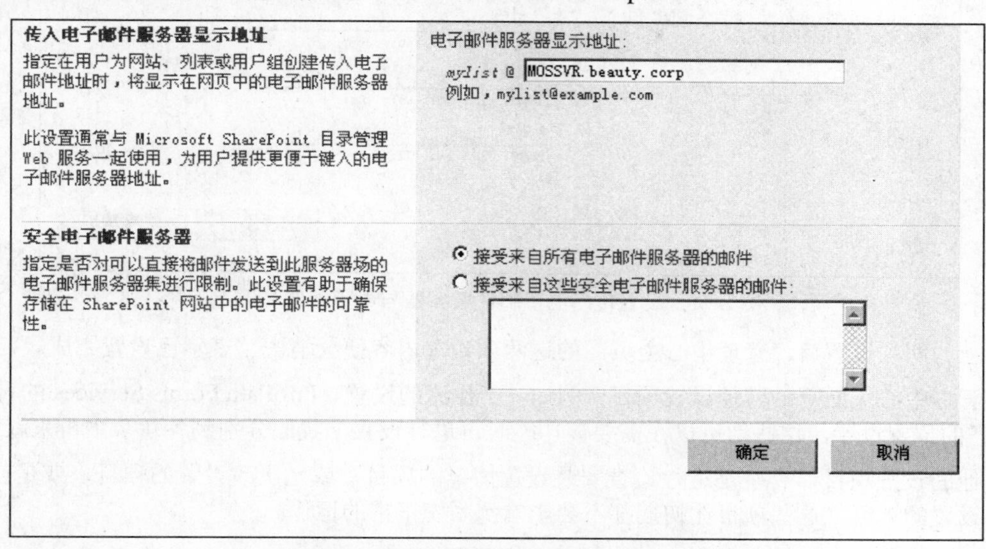

图 1-95　设置传入电子邮件的局域网后缀

“传入电子邮件服务器显示地址”字段是设置电子邮件的局域网后缀名称，此名称必须配合前面所说明的 DNS 电子邮件使用环境。在确认以上的设置后，请单击“确定”按钮。

1.7.2　传出电子邮件的设置

传出电子邮件服务器的设置主要是提供 MOSS 2007 系统在许多不同情况下，要进行状态、稽核、监测、排程、工作流等信件通知信息时，必须可以寄送到企业内部电子邮件系统的电子邮件服务器。

如果 MOSS 2007 采用独立电子邮件服务器，则可以设置此服务器是传出电子邮件服务器，如果在 MOSS 2007 的局域网架构下有 Exchange 系统架构，也可以指定 Exchange 电子邮件服务器来当做传出电子邮件的服务器。

在本书例子中，有 Exchange 架构环境，所以我们所设置的传出电子邮件服务器是以 Exchange 电子邮件服务器为主。

MOSS 2007 传出电子邮件服务器的设置步骤如下：

1 移动鼠标单击“管理中心”页面右边→管理员工作下的第 3 项“传出电子邮件设置”→在出现“管理员工作：传出电子邮件设置”的页面上→移动鼠标单击“操作”字段右边的“传出电子邮件设置”项目。

2 也可以使用另一种选取的方式：移动鼠标单击在“管理中心”下的“操作”→在右边的页面上，出现“操作”的设置页面后→单击在“拓扑与服务”设置区块下的“传出电子邮件设置”项目。

3 进入【图 1-96】所示页面后，在“出站 SMTP 服务器”字段上输入 dcex.beauty.corp（Exchange 服务器的 DNS 名称位置），如果是在基本安装或独立的电子邮件服务器的环境中，则可输入 mossvr.beauty.corp。

4 在“发件人地址”的字段上，如果上述指定的是 Exchange 服务器，则此处输入 administrator@beauty.corp，但如果是独立的电子邮件服务器，则输入 administrator@mossvr.beauty.corp。

5 在“答复地址”的字段上，如果上述指定的是 Exchange 服务器，则此处输入 administrator@beauty.corp，但如果是独立的电子邮件服务器，则输入 administrator@mossvr.beauty.corp（此处要注意的是在 mossvr 服务器上，要有 POP3/IMAP 的收件服务环境）。

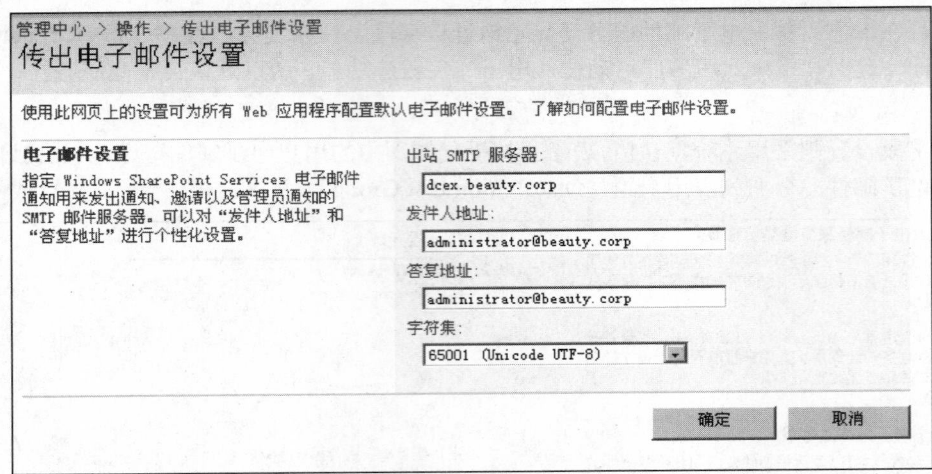

图 1-96 设置传出电子邮件服务器与电子邮件名称

完成以上的两项设置后，管理中心主页面的这两项设置内容便会消失，表示已设置完成。

至于在管理中心页面下的其他设置项目，例如，工作流的设置、InfoPath Forms Services 的设置、Excel Services 信任的位置设置，这些都可以在需要该功能时再进行设置，我们分别到各章节中再来叙述。

另外其他的设置项目，有些是进行检查安装设置情况的项目，或是更改设置的项目，或是在特别的环境中所需要设置的项目，这些项目在初期都不会影响到系统正常的运作。

第 2 章 网站配置初体验

本章提要

MOSS 2007 系统通过访问网站的方式为用户和管理员提供数据和设置的访问。所以如何创建 MOSS 2007 的网站环境以及创建什么样的网站环境，是学习完 MOSS 2007 的安装后马上会面临的问题。

MOSS 2007 为了满足企业访问各种不同的网站的需求，提供了多种不同类型的网站环境，本章最主要的目的是学习 MOSS 2007 系统所提供的网站架构，如何创建 MOSS 2007 系统的网站环境，以及如何创建各种不同类型的网站环境。

本章重点

在本章，您将学会：

- MOSS 2007 的网站架构
- 创建企业协作资源中心网站
- 协作门户网站架构
- 创建“我的网站”个人信息
- Wiki 网站模板
- 工作组网站模板
- 网站的设置环境
- 会议工作组网站模板
- 创建企业的发布门户网站

2.1 MOSS 2007 的网站架构

现今通过网站应用环境为企业提供信息协作访问俨然已经成为一种趋势，在这样的趋势下 MOSS 2007 为了满足企业对各种不同情况需要使用到的信息应用环境，提供了不同类型的网站环境，请参考【图 2-1】。

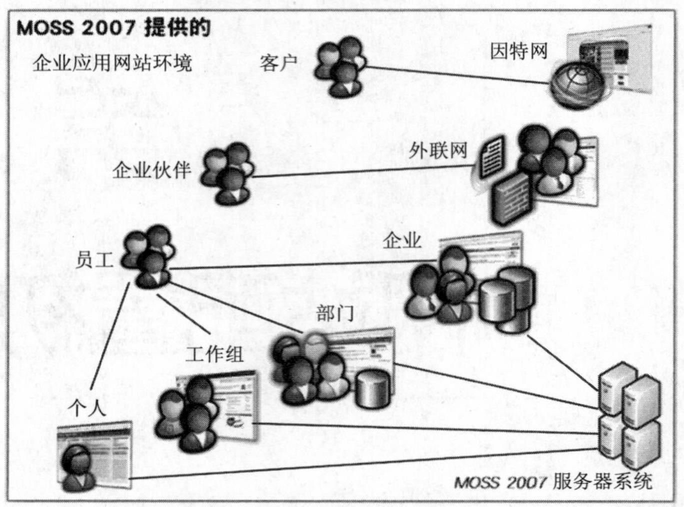

图 2-1 设置 Web 应用程序需要在 IIS 环境下输入相关信息

这些网站环境，从存放个人信息系统的网站环境到各工作组根据不同需求所创建的工作组网站环境，甚至到各个不同部门所需要共享信息的部门网站环境，进而是企业所需要完成协作的门户网站环境，以及企业伙伴之间需要提供的共享信息网站环境，到需要提供给因特网用户能够访问的网站环境，MOSS 2007 都提供了基本的系统内建网站内容，让企业可以根据不同用户的不同需求，方便地创建各种不同的网站内容来提供给不同用户。

在了解如何创建 MOSS 2007 系统网站环境前，我们先要来了解一下 MOSS 2007 系统所提供的网站架构。

MOSS 2007 是依附在 Windows Server 2003 的 IIS 6.0 架构下，以.NET Framework 2.0 为基础、.NET Framework 3.0 为应用，并基于 Windows SharePoint Services 3.0 应用系统架构的门户网站应用服务环境，所以 MOSS 2007 网站架构势必依循着这些已有的架构，来提供 MOSS 2007 系统使用的网站架构环境。

MOSS 2007 系统的整个网站架构可以分成四层，分别是应用程序池（Application Pool）、Web 应用程序（Web Application）、网站集（Site Collection）以及网站（Site）。

如【图 2-2】所示，同一项应用程序池（Application Pool）下包含了多个 Web 应用程序（Web Applications），每项 Web 应用程序包含了网站集（Site Collection），网站集下又包含了顶层网站（Top Level Site）与子网站（Sub Site），而子网站可以再往下接续下层的子网站环境。Web 应用程序可以由不同的虚拟网站服务器（Virtual Web Server）连接。

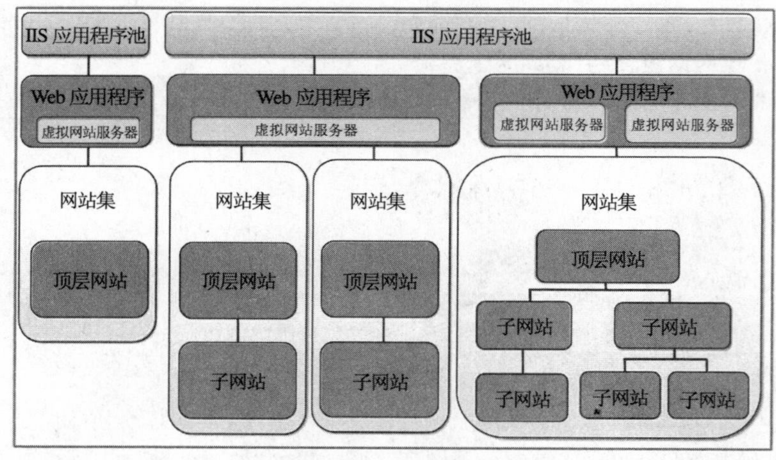

图 2-2 MOSS 2007 的网站架构

2.1.1 应用程序池

应用程序池（Application Pool）是 IIS 系统提供给不同虚拟网站服务器（Virtual Web Server）可共享或独立的应用程序环境，主要目的是使在此服务器上所配置的虚拟网站服务器可以依据不同效能、回收机制、健康状况、安全、独立或共享的需求来创建其应用程序范围。

在 IIS 的应用程序池中，每一项应用程序池有独立的效能设置，您可以针对不同的应用程序池的需求来调整效能与健康状况，另外每个独立的应用程序池下也可以创建不同的安全访问账户，以区别不同虚拟网站服务器所产生的安全访问需求。

在 IIS 6.0 的架构中要创建一个虚拟网站服务器（Virtual Web Server），必须先在应用程序池（Application Pool）下创建一个应用程序（Application）给虚拟网站服务器所使用，不同的虚拟网站服务器可以在应用程序池下选择相同的应用程序以提供共享环境的访问，当然也可以选择不同的应用程序来区分虚拟网站服务器彼此之间的访问安全。

MOSS 2007 提供了两种环境来共同使用 IIS 下的应用程序池，一个是 Web 应用程序，另一个是虚拟网站服务器。

2.1.2 Web 应用程序的创建

Web 应用程序（Web Application）是 WSS 3.0 及 MOSS 2007 环境中特有的环境，主要是提供 SharePoint 系统下多个网站集与网站处理的 Web 应用程序环境，在一个 Web 应用程序下可以创建多个不同的网站集与网站，也可以在不同的 Web 应用程序下创建不同的网站集与网站，所以 Web 应用程序与 IIS 下的应用程序池很相似，而不同的地方在于 Web 应用程序是建构在一个 IIS 的应用程序池下，所以 SharePoint 系统可以在不同的 Web 应用程序环境下通过指定同一个 IIS 应用程序池来共享或交换访问不同 Web 应用程序中所需要的应用程序，请参考【图 2-2】。

由于 MOSS 2007 的 Web 应用程序是创建在 IIS 环境下的应用程序池中，故创建 MOSS 2007 要使用的 Web 应用程序必须在 IIS 网站环境下创建一个应用程序池，才可以提供给 MOSS 2007 系统，进行 Web 应用程序的创建或扩充。

要创建 MOSS 2007 所使用的 Web 应用程序与虚拟网站服务器可以通过两种方法，一种是在 IIS 环境下先将所需要使用的应用程序池与虚拟网站服务器创建起来，然后在 MOSS 2007 系统下创建所需要的 Web 应用程序并选择已建好的应用程序池。另一种方式则是直接在 MOSS 2007 系统中，在创建的新 Web 应用程序下，直接创建新的 IIS 网站与应用程序池。

通常我们为了省略操作步骤会采用第二种方法，直接在 MOSS 2007 的创建 Web 应用程序环境中创建 IIS 的网站与应用程序池，参考第 1 章【图 1-71】到【图 1-78】所示创建共享服务管理网站的例子，就可以知道如何来创建了。

一个 MOSS 2007 系统创建的 Web 应用程序环境会在数据库服务器上创建属于此 Web 应用程序环境所使用的数据库，此数据库又称为内容数据库（Content Database），所有在此 Web 应用程序下所创建的虚拟网站服务器（Virtual Web Server），网站集（Site Collection）以及网站（Site）都会共同使用这个数据库的内容以达到信息交换、共享信息的目的。

例如，第 1 章【图 1-77】或【图 1-80】所示，在“创建新的 Web 应用程序”页面的数据库名称与验证的设置区块中，设置了“BeautySSP_ DB”与“BeautyMySite_DB”的数据库，分别给“共享服务”的 Web 应用程序与“我的网站”的 Web 应用程序使用。

2.1.3 Web 应用程序的扩展

要让 MOSS 2007 系统可以使用已创建的 Web 应用程序（Web Application），除了创建所需要的 Web 应用程序环境外，还要进行 Web 应用程序的扩展处理。

当我们在 MOSS 2007 系统环境中创建一个新的 Web 应用程序环境时，该 Web 应用程序环境会默认进行 Web 应用程序的扩展，所以不需要额外再进行扩展。这项自动扩展的处理，可以从第 1 章【图 1-78】看到，在新的 Web 应用程序创建处理作业完成后，就可以直接跳到网站集的创建操作，不需要再进行 Web 应用程序扩展。

既然 MOSS 2007 系统在创建一个新的 Web 应用程序处理时就会进行扩展，那么在 MOSS 2007 的创建或扩展 Web 应用程序的设置页面下（请参考第 1 章的【图 1-72】)，为什么还要提供一个"扩展现有的 Web 应用程序"的功能项目呢?

2.1.4 网站集

网站集（Site Collection）是指一组拥有相同管理员与相同共享网站管理设置的网站集环境，在一个网站集环境下提供了一个顶层网站（Top Level Site）环境以及可以向下延伸的子网站（Child Site）环境，形成了一个有层次结构的网站，可以使用不同的 URL 路径来打开顶层网站内容或是延伸向下的子网站内容。

MOSS 2007 的 Web 应用程序环境可以创建多个网站集，这些使用同一个 Web 应用程序所创建起来的网站集相互之间可以进行系统内容信息的交换及访问，其好处是在企业网站信息环境中的，可以完成不同部门网站间的数据访问和交换。

虽然在一个 Web 应用程序环境中可以创建多个网站集，但是对于网站的顶层路径（只有网址的根目录路径），只能提供一个网站集的创建，不能同时创建多个网站集。

上面的意思是说，如果要在一个 Web 应用程序环境下创建多个网站集，第一个网站集可以创建在网址的根目录上，但至于第二个（或更多）网站集就必须创建在网址的子目录路径上，不能再次创建在根目录的路径上。

举例来说，当一个已创建并扩展好的 http://website.beauty.corp/Web 应用程序，可在此网址路径的根目录下创建一个网站集，但是如果要在此网址下创建第二个（或更多）网站集时，系统默认必须创建在 http://website.beauty.corp/sites/路径下，所以假设当您要创建第二个网站集且名称要命名为 Site2 时，则该网站集的网址路径会是 http://website.beauty.corp/sites/site2，而若要创建第三个网站集，且名称要命名为 Site3，则该网站集的网址路径便会是 http://website.beauty.corp/sites/site3。

2.1.5 网站

MOSS 2007 系统所指的网站（Site）与一般我们在 IIS 下创建的网站，在意义上有些不同，一般所说的网站实际上就是在 IIS 环境所创建起来的虚拟网站服务器（Virtual Web Server），不管是通过不同的 IP、不同的端口号还是不同的主机标头所创建起来的虚拟网站服务器，我们都会称为一个网站环境。

但是在 MOSS 2007 系统下所创建起来的网站指的是由 MOSS 2007 系统所配置出来的一个具有独立架构应用程序的环境，我们也称为一个网站。所以 MOSS 2007 所创建的一个网站不是由不同的 IP、不同的端口号或是不同的主机标头来划分不同的网站（当然 MOSS 2007 还是必须配置在这些环境下，这些环境在 MOSS 2007 系统中称为虚拟网站服务器或许恰当些)，而是由 MOSS 2007 系统来预定义所创建的网站环境。所以一个 MOSS 2007 的网站，其 URL 路径可能是在同一个网址的不同子路径上，而一个网址（例如: http://center.beauty.corp），可能会包含多个 MOSS 2007 的网站。

对于 MOSS 2007 的系统来说，虽然在一个虚拟网站服务器上会有许多的网站环境，但并不代表每一个虚拟网站服务器都是用来创建不同的 MOSS 2007 网站环境的。同样的一个网站环境，可以通过 Web 应用程序的扩展，将不同的网站虚拟服务器指向同一个 MOSS 2007 网站，这样的目的是为企业提供不同类型的网站门户环境。

MOSS 2007 的网站可以分成三种网站环境，分别是顶层网站（Top Level Site)、子网站（Child Site)、工作区（Workspace)。

哇！搞不懂啦！MOSS 2007 的网站这么复杂吗？笔者必须在此说，没错！通常初学 MOSS 2007 系统的人都会有此困扰，不过没有关系，笔者会在本书及后续的书籍中详细说给您听，仔细地看下去喔！不要放弃！加油！加油！

2.1.6 顶层网站

顶层网站（Top Level Site）是依附在网站集下的内建网站环境，当我们在创建一个网站集时，系统一定会在网站集环境下创建一个顶层网站来为用户提供可以进入此网站集的网站环境，每一个网站集合也只提供一个顶层网站环境。

顶层网站环境提供了所有子网站所需要设置的网站相关内容、对象、功能需求、权限设置等环境，所有的子网站环境也继承了顶层网站的内容，提供给不同子网站环境使用。

2.1.7 子网站

创建在顶层网站下的子网站（Child Site）可以使用层次结构的方式往下或平行创建多层的子网站环境，这些子网站环境都会继承上层网站所创建或提供的网站设置与相关的网站内容。

发展子网站环境最主要的是在一个网站集下可以提供不同的网站内容，这些不同的网站内容可以在一个相同继承或共享的信息环境中实现个别使用且相互共享的环境。

2.1.8 工作区

工作区（Workspace）在 MOSS 2007 系统中是一个非常特别的网站环境。原则上，它是为文档与会议协作提供的页面网站环境，称为工作区。

微软为什么要称这些协作下的文档或是会议工作所创建的环境为工作区，而不是网站呢？其实微软自己也没有说得非常清楚，不过笔者从多方面技术文档中得到的归类是因为此种网站环境是用来配合 Office 2007 的各项应用程序所提供的各种工作区功能的。换句话说，工作区还是 MOSS 2007 的一种网站类型，只是名称不一样而已。

在了解了 MOSS 2007 所提供的网站架构环境后，接下来，我们通过创建企业所需要的各种网站环境，练习并了解 MOSS 2007 可以创建的网站环境。

2.2 创建企业协作资源中心网站

从上节 MOSS 2007 网站架构说明中应该了解到要创建一个 MOSS 2007 的网站（Web Site），必须先行创建一个 Web 应用程序（Web Application）以及网站集（Site Collection）的环境，或在一个已经存在的 Web 应用程序的网站集下，创建所需要的网站。在前面一章高级型安装说明中，我们为了学习如何创建一个共享服务提供程序（Shared Services Provider），已学习过如何创建一个新的 Web 应用程序与网站集了。

当 MOSS 2007 系统安装完成后，不管是标准安装或是高级安装，用户是不可以登录的，系统默认创建起来的是 SharePoint 3.0 管理中心网站，只允许管理员登录并设置、创建系统环境。另外系统默认在共享服务管理下的共享服务中提供管理网站和“我的网站”的网站环境。

所以如果要为用户提供可以进入 MOSS 2007 所创建的网站环境，就必须创建用户可以共同使用的网站，而 MOSS 2007 系统所提供的用户可使用的网站环境种类非常多，我们用不同的例子来练习创建各种不同类型的网站。

首先要举的例子是在一个企业环境中，所有信息工作者都应该共享的协作中心网站，让信息工作者可以在协作的中心网站上进行需要的协作、处理工作流、创建共享数据、分享共享数据、创建个人信息、分享个人信息的一个中心网站。在中心网站下还可以依照分公司、部门、工作组等不同性质来创建所需要的中心网站。

创建一个协作的中心网站，最好能够使用独立的 Web 应用程序与网站集提供一个完整的网站环境，此举一方面是基于安全考虑，另一方面基于负载能力的考虑。所以如果该中心网站所要处理的数据负载过重时，甚至可以考虑将协作的中心网站创建在不同的服务器上。

本书所要举的例子是美景企业的训练中心，所以将此协作的中心网站称为“**训练中心**”，请注意，往后的说明文档中所提到的训练中心，指的就是此训练中心顶层网站。在创建这个训练中心网站之前再复习一下，创建一个网站需要三个步骤。

- 创建一个新的 Web 应用程序（Web Application）

提供给训练中心所要使用的 Web 应用程序和 IIS 虚拟网站服务器。IIS 的网站名称为 BeautyCenter，主机标头为 center.beauty.corp，Web 应用程序名称为 BeautyCenterAP。

- 创建一个网站集（Site Collection）
- 创建起一个新的顶层网站（Top Level Site）

通过创建向导在创建网站集同时创建一个企业协作门户网站，其名称为“训练中心”。

2.2.1 创建 Web 应用程序

创建训练中心要使用的 Web 应用程序请按照下列步骤来执行：

1 启动 SharePoint 3.0 管理中心 管理页面，进而用鼠标依次单击“快速引导”栏的 ▪应用程序管理 → SharePoint Web 应用程序管理 区块下的“创建或扩展 Web 应用程序”超链接项目，如【图 2-3】所示。

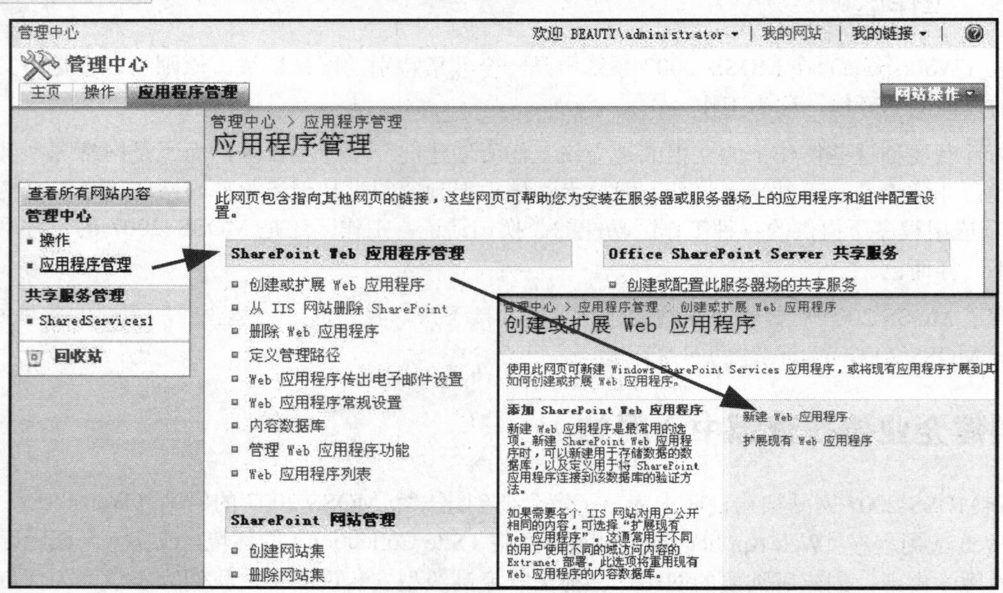

图 2-3　选择创建一个新的 Web 应用程序功能项目

2 在打开【图 2-3】所示“创建或扩展 Web 应用程序”页面后，单击“新建 Web 应用程序”超链接。

3 在“新建 Web 应用程序”设置页面（如【图 2-4】所示）选择“IIS 网站”区块中的 ⊙新建 IIS 网站 。其下方字段的设置数据如下所示（粗体字表示域名）：

说　明	BeautyCenter
端　口	80
主机标头	Center.Beauty.Corp
路　径	系统会自动生成，请保留系统生成的默认路径

管理中心 > 应用程序管理 > 创建或扩展 Web 应用程序 > 新建 Web 应用程序

新建 Web 应用程序

使用此网页可新建 Windows SharePoint Services Web 应用程序。了解如何创建或扩展 Web 应用程序。

警告：未对此网页进行加密以进行安全通讯。将以明文形式发送用户名、密码和任何其他信息。有关详细信息，请与管理员联系。

确定　取消

IIS 网站

选择使用现有 IIS 网站或创建一个新网站，为 Windows SharePoint Services 应用程序提供服务。

如果选择使用现有 IIS 网站，则此网站必须位于服务器场中的所有服务器上，并且必须具有相同的说明，否则此操作将不会成功。

如果选择新建 IIS 网站，将自动在服务器场中的所有服务器上创建此网站。如果此处未显示要更改的 IIS 设置，那么可以使用该选项创建一个基本网站，然后通过标准 IIS 工具对其进行更新。

○ 使用现有 IIS 网站

默认网站

⊙ 新建 IIS 网站

说明

BeautyCenter

端口

80

主机标头

Center.Beauty.Corp

路径

C:\Inetpub\wwwroot\wss\VirtualDirect

图 2-4　设置 Web 应用程序需要在 IIS 环境下输入相关信息

4 向下滚动页面到“安全性配置”区块。

此网站集因为是给企业内部用户使用的，所以所有用户都必须要通过登录验证才可以使用此网站，因此此处不允许匿名者登录。此区块的设置如【图 2-5】所示（粗体字表示域名），至于 SSL 网站环境的创建，我们暂时不在此书讨论，所以请保留系统默认值。

验证提供程序	**NTLM**
允许匿名	否
使用安全套接字层（SSL）	否

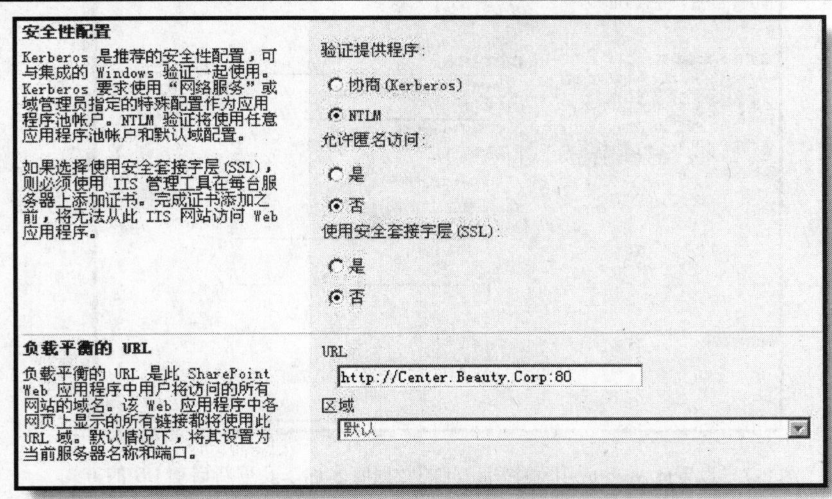

图 2-5　设置此 Web 应用程序的验证模式与负载平衡的环境

5 在“负载平衡的 URL”设置区块中请保留系统默认值（如【图 2-5】所示），即在 URL 字段上保持 **http://Center.Beauty.Corp:80** 配置值，区域字段值是灰色的，是由系统来设置的，我们暂时不能做变动。

6 请向下滚动页面到“应用程序池”区块，如【图 2-6】所示，选择该区块中 ⊙ 新建应用程序池 ，输入以下信息（粗体字表示域名）：

应用程序池名称	BeautyCenterAP
请为此应用程序池选择安全账户	可配置账户
用户名	Beauty\Administrator
密码	P@ssw0rd

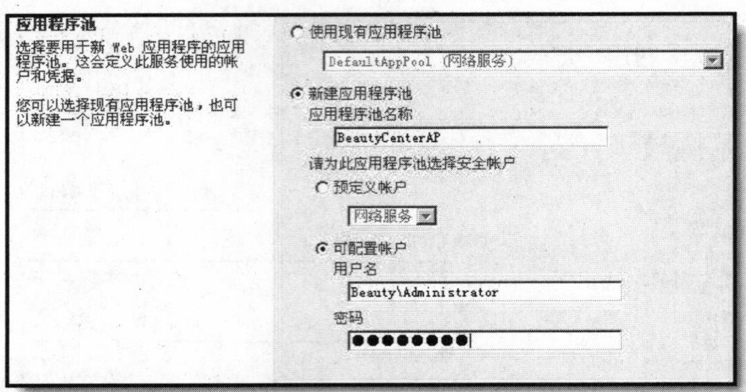

图 2-6　设置此 Web 应用程序的名称及服务的账户名称与密码

7 向下滚动页面到“重置 Internet 信息服务”区块，单击“自动重新启动 IIS”选项，如【图 2-7】所示。

8 在“数据库名称和验证”区块上输入以下信息（粗体字表示域名）：

数据库服务器	Mossvr
数据库名称	MOSS_Content_BeautyCenter
数据库验证	Windows 验证推荐

当“**数据库验证**”采用 Windows 验证时，系统会使用前面安装过程中所设置的访问 SQL 数据库账户进行 MOSS 2007 系统的访问。

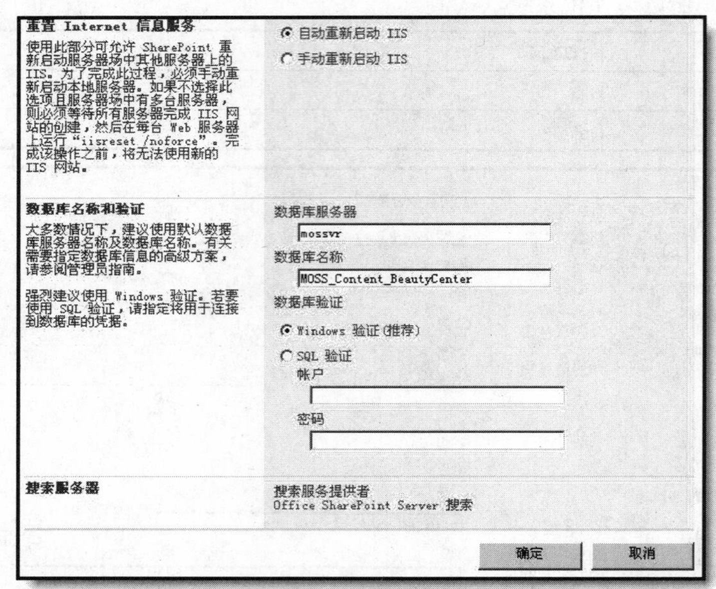

图 2-7　设置此 Web 应用程序所访问的数据库名称以及重新启动 IIS 的方式

9 设置完以上所有内容配置值，并确定无误后请单击 确定 按钮，系统会开始进行 Web 应用程序创建工作。

2.2.2 创建协作门户网站

在完成上述 Web 应用程序创建后，会出现如【图 2-8】所示页面，我们可以顺着此步骤，继续往下创建训练中心所需要使用的协作门户网站。

在创建好一个新的 Web 应用程序后，可以在完成 Web 应用程序的网页上直接单击“创建网站集”超链接项目，也可以选择管理中心右边“快速引导”栏的“应用程序管理”，打开“应用程序管理”页面中的 SharePoint 网站管理 区块，单击“创建网站集”超链接，请参考【图 2-9】，来完成创建一个协作门户网站环境的步骤。

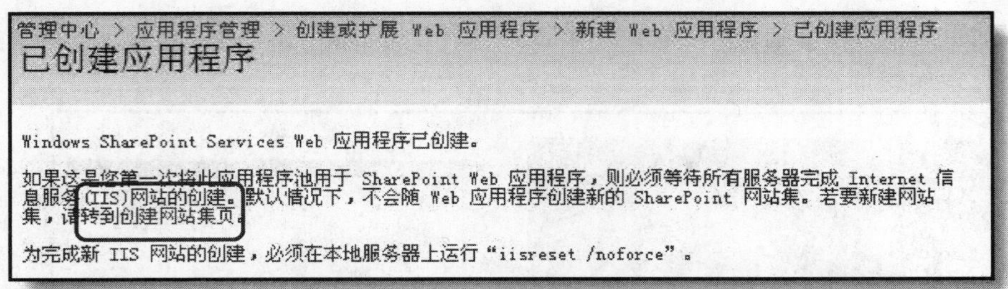

图 2-8 完成创建 Web 应用程序的页面

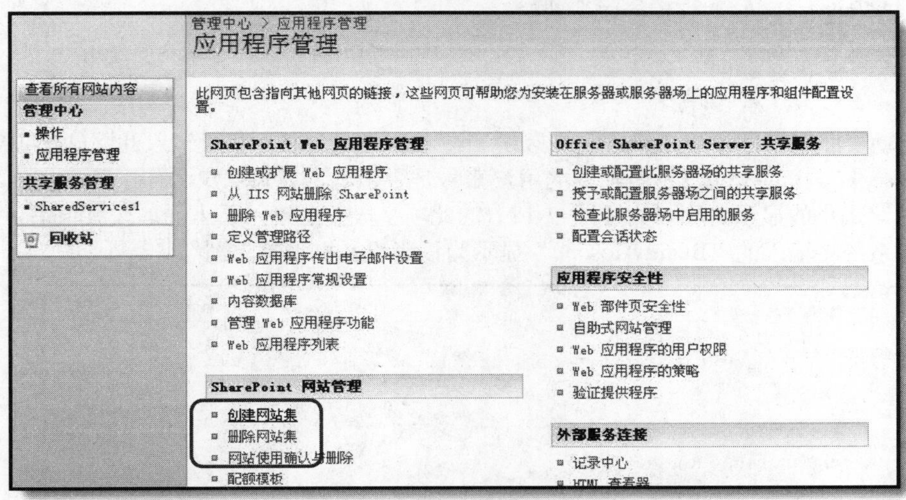

图 2-9 选择 SharePoint 网站管理下的"创建网站集"项目

1 在"创建网站集"设置页面中，如果"Web 应用程序"字段没有出现您所选择的 Web 应用程序，请移动鼠标单击该字段最右边向下的箭头按钮，如【图 2-10】所示，单击"更改 Web 应用程序"，以单击所要指定的 Web 应用程序，以本例来说单击的是 **http://center.beauty.corp** 的 Web 应用程序，请在"标题和说明"字段中输入以下内容：

标　题	训练中心
说　明	此网站集是用来提供给美景企业的训练中心所需要用户的协作门户网站

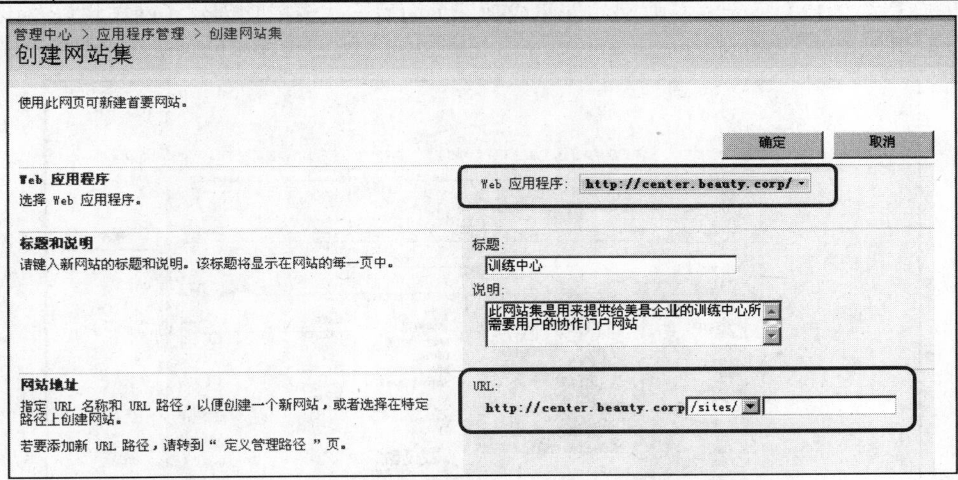

图 2-10 输入顶层网站的名称、说明以及指定的路径

2 由于我们所要创建的网站是一个顶层网站，所以在网址 URL 字段上保持在根目录"/"路径下，另外，如果您希望在所创建的网站集下还要有额外新增的子路径，可以单击网址下方的"定义管理路径"项目，以新增所需要的子路径。

[3] 向下滚动页面至“模板选择”区块，如【图 2-11】所示，移动鼠标单击 发布 选项卡，进而选择其下的“协作门户”网站模板。

图 2-11 选择在“发布”分类下的协作门户网站类型

[4] 向下滚动页面至“网站集主管理员”区块。在右边“用户名”字段输入此网站集主要管理员账户名称“Beauty\Joseph”，可单击 检查输入的用户账号是否正确，如果账户名称正确，账户名称下会出现下画线或变更成该账户的显示名称。如【图 2-12】的此项字段便是输入了上面的设置值后，按下 按钮所出现的结果，系统将输入的“Beauty\Joseph”显示为该账户名称“屠立刚”。

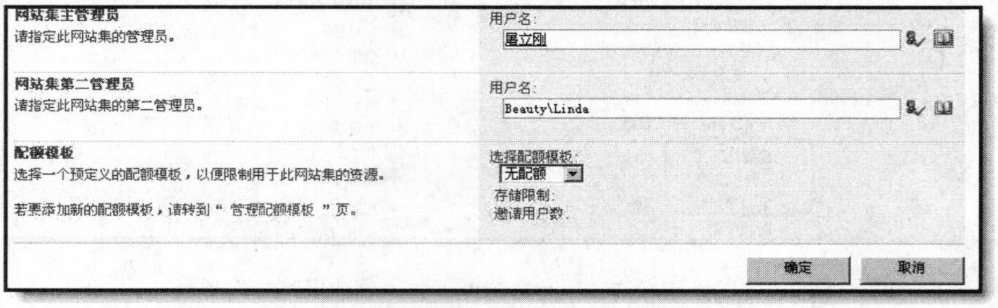

网站集主管理员
请指定此网站集的管理员。
用户名:
屠立刚

网站集第二管理员
请指定此网站集的第二管理员。
用户名:
Beauty\Linda

配额模板
选择一个预定义的配额模板，以便限制用于此网站集的资源。
若要添加新的配额模板，请转到“管理配额模板”页。
选择配额模板:
无配额
存储限制:
邀请用户数:

确定 取消

图 2-12 设置网站集主管理员和第二管理员的账户名称

[5] 网站集第二管理员区块中“用户名”字段请输入“Beauty\Linda”，并单击 按钮确认数据是否输入正确。

[6] 设置配额模板时，此网站并不限定用户存放的数据容量，因此在选择配额模板时，选择系统默认的“无配额”状态。确认以上所有相关设置无误后，请单击 确定 按钮，开始创建协作门户网站中心的顶层网站环境。

[7] 当出现【图 2-13】所示“首要网站创建成功”页面后，代表成功创建了网站集以及该网站集下的顶层网站，此时可以单击“http://center.beauty.corp”超链接进入所创建起来的训练中心协作门户网站。

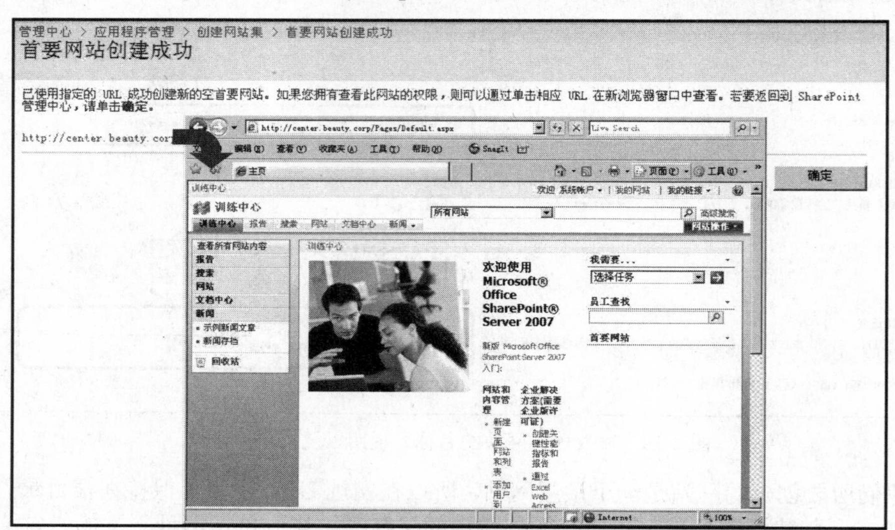

图 2-13 在成功创建网站集与顶层网站后，进入该顶层网站环境

2.3 协作门户网站架构

协作门户网站是一个提供企业内部信息的门户网站，是一个比较大型、集合性质的网站环境，为企业所有内部用户提供在一开始进入的网站环境，也是 MOSS 2007 最主要的门户网站类型之一。我们先来介绍此协作门户网站所提供的基本内容有哪些。首先您可以在企业内部网络中的客户端计算机上打开 IE，在 URL 字段上输入 http://center.beauty.corp，并按下“Enter”键，此时会先出现用户账户登录的验证窗口。

由于在创建此网站时指定了 Joseph 是此网站的主要管理员，所以在此请输入 Beauty\Joseph 账户名称和密码进行登录验证。如【图 2-14】所示。

图 2-14 输入登录的账户名称及密码进行验证

训练中心的首页环境

在成功登录后系统会出现为训练中心创建的默认协作门户网站的首页，请参考【图 2-15】。

图 2-15 验证登录账户通过后的协作门户网站首页

您可以看到登录后的门户网站首页呈现了一个企业所需要使用到的基本内容模板，这些环境包括了企业共同分享使用的文档中心、企业目前状态说明的报告中心、寻找企业共享信息的搜索中心、公布企业最新消息的新闻中心、以及链接其他各部门的网站中心。

以上这些中心其实每一项都是一个子网站架构，而首页的网页环境则是一个顶层网站架构，这也就是为什么此项协作的网站被称为门户网站的缘故了。

除此之外，在首页下还提供了首页页面的主要信息公布模板、下方的新闻主题的链接内容，右方的目前需要进行的工作、企业员工相关信息的查找，以及列举企业首要网站的链接项目等内容。

另外在页面右上角会出现目前登录的用户名称、该用户的“我的网站”、该用户可以设置的“我的链接”项目，下方所提供的搜索则可以对网站所有内容进行查找。如果您所登录的账户是具有访问和管理权限的用户，在右上角高级搜索的下方则会有 网站操作 ▾ 的设置项目，供该用户进行网页或网站的创建、编辑或是对该网站系统环境进行管理、设置与维护等工作。

训练中心的网页内容

在 MOSS 2007 系统下所提供的网站模板通常可以分成两个部分，第一个部分称为网页表现环境，此环境通常是进入该网址或网址路径后默认显示的首页环境。就以上面训练中心的网站为例，在【图 2-15】所看到的网页环境就是训练中心网站的网页表现环境，此环境的内容是经过网页编排与设计后产生的，也是给用户使用的表现环境，这些网页表现环境通常是使用网页部件（Web Part）组合起来的网页，该网站呈现的内容是经过整合、筛选、处理后显示网页的重要信息，所以相对来说，在此网页上所看到的内容并不代表此网站下的所有内容。

也就是说，要看到此网站包含的所有内容需要到另外一个环境。是的，这也就是网站的第二部分，称为网页内容环境，网页内容环境是将此网站下所有的对象、组件库、网站、工作区等项目，以列举的方式展现出来。

以上面训练中心的网站为例，在训练中心网页上所看到的文档中心、报告等内容都是一个个子网站，如何来证实呢？我们可以进入到网页内容环境来进行查证。

如何将网站切换至网页内容环境呢？请移动鼠标单击在网页表现环境下 查看所有网站内容 （View All Site Content）项目，此时系统就会切换到该网站的网页内容环境，请参考【图 2-16】。

图 2-16　单击“查看所有网站内容”的选项来查看一个网站下的网页内容

从【图 2-16】中可以看到网站下的网页内容环境都会呈现出来，您可以向下滚动页面查看该网站所列举出的所有内容，其中所列举的项目以组件库、网站、工作区的方式分类，并列出在该分类下所创建的相关组件、网站、工作区对象。

我们要证实以上所说的文档中心、报告等内容，都是一个个相对独立的子网站，只需在此内容环境中，将滚动条滚动到下方，就可以看到这些项目的确都是一个子网站环境，如【图 2-17】所示。

讨论板			
工作组讨论	使用"工作组讨论"列表可保存对工作组相关主题进行的新闻组样式的讨论。	0	28 分钟以前
调查			
没有调查。若要创建调查，请单击上面的"创建"。			
网站和工作区			
报告	报告中心		29 分钟以前
搜索	搜索中心显示搜索结果		28 分钟以前
网站	"网站目录"网站		28 分钟以前
文档中心	文档中心网站		28 分钟以前
新闻	公司新闻主页		28 分钟以前
回收站			
回收站	使用此网页可还原已从此网站删除的项目，或清空已删除的项目。	0	

图 2-17　文档中心、报告等项目，都是子网站

在了解了训练中心首页的基本内容后，您是否对协作门户网站的环境有了一个基本的认识呢？接下来，我们对此门户网站所提供的各项网站中心进行快速浏览与介绍。

2.3.1　文档中心

协作门户网站提供的文档中心（Document Center）是为企业提供存放共同分享的文档中心网站，当您单击"文档中心"后，可以看到文档中心网址如下：

http://center.beauty.corp/Docs

这个文档中心就如同以往的公用文件夹（Public Folders）一样，提供了共同文档分享、处理的数据中心，您可以移动鼠标单击页面上的 文档中心 选项卡，进入文档中心页面，如【图 2-18】所示。

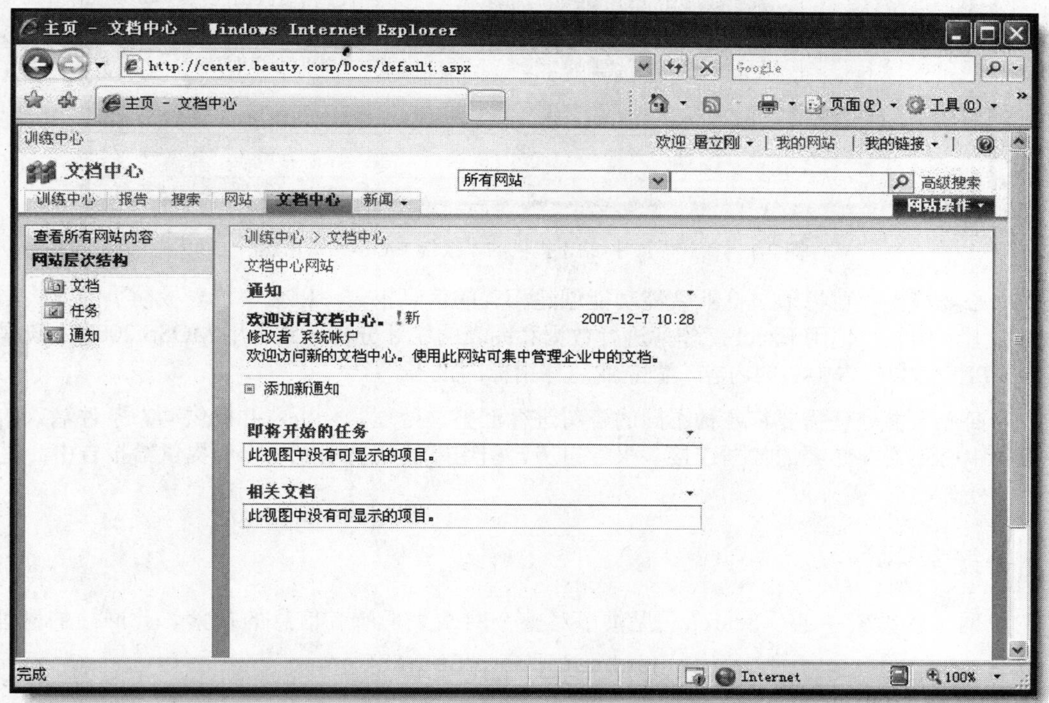

图 2-18　协作门户网站下提供的"文档中心"的网页内容

当您单击"文档中心"之后，系统会出现如【图 2-18】所示的文档中心的网页环境，其中左边菜单中提供了三项文档处理项目，这些项目统称为"组件库"，组件库是一个可以包含内容数据的容器项目。

- **文档（Documents）**：放置企业所需共享的所有文档。在文档中心首页“**相关文档**（Relevant Documents）”中，会显示该用户在这个网站上最后编辑的 15 个文档项目。
- **通知（Announcements）**：通知文档处理事项、注意内容、描述说明等信息，在通知中所创建的信息项目会在文档首页上以检索消息的方式显示。
- **任务（Tasks）**：创建文档处理的任务事件，这些任务会在文档首页“**即将开始的任务**（Upcoming Tasks）”下显示该用户被分配的相关任务。

2.3.2 报告中心

协作门户网站下的报告中心（Reports）为企业提供商业智能（Business Intelligence）信息的整合，如【图 2-19】所示，其网址默认为：

http://center.beauty.corp/Reports

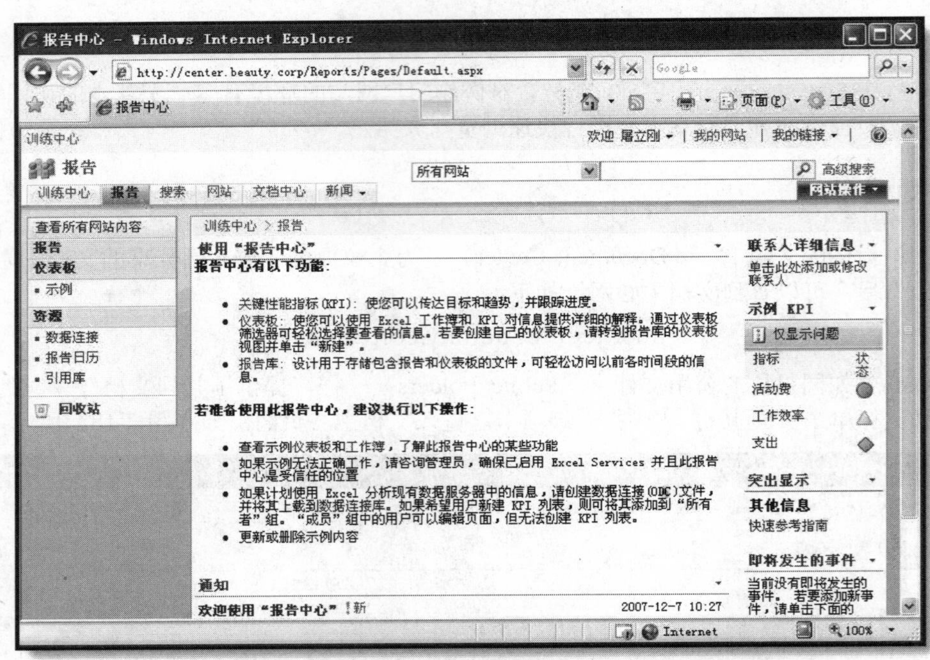

图 2-19 协作门户网站下提供的“报告中心”网页内容

在报告中心环境下，可以通过商业智能功能创建相关的信息报告，以数字仪表板网页的方式呈现在报告中心的网页上。例如：使用 Excel 工作簿进行数据和图表的统计分析，或者用 MOSS 2007 系统提供的关键性能指针 KPI，集合报告中心的内容，做企业总体指标的报告。

由于企业商业智能处理需要将各种不同的资料进行汇整、处理、分析，并提供动态条件输入的统计分析，所以报告中心还需要必要的数据连接、报告日历、引用库的相关功能，以便提供给报告中心进行整合数字仪表板的处理。

2.3.3 搜索中心

协作门户网站的搜索中心（Search）提供了对整个网站集下所有信息的搜索。此网站的网址如下：

http://center.beauty.corp/SearchCenter

在搜索中心的网页环境下，如【图 2-20】所示，提供了两种数据的搜索，一种是对所有网站中的内容数据进行搜索，另外一种则是对 MOSS 2007 系统下所创建的人员信息进行查询。由于搜索的内容必须要经过创建内容或人员数据、设置搜索数据索引后才能够提供搜索，所以此时如果您在搜索字段上输入查询内容，是不会得到任何的查询结果的。

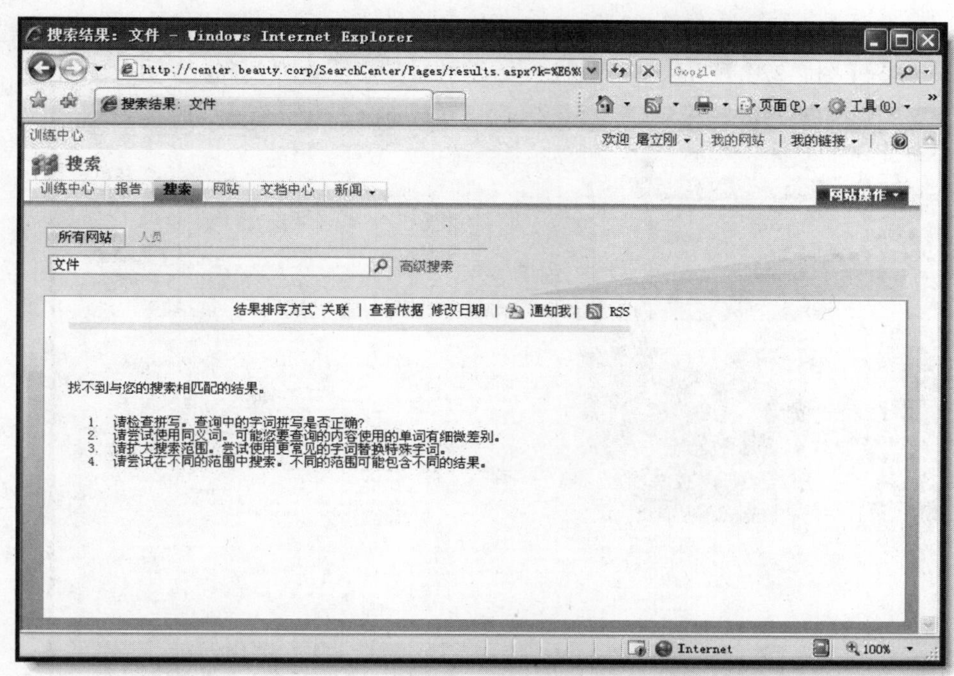

图 2-20 协作门户网站下提供的“搜索中心”的网页内容

2.3.4 新闻中心

协作门户网站的新闻中心（News）为企业提供发布最新消息、公告等重要信息，以及相关消息发布的网站环境，此网站的网址为：

http://center.beauty.corp/News

新闻中心除了为企业提供最新消息的公布外还提供了 RSS（Really Simple Syndication）查看器 功能，可以让用户注册此网站公布的新闻消息，通过主动推送技术（Push Technology）将新闻消息发送给注册的用户。新闻中心页面内容如【图 2-21】所示。

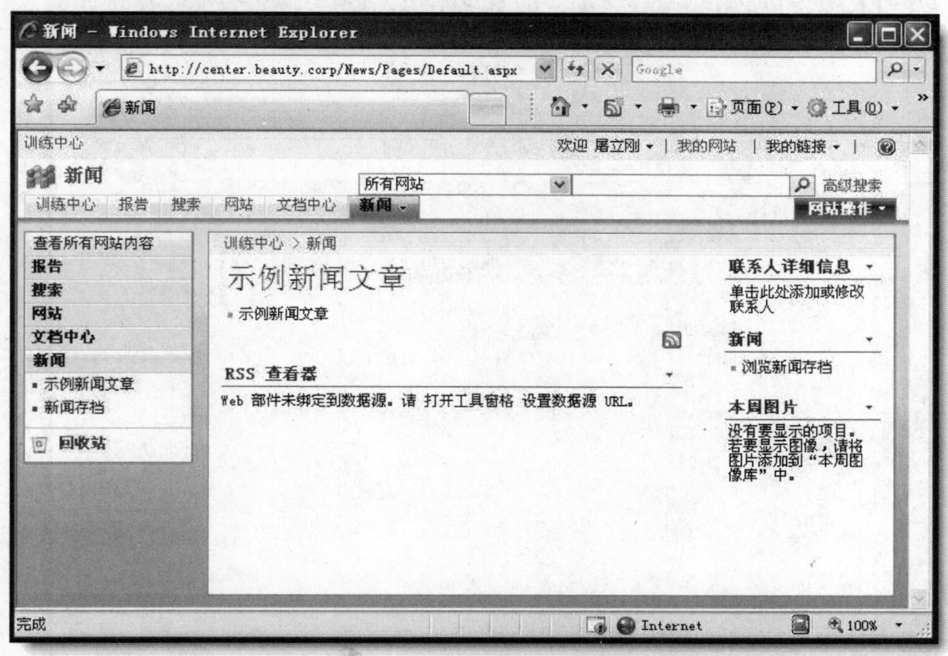

图 2-21 协作门户网站下提供的“新闻中心”的网页内容

新闻内容可以通过各种不同类型的页面，例如：基本页面、发布页面、或是 Wiki 页面，来提供方便的新闻内容编辑，如图【图 2-22】所示。

图 2-22　在“新闻中心”网站下提供的新闻网页内容

2.3.5　网站中心

协作门户网站的网站中心（Sites）提供了企业链接到各种不同的网站集、网站或子网站的链接分类环境，此网站的网址为：

http://center.beauty.corp/SiteDirectory

在网站中心环境下提供了网站的分类，网站目录主要包括三种分类环境，分别是“类别”、“首要网站”、“网站地图”，让用户可以通过不同的分类型态，快速找到所要链接的网站，如【图 2-23】所示。

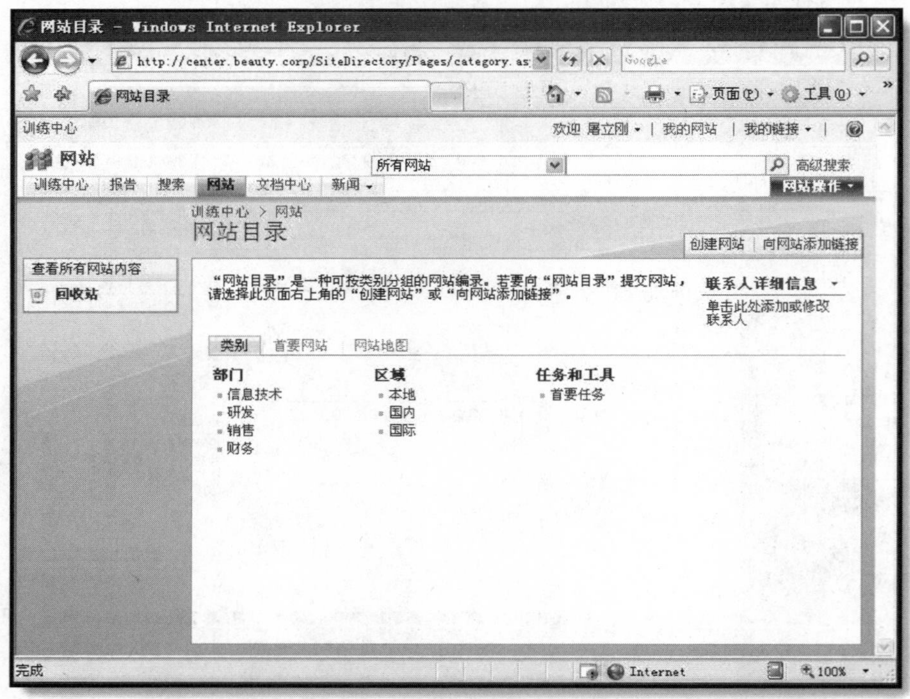

图 2-23　在“新闻中心”网站下提供的网页内容

2.4 创建“我的网站”个人信息

MOSS 2007 系统在安装程序时就创建了一个提供给整个服务器场系统共同使用的“我的网站”Web 应用程序环境，主要目的就是让每一位使用 MOSS 2007 系统的用户，都可以有一个属于自己的可以操作、访问、设置链接，并提供自己相关信息的网站环境，这个网站集的环境称为**“我的网站”**。

“我的网站”显示在所有网站页面的右上方以便用户单击使用，当一个用户单击“我的网站”时，系统便会链接到“我的网站”所设置的网站环境下。以第 1 章中所创建的“我的网站”为例，网址为“**http://mysite.beauty.corp**”，在此网址的“**/personal/**”子目录下，会检查该账户名称是否已经创建；如果发现没有创建（也就是第一次单击“我的网站”），系统便会自动将该登录账户的“我的网站”环境创建起来，然后在成功创建起环境后切入到该网站环境下。

例如，当我们使用 Joseph 账户登录训练中心协作门户网站环境时，可以在网页的右上角看到显示有可以登录账户的名称与可以链接的项目 欢迎 屠立刚 ▾ | 我的网站 | 我的链接 ▾ | 。

我们可以直接移动鼠标单击“我的网站”，也可以在训练中心的首页上，单击“我需要…”字段项目下的“设置‘我的网站’”选项，然后单击 ➔ 按钮。此时，由于系统要转向另一个 Web 应用程序的网站环境，所以会再一次要求用户进行登录账户的验证，如【图 2-24】所示。

图 2-24　登录“我的网站”时，所出现的登录验证要求

因为 Joseph 的账户是第一次单击“我的网站”并进行登录，所以在完成“我的网站”登录验证后，系统会开始创建屠立刚的“我的网站”处理程序，此时会出现如【图 2-25】所示的页面。

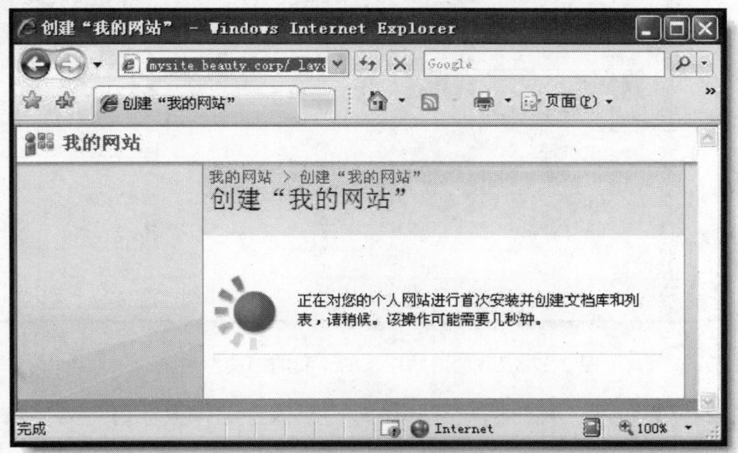

图 2-25　系统创建“我的网站”环境的过程

在完成“我的网站”环境创建后，会出现【图 2-26】所示的内容。

图 2-26　在成功地创建"我的网站"环境后，进入"我的网站"首页环境

从上图网址可以看到用户屠立刚的"我的网站"是创建在"http://mysite.beauty.corp/Personal/Joseph"路径下。

"我的网站"环境可以分成"我的主页"和"我的档案"两部分，"我的主页"显示了用户照片、内容项目设置、可以注册的 RSS 查看器环境、SharePoint 网站链接的设置、在网站集环境中属于用户的文档、任务，以及"我的日历"和同事跟踪程序相关的内容。

另一个部分则是"我的档案"，您可以移动鼠标单击 我的档案 ，将网页切换到"我的档案"环境下，如【图 2-27】所示。

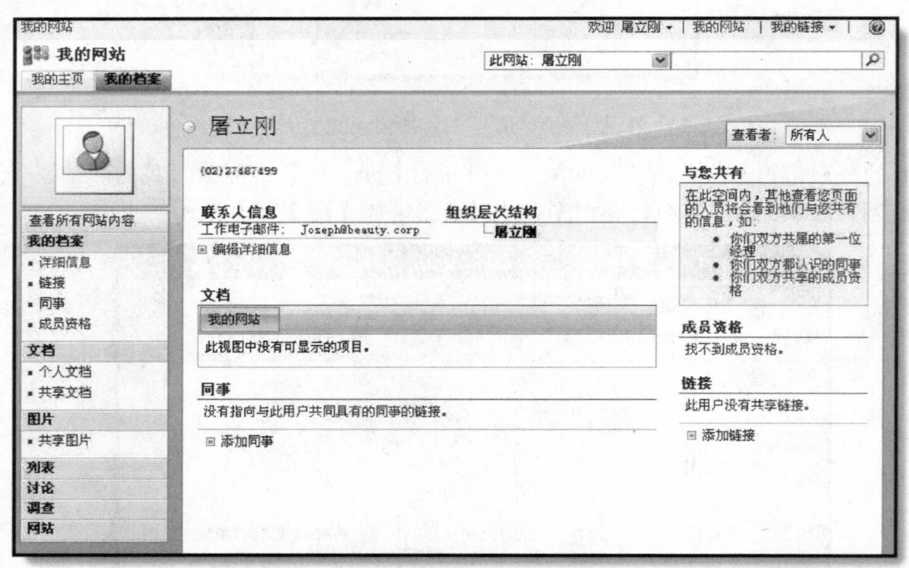

图 2-27　"我的网站"下的"我的档案"环境

咦？当您看到【图 2-27】所示"我的档案"环境时，应该会觉得很惊讶！为什么刚创建的环境就会出现像电话、联系人信息与组织层次结构的相关数据呢？

这就是 MOSS 2007 系统与局域网目录环境整合的好处，如果使用 MOSS 2007 系统的用户是局域网中的用户时，该档案环境就会将目录服务上的用户账户信息导入到该用户的档案，如果在该用户账户的组织中输入过主管与属下的信息，在 MOSS 2007 档案的组织层次结构中，就会关联起用户上下组织架构层级提供给 MOSS 2007 的用户查询使用。

2.4.1 创建“我的档案”基本数据

对于每一个使用 MOSS 2007 的用户而言，在成功登录到 MOSS 2007 系统后，首先应该创建的就是个人“我的网站”信息。如【图 2-27】所示，在“我的档案”网页上，移动鼠标单击“联系人信息”区块下方 编辑详细信息 超链接，打开“编辑详细信息”设置页面。如【图 2-28】所示。

在“描述”字段中输入个人描述内容，然后单击 选择图片 按钮，出现“上载图片”的网页对话框后，移动鼠标单击 浏览... 按钮，并在您的目录中选择要上传的照片文件（本练习请选择本书范例文件中的“\图片”文件夹中的“屠立刚.jpg”），然后移动鼠标单击“打开”按钮后，回到原上传图片的网页对话框，最后移动鼠标单击 确定 按钮。

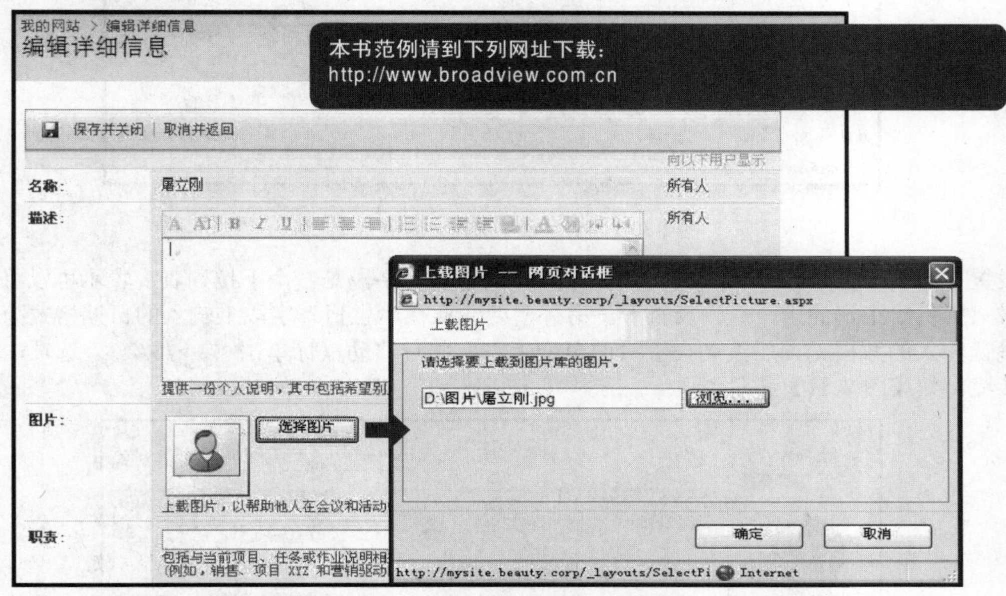

图 2-28　输入个人描述信息与上载个人图片

在单击“确定”按钮后，回到“编辑详细信息”页上，如【图 2-29】所示，就可以看到上传的个人图片。接下来向下滚动页面至下方的字段设置页。请参考【图 2-30】。

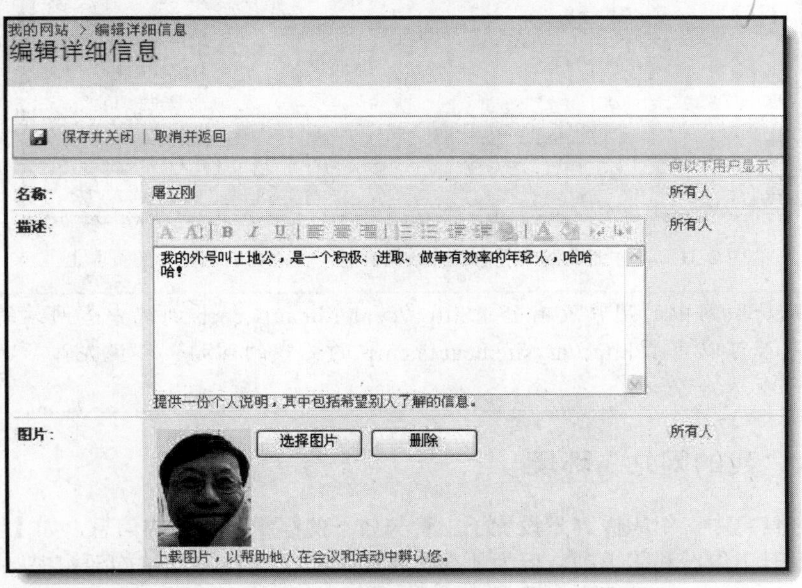

图 2-29　上传个人照片后的页面

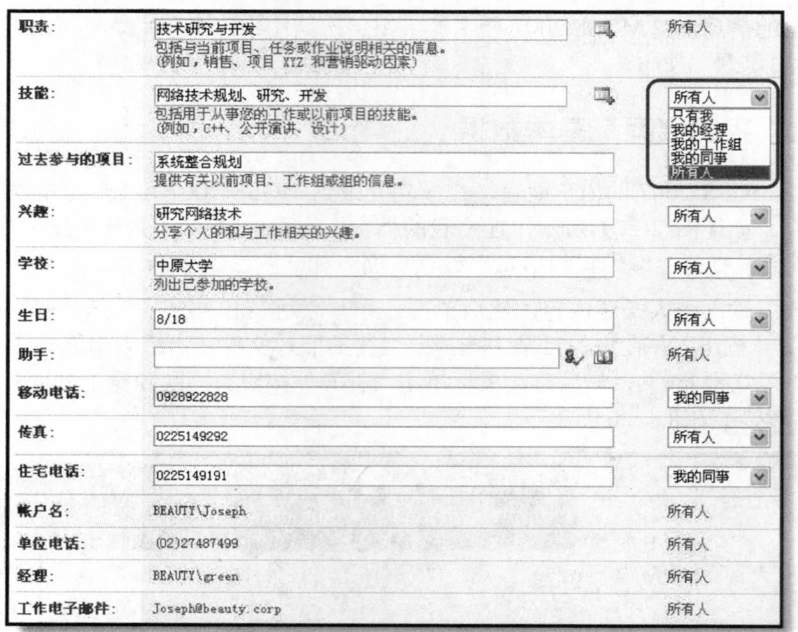

图 2-30　将各字段中所需要的信息输入进去

在设置【图 2-30】各项字段信息时，如果右边的查看者字段是一个下拉列表，表示可以将此字段的信息设置成只提供给指定的用户查询及查看。另外，要注意在“生日”字段上输入的日期格式为几月几日。最后在确认输入的数据无误后滚动设置页面至最上方，并且移动鼠标单击 保存并关闭 选项，回到“我的档案”环境，如【图 2-31】所示。

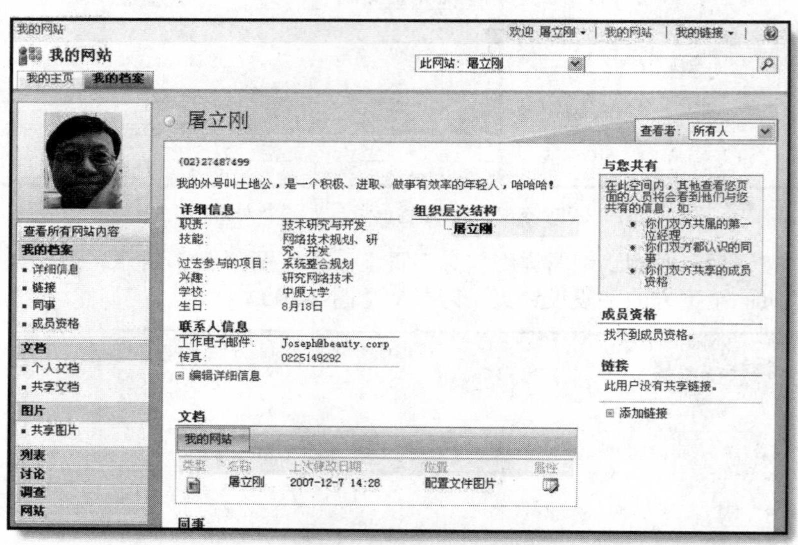

图 2-31　在详细数据中所输入的数据会显示在“我的档案”的页面上

如果局域网中的用户没有登录 http://center.beauty.corp 训练中心网站的权限，那用户是否可以登录 http://mysite.beauty.corp 的“我的网站”环境呢？
答案：**可以**。

2.4.2　进入“我的网站”环境

在屠立刚的账户信息中，组织内容下设置了主管与属下的组织层次结构信息，如【图 2-32】所示，该主管叫苏国林，属下有王俊城和陈勇勋，但为什么在【图 2-31】组织层次结构架构中，只显示了屠立刚的人名，而没有上下组织层次结构的用户名称呢？

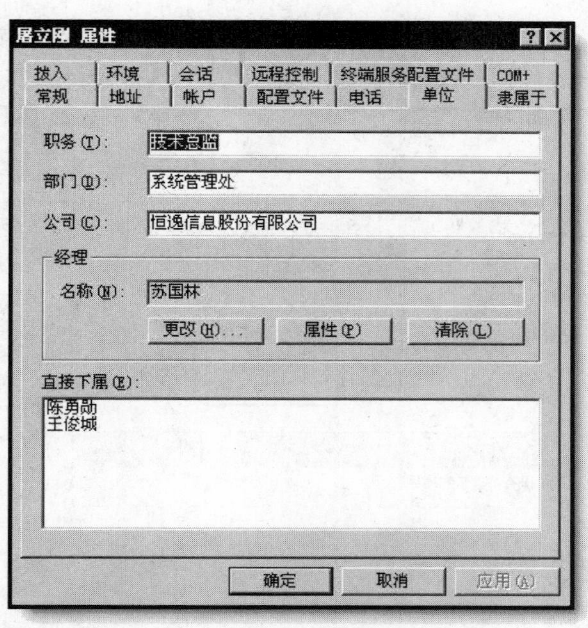

图 2-32　在屠立刚的组织内容中，设置了主管及属下的用户信息

这个问题主要是因为所**相关**的用户账户并没有在 MOSS 2007 系统环境下创建该用户“我的网站”环境，所以在屠立刚的组织层次结构中也就不会显示上下层次用户的信息。

要在屠立刚的组织层次结构中显示出上下层次结构的用户，这些用户就必须都在 MOSS 2007 系统的“我的网站”环境创建该用户的“我的网站”与“我的档案”环境。

可是接下来就会碰到一个问题，例如：用户苏国林在目前 MOSS 2007 系统环境中，还没有 http://center.beauty.corp 网站的访问权，所以该用户是无法登录到 http://center.beauty.corp 网站的。如果没有进入 http://center.beauty.corp 网站环境，又如何单击“我的网站”选项来产生苏国林“我的网站”设置环境呢？

答案就是自己在 IE 环境中直接输入网址 http://mysite.beauty.corp，在出现登录验证的对话框后，输入苏国林的账户名称与密码，此时系统便会登录到苏国林“我的网站”环境下检查是否有苏国林的档案内容，如果没有，系统就会自动创建苏国林的“我的网站”环境，如【图 2-33】、【图 2-34】和【图 2-35】所示。

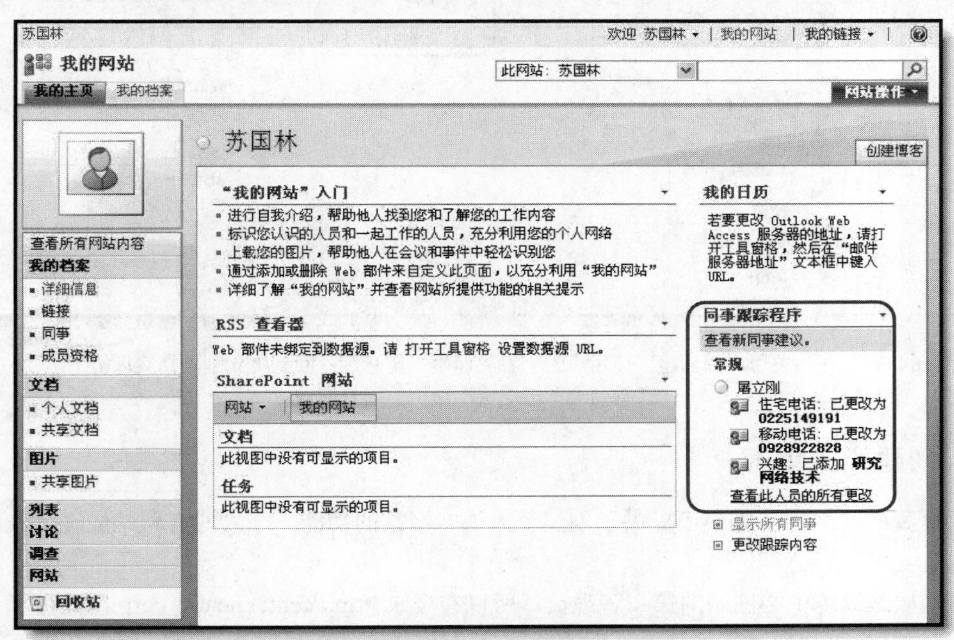

图 2-33　苏国林的“我的网站”环境，显示相关同事变更的内容

以上是在计算机客户端中使用苏国林账户进行登录并且打开 IE，在 URL 字段上键入“http://mysite.beauty.corp”之后，系统开始进行“我的网站”档案环境的创建，最后就出现【图 2-33】所示的页面。

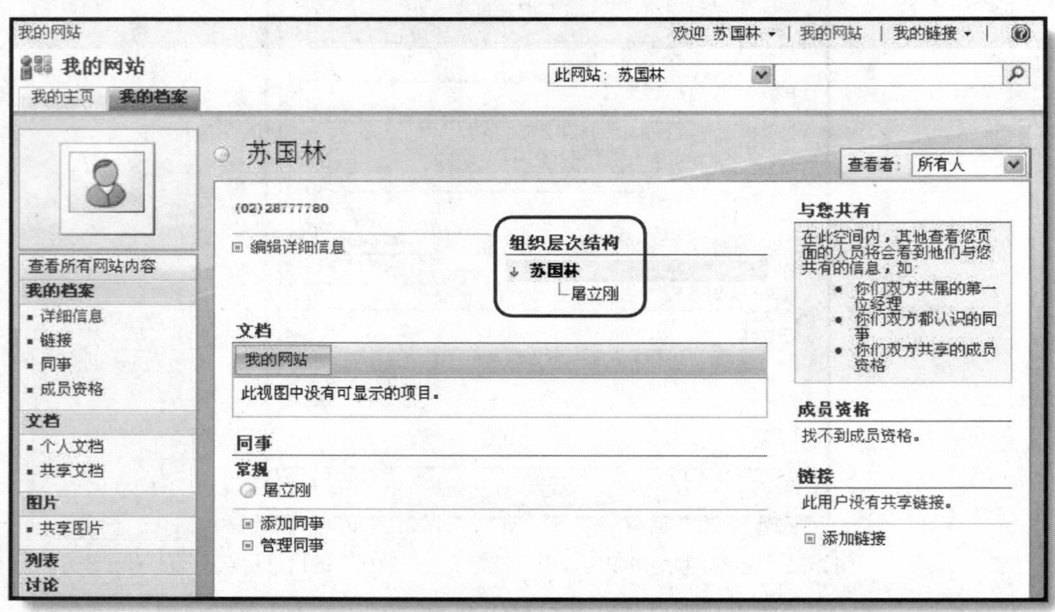

图 2-34 切换到苏国林的“我的档案”环境，显示着屠立刚的组织层次结构信息

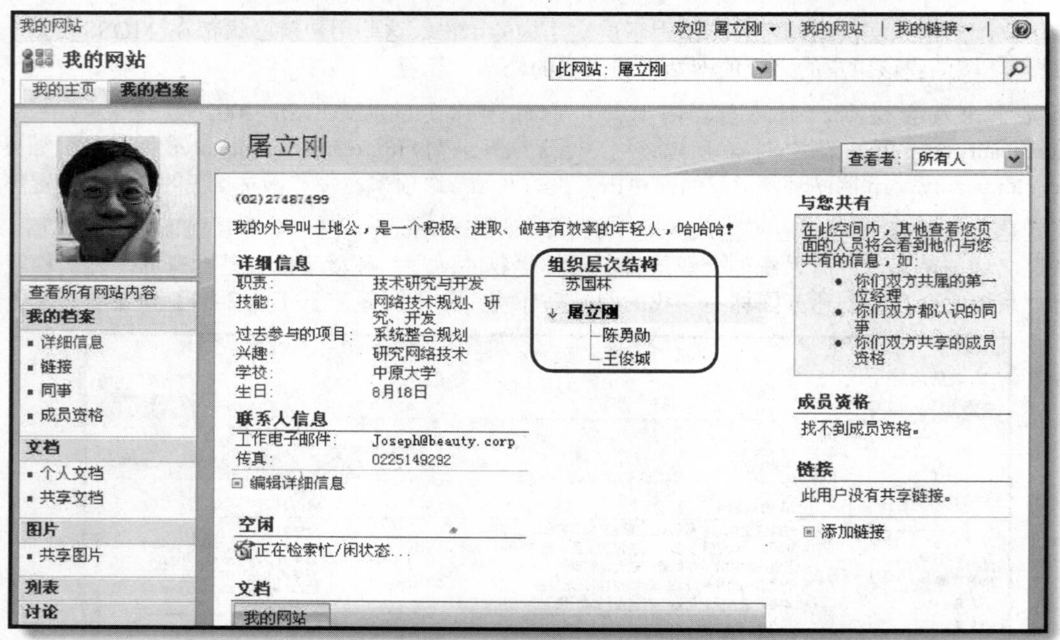

图 2-35 在相关用户都创建了该用户的“我的网站”信息后，回到屠立刚的档案环境下，就会看到上下组织层次结构的用户信息

2.4.3 创建个人博客

在每个人“我的网站”环境中还提供了创建个人博客网站的功能，个人博客网站放在“我的网站”子路径下。

例如：吴翠凤是训练中心网站的第二管理员，所以在登录 http://center.beauty.corp 网站环境后，创建了“我的网站”和设置“我的档案”内容后，如【图 2-36】所示，您可以看到在首页右上方有一个 创建博客 选项，要创建吴翠凤的博客，可以移动鼠标单击该按钮，创建的网址路径为“**http://mysite.beauty.corp/personal/linda/Blog/**”。

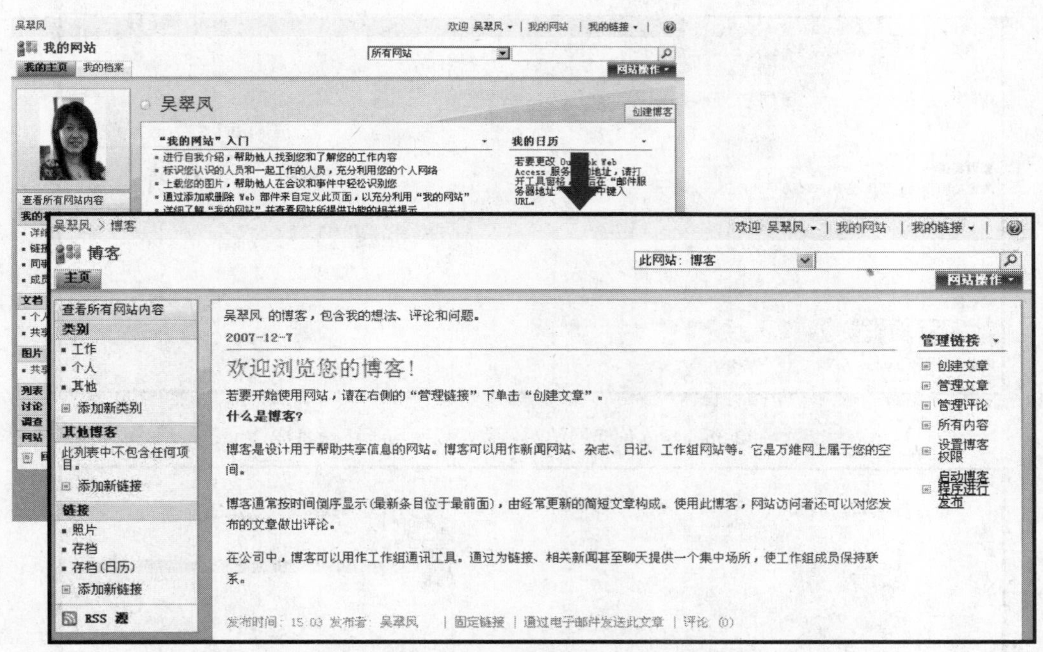

图 2-36 在“我的网站”中创建属于自己的博客网站

2.5 Wiki 网站模板

前面介绍了由系统在协作门户网站下默认创建的子网站环境，包括文档中心、报告中心等。这些网站的排列是通过选项卡形式表现在首页上，如果您还希望在这些选项卡中增加一个企业共享的子网站环境，则可以通过创建子网站来添加。

例如：MOSS 2007 还提供了维基（Wiki）网站模板，我们知道维基网页是一种新型网页编辑环境，可以通过简易授权方式为用户提供非常方便的编辑能力，所以这样的网站环境可以提供给企业作为所有相关用户共同编辑共享知识的网站环境。

首先使用 Joseph 账户登录训练中心网站，由于 Joseph 是此网站的管理员，所以他有权新增加一个子网站。移动鼠标单击训练中心首页右上角 **网站操作** ，在出现的下拉菜单中单击 创建网站 在此网站下添加新网站。 项目，如【图 2-37】所示。

图 2-37 选择“网站操作”下的“创建网站”选项

在单击了“创建网站”项目后打开“新建 SharePoint 网站”页面，如【图 2-38】所示，移动鼠标单击“标题”字段并输入“知识共享”，“说明”字段也请输入相关信息，最后单击“URL 名称”字段，输入路径名称“**Wiki**”。

在输入以上数据后向下滚动页面至“模板选择”区块，如【图 2-39】所示，单击“协作”下的“**Wiki 网站**”项目。由于“Wiki 网站”使用的类型与其他网站类型不同，所以可以在“用户权限”上单击“**使用独有权限**”选项。

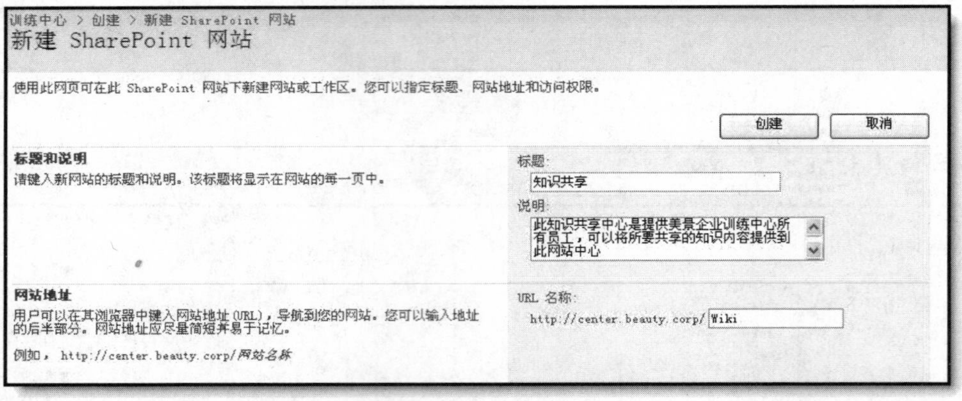

训练中心 > 创建 > 新建 SharePoint 网站
新建 SharePoint 网站
使用此网页可在此 SharePoint 网站下新建网站或工作区。您可以指定标题、网站地址和访问权限。
创建 取消
标题和说明
请键入新网站的标题和说明。该标题将显示在网站的每一页中。
标题:
知识共享
说明:
此知识共享中心是提供美曼企业训练中心所有员工，可以将所要共享的知识内容提供到此网站中心
网站地址
用户可以在其浏览器中键入网站地址(URL)，导航到您的网站。您可以输入地址的后半部分。网站地址应尽量简短并易于记忆。
例如，http://center.beauty.corp/网站名称
URL 名称:
http://center.beauty.corp/ Wiki

图 2-38　输入创建网站的名称、说明与子路径名称

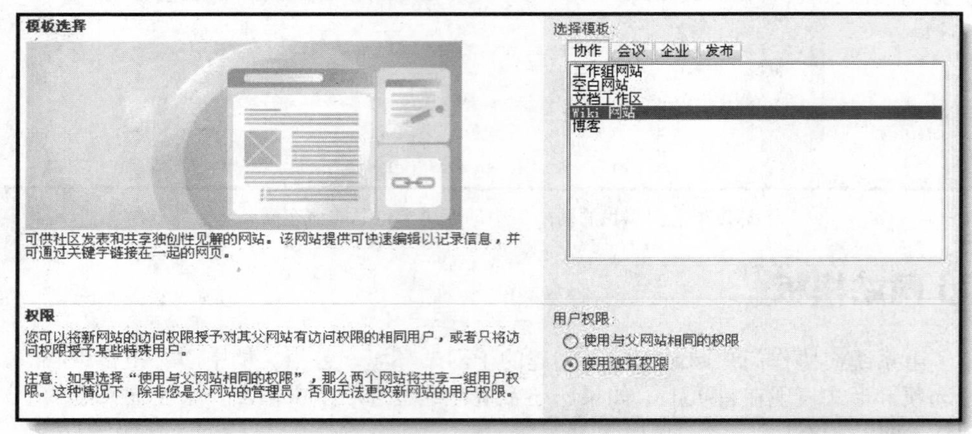

图 2-39　选择“Wiki 网站”与“使用独有权限”项目

向下滚动页面至“导航继承”区块，如【图 2-40】所示，在“是否使用父网站的顶部链接栏”选项单击**“是”**，并勾选**“在网站目录中列出此新网站”**和“区域”的**“本地”**项目。最后确认没问题后，移动鼠标单击 创建 按钮，如【图 2-40】所示。

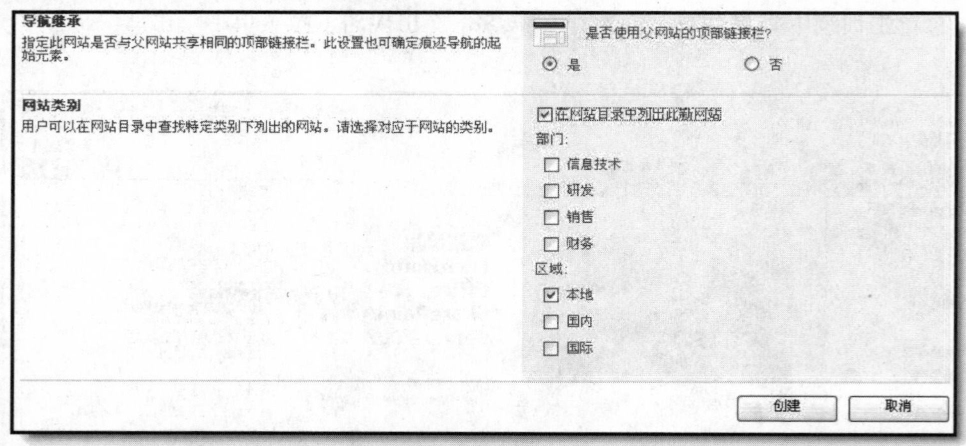

图 2-40　设置在网页上方显示此网站与网站的类别

由于上面的权限是设置成**“使用独有权限”**的选项，所以在单击 创建 之后，系统会出现**“为此网站设置用户组”**配置网页，如【图 2-41】所示。

此页面最主要的是设置访问权限，分成访问、编辑、所有者三种权限。“访问权限”表示对于此网站具有访问权，系统默认有此项权限的用户组是**“训练中心访问者”**SharePoint 用户组，此用户组是上层训练中心网站所创建的用户组，所以一旦训练中心的管理员设置某些用户为训练中心的访客，这些用户除了可以进入训练中心的网站外也可以进入此网站。

训练中心 > 知识共享 > 人员和组 > 为此网站设置用户组

为此网站设置用户组

使用此网页可指定能够访问网站的用户。可以新建一个 SharePoint 用户组，也可以重用现有的 SharePoint 用户组。

此网站的访问者

访问者可以“读取”网站中的内容。可以创建一个访问者用户组，也可以重用现有的 SharePoint 用户组。

○新建用户组 ⊙使用现有用户组

训练中心访问者

此网站的成员

成员可以“参与讨论”网站内容。可以创建一个网站成员用户组，也可以重用现有的 SharePoint 用户组。

⊙新建用户组 ○使用现有用户组

知识共享成员

屠立刚

此网站的所有者

所有者拥有对网站的完全控制权限。可以创建一个所有者用户组，也可以重用现有的 SharePoint 用户组。

⊙新建用户组 ○使用现有用户组

知识共享所有者

屠立刚

确定

图 2-41　设置在网站的三种访问等级权限，系统会设置好所需要的用户组

“编辑权限”表示有对此网站内容进行内容编辑的权限，由于我们将此网站设置成独有权限设置，所以系统会默认新增一个 SharePoint 用户组，此组名叫做**“知识共享成员”**，默认此成员中的用户为屠立刚。如果您还想加入其他用户，例如吴翠凤，可以在用户字段上先输入分号“;”以作为多个用户之间的分隔符，然后再输入“linda”，最后按下 键，检查正确后就会出现吴翠凤的名字了，如【图 2-42】所示。

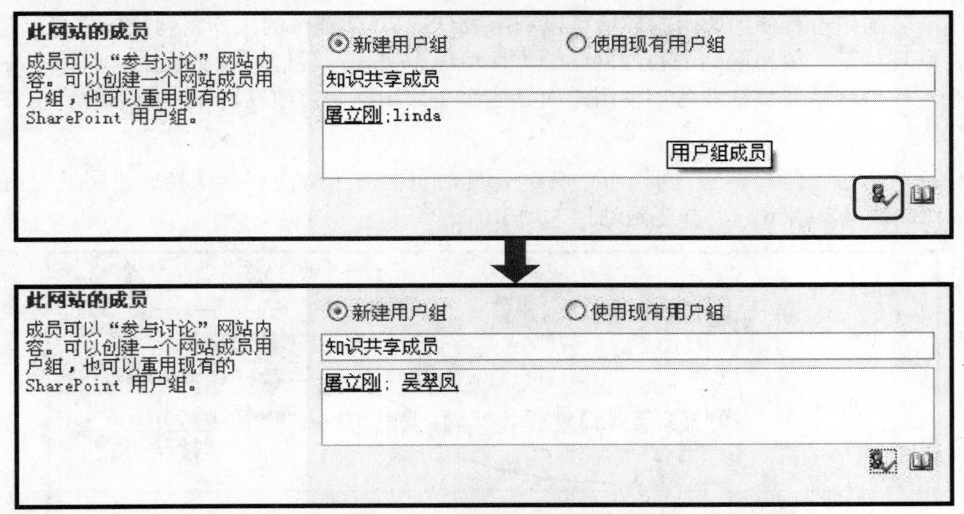

图 2-42　增加吴翠凤用户到知识共享成员的用户组中

“所有者权限”是对此网站具有拥有权的等级，能够对此网站所有内容进行访问的管理权，所以系统也是创建一个名称为**“知识共享所有者”**的新用户组，并将屠立刚设置成此用户组中的成员。在设置好访问权限内容后移动鼠标单击“确定”按钮，继续进行创建网站的处理。

最后，系统在创建好维基类型的“知识共享”网站后回到训练中心首页，系统会自动切换到知识分享网站的页面上，如【图 2-43】所示。

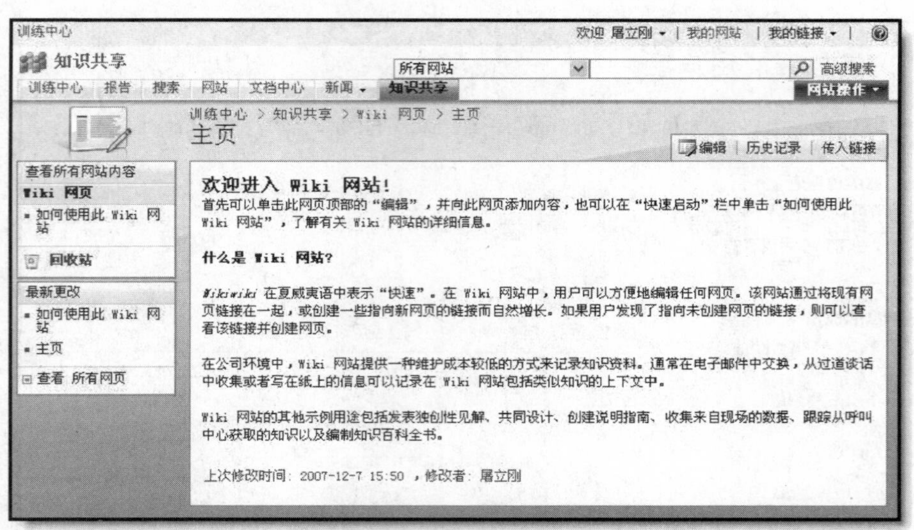

图 2-43 创建 MOSS 2007 所提供的 Wiki 网站模板的环境

提示 在阅读前面权限设置内容时，不知道您是否注意到，MOSS 2007 系统所创建组名的规则是“网站名称” + “访问者/成员/所有者”（也就是网站名称 + 权限类别），例如：训练中心访问者（“训练中心” + “访问者”）、训练中心成员（“训练中心” + “成员”）、知识共享成员（“知识共享” + “成员”）、知识共享所有者（“知识共享” + “所有者”）。

2.6 工作组网站模板

协作门户网站是提供给企业内部所有用户共同使用的网站，在协作门户网站下又分了各种不同性质的共享子网站环境，例如：文档中心网站、报告中心网站等。但在企业信息处理中，除了需要有共同使用的网站环境外，也需要针对不同部门需求与特性创建各自的共享网站环境。

这种提供给各部门自行使用的网站环境可以利用 MOSS 2007 提供的工作组网站模板来创建，此种网站在协作门户网站规划下，放在网站中心的网站分类环境中。例如：我们要在美景企业训练中心协作门户网站下创建一个工作组网站环境给业务部使用，而且这个工作组网站要放在网站中心下的“首要网站”类别中。

请移动鼠标单击协作门户网站首页上的 网站 ，此时页面右下方内容会切换成“网站”内容，如【图 2-44】所示，移动鼠标单击下方“**首要网站**”选项卡。

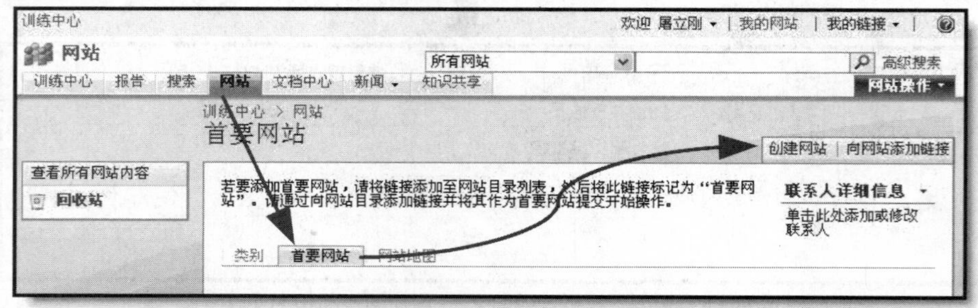

图 2-44 单击“网站”下的“首要网站”选项卡环境，然后单击“创建网站”项目

目前在“首要网站”选项卡环境下并没有创建任何子网站，所以移动鼠标单击右方 创建网站 ，打开“新建 SharePoint 网站”设置页面，如【图 2-45】所示。

首先我们以“业务部”为例创建工作组网站，在“标题”字段上输入“业务部”，“说明”字段输入内容，最后定义此网站 URL 路径为 “**http://center.beauty.corp/SiteDirectory/sales**”。选择“协作”下的工作组网站模板与继承上层网站权限环境，如【图 2-46】所示。

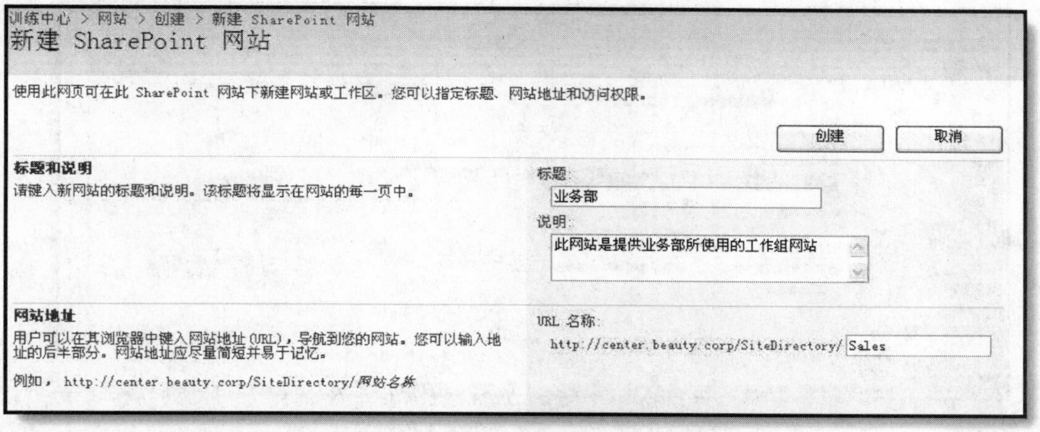

训练中心 > 网站 > 创建 > 新建 SharePoint 网站

新建 SharePoint 网站

使用此网页可在此 SharePoint 网站下新建网站或工作区。您可以指定标题、网站地址和访问权限。

创建 取消

标题和说明

请键入新网站的标题和说明。该标题将显示在网站的每一页中。

标题：业务部

说明：此网站是提供业务部所使用的工作组网站

网站地址

用户可以在其浏览器中键入网站地址(URL)，导航到您的网站。您可以输入地址的后半部分。网站地址应尽量简短并易于记忆。

例如，http://center.beauty.corp/SiteDirectory/*网站名称*

URL 名称：http://center.beauty.corp/SiteDirectory/ Sales

图 2-45　设置网站的标题、描述，与网址的路径名称

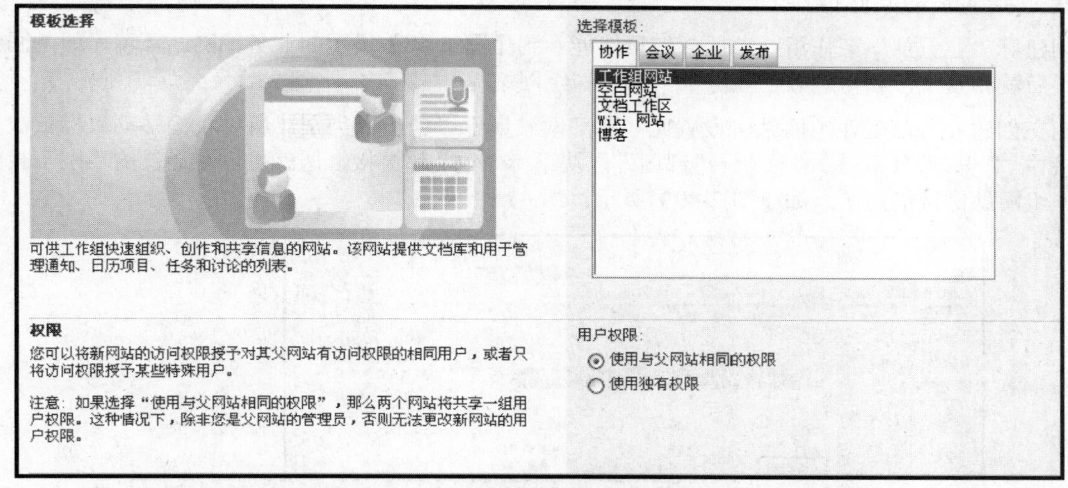
模板选择
选择模板：
协作
会议
企业
发布
工作组网站
空白网站
文档工作区
Wiki 网站
博客
可供工作组快速组织、创作和共享信息的网站。该网站提供文档库和用于管理通知、日历项目、任务和讨论的列表。
权限
您可以将新网站的访问权限授予对其父网站有访问权限的相同用户，或者只将访问权限授予某些特殊用户。
注意：如果选择"使用与父网站相同的权限"，那么两个网站将共享一组用户权限。这种情况下，除非您是父网站的管理员，否则无法更改新网站的用户权限。
用户权限：
使用与父网站相同的权限
使用独有权限

图 2-46　选择在"协作"下的工作组网站模板与继承上层网站权限环境

向下滚动页面至"导航继承"区块上，此网站由于不需要列举，所以在上方链接栏处请选择"**否**"项目。在下方分类中勾选"**在网站目录中列出此新网站**"，"部门"下勾选"**销售**"，"区域"下勾选"**本地**"项目，请参考【图 2-47】，最后移动鼠标单击 创建 按钮，进行工作组网站的创建。

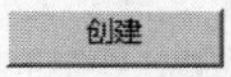

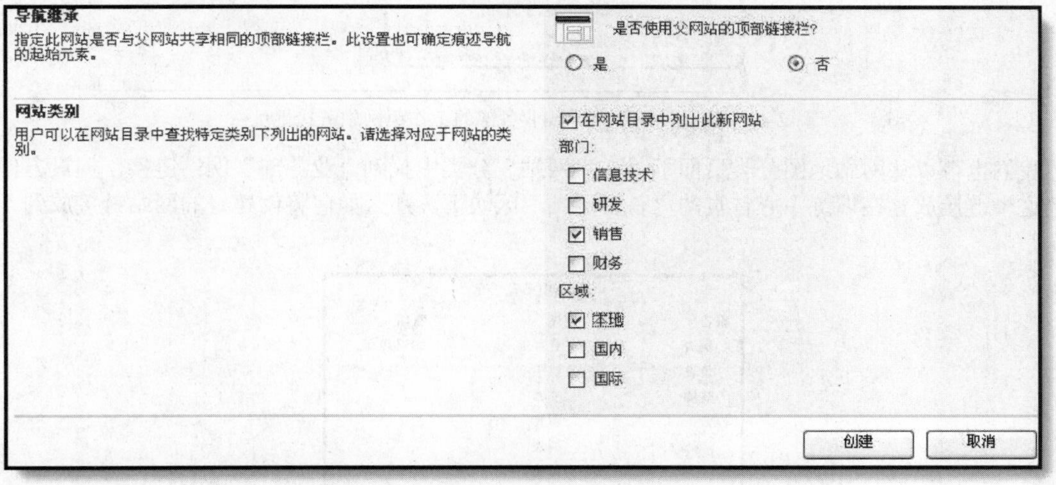

导航继承

指定此网站是否与父网站共享相同的顶部链接栏。此设置也可确定痕迹导航的起始元素。

是否使用父网站的顶部链接栏？

○ 是　⊙ 否

网站类别

用户可以在网站目录中查找特定类别下列出的网站。请选择对应于网站的类别。

☑ 在网站目录中列出此新网站

部门：

☐ 信息技术

☐ 研发

☑ 销售

☐ 财务

区域：

☑ 本地

☐ 国内

☐ 国际

创建 取消

图 2-47　设置导航继承的选择与网站类别的选择

"业务部"的工作组网站创建完成后，系统会自动切换到该网站环境，您就可以看到工作组网站的面貌了，如【图 2-48】所示。

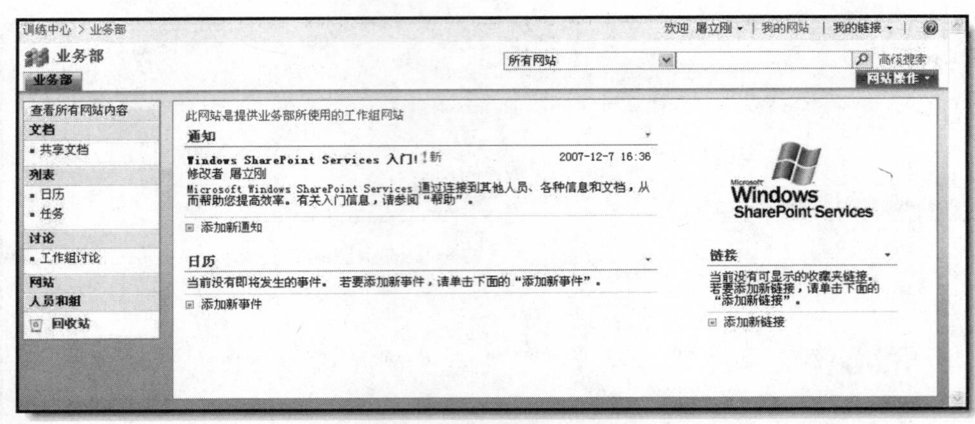

图 2-48　MOSS 2007 系统提供的工作组网站环境

创建主要网站的网站链接

在创建好"业务部"工作组网站后，您虽然能看到【图 2-48】所示的业务部网站环境，但是回到训练中心首页后就会发现，如何进入"业务部"的工作组网站呢？

我们在创建业务部工作组网站时设置此业务部网站属于"销售"类别，所以我们移动鼠标依次单击：上方链接栏 网站 选项卡→ 类别 →"部门"区块下 销售 超链接，您就可以在选择的类别下找到业务部的工作组网站链接信息了，如【图 2-49】所示。

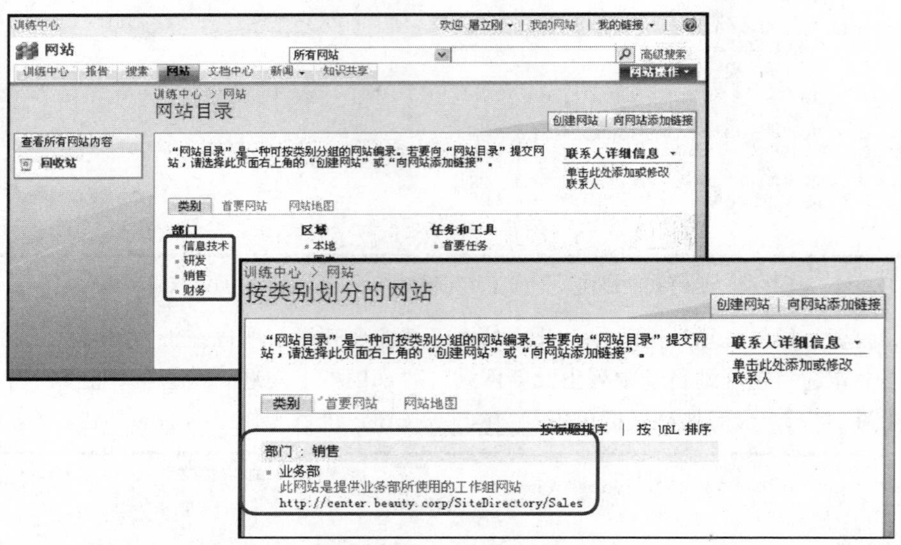

图 2-49　从"类别"中寻找业务部的工作组网站链接地址

虽然我们也可以从网站地图分类页面下，在**"网站"**分类中找到**"业务部"**网站链接，但最方便的方式应该是把这个链接放置在训练中心首页的"首要网站"区块下。那么如何将创建好的网站链接放到"首要网站"中呢？

同样请先单击训练中心首页下的"网站"，在"网站地图"页面上单击 向网站添加链接，打开"网站：新建项目"页面，如【图 2-50】所示。

训练中心 > 网站 > 网站 > 新建项目
网站：新建项目

此列表上的项目要求内容审批。在拥有相应权限的用户批准之前，您提交的内容不会显示在公共视图中。有关内容审批的其他信息。

确定 取消

附加文件 * 表示必须填写的字段

标题 * 业务部

说明 此网站为业务部的工作组网站

图 2-50 创建业务部工作组网站的链接项目

在“标题”字段中输入“业务部”，并在“说明”字段下输入此链接的说明内容，然后滚动页面至下方的设置页面，如【图 2-51】所示。

URL * 请键入网址：(单击此处进行测试)
http://center.beauty.corp/SiteDirectory/Sales
请键入说明：
业务部工作组网站

首要网站 ☑

任务和工具 ☐ 首要任务

所有者 屠立刚

确定 取消

图 2-51 输入链接业务部工作组网站的 URL 地址与勾选“首要网站”选项

由于中间的“部门”和“区域”网站分类设置已经在创建业务部工作组网站时勾选过，所以此处不需要再勾选，向下滚动至“URL”设置字段，输入网址“**http://center.beauty.corp/SiteDirectory/Sales**”。

此网站链接是要设置到“首要网站”环境下，所以要勾选“首要网站”项目，最后在“所有者”字段上输入用户名称“Joseph”，并单击 图标，此时便会出现屠立刚的账户名称，最后在确认设置内容后单击 确定 按钮，出现如【图 2-52】所示界面。

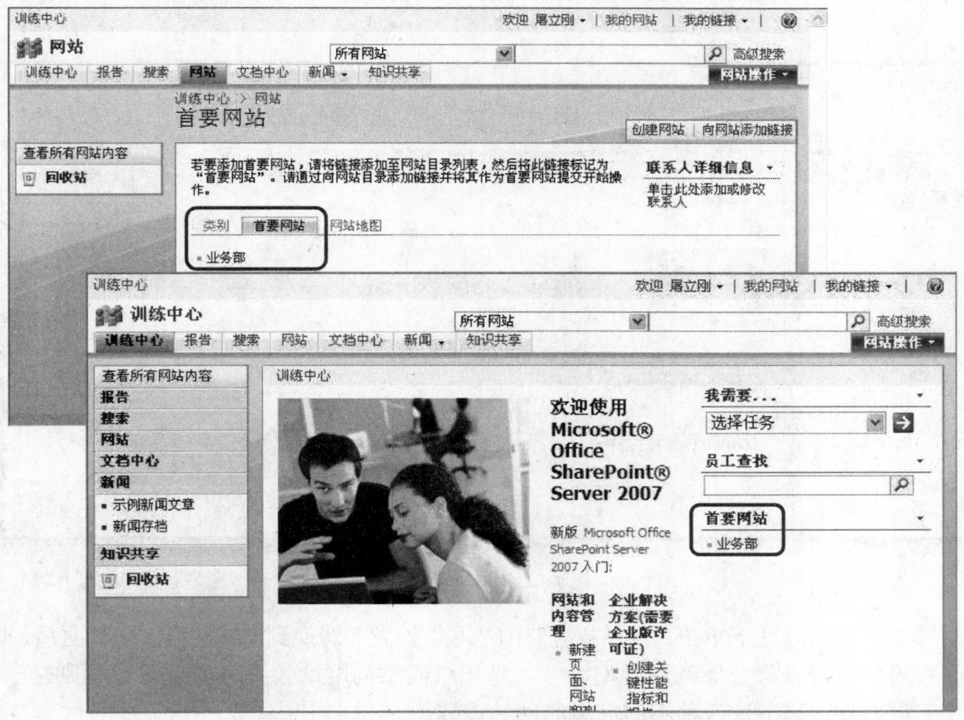

图 2-52 在训练中心首页的“首要网站”下出现业务部工作组网站的链接

2.7 网站的设置环境

从以上几种创建网站环境的练习中，您应该对 MOSS 2007 创建网站的步骤以及过程有了基本的认识和了解。接下来，要学习如何来设置这些网站环境。

当您所登录的用户账户具有管理员权限时，所有网页的右边都会出现一个“网站操作”（Site Actions）按钮，当您单击此按钮后会出现一个下拉菜单，如【图 2-53】所示，此菜单会根据不同网站类型提供不同项目，对于每一个网站的设置环境都可以通过此菜单来选择“网站设置”选项进入网站设置环境。

图 2-53 协作门户网站下的网页操作菜单

从【图 2-53】到【图 2-55】中可以看到“网站操作”下的菜单内容大致上可以分为两类，一类是较完整的菜单，提供页面编辑、创建子网站以及网站设置等。另一种则是简易型，不提供创建子网站与相关设置的菜单（在菜单中没有提供设置功能时，并不代表在该网站下不能设置这些功能）。除此之外，菜单中的项目会随着网站类型的不同提供不同的功能项目。例如：在【图2-55】的菜单中就多了一个“创建仪表板”的功能项目。

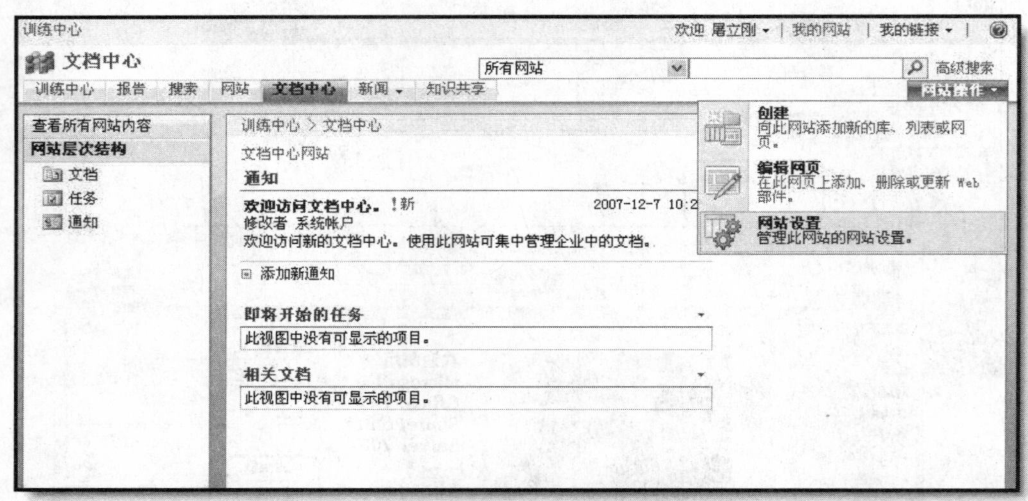

图 2-54 文档中心网站的网站操作菜单

当我们在每个不同的网站下单击“网站操作”的“网站设置”切换到“网站设置”页面后，如【图 2-56】所示，网站设置的内容可以只分成两种类型，一种是顶层网站的网站设置环境，另一种则是子网站的网站设置环境，以下我们分别列举这两种不同环境的网站设置。

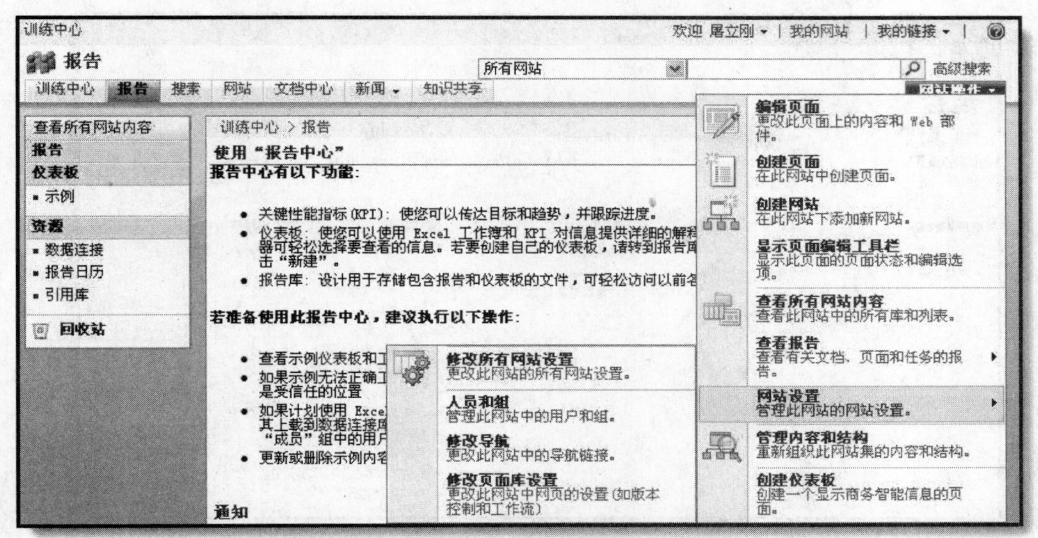

图 2-55 报告中心网站的“网站操作”菜单

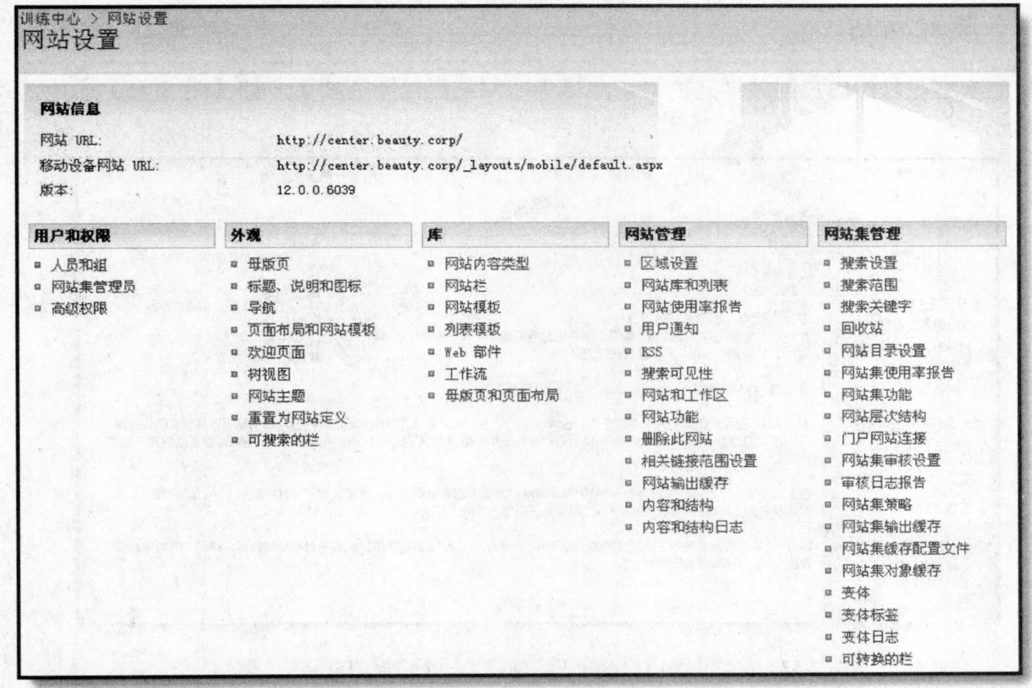

图 2-56 顶层网站的网站设置内容

您可以从【图 2-56】与【图 2-57】看到，不管是顶层网站设置环境或是子网站设置环境，都分成五大类：用户和权限、外观、库、网站管理和网站集管理。

顶层网站设置环境与子网站设置环境最大的不同之处在“网站集管理”的设置内容上，顶层网站设置环境在网站集管理的设置内容中有完整的对于网站集上所需要的所有设置项目，而在子网站的网站设置中则没有，只有一个**“转到首要网站设置”**选项，当您单击此项目时（不管目前是在哪一个层级的子网站上），系统便会直接切换到顶层网站的网站设置环境中。

或许在一开始接触这些环境时你会觉得设置环境好复杂喔！但其实只要把握一个原则就简单了，就是所有网站相关的设置与执行功能都是进入到网站设置环境中来操作的。以下举一个删除网站的例子。

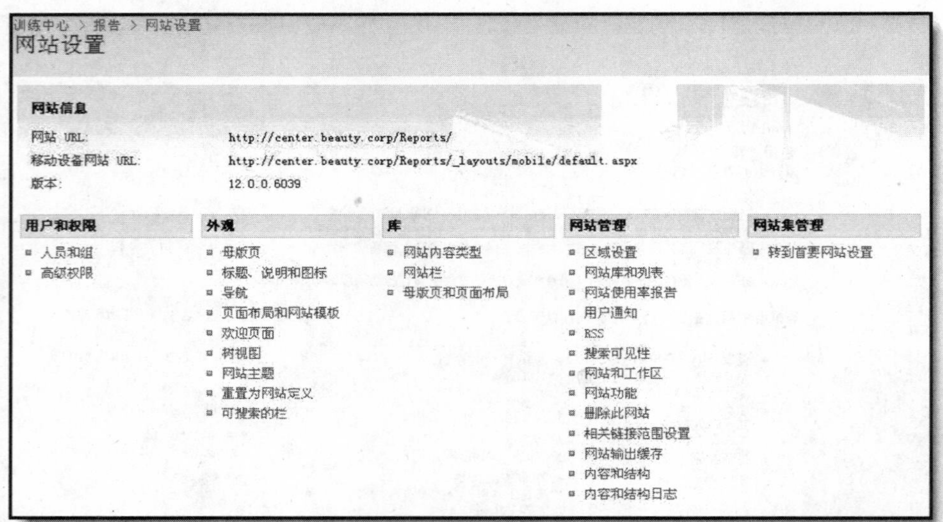

图 2-57　子网站的网站设置内容

2.7.1 删除网站

假设我们刚刚在协作门户网站创建的知识共享中心网站已经不需要了，如【图 2-58】所示，我们该如何将此网站删除呢？

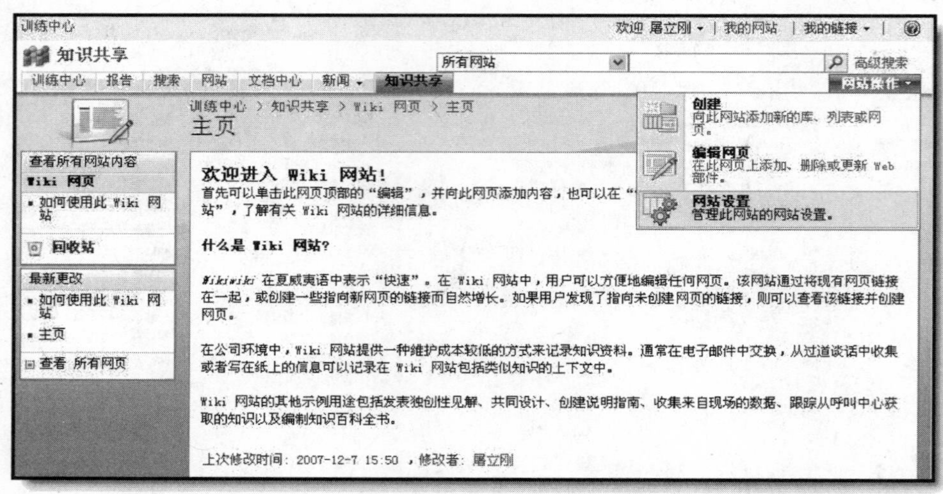

图 2-58　在协作的门户网站下，创建了一个错误的记录中心网站

要删除上述“知识共享”这个网站（此网站是一个在顶层网站下的子网站），大部分用户所学习过的经验中（包括笔者在一开始也是这么认为）会觉得应该要切换到顶层网站的设置环境，然后找到此子网站项目再进行删除，所以就会切换到顶层网站的设置环境中找寻删除此网站的功能选项。

可是如果您是这么认为的话，就错了，在顶层网站的网站设置内容中，永远也找不到可以删除子网站的功能选项。正确的方法是什么呢？就是切换到此网站的网站设置环境中，选择 网站管理 区块下的 删除此网站 超链接，将此网站删除，如【图 2-59】所示。

看到这里应该会联想到一个问题，那就是如果删除了这个网站后，此网站设置的内容还会存在吗？答案当然就是不存在了！

在您选择此功能并按下“删除”按钮后，系统会进行删除网站的操作，完成后会出现删除网站的消息页面，之后系统就不再提供此链接的内容。所以想要重新链接此网站唯一的方法就是重新在 URL 上输入网址。

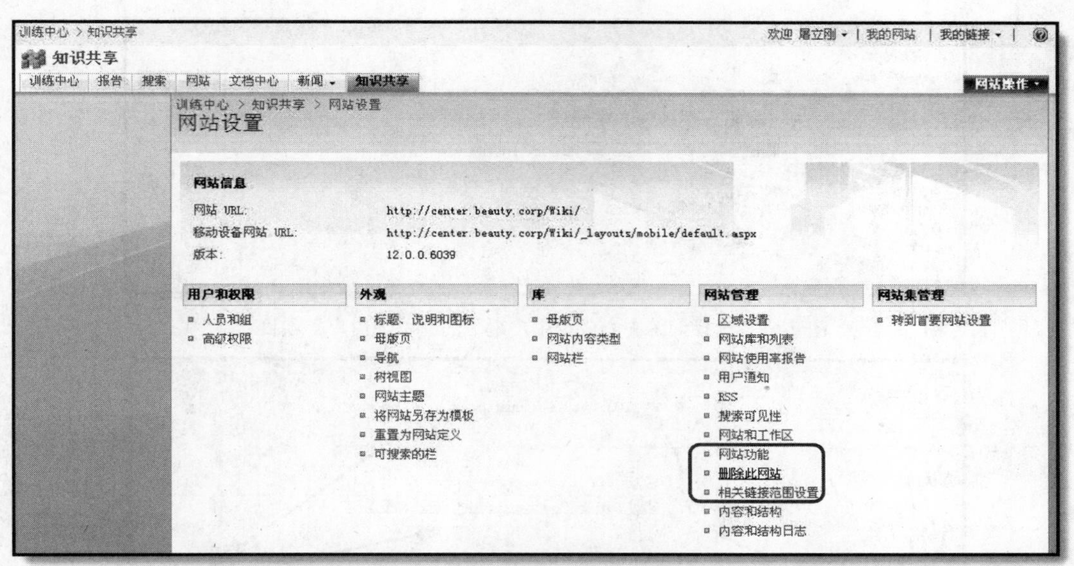

图 2-59 在该网站设置的"网站管理"区块下，选择"删除此网站"选项

2.7.2 设置用户对网站的访问权

前面在创建网站的过程中，之所以可以登录创建好的网站环境，是因为我们使用的是该网站管理员账户，因为管理员有完整的访问权，所以可进行登录。但是对于其他用户，则没有访问权。

以前面我们列举的"苏国林"用户的账户，虽然该账户可以直接输入"http://mysite.beauty.corp"网址，进入到"我的网站"环境，但是如果该用户登录到 http://center.beauty.corp，则会出现【图 2-60】所示的拒绝访问的网页消息。

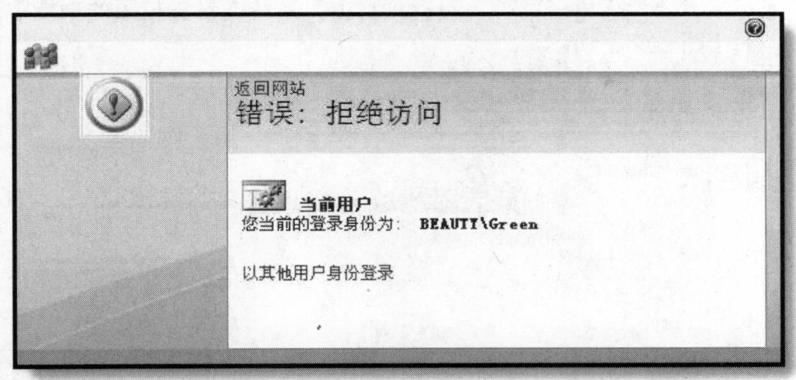

图 2-60 用户在没有被授权访问的情况下，被拒绝访问的网页消息

所以要为用户提供网站的登录或访问功能，则必须设置该用户对网站的访问权。以协作门户网站为例，要使苏国林能够登录到此门户网站，必须使此用户账户是协作门户网站的成员才可以。

要设置用户访问权限，可以使用管理员身份登录，然后依次单击：网站操作 ▾ → 网站设置 管理此网站的网站设置。，→ 人员和组 管理此网站中的用户和组。，也可以先进入"网站设置"环境，单击 用户和权限 区块下的 人员和组 超链接项目。在进入"人员和组"查看与管理页面环境后，可以看到在页面左边，显示着系统已经先行创建好的各种默认不同访问权限的 SharePoint 用户组，其中"训练中心成员"用户组是可以取得此协作门户网站编辑权的用户组，所以单击此用户组查看与管理页面的工具栏 新建 ▾ 下的 添加用户 向用户组或网站中添加用户。 项目，如【图 2-61】所示。

在进入到"添加用户"设置页面后于"添加用户"区块上，直接单击下方"添加所有验证用户" 链接，此时系统就会抓取内定已验证的用户账户到"用户/用户组"字段中。如果要设置多个账户名称，可以使用分号做分隔，然后输入用户的账户名称或组名，并单击 按钮，便会出现账户的显示名称。在下方"授予权限"字段中默认就是 训练中心成员 [参与讨论] 权限等级选项，表示该用户对此网站有参与编辑的权限，如【图 2-62】所示。

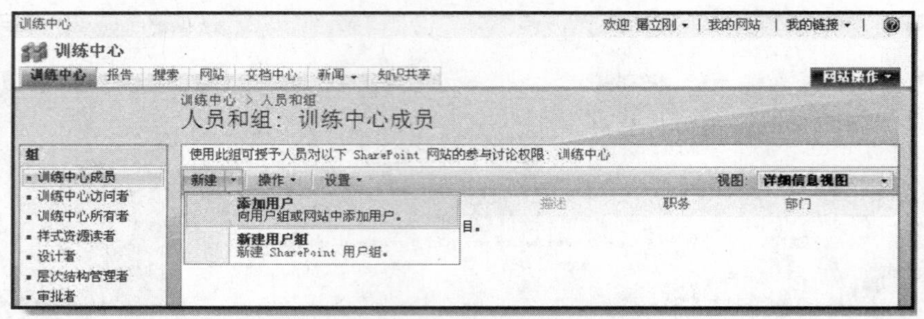

图 2-61 选择训练中心成员用户组下的“添加用户”项目

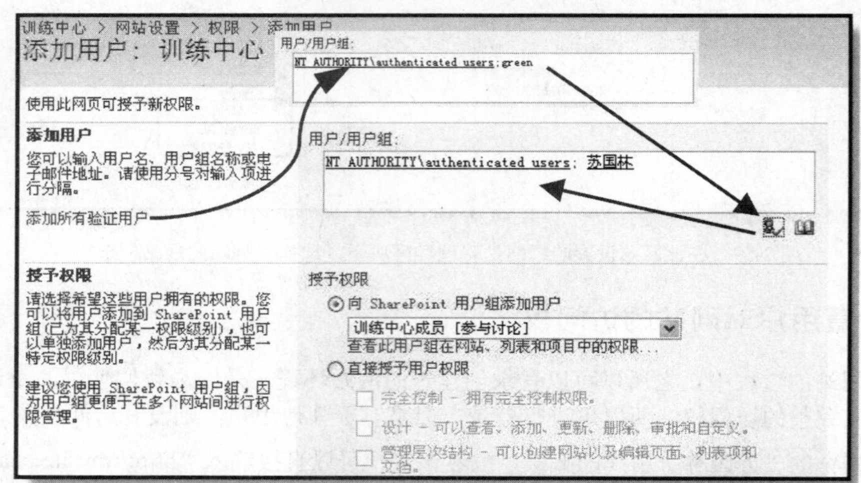

图 2-62 在“用户/用户组”的字段上，输入授权的用户账户或组账户

向下滚动设置页面至下方“发送电子邮件”设置项目上，系统在设置权限的功能中还提供了电子邮件通知消息来提醒用户，如【图 2-63】所示。

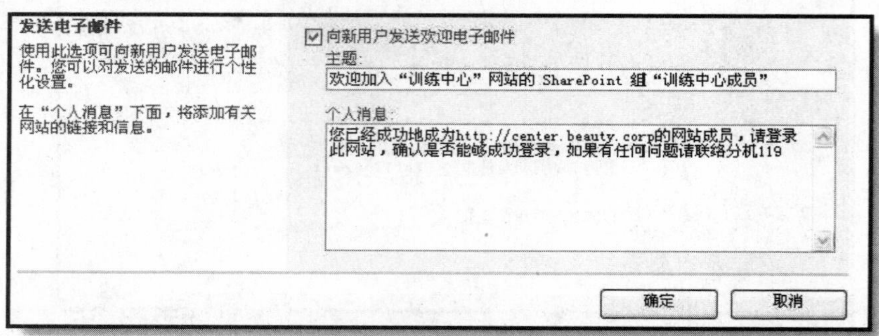

图 2-63 输入通知用户被加入权限的电子邮件消息

在单击 确定 按钮后，系统回到原来人员和组的设置页面下，便可看到所加入的用户或用户组项目，如【图 2-64】所示。

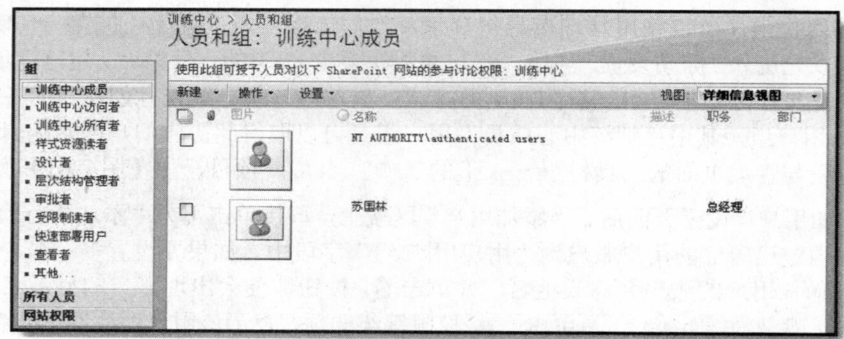

图 2-64 显示训练中心成员中，所加入的用户或用户组

验证用户的登录与收到的电子邮件的通知

在创建好用户的网站登录权限后，我们用苏国林的账户登录到训练中心协作门户网站下进行验证。从【图 2-65】可以看到目前所登录的环境是苏国林账户所看到的训练中心协作门户网站。接下来检查苏国林的电子邮件是否收到系统发出的通知，如【图 2-66】所示。

图 2-65　使用苏国林的账户成功登录到训练中心的协作门户网站

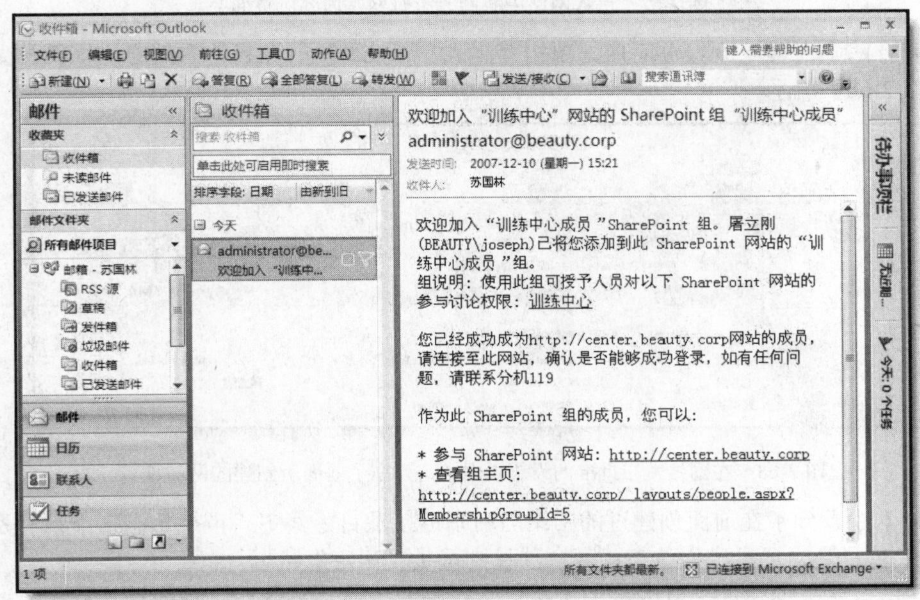

图 2-66　在苏国林的电子邮件中，收到了由 MOSS 2007 系统所发出的通知

好了！在检查完苏国林账户的登录与电子邮件之后，请您仔细看图【图 2-65】与【图 2-52】有什么不一样的地方。

2.7.3　发布批准工作初体验

哈哈！经过查看后有没有发现苏国林登录的首页，在“首要网站”页面下，没有出现如【图 2-52】所示的业务部网站链接，这是怎么回事呢？是因为没有权限吗？

其实并非完全是权限的原因，而是在 MOSS 2007 系统中提供了工作批准功能，所谓“批准”是指某些工作必须在批准执行后才能够提供给用户来查看或使用。

也就是说，前面讲到的首要网站下的网站链接设置必须经过批准，才能够让一般用户看到并使用。当我们在管理员账户的网站环境中，因为是管理员，所以不需要经过批准就可以直接看到并使用，但是如果登录的是一般用户，没有经过批准处理是无法看到此网站链接项目的。

要如何将这些在首要网站下的网站链接提供给一般用户所使用呢？我们先进入到管理员账户中，单击 网站 选项卡，将页面切换到网站中心的页面环境下，然后单击左边 查看所有网站内容 项目，打开“所有网站内容”查看与管理页面，如【图 2-67】所示。

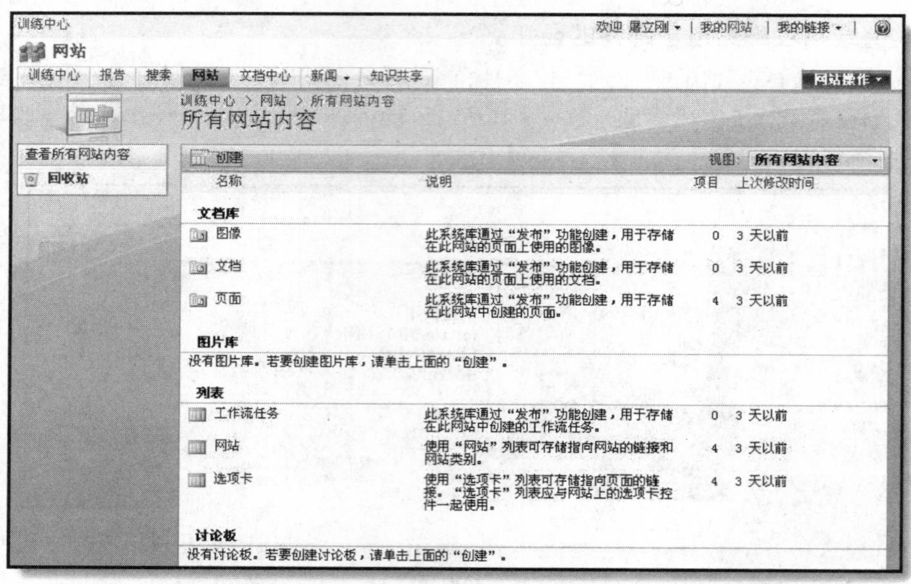

图 2-67 进入网站中心的“所有网站内容”页面

在进入“所有网站内容”设置页面后，单击“列表”下 网站 项目，系统会进入网站发布批准的设置页面，如【图 2-68】所示。

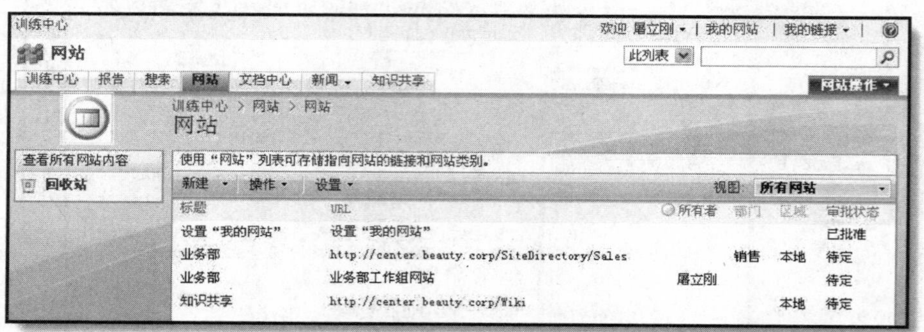

图 2-68 在网站发布批准的设置页面中，列举了前面所创建的网站项目

从【图 2-68】中看到了在前面创建过的网站与网站链接项目，其中“审批状态”下只有系统默认“设置‘我的网站’”项目是“已批准”状态，其余项目则都是“待定”状态。

要设置这些项目的审批状态，可以单击该项目“标题”字段上的名称，当您移动鼠标至标题上的名称时会出现下拉菜单，您可以选择菜单中的 批准/拒绝 项目，如【图 2-69】所示。

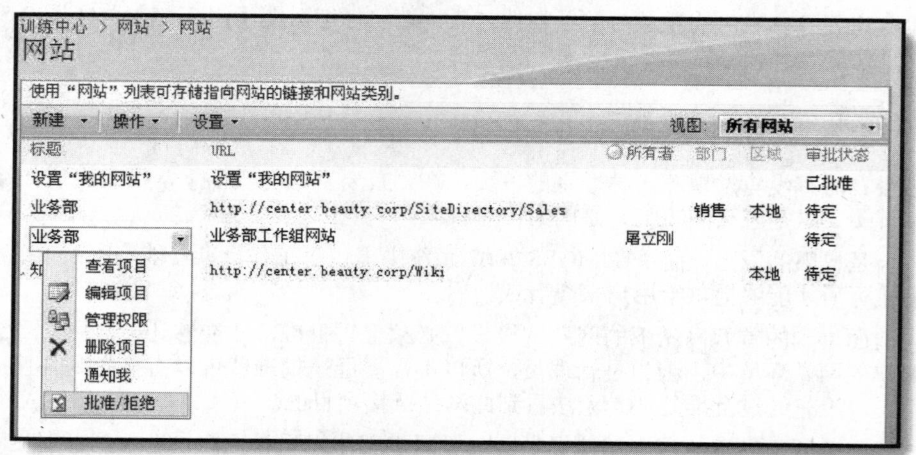

图 2-69 选择标题项目名称下的“批准/拒绝”的选项

此时会进入该项目的“批准/拒绝”设置页面，审批状态是选在“待定”项目上，您可以移动鼠标单击“已批准”项目，然后单击 确定 按钮，如【图 2-70】所示。

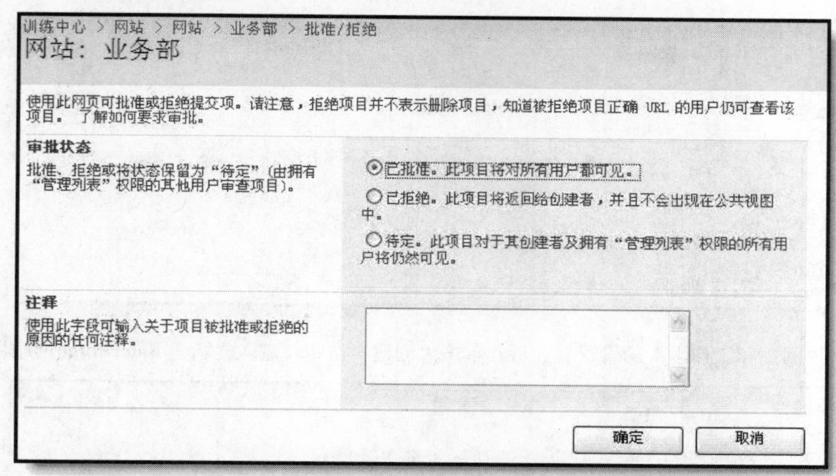

图 2-70 选择“已批准”的选项，并单击“确定”按钮

在批准业务部的网站链接项目后，可以再次回到苏国林的网站环境下，检查在“首要网站”的下方是否有业务部的网站链接出现，如【图 2-71】所示。

图 2-71 苏国林登录的网站中，在首要网站下看到了业务部的网站链接

2.8 会议工作组网站模板

我们在前面网站架构中，曾经提过工作区也是一种网站类型，只是这种网站类型在 MOSS 2007 系统中专门提供文档与会议类型的网站环境，称为工作区（Workspace）。

会议工作区通常会创建在各工作组网站下，用来发布召开会议相关事宜与所需要共同完成会议的相关内容，所以接下来我们在业务部的工作组网站下来创建一个会议工作区的子网站。

首先单击首页“首要网站”下的“业务部”网站链接，切换到业务部的工作组网站环境，单击“网站操作”下拉菜单，如【图 2-72】所示，在此菜单中并没有“创建网站”功能选项，但是没有关系，没有此选项并不代表在此网站下就不能再创建子网站了，所以请单击“网站设置”选项。

图 2-72 在业务部的工作组网站下，选择“网站操作”下的“网站设置”选项

进入到“网站设置”页面后，请单击 网站管理 区块段下 ▫ 网站和工作区 超链接，进入“网站和工作区”的查看和管理页面。请参考【图 2-73】、【图 2-74】和【图 2-75】。

业务部 > 网站设置 > 网站和工作区
网站和工作区

此页显示您在此网站下所访问过的所有网站。单击网站名称可查看其内容。若要创建新网站，请单击下面的“创建”。

创建

网站　说明　上次修改时间　删除
没有 网站。若要创建一个，请单击上面的“创建”。
文档工作区
没有 文档工作区。若要创建一个，请单击上面的“创建”。
会议工作区
没有 会议工作区。若要创建一个，请单击上面的“创建”。

图 2-73　进入“网站和工作区”的设置页面后，单击“创建”按钮，进入“新建 SharePoint 网站”设置页面

业务部 > 创建 > 新建 SharePoint 网站
新建 SharePoint 网站

使用此网页可在此 SharePoint 网站下新建网站或工作区。您可以指定标题、网站地址和访问权限。

创建　取消

标题和说明
请键入新网站的标题和说明。该标题将显示在网站的每一页中。
标题:
业务部会议工作组
说明:
此工作组是业务部下的会议工作组

网站地址
用户可以在其浏览器中键入网站地址(URL)，导航到您的网站。您可以输入地址的后半部分。网站地址应尽量简短并易于记忆。
例如，http://center.beauty.corp/SiteDirectory/Sales/网站名称
URL 名称:
http://center.beauty.corp/SiteDirectory/Sales/ Meeting

图 2-74　输入创建网站的标题名称、说明和子目录名称“Meeting”

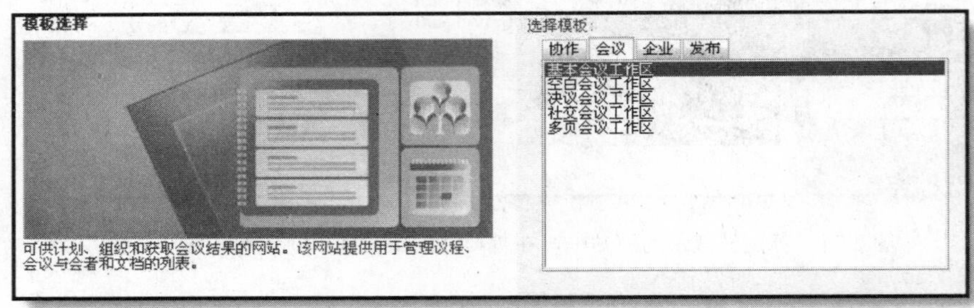

图 2-75　在模板选择上，单击“会议”选项卡下的“基本会议工作区”的网站模板

由于此网站是专门给业务部工作组网站使用的，所以既不放在上层的链接栏中也不做网站分类，保持系统默认值，直接单击 创建 按钮，创建后会出现此会议工作组的网站内容，如【图 2-76】所示。

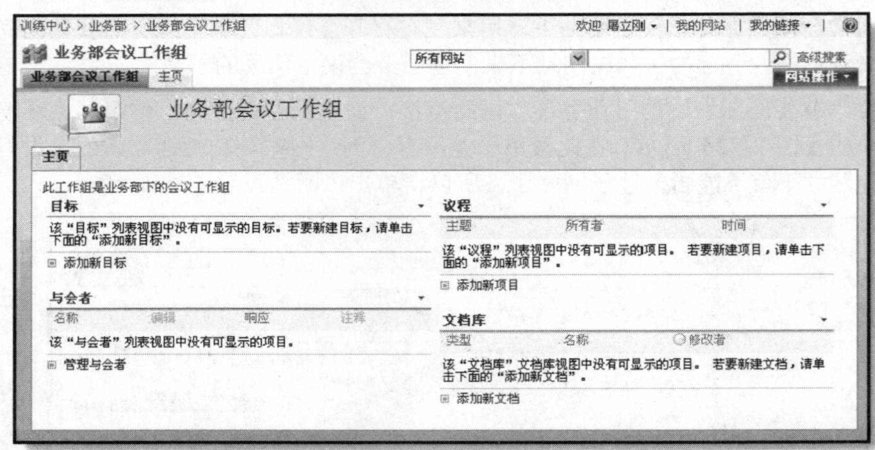

图 2-76　业务部下的基本会议工作区的网站模板

如果您稍加注意就会发现此会议工作组网站环境与其他网站环境不同的地方，在页面左边没有菜单项。

2.8.1 工作组网站的链接设置

如果您回到业务部工作组网站环境下，就会发现此会议工作组网站不会显示在左边菜单的网站区块下，也就是说，在业务部的工作组网站环境下，没有一个网站链接可以切换到此业务部的会议工作组中。

那怎么办呢？可以使用直接键入 URL 地址的方式链接到业务部的会议工作组网站。可是直接键入网址的方法比较麻烦，所以通常该网站环境下没有提供网站链接时，必须自行定义并创建所需要的网站链接项目。在工作组网站首页的右下方，一样提供了网站链接的设置，所以您可以单击 添加新链接 项目，请参考【图 2-48】，之后系统便会进入“链接：新建项目”设置页面，如【图 2-77】所示，将业务部会议工作组网址在 URL 字段上输入进去，并单击“单击此处进行测试”选项，测试所输入的网址链接有没有错误。除此之外，输入此链接的说明内容和注释，最后单击“确定”按钮，回到【图 2-78】所示界面。

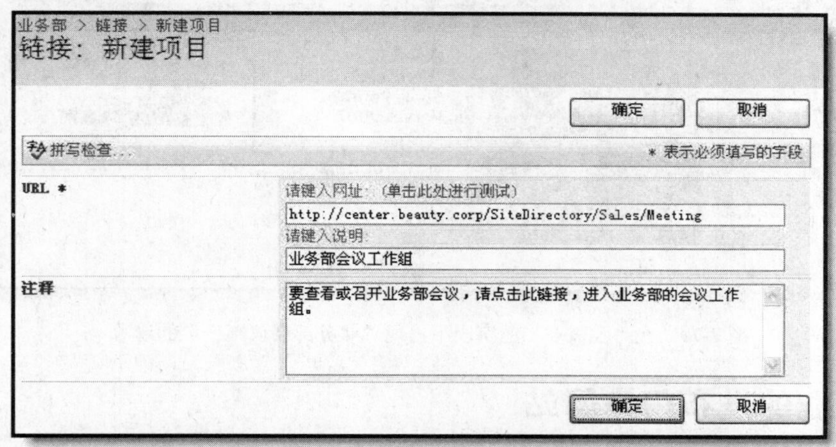

图 2-77　设置在小组网站下链接到业务部会议工作组的网址链接项目

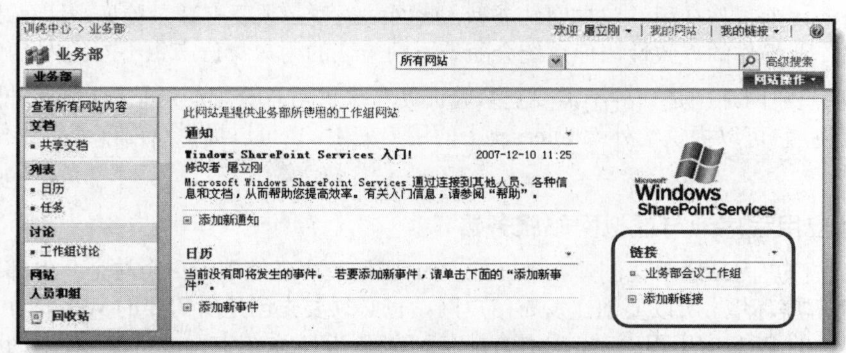

图 2-78　回到小组网站后便可看到“链接”下方的“业务部会议工作组”项目

2.8.2 门户网站下的“我需要...”链接

在协作门户网站下除了提供“首要网站”的网站链接之外，还提供了“我需要...”的下拉菜单选项方式，使用户可以由协作门户网站首页环境直接选择所要进入的网站。“我需要...”字段中显示的功能项目，也是通过网站链接来设置的。我们就以“业务部会议工作组”链接为例，说明此网站链接如何放入到“我需要...”字段中。

移动鼠标单击协作门户网站首页的 网站 选项卡，在页面进入到网站目录的设置页面后，单击页面右上角 向网站添加链接 选项，打开“网站：新建项目”设置页面。

在“标题”字段中输入“**业务部会议工作**”，并在“说明”字段中输入此网站链接的说明内容，然后在“部门”选择类别中勾选“**销售**”选项，在“区域”选择类别中勾选“**本地**”选项，在 URL 字段上输入 http://center.beauty.corp/SiteDirectory/Sales/meeting。

要让此网站链接可以放到"我需要..."字段中，最重要就是要勾选"任务和工具"字段中"**首要任务**"的项目。最后在"所有者"字段中输入"Joseph"，并单击 图标，系统检查完成后，显示"屠立刚"，最后单击"确定"按钮。

创建完成后，在网站目录的设置页面上，单击"查看所有网站内容"，在进入到网站内容的页面环境后，单击"列表"下的网站项目，进入网站列表的批准设置页面，单击刚才我们创建起来的网站链接项目的下拉菜单中的"批准/拒绝"项目，进入"网站：业务部会议工作"的设置页面，单击"**已批准**"的选项，最后单击"确定"按钮。

在设置完成后就可以在协作门户网站下的"我需要..."字段中看到"业务部会议工作"的选项了，如【图 2-79】所示。

图 2-79 在"我需要"的字段下出现"业务部会议工作"的选项

2.9 创建企业的发布门户网站

在企业环境中还需要另外一种不同于协作的门户网站，那就是企业 Internet 型的门户网站，协作型的门户网站通常是给企业内部工作使用的门户网站类型，此网站类型必须要有登录验证，且网站有统一的结构，以保持企业对信息作业操作的一致性，但系统会随着不同验证的用户身份产生不同的内容。

企业 Internet 型门户网站则是一种不需要登录验证便可提供信息查询的网站环境，此种网站类型大多以纯网页的形式来呈现，它可以提供给外部 Internet 上的用户使用，也可以提供给内部或企业伙伴像在 Internet 上一样的访问环境。

在 IIS 中创建应用程序池与虚拟网站服务器

此种企业的发布门户网站通常会创建在独立的 Web 应用程序环境下，不会与企业内部协作门户网站使用同一个 Web 应用程序环境。所以要创建发布门户网站也必须要先创建所需要的 Web 应用程序。前面我们在创建协作门户网站的 Web 应用程序时，采用的是在 MOSS 2007 系统中直接新增 IIS 中的应用程序池与虚拟网站服务器。接下来，我们换另一种方式来练习，就是先在 IIS 中将所需要的应用程序与虚拟网站服务器配置起来，再提供给 MOSS 2007 系统来选择创建所需要的 Web 应用程序环境。

首先请用系统管理员的账户登录系统，然后以鼠标依次单击：开始 → 所有程序(P) → 管理工具 → Internet 信息服务(IIS)管理器 项目。

在进入 IIS 管理员环境后展开应用程序池，在应用程序池的项目上单击鼠标右键，依次选择：新建→应用程序池，之后会出现"添加新应用程序池"配置对话框，如【图 2-80】所示，请在"应用程序池 ID"字段上，输入"BeautyEntryAP"，然后移动鼠标单击 确定 按钮。

在创建好 BeautyEntryAP 的应用程序池后，移动鼠标单击创建在应用程序池下的 BeautyEntryAP 项目，单击鼠标右键单击菜单中的"属性"，如【图 2-81】所示，在出现"BeautyEntryAP 属性"设置对话框后，单击"标识"选项卡，在"选择应用程序池的安全性账户"字段下，单击第二项"配置"然后在"用户名"和"密码"字段中，输入 MOSS 2007 系统所设置的系统管理员账户和密码，最后单击"确认"按钮，系统会再次要求确认密码，再次输入密码之后单击"确认"按钮。回到管理环境后将此项应用程序池服务停止并重新启动，然后在 IIS 创建一个站台给企业 Internet 型的门户网站使用。

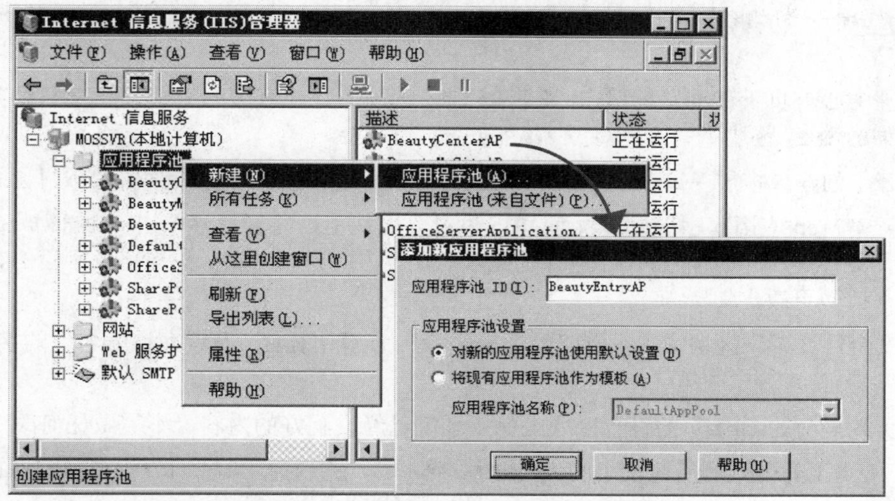

图 2-80　在 IIS 的应用程序池中创建一个新的应用程序池

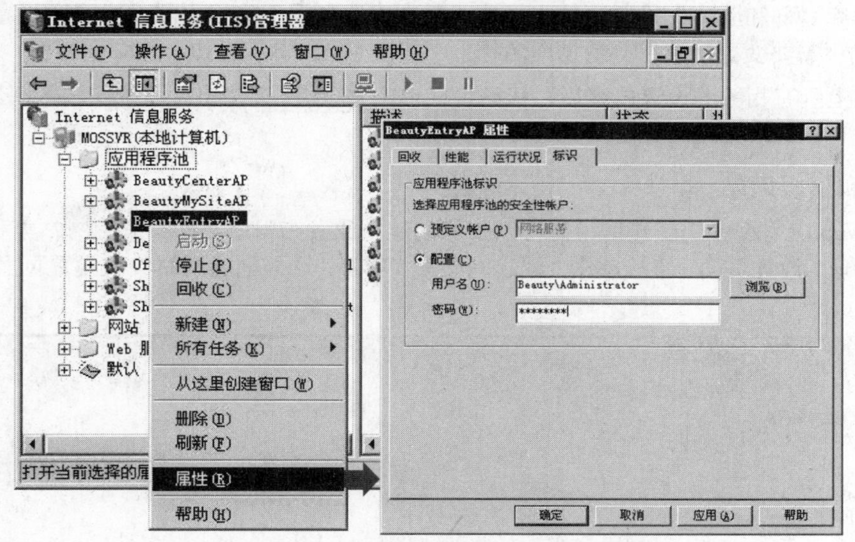

图 2-81　设置应用程序池的身份识别服务账户

1 用鼠标右键单击 网站 项目，然后依次单击：新建(N) → 网站(W)...，进入到网站创建向导对话框，单击 下一步(N) > 按钮，进入网站说明对话框。

2 请在“说明”字段，输入“BeautyEntryVS”，移动鼠标单击 下一步(N) > 按钮，进入 IP 地址及端口设置的对话框。

3 请在“主机标头”字段中输入“www.beauty.corp”，移动鼠标单击 下一步(N) > 按钮，进入网站主目录设置的对话框。

4 移动鼠标单击 浏览(R)... 按钮，进入浏览文件夹的对话框，将目录切换到 C:\Inetpub\wwwroot\wss\VirtualDirectories，单击 新建文件夹(M) 按钮，在新建文件夹的域名上将此名称改成“www.beauty.corp80”，移动鼠标单击“确定”按钮，回到网站主目录设置对话框后，在“路径”字段上应该会出现“C:\Inetpub\wwwroot\wss\VritualDirectories\www.beauty.corp80”。

5 移动鼠标勾选 允许匿名访问网站(A) 复选框，单击 下一步(N) > 按钮，进入网站访问权限的设置对话框。

6 在网站访问权限的设置对话框中不改变任何设置，所以直接单击 下一步(N) > 按钮。

7 最后在完成的对话框页面上，移动鼠标单击 完成 按钮。

8 到命令提示字符的环境下，执行 **iisreset/noforce** 的指令。

创建 MOSS 2007 的 Web 应用程序

1 单击 开始 → 所有程序(P) → Microsoft Office Server → SharePoint 3.0 管理中心，进入 MOSS 2007 系统的管理网站。

2 在管理中心首页下移动鼠标单击 应用程序管理 选项卡，在右边的应用程序管理设置网页中，单击 SharePoint Web 应用程序管理 区块下 创建或扩展 Web 应用程序 超链接。

3 当打开“创建或扩展 Web 应用程序”设置页面后，请单击 新建 Web 应用程序 项目。

4 在“新建 Web 应用程序”设置页面“IIS 网站”区块上，移动鼠标单击 使用现有 IIS 网站 ，并选择在此字段下的 BeautyEntryVS 项目，在选择了此项后，下方端口、主机标头与路径字段的数据都会自动填入适当的信息，请勿更改。

5 在“安全性设置”区块中，设置“验证提供者”为 NTLM，及“允许匿名”的字段上单击 是 选项。

6 在“负载平衡的 URL”的设置区块上保持系统已经设置好的内容，不需做任何改变。

7 单击“应用程序池”设置区块中的 使用现有应用程序池 ，并选择 BeautyEntryAP (Beauty\Administrator) 选项。

8 在“重设 Internet 信息服务”设置区块上单击 自动重新启动 IIS 选项。

9 于“数据库名称和验证”设置区块上，在“数据库服务器”字段上系统会自动设置默认的数据库服务器名称，所以不需要变更，请在“数据库名称”字段中输入“BeautyEntry_Content”。

10 在确认以上所有相关的设置内容后，移动鼠标单击 确定 按钮，系统便进入创建 Web 应用程序的处理过程。

创建网站集和顶层网站

在完成以上 Web 应用程序的创建后，便可以开始创建企业发布门户网站类型的网站集和顶层网站了。打开“应用程序管理”设置页面，直接单击“创建网站集”项目，进入创建网站集的设置页面，如【图 2-82】所示。

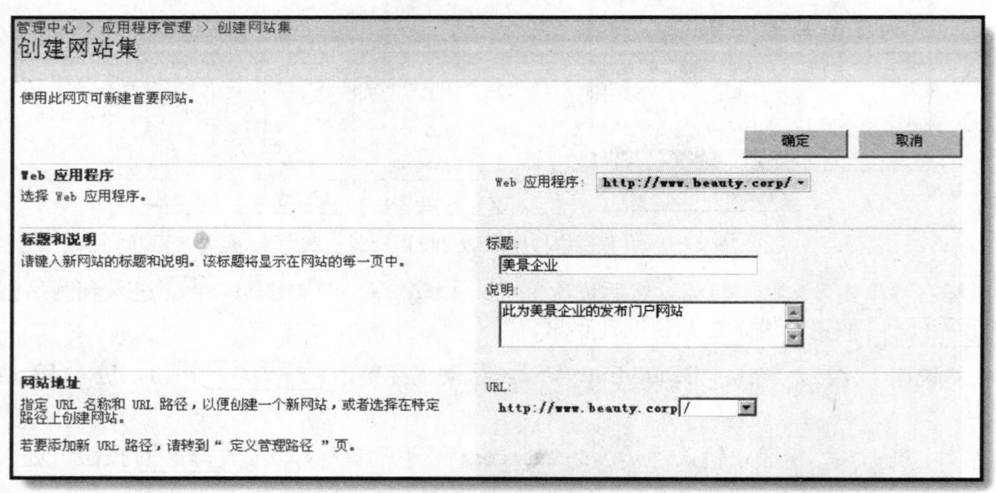

图 2-82 设置网站集的标题、说明和网址

在选择的“www.beauty.corp”Web 应用程序项目下，输入网站集的标题和说明，至于网址，请保留系统内定的根目录路径。向下滚动设置页面至“模板选择”设置区块上，移动鼠标单击“选择模板”字段 发布 选项卡，及其下的 发布门户。请参考【图 2-83】。

在网站集主管理员设置区块上移动鼠标单击“用户名”并输入“Joseph”，然后单击 按钮，该字段就会出现“屠立刚”这个名字。在网站集第二管理员的设置区块上，移动鼠标单击“用户名”并输入“Linda”，然后单击 按钮，该字段就会出现“吴翠凤”这个名字。

在设置好以上的环境后移动鼠标单击 确定 按钮，系统便开始创建网站集和发布门户网站的顶层网站环境。创建完成后会出现首要网站创建成功的页面，如【图 2-84】所示。此时建议稍微等一下，不要急着进入创建好的发布门户网站，因为系统其实还在进行创建处理。

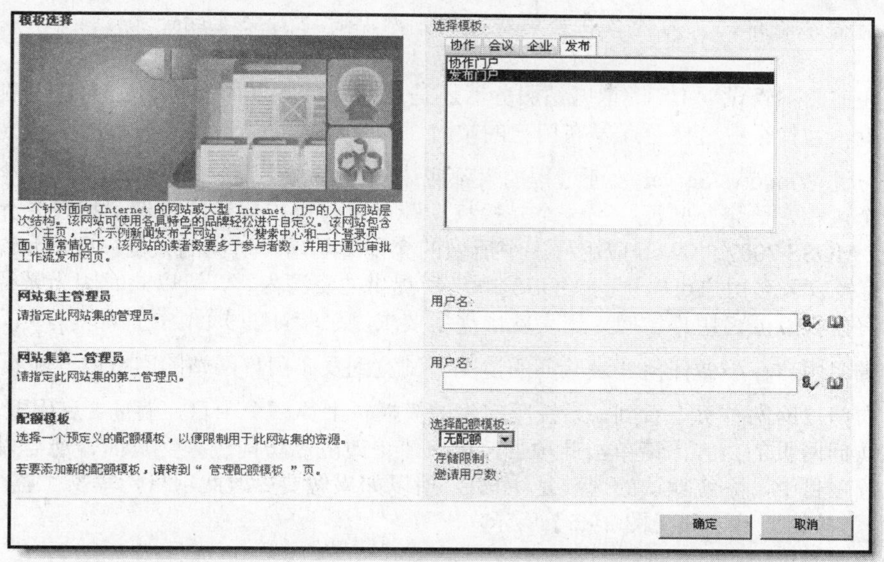

图 2-83 选择创建发布门户网站的网站模板，并设置管理员账户

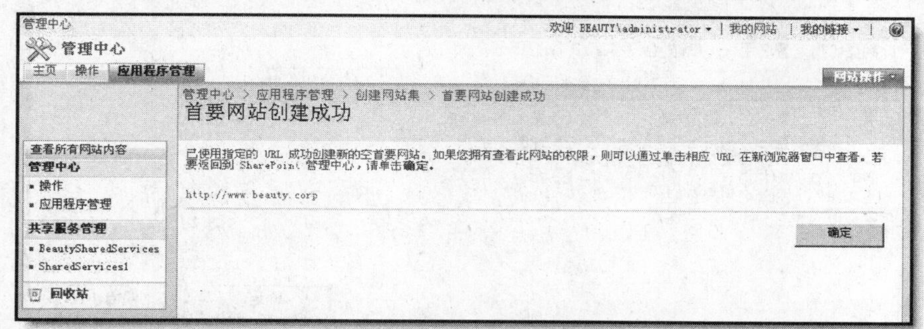

图 2-84 首要网站创建成功

可以单击“首要网站创建成功”页面中的“http://www.beauty.corp”超链接，当您在第一次进入此发布网站时，系统会出现要求登录验证的对话框，您可以输入系统管理账户或是所设置的管理员账户名称和密码，之后便会出现发布门户网站的网页，如【图 2-85】所示。

图 2-85 成功登录到企业的发布门户网站环境

咦！在前面的创建过程中，不是有启动匿名者访问的方式吗？匿名者是不需要进行登录验证的，为什么在登录发布门户网站时还需要进行登录验证呢？

没错，我们在前面不管设置 IIS 虚拟网站服务器还是设置 MOSS 2007 Web 应用程序，都有启动允许匿名用户访问的功能，为什么在链接至此发布门户网站时还需要用户的登录验证呢？

对于曾经学习过 Windows Server 验证过程的人都应该知道，要使用户能够成功访问一个具有安全验证的资源，需要两个过程，一个是验证，另一个是授权。验证是对用户登录的验证，授权是允许用户访问资源。我们在 IIS 或 MOSS 2007 的 Web 应用程序中所做的允许匿名用户访问的设置，只是允许匿名用户的登录验证，但还没有授权匿名用户可以访问 MOSS 2007 所提供的资源内容，所以此时因为系统发现所要显示的网页内容还没有授权给匿名用户访问，于是就出现了要求登录验证的页面。

那么如何让匿名用户在不做任何登录验证的情况下浏览到发布门户网站的网页内容呢？

您可以在发布门户网站首页上看到，系统所产生的模板页上第一个项目，就是“**启用匿名访问**”。要启动匿名用户可以访问网页的内容，请单击此项目，进入“更改匿名访问设置”页面，您可以看到在匿名用户可以访问的设置项目上，系统默认的选项是 ⊙无 ，所以如果您要更改此项目，单击“**整个网站**”项目，然后单击 确定 按钮即可，如【图 2-86】所示。

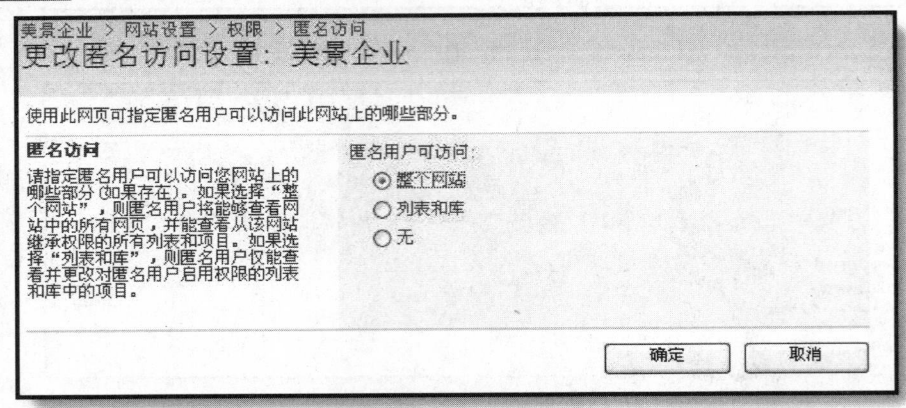

图 2-86　设置发布门户网站的资源可以允许匿名用户进行访问

在设置匿名用户可以访问之后，将原来的 IE 关闭，然后重新打开，并在 URL 字段上输入 http://www.beauty.corp，此时便不再出现登录验证的要求，直接进入发布门户网站的环境了，如【图 2-87】所示。

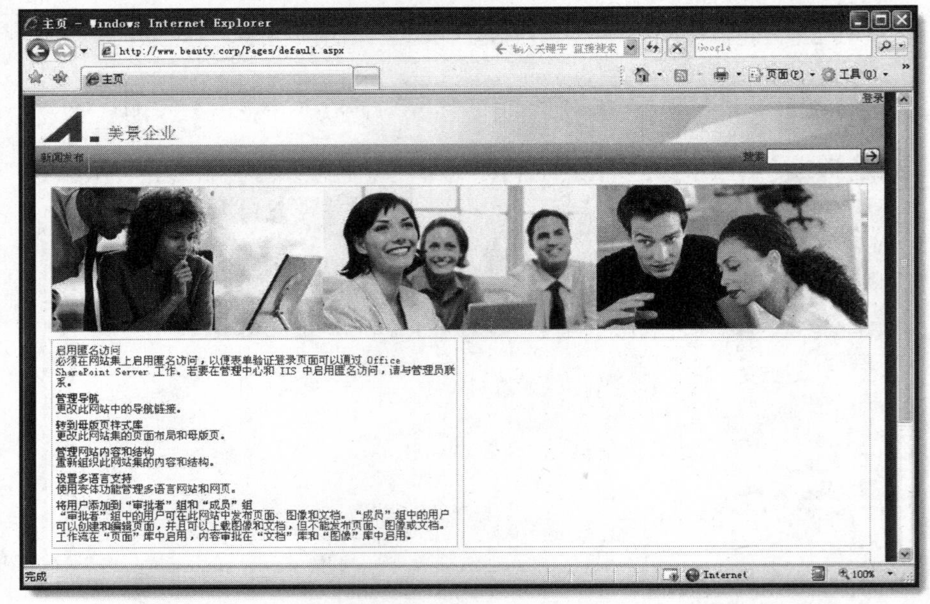

图 2-87　使用匿名用户的登录环境，请比较与【图 2-85】登录页面不同的地方

您可以看出【图 2-87】和【图 2-85】所示的页面哪里不一样吗？答案是页面右上角的地方不一样，在【图 2-85】中，页面右上角有 我的网站 | 我的链接 ▾ | 欢迎 屠立刚 ▾ 网站操作 ▾，在【图 2-87】页面右上角只有“**登录**”选项。这也就是有授权的用户和匿名用户不同的访问环境，如果要对发布门户网站进行环境的设置、网页的设计与编辑，则必须单击“**登录**”，在输入被授权的用户名称与账户后，才能进入可编辑和管理的环境。

当您进入了可编辑的网站环境之后，因为发布门户网站不同于协作门户网站，发布门户网站只有页面的环境，所以要进入管理设置，必须单击 网站操作 ▾ 菜单中的内容，进入网站设置的环境或是网站内容网页的环境。【图 2-88】就是单击在“网站操作”下的“查看所有网站内容”项目后进入的“所有网站内容”网页环境。

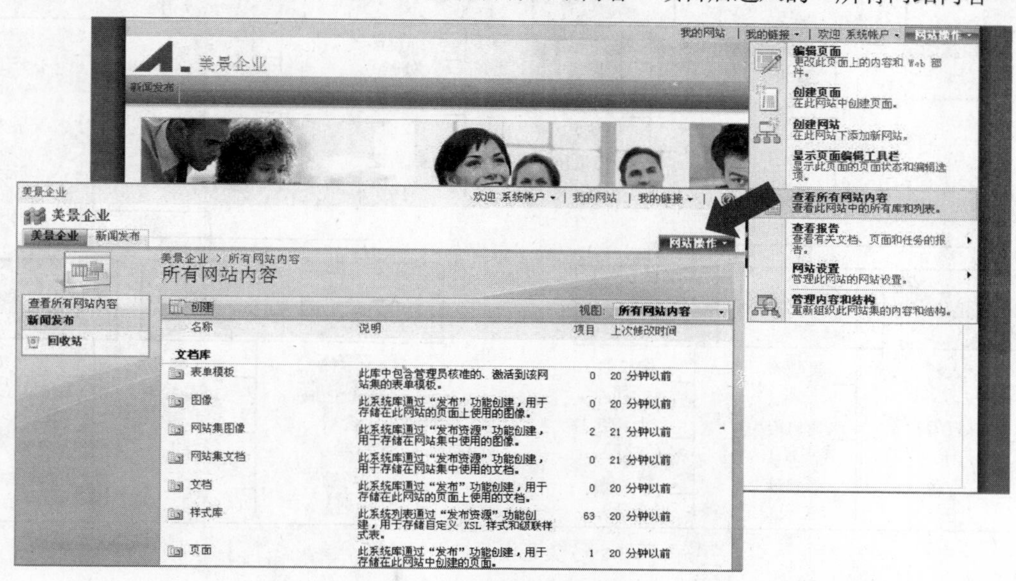

图 2-88 进入企业发布网站的网站内容网页

在这章结束之前，请读者将第 2.7.2 节所讲的给予用户的权力删除。首先进入训练中心网站首页，然后以鼠标依次单击：“网站操作”→“网站设置”→“人员和组”→“训练中心成员”，当打开“训练中心成员”查看和管理页面时，请勾选“NT AUTHORITY\authenticated users”及“苏国林”前的复选框，进而单击该页面上的 操作 ▾ 下的 从用户组中删除用户，并单击“确定”按钮完成用户权力的删除。当完成上述工作后，请用“Green”用户账号登录，您将会发现该用户又不能登录训练中心网站了。

本章最后附上美景企业的组织架构图，以供读者了解后续章节所用到的测试环境中，各用户位于哪个部门及其所搭配的局域网安全组，如【图 2-89】所示。

局域网安全组成员列表：

组　名	用　户
所有员工用户组	所有美景企业用户
人事管理部用户组	许丽莹（Kelly）、林彦明（Alex）
营销服务部用户组	邱世萍（Joy）、谢佩珊（Helen）、魏吉芝（Judy）
产品发展部用户组	所有系统管理处用户组、系统开发处用户组及数据库技术处用户组中的用户
客户服务部用户组	张永蓁（Anita）、杨世焕（Young）、杨怡凤（Cindy）
设备服务部用户组	旭宏（Gary）、刘英志（Peter）、陈何鑫（Nish）
业务服务部用户组	周惠卿（Katy）、李人和（Allen）、林宣岷（Cheryl）、许秀菁（Nicole）、吴慧音（Maggie）、唐佩君（Rita）、彭婉珍（Penny）、柳权佑（Timmy）、洪士贻（Selena）、郑淑敏（Michelle）
系统管理处用户组	屠立刚（Joseph）、王俊城（Anderson）、陈勇勋（Jacky）
系统开发处用户组	许熏尹（Vivid）、张书源（John）、许嘉仁（Jerry）
数据库技术处用户组	吴翠凤（Linda）、杨先民（Adonis）、赵敏翔（Adams）
决策主管用户组	苏国林（Green）、张智凯（Richard）、许丽莹（Kelly）、邱世萍（Joy）、周惠卿（Katy）、屠立刚（Joseph）、张永蓁（Anita）、郑旭宏（Gary）

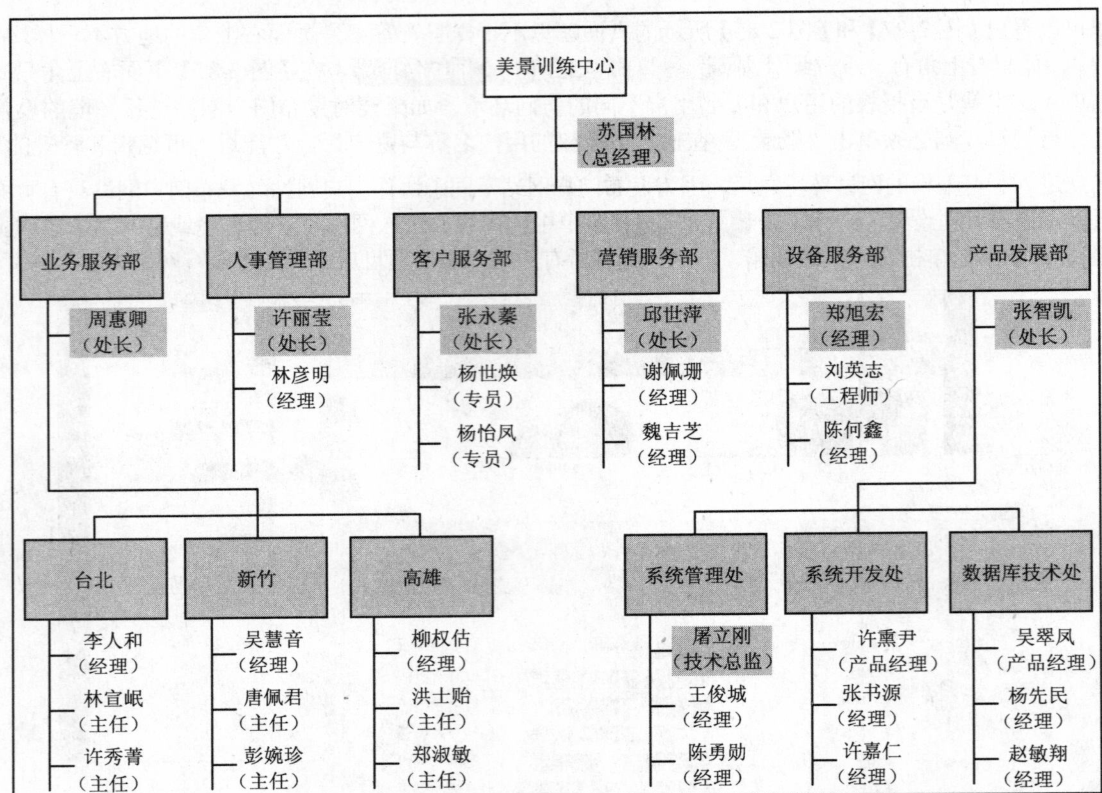

图 2-89　美景企业组织架构图

第 3 章 网站面貌相见欢

本章提要

从第 2 章的说明中，可以了解到 MOSS 2007 提供的网站中心是企业默认进入的门户网站，此门户网站包含了 MOSS 2007 系统可以创建的大部分网站类型。不管是哪种网站类型，进入首页带给人的第一印象都是很重要的。因此，网站的基本展现风貌是本章介绍的重点。

本章是一个轻松的章节，主要的目的是让初学 Microsoft Office SharePoint Server 2007 系统的读者，可以带着轻松的心情学习 MOSS 2007 系统的管理与操作，进一步了解网页操作接口架构、选择自定义网页布景与如何变更网站首页图像和标志，从而创建一个好的学习开始。

本章重点

在本章，您将学会：

- 网站首页结构介绍
- 应用网站主题
- 图片库初探
- 自定义首页网站图像
- 自定义网站标志

3.1 网站首页结构介绍

经过第 2 章的洗礼后，企业的协作交换中心网站终于配置完成，业务部门也有了自己的工作组及会议工作组子网站，方便部门内部的信息交换和沟通。可是当浏览过协作交换中心网站（训练中心）首页、业务部小组网站首页和用户的个人网站之后发现，MOSS 2007 所提供的网站模板中页面结构的规划都比较相似。所以在进行下面章节的内容介绍之前，我们先来了解一下网站页面各个区域结构的规划目的及其名称叙述，如【图 3-1】、【图 3-2】和【图 3-3】所示，有助于读者接下来在阅读本书内容及执行操作时，可以快速地找到笔者所叙述的网页区块在哪里。

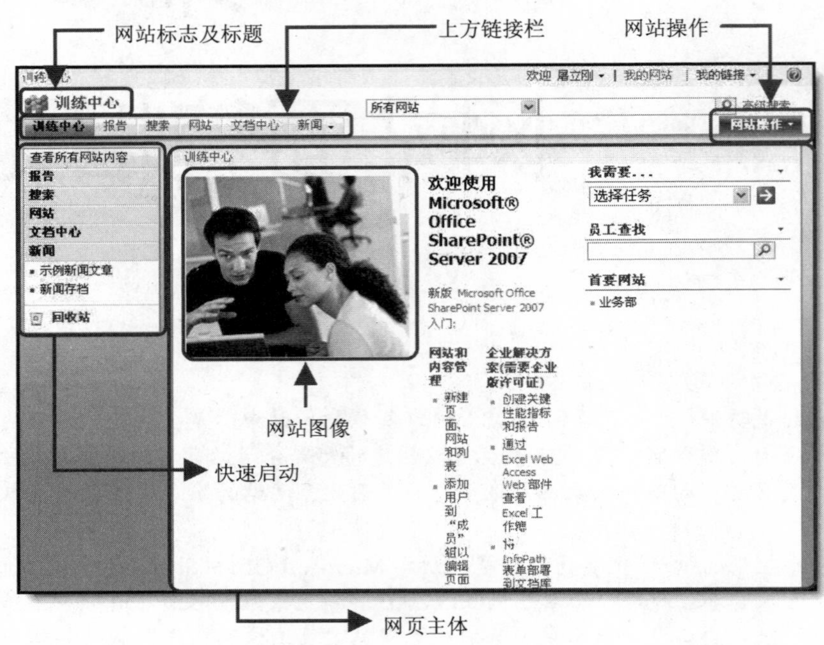

图 3-1　训练中心首页区块展示

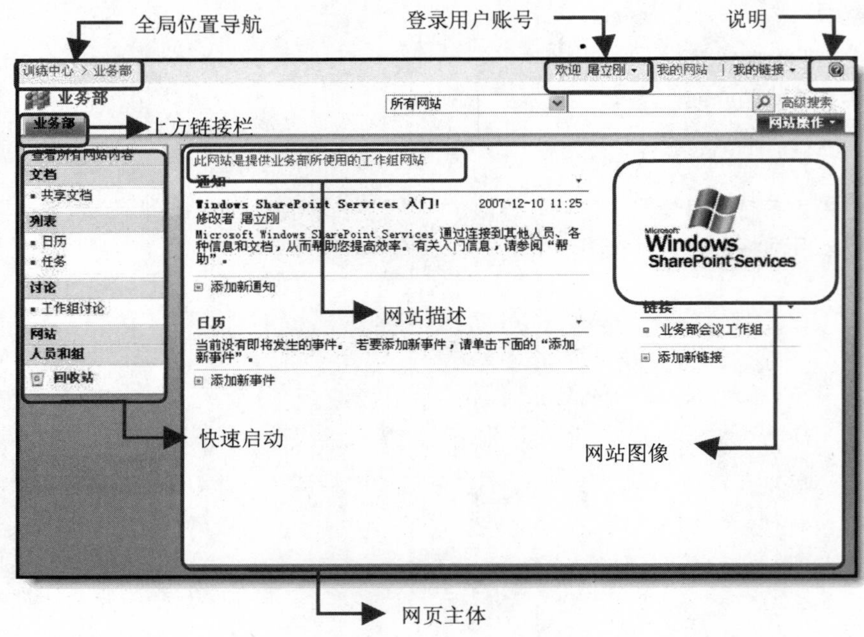

图 3-2　业务部首页区块展示

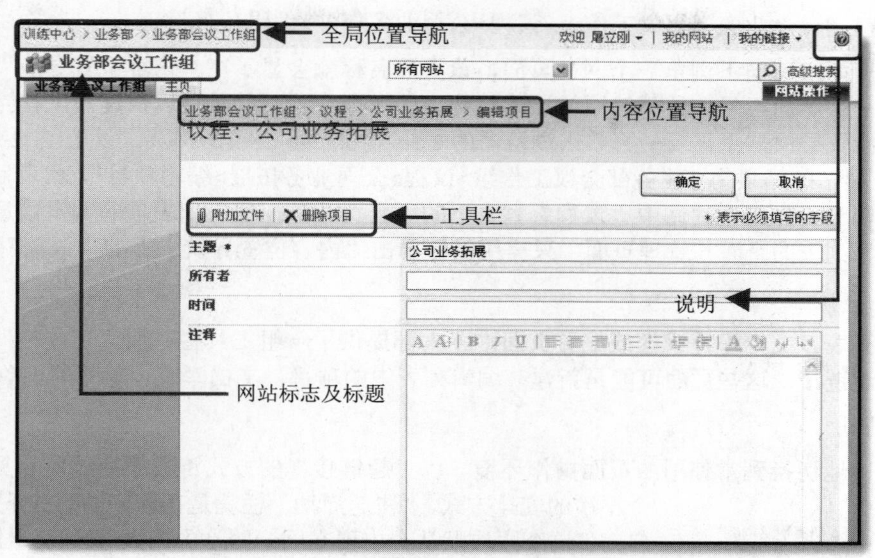

图 3-3　配置网页区块介绍

- 网站标志及标题：训练中心、业务部、业务部会议工作区

“网站标志”和“网站标题”会出现在同一网站所有网页的左上角位置。在顶层网站下创建的子网站，默认会继承顶层网站所使用的“网站标志”。

- 登录用户账号：欢迎 屠立刚

此区域会显示目前登录的用户名，以便当用户（通常是 MIS 人员）拥有多个账号时，可以辨认登录的账号是否正确。

- 说明：

“说明”超链接会打开新的窗口显示 MOSS 2007 的操作说明，充分利用它，可以查找有关 MOSS 2007 的信息及如何使用 MOSS 2007。

- 上方链接栏：训练中心 报告 搜索 网站 文档中心 新闻、业务部、业务部会议工作区 主页

“上方链接栏”是“选项卡”形式的超链接，可以方便快速地切换到常使用的网页或网站环境。管理员可依实际情况自定义所需要的“选项卡”，方便用户快速找到所要的网站内容。

- 网站图像：、

通常“网站图像”指的是网站首页中较大的那张图片，但并不是 MOSS 2007 提供的所有网站首页模板中都有“网站图像”这个区域。网站创建起来后，如不想在网站首页显示“网站图像”这个区块，可自行隐藏删除。

- 网站描述：“业务部门信息交换中心”

“网站描述”只会出现在网站首页中“网站主体”的左上角，通常是为了说明网站成立的宗旨和目的。例如，业务部门小组网站成立的目的是为业务部门的员工提供部门间专用信息和文件的交换。所以此时就会在“网站描述”上注明为“业务部门信息交换中心”，笔者建议描述“简短有力”为佳。

- 全局位置导航：“训练中心>业务部”、“训练中心>业务部>业务部会议工作组”

从顶层网站开始，每向下浏览一个子网站，该网站名称就会显示在“全局位置导航”中。这样做的好处是方便用户了解自己目前位于网站集层次结构中的哪个位置，并且可以快速向上回到所经网站路径中的某个适当层次的网站首页。以【图 3-3】为例，目前“全局位置导航”显示的结果为“训练中心>业务部>业务部会议工作组”，代表目前我们所在的位置是“训练中心”顶层网站下的“业务部”工作组中的“业务部会议工作组”子网站，如果想要快速切换到“训练中心”的首页，只需用鼠标单击“全局位置导航”上的“训练中心”超链接即可。

- 内容位置导航："业务部会议工作组>议程>公司业务拓展>编辑项目"

从网站首页开始，每向下浏览一个网站页面，该页面名称就会显示在"内容位置导航"中，这样做的好处在于方便用户了解自己目前位于该网站层次结构中的哪个位置，并且可以快速向上移到网站所经路径中的某个适当的网页层次，不需要一直单击浏览器的，才能回到上级的网页。以【图 3-3】为例，目前"内容位置导航"显示的结果为"业务部会议工作组>议程>公司业务拓展>编辑项目"，代表目前我们所在的位置是"业务部会议工作组"网站中"议程"列表下的"公司业务拓展"列表项的编辑信息页面上，如果想要移到"议程"列表的查看与管理页面，只需用鼠标单击"内容位置导航"上的"议程"超链接即可。

- 工具栏：✕删除项目 | 拼写检查...

在网站中的列表、文档库等管理或配置页面中，大都提供了一组工具栏，而"工具栏"上提供了指向某些网站页面的超链接，这些页面可能是新建、编辑列表中的项目、文档库或表单库的表单数据。

- 快速启动

为了方便快速地切换到常使用的页面操作环境，以"超链接"的方式将其摆在显而易见的地方，是一个不错的安排方式。"快速启动"栏就是在这样的想法下诞生的。"快速启动"这个区块默认会出现在同一网站中的大部分网页上。网站管理员可依实际情况自定义所需要的分类区段标题（如【图 3-2】所示的"文档"、"列表"、"讨论"、"网站"及"人员和组"等分类），以及其下所搭配的超链接。不同网站模板所提供的"快速启动"超链接也大有不同。笔者建议最好只摆放几个最常用的页面超链接，以免"快速启动"栏过长，反而失去其原有的意义。在这个区块中，最特别的超链接为"查看所有网站内容"，该超链接所指向的页面为网站内创建的所有列表、文档库、讨论板、调查和回收站等组件库列表。

- 网站操作：网站操作 ▾

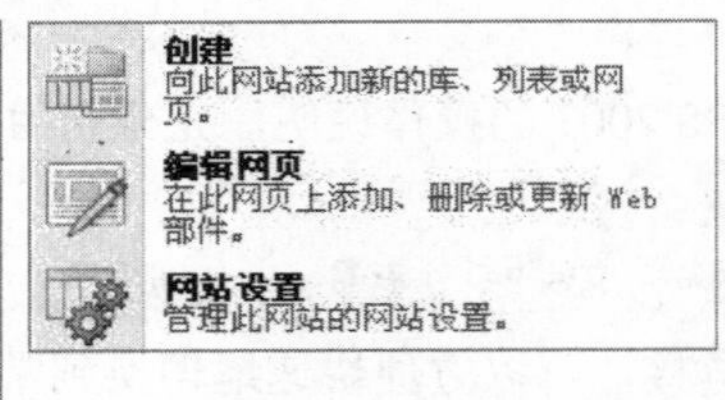

MOSS 2007 总共提供了两种"网站操作"的样式，这两种"网站操作"下的子功能项目稍有不同。主要提供的功能有：编辑目前所在的网站页面，创建网站的安全性对象（网站、列表或文档库）。其中最值得且常使用的功能为"网站设置"。该功能下所指向的管理工作页面，可以授予管理人员和组的权限、变更 MOSS 2007 网站的标题和说明、以及相关的网站管理工作（例如：用户提醒、网站功能的启动与停止、网站流量报告的管理等）。但并非所有用户都可执行"网站设置"下的管理工作，而是必须拥有网站"完全控制"权限等级的人，才能执行。

- 网页主体

此区域主要显示的是网页组件组合的内容、组件库查看与管理内容及信息输入配置页面。

3.2 应用网站主题

走访完各网站的首页之后，突然有一种感觉，总觉得 Microsoft Office SharePoint Server 2007 提供的网站首页模板缺少了什么？没错！少了一股人情味！有点拒人千里之外的感觉，这到底是哪里出了问题呢？您看出来了吗？因为这些"协作门户网站"和"工作组"是系统默认自定义的网站样式模板，所以一眼望过去，长得都差不多，没有各个部门的特色及样式，再有，那些默认的"网站图像"和背景样式也不都是我们可以接受或喜欢的类型，所以才会感到这个网页有陌生感和距离感。没关系，就让我们先从网站的"主题"着手吧！

所谓"主题"指的就是网页的视觉感官样式，白话一点，就是网站的外观长相，如果您想增加网页在视觉上的吸引力，赋予整个网站独特的风貌，可以通过改变"网站主题"来实现。MOSS 2007 总共提供了

18 种不同的主题，而不同的主题会搭配不同的字体及色彩配置。当创建网站时，MOSS 2007 会自动应用“默认主题”这个样式。应用 MOSS 2007 所提供的主题，可算是修改网站外观的一种简单而又轻松的方法。由于并非所有的 IT 人员都学过美工设计，所以这种方法也可避免当要架设企业内部信息流通的网站时，IT 人员不知如何利用网页编辑工具来设计网页。

并不是所有可以登录 MOSS 2007 网站的用户，都可以任意修改现有的网站主题，必须要有该网站的“设计”或“完全控制”的权限等级，亦或是加入“设计者”SharePoint 组或“网站所有者”SharePoint 组的用户才可为之。

什么是“权限等级”？什么又是“SharePoint 组”？我不过是要改变网站的背景颜色、字体而已啊！一定要搞得这么复杂吗？

乖！别哭嘛！答案就在第 5 章，毕竟“好东西是值得等待的哦”。

3.2.1 改变网站主题

好！我们就先来练习改变业务部这个工作组的主题吧，不过在此要提醒读者一件事，主题的改变会应用到整个网站中的所有网页，而非单一网页哦！本练习请用“Joseph”账号登录，切换到业务部工作组的首页，然后用鼠标单击【图 3-4】所示页面上方链接栏最右边的 **网站操作▾**，选择其下的 **网站设置** 功能项目。

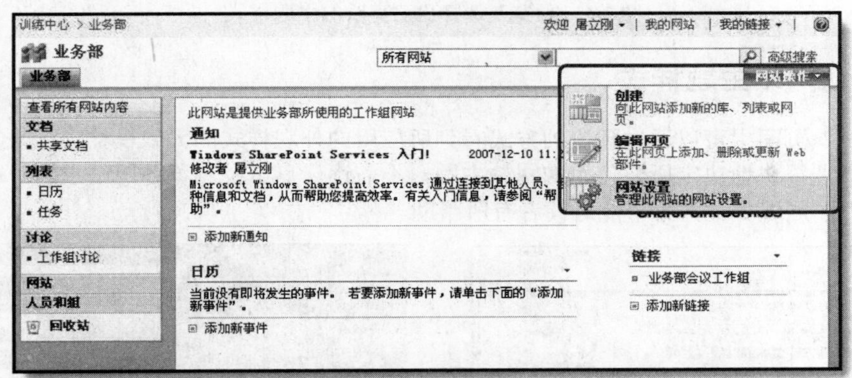

图 3-4　打开“网站设置”页面的路径

打开如【图 3-5】所示的“网站设置”管理页面，您会发现这个页面所列出的功能项目都是以 **整个网站** 为配置对象。接下来，请移动鼠标单击 **外观** 区块下的“网站主题”链接，进入【图 3-6】所示的“网站主题”配置页面。

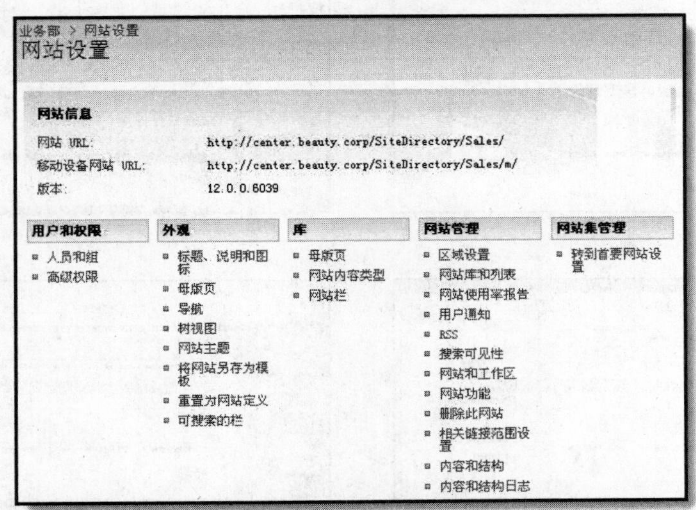

图 3-5　选择“网站主题”超链接，打开“网站主题”配置页面

可在【图 3-6】的“网站主题”页面中，用鼠标单击不同的主题名称，预览不同主题的外观样式。经过浏览确认后，单击 应用 按钮，即可完成网站主题的更改。

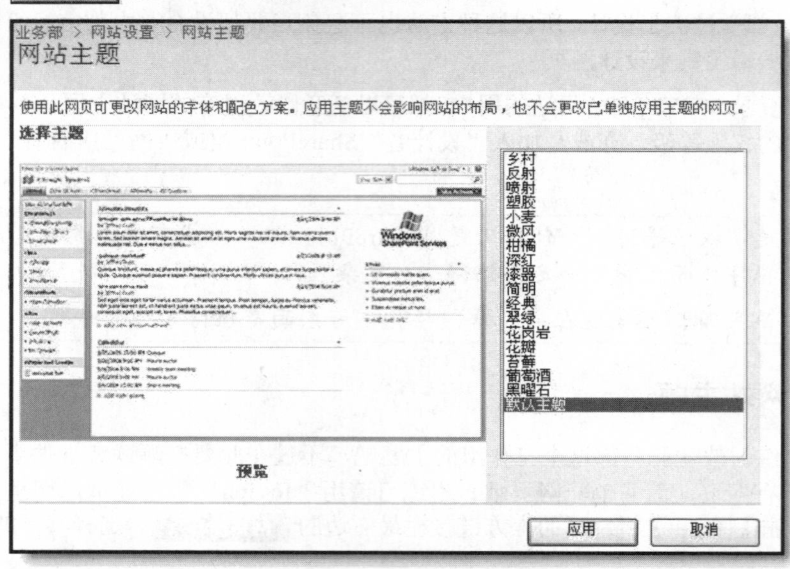

图 3-6　预览及选择自己喜欢的主题样式

3.2.2 默认网站主题样式

在“网站主题”页面中可以通过预览的方式看到所应用的外观样式的大致模样，但是笔者为了能让读者直接通过本书就能很快地决定所要使用的网站主题，不需逐一点击及浏览各网站主题，故将所有应用主题后的网站首页页面展现如下，希望能对读者有所帮助。

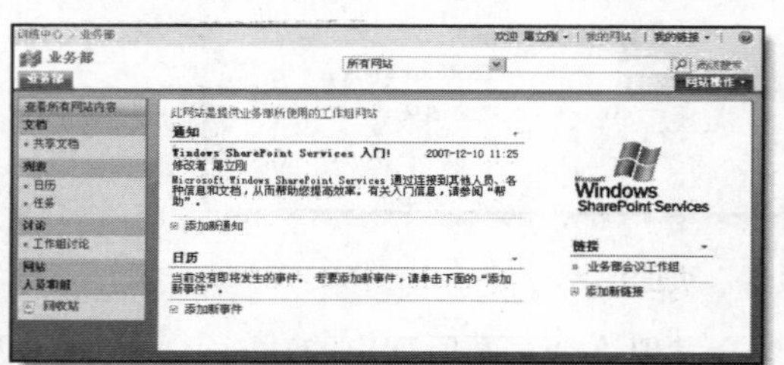

漆器

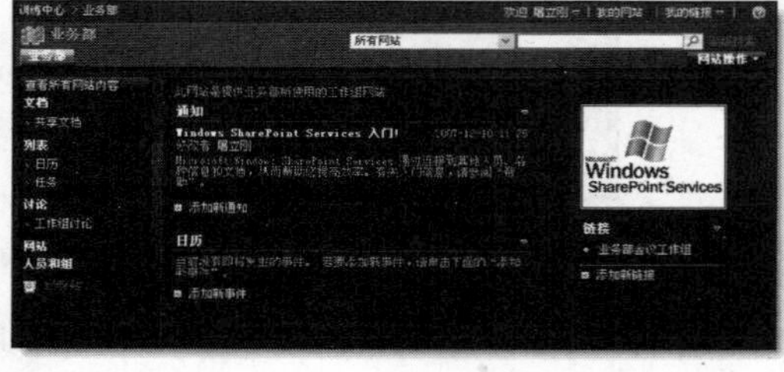

反射

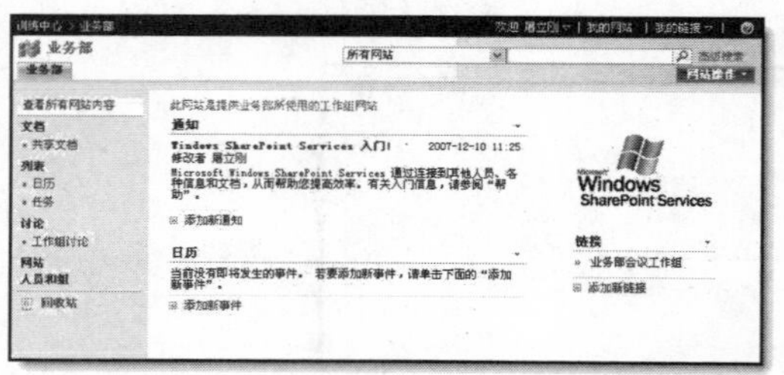

经典

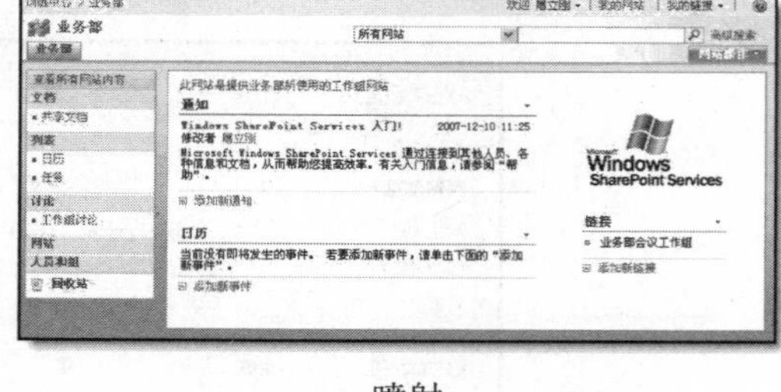

喷射

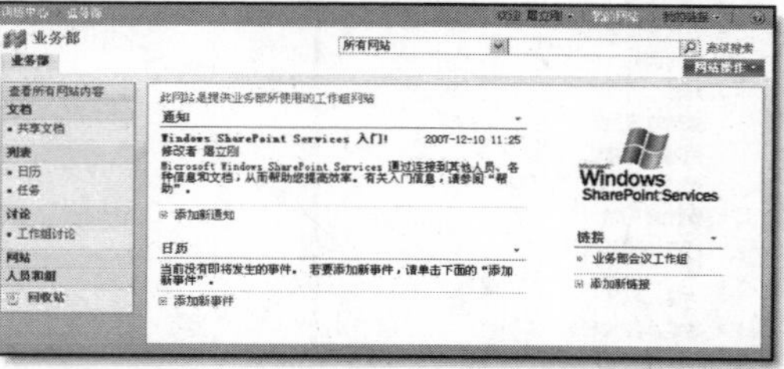

翠绿

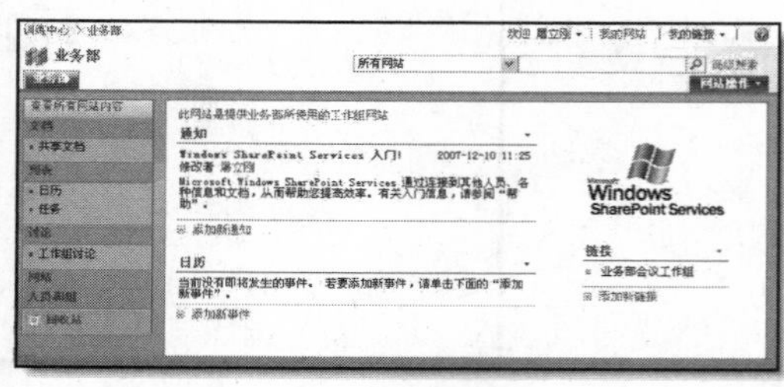

塑胶

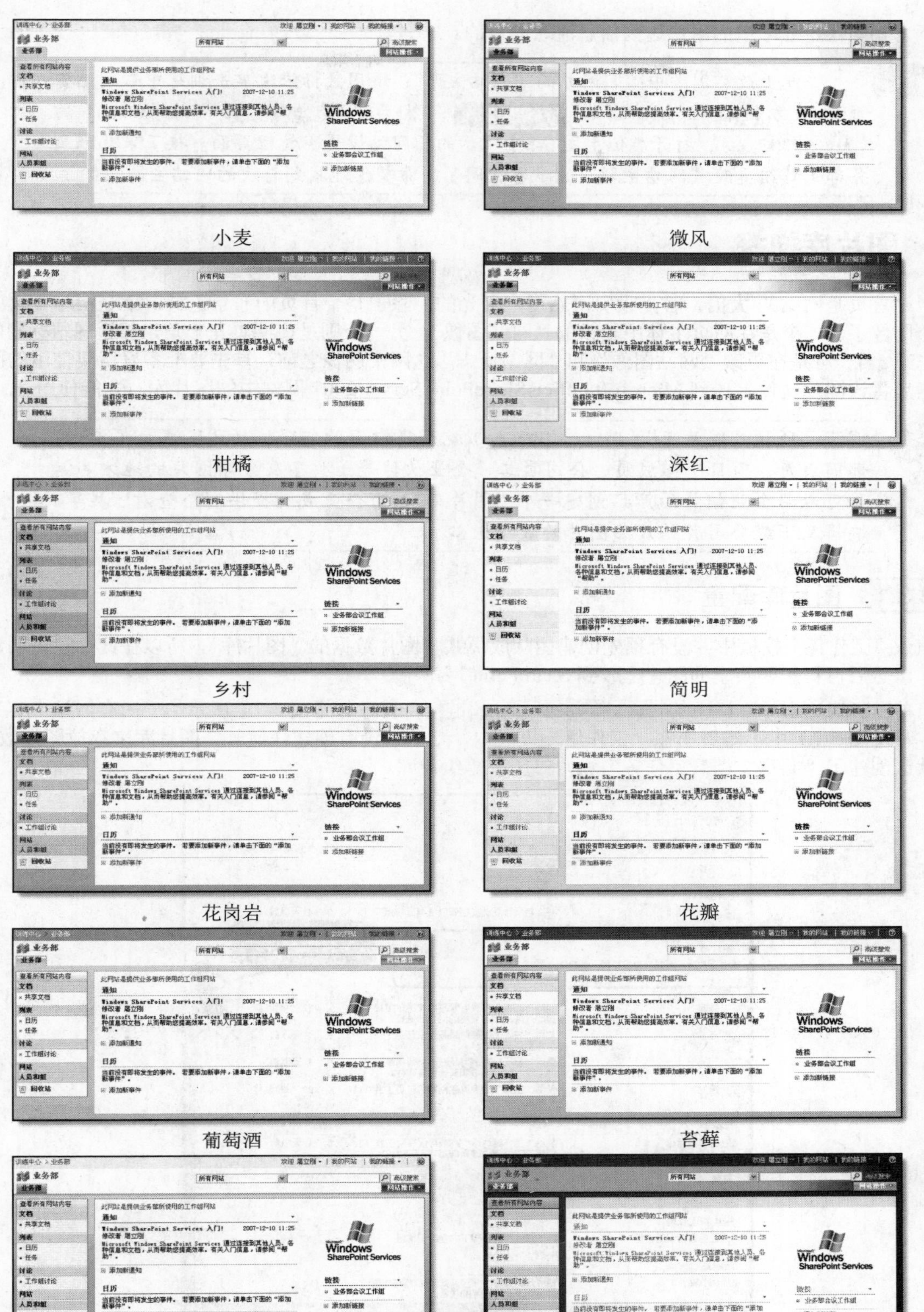

小麦　微风

柑橘　深红

乡村　简明

花岗岩　花瓣

葡萄酒　苔藓

默认主题　黑曜石

看完以上的网站主题之后，心中可有中意的样式啊！笔者个人是比较偏爱“默认主题”和“乡村”两种主题样式，所以后面展示的页面，还是以“默认主题”为主。如果没有一个主题符合您的需求，当然也可以使用与Microsoft Office SharePoint Server 2007兼容的程序来设计想要应用的主题，或者使用网站设计程序来编辑网站的CORE.CSS样式表单（可在无须更改主题的途径下来更改颜色、字体和其他格式设置）。不过，这些高级使用的内容，我们暂不在本书讨论。本书着重讲解在不需从事任何额外的程序设计工作的情况下，就能让企业环境的用户达到信息流通的目的。

附注 若想更改“训练中心”网站的“网站主题”，请用鼠标依次单击训练中心网站首页的上方链接栏最右边的 网站操作 ，然后选择 网站设置 ，功能下的 修改所有网站设置 ，打开类似【图 3-5】所示的“网站设置”管理页面。接下来就跟业务部工作组更改“网站主题”的步骤相同了，希望您能找到喜欢的网站主题。

3.3 图片库初探

网站首页是网站的 **大门**，首先吸引网站用户目光的，除了整个首页的布景色调，就是网站首页中默认的两个图像了。一个是在网页主体中较大的“网站图像”，另一个则是在网页左上角，邻近网站标题的“网站标志”。可是在更改“网站图像”和“网站标志”这两个图像之前，首先要准备好所要使用的图片文件，然后将该图片文件上传到 Microsoft Office SharePoint Server 2007 网站中的图片库，才能使用。

提示 所谓“图片库”（Picture library）就是集中存放您跟您的团队成员（例如：部门成员、项目小组成员、公司员工、企业伙伴等）共享及分享图片的地方。例如可以帮企业销售的产品创建一个“图片库”，为企业成员提供一个查看、共享、编辑及下载公司营销产品图片的数据中心。

3.3.1 图片库配置

默认“工作组”模板中并没有预先创建团队成员共享图片数据的“图片库”，所以在此必须先创建一个图片库，然后再将想要共享的图片上载到 SharePoint 网站中。

请单击“快速引导”栏中的 查看所有网站内容 超链接，打开如【图 3-7】所示的“所有网站内容”查看页面，从【图 3-7】中不难看出在“工作组”模板中，默认是没有创建任何一个图片库来存放图片数据的，但其默认创建了“共享文档”、“任务”和“日历”等组件库。

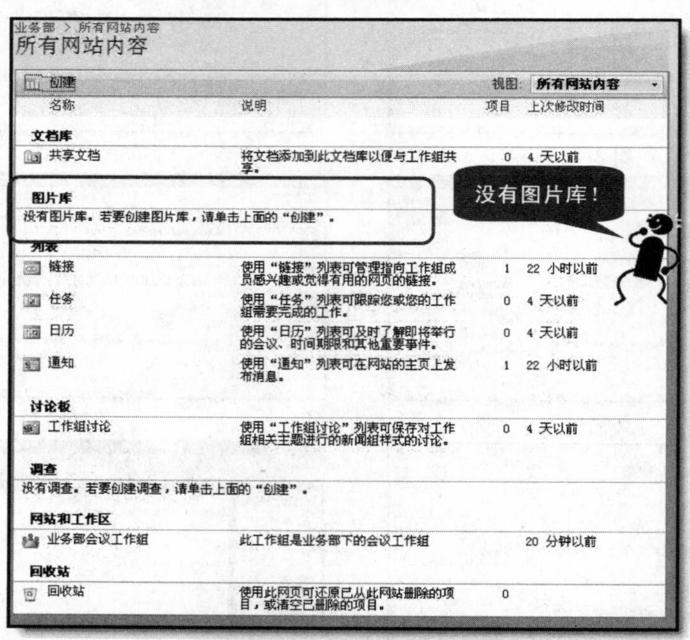

图 3-7 列出网站中所创建的子网站、列表和文档库等组件库名称

创建 Microsoft Office SharePoint Server 2007 图片库的方法有以下两种：

- 使用鼠标单击【图 3-7】“所有网站内容”页面上方工具栏的 创建 按钮。
- 用鼠标单击【图 3-8】页面中的 网站操作 ，选择其下的 创建 功能项目。

当执行完任一种操作之后，都会打开如【图 3-9】所示的“创建”页面。

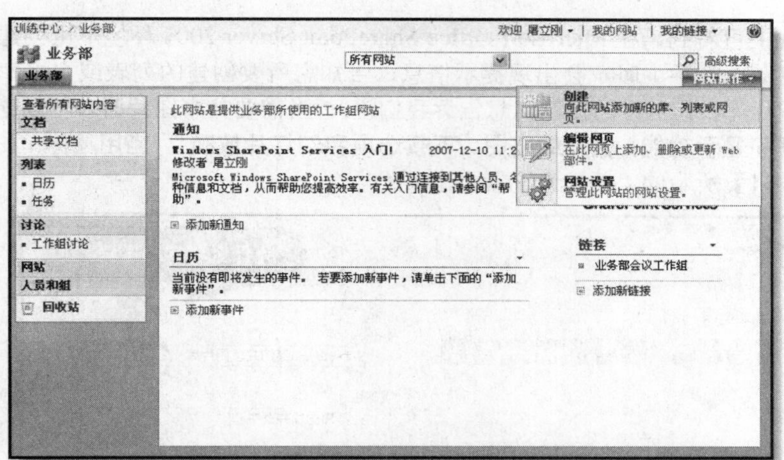

图 3-8　打开"创建"组件库或网站页面的鼠标选择路径

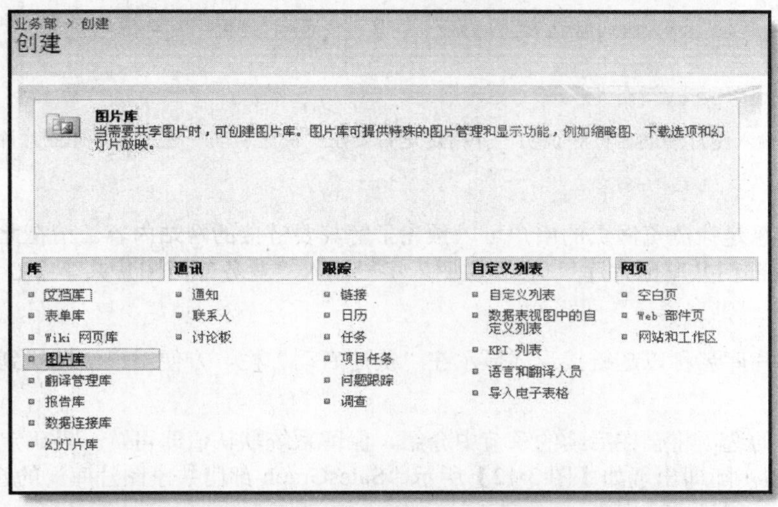

图 3-9　选择创建"图片库"超链接，打开"创建"图片库配置页面

附注　不过笔者建议至少要学会第一种方法，因为不同的网站模板默认启动的"网站功能"不尽相同，从而 网站操作 ▾ 下所搭配的功能项目列表也不一样，如【图 3-10】所示，训练中心顶层网站中的 网站操作 ▾ 下并没有 创建 这个功能项目。

图 3-10　训练中心网站的"网站操作"功能项目列表

【图 3-9】的页面上可看到，在 Microsoft Office SharePoint Server 2007 环境下可创建和管理的信息类型很多，当鼠标暂停在某个选项上时，会出现提示信息，告知您所要创建的列表或文档库的作用。例如，我们现在要创建的是图片库，其上方的提示信息告诉我们说：**“当需要共享图片时，可创建图片库。图片库可提供特殊的图片管理和显示功能，例如缩略图、下载选项和幻灯片放映”**。当用鼠标单击“图片库”超链接后，会打开如【图 3-11】所示的“新建”配置页面。

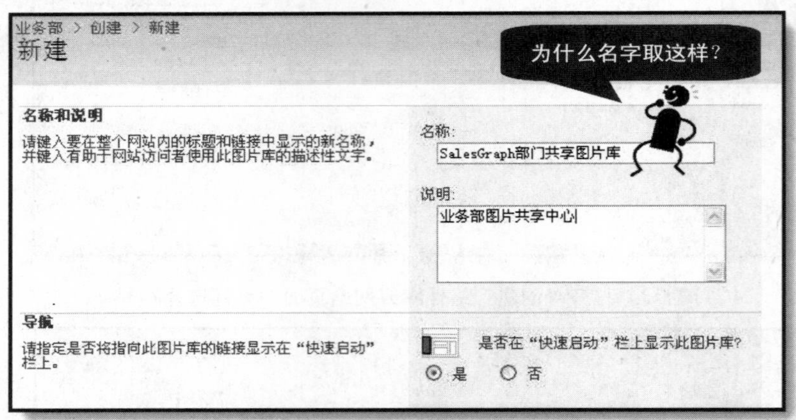

图 3-11 输入图片库的名称和说明，并指定是否要在“快速启动”栏中显示此图片库的链接

- 名称和说明

此区块输入的信息是让浏览网页的用户可以预先了解其要链接的网站内容。请在此例中的“名称”字段输入**“SalesGraph 部门共享图片库”**，在“说明”字段输入**“业务部门图片共享中心”**。

- 导航

指定是否将此图片库名称以超链接形式显示在“快速启动”栏，方便用户快速找到此图片库。请在此保持默认值 ⊙ 是。

其他未在此讨论的选项将会在后续的章节中介绍，保留系统默认值即可，一旦确定输入的信息无误，请单击 创建 按钮，随即出现如【图 3-12】所示“SalesGraph 部门共享图片库”的查看与管理页面。

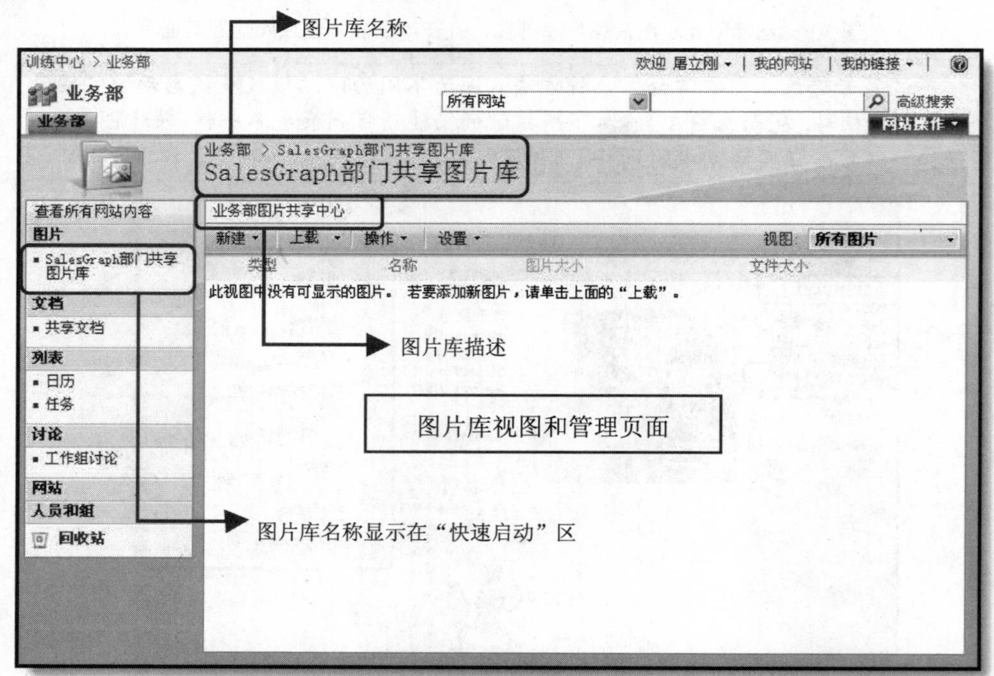

图 3-12 图片库的查看与管理页面介绍

您可曾想过，在 MOSS 2007 环境下建了一个图片库，它会摆在业务部工作组下的什么位置呢？这个问题还不简单，看 IE 浏览器上的网址，不就知道答案了。没错！【图 3-13】所示的网址就是我们刚刚新建的“SalesGraph 部门共享图片库”的网址。从网址可以看出，MOSS 2007 替新建的图片库在业务部工作组下建了一个名为“SalesGraph”的虚拟目录。这个默认的名称和图片库名称中的英文字母一模一样，它是怎样产生的呢？如果图片库的名称直接用中文，前面不以英文字母开头，那么会不会就是以中文来命名虚拟目录呢？

http://center.beauty.corp/SiteDirectory/Sales/SalesGraph/Forms/AllItems.aspx

图 3-13　SalesGraph 部门共享图片库网址

修改图片库名称和说明

说实在的，笔者还真不喜欢“SalesGraph 部门共享图片库”这个名字，感觉不中不西的。唉！可是这么做也是不得已。笔者将会在第 4 章中公开这个秘密，所以现在先来把图片库名称改为“部门共享图片库”吧！首先请用鼠标单击“快速引导”栏的“SalesGraph 部门共享图片库”超链接，确认内容位置导航已转变为“业务部>SalesGraph 部门共享图片库”，然后选择工具栏上 设置 ▾ 下的 图片库设置 功能项目，此时也请确认内容位置导航是否转变为“业务部>SalesGraph 部门共享图片库>设置”。

当打开“自定义 SalesGraph 部门共享图片库”管理页面后，如【图 3-14】所示，移动鼠标单击 常规设置 区块中的“标题、说明和导航”超链接，并将“图片库常规设置：SalesGraph 部门共享图片库”配置页面中的“名称”改为“部门共享图片库”即可，请在确认无误后单击 保存 按钮，完成图片库名称的更改工作，如【图 3-15】所示。

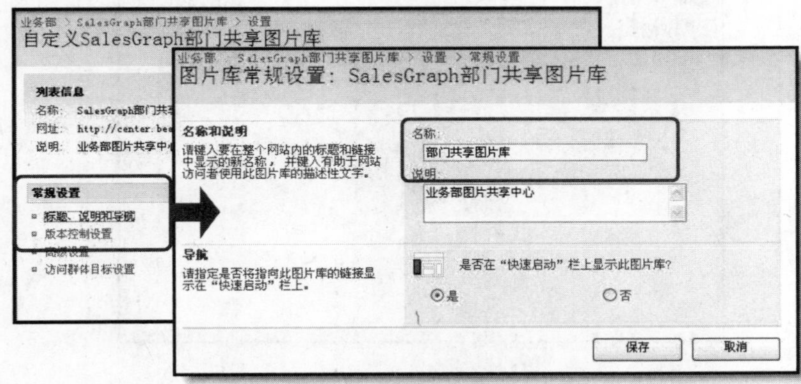

图 3-14　更改图片库名称

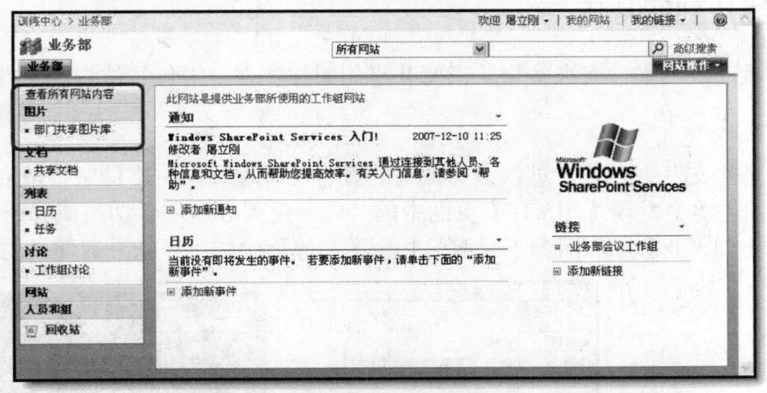

图 3-15　经过上述的演练步骤，业务部小组网站首页最后呈现的页面

创建图片库文件夹

虽说“图片库”是团队成员摆放共享图片的数据中心，但通常会将所要共享的图片依不同的需求而做

分类，以方便日后查看和搜索。在“图片库”中是用“文件夹”来给图片进行分类。所以当图片库创建好之后，接下来我们要做的就是创建文件夹。请用鼠标依序选择【图 3-16】所示的工具栏 新建 按钮下的 新建文件夹 向此图片库添加新文件夹。 功能项目。

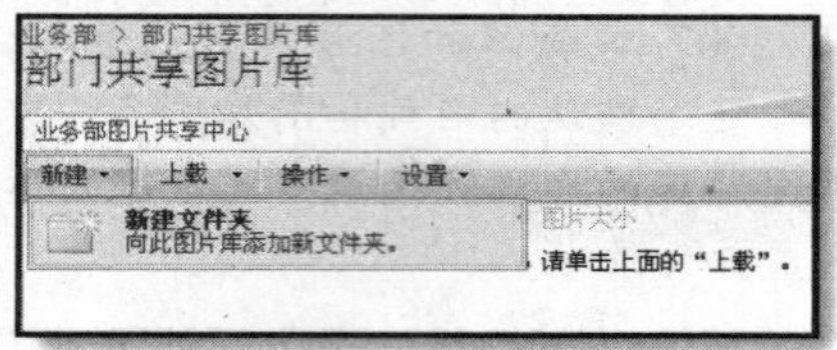

图 3-16 新建文件夹用于图片分类

请在【图 3-17】所示的“新建文件夹：部门共享图片库”配置页面中输入文件夹名称“**产品**”后，单击 确定 按钮。重复【图 3-16】至【图 3-17】的操作，新建“**业务照片**”及“**杂项**”2 个文件夹，创建完毕后，则会显示如【图 3-18】所示的图片库查看与管理页面。

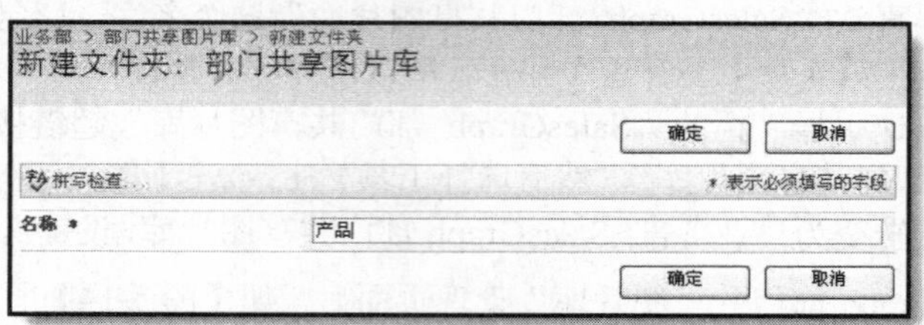

图 3-17 输入文件夹名称

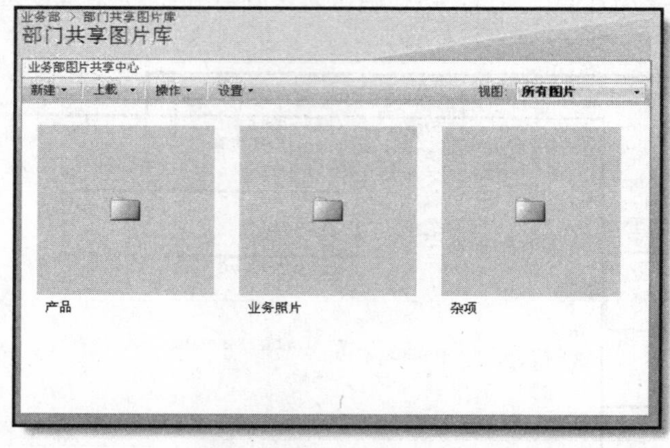

图 3-18 图片库查看与管理页面

3.3.2 添加图片到图片库

文件夹创建完成后，接下来，就准备将所需要共享的图片文件，上传到适当的文件夹进行分类管理。

上传单张图片

请用鼠标单击适当的文件夹名称，进入该文件夹的查看与管理页面。本例中，请点击【图 3-18】中的“产品”文件夹的 ，您将会发现【图3-19】页面中的“内容位置导航”会切换成“业务部>部门共享图片库>产品”，告知已切换到“业务部”网站下“部门共享图片库”中的“产品”文件夹的查看与管理页面了。

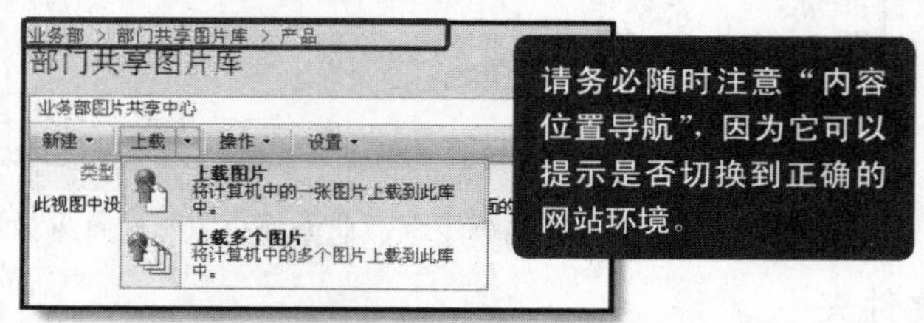

图 3-19 选择“上载图片”，打开“添加图片”配置页面

如【图3-19】所示，用鼠标单击工具栏的 上载 · 按钮，并选择其子功能中的 上载图片 项目，打开“添加图片：部门共享图片库”配置页面。当不确定要上传的图片文件所在的位置时，可通过 浏览... 按钮打开【图 3-20】所示的“选择文件”对话框，寻找要添加的文件所在的位置。本练习请选择本书所附范例中的“**\图片\产品**”文件夹下的“**龙虾套餐.jpg**”这个文件，并单击 打开(O) 按钮即可。

确认要上传的文件无误后，用鼠标单击“添加图片：部门共享图片库”配置页面中的 确定 按钮，完成单张图片的上传工作，进入图片信息编辑页面（如【图 3-21】所示）。

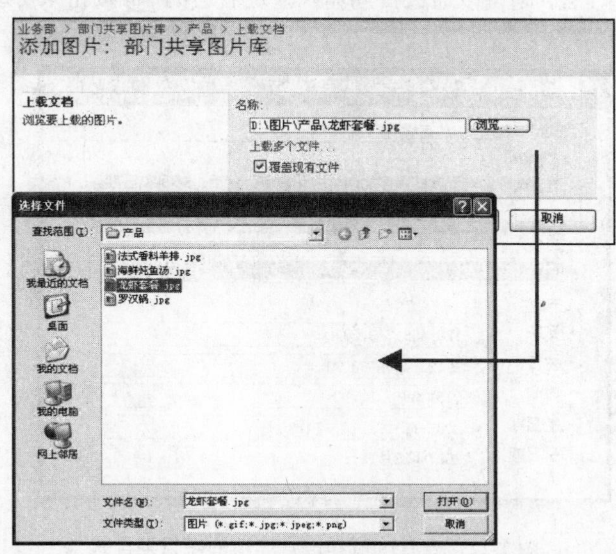

图 3-20　输入欲上传图片文件所在位置的绝对路径及名称

哇！美景企业的训练中心是卖什么产品的啊！不是训练中心吗？怎么卖的都是……嘻！实在因为笔者是个超爱吃的家伙，所以写书也不忘跟吃的牵扯在一起，请读者多多体谅一下啰。哇！龙虾套餐看起来很好吃哦！口水都流下来了。喂！醒醒，赶快介绍【图 3-21】所示的内容吧！另一位作者又在用他的小小白眼球瞪我了！唉！赶快言归正传吧！请在【图 3-21】图片信息编辑页面中，输入上传图片的相关信息，便于以后参考或查询。

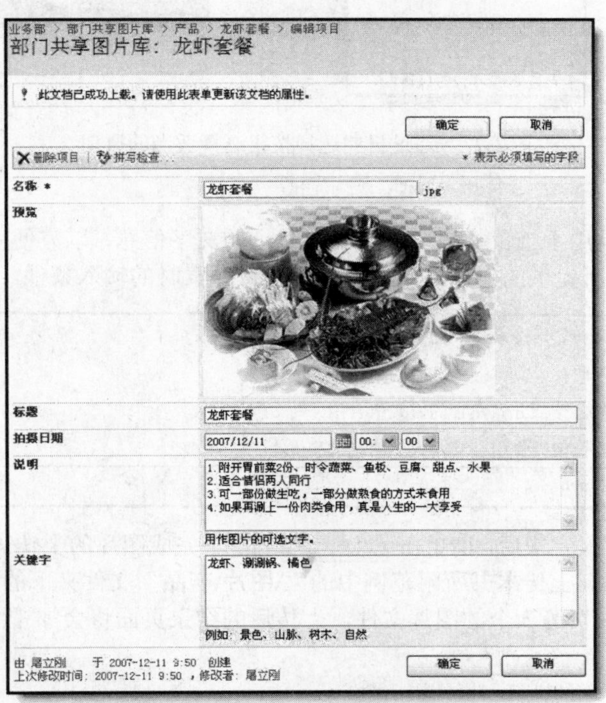

图 3-21　输入上传图片的相关信息，以便事后查看和查询

● 名称与标题

名称字段要输入的是上传到图片库中图片的文件名，可与上传前在本机中的文件名不同。而标题字段，笔者建议最好跟名称字段所输入的内容一样，以方便识别，所以此练习请输入“**龙虾套餐**”。

● 照片拍摄日期

此字段输入的格式需与【图 3-22】控制面板中“区域和语言选项”所设置的短日期样式相同①。如果不想去确认到底短日期样式是什么，则可以通过日期输入区块右边的 按钮来协助照片拍摄日期的输入（如【图 3-23】所示）。

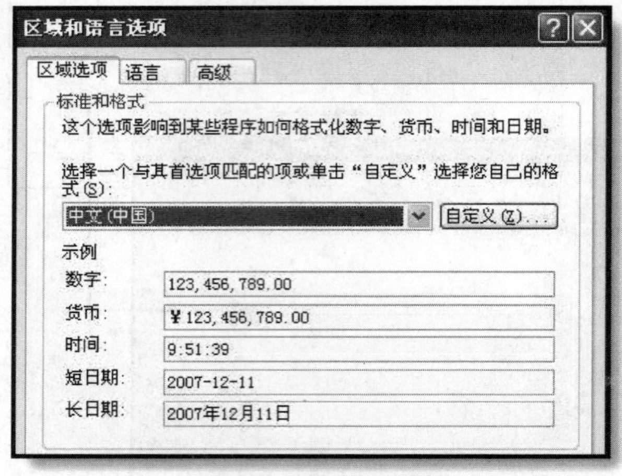

图 3-22 查看区域和语言选项的短日期样式

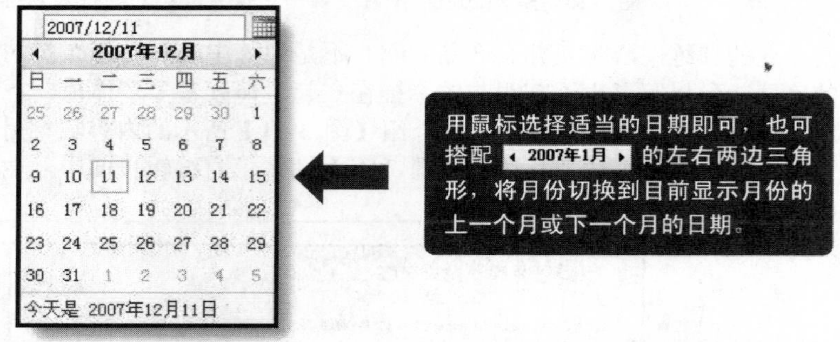

图 3-23 通过日期选择按钮选择适当的日期

● 说明和关键字

“说明”字段的信息，是用于当鼠标指向图像时所显示的文字信息，以方便用户了解所要查看图片的相关信息。而“关键字”字段所提供的信息，则作为用户将来搜索时的输入条件。请在此练习输入以下信息：

说 明	1. 附开胃前菜 2 份、时令蔬菜、鱼板、豆腐、甜点、水果 2. 适合情侣两人同行 3. 可一部分生吃，一部分做熟食的方式来食用 4. 如果再涮上一份肉类食用，真是人生的一大享受
关 键 字	龙虾、涮涮锅、橘色

上传图片的相关信息输入完毕后，请单击 确定 按钮，完成图片的上传工作。请重复使用【图 3-19】至【图 3-23】所介绍的步骤，上传本书所附范例中的“**\图片\产品**”文件夹下的“**罗汉锅.jpg**”、“**海鲜炖鱼汤.jpg**”、“**法式香料羊排.jpg**”等 3 个的图片文件，上传后的结果页面将会如【图 3-24】所示。

① 简体版 Windows 操作系统的“区域和语言选项”中短日期的显示格式与繁体版 Windows 操作系统略有不同，繁体版的图 3-22 页面中显示为 2007/12/11。

图 3-24　上传后的图片将会以缩略图的方式展现

哇！救人哦！这样一次只能上传一张图片，光上传 4 张图片，我就手酸了，如果我手上有 50 张图片要上传，那不就出大事了！不禁想说 MOSS 2007 真 ……

上传多张图片

停！千万不要○○※※出来，因为 MOSS 2007 有一次上传多张图片的功能，如果真的一次只能上传一张图片，笔者也不敢写书来介绍 MOSS 2007。接下来就来了解一下如何一次上传多张图片。首先将网页切换到图片库中适当的文件夹查看与管理页面，在此例请单击【图 3-18】中的“业务照片”文件夹的图标，您可以通过【图 3-25】页面中的“内容位置导航（“业务部>部门共享图片库>业务照片”）了解已切换到正确的文件夹视图页面。用鼠标单击【图 3-25】工具栏上的 上载 下的 上载多个图片 功能项目，打开“Microsoft Office Picture Manager”工具（如【图 3-26】所示）。

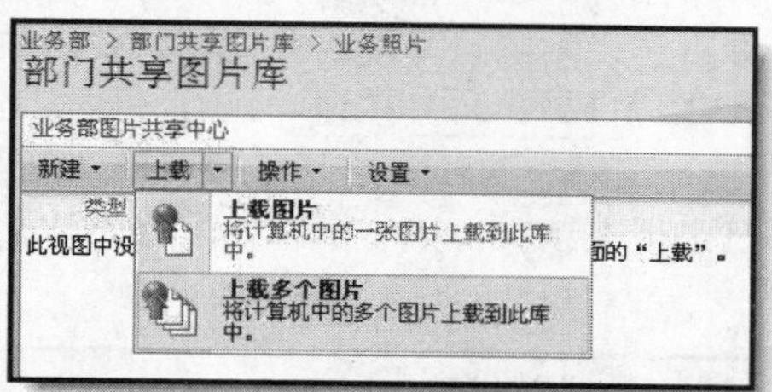

图 3-25　打开 Microsoft Office Picture Manager 的鼠标选择路径

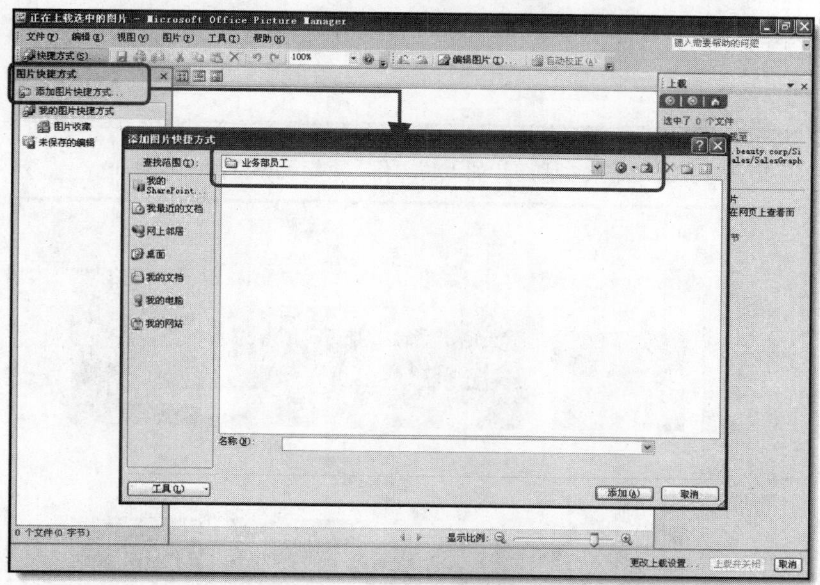

图 3-26　添加图片快捷方式以查看和选择所要上传的图片

若想使用这个工具查看本机或网络主机上的图片，必须先创建指向该图片所在文件夹的快捷方式。用鼠标单击 添加图片快捷方式...，然后以浏览的方式找到要使用的图片所在的文件夹，本练习请选择本书所附范例中的 **"\图片\业务部员工"** 文件夹，然后单击 添加(A) 按钮完成指向该文件夹的图片快捷方式（指的是本机或网络主机上的文件夹的超链接，并非实际的文件夹）的创建，此时便会看到如【图 3-27】所示的页面。

图 3-27　用鼠标选择及标记预备要上传的多张图片

当选择要上传的图片时，可用鼠标搭配键盘上的【Ctrl】键做不连续选择，或搭配【Shift】键做连续图片的选择，被选择的图片会被橘色外框围住，以示区别。同时页面的右方区块会显示您选择了多少个图片文件，及准备上传的文件总容量是多少。以本练习为例，我们总共要上传 8 个图片文件，且上传总容量为 2.01MB。当图片文件选择完毕后，请单击 上载并关闭 按钮，进行多张图片的上传工作。图片上传完成后，请在【图 3-28】所示的页面中选择 返回"部门共用图片库" 超链接，以回到"业务照片"文件夹的管理页面，同时将会看到所上传的 8 张图片都已出现在该文件夹中了（如【图 3-29】所示），YEA！多张图片上传的工作完成啰！

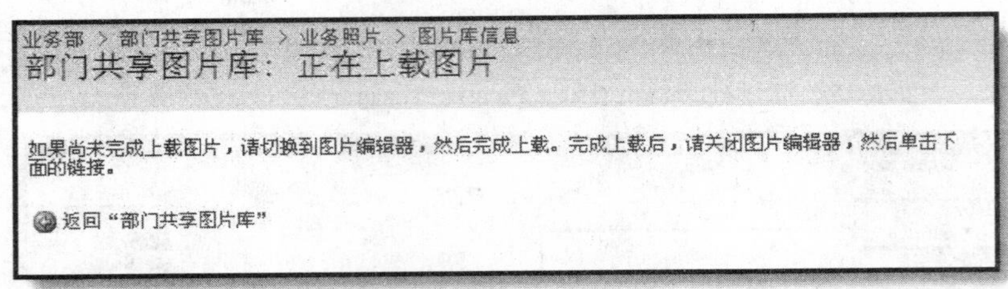

图 3-28　结束多张图片的上传工作，并返回图片库管理页面

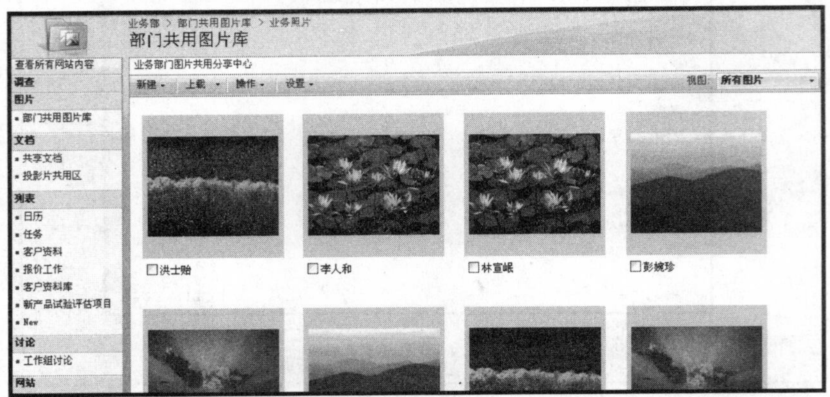

图 3-29　照片上传成功

注意　当同时上传多张图片时，并不会出现【图 3-21】的图片信息编辑页面，但事后仍可逐张编辑图片内容。同时图片的显示名称默认为上传图片的文件名，虽说事后仍可修改，但笔者仍建议当要同时上传多张图片文件前，最好先将图片文件名修改为将要放在图片库中的显示名称，以方便上传后查看识别。

最后请读者将本书所附范例中的“**\图片\杂项**”文件夹中的所有文件上传到部门共享图片库中的杂项文件夹中。上传后的结果如【图 3-30】所示。怎么样，这只狗是不是看起来很可爱啊！它可是笔者的爱犬哦！它还常常到我的房间鸠占鹊巢，跟我抢地盘呢！所以另一张是它被我罚站的委屈模样，哼！谁叫它不让我睡个安稳的觉。

图 3-30　笔者家可爱的鬼灵精

哇！终于把要用的图片上传完毕了！二话不说，现学现卖，赶快来把它应用到“业务部”首页的“网站图像”，可是该用哪张图片好呢？嗯！就这么决定了，还是用笔者最后上传的那个“卡哇伊吉祥物”，作为“业务部”网站首页的“网站图像”好了，YEA！Let's Go！

3.4　自定义首页网站图像

在开始进行自定义业务部小组网站首页“网站图像”这个工作之前，必须要先取得图片文件在 SharePoint 网站中的完整网址（URL，Uniform Resource Locator）。取得图片文件完整网址？这什么意思啊！请读者先不要有疑问，只要照着下面的步骤取得图片的 URL，并将该 URL 复制到剪贴板中即可，晚点再跟您解释为何有此需要。嘻！讲白一点，就是微软在这个功能上，做得还不是很人性化啦！对了，您可不可以先猜一下【图 3-30】那张“卡哇伊吉祥物”图片文件的网址会是什么呢？猜对了！请看下面所示的网址，是不是跟您想的一样啊！

http://center.beauty.corp/SiteDirectory/Sales/SalesGraph/杂项/卡哇伊吉祥物.jpg

如果还不能猜到，那请通过下列的方法，去验证上面的网址写的对不对。首先找到“卡哇伊吉祥物”所在位置，即【图 3-31】所示的页面，然后用鼠标单击“卡哇伊吉祥物”的图片，即会看见如【图 3-31】所示的图像信息页面。

附注　图片的网址命名是有它的规则的！不知是否还记得，此图片库的网址是 http://center.beauty.corp/SiteDirectory/Sales/SalesGraph。“卡哇伊吉祥物.jpg”文件是摆在该图片库中的“杂项”文件夹里，所以该图片的网址就是图片库的网址再加上文件夹名称（杂项）及文件名（卡哇伊吉祥物.jpg）就组合完成了。

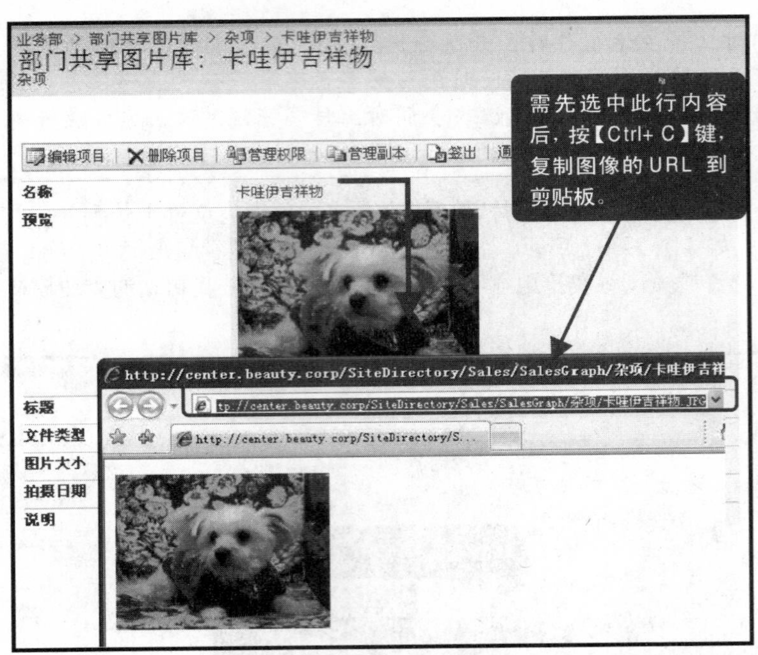

图 3-31　复制图像的网页地址

请用鼠标单击图片信息查看页面中的图像，则该图像会在 Web 浏览器（IE）中以新窗口打开，然后便可看到浏览器网址栏列出该图像的 URL。此时便可将该 URL 用鼠标选中，右键单击选择“复制”功能即可将图像的 URL 复制到剪贴板。

接下来请将页面切换到“业务部”小组网站的首页（可单击【图 3-31】左上角的“内容位置导航”中最前面的“业务部”超链接），然后选择【图 3-32】页面中 网站操作 下的 编辑网页 项目。执行此操作的先决条件是登录者必须隶属于“层次结构管理者”、“设计者”或“网站所有者”SharePoint 组之一，即至少要具备“管理层”以上的权限等级。

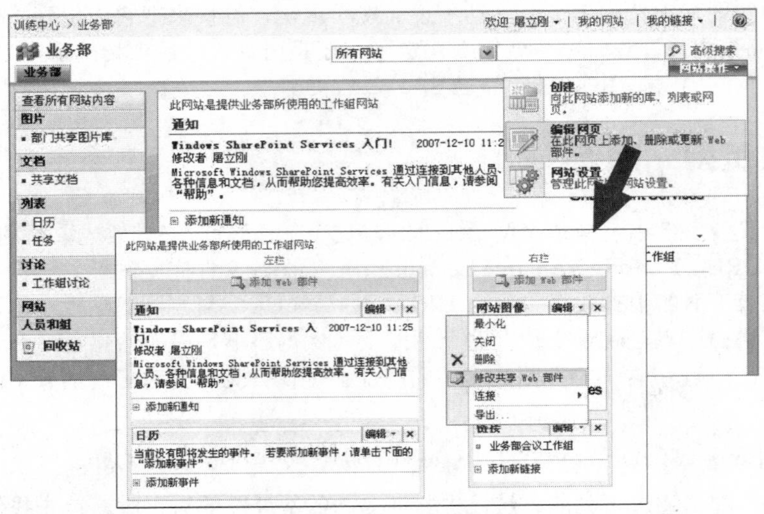

图 3-32　启动单一网页组件的配置页面

当打开了网页组件编辑页面后，找到您所要修改的“网站图像”部件，单击其邻近右上方 编辑 下的 修改共享 Web 部件 项目，此时页面的右边就会显示“网站图像”的网页部件配置设置页面（如【图 3-33】所示）。

提示　所谓“网页部件（Web Part）”就是一种信息显示的模块单位，由标题栏、框架和内容组成，网页部件是创建 Microsoft Office SharePoint Server 2007 网站页面的基本区块。

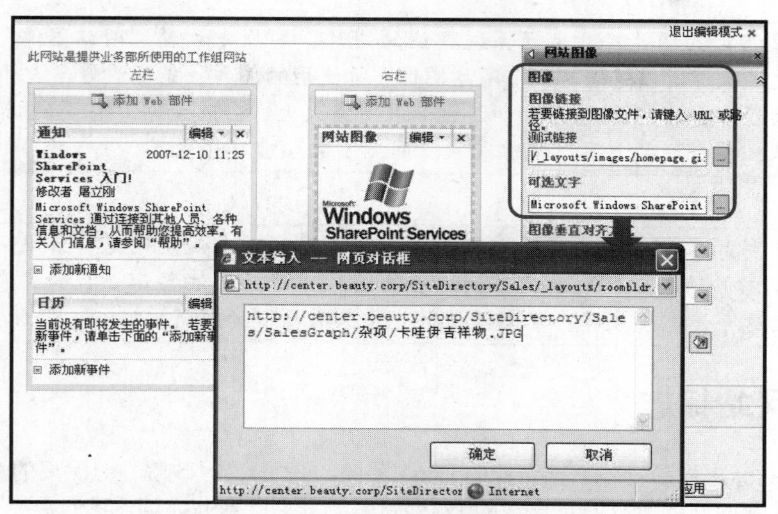

图 3-33　输入图像链接和替换文字

前面在【图 3-31】所复制的图片网址终于要发挥它的作用了，请在【图 3-33】页面的“图像链接”区块中，贴上前面所复制的“卡哇伊吉祥物”图像的网址链接。如果您觉得“图像链接”区块空间太小，可单击该区块右方的 … 按钮，以显示较大的文本输入对话框来输入信息，输入完毕后，单击 确定 按钮，关闭文本输入对话框。如果想要确认图像的地址是否有效，可单击“图像链接”区块上的“测试链接”，如果链接有效，图片便会出现在另外的网页浏览窗口中，检查完毕后，即可关闭这个额外打开的窗口。

而“可选文字”区块则是用于当鼠标指向图像或图像链接而找不到适当的图片文件时所出现的文字信息。若不想关闭网页部件编辑页面或一会儿还要继续进行其他的设置，可单击 应用 按钮，确认目前的修改是否正确。

咦！难道没有更好的方法来输入“网站链接”的内容吗？一定要先找到图片的URL，并且复制才行吗？这的确是个不够人性化的配置方式，不过这也是唯一的方法，所以只好请读者忍耐一下！可是，如果你能熟悉 MOSS 2007 的网址命名规则，也可以直接手动输入网址，而不需要先行复制图片所在位置的网址，然后再贴至【图 3-32】所示的“图像链接”区块中。

如果“网站图像”网页部件信息配置完毕，可单击 确定 按钮，结束单一网页部件的编辑。回到网页部件编辑页面，如果所有的网页部件皆已配置完毕，则可以用鼠标单击【3-33】所示网页右上角的 退出编辑模式 × 链接，回到“业务部”小组网站的首页（如【图 3-34】所示）。

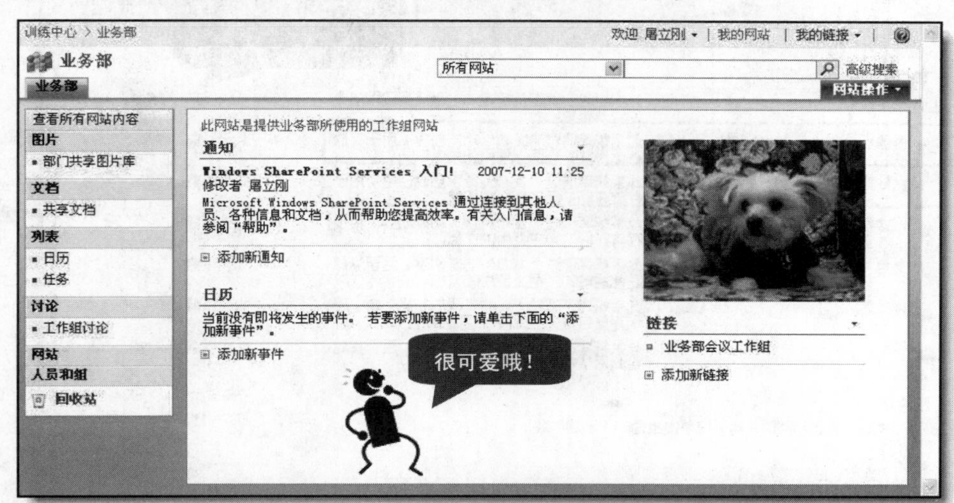

图 3-34　网站图像更改后的业务部小组网站首页

如果指定的图片尺寸大于系统默认的图片，则原先放置“网站图像”的框框也会随之增大，所以笔者建议“网站图像”所使用的图片，宽度最好不大于5.5cm，高度不大于4cm，即200×150，因为如果图像太大，会改变网站首页的版面配置，如此一来，整个网站首页感觉像是被“网站图像”喧宾夺主了。

放在图片库中的网站图像文件，会不会被用户不小心误删呢？如果一旦被删除，网站图像的那个区块就找不到适当的图片，导致无法显示正常的信息了。要如何防止这个惨剧发生呢？答案请看第5章，有精辟的解析哦！

3.5 自定义网站标志

一般来说，“网站标志”是对外象征企业的Logo图像，例如，“行政院”劳保局的Logo是，同时企业希望内部网站或外部网站的所有网页出现的Logo皆是一样。以本书为例，我们希望“训练中心”顶层网站及其下所有的子网站中所有网页上的网站标志是相同的。

如果希望整个网站集中的网站所使用的“网站标志”是同一个，那我们可不可以只在顶层网站中设置好适当的“网站标志”后，使其下的子网站自动继承顶层网站的“网站标志”设置呢？如果可以的话，那就太好了。

不过配置“网站标志”前，同样也面临到相同的问题，一是要将所要使用的图片上传到MOSS 2007网站，另外就是要记住该图片所在位置的URL。

因为这次所要用的图片是整个企业环境共享的，所以习惯上我们会将这样的数据放在顶层网站的环境中。首先我们来看，在“训练中心”顶层网站中，默认有没有摆放图片的图片库，如果有，我们就不需要再另行创建，直接用现成的即可。请先切换到“训练中心”网站首页，然后用鼠标单击“快速启动”栏的 查看所有网站内容 ，则会看到如【图3-35】所示的页面。

从【图3-35】中可看出，这个“训练中心”网站中默认也是没有图片库，可是它跟【图3-7】不同处是它在文档库中多了“图像”及“网站集图像”两个文档库，而且从页面上的说明来看，不难猜出“网站集图像”这个文档库是用来存放整个网站集要用的图像的位置。因此，就把准备要用的“网站标志”放在这里面吧！所以请用鼠标单击 网站集图像 链接。

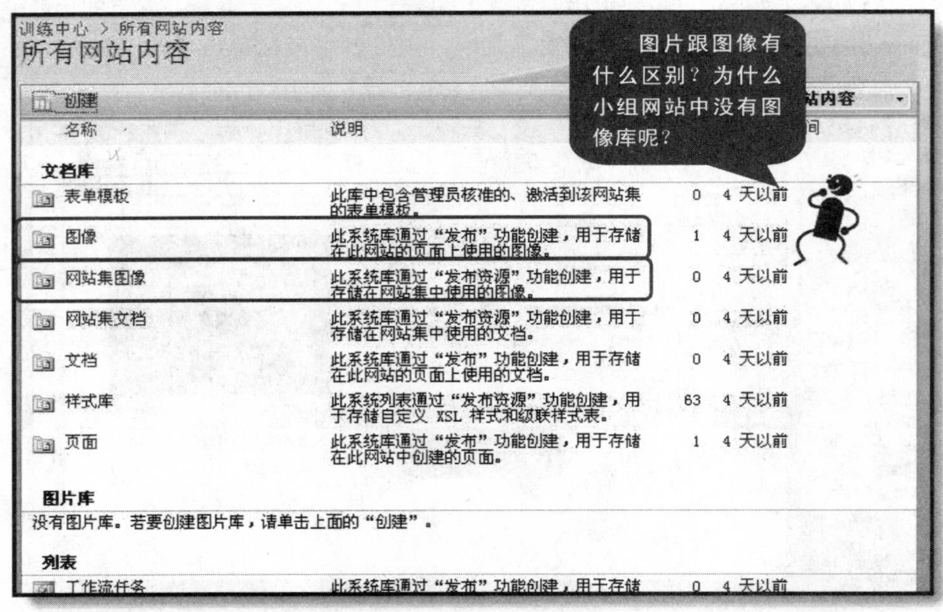

图3-35 显示“训练中心”网站中创建的组件库

咦！【图 3-36】的页面似乎在哪里看过，没错，它跟【图 3-12】似乎有点类似，但出现的数据字段却大有不同，主要是因为“图片”及“图像”对 MOSS 2007 来说是不同的，至于有何不同，先暂不讨论。先将企业所要用的“网站标志”上传到 MOSS 2007 网站才是当务之急。

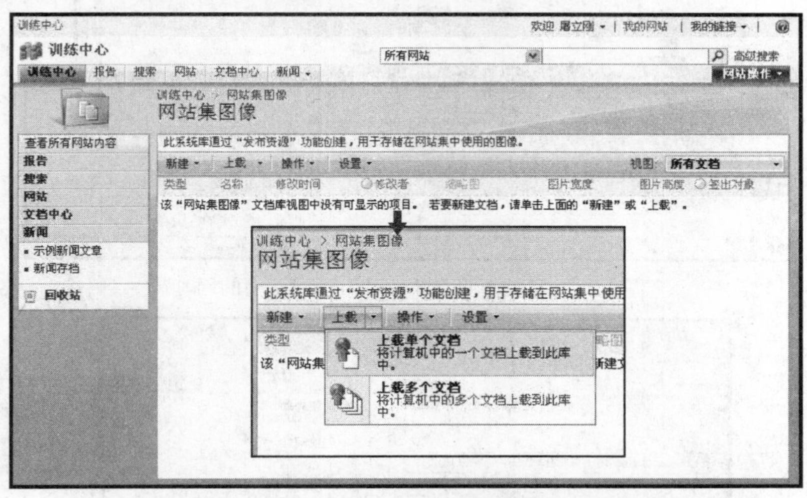

图 3-36　打开“上载文件”配置页面的鼠单击选路径

请在“网站图像”查看与管理页面中用鼠标单击工具栏中的 上载 按钮，再选择其下的 上载单个文档 项目，打开【图 3-37】所示的“上载文档：网站集图像”配置页面。

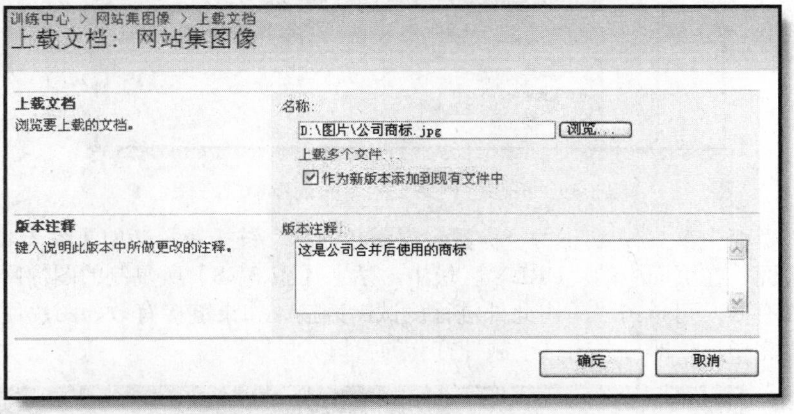

图 3-37　输入欲上传的图片文件路径及名称

当不确定要上传的图片文件位置时，可单击 浏览... 按钮，寻找要添加的文件，本练习请选择本书所附范例中的“**\图片**”文件夹下的“**公司商标.jpg**”这个文件后，单击 添加(A) 按钮即可，并在“版本注释”区块中输入“**这是公司合并后使用的商标**”。确认要上传的文件及信息输入无误后，请单击页面下方的 确定 按钮，完成图片的上传工作。不过在此仍要提醒一下读者，“网站标志”的图片大小最好不要大于 30×30。

当看到上传的图片文件出现在“网站集图像”查看与管理页面后，即表示上传成功。接下来就要找到该图片在 SharePoint 网站上的网址，以备后续工作使用。请用鼠标单击上传图片的“类型”字段下的图示（）或“名称”字段（“公司商标”），如【图 3-38】所示，系统将会使用网页浏览器（IE）打开该图片文件。不过在打开前会显示一个警告消息，提醒该档案是否安全可靠，通常这时也只能有一个操作，就是单击 确定 按钮。当图像在网页浏览器中打开时，便可看到浏览器网址行显示出的该图片的 URL。此时需要先选中此行内容，然后按【Ctrl＋C】，从网页浏览器网址栏把图像的 URL 复制到剪贴板，接下来用鼠标单击 ，回到“网站集图像”的管理环境，或自行切换到“训练中心”网站的首页即可。

接下来就可以来变换训练中心网站首页的“网站标志”了。首先用鼠标单击如【图 3-39】所示的菜单：网站操作 → 网站设置 → 修改所有网站设置 子功能项目。

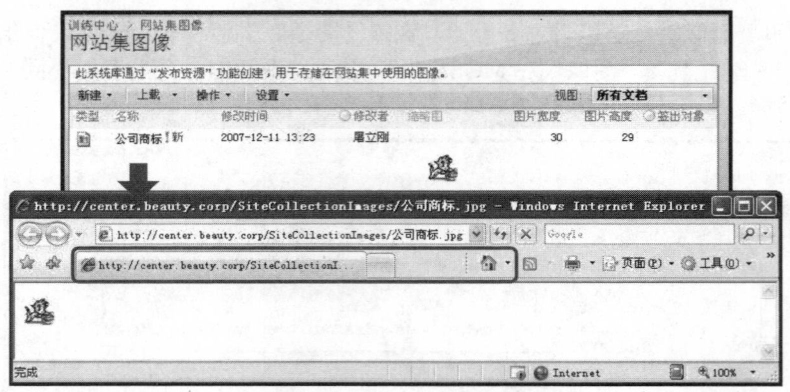

图 3-38　复制图片在 SharePoint 网站中的网址

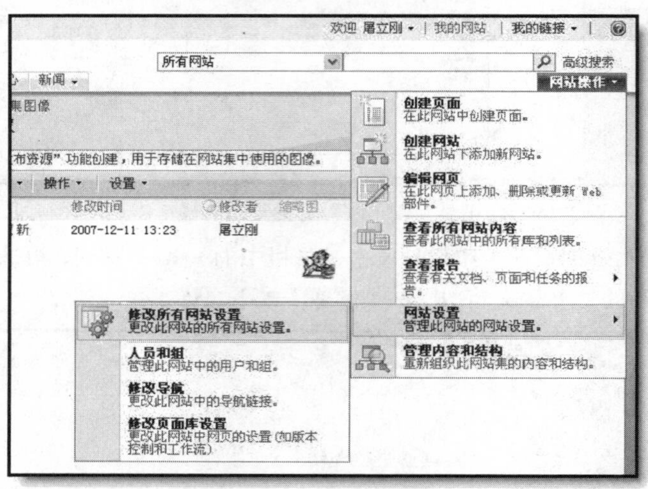

图 3-39　开启"网站设置"的鼠标单击路径

在"网站设置"页面中单击 **外观** 下的"标题、说明和图标"链接，打开如【图 3-40】所示的"标题、说明和图标"设置页面。在页面中的"URL"区块中，贴上【图 3-38】所复制的图像网址链接。如果想要确认图像的地址是否有效，可单击"单击此处进行测试"链接。如果链接有效，图片便会出现在另外的网页浏览窗口中，检查完毕后，即可关闭这个额外打开的窗口。

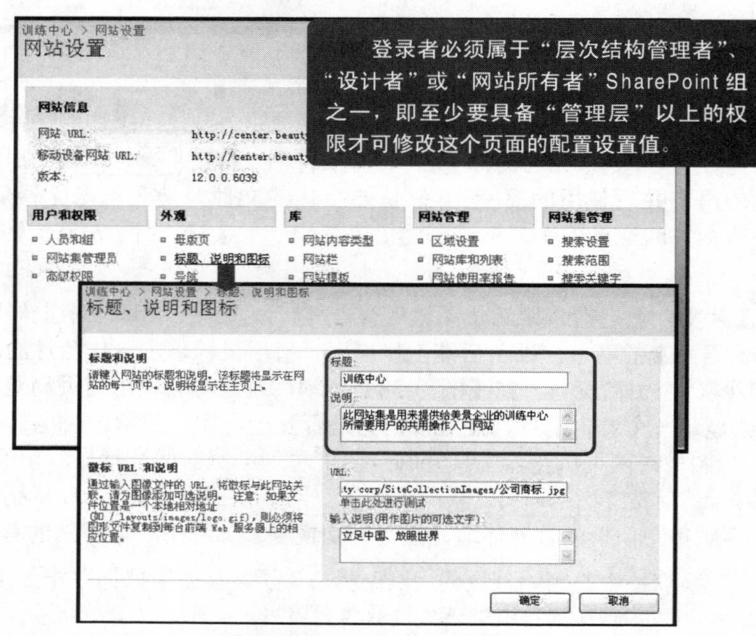

图 3-40　输入网站标志的网址和说明

而“输入说明（用作图片的可选文字）”区块则是用于当鼠标指向图像，或图像链接找不到适当的图片文件时所出现的替换文字，在此练习中请输入“立足中国、放眼世界”。资料确认输入无误后，请按单击 确定 按钮结束配置工作。YEA！然后就会发现“网站标志”变成所指定的图片了，如【图3-41】所示。

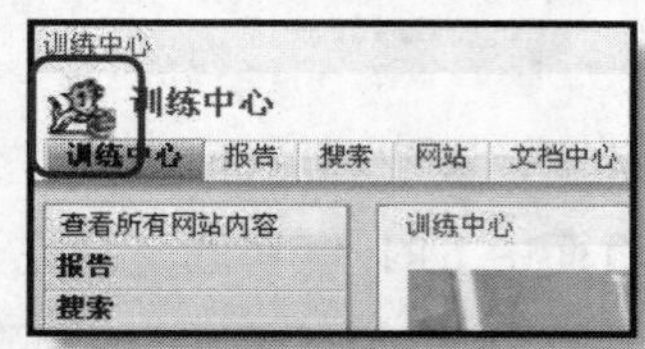

图 3-41　所选定的网站标志图片会出现在这个网站中所有的网页上

可是“业务部”小组网站的网站标志有没有自动继承顶层网站的设置呢？

答案是 ~~~~ 没有 ~~~

哇！没有？那如果想达到整个网站集中所有网站的“网站标志”都要统一化的话，那不就是一个大工程了吗？唉！我看我们还是放弃好了。放弃？这不是笔者的学习态度。其实读者不要气馁，我们再做一个测试，顺便来考考读者的记忆力，不过别担心，可翻书的，麻烦各位读者参考第 2.6 节所介绍的步骤，再创建“营销部”、“人事部”和“会计部”三个工作组，并将其显示在“首要网站”的环境下。以下是三个小组网站在配置时所要输入的相关信息（粗体为字段区块名称）：

	营 销 部		人 事 部	会 计 部	
标题	营销部		人事部	会计部	
描述	<部门名称> 部门信息交换中心，例：营销部门信息交换中心				
网址	MKT		HR	FA	
模板选择	工作组	**权限**	使用和上层网站相同的权限	**导航继承**	否
网站类别	在网站目录中列出此新网站				

当这些网站配置完成后，您将会发现它们的“网站标志”是跟训练中心顶层网站一模一样的（如【图3-42】所示）。

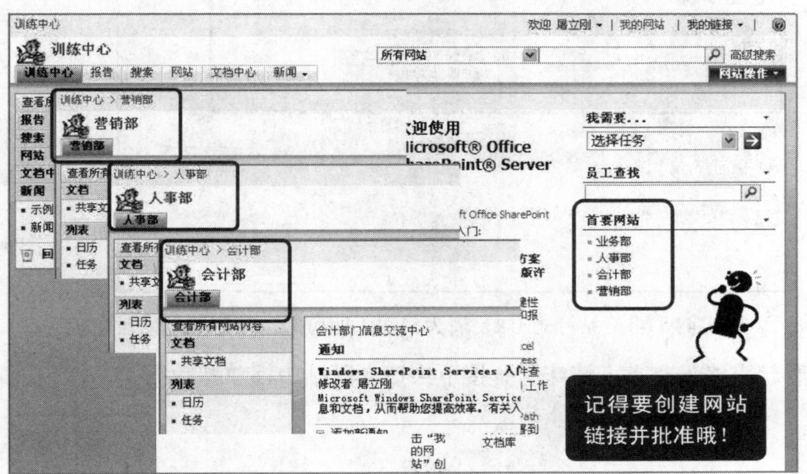

图 3-42　创建子网站时，默认会继承顶层网站的设置值

咦！这是怎么回事呢？哦！原来是因为当在网站集中创建新网站时，该网站会继承顶层网站的“网站标志”设置，一旦网站创建后，修改顶层网站的“网站标志”，则不会影响现存网站集中的网站。

哦！我懂了，所以当顶层网站创建完毕后，应该赶快先设置顶层网站的“网站标志”路径，这样一来，所有在网站集中新创建的网站将会继承顶层网站的“网站标志”的设置路径。而且通常一家公司的 Logo 应该变动性不大，除非公司合并或并购，而导致必须更换。

可是现在业务部的“网站标志”并非我们所要的，那该怎么办呢？这个问题很好解决，请打开“业务部”网站的“标题、说明和图标”的配置页面，步骤如【图 3-43】所示：

1 切换网页至“业务部”工作组首页。

2 依序单击首页上的 网站操作 → 网站设置。

3 单击“网站设置”页面上的“标题、说明和图标”超链接。

4 将“标题、说明和图标”配置页面中 URL 区块的资料完全清除。

附注 除了业务部小组网站的网站标志要修改外，训练中心内建的“文档中心”、“报告”、“搜索”、“新闻”和“网站”等子网站，也得各自去修改。因为一旦网站创建后，下层网站的网站标志就没办法因为上层网站的变更而更换！啊！还有一个业务部会议工作组网站也是得手动去修改。辛苦各位读者了！

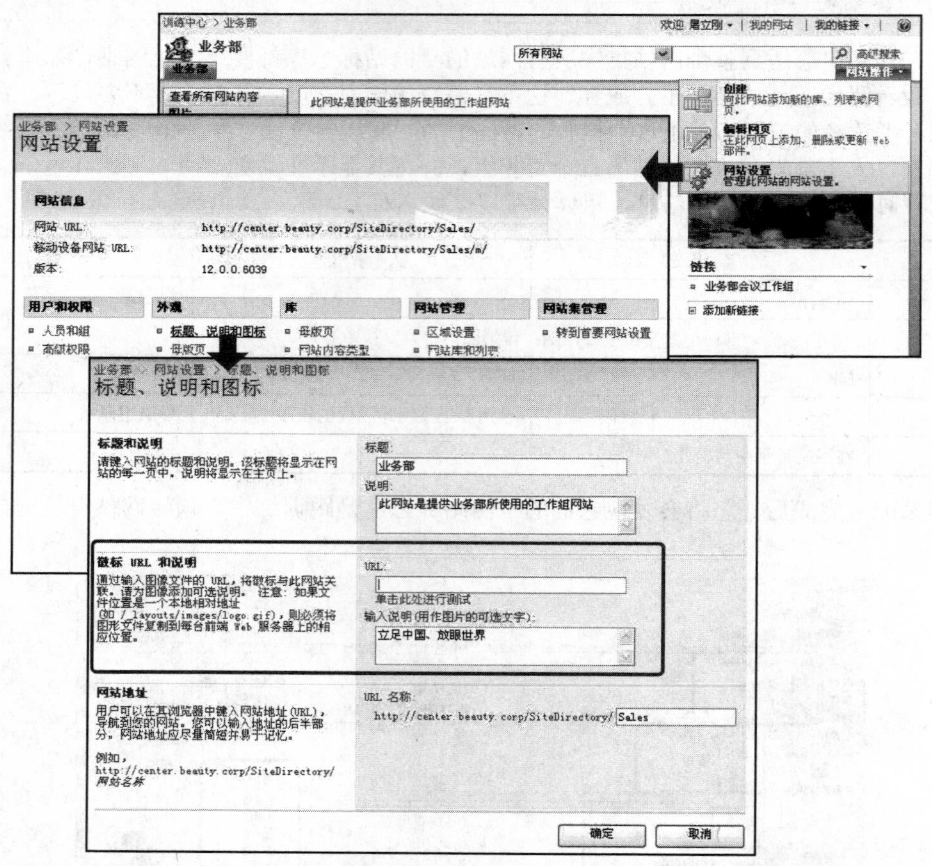

图 3-43 将网站标志 URL 清为空白，即可继承顶层网站的设置值

嗯！整个网站看起来终于有点人情味了！接下来该在网站中摆放些数据了！走！下章见。

第 4 章

组件库的配置与基本管理

本章提要

Microsoft Office SharePoint Server 2007 系统的组件库是存放各种不同类型的文档或是数据列表的地方，本章的重点在于学习如何创建、管理和操作组件库。

组件库的类型非常的多，但基本分成两大类，一类是用来放置各种不同类型文档的组件库，此种组件库（Library）通常统称为文档库或文件库。另一种则称为列表（List），列表可以定义成是一种存放数据记录（Record）的数据表（Table）组件库，用户可以在列表中定义所需要保存的字段和该字段的数据类型，添加的每一个项目，可视为一项记录，并可以使用网页、Access 及 Excel 等格式来进行访问。

不管是哪一种类型的组件库，其配置方式与基本管理工作是大同小异的。在本章中则是以它们共通性的功能作为介绍主线，至于各类型组件库的目标与应用，则另辟战场介绍。

本章重点

在本章，您将学会：

- 组件库的配置
- 新建文件或列表项到组件库
- 查看与管理组件库的数据项
- 电子邮件与组件库的集成
- 打开或编辑文档库中的文档
- Outlook 与组件库的集成
- 组件库更改的主动通知——通知我
- 在网站首页显示文件库或列表数据
- 回收站的管理
- 组件库权限管理

4.1 组件库的配置

在 Microsoft Office SharePoint Server 2007 网站环境下，可创建、存储及管理的资料或文件类型很多，所以可以根据您要储存的数据或文件类型、使用方式及目的，来决定要把它们放在 SharePoint 网站下的哪个集中保存环境中。而这个为团队成员提供集中创建、编辑及管理数据项或文件的协作保存位置，我们称之为“**组件库**”。

4.1.1 组件库类型

组件库因所支持的数据及文件的存放形式不同，而分成了“文档库”和“列表”两种类型。

- 文档库：又称为文件库

数据是以文件（File）的形式保存在 MOSS 2007 网站下，而一组文件集中访问的中心与储存区域，就称之为“文档库”。在文档库中会显示与所存放的文件列表及所存放文件相关的重要信息。因不同的文件类型有各自所需的特殊配置管理机制，所以根据不同文档应用层面，而划分了以下的文档库类型：

① 文档库　② 表单库　③ Wiki 页面库　④ 图片库

⑤ 翻译管理库　⑥ 报告库　⑦ 数据连接库　⑧ 幻灯片库

附注　组件库类型之一的文档库，其下有一取名为“文档库”的类型，为了避免读者混淆，后续章节中都以“文件库”来统称文档库类型的组件库。

- 列表

数据是以记录（Record）的形式保存在 MOSS 2007 网站下，而一组数据记录的集中存储区，就称之为“列表”，列表其实跟数据库（Database）中的数据表（Table）有异曲同工之妙。根据不同列表的用途，MOSS 2007 默认提供了以下几种列表类型：

① 通知　② 联系人　③ 讨论板　④ 链接　⑤ 日历

⑥ 任务　⑦ 项目任务　⑧ 问题跟踪　⑨ 调查　⑩ KPI 列表

⑪语言和翻译人员

以上默认的列表类型当然不能满足企业所有实际的需求，所以您还可以根据您的需求自定义列表哦！

4.1.2 组件库名称命名秘技

还记得我们在 3.3.1 节中讲过，在初始创建一个新的图片库时，将其名称定为“SalesGraph 部门共享图片库”，后来又改为“部门共享图片库”。当时我们就有个疑问——“为什么不一开始就将图片库的名称设置为“部门共享图片库”，为什么要拐弯抹角地绕一圈呢？”，这实在有点匪夷所思！讲到这件事，就要从头说起了。

当创建 Microsoft Office SharePoint Server 2007 组件库时，会在该组件库所属的网站下创建一个虚拟目录，专门存放该组件库的数据项或文件，而虚拟目录的名称，则命名为组件库**初始**创建时的“名称”（请记得是“**初始**”创建哦！）。如此一来，可方便管理员或用户判别和记忆该组件库所存放的位置。可是刚刚我们谈到在 3.3.1 节中所创建的图片库初始名称为“SalesGraph 部门共享图片库”，虚拟目录的名称却是“SalesGraph”，而非“SalesGraph 部门共享图片库”，这中间的矛盾又所为何来呢？这个答案其实很简单，主要是因为我们采用的是中文名称来命名组件库，而 MOSS 2007 对组件库名称的判断只支持英文，所以一旦组件库名称中没有出现英文字母的话，MOSS 2007 就会**自动**指定一个虚拟目录名称给组件库。而不同类型的组件库，被自动指定的虚拟目录名称的命名规则也有所不同，大致上有以下几种不同的格式分类。假设我们要创建的组件库是在训练中心下的“业务部”小组网站（http://center.beauty.corp/SiteDirectory/Sales）中。其组件库在初始创建时，**名称中没有一个英文字母**，会自动生成的虚拟目录名称的命名规则如下（？表示渐增的数字序号）：

- **http://center.beauty.corp/SiteDirectory/Sales/DocLib？**

当所要创建的组件库类型为文件库（文档库、表单库、图片库、翻译管理库、报告库、数据连接库、幻灯片库）时，所创建的组件库搭配的虚拟目录名称命名规则是 DocLib 再加上一个渐增的序号。例如：DocLib、DocLib1、DocLib2……依此类推。

- **http://center.beauty.corp/SiteDirectory/Sales/Wiki？**

当所要创建的组件库类型为 Wiki 页面库时，则搭配的虚拟目录名称命名规则是 Wiki 再加上一个渐增的序号。例如：Wiki、Wiki1、Wiki2……依此类推。

- **http://center.beauty.corp/SiteDirectory/Sales/Lists/List？**

当所要创建的组件库类型为列表（通知、联系人、讨论板、链接、日历、任务、项目任务、问题跟踪）时，则所创建的组件库所搭配的虚拟目录名称命名规则是在所属网站下的 Lists 虚拟目录中，再以 List 起头，加上一个渐增的序号。例如：Lists/List、Lists/List1、Lists/List2……依此类推。

- **http://center.beauty.corp/SiteDirectory/Sales/Lists/Survey？**

所要创建的组件库类型为调查时，则搭配的虚拟目录名称命名规则是在所属网站下的 Lists 虚拟目录，再以 Survey 起头，加上一个渐增的序号。例如：Lists/Survey、Lists/Survey1、Lists/Survey2……依此类推。

- **http://center.beauty.corp/SiteDirectory/Sales/Lists/kpi？**

所要创建的组件库类型为 KPI 列表时，则搭配的虚拟目录名称命名规则是在所属网站下的 Lists 目录，再以 kpi 起头，加上一个渐增的序号。例如：Lists/kpi、Lists/kpi1、Lists/kpi2……依此类推。

- **http://center.beauty.corp/SiteDirectory/Sales/List？**

所要创建的组件库类型为语言和翻译人员时，则搭配的虚拟目录名称命名规则是 List 再加上一个渐增的序号。例如：List、List1、List2……依此类推。

哇！虚拟目录自动生成的名称命名真是没有章法啊！谁要是能记得起来，那真要为他鼓掌了。可是现在该怎么办呢？在中国当然习惯用中文名称了！这该如何是好呢？如何自定义组件库所搭配的虚拟目录名称呢？因为自定义比较容易记忆，而 Doclib1、Doclib2……这些名称实在很难跟我们的组件库类型和目的去联想记忆。不过显示在网站页面上的超链接名称还是要用中文哦！真是个难解决的问题啊！

别担心，笔者之所以提出这个问题，当然是有答案啰！答案就是采用“骗术”。这是什么意思啊！还记得前面提到虚拟目录名称的命名，是在组件库 **初始** 创建的时候决定的。也就是说，事后修改组件库的名称，也不会影响到该组件库事先所对应的虚拟目录名称，这样懂了吧！没错，就是在创建组件库时，先用英文名称命名，这样一来，所搭配的虚拟目录名称就会跟我们命名的组件库名称一样了。一旦组件库创建成功后，再马上将它们更新为想要的中文名称即可，YEA！这是不是一个很聪明的做法啊！

其实还有另外一个方法，就是在新建组件库时，将准备要使用的虚拟目录名称排在组件库名称的最前面，此时 MOSS 2007 会从名称的第 1 个英文字母开始，一直到非英文字母出现，这中间搜索到的英文字母，便会作为组件库所在的虚拟目录名称。这也就是为什么在第 3.3.1 节中创建图片库时，要先命名为“SalesGraph 部门共享图片库”的原因啰！

4.1.3 创建组件库

当讨论完组件库命名的注意事项后，我们就来创建这些 MOSS 2007 所提供的组件库吧！本章接下来要操作的环境是以人事部小组网站为主，所以请先用“Linda”账号登录，并切换到人事部小组网站的首页。不管是利用哪个网站模板所创建的网站，创建组件库的通用方法，就是通过“快速启动”栏中的 检视所有网站内容 超链接，打开如【图 4-1】所示的“所有网站内容”查看与管理页面。

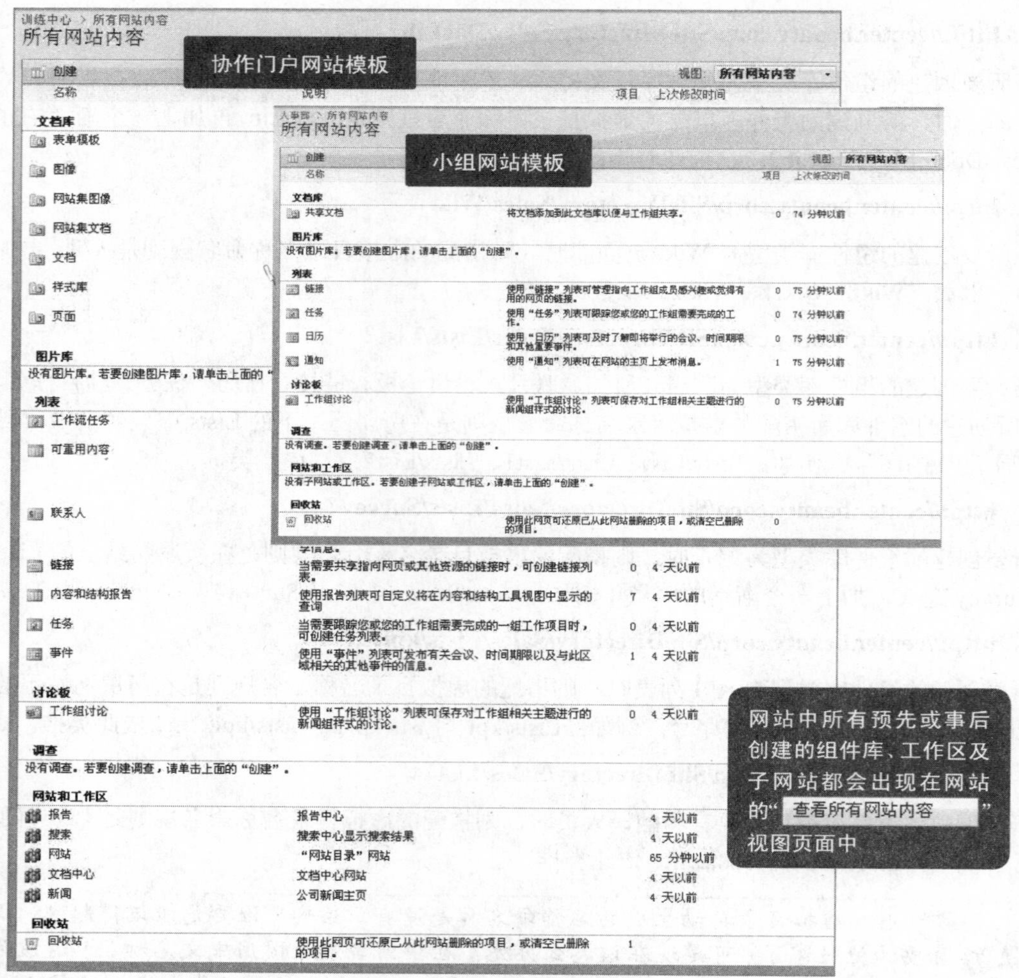

图 4-1　协作门户网站模板与小组网站模板默认创建的组件库大不相同

从【图 4-1】的页面中可以看出，不同的网站模板所架设出来的网站，其默认创建的组件库是有所差异的。主要是因为不同的网站模板，其所设置的目标不同。例如：训练中心网站所扮演的是一个企业协作的门户网站，所以其预先所创建的组件库就比较多样化，而人事部小组网站主要是为人事部门成员提供部门内的信息交换，因此，只预先建了 6 个组件库（共享文档、任务、日历、通知、链接和工作组讨论）而已。

提示　所以 MOSS 2007 会根据不同网站模板的用途，预先创建团队成员所需要的组件库，以便让企业在最短的时间内，可以在 SharePoint 网站下达到资源共享、交换信息和沟通的目的。

请用鼠标单击"所有网站内容"页面中右上角的 创建，打开如【图 4-2】所示的组件库"创建"页面。MOSS 2007 将可以创建的组件库类型，根据其使用的目的，分成了"库"、"通讯"、"跟踪"、"自定义列表"和"网页"等五大区块。

现假设人事部门希望将员工的人事数据在部门间共享，以便随时调用或查询，根据使用性来看，选择"文档库"类型较佳。所以请在【图 4-2】选择 库 区块下的 ▫ 文档库 超链接，打开如【图 4-3】所示的组件库新建配置页面。

- **名称和说明**

别忘了组件库在初始创建时，其名称决定了准备创建的虚拟目录名称哦！所以请在"名称"区块中输入"**PersonalData 员工人事资料**"，此信息会显示在的网页主体的顶端，并且也会出现在"快速启动"栏，方便用户找到并打开这个组件库。同时我们可预期此组件库的网址将如下所示：

http://center.beauty.corp/SiteDirectory/HR/PersonalData

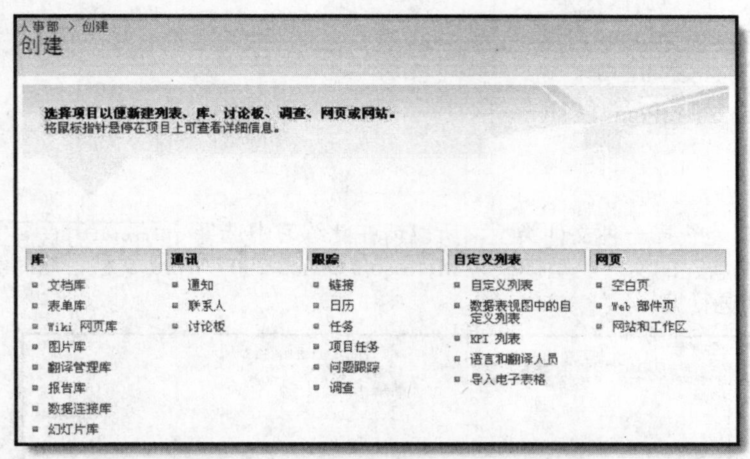

图 4-2　请根据企业所需创建的文件库或列表类型，单击组件库项目

请在“说明”文本框中输入“**所有员工人事资料表**”，此信息会显示在网页主体的顶端，位于上述所输入的组件库名称下方。

● **导航**

指定是否将创建的组件库以超链接的形式显示在“快速启动”栏，让网站用户容易找到此文件库。如果网站只有少许的文件库和列表，此选项最好选择 ⦿ **是**。但若网站拥有许多的文件库和列表，则应该做个筛选，只将最常用的文件库和列表显示在“快速启动”栏，避免“快速启动”栏变得太长，失去它存在的意义。

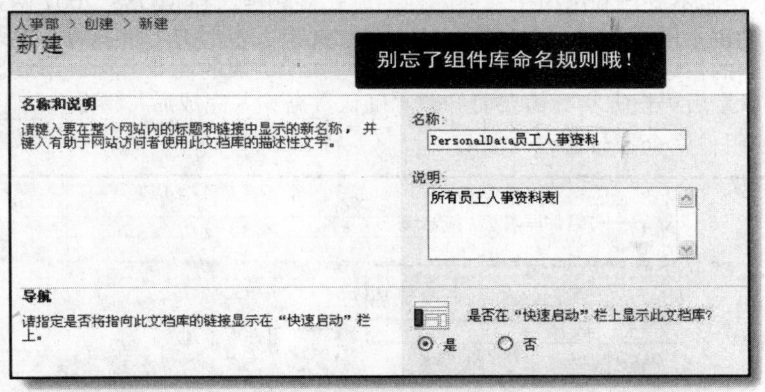

图 4-3　输入适当的组件库名称、说明及是否在“快速启动”栏上显示

● **传入电子邮件**

指定是否允许用户通过电子邮件夹带附件的方式，将文件添加到组件库，参见【图 4-4】。请参考 4.4 节内容，来了解相关操作及详细内容介绍。

● **文档版本历史记录**

指定是否要启动组件库的版本跟踪功能，以便有效地管理文件或列表项内容的修改，甚至还可以还原先前的版本哦！不过本练习请保留“传入电子邮件”及“文档版本历史记录”区块中的默认值即可。

● **文档模板**

此区块只会出现在文件库类型的组件库中，列表类型的组件库是没有这个设置选项的。其主要指定预备新建的文件库中要新建的文件的类型，MOSS 2007 总共提供了以下几种的文件类型：

① Microsoft Office 97-2003 Word 文档

② Microsoft Office 97-2003 Excel 电子表格

③ Microsoft Office 97-2003 PowerPoint 简报

④ Microsoft Office Word 文档

⑤ Microsoft Office Excel 电子表格

⑥ Microsoft Office PowerPoint 简报

⑦ Microsoft Office OneNote 节

⑧ Microsoft Office SharePoint Designer 网页

⑨ 基本页面

⑩ 网页组件页面

每个文件库默认只能选择**一种**文件类型，所以请在此练习中选择 Microsoft Office Word 文档 选项，此选项代表文件库默认新建的文件类型模板为 Microsoft Office 2007 Word 文档，届时会以 Microsoft Office 2007 Word 打开新文档进行编辑。

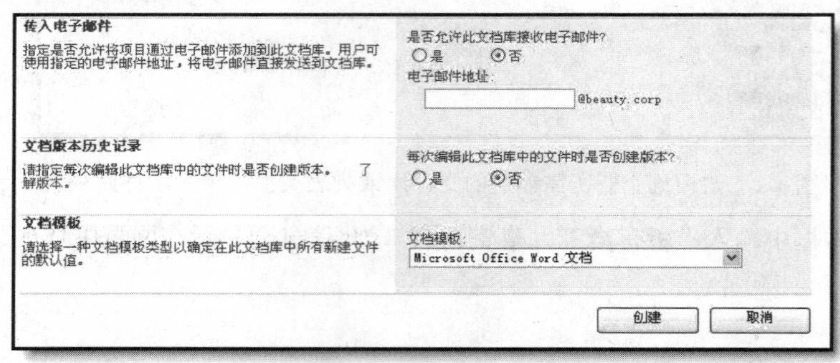

图 4-4　定义是否要启动“传入电子邮件”及“文档版本历史记录”机制，以及文档库新建文件时所搭配的文档模板

并非所有组件库都有上述所提到的设置选项，因为有些类型的文件或列表项是不需要某些选项机制的。例如：“链接”列表组件库不支持利用电子邮件附件的方式将其传送到 MOSS 2007 网站；而且不同的组件库类型的默认启动机制也不同。例如：图片库默认不启动文档版本历史记录，可是翻译管理库默认是启动文档版本历史记录机制的，这中间的差异，在于该组件库预期达成的商业目标。不过也别太担心，这些机制的启动和停用都可以事后再根据实际需要而修改。确认数据输入完成后，请单击 创建 按钮，随即出现如【图 4-5】所示的组件库查看与管理页面。

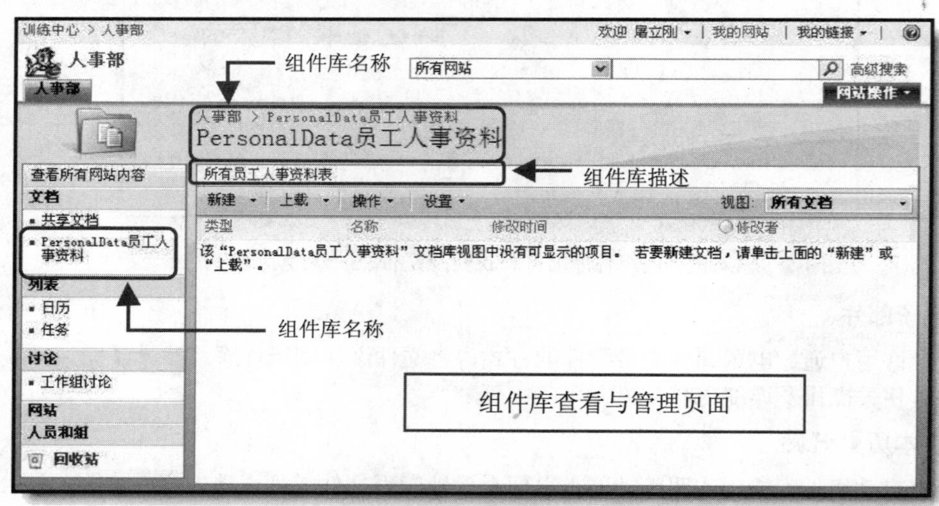

图 4-5　组件库查看与管理页面

当组件库创建完毕后，您会发现组件库名称出现在该文档库的网页主体的顶端及内容位置导航中，方便网站用户确认是否已打开适当的组件库视图管理页面。同时如果在【图 4-4】页面中选择了 ⊙ 是 的选项，则组件库名称也会以超链接的形式出现在“快速启动”栏适当的分类中，方便网站用户打开这个组件库。而组件库说明则出现在组件库名称的下方。若已启动“传入电子邮件”机制，笔者建议可在组件库说明中加入传入电子邮件的地址，告知用户此组件库接收邮件的 E-Mail 地址。因为用户是很健忘的。

修改组件库标题、说明与导航

为了能主导组件库所在位置的网址命名，在输入“名称”栏的信息时，故意采用了英文字母，可是当完成组件库的创建之后，我们想要对该组件库名称或说明内容做些更改，则需打开如【图 4-5】所示的组件库查看与管理页面，通过下列步骤之一来达成目标：

1 单击“快速启动”栏中的该组件库名称超链接。

2 单击“快速启动”栏的 查看所有网站内容，进而单击“所有网站内容”视图页面中该组件库名称的超链接。此步骤适用于组件库的名称没有显示在“快速启动”栏的情况。

当进入到适当的组件库查看与管理页面之后，请单击工具栏上的 设置 功能，进而选择其下的 文档库设置 管理权限、栏、视图和策略之类的设置。 子功能项目。当打开 **“自定义组件库名称”**（本练习为“自定义 PersonalData 员工人事资料”）管理页面后，请移动鼠标单击 常规设置 区块中的“标题、说明和导航”链接（如【图 4-6】所示步骤）。

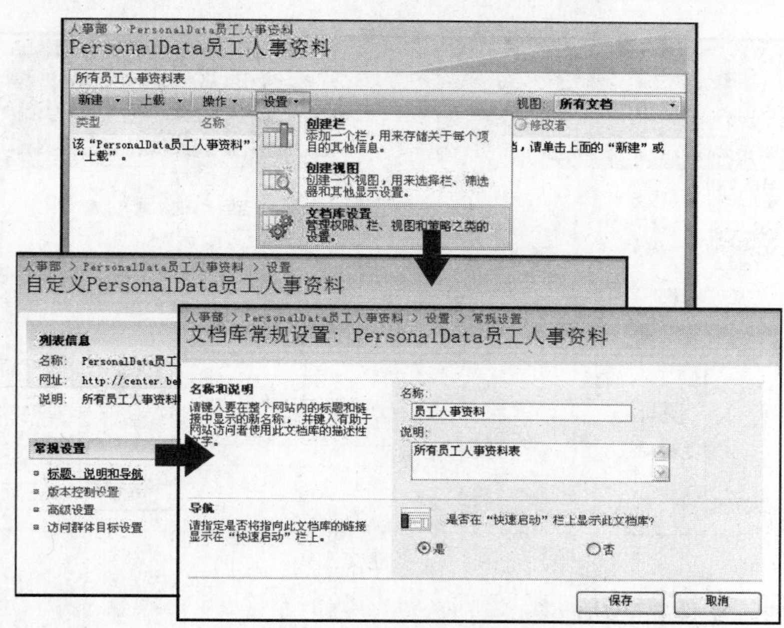

图 4-6　修改组件库名称

在打开的组件库“常规设置”配置页面中，根据您的需要去做适当的更改，此练习请将名称更改为“员工人事资料”，确认后请单击 保存 按钮完成数据的修改工作。

附注

要打开如【图 4-6】的自定义组件库管理页面，其方法都是先单击组件库查看与管理页面中工具栏上的 设置 菜单，但接下来，不同的组件库要选择的组件库设置值功能项目有所差异：

设置 下的子功能项目	组件库类型
文档库设置 管理权限、栏、视图和策略之类的设置。	文档库、翻译管理库、报告库、幻灯片库
图片库设置 管理权限、栏、视图和策略之类的设置。	图片库
表单库设置 管理权限、栏、视图和策略之类的设置。	表单库
数据连接库设置 管理权限、栏、视图和策略之类的设置。	数据连接库
列表设置 管理权限、栏、视图和策略之类的设置。	通知、联系人、链接、日历、任务、项目任务、问题跟踪、自定义列表、KPI 列表、语言和翻译人员
调查设置 管理此调查的问题和设置。	调查
讨论板设置 管理权限、栏、视图和策略之类的设置。	讨论板

当打开自定义组件库设置管理页面后，可通过该页面适当的选项，针对该组件库从事管理工作。例如：更改新建组件库时的选项设置值、管理组件库安全及访问权限、删除组件库等。

4.1.4 创建文件夹

组件库存在的目的是为文件或列表项提供一个集中存放的位置。可是当在同一组件库中摆放了大量的文件或列表项时，就会显得有些杂乱无章，且不易查看和搜索所需的文件。所以组件库提供了“文件夹”，来为不同性质的文件或列表项进行分类。

创建文件夹之前，必须先将网站页面切换到适当的组件库查看与管理页面，然后单击工具栏上的 新建▾ ，进而选择其下子功能项目 新建文件夹 向此图片库添加新文件夹。，打开【图 4-7】所示的“新建文件夹：员工人事资料”配置页面。

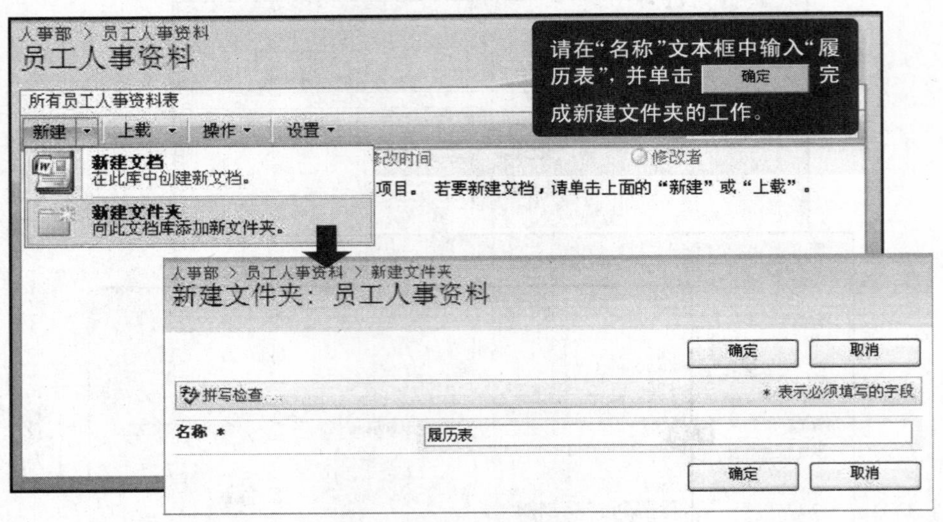

图 4-7　新建文件夹

启动或停用“新建文件夹”功能

新建文件夹这个功能项目因不同组件库类型所代表的商业目的不同而默认设置为启动或停用。如果发现在工具栏上的 新建▾ 功能下没有 新建文件夹 向此图片库添加新文件夹。 子功能项目，而您又真的需要“新建文件夹”这个功能时，可以通过下列步骤来完成“新建文件夹”功能的启动或停用（如【图 4-8】所示）。

1. 单击工具栏上的 设置▾ 功能，进而选择其下的组件库设置子功能项目（例如：文档库设置）。
2. 请移动鼠标单击组件库设置管理页面下的 常规设置 区块中的“高级设置”超链接。
3. 更改组件库“高级设置”配置页面中的“文件夹”区块的设置值。

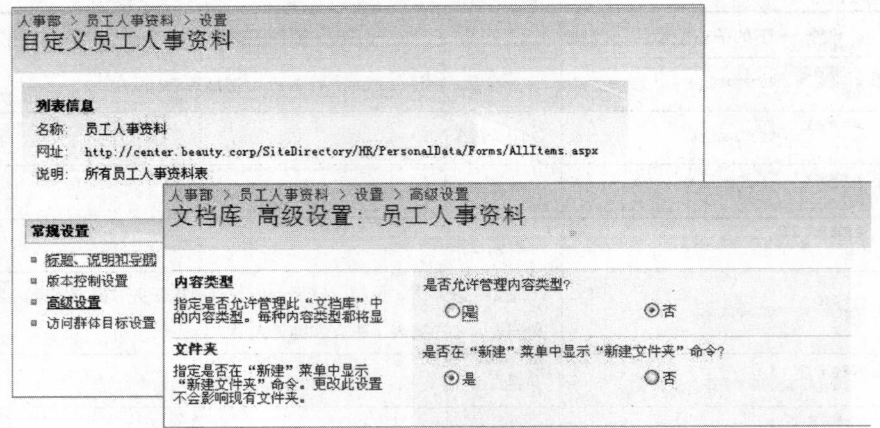

图 4-8　“新建文件夹”机制的停用或启用

MOSS 2007 所提供的“调查”、“Wiki 页面库”、“日历”、“讨论板”及“语言和翻译者”等组件库是**完全不支持**“新建文件夹”这个功能的，所以也就没有启动或停用的问题了。

在组件库中创建了文件夹后，如果错点了想要打开的文件夹，要转换到其他的文件夹时，很多用户会习惯性地通过浏览器的返回 按钮，重新回到某个适当的起点。那么如何快速地在不同的文件夹中转换，以便找到想要的文件或列表项呢？

文件夹之间的游走与转换

的确，如果没有较好的方法来执行文件夹的快速定位，要找起文件或列表项来，确实有点麻烦！不过如果懂得善用“内容位置导航”的路径，就容易多了。例如：人事部小组网站下有一组件库，其文件夹层次架构如下：

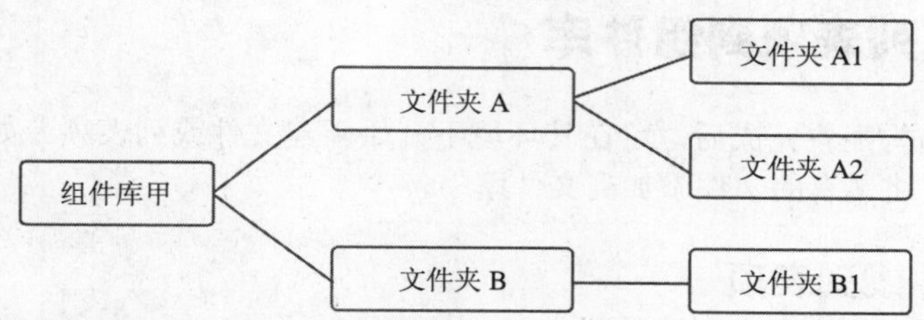

假设您目前所在的位置是“文件夹 A1”的查看与管理页面，则“内容位置导航”会呈现：**人事部 > 组件库甲 > 文件夹 A > 文件夹 A1**。此时若想要转换到“文件夹 A2”的视图页面，则单击“内容位置导航”中的“文件夹 A”，先切换到“文件夹 A”的查看与管理页面，可同时看到“文件夹 A1”和“文件夹 A2”，再单击“文件夹 A2”即可进入“文件夹 A2”的查看与管理页面，而“内容位置导航”也会转变为：**人事部 > 组件库甲 > 文件夹 A > 文件夹 A2**。如果您又想要切换到“文件夹 B”的视图页面，则直接单击“内容位置导航”中的“组件库甲”，便可在组件库视图页面中看到“文件夹 B”，再选择该文件夹即可进入“文件夹 B”的查看与管理页面了，而内容位置导航也会转变为：**人事部 > 组件库甲 > 文件夹 B**。

利用“内容位置导航”在文件夹之间转换，好像还是有点麻烦，如果能有类似文件资源管理器的树状架构，那文件夹的定位就更方便了。Hello！资源管理器的树状架构，你在哪里？

默认网站的树视图是不会显示出来的，但可通过下列的步骤启用它。这个练习我们以“业务部”小组网站为展示对象，所以请先打开业务部小组网站首页，然后用鼠标单击 网站操作 ，选择 网站设置 项目，在“网站设置”页面中选择 外观 区块下的“树视图”超链接，打开如【图 4-9】左上角所示的“树视图”配置页面，勾选“启用树视图”选项前的复选框即可。

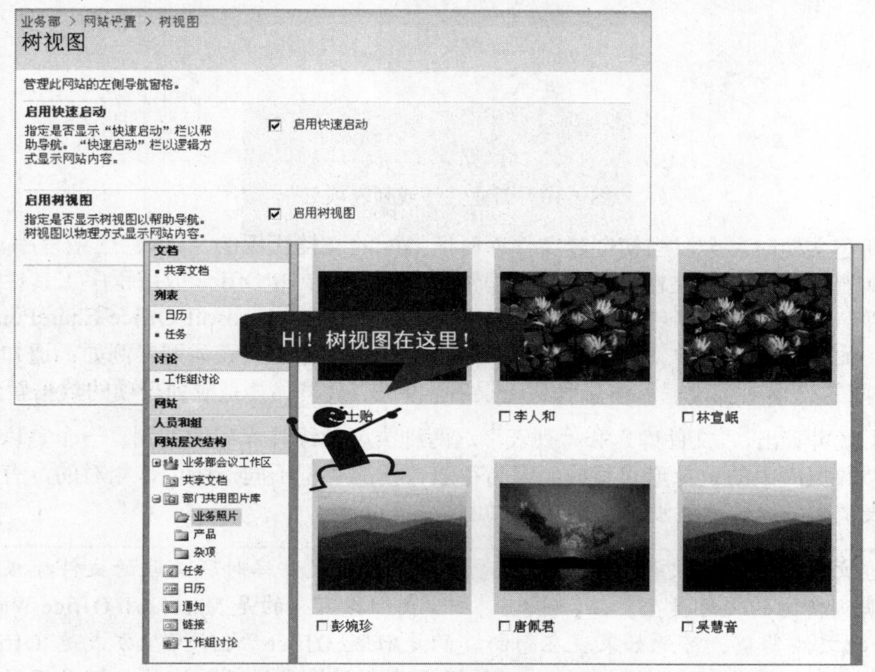

图 4-9 “快速启动”和“树视图”机制的停用或启用

一旦启用了树视图机制，您将会在“快速启动”栏下方看到此网站下所有子网站、文件库和列表及其下方文件夹的层次结构。此树视图的操作方式和资源管理器相同，可以单击组件库或文件夹前的⊞或⊟，展开或收缩其下的树状分支，不过无法自定义树视图中哪部分需要显示或隐藏。当同时启用了“快速启动”和“树视图”机制时，因为树视图结构是在 “快速启动”栏的下方，所以还必须先滚动页面至下方，才可进行文件夹或组件库的定位操作，所以笔者建议“快速启动”和“树视图”只要启动其一即可，笔者比较偏好只启动“快速启动”机制，所以麻烦读者再自行还原回来啰！

4.2 新建文件或列表项到组件库

当组件库及文件夹结构配置完成后，可在其环境下开始新建文件或列表项。如果组件库类型是文件库的话，可利用上传的方式将现有的文件添加到文件库中。

4.2.1 新建文件或列表项

在这个章节的练习中，请再回到“人事部”的网站环境，当要新建文件或列表项时，可在如【图 4-10】所示的组件库或文件夹视图与管理页面中，单击工具栏上的 新建 ，进而选择 新建文档 在此库中创建新文档。 或 新建项目 向此列表添加新项目。 子功能项目。

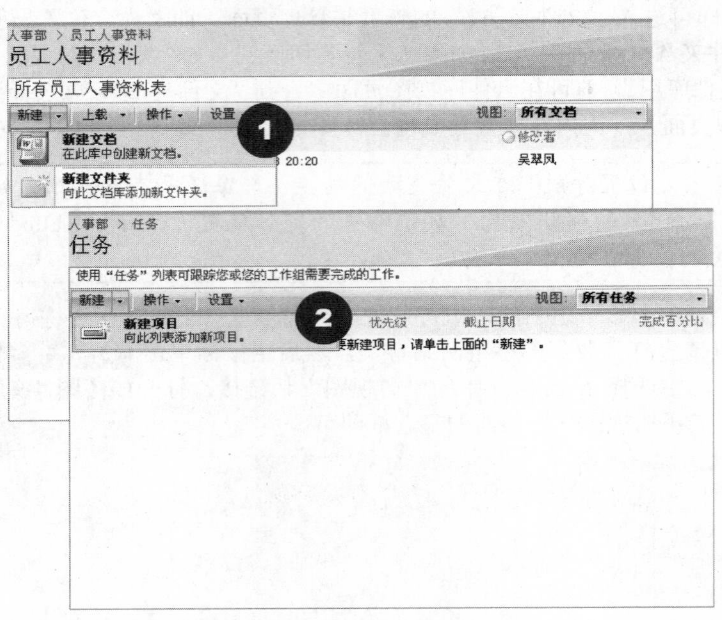

图 4-10　新建文件或列表项目

当在文档库新建文档时，会以当初创建文件库时所搭配的文档模板的 Office 应用程序（例 Microsoft Office 2007 Word）打开一个新的文档进行编辑，编辑完成后，请单击 Office 应用程序工具栏上的 按钮，并给予新建的文件一个适当的文件名，即可将所编辑的文件保存在 Microsoft Office SharePoint Server 2007 网站的文件库中。如果是在列表中新建列表项时，则依据您所搭配的列表类型（例如：通知、任务或链接等），而在各自不同的列表项字段输入信息确认无误后，单击 确定 完成列表项的数据新建。

从【图 4-11】就可看出，“文件库”和“列表”这两种类型的组件库间的差别，一个是以文件的形式存放，一个是以类似数据库中的记录形式存放。因为存放数据的类型不同，所以，相对的，有些功能就有些差异了。例如列表类型的组件库就没有提供文件“上载”的功能。

在文件库中新建文件时，会根据管理员在新建文件库时所关联的文件模板来定义默认新增的文件类型。在【图 4-5】中，我们所定义的是 Microsoft Office Word 2007 的文件类型，可是如果现在想新建的是旧版 Office 文件呢？亦或是 Office Excel 2007 工作表、Office PowerPoint 简报文件类型的文件呢？这该如何是好呢？

图 4-11　文件和列表项输入类型的差别

4.2.2 上传单个文件到文件库

在文件库类型的组件库环境中，支持将**现有**的文件上传到 MOSS 2007 网站。请在文件库或其内文件夹的查看与管理页面中，单击工具栏的 上载 下的 上载单个文档 子功能项目（如【图 4-12】所示）。因文件库类型的不同，要选择 上载 按钮下的子功能项目，在字句上也稍有差异：

上载 下的子功能项目	文件库类型
上载单个文档 将计算机中的一个文档上载到此库中。	文档库、表单库、翻译管理库、报告库、数据连接库
上载图片 将计算机中的一张图片上载到此库中。	图片库

本例以人事部小组网站下的员工人事资料文件库中的“履历表”文件夹为例，准备要上传的文件为本书所附范例中的“**\文件\员工履历表**”文件夹下的“**吴翠凤.docx**”。

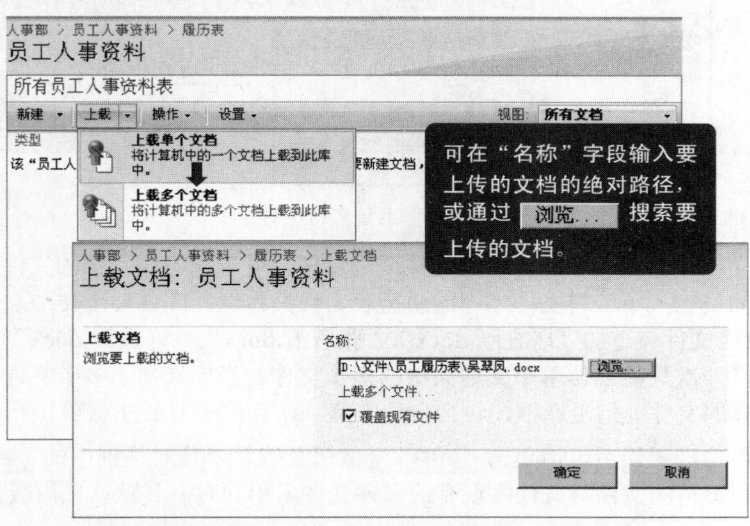

图 4-12　上传单个文件

- ☑ 覆盖现有文件

当上传的文件的名字与文件库中文件的文件名一样时，你面临到两种选择，一是覆盖现有文件库中的文件，一是将上传的文件另取他名。**通常，如果上传的文件是文件库中现有文件的修正版，可勾选此选项，**表示直接覆盖现有文件库中的文件。

当文件上传到文件库之后，还会记录该文件的创建者、上传日期等信息，这些信息都会跟随文件一起保存在 MOSS 2007 网站中，以便事后跟踪与搜索之用。

4.2.3 上传多个文件到文件库

在 MOSS 2007 网站环境，可同时上传多个文件到文件库。请在文件库或其内文件夹的查看与管理页面中，单击工具栏的 上载 下的 上载多个文档 子功能项目（如【图 4-13】所示）。如果文件库类型为图片库时，则要选择 上载 下的 上载多个文档 子功能项目。

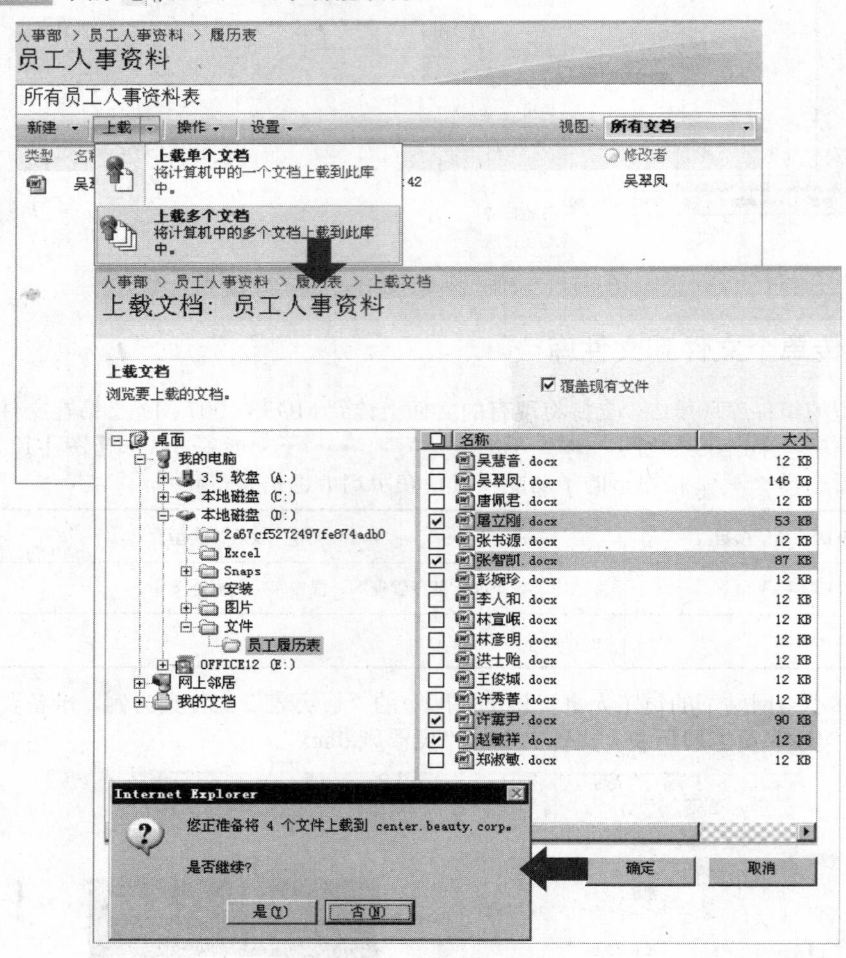

图 4-13　上传多份文件

当打开了“上载文档：员工人事资料”的文件浏览窗口，可选择所要上传的文件前的复选框。本例仍以人事部小组网站下的员工人事资料文档库中的履历表文件夹为例。准备要上传的文件为本书所附范例中的“**\文件\员工履历表**”文件夹下的“**屠立刚.docx**”、“**张智凯.docx**”、“**许薰尹.docx**”及“**赵敏祥.docx**”等 4 个文件。但请注意，一次**只能上传单个文件夹中的多个文件**。当您选择了多个文件后，一旦切换到其他文件夹时，则之前选择的文件前的复选框，将会自动取消，这点可千万要注意哦！

确认要上传的文件勾选无误后，请单击 确定 按钮及确认上传对话框中的 是(Y) 按钮，完成多个文件的上传工作。若上传的文件与文件库现有的文件文件名相同时，其默认采用**覆盖的**方式直接替换。

4.2.4 使用“资源管理器”管理文件库

前面介绍的上传文件的方法，虽然可以达到上传的目的，但似乎还是用得有点不习惯，那什么才是最习惯的使用方法呢？没错！→资源管理器！如果可以使用资源管理器，只要轻轻地用鼠标拖拽一下，就能完成文件上传的工作，那就太棒了。毕竟资源管理器的操作对用户来说是最熟悉不过的方式了，同时当需要移动文件或更改文件名、删除文件时，也可利用资源管理器来达成目标。嗯！Microsoft Office SharePoint Server 2007 听到了您的心声。想要将上传图片的操作环境转换为类似资源管理器的形式，总共有以下两种方法（如【图 4-14】所示）：

- 选择工具栏 操作 下的 使用 Windows 资源管理器打开 将文件拖放到此库中。 子功能项目。
- 将右上角的视图类型转换为 资源管理器视图 ，此机制并非所有类型的文件库都支持，目前只有“文档库”、“图片库”、“表单库”、“翻译管理库”、“幻灯片库”等文件库有这个视图选项可选择。

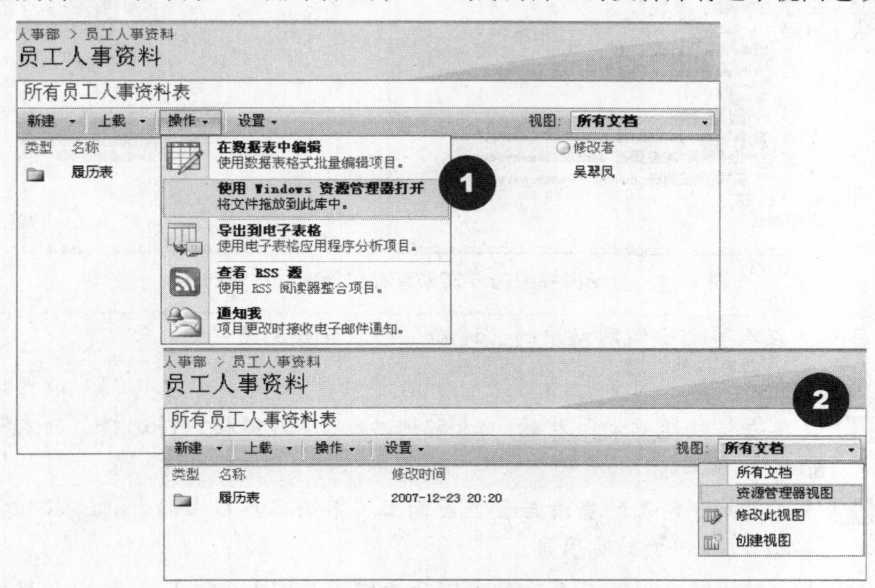

图 4-14 启动资源管理器来管理文件

第一种方法会另外在新的网页浏览窗口打开图片库，当上传完图片后，只需关闭这个额外打开的窗口即可。而第二种方法，则是在现有的页面窗口中，以类似资源管理器的方式查看图片资料（如【图 4-15】所示），虽然也可以达到用鼠标拖拽文件的目的，但是事后，我们还是会要切换到原来的“所有图片”或“所有文件”的视图类型，因为这样不太会误删数据。而在资源管理器视图管理形式下，误删数据的几率实在太高了，用户常会一个不小心就按到 Del 键！不过也不用太担心，若管理员权限控管得好，也不是随便什么人都可以将文件删掉的。

如果采用第一种方法启动资源管理器，可以通过浏览器工具栏上的 按钮自由切换到不同的文件夹执行管理工作。而第二种方法启动的资源管理器，仅能局限在单一文件夹内使用，故笔者还是建议采用第一种方法较好。同时还可以选择浏览器工具栏上的 文件夹 ，打开如【图 4-16】所示的文件夹树状架构，方便进行文件的上传、图片文件名的变改、移动、删除等管理工作。

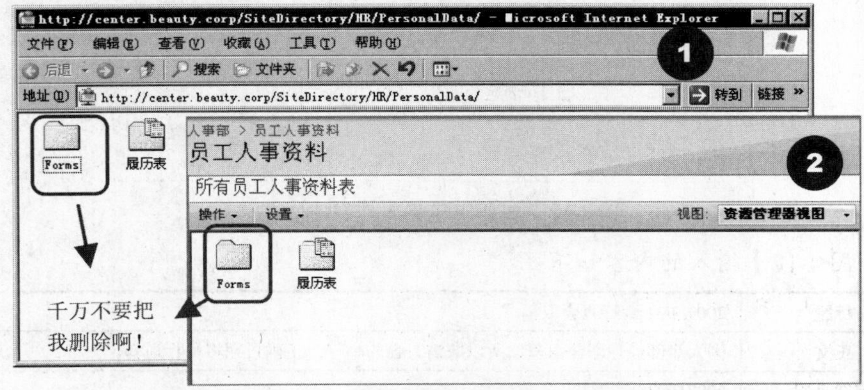

图 4-15 用资源管理器形式来查看和管理文件库中的文件

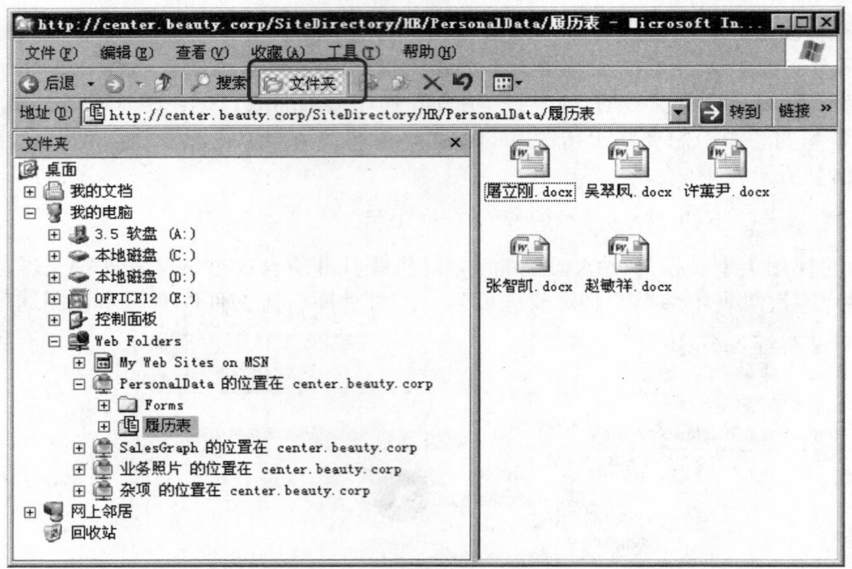

图 4-16　启动树视图的方式来查看和管理文件库的文件

目标：在人事部小组网站中的“通知”列表新建列表项。

练习步骤：

1 请单击“快速启动”栏的 查看所有网站内容 超链接，并选择“列表”区块下的 通知 项目。

2 在“通知”列表的查看与管理页面上，单击工具栏上的 新建 按钮，及其下的 新建项目 子功能项目。

3 在“新建项目”页面上输入以下的内容（如图【4-17】所示），数据输入完毕后，请单击 确定 完成新建列表项的工作：

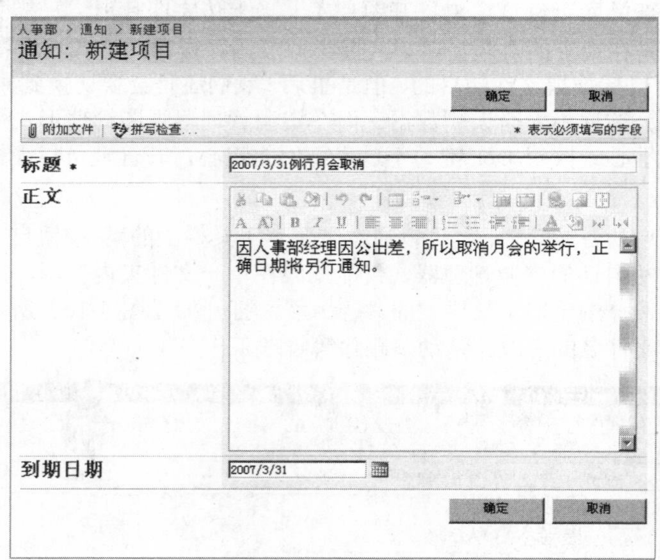

图 4-17　新建“通知”列表项信息

【图 4-17】输入的内容如下：

标题	2007/3/31 例行月会取消
正文	因人事部经理因公出差，所以取消月会的举行，正确日期将另行通知。
到期日期	2007/3/31

4.2.5 SharePoint 网站禁止的文件类型

虽说 MOSS 2007 支持将现有文件上传到 MOSS 2007 网站，但事实上并不是所有文件类型的数据都可以上传的，还是存在一些默认限制。例如：脚本文件和可执行类文件是无法上传到文件库的，这样的限制当然是为了防止恶意软件的侵入。同时如果一个文件大小超过 50 MB 的话，默认也是无法上传的。如果您想更改对上传文件类型的默认限制，则必须启动 SharePoint 3.0 管理中心，然后单击管理中心页面上的“快速启动”栏中的 操作 超链接，进而在“操作”设置页面中单击 安全性配置 区块下的 被禁止的文件类型 超链接。

当打开如【图 4-18】所示的“被禁止的文件类型”配置页面。首先请确认“Web 应用程序”文本框出现的网址是 http://center.beauty.corp，如果不是的话，请单击“Web 应用程序”文本框旁的向下三角形（▾），启动“选择 Web 应用程序”对话框，以选择适当的 Web 应用程序。

当应用程序选择确认完毕后，回到适当的应用程序“被禁止的文件类型”配置页面中，此页面主要是定义哪些特定文件类型是不能在这个应用程序集合下所有网站中访问（上传或下载）的。如果用户尝试访问被禁止的文件类型，则将会看到【图 4-19】所示的错误信息页面。若要允许访问目前被限制的文件类型，则必须在【图 4-18】的被禁止文件类型列表中将该文件类型删除。

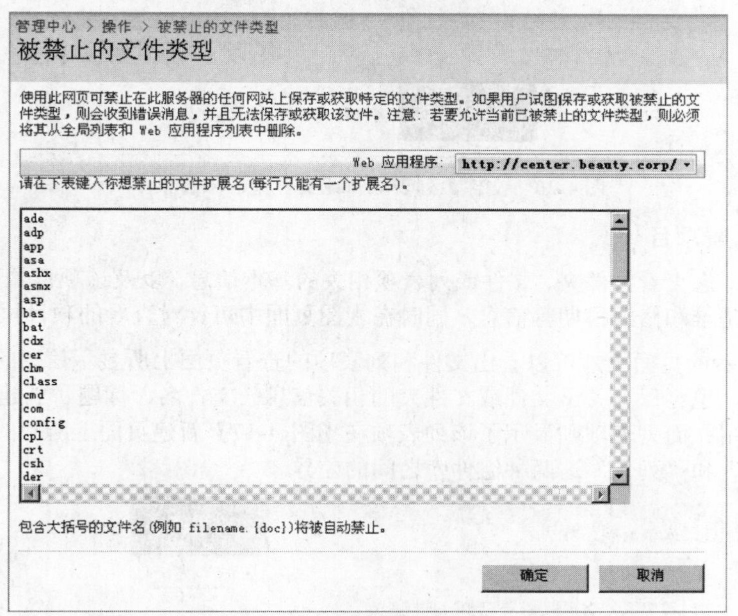

图 4-18 SharePoint 网站禁止的文件类型

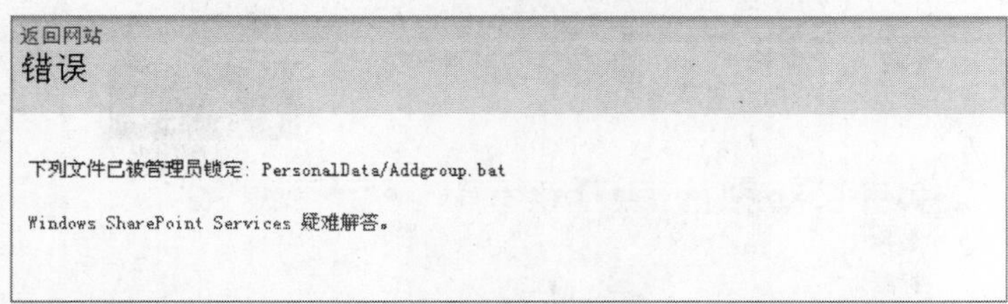

图 4-19 尝试上传 SharePoint 网站禁止的文件类型时系统显示的错误信息

4.3 组件库数据项的查看和管理

摆放在组件库中的文件、列表项或文件夹，常因时间的迁移，而需要执行改名、删除、权限管理等操作，此时可通过这些单个项目所搭配的菜单来完成。

4.3.1 查看和编辑数据项

将鼠标移到单个文件夹、文件或列表项时，该项目会被橘色框框围住，并在右方出现 ▾，如图【4-20】所示，单击这个下三角形符号，则会出现项目菜单，请选择适当的选项以执行管理工作。

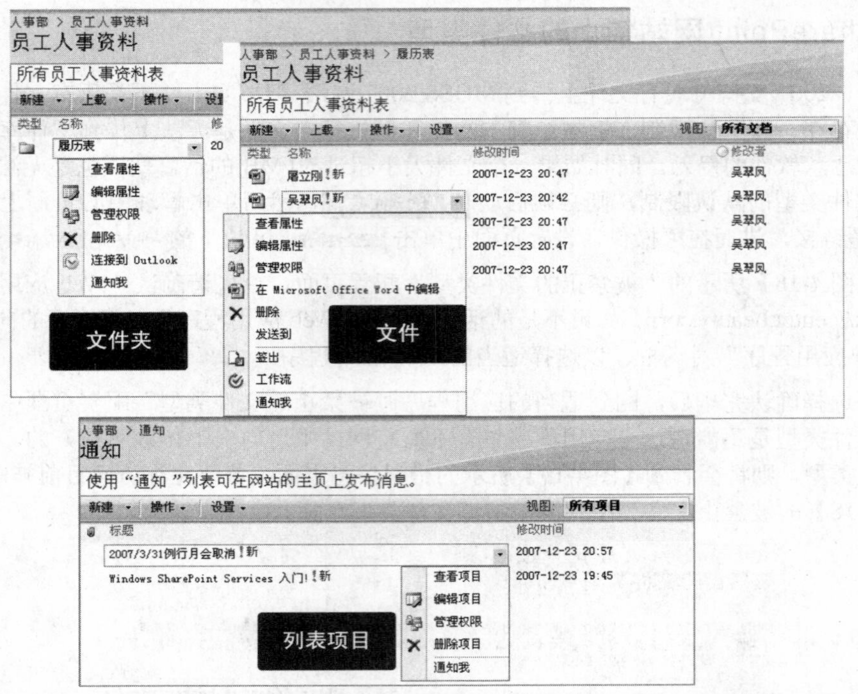

图 4-20 文件、列表项目或文件夹的项目菜单

- **查看内容、查看项目**

此功能选项可以让您查看文件夹、文件或列表项相关的基本信息，以及该项目是谁在什么时候创建的，还有最后修改的用户是谁和修改日期等信息。同时在视图页面中可针对查看的项目执行其他的管理工作。

从【图 4-21】所示的页面上，可以看出文件和列表项的查看页面上所显示信息的差别。文件除了保存实际的文件内容之外，也会保存关于文件或文件夹的相关信息（文件名、标题、创建日期及创建者……），以便事后跟踪和管理用；而列表项则显示了该列表项在【图 4-17】新建页面上所有的字段信息。从这里又可再次看出"文件库"和"列表"这两种组件库之间的差异。

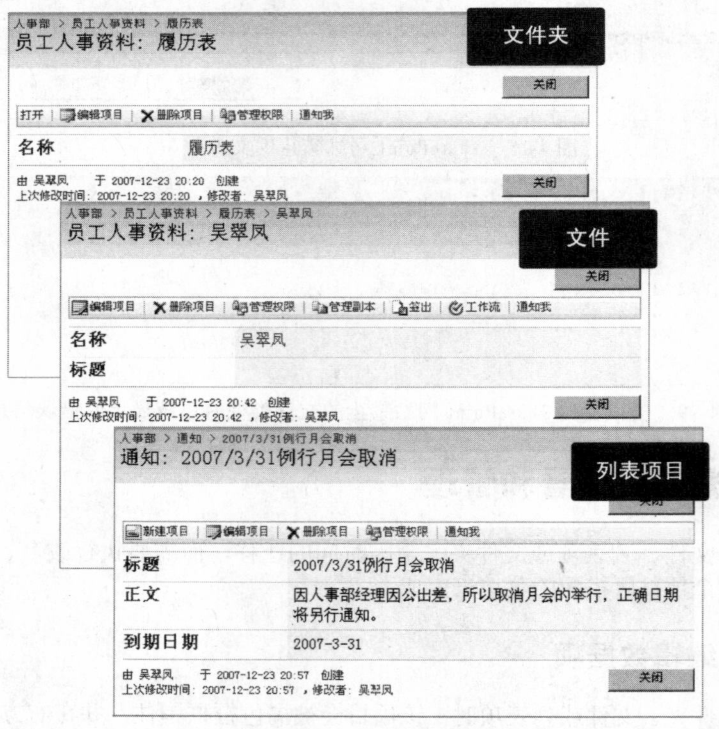

图 4-21 文件、列表项目或文件夹的查看页面

● **打开**

此功能仅会出现在文件夹的项目菜单中，代表要打开文件夹，进入文件夹的查看和管理页面。

● **编辑内容、编辑项目**

编辑查看项目的特定字段信息。若项目为文件夹或文件，可用此功能来执行重命名的工作，而若项目为列表项则是更改新建该列表时所输入那些字段中的信息。

● **删除、删除项目**

顾名思义就是删除目前查看的数据项，如果想一次删除多个文件时，请到【图 4-15】找答案，就是采用资源管理器的方式来处理。

4.3.2 文件、列表项或文件夹的删除与还原

当组件库中的数据项没有存在的必要时，则可将其从组件库中移除。当要删除组件库中的数据（文件、文件夹或列表项）时，可通过其所搭配的项目菜单，选择 ✕ 删除 或 ✕ 删除项目 等按钮删除即可。请读者自行练习将"员工人事资料"文件库中的"履历表"文件夹删除，即【图 4-20】所示的页面。选择 ✕ 删除，系统此时会显示警告消息，要求再确认一次，是否真的要将该文件夹删除，并将该文件夹移至"回收站"中。若确认要执行删除的工作，请单击 确定 。当删除的对象是文件夹时，则其内包含的所有文件、列表项及子文件夹也会一并删除。

> 哇！资料删错啦！怎么办？我老板一定会砍死我的！怎么办？怎么办？人心真是多变的，移除了以后又后悔，那还有机会还原吗？如果没有，还是少删为妙；可是组件库中放了一大堆看似无用的资料，又很碍眼，这真是两难啊！别担心！MOSS 2007 有提供神奇的回收站哦！

没错！Microsoft Office SharePoint Server 2007 提供了回收站的功能，所以不管您在网站中误删了什么东西，都可以再去回收站里捡回来的。不过如果您删除的是网站本身的话，那就回天乏术了，还好删除网站这件事，也不是人人可为的，要不然就糗大了。OK！赶快把刚刚删除的"履历表"文件夹再还原回来吧。请单击"快速启动"栏最底下的 回收站 ，进入如【图 4-22】所示的回收站查看与管理页面。

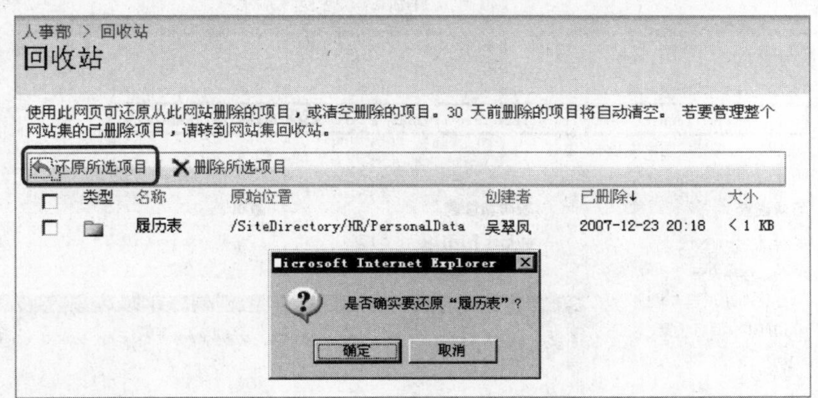

图 4-22　还原删除的图片

将准备回收的资料前面的复选框勾选起来，再选择工具栏上的 还原所选项目 ，此时系统会要求再确认一次，是否真的要将文件夹还原至原来摆放的位置，请单击 确定 ，以确认文件夹回收操作。YA！饭碗可以保住了。

> **注意** 在回收站的页面中，请注意 ✕ 删除所选项目 这个选项，因为该项目指的是将回收站中被选中的图片从网站数据库删除，即烟消云散，再也找不回来了。除非您确定真的永远不会再用到这些被删除的数据，否则千万不要乱按！……真的还原不回来了吗？

4.3.3 组件库的删除与还原

当整个组件库都不再需要使用时，可将其整个删除，当然组件库中所有的文件、列表项和文件夹也会跟着一起被删除，所以不到万不得已，是绝对不会这样做的啦。

本例以业务部工作组网站中的部门共用图片库为展示对象，请先将页面切换到如【图 4-23】所示的部门共用图片库的查看与管理页面。然后单击工具栏的 设置 功能下的 图片库设置（这个选项视不同的组件库而有所差异）子功能项目。当打开了如【图 4-24】所示的“自定义部门共用图片库”管理页面后，请移动鼠标单击 权限和管理 区块中的“删除此图片库”链接，系统会显示警告消息，要求再确认一次，是否真的要将该组件库删除，并将删除的组件库移至“回收站”中，请单击 确定，以确认整个组件库的删除操作，将组件库删除时，其内所有的数据也会一起删除。

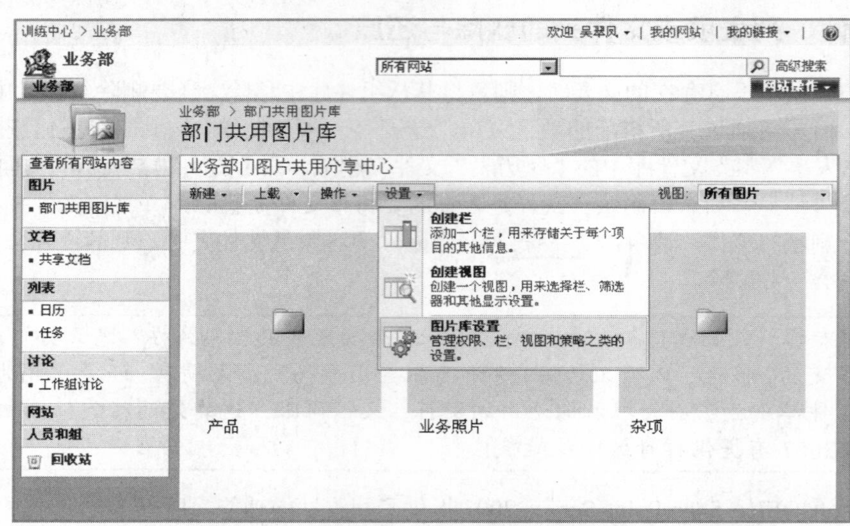

图 4-23　打开自定义组件库管理页面的鼠标单击路径

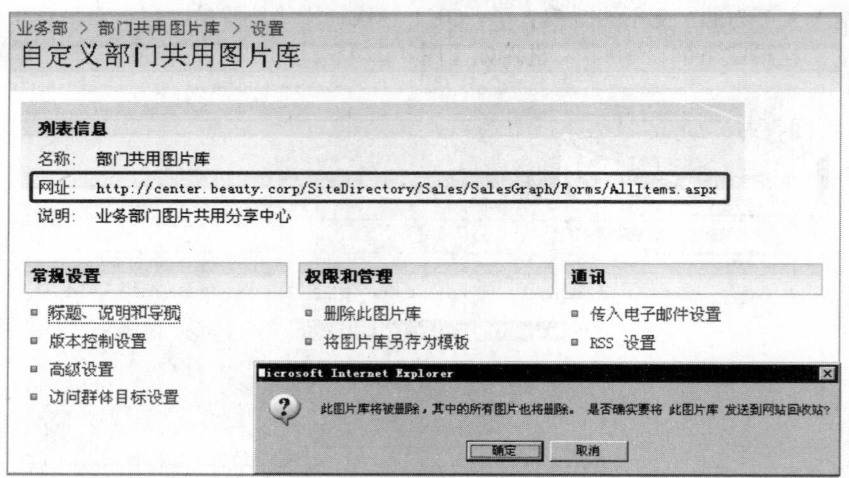

图 4-24　删除组件库

如果想将刚刚删除的组件库再还原回来，一样是单击“快速启动”栏最底下的 回收站，进入回收站管理页面，将删除掉的组件库再还原回来。可是还原回来后，您可能会发现原来在“快速启动”栏的组件库超链接并没有再度出现（如【图 4-25】所示），那是不是表示组件库并没有还原回来呢？别担心，其实只是“快速启动”栏的组件库超链接没有还原而已。

如果想将“快速启动”栏的超链接再重新设置回来，请单击 部门共用图片库 超链接，打开如【图 4-26】所示的“图片库常规设置”管理页面，移动鼠标单击 常规设置 区块中的“标题、说明和导航”链接，并在配置页面中选择要将组件库显示在“快速启动”栏（如【图 4-26】所示），设置完成后，请单击 保存。

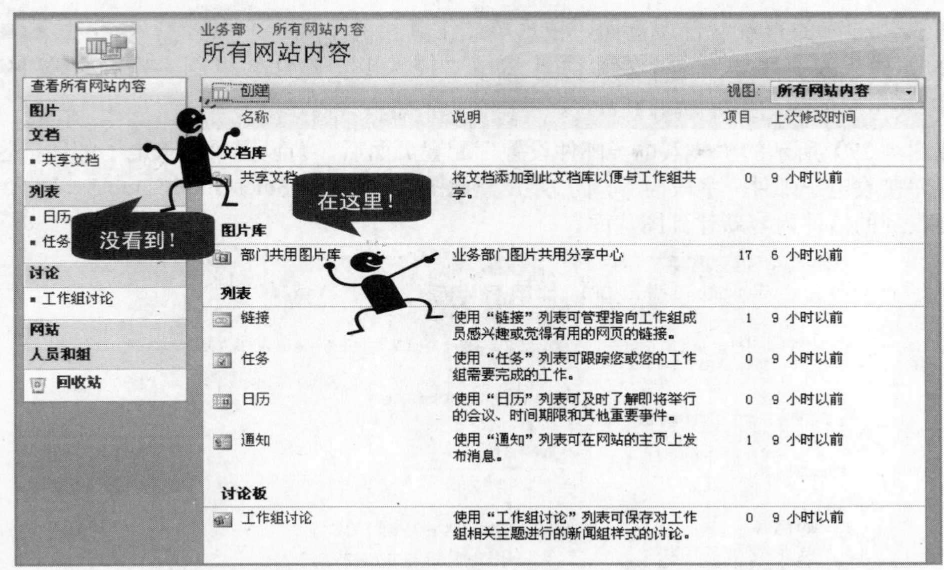

图 4-25　图片库已还原回来，但原有的“快速启动”超链接并没有还原回来

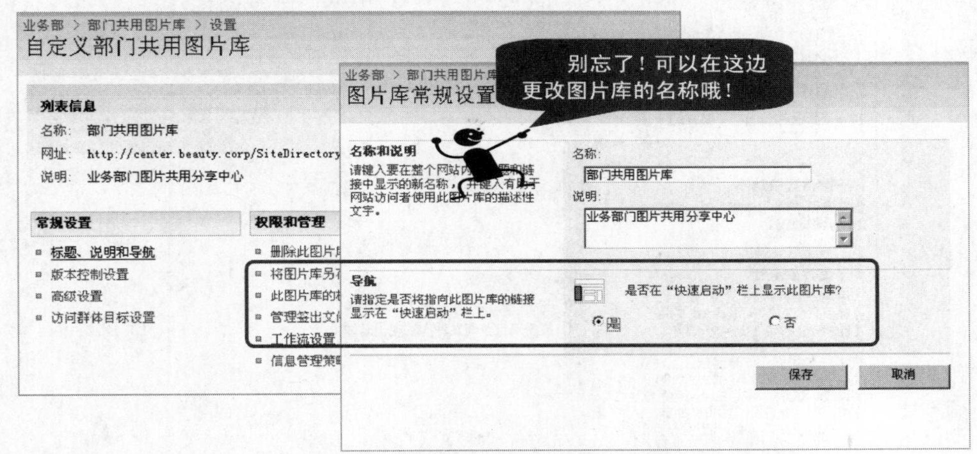

图 4-26　启用组件库显示于“快速启动”栏

4.4　电子邮件与组件库的集成

在前面的章节中已介绍过了如何将文件或列表项新建到组件库，可是前提是必须要能链接到 SharePoint 网站。如果您不在企业内部，又没有 VPN 连入企业的权限，则势必是无法与 SharePoint 网站链接的。而数据又因事情紧急的缘故，必须赶快送回公司给小组成员查看或编辑，此时该怎么办才好呢？我想 E-Mail 是唯一的方法！可先用 E-Mail 寄给其中一位小组成员，然后再请该小组成员将文件上传到 SharePoint 网站组件库，以供其他人员查看或编辑。可是这样一来，又要欠人人情，真是不好！所以如果可以直接将文件或列表项用电子邮件的方式送至 SharePoint 网站组件库，则会是最完美的方法。

MOSS 2007 可利用电子邮件新建数据内容到文件库或列表。即可以通过标准传送电子邮件的方式，将制作和交换的文件或讨论议题传送到 SharePoint 网站组件库中。但并不是每个组件库都支持这个机制，默认仅可在下列 6 种组件库环境中启用：

① 文档库 ② 图片库 ③ 表单库 ④ 通知列表 ⑤ 日历列表 ⑥ 讨论板

在启用上述所示的组件库的传入电子邮件机制之前，必须先到 SharePoint 3.0 管理中心 启用服务器的网站接收电子邮件。详细介绍请参考 1.7.1 节的内容。当 SharePoint 3.0 管理中心启用完成后，接下来就要到适当的组件库中各自设置是否要启用传入电子邮件的功能。

本练习以业务部小组网站的“部门共用图片库”为例，请单击“快速启动”栏的“部门共用图片库”

超链接，打开该组件库的查看与管理页面，依次单击工具栏的 设置 → 图片库设置 → 通讯 区块下的 传入电子邮件设置 。如果没有事先在 SharePoint 3.0 管理中心 启用“传入电子邮件”机制，则在 通讯 区块下看不到 传入电子邮件设置 这个超链接。

在打开【图 4-27】所示的“传入电子邮件设置”配置页面后，请设置“传入电子邮件”区块中的“是否允许此图片库接收电子邮件”字段为 ⊙是，并设置此图片库要将“SalesGraph@mossvr.beauty.corp”这个电子邮件地址收到的信件内容新建到图片库。

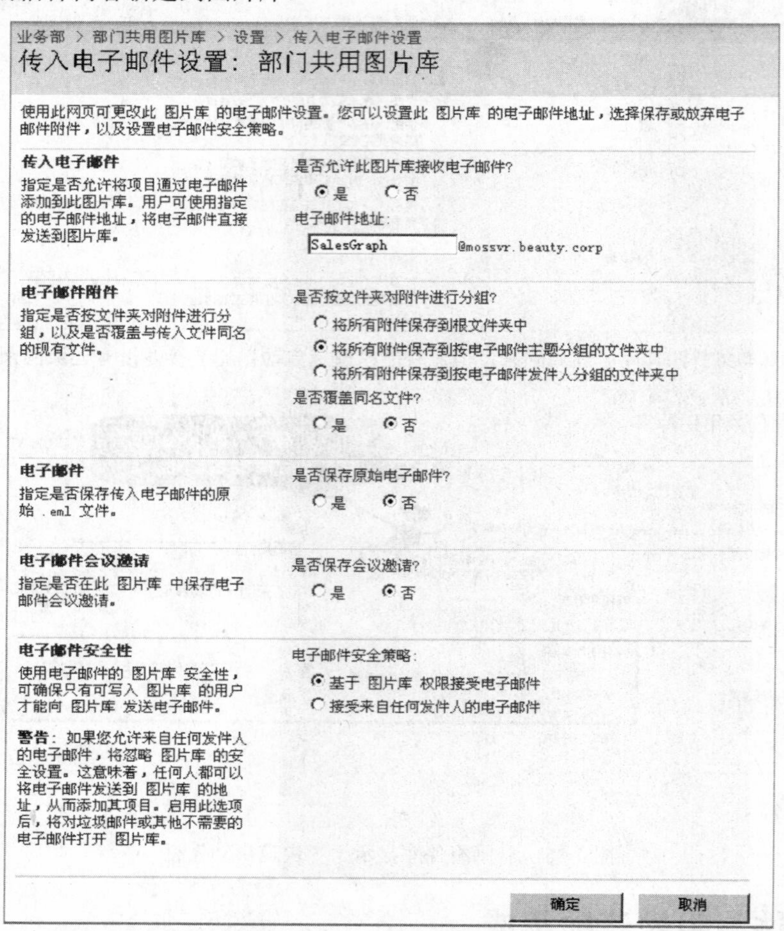

图 4-27 设置可以接收电子邮件附件来新建项目到组件库

- **电子邮件附件**

定义将要发送到图片库的邮件附件是存放到图片库的根目录还是图片库下的文件夹中。若选择的是 ⊙将所有附件保存到根文件夹中 ，则表示电子邮件所夹带的附件一律存在图片库的根目录之下，事后可再将它们手动移动到适当的图片库下的文件夹中。

若选择的是 ⊙将所有附件保存到按电子邮件主题分组的文件夹中 ，则表示电子邮件所夹带的附件会存放在图片库中以“邮件主题”为名称的文件夹下。如果该文件夹事先不存在，则会自动创建一个以“邮件主题”命名的文件夹后，再将所夹带的附件存放其中。

若选择的是 ⊙将所有附件保存到按电子邮件发件人分组的文件夹中 ，则表示会自动创建一个以“邮件发件人”为名称的文件夹，再将所夹带的附件存放其中。例如邮件发件人的名称为“吴翠凤”，E-Mail 地址是 Linda@Beauty.corp，则在图片库根目录下会创建一个名称为“吴翠凤 (Linda@Beauty.corp)”的文件夹。

当利用电子邮件新建数据内容到文件库或列表时，如果所夹带附件的文件名在图片库中已存在，那此时可通过“是否覆盖同名文件”的配置来决定要采取什么样的操作，如果配置为 ⊙是，表示直接覆盖原有文件，如果为 ⊙否，电子邮件所夹带的附件仍会上传到图片库，只是会将准备上传的附件在原有文件名后再加上 4 个随机产生的数字作为存放在组件库中的名称。

- **电子邮件**

定义是否要将电子邮件原始内容（正文＋附件），以邮件主题为名称的 eml 格式文件存放到图片库中。通常这个选项设置默认值为 ⊙否。笔者建议当组件库为“文档库”、“图片库”或“表单库”时，选 ⊙否 为佳，否则除了附件以外，又会多一个以邮件主题为名称的文件（内含邮件正文及附件）出现在图片库中。

- **电子邮件会议邀请**

定义是否接受会议邀请式的电子邮件附件。通常这个选项默认值为 ⊙否。笔者建议当组件库为“文档库”、“图片库”或“表单库”时，选 ⊙否 较好，因为这 3 种组件库跟时间或开会没有关系。除非您的会议邀请希望同时寄到收件人的电子邮箱和 SharePoint 网站中的日历，又希望顺便将会议邀请所夹带的附件存放到文档库类型的组件库中。则可以在此选择 ⊙是，以便一封信可同时处理多个需求。

- **电子邮件安全性**

此选项是用来管控谁可以传送电子邮件数据到图片库。默认是具有可以写入图片库权限的用户。但如果您在此区块选择的是 ⊙接受来自任何发件人的电子邮件 ，则表示任何人都可以传送电子邮件到图片库，如此一来，可能会受到垃圾邮件、广告信函或其他不希望收到的电子邮件的干扰。所以除非这个图片库是为匿名用户开放访问，而且目的是收集数据，否则千万不要接受来自任何发件人的电子邮件。

如果组件库类型是列表，那邮件的内容要与列表字段如何对应搭配呢？还是只有附件会留下，其他列表字段都保留为空白吗，那这样一来，不就没办法看出列表项要表达的意思了吗？

基本上，文档库和表单库的传入邮件运送模式与图片库完全相同。如果组件库类型是列表的话，设置上还是基本相同的，但是接收到电子邮件之后就有些差异了。因为邮件的主题、正文或附件等不同字段的信息会对应到以上列表组件库中的不同字段，我们就以“通知”、“日历”及“讨论板”三者为例分别来讨论其间的异同。

- **通知**

当“通知”列表收到电子邮件之后，邮件字段信息与通知字段的对应情况如下，顺便值得一提的是邮件正文的内容会真实地呈现在通知正文中，所以当您觉得在通知中编辑正文内容有点碍手碍脚的，则可以利用发送邮件的方式，完成通知主题的公布。

邮件字段	主题	正文	附件
通知字段	标题	正文	附件

- **日历**

“日历”列表只接收会议邀请形式的邮件，因为一般类型的邮件并没有办法定义开始时间及结束时间等信息。会议邀请邮件字段信息与日历字段的对应情况如下：

邮件字段	主题	地点	开始时间	结束时间	正文	周期性	附件
日历字段	标题	位置	开始时间	结束时间	描述	周期	附件

- **讨论板**

基本上只能以发布题目的方式送入讨论板，无法以发送电子邮件的方式回复讨论板的讨论主题。除非发件人在发送邮件时，同时寄给用户和 SharePoint 网站的讨论板，然后用户用“回复”或“全部回复”的方式，将信件寄至 SharePoint 的讨论板中，才可能成为某个发布主题下的回复。如果讨论板主题是直接新建在 SharePoint 网站上的话，则无法利用电子邮件的方式将回复发布到讨论板主题之下。

邮件字段	主题	正文	附件
讨论板字段	主题	正文	附件

练习 目标：利用邮件应用程序传送电子邮件到业务部小组网站中的图片库和日历。

练习步骤：

1 请用鼠标点击“快速启动”栏的“查看所有网站内容”超链接，并选择“列表”区块下的“通知”。

2 在“通知列表查看与管理”页面上，单击工具栏的“新建”→“新建项目”。

3 请启用业务部小组网站中的部门共用图片库和日历的传入电子邮件功能，设置内容如下：

部门共用图片库：

A．是否允许此图片库接收电子邮件：是

B．电子邮件地址：SalesGraph@mossvr.beauty.corp

C．以文件夹将附件分组：在依电子邮件主题分组的文件夹保存所有附件

D．是否使用相同的名称覆盖文件：是

E．是否保存原始电子邮件：否

F．保存会议邀请：是

G．电子邮件安全策略：基于图片库权限接受电子邮件

日历：

A．是否允许此图片库接收电子邮件：是

B．电子邮件地址：SalesCalendar@mossvr.beauty.corp

C．电子邮件附件：是

D．电子邮件安全策略：基于列表权限接受电子邮件信息

4 准备开始写信了，请在 Outlook 环境中新建一个会议邀请性质的电子邮件，信件内容如下：

A．收件人 ：SalesGraph@mossvr.beauty.corp;
SalesCalendar@mossvr.beauty.corp

B．主题：MOSS 网站配置

C．地点：14 楼会议室

D．开始时间：2007/3/21（星期三）上午 10:00

E．结束时间：2007/3/21（星期三）下午 12:00

F．正文：确认 MOSS 2007 配置架构，附件为目前规划架构图，请于开会前先行查看

G．附件：独立主机.bmp; 服务器阵列配置架构.bmp

5 确认业务部小组网站的部门共用图片库结果如下（如【图 4-28】所示）：

A．图片库根目录会自动产生 1 个名为“MOSS 网站配置”的文件夹。

B．在“MOSS 网站配置”文件夹中会有“独立主机.bmp”及“服务器阵列配置架构.bmp”2 个图片文件存在。

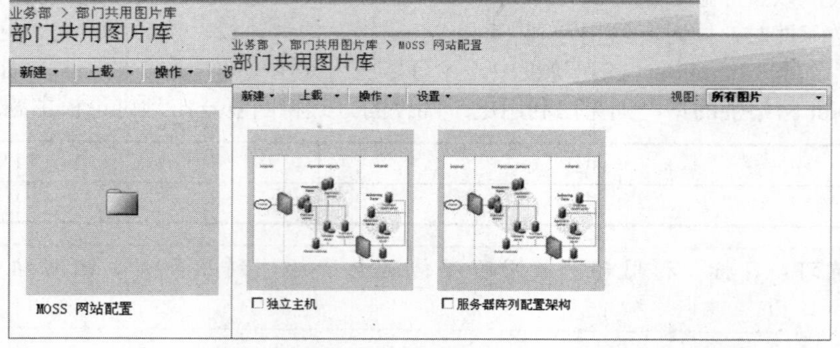

图 4-28 利用邮件应用程序发送电子邮件到业务部小组网站中图片库的结果

6 确认业务部小组网站的日历结果如下（如【图 4-29】所示）：

A．日历所有事件视图会出现一个有关“MOSS 网站配置”的标题。

B．单击该标题，查看单个项目视图内容是否符合会议邀请电子邮件的内容。而且更神奇的是，在该项目视图页面的最下方，还会告知此数据是通过电子邮件发送过来的，如果您还想进一步想知道是谁用电子邮件发送过来的（对电子邮件安全策略选 ⦿接受来自任何发件人的电子邮件 时特别有用），发件人还寄给了哪些人，可点击最下方的“从电子邮件”超链接，即可看到如【图 4-30】所示的结果。

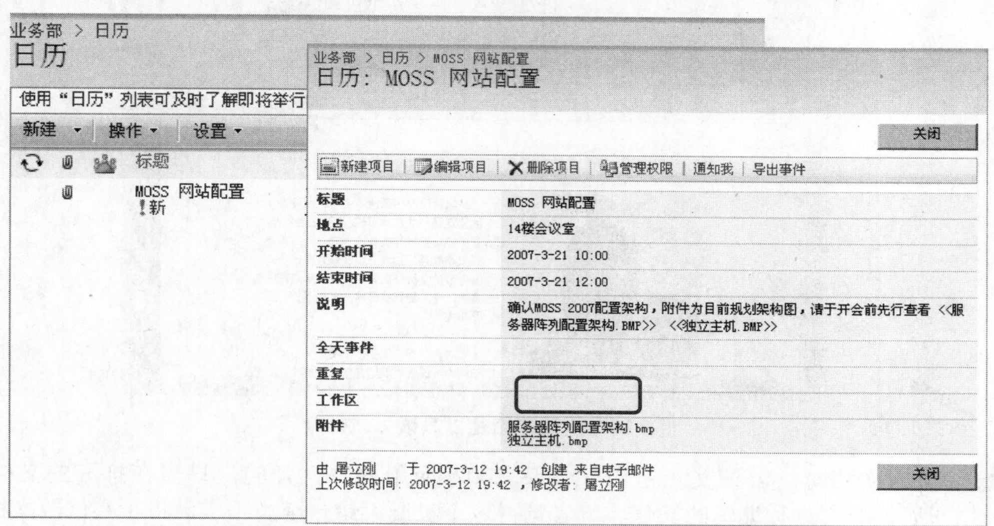

图 4-29　可由数据视图页面中得知其由哪个电子邮件新建到组件库

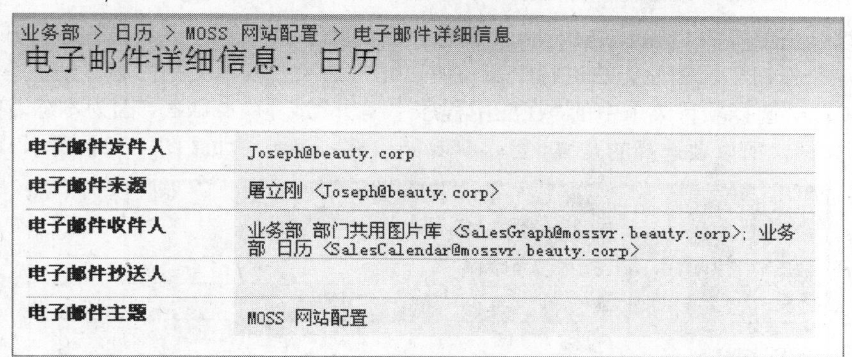

图 4-30　查看发送电子邮件到组件库的发件人、副本及主题等资料

利用电子邮件的方式将文件或数据项新建至 SharePoint 网站组件库真是一个好功能，可是用户要如何得知组件库所设置的传入电子邮件地址呢？

有关用户要如何得知 SharePoint 组件库的传入电子邮件地址，可由下列两种方式来完成：一是在 SharePoint 网站中创建联系人，然后用户可将 Outlook 与 SharePoint 网站的联系人创建链接同步；另一个解决方案就是在 Exchange 环境中创建联系人信息，仍然可从 Outlook 中提取到该信息，即可发送电子邮件到 SharePoint 网站的组件库中。用户不用刻意记住各个组件库的传入电子邮件地址。

4.5　打开或编辑文档库中的文档

当文档放在文档库时，事后若想打开查看或编辑，可先打开该文档库的查看与管理页面。单击要查看或编辑文档的文件名，便会以该文件类型所搭配的适当的文件编辑应用程序打开该文档（如【图 4-31】所示）。不过这种方法默认是以 **只读** 的方式打开文档的。

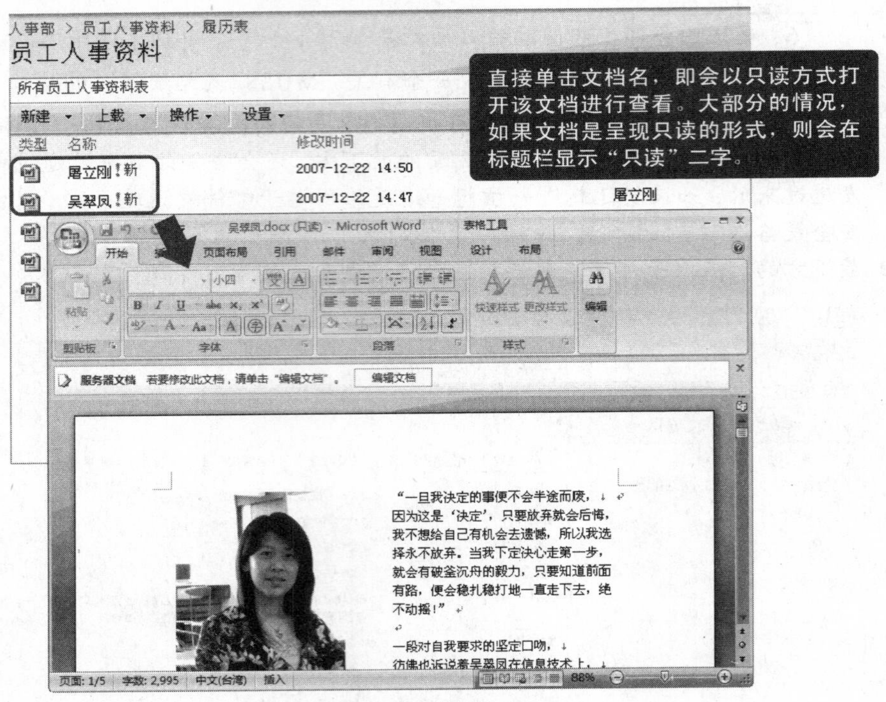

图 4-31 默认文档是以只读方式打开

至于想编辑该文档时，若该文档是由 Office 2007 应用程序打开的，只需在打开的文档顶部单击 编辑文档 按钮后，即可进行编辑的操作。笔者觉得这个机制不错，至少不容易不小心修改文档，除非查看后确认要编辑时，再单击 编辑文档 开始编辑和修改工作，最后单击 执行保存。

不过如果文档是由旧版的 Office（Microsoft Office 97-2003）应用程序或其他程序打开时，那就绝对看不到 编辑文档 这个按钮了，因此无法进行编辑，所以此时如果要编辑文档内容，则需单击要编辑的文档旁的向下三角形（ ），选择项目菜单中的“在**应用程序**中编辑”或 编辑文档，因为本练习中的是 Microsoft Office Word 2007 文档，所以要选择的是 在 Microsoft Office Word 中编辑 （如【图 4-32】所示）。

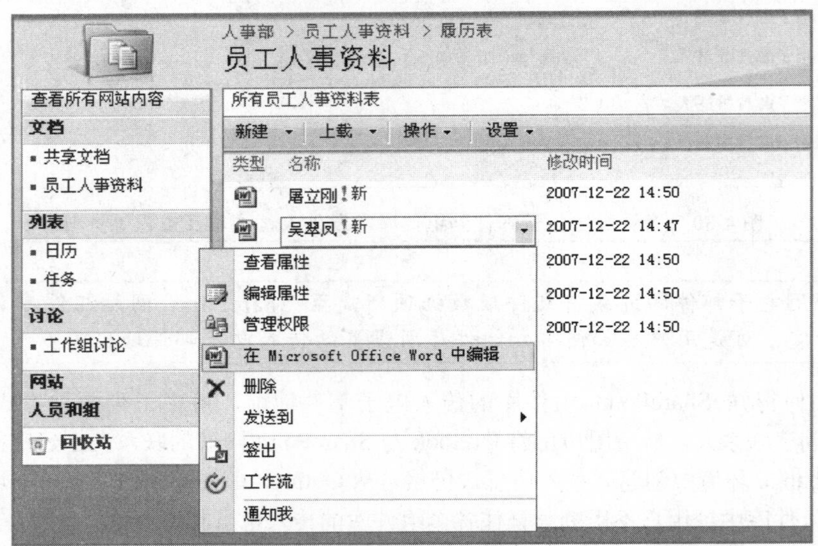

图 4-32 打开文档并进行编辑

当打开文档执行编辑工作时，您所做的任何修改操作，只要保存过，就会实时反映到文档库中，其他用户在当时打开该文档，都会看到您最新保存的文档结果。因为以“在**应用程序**中编辑”的方式来打开文档做编辑时，其实是对存放在 MOSS 网站文档库中的那份文档直接进行更改，可是如果这时候网络突然断线该怎么办？编辑中的文件该如何处理呢？况且您可能并不想让其他用户可以随时查看到您目前所做的更改情况，而是希望确认编辑结果正确后，才正式呈现给其他的团队成员查看。同时如果同一文档可以有多位成员进行编辑，您也希望避免当您在编辑文档时，别的成员也同时编辑该文档，那就可能会造成文档冲突的情形发生。所以此时您可通过“**签出**”这个机制来避免这些问题的发生。

4.5.1 签出文档

从 Microsoft Office SharePoint Server 2007 网站下的文档库签出文档（Check-Out）的这段时间里，只有签出文档的用户具有编辑文档内容的资格，其他用户是无法更改该文档的，但仍可以只读该文档签出前的版本，直到签出文档的用户将文档执行签入（Check-In）操作之后，其他团队成员才会看到该文档所做的最新更改结果并可以编辑该文档。

要将文档从文档库中签出的方法有以下两种（如【图 4-33】所示）。不过要提醒读者一件事，当将文档签出时，必须要能够联机到 MOSS 2007 网站的文档库，要不然从哪里签出文档呢？

- 在打开文档进行编辑之前，选择该文档项目菜单中的 签出 。
- 这种方法只适用于 Microsoft Office 2007 家族（Word、Excel、PowerPoint）应用程序，当打开要编辑的文档之后，单击 Office 2007 应用程序左上角的 Office 按钮，进而选择 服务器(B) 下的 签出(O) 编辑私有副本，并防止他人进行更改。。

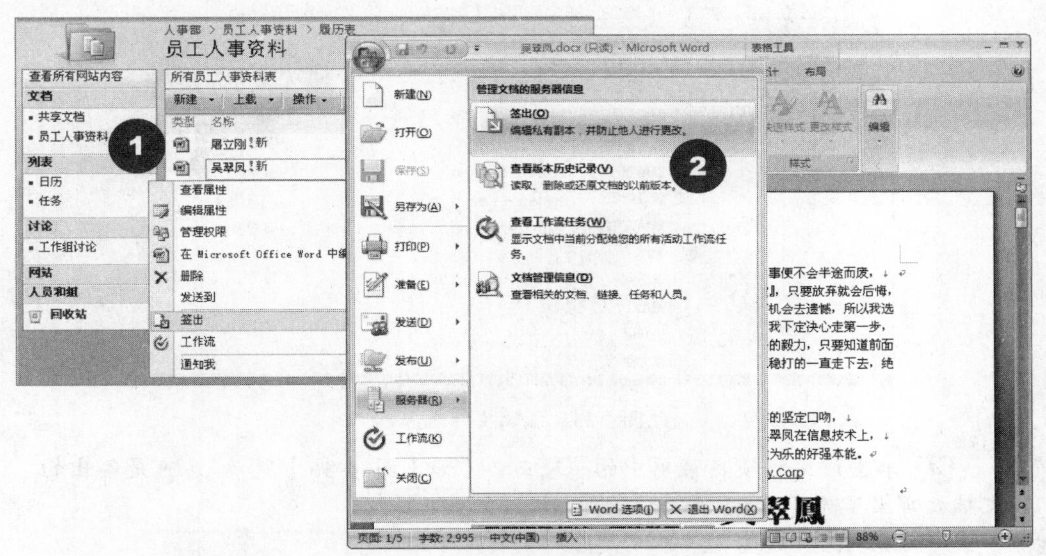

图 4-33 签出文档进行编辑

一旦文档被签出后，该文档在文档库的图示会变为签出的状态，以此练习为例，我们将员工人事资料文档库下的履历表文件夹中的“吴翠凤.docx”这个文档签出后，该文档在文档库的视图页面中的图示就由 变为 ，且该文档功能项目中的 签出 不见了，而多了 签入 和 放弃签出 两个子功能项目。

练习 目标：确认与 Windows SharePoint Services 不兼容程序的文件类型，可能仅能在线只读查看，而无法在线打开文档直接编辑，唯一的途径是签出后进行编辑。

练习步骤：

1 创建一个文本文件（命名为“我是文本文件.txt”）并上传到“员工人事资料”文档库。

2 直接单击文档库中的“我是文本文件”文件名，此时系统会询问是要以“只读”还是“编辑”的形式打开（如图 4-34 所示）。可是不管选择哪个选项，其实都是以只读的方式打开。

3 单击该文档项目菜单中的 编辑文档 ，结果又是空欢喜一场，请见【图 4-35】。

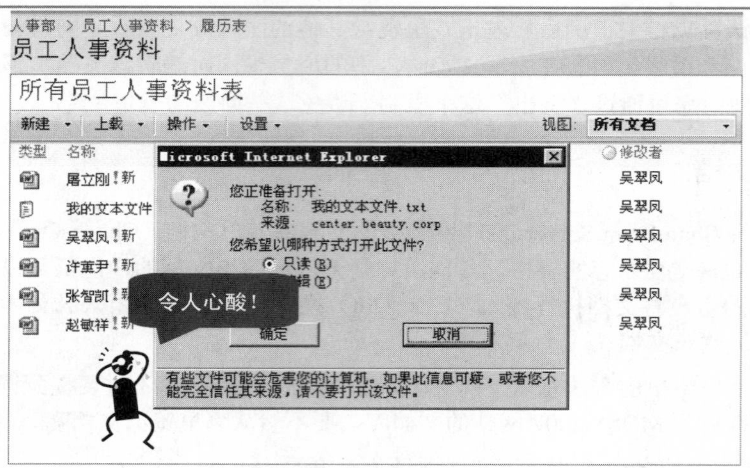

图 4-34　打开文档时的对话框

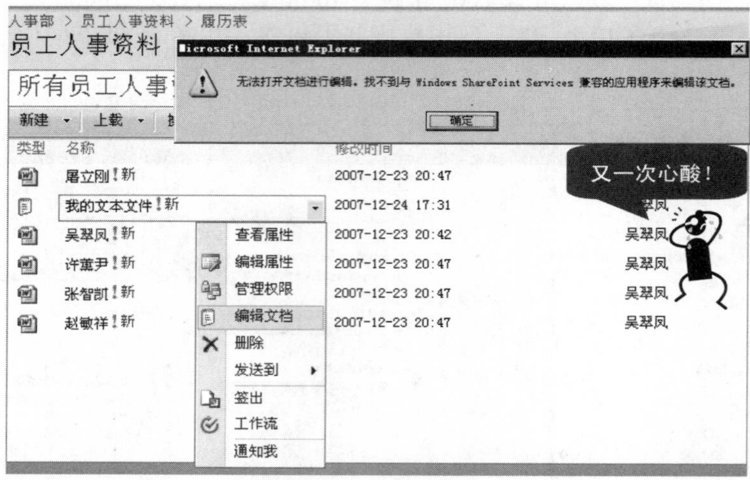

图 4-35　编辑文件内容

4 单击该文档项目菜单中的 签出 （如【图 4-36】所示），可是签出的文档放哪里了呢？

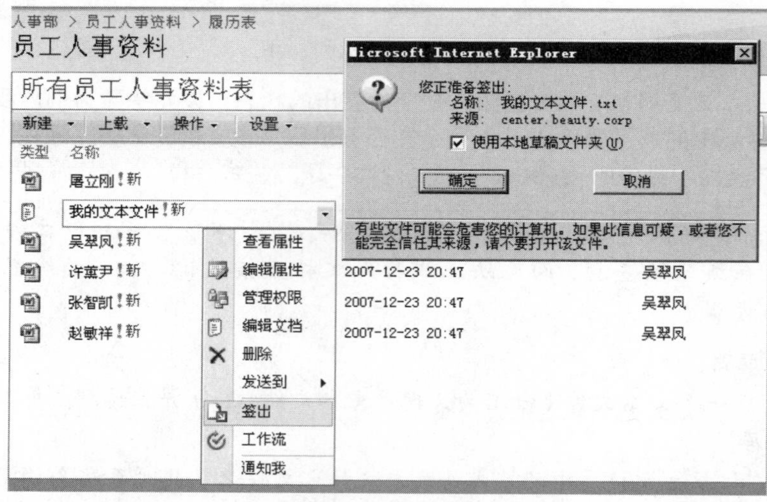

图 4-36　签出文档

5 请再执行步骤2及步骤3的操作。居然可以用记事本（notepad.exe）打开“我是文本文件.txt”了。真是太神奇了！

签出文档编辑有这么多的好处，可是用户经常打开文档后就开始编辑，常常忘了先行签出，那该怎么办呢？而且当我们单击文档项目菜单中的 签出 子功能项目时，一些非 Office 2007 的其他程序会出现【图 4-36】所示的对话框。对话框中的“使用本地草稿文件夹”是什么意思呢？这个默认的本地草稿文件夹的位置是可以更改的吗？

更改强制签出行为及签出文档的存放位置

笔者建议在需要编辑文档之前，最好先将文档签出再进行编辑操作，以免事后发生一些莫名的问题而无法解决。可是说的总比做的容易，用户常常会忘了签出文档就直接在线编辑起来了，这该如何是好呢？没关系！我们可以通过更改文档库的“**需要签出**”行为来解决这个问题。请打开【图 4-36】所示的文档库查看与管理页面，然后依次单击：设置 → 文档库设置 → **常规设置** 区块下的 版本控制设置 超链接，打开如【图 4-37】所示的“文档库版本控制设置：员工人事资料”页面。请将页面滚动到最后面，指定“需要签出”的配置为 ◉ 是，则以后每当要编辑文档内容时，都会要求先将文档签出，否则无法进行编辑工作。

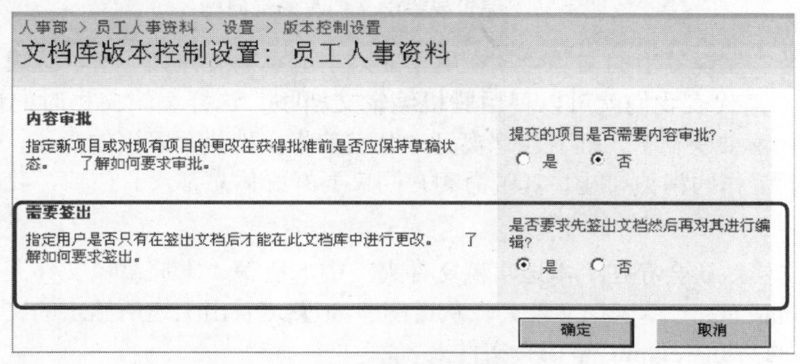

图 4-37　指定编辑前必须先签出文档

当更改了上面的配置后，我们来看看这世界会有什么变化？请单击名称为“屠立刚”的文档，若是由 Office 2007 打开文档时（如【图 4-38】所示），其原先文档顶端的 编辑文档 变为 签出 ，表示必须签出文档后才可编辑文档内容。

图 4-38　签出后才可编辑文档内容

而如果是与 Windows SharePoint Services 不兼容的程序，则会出现如【图 4-39】左边的对话框，询问是要以只读的形式查看文档，还是要签出后进行编辑，请注意哦！这次不会再心酸了！如果单击的是文件项目菜单中的“在**应用程序**中编辑”或 编辑文档 ，则会出现如【图 4-39】右边的对话框，询问要将签出的文档放在何处？所以我们练习将名称为“**屠立刚**”、“**吴翠凤**”和“**我的文本文件**”这 3 个文档进行签出的操作。

而且这样一来，就可以不用刻意要求用户去做签出文档的操作，因为只要编辑文档，系统就会主动要求执行签出的行为，用户就一定会单击 确定 啦！。

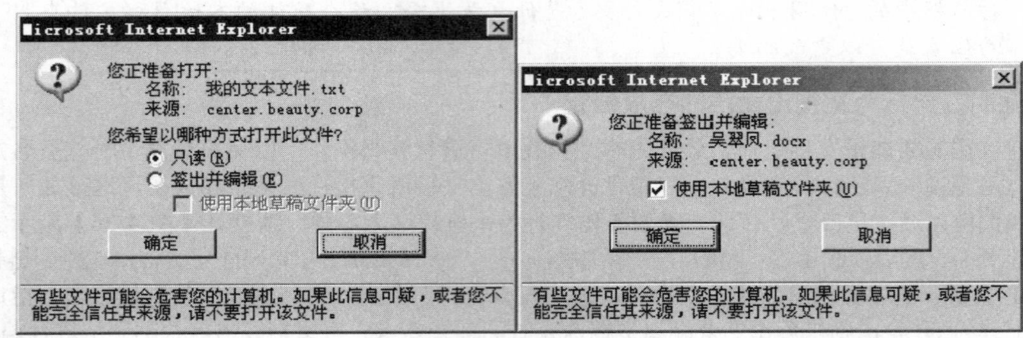

图 4-39　编辑或签出文档时的询问框

从上面的解说至今，发现签出的文档会放在所谓的“本地草稿文件夹”中，意思是说复制了一份文档放在本地硬盘！那是不是代表我们就可以使用**脱机编辑文档**啰！这样编辑文档时的速度会比直接联机在 MOSS 2007 网站的文档库要快得多，而且当您离开办公室前将文档执行签出的操作，回家后仍可打开文档继续编辑，发挥您热爱工作的精神（哇！真苦命啊！回家要好好休息都没有借口，我的阿娜达又要跟我大眼瞪小眼了）。

前面谈到签出的文档默认会存在“本地草稿文件夹”中，所谓“本地草稿文件夹”指的是用户“我的文档”文件夹中的“SharePoint 草稿”文件夹。从【图 4-40】可看出上述所签出的文档真的有备份在用户“我的文档”文件夹中的“SharePoint 草稿”文件夹。

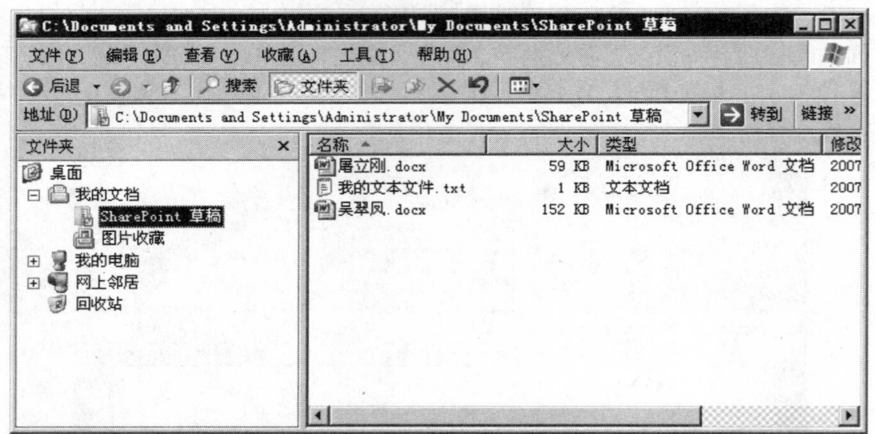

图 4-40　SharePoint 草稿文件夹所在位置

如果想更改默认的保存位置，则必须要有 Microsoft Office 2007（Word、Excel 及 PowerPoint）的应用程序来协助，在打开 Office 2007 应用程序之后，单击 Office 2007 应用程序左上角的 Office 按钮，进而选择下方的 Word 选项(I)（Excel 选项(I) 或 PowerPoint 选项(I)），打开“**应用程序**选项”对话框。

当打开如【图 4-41】所示的“应用程序 选项”对话框，单击左方区块中的 保存，此时右方区块中会出现有关保存选项的配置设置，请确认 文档管理服务器文件的脱机编辑选项 区块下的 将签出文件保存到: 选择的是 此计算机的服务器草稿位置(L) 这个选项，并更改下方的 服务器草稿位置(V): 的签出文档的存放位置，此位置可以是本地硬盘的文件夹或网络分享路径（UNC 路径）。最后请单击 确定 完成更改配置的工作。

上述所做的设置只对更改后签出的文档有用，若已经签出的文档，则仍然存放在原始的设置位置。若客户端没有 Office 2007 应用程序的话，则签出的文档还是得存放在默认用户“我的文档”下的“SharePoint 草稿”文件夹中。

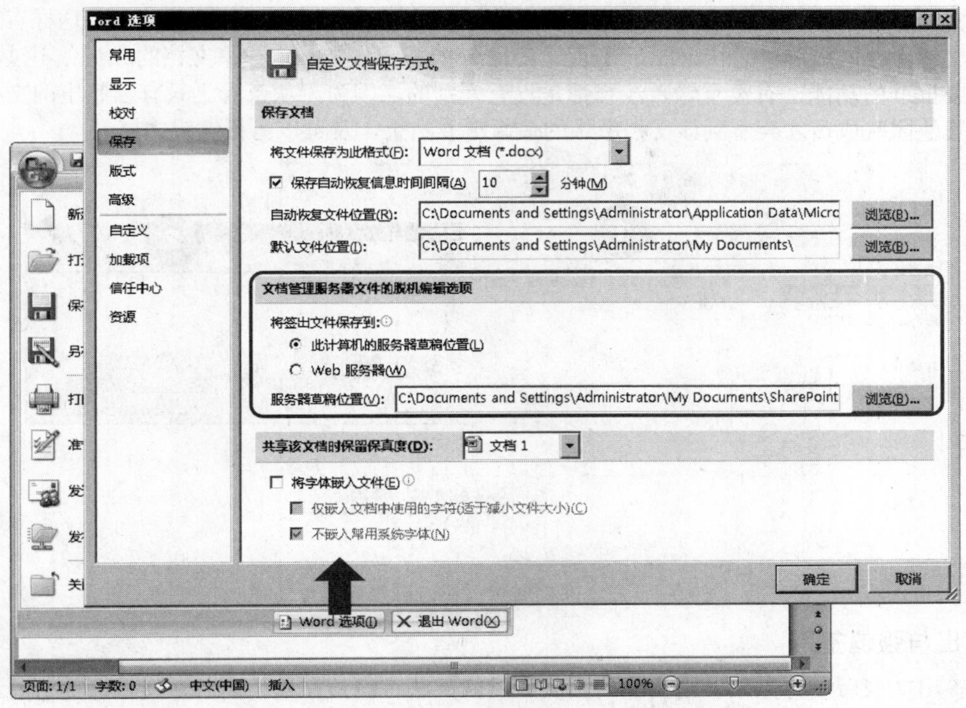

图 4-41　更改签出文档的草稿文件夹存放位置

4.5.2　签入文档

当您编辑完文档要关闭文档时，Office 2007 应用程序会出现如【图 4-42】所示的对话框，询问您是否要签入文档（Check-In），如果此时不想执行签入的操作，事后仍可通过下列两种方式将文档签入（如【图 4-43】所示）。

图 4-42　签入文档的询问框

1. 选择该文档项目菜单中的 签入 ，此方法适合任何文档。

2. 这种方法就只适用于 Microsoft Office 2007 家族（Word、Excel、PowerPoint）的应用程序。单击 Office 2007 应用程序左上角的 Office 按钮 ，进而选择 服务器 下的 签入 允许他人使用您的更改。。

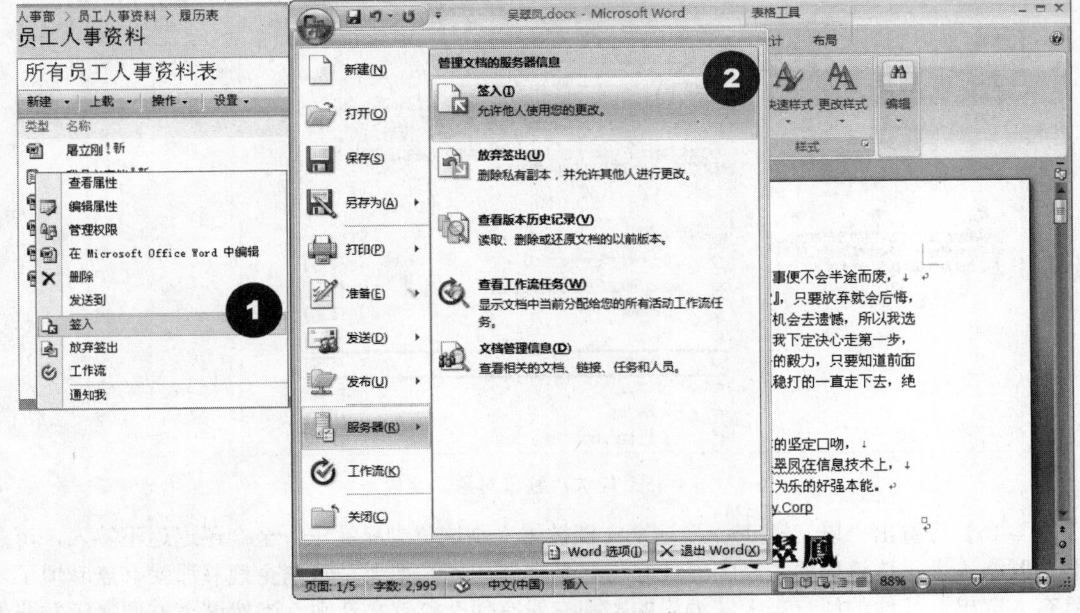

图 4-43　签入文档的方式

当签入文档时，系统会要求输入如【图 4-44】所示的注释来说明文档更改的情况，这样有助于团队成员快速了解文件更改的内容。以往可能是要通过 E-Mail 的方式告知其他共享文档的成员。不过如果没启动了版本控制或批准的功能，有没有输入注释都是没有差别的，因为无从查看。只有当签出的文档执行签入操作之后，其他团队成员才会看到该文档所做的最新更改结果，及可以另行编辑文档。

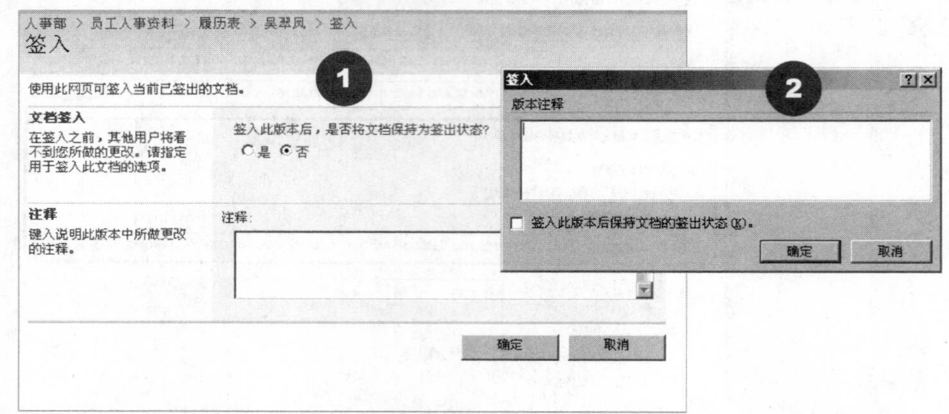

图 4-44　签入文档时可对修改的地方进行注释

放弃签出与强迫签入

当用户签出文档后没有签入，则其他的团队成员就无法编辑该文档，而且从文档库的查看与管理页面也看不出到底是谁将文档签出的，如果知道是谁签出的，还可打电话告诫他一下（嘻！小心是您老板做的哦！）。请单击文档库查看与管理页面工具栏最右方的视图区块，选择其下的 修改此视图 项目，当打开【图 4-45】所示的"编辑视图"配置页面时，勾选"栏"区块中的 ☑ 签出对象 前的复选框，然后单击 确定 结束配置，随即看到类似【图 4-46】的结果。

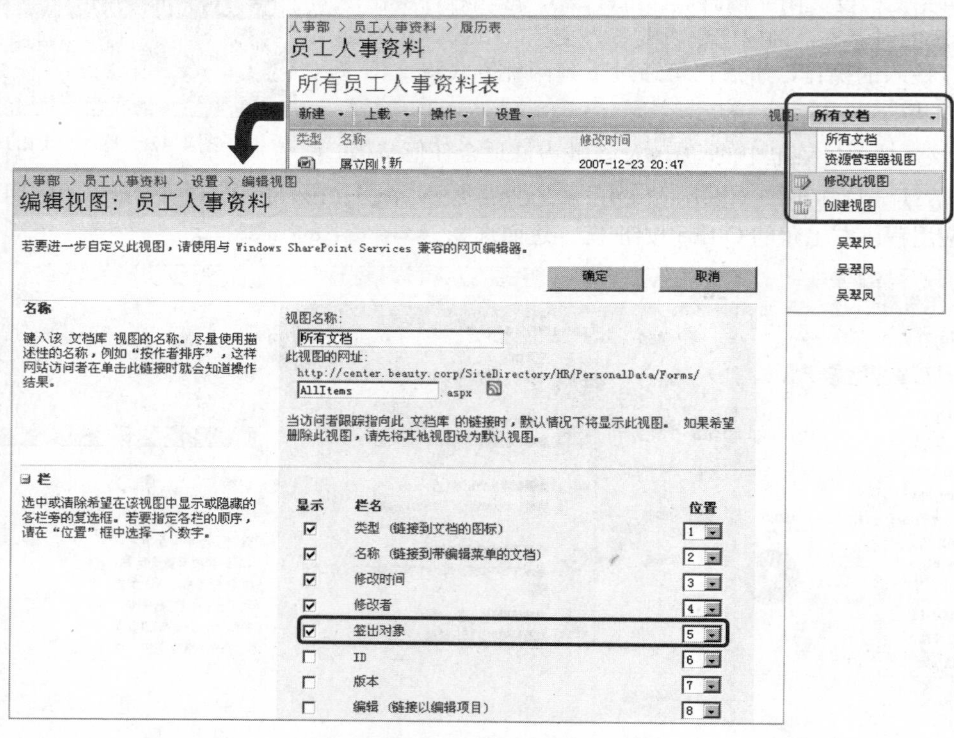

图 4-45　勾选"签出对象"字段

从【图 4-46】可看出"屠立刚.docx"这个文档被屠立刚这位老兄签出，至今还迟迟不签入，可是他又出国度假，联络不上，这该如何是好呢？还好这只是个履历表，如果是营销企划书那就有点麻烦了，因为文档一旦有人取出，其他的用户是无法编辑的，那有没有什么权宜之计呢？当然这个方便之策并非人人可用，必须是对文档库拥有"完全控制"权限等级的人才可将其他用户签出的档案**强迫签入**。具体操作就是选择该文档项目菜单中的 签入 ，此时会出现【图 4-47】的警告页面，告知该文档已被 Joseph 签出及签出时间，若单击 确定 ，则该文件的状态将会变为“未签出”，而且在被屠立刚签出的这段时间的内容修改，将会消失无踪，所以如果签出的人是老板的话，请不要自作主张，否则后果自负。

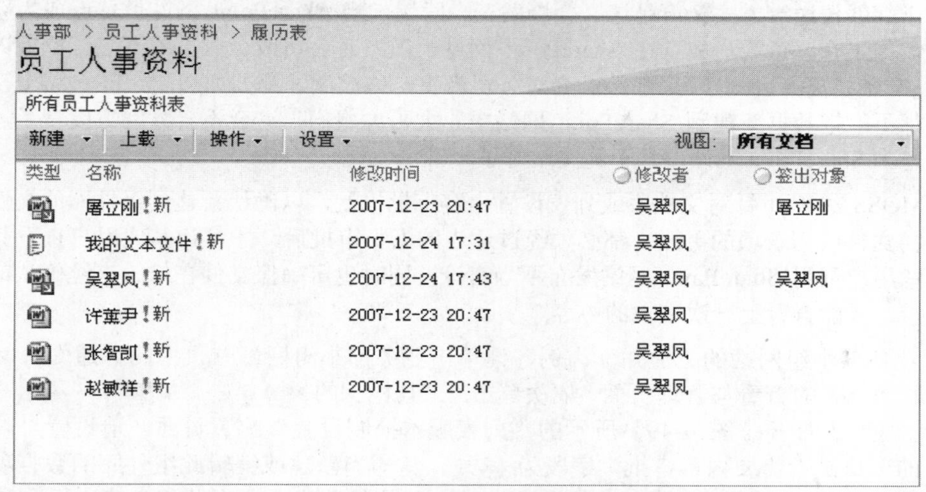

图 4-46　多了“签出对象”字段后的视图页面内容

图 4-47　强迫签入他人签出的文件所显示的警告信息

当文档签出编辑到一半时，突然后悔所做的更改，那又该怎么办？没错！打电话给系统管理员，请他执行强迫签入的操作。嗯！你们家的 MIS 可能做不久，因为他会被用户烦死。其实用户可以自行选择如【图 4-48】所示的文件项目菜单中的 放弃签出 ，表示要取消在签出这段时间所做的内容更改。

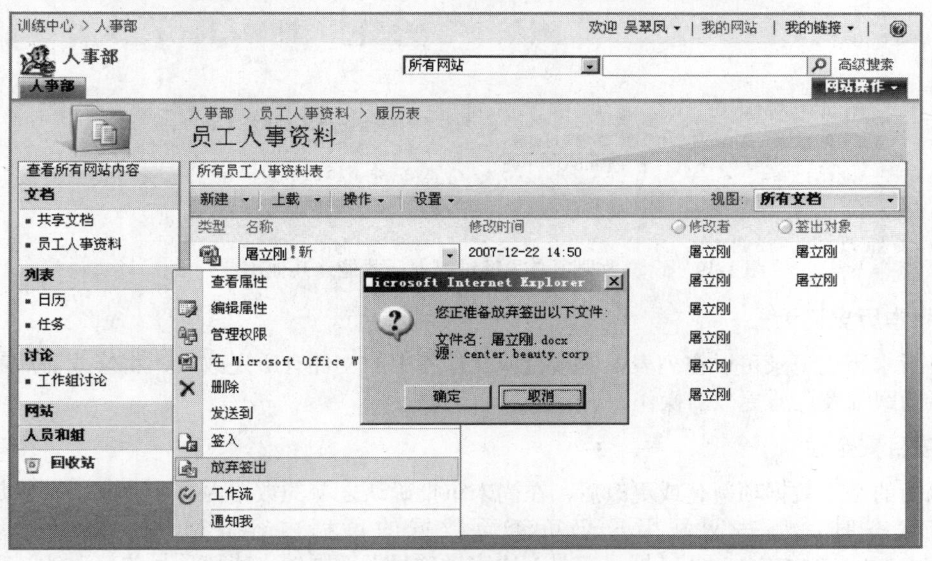

图 4-48　放弃签出后所做的更改

如果有人随意更改文件内容该怎么办？有没有管控的机制？如果想还原到之前更改的文件内容该如何是好？可不可以有版本控制的机制呢？

4.5.3 文件或列表项的审批与拒绝

用户可以通过各种方法将文件或列表项新建到 SharePoint 网站，似乎已可无所不用其极了，例如用新建、上传或电子邮件传送等方式。可是这又会爆发一个隐忧，当 SharePoint 网站俨然已成为新一代的信息交换平台之后，如果有恶意用户故意在 SharePoint 网站上散发对公司或企业主的不当言论批评或不实消息（这个人一定是准备要离开公司了），那势必会对公司产生一些波澜。那要如何防止呢？这个答案很简单，就是让所有人都不能把数据新建到 SharePoint 网站中。大哥大姐们，这会不会太因噎废食了，如果没有人可以将数据新建到 SharePoint 网站，那干脆关站好了。

别担心，MOSS 2007 可针对文档库或列表设置内容审批机制，以确认新建到组件库的文件或列表项，以及组件库中的文件或列表项的更改，都必须经过适当的人员审批后，才可让其他用户查看其内容。这样就可以防止恶意用户利用 SharePoint 网站发布不当言论，同时也可确保文件在修改未经确认前，其他用户不能查看其全貌，只能查看**上一次**审批的内容。

本练习以业务部小组网站的“通知”为例，请单击业务部小组网站首页中的“**通知**”网页组件的标题，以打开该通知列表的查看与管理页面，依次单击：工具栏上的 设置 → 文档库设置 → **常规设置** 区块下的 版本控制设置。打开【图 4-49】所示的“列表版本控制设置”配置页面，请设置“内容审批”区块中的“提交的项目是否需要内容审批”字段为 ⊙是，意即当新建或编辑此组件库的数据项时，必须要经过有适当权限的人审批对该项目的新建或更改之后，其他的用户才会在此组件库中看到该项目的存在或更改。

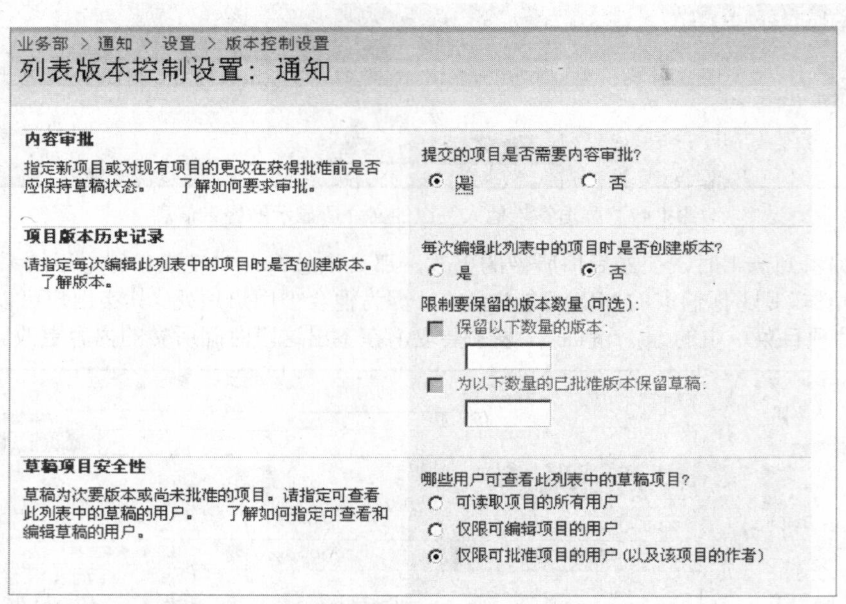

图 4-49　设置数据项必须经过审批后才能让其他用户查看

- **项目版本历史记录**

启动项目版本历史记录可以在列表中的项目或文件库中的文件有所更改时，将修改前后的文件加以保存，以便事后的跟踪及还原更改的操作。

- **草稿项目安全性**

所谓草稿指的是当数据项新建或更改后，在尚未审批确认之前的数据内容。此区块主要是定义当数据项呈现草稿状态时，哪些网站用户仍可查看数据的草稿内容。MOSS 2007 系统默认值为 ⊙ 仅限可批准项目的用户（以及该项目的作者），即只有具有“审批项目”权限的人或该项目的修改者（**初始的创建者也看不到哦！**）可以查看数据项修改后的内容。大部分情况下，多是选用此默认值。而 ⊙ 可读取项目的所有用户 这个选项则表示只要具有“读取项目”权限的用户都可查看数据项的草稿内容，这样似乎失去了审批的意义，因为不管审批与否，网站用户都可以窥探其内容，无法防止用户恶意散播不当言论或数据。至于 ⊙ 仅限可编辑项目的用户 这个选项，则表示具有编辑权限的网站用户才可查看数据项的草稿内容，当数据项是允许多人进行编修时，可选择此选项设置。

当“列表版本控制设置”页面设置完毕后，接下来我们在业务部公告列表中新建一个通知项目（新建 → 新建项目），项目标题请输入“年终奖金 100 个月”，项目正文输入“我提议年终奖金没有 100 个月，全业务部罢工”，如图 4-50 所示，当确认数据输入完成后，请单击 确定 结束新建项目工作。

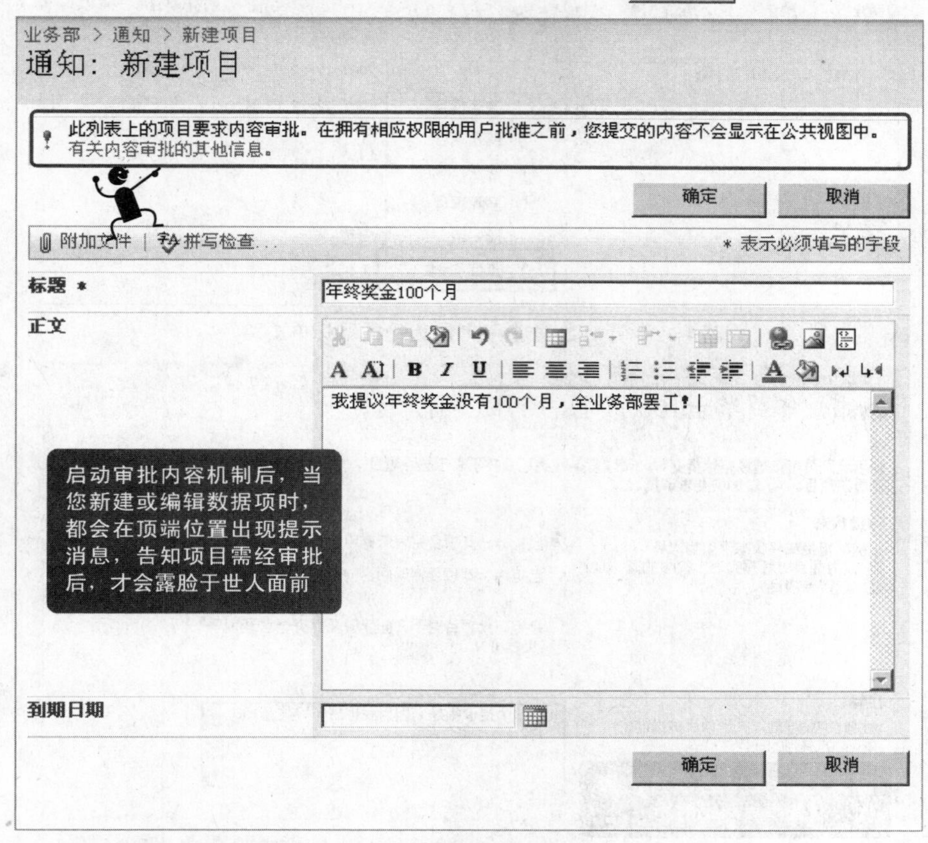

图 4-50　输入通知信息

随即可在【图 4-51】所示的通知列表视图页面中看到该新项目的审批状态为“待定”，除非经过具有审批权限的人对组件库中的文件或列表项加以审批或拒绝，否则“待定”的状态将会持续维持。而在启动审批内容机制之前新建的数据项的审批状态会为“已批准”，这就是所谓的既往不咎之意。而待定或拒绝的文件或列表项只有最后修改者、具有查看草稿或组件库管理权限的人才能看到。

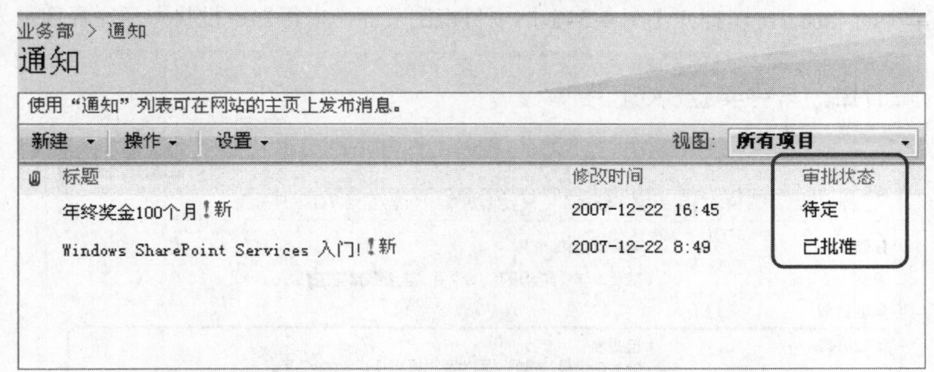

图 4-51　启动批准/拒绝机制，各数据项都会多显示“审批状态”字段

哇！是谁这么大胆，竟敢在公司网站的电子布告栏中写下如此煽动性的言词，还好事先启动了审批内容机制，否则所有业务部的员工不就都看到了，万一群起响应，那该如何是好。若要批准或拒绝待定的数据项或文档时，请单击该数据项菜单中的 批准/拒绝 （参见图 4-52），打开【图 4-53】所示的“批准/拒绝”配置页面。

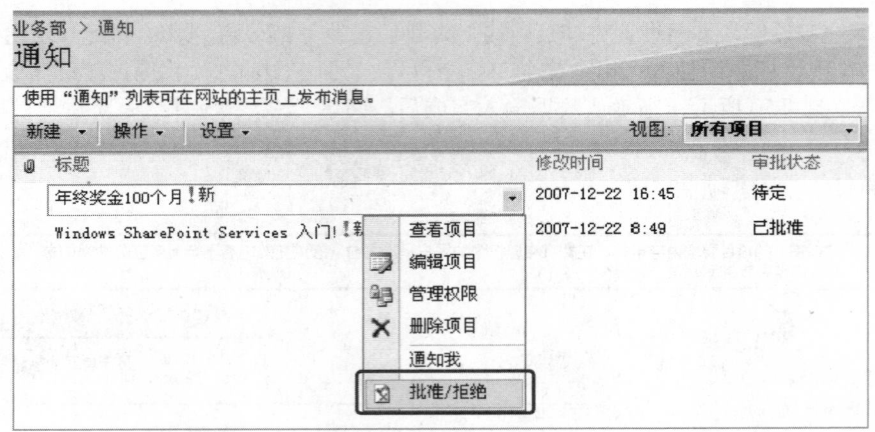

图 4-52　针对数据进行批准/拒绝的鼠标单击路径

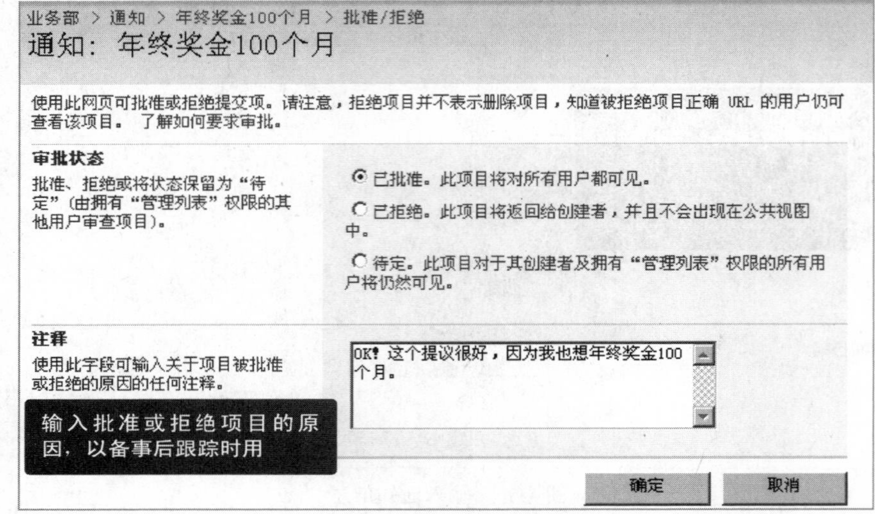

图 4-53　设置审批状态及注释

说到年终奖金，我想没有人不想多拿一点吧！嘻！有人先发难，当然要优先支持了，所以请选择【图 4-53】页面的"审批状态"区块中的 已批准。此项目将对所有用户都可见。 选项，并加入注释内容为"OK！这个提议很好，因为我也想年终奖金 100 个月。"哇！以上纯粹是博君一笑的展示。事后修改者若想查看批准或拒绝的原因，可单击项目菜单中的 查看项目 ，打开【图 4-54】的项目视图页面，以得知审批状态及注释理由为何。

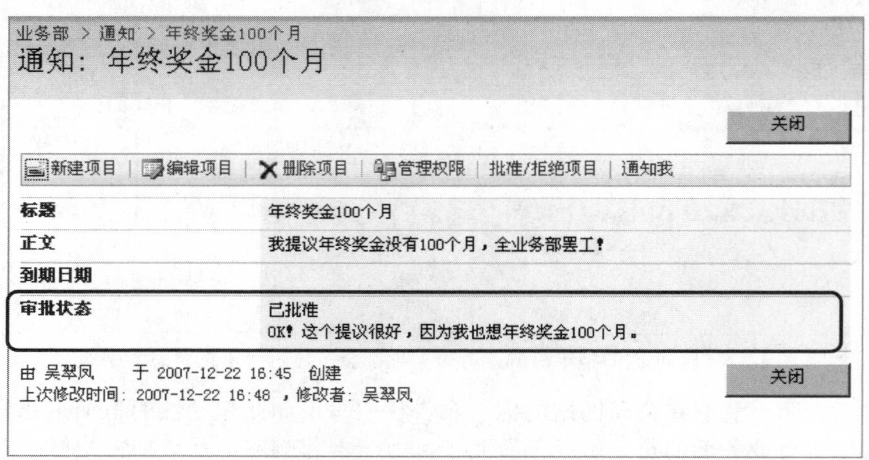

图 4-54　数据项的视图页面

也可单击业务部公告查看与管理页面的工具栏最右边"视图"列表，选择其内的 批准/拒绝项目，打开如【图 4-55】所示的视图页面。

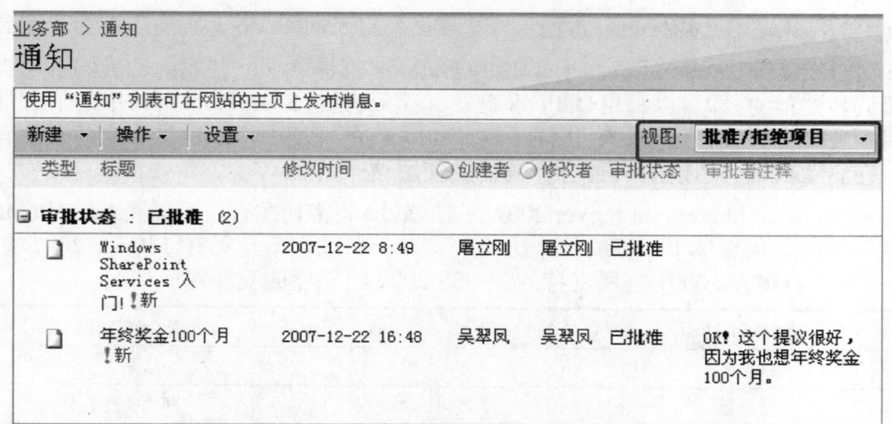

图 4-55　切换不同的视图，以展现不同的分类方法

提示　如果希望一旦有文件新建或修改时，具有批准或拒绝权限的人员可以马上得到通知，则可以利用“通知我”的机制指定适当的人员在组件库中文件或列表项有更改时，即以电子邮件通知，以便该人员实时对待定文件做处理。如果希望被拒绝的文件或列表项不要再留在组件库中，但又希望事后若有需要，还能查看该内容，同时希望被拒绝的文件可以自动移至其他适当组件库备查，那就需要通过 SharePoint 所提供的工作流程机制来完成了。

如果组件库的文件或列表项是多人可以共同编辑的，那用户 A 修改了用户 B 创建的文件，用户 B 可以看到用户 A 修改过后的结果吗？还是要等批准后才可以看到呢？当没有批准之前，用户 C 还可以修改内容吗？

当启用了审批内容机制之后，一旦文件或列表项有任何更改，则只有具有列表管理权限、查看草稿权限及最后修改者可以查看其更改后的内容，而其他用户或当初数据的创建者都只能查看上次批准时的数据内容，同时在数据更改后未批准之前，其他用户也不能更改上次批准时的数据内容了，否则会收到如【图 5-46】的错误信息。

返回网站

错误

位置 http://center.beauty.corp/SiteDirectory/Sales/Lists/Announcements/DispForm.aspx?ID=2&Source=http://center.beauty.corp/SiteDirectory/Sales/default.aspx 处不存在任何项目。项目可能已被其他用户删除或重命名。

Web 部件维护网页: 如果您有权限，则可以使用此网页临时关闭 Web 部件或删除个人设置。有关详细信息，请与网站管理员联系。

Windows SharePoint Services 疑难解答。

图 4-56　要编辑其他用户已更改而未批准的文件时，所收到的错误信息

提示　如果停用先前需要批准的组件库的“审批内容”机制，则审批状态为“待定”或“已拒绝”的文件或列表项将会被具有读取权限的网站用户看到。

4.6　Outlook 与组件库的集成

在 Outlook 的环境中，本已提供了“日历”、“联系人”及“任务”等功能，且 Outlook 可让不同的用户共享这些 Outlook 环境中的信息，同时 Outlook 针对这些内建功能还设计了标记分类、加强提醒、格式化及视图的管理机制，方便用户归类数据。MOSS 2007 所提供的功能似乎就缺乏了这些较弹性的管理机制，再加上这些组件库的数据如果只能放在 MOSS 2007 的网站上，那用户每次都要登录网站做查询及查看，似乎不是很方便。用户最常打开且不关闭的应用程序就是 Outlook，主要是因为 Outlook 提供了新邮件的实时通知，可以让用户随时得知邮件到达的状况。再有如果人在公司外面，一时找不到客户数据，而计算机中的 Outlook

也查询不到，导致的结果是需要用户另外再输入一份数据到自己的 Outlook 环境中，那一定会怨声载道的。

所以 Microsoft Office SharePoint Server 2007 和 Outlook 都提供了一些相同功能的管理机制，不知它们是否有互相联机同步的能力，即可以利用 Outlook 查看、使用及更新 SharePoint 网站中的信息，或者 SharePoint 网站上的数据有所变动，也会在适当的时机同步到 Outlook 的环境中，以确保用户随时拥有最新信息，哪怕暂时没有联机在企业内部，也能**脱机查看、编辑及使用**这些信息。

没错！Microsoft Office SharePoint Server 2007 可与 Outlook 密切配合，以提高 SharePoint 网站数据管理及使用的方便性与弹性，也提供了数据的单个访问入口点。不过也不是所有 MOSS 2007 组件库都可以与 Outlook 结合，下表为 Outlook 2007 与所支持的 MOSS 2007 组件库的互相对应情况。

SharePoint 功能	Outlook 功能
联系人	联系人
讨论板	邮件文件夹
日历	日历
任务、项目任务	任务
文件库类型组件库	邮件文件夹

SharePoint 文档库与 Outlook 的结合

在本节中主要是以文档库类型的组件库为讨论对象，一旦您将文档库与 Outlook 结合之后，您将可在 Outlook 2007 中浏览及查看文档库的文档，就像在处理电子邮件一样，而且当您不在办公室的时候，也可以继续处理这些文档库文档哦！

将 SharePoint 文档库与 Outlook 连接

若想将 Outlook 与 SharePoint 网站的文档库做连接，请单击如【图 4-57】所示的文档库查看与管理页面工具栏上的 操作 ，进而选择 连接到 Outlook 同步项目并设置为可以脱机使用。（本例是以人事部小组网站中内建的“员工人事资料”文档库为展示对象）。当系统询问您是否确定要将 SharePoint 文档库与 Outlook 连接，请回答 是(Y) 。接下来系统就会打开 Outlook，并以“网站名称”搭配“文档库”名称为其命名（例“人事部 – 员工人事资料”），将 SharePoint 文档库加入至 Outlook 邮件导航窗口的 邮件文件夹 区块下的“SharePoint 列表”文件夹，看到如【图 4-57】所示的页面。

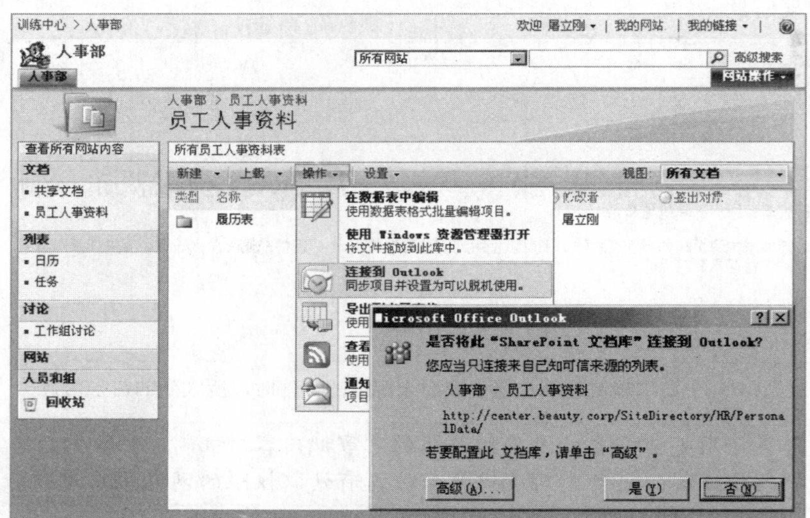

图 4-57 启动 SharePoint 组件库与 Outlook 连接

文档库的文档会以电子邮件信息的方式在 Outlook 环境中显示。不过您如果连接的文档库有点庞大的话，Outlook 会只先下载文件列表，然后再慢慢地将文档下载到本地硬盘，如此一来，可先行浏览文档列表中的文档有哪些，如果文档尚未下载到本地硬盘，则会摆放在如【图 4-58】所示的“可以下载”的视图区块中。

单击已下载的文档时，会在预览窗口中显示出该文档的最后修改者、上次更改日期、文件大小及目前是否已被其他用户签出的信息，重点是居然还可以预览哦！不过这个预览机制只有在 Outlook 2007 中支持。如果你想要查看的文档尚未下载，则可先行标记要下载的文档，然后单击预览窗口中的 下载此文档(D) 按钮，下载所需要的文件，或者双击要下载的文档，也可将文档下载到本地硬盘。

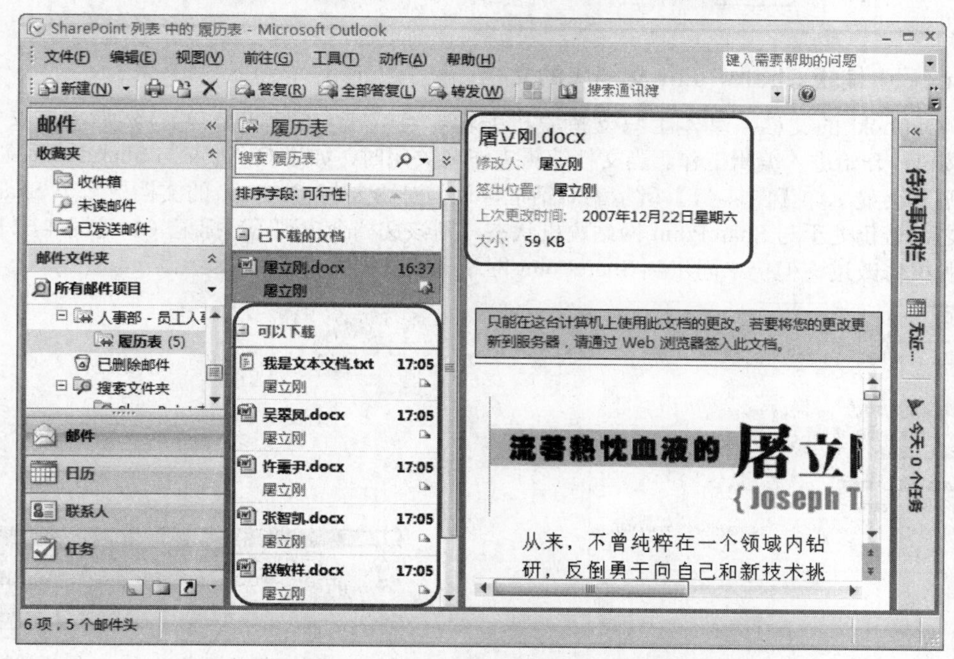

图 4-58 SharePoint 组件库与 Outlook 连接后的结果

附注　可以只下载单个文件夹，只需先切换到文件夹的查看与管理页面，然后再选择工具栏上的 操作 下的 连接到 Outlook 按钮即可。有关该文件夹的上层结构仍会在 Outlook 呈现，但只有该文件夹的文档会下载到本地硬盘。

可是要用户利用上述方法将 SharePoint 组件库与 Outlook 创建连接，似乎还有点复杂，最好是用 E-Mail 通知，并提供个按钮，这样一来，用户只需单击按钮，再选个 是(Y) 即可。唉！真是个懒惰的用户。咦！这本是 MIS 该做的事情啊！提供方便的操作环境给用户是天经地义的事啊！好吧！我们就来写封信给人事部的同仁们，提供一个按钮请他们动动可爱的食指，单击鼠标即可完成 SharePoint 组件库与 Outlook 的连接！首先请可怜的 MIS 朋友在【图 4-59】所示的页面中，用鼠标右键单击您同步连接的 SharePoint 联系人，然后选择**“共享 SharePoint 网站 ＋ 组件库名称”**，本练习请选择 共享“人事部 - 员工人事资料”(S)... 。在新邮件中输入要发送的收件人邮件地址及适当的正文之后，请单击 发送(S)。

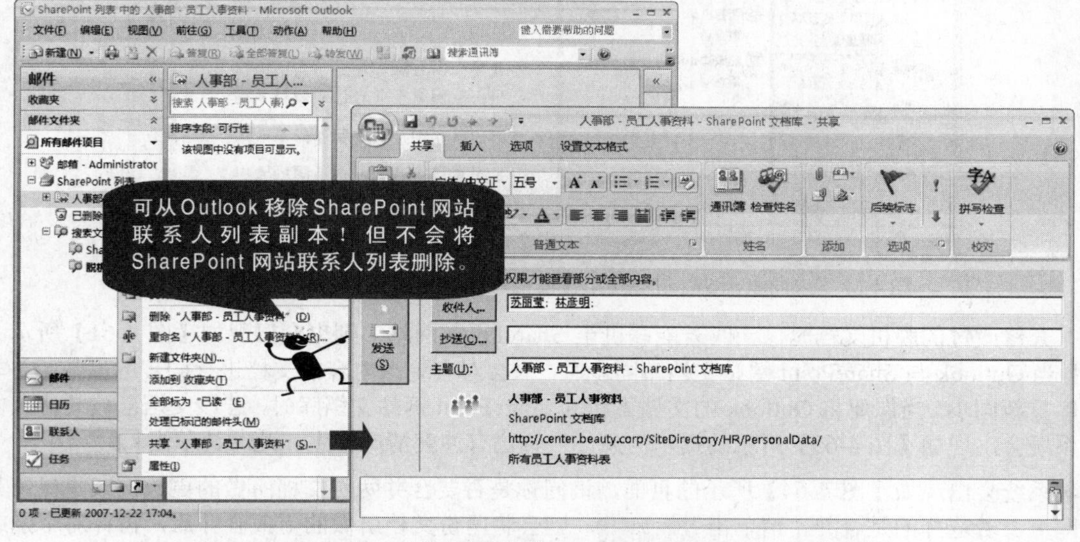

图 4-59　撰写邮件，以要求用户将 Outlook 与 SharePoint 联系人连接

用户收到的内容，将会如【图 4-60】所示，用户仅需单击信件内容的左上角 连接到此 文档库(N) 按钮，不管

系统询问您啥事，都回答 是(Y) 就对了，然后就完成了将 SharePoint 联系人列表副本新建到 Outlook 联系人环境中的设置。

在 Outlook 中编辑 SharePoint 文档库的文档

下载到 Outlook 的文档，基本上只支持脱机编辑，可双击要编辑的文档，然后单击文档最顶端的 脱机编辑 按钮，开始进入编辑工作。当文档编辑完毕要关闭时，如果 Outlook 与 SharePoint 文档库处于联机状态时，则其会显示如【图 4-61】所示的对话框，询问是否要将 Outlook 的文档更新至 SharePoint 网站文档库。反之，若仍处于与 SharePoint 网站脱机状态，则该文档会出现 标记（如【图 4-62】所示），以示该文档已脱机修改过，但仍未同步到 SharePoint 网站中的文档库。

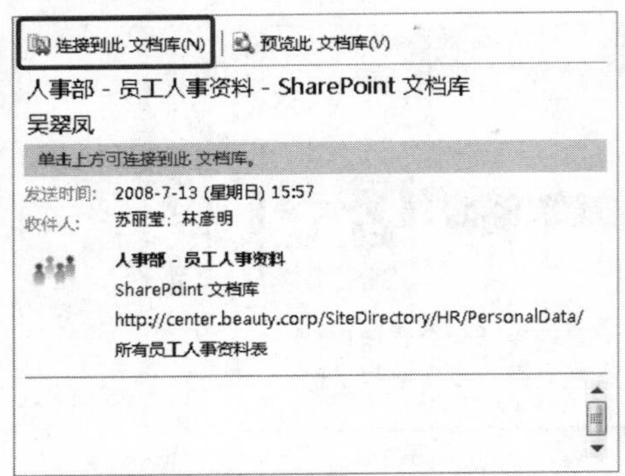

图 4-60　用户收到的邮件内容

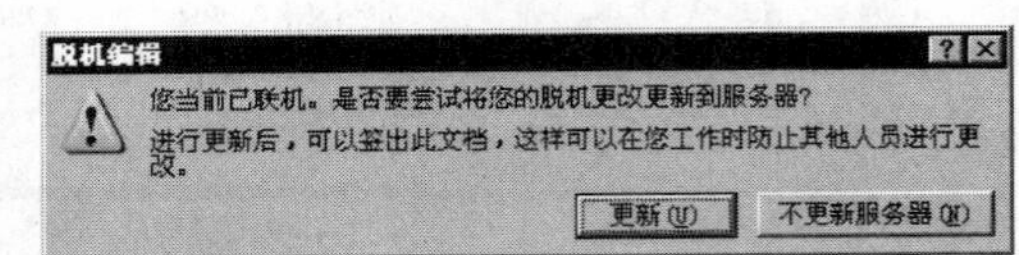

图 4-61　询问是否要将 Outlook 脱机编辑的数据更新至 SharePoint 组件库

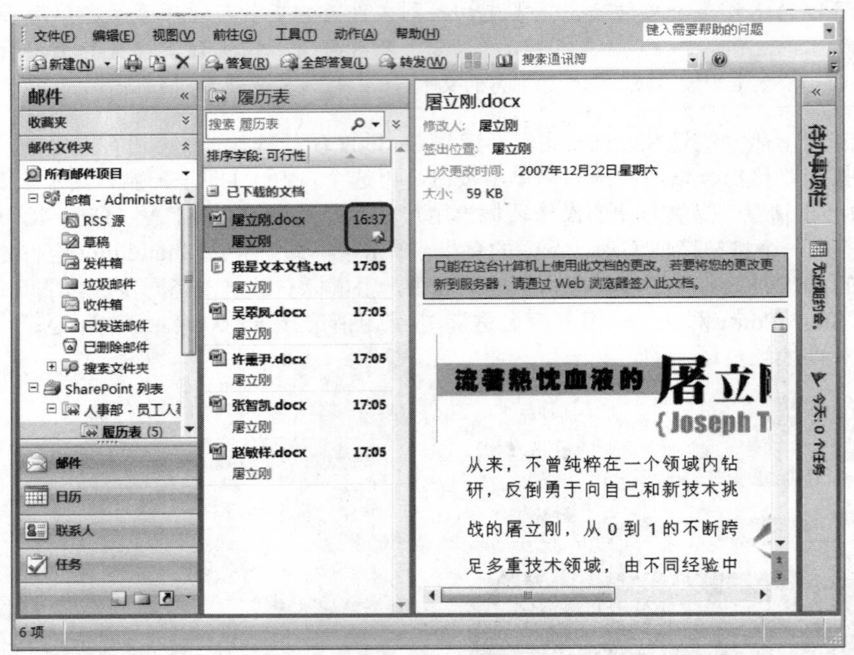

图 4-62　未同步到 SharePoint 组件库的脱机数据，将会标记未更新符号

当打开修改过的脱机文档时，当时若能联机至 SharePoint 网站，则也会出现如【图 4-61】所示的对话框。而且当 Outlook 与 SharePoint 网站文档库同步时，只会对有更改内容的文档进行同步的操作，并非将整个文档库重新同步。当您要将 Outlook 的文档更新回 SharePoint 网站文档库时，若该文档已被其他人修改过了，则系统会出现如【图 4-63】所示的提示信息，告知已有冲突情况产生，此时请单击 是(Y) 。

接着系统会出现如【图 4-64】所示的页面，询问你是否要合并两份文档所做的更改，或是保留其中一份文档即可。若选择的是合并，请单击 合并副本 ，则会将两份文档所做的更改合并后，再针对个别或全部的更改进行接受或拒绝的操作，最后保存确认后的文档内容。

图 4-63　文件冲突的询问信息

图 4-64　资料冲突的解决

在 Outlook 中脱机编辑文档的最大好处就是，因为编辑的文档是在本地硬盘上，所以处理文档时的效率，要比直接修改 SharePoint 网站上的文档高许多。若您在 Outlook 中连接了多个 SharePoint 网站的文档库，而您又在 Outlook 中针对各个文档库中的文档做了脱机修改的工作，则您可依次展开：⊟ SharePoint 列表 → ⊟ 搜索文件夹 → SharePoint 草稿，打开如【图 4-65】所示的页面，得知目前有哪些文档库的文档尚未更新到 MOSS 2007 服务器。

图 4-65　查看目前所有尚未同步到 SharePoint 组件库的数据

4.7 组件库更改的主动通知——通知我

当组件库中的数据可以由多位成员进行编辑或查看时，可能因该组件库中数据的重要性及迫切性，这些成员希望文件一有变动，就能马上得知目前变动的情况。要达成这个目的，传统的做法就是这些成员时不时地登录网站去查看，结果发现白忙一场，因为还未变动。要不然就是要求当用户对文件执行完更改操作，要记得自行用 E-Mail 通知所有团队成员，告知文件已有变动。上述两种方法都必须由用户自行主动采取措施（随时上网站查看或由编辑者 E-Mail 通知），才能随时掌握文件的更改情况。可是却往往天不从人愿，因为用户常说忙得忘记去看，要不就忘记用 E-Mail 通知，所以常常会延误工作的进行。如果通知（Notify）这个机制可由系统自动产生，只要指定的项目、文件、文件夹、列表或文件库一有更改时，就以 E-Mail 通知，这样一来就万事 OK，天下太平了。

Microsoft Office SharePoint Server 2007 提供了一个电子邮件提醒的机制，让用户在网站内容发生变动时（例如：新建了数据项或重要文件内容发生了更改行为），可收到电子邮件的通知。用户可以针对列表项、文件、文件夹、列表或文件库等对象，自定义其在何种更改类型（新建、修改或删除）下要接收提醒通知，也可由管理员帮用户指派自动通知。

4.7.1 创建组件库的通知

当要针对整个组件库设置电子邮件提醒，请先将页面切换到该组件库的查看与管理页面，本例以人事部小组网站的“员工人事资料”文档库为展示对象，单击工具栏 操作· 下的 通知我 项目更改时接收电子邮件通知。（如【图 4-66】所示），打开【图 4-67】的“新建通知”配置页面。

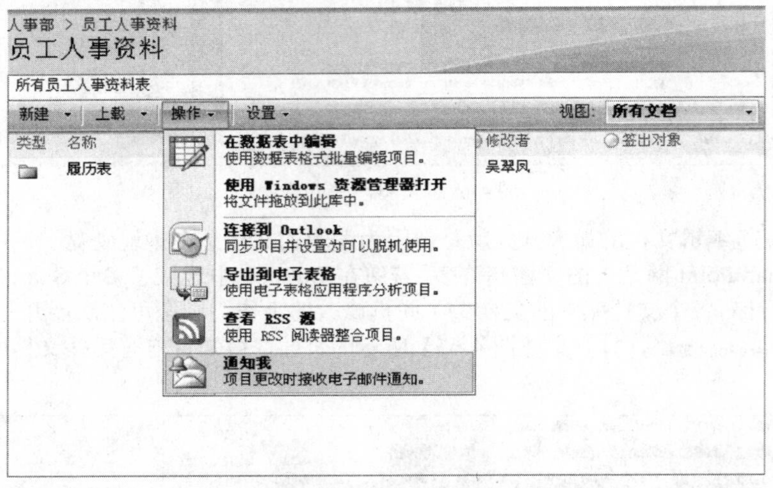

图 4-66 打开组件库的“新建通知”配置页面

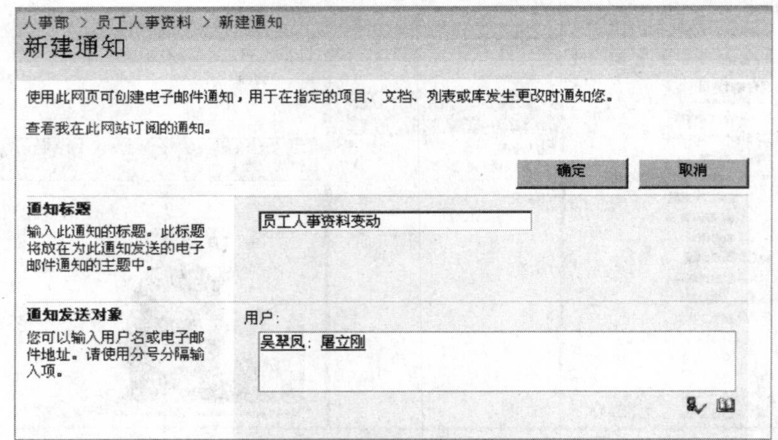

图 4-67 配置通知标题及通知发送对象

第4章 基本管理 组件库的配置与

● **通知标题**

此区块输入的信息会显示在发送的电子邮件通知的主题中，默认值是组件库名称，若指定的对象是文件夹、文件或列表项，则会再加上文件夹及文件的文件名。请在此练习输入“**员工人事资料变动**”。

● **通知发送对象**

此区块的默认值是目前登录创建通知的用户名称，如果想同时传送通知给多位成员，也可再加入其他成员用户名称。这个区块中可输入用户的“账号名称（域名\用户登录名称如 Beauty\Joseph）”、“电子邮件地址（Joseph@Bauty.Corp）”、“显示名称（屠立刚）”或“全名”，若想确认输入的用户信息是否正确，可单击 以做确认，如果输入正确，其会将输入的用户数据转换为显示名称，并加上下画线加强显示，反之，则会显示用户不存在的错误信息。此例请将“**吴翠凤**”及“**屠立刚**”两位用户加入“通知发送对象”区块。

如果一时忘记用户的正确账号名称或显示名称，则可以通过 显示如【图 4-68】所示的“选择人员和组”的搜索界面。不过接收通知的用户必须要对组件库具有查看读取的权力，否则即使收到电子邮件通知，也无法查看文件内容的更改，那通知就如同虚设了。

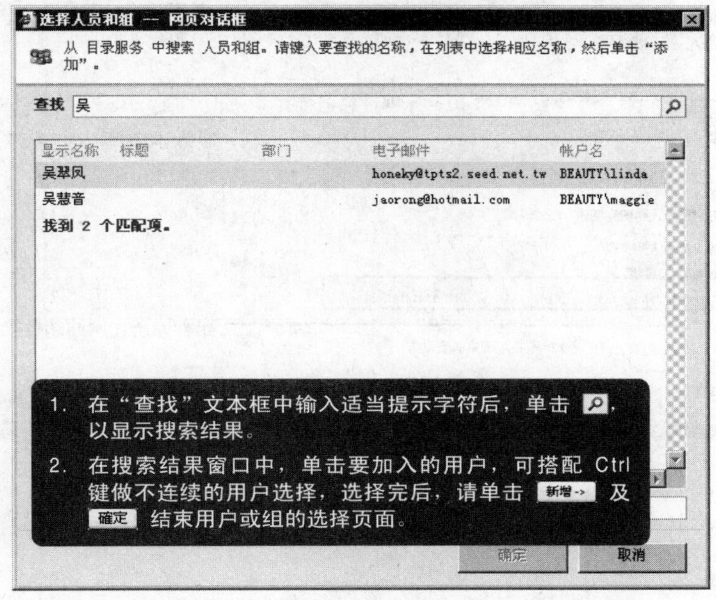

图 4-68　利用“选择人员和组”对话框寻找适当的用户

● **更改类型**

选择网站数据在何种更改（新建、修改、删除）的情况下才要启动电子邮件通知，如图【4-69】所示。

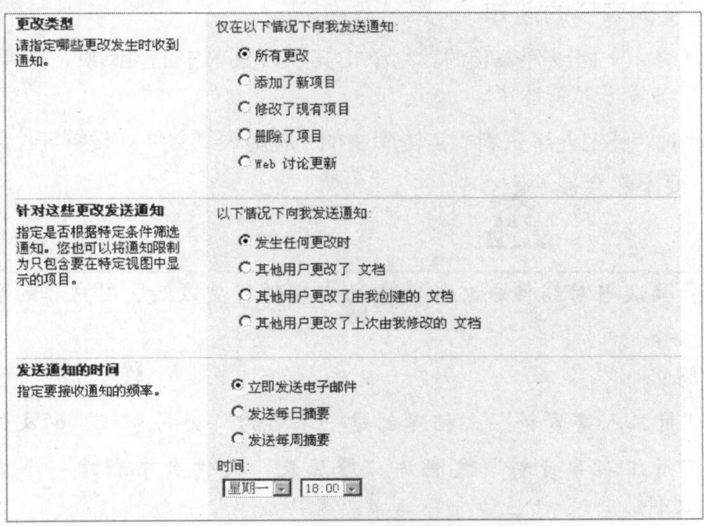

图 4-69　设置通知的发送时间

● **针对这些更改发送通知**

指定组件库中哪些数据项更改后才要启动电子邮件的通知。例如：只有跟“通知发送对象”区块中所选择的用户有关（创建或最后修改）的文件才要提醒通知。

● **发送通知的时间**

配置接收通知的频率间隔，即一旦有符合上述资料变动情况时，是否要实时通知或每天（周）传送摘要信息。

当配置完成单击 确定 后，在“通知发送对象”区块中所指定的用户都会收到如【图 4-70】所示的电子邮件，告知用户已为其在该组件库设立了提醒，如果用户想查看或更改通知的配置，可单击邮件最下方的 我的有关此网站的通知。

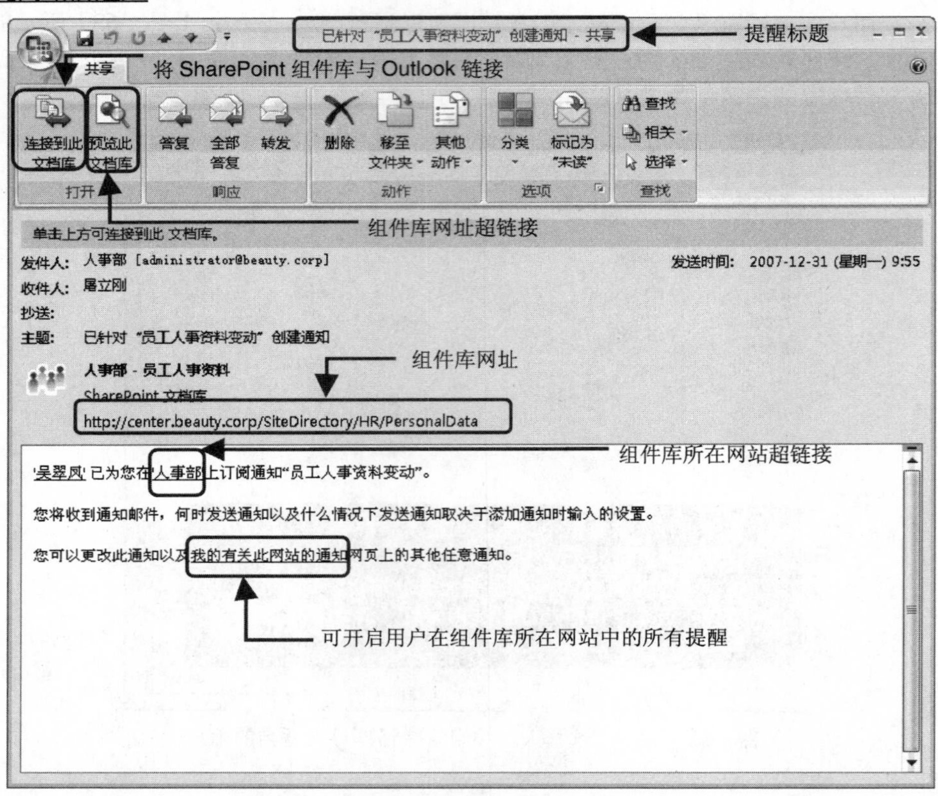

图 4-70　传送订阅通知的电子邮件

创建文件夹、文档及列表项的通知

当要针对特定的文件夹、文档或列表项时，则单击其项目菜单中的 通知我，打开类似【图 4-67】的“新建通知”配置页面，接下来就不多赘述了。

请读者自行练习，针对“员工人事资料”文档库中的“履历表”文件夹设置一个通知给用户“ **Kelly** ”。

>> 记得要练习哦！要不然会被

练习 目标：确认当对组件或文件夹中的内容进行更改后，用户真的会收到电子邮件通知。

练习步骤：

1 在“员工人事资料”文档库创建一个名为“公司章程”的文件夹。

2 在“员工人事资料”文档库“履历表”文件夹中新建一个名为“陈勇勋.docx”的文件。

3 修改“履历表”文件夹中“屠立刚.docx”文件内容，要签入哦！

4 删除“履历表”文件夹中的“我的文本文件.txt”文件。

5 在“员工人事资料”文档库“公司章程”文件夹中新建一个名为“美景企业公司章程第一章.docx”的文件。

6 请问用户“屠立刚”及“吴翠凤”会收到几封提醒通知的电子邮件，而用户“许丽莹”又会收到几封提醒通知的电子邮件。

7 从上面的练习可验证用户“许丽莹”会收到如【图 4-71】所示的 3 封电子邮件，而用户“屠立刚”及“吴翠凤”除了会收到【图 4-71】的 3 封邮件外，还会另外收到如【图 4-72】所示的 2 封提醒通知的电子邮件。

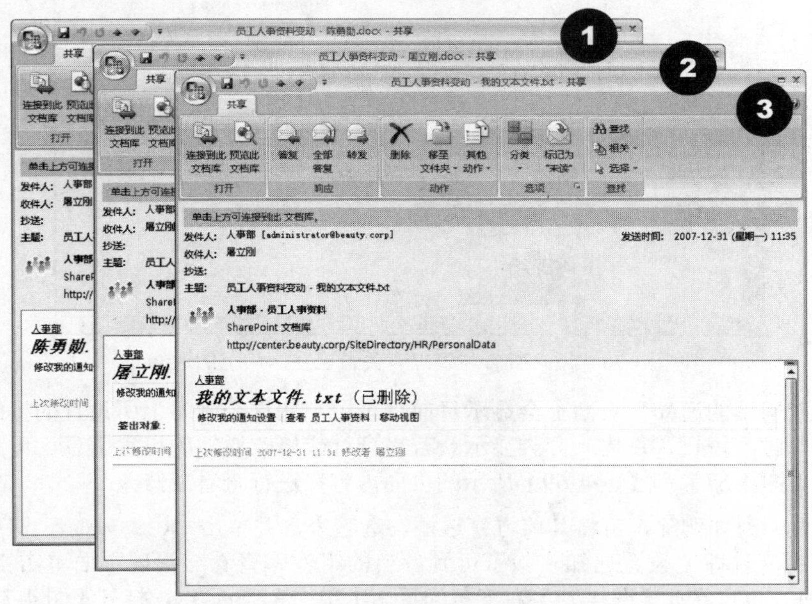

图 4-71　通知电子邮件内容实例

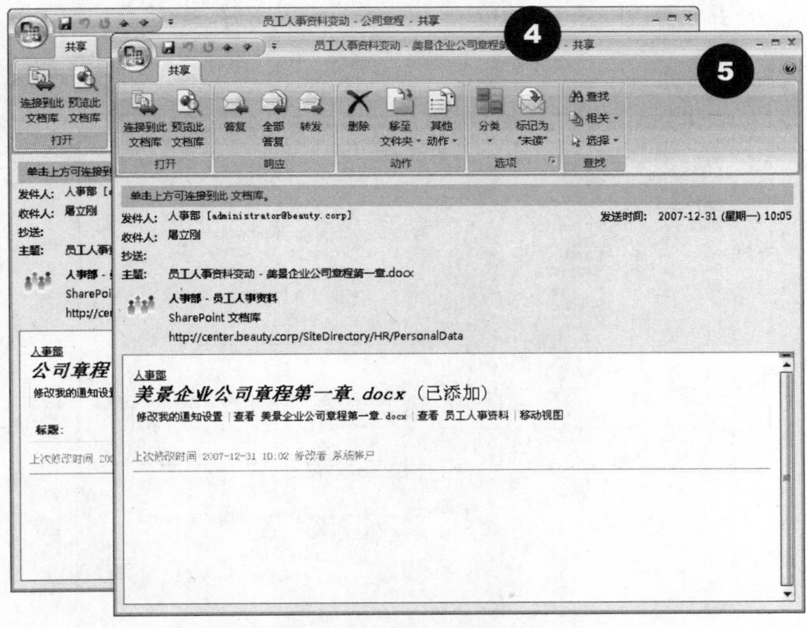

图 4-72　通知电子邮件内容模板

4.7.2 管理自己的通知

当为用户指定或自我设置了通知，事后用户可以自行管理有关自己的提醒通知。请单击如【图 4-73】所示任一页面最顶端的“欢迎**用户名称**”，本例登录的用户为“Joseph（屠立刚）”，所以看到的结果是 欢迎 屠立刚 ▾ ，进而选择其下的 我的设置 更新用户信息、区域设置和通知。 项目，打开“用户信息”视图页面，并单击工具栏上的 我的通知 。

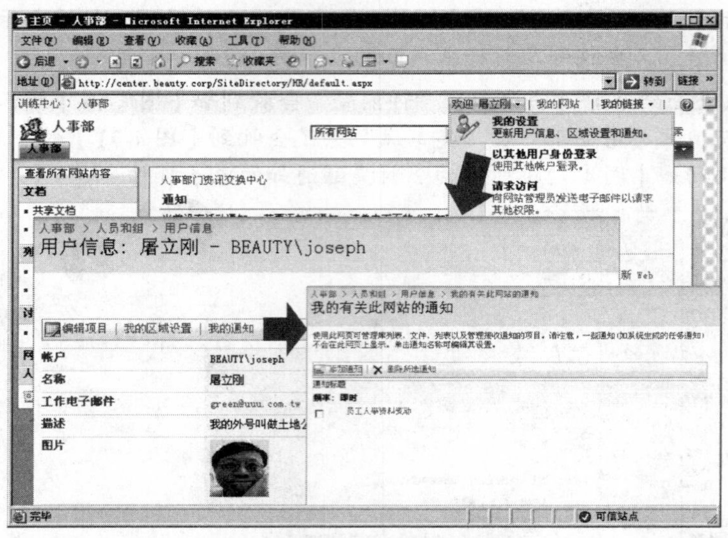

图 4-73 用户查看与管理有关自己在网站上的通知

在“我的有关此网站的通知”页面上会显示目前登录用户在这个网站上所设置的提醒通知，其会以不同的提醒频率（即，时、每日、每周）分类显示。若想查看或修改通知的设置信息，可直接单击通知标题名称，即可打开如【图 4-67】和【图 4-69】所示的页面内容，进行查看或修改。

若想将不再需要的通知删除，可将其前方复选框勾选起来，并单击 ✕ 删除所选通知 即可。若想另外针对其他组件库（列表或文件库）设置通知，除了可到各自的组件库查看与管理页面单击工具栏 操作 ▾ 下的 通知我 项目更改时接收电子邮件通知。 之外，也可在此【图 4-73】右下角的页面上单击 添加通知 ，打开【图 4-74】的“新建通知”配置页面，选择准备要跟踪其变动情况的列表或文件库，然后单击 下一页 进入通知的配置页面。本例请单击 共享文档 ，并设置跟踪频率为每天早上 9:00。设置完后，您将看到如【图 4-75】所示的页面内容。

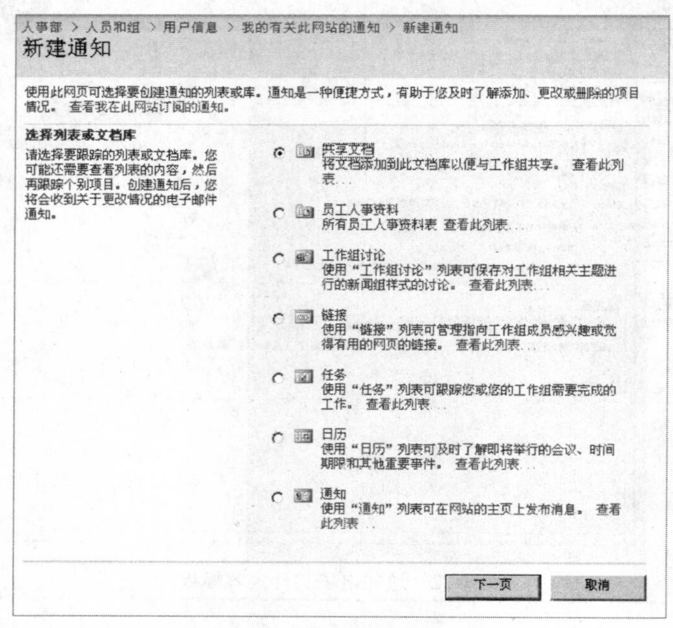

图 4-74 针对“共享文档”文档库设置通知机制

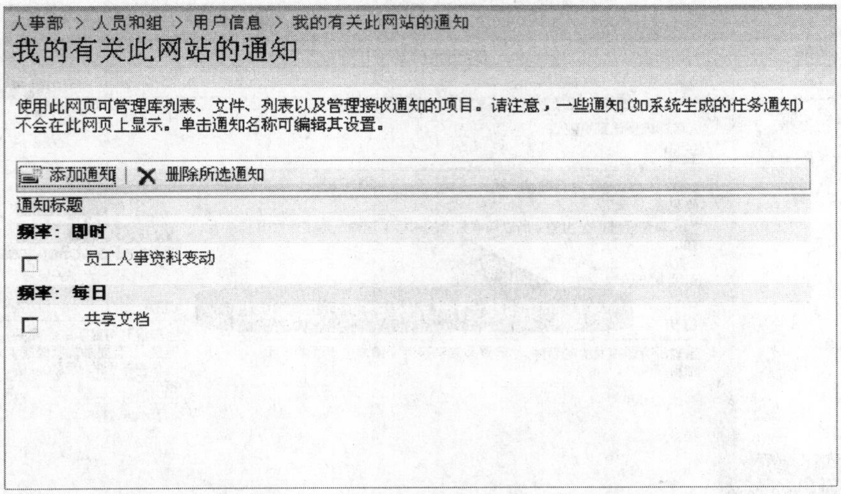

图 4-75　完成“共享文档”新建通知机制后的结果页面

4.7.3 网站所有用户通知的查看与管理

网站管理员可通过依次单击 网站操作 → 网站设置 → 网站管理 区块下的 用户通知 超链接，打开“用户通知”查看与管理页面，在 显示通知 菜单中选择想要查看的用户名称，并单击 更新 按钮，显示该用户在这个网站上所设置的通知。

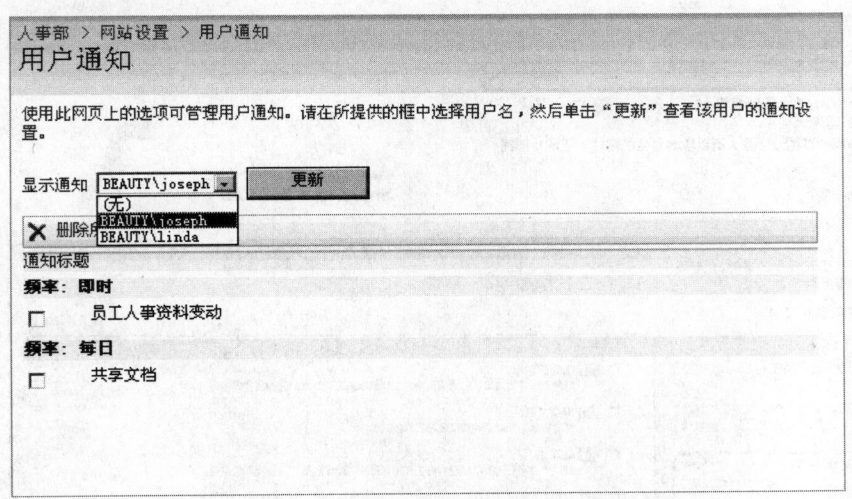

图 4-76　查询及管理用户所设置的通知

4.8 在网站首页显示文件库或列表数据

当打开 Microsoft Office SharePoint Server 2007 协作中心网站首页或小组网站首页时，我们会发现其内建的一些组件库会直接显示在首页。以人事部小网站为例，其预先创建了共享文档、任务、日历、通知、链接及小组讨论等 6 个组件库，而日历、通知及链接等 3 个组件库是以网页组件的方式直接展现在小组网站首页上（如【图 4-77】所示）。这样处理的好处在于用户一进入此网站，就能马上看到所要表达的重要信息。网站用户常访问的组件库数据也可显示在首页，让其唾手可得。

如果我们想把创建好的文件库或列表直接显示在网站首页，当一进入网站时，就可看到该组件库中的数据项，该如何进行呢？首先请单击【图 4-77】页面中 网站操作 下的 编辑页面 项目。当打开网页组件编辑页面后，请单击右方的 添加 Web 部件 按钮，然后在打开的“向左栏添加 Web 部件”的对话框中，勾选我们之前所创建的“员工人事资料”文档库，单击 添加 结束网页组件的新建工作，而回到网页组件编辑页面。

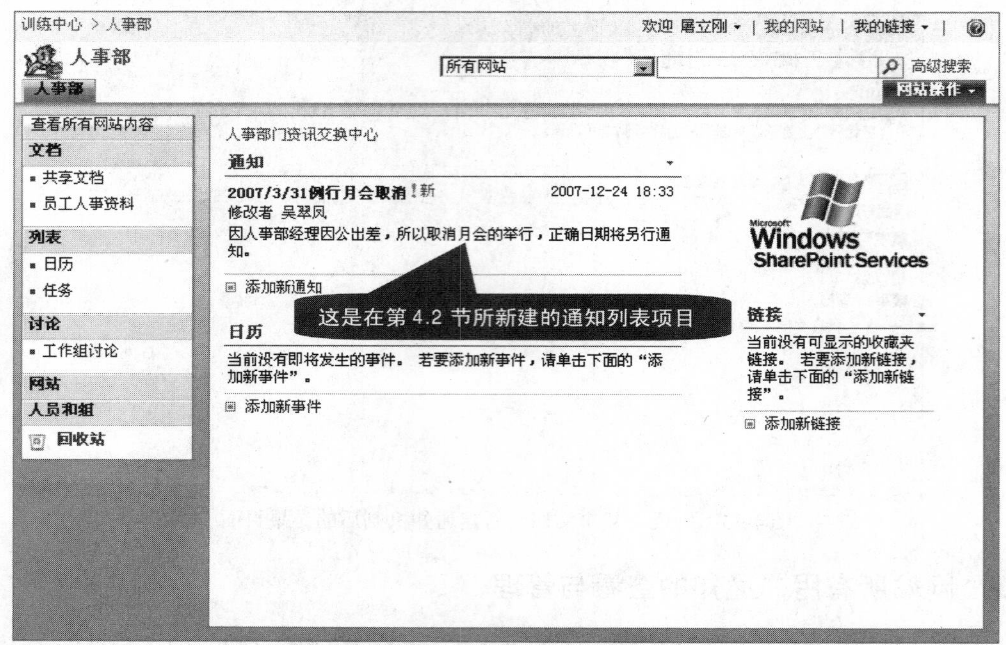

图 4-77　组件库以网页组件的方式显示

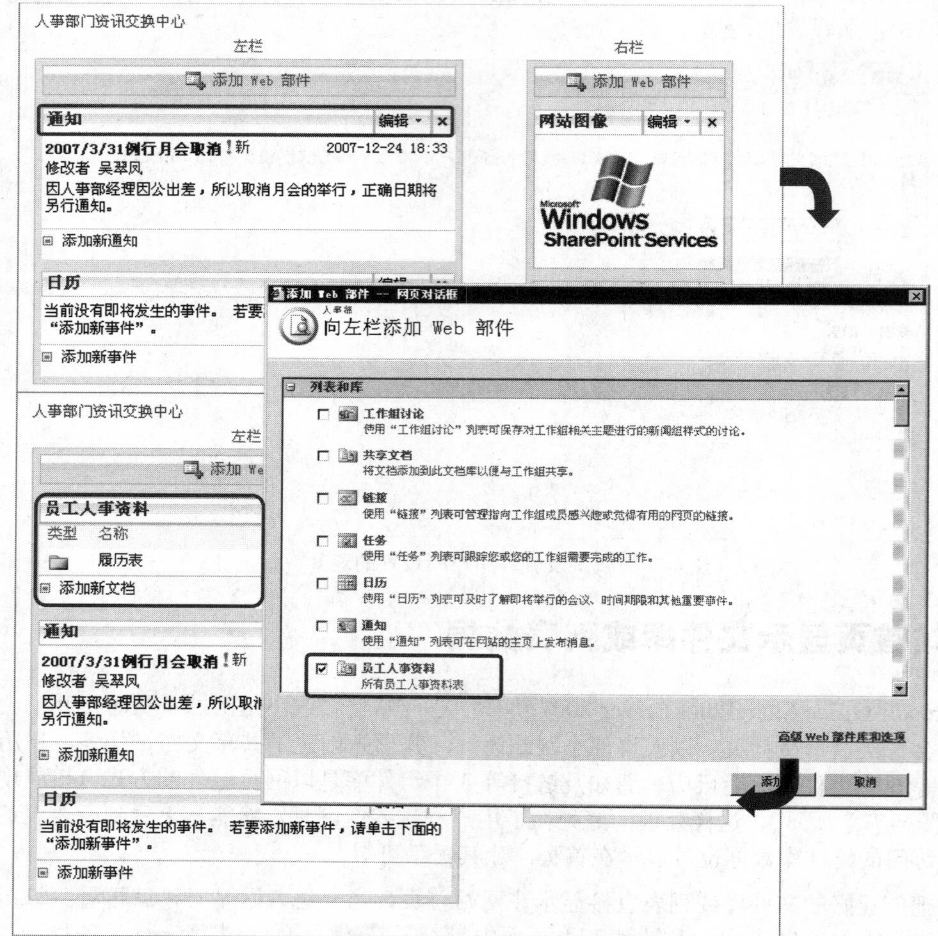

图 4-78　新建网页组件

如果所有的网页组件都已配置完毕，则单击网页右上角的 退出编辑模式 × 链接，回到“人事部”小组网站的首页（如【图 4-79】所示）。

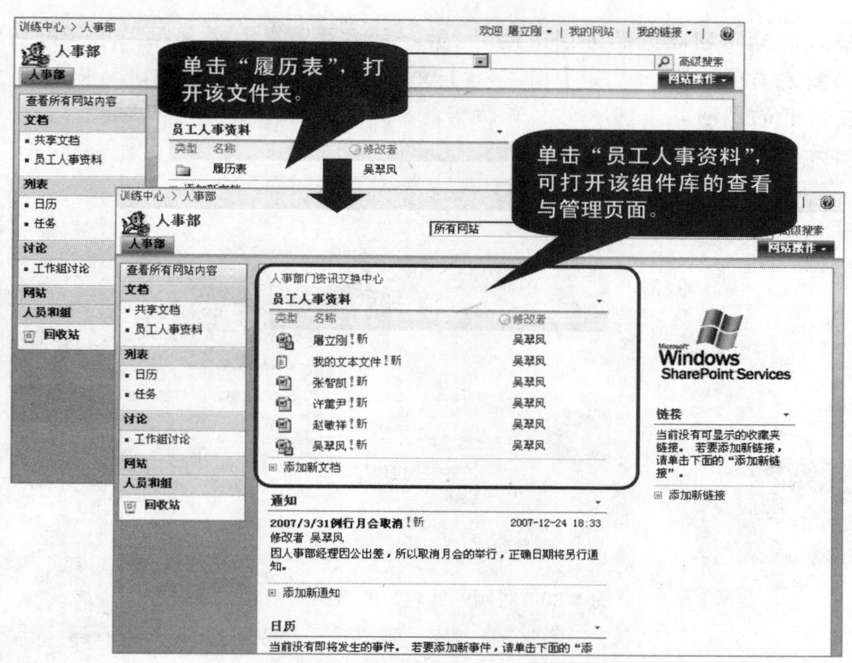

图 4-79　新建网页组件后的显示结果

通常如果将组件库以网页组件的方式显示在网站首页时，就不会在“快速启动”栏显示该组件库的名称，以免浪费“快速启动”栏的空间。此时若想进入该组件库的查看与管理页面做进一步的管理工作，则可直接单击首页中的组件库名称，即可打开该组件库的查看与管理页面。

4.9　回收站的管理

前面曾谈到当删除了网站中的文件、列表项、文件夹或组件库时，会先将其放到网站中的“回收站”，以防止用户误删。以往回收站的机制只保护本地的删除的文件，且还有保存容量的限制。若用户不小心删除了文件服务器上所共享的资源，就只好求爷爷告奶奶了，因为网络共享资源是没有所谓回收站的机制的。而 MOSS 2007 居然提供了“回收站”，真是一个德政啊！光为这个功能，就可以将传统的网络资源共享，改用 Microsoft Office SharePoint Server 2007 当资源共享交换平台了！

对于存放在回收站的资源项目，当您手动勾选其项目前的复选框，并单击“回收站”管理页面上的 ✕删除所选项目；或是存放在“回收站”已经有 30 天的资源项目，都会将其从回收站中删除，可是并没有真正的魂飞魄散，而是从网站的回收站送到了**“网站集回收站”**。

练习　目标：确认数据删除的演变路径是先送到“回收站”，最后送到“网站集回收站”。

练习步骤：

本练习以人事部小组网站下的员工人事资料组件库中的履历表文件夹为展示对象。

1 删除网站资源项目。

请删除“吴翠凤.docx”和“屠立刚.docx”两份履历表文件。

2 查看网站回收站的项目。单击“快速启动”栏中的 回收站 超链接，打开网站回收站的查看与管理页面。

3 删除网站回收站的项目。勾选要从网站回收站删除的项目前的复选框，然后单击 ✕删除所选项目（如【图 4-80】所示）。

4 查看网站集回收站的项目。

进入网站集回收站的方法有两种。第一种方法就是打开网站集中任一网站回收站的查看与管理页面（如【图 4-80】所示），然后单击页面的 网站集回收站 超链接，在打开的"网站集回收站"页面中，单击"快速启动"栏的 ▪已从最终用户回收站删除 超链接，打开如【图 4-81】所示的页面。

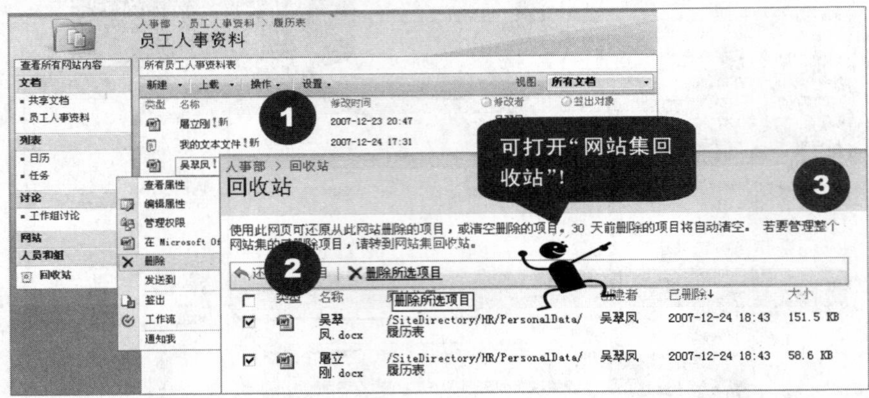

图 4-80　将网站回收站的数据项删除

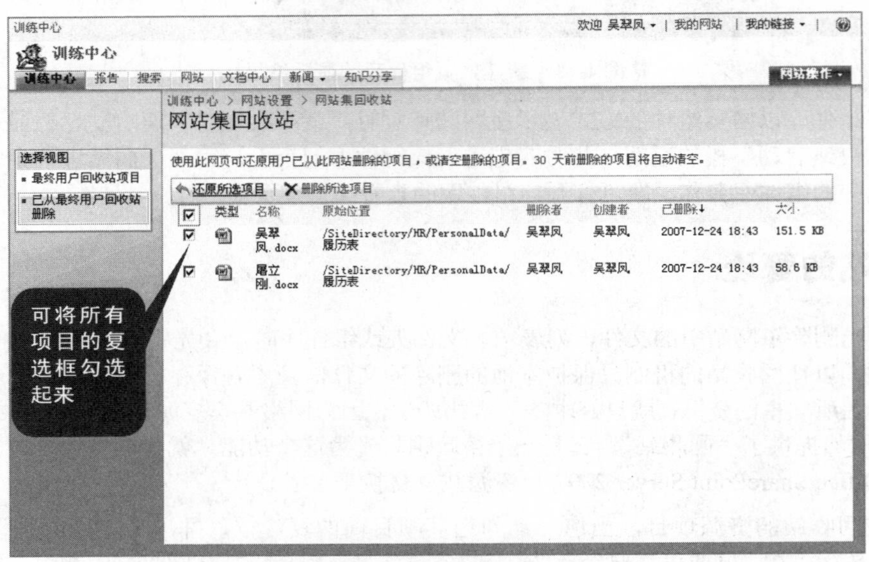

图 4-81　从网站集中所有网站回收站删除的数据项

第二种方法是先将页面转换到顶层网站的首页（本练习的顶层网站是训练中心网站），然后依次单击：网站操作 → 网站设置 管理此网站的网站设置。 → 修改所有网站设置 更改此网站的所有网站设置。 → 网站集管理 区块下的 ▪ 回收站 →"快速启动"栏的 ▪已从最终用户回收站删除，也就是打开如【图 4-81】所示的页面。此页面显示了在网站集中的各个网站，被用户从网站回收站手动删除的数据项或过期（30 天）而被自动删除的项目。

用户回收站项目

单击这个 ▪最终用户回收站项目 超链接，可显示网站集中所有网站回收站的数据项（即尚未被移至网站集回收站的项目），如图 4-82 所示。当用户忘了所删除的数据项是属于哪个网站时，唯一的方法就是到各个网站的回收站巡视一下，不过也可请求网站集管理员到此页面来协助寻找，并将其还原至原始位置。

若单击 清空回收站，则会将网站集中所有网站的回收站数据项移至网站集回收站中。

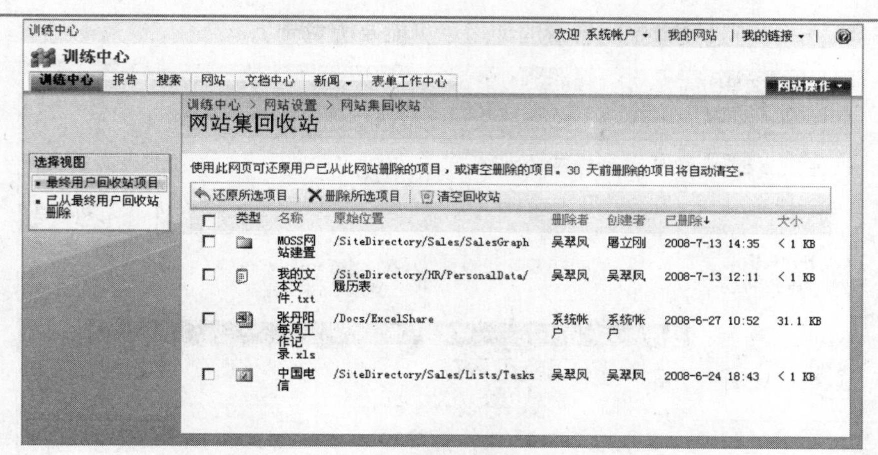

图 4-82　网站集中所有网站回收站的数据项

5 还原网站集回收站的项目。

当删除的资源项目从网站回收站送到了网站集回收站后，如果想要还原回来，则可要求网站集管理员将该资源项目还原至原始位置，此时网站集管理员只需在【图 4-81】所示的页面上将要还原的数据项前的复选框勾选起来，然后单击 还原所选项目，即可将数据项还原至原始位置。但是如果您在此选择的是 删除所选项目，那就只好跟这些数据说拜拜了。

从上面的测试可看出“网站集回收站”真的是第二道防护网，可让网站集管理员控管整个网站集中所有的删除资源。但是送到“网站集回收站”的资源也并非无限期的保留，默认有效期限也是 30 天。所以被删除的资源，如果没有被还原到原来存放的地方，则 60 天（网站回收站 30 天 ＋ 网站集回收站 30 天）后就会真的从数据库删除，再也救不回来了。

回收站的 30 天寿命，可以调整吗？如果因为空间需求的问题，而想停用回收站这个机制，可以办得到吗？

回收站的停用和保存时间的调整

默认情况下，网站集中所有网站的回收站机制是启用的，但可以根据企业需求而调整被删除项目在回收站停留的时间和停用网站集回收站这个第二道防线，亦或是完全停用所有网站的回收站机制。有关这方面的调整，必须启动 SharePoint 3.0 管理中心，然后单击管理中心页面上的“快速启动”栏中的 应用程序管理 超链接，进而在“应用程序管理”设置页面中单击 SharePoint Web 应用程序管理 区块下的 Web 应用程序常规设置 超链接。

当打开如【图 4-83】所示的“Web 应用程序常规设置”配置页面时，首先请单击“Web 应用程序”区块旁的向下三角形（▾），启动“选择 Web 应用程序”对话框，以选择适当的 Web 应用程序，此练习请单击“BeautyCenter　http://center.beauty.corp”。

选择完毕后，请将“Web 应用程序常规设置”配置页面滚动到最下方，找到如【图 4-84】所示有关“回收站”设置区块。

- **回收站状态**

当选择 ⊙ 禁用 这个选项时，则下面有关回收站的配置设置部分都会变为灰色而无法操作，即表示要关闭整个网站集中所有网站的回收站机制。如此一来，当删除网站集中任一网站中的数据项后，就永远也还原不回来了。所以除非硬盘空间容量的使用是您非常在意的事，否则千万不要选 ⊙ 禁用 。

- **删除回收站中的项目**

此区块定义当网站中的数据项删除后，要存放在网站回收站或网站集回收站的滞留时间是多久，一旦存放在网站回收站的数据项停留超过这个时间，就会移至网站集回收站，而存放在网站集回收站的数据项停留超过这个时间，则会从地球上永远消失，再也救不回来了。如果您希望回收站的数据项永远不会自动消失，则请选择 ⊙ 从不 ，不过硬盘空间容量的使用，可能要衡量一下。

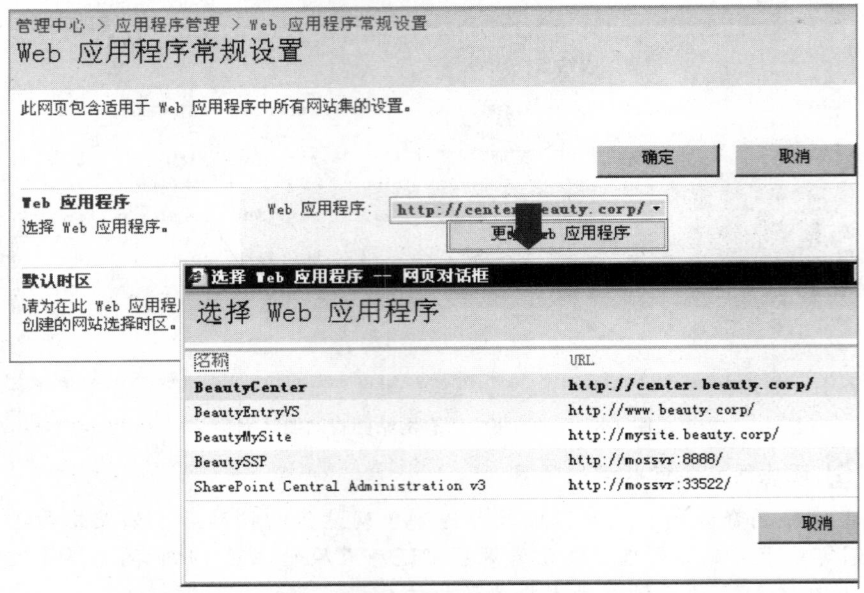

图 4-83　确认 Web 应用程序更改为 http://center.beauty.corp

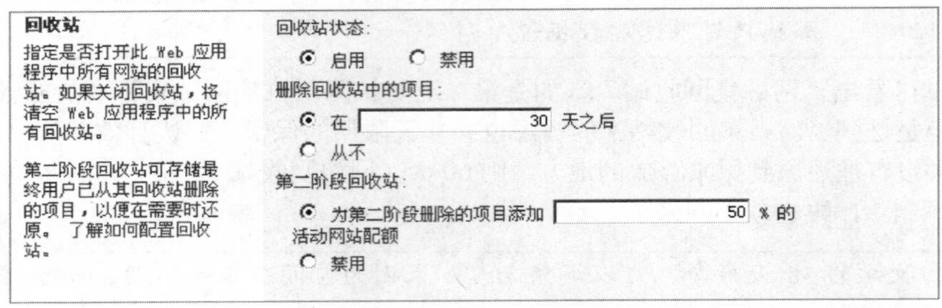

图 4-84　配置回收站机制的设置值

- **第二阶段回收站**

当您选择启用第二阶段回收站（即网站集回收站）机制时，您必须定义可用的网站集回收站的磁盘保存容量是所有用户可用的网站集磁盘配额的多少百分比。例如：所有用户在此网站集可使用 10 GB 的磁盘配额，而您在此定义 60%的配额给第二阶段回收站时，意即所有用户最多可保存 6 GB 的删除数据项在网站集回收站。超过 6 GB 的部分，则会采取 FIFO（First In First Out，先进先出）原则，将时间最早的删除数据项从网站集回收站中删除。

所谓网站集磁盘配额，指的是所有用户在 Microsoft Office SharePoint Server 2007 网站可保存的磁盘空间总和的容量限制，其是以所有用户在整个网站集中所有网站所使用的空间容量计算而来。而所有用户可用的网站集磁盘配额默认值是多少呢？如果默认值太小，要如何得知或配置所有用户可用网站集磁盘配额呢？

自定义网站集磁盘配额

要查看或配置所有用户可用的网站集磁盘配额，同样也必须从启动 SharePoint 3.0 管理中心 下手，进而依次单击："快速启动"栏的 ▪ 应用程序管理 → **SharePoint 网站管理** 区块下的 ▫ 网站集配额和锁定 ，打开如【图 4-85】所示"网站集配额和锁定"配置页面。请单击"网站集"区块旁的向下三角形（▾），以便在"选择网站集"对话框中选择适当的网站集来管理，在此练习中，请单击 **http://center.beauty.corp**。

- **网站配额信息**

当勾选 ☑ 网站最大存储空间为: 这个选项时，表示当所有用户保存在这个网站集中的数据所占的磁盘空间超过这个设置值时，即会限制任何用户继续将数据添加到网站集中的任何网站，同时会显示如【图 4-86】所示的错误消息。

如果勾选 ☑ 网站存储空间达到以下值时发送警告电子邮件: 这个选项，表示当所有用户保存在这个网站集中的数据所占的磁盘空间超过这个设置值时，则发送电子邮件通知网站集管理员。如果这两个复选框都不勾选的话，则表示所有用户可存放磁盘空间总和是完全不受限制的。

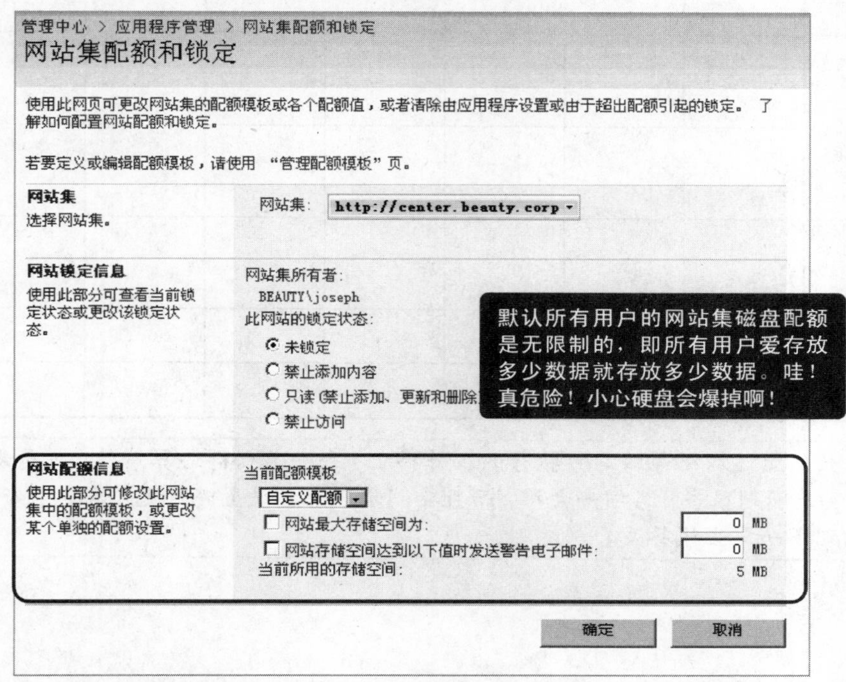

图 4-85　配置网站集配额，以限制网站用户可存放数据的空间容量

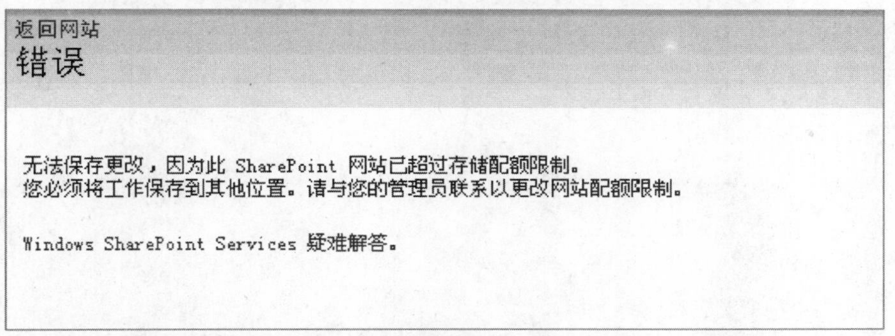

图 4-86　当超过网站所设置的配额时，所显示的错误消息

4.10　组件库权限管理

本章前面曾介绍到如何在组件库中查看和管理文件及列表项，例如新建、上传、编辑或删除等工作，可是这些管理工作并非有了账号登录 Microsoft Office SharePoint Server 2007 网站，就可以为所欲为的，而是必须要具备适当的权限或加入适当的 SharePoint 组后，才可以执行上述的查看或管理组件库的工作。那么什么样的权限才叫做适当呢？如果需要能上传文件到文件库，则至少对文件库该具有什么样的权限呢？别担心，笔者已整理如下表，希望能节省读者自行测试的时间。

权限等级执行工作	完全控制	设　计	管理阶层	审　批	参　与	读　取	受限制的读取	仅 查 看
管理组件库 (新建、删除...)	✓	✓	✓					

续表

权限等级执行工作	完全控制	设　计	管理阶层	审　批	参　与	读　取	受限制的读取	仅查看
新建（文档、列表项、文件夹）到组件库	✓	✓	✓	✓	✓			
编辑（文档、列表项、文件夹）	✓	✓	✓	✓	✓			
删除（文档、列表项、文件夹）	✓	✓	✓	✓	✓			
查看（文档、列表项）下载文档	✓	✓	✓	✓	✓	✓	✓	✓
强迫签入	✓	✓	✓	✓				
创建通知	✓	✓	✓	✓	✓	✓		✓

虽然上述权限等级与可执行的工作搭配，每一条列得还算清楚。可是看似清楚，实是问题很多！名词一大堆，而且要到哪里配置设置呢？嗯！这是个好问题，我们到下一章去找答案。

第 5 章 网站访问安全及权限管理

本章提要

权限管理在任何一种具有安全访问的系统中都是非常重要的，Microsoft Office SharePoint Server 2007 系统的权限管理也是一样，本章的重点在于说明 MOSS 2007 系统所提供的权限架构与如何创建用户或用户组的访问权限，让读者学习如何正确且有效地设置系统下的访问权限。

本章会谈到 MOSS 2007 系统所提供的权限类型与各网站上所提供的权限项目和权限结构，如何创建权限设置所需要的用户账户或组账户，以及设置访问权限。除此之外，对于系统所提供的权限级别、网站与子网站之间的继承与阻断继承的关系，都会用不同的实例来做详细的说明，让读者阅读起来，可以轻松且明确地了解如何来设置 MOSS 2007 系统所需要的访问权限。

本章重点

在本章，您将学会：

- ◎ 权限分类 vs 权限项目
- ◎ 新建用户到 SharePoint 网站
- ◎ 权限项目 vs 权限级别
- ◎ 权限相依性
- ◎ SharePoint 用户组 vs 权限级别
- ◎ 网站权限高级管理

5.1 权限分类 vs 权限项目

Microsoft Office SharePoint Server 2007 提供了一个全新的企业信息分享交换的基础平台架构，让不同的团队成员可藉由这样的平台，达成以人为导向的协同合作模式，进而提高企业整体的商业绩效。可是在这样一个协同合作的环境下，网站资源访问权限管控的重要性就相对提高了。

在 MOSS 2007 的环境下，所谓权限指的是要授权哪些团队成员可以访问企业的门户网站或工作组，以及他们对网站中所提供的内容可以执行哪些特定操作。例如，允不允许团队成员新建或修改网站内容，或者是否只能查看文件库或列表中的文件项目。当然您也可以设置哪些用户可以管理网站页面及架构的调整，亦或是可不可以更改网站的主题样式。不过，当权限在授权给用户时，有一点是很重要且必须注意的，那就是“给够用的权限就好”，何谓够用的权限，就是“最严谨的权限”，因为权限给的过于宽松，会导致资源访问出现安全上的漏洞。

在 MOSS 2007 所架设的网站环境中，根据所访问的网站内容层级，而将权限划分为“列表权限”、“网站权限”及“个人权限”三种权限类别，而不同的权限分类下各自定义了用户可以执行的管理，或访问权限项目有哪些。废话不多说，我们就先来看看 MOSS 2007 提供了哪些权限项目来管控用户在网站内的访问操作。

5.1.1 列表权限项目

在列表权限分类下的权限项目，主要是针对文件库（图片库、表单库、幻灯片库……）及列表（通知、链接、讨论板……）等组件库环境下，用户可以执行的网站资源访问操作。例如：上传图片到图片库（“新建项目”权限）、删除文件库中的文件（“删除项目”权限）等行为，MOSS 2007 在列表权限分类中，总共细分了以下 12 种权限项目，各权限所拥有的网站资源访问能力简述如下：

列表权限	说　明
管理列表	创建和删除列表，添加或删除列表的栏，以及添加或删除列表的公共视图
替代签出版本	放弃或签入已由其他用户签出的文档
添加项目	向列表中添加项目，向文档库中添加文档，以及添加 Web 评论
编辑项目	编辑列表中的项目、文档库中的文档、文档中的 Web 评论，以及自定义文档库中的 Web 部件页
删除项目	从列表中删除项目、从文件库中删除文档，以及删除文档中的 Web 评论
查看项目	查看列表中的项目、文档库中的文档和查看 Web 评论
批准项目	批准列表项或文档的次要版本
打开项目	使用服务器端文件处理程序查看文档源
查看版本	查看列表项或文档的以前版本
删除版本	删除列表项或文档的以前版本
创建通知	创建电子邮件通知
查看应用程序页面列表	查看表单、视图和应用程序页面，枚举列表

5.1.2 网站权限项目

网站权限分类下的权限项目，主要针对的对象是网站，意即“网站权限”的效力是以特定网站为操作对象的。例如：创建网站中的会议工作组（“创建子网站”权限）、更改“我的网站”中的用户配置文件中的信息（“编辑个人的用户信息”权限）等工作，MOSS 2007 在网站权限分类中，总共细分了以下 18 种权限项目，各权限所拥有的能力说明简述如下：

网站权限	说　明
管理权限	创建和更改网站上的权限级别，并为用户和用户组分配权限
查看使用率数据	查看有关网站使用率的报告
创建子网站	创建子网站，例如工作组网站、会议工作区网站和文档工作区网站

续表

网站权限	说　明
管理网站	授与执行该网站的所有管理任务并管理内容的能力
添加和自定义网页	添加、更改或删除 HTML 页面或 Web 部件页，并使用与 Windows SharePoint Services 兼容的编辑器编辑网站
应用主题和边框	将主题或边框应用于整个网站
应用样式表	将样式表（.CSS 文件）应用于网站
创建用户组	创建一个用户组，该用户组可用于网站集中的任何位置
浏览目录	使用 SharePoint Designer 与 Web DAV 接口枚举网站中的文件和文件夹
使用“自助式网站创建”	使用“自助式网站创建”创建网站
查看网页	查看网站中的网页
枚举权限	枚举网站、列表、文件夹、文档或列表项中的权限
浏览用户信息	查看有关网站用户的信息
管理通知	管理网站中所有用户的通知
使用远程接口	使用 SOAP、Web DAV 或 SharePoint Designer 接口访问网站
使用客户端集成功能	使用启动客户端应用程序的功能。如果没有此权限，用户将必须本地处理文档并上传更改内容
打开	允许用户打开网站、列表或文件夹，以便访问该容器中的项目
编辑个人的用户信息	允许用户更改个人用户信息，例如：添加图片

5.1.3 个人权限项目

个人权限分类下的权限项目，其效力只会作用在特定的个人视图或私人网页部件项目上，MOSS 2007在个人权限分类中，总共细分了以下 3 种权限，各权限说明简述如下：

个人权限	说　明
管理个人视图	创建、更改和删除列表的个人视图
添加/删除个人 Web 部件	在 Web 部件页中添加或删除个人 Web 部件
更新个人 Web 部件	更新 Web 部件以显示个性化信息

哇！名词那么多！有些操作功能根本不知道是什么？要到哪里配置也不知道……没关系，别紧张！这里的权限说明中提到的操作访问功能，都会在本书后面陆续介绍。

5.2 新建用户到 SharePoint 网站

不知各位读者还记不记得在第 2 章中曾提到，当顶层网站配置完成后，默认只有系统管理员（Administrator）、网站主管理员及网站第二管理员可以登录网站，其他的用户是不能进入的，其主要的原因是什么呢？没错，问题的症结点就在于权限，因为默认除了上述的三个角色之外，其他网络环境中的用户不拥有任何 Microsoft Office SharePoint Server 2007 网站访问权限。讲了那么多，我们赶快让其他企业成员可以进入“训练中心”网站，进行资源交换与共享吧。

首先请以“Joseph”登录，并将环境切换到“训练中心”网站首页，然后使用鼠标依次单击 网站操作 → 网站设置 管理此网站的网站设置。 → 人员和组 管理此网站中的用户和组。 ，默认会打开“人员和组：训练中心成员”的视图和管理页面，请用鼠标单击“快速启动”栏的 所有人员 超链接，进入如【图 5-1】所示的“人员和组：所有人员”查看和管理页面。

附注 想要打开【图 5-1】所示的页面，也可使用鼠标依次单击 网站操作 → 网站设置 管理此网站的网站设置。 → 修改所有网站设置 更改此网站的所有网站设置。，然后在“网站设置”页面中选择 用户和权限 区块下的“人员和组”超链接，当打开“人员和组”的查看和管理页面时，请用鼠标单击快速引导块的 所有人员 超链接，就会看到如【图 5-1】所示的“人员和组：所有人员”查看和管理页面了。

我们从【图 5-1】中看到的所有人员中，除了本地服务账号（Local Service）外，还有 3 个用户出现在这里，原因是当初架设这个顶层网站时，所设置的网站主管理员是 Joseph（屠立刚），而网站第二管理员是 Linda（吴翠凤）。而 Administrator 居然没有出现在这里，可是 Administrator 还是可以登录 MOSS 2007 网站，主要因为服务器系统管理员默认是可以登录 SharePoint 网站的。而 Green（苏国林）这个账号不是在第 2 章中已经将他删除了吗，而且他也已经不能登录 MOSS 2007 网站了啊！怎么还会出现在这里呢？真是怪哉！这个答案将会在 5.5.4 节中告诉各位朋友。

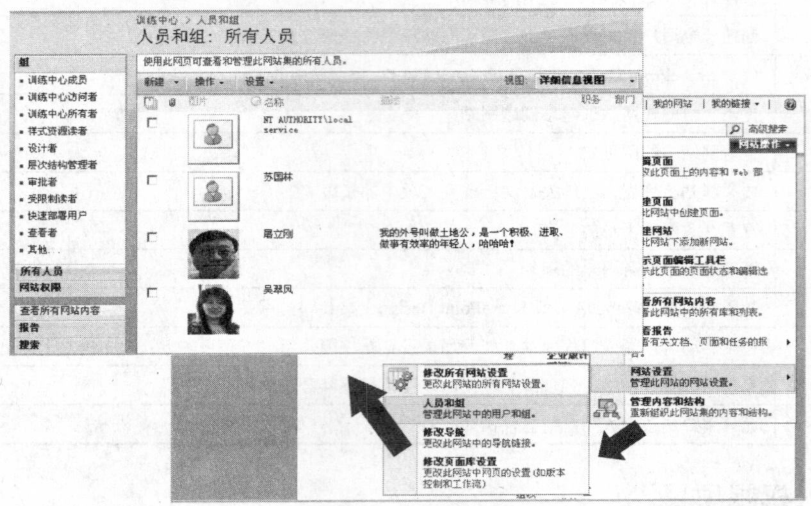

图 5-1　所有人员查看和管理页面

现在我们就来加入用户，让其可以登录及浏览"训练中心"网站，请用鼠标依次单击 新建 → 添加用户 向用户组或网站中添加用户。，打开"新用户"配置页面（如【图 5-2】所示）。

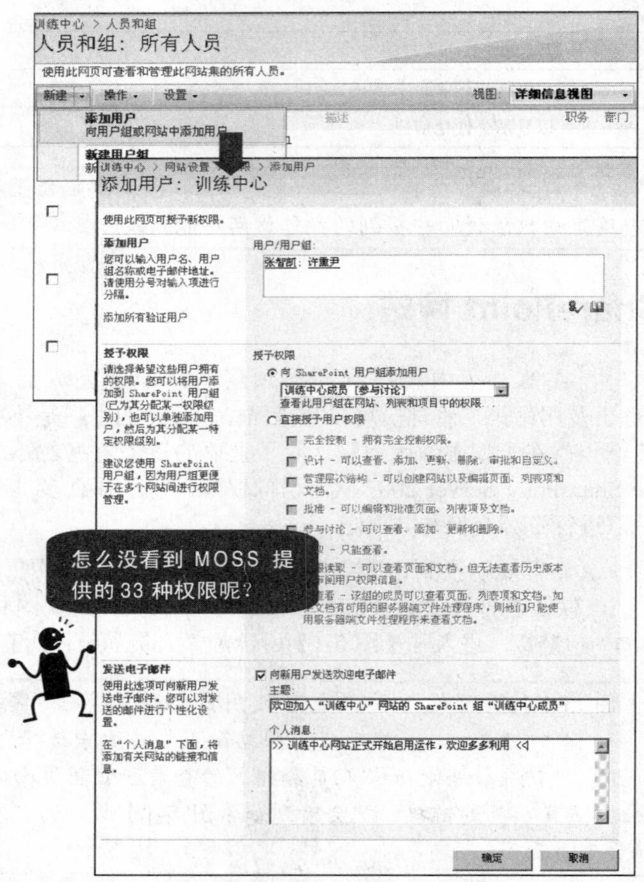

图 5-2　所谓"指定权限"是指将用户或局域网安全组加入到 SharePoint 用户组或指派权限级别

● 添加用户

输入要加入网站的用户名称，此例请将“**张智凯**”及“**许熏尹**”两位用户加入“用户/用户组”区块。如果一时忘记用户的正确账号名称或显示名称，则可通过 协助搜索。

● 授予权限

给予上述用户所具有的网站访问权限。可将用户或局域网安全组新建到 SharePoint 用户组，或给用户或局域网安全组指定特定权限级别。此例请保持配置的默认值，即保留“授予权限”区块中 ⊙向 SharePoint 用户组添加用户 下的 [训练中心成员 [参与讨论]]。

● 向新用户发送欢迎电子邮件

勾选这个选项可向用户发送电子邮件，告知其已经可以登录 MOSS 2007 网站了。您可以自定义要发送的消息主题及内容，同时网站的链接与信息将会加在个人消息的下方，用户将会收到如【图 5-3】所示的电子邮件。

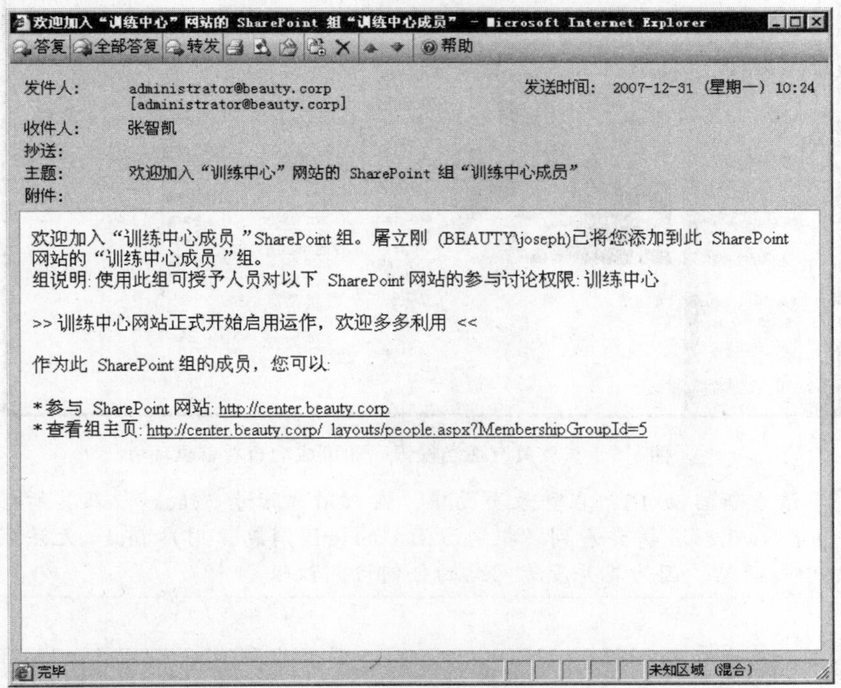

图 5-3 邮件通知消息内容

如此一来，用户就知道其已经拥有权限可以登录企业网站，访问及参与资源的使用了。当完成添加用户的工作后，将可以在“训练中心成员”SharePoint 用户组管理页面中，看到类似如【图 5-4】所示的结果。

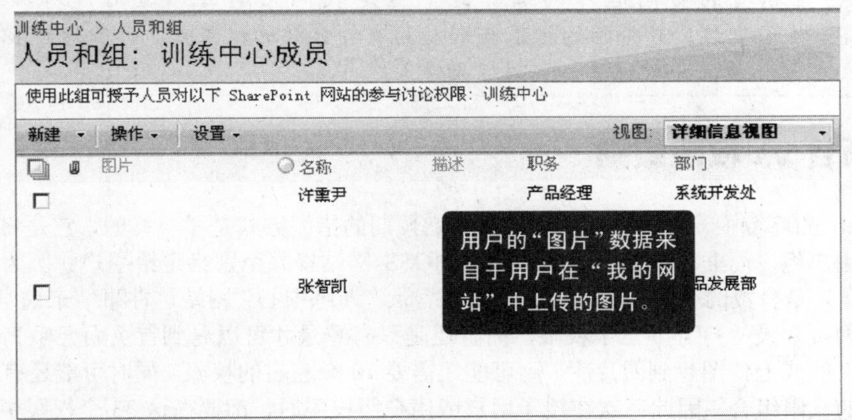

图 5-4 用户加入网站成员后，将会出现“人员和组：训练中心成员”查看和管理页面

附注 **测试时间**

测试目的：当用户拥有适当的网站访问权限后，即可登录网站浏览网页。请验证“张智凯”是否可以登录训练中心网站。

练习步骤

1 请重新启动IE，在登录页面中，输入用户账号“Richard”及其所搭配的密码“P@ssw0rd”，即可成功登录。

2 请单击【图 5-5】所示的训练中心网站的“首要网站”区块下的业务部及人事部链接，也可成功进入这两个工作组，查看其首页环境。

图 5-5　只要具有适当权限，即可成功查看首页环境

3 请重新启动 IE，在登录页面中，输入用户账号“Jacky”及其所搭配的密码“P@ssw0rd”，将会看到“拒绝访问”的错误消息，用户 Jacky 无法成功登录训练中心网站，因为其并没有网站的任何访问权限。

咦！为什么在【图 5-2】没有看到前面所提到的 33 种 MOSS 2007 权限项目呢？是不是作者在骗人啊！结果反而出现了“SharePoint 用户组”和“权限级别”这个陌生的名词。这跟用户有没有权限，有啥关系呢？还是说只要用户加入了适当的 SharePoint 用户组或给予适当的权限级别，就可以登录 MOSS 2007 网站，进行企业环境的协同运作的工作呢？可是我们又怎么知道用户所加入的 SharePoint 用户组，或给予的权限级别是具有什么样的权限呢？赶快速速招来，否则……唉！真是一波未平，一波又起啊！

5.3 权限项目 vs 权限级别

在 MOSS 2007 的环境中，权限指定的方式跟我们预期的指派方式是不一样的，它是将特定的“权限级别”给予用户或用户组，而非将上述所说的 33 种 MOSS 网站权限个别指定给用户。因为通常用户所需要的权限能力，并非只是少数的一两个。就拿用户要能登录“训练中心”网站这件事情来说吧！就需要有“查看项目”、“查看网页”及“打开”三个权限，而且还是只有登录才可以看到首页而已哦！如果还想要在网站中查看及编辑文件或上传图片到图片库，则可能还需要 10 个左右的权限。同时可能还有其他的用户或用户组也需要这样的权限组合，因此每次在授予用户或用户组权限时，都要在这 33 个权限中做挑选，可真是一件非常烦琐且易出错的事。所以为了方便权限的指定，特将所需要的一些“权限”集中起来，组合成所谓的“权限级别”，以方便事后授予指派权限。

5.3.1 默认权限级别

从【图 5-2】的页面中，可看到 MOSS 2007 默认提供了 8 种“权限级别”的组合，而这 8 种权限级别的产生，主要是因为 MOSS 2007 认为管理员应该会用到这些权限组合，所以先创建好，以备不时之需。如管理员有其他权限组合的需要，可依实际情况创建，笔者奉劝各位看倌，尽量不要修改默认权限级别的配置，若有类似的权限组合，可另外复制一份默认的权限级别，再加以修改。我们先来看看默认的权限级别拥有的哪些网站访问功能。

1．完全控制：拥有这个权限的用户，即具有对网站无所不能的管理及访问能力。默认网站集的网站主管理员与网站第二管理员具有此权限级别。

2．设计：具有此权限的用户可以创建及管理图片库、列表和文件库等网站区域，并对这些区域内的文件项目执行查看、新建、编辑、删除、审批及自定义等管理工作，还可编辑网页版面配置设置及更换网站主题样式。

3．管理层次结构：拥有此权限的用户可以创建网站及编辑页面，创建及管理图片库、列表和文件库等网站区域，并对这些区域内的文件项目执行查看、新建、编辑、删除、审批及自定义等管理工作。

4．批准：让用户可以编辑并批准页面，针对图片库、列表和文件库等区域内的文件项目执行查看、新建、编辑、删除、审批等管理工作。

5．参与：可以查看、新建、更新和删除。拥有此权限的用户可以将文件上传到他们已取得权限的网站区域（图片库、列表或文件库），并管理（编辑或删除）现有列表和文件库中的项目。

6．读取：具有此权限的用户可以搜索、查看及浏览网站的内容，并可打开网站区域内的项目和文件。

7．受限读取：只能让用户访问特定的列表、文件库、项目或文件，不能让他们访问整个网站中所有的信息，同时无法查看历史版本或查看用户权限信息。

8．仅查看：此用户组的成员可以查看页面、列表项和文档。如果文档有可以使用的服务器端文件处理程序，则它们只能使用服务器端文件处理程序来查看文件。

从上面的解说看来，看似清楚又模糊。读者可能还是无法清楚地掌握各权限级别所拥有的能力。因此，笔者特将各个默认的权限级别与 MOSS 2007 所提供的 33 个权限之间的关系，做了以下的分类对应表，希望能帮助您迅速了解各个默认的权限级别所拥有的网站内容访问以及管理能力。

列表权限项目与默认权限级别的对应

列表权限 \ 权限级别	完全控制	设计	管理层次结构	批准	参与	读取	受限读取	仅查看	受限访问
管理列表	✓	✓	✓						
替代签出版本	✓	✓	✓	✓					
添加项目	✓	✓	✓	✓	✓				
编辑项目	✓	✓	✓	✓	✓				
删除项目	✓	✓	✓	✓	✓				
查看项目	✓	✓	✓	✓	✓	✓	✓	✓	
批准项目	✓	✓		✓					
打开项目	✓	✓	✓	✓	✓	✓	✓		
查看版本	✓	✓	✓	✓	✓	✓		✓	
删除版本	✓	✓	✓	✓	✓				
创建通知	✓	✓	✓	✓	✓	✓		✓	
查看应用程序页面列表	✓	✓	✓	✓	✓	✓		✓	✓

网站权限项目与默认权限级别的对应

网站权限 \ 权限级别	完全控制	设计	管理层次结构	批准	参与	读取	受限读取	仅查看	受限访问
管理权限	✓		✓						
创建子网站	✓		✓						
查看使用率数据	✓		✓						
管理网站	✓		✓						
添加和自定义网页	✓	✓	✓						
应用主题和边框	✓	✓							
应用样式表	✓	✓							
创建用户组	✓								
浏览目录	✓	✓	✓	✓	✓				
使用“自助式网站创建”	✓	✓	✓	✓	✓	✓		✓	
查看网页	✓	✓	✓	✓	✓	✓	✓	✓	
枚举权限	✓		✓						
浏览用户信息	✓	✓	✓	✓	✓	✓		✓	✓
管理通知	✓		✓						
使用远程接口	✓	✓	✓	✓	✓	✓		✓	✓
使用客户端集成功能	✓	✓	✓	✓	✓	✓		✓	✓
打开	✓	✓	✓	✓	✓	✓	✓	✓	✓
编辑个人的用户信息	✓	✓	✓	✓	✓				

个人权限项目与默认权限级别的对应

个人权限 \ 权限级别	完全控制	设计	管理层次结构	批准	参与	读取	受限读取	仅查看	受限访问
管理个人视图	✓	✓	✓	✓	✓				
添加/删除个人 Web 部件	✓	✓	✓	✓	✓				
更新个人 Web 部件	✓	✓	✓	✓	✓				

5.3.2 新建权限级别

看完了上面各权限类别与权限级别的对应表，您是否已经深刻了解了“权限级别”和“权限”之间的对应关系呢。您可能会发现默认的权限级别所搭配的权限组合，并不一定完全符合您的需要，例如，现在需要一个权限级别，让它所搭配的权限组合可以完成——用户将文档或列表项新建到组件库（文件库或列表）中，并可编辑现有列表与文件库中的项目或文件，但是不能删除存放在 MOSS 2007 网站中的文件数据或列表项。咦！这个需求跟默认的“参与”权限级别好像有点类似，只是少了“删除”的功能。嗯！没错。

OK！我们现在就来实现您的想法。预计新建的权限级别所要达成的目标是要让用户可以查看、新建和更新网站组件库及其内的文件项目，但是不可以执行删除的操作。请用鼠标依次单击 网站操作 → 网站设置 管理此网站的网站设置。 → 人员和组 管理此网站中的用户和组。，当打开“人员和组”的查看和管理页面时，用鼠标单击“快速启动”栏，的 网站权限 超链接，打开“权限：训练中心”查看和管理页面。接下来请选择工具栏 设置 下的 权限级别 配置此 网站 上的可用权限级别。项目，打开如【图 5-6】所示的“权限级别”管理页面。

从【图 5-6】的“权限级别”管理页面中，我们可以知道目前已创建的权限级别有多少个。如果要添加权限级别，可单击 添加权限级别，打开“添加权限级别”配置页面，您将会看到我们前面所谈到的 33 种网站权限终于出现了，在此页面中，输入添加的权限级别名称及说明，“说明”这个字段请不要空白或简单几个字就随便打发了，因为叙述得详细一点，有助于将来进行网站访问权限指派时，易于辨识该权限级别所完成的目标。

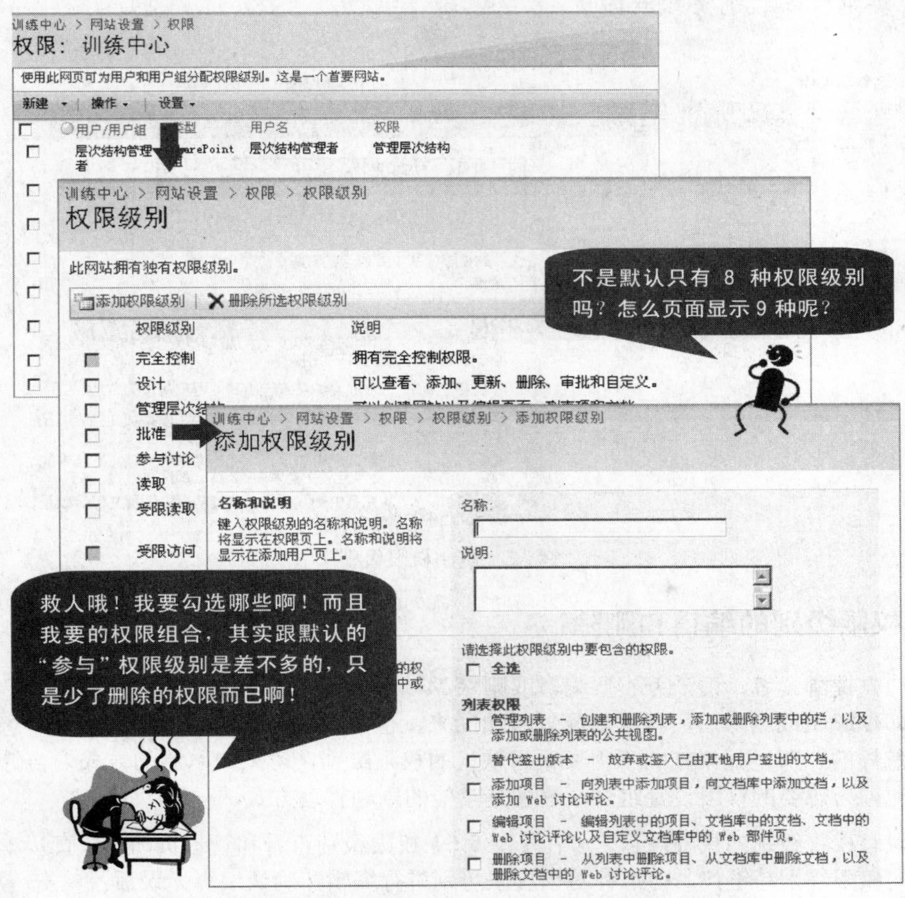

图 5-6　定义权限级别的名称、说明及勾选适当的权限项目搭配

勾选新建的权限级别所要搭配的权限项目前的复选框，配置完成并确认无误后，请单击 创建 按钮，完成权限级别的添加工作。新建的权限级别名称及说明就会出现在“权限级别”管理页面和【图 5-2】所示的添加用户配置页面中。

权限级别的复制

看到 33 个权限摆在面前，还真是有点不知如何下手，别担心！其实微软早想到会有这样的情况发生，所以才预先设置了几组常用的权限级别，而事后想要添加的权限级别，大都可以参考现有默认的权限级别，再酌量增减所需要的权限。而所谓的参考，就是先直接复制现有的权限级别设置，再加以修改另存为新的权限级别。依照上面所提的需求来看，我们所要添加的权限级别必须要能让用户新建、编辑及查看数据，但不能删除。而这个需求的权限组合跟系统默认的“参与”权限级别所具备的网站访问能力大致相同，只是要取消删除的能力，所以我们可以先复制“参与”级别的设置，再加以修改。

请在【图 5-6】权限级别查看和管理页面上，单击列表中的“参与”权限级别超链接，将会打开该权限级别的编辑页面，然后单击编辑页面的最下方 复制权限级别 按钮，MOSS 2007 将会复制一份完全相同的配置设置副本，此时只需取消对不必要的权限的勾选，或勾选额外需要的权限，并输入预计添加的权限级别的名称和说明，在本练习中请在“复制权限级别‘参与讨论’”的配置页面上，输入以下数据（如【图 5-7】所示），配置确认无误后，请单击 创建 按钮完成权限级别的复制添加任务。

1. 请在“名称“区块中输入“**参与 - 删除**”。
2. 在“说明”区块中输入“**可以查看、添加和更新。**”
3. 取消 ☐ 删除项目 及 ☐ 删除版本 两个项目前的复选框勾选。

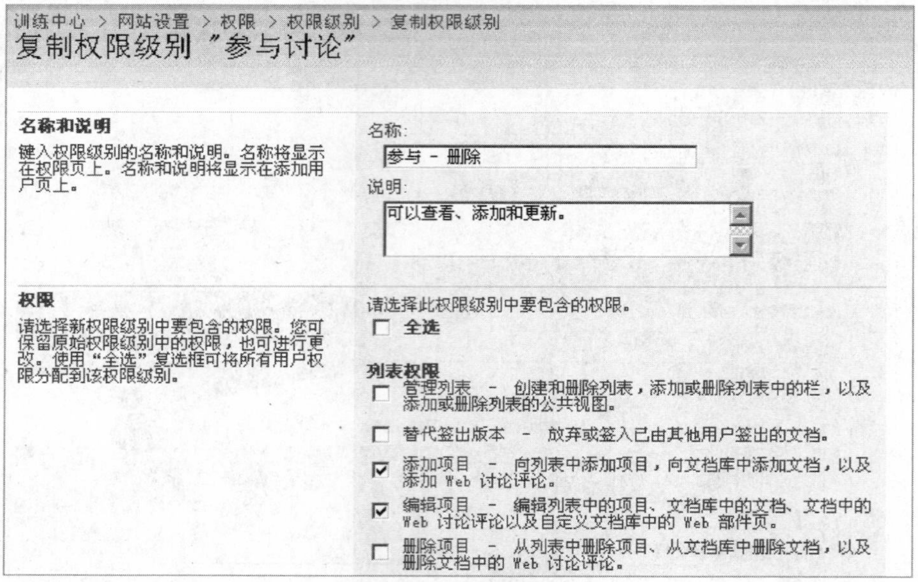

训练中心 > 网站设置 > 权限 > 权限级别 > 复制权限级别
复制权限级别"参与讨论"

名称和说明
键入权限级别的名称和说明。名称将显示在权限页上。名称和说明将显示在添加用户页上。

名称:
参与 - 删除

说明:
可以查看、添加和更新。

权限
请选择新权限级别中要包含的权限。您可保留原始权限级别中的权限，也可进行更改。使用"全选"复选框可将所有用户权限分配到该权限级别。

请选择此权限级别中要包含的权限。
☐ 全选

列表权限
☐ 管理列表 - 创建和删除列表，添加或删除列表中的栏，以及添加或删除列表的公共视图。
☐ 替代签出版本 - 放弃或签入已由其他用户签出的文档。
☑ 添加项目 - 向列表中添加项目，向文档库中添加文档，以及添加 Web 讨论评论。
☑ 编辑项目 - 编辑列表中的项目、文档库中的文档、文档中的 Web 讨论评论以及自定义文档库中的 Web 部件页。
☐ 删除项目 - 从列表中删除项目、从文档库中删除文档，以及删除文档中的 Web 讨论评论。

图 5-7　复制权限级别

5.3.3 权限级别的编辑和删除

笔者在这边先提醒读者，请千万不要编辑或删除 Microsoft Office SharePoint Server 2007 默认创建的权限级别，虽说即使编辑或删除后，再重新配置添加回来，也是没有问题的。但是重点是，您可能早已忘了默认的设置是怎样的，所以如果真的不需要采用默认的权限级别，可采取复制的方式，再针对复制出来的新权限级别，配置为想要的权限设置组合，这才是较佳的规划管理方式。

若想编辑现有权限级别的权限组合，可在【图 5-6】权限级别查看和管理页面上，直接单击权限级别列表中所要编辑的权限级别超链接，即可针对该权限级别进行编辑，确认编辑无误后，单击 提交 按钮，即可完成权限级别的编辑工作。

至于删除的工作就简单了，只需在【图 5-6】页面中勾选所要删除的权限级别后，单击 ✕删除所选权限级别，系统会要求再次确认删除的操作，只需单击 确定 按钮即可完成删除的工作。不过从【图 5-6】的页面中可看出，系统默认的"完全控制"和"受限访问"权限级别是无法删除的，主要是因为 Microsoft Office SharePoint Server 2007 默认将"完全控制"授予给了系统管理员（Administrator）及网站的主管理员和第二管理员，如果"完全控制"权限级别可以被删除的话，那笔者可就要恭喜您免费获得一次重新安装 MOSS 2007 的机会，因为再也没有人可以"完全控制"网站的配置及管理了。所以为了避免发生失误的操作，Microsoft Office SharePoint Server 2007 默认禁用了"完全控制"权限级别的删除和更改操作。

5.4 权限相依性

在新建或编辑权限的设置工作中，不知读者是否发现了一些奇怪的现象，那就是当您勾选某一个权限时，另外一些权限也会自动被勾选起来，这是为什么呢？这样的情况，我们称为权限的"相依性"。所谓权限的相依性，指的是当某个权限要发挥效用时，其相依的权限必须先被勾选起来才能发挥作用。

例如：当勾选的权限是"打开项目"权限时，"列表权限"分类下的"查看项目"权限及"网站权限"分类下的"查看网页"权限和"打开"权限都会自动勾选。即如果用户要打开某个项目（如图片库中的图片项目）时，总要先有"查看项目"的权限，否则应该只能看到一片空白的网页，同时因为在 MOSS 2007 的环境下，一切皆以网页的方式呈现，所以要能查看所打开的项目内容，还必须同时拥有"网站权限"分类下的"查看网页"权限及"打开"权限。为了让读者能充分了解各权限所搭配的是何种相依权限，特分类列表整理如 5.4.1~5.4.3 节所示。

5.4.1 列表权限项目相依性

列表权限	相依权限
管理列表	列表权限：查看项目 网站权限：查看网页、打开 个人权限：管理个人视图
替代签出版本	列表权限：查看项目 网站权限：查看网页、打开
添加项目	列表权限：查看项目 网站权限：查看网页、打开
编辑项目	列表权限：查看项目 网站权限：查看网页、打开
删除项目	列表权限：查看项目 网站权限：查看网页、打开
查看项目	网站权限：查看网页、打开
批准项目	列表权限：编辑项目、查看项目 网站权限：查看网页、打开
打开项目	列表权限：查看项目 网站权限：查看网页、打开
查看版本	列表权限：查看项目、打开项目 网站权限：查看网页、打开
删除版本	列表权限：查看项目、查看版本 网站权限：查看网页、打开
创建通知	列表权限：查看项目 网站权限：查看网页、打开
查看应用程序页面列表	网站权限：打开

5.4.2 网站权限项目相依性

网站权限	相依权限
管理权限	列表权限：查看项目、打开项目、查看版本、批准项目 网站权限：浏览目录、查看网页、枚举权限、 浏览用户信息、打开
查看使用率数据	列表权限：批准项目 网站权限：打开
创建子网站	网站权限：查看网页、浏览用户信息、打开
管理网站	列表权限：查看项目 网站权限：添加和自定义网页、浏览目录、查看页面、枚举权限、浏览用户信息、打开
添加和自定义网页	列表权限：查看项目 网站权限：浏览目录、查看网页、打开
应用主题和边框	网站权限：查看网页、打开
应用样式表	网站权限：查看网页、打开
创建用户组	网站权限：查看网页、浏览用户信息、打开
浏览目录	网站权限：查看网页、打开
使用“自助式网站创建”	列表权限：查看网页 网站权限：浏览用户信息、打开
查看网页	网站权限：打开

续表

网站权限	相依权限
枚举权限	列表权限：查看项目、打开项目、查看版本、 网站权限：浏览目录、查看网页、浏览用户信息、打开
浏览用户信息	网站权限：打开
管理通知	列表权限：查看项目、创建通知 网站权限：查看页面、打开
使用远程接口	网站权限：打开
使用客户端集成功能	网站权限：使用远程接口、打开
打开	无相依性权限
网站权限	相依权限
编辑个人的用户信息	网站权限：浏览用户信息，打开

5.4.3 个人权限项目相依性

个人权限	相依权限
管理个人视图	列表权限：查看项目 网站权限：查看页面、打开
添加 / 删除个人 Web 部件	列表权限：查看项目、 网站权限：查看网页、打开 个人权限：更新个人 Web 部件
更新个人 Web 部件	列表权限：查看项目 网站权限：查看网页、打开

5.5 SharePoint 用户组 vs 权限级别

还记得在【图 5-2】页面中授予用户权限时，可采用的方法是直接将“权限级别”指派给用户，或将用户加入“SharePoint”用户组。权限级别的概念已在上面介绍过了，可是 SharePoint 用户组又扮演什么样的角色呢？将用户加入 SharePoint 用户组，就会有访问 MOSS 2007 网站的权限，那是不是代表这些 SharePoint 用户组早已预先指派好权限了，而这些默认的 SharePoint 用户组又各自拥有什么样的权限呢？下面的解说应该会解开您心中的疑惑！

5.5.1 默认 SharePoint 用户组

在 Microsoft Office SharePoint Server 2007 的管理环境下，权限的授予方式是将特定的“权限级别”授予用户或用户组。可是如果在企业环境中，有一群人对 MOSS 2007 网站都具有相同的访问权限时，笔者建议您为他们创建 SharePoint 用户组，以便一次同时管理多位用户对网站的访问能力，如此可以提高对权限授予的创建和修改的效率。MOSS 2007 默认创建了 10 个 SharePoint 用户组，并针对这些 SharePoint 用户组授予了适当的权限级别，即只要将用户加入适当的默认 SharePoint 用户组，该用户就相当于拥有了该 SharePoint 用户组所具有的权限级别中的权限项目组合。下表是默认 SharePoint 用户组所具有的网站访问能力说明及被授予的权限级别对应关系。

SharePoint 用户组	说　明	权限级别
1. 顶层网站名称所有者	此用户组成员可更改网站所有内容及页面，以及执行所有网站的管理功能，并可授予权限给用户或用户组，默认网站的主管理员和第二管理员会加入此用户组。有了这个用户组，可有效地将网站管理工作从服务器系统管理员转移到这个用户组成员身上	完全控制
2. 顶层网站名称成员	此用户组成员可以查看网站所有页面、新建、编辑和删除列表库或文件库的项目，也可以执行批准或拒绝项目的更改操作	参与

续表

SharePoint 用户组	说明	权限级别
3. 顶层网站名称访问者	此用户组成员可以搜索、查看和浏览网站的内容，并可打开网站组件库的文件	读取
4. 查看者	此用户组的成员可以查看网页、列表项和文件。如果文档有可用的服务器端文件处理程序，则他们只能使用服务器端文件处理程序来查看	仅查看
5. 审批者	此用户组成员可以编辑和批准网页、列表项和文件的更改，并可将草稿（次要）版本发布为可供用户查看的主要版本	批准＋受限访问
6. 层次结构管理者	此用户组成员可以重新命名网站、更改网站集的层次结构和网站导航架构，以及具有设计者所拥有的大部分网站访问权限	管理层次结构＋受限访问
7. 设计者	此用户组成员除不能处理人员、用户组与权限的管理，以及部分网站管理工作外，其他的权限都与网站管理员相同。其可以在“主版页面图库”中创建主版页面和版面配置，而且可以使用主版页面与 CSS 文件更改网站集中每个网站的行为和外观。通常只会将部分网站开发人员或网站管理人员加入这个用户组	设计＋受限访问
8. 快速部署用户	此用户组成员可以排程“快速部署”工作	受限访问
9. 受限制读者	此用户组成员仅可以查看网页和文件的主要版本，但是无法查看历史版本和用户权限信息。通常会把只需要查看或读取信息的用户加入此用户组	受限读取＋受限访问
10. 样式资源读者	此用户组的成员可以读取主版页面图库，以及有限制地读取样式库。所有验证的用户将默认成为此用户组的成员。若要进一步保护此网站，您可以从此用户组删除所有验证的用户，或是将用户加入此用户组	受限访问

提示 当顶层网站所采用的网站模板是“发布”分类下的“协作门户网站”时，其默认所产生的 SharePoint 用户组跟上述所列的 10 个 SharePoint 用户组是一模一样的。可是如果顶层网站所采用的网站模板是“协作”分类下的“工作组网站”时，则默认所产生的 SharePoint 用户组，就只有上述所列的前 4 个 SharePoint 用户组。因此，不管顶层网站选择何种网站模板，默认都一定会产生 3 个 SharePoint 用户组：顶层网站名称所有者、顶层网站名称成员、顶层网站名称访问者。以本书所建的顶层网站为例，其网站名称为“训练中心”，故默认一定会有以下 3 种 SharePoint 用户组及其所搭配的权限级别，至于其他额外默认的 SharePoint 用户组，则视网站模板所要隐含的团队成员规模及功能而有所不同，如下表所示：

SharePoint 组名	训练中心所有者	训练中心成员	训练中心访问者
权限级别	完全控制	参与	读取

至于为什么默认一定会有上述 3 种 SharePoint 用户组，我想不难理解，因为在信息交换的环境下，不外乎分为可以读取信息内容的用户（读取）、可以编辑修改信息内容的用户（参与）和可以完全掌控所有信息及权限授予的管理员（完全控制）三大分类。

5.5.2 管理 SharePoint 用户组

MOSS 2007 并未限制只能使用默认的 SharePoint 用户组，如果有默认用户组没有办法做到的特殊权限需求，可以自行创建定制的 SharePoint 用户组，以满足实际需要。默认网站集管理员、网站主管理员、网站第二管理员或拥有“创建用户组”权限者，都可执行新建 SharePoint 用户组这个工作。

现假设我们希望某一群用户能够在网站上创建和编辑文件项目，但是不能任意删除网站中的任何数据。为了达到这样的目的，我们来创建一个“训练中心编辑者” SharePoint 用户组，并授予先前创建的“参与-删除”权限级别给“训练中心编辑者”这个 SharePoint 用户组。

创建 SharePoint 用户组

当按照企业需求创建 SharePoint 用户组时，请用鼠标依次单击 网站操作▾ → 网站设置 管理此网站的网站设置。 →

人员和组 管理此网站中的用户和组。 → 【组】，打开【图 5-8】所示的“人员和组：所有组”查看和管理页面。

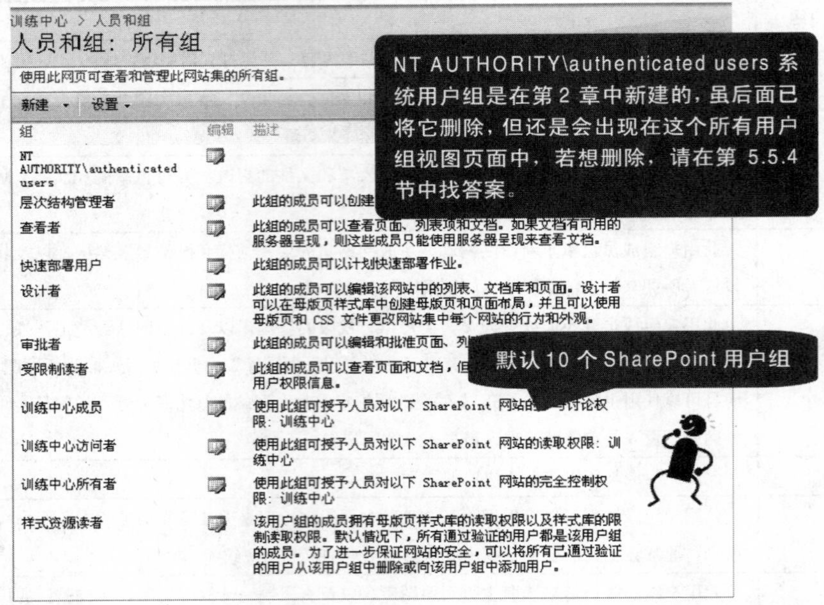

图 5-8 网站集中的默认 SharePoint 用户组

在“人员和组：所有组”页面上，包含了所有默认已创建及事后添加的 SharePoint 用户组列表。请在此页面上单击 新建 下的 新建用户组 新建 SharePoint 用户组。 项目，打开如【图 5-9】所示的“新建用户组”配置页面，首先输入如下的名称和描述，这两个区块输入的数据会显示在“人员和组：所有组”查看和管理页面中的用户组及信息字段。

名称	训练中心编辑者
描述	使用此用户组可将 SharePoint 网站训练中心的“参与-删除”权限授予人员

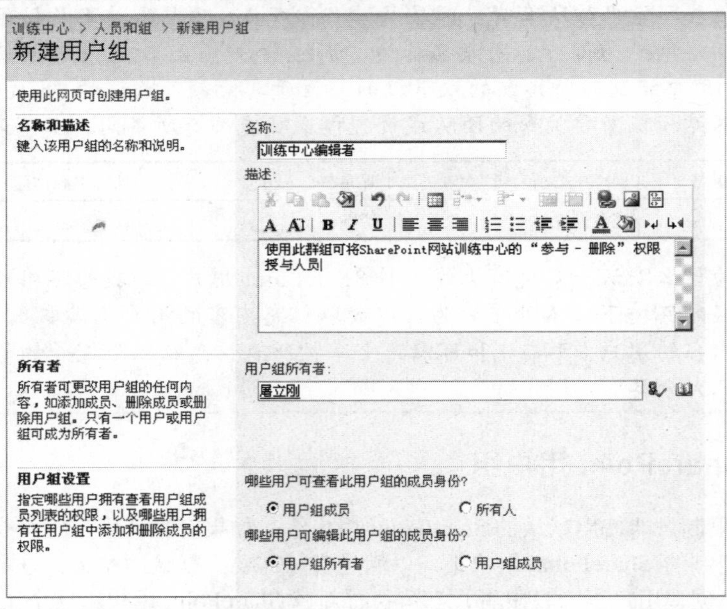

图 5-9 设置用户组所有者及查看和编辑成员资格的人选

● 所有者

创建这个新的 SharePoint 用户组的用户，默认就是这个 SharePoint 用户组的所有者，目前用的是“Joseph”的账号登录，所以在【图 5-9】页面中的所有者为“屠立刚”，这个区块的数据默认只能输入一个用户名称。身为这个 SharePoint 用户组的所有者可以更改和管理此用户组的任何事项，例如：新建和删除成员或删除用户组等工作。

● 用户组设置

这个区块主要是指定哪些用户有权限查看用户组成员列表，或哪些用户有权限从用户组新建和删除成员。默认只要是用户组中的成员都可以查看用户组成员列表，但只有用户组所有人可以更改用户组中的成员。如果用户不具有查看用户组成员列表的权限时，则会看到如【图 5-10】所示的错误消息通知。

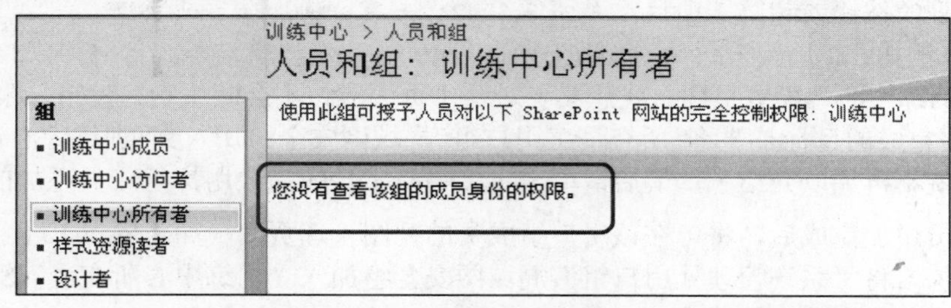

图 5-10　不具权限的用户是无法查看 SharePoint 用户组的成员列表的

● 授予用户组对此网站的权限

此区块（如【图 5-11】所示）主要是指定此新建的 SharePoint 用户组成员在此网站所具有的权限级别，此例请选择“参与 - 删除”这个权限级别。其他选项暂不在此讨论，请保持系统默认值即可，确认配置无误后，单击 创建 按钮完成新建“训练中心编辑者”SharePoint 用户组，并同时指定了适当的权限级别。

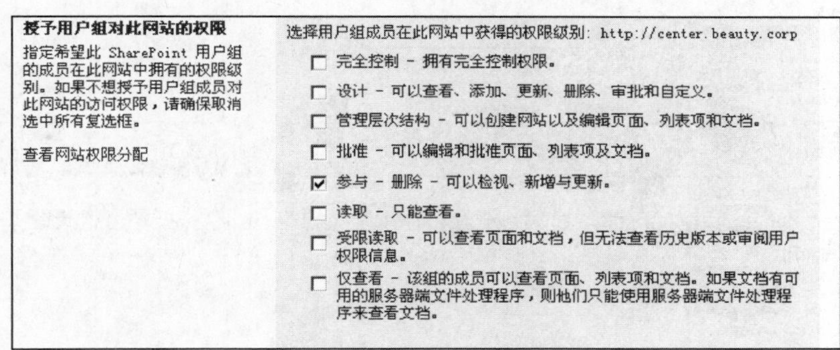

图 5-11　给予 SharePoint 用户组适当的权限级别分配

SharePoint 用户组新建完成后，您会发现所有者会自动加入该用户组，成为该用户组的成员（如【图 5-12】所示）。

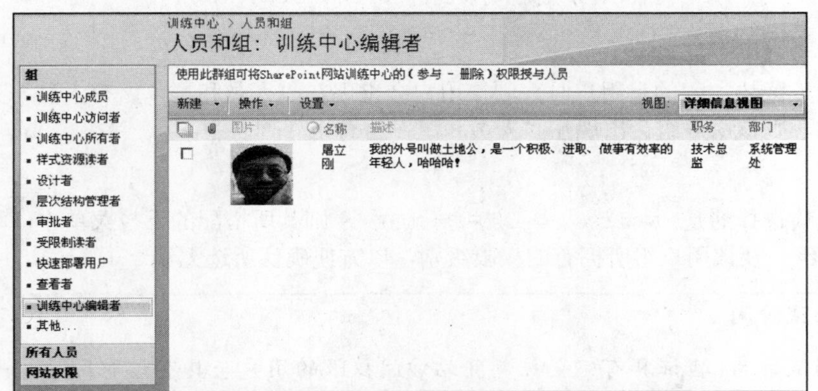

图 5-12　SharePoint 用户组的所有者会自动成为该用户组成员

向 SharePoint 用户组添加用户

Microsoft Office SharePoint Server 2007 网站配置的目的是要让特定的团队成员在其环境中共享文档和信息，所以必须先将这些团队成员（用户或局域网安全组）加入适当的 SharePoint 用户组，才可取得网站的访问权限，进而达到信息交换的目的。以本书的规划观念来看，我们可能希望所有的企业员工都能查看

“训练中心”网站的文档和信息，而“系统管理处”的人员则可以管理“训练中心”网站。为了达到此目的，可以将“所有员工用户组”局域网安全组加入至“训练中心访问者”SharePoint用户组中，相当于拥有读取权限级别的网站访问能力；以及将“系统管理处用户组”局域网安全组加入至“训练中心所有者”SharePoint用户组，相当于拥有完全控制的权限级别的网站访问能力。GO！就让我们来完成这个目标吧！

要将用户或局域网安全组加入SharePoint用户组，必须先切换到该用户组的查看和管理页面，所以请用鼠标依次单击下列的按钮或超链接项目：网站操作 → 网站设置 → 人员和组 → 组 → 特定SharePoint用户组（例如：训练中心访问者）超链接 → 新建 → 添加用户，打开如【图5-13】上方所示的“添加用户：训练中心”配置页面，我想读者对这个页面应该不会陌生吧！没错，跟【图5-2】是相同的，差别在于这次要完成的目标是要将“所有员工用户组”局域网安全组加入到“训练中心访问者”SharePoint用户组，其他区块就不再加以介绍了，最后请单击 确定 按钮完成用户组成员添加的工作。

一旦用户组成员添加完成后，将可在该用户组成员的视图管理页面（如【图5-13】下方所示）中看到该成员的踪迹。请练习将“系统管理处用户组”局域网安全组加入“训练中心所有者”SharePoint用户组，笔者相信您一定可以办得到的。加油！

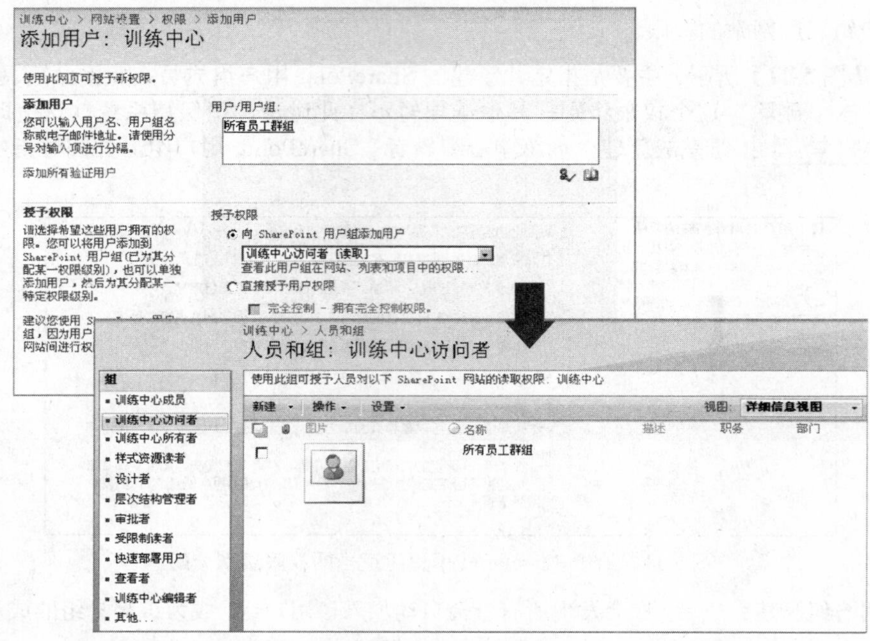

图5-13　添加用户到适当的SharePoint用户组

- 添加用户

当“添加用户”区块加入的是用户时，则该用户会出现在“人员和群：所有人员”列表中，如果加入的是局域网安全组，则该用户组会出现在“人员和组：所有组”列表中。

- 授予权限

当授予权限区块选择的是 ⊙向 SharePoint 用户组添加用户，则其所搭配的下拉菜单中，将会显示所有可用的SharePoint用户组，及该用户组所拥有的权限级别，以方便确认所选无误。

测试时间

测试目的：验证具有完全控制网站访问权限的用户与具有读取网站权限的用户，其所看到的页面是不一样的。

练习步骤：

1 以吴翠凤（Linda）和陈勇勋（Jacky）两个角色各自登录训练中心网站，并单击“首要网站”区块中的“人事部“超链接，请比较两者所看到的网页环境的差异，如【图5-14】、【图5-15】所示。

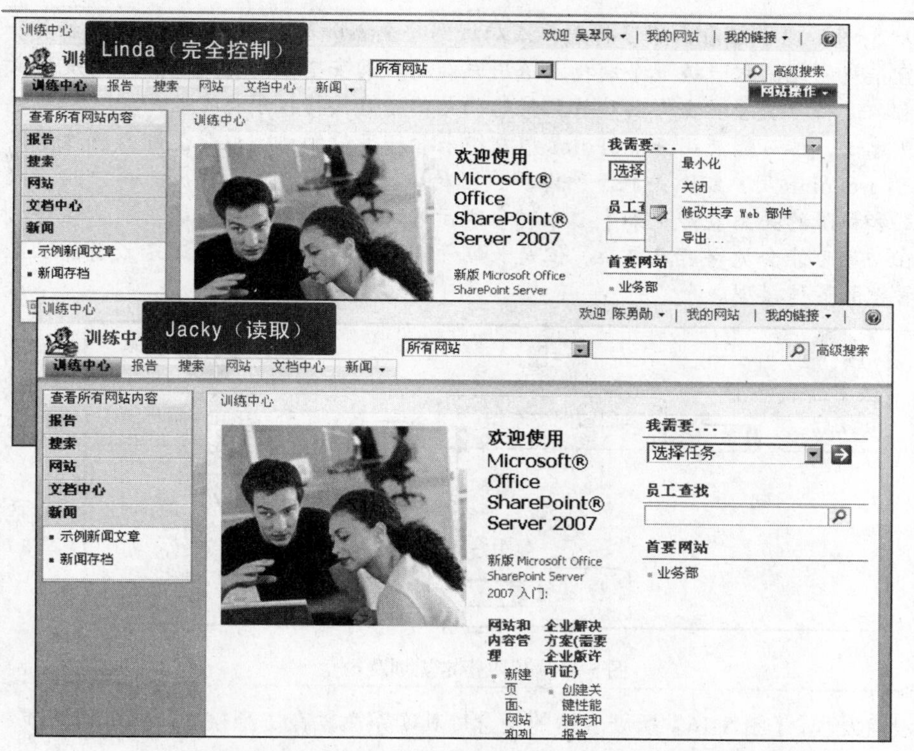

图 5-14 具有不同网站权限的用户所接触到的页面及功能钮都会不同（1）

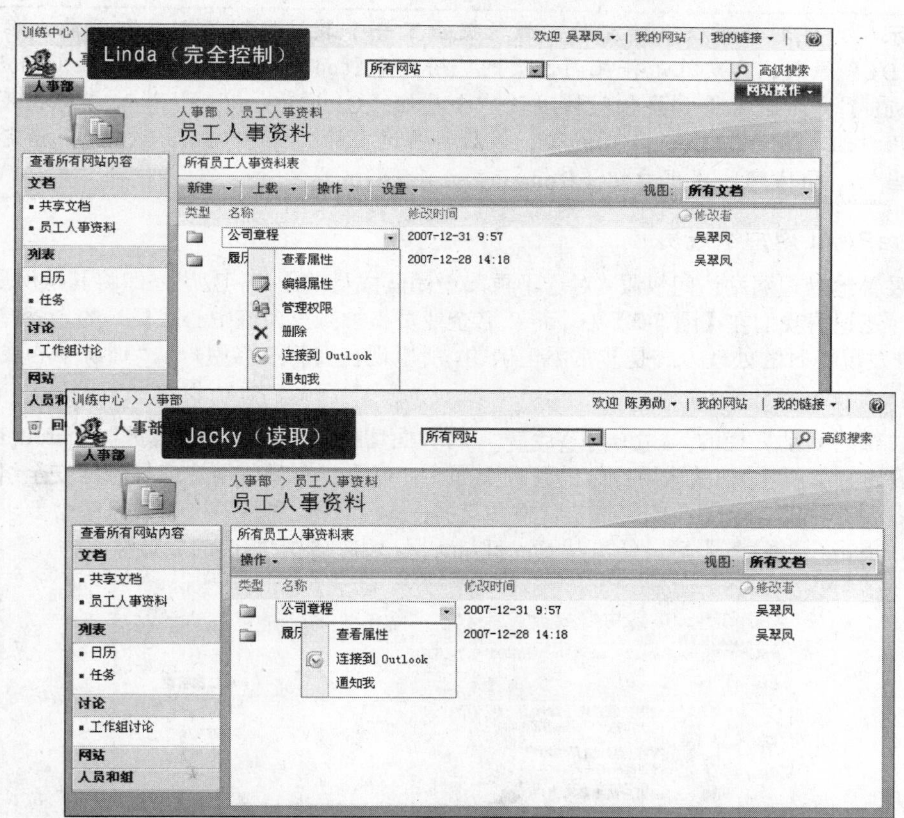

图 5-15 具有不同网站权限的用户所接触到的页面及功能钮都会不同（2）

2 有没有发现拥有不同网站访问权限的人可看到的页面稍有不同，而且可以执行的管理工作也都不同，所以网站会将不具有权限执行的管理工作按钮隐藏起来不显示，所谓眼不见为净，以免看得手痒，单击下去又收到访问被拒的错误消息。

注意 从【图 5-13】可看出除了将用户或局域网安全组加入到 SharePoint 用户组外，也可直接将网站的权限级别个别指定给用户或局域网安全组。可是就长远的规划考虑来看，这将会使管理变得困难并且耗时，尤其是直接将权限指定给用户。所以笔者强烈建议，尽可能使用 SharePoint 用户组来管理网站的访问权限，即只将权限级别与 SharePoint 用户组做关联。所以用户、局域网安全组、SharePoint 用户组、权限级别和权限的关系最好是如【图 5-16】所示的情况，千万不要越级关联。这样的关联在初期可能会觉得有点复杂，但是长期管理下来，您将会发现这是最有弹性且容易管理的最佳模型。

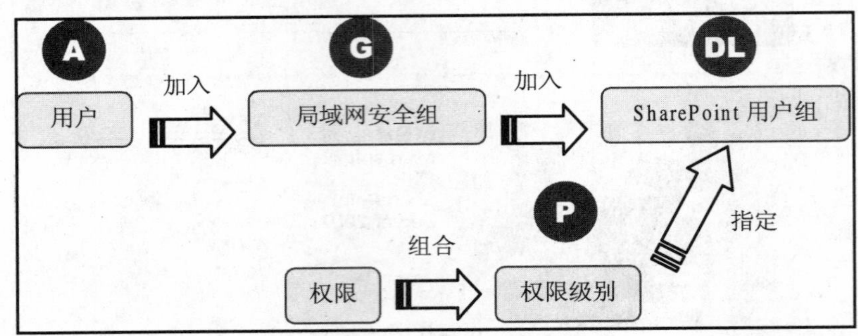

图 5-16 权限指定规划路径

不知读者有没有发现，【图 5-16】所要表达的观念，其实跟微软在资源权限（共享权限或 NTFS 权限）指定时，强调的 AGDLP 原则是一样的！

提示 当规划资源权限指定时，微软提出了一个最佳规划原则，即鼎鼎大名的 AGDLP 原则，其意就是将相同性质的“用户（Account）”加入“全局组（Global Group）”，然后再将需要相同权限的“全局组（Global Group）”加入“局域网区域用户组（Domain Local Group）”，最后再将适当的“权限（Permission）”指定给适当的“局域网区域用户组（Domain Local Group）”。

删除 SharePoint 用户组成员

为了能够妥善地管理网站访问权限，对于不再属于团队成员的用户，应当立即将其从所属的 SharePoint 用户组中删除。还记得我们在【图 5-2】中，将 2 名企业员工加入“训练中心成员”的步骤吗？经过上面的解说，我们不难发现当时的处理方式是非常不正确的，所以现在要将 2 名用户从“训练中心成员”SharePoint 用户组中删除。

首先单击“快速启动”栏的 ▪ 训练中心成员 ，将页面切换到“训练中心成员”SharePoint 用户组的管理页面（如【图 5-17】所示），从该用户组的管理页面中，可看到有哪些用户或局域网安全组隶属于该用户组，请勾选准备要删除的成员前面的复选框，然后选择 操作 → 从用户组中删除用户 ，系统会要求确认是否要执行删除的操作，单击 确定 后，便可从 SharePoint 用户组中删除所选的成员啰。

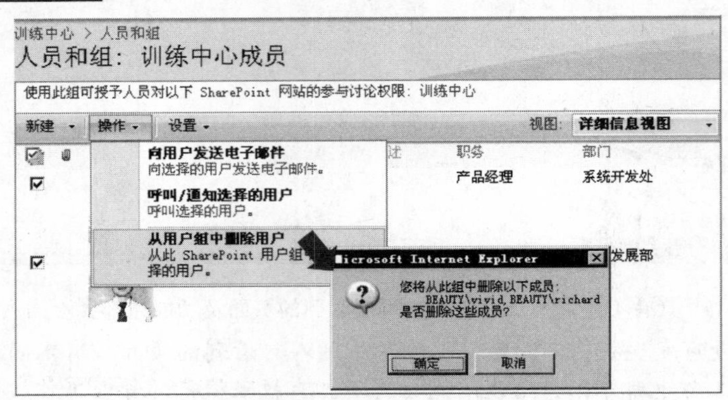

图 5-17 删除 SharePoint 用户组的成员

虽然从 SharePoint 用户组将成员删除了，但所删除的成员仍会出现在"所有人员"或"所有用户组"列表中，至于会保留在哪个列表中，则要视删除的成员是用户还是局域网安全组而定，虽说其仍会保留在适当的列表中，但已不具有任何网站的访问权限，除非该用户或局域网安全组另外隶属于其他的 SharePoint 用户组。

更改用户组设置

当要更改 SharePoint 用户组的名称、描述、成员资格或指定的权限时，可先将环境转换到该用户组的视图管理环境（即单击"快速启动"栏中该 SharePoint 组名超链接），本书以刚刚所建的"训练中心编辑者" SharePoint 用户组为例。

请用鼠标依次选择 设置 → 组设置 管理用户组名称和权限等设置。，或者先将环境切换到"所有组"的视图页面，用鼠标单击该组名后的 ，都会打开"更改用户组设置"的配置页面，进行更新操作，最后单击 确定 按钮，完成用户组信息更改的工作，请参考【图 5-18】的图示。

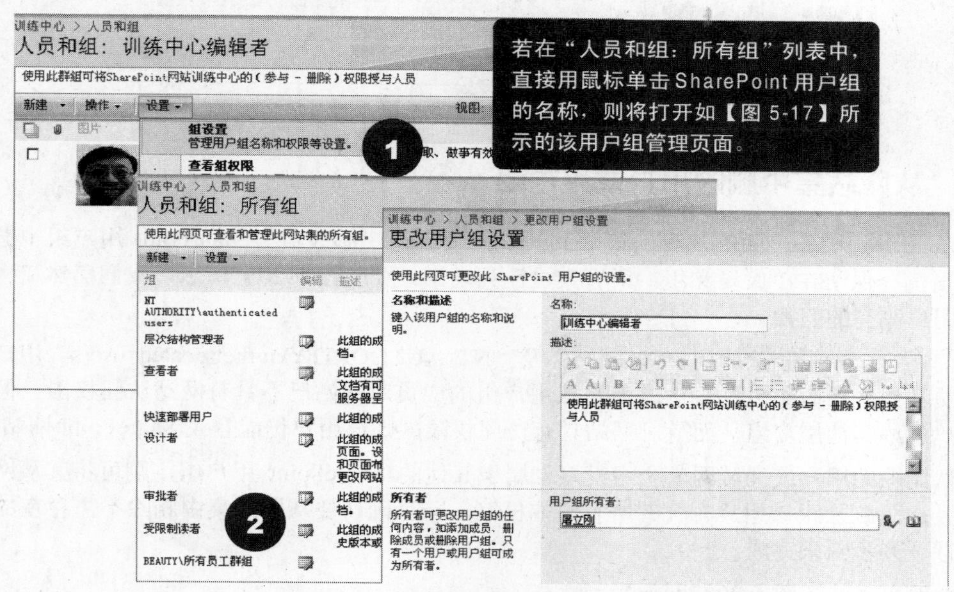

图 5-18　更改 SharePoint 用户组的设置

删除 SharePoint 用户组

当某一 SharePoint 用户组不再具有存在的必要时，可以进入如【图 5-18】所示的"更改用户组设置"配置页面，选择页面最底下的 删除 按钮，经过系统再次确认删除操作后，该用户组会被删除，并且这是**没有办法**从回收站再还原回来的哦！

5.5.3 编辑"快速启动"栏用户组列表

每当创建一个新的 SharePoint 用户组时，该用户组的名称就会出现在人员和组管理页面的快速启动栏中，这样处理的目的，是为了方便快速定位到该用户组，进行查看和管理的工作。但是您可能会发现"快速启动"栏的 SharePoint 用户组列表将会很长，届时同样会找不到想要管理的组名在哪里，为了能兼顾方便管理和缩短"快速启动"栏的列表长度，可以将不常用的 SharePoint 组名从"快速启动"栏删除，需要管理时，再将页面转换到"所有组"视图和管理页面，仍然可以找到不常用的 SharePoint 用户组，进行管理。

用鼠标单击"快速启动"栏中任何一个 SharePoint 组名超链接，打开如【图 5-19】所示的 SharePoint 用户组管理页面。

然后用鼠标依次选择 设置 → 编辑用户组快速启动，打开"编辑用户组快速启动"配置页面进行更改的操作。当 SharePoint 组名出现在"用户组"区块中，才会显示在"快速启动"栏里，而且在"用户组"区块中输入的先后顺序，即为"快速启动"栏显示的上下先后顺序。

这个区块中只可输入 SharePoint 用户组的名称，若想确认输入的信息是否正确，可单击 以做确认，如果输入正确，会在其名称上加下画线以加强显示。如果一时忘记 SharePoint 组名或懒得输入，则可通过 📖 打开“选择 SharePoint 用户组”的搜索页面，然后搭配【Ctrl】键做不连续的单击或【Shift】键做连续的单击标记，选择完毕后，请单击 添加 -> 及 确定 按钮关闭 SharePoint 用户组的选择页面。

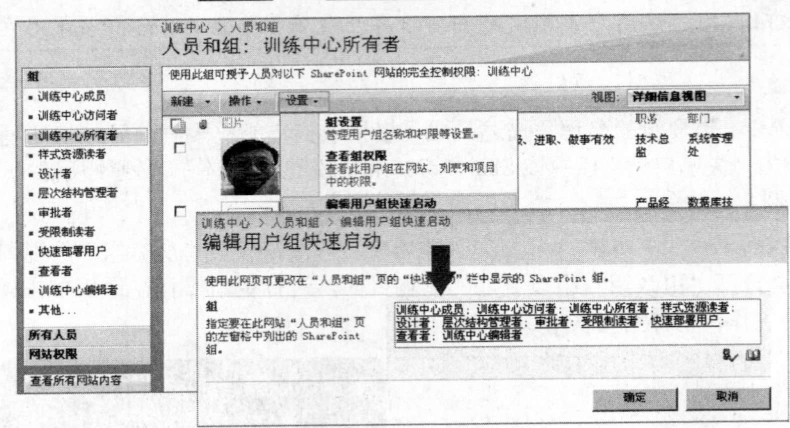

图 5-19　调整快速引导块用户组列表的显示和顺序

5.5.4　从网站集中删除用户或用户组

在【图 5-17】的操作步骤中，我们将 2 位用户从“训练中心成员”SharePoint 用户组中删除，但所删除的 2 位成员仍会保留在“人员和组：所有人员”列表中，如【图 5-20】所示，我们仍然在所有人员列表中看到 2 位用户漂亮的照片。

还有我们在第 2 章中删除的用户“Green”及“NT AUTHORITY\authenticated users”用户组，仍继续出现在“人员和组：所有组”列表中，但是该用户组的成员对网站已不具有网站访问权限。但是如果该用户组中的用户隶属其他用户组，而且对网站具有访问权限，则该用户仍能登录 SharePoint 网站访问资源。

如果确认删除的用户或局域网安全组没有隶属于其他的 SharePoint 用户组，则可将其从网站环境中永久删除，并且永久删除跟该用户有关的所有通知机制。一旦确认要从网站集中删除不需存在的用户或用户组时，可执行下列步骤来完成。

1 删除用户（如【图 5-20】所示）。

将网页转换到“人员和组：所有人员”查看和管理页面，勾选准备删除的用户前面的复选框，然后单击工具栏上的 操作 功能下的 从网站集中删除用户 从此网站集中删除选择的用户。 子功能项目。

2 删除用户组（如【图 5-21】所示）。

网页环境转换到“人员和组：所有组”的查看和管理页面，单击准备删除的组名后面的 📝，然后单击 ✕从网站集删除用户 。

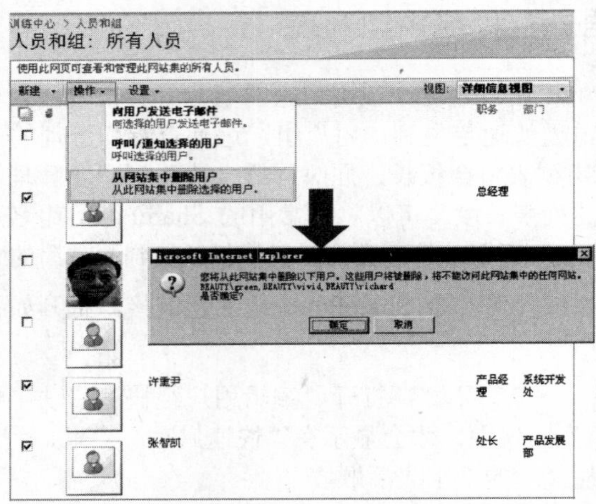

图 5-20　从网站集中删除不需要保留的用户

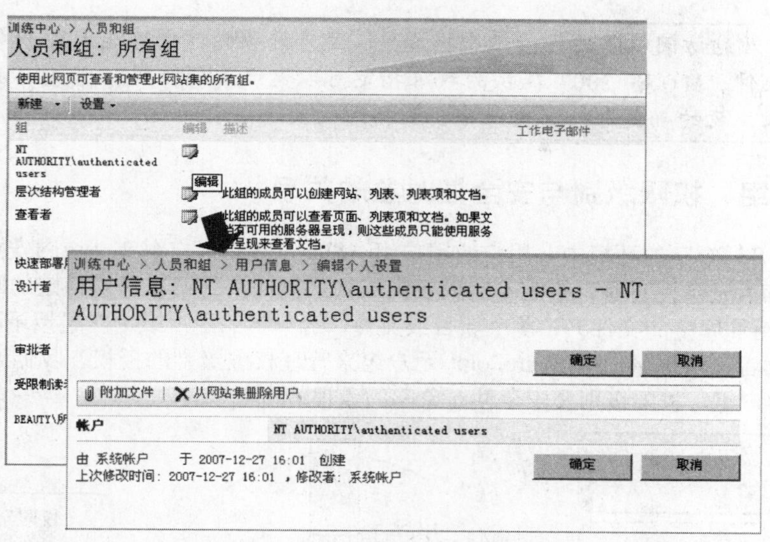

图 5-21　从网站集中删除不需要保留的局域网安全组

演练到这个地方，请确认“训练中心访问者”、“训练中心拥所有”及“训练中心编辑者”等 SharePoint 用户组的成员设置是否如【图 5-22】所示。

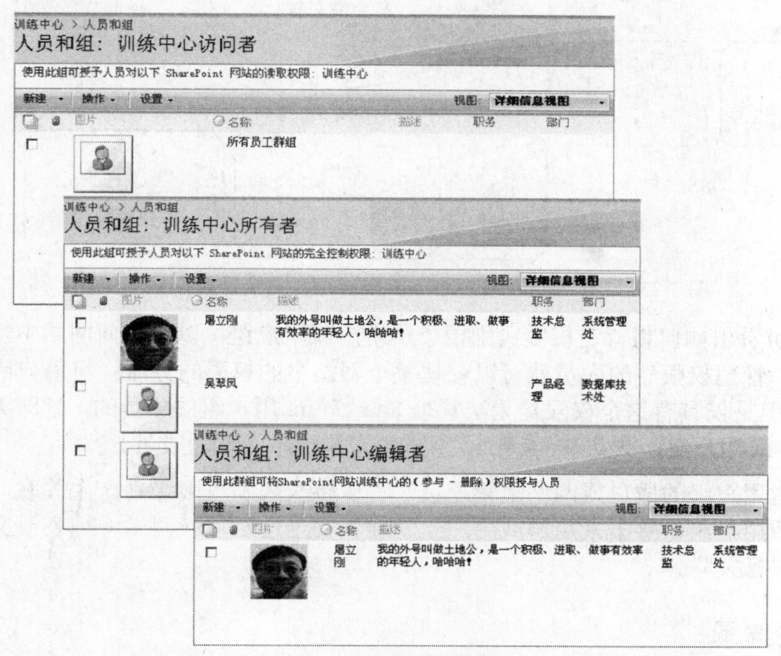

图 5-22　用户组成员的确认

5.6　网站权限高级管理

在一个较大型的企业组织环境下，每位员工应该都要能上企业协作的资源中心门户网站（例：训练中心顶层网站），查看门户网站上共享的信息。同时网站管理员尚需控制某群特定的人员可以在上面新建或更改信息，或授权哪些用户可以设置网站内容。再加上企业中会计部门或人事部门的数据，通常机密级别非常高，所以存在企业门户网站下的部门小组网站的信息，应该只有该部门的员工才可以查看或更新，当然企业的决策主管们也要能登录这些部门小组网站查看信息。而且可能某份文件的安全等级是极机密，那可能就只有决策主管才能检阅啰！从以上的叙述来看，若要有效地控管网站的访问权限，网站管理员必须根据企业需求来判断哪些用户可以访问网站信息、访问的权限级别、要访问的网站层次结构以及要访问网站中的哪些部分内容。哇！真是伤脑筋啊！

嗯！网站访问权限的控管似乎很复杂，因为控管的对象可能大到一个网站小到一份文件，MOSS 2007 提供的权限指定可以这么有弹性吗？可是以上的权限控管需求，又的确是每一家企业都会面临到的要解决的问题啊！

5.6.1 用户组、权限级别与安全性对象的关系

别担心！在 MOSS 2007 的环境中，用户或用户组（SharePoint 用户组或局域网安全组）可以对不同的网站内容（微软称其为安全性对象）指定不同的权限级别。例如，您可以针对特定的网站、组件库（列表或文件库），亦或是组件库中的文件夹、单个项目或文件，给不同的用户或用户组授予不同的权限级别。但是笔者还是要提醒读者，请尽量使用 SharePoint 用户组来管理权限级别的授权。我们通过【图 5-23】来加深了解 SharePoint 用户组、权限级别及安全性对象间的爱恨情仇。

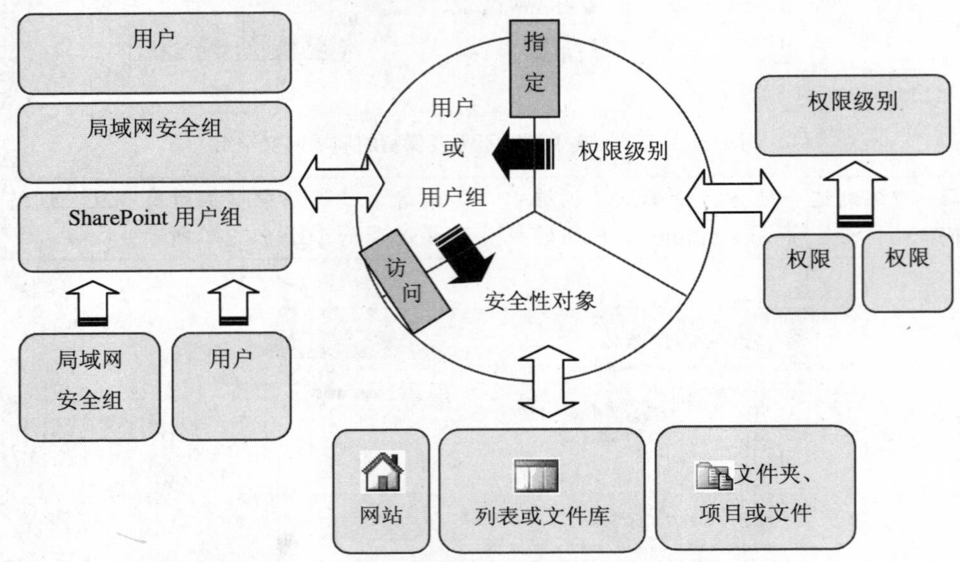

图 5-23 SharePoint 用户组、权限级别及安全性对象间的关联

从【图 5-23】可看出如何将特定权限级别授予给用户或用户组，以便访问网站中特定的安全性对象。基本上，只要具有“管理权限”的人员就可以管理整个网站中的权限的分派（将用户或用户组跟网站安全性对象创建关系），但是仅具有这个权限是无法管理 SharePoint 用户组的成员的，意即无法将用户或局域网安全组加入 SharePoint 用户组，或从 SharePoint 用户组中删除不必要的成员。

默认网站所有者用户组的成员或网站集管理员，可以将权限和权限级别产生关联，然后再将适当的权限级别指定给用户或用户组，接下来用户或用户组就会和安全性对象（网站、列表或文件库及其内的文件夹、项目或文件）进行关联。

5.6.2 权限继承

不过，当要规划网站权限的架构时，必须要同时考虑管理的方便性及个别安全性对象的特殊权限需求之间的平衡点，更别忘了，权限的给予应符合最低权限指定原则，千万不要为了管理的方便，就给所有网站用户“完全控制”的访问权限。没错，这样设置管理起来的确简单，但没多久，您就会发现事情的严重性了，因为……不用我说，您也知道会发生什么事。嘻！网站会人间蒸发哦！

MOSS 2007 网站权限的基础架构是采取“继承性”的原则，即子网站、列表、组件库、列表和组件库中的文件夹、项目和文件权限都继承其上层安全性对象（父安全性对象）所做的权限设置。如果下层特定的安全性对象需要更加安全的保护措施，则可以在下层的安全性对象上中断上层安全性对象权限的继承机制，以微调下层安全性对象独有权限的指定，当然这会是一个费时的工作。我们通过【图 5-24】图解的方式，来深入了解网站中上下层次结构安全性对象权限继承性的关联。

从【图 5-24】可看出“子网站”会继承“顶层网站”的权限设置，即“顶层网站”所做的任何权限设

置的更改，都会影响到“子网站”。同时“列表或文件库”会继承其上层的“子网站”权限设置，所以“顶层网站”所做的任何权限设置的更改，也会影响到“列表或文件库”。而“文件夹A”因为要另外添加或减少权限，所以采取了中断继承的机制并创建了其专属的权限，所以“文件夹 A”上层安全性对象所做的任何权限级别或 SharePoint 用户组更改，都不会影响到“文件夹 A”以下的安全性对象。而“文件夹 B”及“列表项或文件 B”则仍会继承“文件夹 A”的权限设置，所以“文件夹 A”所做的任何权限级别或 SharePoint 用户组的更改，仍会影响到其下的安全性对象（“文件夹 B”及“列表项或文件 B”）。

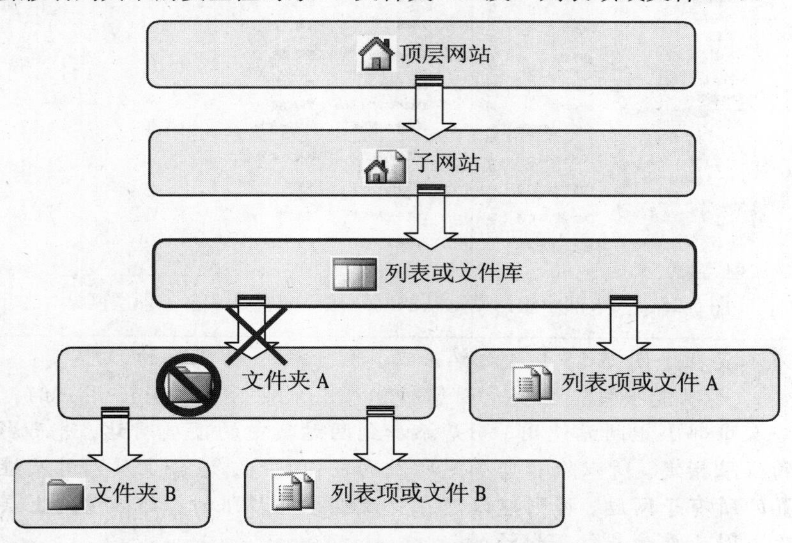

图 5-24　权限继承和中断继承的差异性

哦！所以最好的做法是尽量在网站层级上管理指派权限。如此一来，网站中的安全性对象权限设置都会继承网站层级的指定，这才是网站访问权限的最佳管理模式。虽然可以在网站中的任何层级设置独有的权限，但毕竟这种方法，要比直接继承麻烦，而且在权限跟踪上也困难了许多，所以，网站层次架构的规划在此就显得十分重要了。故尽量将需要具有相同权限级别，及 SharePoint 用户组指定的网站、子网站、列表和组件库放在同一层次架构下，以便承接权限继承。

中断网站的权限继承

当中断与上层安全性对象间的权限继承关系时，会预先将上层安全性对象的权限配置复制一份到设置中断权限继承的安全性对象上，然后再针对这份复制下来的权限配置执行调整更改的工作，而这些更改的权限设置并不会影响上层的安全性对象。现将希望指定给“人事部”小组网站的权限叙述如下：

- 人事部员工可以查看、添加、更新及删除“人事部”网站上的项目及文件，但是不能更改网站结构和外观。
  → 即授予“人事管理部用户组”“参与”的权限级别。
- 决策主管可以查看网站中所有的信息、项目和文件内容。
  → 即授予“决策主管用户组”“读取”的权限级别。
- 网站的管理工作仍然交由顶层网站的管理人员全权处理。
  → 即授予“训练中心所有者”SharePoint 用户组“完全控制”的权限级别。
- 人事部、决策主管和网站管理员以外的人员，都不能访问人事部网站的任何信息。

要完成上面的需求，首先必须先链接到人事部网站的首页，然后用鼠标依次单击 **网站操作** → **网站设置 管理此网站的网站设置。**，打开“网站设置”页面，并选择 **用户和权限** 区块中的“高级权限”链接，打开如【图 5-25】所示的人事部网站权限管理页面。

此页面上的用户和组名旁边并没有出现任何复选框，主要是因为人事部小组网站目前的权限配置是继承顶层网站（训练中心网站）的设置。

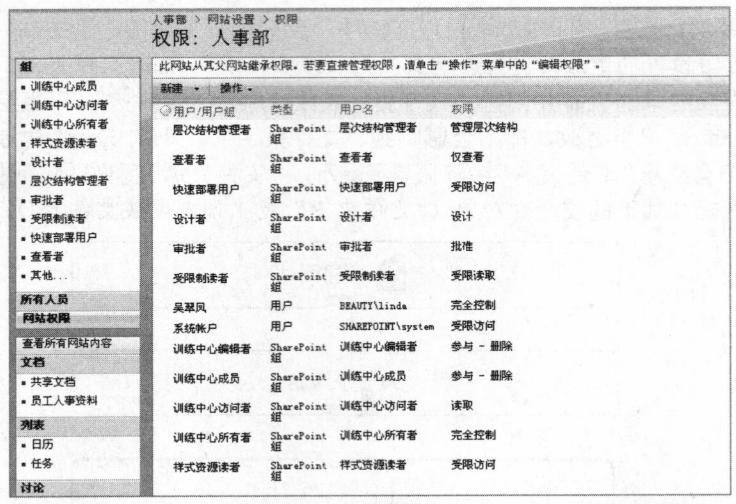

图 5-25　人事部小组网站默认的网站权限配置是来自于顶层网站

> **注意** 千万不要在【图 5-25】页面单击工具栏 新建▾ 功能下的 添加用户 向此 网站 中添加用户或用户组。 或 新建用户组 新建 SharePoint 用户组。 子功能项目，主要是因您所加入用户或 SharePoint 用户组，并非只是提供给人事部小组网站使用，而是添加到网站集中的顶层网站，进而影响到上层网站的权限指定，所以除非您确定所做的任何更改，适合上层网站及继承这些权限设置的所有子网站，否则建议您在更改继承的权限时，都尽量到上层或顶层网站更改，因为更改是往下继承的。

如今我们要设置“人事部”小组网站特定的独有权限，首先必须中断上层网站的权限继承，请单击 操作▾ 下的 编辑权限 从父级复制权限，然后停止继承权限。，并在【图 5-26】的页面上单击 确定 按钮，以确定上层网站所做的任何权限更改将不会影响“人事部”小组网站。

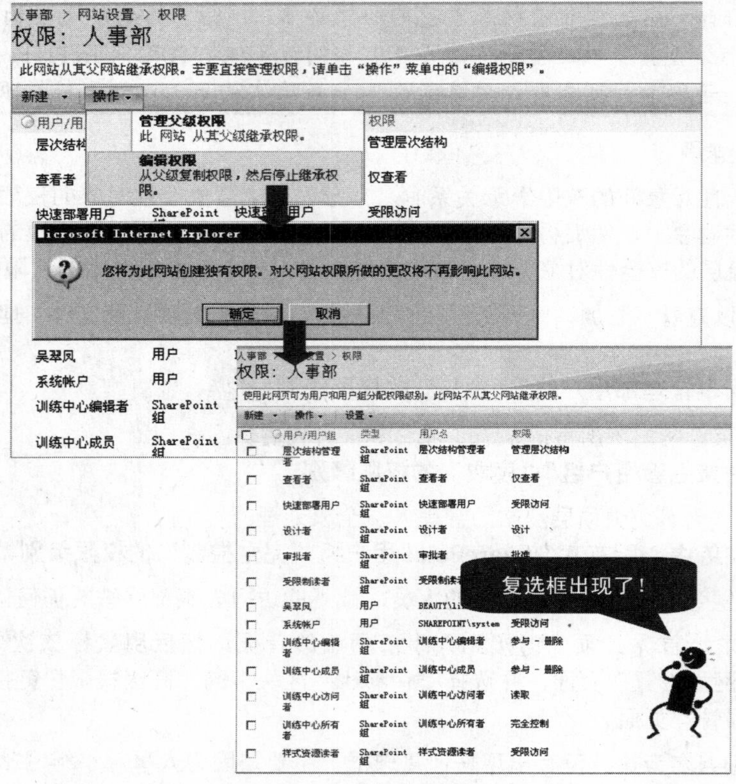

图 5-26　中断继承后会出现复选框

5.6.3 快速设置网站的成员、访问者和所有者用户组

前面已经谈到人事部小组网站的权限规划如下：

局域网安全组	训练中心所有者	人事管理部用户组	决策主管用户组
权限级别	完全控制	参与	读取

那现在我们该如何完成上述的规划需求呢？就本章前面所学，可采取的方法有以下两种：

- 在人事部网站权限管理页面（如【图 5-26】所示）中，依次单击 新建 → 添加用户 向此 网站 中添加用户或用户组。，直接指定适当的权限级别给局域网安全组。
- 在人事部网站权限管理页面中，依次单击 新建 → 添加用户 向此 网站 中添加用户或用户组。，先指定适当的权限级别给新建的 SharePoint 用户组，然后再依次单击 新建 → 添加用户 向此 网站 中添加用户或用户组。，将适当的局域网安全组加入新建的 SharePoint 用户组或现有的 SharePoint 用户组。

但从【图 5-16】所示的权限指定规划路径来看，应该是第二种方法符合规划，将来在管理和维护上都具备较多的弹性和方便性。我们用【图 5-27】来表达我们预期要完成的工作目标。可是从【图 5-27】看得出来，第二种方法在初期配置上是较烦琐的。就以此例来看，我们可能要先建两个新的 SharePoint 用户组，并指定适当的权限给予它们，然后再将适当的局域网安全组加入各自适当的 SharePoint 用户组。哇！放弃，所以我可以预期，最后大家会采用第一种方法来指定权限。

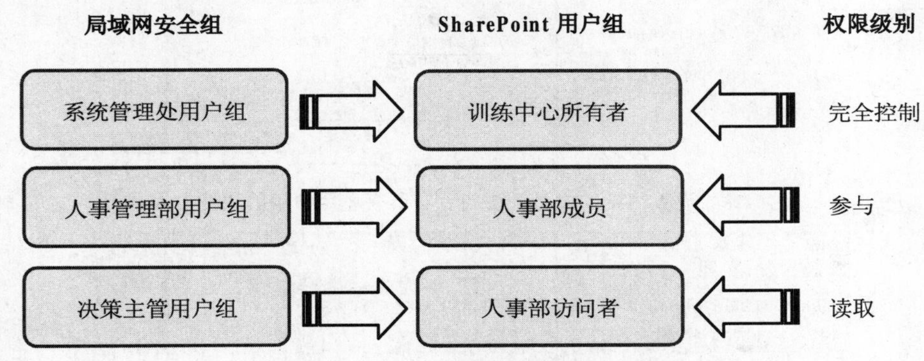

图 5-27 人事部权限指定蓝图

微软听到了您的心声，MOSS 2007 认为“完全控制”、“参与”和“读取”3 种权限级别是不管在哪个网站层级上都一定会用到的，所以它提供了一个快速配置的方式，可以同时指派这 3 个权限级别给新的 SharePoint 用户组，并加入适当的局域网安全组哦！请依次单击 网站操作 → 网站设置 管理此网站的网站设置。 → 用户和权限 区块下的“人员和组”超链接 → 组 → 设置用户组 。

在【图 5-28】所示的“为此网站设置用户组”配置页面上，请设置以下的内容：

1. 在“为此网站设置用户组”配置页面上的前两个区块中，选择 ⊙ 新建用户组 。
2. 在“此网站的所有者”区块中选择 ⊙ 使用现有用户组 。
3. 将“Beauty\决策主管用户组”加入“人事部访问者”SharePoint 用户组。
4. 将“Beauty\人事部管理部用户组”加入“人事部成员”SharePoint 用户组。

系统会自动为预备要新建的 SharePoint 用户组产生新的名称，其分别是“网站名称访问者”和“网站名称成员”，以本书展现的例子来看，所得到的结果是“人事部访问者”和“人事部成员”，并会自动加入我们所指定的局域网安全组，配置完毕后，请单击 确定 按钮。接着将页面切换到【图 5-29】所示的网站权限管理页面，您将会看到刚才新建好的 2 个 SharePoint 用户组及指定给其的权限级别，而且也可看到“快速启动”栏中出现了新建的 SharePoint 用户组链接。

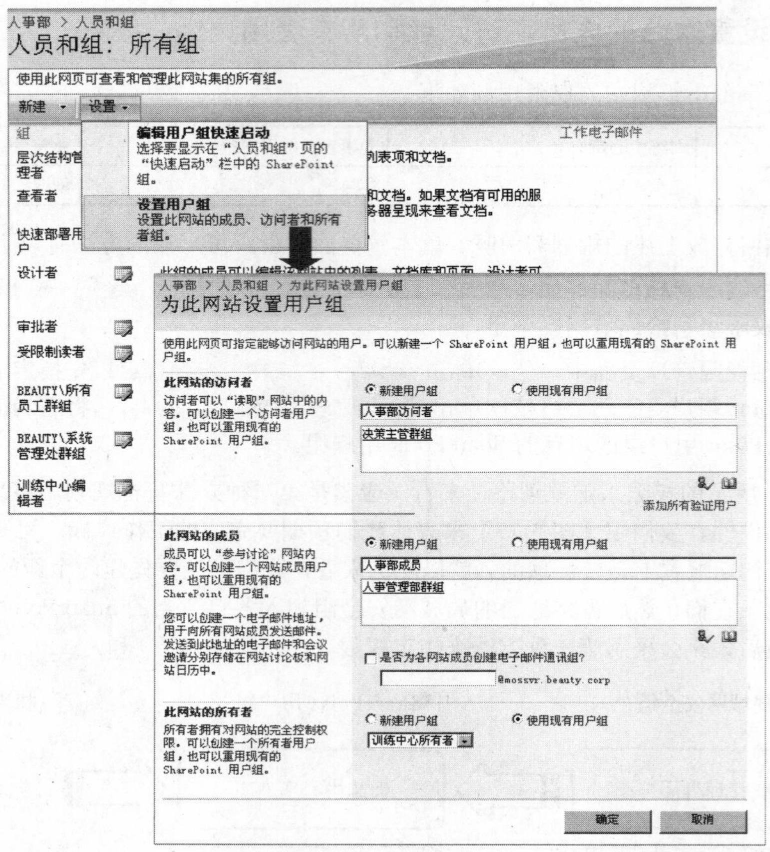

图 5-28　设置网站的成员、访问者和所有者用户组的快捷方式

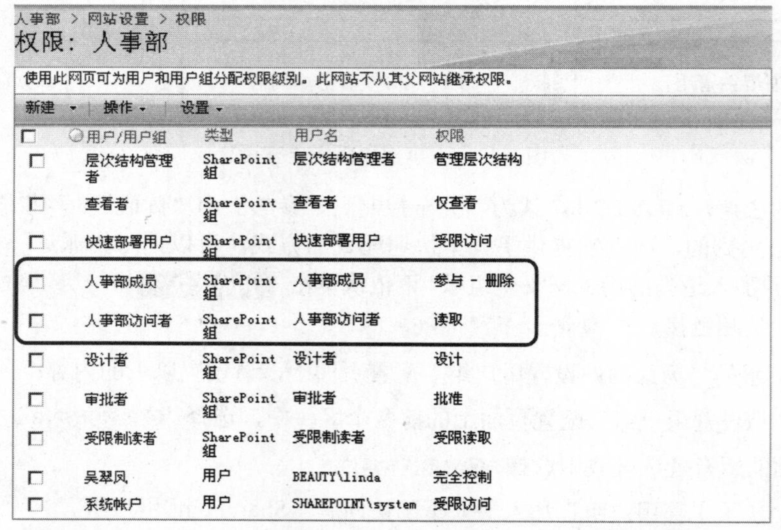
人事部 > 网站设置 > 权限

权限：人事部

使用此网页可为用户和用户组分配权限级别。此网站不从其父网站继承权限。

新建 ▾ | 操作 ▾ | 设置 ▾

用户/用户组	类型	用户名	权限
层次结构管理者	SharePoint 组	层次结构管理者	管理层次结构
查看者	SharePoint 组	查看者	仅查看
快速部署用户	SharePoint 组	快速部署用户	受限访问
人事部成员	SharePoint 组	人事部成员	参与 - 删除
人事部访问者	SharePoint 组	人事部访问者	读取
设计者	SharePoint 组	设计者	设计
审批者	SharePoint 组	审批者	批准
受限制读者	SharePoint 组	受限制读者	受限读取
吴翠凤	用户	BEAUTY\linda	完全控制
系统帐户	用户	SHAREPOINT\system	受限访问

图 5-29　SharePoint 用户组自动创建和指定适当权限后的结果

这个方法是不是很迅速地就把基本的权限指定出去，并创建了适当的 SharePoint 用户组啊，不得不说，MOSS 2007 连这样细枝末节的事都考虑到了，真是佩服啊！

删除不必要的权限继承项目副本

当中断与上层安全性对象间的权限继承关系时，系统会预先将上层安全性对象的权限配置制作一份副本，复制到设置中断权限继承的安全性对象上。所以当我们配置完所需要的权限后，应将不必保留的权限继承项目副本删除。所以请在【图 5-29】所示的网站权限管理页面中，除了“人事部访问者”、“人事部成员”、“训练中心所有者”和“系统账户”等 4 个 SharePoint 用户组及服务账户之外，其他的都勾选起来，

然后单击 操作 ▾ 下的 删除用户权限 删除选择的用户权限。 项目。

最后将“快速启动”栏中不需存在的 SharePoint 用户组链接删除即可，调整方式请参考【图 5-19】所述。【图 5-30】为调整完毕后的网站权限查看和管理页面，是不是清爽许多啊！

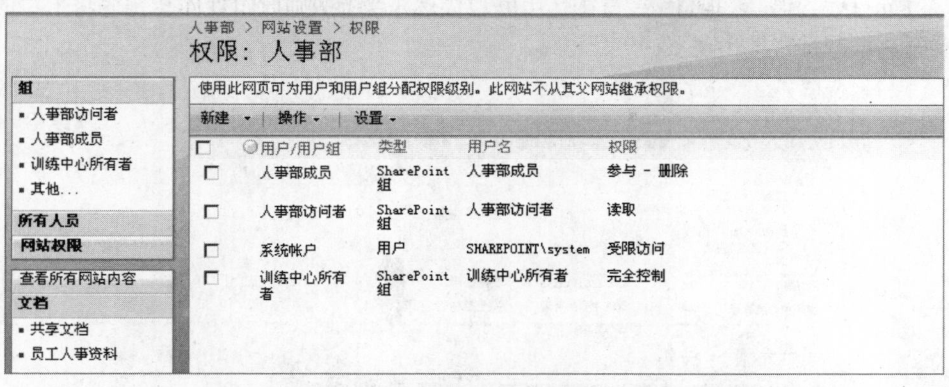

图 5-30　删除不必要的权限继承项目副本及调整“快速启动”栏的链接

当在网站集中的任一网站层级中，执行 SharePoint 用户组的新建操作时，所建立的 SharePoint 用户组其实是存放在顶层网站的，而非存放在执行新建 SharePoint 用户组工作的那个网站。只是 MOSS 2007 为了方便网站管理员，针对新建 SharePoint 用户组这个管理工作，把创建 SharePoint 用户组超链接放在了各个网站层级。因此，当您切换到网站集中的任何一个网站环境时，查看“人员和组：所有组”页面，应该都会看到网站集中所有创建的 SharePoint 用户组和对网站集有访问权限的局域网安全组。所以当您在网站集中的任一网站环境中，针对 SharePoint 用户组成员做更改的话，其实就是直接修改顶层网站的 SharePoint 用户组。

结论就是——SharePoint 用户组并不是属于哪一个网站负责管理，而是属于整个网站集的，因此，有关 SharePoint 用户组和其成员的任何变动，都会反映在整个网站集环境中，所以小心注意啊！

测试时间

测试目的：当下层网站中断了与上层网站的权限继承关系后，上层的权限设置将不会影响下层安全性对象，所以下层的权限设置将变得很独立，请验证只有“人事部用户组”、“决策主管用户组”和“系统管理处用户组”的成员可以登录人事部工作组网站及访问其网页。

练习步骤：

1 请重新登录训练中心网站，输入用户账号“Adams”及其所搭配的密码“P@ssw0rd”，此用户属于“数据库技术处用户组”。接下来请单击“首要网站”区块中的“人事部”超链接，将会看到“拒绝访问”的错误信息，无法成功进入人事部工作组网站了。

2 请改用用户账号“Green”及其所搭配的密码“P@ssw0rd”登录，此用户属于“决策主管用户组”成员。接下来请单击“首要网站”区块中的“人事部”超链接，将可成功进入人事部工作组网站。

5.6.4 中断列表或文件库的权限继承

如果某个组件库（列表或文件库）因安全性的特殊理由，而需要对访问权限做微调，那首先就得中断该组件库与上层网站之间的权限继承关系。本练习以人事部工作组网站的工作列表为例，请依次单击：

查看所有网站内容 → 任务 → 设置 ▾ → 列表设置 → 权限和管理 区块下的 ▪ 此列表的权限。

在打开组件库的权限管理页面之后，你会发现该页面上的用户或用户组都继承了人事部工作组网站中的权限配置，同时这些用户或组名前面并没有出现复选框，主要是因为目前的权限配置是保持继承设置。如果要针对此组件库额外指定特殊的访问权限，则需中断其与上层网站之间的权限继承关系。请单击工具栏上的 操作▾ 下的 编辑权限 从父级复制权限，然后停止继承权限。 项目，一旦确认中断权限继承关系，则此组件库会预先将上层的权限配置复制一份，接着复选框就神奇地出现了。

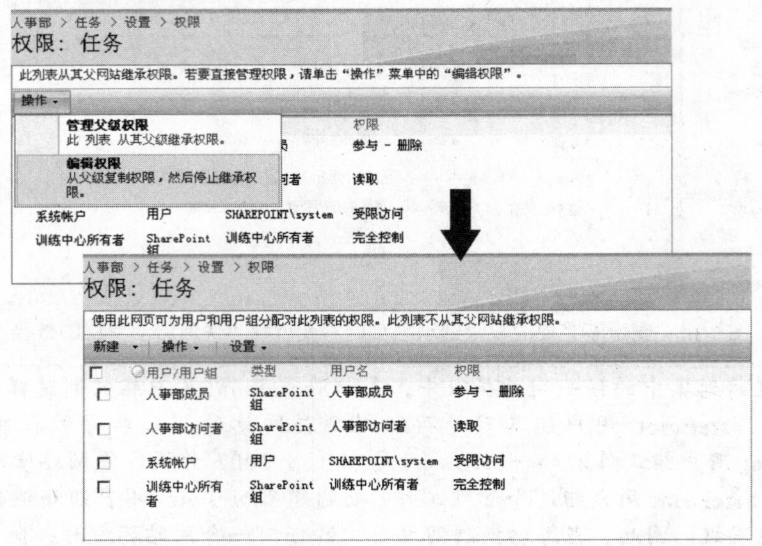

图 5-31 中断"任务"列表的权限继承

接下来，就可针对这份复制下来的权限配置执行调整更改工作，而这些更改的权限设置并不会影响上层的网站权限配置。在组件库可执行的调整工作如下（因配置页面都与前面所述相同，所以不再截取页面展示）。

- 新建用户或局域网安全组对此组件库额外的访问权限。

操作步骤：用鼠标依次单击 新建▾ → 添加用户 向此 列表 中添加用户或用户组。，并在配置页面中，选择预计要加入的用户或局域网安全组，并指定适当的权限级别或加入适当的 SharePoint 用户组。

不过，在这边再次提醒读者，这个步骤中，把用户或局域网安全组加入 SharePoint 用户组，其实是编辑整个网站集中的 SharePoint 用户组成员哦！所以如果你在上层网站给该用户组指定了访问权限，则此时把用户加入该 SharePoint 用户组，就相当于该用户也拥有了对上层网站的访问权。

- 编辑现有组件库权限列表中的用户或用户组所拥有的访问权限。

操作步骤：直接单击组件库的权限设置管理列表中的用户或组名，然后重新指定该用户或用户组所需要的权限级别，在这里更改的访问权限只会影响此组件库。

- 删除不必要的权限继承项目副本。

操作步骤：当我们配置完所需要的权限后，应将不必保留的权限继承项目副本删除，所以勾选不需要存在的用户或组名前的复选框，然后单击 操作▾ 下的 删除用户权限 删除选择的用户权限。 项目。

5.6.5 中断文件夹、文件或列表项目的权限继承

如果在组件库中的文件夹、文件或列表项，因数据机密等级不同，而需对该文件访问权限做微调的话，首先得中断该文件夹或文件项目与上层组件库之间的权限继承关系。

本练习以人事部工作组网站的"员工人事资料"文档库中的"履历表"文件夹为例，请单击"快速启动"栏的 ▪ 员工人事资料，然后将鼠标移到"履历表"文件夹上，则该文件夹会被橘色框框围住，进而用鼠标单击右方的向下三角形符号（▾），打开该项目菜单，单击 管理权限 功能项目（如【图 5-32】所示）。

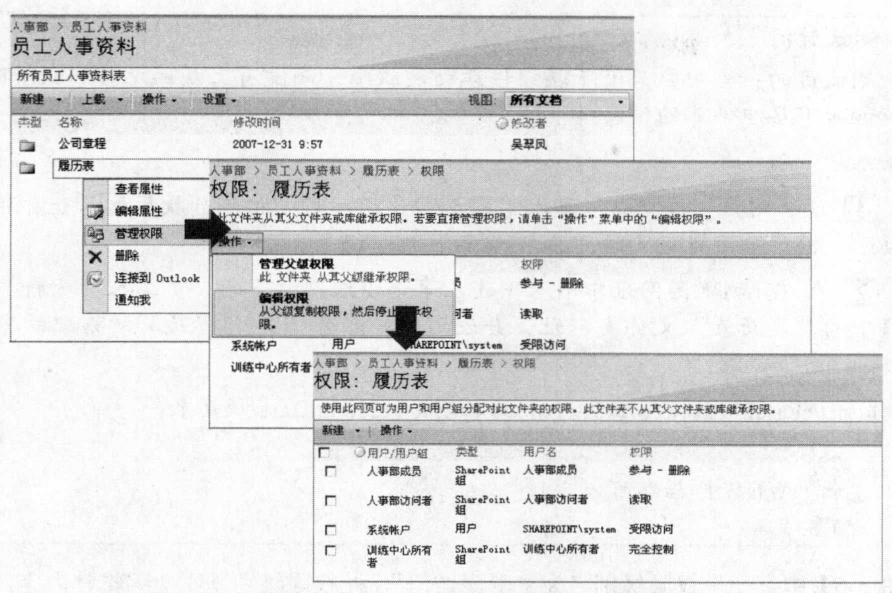

图 5-32　中断文件夹的权限继承

当打开权限管理页面之后，你会发现该页面上的用户或用户组都继承于上层的权限配置，若需中断其与上层网站安全性对象之间的权限继承关系，可单击工具栏上的 操作 下的 编辑权限 项目，一旦确认中断权限继承关系，则此组件库会预先将上层的权限配置复制一份下来，复选框接着就会出现了。

接下来就可以针对这份复制下来的权限配置执行调整工作了，而这些更改的权限设置并不会影响上层网站安全性对象权限配置。在文件夹和文件项目中可执行的调整工作如下，因配置页面和操作说明都与第5.6.4节所述相同，所以不再截取页面详述。

- 新建用户或局域网安全组对此组件库额外的访问权限。
- 编辑现有组件库权限列表中的用户或用户组所拥有的访问权限。
- 删除不必要的权限继承项目副本。

附注　有时您可能会发现找不到如【图 5-32】所示的项目菜单，那就无法启动文件或列表项的管理权限工作了。其实此时大都可直接单击该文件项目的名称或缩略图，打开类似【图 5-33】的文件项目视图页面，此时单击工具栏上的 管理权限 即可。

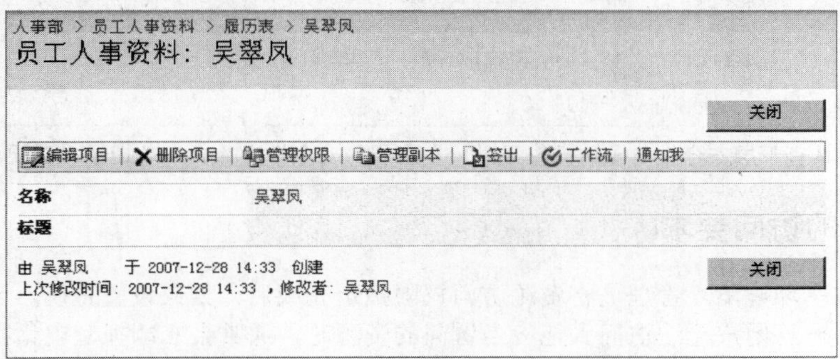

图 5-33　列表项视图页面的 管理权限 按钮

经过上面的演练，人事部小组网站只有“人事部用户组”、“决策主管用户组”和“系统管理处用户组”的成员可以登录浏览。可是现在系统开发处的“许熏尹”产品经理要负责人事部的程序开发，所以必须访问人事部网站中的“履历表”数据中的项目，但是不能访问和浏览人事部小组网站其他部分的网页，这个需求有可能满足吗？

测试时间

测试目的：当用户只有下层组件库访问权限，而没有上层网站访问权限时，可以访问下层组件库的信息吗？

练习步骤：

1 请将用户“许熏尹”加入【图 5-32】所示的“权限：履历表”查看和管理页面，授予前面自定义的“参与-删除”权限级别。

2 在 IE 浏览器网址中输入下述人事部小组网站下的“员工人事资料”文档库中的“履历表”文件夹网址，并改用用户账号“Vivid”及其所搭配的密码“P@ssw0rd”登录：

http://center.beauty.corp/SiteDirectory/HR/PersonalData/履历表

WOW！居然可以哦！

还记得【图 5-6】中有一个权限级别名为“受限访问”，此权限级别既不能编辑其内容，也不能删除，而且当我们将权限级别授予用户或用户组时，也不能将此权限级别特别指定给哪些用户或用户组，到底这个权限级别存在的目的是什么呢？

“受限访问”这个权限级别存在的目的是为了要与管理员事后设置的独有权限做个合并，以便当用户只拥有对特定列表、文件库、项目或文件的访问权，而不具有上层网站的访问权限时，MOSS 2007 会自动将此权限级别授予用户，让其可打开上层网站及读取共享数据（例如：网站主题、导航栏和网站标志等）。当用户“许熏尹”加入【图 5-32】所示“权限：履历表”查看和管理页面后，您将会发现【图 5-34】的人事部网站权限视图页面中，“许熏尹”用户被授予对人事部小组网站“受限访问”的权限级别了（可与【图 5-30】做个比较）。

人事部 > 网站设置 > 权限

权限：人事部

使用此网页可为用户和用户组分配权限级别。此网站不从其父网站继承权限。

新建 ▾ | 操作 ▾ | 设置 ▾

用户/用户组	类型	用户名	权限
人事部成员	SharePoint 组	人事部成员	参与 - 删除
人事部访问者	SharePoint 组	人事部访问者	读取
系统帐户	用户	SHAREPOINT\system	受限访问
许熏尹	用户	BEAUTY\vivid	受限访问
训练中心所有者	SharePoint 组	训练中心所有者	完全控制

图 5-34　当用户只具有下层安全性对象访问权限时，在上层的安全性对象会自动授予“受限访问”的权限级别

5.6.6 权限的访问要求

在传统的资源共享环境下，管理员将资源访问权限指定完成后，如果设置正确，当然一切相安无事，可是常常事与愿违，一旦用户无法访问到他应当访问的资源时，通常会立即抓起电话找管理员投诉，要不就发 E-Mail 告知，可是重点是用户通常叙述不清，管理员常摸不着头绪，无法正确得知其所述资源为何，再加上如果在企业采用分层负责的情况下，笔者最常听到的答案是那台服务器不是我管的，是总公司的 MIS 负责，所以……导致用户要访问到想要的资源，可能要一波三折，最后石沉大海，不了了之。因此如果当用户有需求时，可以直接用 E-Mail 的方式告知适当的资源管理员，那不就皆大欢喜了。

在 MOSS 2007 的资源共享环境中，以网站为单位提供了一个机制，让用户可以通过 E-Mail 的方式，向“**适当**”的网站资源管理员，提出资源访问的请求，当网站资源管理员收到用户提出的资源访问请求后，可根据实际的需要，调整资源的访问权限。这个机制默认在顶层网站是启动的，顶层网站以下的设置，都继承顶层网站，但如果下层网站中断了权限继承关系，默认该机制在下层中断网站上是停用的。

要在中断继承权限的下层网站启动网站资源访问要求，请在网站权限管理页面中（如【图 5-35】所示，本书是以人事部工作组网站为例），选择工具栏上的 设置▾ 下的 访问请求 启用或禁用此 网站 的访问请求。 功能项目。在“管理访问请求：人事部”的配置页面上，输入网站管理员的 E-Mail 地址，本练习用系统管理处的用户“屠立刚”扮演人事部小组网站管理员的角色，所以请再配置下列设置：

1 勾选 ☑ 允许访问请求。

2 在 将所有访问请求发送到以下电子邮件地址：处输入“Joseph@beauty.corp”。以后一旦用户提出网站资源访问请求时，就会自动用 E-Mail 通知这个网站的管理员“屠立刚”，但是别忘了需要授予这个网站管理员对网站的“完全控制”权限级别，否则发邮件给这个用户也是无用的。

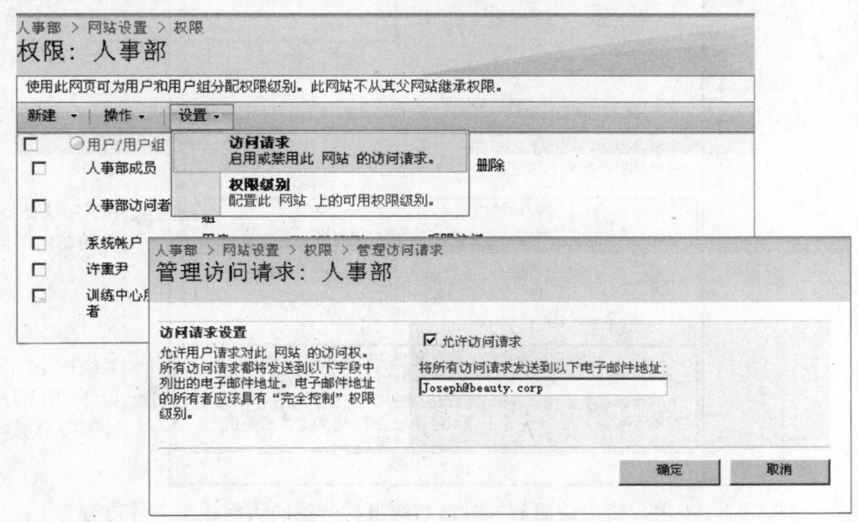

图 5-35　设置接受访问请求邮件的收件人

当一个对人事部工作组网站不具有任何网站访问权限的用户（本书以系统开发处的用户“许熏尹”为例），要登录该网站访问资源时，则会收到如【图 5-36】所示的“拒绝访问”错误信息，但是同时会在该页面上出现“请求访问”超链接，这个超链接是必须在启动访问请求机制后才会出现的哦！

请单击该项目超链接，并在接下来的页面上输入以下想要表达的请求：

> 请给我访问人事部网站的权限：
> http://center.beauty.corp/Sitedirectory/HR

输入完毕后，单击 发送请求 按钮，此时就会将用户访问网站资源的请求，以 E-Mail 的方式通知网站管理员“屠立刚”先生。

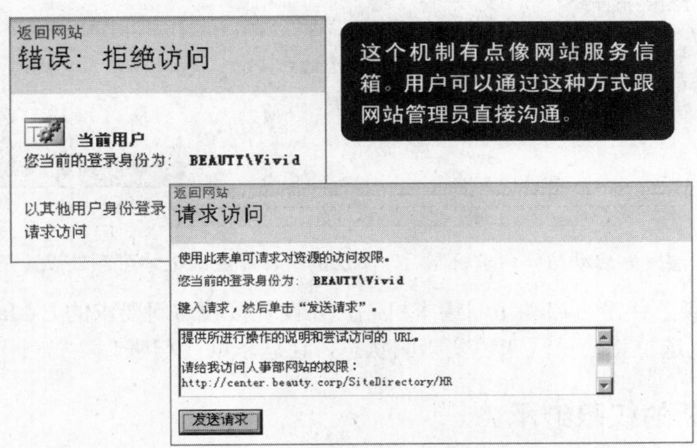

图 5-36　产生请求访问网站的邮件给网站负责人

当传送请求启动后，网站管理员将会收到如【图 5-37】所示的一封邮件，信中会告知是哪个用户针对哪个网站提出的请求等信息，当然也免不了要顺便歌功颂德一下 Microsoft Office SharePoint Server 2007 的优点！

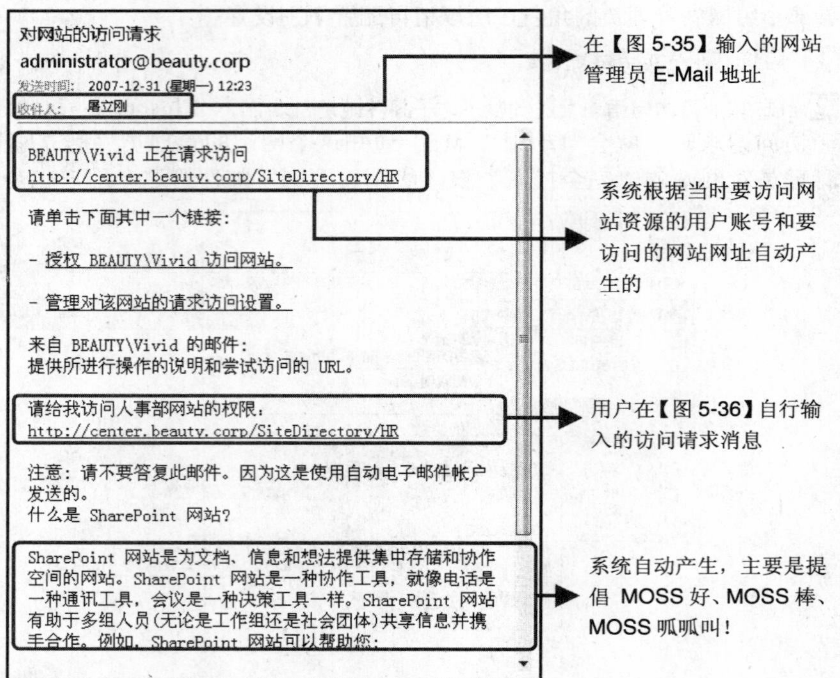

图 5-37　当用户提出访问请求时，系统自动产生的访问请求邮件内容

当网站层级上启动了访问请求机制后，其下的组件库层级默认也会继承此设置值，但可以根据实际的需要自行决定是否要停用这个机制。不过，如果要在组件库层级上停用这个机制，必须先中断其与上层网站之间的权限继承关系后，再依次单击 设置 → 访问请求 启用或禁用此 列表 的访问请求。，将 ☑允许访问请求 选项前的复选框的取消，本书以人事部小组网站下的“任务”列表为例，如【图 5-38】所示。

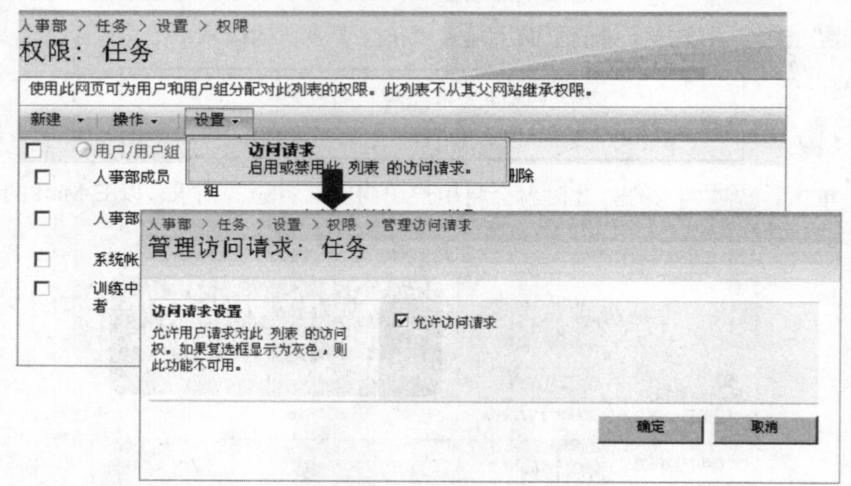

图 5-38　只有在上层网站启动访问请求机制后，下层的组件库层级上才可额外设置是否要停用或启用

但是如果在网站层级上并没有启动访问请求机制，并设置接收访问要求的 E-Mail 地址，则下层组件库层级的 ☑允许访问请求 复选框将会呈现灰色变暗的状态，让您求助无门哦！

5.6.7　还原中断的权限继承

管理一组网站权限最简单的方式，就是采用权限继承。因为当在网站安全性对象（网站、组件库、文件夹、文件或列表项）上中断了权限继承关系后，则无论上层安全性对象做任何的权限更改，都不会受到影响。因此，如果事后发现想要还原权限继承的关系，则可在中断权限继承的安全性对象的权限视图管理页面中，用鼠标依次单击 操作 → 继承权限 从父级继承权限。（如【图 5-39】所示）。

本书以人事部小组网站的任务列表为例，还原其上面所中断的权限继承。但这样一来，曾经对这中断的安全性对象所做的自定义权限编辑配置值，都将化为乌有。同时您也会发现，在权限管理页面中，所有权限前的复选框也都隐藏不见了，就代表权限继承的机制又再次发挥效用。请读者也针对人事部小组网站中的“员工人事资料”列表下的“履历表”文件夹，将其中断的权限继承也一并还原吧！

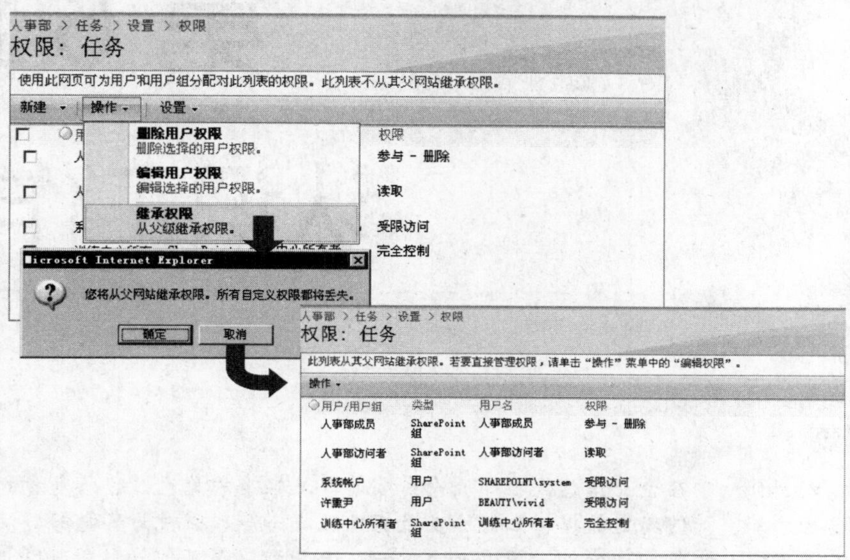

图 5-39　还原中断的权限继承后，权限配置的复选框将会消失

第 6 章 认识工作流

本章提要

工作流（Workflow）在企业信息处理环境中扮演着举足轻重的角色，它所负责的事件包括如何进行通知、如何变更数据、如何检查数据处理状态等。微软为了能够提供一个完整的工作流环境，故在 Microsoft .NET Framework 3.0 中配置了工作流引擎环境，让开发者可以针对自我需求来开发所需要的工作流。对于企业信息工作者而言，MOSS 2007 提供了已创建好的工作流项目，让用户在不需写程序的情况下就可以创建所需要的工作流。除此之外，在微软的 SharePoint Designer 2007 环境中也提供了特别的自定义工作流处理，让用户能够在不需开发环境的情况下，自定义更多变化形态的工作流处理。本章就是介绍如何使用 MOSS 2007 中所提供的工作流活动（Activity）来创建需要的工作流，以及如何在 SharePoint Designer 2007 中创建所需要的工作流。

本章重点

在本章，您将学会：

- ◉ 什么是工作流（Workflow）
- ◉ 活动组件的启动
- ◉ 报价工作流（三态工作流介绍）
- ◉ 自定义工作流

6.1 什么是工作流

工作流的英文叫做 Workflow，代表通过信息流程处理程序来完成商业处理中所需要的各项信息内容的处理。由于现今计算机信息与通信网络的发达，许多企业早已采用信息化数据处理方式来记录和处理商业内容，但是商业处理除了要处理商业内容外，还需要完成商业行为才算完成了整个商业处理的程序。例如：企业对客户进行报价的商业处理，必须要完成报价、报价审核、发送报价、报价跟踪、报价客户确认、回复报价确认，最后流向订单的商业处理。这样的工作流让工作流作业不再只是处理文件的审核，而是要提供一个工作流环境来支持商业处理所需要的工作流。

微软为了要提供一个完整的工作流环境，将工作流配置在 .NET Framework 3.0 的基础平台上，【图 6-1】是工作流的架构图。

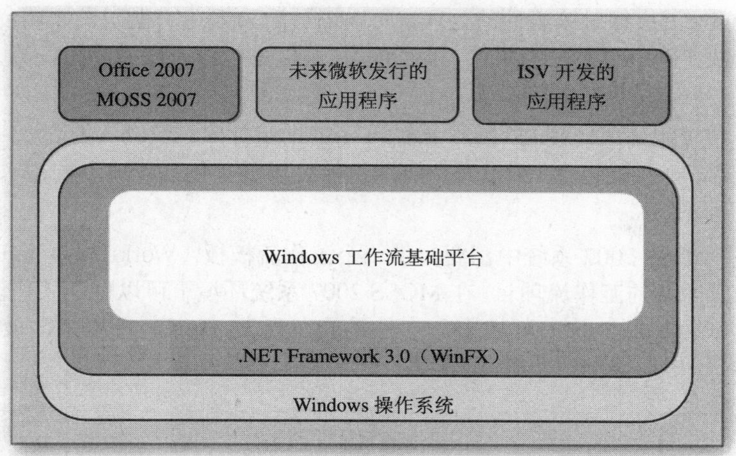

图 6-1 微软在.NET Framework 3.0 上所提供的工作流基础平台架构

微软的工作流基础平台提供了三大基础处理环境来支持所有调用工作流应用程序的处理，请参考【图 6-2】所示的架构图。

图 6-2 微软的工作流基础平台所提供的三大基础环境架构图

我们从【图 6-2】可以看到，工作流基础平台所提供的三大基础环境有运行时服务（Runtime Services）、运行时引擎（Runtime Engine）、活动组件库（Activity Library）。

- **运行时服务：**此基础环境为工作流提供常驻处理、通信处理、跟踪处理和用户自定义处理的服务。

- **运行时引擎：**此基础环境为工作流提供执行、执行中的状态管理、使用的追踪基础架构内容和动态更新的处理工作。
- **活动组件库：**此基础环境为工作流提供活动组件库存放和调用的环境。

从【图 6-2】的架构图中可以看出整个工作流基础环境所提供的可以执行的最基本单位叫做活动（Activity）组件，什么是活动组件呢？

什么是活动组件

Activity 中文翻译为“活动”，“活动”可以作名词也可以作动词，在叙述时很容易误解，在此处当然是作为名词来使用，因为它是一个类对象（Class Object），也是微软在工作流基础平台下的基本单位。为了能够较清楚地区别“活动”，在本书中把一个活动叫做活动组件。

活动组件是一个由程序编写出来的组件，由工作流基础平台中的运行时服务（Runtime Services）和运行时引擎（Runtime Engine）执行对该组件的处理，所以编写活动组件的程序设计师会定义活动组件的类别（Class）和类别下的属性（Properties）与事件（Events），另外也可以编写活动组件的方法（Methods）给应用过程调用。

开发好的活动组件可以安装到 MOSS 2007 系统下的活动组件库，启动（Active）程序后用户便可以使用该活动组件来创建所需要的工作流。所以一个活动组件可以被重复创建成不同需求的工作流项目，提供给不同需求的工作流环境使用。

每一项活动组件在 MOSS 2007 系统中都要提供一个工作流模板（Workflow Templates），用户通过模板提供的设置页面，创建所需要的工作流项目。在 MOSS 2007 系统环境下可以创建工作流项目的环境有三种，一种是放在内容类型（Content Type）环境中，一种是放在列表（List）环境中，最后一种是放在文档库（Documents Library）环境中，请参考【图 6-3】工作流组件的存放与调用架构。

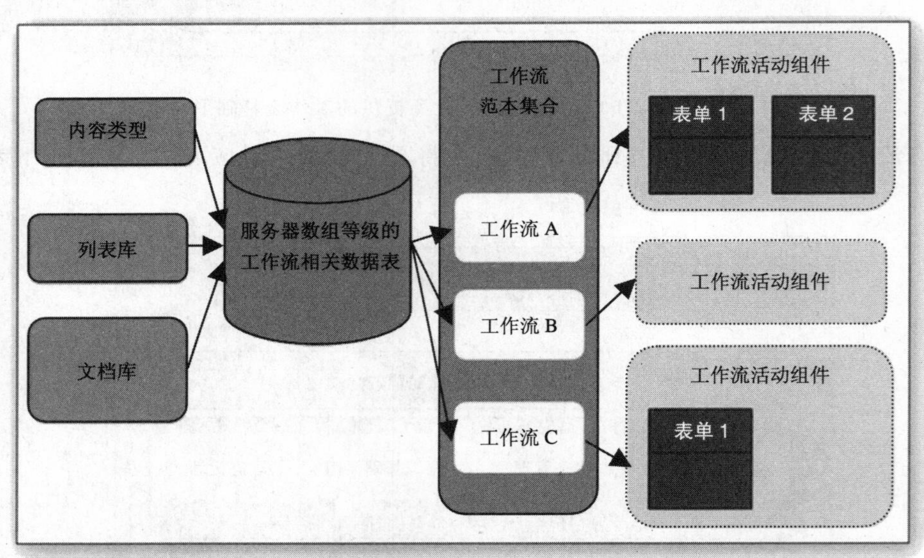

图 6-3　工作流组件的存放与调用架构图

在 MOSS 2007 系统环境下提供了基本的工作流活动组件，如果你想使用这些工作流活动组件，首先必须启动这些活动组件，系统才可以允许用户创建所需要的工作流。

另外，在 SharePoint Designer 2007 中提供了特别的工作流活动组件，这项活动组件使用户可以通过 SharePoint Designer 2007 更具弹性地（不需要模板的设置环境）自定义一个工作流处理项目，让工作流项目的创建更加轻松、容易并且功能强大。

从以上说明中你应该了解到，要使用 MOSS 2007 系统下的工作流有三个步骤：启动活动组件、设计工作流项目、执行工作流处理。具体该如何做呢？请看本章中的介绍。

6.2 活动组件的启动

要执行 MOSS 2007 的工作流必须先将此系统下所安装的活动组件启动起来，才可以进行工作流项目的创建与执行。活动组件是以每个 Web 应用程序为单位向下延伸到各网站集和网站的，你可以根据工作流所需要设计或执行的范围，来决定是否要在该环境下启动所属的活动组件。

活动组件启动设置环境有以下三个：

- 应用程序下的启动
- 网站集下的启动
- 网站下的启动

6.2.1 应用程序下的启动

在 MOSS 2007 的环境下要使用工作流，首先必须在应用程序环境中将工作流启动起来才可以使用，其操作步骤如下。

1 开启“SharePoint 3.0 管理中心”的“应用程序管理”页面，并移动鼠标单击如【图 6-4】所示页面中的 工作流管理 区块下的“工作流设置”超链接。

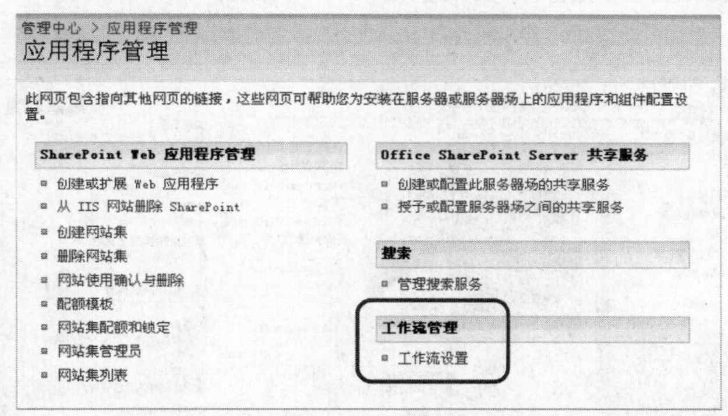

图 6-4 在应用程序下的工作流设置

2 在单击“工作流设置”项目后会进入如【图 6-5】所示“工作流设置”配置页面。

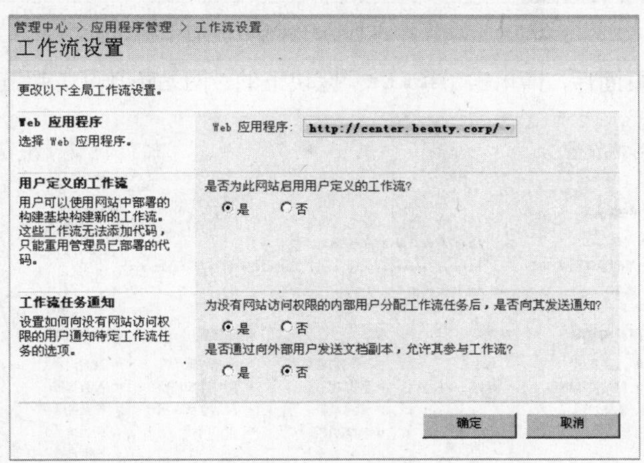

图 6-5 选择所要设置的 Web 应用程序，并启用用户定义工作流

3 第一个项目是选择要启动的 Web 应用程序，系统默认选择目前所链接的 Web 应用程序项目，如果要启动其他 Web 应用程序下的工作流，可以移动鼠标单击该栏旁的向下三角形，及其下的“更改 Web 应用程序”选项，接下来会出现可以选择的 Web 应用程序，单击所要设置的 Web 应用程序项目，便可回到原来的设置页面，要启动的 Web 应用程序就会更改为你所选择的程序。

4 第二个项目是选择是否要启用用户定义的工作流，如果你所指定的网站集不提供用户所定义的工作流环境（也就是说，不会使用工作流模板或 SharePoint Designer 2007 来创建工作流项目），只需要提供已定义好的工作流项目来进行处理的话，则可以将此功能设置为“否”，但通常我们都会在网站环境中设计自定义的工作流项目，所以建议将此项设置为“是”，系统默认也是设置为此选项。

5 第三项是工作流任务通知的设置，第一子项是设置当系统为没有网站访问权限的内部用户分配工作流任务后，是否向其发送通知，此处默认值为“是”，第二子项是设置处理工作流的过程中，是否通过向外部用户发送副本，来允许其参与工作流，系统默认值为“否”。

6 在设置完成后移动鼠标单击 确定 按钮。

> 注意 此项设置是以 Web 应用程序为单位，在不同的 Web 应用程序下必须先行切换到该 Web 应用程序的设置页面上再进行设置。

6.2.2 网站集下的启动

在指定的网站集下要使用工作流，必须先到此网站集功能设置环境下，将该活动组件启动起来才行，MOSS 2007 所提供的基本活动组件必须在此环境下启动，才可以提供给该网站集下所有网站来使用。

在网站集下启用活动组件的步骤如下。

1 打开训练中心首页，进而移动鼠标依次单击：“网站操作” → “网站设置” → “修改所有网站设置”如【图 6-6】所示。

图 6-6 选择进入训练中心的网站设置环境

2 打开“网站设置”页面后，请单击 网站集管理 区块下的“网站集功能”超链接项目，如【图 6-7】所示。

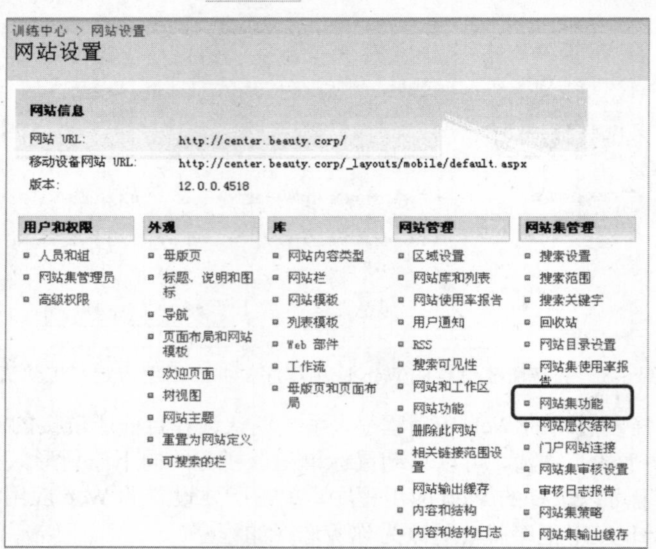

图 6-7 单击“网站集管理”下的“网站集功能”

3 进入“网站集功能”页面后，可以看到在此网站集下所提供的工作流活动组件，如果你要使用该活动组件就必须单击“激活”按钮，在启动该项活动组件后该项“状态”栏会显示“活动”的状态。

为了搭配后面工作流制作的需要，请确认“三态工作流”、“收集签名工作流”、“处置审批工作流”及“传送工作流”皆已启动。

在【图 6-8】中所看到的“中文电子审批流程”是一个非常特别的活动组件，只有在亚洲版的 MOSS 2007 系统下才会看得到哦！

图 6-8　选择将要使用的工作流活动组件，并激活它们

6.2.3 网站下的启动

在网站集下启动活动组件的目的是让该网站集下所有网站都可以使用该活动组件，但有些活动组件的设计是可以在网站下来选择是否要启动该活动组件的，也就是说，在网站下所看到的活动组件有两种情况：

- 如果该活动组件出现在网站集中但没有出现在网站下，则代表该活动组件不提供网站启动的选择，一旦在网站集下启动，其适用范围就是整个网站集下的所有网站。
- 如果该活动组件出现在网站集中也出现在网站下，则代表该活动组件提供了网站启动的选择，如果你要在该网站下使用该活动组件，就必须启动该活动组件。

1 我们以“业务部”工作组网站为例，在进入业务部工作组网站后，如【图 6-9】和【图 6-10】所示，请依次单击：“网站操作”→“网站设置” → 网站管理 区块下的“网站功能”超链接项目。

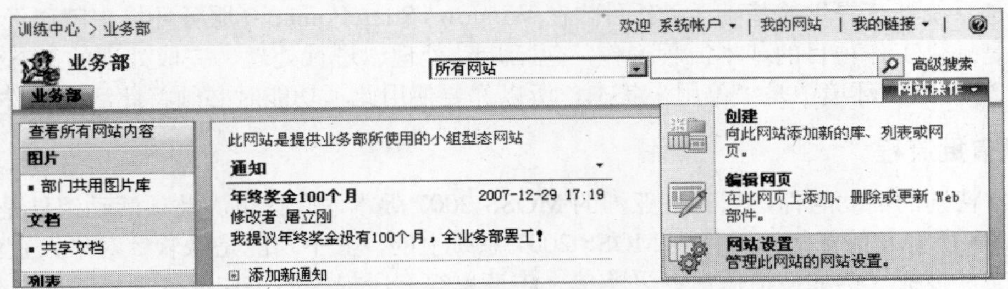

图 6-9　选择业务部工作组网站的网站设置

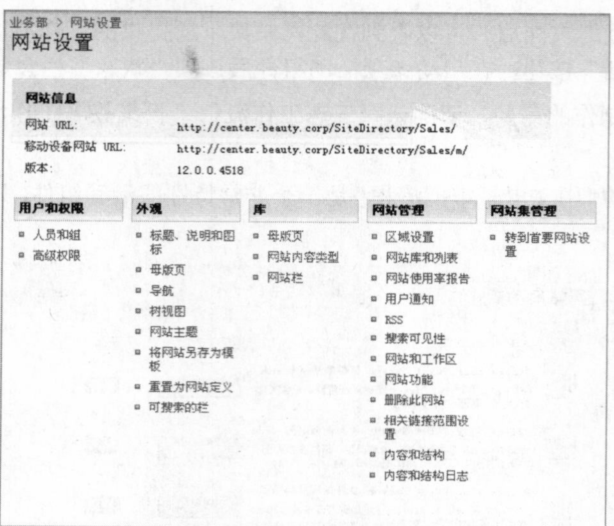

图 6-10　选择“网站管理”下的“网站功能”项目

进入“网站功能”页面后，请将所需要的活动组件启动起来，如【图 6-11】所示。

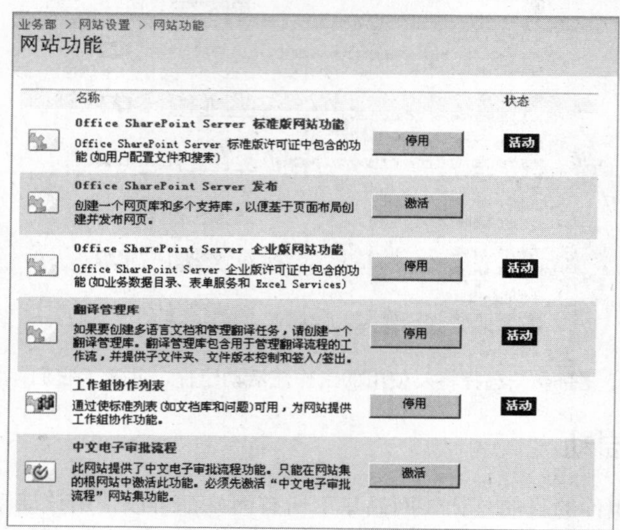

图 6-11　将所需要的活动组件启动起来

从【图 6-11】中你可以看到网站下的活动组件并不包含网站集下所有工作流的活动组件，这个意思并不是说没有出现在网站下的活动组件就不提供该活动组件的工作流，而是出现在网站下的活动组件提供了是否要使用该活动组件的选择。

从【图 6-8】中可以看到 MOSS 2007 所提供基本的活动组件有哪些，以下对这些活动组件用途稍作说明。

三态工作流

此工作流是系统默认提供的基础活动组件，在 Windows SharePoint 3.0 服务环境中就已经提供了，此活动组件最主要是提供工作项目的基本流程操作，包括启动处理、进行处理、完成处理的三态处理工作流。此项在 MOSS 2007 默认环境中是“停用”状态，所以你要使用此项功能时必须将此活动组件启动起来。

中文电子审批流程

此项是非常特别的活动组件，只有在亚洲的 MOSS 2007 版本才有提供。此项活动组件是从 SharePoint Portal Server 2003 所开发的工作流转移到 MOSS 2007 系统上的，其中功能是微软针对华人企业环境开发各项常用的中文文件模板（例如：请假单、采购单、申请单等）所提供的工作流处理。除此之外，此项功能还提供了独立的组织架构信息，故此工作流中的组织架构信息必须在此功能所提供的环境来进行设置。此项在 MOSS 2007 默认环境中也是“停用”状态，所以你要在协作环境中使用此项功能时必须将此活动组件启动起来。

收集签名工作流

此项功能是当文件中有加入签名功能时，可以设置通知签名、收集签名、完成签名的工作流处理。签名功能必须与凭证中心或是 RMS 系统环境结合在一起时，用户才能使用凭证来对文件进行签名验证和签核的处理。

处置审批工作流

此项功能使文件可以提出审批的要求，并将此文件提供给指定的用户进行审批操作的工作流处理。系统有许多审批处理的工作，故此项在系统默认下已经启动，笔者不建议停用此功能。

传送工作流

此项功能为文件提供传送的工作流，所指定的用户会在工作内容中获悉有文件要传送，并可以在此传送的工作项目上提出意见，最后收集给发送传送工作的用户，收集所有在传送过程中所提出的意见，并作为修改该文件的参考。

翻译管理工作流

此项功能是特别提供给翻译库所创建的翻译文件处理工作的工作流，在翻译库下所创建要进行翻译的文件，可以指定翻译的用户进行翻译的处理、通知、版本控制等的工作流处理。

6.3 报价工作流（三态工作流介绍）

通常在一个企业环境中，业务报价是取得客户订单的关键工作之一。为了让业务人员不要随意报价或者希望能够记录报价的跟踪，通常会由业务助理或是报价行政人员来提供统一的报价。

另一种情况则是为了避免业务之间相互对客户报价的冲突，会统一由一个报价分派单位（通常是业务经理）来给不同的业务人员指定报价。这些报价的工作流都可以使用 MOSS 2007 所提供的三态工作流来处理。

创建报价要求工作流的程序：

- 创建客户资料列表；
- 创建报价工作列表；
- 设置报价工作栏；
- 设置报价工作视图；
- 设置报价工作流；
- 测试报价工作流。

在本节的举例练习中会学习到的知识有：

- 如何创建列表组件库（List Items Library）；
- 如何自定义列表中的栏；
- 如何自定义列表中的视图；
- 如何设置使用三态工作流。

6.3.1 创建客户资料列表

我们在前面创建网站的练习中已经在训练中心的网站下创建了一个业务部工作组网站，所以接下来我们就在此工作组网站下开始工作流的演练。

创建客户资料的联系人组件库

首先切换到业务部工作组网站首页，并在此网站下创建一个业务“客户资料列表”的“联系人”类型组件库（如【图 6-12】、【图 6-13】和【图 6-14】所示）。

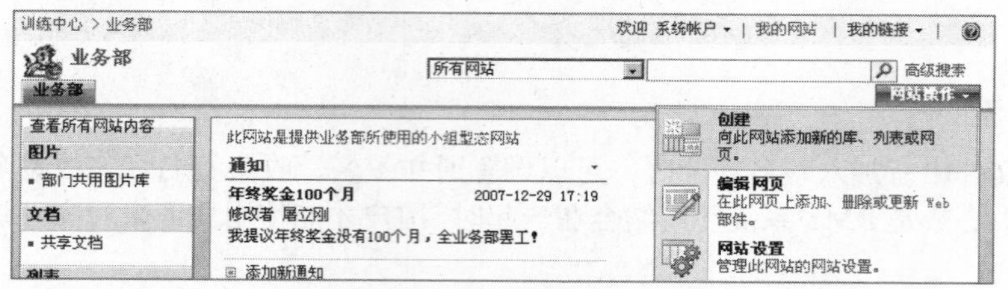

图 6-12　在“业务部”工作组网站下选择“网站操作”下的“创建”项目

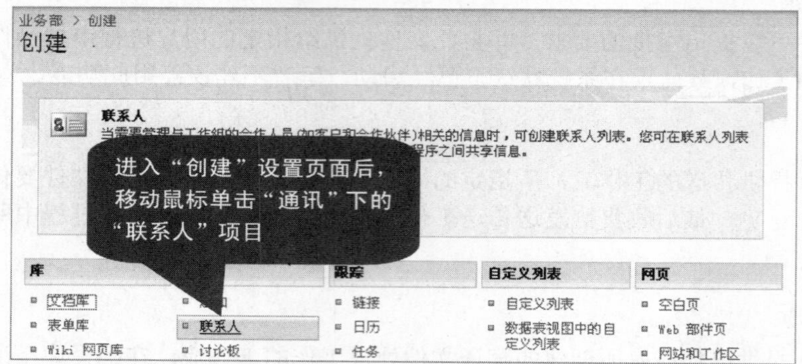

图 6-13　创建一个联系人的组件库

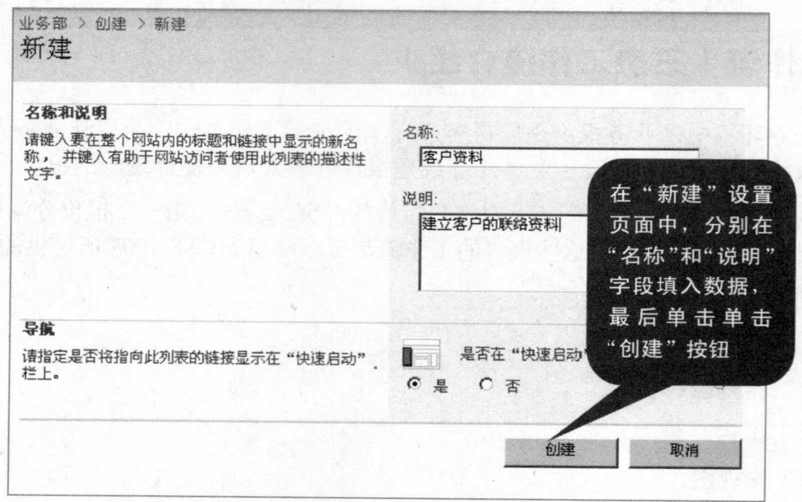

图 6-14　创建一个名称为“客户资料”的联系人组件库

创建客户资料所需要的自定义栏

接下来我们以联系人组件库的默认栏为基础，重新调整“客户资料”需要的自定义栏。

● 创建客户编号栏（如【图 6-15】和【图 6-16】所示）

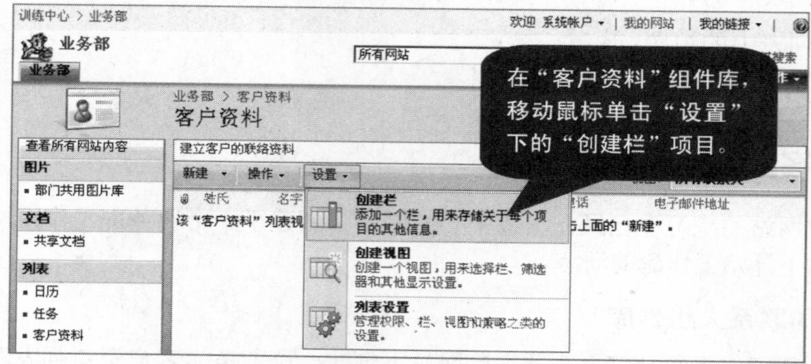

图 6-15　在“客户资料”组件库下创建自定义栏

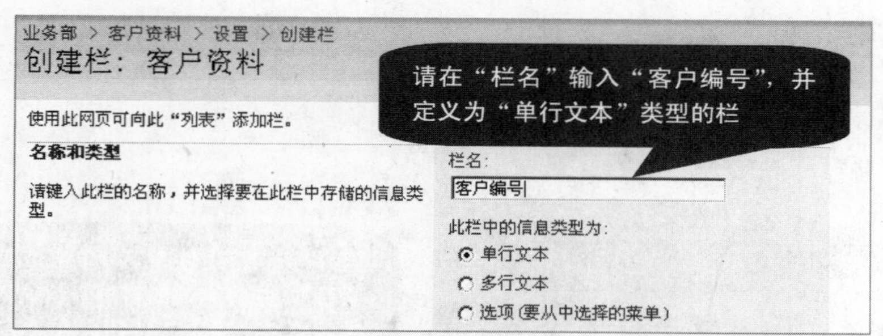

图 6-16　创建一个“客户编号”的单行文本栏

- 调整客户资料的栏顺序（如【图 6-17】、【图 6-18】和【图 6-19】所示）

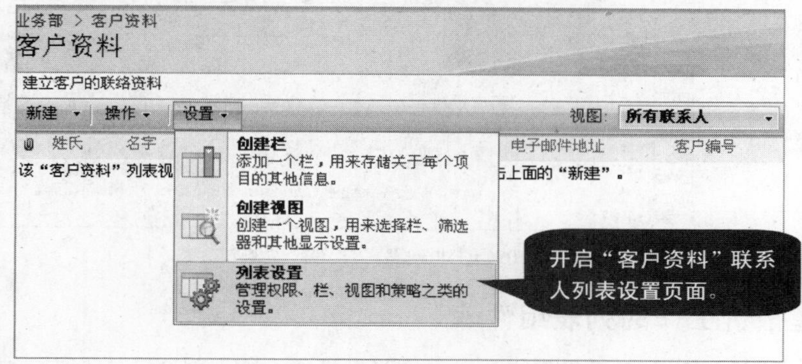

图 6-17　选择“设置”下的“列表设置”项目

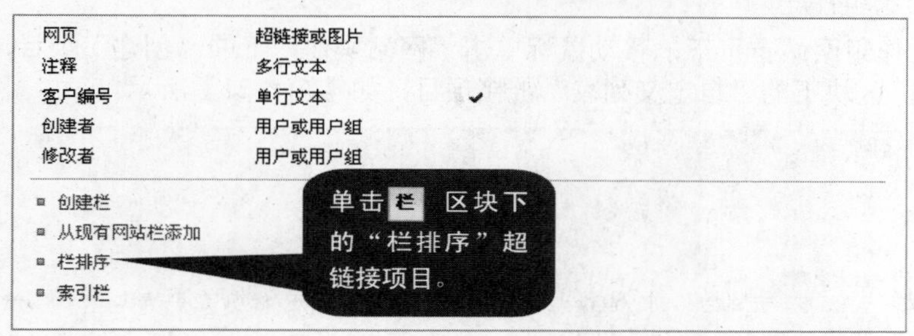

图 6-18　进入“自定义客户资料”设置页面后，单击“栏排序”项目

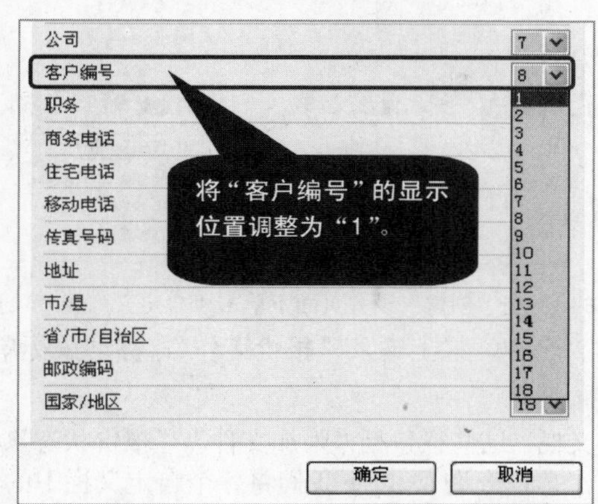

图 6-19　调整“客户资料”栏的顺序，将客户编号的顺序调整为“1”

- 新建一个客户资料项做测试（如【图 6-20】所示）

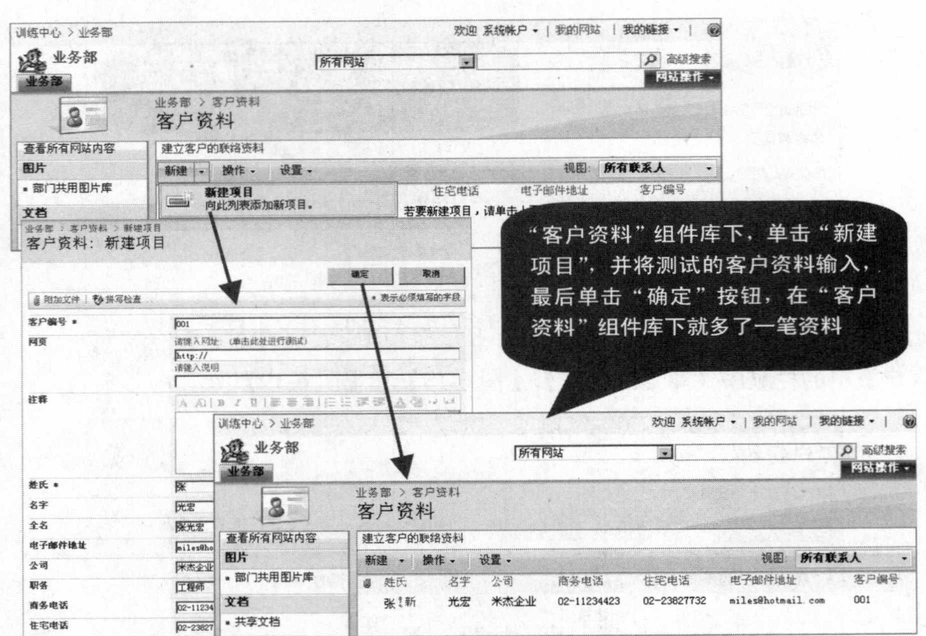

图 6-20　创建一笔客户资料做测试

6.3.2 创建报价工作的列表组件库

前面所创建的客户资料是在报价工作流中，应该要提供的客户资料联系人列表。接下来，则是要创建报价工作最主要的列表组件库。

1 在业务部工作组网站首页下，移动鼠标单击"网站操作"下的"创建"项目，在"创建"设置页面下，单击 自定义列表 区块下的"自定义列表"链接项目，如【图 6-21】所示。

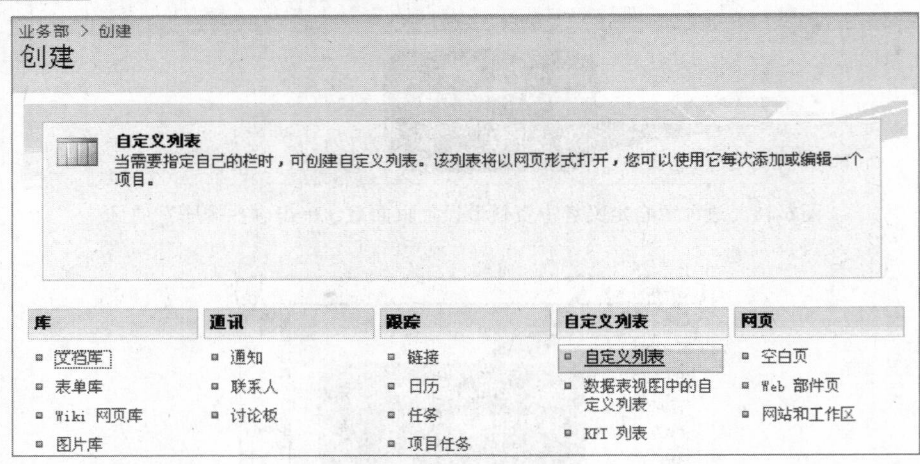

图 6-21　在"创建"设置页面下单击"自定义列表"项目

2 在"新建"设置页面的"名称"栏上输入"报价工作"，移动鼠标单击"创建"按钮，建立起"报价工作"的自定义列表组件库。

3 接下来也是要创建自定义栏，这些栏包括"附加文件"、"报价状态"、"客户建档"、"分配对象"、"预订报价日期"、"完成报价日期"、"客户查询"，以下我们将各个自定义栏中的设置内容，列举在下列各图中。

在"报价工作"的自定义栏中最重要的就是"报价状态"栏，此栏的数据类型是选项式的栏，采用下拉菜单的方式来表现，其中有三项状态值，分别是"要求报价"、"提供报价"和"完成报价"三种状态，以下（如【图 6-22】所示）是此域值的设置内容。

"客户建档"栏是一个"是/否"信息类型的栏，主要记录报价的客户是否已经在客户资料组件库中创建起来，如果设置为"是"则表示已经创建，若设置为"否"，则表示该业务要到客户资料组件库下创建此客户资料，以下（如【图 6-23】所示）是此栏的关键设置内容。

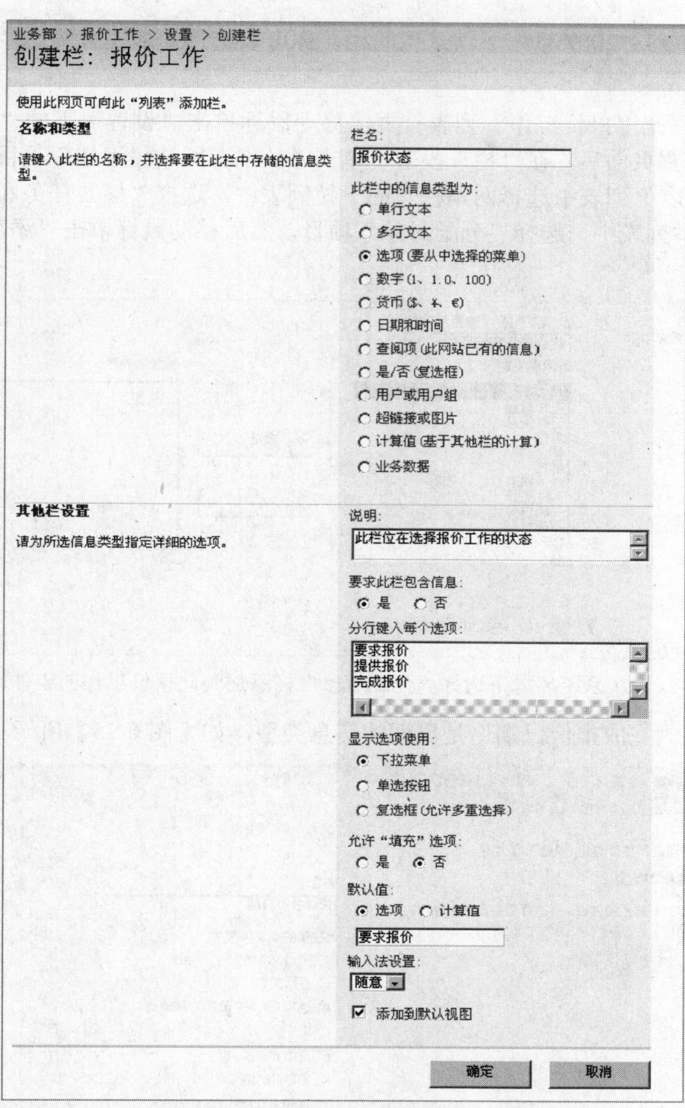

图 6-22　设置"报价工作"自定义栏的内容

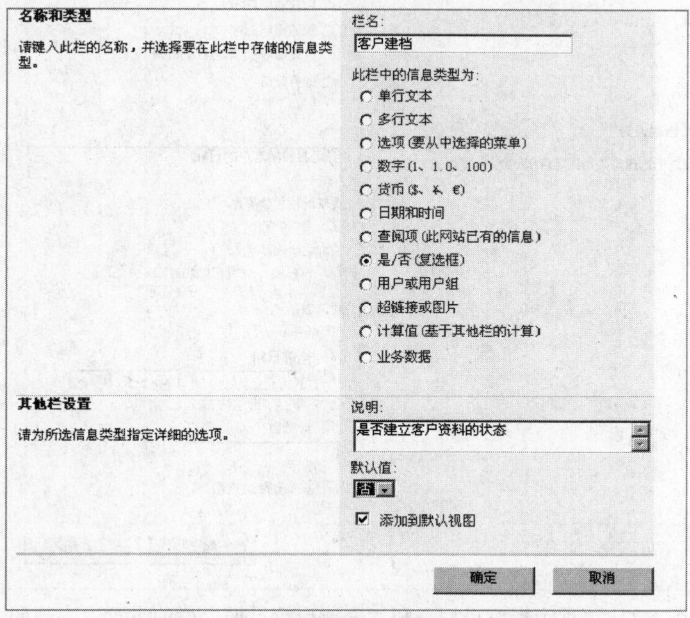

图 6-23　"客户建档"栏的关键设置内容

“分配对象”栏是 MOSS 2007 系统下默认型的栏，你可以选择“从现有网站栏添加”项目，将此栏加入到此列表库中。

其操作方式先切换到此“报价工作”列表首页，移动鼠标单击“设置”下的“列表设置”项目，进入“自定义报价工作”的设置页面后，在“栏”段落下单击“从现有网站栏添加”项目，进入设置页面后，在“选择栏”区段下的“从以下列表中选择网站栏”的下拉列表中，选择“核心任务和问题栏”项目，然后在下方“可用网站栏”列举列表中，选择“分配对象”项目，然后移动鼠标单击“添加”按钮，如【图 6-24】所示。

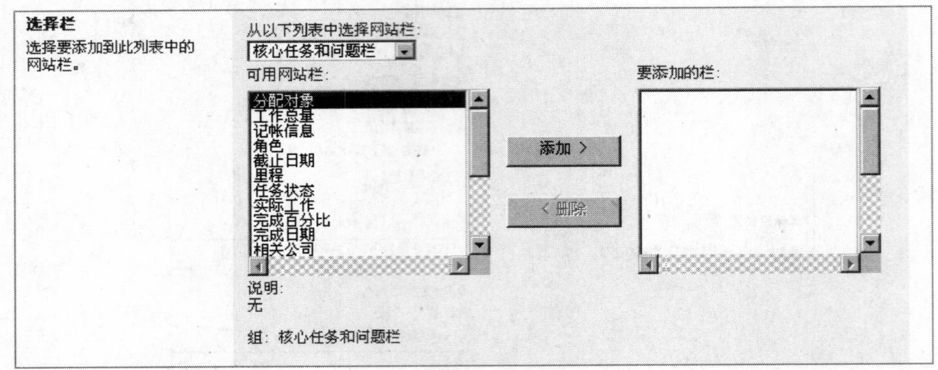

图 6-24 从系统环境下选择“分配对象”栏添加到此报价工作的组件库中

“预订报价日期”和“完成报价日期”是日期的信息类型，如【图 6-25】所示。

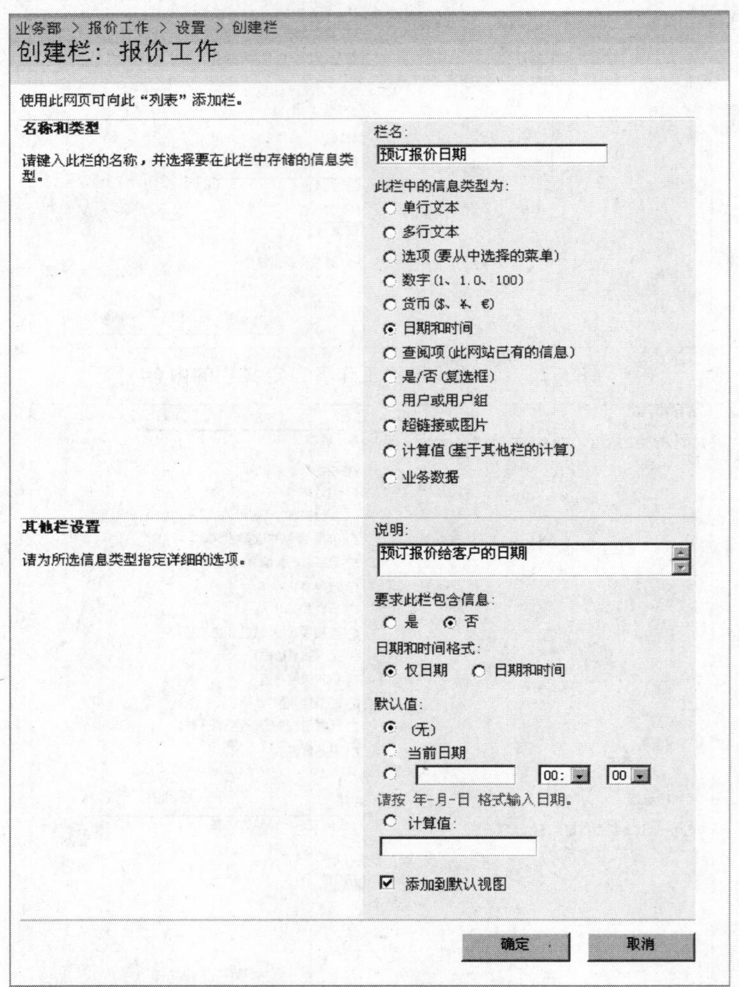

图 6-25 “预定报价日期”和“完成报价日期”栏的设置内容相同

最后一个是“客户查询”栏，如【图 6-26】所示，此栏是一个超链接信息类型的栏，用来提供到客户资料列表下的此客户资料记录的链接。

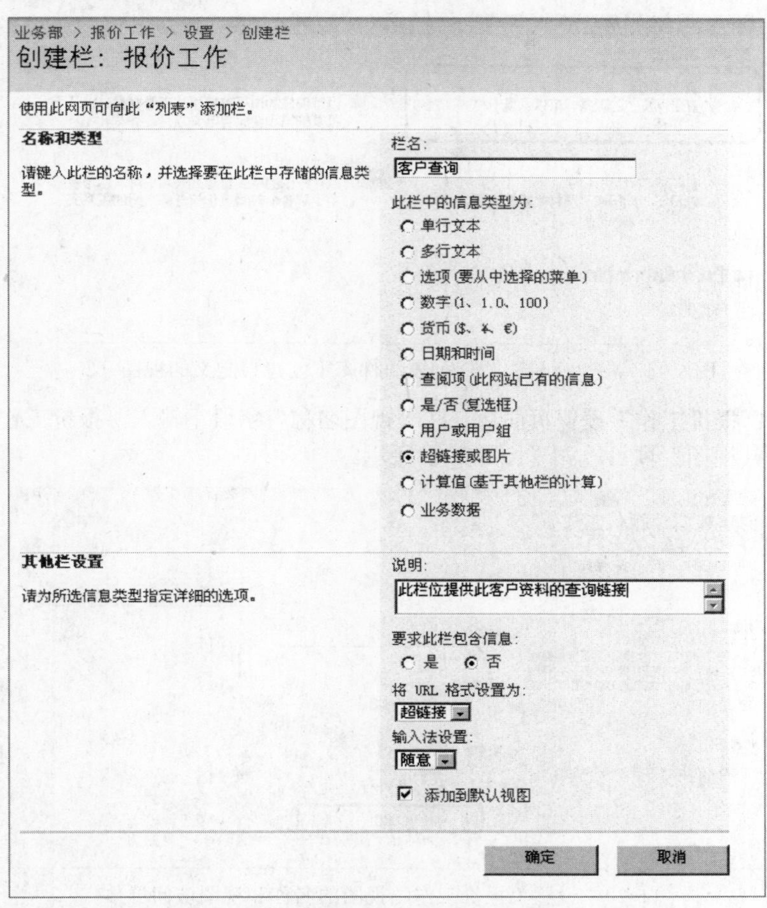

图 6-26 “客户查询”是一个超链接信息类型的栏

6.3.3 创建报价工作视图

将自定义栏创建完成后，接下来要创建业务人员的视图筛选，为什么呢？因为所有业务人员都会链入此“报价工作”列表，如果每个业务人员看到的都是所有报价工作记录，这时要寻找给自己的报价工作记录就非常麻烦。所以，此组件库所设置的默认视图，应该是显示与该业务人员相关的报价工作记录，而不是所有的报价工作记录，要达到此功能目标，可以使用视图筛选的方式。

先在此组件库页面上移动鼠标单击“设置”下的“创建视图”项目，如【图 6-27】所示。

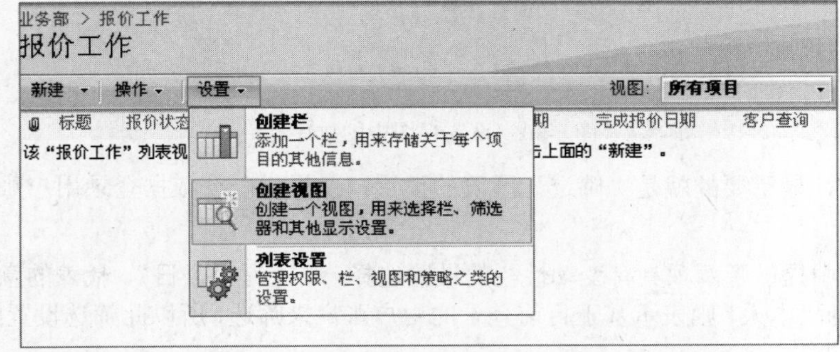

图 6-27 在“报价工作”列表组件库下创建自定义的视图（1）

进入“创建视图：报价工作”页面后，单击“选择视图格式”下的“标准视图”项目，如【图 6-28】所示。

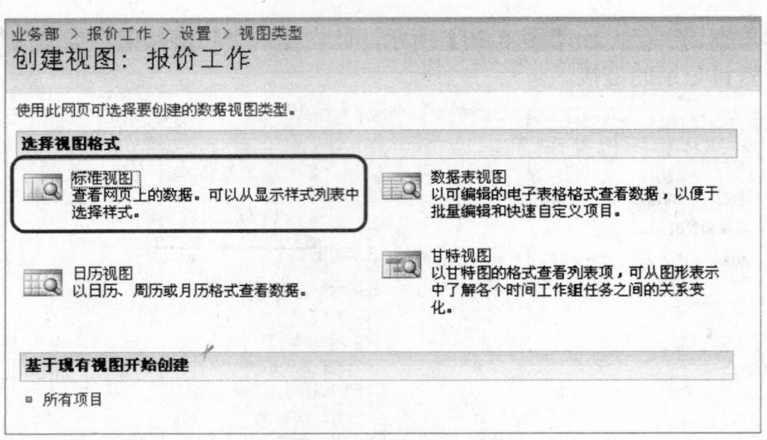

图 6-28　在“报价工作”列表组件库下创建自定义的视图（2）

进入“创建视图：报价工作”设置页面后，在“视图名称”字段下输入“报价工作”，在“视图访问群体”下选择“创建公共视图”项目，如【图 6-29】所示。

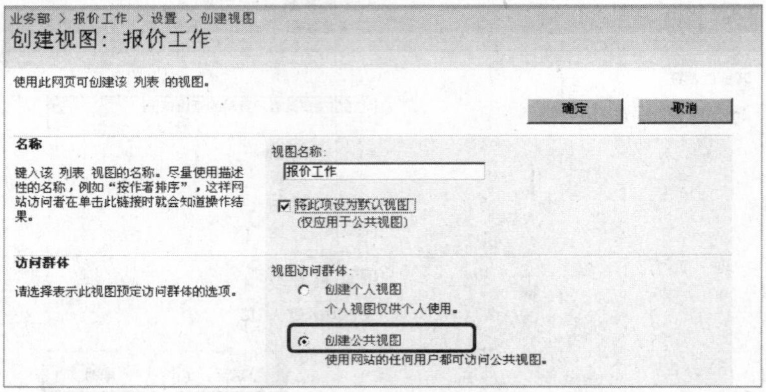

业务部 > 报价工作 > 设置 > 创建视图
创建视图：报价工作
使用此网页可创建该 列表 的视图。
确定　取消
名称
键入该 列表 视图的名称。尽量使用描述性的名称，例如“按作者排序”，这样网站访问者在单击此链接时就会知道操作结果。
视图名称：
报价工作
将此项设为默认视图
(仅应用于公共视图)
访问群体
请选择表示此视图预定访问群体的选项。
视图访问群体：
创建个人视图
个人视图仅供个人使用。
创建公共视图
使用网站的任何用户都可访问公共视图。

图 6-29　设置“报价工作”视图的名称和视图访问群体

利用“排序”区段中的设置，将视图筛选记录先以“预订报价日期”的递增顺序排序，然后再以“完成报价日期”的递增顺序排序，如【图 6-30】所示。

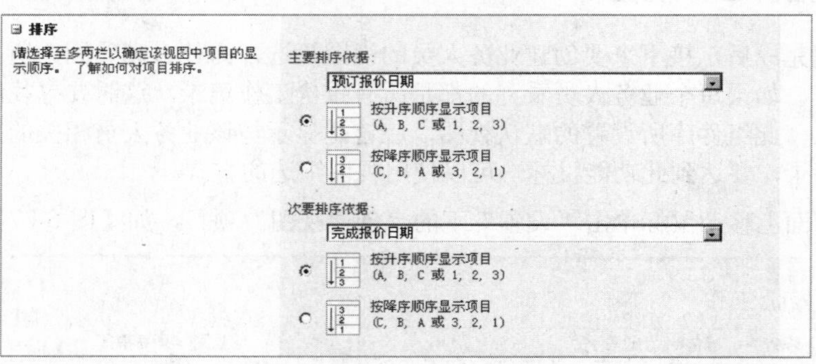

图 6-30　设置视图中的排序栏

在此视图设置中，最重要的就是“筛选”区段的设置，要提供一个依据登录用户账户来筛选的条件该如何来设置呢？

在视图筛选项目中提供了两项具有变动性栏的设置选择，一个是“今日”，代表的意思即要基于目前计算机的日期来筛选，而“本人”则表示基于目前登录的用户账户来筛选，所以此筛选设置的内容如【图 6-31】所示。

设置好以上内容后移动鼠标单击“确定”按钮，回到“报价工作”首页的环境，便可以看到所设置的各项栏格式与默认选择“报价工作”的视图环境，如【图 6-32】所示。

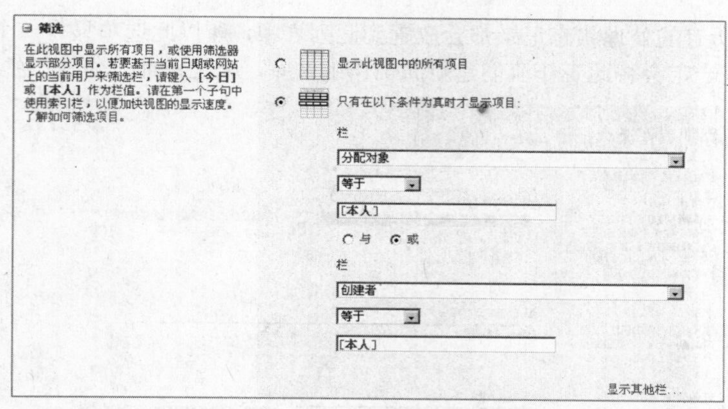

图 6-31　设置视图中的筛选条件

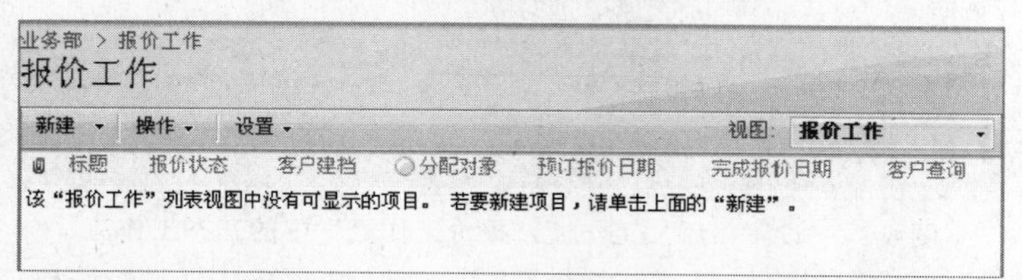

图 6-32　“报价工作”视图下的“报价工作”列表组件库环境

6.3.4　创建报价工作的三态工作流

当以上报价工作环境创建完成后，便可开始创建报价工作的三态工作流，其操作步骤如下：

1　切换至“报价工作”列表视图和管理页面，单击“设置”下的“列表设置”项目。

2　进入到“自定义报价工作”页面下，单击“权限和管理”区块中的“工作流设置”项目，如【图 6-33】所示。

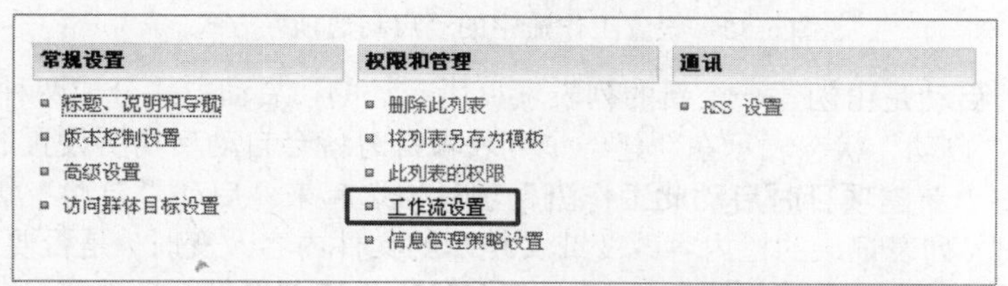

图 6-33　单击“报价工作”列表组件库下的“工作流设置”项目

3　进入“添加工作流：报价工作”页面后，如【图 6-34】所示，在“选择工作流模板”栏下，选择“三态”项目。

4　在“名称”栏上输入“报价工作流”。

5　“任务列表”设置的目的是为工作流在处理过程中提供一个工作记录来说明此项工作流的进度状态。举例来说，如果此工作流有五个阶段流程处理，在一开始创建此工作流时，系统会创建一笔新工作记录，而工作流也进入第一阶段，在进入工作流程第二个阶段时又会产生一笔新的工作记录，此时前一笔工作记录的状态会更改成“已完成”，而此笔工作记录状态则会是“进行中”，也就是说，此工作流程因为有五个阶段流程处理，系统也就会产生五笔工作记录。

6　“选择任务列表”项目中有两项选择：一个是“任务”，另一个是“新建任务列表”。选择第一项“任务”是代表工作记录会放在系统默认的“任务”组件库中，此种方式我们并不建议，因为所有工作流的工作记录都放在同一个“任务”组件库时很容易造成不易寻找、混淆不清的状况，但如果你想集中工作记录内容那又另当别论了。选择第二项“新建任务列表”是代表系统会帮助此工作流创建一个新的任务组件库来放置工作流所产生的任务记录，此种方式可以将不同工作流的任务记录存放在不同的工作组件库下，所以我们建议选择此选项。

7　“历史记录列表”是提供工作流所产生的过程记录列表库（此历史记录列表库是提供给系统来使

用的），工作流程序中所有的处理状态记录都会放置到此列表中，所以此选项只有一个，就是“工作流历史记录（新）”，表示系统一定会替此工作流创建新的工作组件库，来记录此工作流产生的过程。

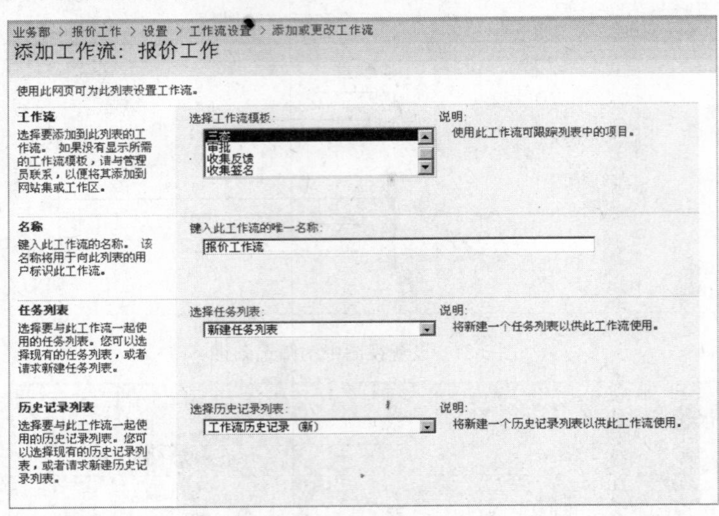

图 6-34　设置“添加工作流：报价工作流”中的三态工作流

8 “启动选项”设置是选择如何启动此项工作流，此处通常我们会以系统默认值为主，如【图 6-35】所示，然后单击“下一步”按钮。

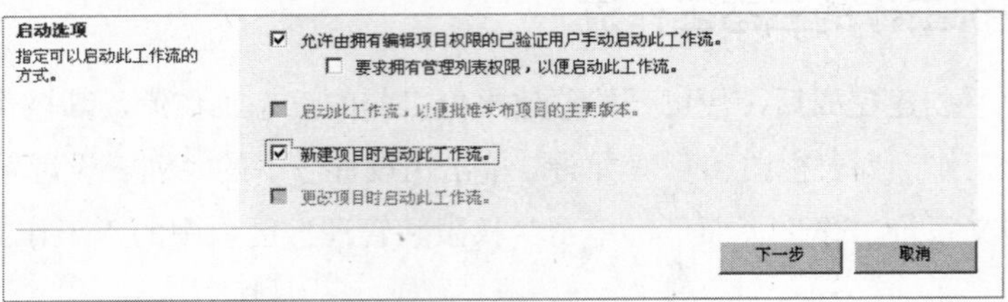

图 6-35　设置工作流中的“启动选项”方式

通常一个工作流的启动是由创建一个新的列表项目所带动的，启动方式分成两种：一种是“自动”，另一种是“手动”。设置“自动”状态表示在新建一个列表项目时就会自动启动所设置的工作流，而设置自动创建工作流选项就是将“**新建项目时启动此工作流**”项目勾选起来。启动“自动”状态的另一种意义就是决定当项目内容改变时（列表记录的栏内容改变或文档库的文件内容改变时）是否要再次启动新的工作流，此项则是选择“**更改项目时启动此工作流**”，但不是每一种工作流都提供此项选择，三态工作流便没有提供此项选择，所以此项目是灰色状态，表示不能设置。

“手动”启动状态表示用户可以随时重新启动工作流，如果允许用户可以使用手动的方式启动工作流，则勾选“**允许由拥有编辑项目权限的已验证用户手动启动此工作流**”项目即可，但在此项目下还有一个选择项目“**要求拥有管理列表权限，以便启动此工作流**”，勾选此项目后系统会查看该组件库下的权限等级设置，当该用户有“层次结构管理者”权限等级时才可以使用手动方式启动工作流，否则如果该用户只有“成员”或“审批者”的权限等级，就没有手动启动工作流的能力。

9 “工作流状态”是三态工作流中最主要的判断状态区位，如果你所设计的列表库中只有一个自定义选择栏，则系统会自动将该栏放置到此处来（如【图 6-36】所示）。

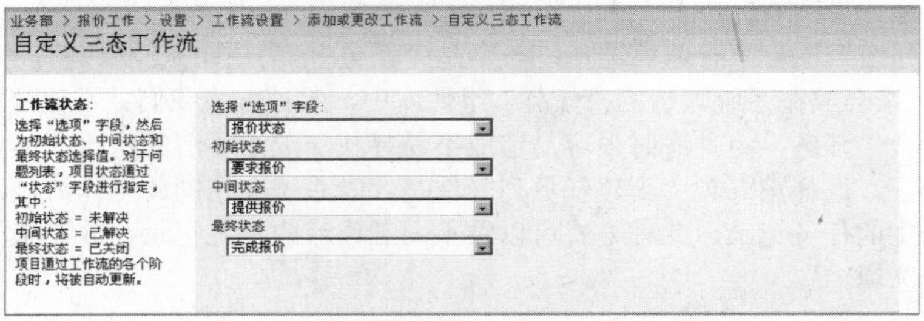

图 6-36　设置工作流的“工作流状态”

在“工作流状态”设置下提供了当更改两种状态时要执行的该状态下的操作，第一个是“初始状态”会执行在“指定启动工作流时要执行的操作”中设置的内容，第二个是“中间状态”会执行在“指定工作流更改为中间状态时要执行的操作”的设置内容，至于第三个“完成状态”则没有提供此状态的事件处理。

前面两项“初始状态”、“中间状态”的状态更改要执行的事件处理，其内容项目都差不多，主要提供两项事件处理，一个是产生新的任务记录，另一个是发送状态的邮件。

10 “任务详细信息”下的设置是为新任务记录提供所要记录的内容，其中各项设置内容请参考【图6-37】与【图6-39】。另一个“电子邮件详细信息”的设置则可以输入所要提醒收件人的消息内容，请参考【图6-38】与【图6-39】。

指定启动工作流时要执行的操作:
例如，对问题列表中的某个问题启动工作流时，Windows SharePoint Services 将为指定用户创建任务。用户完成该任务后，工作流将从初始状态(未解决)更改为中间状态(已解决)。此外，也可以选择发送电子邮件，通知该任务的指定用户。
任务详细信息:
任务标题:
自定义消息: 提供客户报价：
将所选字段的值与自定义消息进行连接。
包含列表字段: 标题
任务说明:
自定义消息: 提供客户报价并建立客户
包含列表字段: 标题
插入指向列表项的链接
任务截止日期:
包含列表字段: 预订报价日期
任务分配对象:
包含列表字段: 分配对象
自定义

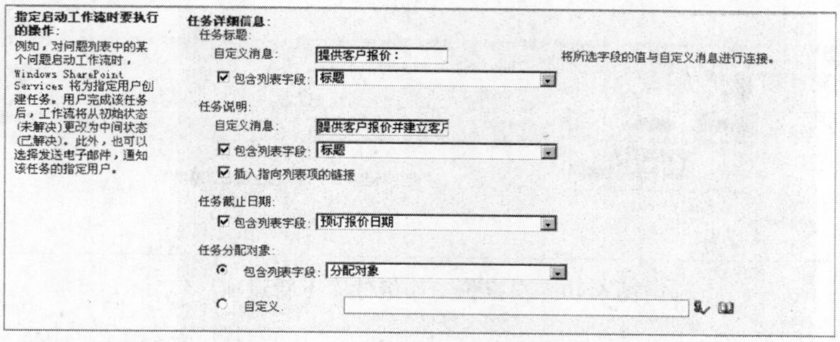

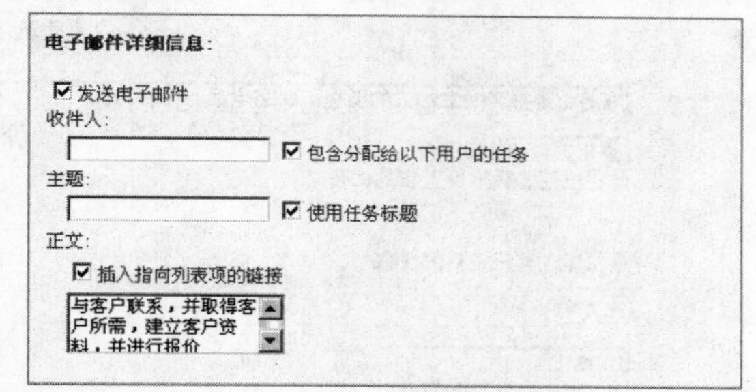

图 6-37　设置进入“初始状态”时要新建的工作记录内容

电子邮件详细信息:
发送电子邮件
收件人:
包含分配给以下用户的任务
主题:
使用任务标题
正文:
插入指向列表项的链接
与客户联系，并取得客户所需，建立客户资料，并进行报价

图 6-38　设置进入“初始状态”时要发送邮件的消息内容

11 【图 6-39】则是“中间状态”发生时要设置的内容，其中也包含了对于要添加的任务记录的内容与发送电子邮件的消息内容的设置。

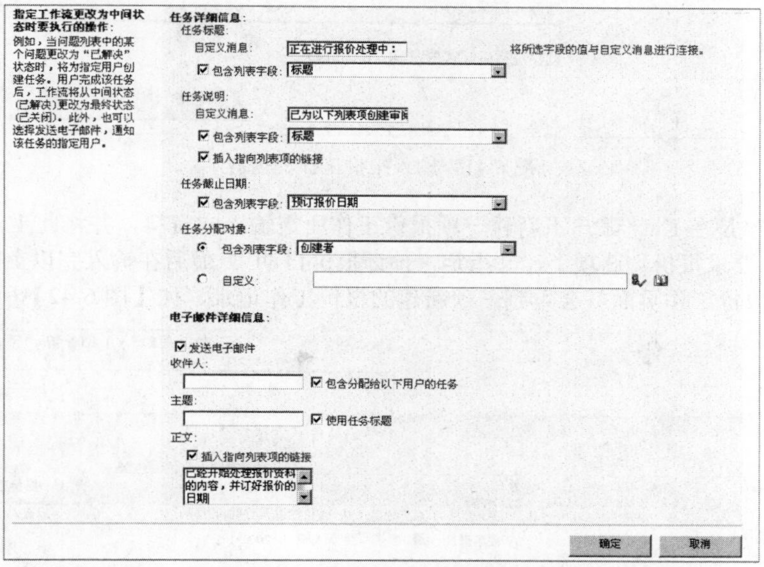

指定工作流更改为中间状态时要执行的操作:
例如，当问题列表中的某个问题更改为“已解决”状态时，将为指定用户创建任务。用户完成该任务后，工作流将从中间状态(已解决)更改为最终状态(已关闭)。此外，也可以选择发送电子邮件，通知该任务的指定用户。
任务详细信息:
任务标题:
自定义消息: 正在进行报价处理中：
将所选字段的值与自定义消息进行连接。
包含列表字段: 标题
任务说明:
自定义消息: 已为以下列表项创建审阅
包含列表字段: 标题
插入指向列表项的链接
任务截止日期:
包含列表字段: 预订报价日期
任务分配对象:
包含列表字段: 创建者
自定义:
电子邮件详细信息:
发送电子邮件
收件人:
包含分配给以下用户的任务
主题:
使用任务标题
正文:
插入指向列表项的链接
已经开始处理报价资料的内容，并订好报价的日期
确定
取消

图 6-39　设置进入“中间状态”时要执行的内容

12 在设置完成以上的内容后，移动鼠标单击“确定”按钮，便完成报价工作组件库中的三态工作流设置了。

6.3.5 启动三态工作流

创建好报价工作下的三态工作流后，我们来进行此项三态工作流的测试。

周惠卿（Katy）是美景企业的业务处长，李人和（Allen）是业务部下的业务经理，Katy 要指派一项报价工作给 Allen，所以 Katy 在进入业务部工作组网站首页后，单击“报价工作”项目，切换到“报价工作”首页，移动鼠标单击“新建”下的“新建项目”，进入“报价工作：新建项目”输入页面，如【图 6-40】和【图 6-41】所示。

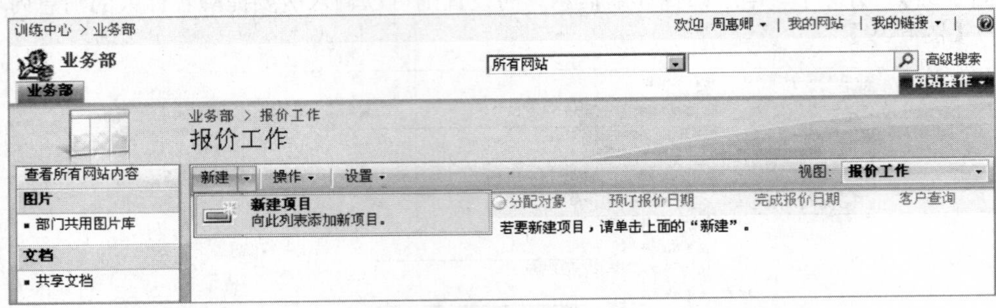

图 6-40 在报价工作组件库下新建项目

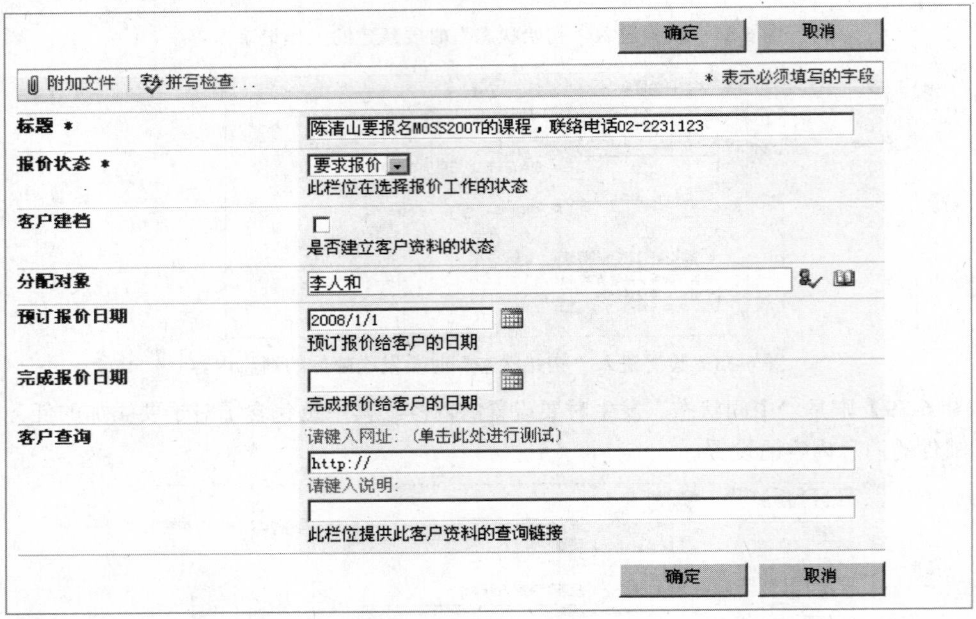

确定 取消

附加文件 | 拼写检查... * 表示必须填写的字段

标题 * 陈清山要报名MOSS2007的课程，联络电话02-2231123

报价状态 * 要求报价
此栏位在选择报价工作的状态

客户建档 □
是否建立客户资料的状态

分配对象 李人和

预订报价日期 2008/1/1
预订报价给客户的日期

完成报价日期
完成报价给客户的日期

客户查询 请键入网址：（单击此处进行测试）
http://
请键入说明：
此栏位提供此客户资料的查询链接

确定 取消

图 6-41 输入报价工作的内容

【图 6-41】的内容是在 Katy 账户下新建一项报价工作所需输入的资料，并将此工作指派给“李人和”，其报价状态设置在“要求报价”选项上，并指定“预订报价日期”，最后在输入完以上数据后移动鼠标单击“确定”按钮，回到报价工作页面就会看到一项新建的报价工作记录，如【图 6-42】所示。

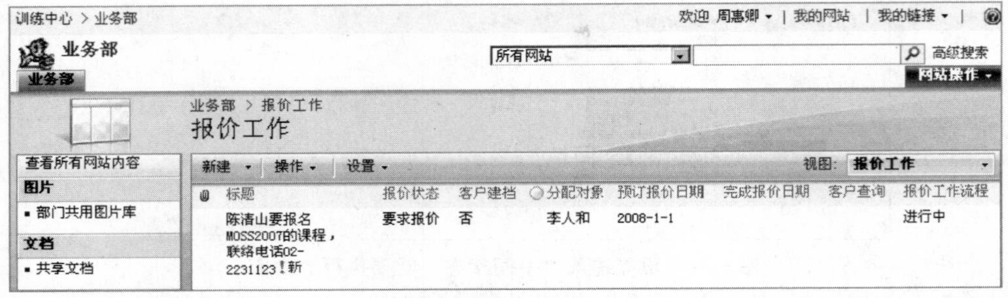

图 6-42 创建一项新的报价工作

由于我们设置的三态处理是当新建一项记录时就要启动三态工作流，而在“要求报价”启动的情况下，工作流会新添加一项工作记录并发送邮件，指派者与被指派者都会收到邮件，【图 6-43】是 Allen 收到的邮件的内容。

提供客户报价：　陈清山要报名MOSS2007的课程，联络电话02-2231123
administrator@beauty.corp [administrator@beauty.corp]
收件人： 周惠卿; 李人和
抄送：

与客户联系，并取得客户所需，建立客户资料，并进行报价

http://center.beauty.corp/SiteDirectory/Sales/Lists/List1/DispForm.aspx?ID=1

图 6-43　信件会由系统发出，发送给指派者与被指派者

Allen 在收到此信件后，可以单击信件中的超链接，直接链接到此报价工作项目的网页上，如【图 6-44】所示。

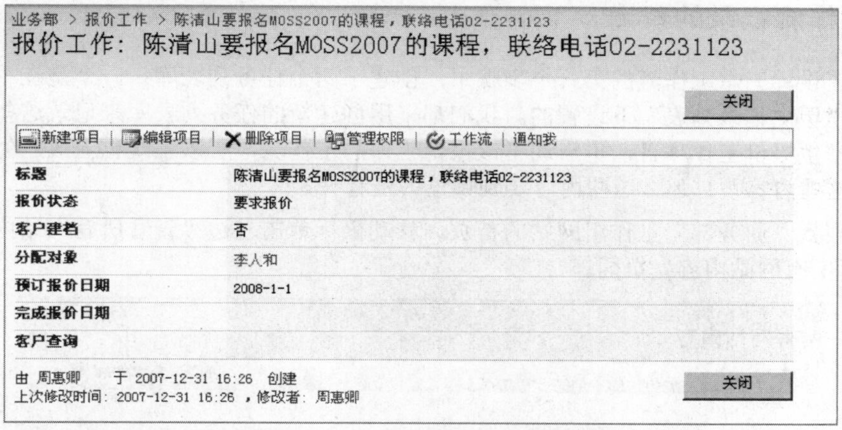

业务部 > 报价工作 > 陈清山要报名MOSS2007的课程，联络电话02-2231123
报价工作：陈清山要报名MOSS2007的课程，联络电话02-2231123

关闭

新建项目 | 编辑项目 | 删除项目 | 管理权限 | 工作流 | 通知我

标题	陈清山要报名MOSS2007的课程，联络电话02-2231123
报价状态	要求报价
客户建档	否
分配对象	李人和
预订报价日期	2008-1-1
完成报价日期	
客户查询	

由 周惠卿　于 2007-12-31 16:26 创建
上次修改时间：2007-12-31 16:26 ，修改者：周惠卿

关闭

图 6-44　通过邮件中的超链接直接链接到此报价工作的内容

如果要查看工作流的状态，可以单击【图 6-44】页面上的“工作流”项目，便会出现如【图 6-45】所示的工作流状态。

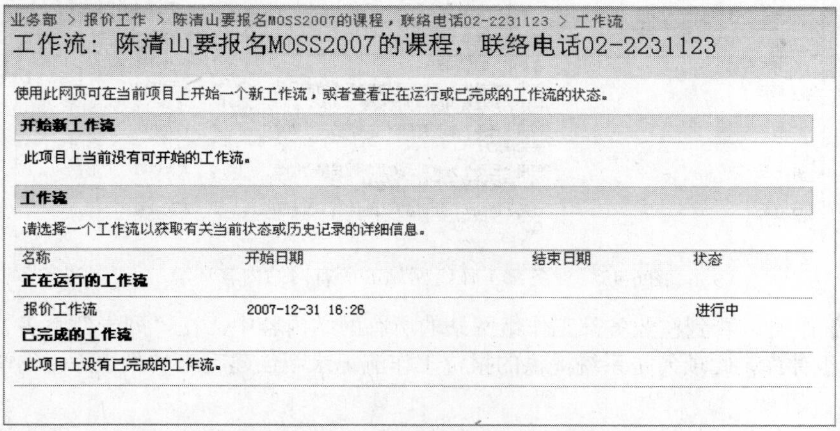

业务部 > 报价工作 > 陈清山要报名MOSS2007的课程，联络电话02-2231123 > 工作流
工作流：陈清山要报名MOSS2007的课程，联络电话02-2231123

使用此网页可在当前项目上开始一个新工作流，或者查看正在运行或已完成的工作流的状态。

开始新工作流

此项目上当前没有可开始的工作流。

工作流

请选择一个工作流以获取有关当前状态或历史记录的详细信息。

名称	开始日期	结束日期	状态
正在运行的工作流			
报价工作流	2007-12-31 16:26		进行中
已完成的工作流			
此项目上没有已完成的工作流。			

图 6-45　分配给 Allen 的报价工作所启动的工作流状态内容

如果还要查看报价工作流的详细历史内容，可以移动鼠标单击【图 6-45】中“正在运行的工作流”下的“报价工作流”超链接，进入“工作流状态：报价工作流”页面，如【图 6-46】所示。

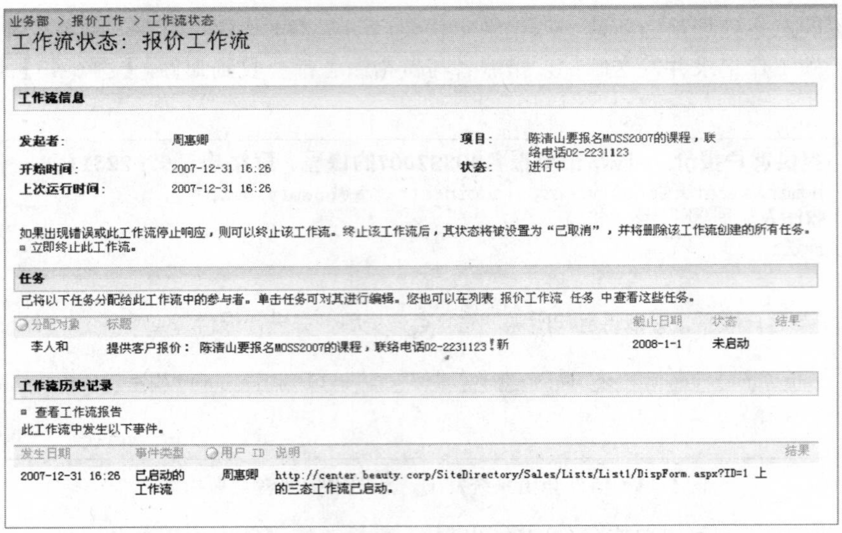

图 6-46　指派给李人和报价工作的工作流状态报告内容

6.3.6 工作流记录的查询

还记得前面在设置三态工作流的第一个步骤中，创建了两个任务列表库：一个是在“任务列表”下设置，另一个是在“历史记录列表”下设置的。我们都采用创建新的任务列表库来记录这些内容，现在前面练习步骤中已经产生报价工作项目，也启动了该报价工作的工作流，所以系统也应该产生工作列表库和历史列表库来记录这些内容啰！那么这些内容要到哪里去查看呢？

你可以先切回到“业务部”工作组网站的首页，移动鼠标单击左边“查看所有网站内容”项目，进入【图 6-47】所示“所有网站内容”页面。

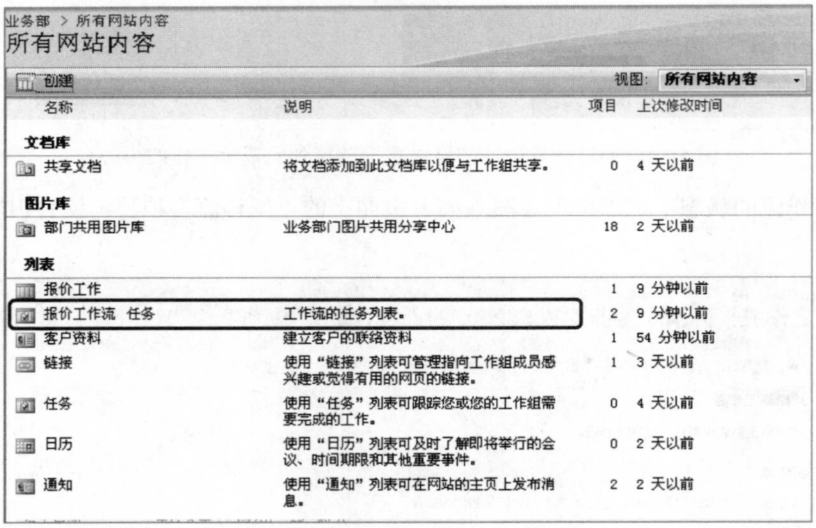

图 6-47　业务部工作组网站的所有网站内容环境

从【图 6-47】中可以看到在业务部工作组网站的所有网站内容中，在“列表”下多了一项“报价工作流程 任务”列表组件库，此项便是系统提供的报价工作流记录新创建起来的列表库，你可以单击此项目进入此列表库查看。

在进入【图 6-48】所示“报价工作流 任务”页面后，看到的确由系统产生了一项工作记录，其标题内容含有我们在工作流中所做的设置。

接下来你可能就会问到，那另外一个历史记录列表组件库呢？我们在【图 6-47】中并没有看到啊！没错！历史记录列表组件库是系统在使用的组件库，所以并不提供给用户查询。那我们又如何来证实确实创建了历史记录列表组件库呢？嘿嘿！我们利用 SharePoint Designer 2007 链接到此网站来查看其内容就可以知道了！

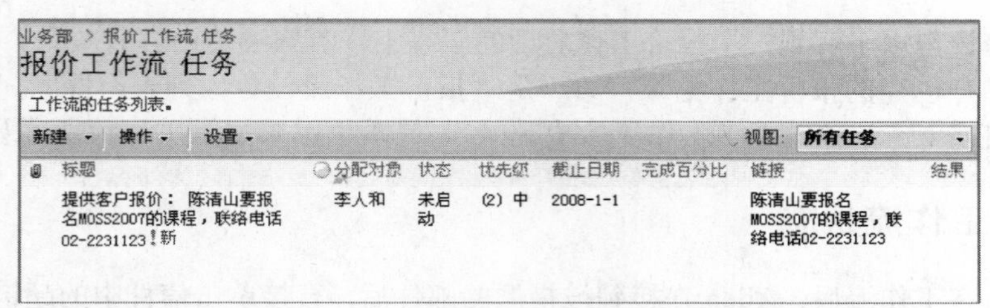

图 6-48　由报价工作流所产生的工作列表组件库

打开 SharePoint Designer 2007，移动鼠标单击“文件”下的“打开网站”，然后在出现的“打开网站”对话框的“网站名称”栏上，输入业务部小组网站的网址：http://center.beauty.corp/SiteDirectory/Sales，并单击“打开”按钮，就会看到如【图 6-49】所示的页面，展开此网站下 Lists 项目就可以看到所有的列表组件库，其中一项 List3 便是工作流历史记录的列表组件库了。

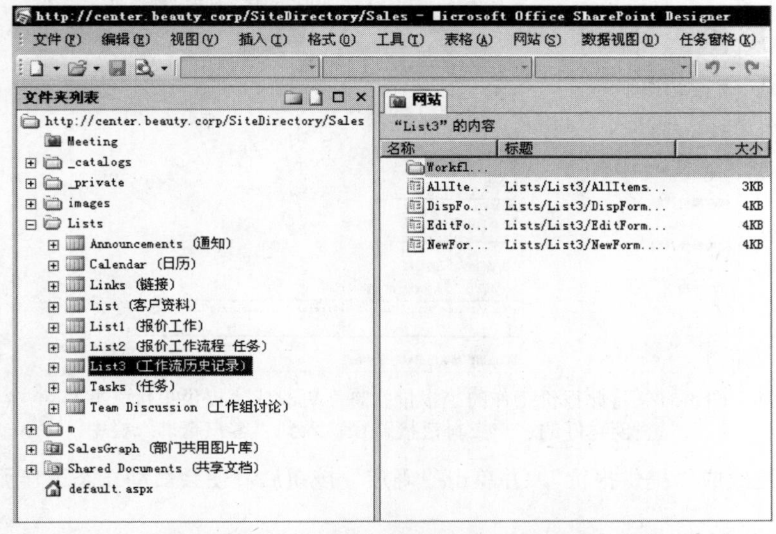

图 6-49　从 SharePoint Designer 2007 中来查看工作流程历史记录列表组件库的位置，在 Lists 下的 List3 当中

从【图 6-49】和【图 6-47】的内容比较来看，我们又知道了 MOSS 2007 系统并不是将网站下所有内容都显示在网站内容网页上，还是有所隐藏的，所以要看到网站下所有原始内容就必须通过 SharePoint Designer 2007 来查看，才会看到所有的内容。

根据【图 6-49】知道了历史记录列表组件库的路径后，我们可以直接在 IE 的 URL 栏上输入“http://center.beauty.corp/SiteDirectory/ Sales/Lists/List3”，单击【Enter】键，就会看到如【图 6-50】所示的内容。

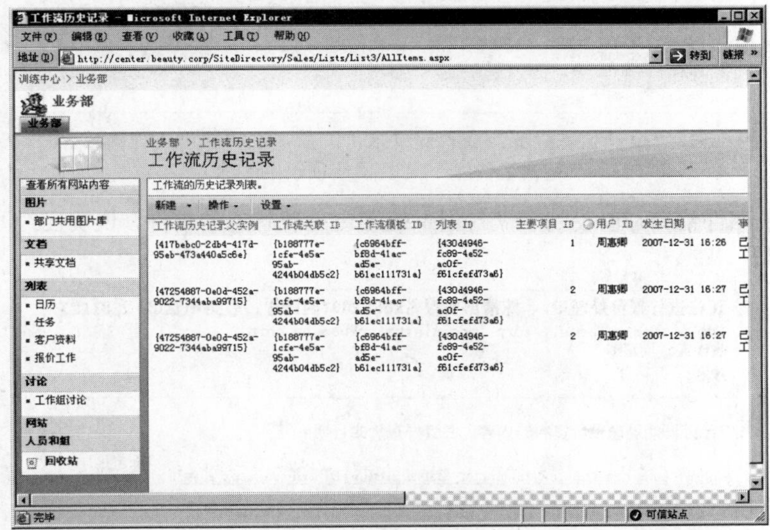

图 6-50　利用直接键入网址的方式进入工作流历史记录列表组件库

从以上的说明应该可以了解到一个报价工作启动的三态工作流跟哪些内容有关系？第一是“报价工作”列表组件库，存放用户创建的报价工作记录；第二是“报价工作流任务”列表组件库，放置启动三态工作流各步骤所创建的任务记录；第三是“工作流历史记录”，是系统用来记录工作流所需要链接的信息记录。

6.3.7 更改工作流状态

在上例启动了三态工作流后，Allen 在接到被指派的邮件后，直接单击信件中的超链接，链接回该项报价工作项目。Allen 也展开了与该客户进行联络、报价并创建该客户基本资料等工作，所以 Allen 应该将此报价工作的状态从“要求报价”更改成“提供报价”状态，于是在【图 6-44】页面上，单击“编辑项目”进入此报价工作的编辑页面，如【图 6-51】所示。

业务部 > 报价工作 > 陈清山要报名MOSS2007的课程，联络电话02-2231123 > 编辑项目
报价工作：陈清山要报名MOSS2007的课程，联络电话02-2231123

确定 取消

附加文件 | 删除项目 | 拼写检查… * 表示必须填写的字段

标题 *	陈清山要报名MOSS2007的课程，联络电话02-2231123
报价状态 *	提供报价 此栏位在选择报价工作的状态
客户建档	☑ 是否建立客户资料的状态
分配对象	李人和
预订报价日期	2008/1/1 预订报价给客户的日期
完成报价日期	完成报价给客户的日期
客户查询	请键入网址。(单击此处进行测试) http://center.beauty.corp/SiteDirectory/Sales/Lists/List/DispFor 请键入说明。 此栏位提供此客户资料的查询链接

图 6-51 将此报价工作的“报价状态”更改成“提供报价”并将创建好的客户资料链接路径输入到“客户查询”栏中

当 Allen 将状态更改成“提供报价”，并单击“确定”按钮后，便会启动三态工作流的第二阶段“中间状态”的处理。

此时系统应该会在“报价工作流 任务”下产生一项新的任务记录，而第一笔任务记录也会被更改成“已完成”状态，我们可以进入该组件库下来查看验证一下是否如此？请参考【图 6-52】。

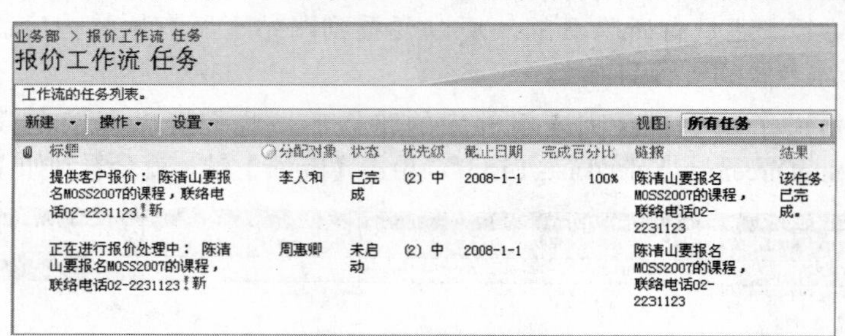

标题	分配对象	状态	优先级	截止日期	完成百分比	链接	结果
提供客户报价：陈清山要报名MOSS2007的课程，联络电话02-2231123！新	李人和	已完成	(2) 中	2008-1-1	100%	陈清山要报名MOSS2007的课程，联络电话02-2231123	该任务已完成。
正在进行报价处理中：陈清山要报名MOSS2007的课程，联络电话02-2231123！新	周惠卿	未启动	(2) 中	2008-1-1		陈清山要报名MOSS2007的课程，联络电话02-2231123	

图 6-52 “报价状态”更改成“提供报价”后，在“报价工作流 任务”列表组件库下又多了一项新的记录

查看 Katy 的电子邮件信箱，也收到了一封由系统发出更改状态的信件，说明已经开始处理报价的工作了，请参考【图 6-53】。

正在进行报价处理中： 陈清山要报名MOSS2007的课程，联络电话02-2231123
administrator@beauty.corp [administrator@beauty.corp]
收件人： 周惠卿
抄送：

已经开始处理报价资料的内容，并订好报价的日期

http://center.beauty.corp/SiteDirectory/Sales/Lists/List1/DispForm.aspx?ID=1

图 6-53 在 Katy 的电子邮件信箱中收到由系统发出的更新消息

最后如果 Allen 在完成此项客户报价工作，并将报价工作状态更改成“完成报价”后，系统不会再产生任何记录或是邮件，只会将产生的第二项记录的进度状态更改成“已完成”状态，如【图 6-54】所示。

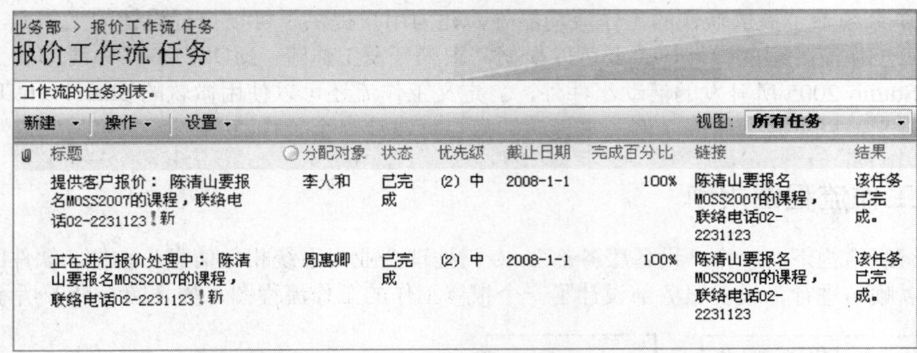

图 6-54　此报价工作状态更改成“完成报价”后的工作记录内容

6.3.8 查看筛选状况

在前面我们为“报价工作”创建了查看筛选的默认内容，下面来验证一下所产生的效果是什么？【图 6-55】是在 Katy 账户下所看到的报价工作，除了刚才指派给李人和的任务外，现在多加了一项任务指派给柳权佑，所以“报价工作”页面下看到了两项指派报价工作记录。

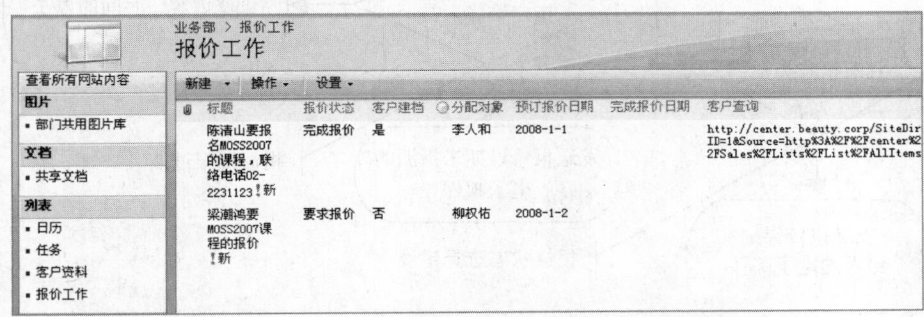

图 6-55　在 Katy 账户下所看到“报价工作”的视图页面

但是我们将账户切换到李人和的账户环境时，查看报价工作下的结果如【图 6-56】所示。

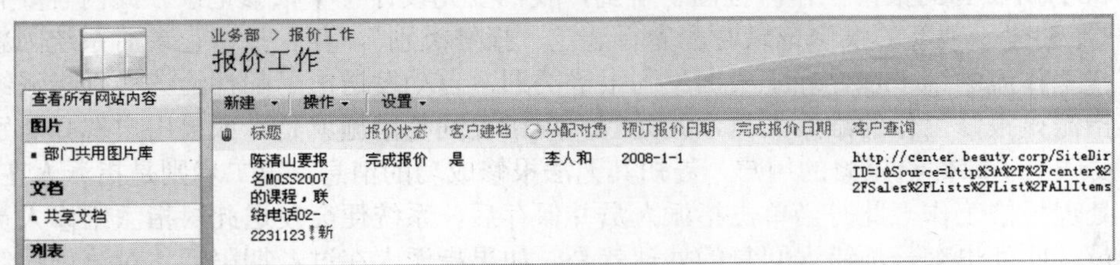

图 6-56　在李人和账户下所看到“报价工作”的视图页面

现在我们再切换到柳权佑（Timmy）的账户环境，查看“报价工作”下的结果如【6-57】所示。

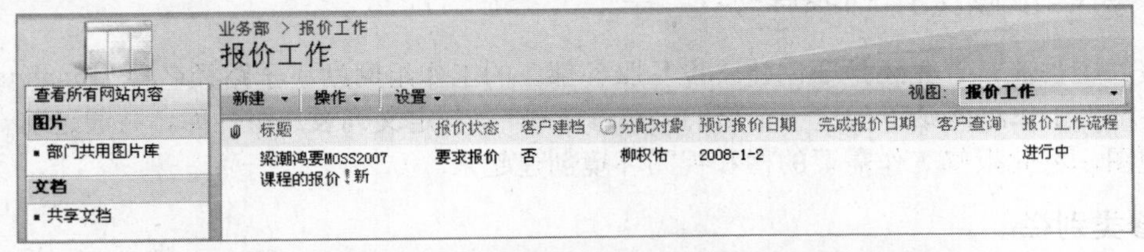

图 6-57　在柳权佑账户下所看到“报价工作”的视图页面

相信你从上面【图 6-55】到【图 6-57】中就可以知道我们在前面设置的“报价工作”视图的作用了，不同账户用户登录后只会看到属于该用户所查看到的内容，不会显示所有报价工作内容。

6.4 自定义工作流

MOSS 2007 系统除了提供默认的工作流功能外，还为用户提供了可以自行设计的工作流，这项功能大大提升了企业对工作流处理的弹性，企业可以根据需求来开发工作流。MOSS 2007 系统中的工作流除了可以使用 Visual Studio 2005 所开发的活动组件外，自定义工作流还可以使用微软的 SharePoint Designer 软件来进行设计与定义，以下我们用一个例子来说明如何自行设计一个工作流。

6.4.1 工作流程图规划

美景企业组织结构下有一个“设备服务部”，专门处理企业内系统相关信息、硬件、软件的维护，为了让报修工作可以顺畅进行，设备服务部设计了一个报修工作的工作流程图，如【图 6-58】所示。

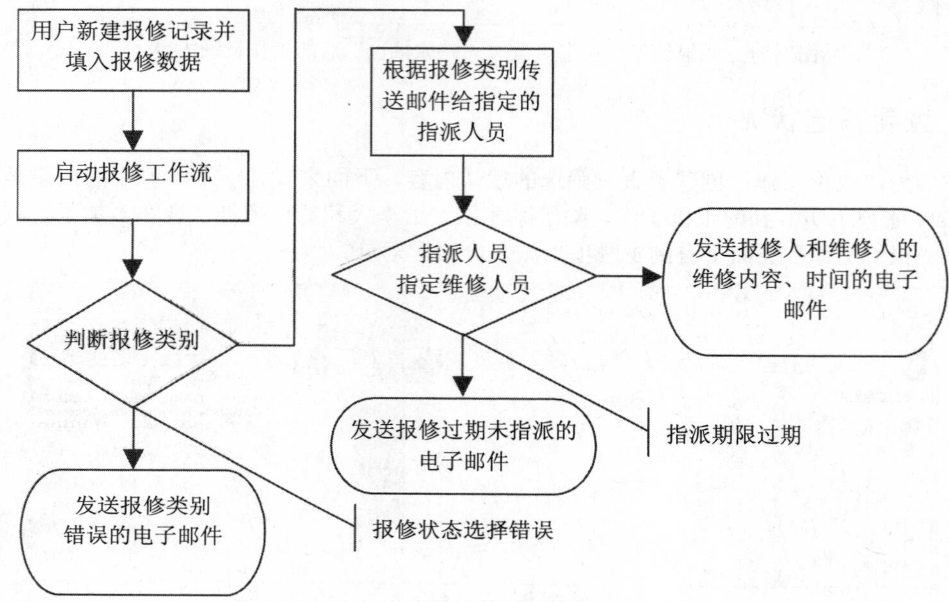

图 6-58 设备服务部的报修工作流程图

从【图 6-58】所看到的报修工作流程图了解到，我们要先设计一个报修记录，此内容要有一项“报修类别”，当用户在创建一项新的报修记录时应先行选定“报修类别”，存入报修记录后系统因新建报修记录而启动工作流。工作流的第一步处理是根据不同报修类别，自动发送电子邮件给该类别指派维修人员的负责人，通知其指派该报修工作的维修人员，此处有一项错误回复措施就是，如果用户选择类别错误或内容填写错误，则发送电子邮件给报修的用户，告知其无法报修成功的消息。第二步则是指派人在收到邮件后，指派维修人员处理报修工作，此时当单击指派人员并保存后，系统便会发送此封指派维修人员的邮件给报修人和维修人员，此处也有一项错误回复的处理就是，如果指派人在过了期限后才对该项报修工作进行指派，则系统会回复报修工作过期的消息给报修人和设备服务部主管。

6.4.2 创建报修工作列表库

要创建报修工作流，首先还是要创建“设备服务部”的工作组网站（子路径名称为\maintain），然后在该“设备服务部”工作组网站下创建一个新的“报修工作”“自定义列表”组件库，并通过前一节所说的新建栏和创建视图，将此报修工作需要的栏和视图环境创建起来。

创建报修类别栏

此栏为最重要的报修状态判断栏，采用“选择”信息类型，其报修类别内容分别有，“请选择…”、“电脑宕机”、“网络不通”、“安装软件”、“更新软件”、“电脑中毒”、“系统损坏”，【图 6-59】是设置内容。

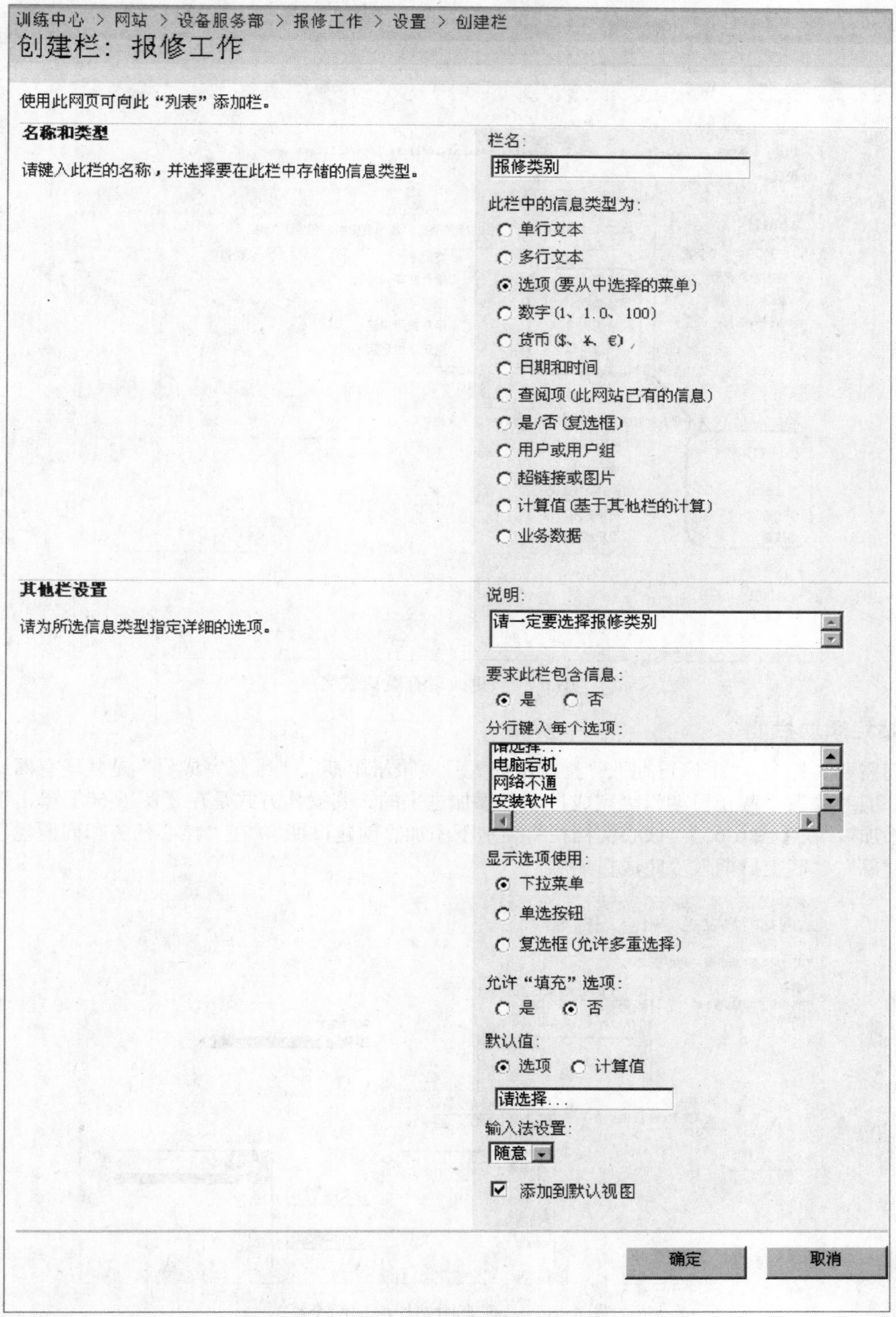

训练中心 > 网站 > 设备服务部 > 报修工作 > 设置 > 创建栏

创建栏：报修工作

使用此网页可向此“列表”添加栏。

名称和类型

请键入此栏的名称，并选择要在此栏中存储的信息类型。

栏名：

报修类别

此栏中的信息类型为：

- 单行文本
- 多行文本
- 选项(要从中选择的菜单)
- 数字(1、1.0、100)
- 货币($、¥、€)
- 日期和时间
- 查阅项(此网站已有的信息)
- 是/否(复选框)
- 用户或用户组
- 超链接或图片
- 计算值(基于其他栏的计算)
- 业务数据

其他栏设置

请为所选信息类型指定详细的选项。

说明：

请一定要选择报修类别

要求此栏包含信息：

是　否

分行键入每个选项：

请选择...
电脑宕机
网络不通
安装软件

显示选项使用：

- 下拉菜单
- 单选按钮
- 复选框(允许多重选择)

允许“填充”选项：

是　否

默认值：

选项　计算值

请选择...

输入法设置：

随意

添加到默认视图

确定　取消

图6-59　设置“报修类别”栏内容

更改现有域名

自定义列表库默认的栏有“标题”、“创建者”、“修改者”，你可以在“报修工作”下单击“设置”→“列表设置”，进入“自定义报修工作”页面的“栏”区段下看到这些默认栏。

我们要将“标题”栏名改成“报修简述”、“创建者”改成“报修人”，如【图6-60】所示，更改方式是单击该项目名称，进入该域名的更改设置页面后在“栏名”上，输入更改的名称。

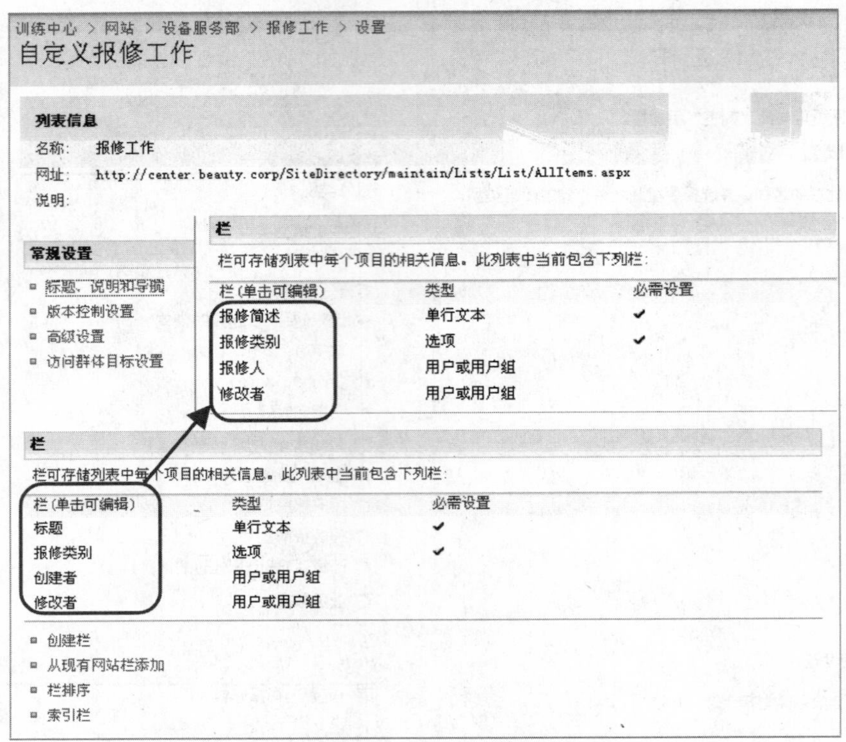

图 6-60　更改现有默认域名

从网站栏添加栏

在我们需要的栏中，“报修日期”、“指派维修人”、“报修限期”、“维修完成日”是从现有网站栏“创建日期”、“分配对象”、“截止日期”、“完成日期”添加进来的。其操作方式是在【图 6-60】单击下方“从现有网站栏添加”，在【图 6-61】“核心文档栏”类别下添加“创建日期”，在“核心任务和问题栏”类别下添加“分配对象”、“截止日期”、“完成日期”。

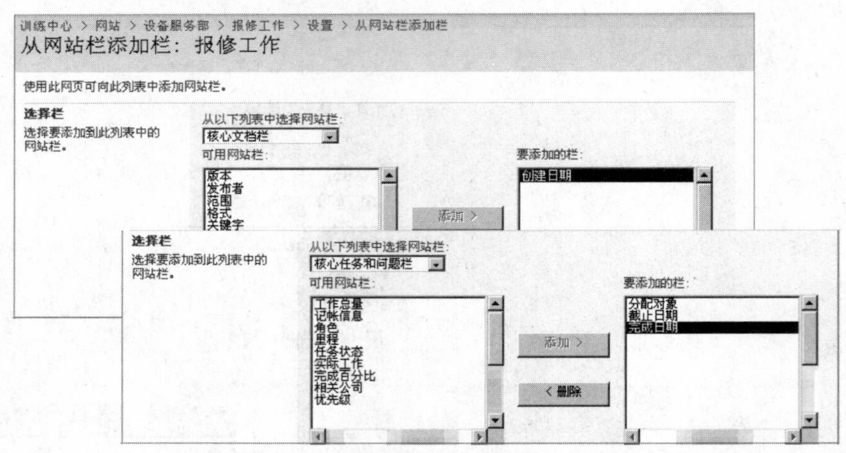

图 6-61　从现有网站栏添加两个栏

添加以上四项栏后，同样通过更改域名步骤将上述四项栏分别更改成“报修日期”、“指派维修人”、“报修限期”、“维修完成日”。

注意在把“创建日期”修改成“报修日期”后，要将“要求此栏包含信息：”设置为“是”，“日期和时间格式：”设置为“仅日期”，“默认值：”栏设置为“当前日期”。“分配对象”修改成“指派维修人”后要将“允许选择：”设置为“只限人员”。

“报修限期”栏就特殊了，此栏是设置报修人在提出报修工作后最晚会在什么期限内回复，我们默认是在报修后的 3 天内一定要回复，如果没有回复，代表此报修工作过期，所以此栏要存放的日期是依照今日报修日期加上 3 天后的日期，故此值在“计算值”栏中输入计算式，请参考【图 6-62】所示。

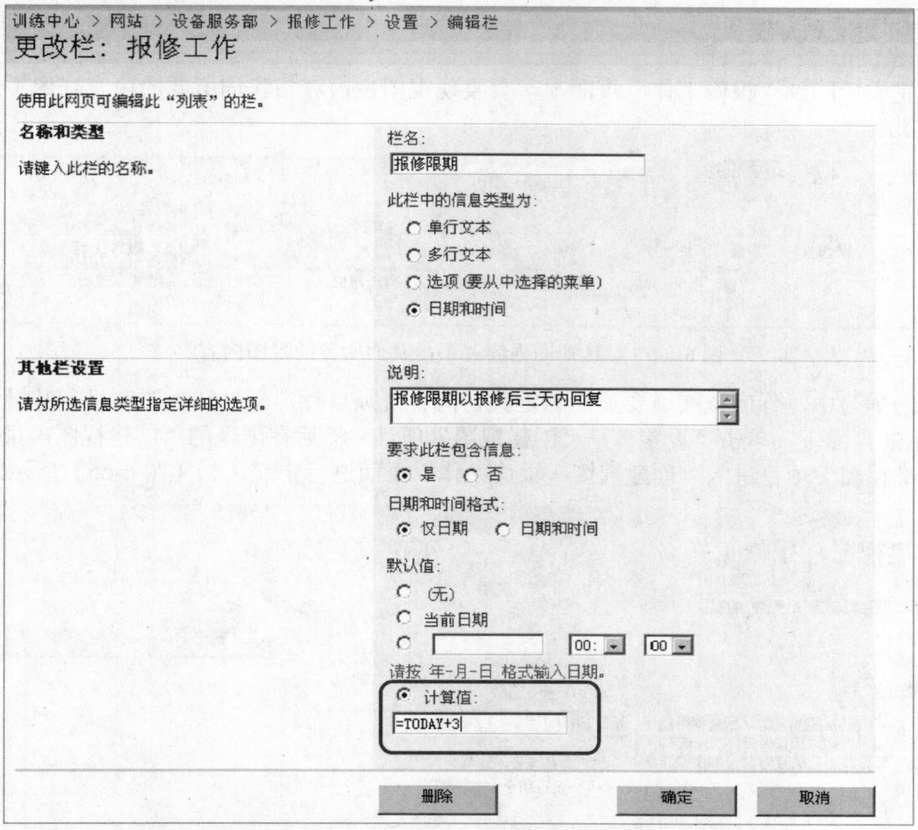

训练中心 > 网站 > 设备服务部 > 报修工作 > 设置 > 编辑栏

更改栏：报修工作

使用此网页可编辑此“列表”的栏。

名称和类型 请键入此栏的名称。	栏名： 报修限期 此栏中的信息类型为： ○ 单行文本 ○ 多行文本 ○ 选项（要从中选择的菜单） ◉ 日期和时间
其他栏设置 请为所选信息类型指定详细的选项。	说明： 报修限期以报修后三天内回复 要求此栏包含信息： ◉ 是 ○ 否 日期和时间格式： ◉ 仅日期 ○ 日期和时间 默认值： ○ （无） ○ 当前日期 ○ 00: 00 请按 年-月-日 格式输入日期。 ◉ 计算值： =TODAY+3

删除　确定　取消

图 6-62 “报修限期”栏默认值是从报修日起加 3 天后的日期

添加其他栏

除了以上栏外，我们还需要添加“预定维修日”栏，其操作方式是在【图 6-60】所示的页面上单击“创建栏”项目，“预定维修日”的“信息类型”选择“日期和时间”，其余都保持系统默认值。

调整栏顺序

在创建以上所需的栏，并修改好后重新调整一下字段顺序，其操作步骤是在【图 6-60】页面上单击“栏排序”，然后重新调整字段顺序，【图 6-63】所示的是我们要的字段顺序。

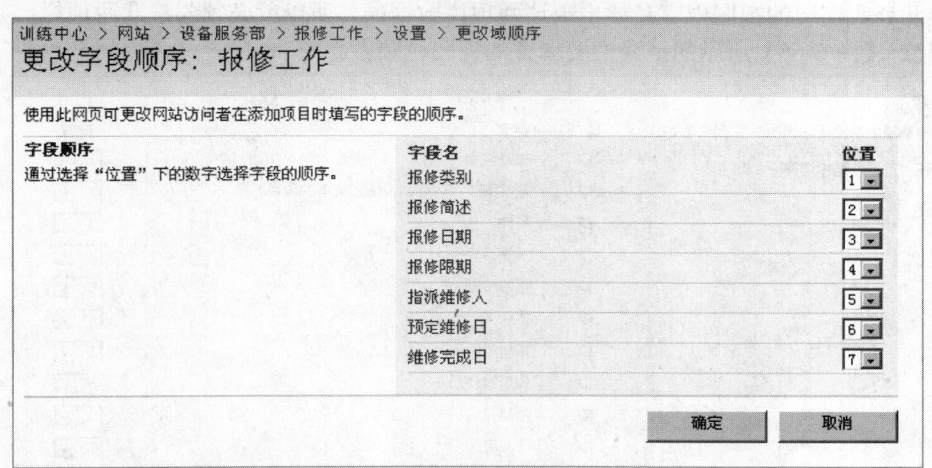

图 6-63 调整所需要的字段顺序

咦！【图 6-63】中好像少了一个“报修人”字段，为什么呢？还有一个“修改者”字段也没有出现，为什么呢？请思考一下！是系统的问题吗？还是……

6.4.3 创建默认视图

在栏创建完成后回到“报修工作”页面上，会发现视图栏内容与我们所要的内容好像不太一样耶！请参考【图 6-64】。

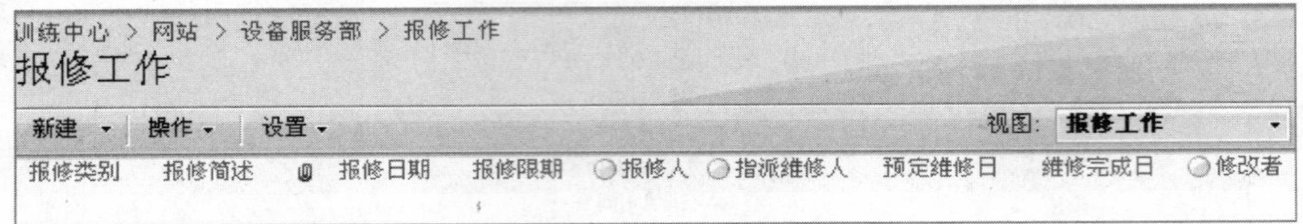

图 6-64　默认视图内容并不是我们所要的视图内容

从前一节的学习中，你应该知道要显示自定义栏内容必须自行定义默认视图项目，其操作步骤是，在【图 6-64】所示的页面下，单击“设置”→“创建视图”项目，然后在出现的“创建视图：报修工作”页面下，单击“标准视图”项目进入“创建视图：报修工作”页面进行定义，如【图 6-65】所示。

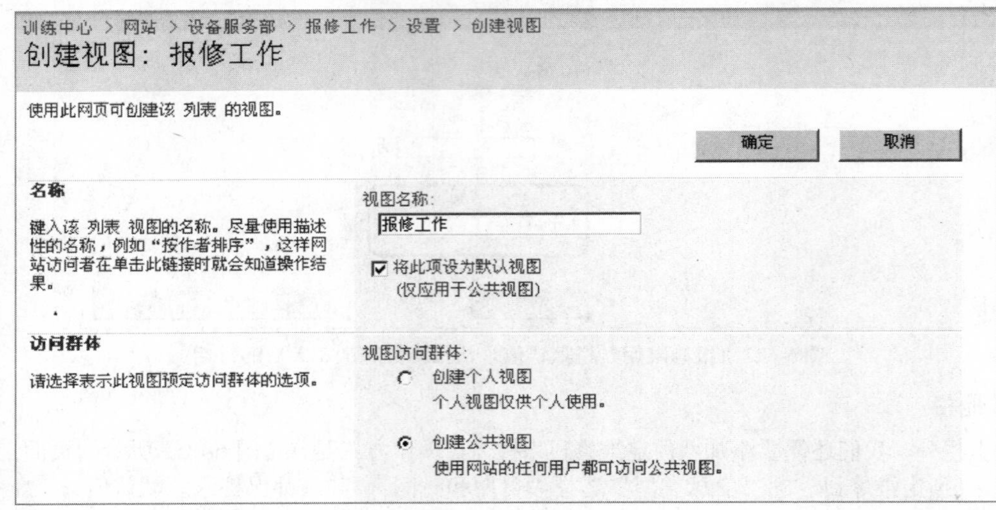

图 6-65　设置我们所需要的“报修工作”视图

在“栏”区段设置中，你会发现系统默认的“修改者”和“报修人”（原“创建者”）栏没有被勾选起来，这是因为这两项域值是由系统负责填入，而不提供给用户输入，所以在【图 6-63】栏顺序设置上，才没有出现，但此处我们要的视图内容是要出现这两项栏数据的，所以就必须勾选此两项栏，并重新进行视图栏顺序的调整，【图 6-66】所示的是我们要调整的视图栏顺序。

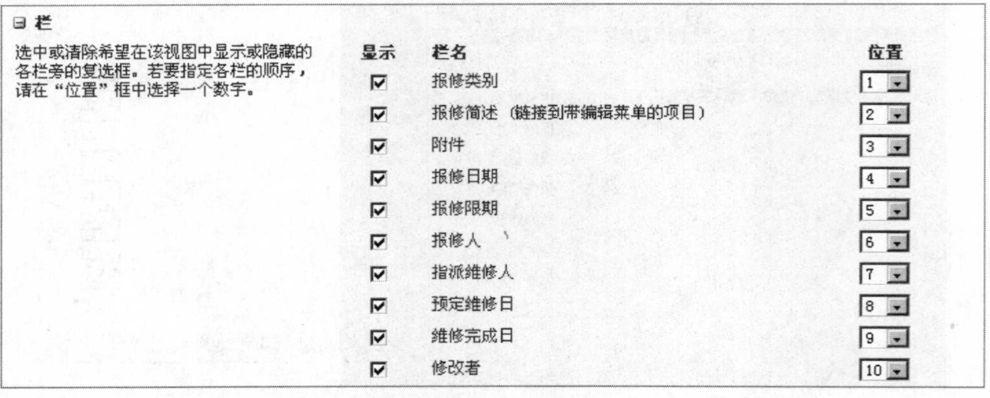

图 6-66　重新调整所需要的默认视图内容，共 10 项栏

接下来要设置排序栏，请思考！要设置哪一栏是主要排序依据？哪一栏是次要排序依据？

在此视图环境中所要排序的字段有两栏，一栏是“报修日期”、另一栏是“报修限期”，应该以哪一项栏为主呢？由于此案例“报修限期”虽然默认是 3 天内，但系统为用户提供了可以修改日期的功能，所以“报修期限”不一定发生在 3 天后，而对设备服务部来说，“报修日期”是什么时候不是最重要的，但“报修限期”却是用来判断报修指派是否过期的关键。所以从此逻辑来看排序，“报修期限”比“报修日期”来的重要，故主要排序依据应是“报修限期”，次要排序依据应是“报修日期”。其设置是在“排序”区段设置中，“主要排序依据”选择“报修限期”，“次要排序依据”选择“报修日期”，两项数据顺序都选择“按升序顺序显示项目”。

至于“筛选”区段中的筛选设置，由于此报修工作主要是以显示未完成的报修工作为主，所以在“筛选”区段中设置的筛选条件是，当“维修完成日”栏没有数据时，所显示的内容（如果对要显示的项目没有什么条件限制，那么“等于”栏下不输入任何数据便是），请参考【图 6-67】。

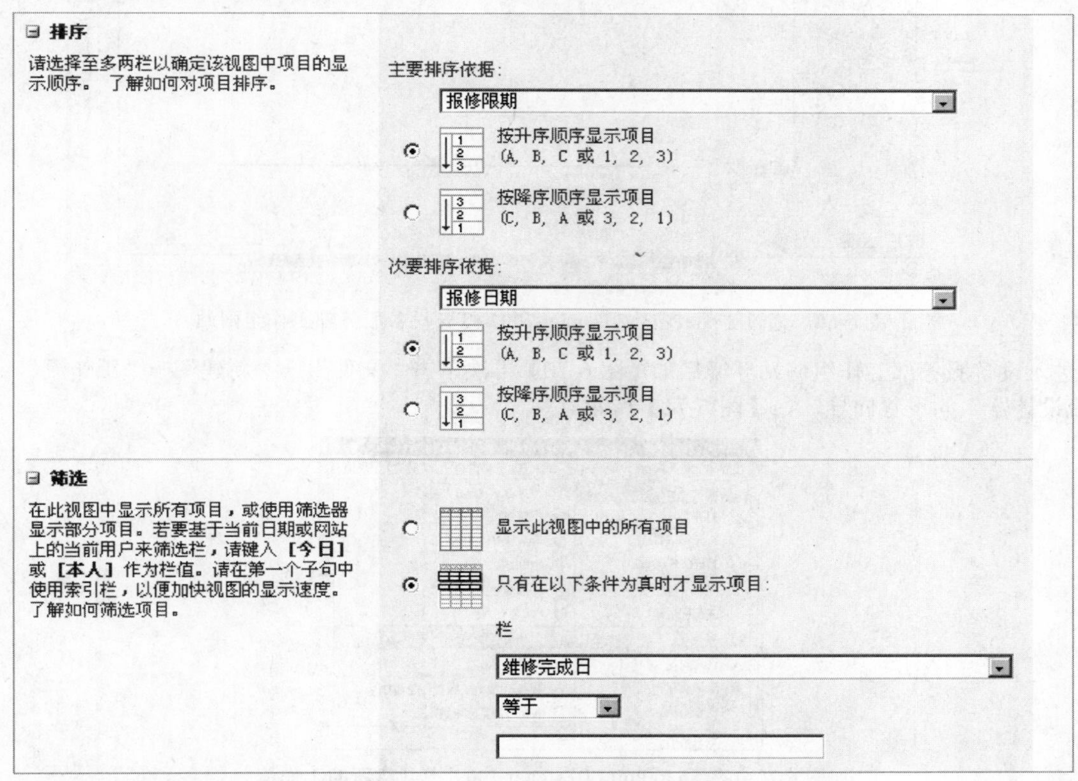

图 6-67　设置要进行排序的栏和筛选的条件

最后在设置好以上视图内容后单击“确定”按钮，回到“报修工作”页面，就可以看到新的默认视图页面，采用的是自定义的“报修工作”视图项目，如【图 6-68】所示。

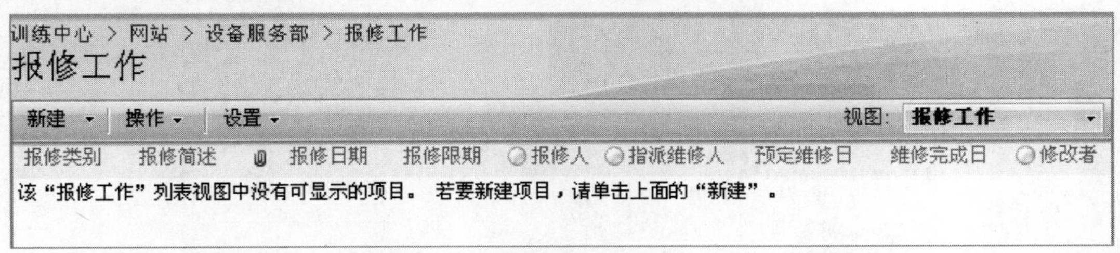

图 6-68　默认选定我们所创建的“报价工作”视图内容

6.4.4 创建自定义工作流

自定义工作流的创建可以通过 SharePoint Designer 2007 来完成，我们可以打开 SharePoint Designer 2007，在“文件”下单击“打开网站”项目，输入设备服务部工作组网站路径后单击“打开”，如【图 6-69】所示。

图 6-69　通过 SharePoint Designer 2007 打开设备服务部工作组网站

在进入设备服务部工作组网站环境后如【图 6-70】再次单击“文件”→“新建”→“工作流”，会进入“工作流设计器”的设置向导，如【图 6-71】所示。

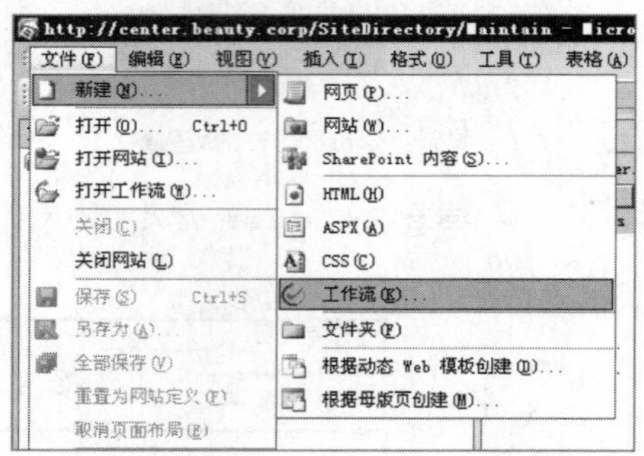

图 6-70　在 SharePoint Designer 2007 中创建新的工作流

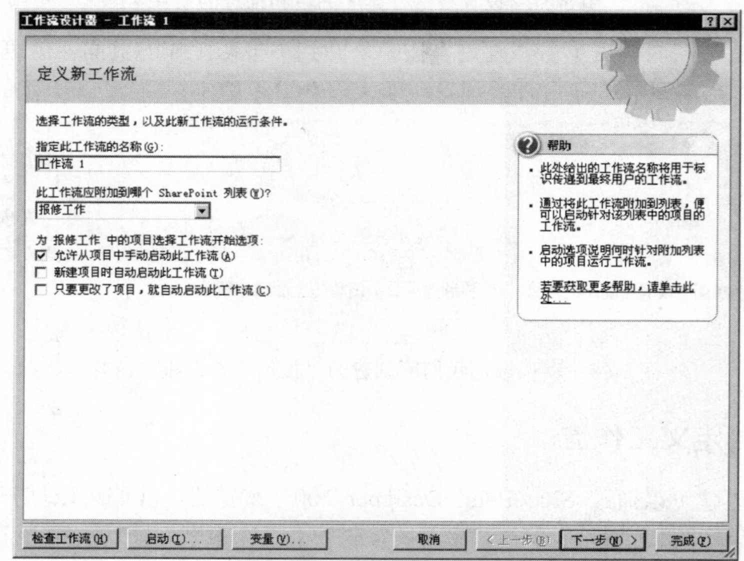

图 6-71　进入新的工作流设计器对话框

在【图 6-71】所示页面上有三部分的设置，我们先在“指定此工作流的名称”栏上输入“报修工作流”，然后单击“此工作流应该附加到哪个 SharePoint 列表”栏右边向下按钮，在下拉式的列表中选择“报修工作”项目。在“为报修工作中的项目选择工作流开始选项：”栏中，将“新建项目时自动启动此工作流”项目勾选起来，其余项目则取消勾选，请参考【图 6-72】。

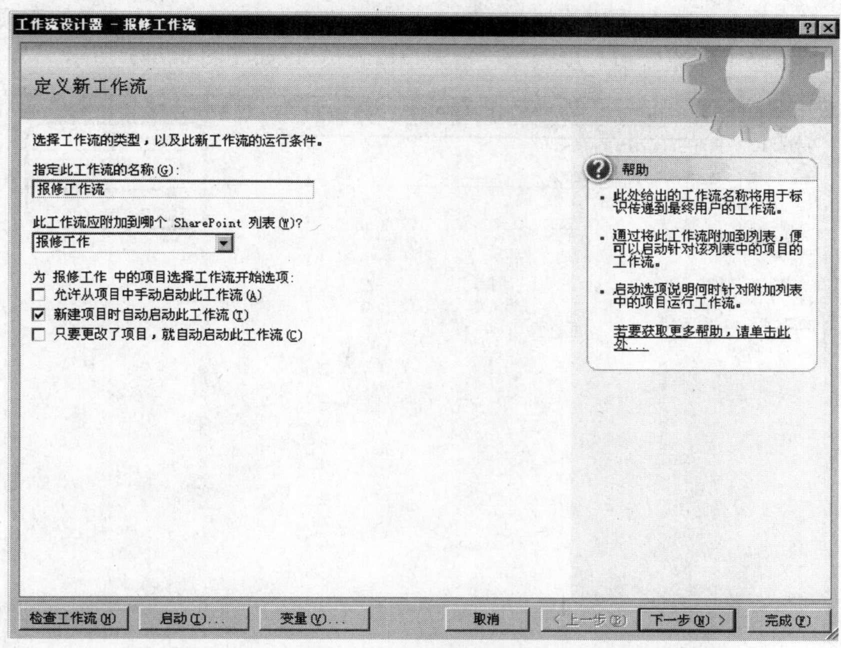

图 6-72　设置报修工作流安装的环境和启动的条件

在此项工作流范例中，我们只允许在新建项目时启动工作流，其余状态都不能再次启动所创建的工作流项目。

6.4.5 步骤设置环境介绍

当设置好如【图 6-72】内容后，移动鼠标单击“下一步”按钮，进入条件步骤设置环境，此环境是工作流最主要的设置环境，你必须对此环境要有充分的了解和认识，请参考【图 6-73】。

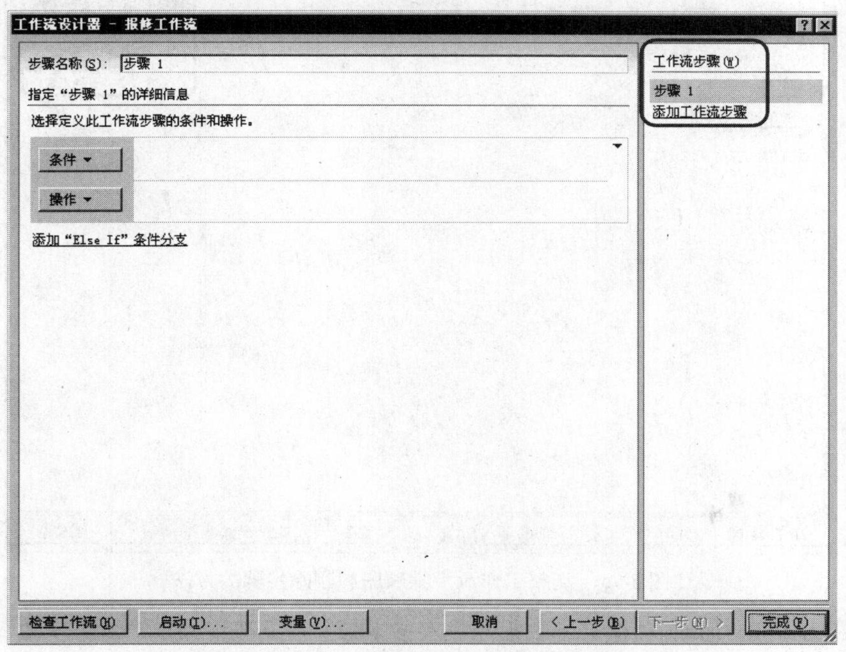

图 6-73　工作流设计器的条件步骤设置环境

添加和操作工作流的步骤

我们先看【图 6-73】所示页面右边的“工作流步骤”，此项是指所要设置的工作流有多少个步骤？以范例来说（请参考【图 6-58】），所要处理的工作流步骤有两项，一项是添加工作流时要处理的步骤，一项是指派者在收到添加报修工作邮件后，要回到报修工作列表库指派维修人员的处理步骤，所以我们可以在【图 6-73】所示的页面中，单击页面右边的“添加工作流步骤”项目，然后在产生出来的两项“步骤名称”中输入“步骤一：建立报修工作流”和“步骤二：指派报修人员”，如【图 6-74】所示。

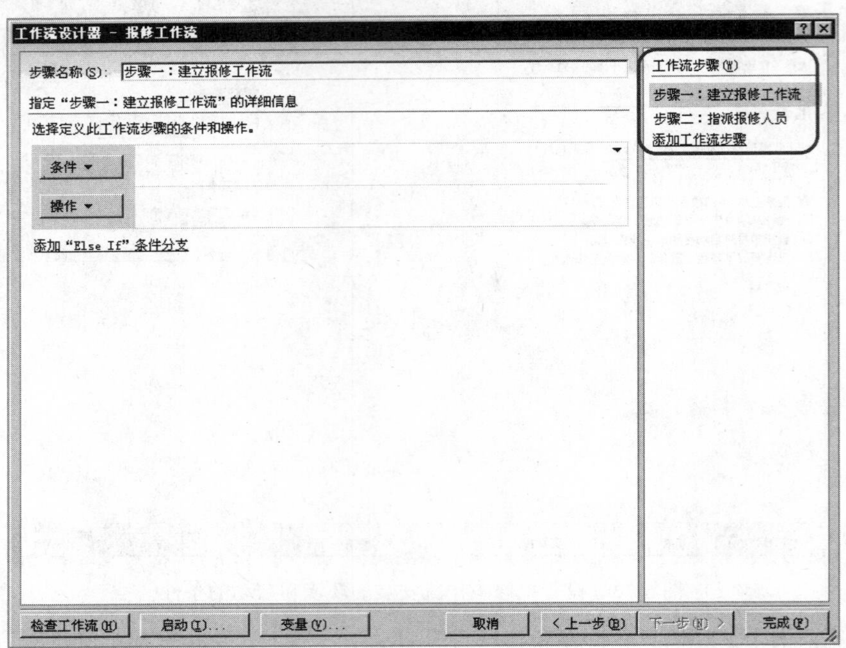

图 6-74　建立两项工作流步骤并设置步骤名称

如果你想要将建立步骤顺序对调，可以移动鼠标到该项目上，此时该项目会出现下拉式栏，如【图 6-75】所示，在栏右边会出现向下按钮，单击该按钮就会出现调整步骤顺序和删除此步骤的选项。

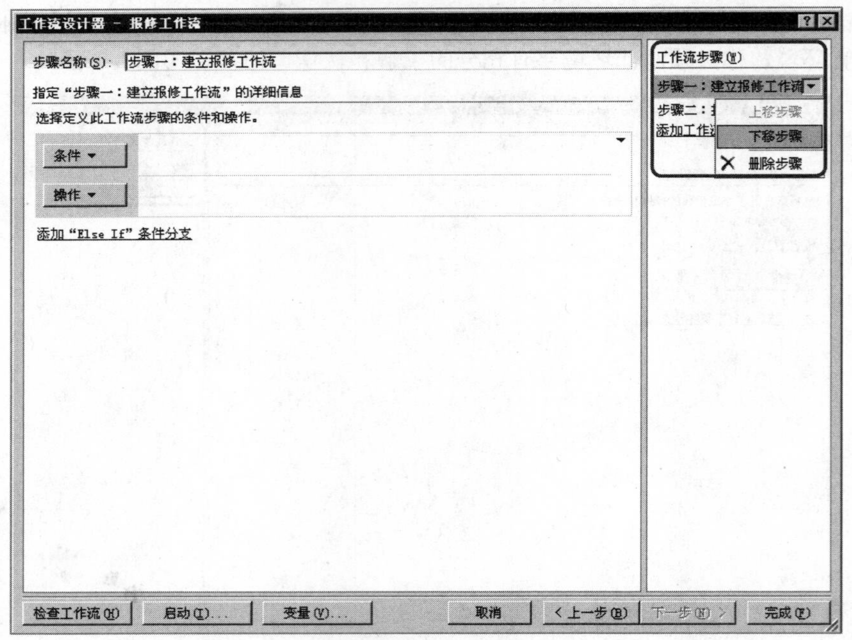

图 6-75　调整工作流步骤顺序和删除步骤的方法

从【图 6-75】中可以看到每项建立步骤都有“上移步骤”、“下移步骤”、“删除步骤”三条选项，你可以单击这些项目做调整。

请思考！此项工作流步骤只能由上往下建立，所以此工作流只能建立串行工作流，不能建立并行工作流是吗？

如果你是这么想的那就大错特错了，此项步骤设置是指工作流的大项步骤，大项步骤是定义在一个阶段的顺序处理程序上的，例如：开始、进行、结束，这是循序大项步骤的处理，至于要串行或是并行处理，则是在步骤内的条件和操作上再来设置的。

条件和操作项目

在每项步骤中，处理工作流分成两大项目，其一是判断条件，其二是操作处理，这就像在写程序中的 If…Then…Else If … Then…到最后判断结束，所以要添加一项条件分支可以单击【图 6-76】下方的“添加‘Else If’条件分支”项目，此时在下方就会出现新的条件分支。

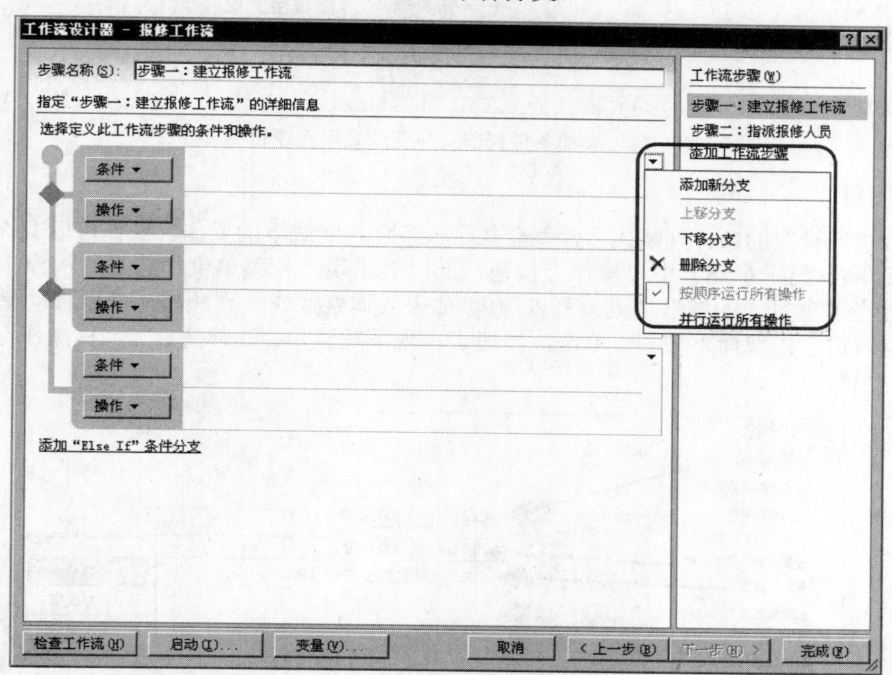

图 6-76　单击页面下方的“添加‘Else If’条件分支”添加一项条件分支项目

单击页面下方的“添加‘Else If’条件分支”项目是往下添加一项条件分支，但如果你想在某一条件下插入一项新条件分支，则单击项目栏右边的向下按钮，此时会出现如【图 6-76】所示的下拉菜单，你可以单击“添加新分支”或单击“上移分支”、“下移分支”来更改所选分支条件项目。另外，如果要删除此项分支条件则可以单击“删除分支”。

添加条件判断式

要添加一项条件判断式可以单击“条件”按钮，此时会出现下拉菜单，你可以选取所需要的条件判断式，如果你想建立多项条件判断式，可以再次单击“条件”按钮，然后在下拉菜单中选择所需要的条件判断式。例如：我们单击“条件”下的“比较 报修工作 域”、再单击“条件”下的“比较任意数据源”、再单击“条件下”的“由特定人员修改”，这样就建立了三项条件判断式，请参考【图 6-77】。

从【图 6-77】可以看到添加的三项条件判断式，中间默认采用“且（AND）”的逻辑串连，如果逻辑链接要改成“或（OR）”则移动鼠标单击该单字，如果要调整条件判断式的顺序或删除某个条件判断式，则可以移动鼠标到该条件式上，此时栏右边会出现向下按钮，单击此按钮就会出现下拉菜单，让你选择“上移条件”、“下移条件”、“删除条件”。

至于条件内容则会随着选择条件项目而产生不同的判断项目。例如：“比较报修工作域”产生“域 等于 值”，“比较任意数据源”产生“值 等于 值”，“由特定人员修改”产生“由 特定人员 修改”，要设置该项条件内容可以单击有下画线的名称进行设置，但因为每项内容都不同，我们就不在此一一做介绍了，你可以慢慢研究喔！

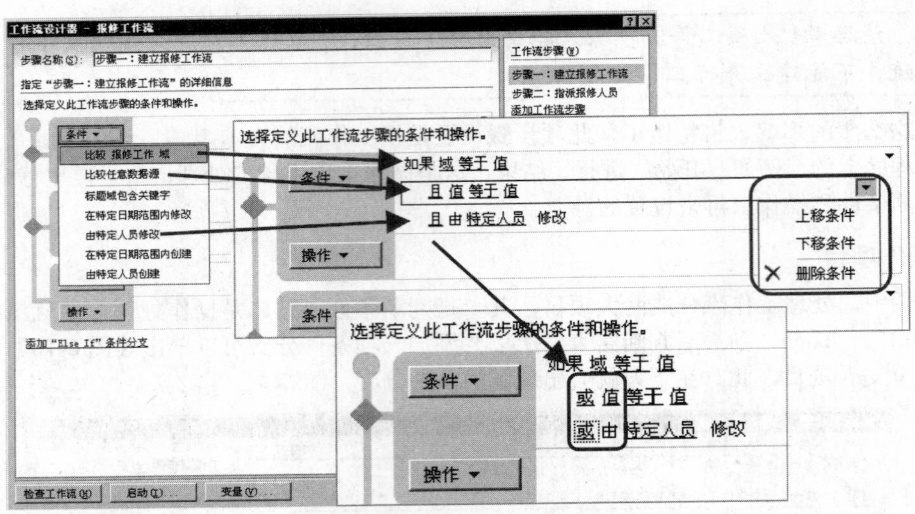

图 6-77　添加条件判断式与变动顺序及逻辑条件

添加操作项目

当条件符合了所设置的条件判断式后，就会执行该条件判断式下的操作，操作可以有许多项目，要添加操作可以重复单击【图 6-78】中“操作”按钮，此时会出现下拉菜单供你选择。例如：添加“发送电子邮件”、“设置当前项目中的域”、“更新列表项”。如果要调整操作处理顺序，可以移动鼠标到该操作项目，此时该项栏右边会出现向下按钮，单击该按钮会出现下拉菜单，让你选择“上移操作”、“下移操作”、“删除操作”的处理。

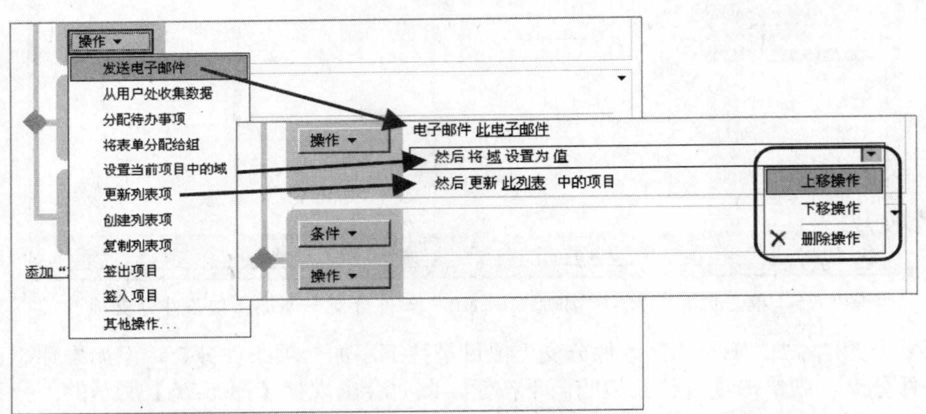

图 6-78　添加操作项目可重复单击“操作”按钮并选择所要处理的功能

选择依次按顺序或并行运行所有操作

当有多项操作处理项目时系统默认是依次按顺序处理的，但如果你想同时进行所有操作的处理，可以单击“条件”和“操作”项目右边向下菜单中的“按顺序运行所有操作”（请参考【图 6-76】）或“并行运行所有操作”（请参考【图 6-79】）。

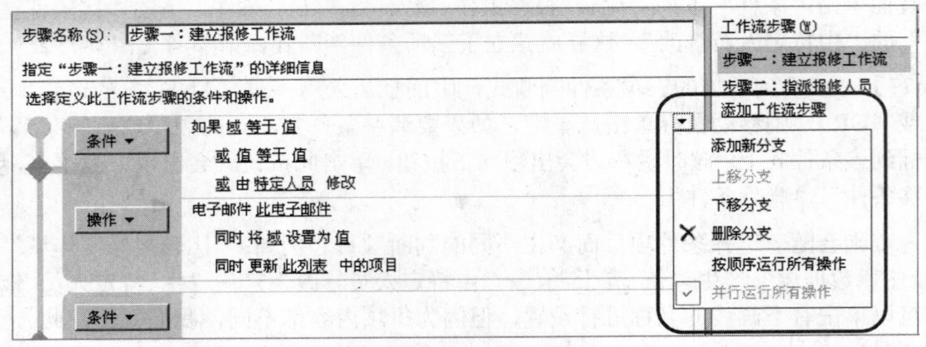

图 6-79　将“操作”更改为“并行运行所有操作”状态

请思考！为什么多项“操作”的处理要分成“按顺序运行所有操作”和“并行运行所有操作”呢？

想到了吗？操作处理内容有非常多种，有些是传送处理（例如：发送电子邮件），有些是更新域值处理（例如：在目前项目中设定栏），前面发送电子邮件的例子可能与操作顺序无关，所以要按顺序运行或是并行运行都是无所谓的。但后面一个更新域值的操作处理可就与操作运行的顺序有关了，因为有些栏处理是在某栏更改值之后才进行的，但有些栏则在更改前就必须处理，所以前者是必须依照顺序来执行这些操作，而后者则可以同时进行所有操作的处理。

6.4.6 工作流步骤处理原则

在了解以上步骤配置、条件创建、操作处理的操作方式之后，你要来了解一下这些步骤处理的基本原则，请记住这些原则，这样才不会让你在设置工作流时产生错误的程序步骤，以下是各项处理原则：

- 一项工作流处理视为一组程序处理流程，系统会对一项工作流直接从头到尾执行处理，所以如果在此工作流中没有任何等待性质的操作，则此工作流只会执行一次。
- 每项工作流可以创建单个步骤或多个步骤，步骤为一个程序处理区块，不同步骤代表不同的程序区块，故步骤间的关系为按顺序执行且不含等待。
- 每一步骤内可创建多项条件和操作项目，采用 If… Then… Else If…的语法进行条件的判断和操作处理。
- 条件项目中可创建多项条件判断式，条件判断式之间的逻辑单元只提供“且（AND）”和“或（OR）”两种，其逻辑判断方式为：没有括号的优先级都按顺序往下判断。例如：X“且”Y“或”Z，代表判断在 X 与 Y 同时成立或者 Z 成立时则条件成立，但 X“或”Y“且”Z，则代表判断在 X 与 Z 同时成立，或者 Y 与 Z 同时成立时则条件成立。我们利用下表来表示上述两个条件的意义：

X 且 Y 或 Z=(X 且 Y) 或 Z			
X	Y	Z	结果
0	0	0	0
0	0	1	1
0	1	0	0
0	1	1	1
1	0	0	0
1	0	1	1
1	1	0	1
1	1	1	1

X 或 Y 且 Z=（X 或 Y）且 Z			
X	Y	Z	结果
0	0	0	0
0	0	1	0
0	1	0	0
0	1	1	1
1	0	0	0
1	0	1	1
1	1	0	0
1	1	1	1

- 条件判断式内容可以是空的，代表含意是永远为“真”的条件，此种条件方式可以用在以上皆非的判断条件式中。
- 操作内容可以是多项的，例如：发送电子邮件、创建、复制等系统所提供的操作处理，在操作处理程序上可分为按顺序处理（表示处理完上一操作后才进行下一操作的处理，其操作间有上下相依性）、并行处理（表示操作可以同时进行，其操作间没有上下相依性）。
- 操作执行完成后，立即进入下一步骤的条件判断和操作处理，除非操作项目设置为等待性质时，工作流处理才会停滞，等待其设置的条件内容，一旦等待操作的条件符合设置内容后，即不再等待，往下一步骤执行。

要记住以上的执行处理原则喔！接下来，我们便可以来创建所需要的报修工作流了。

6.4.7 创建报修工作流

设置处理内容的第一步骤

在了解步骤设置环境后，我们可以开始设置报修的工作流步骤了，依照【图 6-58】流程图在启动工作流时要判断“报修类别”栏选择的项目，我们将报修类别再分为以下四类，主要是因为这四类报修是由不同维修主管所负责的，所以必须发送给不同的维修主管，由这些主管指派维修人员进行维修工作。

> 第一类：“电脑宕机”、“网络不通”：王俊城（Anderson）
>
> 第二类：“安装软件”、“更新软件”：屠立刚（Joseph）
>
> 第三类：“电脑中毒”、“系统损坏”：陈勇勋（Jacky）
>
> 第四类：没有选择“报修类别”，选项停留在“请选择...”项目
>
> 可被指派的维修人员：郑旭宏（Gary）、刘英志（Peter）、陈何鑫（Nish）

添加条件分支和判断条件式

从以上条件得知所要设置的条件分支共四项，所以请单击“添加‘Else If’条件分支”三次，加上默认条件分支共四项，四项分支项目中所要执行的条件判断都是“比较 报修工作 域”，但第四项只有一条判断式，所以除了第四项单击“条件”→“比较 报修工作 域”一次外，其余前三项都单击两次，然后将前三项条件分支中条件判断式间的逻辑从“且”更改成“或”，请参考【图 6-80】。

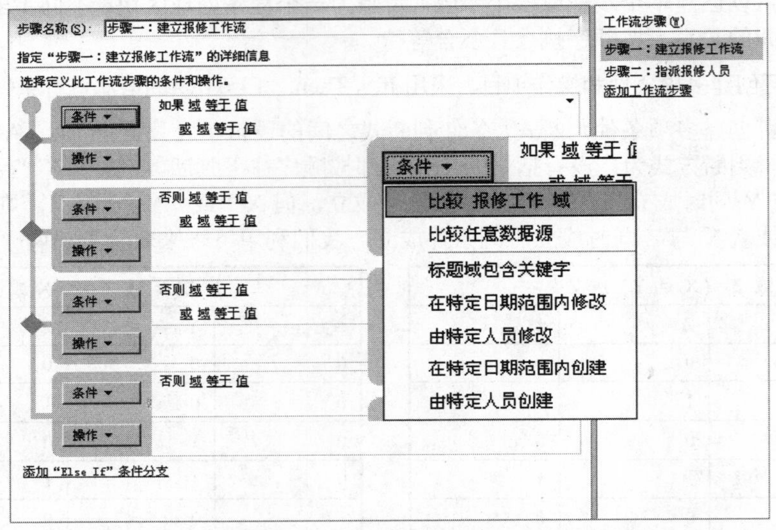

图 6-80 添加条件分支项目和各条件分支下的条件判断式

设置判断条件式的内容

在设置条件判断内容时，我们以第一项为例来做操作说明，移动鼠标单击条件判断中“域”，此时会出现下拉式列表，在此列表中单击“报修类别”项目，然后再移动鼠标单击“值”，此时会出现下拉式列表，单击“电脑宕机”项目，重复同样步骤单击下方“域”选择“报修类别”、“值”栏选择“网络不通”，请参考【图 6-81】。

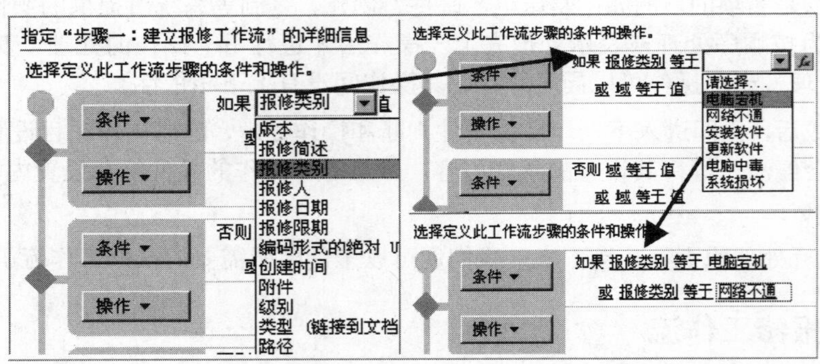

图 6-81 设置第一项条件分支中的条件判断式内容

依照上述条件表与设置条件判断式内容的操作步骤，设置下面其他两项内容所需要的条件判断式，将所有的条件设置完成后，其内容应如【图 6-82】所示，注意看条件逻辑内容，并依照上述原则自我解释一下逻辑判断是什么？

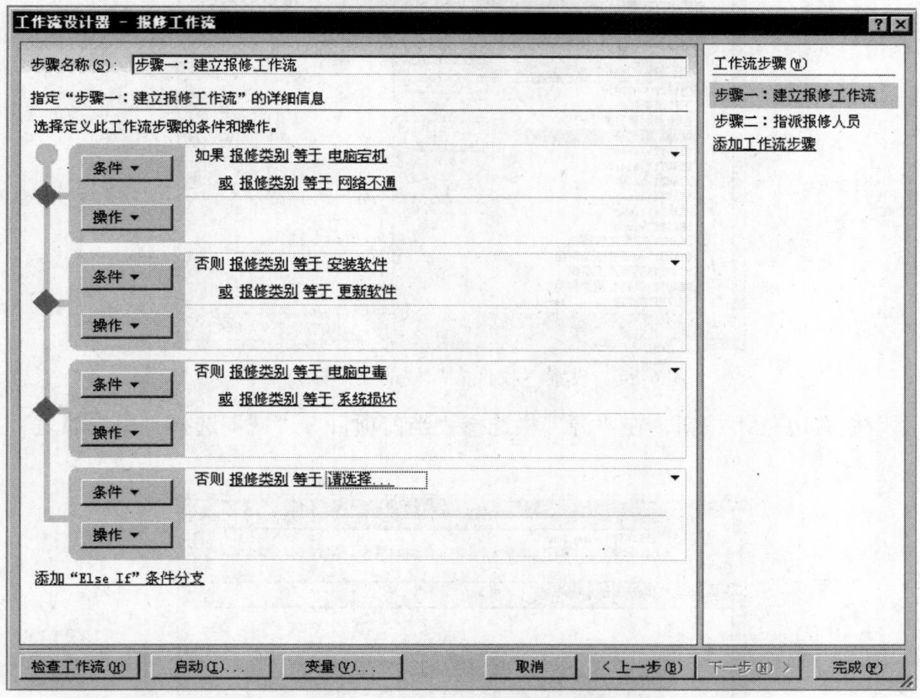

图 6-82　设置四项条件分支中的条件判断式内容

添加设置操作项目

这四项条件分支的处理操作都是发送电子邮件，只是要发送的对象不同，第一项条件分支要发给 Anderson，第二项条件分支要发给 Joseph，第三项条件分支要发给 Jacky，最后一项则要发回给报修人。所以我们先在四项分支条件中单击“操作”→“发送电子邮件”项目，请参考【图 6-83】。

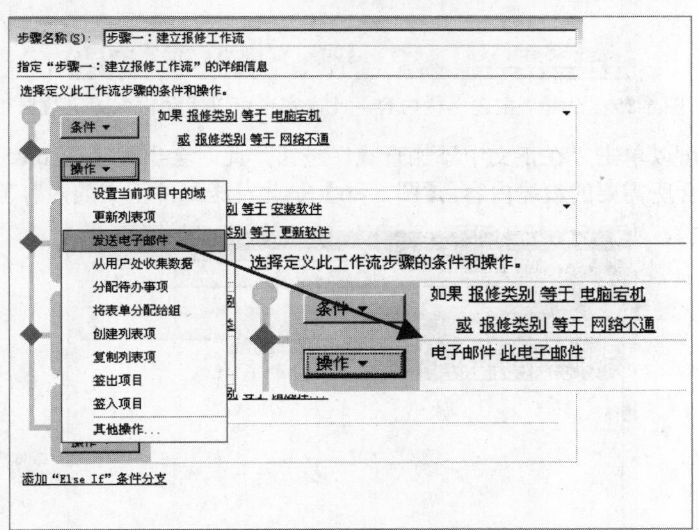

图 6-83　单击“操作”下的“发送电子邮件”操作处理项目

接下来移动鼠标单击“此电子邮件”，此时会出现电子邮件内容窗口，单击“收件人”栏右边的 按钮，出现“选择用户”对话框，选择“Beauty\anderson”，然后单击“添加”按钮，此时所选择项目会出现在右边“选择的用户”窗口中，移动鼠标单击“确定”按钮，如【图 6-84】所示。

图 6-84　设置“收件人”栏的用户账户名称

单击“主题”栏右边 **fx** 按钮，在“源”栏选择“当前项目”，“域”选择“报修简述”，如【图 6-85】所示。

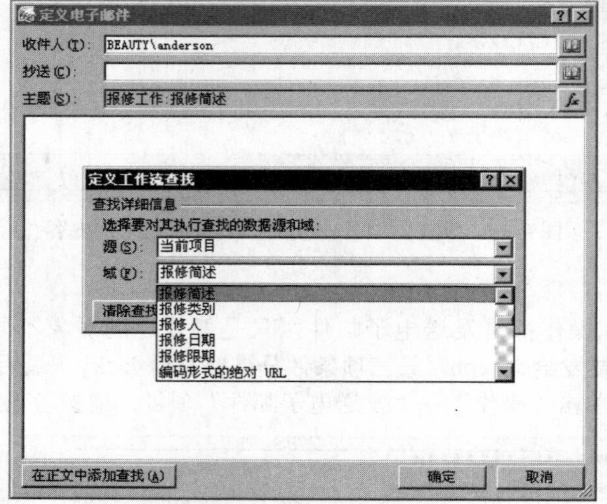

图 6-85　设置“主题”栏内容，此内容也可以手动输入固定数据

在“正文”中内容可以单击“在正文中添加查找”按钮，此时会出现【图 6-85】中的“定义工作流查找”对话框，你可以组合所需要的叙述内容，【图 6-86】是此发送邮件正文的内容范例。

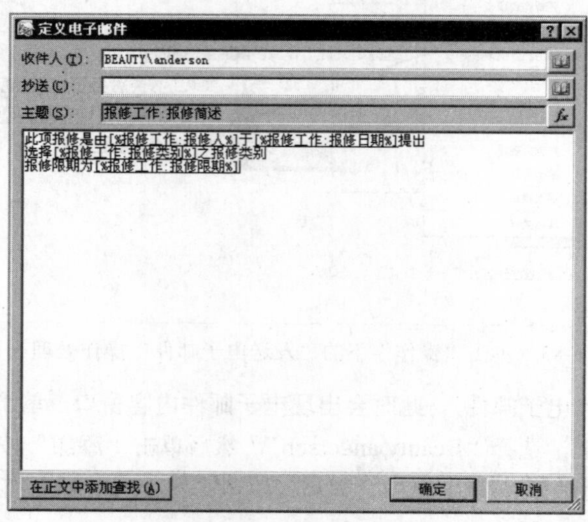

图 6-86　设置“正文”内容叙述

其余两项条件分支参照上述的内容，分别指定 Beauty\Joseph 和 Beauty\Jacky 账户作设置。而第四项的收件人比较特殊，因为要回复给原来创建的用户，并告知报修内容，填写错误的通知，其中“收件人”中所选择的项目是“创建当前项目的用户”，请参考【图 6-84】，确认后则会出现“报修工作：报修人”设置项目，请参考【图 6-87】。

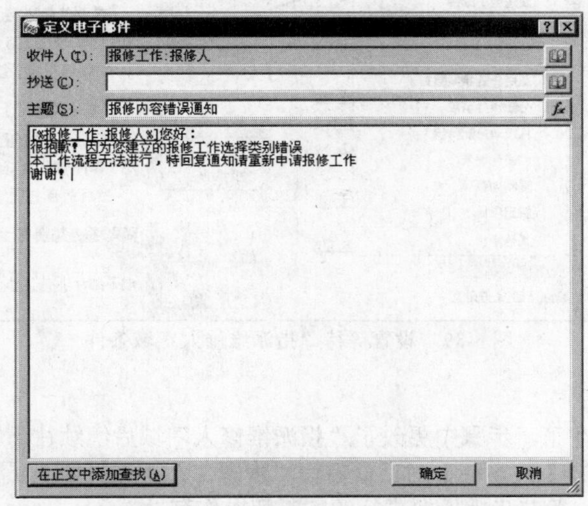

图 6-87　第四项回复报修人的电子邮件“正文”内容叙述

完成了以上设置，也就完成了第一步骤工作流的设置内容，【图 6-88】是第一步骤创建报修工作流完成后的页面。

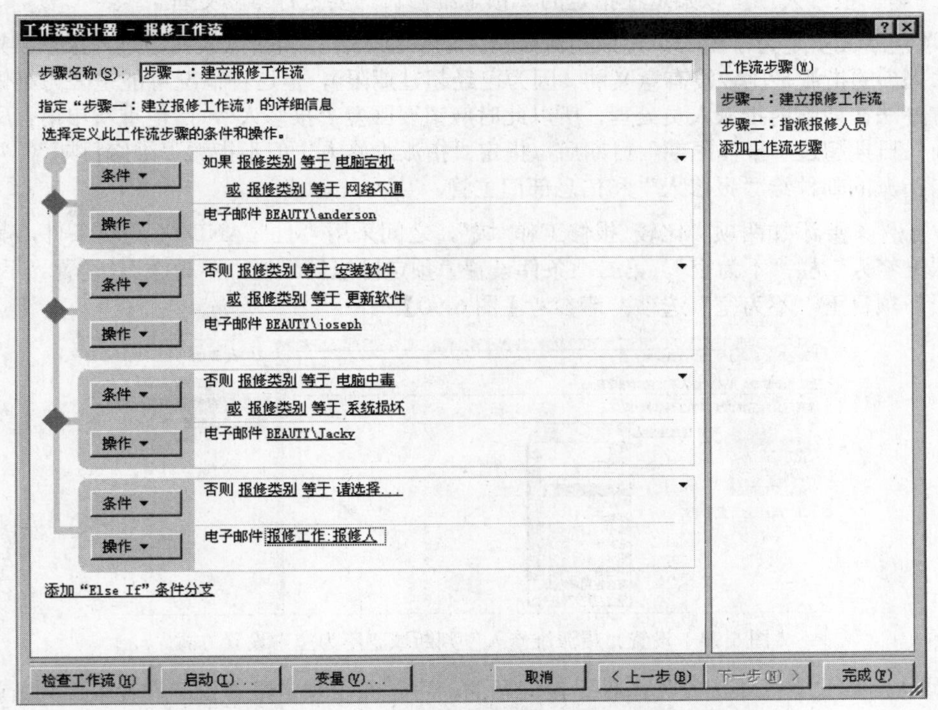

图 6-88　完成第一步骤的创建报修工作流叙述内容

设置等待“指派维修人”输入工作

要让前三项条件下的操作在发出电子邮件后可以等待指定“指派维修人”进行处理，则必须在“操作”下添加一项“等待当前项目中的域更改”，并设置“指派维修人”“不为空”，此时你就会看到如【图 6-89】所示，当工作流在符合条件并发出电子邮件后，便会进入等待“指派维修人”域“不为空”状态，所以此时的工作流会暂停在“进行中”状态，一直等到指派人在“指派维修人”域中输入指定维修人的用户名称，才会进入第二步骤的工作流处理。

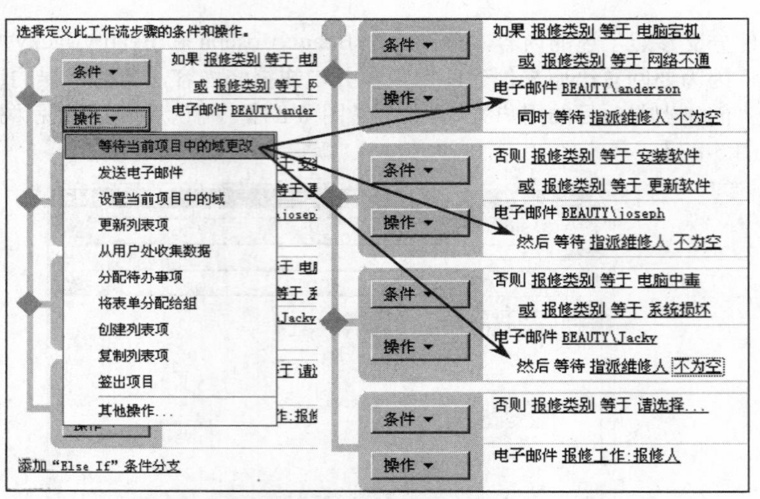

图 6-89　设置等待“指派维修人”域条件

设置第二步骤处理内容

第二步骤的设置是因为在第一步骤中更改了“指派维修人”域后继续往下执行的流程，要设置第二步骤处理内容，请移动鼠标单击【图 6-88】对话框右边“步骤二：指派报修人员”项目，此时左边会更改成第二步骤工作流的设置页面，第二步骤所要进行的判断和操作有：

1. 指定的指派人员在收到邮件后，应链接回报修工作项目进行“指派维修人”和“预定维修日”的指定，此时工作流要做的操作有，发送一封指派维修工作邮件来指定“指派维修人”和通知“报修人”，好让“指派维修人”和“报修人”可以知道在指定的“预定维修日”要进行维修处理。

2. 第二项判断其实是为了做一个过期指派维修人的回复工作，当指派人在超过“报修限期”后，才进行“指派维修人”的指派是比较没有意义的（因为已经超过期限），但这种情况可能是因为维修人员过于忙碌，所以没有办法在期限内指派人员处理，所以此时应该要回复“报修人”，请他重新申请，所以判断的条件是当“当前”日期超过“报修限期”日期后，指定“指派维修人”但不指派“维修日期”，并且要发送报修工作过期未指派的邮件给“报修人”和信息部门主管。

第一项“条件”要添加两项“比较 报修工作 域”，之间采用“且（AND）”逻辑条件，其中第一项条件设置“指派维修人”栏“不为空”，第二项条件设置“预定维修日”栏“不为空”。设置“不为空”判断，要单击“等于”项目下“不为空”选项。请参考【图 6-90】。

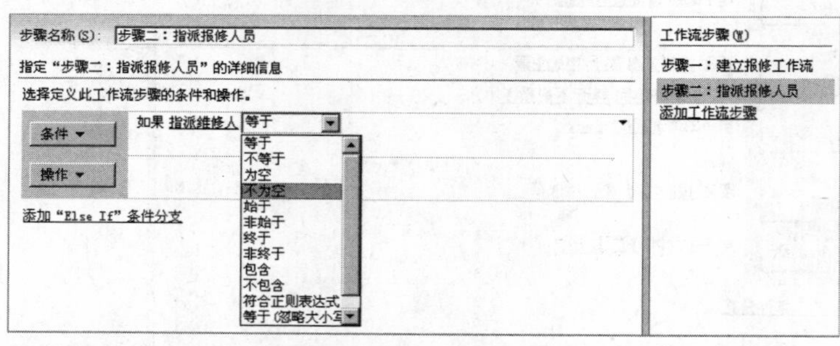

图 6-90　设置“指派维修人”判断域“不为空”设置方式

“指派维修人”的设置“不为空”条件是没问题的，可是在“预定维修日”设置条件判断就出问题啦！因为当选择栏是“预定维修日”时，“等于”栏上不会出现如【图 6-90】所示的“不为空”内容，而是大于、等于、小于的判断式。

这是因为在 SharePoint Designer 2007 中条件判断内置的处理方式是如此，所以也就必须遵循它所提供的条件方式来设置啰！根据系统所提供的方式设置域“预定维修日”的条件为“大于或等于”“报修日期”（如【图 6-91】所示），此种设置方式是因为原本“预定维修日”在空白的情况下所转换的日期一定小于“报修日期”，当输入“预定维修日”时，则一定要“大于或等于”“报修日期”，如果设置一个小于“报修日期”的日期时，也代表错误的输入，故也不符合条件，如【图 6-92】所示。

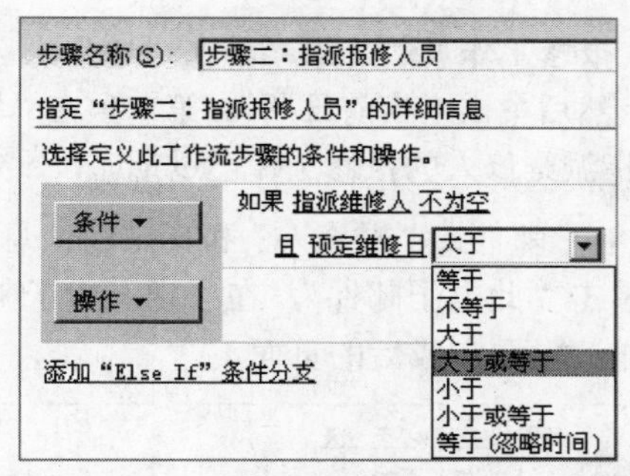

图 6-91 设置“预定维修日”大于或等于“报修日期”

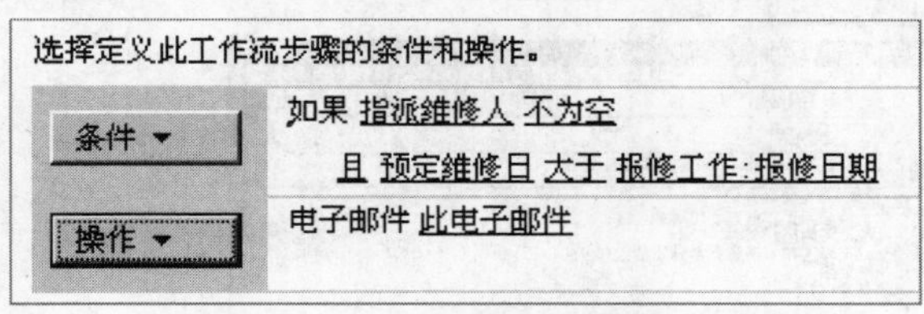

图 6-92 设置所需要的条件判断式内容

接下来是设置操作，操作处理即发送电子邮件，单击“操作”→“发送电子邮件”项目，然后单击“此电子邮件”，如【图 6-93】所示。

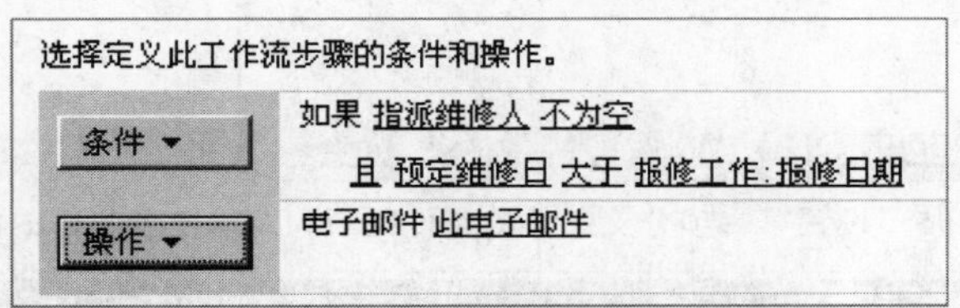

图 6-93 设置所需要的操作处理项目

进入“定义电子邮件”内容设置，请参考前面步骤一中的操作说明，【图 6-94】是电子邮件设置内容页面。

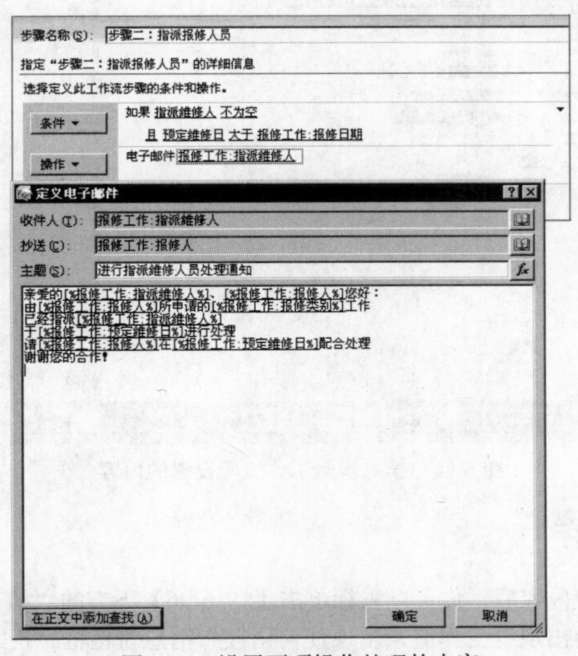

图 6-94 设置两项操作处理的内容

第二项条件分支处理是，如果指派人在超过“报修限期”日期后（也就是“当前日期”大于“报修期限”）才设置“维修指派人”，则此指派工作为无效指派，此时要进行无效指派的回复。

所以，条件式也有两项“比较 报修工作 域”，第一项在“域”上选择“报修限期”，在“等于”上选择“小于”，在“值”上单击“…”，然后单击“当前日期”。第二项在“域”上选择“指派维修人”，在“等于”栏选择“不为空”项目，表示指派维修人的报修工作已过期。

此项条件处理的操作是要发送电子邮件给“报修人”和指定的信息主管，所以在操作项目上单击“操作”下的“发送电子邮件”，然后单击“此电子邮件”，在“定义电子邮件”中输入【图 6-95】所示的设置内容。【图 6-96】是第二步骤工作流设置完成后的页面。

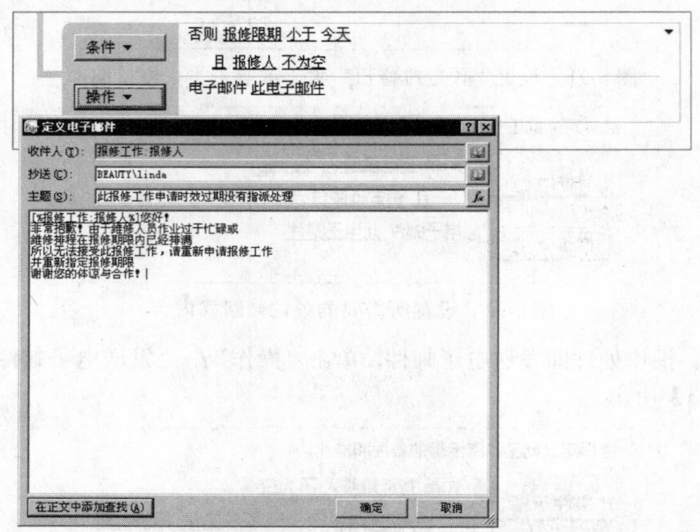

图 6-95　设置第二项分支条件的条件判断和发送电子邮件的内容

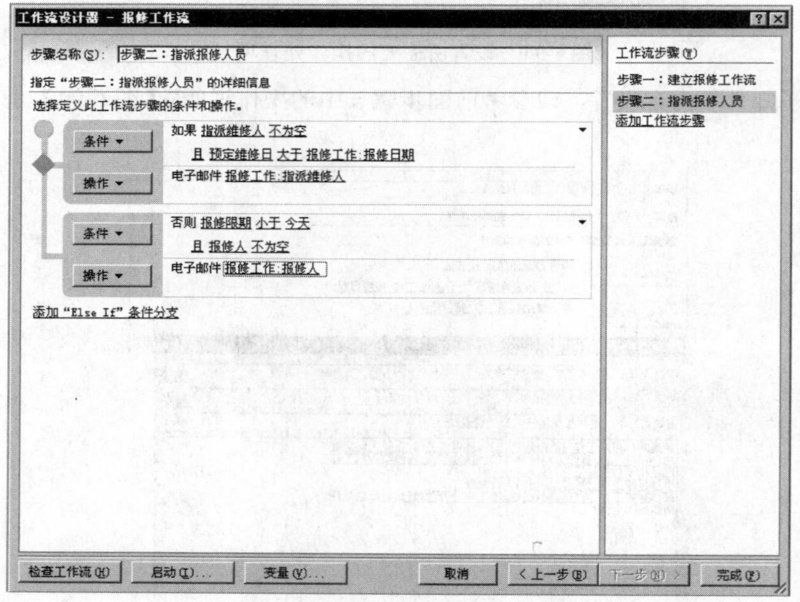

图 6-96　第二步骤工作流所设置的内容

6.4.8　工作流的保存

在设置好以上工作流设计内容后，你可以先行单击【图 6-96】下方的“检查工作流”按钮，如果设置逻辑内容没有问题的话，则会出现“工作流未出现任何错误”消息对话框。反之，如果出现错误消息对话框时，你就必须检查各步骤所设置的内容了，最后在检查完成后单击“完成”按钮，经过一段处理程序，SharePoint Designer 2007 便会将所设计好的工作流保存到指定的网站环境下，此时，也可以从所链接的 SharePoint Designer 2007 网站中，看到添加了一个工作流目录，你可以将该目录展开，请参考【图 6-97】。

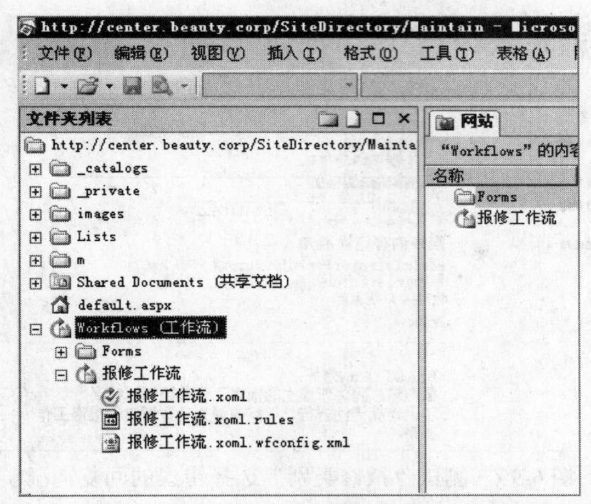

图 6-97　从 SharePoint Designer 2007 中看到添加的工作流内容

如果你在保存此工作流后要重新再打开此项工作流，可以移动鼠标单击“文件”→“打开工作流”，此时会出现“打开工作流”对话框，单击你要打开的工作流项目并单击“确定”按钮，便可重新回到工作流设置窗口中。

在列表库下检查新工作流项目

回到“报修工作”列表库下单击“设置”下的“列表设置”项目，在“自定义报修工作”页面下单击“权限和管理”下方的“工作流设置”项目，在“更改工作流设置：报修工作”页面下就会看到“报修工作流”项目在上面，如【图 6-98】所示，而当你移动鼠标单击该项目时会出现无法浏览的相关警告信息，这是因为由 SharePoint Designer 2007 所提供的工作流并不提供工作流模板，而此项是可供修改的模板内容。

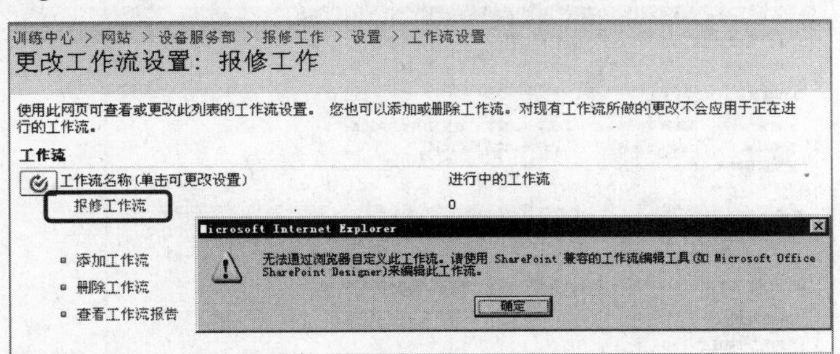

图 6-98　在列表库下检查添加的报修工作流项目

6.4.9　报修工作流的执行

从以上在“报修工作”列表库上看到“报修工作流”后，接下来可以针对不同情况下的工作流来进行测试。

错误选择报修类别

我们在前面设置了一项条件，就是如果你没有正确选择“报修类别”，则系统会回复报修项目错误的电子邮件，并结束此工作流。

【图 6-99】上半部是在“报修工作”列表库下，单击“新建项目”后，在设置页面上没有选择“报修类别”情况下填入数据，并单击“确定”按钮，之后在电子邮件信箱中可收到下半部所示的回复邮件，此邮件内容就是前面设置的电子邮件模板【图 6-87】所产生的结果。

我们可以再次回到“报修工作”列表库下，单击此项目的“报修简述”栏下拉菜单中的“工作流”项目，查看其状态内容，显示目前此项工作流为“已完成”，如【图 6-100】所示。

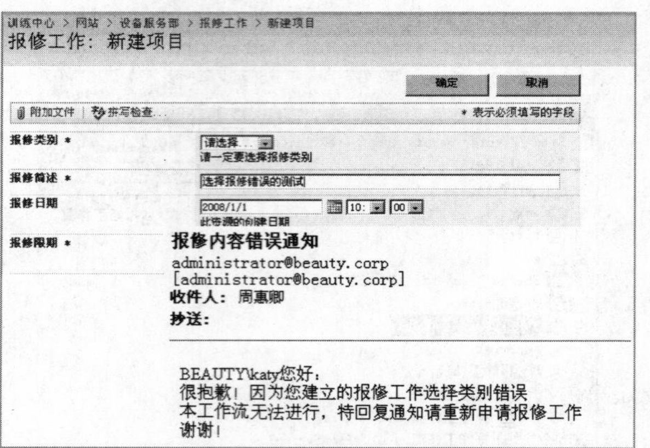

图 6-99　测试“报修类别”选择错误的回复情况

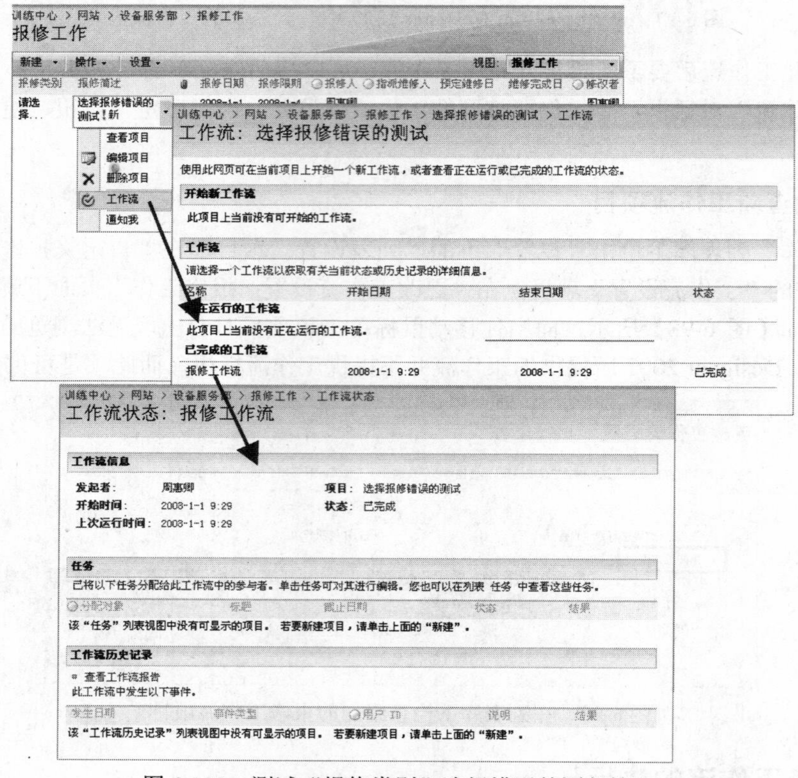

图 6-100　测试“报修类别”选择错误的回复情况

报修工作的执行

在“报修工作”列表库下单击“新建项目”后，在“报修工作：新建项目”设置页面中选择“报修类别”下的“更新软件”项目，并在“报修简述”上填入叙述内容，如【图 6-101】所示。

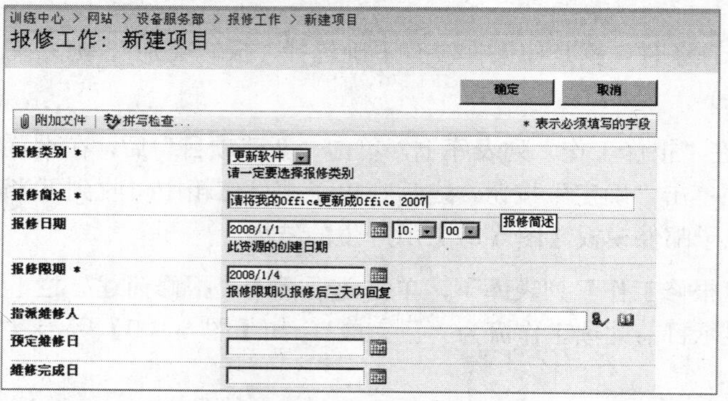

图 6-101　填写“报修工作”的内容

从【图 6-101】中看到“报修限期”栏日期值，的确以系统内定后三日为默认报修工作的期限日，在填写完成后单击“确定”按钮。

请思考！从以上填入的报修工作中，你应该可以提出有哪些地方还能改善加强。

例如：从“指派维修人”下的三项栏，目前状态是可以修改的，但其实，在此阶段，这些栏应该设置成隐藏或是不能输入的状态，以防止“报修人”自定义修改这些栏内容。

回到“报修工作”首页上，可以看到此项报修指派目前状态是“进行中”，请参考【图 6-102】。

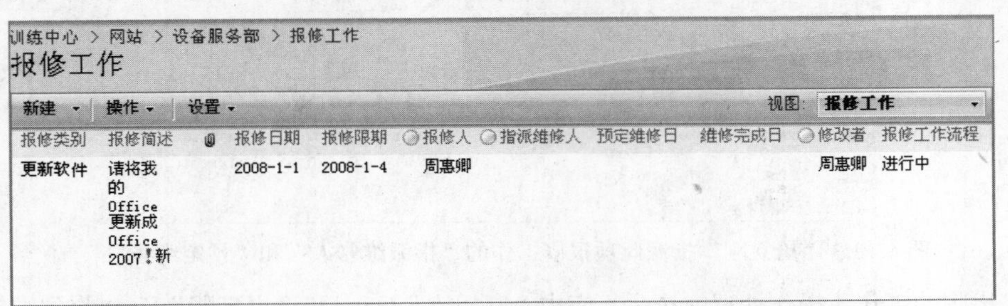

图 6-102　填写“报修工作”内容后，此报修工作流会停留在“进行中”

移动鼠标单击此项目最右边的“进行中”名称，会出现“工作流状态：报修工作流”页面，在下方“工作流历史记录”的“说明”上显示着“正在等待 指派维修人”的状态描述，请参考【图 6-103】。

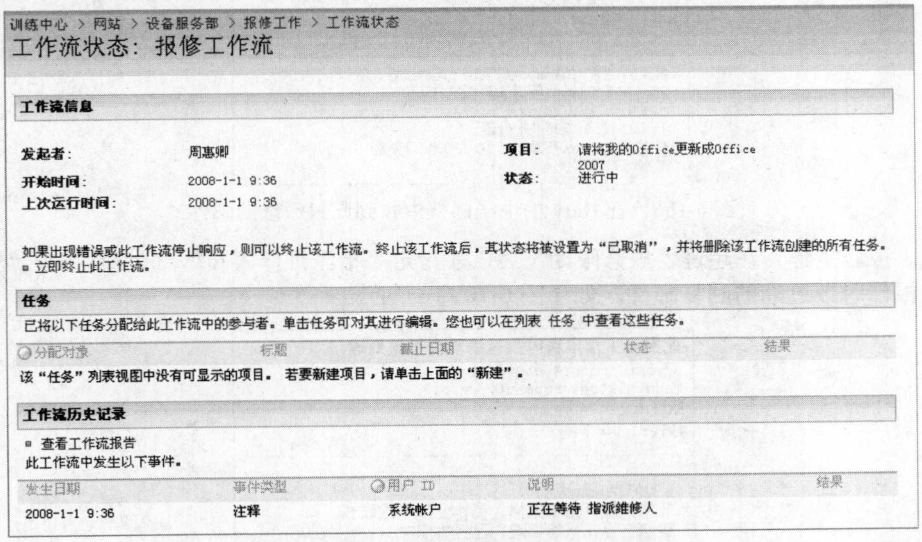

训练中心 > 网站 > 设备服务部 > 报修工作 > 工作流状态

工作流状态：报修工作流

工作流信息

发起者： 周惠卿　　项目： 请将我的Office更新成Office 2007

开始时间： 2008-1-1 9:36　　状态： 进行中

上次运行时间： 2008-1-1 9:36

如果出现错误或此工作流停止响应，则可以终止该工作流。终止该工作流后，其状态将被设置为“已取消”，并将删除该工作流创建的所有任务。

- 立即终止此工作流。

任务

已将以下任务分配给此工作流中的参与者。单击任务可对其进行编辑。您也可以在列表 任务 中查看这些任务。

分配对象	标题	截止日期	状态	结果

该“任务”列表视图中没有可显示的项目。若要新建项目，请单击上面的“新建”。

工作流历史记录

- 查看工作流报告

此工作流中发生以下事件。

发生日期	事件类型	用户 ID	说明	结果
2008-1-1 9:36	注释	系统帐户	正在等待 指派维修人	

图 6-103　此项报修工作流的内容说明页

由于“周惠卿”选择的报修项目是“更新软件”，所以按照报修工作流处理判断应该是“屠立刚 Joseph”会收到通知报修的邮件。邮件内容如【图 6-104】所示。

请将我的Office更新成Office 2007

administrator@beauty.corp [administrator@beauty.corp]

收件人： 屠立刚

抄送：

此项报修是由BEAUTY\katy于2008/1/1 10:00:00提出
选择更新软件之报修类别
报修限期为2008/1/4 0:00:00

图 6-104　在 Joseph 的电子邮件中收到此封由报修工作流所发出的邮件

由“屠立刚”Joseph 账户重新进入“报修工作”首页，单击该项目并指派“郑旭宏”Gary 为“指派维修人员”，并设置“预定维修日”，最后单击“确定”按钮回到“报修工作”首页，如【图 6-105】所示。

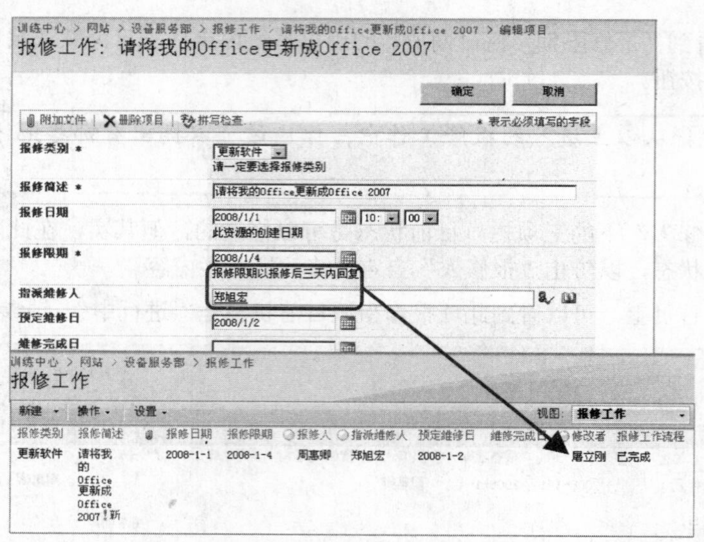

图 6-105 “屠立刚”指派此项报修工作的“指派维修人”和“预定维修日”

此时第二步骤的工作流操作处理完毕后，应由“郑旭宏”Gary 和“周惠卿”Katy 收到维修人员安排的邮件内容，如【图 6-106】所示。

进行指派维修人员处理通知
administrator@beauty.corp
[administrator@beauty.corp]
收件人： 郑旭宏
抄送： 周惠卿

亲爱的BEAUTY\gary、BEAUTY\katy您好：
由BEAUTY\katy所申请的更新软件工作
已经指派BEAUTY\gary
于2008/1/2 0:00:00进行处理
请BEAUTY\katy在2008/1/2 0:00:00配合处理
谢谢您的合作！

图 6-106 在 Gary 的电子邮件中收到此封派修的邮件

如果此项“报修工作”在超过“报修限期”后，才指定“指派维修人员”，但没有指定“预定维修日”，系统便会发出报修时效过期的回复邮件，如【图 6-107】所示。

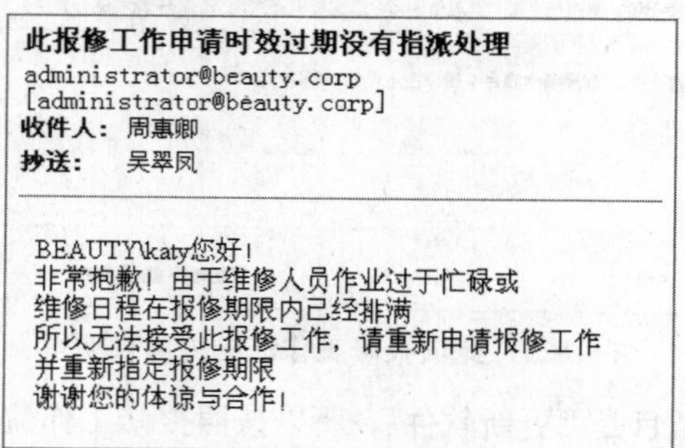

此报修工作申请时效过期没有指派处理
administrator@beauty.corp
[administrator@beauty.corp]
收件人： 周惠卿
抄送： 吴翠凤

BEAUTY\katy您好！
非常抱歉！由于维修人员作业过于忙碌或
维修日程在报修期限内已经排满
所以无法接受此报修工作，请重新申请报修工作
并重新指定报修期限
谢谢您的体谅与合作！

图 6-107 当报修工作超过报修限期后回复的报修过期的信件

6.4.10 自定义工作流结论

从以上所举的范例中，你是否已学会如何使用 SharePoint Designer 2007 来设计自定义的工作流呢？还复杂吗？其实当你学会了如何操作 SharePoint Designer 2007 来设置工作流后，最重要的还是在工作流的逻辑分析上，是否有正确的逻辑流程、判断条件与要执行的操作处理，至于在 SharePoint Designer 2007 的工作流中还可以做到什么？那就有待你的发掘啰！

就如上面范例，其实作者有留下一两个缺点喔！例如：步骤 2 的第 1、2 项条件的顺序是否恰当？你有没有发觉呢？接下来你可以尝试着将以上范例判断做得更好，有效地应用 SharePoint Designer 2007 自定义工作流，对你了解 MOSS 2007 系统的工作流绝对有非常大的帮助，加油啰！

第 7 章

Excel 服务

本章提要

微软在商业智能的数据处理中，提供了 SQL 数据库服务器，能够对大量的数据进行存储、整理、筛选、查询，同时也提供了数据分析服务器，能够对数据进行进一步的数据分析、整理操作，但唯一不足的是没有提供一个前端的分析、整理的计算接口，使用户可以通过非常弹性且非常方便的环境来表现这些经过分析、整理过后的数据。在 SQL 2005 的环境中，虽然提供了报告服务器（Reporting Server）服务，但微软希望能够提供更简单更方便的计算分析环境。

MOSS 2007 就针对此部分提供了 Excel 服务的环境，让设计者可以通过熟悉的 Excel 设计，将 Excel 文件放到 MOSS 2007 服务器上，提供 Excel 网页呈现的功能。本章就是告诉您，如何轻轻松松地通过 Excel 服务的环境，将设计好的 Excel 文件，放到 MOSS 2007 的服务器上，通过网页的方式来呈现动态数据的分析结果。

本章重点

在本章，您将学会：

- 什么是 Excel 服务
- Excel 服务的设置
- 定义 Excel 的网页参数
- 网页环境的分级显示、筛选、图表模式
- 网页统计图表设计应用
- 创建数字仪表板环境
- 创建关键性能指标（KPI）

7.1 什么是 Excel 服务

在微软 Office 包中，Excel 工作簿在对信息数据的列举、分类、分析中，扮演了非常重要的前端角色。在 MOSS 2007 出来之前，许多的商业分析工作都是放在客户端的 Excel 程序中来进行计算的，如果应用程序的环境需要使用到 Excel 的计算内容时（例如：Excel 中的枢纽分析工作），应用程序会通过调用嵌入的对象，将 Excel 的计算嵌入到应用程序中，创建集成的应用程序处理环境。

企业对 Excel 的需求与挑战

在互联网越来越普及的情况下，商业分析工作面临了许多运行环境的挑战。

- 文件型 Excel 的缺陷

由客户端 Excel 所创建的文件处理环境最容易造成的问题就是编辑版本的不正确，当同一个文件夹中有许多 Excel 文件时，不但不容易清楚地找出哪一个版本才是最正确的，也会因为一个疏忽而将改变了的错误版本覆盖正确的版本。除此之外，也不容易保护编写好的 Excel 文件数据的安全和文件中所设计的程序源码的安全。这是因为一个 Excel 文件的数据是很容易被别人打开的，即使有密码保护，也很容易被别人复制或抄袭。

- Excel 文件无法呈现在网页上

Excel 中的数据分析设计虽然使用起来非常方便，但是许多企业希望能够将所设计的 Excel 内容，通过网页的方式呈现，以此显示商业分析结果。以目前来说，大多使用微软所提供的在客户端的 Office 网页嵌入部件来执行。为了要真正呈现在网页中，许多网页开发厂商便想通过 Web 服务器端的开发程序（例如：ASP、PHP、Java），调用安装在网页服务器上的 Excel 程序来进行处理，然后将处理后的结果保存、再提取里面的内容，经过网页重新格式化之后，最后通过网页的方式呈现，这样的开发环境毕竟是比较困难的。

- 特殊的 Excel 程序设计

Excel 中的程序设计是依照工作表的位置和数据产生互动的分析计算处理，这种处理方式与一般程序的开发截然不同，要将 Excel 所开发的程序环境转换成一般所编写的程序环境并不是那么容易的。所以，如果要将一个有程序设计内容的 Excel，在另外一个环境中表现（例如：网页的环境）出来，通常所面临的是重新编写程序。

Excel 的 Web 服务架构

MOSS 2007 就是希望在以上这样的需求下，能够将 Excel 文件中所设计的内容直接通过网页的方式呈现出来，另外也希望能够为厂商提供开发商业智能的网页功能，或是让企业能够更方便地使用微软所提供的系统、工具、和开发程序环境，为其提供商业智能的应用。于是在 MOSS 2007 的环境下就提供了 Excel 的服务，通过在服务器上 Excel 的服务处理，将用户在 Excel 文件中所创建的设计处理环境直接或间接地显示在网页环境下。这样企业或是开发厂商便可以大大节省了商业智能系统的开发工作，进而能够非常弹性地应用 Excel 计算服务所提供的网页环境。Excel 的 Web 服务架构如【图 7-1】所示。

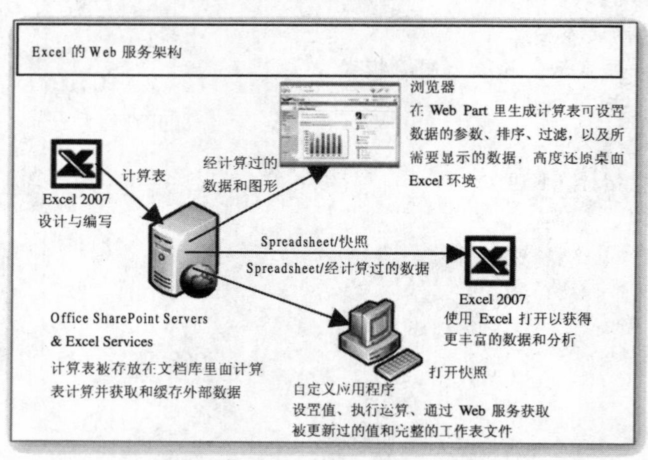

图 7-1　Excel 的 Web 服务架构

从【图 7-1】中可以看到 Excel 服务提供了在服务器环境下的计算处理，并通过网页浏览的方式呈现出来，所提供的功能除了标准文档库的上传下载外，还提供了纯 Excel 网页浏览功能、Excel 快照文件下载功能、Excel Web 部件的组合分析功能和自定义应用程序所需要的 Excel 计算服务处理功能。

Excel 服务的拓扑架构

MOSS 2007 的 Excel 服务架构实际上分成了三层，分别是前端 Web 服务器层（front-end Web Server tier）、应用程序服务器层（Application Server tier）和数据库层（Database tier），如【图 7-2】所示。

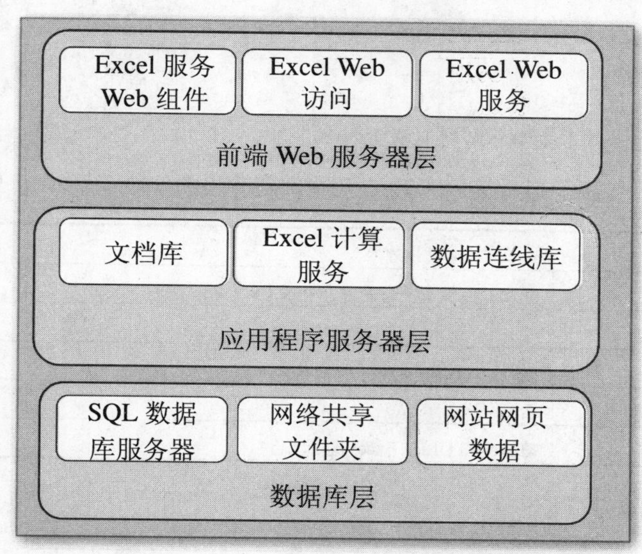

图 7-2　Excel 服务的拓扑架构可以分成三层

当系统在安装 MOSS 2007 时，Excel 计算服务会先在前端 Web 服务器上安装两个部件，一个是 Excel 的 Web 访问，另一个是 Excel 的 Web 服务。除此之外，在应用程序服务器上还会安装 Excel 计算服务，系统默认是将此两层服务内容放在同一台服务器环境中。

如果 MOSS 2007 的服务器需要一个高效的服务器场环境，可以将前端 Web 服务器层、应用程序服务器层分别安装在不同的服务器上，分散不同运算处理的能力，设计者可以在前端 Web 服务器、应用程序服务器的环境中，分别提供网络均衡负载架构（这可以通过共享服务提供商的均衡负载来做），以提供更大的分散服务能力。

7.2　Excel 服务的设置

MOSS 2007 的系统默认环境没有设置 Excel 的服务，所以在没有启动 Excel 服务的环境下，对于 MOSS 2007 与 Excel 文件管理的结合也就限制在一般文档库的管理而已，虽然对于上传的 Excel 文件，可以选择以网页的方式来浏览，但是在打开该 Excel 文件时，系统就会产生错误的消息而不能执行。

7.2.1　创建 Excel 文档库

以美景企业训练中心网站为例，在训练中心网站下有一个“文档中心”的子网站，我们将 Excel 的文档库创建在此子网站下。

1 请打开训练中心网站首页，并移动鼠标单击上方链接栏中的 文档中心 链接。

2 移动鼠标依次单击“网站操作”→“创建”→ 库 区块下的 ▫ 文档库 超链接，如【图 7-3】所示。

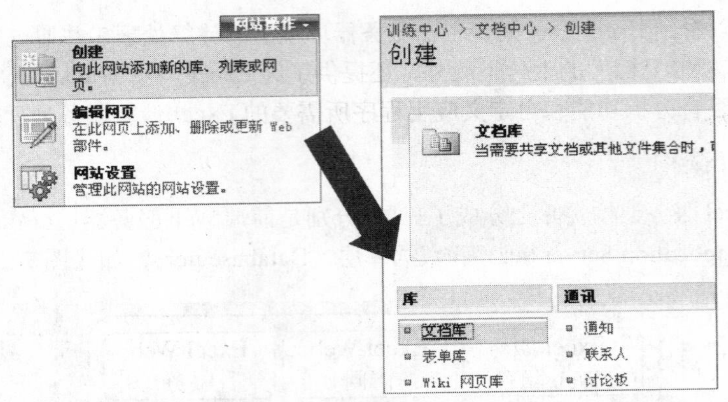

图 7-3　在训练中心网站下的文档中心创建一个 Excel 所使用的文档库

3 当打开“新建”配置页面后，请将下列信息输入到适当的字段，请参考【图 7-4】。

名称	ExcelShare 文档库
说明	此文档库放置美景企业共享的 Excel 相关文件
导航	是
传入电子邮件	是，excelshare@mossvr.beauty.corp
文档版本历史记录	否
文档模板	Microsoft Office Excel 电子表格

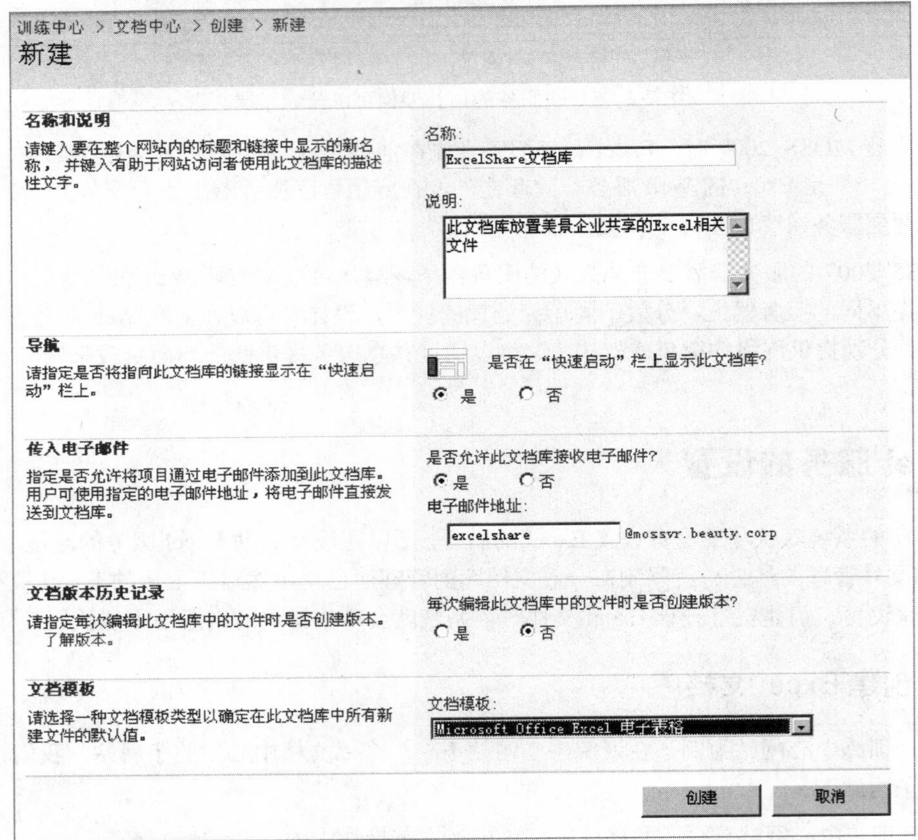

图 7-4　定义此名称为 ExcelShare 文档库，用来放置共享的 Excel 文件

4 确认【图 7-4】信息输入完成后，请单击 创建 按钮，即可在文档中心页面的快速启动栏中看到所创建的 ExcelShare 文档库，请参考【图 7-5】。您在此要注意的是此文档库所创建起来的 URL 路径为“**http://center.beauty.corp/Docs/ExcelShare**”，这个路径在后面设置时会使用到。

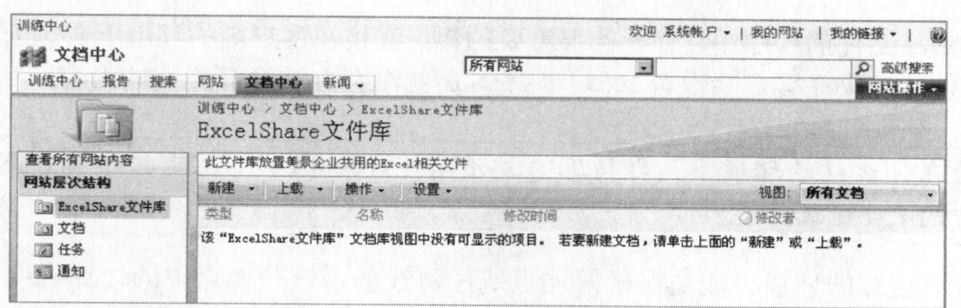

图 7-5　创建 ExcelShare 文档库的入口界面，请注意 URL 路径

7.2.2 启动 Excel 服务前的文件处理

在创建 Excel 文档库后，我们先来创建一个 Excel 文件，并命名为“贷款分期计算表”。在没有 Excel 服务环境下，打开 Excel 文件会是什么样的情况呢？如果使用网页方式进行浏览，又会出现什么样的情况呢？

“贷款分期计算表”的内容非常简单，包括贷款总金额、年利率、贷款年限、每月分期金额，所以在 ExcelShare 文档库查看和管理页面下，依次单击“新建” → “新建文档”，系统就会启动 Excel 程序，我们将以上所述的几个单元格分别输入进去，如【图 7-6】所示，比较麻烦的是计算每月分期金额的公式，不过别担心，在 Office 的环境中，已内置提供了财务计算的函数，我们可以直接运用。

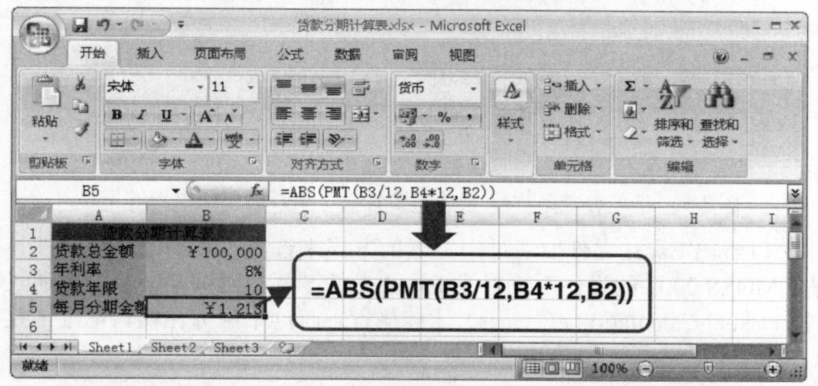

图 7-6　创建一个贷款分期计算的电子表格，PMT 函数是分期计算的财务函数，ABS 是取绝对值的函数

在设置好后，请将此电子表格存入 ExcelShare 文档库中，然后再重新打开此文件，就会出现如【图 7-7】所示界面，此文件会由客户端的 Excel 程序启动，并以只读的模式打开，您可发现在 Excel 环境中会出现 服务器工作簿　若要修改此工作簿，请单击“编辑工作簿”。 编辑工作簿 的说明行，如果要编辑此 Excel 文件，请单击“编辑工作簿”按钮，进入可以修改内容的编辑环境中。

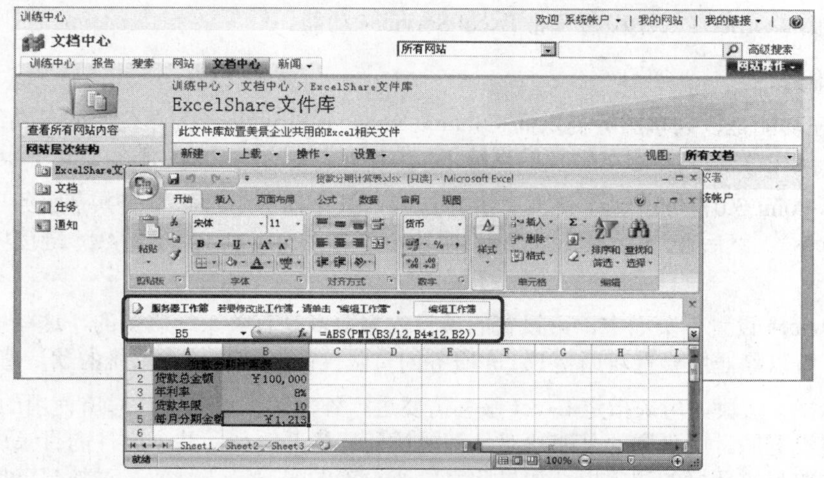

图 7-7　此页面表示在存入了 Excel 文件又重新取出时的只读状态

在前面打开 Excel 文件的程序中，有一件很重要的事，就是在客户端的环境下必须有 Excel 的程序才能够打开 Excel 的文件，如果在客户端没有 Excel 程序，那就没有办法打开此文件内容了。

是在什么样的环境下，即使客户端没有 Excel 程序，也能打开 MOSS 2007 网站中的 Excel 文件呢？

这些想要查看或运行的环境可能是在任何地点或任何设备，这些地点中的计算机或是这些装置上不一定有 Excel 程序，如果内容可以在网站环境中运行的话，客户端的确也就不需要 Excel 程序了。

根据上面的需求，我们查看此文件项目的菜单中，是否有在 Web 浏览器中查看的方式来进行查看呢？根据【图 7-8】中显示是有这项功能的，但在单击了此项功能后结果出现了错误信息，这是怎么回事呢？

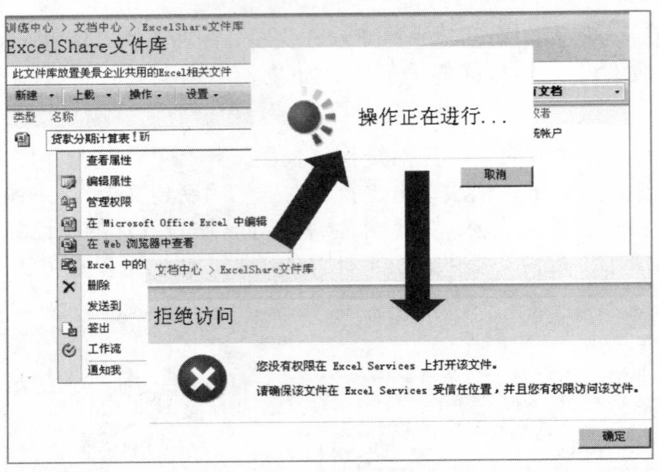

图 7-8　在单击“在 Web 浏览器中查看”项目后出现错误的信息

从【图 7-8】中可以看出 Excel 文件要通过浏览器的方式来查看，并不像其他文件一样可以直接进行网页浏览，这是因为在 MOSS 2007 的设计中，对于 Excel 文件，要从网页中浏览必须通过特别的服务程序，称为 Excel 计算服务（Excel Calculation Services）才能运行，而这个服务在默认情况下是没有设置的，所以就会出现错误信息。

7.2.3 启动 Excel 服务

要让 Excel 文件可以通过 Web 浏览器来进行浏览，需要有以下几个启动和设置的条件：

- 设置 Excel 服务；
- 创建受信任访问的 Excel 环境；
- 通过企业版的 Office Excel 程序发布 Excel Services 功能。

设置 Excel 服务

Excel 服务程序功能是以共享服务提供商（Shared Services Provider）为单位的服务功能，所以如果要设置 Excel 服务，第一步要先到共享服务管理的环境下，针对所需要启动 Excel 服务的共享服务项目进行设置。

请打开“SharePoint 3.0 管理中心”首页，并单击在“共享服务管理”下的共享服务项目（本例是单击 BeautySharedServices），然后在 **Excel Services 设置** 区块中单击 ▫ 编辑 Excel Services 设置 链接项目，如【图 7-9】所示。

在“Excel Services 设置”页面中，可设置的项目内容很多是有关系统服务的，这些设置值系统都给了默认的基本条件，所以除非您要重新调整 Excel 服务的负载性能，否则使用系统的默认值就好了。

但是“外部数据”区块，用来指定 Excel 服务需要进行外部数据访问操作时所使用的访问账户和密码，此项字段是一定要设置的。所设置的是账户对外部的访问环境，例如：共享文件的目录访问环境、数据库访问环境都必须先取得该环境的访问权，如果此字段所设置的账户错误，或是对外部链接没有访问权，则系统会产生 Excel 服务访问错误。请参考【图 7-10】。

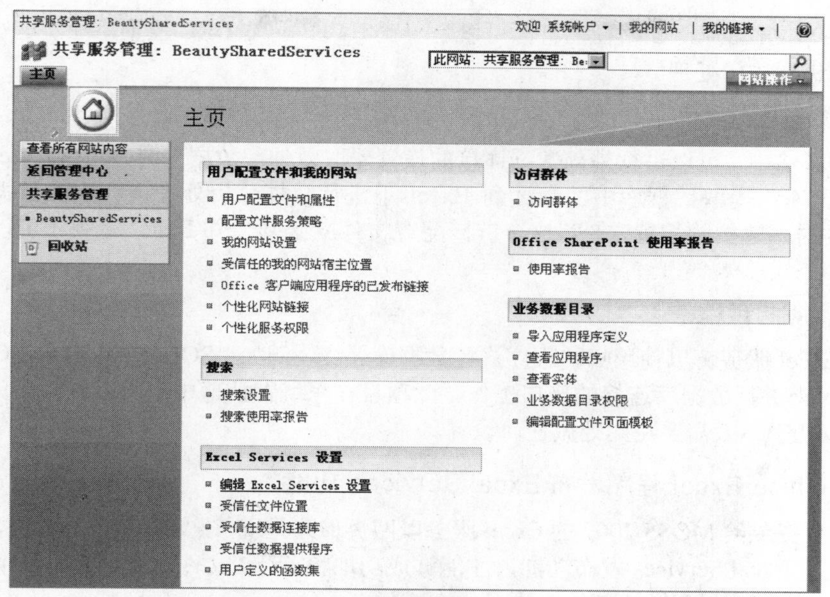

图 7-9　在共享服务项目中，设置 Excel 服务的功能

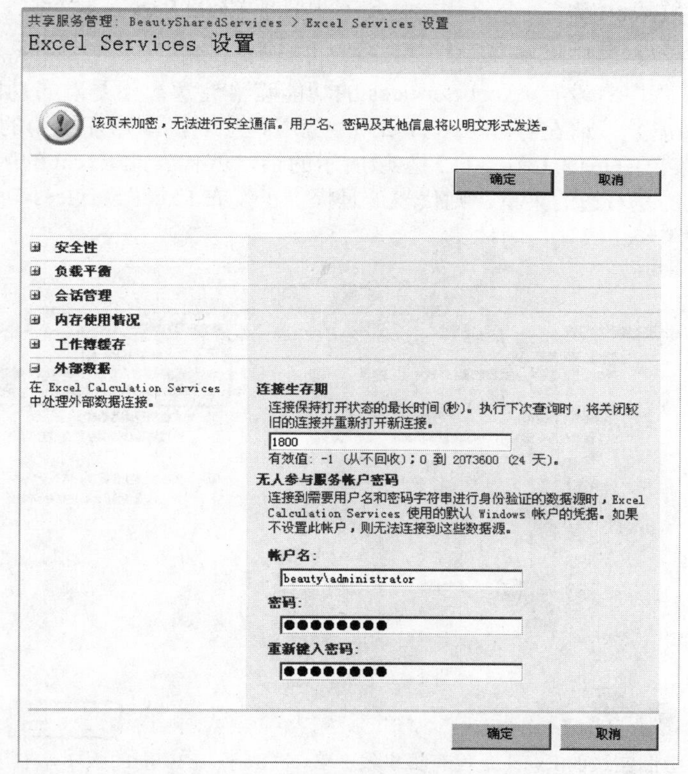

图 7-10　在 Excel Services 设置中，最重要的是设置此页面最后段落中“外部数据”的账户和密码，其余字段都使用系统默认值就可以了

创建受信任访问的 Excel 环境

Excel 服务在访问文档库中的 Excel 文件之前，必须要先行创建受信任的访问路径。以上面例子而言，就是要创建在文件中心下的 ExcelShare 文档库，在受信任路径设置的环境中创建受信任路径。

Excel 受信任环境的类别有三种，分别是对文件位置的信任环境、对数据库连接的信任环境、以及对数据提供者的信任环境，这也就是为什么在【图 7-9】的 Excel Services 设置区块下有三个信任设置项目。

● 受信任的文件位置

此项设置指定所提供的 Excel 文件的位置路径，其路径可以是 SharePoint 网站的 URL 位置路径，也可以是网上邻居中共享文件的 UNC 路径，甚至可以是一般 HTTP 网站 URL 位置路径，这些指定的路径，都会由 Excel 服务来进行访问处理。

- 受信任的数据连接库

在 Excel 文件环境中，可以进行外部数据连接的设置以取得外部数据。例如：在 Excel 环境下要连接到 SQL 服务器的数据库，提取数据库中的数据到 Excel 下进行数据分析处理。在设置数据库链接处理工作时，会创建一个数据库链接的配置文件，这个链接配置文件就必须告知 Excel 服务才可以进行数据库访问的处理。

- 受信任的数据提供程序

此项目设置 Excel 服务可以使用哪些程序进行数据库连接（例如：SQL 的 OLEDB、Oracle 的 OLEDB、IBM 的 DB2 等），来进行数据库连接的接口工作。此项目在系统默认值中，将微软提供的所有相关程序都设置上去了，所以几乎不太需要在此处做任何设置。

通过企业版 Office Excel 程序发布 Excel Services 功能

要将 Excel 文件提供给 MOSS 2007 的 Excel 服务以网页形式呈现，该文件就必须通过客户端 Office 2007 的 Excel 程序，使用 Excel Services 发布功能，才能够成功地将 Excel 文件发布到网页环境。

可是在微软所提供的 Office 2007 版本中，并不是每一种版本都提供了发布 Excel Service 的功能，笔者当初在测试时，所使用的 Excel 程序，怎么找就是找不到此项 Excel Services 功能，最后才发现是笔者所使用的 Office 版本不对，因为只有在**企业版**的 Office 2007 的 Excel 程序中才能找到此项功能。

如何确定您的 Excel 程序有没有 Excel Services 的功能呢（注意：不是发布功能，而是发布功能下对 Excel Services 的发布功能）？请在打开 Excel 2007 应用程序后，单击左上角的 Office 按钮 下的 发布(U)，如果出现的菜单中是像【图 7-11】左边所示的话，就代表此 Excel 的版本没有提供发布 Excel Services 功能，如果出现的是右边的菜单，则代表这是提供了发布 Excel Services 功能的版本，除此之外，在菜单的下方也会出现“Excel 选项”的按钮。

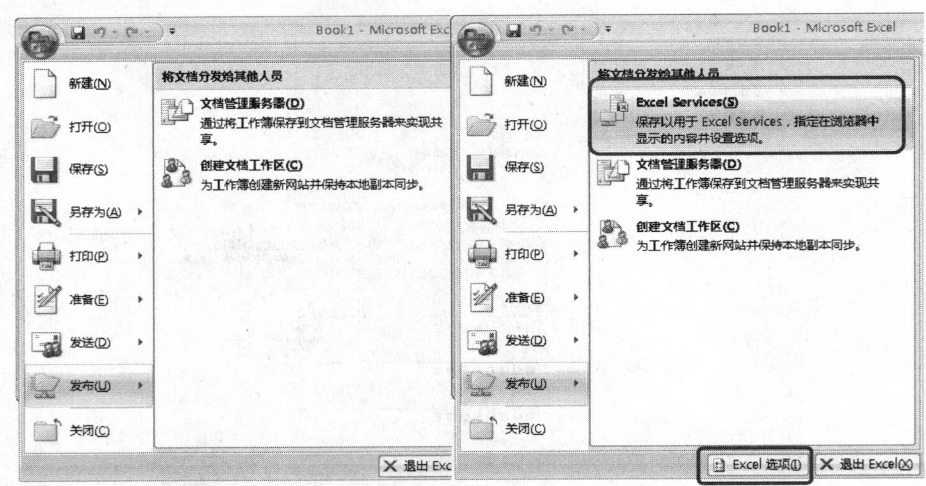

图 7-11　上图左边的 Excel 是没有提供发布 Excel Services 功能的版本，右边的则有

7.2.4 设置受信任文件位置路径

在了解了 Excel 服务需要先设置 Excel 文档库的信任路径后，我们将前面举例的 ExcelShare 文档库，设置成可以让 Excel 服务信任的文件位置路径，并测试是否可以成功地通过 Web 浏览器来打开所创建的贷款分期计算表。

1 请在 SharePoint 3.0 管理中心的首页下单击“快速启动”栏的共享服务项目（本例是单击 BeautySharedServices），然后在 **Excel Services 设置** 区块中单击 ▫ 受信任文件位置 链接项目。

2 在“受信任文件位置”视图页面中单击“添加受信任文件位置”，打开“添加受信任文件位置”配置页面，输入以下信息：

地址	http://center.beauty.corp/Docs/ExcelShare/
位置类型	Windows SharePoint Services
信任子级	勾选“受信任的子级”复选框

如【图 7-12】所设置的内容中，“位置类型”选择的方式可以有三种，如果文件是放在 SharePoint 文档库中的话，就选择第一种“Windows SharePoint Services”；如果 Excel 文件是通过共享文件夹来访问，就可以选择第二种“UNC”；如果是通过 HTTP 方式（例如：WebDAV）访问的则选择第三种“HTTP”。

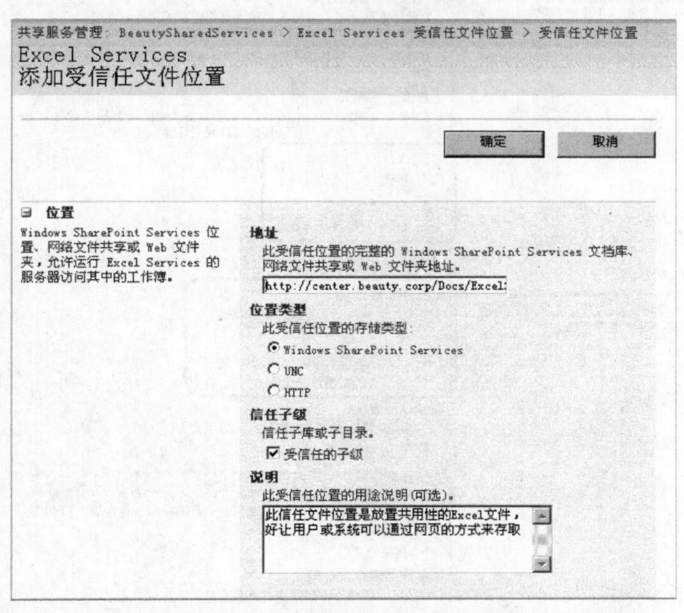

图 7-12　设置 Excel 服务可以信任访问的文件位置

“信任子级”的设置代表在此文档库下所创建的子文件夹要不要算在信任文件位置路径中，如果勾选，则代表所有子文件夹都算是信任的文件位置路径。

至于下方“会话管理”区块和“工作簿内容”区块可以保留系统默认值，这些值在性能不好的情况下再来调整就可以了。

● 计算行为

如果此文档库的文件具有外部访问文件数据，或是外部访问链接数据库的 Excel 文件时，对于 Excel 文件而言，所要访问的并不只是存在于 Excel 文件中的数据，该数据还是从其他数据环境下所取得的，此时若原始外部数据发生变化，在 Excel 中的内容势必需要进行重新计算处理，而这样的处理操作要设置在什么样的时机下来进行呢？

如果所选择的是“文件”，则代表数据的重新计算是根据文件指定的模式而运行的（自动、手动或除数据表外重新计算）。其他 3 个选项的设置则会覆盖 Excel 文件中所设置的计算模式，而由 Excel Service 取得计算的主导权。在我们所举的例子中，此字段请选择“自动”选项（如【图 7-13】所示）。

● 外部数据

此设置是指在 Excel 文档库中的 Excel 文件会不会采用外部数据库连接，或是外部 XML 数据连接的方式。如果此文档库所放置的 Excel 文件只有纯数据内容，不会设置任何外部连接数据的话，使用默认的选项“无”即可。

如果在 Excel 文件中的数据是连接到外部数据库的话，则要选择“只使用受信任的数据连接库”选项。而如果外部数据不但有来自于外部的数据库还有来自于外部的 XML 数据，或是嵌入对象中所定义的 XML 数据，那就必须选择第三项“受信任的数据连接库和嵌入连接”的选项。

从以上可以看出，如果要让 Excel 服务程序对此信任的 Excel 文档库有最大、最弹性的运行环境，就要选择第三项，所以在此案例中也选择第三项 ⊙ 受信任的数据连接库和嵌入连接 。至于本区块的其他设置内容请保留默认值（如【图 7-13】所示）。

● 用户定义的函数

设置在 Excel 文件中是否允许使用由用户自定义的函数。从功能弹性的角度来看，此功能选项打开，则 Excel 的服务程序可以运行用户自定义函数的内容。可是从安全的角度来看，代表了用户可以在 Excel 文件中，通过自定义函数到服务器上运行某些功能，这样就会出现安全的漏洞，所以非必要时不要将此项目打开。

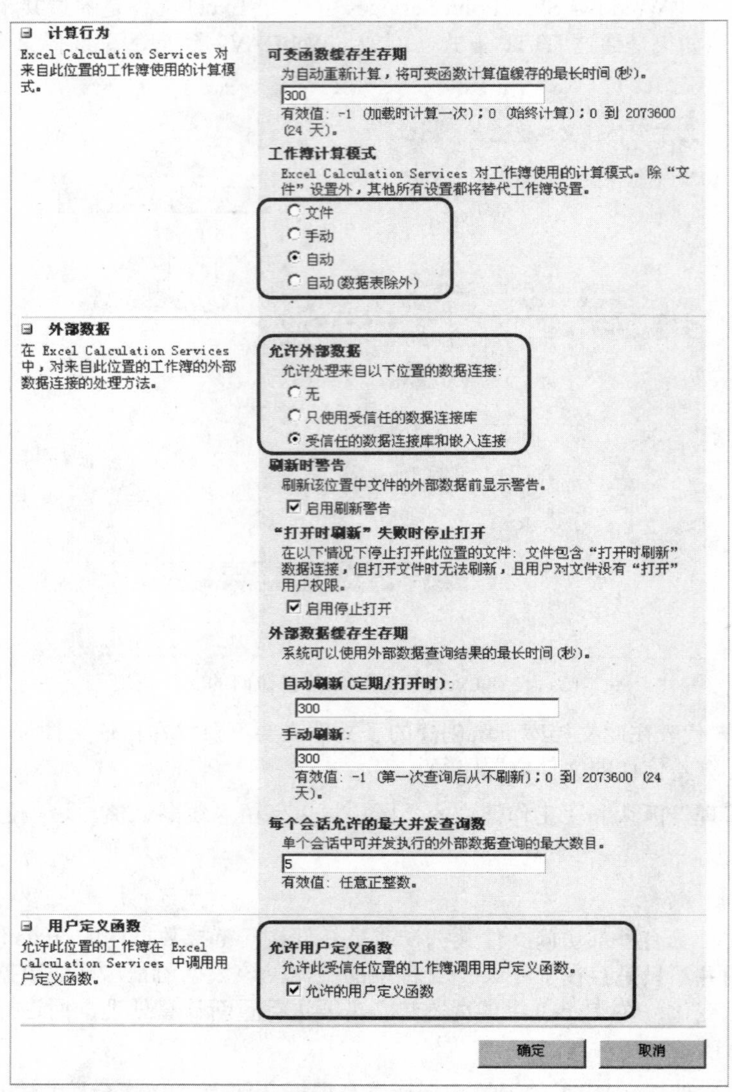

图 7-13　在此设置计算模式为“自动”，外部数据访问为第三项“受信任的数据连接库和嵌入连接”，并允许用户使用自定义函数处理计算

在本练习中为了要说明所有相关的功能，我们才将此功能设置成勾选的状态。

最后在设置完成后，移动鼠标单击 确定 按钮，回到原来的设置界面时，如【图 7-14】所示，在受信任文件位置页面会看到所设置的项目。

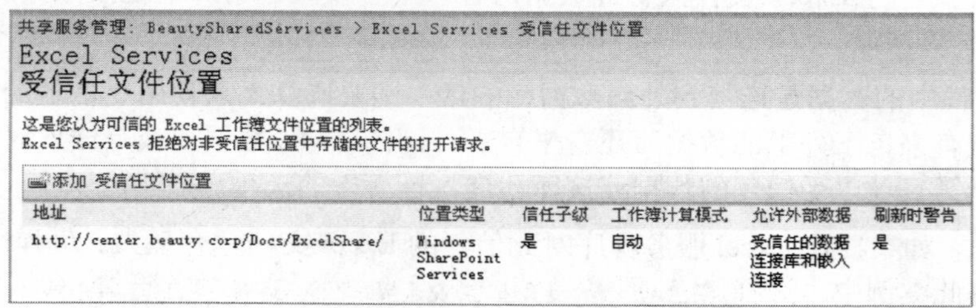

图 7-14　确认在受信任的文件位置设置页中所创建的信任项目

使用浏览器来查看 Excel 文件

将 ExcelShare 文档库设置在一个 Excel 服务受信任的文件位置后，我们再来测试一下前面所创建的贷款分期计算表是否可以通过浏览器浏览的方式来查看。请再次单击【图 7-15】的项目菜单下的“在 Web 浏览器中查看”功能项目。

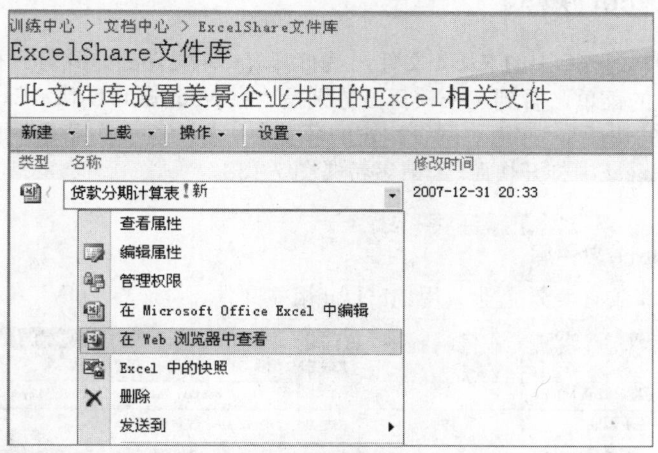

图 7-15　在“贷款分期计算表”项目右边单击向下按钮，然后再单击“在 Web 浏览器中查看”项目

经过系统一段时间的处理工作后，则会出现如【图 7-16】所示的页面，表示成功地在网页环境中显示了此贷款分期计算表的内容。

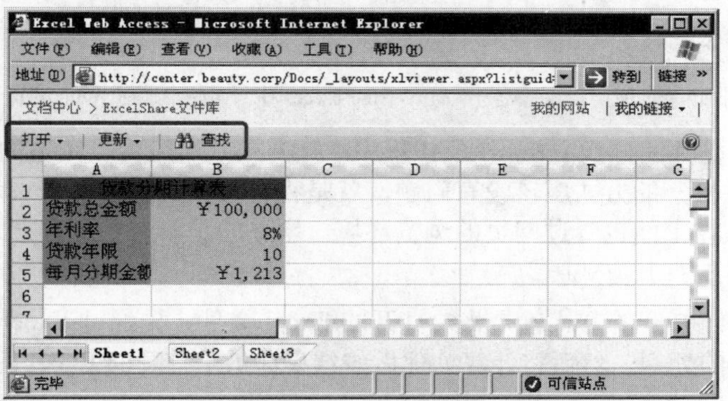

图 7-16　“贷款分期计算表”以网页的方式呈现

您可能会说，咦！看起来跟在 Excel 中打开很像耶！是不是真的在网页环境下查看的？如果您不信的话，可以在没有 Office 2007 的环境中，甚至是使用 Firefox 浏览器来查看，【图 7-17】显示的就是在客户端没有安装 Office 2007 且使用 Firefox 浏览器来查看此网页 Excel 中的内容。

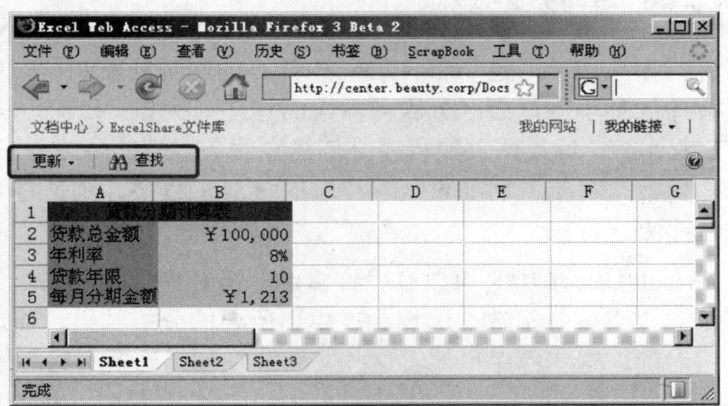

图 7-17　在客户端没有 Office 2007 且在 Firefox 浏览器下查看内容

另外一点也是您可以注意到的地方，就是在文件计算表上方没有像 Excel 程序中的工具栏。如果是在 IE 下可以看到有三个选项：打开、更新、查找。如果是在 Firefox 浏览器下，则只有两项：更新、查找，这

是因为在【图 7-17】的客户端环境中，没有 Office 2007 的环境也不支持 Firefox 浏览器，所以没有“打开”的选项，但是这里要表达的重点是，我们居然可以在 Firefox 浏览器中，同样也可通过网页来浏览 Excel 的数据哦！

7.2.5 什么是 Excel 快照

对于放在 MOSS 2007 文档库中的 Excel 文件，其打开 Excel 文件的方式有三种，您可以从单击该项目名称右边向下按钮所出现的菜单，看到三个项目，分别是“在 Microsoft Office Excel 中编辑”、“在 Web 浏览器中查看”、“Excel 中的快照”，在通过网页浏览的环境中，在“打开”菜单下也可以找到其中的两项，“在 Excel 中打开”、“在 Excel 中打开快照”，请参考【图 7-18】。

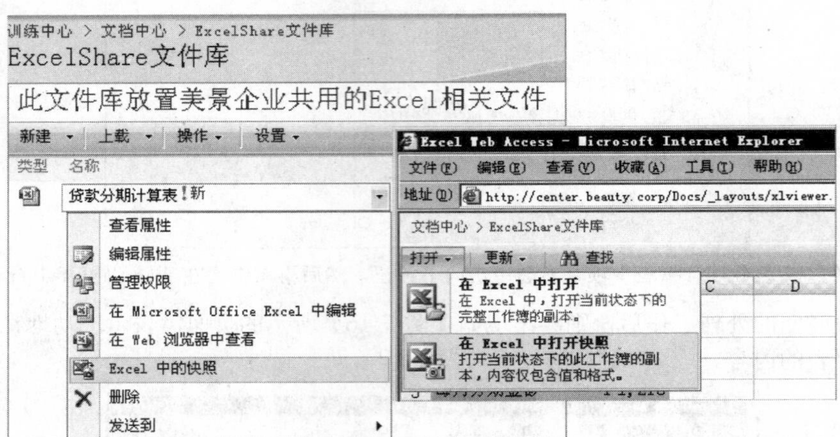

图 7-18 Excel 文件的打开方式有三种：1. 在 Microsoft Office Excel 中编辑；2. 在 Web 浏览器中查看；3. Excel 中的快照

在这几种打开 Excel 文件的方式中，从 Excel 程序中打开或是通过网页浏览的方式打开，这两种方法在前面都说明过了。第一种打开的方式应该没有问题，就是将所选择的文件在 Excel 程序中打开，第二种通过网页浏览的方式打开，在上面也看过网页的浏览环境，剩下的是第三种打开方式，叫做 Excel 的快照打开方式，这到底是什么样的打开方式呢？

其实所谓的 Excel 快照打开的方式就是将要打开的 Excel 文件，先通过 Excel 服务在 MOSS 2007 服务器上运行 Excel 计算数据的处理，然后将计算处理后的结果提供给打开的 Excel 程序。

这个意思是不是说，同样一份 Excel 数据，如果是选择用 Excel 打开，这份数据就会在客户端的 Excel 程序上运行，如果选择 Excel 快照打开，则这份数据会在服务器上的 Excel 服务中运行，然后将结果丢给客户端 Excel 程序。如果是的话，那我就要问了！干嘛要这么麻烦呢？不就都是给客户端的 Excel 程序去运行吗？干嘛还要分成两种方式呢？

嗯！这个问题问得很好，如果您学习过 ASP 或 ASP.NET 的网页开发制作就可以知道这个中的道理在哪里？为什么在网页开发程序的环境中，会区分服务器端的程序（例如：PHP、ASP 等）以及客户端的程序（例如：Java Script、VB Script）。如果网页的程序是创建在服务器端的环境时，程序是在服务器上运行，然后将结果丢到客户端的浏览器来显示，而如果是客户端的 Script 程序，则是将 Script 程序代码丢到客户端的浏览器上由浏览器的程序来运行。

所以同样的道理，在 Excel 的环境中是可以开发许多的分析及应用程序的，开发者可以通过单元格之间的数据、相互的关联、汇总、查询、筛选、运算、产生出所要的分析结果，而这些程序以往都是在客户端的计算机上来运行的。相对的，这些程序也随着这些文件被复制到许多不同的地方而缺乏保护。

但今天 MOSS 2007 的 Excel 服务却提供了一个前所未有的 Excel 运行环境，那就是将 Excel 内所开发的程序在服务器上运行了，这样对客户端来说最大的好处，就是不需要使用到客户端的计算机来运行 Excel 中的程序运算，对开发者来说，所有 Excel 所开发的程序都可以放在服务器上受到保护，客户端只能取得在服务器上运行后的结果。

好了！拉回主题！我们如何来证实 Excel 的快照方式是不会在客户端上运行 Excel 中的计算呢？以前面贷款分析计算表的例子来看，在【图 7-6】中，对于每月分期金额的单元格是经由上面几个域值，再加上所设计的计算公式来计算得到结果，所以在此字段中所输入的是“=ABS（PMT（B3/12,B4*12,B2））”运算公式。可是如果您是使用 Excel 快照方式打开 Excel 数据，不妨用鼠标单击此字段的位置，就会发现没有任何的计算公式出现，如【图 7-19】所示。也就是说，此字段中的数据就是最后算出的结果数据而不是计算公式所产生的数据，而这个结果数据，其实是在服务器上计算完成之后，再放到客户端的 Excel 程序中的。

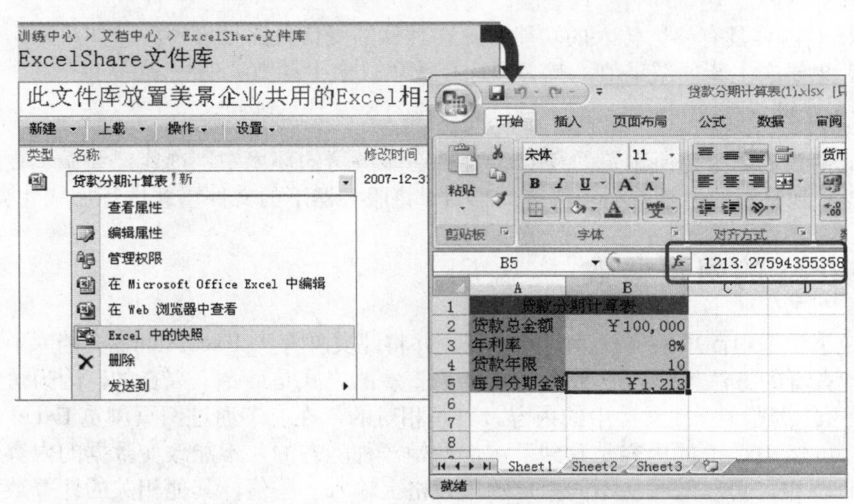

图 7-19　使用 Excel 快照的方式打开，只会有计算后的结果，不会有计算公式

7.2.6 网页环境的 Excel 数据更新

当您使用 Web 浏览器查看所选择的 Excel 文件时，其实对 MOSS 2007 而言，是将 Excel 的文件交给 Excel 服务程序来运行，并将产生的结果做成像是 Excel 格式的网页内容，以提供给客户端的用户通过浏览器来查看。所以对客户端来说，所看到的数据就是计算后的结果数据，当然也就是静态的数据。所以如果在服务器端的 Excel 文件内容在其他地方被更新时，查看的客户端不会看到服务器上所产生的更改数据计算后的新结果，此时，该客户端必须对所查看的 Excel 数据进行更新，才会看到新的结果。

要进行网页 Excel 数据的更新，可以移动鼠标单击“更新”右边的向下按钮，此时会出现如下【图 7-20】所示的下拉菜单，然后选择 Excel 更新的方式。

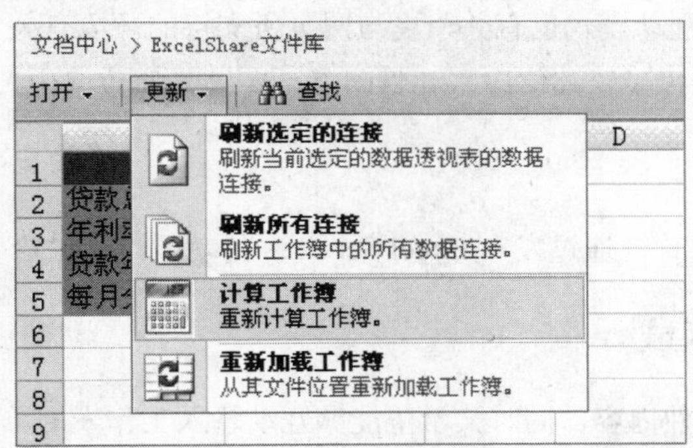

图 7-20　在网页浏览的环境下，对 Excel 的数据进行更新的功能选项

如【图 7-20】所示，可以看到在网页上进行 Excel 更新数据的方式有四种，各代表了不同的更新内容。

- 刷新选定的连接

当您在 Excel 电子表格中创建起数据透视表后，其内容是可以通过浏览网页显示出来的，但是数据透视表中的内容一旦从网页显示出来之后，数据内容便不再变动，所以如果所创建的枢纽分析数据源是来自于其他数据，改变过后的数据便需要更新一次，才会看到变动后重新分析的结果。选择此项功能前必须先单击所要重新整理的枢纽分析项目，然后再单击此功能，该枢纽分析内容才会产生新的分析数据。

- 刷新所有连接

在 Excel 的数据表中，可以连接到不同的外部数据库，将外部数据导入到 Excel 工作簿中，由 Excel 进行处理分析。但外部数据在导入到 Excel 工作簿后，便不再与外部数据库进行更新，所以原始数据库中的数据有更新时，如果要在 Excel 中也有最新的更新数据就必须选择此项功能，再次从所设置连接的外部数据库获取外部连接的数据。

- 计算工作簿

当设计的 Excel 内容具有参数传入的功能时，在默认的受信任路径设置中，如果采用手动方式进行更新，在输入参数后想要产生新的结果值，就必须选择此项目做手动数据的更新。

- 重新加载工作簿

选择此项目最主要的原因是所浏览的 Excel 文件在服务器的环境中，内容已经做了更改，所以在网页浏览环境下，想要看到更新的内容就必须选择此项目，将服务器下的文件重新进行加载才会看到新的内容。

7.3 定义 Excel 的网页参数

在前面我们做了一个很简单的贷款分期计算表，并将此文件存入 ExcelShare 文档库中，然后再重新取出来查看。在三种查看的方法里，通过 Web 浏览器来查看的方式是最令人兴奋的，因为可以在客户端没有 Excel 程序的环境下，浏览 Excel 文件中的内容。可是相对的，在有了通过网页浏览 Excel 内容的功能后，就会进一步想到，虽然 Excel 的内容是看到了，但却是一种静态的，不能改变数据的内容。这又与原本在客户端的 Excel 程序中，可以随时在不同指定的单元格上输入一些值，其他相关的计算数据就会随着所输入的数据重新计算出新的结果有所差异。

就以上所举的贷款分期计算表为例，如果是通过客户端的 Excel 程序将此 Excel 文件调用出来打开，可以在“贷款总金额”、“年利率”、“贷款年限”的三个单元格中，将所需要的金额、利率比、年限值分别地输入进去，最后在每月分期金额的单元格上就会显示每月要缴的金额有多少。可是，如果在使用 Web 浏览器查看时，就会发现没有一个单元格是可以输入的，当然也就没有重新计算的功能了。

那到底可不可以在通过 Web 浏览器查看的环境下，同样有这些输入数据的字段，然后也可以像在客户端的环境一样，将所输入的值重新计算出结果并显示出来呢，如果有那就太棒了！因为这也代表了我们只要在客户端的 Excel 中写好所要进行的计算，就可以将这样互动处理的内容通过网页来提供给用户了。

当然这个答案是肯定的，但是要做到与客户端 Excel 的环境一模一样其实是非常困难的，所以系统采用另一种方式来提供这种互动模式，毕竟网页的处理与客户端程序处理在许多功能上是受到限制的，它的限制不但与网络有关，与网页互动模式也有关，更与网页所支持的环境有关。

创建一个由 Web 浏览器来提供输入字段，并将网页上所输入的数据传入 Excel 文件中，进行重新计算处理的设置包括两个部分：

- 命名单元格区域。
- 将输入单元格的区域名称，通过发布 Excel Services 的功能，提供给 Excel 服务来进行处理。

7.3.1 命名单元格区域

要在网页中查看 Excel 文件内容，同时又希望能够互动输入工作表的单元格内容，以分析出现的不同结果。此时该如何是好呢？要达成这个目的，必须先定义这些需要事后在网页中修改输入的单元格（如前面所提到的贷款总金额、年利率、贷款年限）的区域名称，这样当我们在发布 Excel 工作簿时，就可以选择哪些区域名称要作为参数输入了。

如何命名这些单元格需要使用的区域名称呢？我们将已经存入 ExcelShare 文档库中贷款分期计算表的 Excel 文件重新用 Excel 程序打开，并进入到编辑模式。

在进入此 Excel 文件的编辑环境后，我们要定义的区域名称有三个，分别是贷款总金额、年利率、贷款年限三个单元格。请用鼠标右键单击“贷款总金额”的输入字段（B2 单元格），然后在快捷菜单中单击“命名单元格区域”项目（如【图 7-21】所示），此时，如果所选择的单元格左边有名称的内容，则会以左边单元格内容作为此单元格所要设置的区域名称（如【图 7-22】所示），以本例来说，就是以系统所提供的名称作为这三个单元格区域命名的名称。请分别在此三个单元格上，依此操作步骤分别设置这三个字段的区域名称。

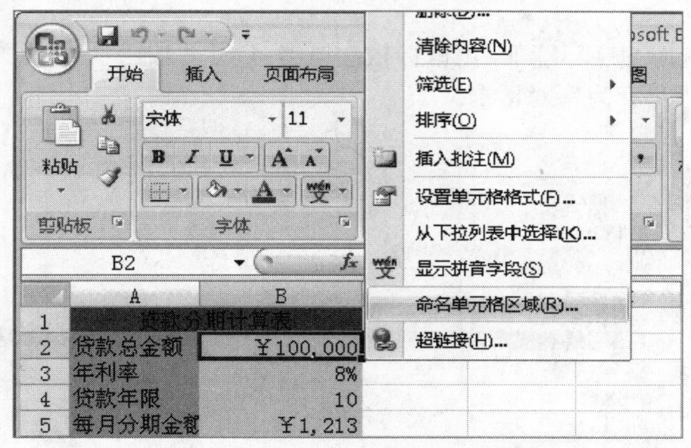

图 7-21　选择“命名单元格区域”，设置区域名称

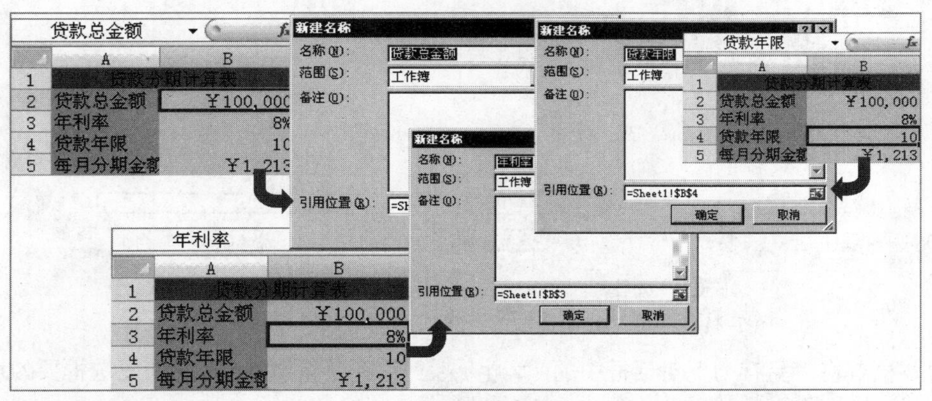

图 7-22　对贷款总金额、年利率、贷款年限的三个输入字段设置其区域名称

【图 7-22】中所要表示的是我们用鼠标右键单击“贷款总金额”的单元格及其快捷菜单中的“命名单元格区域”项目，并定义区域名称为“贷款总金额”。相同的操作也针对“年利率”字段完成，只是区域名称为“年利率”。

在 Excel 环境中，区域命名可以用鼠标选择一些单元格区域来给定此区域的名称，但此种方法不能被使用在此处参数单元格的定义上，也就是说，提供网页所需要的参数必须是单一单元格区域。

命名好以上这三个单元格区域名称后，您也可以将第四个单元格（每月分期金额）计算式所要参考的字段，改成使用区域名称来做计算，请参考【图 7-23】，是不是发现计算式子中的内容更能够充分说明整个计算式所代表的含意呢？

B5　=ABS(PMT(年利率/12,贷款年限*12,贷款总金额))

	A	B	C	D	E	F	G
1	贷款分期计算表						
2	贷款总金额	￥100,000					
3	年利率	8%					
4	贷款年限	10					
5	每月分期金额	￥1,213					
6							

图 7-23　将每月分期金额的计算式改成采用区域名称来做计算

在设置好以上的操作后，可以先行测试一下，看一下当更改贷款总金额或年利率，以及贷款年限的域值后，每月分期金额的值，会不会随这些不同改变的内容而重新计算。如果确认计算内容没有错的话，就先行将更改后的内容存档。

7.3.2 定义发布 Excel Services 所需的参数

在定义好区域名称的字段后便可以进行Excel Services功能的发布了，记住：**必须是企业版的Office 2007才提供此功能**。

1 请在 Excel 2007 应用程序环境下，用鼠标依次单击：Office 按钮 →“发布”→“Excel Services”，打开如【图 7-24】所示的“另存为”对话框。

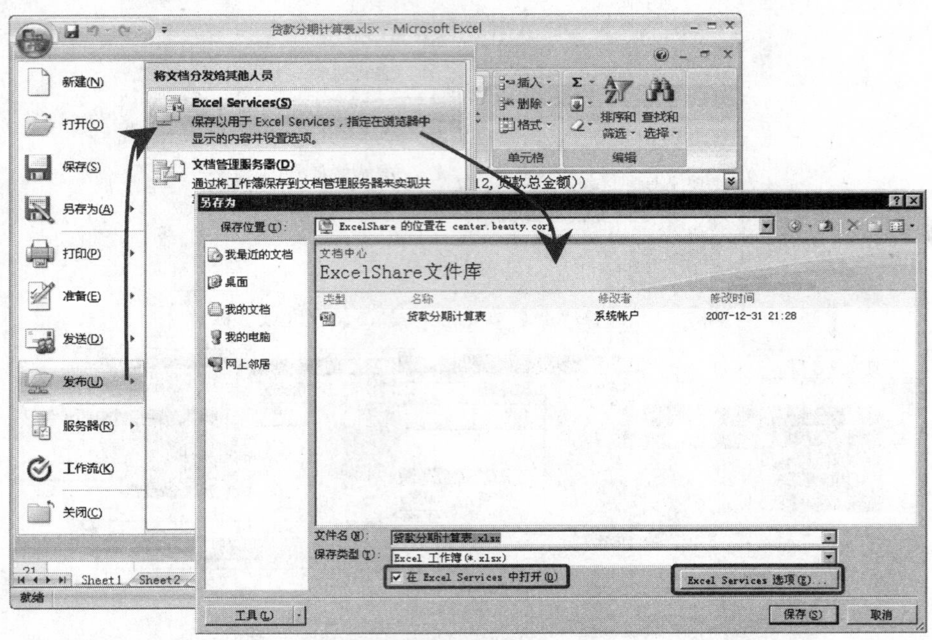

图 7-24　将每月分期金额的计算式改采用区域名称来做计算

2 记得要检查在“另存为”对话框中的 ☑在 Excel Services 中打开(O) 前的复选框要勾选起来。

3 接下来移动鼠标单击 Excel Services 选项(E)... 按钮，会进入到 Excel Service 选项的设置对话框中，如【图 7-25】所示。

4 在此对话框中有两个设置页面，一个是“显示”的页面，此页面最主要是设置要在网页中所显示的内容，可以选择显示的对象有三种：第一个是整个工作簿，也就是所有的数据都显示在网页上，第二个是工作表，此项是选择显示特定的工作表，以本例而言，只需要显示第一个工作表就可以了（所以选择第二项工作表，并将 Sheet2 与 Sheet3 的勾选关掉，这也表示了已将不需要显示的工作簿隐藏起来了），第三个是选择显示在工作簿中有定义的区域名称的设置，此部分到后面再来详细说明。

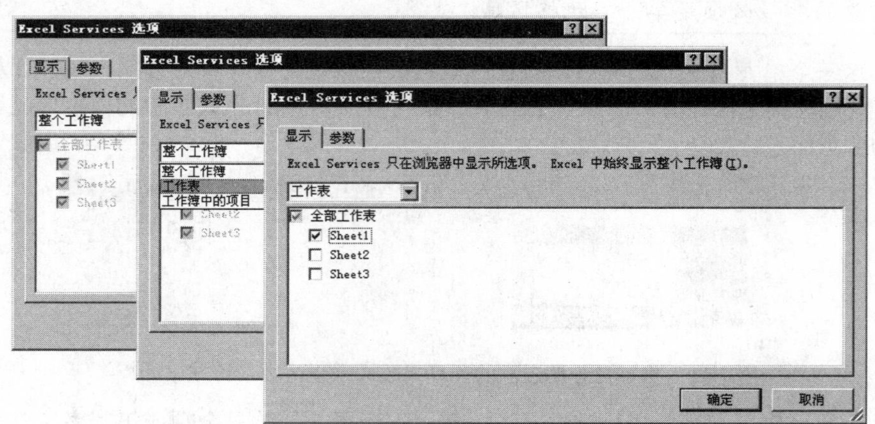

图 7-25　选择在网页的环境下只显示 Sheet1 中的内容

5 第二个“参数”页面则是用来设置在网页上所要显示的输入参数字段。所以当移动鼠标单击“参数”页面后，请单击 添加(A)... 按钮，打开“添加参数”对话框，如【图 7-26】所示，此时便会看到我们之前所定义的区域名称命名项目，在这个例子中，是要将此三个字段都要显示在网页的环境上，所以请将年利率、贷款年限、贷款总金额的字段都要勾选起来，在勾选完毕后，请单击 确定 按钮回到“Excel Services 选项”对话框中，然后再次单击 确定 按钮，回到“另存为”的对话框中，最后请单击 保存(S) 按钮，在确定保存完成后，就可以将此 Excel 的文件关闭。

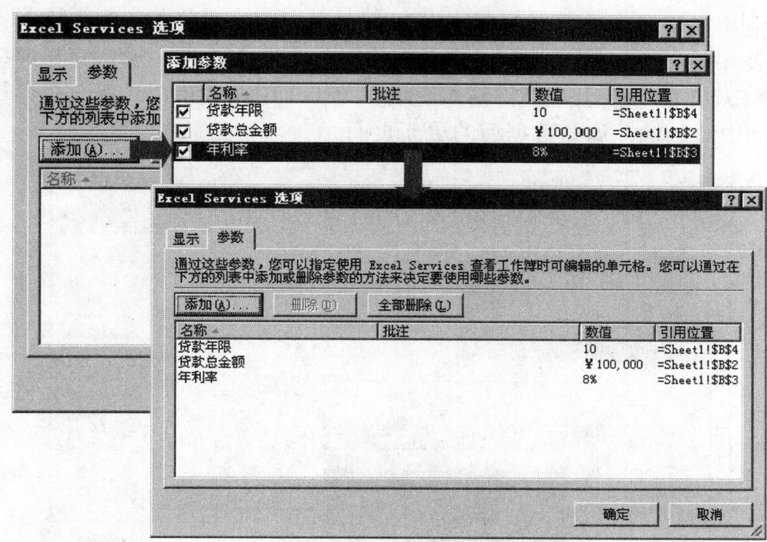

图 7-26　选择在网页上要显示的参数字段，勾选三个参数字段

7.3.3　确认网页浏览 Excel 文件的参数输入

完成了以上的参数字段的设置之后，系统会直接会切换到网页浏览视图环境，如果此时发现出现错误信息，通常代表所设置的区域名称有错误，否则就应该出现如【图 7-27】所显示的内容。

此内容也可以重新回到 ExcelShare 文档库的环境后，移动鼠标单击“贷款分期计算表”项目右边的向下按钮，然后单击“在 Web 浏览器中查看”的项目来达成。

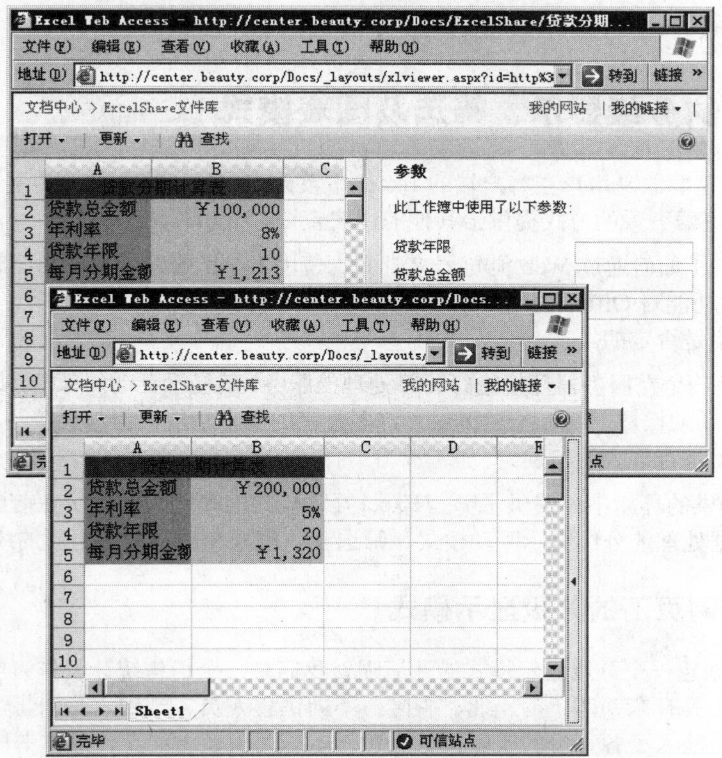

图 7-27　当设置完网页参数的内容后，网页参数字段会出现在网页右边页面上

如果出现如【图 7-27】所示的页面，就代表成功地设置了网页参数的字段，网页参数字段是固定显示在此 Excel 网页右边的页面上的，如果不想看到右边输入的参数字段或不再使用此字段时，可以单击中间的▸按钮，此时网页的页面，便会向右收起参数字段中的设置页面。

如果希望重新计算每月分期金额的内容，可以在右边参数字段上，分别输入所需要的值，如【图 7-28】所示。例如：在“年利率”字段中输入“0.05”，代表年利率为 5%，“贷款年限”输入“20”，代表是 20 年期，最后在贷款总金额中输入“2 000 000”，代表贷款总金额为 200 万，输入完毕，移动鼠标单击下方的 应用 按钮，此时 Excel 服务便会重新将输入值填入 Excel 中，并重新计算，在计算处理完毕后，您也会在左边的 Excel 页面中看到输入这些数据后的更新页面。

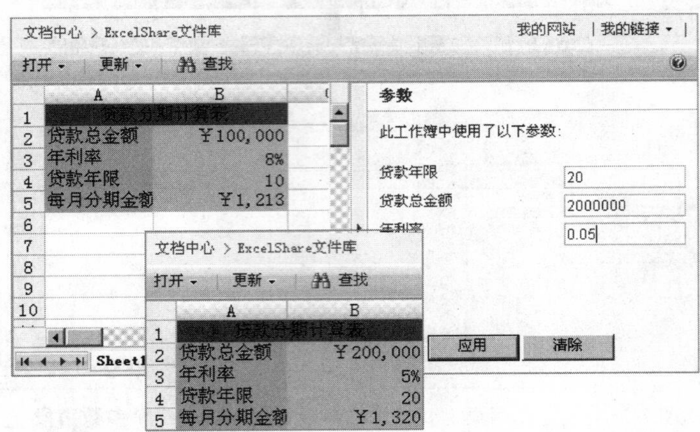

图 7-28　输入要重新计算的内容，并单击“应用”，便会看到重新计算后的内容

> **注意** 右边参数字段的设置是使用 Excel 中的区域命名来定义的，这种字段只能是单纯的输入字段，其他区域式或是下拉列表式的方式都不能够使用。如果您将该字段设置了区域名称，再使用数据验证的方式产生下拉式选择列表，当发布到 Excel 服务器上时，会有以下两种情况：
>
> ✓ 该字段不会出现在参数的选择框中。
>
> ✓ 当该文件使用网页浏览的方式取出时，会产生错误。

7.4 网页环境的分级显示、筛选及图表模式

Excel 服务程序最主要的是用户在客户端的 Excel 中设计完成后，将文件上传到 MOSS 2007 的文档库中，然后通过 Web 浏览器查看的方式提供给其他的用户查询、分析使用。

在看了前面对 Excel 如何通过 Web 浏览器来查看、使用 Excel 的内容后，相信您应该已经有了一些概念，我们也相信这样的功能对 Office 的用户来说，真是一大突破啊！那么 Excel 服务是否提供了所有在 Excel 程序中的功能呢？答案是否定的。

因为 Excel 服务是一个在服务器环境进行计算处理的服务，其显示互动的部分，是通过网页浏览与 Web 2.0 技术来提供网页互动的操作，所以虽然提供了许多不错的操作功能，但与直接在客户端运行的 Excel 程序来比较的话，当然还是有很大的差别。

在 Excel 服务所提供的环境中还提供了哪些 Excel 互动模式的功能呢？除了在前面所提到的参数字段功能外，还提供了对数据处理的分级显示互动模式、筛选互动模式和动态数据更新的统计图表模式。

7.4.1 Excel 网页下的分级显示模式

在 Excel 中如何创建一个分级显示模式的环境呢？我们拿一个销售统计表作为创建分级显示模式的例子，本练习是创建一个具有东、西、南、北、中区，不同销售人员、一到六月销售情况的统计表，并在各月份销售金额的字段下输入了各月份的实际销售金额（本练习所使用的文件为本书所附范例的\Excel 文件夹下的“销售统计表.xlsx”，如【图 7-29】所示）。

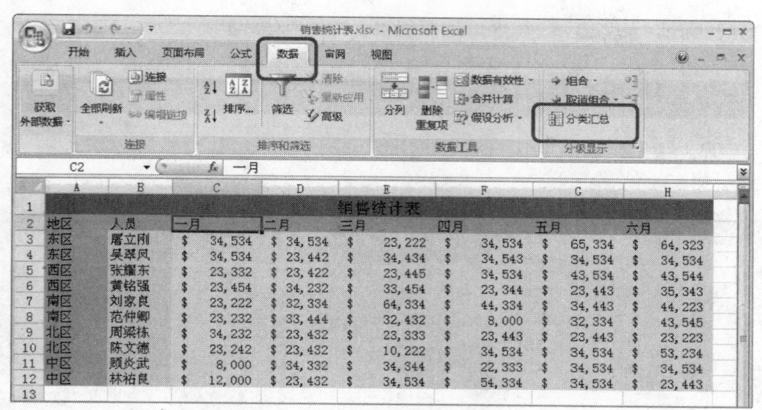

图 7-29　在 ExcelShare 文档库中创建一个销售统计表

在 Excel 工作簿中创建如【图 7-29】所示的统计表后，如果要在此表内提供更多动态分析处理的话，通常会创建分级显示分类群组来提供动态分类的分析处理，怎么做呢？

1 将销售统计表从最左上角至右下角的整个数据区域标记起来（即 A2 单元格至 H12 单元格）。

2 移动鼠标依次单击“数据”选项卡 →“分级显示”区块中的“分类汇总”按钮，打开“分类汇总”的对话框，如【图 7-30】所示。

- “分类字段”选择“地区”。
- “汇总方式”字段选择“求和”。
- “选定汇总项”字段上，请将一到六月的前的复选框勾选起来。
- 其他保留默认值，并单击 确定 按钮，出现如【图 7-31】所示界面。

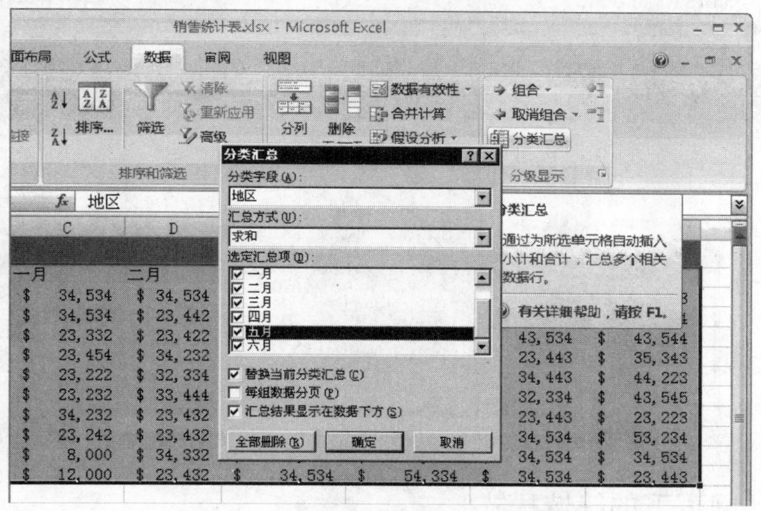

图 7-30　创建分级显示的分类汇总模式

	A	B	C	D	E	F	G	H
1	销售统计表							
2	地区	人员	一月	二月	三月	四月	五月	六月
3	东区	屠立刚	$ 34,534	$ 34,534	$ 23,222	$ 34,534	$ 65,334	$ 64,323
4	东区	吴翠凤	$ 34,534	$ 23,442	$ 34,434	$ 34,543	$ 34,534	$ 34,534
5	**东区 汇总**		$ 69,068	$ 57,976	$ 57,656	$ 69,077	$ 99,868	$ 98,857
6	西区	张耀东	$ 23,332	$ 23,422	$ 23,445	$ 34,534	$ 43,534	$ 43,544
7	西区	黄铭强	$ 23,454	$ 34,232	$ 33,454	$ 23,344	$ 23,443	$ 35,343
8	**西区 汇总**		$ 46,786	$ 57,654	$ 56,899	$ 57,878	$ 66,977	$ 78,887
9	南区	刘家良	$ 23,222	$ 32,334	$ 64,334	$ 44,334	$ 34,443	$ 44,223
10	南区	范仲卿	$ 23,232	$ 33,444	$ 32,432	$ 8,000	$ 32,334	$ 43,545
11	**南区 汇总**		$ 46,454	$ 65,778	$ 96,766	$ 52,334	$ 66,777	$ 87,768
12	北区	周梁栋	$ 34,232	$ 23,432	$ 23,333	$ 23,443	$ 23,443	$ 23,223
13	北区	陈文德	$ 23,242	$ 23,432	$ 10,222	$ 34,534	$ 34,534	$ 53,234
14	**北区 汇总**		$ 57,474	$ 46,864	$ 33,555	$ 57,977	$ 57,977	$ 76,457
15	中区	顾炎武	$ 8,000	$ 34,332	$ 34,344	$ 22,333	$ 34,534	$ 34,534
16	中区	林祐良	$ 12,000	$ 23,432	$ 34,534	$ 54,334	$ 34,534	$ 23,443
17	**中区 汇总**		$ 20,000	$ 57,764	$ 68,878	$ 76,667	$ 69,068	$ 57,977
18	**总计**		$ 239,782	$286,036	$ 313,754	$ 313,933	$ 360,667	$ 399,946

图 7-31　创建起销售统计表的分级显示分类，可以关闭或打开各区的销售统计情况显示

在创建起销售统计表的分级显示分类模式后，将此文件上传（上载 → 上载单个文档）到 ExcelShare 文档库，名称就叫“销售统计表”。然后再次单击此项目菜单中的“在 Web 浏览器中查看”的选项，就会如【图 7-32】所示一样。

文档中心 > ExcelShare文件库　　我的网站 | 我的链接

打开 · 更新 · 查找

销售统计表

地区	人员	一月	二月	三月	四月	五月	六月
东区	屠立刚	$ 34,534	$ 34,534	$ 23,222	$ 34,534	$ 65,334	$ 64,323
东区	吴翠凤	$ 34,534	$ 23,442	$ 34,434	$ 34,543	$ 34,534	$ 34,534
东区 汇总		$ 69,068	$ 57,976	$ 57,656	$ 69,077	$ 99,868	$ 98,857
西区	张耀东	$ 23,332	$ 23,422	$ 23,445	$ 34,534	$ 43,534	$ 43,544
西区	黄铭强	$ 23,454	$ 34,232	$ 33,454	$ 23,344	$ 23,443	$ 35,343
西区 汇总		$ 46,786	$ 57,654	$ 56,899	$ 57,878	$ 66,977	$ 78,887
南区	刘家良	$ 23,222	$ 32,334	$ 64,334	$ 44,334	$ 34,443	$ 44,223
南区	范仲卿	$ 23,232	$ 33,444	$ 32,432	$ 8,000	$ 32,334	$ 43,545
南区 汇总		$ 46,454	$ 65,778	$ 96,766	$ 52,334	$ 66,777	$ 87,768
北区	周梁栋	$ 34,232	$ 23,432	$ 23,333	$ 23,443	$ 23,443	$ 23,223
北区	陈文德	$ 23,242	$ 23,432	$ 10,222	$ 34,534	$ 34,534	$ 53,234
北区 汇总		$ 57,474	$ 46,864	$ 33,555	$ 57,977	$ 57,977	$ 76,457
中区	顾炎武	$ 8,000	$ 34,332	$ 34,344	$ 22,333	$ 34,534	$ 34,534
中区	林祐良	$ 12,000	$ 23,432	$ 34,534	$ 54,334	$ 34,534	$ 23,443
中区 汇总		$ 20,000	$ 57,764	$ 68,878	$ 76,667	$ 69,068	$ 57,977
总计		$ 239,782	$286,036	$ 313,754	$ 313,933	$ 360,667	$ 399,946

销售统计表　Sheet2　Sheet3

图 7-32　以 Web 浏览器视图的方式查看销售统计表文件

从【图 7-32】可以看到 Excel 服务提供了网页类型的分级显示分类功能，所以可以在网页中浏览，并使用分级显示模式的动态分类筛选处理。此时，在网页的最左上角上有个层次选择的按钮 1 2 3，您可以移动鼠标单击此按钮中的 1、2、3，系统就会随指定值展开各层次内容，例如：第一层是做总计处理，第二层做各区域的汇总处理，第三层则是所有数据的总计和分类汇总处理，见【图 7-33】。

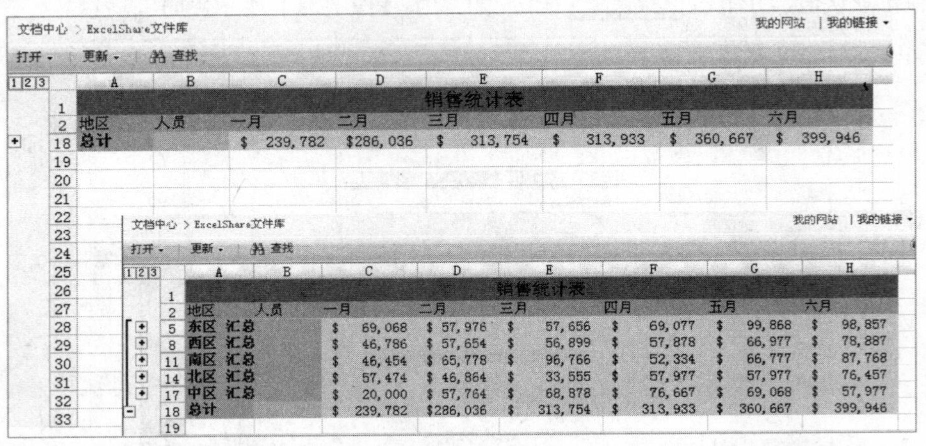

文档中心 > ExcelShare文件库　　我的网站 | 我的链接

打开 · 更新 · 查找

销售统计表

地区	人员	一月	二月	三月	四月	五月	六月
总计		$ 239,782	$286,036	$ 313,754	$ 313,933	$ 360,667	$ 399,946

文档中心 > ExcelShare文件库　　我的网站 | 我的链接

打开 · 更新 · 查找

销售统计表

地区	人员	一月	二月	三月	四月	五月	六月
东区 汇总		$ 69,068	$ 57,976	$ 57,656	$ 69,077	$ 99,868	$ 98,857
西区 汇总		$ 46,786	$ 57,654	$ 56,899	$ 57,878	$ 66,977	$ 78,887
南区 汇总		$ 46,454	$ 65,778	$ 96,766	$ 52,334	$ 66,777	$ 87,768
北区 汇总		$ 57,474	$ 46,864	$ 33,555	$ 57,977	$ 57,977	$ 76,457
中区 汇总		$ 20,000	$ 57,764	$ 68,878	$ 76,667	$ 69,068	$ 57,977
总计		$ 239,782	$286,036	$ 313,754	$ 313,933	$ 360,667	$ 399,946

图 7-33　在网页的环境下，单击第一层分级显示模式和第二层分级显示模式的样子

7.4.2 Excel 网页下的筛选模式

在 Excel 的环境中，除了常常会使用上述的分级显示模式对数据进行分类小计或是总计的处理，以方便查看在不同分类原则下计算的总额是多少。而对于数据的筛选处理也是在 Excel 下经常设置的另一项功能。

以本例来说，除了对销售统计表创建分级显示分类模式之外，还可以对销售统计表中的地区与人员进行数据筛选设置，以下是设置数据筛选的操作：

在销售统计表的项目表上选择“在 Microsoft Office Excel 中编辑”的选项，使用客户端的 Excel 程序，打开此 Excel 的文件。然后依次单击：“开始” → “编辑”区块中的“排序和筛选”按钮下的 筛选(F)，如【图 7-34】所示。此时，在“地区”字段横轴上各字段右边皆会出现一个向下（▼）的按钮，单击该按钮就会出现下拉式筛选菜单。在确定保存后再使用网页形式来查看此 Excel 文件（如【图 7-35】所示）。

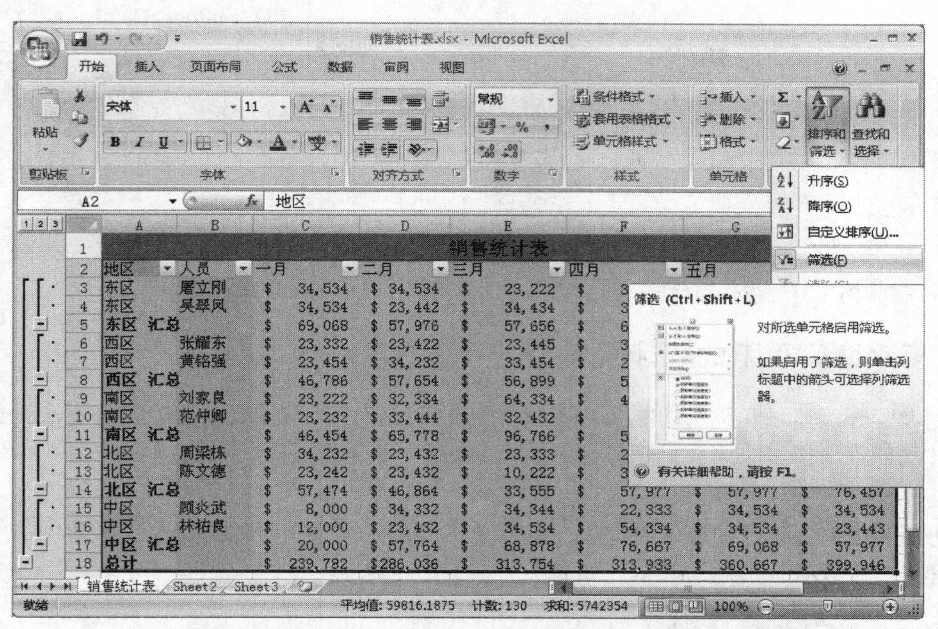

图 7-34　在销售统计表中，单击“地区”字段并设置筛选处理的环境

图 7-35　在网页的环境下可以使用 Excel 中所设置的筛选功能

如果没有看到如【图 7-35】所示的页面，可依次单击“更新”→“重新加载工作簿”，重新加载工作簿数据视图。从【图 7-35】中可以看到在网页环境下也可以进行 Excel 字段的筛选处理，例如：如果只想看到中区的销售统计情况，可以单击“地区”字段右边向下按钮，选择下拉菜单中的“筛选”项目，之后系统会显示出地区的筛选窗口，供您选择所要筛选查看的地区，如【图 7-36】和【图 7-37】所示。

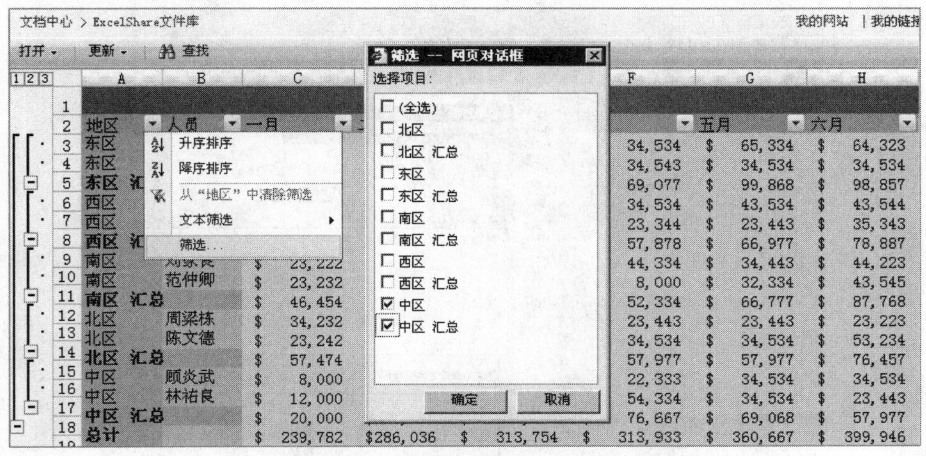

图 7-36　在网页的环境下单击地区的筛选，并选择中区的筛选内容

文档中心 > ExcelShare文件库　　我的网站 | 我的链接

打开 ▾ | 更新 ▾ | 查找

	A	B	C	D	E	F	G	H
1	销售统计表							
2	地区	人员	一月	二月	三月	四月	五月	六月
15	中区			$ 34,332	$ 34,344	$ 22,333	$ 34,534	$ 34,534
16	中区			$ 23,432	$ 34,534	$ 54,334	$ 34,534	$ 23,443
17	中区 汇			$ 57,764	$ 68,878	$ 76,667	$ 69,068	$ 57,977
18	总计			$ 57,764	$ 68,878	$ 76,667	$ 69,068	$ 57,977
19								
20								
21								

升序排序
降序排序
从“地区”中清除筛选
文本筛选
筛选...

图 7-37　运行筛选后，只会出现筛选后的数据并在字段右方显示已筛选图像

7.4.3 Excel 网页下的统计图表

在练习完设置分级显示和筛选功能后，还有一个在 Excel 中非常重要的功能就是统计图表， Excel 服务同样支持此功能。所以接下来我们换到另一页工作簿上，依此销售统计表的计算内容，创建一个销售统计图表。

1 请切换到“销售统计图表”工作表，然后单击“插入”菜单下的“图表”区块中的“柱形图”按钮，进而选择“三维簇状柱形图”类型。如【图 7-38】所示。

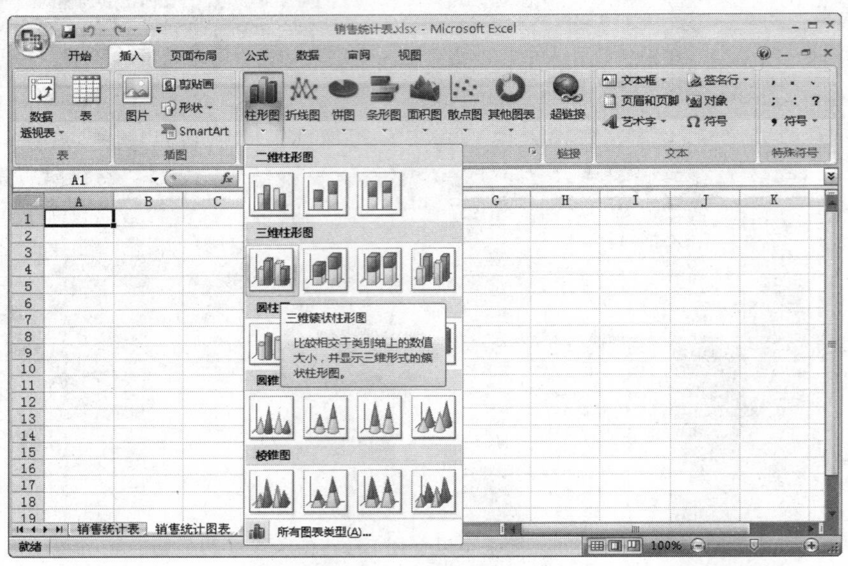

图 7-38　切换到第二个工作表，并先行创建一个三维柱形图的图表样本

2 在出现图表放置的对象后，单击“设计”选项卡下的“数据”区块中的“选择数据”按钮，此时系统会出现“选择数据源”的对话框。请切换到“销售统计表”工作表，将 A2 单元格至 H18 单元格区域标记起来，此时所选择的区域就会出现在选择数据源的对话框字段中（如【图 7-39】、【图 7-40】所示）。

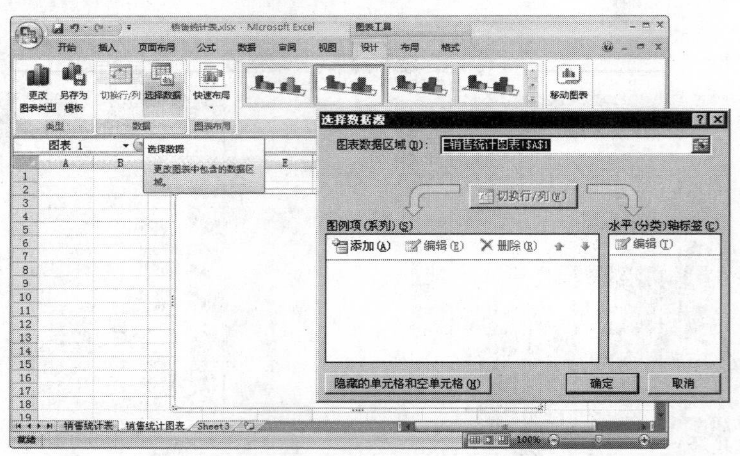

图 7-39　出现“选择数据源”对话框后，移动鼠标选择所需要的数据区域

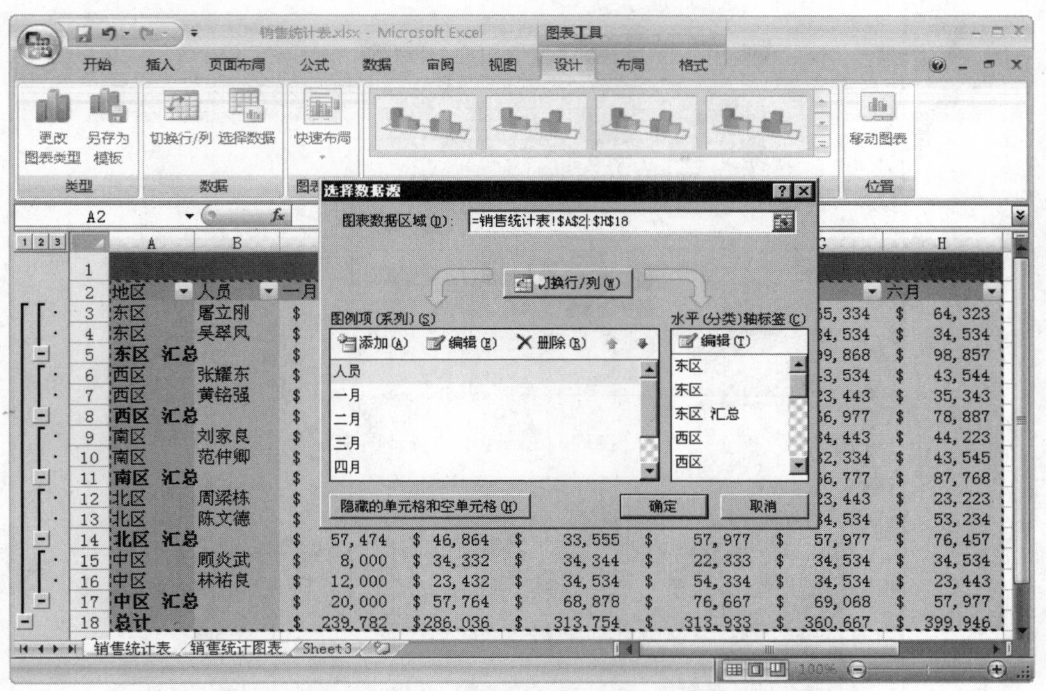

图 7-40　在选择数据区块后，该区域会自动放入到所选择的数据源字段中

[3] 在“选择数据源”的对话框中出现了选择的数据区域后，移动鼠标单击 确定 按钮，并且回到“销售统计图表”工作表上，查看所产生的统计图表是否为我们要的图表，如【图 7-41】所示。

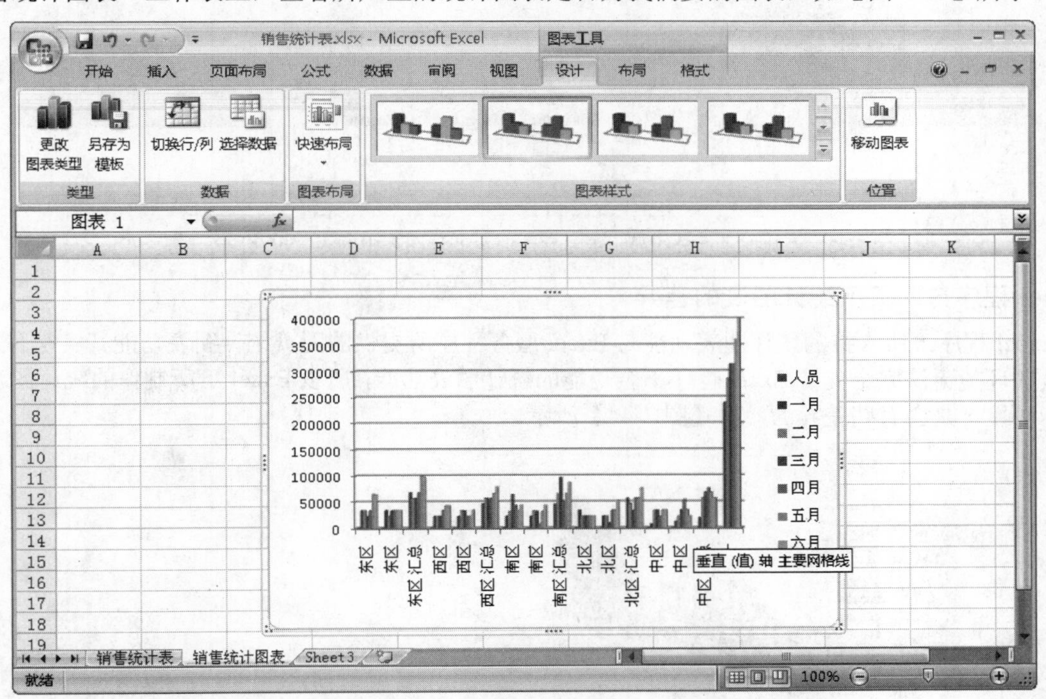

图 7-41　依据前面所选择销售统计表的数据区域而产生的销售统计图表

[4] 在确认此文件所产生的统计图表没有问题后，将此文件保存，然后再通过 Web 浏览器视图的方式来查看在网页下的表现情况。

[5] 在打开此销售统计表的网页环境后，可以看到如【图 7-42】下方一样，显示“销售统计表”和“销售统计图表”的工作簿选项卡，所以移动鼠标单击“销售统计图表”后就可以看到在 Web 浏览器下所呈现的统计图表的样子，如【图 7-43】所示。

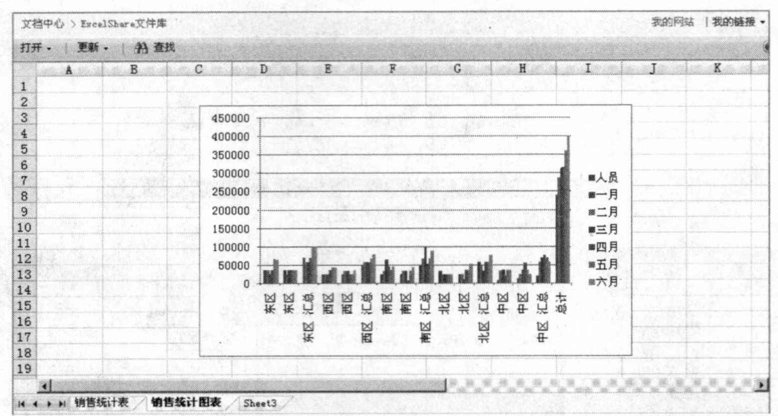

图 7-42 网页下的统计图表与 Excel 下的统计图表会有一些差异

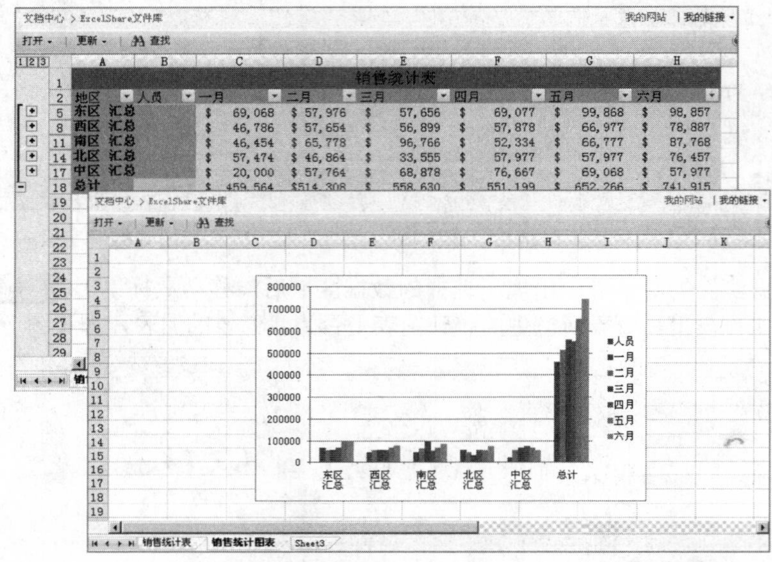

图 7-43 当数据进行分级显示或是筛选时，统计图表中的内容也会跟着改变

Excel 程序与网页下统计图表的差异

在 Excel 程序下所支持的统计图表功能与 Excel 服务程序所提供的网页统计图表功能其实是有差异的。由于网页的环境无法完全支持 Excel 程序下全功能的统计图表功能，所以 Excel 下所制作的统计图表，在网页的显示环境下是会有些差异的，如【图 7-44】所示。

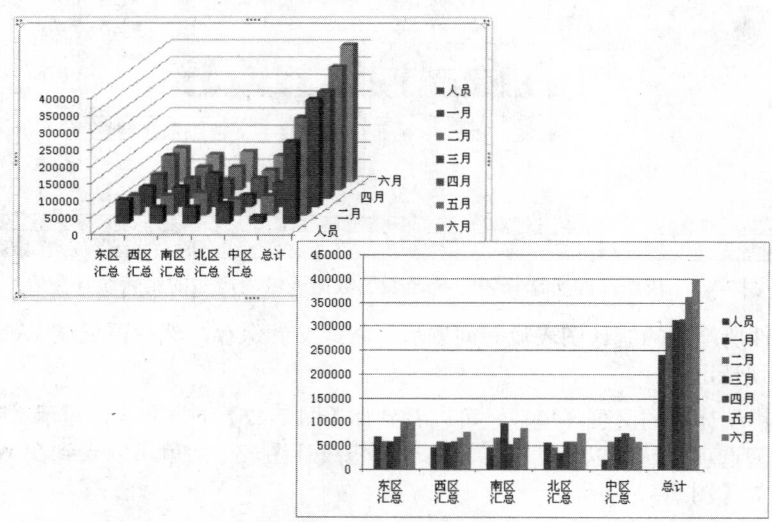

图 7-44 统计图表在 Excel 程序中与在网页中显示的情况是不太相同的

【图 7-44】的左上角是在 Excel 程序中的所产生的“三维柱形图”类型的统计图表，但相同的统计图表在右下角的网页环境下就会产生一些差异（只有平面图表的展现），所以当您在设计统计图表时，应该要检查一下在网页所呈现出的统计图表，与原来在 Excel 中的统计图表差多少，以避免所要的结果差异太大。

7.5 网页统计图表设计应用

前面我们已经介绍了两种通过 Excel 服务所设计显示在网页环境下的 Excel 应用，相对的，也提到了 Excel 程序在通过了 Excel 服务运行环境后在运行功能上的限制，所以在设计 Excel 服务下可以运行的内容时，需要稍微思考和调整可以应用的环境。

举例来说，前面销售统计的例子针对“地区”字段提供了分级显示和筛选的功能，所以针对这样分级显示和筛选功能所做出的统计图表效果变得非常的拥挤，如果我们的需求是在网页环境中可以输入月份的参数，然后统计图就会出现该月份的各区销售总量统计图表，那又要如何来制作呢？以下就针对此应用，用前面学习过的经验来进行另一个统计图表的设计。

为了将此应用与原来的 Excel 分开，我们取出原来的销售统计表文件进行复制，生成另一份叫做“月份销售统计图表”的文件。

1 移动鼠标单击“销售统计表”名称字段右边的向下按钮，在出现下拉式项目菜单后，请单击 发送到 ▸ 下的 其他位置 项目。

2 请在“复制：销售统计表.xlsx”配置页面的“目标文档库或文件夹”字段输入“**http://center.beauty.corp/Docs/ExcelShare**”。而“副本文件名”字段输入“**月份销售统计图表**”，确认数据输入无误后，请单击 确定 按钮。

3 接下来系统会跳出一个消息对话框，请您确认所设置复制的路径和名称是否正确，如果您确认所输入的名称和路径都是正确的话，便可移动鼠标单击 确定 按钮进行复制，最后就会在 ExcelShare 文档库下看到新的“月份销售统计图表”文件，如【图 7-45】所示。

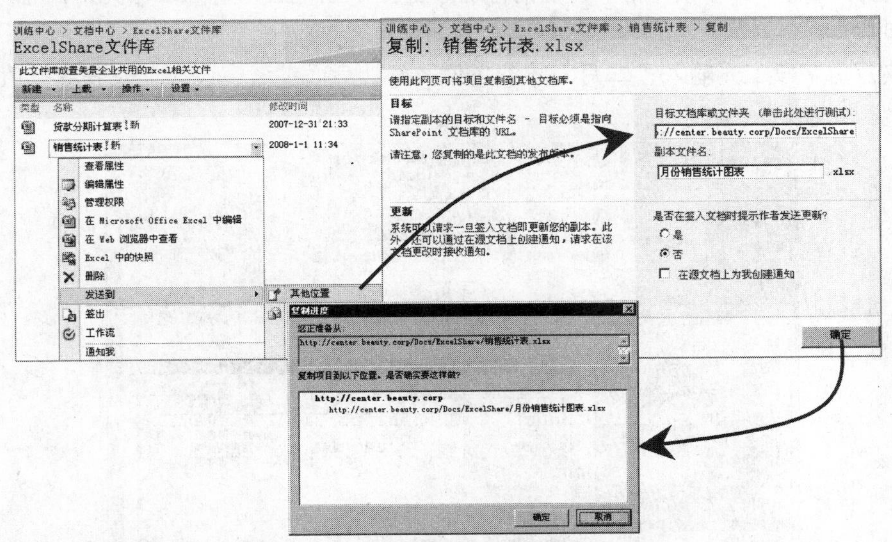

图 7-45　将原来销售统计表文件复制成新的月份销售统计图表文件

4 在产生出新的月份销售统计图表文件后，请单击该项目菜单，并使用“在 Microsoft Office Excel 中编辑”进入 Excel 编辑环境。

5 切换到第一个“销售统计表”工作表，单击 **第 2 层** 分级显示模式，在统计表里面只剩下区域汇总的销售内容。

6 利用区域命名将一到六月字段区域（C2 单元格至 H2 单元格）定义成“**月范围**”，地区汇总（东、西、南、北、中）字段区域（A5 单元格至 A17 单元格）定义成“**区范围**”，中间销售总计区域（C5 单元格至 H18 单元格）定义成“**值范围**”。

具体做法就是使用鼠标将所需要的区域标记起来，然后单击鼠标右键，在快捷菜单中单击 命名单元格区域(R)... 选项，并在出现新名称对话框后，输入所需定义的适当名称，最后单击 确定 按钮完成区域的命名。

如果要确认这三项区域名称定义是否正确，可以单击“公式”选项卡下的“名称管理器”按钮，在所显示的“名称管理器”视图管理对话框中，确认 3 项区域名称的定义是否正确，如【图 7-46】所示。

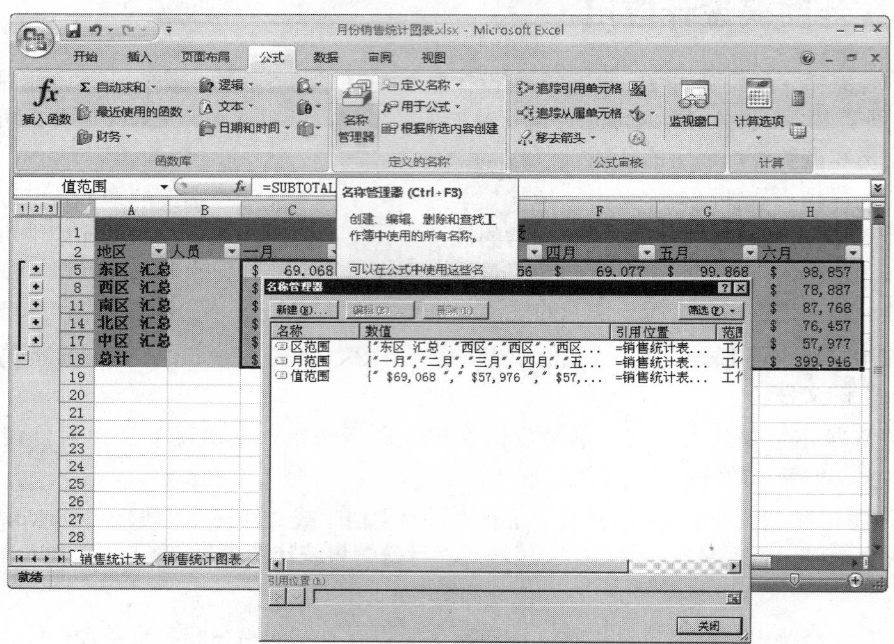

图 7-46　在销售统计表工作簿中确认区域名称

7 请切换到如【图 7-47】所示的“月份销售统计图表”工作表，选择 B2 单元格，并将其单元格区域命名为“**选取月份**”。

8 在选取月份字段上先输入“二月”的参考值，好让后面参考字段在计算获取域值时有参考值可使用。

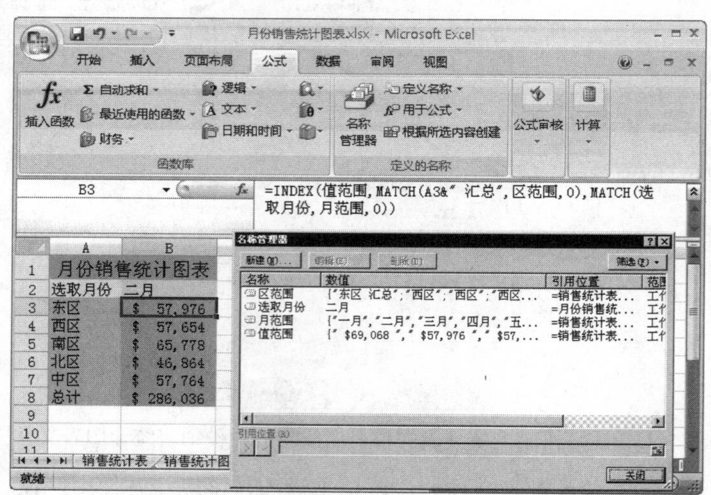

图 7-47　在月份销售统计图表工作簿中定义所要获取数据的区域名称

9 东、西、南、北和中区右边的字段（单元格 B3 至单元格 B7）结果，必须获取“销售统计表”工作表中经过小计和汇总计算后的域值，并显示在这些字段上，所以在这些字段中要设置以下的公式，本例以单元格 B3 为例。

=INDEX(值范围,MATCH(A3 & " 汇总", 区范围, 0),
MATCH(选取月份, 月范围, 0))

INDEX 函数的第一个参数是要查找“销售金额”的值区域，第二个参数是要传入横轴上字段位置编号，第三个参数则是要传入纵轴上字段位置编号。

要抓到正确的横轴与纵轴的位置，在设计上必须使用 MATCH 函数，以 A3 域值为例，该域值是“东区”，此值要接上“汇总”字样到“区范围”中找到正确的纵轴位置后，由“选取月份”域值到“月范围”上找到正确的横轴位置。

在创建好的月份销售统计图表上，为了测试公式的正确性，我们在“销售统计表”工作簿的“东区”中多加一项用户的销售统计，但在“月份销售统计”工作簿上同样还是获得了正确的统计数据，如【图 7-48】所示。

	A	B	C	D	E	F
1	销售统计表					
2	地区	人员	一月	二月	三月	四月
3	东区	屠立刚	$ 34,534	$ 34,534		
4	东区	吴翠凤	$ 34,534	$ 23,442		
5	东区	张智凯	$ 32,322	$ 23,332		
6	东区 汇总		$ 101,390	$ 81,308		
9	西区 汇总		$ 46,786	$ 57,654		
12	南区 汇总		$ 46,454	$ 65,778		
15	北区 汇总		$ 57,474	$ 46,864		
18	中区 汇总		$ 20,000	$ 57,764		
19	总计		$ 272,104	$309,368		
20						

	A	B
1	月份销售统计图表	
2	选取月份	二月
3	东区	$ 81,308
4	西区	$ 57,654
5	南区	$ 65,778
6	北区	$ 46,864
7	中区	$ 57,764
8	总计	$ 309,368
9		

图 7-48　在设计 Excel 字段获取数据的公式时要随时考虑原始工作表所产生的变化会不会影响统计结果所抓的数据，如果设计不当的话，就会因为原始数据的变动导致所获取的数据不正确

创建月份销售统计图表

在创建好前面统计字段后，便可以根据这些数据来创建此月份统计图表，以下是创建此图表的操作：

1 利用鼠标拖拽的方式将东、西、南、北、中区的销售值字段标记起来（单元格 A3 至单元格 B7），然后单击“插入”选项卡下的“柱形图”按钮中的“三维柱形图”选项，以产生三维柱形图的统计图表，如【图 7-49】、【图 7-50】所示。

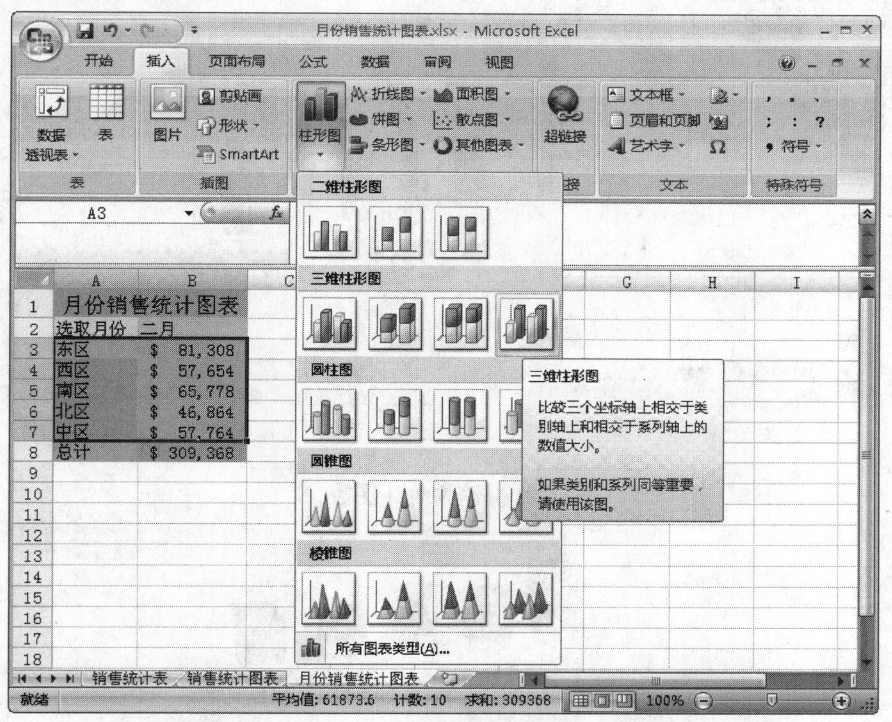

图 7-49　选择数据区域后，选择创建三维柱形图的统计图表

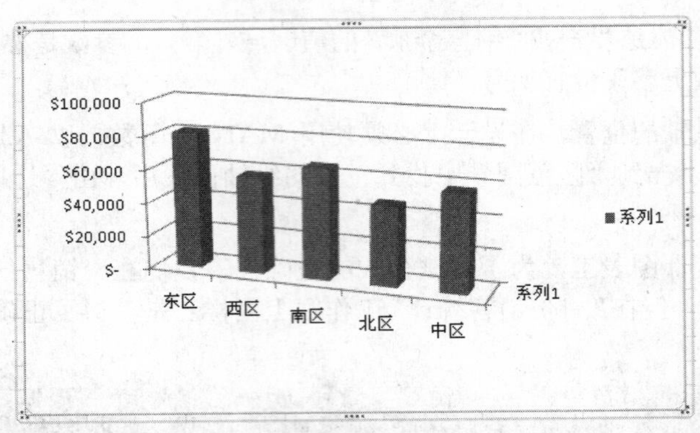

图 7-50　产生出来的三维柱形图统计图表

[2] 为了在统计图表上出现“标题名称”以及“系列 1”的名称，可以改为比较一目了然的数据，故对此统计图表内容再做一些修改。

请移动鼠标单击“设计”选项卡下的“快速布局”按钮中的“版面配置 3”选项，则统计图表将会改成有标题的统计图表，然后在标题字段上输入标题名称“月份销售统计图表”，如【图 7-51】、【图 7-52】所示。

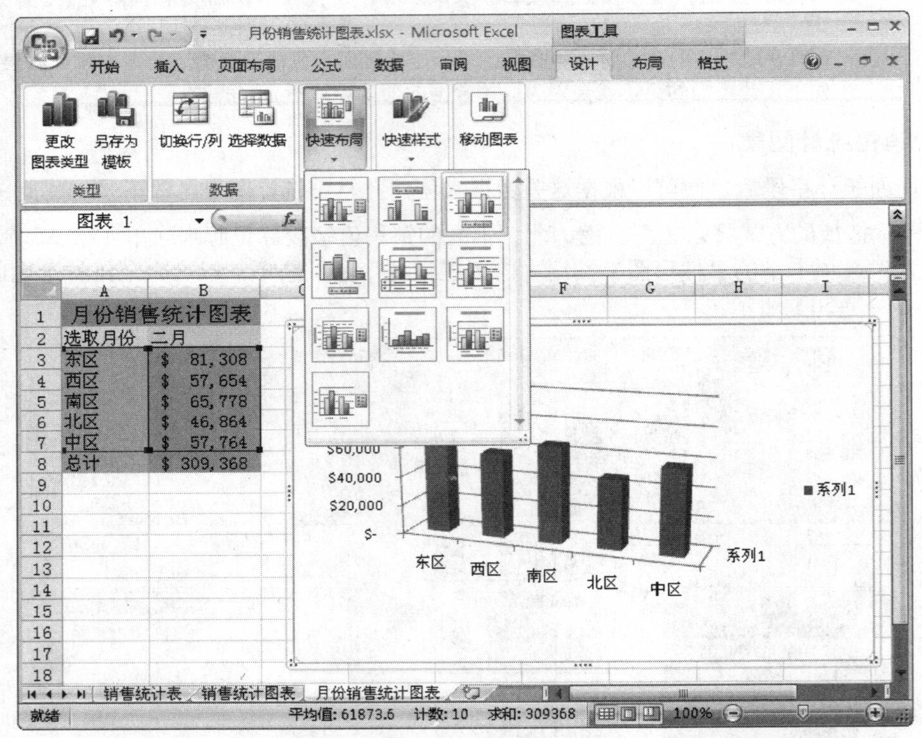

图 7-51　在“快速布局”的选项上选择可以出现标题的图表版面

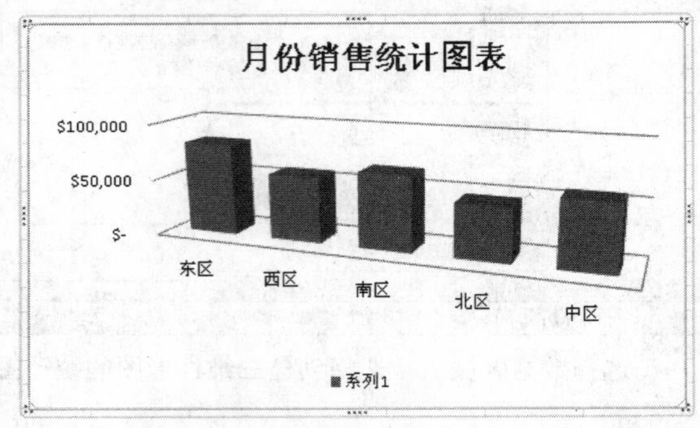

图 7-52　在标题字段上直接单击后输入所要的标题名称

在【图 7-52】的统计图表中，我们还希望在“系列 1”字段上，显示所选择的月份与此月份的区域的汇总金额，要做到此功能必须再多做一点加工的操作。首先我们在单元格 A9 位置上，将月份字段与总计字段创建一个合并值（如【图 7-53】），其公式如下：

=选取月份 & A8 & "：" & DOLLAR(B8,0)

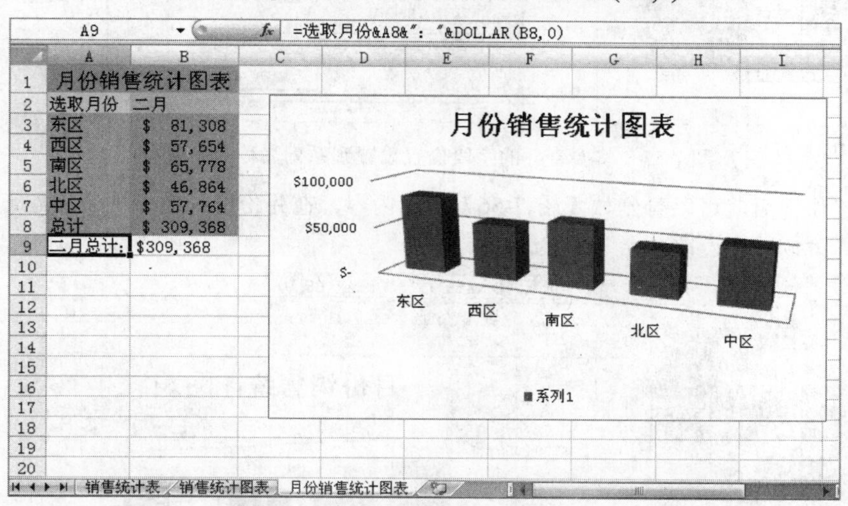

图 7-53　创建一个合并信息字段来提供给后面“系列 1”使用

上述公式是将 B2 域值接上“总计：”字符串，再接上通过 DOLLAR 函数将 B8 域值格式化成不带小数的金额，此数据就是要提供给统计图表中“系列 1”字段显示的内容，所以接下来要修改“系列 1”的显示数据。

3 移动鼠标单击“设计”选项卡下的“选择数据”按钮，此时系统会出现“选择数据源”对话框，如【图 7-54】所示。请移动鼠标单击下方“**系列 1**”选项，然后单击图例项目区块中的 编辑(E) 按钮，此时系统又会跳出另一个“编辑数据系列”对话 框，如【图 7-55】所示。

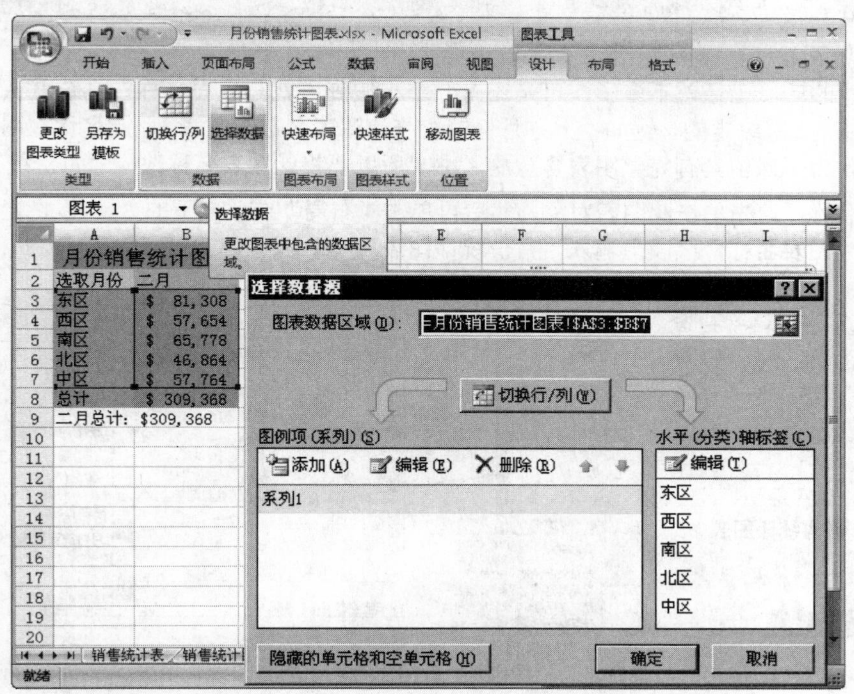

图 7-54　“选择数据源”对话框，更改“系列 1”所显示的内容

4 当光标停在“系列名称”字段上时，请移动鼠标单击 A9 单元格，此时系统会将单击位置的内容填入“系列名称”字段中，最后单击“确定”按钮，回到“选择数据源”对话框后，再单击“确定”按钮，回到 Excel 编辑环境。

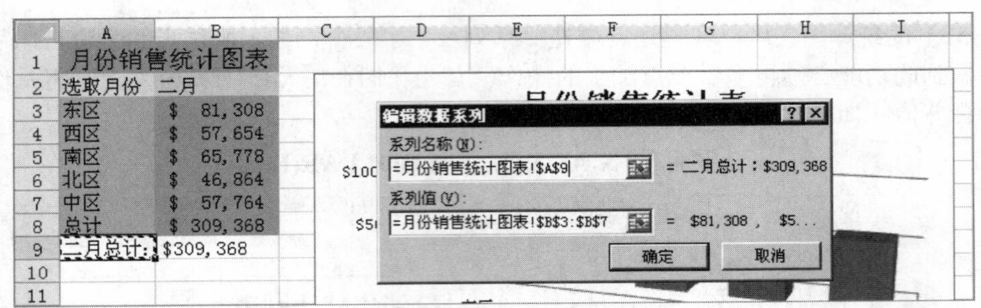

图 7-55　将要合并的字段位置设置到系列名称的字段上

最后回到原工作簿后就可以看到如【图 7-56】所示内容，在月份统计图表中有标题、选取月份、月份总金额及各区销售金额的直方图。

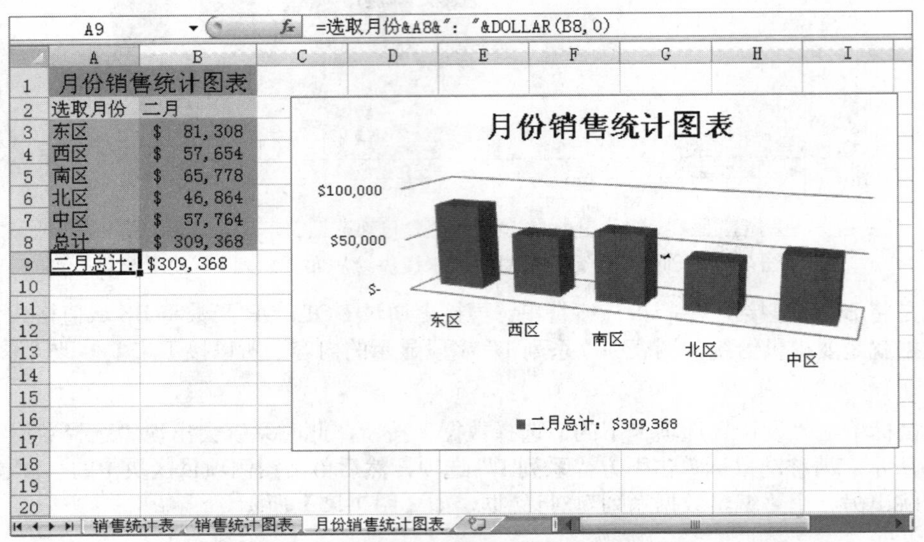

图 7-56　最后完成的月份统计图表内容

5 以上创建的环境已经差不多了，可是还有一个小瑕疵，就是图表名称，系统默认的图表名称是依照编号图表 1、图表 2 来编定的。例如：上方月份销售统计图表名称叫图表 1，此名称在网页视图字段上会转换成视图项目，为了保留具有完整图表含意的名称，所以要将此图表名称改成“月份统计图表”。

要更改图表名称，请先单击此图表对象。然后再单击“布局”选项卡下的“属性”，之后会出现下拉菜单，您便可以在“图表名称”字段上输入“月份统计图表”，如【图 7-57】所示。

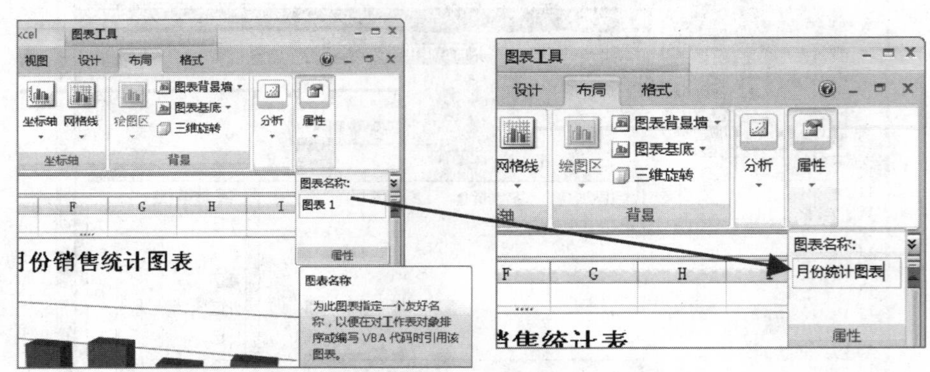

图 7-57　将原名为“图表 1”的图表改名为“月份统计图表”

7.5.2 发布 Excel 服务的参数字段

最后此文件从 Web 浏览器视图的环境只需要看到“月份统计图表”，以及可以输入查询的月份参数字段，如【图 7-58】、【图 7-59】和【图 7-60】所示。

图 7-58　发布 Excel 服务中所指定的图表和参数字段

1 请移动鼠标依次单击 [Office按钮] →“发布” → Excel Services → [Excel Services 选项(E)...]，打开“Excel Services 选项”对话框，请选择“显示”选项卡下的下拉菜单中的“工作簿中的项目”，并将“所有图表”区块中的“月份统计图表”勾选起来。

2 单击“参数”页面中的 [添加(A)...] 按钮，在出现“添加参数”对话框中，勾选“选择月份”项目，并移动鼠标单击“确定”按钮，回到“Excel Services 选项”对话框后，再移动鼠标单击“确定”按钮，并在“另存为”对话框中单击“保存”按钮。

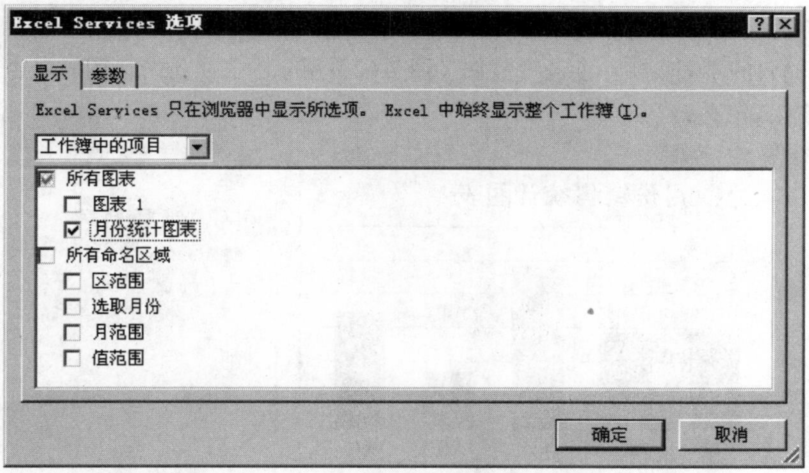

Excel Services 选项

显示 | 参数

Excel Services 只在浏览器中显示所选项。 Excel 中始终显示整个工作簿(I)。

工作簿中的项目

- [x] 所有图表
  - [ ] 图表 1
  - [x] 月份统计图表
- [ ] 所有命名区域
  - [ ] 区范围
  - [ ] 选取月份
  - [ ] 月范围
  - [ ] 值范围

确定　取消

图 7-59　在显示的页面下，勾选工作簿中的项目下的月份统计图表

最后系统会直接切换到 Web 浏览器视图环境下，呈现如【图 7-61】所显示的页面，请注意在网页上所显示的统计图表，并没有像前面一样显示出 Excel 的环境（工作簿、格子等），只显示了统计图表中的内容。另外在页面左上角视图的字段上，显示着“月份统计图表”的字样，这个名称也就是前面为此图表所设置的名称。如果在前面您没有更改此图表名称的话，在此处会显示成“图表 1”，那实在是蛮丑的，对吧？最后一点，就是在网页下所看到的统计图表样式与原本在 Excel 内所看到的统计图表样式，的确还是不太相同的。

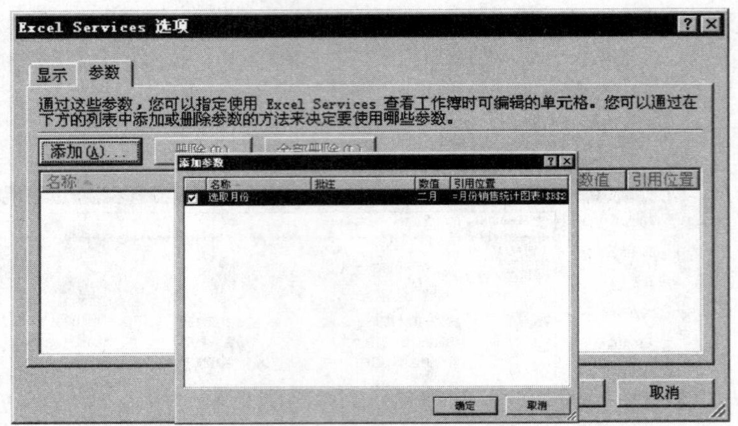

图 7-60　在“参数”页面下，勾选“选取月份”显示在网页环境中

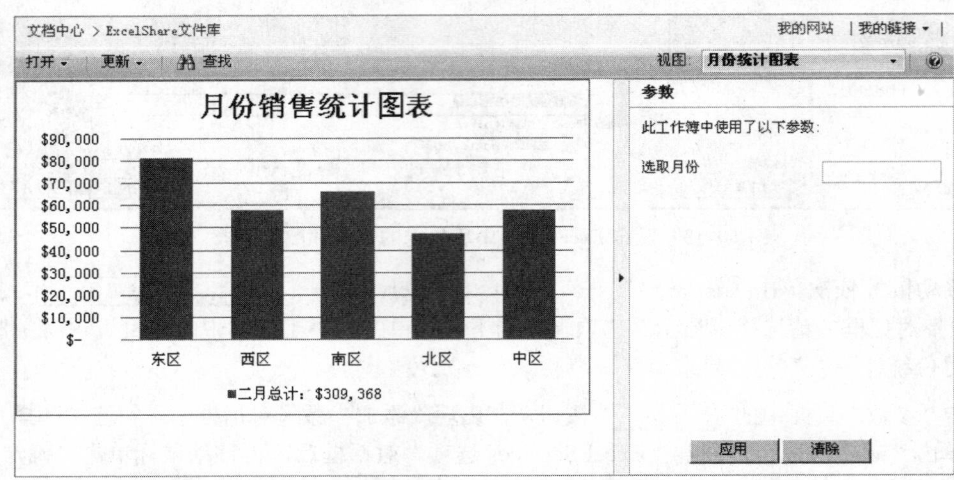

图 7-61　在 Web 浏览器视图环境下所出现的月份统计图表

接下来，您可以在右边的参数字段上输入“三月”，然后移动鼠标单击“应用”按钮，之后左边统计图表就会随着刚才所输入的不同条件，而改变成如【图 7-62】所示的三月份统计图表内容。

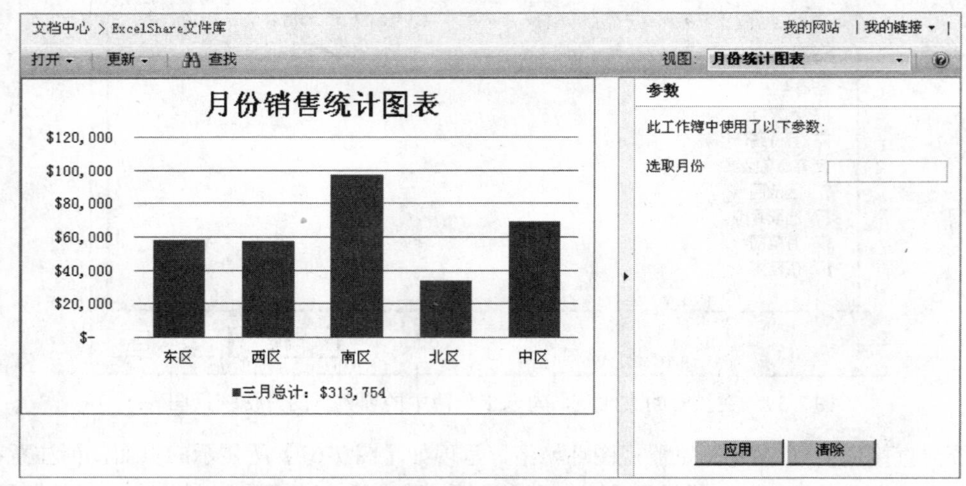

图 7-62　显示输入“三月”后的统计图表内容

在网页上使用 Excel 统计图表的应用谈到了这里，似乎看起来已经挺不错了，但其实距离商业智能（Business Intelligence）环境还有一大段距离。举例来说，【图 7-62】所显示的页面是一个全页面环境，要成为数字仪表板环境，此统计图表只能够是数字仪表板页面的一部分。另外在右边参数字段的输入页面也是属于固定类型页面，字段位置是不能随着不同版面的设计放在不同位置上的。像这样的设计，在定制化的网页环境中，就会缺乏版面位置调整的弹性。

除此之外，最重要的是所输入的参数值，如何知道要输入的条件是什么？在没有任何说明的情况下，用户怎么知道所要输入的是一月、二月等查询内容呢？即使输入了八月，也会变成找不到数据的错误页面（因为我们只设计了一到六月），所以如何提供一个输入参数字段的辅助选择功能也就变得非常重要了，不是吗？

7.6 建立数字仪表板环境

上面我们谈到 Excel 服务所提供的基本环境虽然已经相当不错，但如果要集成到某个网页，特别是数字仪表板网页时，就会产生一些不符合需求的情况。但其实 MOSS 2007 已经想到这里了，为了能够充分将 Excel 服务的计算功能在数字仪表板中显示出来，特别提供了 Excel 类别的 Web 部件来支持数字仪表板页面的环境，通过这些 Web 部件便可以将 Excel 服务计算后的内容表现在自定义网页环境中。

7.6.1 浏览报告下的示例

既然 Excel 服务提供了 Web 部件来支持数字仪表板环境，那么到底可以做到什么样的程度呢？在 MOSS 2007 默认创建的网站中心下的报告（Reports）网站有提供数字仪表板的示例，所以我们先来看一下示例里面的内容，通过这个内容来了解 Excel 服务所支持的数字仪表板可以做到什么样的程度。

当您移动鼠标单击“训练中心”下的“报告”子网站时，会出现如【图 7-63】所示的页面，然后请移动鼠标单击快速启动栏中的“仪表板”区块下的“示例”超链接项目，如【图 7-64】所示。

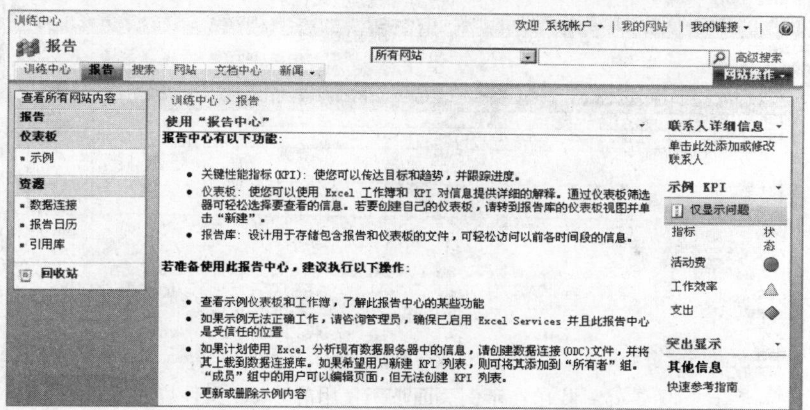

图 7-63 “报告”网站的默认网页内容

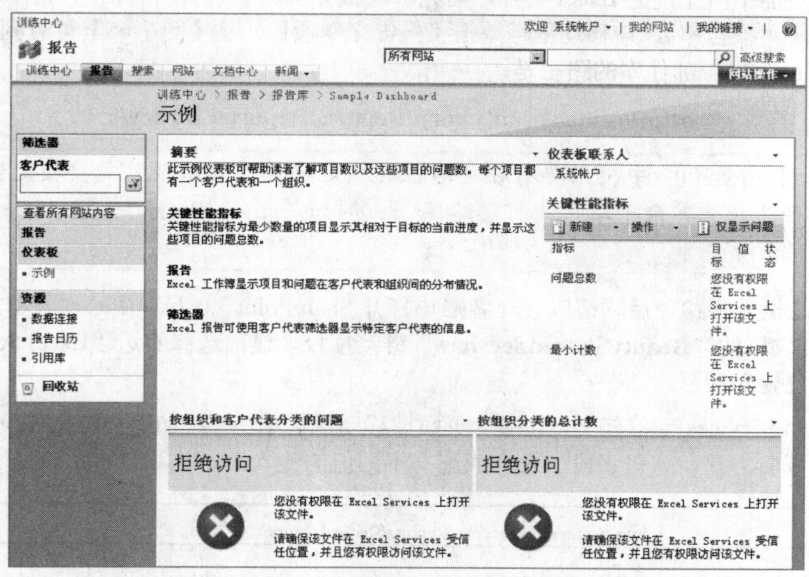

图 7-64 在单击仪表板下的示例项目后，默认所出现的错误页面

哇！怎么会这样！连系统默认所提供的示例都有问题喔！那能相信 Excel 服务所支持的数字仪表板环境吗？别这样想！仔细看一下错误内容，根据前面所学习过的经验判断一下需要做什么样的调整！

如果您有注意到错误信息内容！就应该看到系统告诉您“您没有打开位于 Excel Services 这个文件的权限”。这是什么呢？还记得前面我们讲过的，要提供 Excel Services 可以访问这些 Excel 文件的功能，必须创建受信任 Excel 文件的信任路径，没错！因为系统默认并没有提供 Excel 文件受信任路径，所以会产生错误的显示页面。

那要怎么样来修正呢？首先，应该先找到显示示例页面下的 Excel 文件放在哪里，然后将该路径记录下来，如【图 7-65】所示，到 SharePoint 3.0 管理中心的共享服务管理环境下，将此路径加入到“Excel Services 设置”下的“受信任文件位置”中。

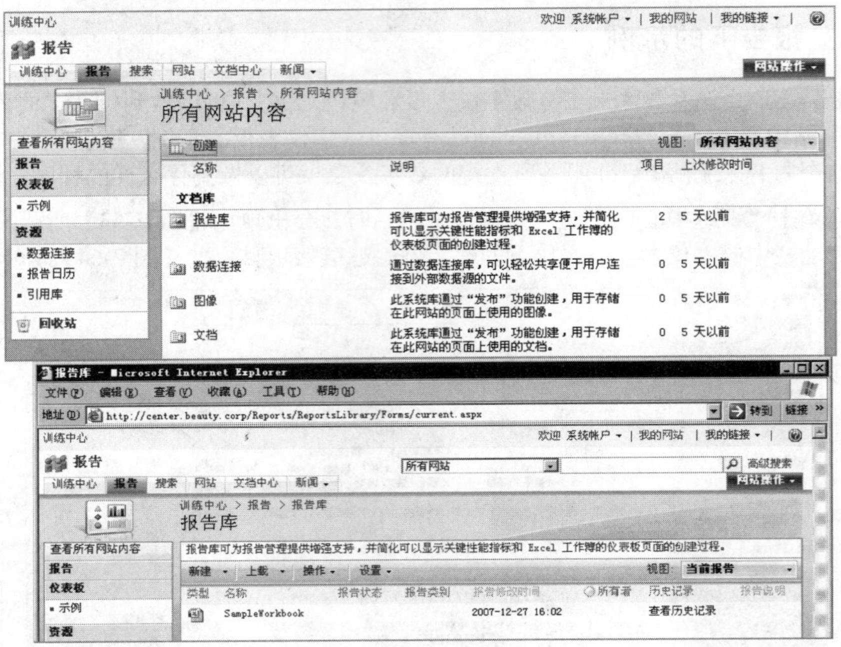

图 7-65　找出在示例页面下所使用的 Excel 文件位置

要找到在示例页面下所呈现的 Excel 文件，请先移动鼠标单击“查看所有网站内容”，然后在右边页面可看到文档库下有一“报告库”，请移动鼠标单击“报告库”项目，从【图 7-65】可看到此 Excel 文件叫做 SampleWorkbook，而此报告部件库的路径是：

http://center.beauty.corp/Reports/ReportsLibrary/

注意　在 MOSS 2007 中，只要有相关路径的指定操作，其路径只需要指定到文档库的路径为止，其余子路径都可忽略不用，例如：此处 /Forms/current.aspx 是可以忽略的。

1 当知道了此报告库路径后，请以管理者账户打开 SharePoint 3.0 管理中心，并单击快速启动栏中的“共享服务管理”区块下的“**BeautySharedServices**”链接项目，进而选择右边“Excel Services 设置”区段下的“受信任文件位置”项目。

2 进入“Excel Services 受信任文件位置”页面后移动鼠标单击“添加受信任文件位置”，进入“新增”页面，找到以下各域名，并在这些字段上设置或选择不同值的输入：

地址	http://center.beauty.corp/Reports/ReportLibrary/
工作簿计算模式	自动
允许外部数据	选择第三项，受信任的数据连接库和嵌入连接

3 最后单击“确定”回到“Excel Services 受信任文件位置”页面，就可以看到多了一项受信任文件设置，如【图 7-66】所示。

共享服务管理：BeautySharedServices > Excel Services 受信任文件位置

Excel Services
受信任文件位置

这是您认为可信的 Excel 工作簿文件位置的列表。
Excel Services 拒绝对非受信任位置中存储的文件的打开请求。

添加 受信任文件位置

地址	位置类型	信任子级	工作簿计算模式	允许外部数据	刷新时警告
http://center.beauty.corp/Docs/ExcelShare/	Windows SharePoint Services	是	自动	受信任的数据连接库和嵌入连接	是
http://center.beauty.corp/Reports/ReportsLibrary/	Windows SharePoint Services	否	自动	受信任的数据连接库和嵌入连接	是

图 7-66　设置在“报告”网站下报告库的受信任文件路径

在设置好受信任文件路径后切换回原来训练中心网站首页，再次单击“快速启动”栏中的“仪表板”区块下的“示例”超链接项目，这一次系统处理的时间会稍微久一点，然后就会显示出如【图 7-67】所示的网页环境。

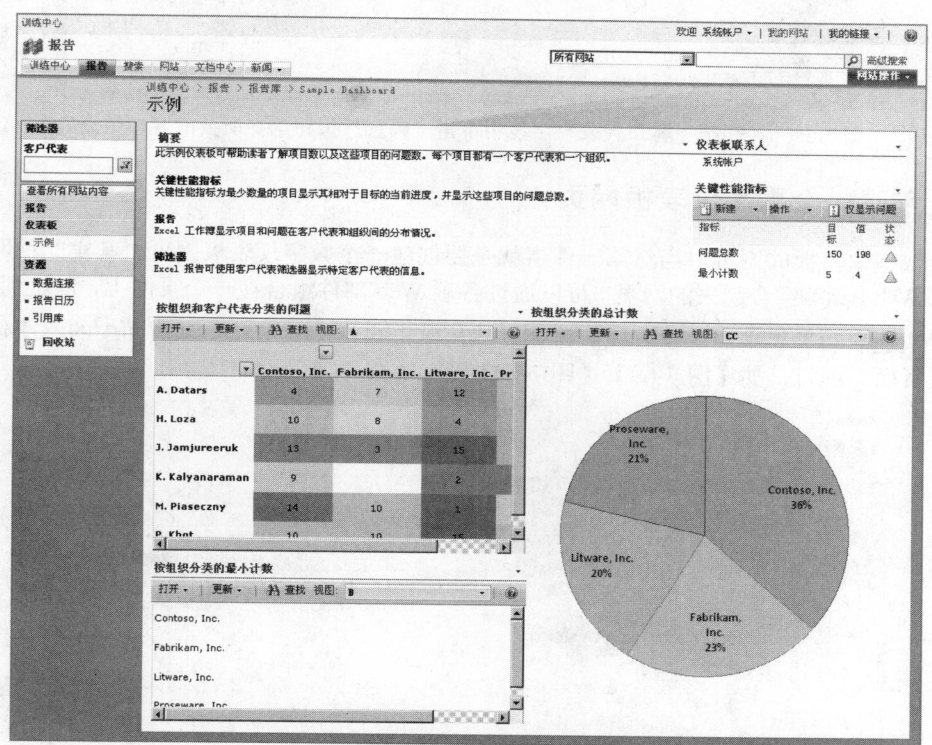

图 7-67　数字仪表板的呈现内容

哇！好棒喔！【图 7-67】的确就是数字仪表板想呈现的内容，其中包括了经过统计后的统计图表、分析后的统计表，我们可以在各统计表或统计图表的视图字段上切换到不同的视图页面，此时就会呈现不同的分析数据。除此之外，在页面右上角还会出现“关键性能指标”，提供了关键性能的指标数值以提醒分析的情况。在页面左边还有一个筛选的框框，是作为客户代表的筛选字段，在字段右旁还有一个筛选按钮，当您单击此按钮后会跳出一个客户代表选择表，为您提供可以选择的客户代表，请参考【图 7-68】。

在【图 7-68】我们看到系统默认所提供的示例在数字仪表板页面上呈现了多元化的分析数据，这些功能其实包含非常多的不同条件和环境设计，其中包括了视图的定义、筛选字段的定义、关键性能指标（KPI）的定义等等，这些都怎么做出来的呢？

别急！以下我们将循序渐进地说明。在前面示例中，我们已经完成了销售统计表、销售统计图表以及月份销售统计图表的 Excel 内容，这些内容可不可以像上面一样在一个数字仪表板的页面上呈现出来呢？答案当然是肯定的啰！请继续往下看啰！

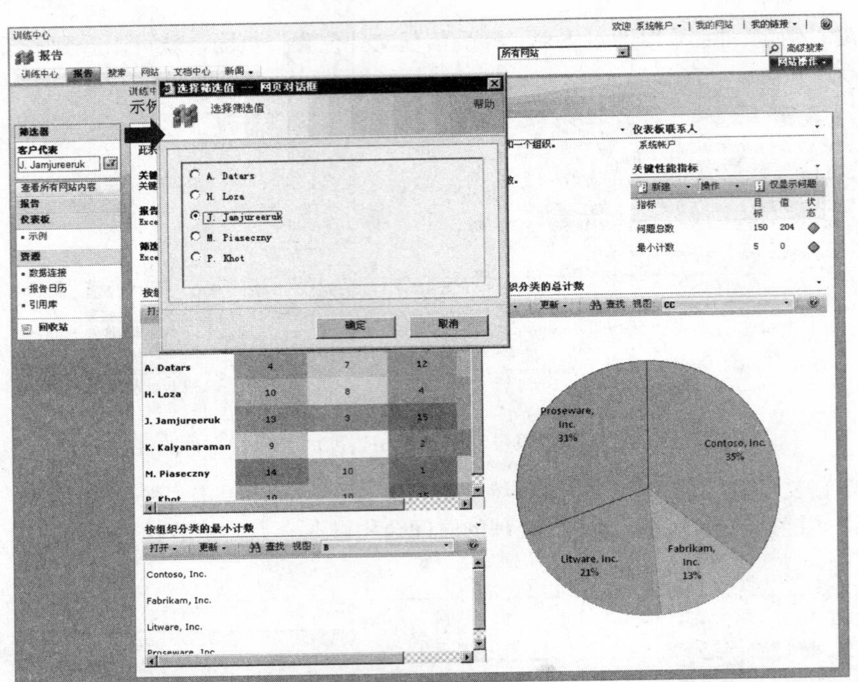

图 7-68　在筛选“客户代表”字段中单击“筛选”按钮选择所要的客户数据

7.6.2 创建一个数字仪表板网页

要有以上数字仪表板的网页，当然第一件事就是要创建一个数字仪表板网页，其实此种网页就是一个由 Web 部件（Web Part）结合起来的网页，可以通过各项 Web 部件组合在一个页面上，以达到集成的目的。

请单击“快速启动”栏中的“仪表板”链接，然后单击报告库视图和管理页面中的“新建”功能项目下的“仪表板页面”项目，如【图 7-69】、【图 7-70】所示。

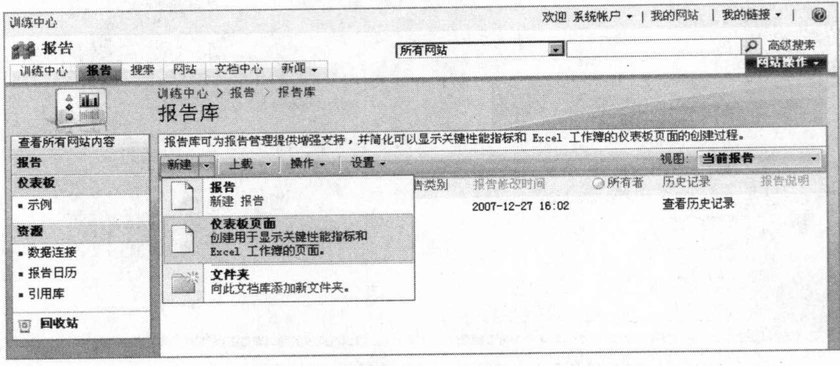

图 7-69　在“报告”网站下创建一个新的“仪表板页面”项目

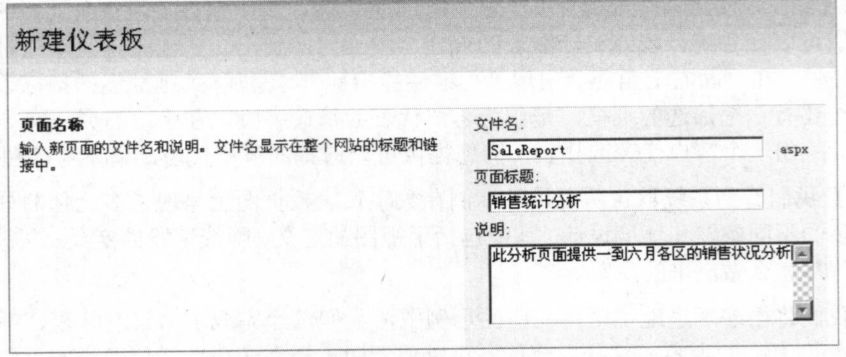

图 7-70　设置仪表板的文件名、页面标题和说明内容

在“仪表板布局”区块中选择较简单的“单列垂直布局”，另外在“关键性能指标”区块中选择“自动为我建 KPI 列表”选项，如【图 7-71】所示。系统会依所设置的条件产生出新的数字仪表板网页，如【图 7-72】所示。

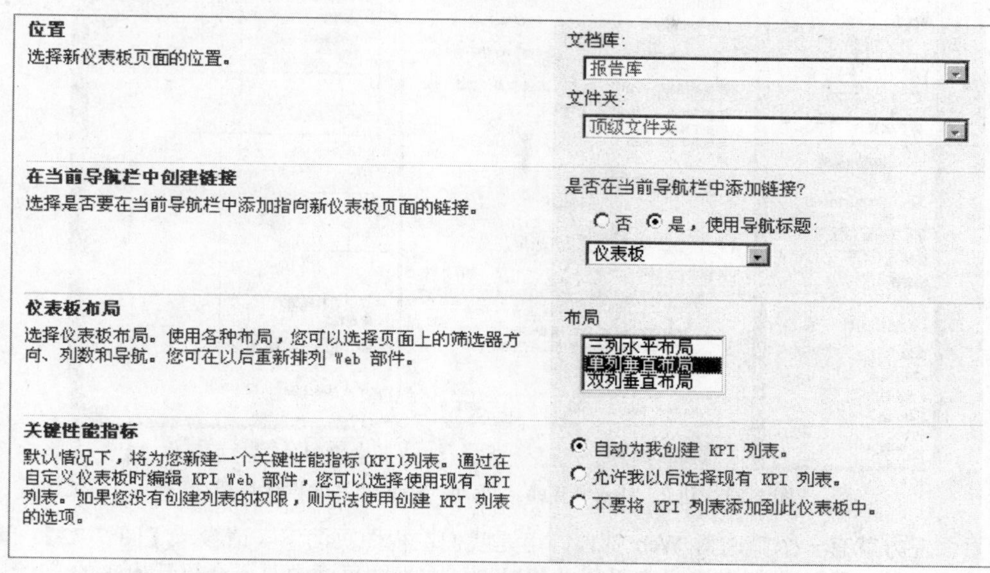

图 7-71　选择单列垂直布局的方式，其余都采用系统默认值

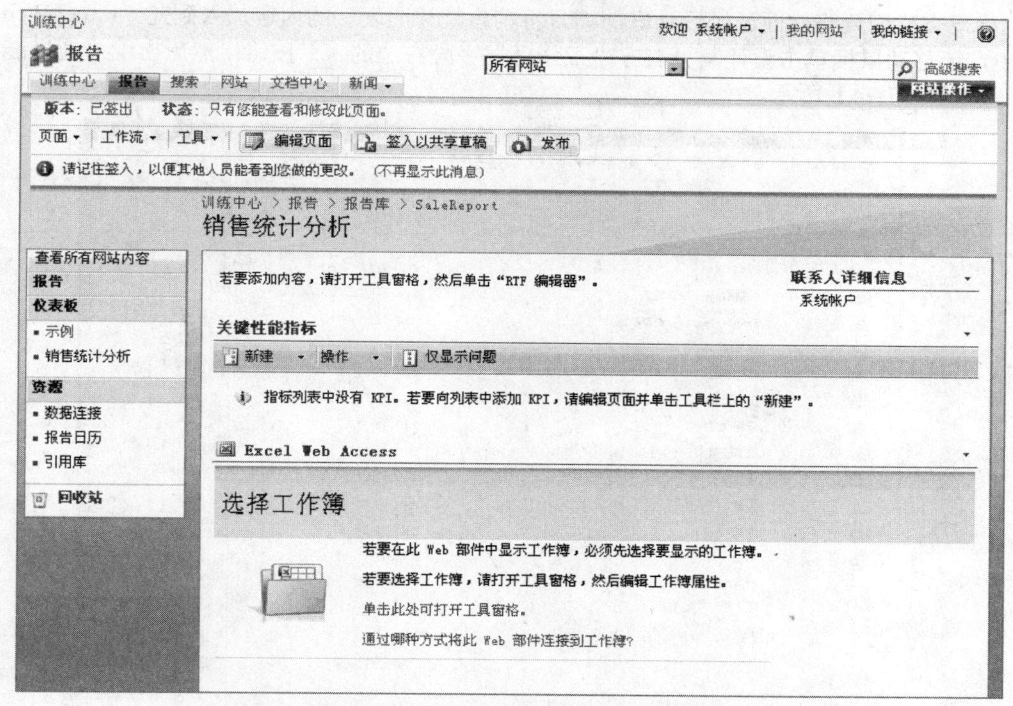

图 7-72　系统依所设置的条件产生出新的数字仪表板网页

7.6.3 选择加入工作簿

在产生的数字仪表板网页下有一个 Web 部件叫做 Excel Web Access，此项 Web 部件便是可以加入 Excel 工作簿内容的地方，要将指定的 Excel 工作簿在此处加入，可以单击【图 7-72】“选择工作簿”下方的“**单击此处可打开工具窗格**”项目，进入到 Web 部件的设计环境。

【图 7-73】是 Web 部件的设计环境，在此要稍微提醒一下，要进入设计网页的页面必须拥有设计更改的权限。在进入数字仪表板设计页面后，会发现这个页面所提供的 Web 部件非常多，与原本在视图页面下看到的不同，这是因为有些 Web 部件没有设置，所以在视图页面下是不会显示出来的。

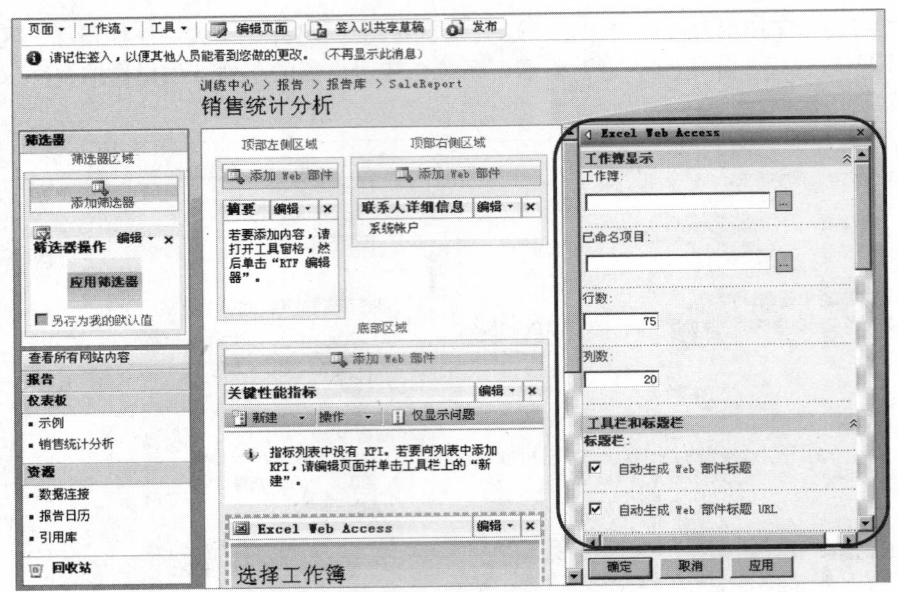

图 7-73　进入“Excel Web Access”Web 部件的设计环境

在设计页面左方就有一个筛选器 Web 部件，可是我们在视图页面下（请参考【图 7-72】）就没看到此项目，这就是因为筛选器 Web 部件在没有设置的情况下，在视图页面中是不会显示出来的。

好了！接下来我们要将前面已经设计好的“月份销售统计图表”的内容加入到此“Excel Web Access” Web 部件中，请移动鼠标单击设计网页右方“工作簿”字段右边的 ... 按钮，然后出现“选择链接——网页对话框”，如【图 7-74】所示。

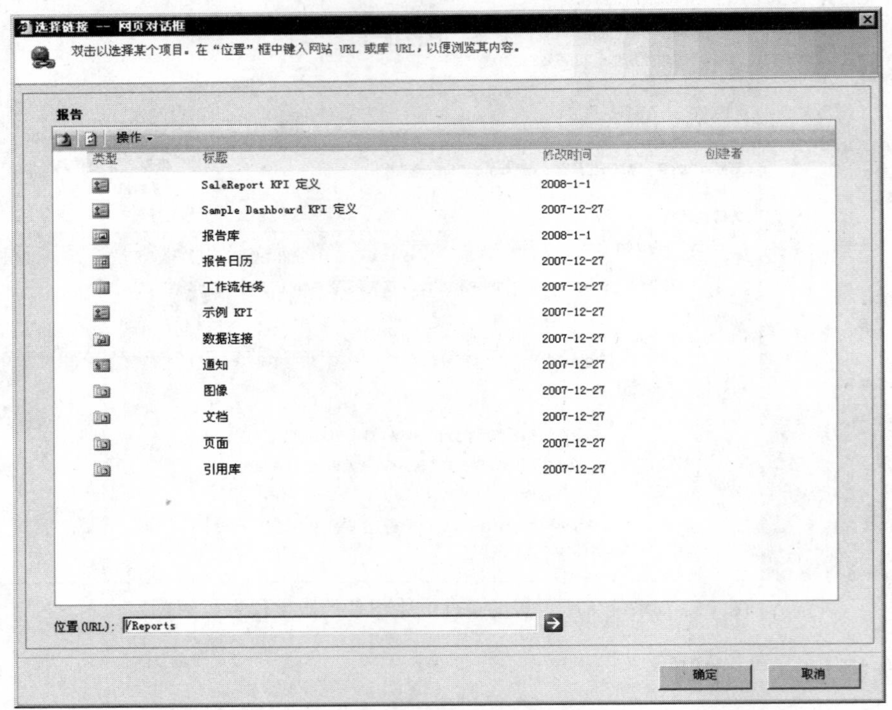

图 7-74　进入选择 Excel 文件工作簿链接的网页对话框

因为目前位置是在“报告”网站路径下，所以在打开的“选择链接”网页对话框中所显示的是网站路径下的各文档库，可是我们原来设计制作的 Excel 文件是放在 http://center.beauty.corp/Docs/ExcelShare 目录下的，所以可以在此对话框下方位置字段上，输入此路径，然后移动鼠标单击 → 按钮，系统就会切换到所指定的文档库路径下。

如果您对路径名称不记得的话，也可以单击在左上方 按钮，表示往上层路径切换，在切换到训练中心路径后，再往下单击“文档中心”进入文档中心路径后，再单击“ExcelShare 文档库”也可以看到以下【图 7-75】所示的内容。

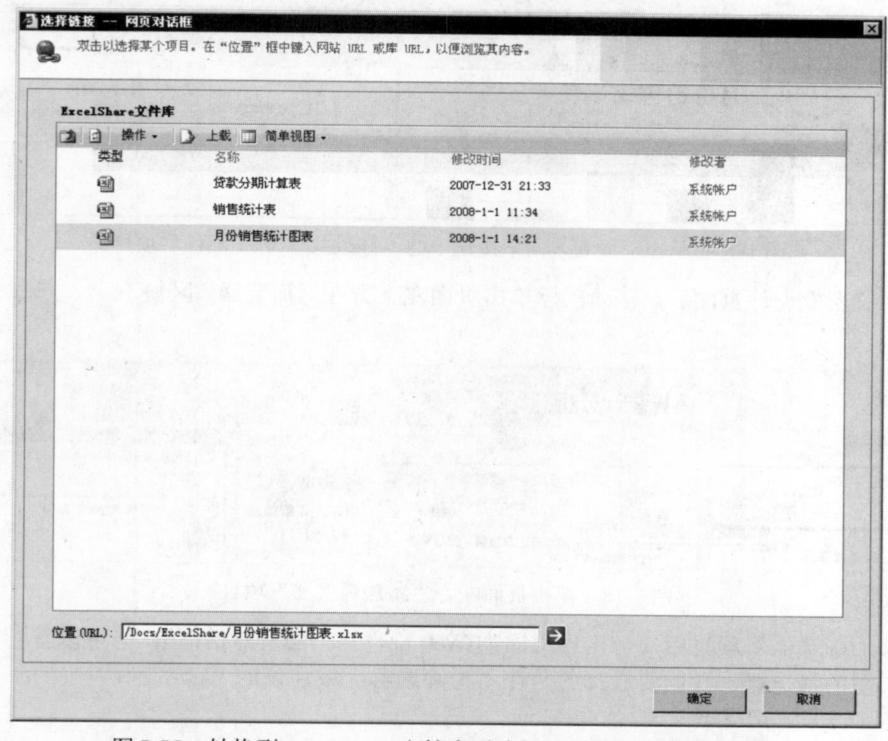

图 7-75　转换到 ExcelShare 文档库后选择月份销售统计图表项目

在回到 Web 部件设计页面后，移动鼠标单击“确定”按钮，再回到数字仪表板视图页面下，您就会看到如【图 7-76】所示的“月份销售统计图表”出现在数字仪表板的页面上。

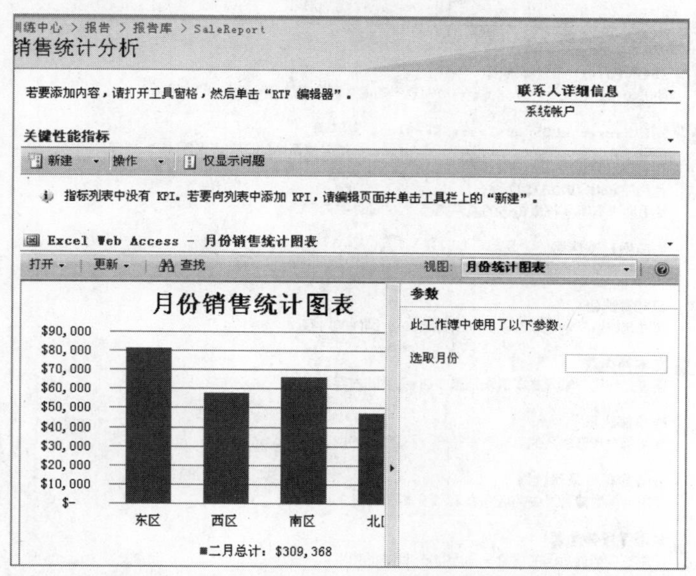

图 7-76　在回到数字仪表板的环境后就可看到月份销售统计图表的内容

7.6.4　添加筛选器 Web 部件

我们希望月份销售统计图表的输入参数字段不要显示在月份销售统计图表的右方，可以在自定义位置上创建与此月份统计图表关联的选择条件字段。MOSS 2007 提供了一个筛选器的 Web 部件，它可以通过 Web 部件定义在您所需要的位置，并提供与 Excel Web AccessWeb 部件的关联，还可以提供筛选数据的选择辅助功能。

在回到设计的数字仪表板页面后，选择“Excel Web Access –月份销售统计图表”右上角的向下按钮，单击快捷菜单中的“修改共享 Web 部件”项目，如图【图 7-77】所示。

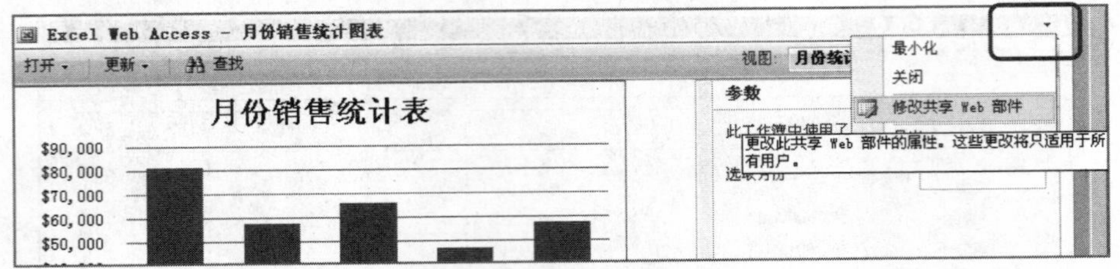

图 7-77　单击页面右方向下按钮中的“修改共享 Web 部件”项目

进入到数字仪表板设计页面后，移动鼠标单击页面左上方在“筛选器”区块下 添加筛选器 项目，如图【图 7-78】所示。

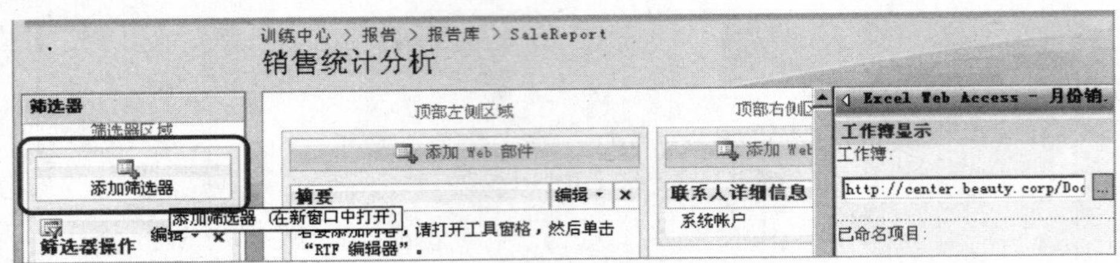

图 7-78　单击页面左方“添加筛选器”项目

单击了“添加筛选器”项目后，会出现“添加 Web 部件——网页对话框”，您可以看到 MOSS 2007 提供了许多不同类型的筛选器，我们要选择的是在“为筛选器区域建议的 Web 部件”下方的“选项筛选器”Web 部件项目，如【图 7-79】所示。

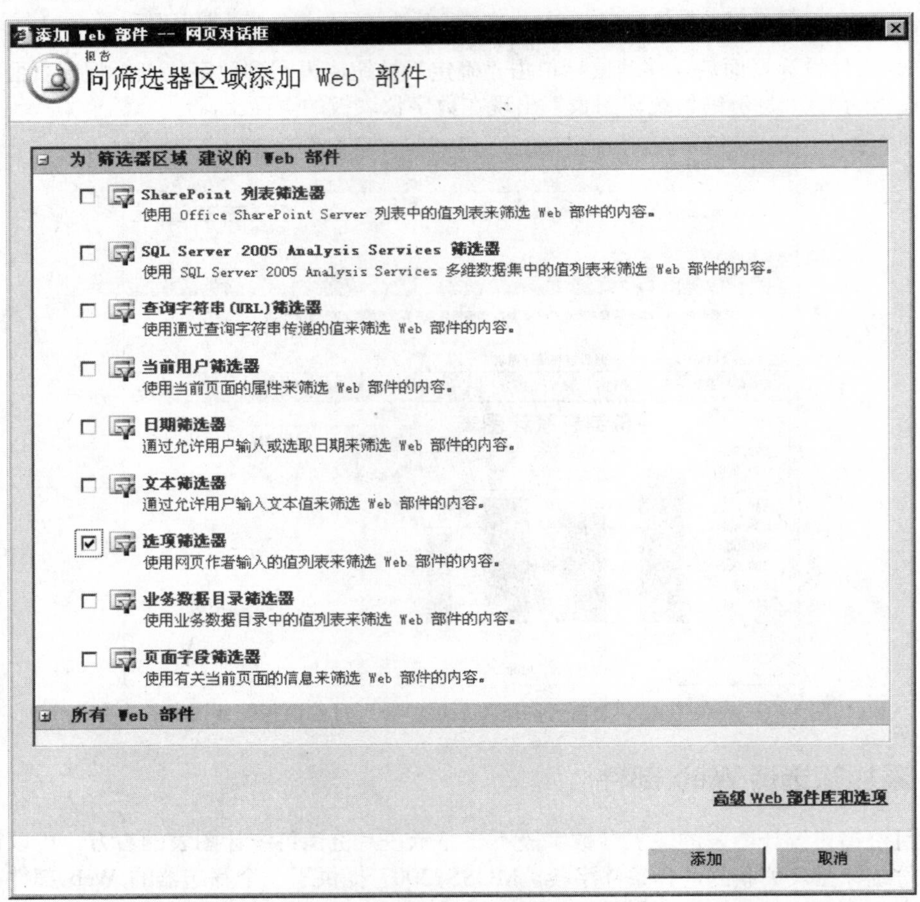

图 7-79　勾选“选项筛选器”项目，然后移动鼠标单击“添加”按钮

在回到销售统计分析设置页面后，在“筛选器区域”下方就会多增加了一个“选项筛选器”的项目，移动鼠标单击其中的“打开工具窗格配置此筛选器”超链接，切换到设置“选项筛选器”的Web部件编辑环境中，如【图7-80】所示。

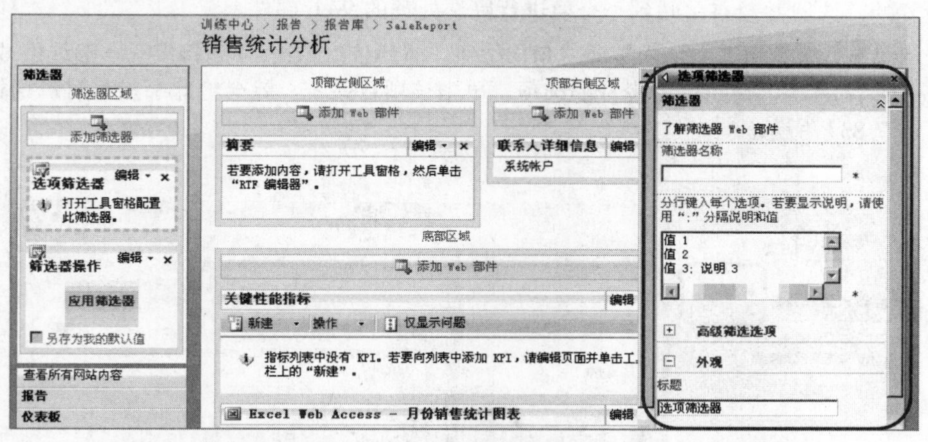

图7-80　打开工具窗格后页面右边便会出现此Web部件的编辑内容

网页右边的“选项筛选器”编辑内容中，在“筛选器名称”下的文本框输入“选取月份”，然后在下方的“选项列表”字段中，分别将一月、二月、直到六月的内容输入进去，至于其他字段相关内容可以保留原来系统内定值，然后直接移动到下方单击“确定”按钮，如【图7-81】所示。

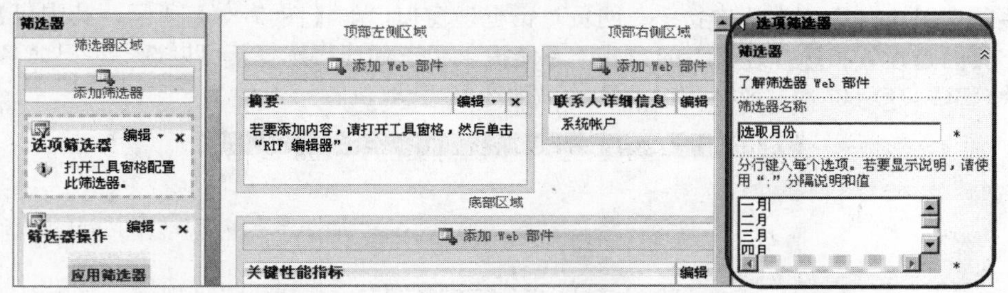

图7-81　在页面右边输入选项列表值，并单击下方的“确定”按钮

设置完成后，系统会自动切换回销售统计分析的数字仪表板页面，此时您在页面左边就会看到出现一个选取月份的选项筛选器字段，然后移动鼠标单击旁边的按钮，就会出现“选择筛选值”的网页对话框，里面显示着一到六月的选择项目，您可以用单击的方式来选择所要查询的月份，如【图7-82】所示。

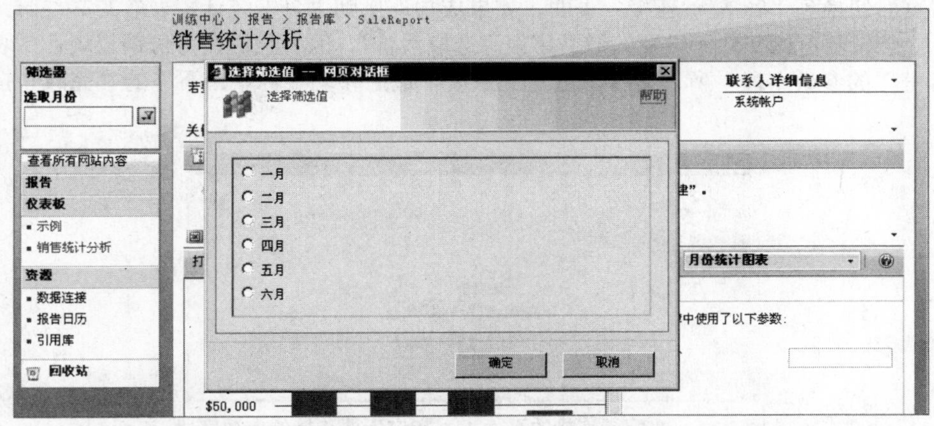

图7-82　在销售统计分析的页面上多了“选择筛选”字段提供给用户选择

现在我们虽然加了一个选项筛选器的Web部件，也为用户提供了做有限条件的筛选的对话框，但因为此筛选字段的值并没有跟月份销售统计图表关联在一起，所以当您在选择了某一个月份的内容后，月份统计图表中的内容并不会因此而改变，而且月份统计图表中的参数字段也还在右边。

7.6.5 筛选字段与参数字段的关联

重新再进入销售统计分析的 Web 部件设计环境，此时您会发现在选项筛选器下方会出现一个警告信息，表示目前所设置的筛选器并没有关联到一个要进行筛选处理的 Web 部件。

移动鼠标单击上方“编辑”旁边向下的三角形按钮，然后依次单击：“连接”→“筛选值 发送对象”→“Excel Web Access – 月份销售统计图表”的选项，单击该项目系统，就会将此字段与月份销售统计图表进行关联，如【图 7-83】所示。

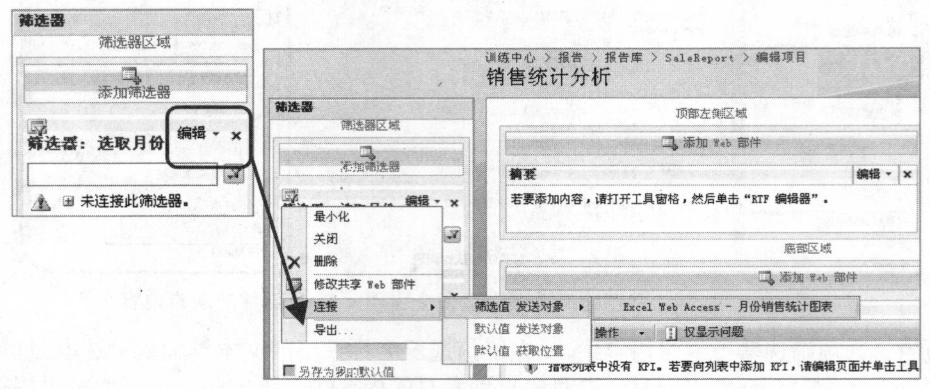

图 7-83 选择“筛选器”下的项目可为用户提供选择性的筛选

接下来系统会跳出一个“选择链接——网页对话框”窗口，如【图 7-84】所示，其中包含了两个页面设置，第一个页面是设置“选择连接”的方式，系统提供了三种连接选择，可以选择“已命名项目 获取位置”、“工作簿 URL 获取位置”或是我们要选的“筛选值 获取位置”项目。

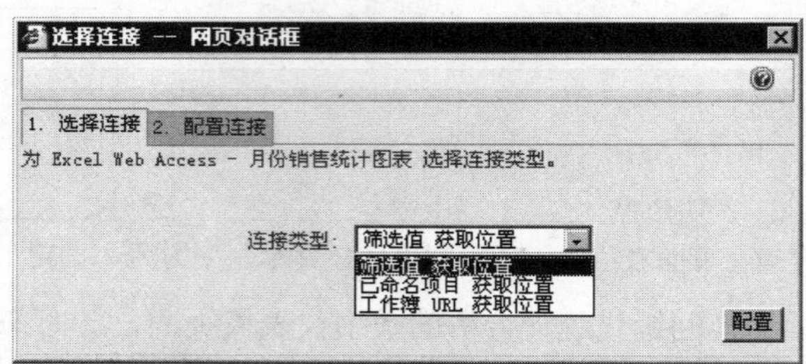

图 7-84 在“选择连接”的设置页面上，选择“筛选值 获取位置”

然后再将页面切换到“2. 配置连接”页面，如果成功连接到“月份统计图表”的文件时，在“筛选的参数”字段上就会显示出该文件所设置的参数字段“选取月份”，因为我们在月份销售统计图表中只设置了一个“选取月份”的参数字段，所以直接就选定此字段，最后移动鼠标单击下方的“完成”按钮，如【图 7-85】所示。

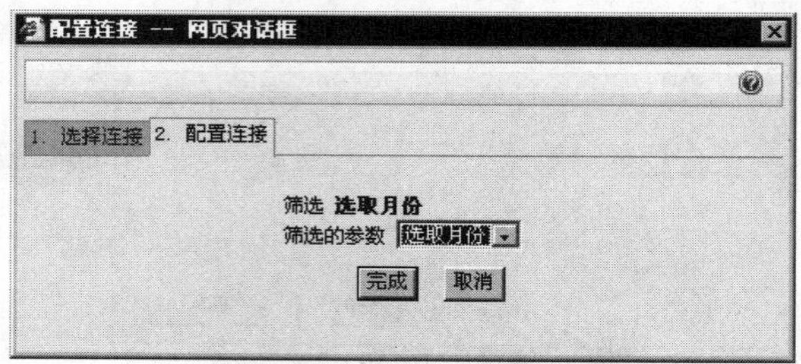

图 7-85 在配置连接的页面上，指定所要连接的参数字段

如果选项筛选器 Web 部件与“Excel Web Access”Web 部件成功关联起来，在各 Web 部件下面就会看到其与哪一个 Web 部件成功创建起关联的信息，如【图 7-86】所示，相反的，如果失败，就会出现错误的相关信息。

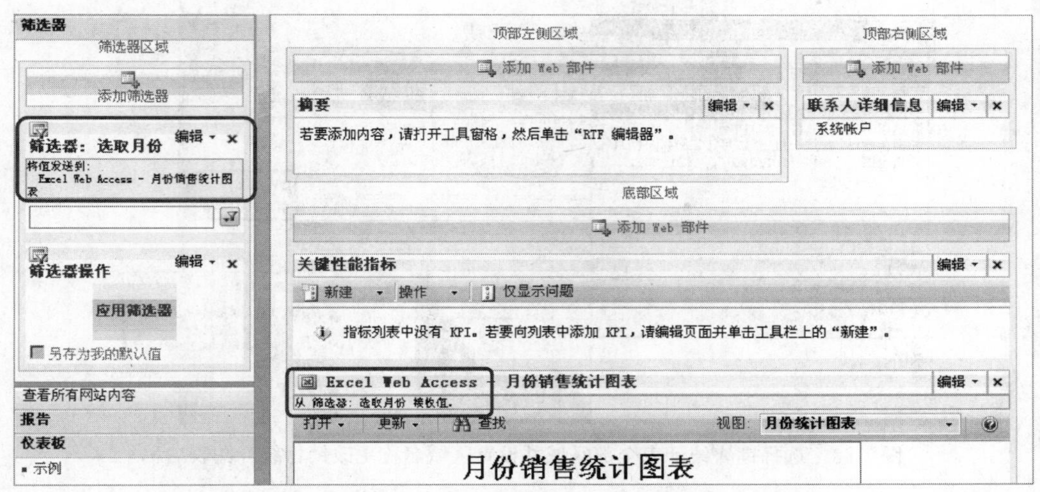

图 7-86　在关联成功的 Web 部件下，都标示着与哪一个 Web 部件有关联

在设置完成后回到销售统计分析的数字仪表板页面，就可以看到月份销售统计图表内容中右边的参数字段页面不再出现，然后在“选择月份”字段上可以单击“筛选器”按钮，在选择“四月”后单击“确定”，回到页面上再单击“应用筛选器”按钮，月份销售统计图表就会更新成四月份的销售统计图表了，如【图 7-87】所示。

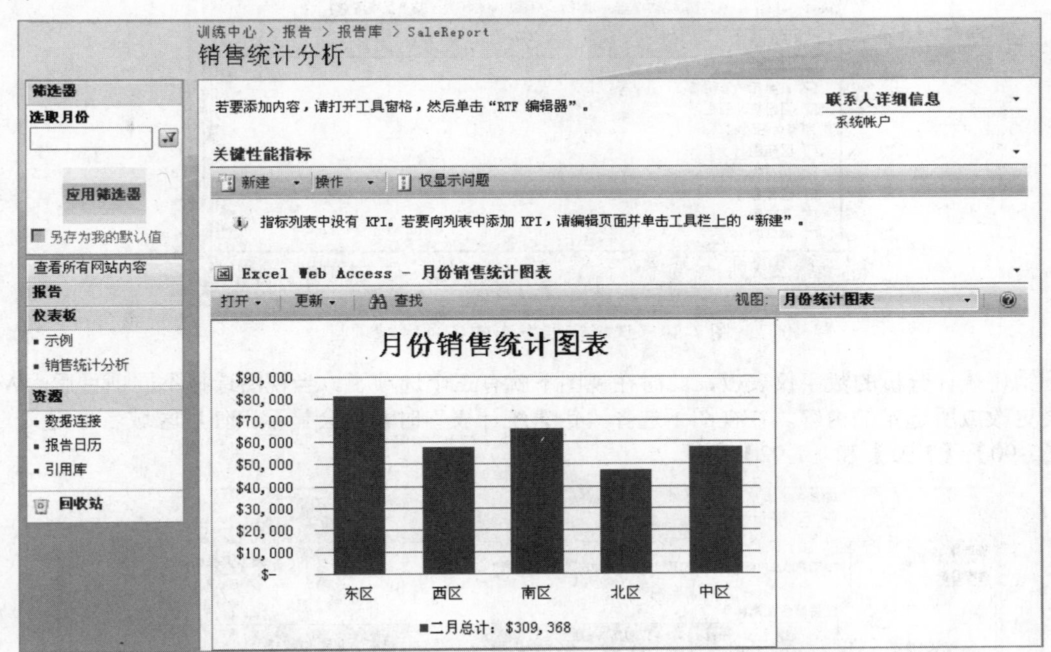

图 7-87　通过“筛选器”下的字段设定选择条件，改变月份销售统计图表中的内容

7.6.6 提供多重视图页面

前面例子已经完成了月份销售统计图表在销售统计分析的数字仪表板上的显示，可是通常在销售统计查询时，除了看到汇总的分析外，有时也会希望看到明细的统计图表或是明细的电子表格。

要提供这样功能的方法可以有好几种，可以创建不同的“Excel Web Access”Web 部件，也可以在同 Web 部件下创建不同的视图页面。

要在同样 Web 部件下显示多个视图页面，其关键在于必须在同一个 Excel 文件中提供不同的统计图表名称（如【图 7-88】），而要显示数据的区域可以使用“区域命名”来定义，最后通过 Excel Services 发布中的选项设置，将这些出现在视图选项中的项目勾选起来即可。

图 7-88 选择销售统计表全部区域并设置区域名称更改销售统计图表名称

在月份销售统计图表的 Excel 中定义好名称后，就可进行 Excel Services 的发布，在进入“Excel Services 选项”的对话框后，将所设置统计图表的“前半年销售明细”项目以及“销售统计表”项目勾选起来，如【图 7-89】所示，最后存档。

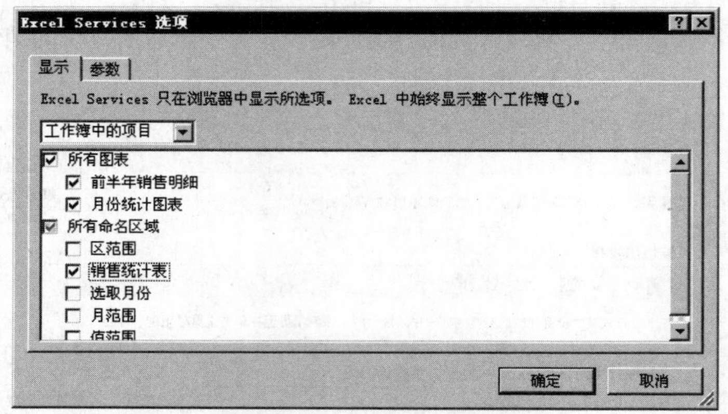

图 7-89 选择需要发布的各项区域项目

回到销售统计分析的数字仪表板，此时在视图下就有三个选项了。当视图选择不同项目后，Web 部件内容就会更改成所选定的内容。在视图下选择“销售统计表”时，便会显示出使用区域名称定义的数据区域，如【7-90】、【7-91】和【7-92】所示。

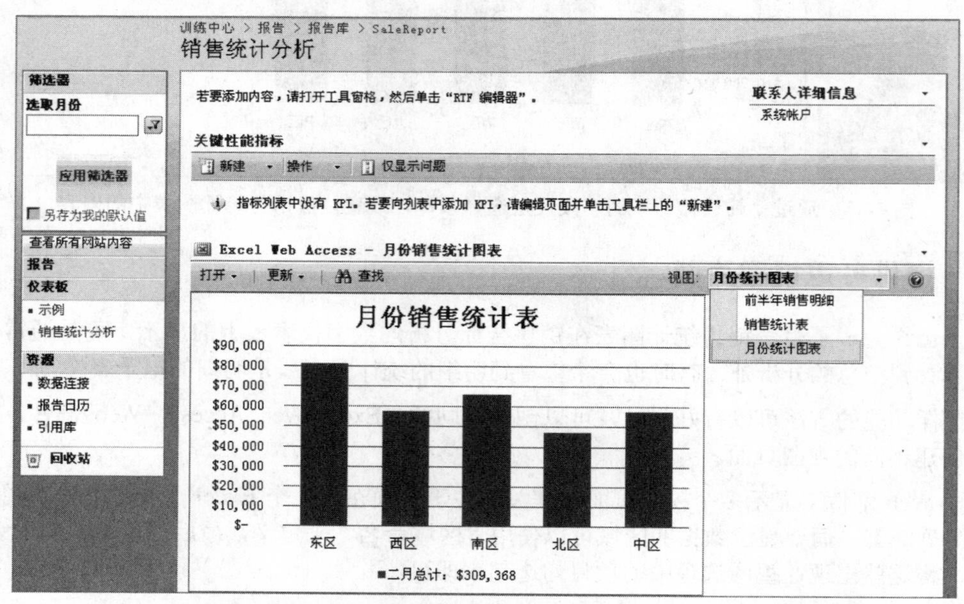

图 7-90 回到销售统计分析的数字仪表板，此时在视图下就有三个选项了

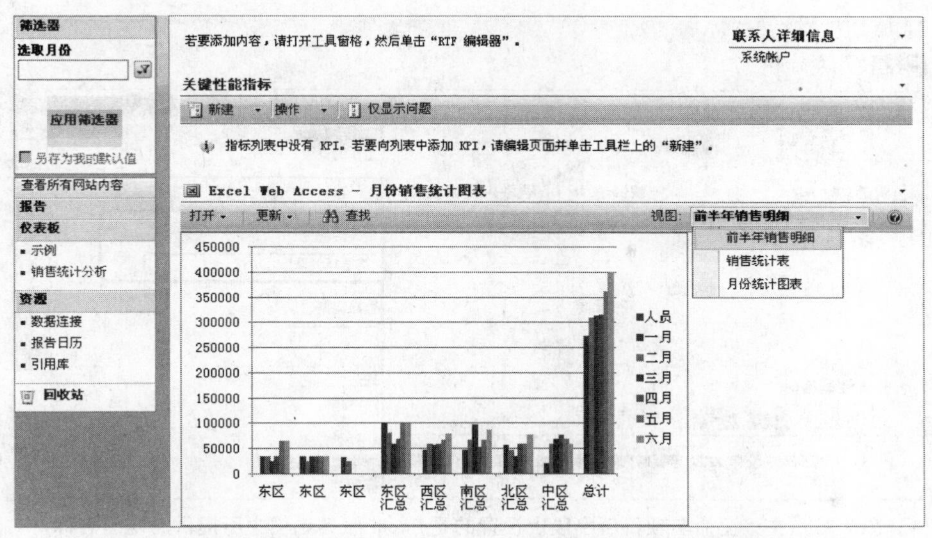

图 7-91　当视图选择不同项目后 Web 部件内容就会更改成所选定的内容

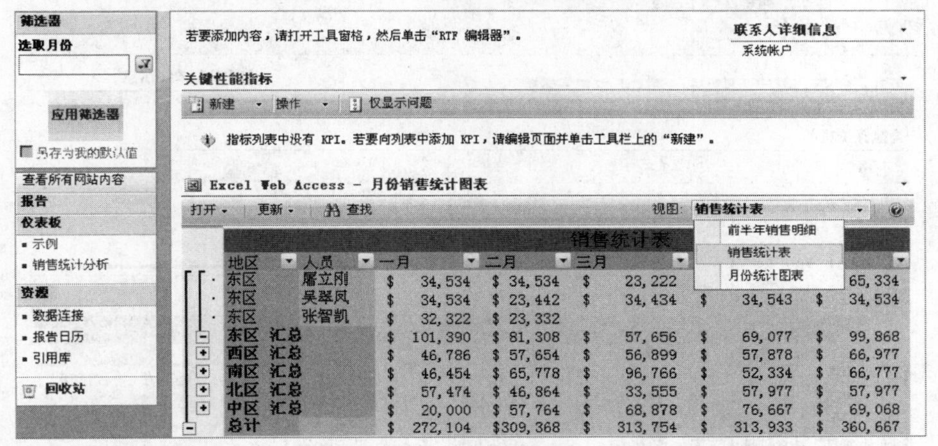

图 7-92　在视图下选择“销售统计表”时，便会显示出使用区域名称定义的数据区域

上面所说明的创建多重视图页面环境，看起来好像没什么问题，其实是有问题的。看起来没问题的原因是笔者特别做了一个小小的安排。你能想得到是什么问题吗？提示一下，跟多重视图默认有关。

如果您好好地想一下，应该会想到在前面多重视图的例子中设置了三个视图内容，而设置可以视图的项目是在 Excel Services 选项中，在显示设置页面下勾选工作簿中的项目。在上例中选择了三个显示项目，但是这三个显示项目为什么第一个就是月份销售统计图表，而不是其他两个的其中一个项目？发现了吗？

或者换个思考方式，如果在数字仪表板的页面上我们希望默认第一个出现的内容是“销售统计表”而不是“月份统计图表”，问题是不是就出来了呢？没错！上面之所以正确的原因是在名称命名的排序上，刚好符合了月份统计图表放在第一个的位置上，所以看起来好像就没问题啦！如何！很不错喔！在多重视图环境下，除了在设置好所需的视图项目外，还要注意到另一件事，就是要在该 Web 部件上设置默认的视图项目。

要设置默认视图项目，先在该数字仪表板网页上，移动鼠标单击在该 Web 部件右上角的向下按钮，然后选择其中的“修改共享 Web 部件”，切换到 Web 部件的设计页面。在“Excel Web Access”Web 部件下，右边的属性设置窗口中，有一个“已命名项目”字段，此字段要输入的就是默认视图项目。

以上面为例，如果我们希望进入此数字仪表板的网页，第一个所看到的是销售统计表，在此“已命名项目”字段上就输入“销售统计表”，然后移动鼠标到下方单击“确定”按钮，重新回到数字仪表板环境时就会看到默认以“销售统计表”的内容显示在网页上，请参考【图 7-93】和【图 7-94】。

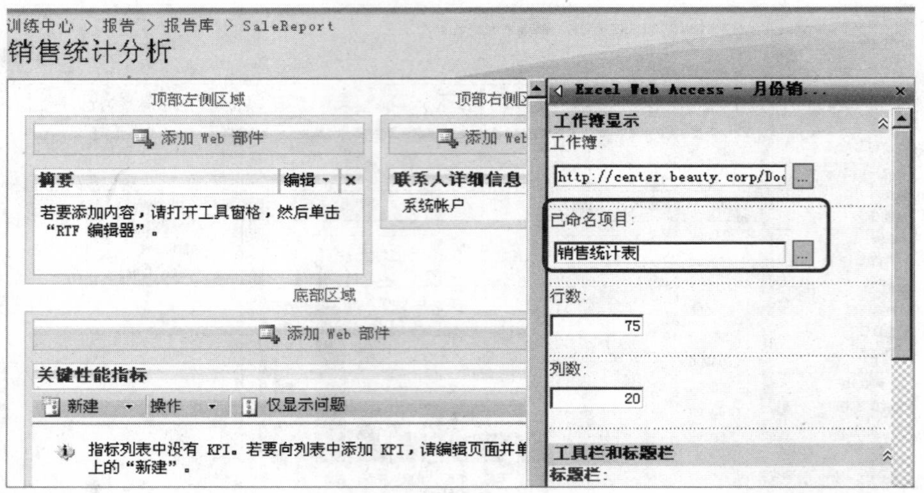

图 7-93　在“已命名项目”字段上设置的是 Excel 服务选项中所提供的视图名称

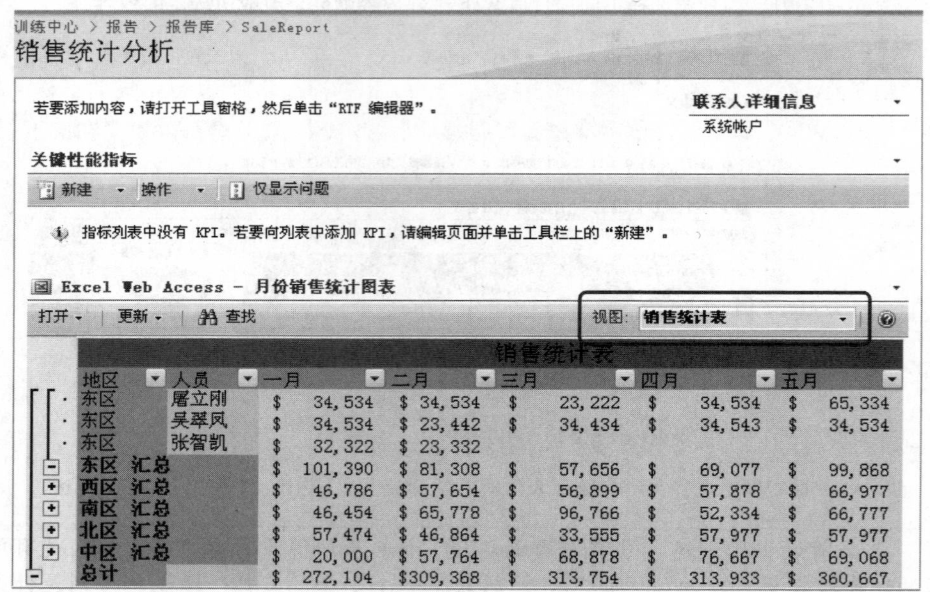

地区	人员	一月	二月	三月	四月	五月
东区	屠立刚	$ 34,534	$ 34,534	$ 23,222	$ 34,534	$ 65,334
东区	吴翠凤	$ 34,534	$ 23,442	$ 34,434	$ 34,543	$ 34,534
东区	张智凯	$ 32,322	$ 23,332			
东区 汇总		$ 101,390	$ 81,308	$ 57,656	$ 69,077	$ 99,868
西区 汇总		$ 46,786	$ 57,654	$ 56,899	$ 57,878	$ 66,977
南区 汇总		$ 46,454	$ 65,778	$ 96,766	$ 52,334	$ 66,777
北区 汇总		$ 57,474	$ 46,864	$ 33,555	$ 57,977	$ 57,977
中区 汇总		$ 20,000	$ 57,764	$ 68,878	$ 76,667	$ 69,068
总计		$ 272,104	$309,368	$ 313,754	$ 313,933	$ 360,667

图 7-94　在“已命名项目”的字段上，所设置名称就是默认的视图名称

7.7 建立关键性能指标

关键性能指标（Key Performance Indicators，KPI），通常是企业在创建绩效管理系统中，用来作为决策判断的主要关键指标，所以关键性能指标通常要能够提供一个对工作成效评比的衡量值来作为一个判断的依据与标准。

> 一代管理宗师杜拉克（Peter Drucker）曾说过：
>
> 关键性能的指标（KPI）是引导企业发展方向的必要“仪表板”

在许多提供商业智能分析的系统中，通常都会提供关键性能指标的功能来使决策者更明确地了解目标绩效的情况，所以 MOSS 2007 的 Excel 服务当然也不例外，在数字仪表板的环境中也提供了该 Web 部件用来指出 Excel 分析内容的关键性能指标。

前面所举“月份销售统计图表”的例子已经可以通过数字仪表板方式输入查询月份，显示该月份各区的销售金额统计图和总金额。从统计图表中虽然可以快速了解每一区的销售金额情况，但是却无法显示该销售金额是否达到当月销售的绩效或低于当月销售的绩效等等。

如何能够在数字仪表板中显示出像这样的销售绩效指标呢？答案就是使用关键性能指标的 Web 部件来提供所需要的指标信息。在创建销售绩效的关键性能指标之前要先考虑一个问题，绩效指标的关键值是属于固定类型还是变动类型。例如：月份销售的绩效，如果每月都一样，那绩效的关键值是属于固定的；若每月的绩效都有所不同，那绩效的关键值就属于变动的。如果关键值是固定的，当然直接设置在关键性能指标中就可以了，关键值如果是变动的，便需要把关键值先设置在 Excel 的工作簿中，然后在关键性能指标中设置要获取的关键值。

我们先在月份销售统计图表的 Excel 文件中加入每月的性能指标，其中包括了每月的高标值与低标值，更改完成后将文件保存。

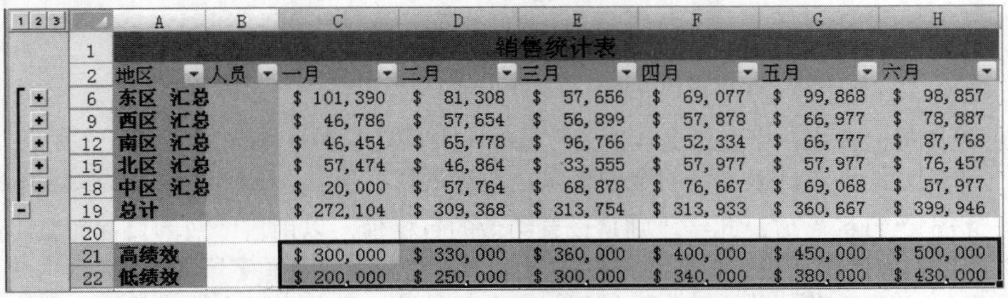

	A	B	C	D	E	F	G	H
1	销售统计表							
2	地区	人员	一月	二月	三月	四月	五月	六月
6	东区 汇总		$ 101,390	$ 81,308	$ 57,656	$ 69,077	$ 99,868	$ 98,857
9	西区 汇总		$ 46,786	$ 57,654	$ 56,899	$ 57,878	$ 66,977	$ 78,887
12	南区 汇总		$ 46,454	$ 65,778	$ 96,766	$ 52,334	$ 66,777	$ 87,768
15	北区 汇总		$ 57,474	$ 46,864	$ 33,555	$ 57,977	$ 57,977	$ 76,457
18	中区 汇总		$ 20,000	$ 57,764	$ 68,878	$ 76,667	$ 69,068	$ 57,977
19	总计		$ 272,104	$ 309,368	$ 313,754	$ 313,933	$ 360,667	$ 399,946
20								
21	高绩效		$ 300,000	$ 330,000	$ 360,000	$ 400,000	$ 450,000	$ 500,000
22	低绩效		$ 200,000	$ 250,000	$ 300,000	$ 340,000	$ 380,000	$ 430,000

图 7-95　在销售统计表的工作簿上加入每月的高标值与低标值

回到原来数字仪表板的页面上，此页面默认已经提供了关键性能指标的 Web 部件，所以可以直接单击该页部件上方的 新建 下的菜单中的 使用 Excel 工作簿中数据的指标 项目。

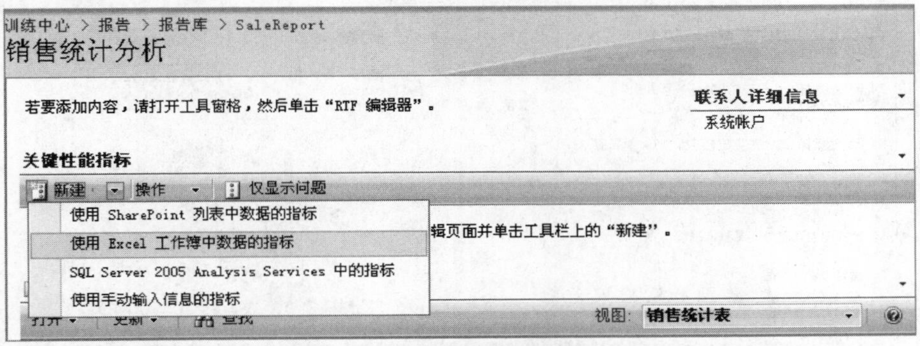

图 7-96　新建一个以 Excel 工作簿中的数据，来判断显示的性能指标值

在进入新建项目的定义页面后，在“名称”字段上输入关键性能指标要显示的名称，并且可以加上所需要的说明与注释，如【图 7-97】所示。

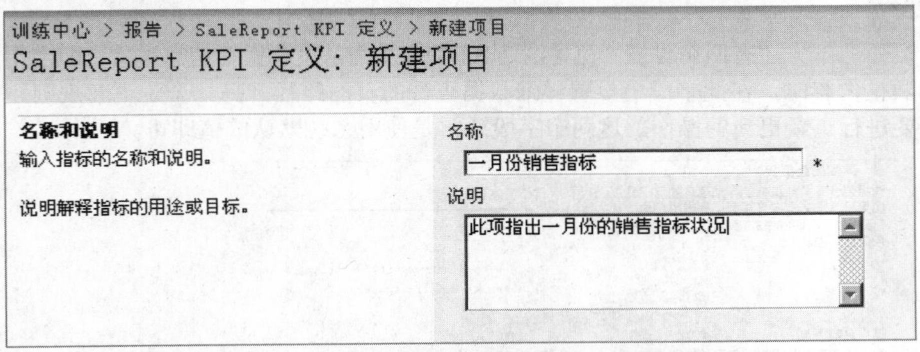

图 7-97　先行创建一月份的销售关键性能指标

在“指标值”设置区块上，工作簿 URL 字段所指定的就是要获取的 Excel 路径，注意要包括该 Excel 文件的名称，您可以使用 * 按钮进入网页对话框中，利用单击的方式选择所需要的 Excel 文件路径，当然也可以直接输入。

下方“指标值的单元格地址”则是用来输入某个值以判断其是否符合性能指标，以一月份的例子来说，该值就是一月份销售金额总计（销售统计表!$C$19）。

此字段的输入可以有两种方式，一种是直接使用 Excel 的坐标名称，另一种则是如果对该字段设置了区域名称的话，可以直接输入区域名称。在此例中，我们使用 Excel 的坐标名称，您可以参考【图 7-98】所示的地址。

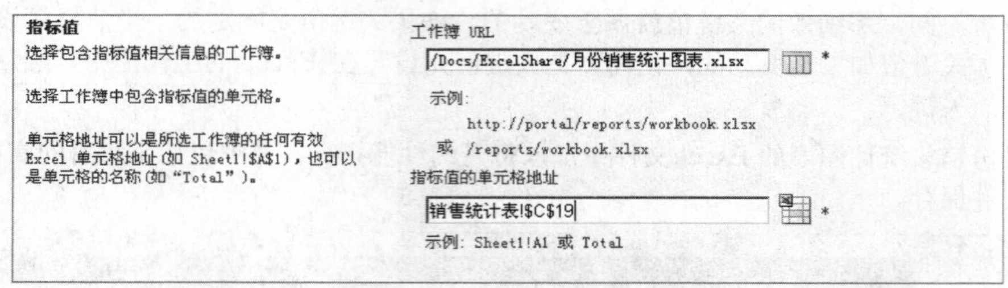

图 7-98　指定指标值要从哪一个 Excel 文件的哪一个字段中取出

在状态图标设置的区段上，字段“更佳值为”是表示要指定以数字越大代表越好（更高），还是以数字越小代表越好（更低）的设置。以本例的金额来说，当然是数字越大代表越好，所以要选择更高。

下方字段：指定“目标”值，此字段则是设置绩效的目标值，以销售绩效的目标而言，高绩效的金额是绩效的目标，所以在本例中所设置的应该是在一月份下方的高绩效金额字段的地址（销售统计表!$C$21）。第二个字段：指定“警告”值，此字段则是设置低于此目标值，则代表没有达成目标，以本例来说，要设置的地址是一月份低绩效的金额字段（销售统计表!$C$22），如【图 7-99】所示。

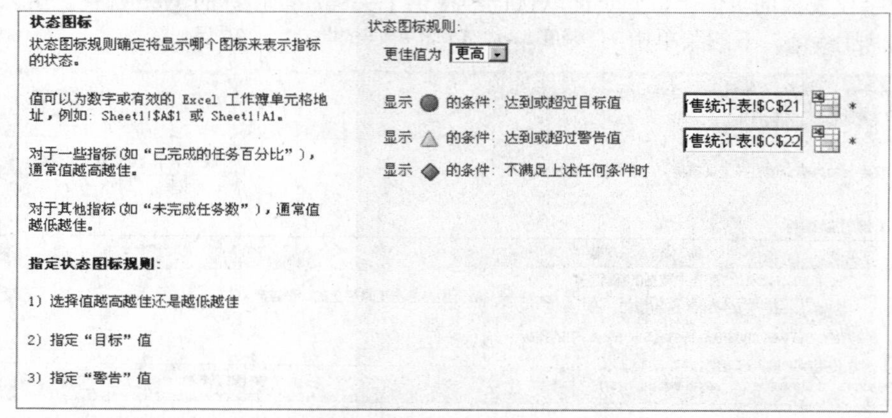

图 7-99　设置关键指标的目标值（高标值）和警告值（低标值）

在上方的“目标”值字段和“警告”值字段，也可以直接将要比较的数值输入进去。

在此设置页面的下方还有两个设置（见【图 7-100】），一个是设置详细信息链接，即当用户要查看关键性能指标详细数据内容时，在此字段上设置详细数据查看的页面路径。另一个是更新规则，表示当网页进行更新时是否要进行重新更新的操作。这两个字段通常是使用系统默认的值即可。

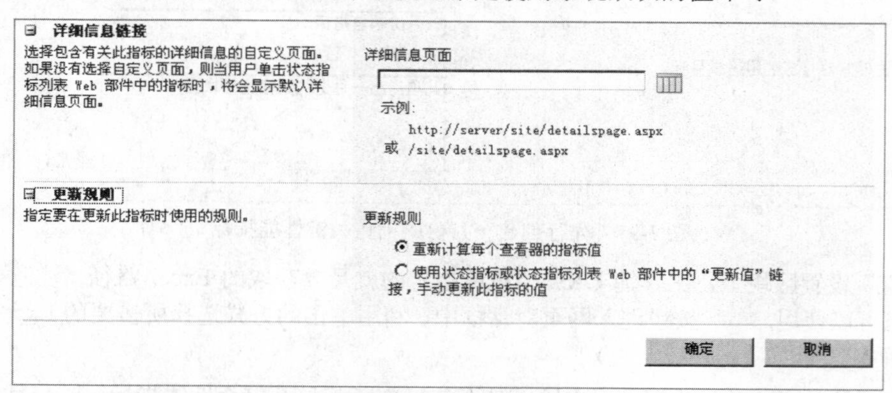

图 7-100　设置说明关键指标详细内容的网页路径和计算更新指标的处理方式

在此页面中将所需要的值设置完成后移动鼠标单击“确定”按钮，回到原来数字仪表板的页面上，您就可以看到一月份销售的关键性能指标了，如【图 7-101】所示。

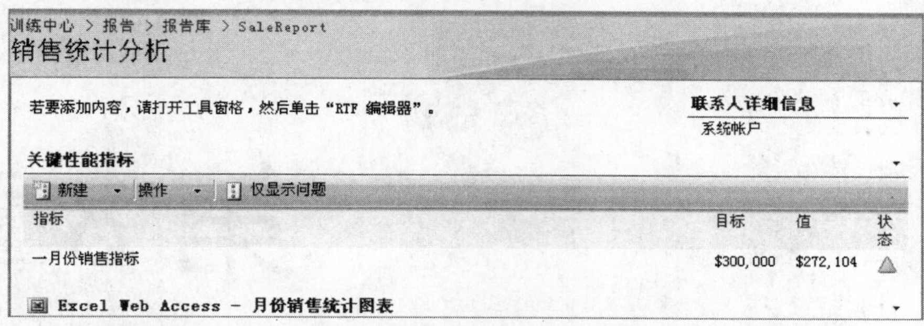

图 7-101　在数字仪表板上看到关键性能指针的目标值、实际值和状态

依照以上所说明的步骤可以将 Excel 文件中，一到六月的性能指标值都加入到此数字仪表板的关键性能指标中，这样就可以清楚地看到一到六月份销售分析的关键性能指标，如【图 7-101】和【图 7-102】所示。

训练中心 > 报告 > 报告库 > SaleReport

销售统计分析

若要添加内容，请打开工具窗格，然后单击“RTF 编辑器”。

联系人详细信息

系统帐户

关键性能指标

新建　操作　仅显示问题

指标	目标	值	状态
一月份销售指标	$300,000	$272,104	
二月份销售指标	$330,000	$309,368	
三月份销售指标	$360,000	$313,754	
四月份销售指标	$400,000	$313,933	
五月份销售指标	$450,000	$360,667	
六月份销售指标	$500,000	$399,946	

Excel Web Access - 月份销售统计图表

图 7-102　从关键性能指标可以清楚地了解一到六月份的销售绩效目标是否完成

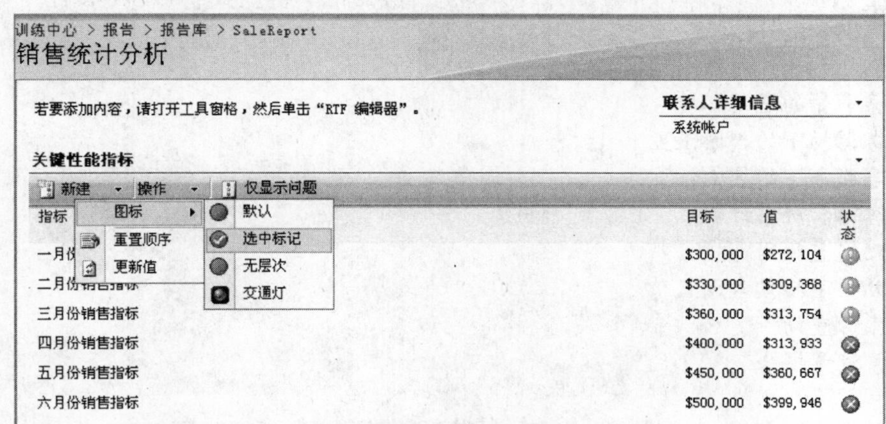

图 7-103　MOSS 2007 提供了三种不同的关键性能指标符号，您可以在“操作”→“图标”下的菜单中，选择不一样的关键性能指标图案

第 8 章 认识搜索

本章提要

搜索数据功能在每个网站配置中，都扮演着举足轻重的角色。对于搜索的用户来说，一个搜索引擎是否可以正确且相关地提供给用户真正想要找到的数据是有很大差别的，这项差别与用户所要查询数据的环境也有很大的关系。

本章主要介绍 MOSS 2007 系统所提供的搜索引擎可以搜索什么样的范围，以及什么样的数据。由于 MOSS 2007 系统所面对索引数据的特性是企业环境中的数据，这些环境含有不同的访问验证机制，存在不同的服务器，而且用户又希望可以索引不同应用程序下的数据等等。所以如何配置 MOSS 2007 索引环境，创建可以搜索的范围，以及如何提供处理数据的索引爬网和 MOSS 2007 搜索引擎索引的限制，都是本章所要探讨的主题。

本章重点

在本章，您将学会：

- ◉ 搜索引擎的适用环境
- ◉ 服务器场下的搜索设置
- ◉ 共享服务下的搜索设置
- ◉ 内容源和爬网计划
- ◉ 启动完整爬网
- ◉ 网站集下的搜索设置
- ◉ 搜索的查询
- ◉ 搜索流量报告

8.1 搜索引擎适用的环境

搜索向来是网站环境不可或缺的功能，但是一个搜索引擎的好坏，对于用户来说，甚至于对信息工作者来说，关系到是否可以有效且快速地将需要的相关信息找出来，以完成所需要的信息工作处理。

搜索功能最早是以数据库指令方式来查询数据库中的记录，此种搜索方式称为结构性数据搜索。但是对于存放在其他环境下的数据，例如：共享文件夹下的文件数据、网站中的HTML网页数据，电子邮件服务器的公用文件夹的邮件或是附件数据，以及在线商业应用（LOB）程序所访问的数据等等，这些数据则称为非结构性数据。

一个好的搜索引擎一定要能够提供一种较完整性数据的搜索能力，我们称这种能力为“全文检索”能力，这种能力对结构式数据或是非结构式数据，都能够为用户提供查询功能。除此之外，如果还可以寻找企业组织放在任何位置上的信息，不管是桌面计算机存储的数据，内部工作组或部门所存放在不同服务器上的共享数据，内部网站服务器或电子邮件通信服务器所公布的数据还是应用程序服务器所提供的在线商务信息的数据等等，都要能够索引并提供查询，才算是一个好的搜索引擎。

搜索引擎还必须为企业用户提供一个良好的搜索工具环境，提供简单、有弹性和强大的搜索指令，甚至提供智能性判断能力，让用户运行联合性质的搜索工作，通过单个接口来查询在各个不同服务器或不同数据源上的数据。

当然MOSS 2007搜索引擎便提供了以上所说明的各项需求和能力，【图8-1】所示的就是MOSS 2007企业搜索所提供的适用整体环境的结构。

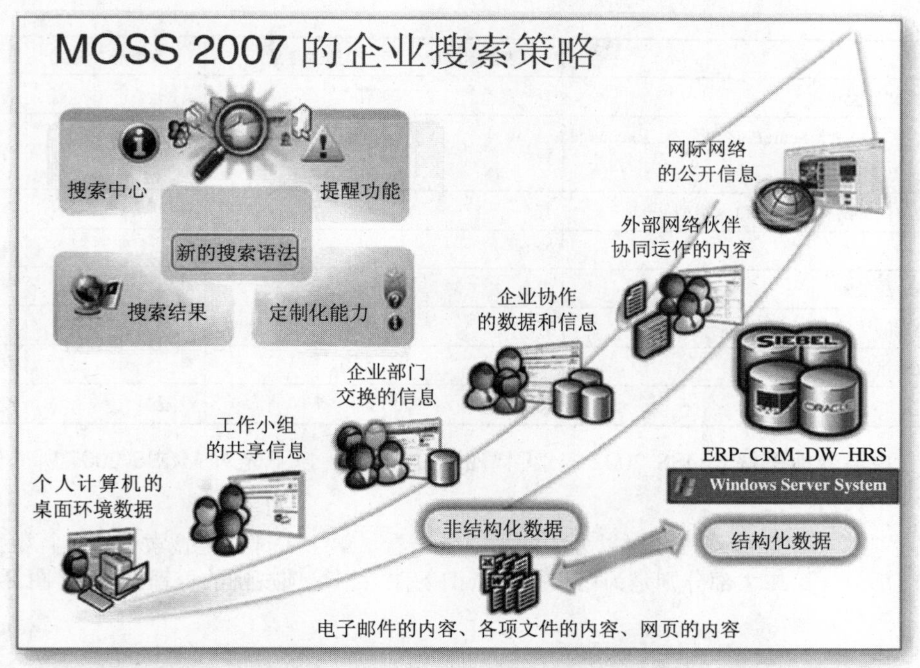

图8-1 MOSS 2007的企业搜索引擎的整体适用环境

8.1.1 搜索服务的版本

MOSS 2007的搜索引擎改良了许多以往搜索的功能，以完全重新开发的组件，为企业提供一个完整的企业信息搜索环境。

在 MOSS 2007 系统中的搜索引擎是独立分开的版本，所以共提供了四个版本：Microsoft Office SharePoint Server 2007 for Search Standard Edition、Microsoft Office SharePoint Server 2007 for Search Enterprise Edition、Microsoft Office SharePoint Server 2007 Standard，以及 Microsoft Office SharePoint Server 2007 Enterprise。前面两个版本称为搜索版，后面两个称为完整版，而在搜索版和完整版中，又分了标准版

和企业版，这之间的关系又是什么呢？搜索版只提供了较标准的网站搜索工作，可以应用在任何需要搜索网站信息的环境下，不提供人员数据搜索、商用数据目录搜索和知识网络集成性环境搜索，当然完整版则提供了这些功能。标准版和企业版的差异在于标准版只提供在一台服务器上运行的环境，但企业版则是可以在一个服务器场的环境中（也就是 Server farm 的环境）使用，以提供一种均衡负载平衡处理的索引服务环境。

从上面的说明中看出，搜索版和完整版不同的地方就在两种数据的搜索类型，一种是人员信息搜索，另一种是商用数据目录搜索，这两种类型所支持的搜索内容有哪些呢？

人员信息搜索是针对在 MOSS 2007 所创建起来用户和组的信息，这些信息由“我的网站”提供记录，自己配置文件信息。除此之外，当 MOSS 2007 系统与 AD 局域网目录环境集成在一起后，每个用户配置文件中的数据会从 AD 目录的用户账户中取得，所以对于 AD 目录中的用户账户或是组账户、通信组列表等信息，都可以藉由 MOSS 2007 系统环境集成来提供给用户进行人员和组信息的查询。而最炫的地方在于搜索系统提供了人员组织内容关联性的查询，如果在 AD 上输入用户的领导和属下之间的关联组织架构关系，在进行人员信息查询时，就可以提供一种称之为“关系距离”的查询，此种“关系距离”查询则会依据组织架构的信息告知您所查询的用户与谁关系较近或较远，进而当您在寻找用户时，便可以了解该用户周围附近的相关信息。

商业数据目录搜索是 MOSS 2007 针对商务应用程序的产品，例如：人力资源、客户资源管理、企业资源管理、SAP 系统、Exchange 系统、Lotus Notes 系统等等的应用程序，提供这些应用程序所创建的数据来进行搜索。另外，所有可以通过 ADO.NET 或 Web 服务访问的关系数据库，包括 SQL、Oracle 等，也可以提供对这些数据库的搜索处理。为了更多地了解这些版本之间的差异，笔者特整理出下表，希望有助您比较。

	搜索标准版	搜索企业版	完整标准版	完整企业版
索引 40 种以上的文件类型	有	有	有	有
支持索引共享文件、网站、SharePoint 网站、Exchange 公用文件夹、Notes 数据文件	有	有	有	有
支持搜索第三供货商的文件存储的数据类型	有	有	有	有
支持搜索人员及相关信息	没有	没有	有	有
支持结构式数据库的搜索	没有	没有	没有	有
提供具有安全内容的访问	有	有	有	有
提供高级式的搜索接口	没有	没有	有	有
文件的数量限制	400，000	没限制	没限制	没限制

为了让读者更清楚地了解 MOSS 2007 搜索引擎的处理能力，以下先对 MOSS 2007 所提供的搜索引擎处理程序来做一个说明。

MOSS 2007 搜索引擎的处理程序可以分成两大部分来看，第一大部分是搜索引擎进行数据设置索引和数据爬网的处理部分，第二大部分则是为用户提供查询条件数据筛选规则的处理部分，【图 8-2】是搜索引擎处理程序的结构图。

8.1.2 索引服务的运作

搜索引擎要能够为用户提供快速的搜索工作，一定要具备对数据进行全文检索的能力。在全文检索处理中，有一项非常重要的处理操作叫做“数据爬网”（Crawler）处理。在 MOSS 2007 的中文环境中，此操作叫做“爬网”，在微软其他系统中，也称此操作为爬网，所以在此 MOSS 2007 系统中，我们用**爬网**（Crawler）来说明此操作的处理。

爬网处理的内容可以分成两个部分，一个是对指定**“数据内容”**（Context）进行爬网，其中包括分类、索引和反索引处理。另一个则是对**“数据属性”**（Properties）进行索引，例如：在文件属性中，会有作者、创建日期、文件格式等等，上下文属性会有自定义 XML 字段数据等等。

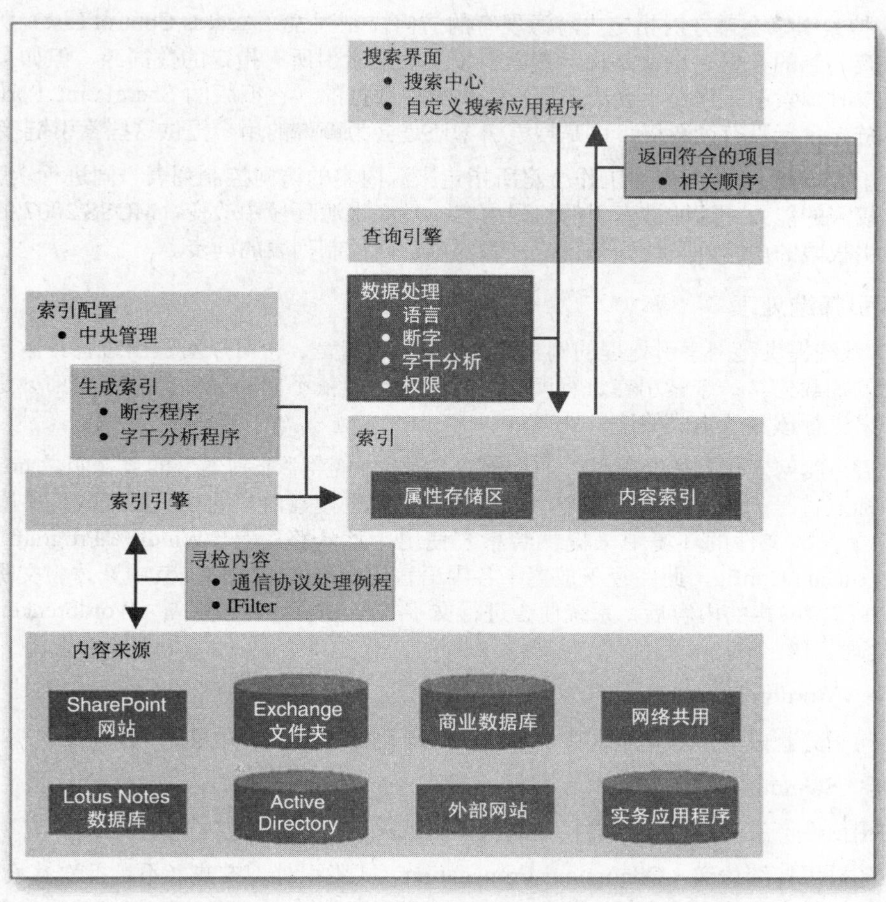

图 8-2　MOSS 2007 企业搜索引擎的处理程序结构图

属性有一个属性存储区，存储区是由属性和属性值的数据表格所构成的，在这个数据表格中，每一行都会对应到全文检索中所有不同的文件上，也会负责在维护和运行索引文件时，所要收集文件的层级安全性等数据。

所有需要进行爬网的数据索引，都是只有经过用户的设置后才会对这些内容源进行爬网索引处理，以下是一个爬网处理的相关重要流程：

- 决定通信协议联机处理方式
- 安全性访问权限的处理
- IFilter 的索引筛选处理

决定通信协议联机处理方式

MOSS 2007 的索引服务并不只是提供本机数据索引服务，也不只是对一种数据类型才提供索引的服务，所以当用户在指定索引的数据时，都会指定远程访问的方式和内容源的类型，这些被指定的不同内容源的类型会决定索引工作要采用什么样的通信协议来进行访问，这种远程访问工作的处理称为 Protocol Handler（协议处理），例如：如果所针对的是 Internet 的内容源类型，系统便会采用 HTTP 通信协议进行远程访问，如果所针对的是远程共享文件的内容源类型，则系统便会采用 NetBIOS 网络文件访问的通信协议来进行远程访问等等。

安全性访问权限的处理

这些远程访问工作，除了依不同内容类型来决定使用什么样的通信协议进行访问之外，也决定要使用什么样的访问权限来进行对数据访问验证的读取，这也就是说，MOSS 2007 的搜索引擎会依照访问权限的规则来进行搜索处理工作。

MOSS 2007 搜索引擎会遵守对指定内容源现有的访问控制列表（Access Control List）所指定的权限内容来为用户提供查询到的数据，也就是说，搜索引擎虽然会索引所有指定的数据源，但如果查询的用户对该数据没有读取权时，索引工作是不会给该用户提供索引数据的（在旧版的 SharePoint Portal Server 2003 中，虽然用户对链接目标没有读取权，可是搜索引擎还是会为查询的用户提供这些索引链接目标地址）。

此项关键在于 MOSS 2007 的索引工作会将所指定来源内容的访问控制列表一同进行索引处理，但不提供更改来源内容权限的能力。这些被索引的权限内容一旦在来源环境中改变，MOSS 2007 的索引工作也会立刻更改这些索引权限的内容，来达到与目前来源内容访问控制列表的同步。

IFilter 的索引筛选处理

MOSS 2007 系统提供爬网索引处理的例程称为 IFilter，它是一个可以对索引进行开放、读取以及索引新文件类型内容的加载宏。一个索引在进行爬网时，IFilter 会依不同的文件类型（大部分是通过扩展名的方式来作判断）来进行该文件格式的读入处理。

在读入数据后，爬网工作首先会删除“非搜索”条件的内容，“非搜索”的英文叫做 noise（噪声），这些内容包括了像标点符号、语气助词、单个字母等等，不关乎搜索内容的相关字眼。这些噪声内容的设置实际上是放在一个参数文件的环境中来提供给系统使用，默认路径是%Windir%\Program Files\Microsoft Office Servers\12.0\Data\Config，此路径下放置了各国语言的噪声文本文件，其中繁体中文噪声文件的名称是 noisecht.txt。在排除噪声的内容后，系统便会进行文字（Words）、文字分隔（Wordbreakers）与字干分析（Stemmers）的处理工作。

- 文字分隔（Wordbreakers）

将数据中的句子分割成单字和词组（中文环境则是分割成中文字与中文词句）。

- 字干分析（Stemmers）

根据单字的相依性产生一连串不同的相关联的词组或关键字。

由于索引服务采用持续传递（Continuous Propagation）式索引处理方式（不是批次性索引处理方式），所以 IFilter 会以持续且串流的方式来提取每份文件中的文字和元数据（Metadata），然后将数据流返回到索引工作中进行爬网处理。所以几乎可以立刻将数据的索引创建起来，即使爬网程序在来源内容之间移动，也可以持续创建索引处理工作。

以往 SharePoint Portal Server 2003 或 Exchange 中的全文检索，对较大型的数据需要花费数天时间才能完成，而在 MOSS 2007 的索引处理环境中，便不会有这样的情况产生。

8.1.3 索引查询服务的运作

当用户通过索引工作所提供的查询接口，输入所要查询的数据或是由自定义应用程序，调用索引查询处理程序时，索引中的搜索引擎便会被启动，并开始处理传入的要查询的条件数据。

首先，搜索引擎会先判断在查询条件中，是否指定了属性（Properties）查询的相关数据，如果已指定，则会先查询属性存储区中是否有符合属性条件的内容，如果有就会将结果显示出来，如果没有则继续往下做。

接下来搜索引擎会先将查询数据传到查询语法特定的文字分隔处理程序，以判断要如何查询数据及分析查询条件数据中的逻辑关系。如果无法识别查询语法格式，则表示要搜索此完整字符串，所以会将此字符串交给非特定文字分隔的处理程序来进行搜索。

如果在非特定文字的查询程序中没有找到结果，搜索引擎便会再将此查询字符串传送给字干分析程序来进行相关关键字的查询分析，并提供较接近查询内容的结果返回给用户。

对于查询后的结果，搜索引擎并不会直接返回到用户环境做显示。为了能够更准确或快速地将查询后的结果提供给用户，搜索引擎还会根据三个类别来做索引信息结构的处理，这三个类别分别是：显示数据安全性、路径结构规则性与爬网设置层次性。

- 显示数据安全性

此类指的是 MOSS 2007 搜索引擎会将来源内容的权限数据一起爬网，虽然搜索引擎搜索到爬网的内容，但并不代表就会把它们提供给用户，用户必须对该源数据有读取权，才能够获取爬网的内容，这对于企业信息安全来说，是一个很重要的保护数据的处理方式。

- 路径结构规则性

其会影响搜索数据的相关性密度，通常此项与搜索页的数据相关，因为网页的数据中会带有其他网站的链接，这些链接通常与找到的数据在某种程度上具有相关性，所以搜索引擎对于网页中被相关网站链接内容有多广，则要看路径结构规则对所界定的范围设置有多深了。通常在 MOSS 2007 系统环境下的网站关系，企业内部的网站环境是比较独立而狭窄的，但是如果针对的是 Internet，则会具有较宽广延伸的环境。

- 爬网设置层次性

此类所指的是在一个网站上向下所延伸出去的层次子网站结构。在 Internet 环境中，几乎不太有这样的环境，大部分都是在一个网站下就结束该服务器网站的环境，所以在 Internet 上的网站环境，不像 MOSS 2007 有所谓的顶层网站、子网站之间的关系以及子网站和子网站的环境。但企业内的网站环境则大多存在这样的关系，所以当查询数据时，对该网站的数据到底要延续多少层级，也要看所设置的范围是如何界定的。

根据以上的相关性内容分析，搜索引擎会依据以下几点的条件来对查询数据的准确性进行分析：

- 单击操作的距离

在搜索的系统中可以设置搜索网站的网页关系，系统称为权威页面（Authoritative Pages），我们可以设置不同等级的权威网页的网址和非权威页面（Non-authoritative）的网址。通过这些权威和非权威网址的设置，搜索引擎就可以知道当用户在进行单击查询工作时，所搜索到的网址彼此之间的关联程度是否密切，或是彼此是不相互关联的。

- 锚定性质的文字

锚定（Anchor）也就是固定的意思，一种具有规律重复性或决定性的文字内容。像超链接的链接字符串，便是这样性质的文字，此种文字可以充当对查询目标结果的注释，对于判断查询结果的内容是否准确具有高度描述性质的作用。

- 比较 URL 的深度

与搜索结果的 URL 路径相比，越相似的路径，或深度不远的子路径，其搜索的结果与所需要查询的数据越具有相关性，反之，路径越深，也就越不具有相关性。

- URL 文字的比对

直接拿 URL 中的文字来进行比对，如果具有相同文字的 URL 数据，其数据的相关性就越接近，反之，则相关性就越薄弱。

- 文件类型的相关性

文件类型也是一种对搜索结果准确性质的一种判断，相同文件的类型，通常比较具有相关性；不同的文件类型，虽然内容也是相关的参考，但毕竟比相同文件类型的类似内容来说，又薄弱了许多。

- 不同语言类型的侦测

相同性质的语言结构，当然在搜索上也具有一定程度的准确原则。

- 文字分析的处理

此项分析最主要的当然是对搜索内容的分析处理，依据符合条件的关键字与使用频率及文字变体的情况等因素，来产生不同相依性的关系，提供搜索的准确度。

提供搜索作业的接口功能

MOSS 2007 搜索引擎在查询接口中，也增加了许多新功能。例如：当您所输入的文字内容有拼写错误，或是对于常见的搜索关键字有拼写错误时，搜索引擎就会出现“您的意思是？”然后会出现系统判断正确的关键字，询问您要查询的是否是系统所建议的关键字，如果是，您就可以选择该关键字来进行查询。此外，查询接口也会提供搜索结果醒目的提示和“最佳匹配”的建议等功能，让您可以参考最佳的搜寻结果内容有哪些。

在 MOSS 2007 的环境中，也提供了一些网页组件的功能，让您可以修改查询的用户接口，也可以针对特定的索引卷标与查询范围，创建所需要的关联。

8.1.4 两种搜索服务

我们在第 1 章中谈过这两种搜索服务，其实这两种搜索服务都是相同的搜索服务底层，都是由 Windows SharePoint 3.0 服务架构提供的搜索服务，但此服务可以在应用程序环境中来扩充该搜索功能。

Windows SharePoint Services 说明搜索服务在 MOSS 2007 系统环境所扮演的角色很简单，就是提供 MOSS 2007 系统辅助说明内容的索引处理环境。所以如果您不需要在 MOSS 2007 的服务器上使用辅助说明的搜索作业，则可以不启动此搜索服务。

而 Office SharePoint Server 搜索服务则是由 MOSS 2007 系统在 Windows SharePoint 3.0 平台上，依据 SharePoint Portal 2003 所提供的基本技术处理内容，加入了由 MSN 与 Windows Desktop 搜索所创建的新技术来进行添加、扩充并延伸的搜索服务，故此搜索也是 MOSS 2007 系统主要的搜索服务，此项搜索服务提供了在一个服务器场的分散环境中，可以共同使用这个搜索服务的环境。

8.1.5 搜索的层级设置

MOSS 2007 的搜索设置（Configuration）可以分成四种层级（Level）环境，这四种层级分别为服务器层级设置、农场层级设置、共享服务层级设置、网站集层级设置，这四种层级所针对的搜索设置内容都有些许不相同，以下分别说明一下这四种层级设置的目标是什么。

服务器层级设置

服务器层级设置（Server-Level Configuration）所指的是如何在具有 MOSS 2007 系统的服务器上，将用户自行开发的相关组件安装注册到此服务器的环境中。

其中可以通过开发安装到 MOSS 2007 服务器的最主要的组件有两项，第一项是协议处理器（Protocol Handler），主要是为搜索引擎提供要采用什么样的通信协议，向所指定的地址来进行读取的处理操作，详细的内容我们稍后再做说明。

用户如果希望能够提供 MOSS 2007 系统默认之外的协议处理器，则必须通过程序开发的方式，来创建协议处理器的组件，而这些组件必须被安装在所有具有安装 MOSS 2007 系统的搜索服务的服务器上，才能够提供提取数据的通信协议处理功能。

第二项是 IFilter 组件的安装和注册，IFilter 是提供爬网，即如何来对不同文件格式的数据进行正确读取的组件。MOSS 2007 系统提供了对网页类型相关格式和 Office 文件相关格式的 IFilter 组件，至于其他文件格式，例如：PDF，就必须寻找不同的 IFilter 组件安装并注册到安装了 MOSS 2007 系统的服务器上，这样 MOSS 2007 的搜索引擎才能够引用该项 IFilter 组件，来进行不同文件格式的爬网处理。

农场层级设置

农场指的是服务器农场（Server Farm），也就是服务器场，此等级最主要是设置所有在服务器农场下的索引服务器，以及对爬网工作所指定的网站或是目标内容，该如何进行提取。因为在网络的环境中，所指定的目标主机会随着网络流量的负载、目标或来源主机本身的负载，产生失败的数据提取，如何有效地调整服务器来提取这些被指定的服务器中的文件内容，系统称之为爬网程序影响规则（Crawler impact rules）的设置。在 MOSS 2007 的环境中，将农场层级设置（Farm-Level Configuration）翻译为“服务器场级的设置”。

农场层级的设置是在 MOSS 2007 的应用程序管理下所做的设置，在场服务器下的所有启动索引服务的服务器，都会遵循此处的影响规则所设置的内容来进行索引。

共享服务层级配置

共享服务层级配置（SSP-Level Configuration）是搜索服务中最主要的配置环境，大部分有关如何进行索引中的爬网（Crawl）操作，都集中在此层来设置完成。此层中的设置可分成三个部分来看，分别是“爬网设置”、“范围”及“权威页面”，这三个项目设置了在前面架构中曾说过的两大部分，一个部分是爬网数据处理工作的内容，另一部分是设置查找方式和数据相关性的规则。

通常主要的设置处理的程序如下所述：

- 先行确认所要指定进行爬网数据的服务器，是否有为搜索系统提供的可以联机的协议服务。例如：HTTP 的网站服务、NetBIOS 的共享磁盘文件服务、Exchange 的 OWA 服务等等。
- 确认在该指定服务器上所存放的文件格式在搜索系统的 IFilter 中都提供支持，如果没有提供支持，也应该要知道哪些文件是无法进行爬网处理的。
- 是否要提供文件中自定义属性字段的查询，有些文件（尤其是 XML 格式的文件），可以放置自定义属性字段的数据，这些数据是否要由爬网工作进行处理，并提供特定属性关键字的查询工作环境。
- 设置系统默认的访问登录账户名称和密码，因为搜索服务所需登录的访问账户不一定是 MOSS 2007 的系统账户，在某些搜索工作的环境中并不希望将系统设计的相关信息或是具有机密性的相关信息都进行爬网的处理，所以可以指定一个不具备系统服务访问权的账户，来作为爬网工作需要登录的访问账户。当然，您也还是可以使用系统服务的账户，因为即使这些数据在进行了爬网工作处理，也不一定就会提供给用户来进行查询，我们在前面的说明中提到，搜索引擎会将权限一起爬网进来，所以当用户在进行查询时，系统会判断该数据是否可以提供给用户来查询。
- 指定可以进行爬网处理的内容源有哪些，爬网工作所需要启动处理的计划是什么。
- 创建爬网规则，当爬网工作中的内容源被指定后，如果所指定的内容源网站中的数据，有不同情况的条件时，可以藉由爬网规则的设置来进行排除或加入。例如：在指定网站下的某些子目录或子网站的环境中，或有些在网站网页中所跟随的链接网站环境中，都不需要进行爬网的处理。在系统默认的条件下是不设置爬网规则的，也就是说对标准的内容与内容中的链接都会进行爬网的处理。
- 定义搜索工具、网页组件在搜索页面中可以使用的搜索范围与搜索范围的规则，使用系统默认的搜索页，或是自行定义所需要的搜索页面，并加入到所要指定的网站环境下。
- 设置在搜索工作中所找到网页数据彼此之间的关联程度，默认是可以都不设置的，表示每个查询到的网页内容彼此独立，但是如果您希望可以创建不同网站数据之间的相关度，就可以在权威页面上来设置。

在共享服务层级的设置中，还有提供查看搜索流量报告的内容，让您可以了解用户使用搜索的情况，以及数据被查阅的次数和相关的信息。

网站集层级设置

网站集层级设置（Site collection-Level Configuration）则是在共享服务层级设置完成之后，针对每一个不同的网站集，来定义该网站集所要使用的搜索设置和搜索范围，除此之外，还可以针对不同的网站集来提供给每个网站集所需要的特别的关键字、同义词、最佳匹配标题等等的辅助查询内容。

8.2 服务器场下的搜索设置

在 MOSS 2007 的服务器场环境中，可以将搜索服务器配置在不同的服务器上，请参考第 1 章高级安装说明，要了解在 MOSS 2007 服务器场下的搜索环境管理内容，可以进入 SharePoint 3.0 管理中心，选择“应用程序管理”选项卡 → 搜索 区块下“管理搜索服务”，打开“管理搜索服务”的页面，如图【图 8-3】所示。

从【图 8-3】所示的“管理搜索服务”设置页面中，可以看到搜索服务设置可以分成三层：第一层是服务器场级的设置，其适用范围是服务器场下所有搜索服务器共同使用的设置内容。第二层表现的是在此服务器场下，有哪些服务器安装并启动了搜索服务，第三层则是在共享服务提供商下所启动的索引服务的状态。

8.2.1 服务器场级搜索设置

此设置项目是在第一层的服务器场级下的设置，最主要的目的是设置此服务器场下，所有搜索服务器在进行网页数据索引处理时，是否要经过代理服务器的环境，通常如果企业的网络环境设置了网页的代理服务器时，您便可以在此进行设置。在单击此项目后，打开“管理服务器场级搜索设置”配置页面，如【图 8-4】所示。

管理中心 > 应用程序管理 > 搜索服务

管理搜索服务

服务器场级搜索设置

使用的代理服务器: 无

联系人电子邮件地址: administrator@beauty.corp

爬网程序影响规则: 0 已定义

⊞ 服务器场级搜索设置

⊞ 爬网程序影响规则

查询服务器和索引服务器

服务器名称: SRHSVR

搜索服务: Office SharePoint Server 搜索索引和查询

剩余磁盘空间: C: 15GB

宿主的 SSP: BeautySharedServices

⊞ 此服务器场中的所有服务器

启用搜索的共享服务提供程序

SSP 名称: BeautySharedServices

爬网状态: 空闲

索引中的项目数: 0

传播状态: 无须传播

图 8-3 选择“应用程序管理”→“管理搜索服务”项目

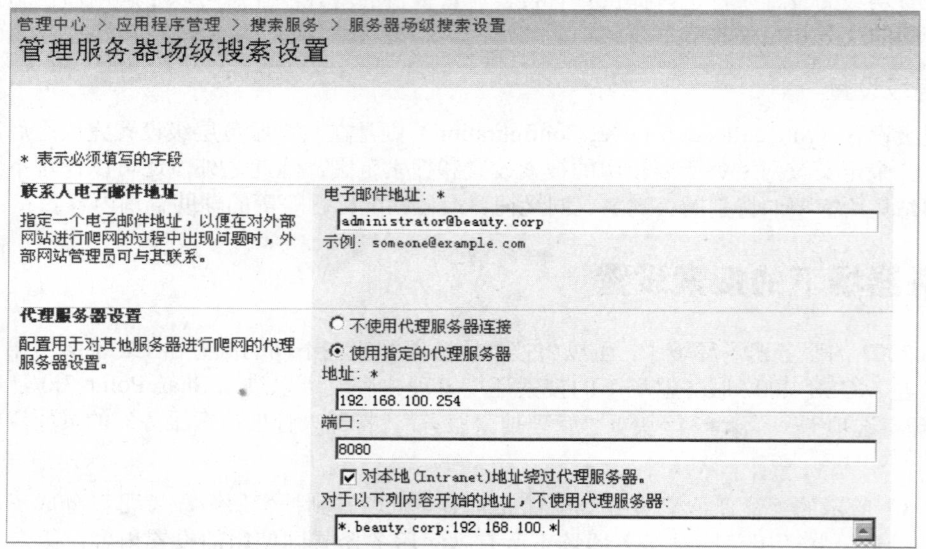

图 8-4 设置 MOSS 2007 搜索引擎所要经过的代理服务器

在第一个“电子邮件地址”字段所输入的地址表示当搜索服务发生问题时，系统会将相关的信息传送给此字段所设置的电子邮件的用户，系统会以安装 MOSS 2007 系统的管理员账户电子邮件地址为此字段的默认值。

当企业接入 Internet 必须要经过代理服务器时，则必须在“代理服务器设置”区段上设置代理服务器地址与所使用的端口编号（本例的代理服务器在 192.168.100.254 的 IP 上，端口为 8080）。

当设置了代理服务器后，一定要考虑内部网站的访问方式，内部网站因为可以在快速的局域网络下访问主机内容，所以不需要通过代理服务器来访问，故所有在内部不需使用到代理服务器的网址名称都应将其后缀输入到下方不使用代理服务器的网址字段中，本例设置了***.beauty.corp;192.168.100.***，代表只要其网址的后缀是 beauty.corp 的，或是网址是使用 192.168.100 开头的 IP，就忽略代理的处理，以直接访问的方式运行。

当搜索引擎在进行指定索引的网站环境时，必须设置一些错误处理的情况（参见图 8-5），"连接时间"字段就是为了设置当链接到所要指定的网站，迟迟没有响应，那应该等待多久后代表该网站链接失败不再进行处理。

如果搜索服务器在联机到该网站后，应该要响应所要求的网页内容，并在最后得到确认的信息，"请求确认时间"字段就是设置等待最后确认信息的时间有多长。

如果所提取的网站是有 SSL 的环境，但搜索服务器并不一定有该网站证书的环境内容，此时联机后，会出现一个错误警告消息，此处的"忽略 SSL 证书名称警告"就是设置当有这个消息出现时，系统要不要忽略，通常为了能够完成搜索数据索引处理的工作，建议最好勾选此项目，表示可以忽略此消息，继续进行。

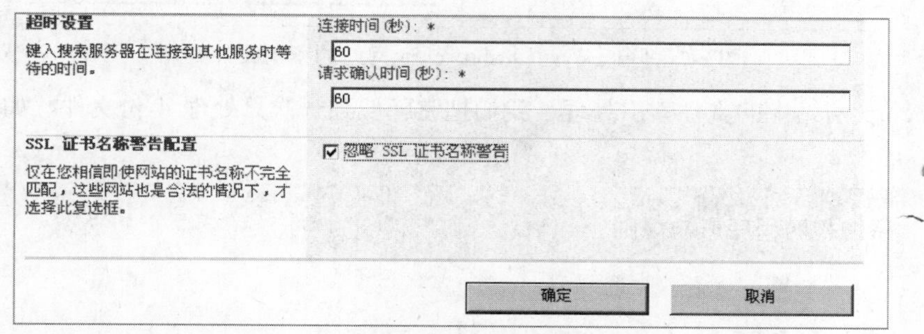

图 8-5　设置超时及请求确认的时间

8.2.2　爬网程序影响规则

此设置最主要的目的是调整索引服务对文件一次索引处理的方式，当您的服务器是较高级的服务器时，可以一次提供较多文件的索引处理，系统默认会依照该服务器的负载能力来调整一次可以处理文件的数量，通常在 5 到 16 份文件之间，如果您想平均分布文件索引处理的负载，则可以在此对所指定的网站进行文件处理数量的调整。

在规则中所设置的网站名称，是不需要带上协议名称的。例如：http://，而网址的名称可以使用通配符"*"，但需要注意的是，由于系统对于这些规则是依照顺序来进行处理的，所以有通配符的网址名称，应该尽量放在较后面的规则上。

例如：在我们所举的例子中有三个网站，一个是 mysite.beauty.corp，"我的网站"的环境，此环境的文件数据可以使用较慢速的索引处理方式，第二个是 center.beauty.corp，企业的协作门户网站，我们维持系统默认的环境，可以动态地进行调整，所以不在此处设置，第三个是 www.beauty.corp，企业 Internet 的门户网站，此处的文件数据属于静态式的文件，所以可以降低处理文件的数量。

要加入爬网程序的影响规则，可单击在【图 8-3】所示页面上的"爬网程序影响规则"项目，进入"爬网程序影响规则"设置页面，如【图 8-6】所示，并在该页面上单击"添加规则"的选项。

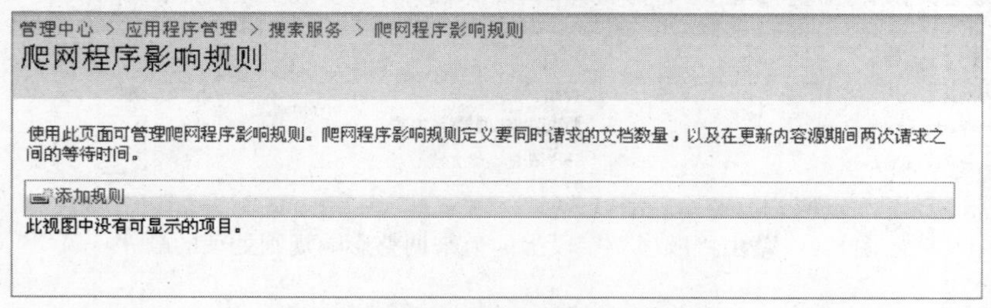

图 8-6　爬网程序影响规则的设置页面

网站 mysite.beauty.corp 要放慢爬网处理的程序，所以我们选择一次处理 1 份文件，并且 2 次处理之间，必须等待 20 秒的时间，如【图 8-7】所示设置。

管理中心 > 应用程序管理 > 搜索服务 > 爬网程序影响规则 > 添加爬网程序影响规则

添加爬网程序影响规则

* 表示必须填写的字段

网站

键入网站名称。不要包含协议名称(例如"http://")。

网站: *

mysite.beauty.corp

请求频率

指明爬网程序从该网站请求文档的方式。

为使影响最小，请不要同时请求过多的文档，或在两次请求之间设置延迟。

○ 一次最多请求指定的文档数，并且在两次请求之间不等待

同时请求数:

8

⦿ 一次请求一个文档，并在两次请求之间等待指定的时间

等待时间(秒)

20

确定　取消

图 8-7　降低 mysite.beauty.corp 网站的索引文件处理

www.beauty.corp 网站上的文件索引处理，我们把它降低到一次只处理 4 份文件，如【图 8-8】所示的设置。

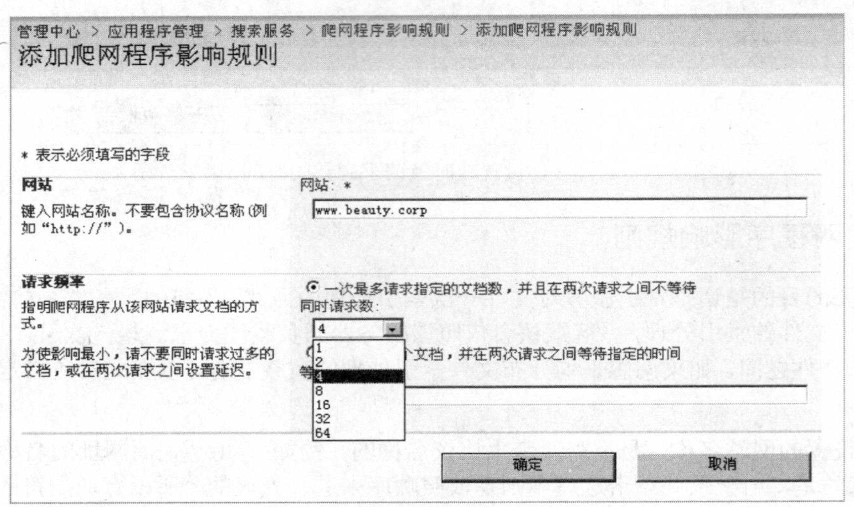

图 8-8　减少 www.beauty.corp 网站的索引文件处理

设置好以上爬网处理影响的规则，回到爬网程序影响规则的设置页面后，您可以看到每一个规则项目上，有一个调整顺序的字段，如【图 8-9】所示，您可以单击此字段中的值，来调整每一项规则的优先处理顺序。

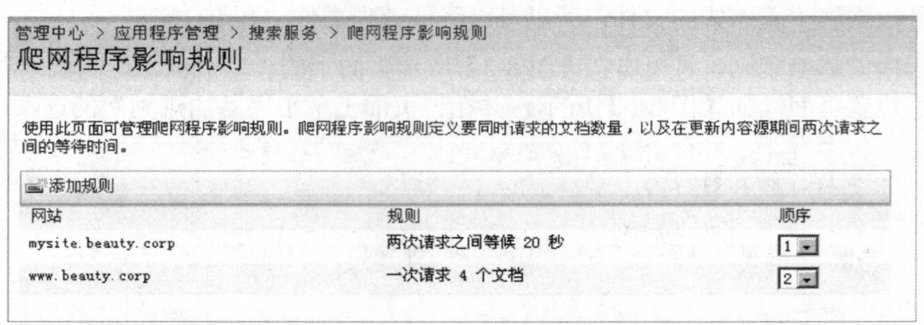

图 8-9　藉由"顺序"字段上的值来调整影响规则处理的顺序

8.3　共享服务下的搜索设置

MOSS 2007 在安装完系统环境之后，已经将基本的索引范围、来源内容与爬网相关设置，依其默认的

环境配置起来了，只差没有启动索引程序，所以在一开始在协作门户网站的搜索中心网站下，还不能够查询到任何的信息。

以下我们先来启动系统默认的索引环境，以对 MOSS 2007 所提供的索引查询功能有一个基础的认识和了解。要启动系统默认的索引环境可以依次单击："快速启动"栏的 BeautySharedServices → 搜索 区块下的"搜索设置"超链接，进入到"配置搜索设置"页面中，如【图 8-10】和【图 8-11】所示。

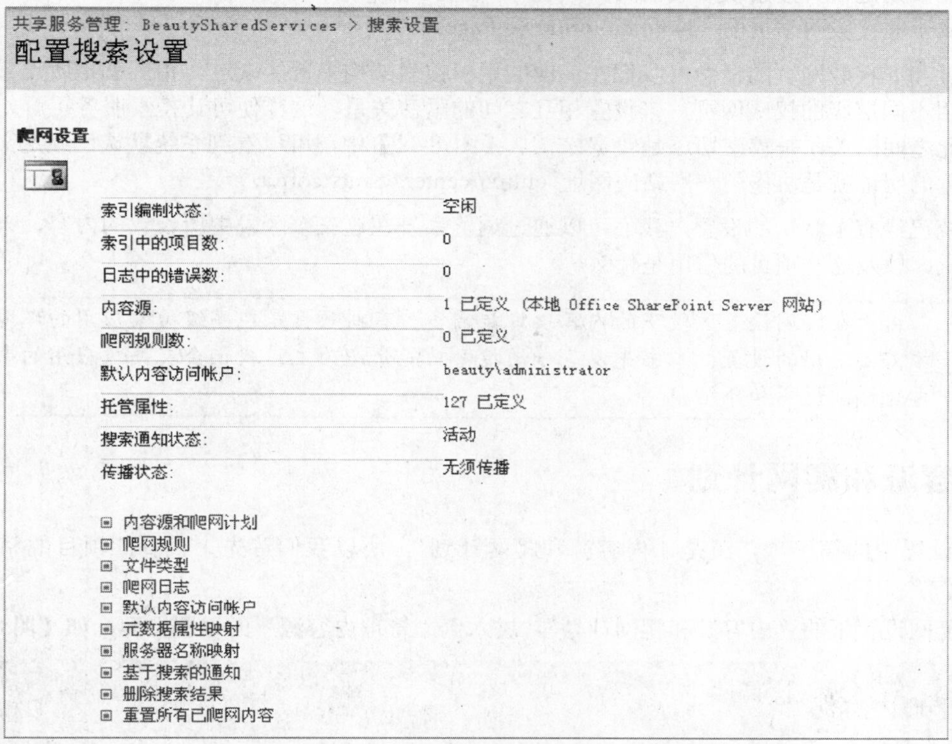

共享服务管理：BeautySharedServices > 搜索设置

配置搜索设置

爬网设置

索引编制状态:	空闲
索引中的项目数:	0
日志中的错误数:	0
内容源:	1 已定义（本地 Office SharePoint Server 网站）
爬网规则数:	0 已定义
默认内容访问帐户:	beauty\administrator
托管属性:	127 已定义
搜索通知状态:	活动
传播状态:	无须传播

- 内容源和爬网计划
- 爬网规则
- 文件类型
- 爬网日志
- 默认内容访问帐户
- 元数据属性映射
- 服务器名称映射
- 基于搜索的通知
- 删除搜索结果
- 重置所有已爬网内容

图 8-10 "配置搜索设置"的"爬网设置"页面

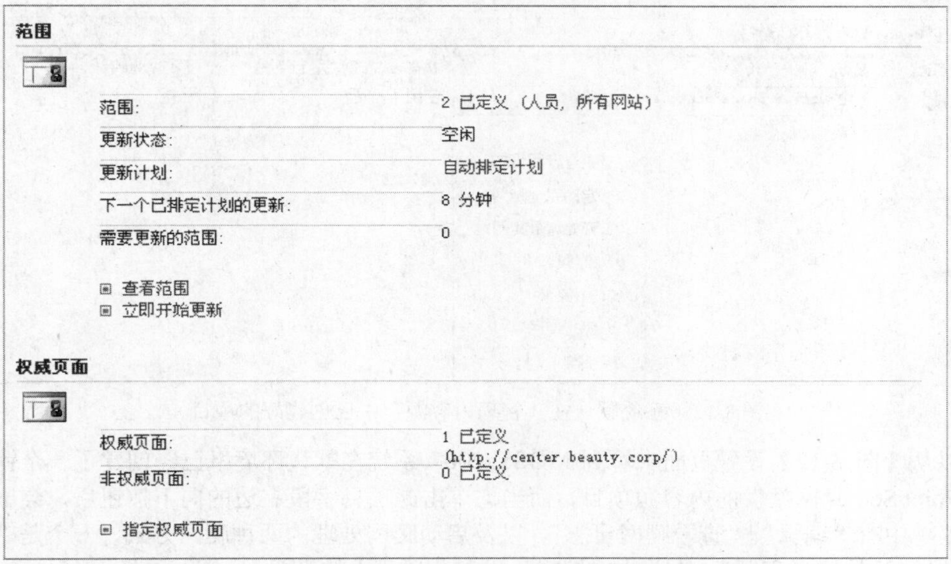

范围

范围:	2 已定义（人员，所有网站）
更新状态:	空闲
更新计划:	自动排定计划
下一个已排定计划的更新:	8 分钟
需要更新的范围:	0

- 查看范围
- 立即开始更新

权威页面

权威页面:	1 已定义 (http://center.beauty.corp/)
非权威页面:	0 已定义

- 指定权威页面

图 8-11 "配置搜索设置"的"范围"和"权威"页面

我们从【图 8-10】及【图 8-11】页面上看出搜索设置的内容总共分成三个区段：

第一个是爬网设置（Crawl Settings）区段，此区段显示了目前索引处理的情况。从状态的显示中可以看出来，需要定义的内容有三项，分别是内容源、爬网规则数、托管属性，而其中两项已经有系统的默认定义内容了。

在下方的设置项目中，一共有 10 个设置项目，这些项目包括了要指定的内容源、设置爬网计划、创建爬网规则、创建可索引的文件类型、元数据属性映射等相关功能设置项目。

第二个区段是设置指定的搜索范围，此区段最主要是设置索引服务可以索引的范围与规则，您可以从【图 8-11】中看到，系统默认定义了人员和所有网站两项范围。

第三个区段则是设置搜索权威网站页面（Authoritative Pages）的相互关联性的距离条件，以及哪些网站的内容是属于非权威网站页面（Non-authoritative Pages）。

权威网页和非权威网页的概念，我们在前面的索引搜索架构中曾经谈过，指的就是所设置的相关网站下的内容，用不同层级的权威网页，来设置相互之间的紧密关系，这样便可让搜索服务了解，所搜索到的网页内容彼此之间的关系是较密切还是较宽松。从【图 8-11】中，可以看到系统默认已经定义了一个权威页面，所设置的网址就是协作门户网站的网址（http://center.beauty.corp）。

由于系统已经有了默认的设置，我们可以通过浏览系统在这三个区段中所设置的内容，来了解哪些项目需要做设置，以及这些项目的作用是什么。

附注　由于在爬网设置区段下的内容项目非常多，有些项目是在高级搜索应用的环境下才需要使用的设置，本书先以基础的搜索功能介绍为主，我们会在高级应用的书中再来详细说明和介绍。

8.4 内容源和爬网计划

在爬网设置中的第一项，就是“内容源和爬网计划”，所以我们首先来查看此项目的系统默认内容是什么？

单击在爬网设置下的“内容源和爬网计划”，进入到“管理内容源”的设置页面，如【图 8-12】所示。

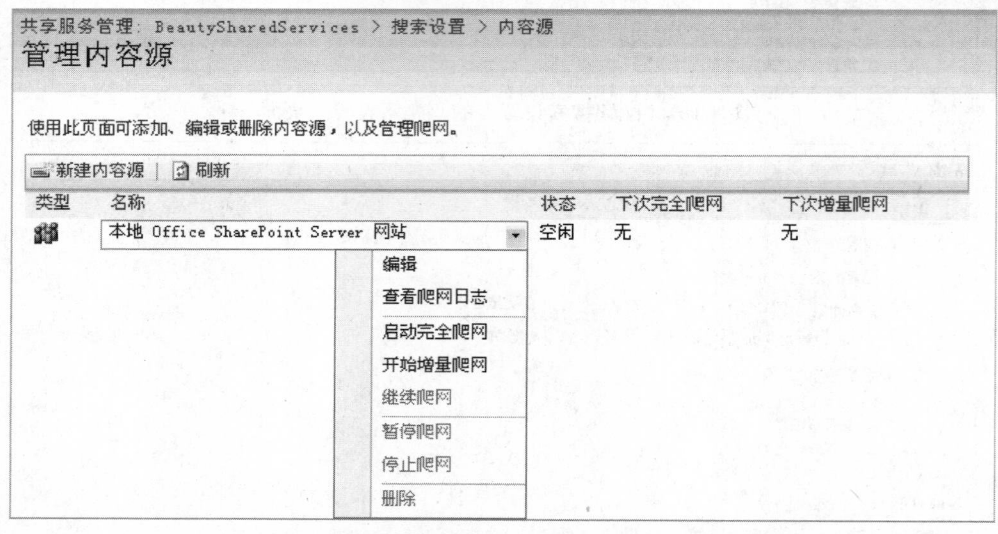

图 8-12　系统默认在“管理内容源”中已创建好的项目

我们可以从【图 8-12】设置页面中看到 MOSS 2007 系统在默认环境下已经创建了一个针对在“本机 Office SharePoint Server 网站”的内容源项目，而当您单击此项目字段右边的向下按钮后，会出现一个下拉菜单，在此菜单中有“编辑”、“查看爬网日志”，以及启动爬网处理的两种爬网方式，一个是“启动完全爬网”，另一个是“开始增量爬网”。先单击“编辑”进入此项目中的设置。

我们可以从此内容源设置页面中的“内容源详细信息”（参见图 8-13）看到，虽然系统默认创建了此项目，但是并没有默认启动索引，所以目前无法提供搜索数据的内容。

在“开始地址”的字段中，可以看到在本服务器上创建的所有顶层网站网址系统都直接加入到此字段中，也就是说，在此字段中所设置的所有网站，都是要进行索引处理的内容源。

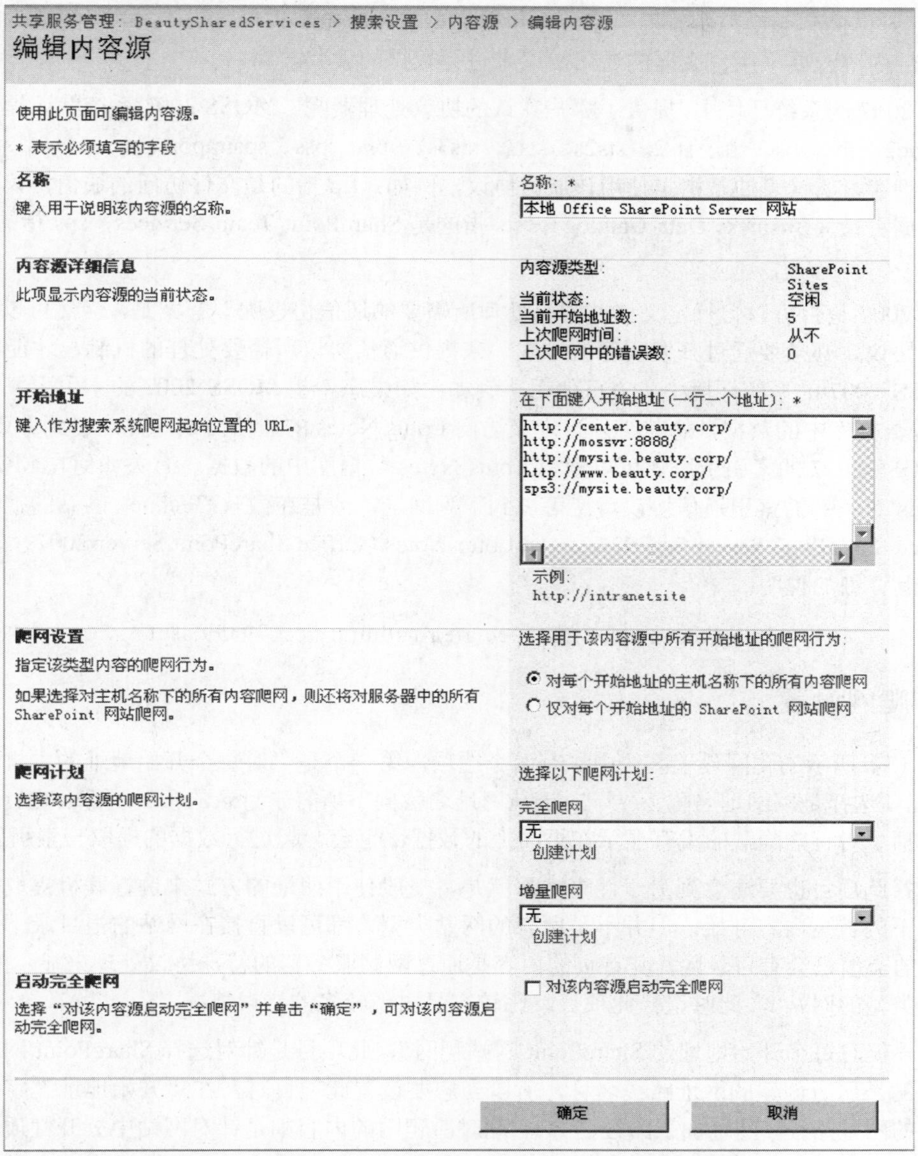

共享服务管理：BeautySharedServices > 搜索设置 > 内容源 > 编辑内容源

编辑内容源

使用此页面可编辑内容源。

* 表示必须填写的字段

名称
键入用于说明该内容源的名称。

名称：*
本地 Office SharePoint Server 网站

内容源详细信息
此项显示内容源的当前状态。

内容源类型：SharePoint Sites
当前状态：空闲
当前开始地址数：5
上次爬网时间：从不
上次爬网中的错误数：0

开始地址
键入作为搜索系统爬网起始位置的 URL。

在下面键入开始地址(一行一个地址)：*
http://center.beauty.corp/
http://mossvr:8888/
http://mysite.beauty.corp/
http://www.beauty.corp/
sps3://mysite.beauty.corp/

示例：
http://intranetsite

爬网设置
指定该类型内容的爬网行为。
如果选择对主机名称下的所有内容爬网，则还将对服务器中的所有 SharePoint 网站爬网。

选择用于该内容源中所有开始地址的爬网行为：
对每个开始地址的主机名称下的所有内容爬网
仅对每个开始地址的 SharePoint 网站爬网

爬网计划
选择该内容源的爬网计划。

选择以下爬网计划：
完全爬网
无
创建计划
增量爬网
无
创建计划

启动完全爬网
选择"对该内容源启动完全爬网"并单击"确定"，可对该内容源启动完全爬网。

对该内容源启动完全爬网

确定 取消

图 8-13 默认"本机 Office SharePoint Server 网站"内容源的设置页面

8.4.1 协议处理器

如果您注意到在"开始地址"的字段中，系统所加入的网址项目上，有两个网址名称是一样的，那就是 mysite.beauty.corp，再仔细一看，咦！前面的标头不一样，一个是 http://，另一个是 sps3://，这是什么呢？通常在 IE 的环境中，URL 地址上所输入的标准格式，就是标头加上网址（例如：http://www.beauty.corp），http 便是这个标头，这个标头代表什么呢？它表示 IE 所要使用的通信协议。当输入 http 时，代表使用标准的网页访问协议，内定使用 80 的端口号进行访问，当输入 https 时，代表使用安全加密 SSL 的网页访问协议，内定使用 443 端口号进行加密处理的访问。

那 sps3 又代表什么呢？这代表着使用 SharePoint Services 3.0 的特殊通信协议格式来进行访问。这是因为 MOSS 2007 系统中，所创建的许多网站中的信息，是放在"我的网站"的数据库中，所以在索引处理的环境中，除了使用标准的 http 通信协议来对"我的网站"进行数据索引之外，还需要通过 sps3 的特殊通信协议来对"我的网站"的特定数据来进行索引的处理。

以上的这个例子似乎也意味着另一件事，那就是索引引擎可以处理不同通信协议中的数据，我们在本章第一节中也介绍过索引引擎会先识别内容源的通信协议，这个通信协议指的就是此处所讲的通信协议。那么 MOSS 2007 的系统又提供了哪些可以进行处理的通信协议呢？而这些通信协议可以自行定义吗？

在 MOSS 2007 的索引引擎中，提供了一个协议处理器（Protocol Handlers），主要的工作就是指定索引引擎对所指定的内容源要采用什么样的通信协议来进行数据的读取。

而 MOSS 2007 的系统环境中，提供了哪些默认的协议处理器呢？MOSS 2007 系统默认提供了 ftp、http、https、bdc、bdc2、rb、rbs、sts、sts2、sts2s、sts3、sts3s、sps、spss、spsimport、sps3、sps3s。以上的英文字为协议的关键字，所代表的是指定使用该通信协议，例如：ftp 指的是文件访问的通信协议，其中 bdc 所指的是商务数据目录（Business Data Catalog），sts 指的是 SharePoint Team Services，sps 指的是 SharePoint Services。

那 MOSS 2007 是否可以自行定义这些索引处理所需要的通信协议呢？答案是，当然可以。只不过要自定义这些通信协议，必须要通过开发程序的方式，来提供通信协议所需要处理的机制，才能将开发好的程序注册到 MOSS 2007 的系统环境中，方可使用。例如：如果您希望 MOSS 2007 的索引引擎，可以索引处理 Lotus Notes 数据库中的数据，您就必须自定义访问 Lotus Notes 的通信协议，并注册到 MOSS 2007 的系统环境中，MOSS 2007 的索引引擎才可以索引 Lotus Notes 数据库中的数据。有关如何在 MOSS 2007 的环境中创建 Lotus Notes 的索引通信协议，您可以到下列网址，或是在微软 Technet 网站的搜索字段上输入 Configure Office SharePoint Server Search to crawl Lotus Notes（Office SharePoint Server 2007），便可查到此网页，然后阅读其详细的说明：

http://technet.microsoft.com/en-us/library/cc179399.aspt

8.4.2 爬网设置

在【图 8-13】所示的爬网设置区块中，有两个选项，第一个是“对每个开始地址的主机名称下的所有内容爬网”，此项选择是以网址名称为主，对于从网址名称向下所有子目录的项目，都会进行索引处理，所以当然也就包括了对有些隐藏的没有显示在页面上的数据，也会一起进行数据的提取与索引处理。

但是，选择此项目也要注意到另一件事，那就是，一般使用网址的方式来进行联机提取数据，必须从该网址根目录下的首页内容开始，但并不是所有的网站类型，都可以直接在网站的根目录下取得网页的数据，有些网站的类型只会有目录区，其首页的内容是通过网站服务器的特殊协议处理来显示的（SharePoint 网站便是这种类型的网站），此时选择此项目，比较容易出现较多的错误情况。

第二项是“仅对每个开始地址的 SharePoint 网站爬网”，此项目是针对选择 SharePoint 网站类型而设置的，所要指定的是您所创建的网址路径名称，所以当您要设置此项目时，在“开始地址”字段上，就应输入该指定网址的网址路径（网址加上路径名称），此时所爬网的内容则是针对网站中公开性质的数据进行索引的处理，也会采用 SharePoint 的通信协议，来访问系统所提供的数据。

8.4.3 爬网计划

在【图 8-13】所示的爬网计划区块上有两个爬网的处理方式，一个是完全爬网的处理，另一个是增量爬网的处理。

完整爬网处理是将数据从头到尾重新产生一份新的索引数据。通常在第一次启动索引时，进行的是完全爬网处理。接下来，下一次的完全爬网则可以计划在一段较久的时间后重新进行，以保持搜索速度的正常性。

在进行过完全爬网处理后，日常性质的爬网处理则是可以使用增量爬网的方式，所谓增量爬网指的就是仅对产生差异、添加、更改的数据才进行索引处理。

要创建完全爬网的计划，可以移动鼠标单击在“完全爬网”字段下的“创建计划”项目，此时会进入“管理计划-网页对话框”的设置页面。

我们设置每个月进行一次完全爬网处理，每两天做一次增量爬网的处理工作，如【图 8-14】、【图 8-15】所示。在设置完成回到编辑内容源的设置页面后，应看到如【图 8-16】所示的内容。

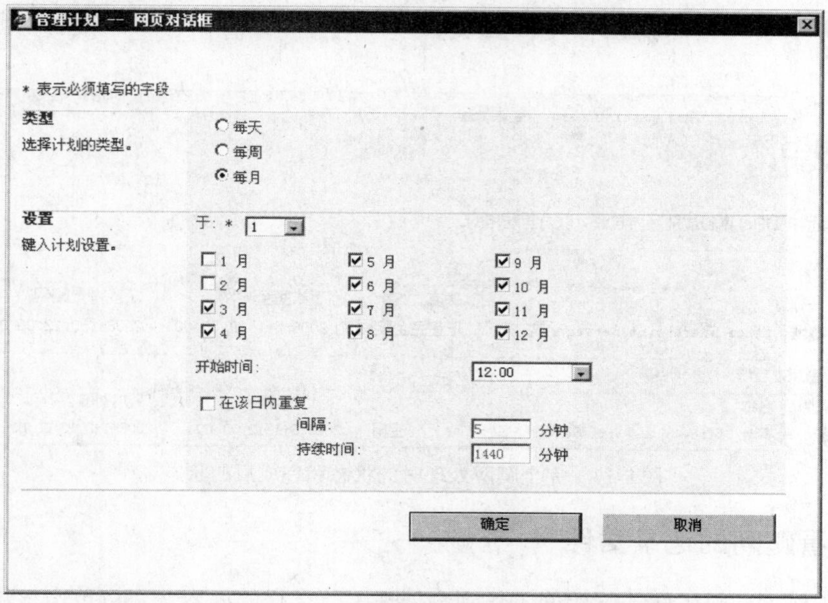

管理计划 -- 网页对话框

* 表示必须填写的字段

类型

选择计划的类型。

每天

每周

每月

设置

键入计划设置。

于: * 1

1 月 5 月 9 月

2 月 6 月 10 月

3 月 7 月 11 月

4 月 8 月 12 月

开始时间: 12:00

在该日内重复

间隔: 5 分钟

持续时间: 1440 分钟

确定 取消

图 8-14　设置每个月的第一天凌晨进行完全爬网索引的处理

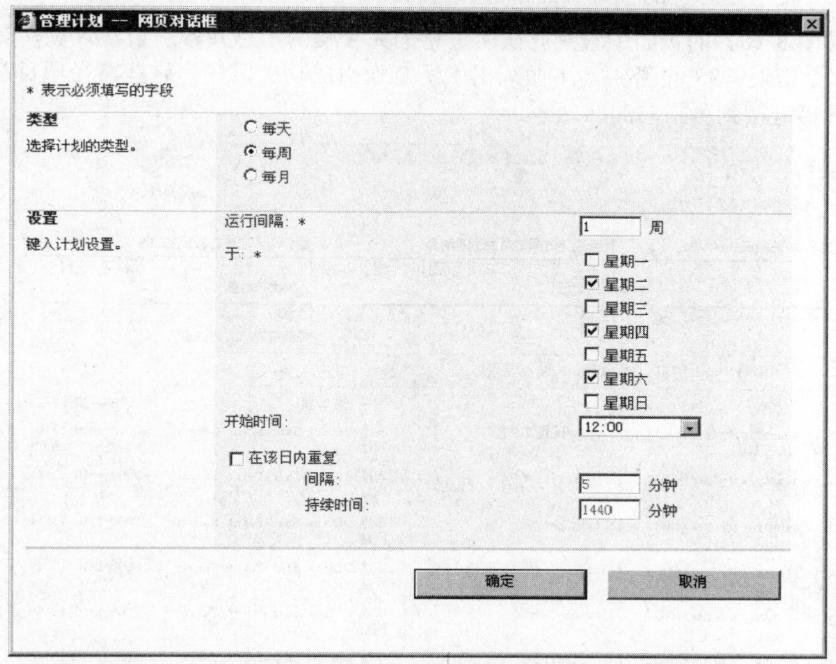

图 8-15　设置每隔一天的凌晨进行增量爬网索引的处理

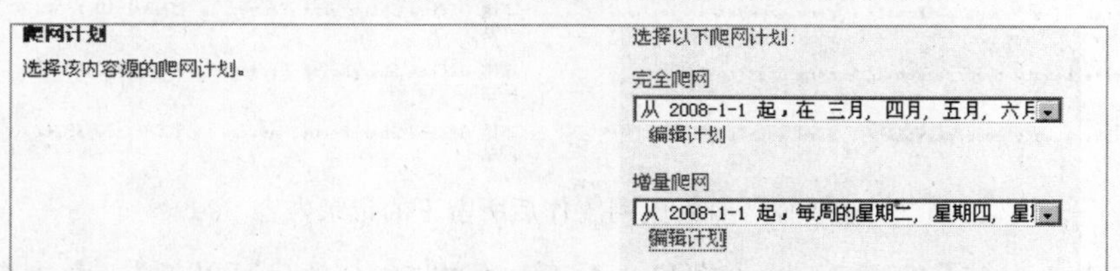

图 8-16　设置好完全爬网和增量爬网的计划处理工作

8.5　启动完全爬网

在对系统默认的内容源有所了解并设置了该项目的爬网索引计划后，便可以进行第一次完全爬网处理。请勾选【图 8-13】的“启动完全爬网”区块中的 对该内容源启动完全爬网 复选框，并单击 确定 按钮，回到

“管理内容源”设置页面下，当状态从“正在完全爬网”转为“空闲”后，即代表完全爬网工作已经完成了，如图 8-17 所示。

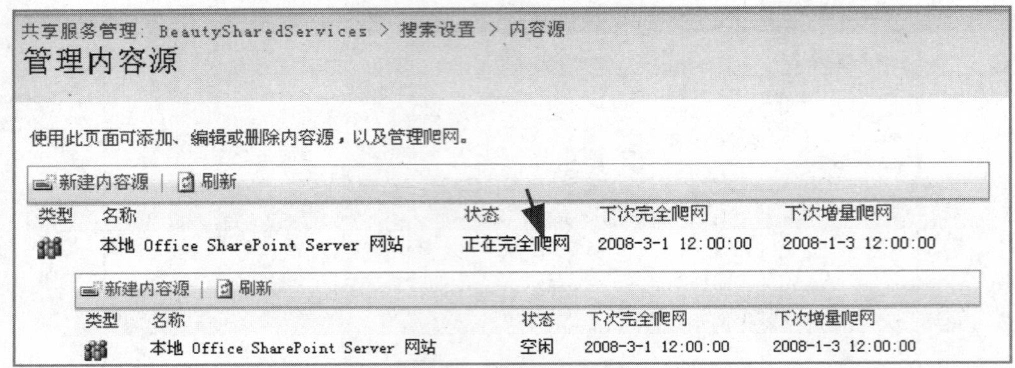

图 8-17　完全爬网处理时的状态和完成后的状态

8.5.1 查看爬网的记录文件

在做完爬网工作后，想了解一下爬网工作到底处理了什么样的内容，可以单击该项目下拉菜单中的查看爬网日志，进入“爬网日志”的设置页面中进行查看。

我们可以从【图 8-18】的页面中看到此次所进行的完全爬网，总共索引了 778 项，其中有 660 个项目是成功的，有 20 个错误、98 个警告，下面列出了所有索引成功的路径。这些路径项目都是超链接类型，可以直接单击该项目链接到所指向的网站。

图 8-18　查看爬网工作后所留下的记录内容

在查看日志页面上，每一页显示 50 个项目，看下一页的 50 个项目可以单击按钮，而在上方的各项字段，则表示可以输入的筛选条件，您可以根据所需要的筛选条件，输入内容到这些字段中，进行筛选日志的处理。

举例来说，我们想查看有错误的日志项目有哪些，可以单击“状态类型”字段右边的向下按钮，在下拉菜单中选择“错误”选项，然后单击在最右边的 筛选 按钮，便会出现如【图 8-19】显示的错误日志的内容了。

共享服务管理: BeautySharedServices > 搜索设置 > 主机名称摘要 > URL 摘要

爬网日志

查找以下面的主机名称/路径开头的 URL: 显示以下时间之后发生的消息: 00: 00 显示以下时间之前发生的消息: 00: 00

内容源 本地 Office SharePoint Server 网站 状态类型 错误 上次状态消息 全部 筛选

显示完整的状态消息

已爬网内容状态 - 20 个错误 1 - 20

URL	上一个内容源	上次爬网时间
http://mysite.beauty.corp/personal/green 无法完成对此文档的爬网，因为远程服务器在指定的超时时间内没有响应。请稍后尝试对服务器进行爬网，或增加超时时间值。另外，也可以尝试将爬网时间安排在非高峰使用时间段。	本地 Office SharePoint Server 网站	2008-1-10 12:25
http://www.beauty.corp/sitecollectiondocuments/...px 找不到元素。 (异常来自 HRESULT:0x8002802B (TYPE_E_ELEMENTNOTFOUND))	本地 Office SharePoint Server 网站	2008-1-10 12:01
http://www.beauty.corp/sitecollectiondocuments/...ms 找不到元素。 (异常来自 HRESULT:0x8002802B (TYPE_E_ELEMENTNOTFOUND))	本地 Office SharePoint Server 网站	2008-1-10 12:01

图 8-19　选择筛选错误的条件来查看具有错误信息记录的内容

注意　如果所出现的错误信息，像【图 8-19】第 1 项，是因为远程服务器在指定的超时时间内没有响应，则表示该服务器或网络的性能较差，所以您必须把在前一节【图 8-5】所说明的超时时间调整得更长一些。

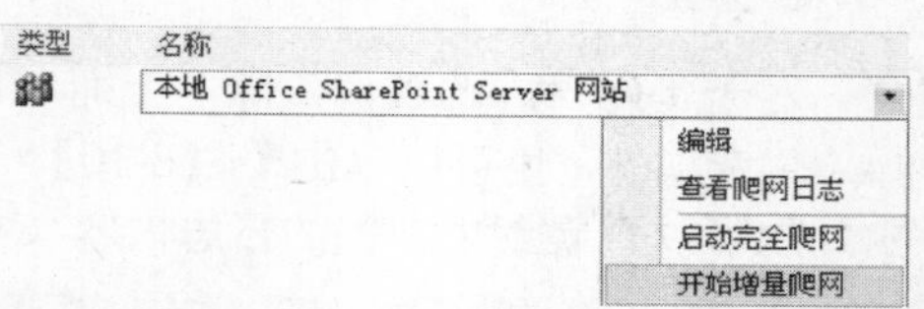

重新调整【图 8-5】中的“超时时间”，调整成 120 秒后，重新运行增量爬网，以上超时的信息就会不见了。另外在【图 8-19】中，还有出现另一种错误信息，那就是找不到元素？为什么找不到呢？因为 SharePoint 类型的网站在首页目录下是不会放置数据的，所有数据都放在特定的子目录下。

那这种错误情况又应该如何来调整呢？此错误是因为在此项编辑内容源的“爬网设置”选项上做了错误的选择，请参考【图 8-13】，正确的方式是将“爬网设置”更改选择为“仅对每个开始地址的 SharePoint 网站爬网”，为什么？因为在开始地址的 URL 字段中，都是 SharePoint 类型的网站，所以选择此项为较正确的设置。

在更改设置后，重新再到“管理内容源”设置页面下，选择该项目下拉菜单中的“启动增量爬网”的项目，并在经过一段时间增量爬网工作完成后，选择查看爬网日志内容，请参见【图 8-20】与【图 8-21】。

共享服务管理: BeautySharedServices > 搜索设置 > 主机名称摘要 > URL 摘要

爬网日志

查找以下面的主机名称/路径开头的 URL: 显示以下时间之后发生的消息: 00: 00 显示以下时间之前发生的消息: 00: 00

内容源 本地 Office SharePoint Server 网站 状态类型 全部 上次状态消息 全部 筛选

显示完整的状态消息

已爬网内容状态 - 822 个项目: 725 个成功，0 个错误，94 个警告 1 - 50

URL	上一个内容源	上次爬网时间
http://mysite.beauty.corp/personal/...gory.aspx?id=6 已爬网	本地 Office SharePoint Server 网站	2008-1-11 9:39
http://mysite.beauty.corp/personal/...gory.aspx?id=4 已爬网	本地 Office SharePoint Server 网站	2008-1-11 9:38
http://mysite.beauty.corp/personal/...gory.aspx?id=5 已爬网	本地 Office SharePoint Server 网站	2008-1-11 9:38
http://mysite.beauty.corp/personal/...form.aspx?id=1 已爬网	本地 Office SharePoint Server 网站	2008-1-11 9:38
http://mysite.beauty.corp/personal/...form.aspx?id=2 已爬网	本地 Office SharePoint Server 网站	2008-1-11 9:38
http://mysite.beauty.corp/personal/...form.aspx?id=3 已爬网	本地 Office SharePoint Server 网站	2008-1-11 9:38
http://mysite.beauty.corp/personal/...post.aspx?id=1 已爬网	本地 Office SharePoint Server 网站	2008-1-11 9:38

图 8-20　在重新调整设置的选项并重新启动增量爬网的处理后，果然错误的信息没有了，但仍有 94 个警告信息

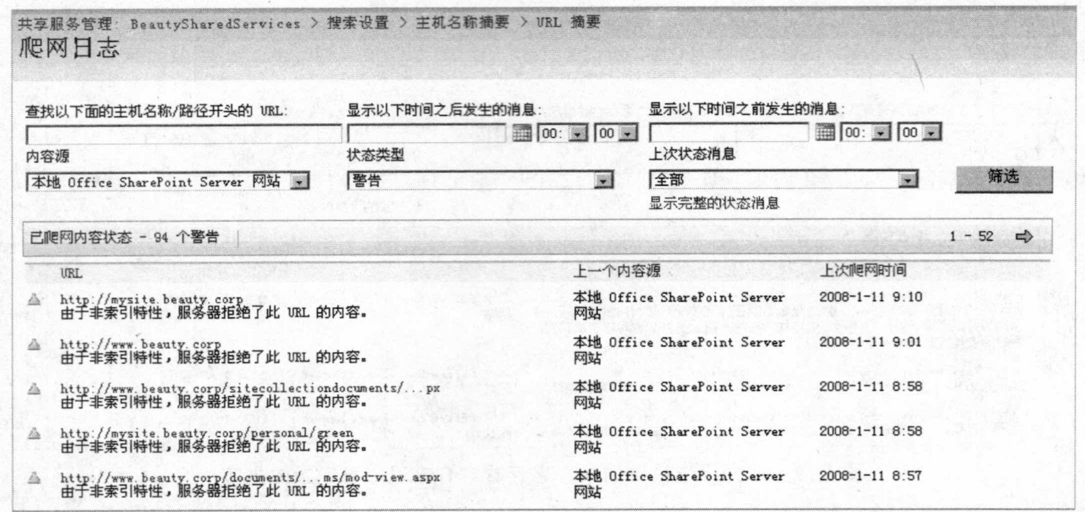

图 8-21　将状态类型更改成警告的条件并进行筛选后，显示了 94 个警告信息，这 94 条信息告知了系统将针对所发生的情况，进行删除项目或排除 URL 内容的处理，这代表着是一种正常错误排除的处理

8.5.2 爬网日志

对于爬网日志的查询，除了上面所说明的可以从选择“内容源”项目的下拉菜单中，选择“查看爬网日志”选项外，也可以单击【图 8-10】“配置搜索设置”页面中的“爬网设置”区块下的“爬网日志”选项，由此处可以查看到更完整的日志内容（参见图 8-22）。

图 8-22　在爬网日志的页面中，可以查看每个网站爬网处理的情况

从【图 8-22】所示的爬网日志中可以更清楚地看到每个网站爬网成功、警告、错误的处理情况，同样您也可以单击这些项目名称，查看所选项目的详细内容。

8.6 网站集下的搜索设置

网站集下的搜索设置最主要提供两项功能，第一项是每个网站集可以针对该网站集的搜索需求来设置所需要的搜索设置页面以及可以搜索的范围，此范围是被限制在该网站集下的。

第二项功能就是提供该网站集下可以设置的搜索关键字。什么是搜索关键字？有没有听过一个广告呢？

> 唉！小王啊！我们最近生意很差咧！
> 呵呵呵呵呵！！我们最近生意好得很咧！
> 为什么呢？
> 我们在网站上刊登广告啊！
> 我们也有啊！为什么差这么多……！
> 你们一定没有上雅虎的关键字搜索！
> 压呼……！

当然我们不是帮雅虎打广告，不过觉得用这个广告来说明什么是搜索关键字，您一定可以很快地了解！所谓的搜索关键字，就是当用户在搜索字段中所输入的查询字符串有符合所设置的关键字内容时，在搜索的结果页面的右边页面上，就会显示出关键字中所设置的同义词内容及叙述。除此之外，如果该关键字设置了最佳匹配内容或网址时，这些数据就会出现在右上角，让用户可以在查询结果出现时，很快地就可以看到这些关键字所提供的内容。

哈哈哈！了解了，这就是搜索广告嘛！

哇！那这样我们也可以自己来创建搜索关键字了，想要在企业的门户网站打广告，找我就对了！收费更便宜喔！

要设置网站集下的搜索必须先进入网站集下的顶层网站，例如：训练中心的协作门户网站。移动鼠标依次单击“网站操作”→“网站设置”→“修改所有网站设置”，打开网站设置配置页面，如【图 8-23】所示。

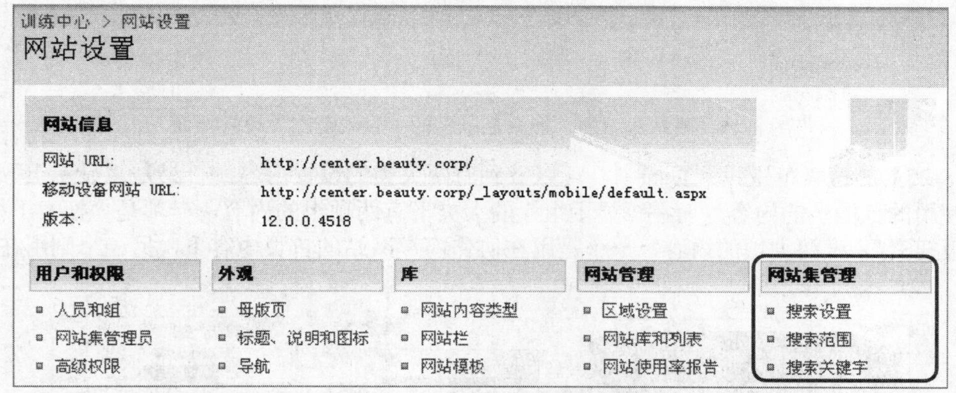

图 8-23　网站集下的网站设置页面

我们可以从【图 8-23】网站设置页面的“网站集管理”区段下，看到有三项有关搜索的设置项目，分别是“搜索设置”、“搜索范围”和“搜索关键字”。

8.6.1 搜索设置

在网站集下的“搜索设置”项目，主要是用来设置搜索工作的结果，是要使用系统默认的网页还是自定义的搜索结果网页。例如：训练中心下的网站集搜索设置是使用自定义范围的方式，也就是说，训练中心下的搜索结果页面使用另外提供的搜索结果网页。

要查看搜索设置的内容可以在网站设置的页面下，单击在“网站集管理”区段下的“搜索设置”项目，如图 8-24 所示。

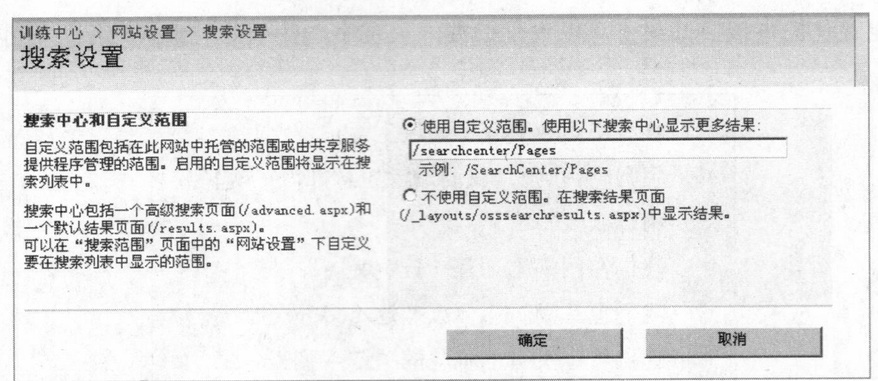

图 8-24　网站集下的“搜索设置”页面

8.6.2 搜索范围的设置

要查看网站集下的搜索范围设置，可以在“网站集管理”区段下，单击“搜索范围”项目，出现如【图 8-25】所示的页面。

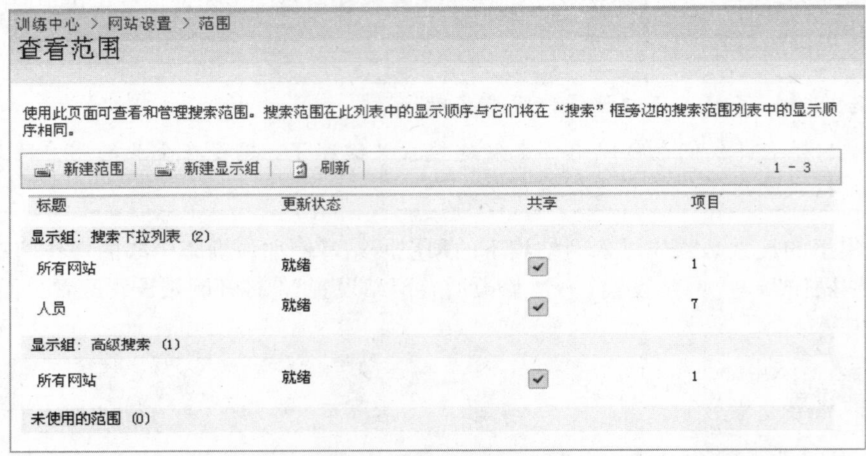

图 8-25　网站集下的“搜索范围”的“查看范围”设置页面

在【图 8-25】的搜索范围设置页面中，可以看到有两大类的设置内容，一类是“显示组”的内容，另一类是“未使用的范围”的内容，而在“显示组”的大类下有两项组的内容，一项是“搜索下拉列表”，另一项是“高级搜索”。这两大项的内容，一个是用在协作门户网站的首页内容下，另一个则用在搜索中心的网页中。

图 8-26　在网站集下设置两个搜索范围组所使用的地方

在网站集下，“搜索范围”内容设置中的范围项目是继承于共享服务上的搜索范围设置内容，在共享服务中的范围项目有“所有网站”和“人员”两项，所以在网站集下的搜索范围设置，也就继承了这两项。除了可以创建该网站集下要使用的范围项目外，还可以使用“创建组”的方式，将范围项目集合成一个范围组，提供给该网站集下的环境所使用。

要查看“搜索下拉列表”的范围组，可以单击【图 8-25】上的 搜索下拉列表 超链接名称进入该设置页面，如【图 8-27】所示。

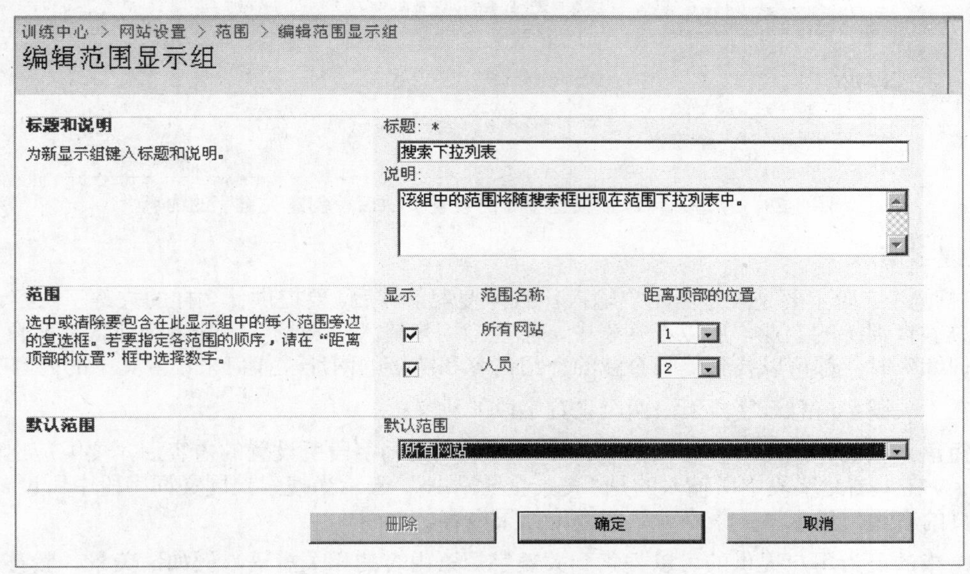

图 8-27　网站集下的“搜索范围”显示组的设置页面

在【图 8-27】所看到的范围项目继承于共享服务中所设置的范围项目，在此页面中可以选择显示范围组或使用哪些范围项目，顺序为何，以及默认使用的范围项目是什么。

目前在“未使用的范围”下，并没有任何设置范围项目，原因是默认两项范围项目都已经做了组设置，所以在此区段下没有留下任何的范围项目，但如果您在共享服务中设置了自行定义的范围项目，此处便会列举在“未使用的范围”下，为您提供范围组的设置，当然您也可以在此处创建新的范围项目。

设置搜索范围的步骤如下：

1 创建范围显示组，并选择所包含的范围项目和默认使用的范围项目。

2 创建范围项目，并选择要包含在哪一个范围组的环境下。

8.6.3 搜索关键字的设置

在网站集下，创建搜索关键字是该网站集搜索工作最主要的部分，要设置搜索关键字的内容，请在“网站设置”页面“网站集管理”区段下单击“搜索关键字”项目，如【图 8-28】所示。

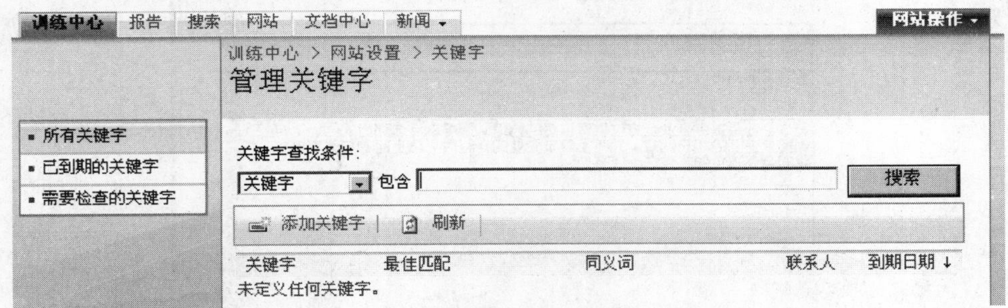

图 8-28　网站集下的搜索关键字的设置页面

我们就通过一个例子来了解关键字创建的操作步骤，首先单击 添加关键字 按钮，进入“添加关键字”设置页面，如【图 8-29】所示。

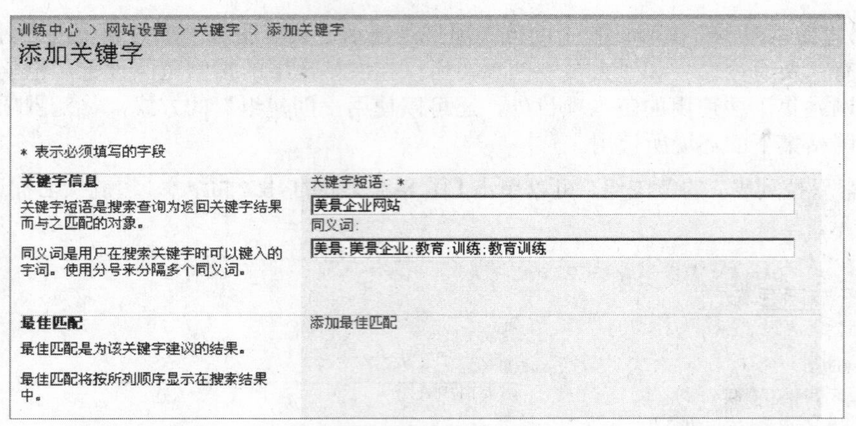

图 8-29 在进入“添加关键字”的设置页面后，创建关键字的内容

设置关键字信息

“关键字信息”字段主要是设置当用户输入什么样搜索条件后，要提供什么样的关键字内容。举例来说，美景企业是办教育训练的企业，所以在搜索中，希望当用户输入“美景”、“美景企业”、“教育”、“训练”或是“教育训练”时，都可以找到美景企业的介绍内容和链接的网址，如何来设置其中的内容呢？

以下是在“关键字信息”字段下，两个设置字段的意义：

关键字短语：指的是当用户在搜索的字段中，找到同义词字段所设置的内容后，要响应出的结果短语的内容是什么。在上图此字段中所输入的是“美景企业网站”，表示当搜索到同义词字段中所设置的内容后，要在结果网页的右边，显示“美景企业”的查询结果内容。

同义词：指的是为用户提供的可以搜索到关键字短语内容的相关短语。例如：美景、教育、训练等，每个短语之间可以用分号“；”隔开。

“同义词”中所输入的每项短语不可以与关键字短语相同，如果相同，就由搜索程序直接搜索就可以了，不需要关键字的搜索，所以关键字搜索的意思就在于由所提供的同义字内容找出关键字的内容。

设置最佳匹配

设置“最佳匹配”的目的是当搜索到所提供的关键内容后，响应该关键字内容相关的信息有哪些。这些信息还可安排提供关联的优先级。举例来说，如果用户在找到美景企业门户网站的关键字响应后，希望在最佳匹配下，显示两项内容，第一项内容是美景企业门户网站的介绍，第二项内容是美景企协作门户网站的介绍。

要添加“最佳匹配”的内容，移动鼠标单击“最佳匹配”超链接名称，进入“添加最佳匹配——网页对话框”设置页面，请添加下列两项设置页面的内容，如【图 8-30】和【图 8-31】所示。

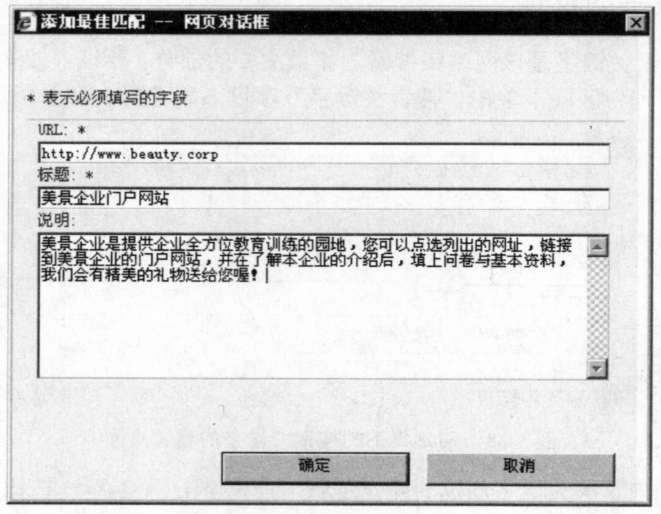

图 8-30 添加一项美景企业门户网站的最佳匹配相关数据

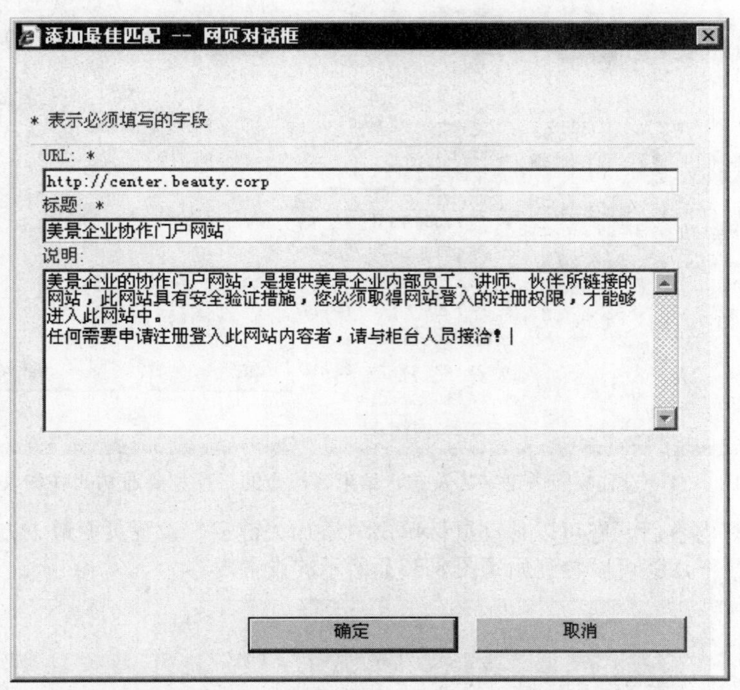

图 8-31　添加一项美景企业协作门户口网站的最佳匹配相关数据

在创建完两个新的最佳匹配内容，回到编辑关键字的设置页面后，可以看到所创建的两项最佳匹配的项目，项目右边有顺序字段，可以调整这些最佳匹配显示的顺序，如【图 8-32】所示。

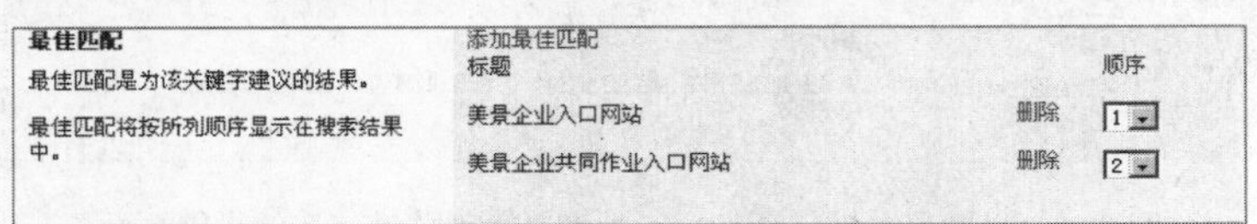

图 8-32　为已创建好的最佳匹配项目设置显示顺序

设置关键字定义

此字段中设置的内容是要显示在结果响应关键字下方的内容，您可以将所提供关键字的内容输入到此字段中，如【图 8-33】所示。

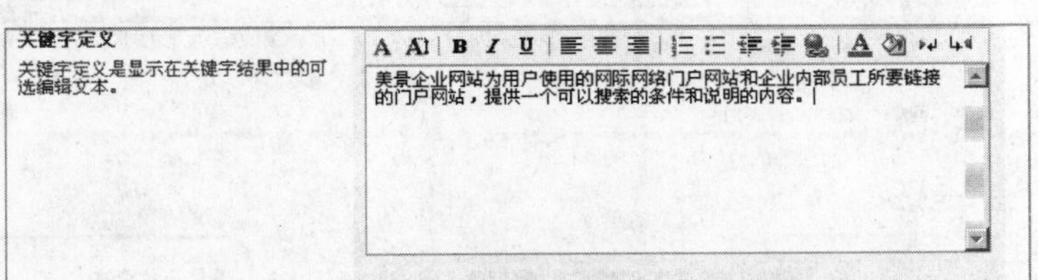

图 8-33　设置响应关键字下的说明内容

设置联系人和发布

关键字设置是一种搜索提醒式的设置，我们在前面曾经说过，这种搜索的关键字就像是广告一样，而广告就有发布时间与结束时间，所以当您在创建此项关键字设置后，可以决定此项关键字内容发布、结束和检查的时间，另外要设置联系人，作为检查时间到期时要通知的人员，如【图 8-34】所示。

在“发布”区段下，可以设置的字段有三个，一个是开始日期，表示此项关键字在哪一个日期之后，才可以被用户搜索出来，第二个是结束日期，在输入日期后，表示此项关键字的搜索响应，在结束日期后便不再提供，如果在结束日期中不输入任何的日期，则表示此关键字的内容永远不会过期。

第三个是检查日期的设置，检查日期应该小于或等于结束日期，检查日期指的是要通知联系人对此项关键字的内容进行检查，或调整结束日期，当系统发现此关键字的发布已经到了检查日期后，会通知所指定的联系人，来检查此项发布的关键字。

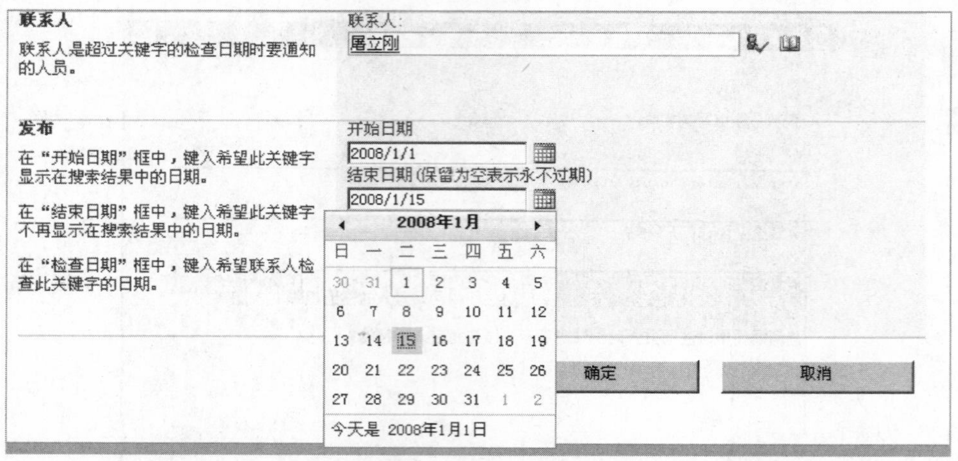

图 8-34　设置响应关键字的发布、结束、检查的日期和要通知的联系人

在设置好以上所有内容后，您可以移动鼠标单击“添加关键字”设置页面最下方的“确定”按钮，回到“管理关键字”页面下，就可以看到如【图 8-35】所示的设置内容。

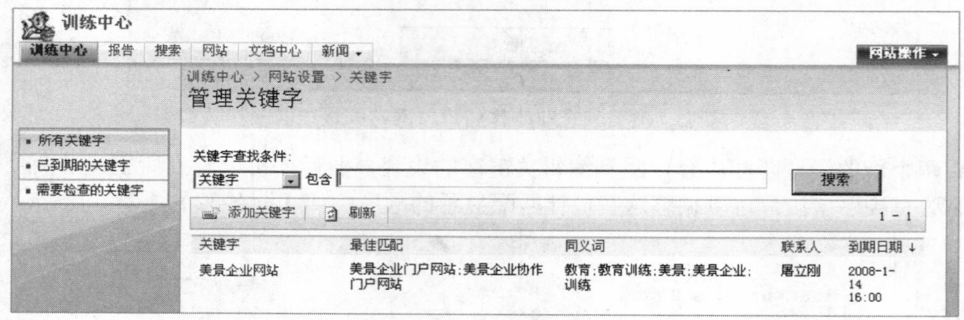

图 8-35　设置好关键字项目后，回到“管理关键字”的设置页面

在设置好以上的关键字内容后，可以切换到搜索中心的网站下，输入“训练”并单击 按钮，就会出现搜索结果响应的内容，如【图 8-36】所示。

图 8-36　在搜索查询结果响应的页面上，右边出现的关键字结果

8.7 搜索的查询

MOSS 2007 系统的协作门户网站的搜索中心，提供了两种范围查询，一种是所有网站查询，另一种是人员查询，接下来我们来认识一下如何使用 MOSS 2007 的搜索查询。

8.7.1 人员的基本查询

当我们要使用 MOSS 2007 系统所提供的人员查询时，可以先行切换到“搜索”网站下，并单击“人员”项目，输入要查询的人员名称，或是名称下的相关数据。例如：我们在字段中输入“许”，表示要查询姓许的人员，然后单击 按钮，出现搜索结果的网页内容。

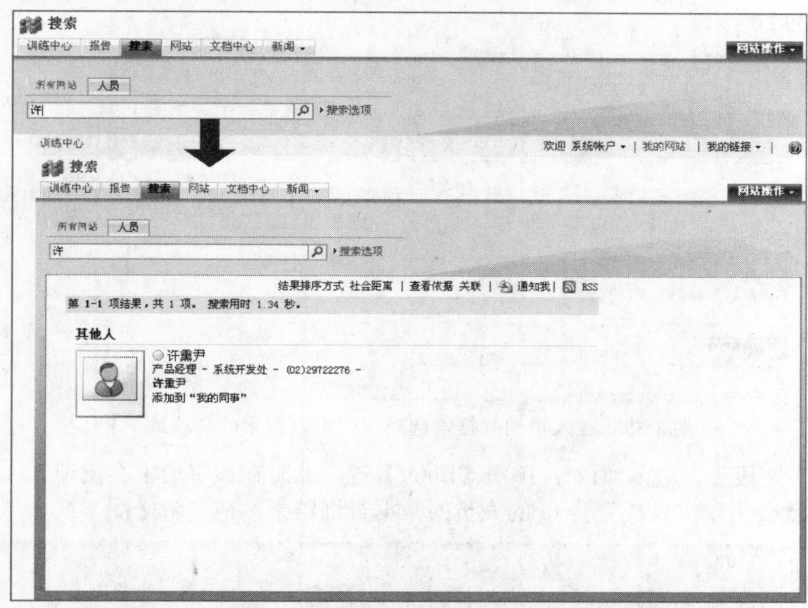

图 8-37　在搜索的字段中输入“许”而找出许姓的人员数据

> **注意** 在中文字符的搜索中，会有一个小问题，那就是中文内码的编码问题，有些中文字符的内码会造成爬网工作时的误判，而导致搜索时，不能搜索到该中文字符所相关的内容，这种情况经常出现在各索引服务器的环境中。

在“人员”的搜索字段下，其实可以搜索人员信息的所有相关字段的数据，例如：我们在搜索字段中输入“经理”，也会有搜索到的结果，如图 8-38 所示。

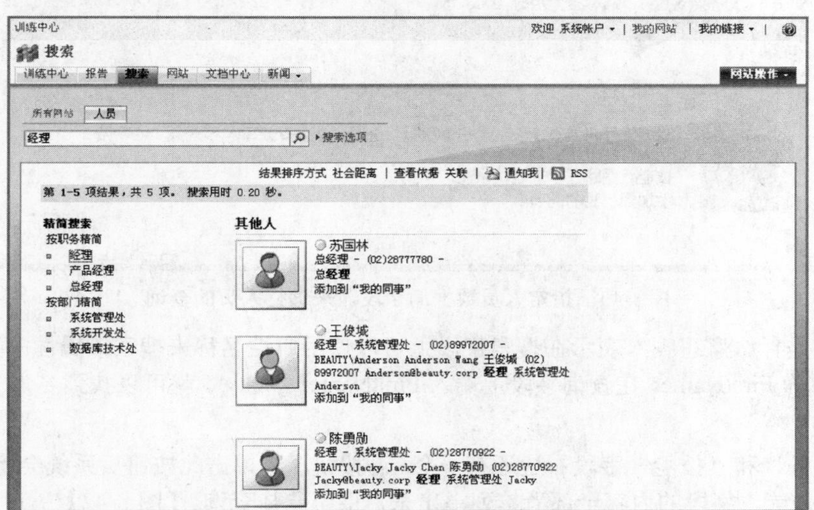

图 8-38　在“人员”搜索的字段中输入“经理”，而找到了“职务”字段中有经理职称的人员数据

在【图 8-38】的搜索字段中，输入“经理”，所搜索到的结果，是在人员数据的“职务”字段中，有经理职称的人员的数据。

从以上例子中，我们可以知道 MOSS 2007 在人员的搜索处理上会搜索人员数据中的各种字段内容（前面找的“姓名”字段，后面找的“职务”字段），但您会不会问一件事呢？难道人员数据中，所有字段内容都是可以搜寻的吗？如果是，那倒也罢！但如果不是，又应该在哪里设置这些可以搜寻的字段呢？请期待我们 MOSS 2007 高级应用的书籍。

8.7.2 查询人员的指定字段

如果要查询指定人员字段的数据，可以单击“搜索选项”项目，此时会出现人员数据中可以查询的属性字段，如【图 8-39】所示。

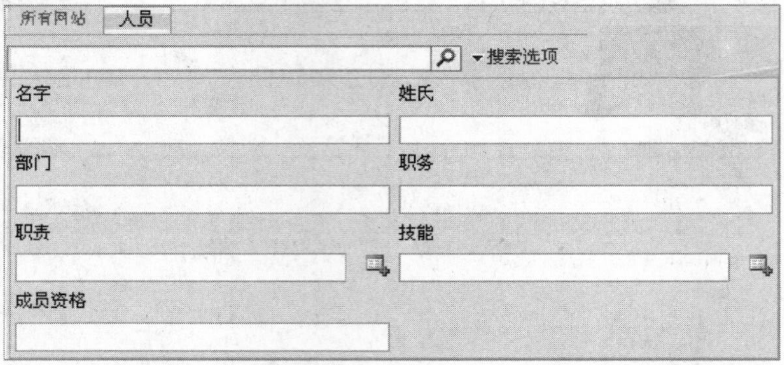

所有网站 人员
▾搜索选项
名字 姓氏
部门 职务
职责 技能
成员资格

图 8-39　在人员的“搜索选项”中可以搜索的字段数据

我们在“姓氏”字段上，输入“tu”，单击【Enter】键，此时在该字段上会出现 LastName:"tu"的字样，再单击【Enter】键就会出现“姓氏”为 tu 的人员的数据查询结果，请参考【图 8-40】。

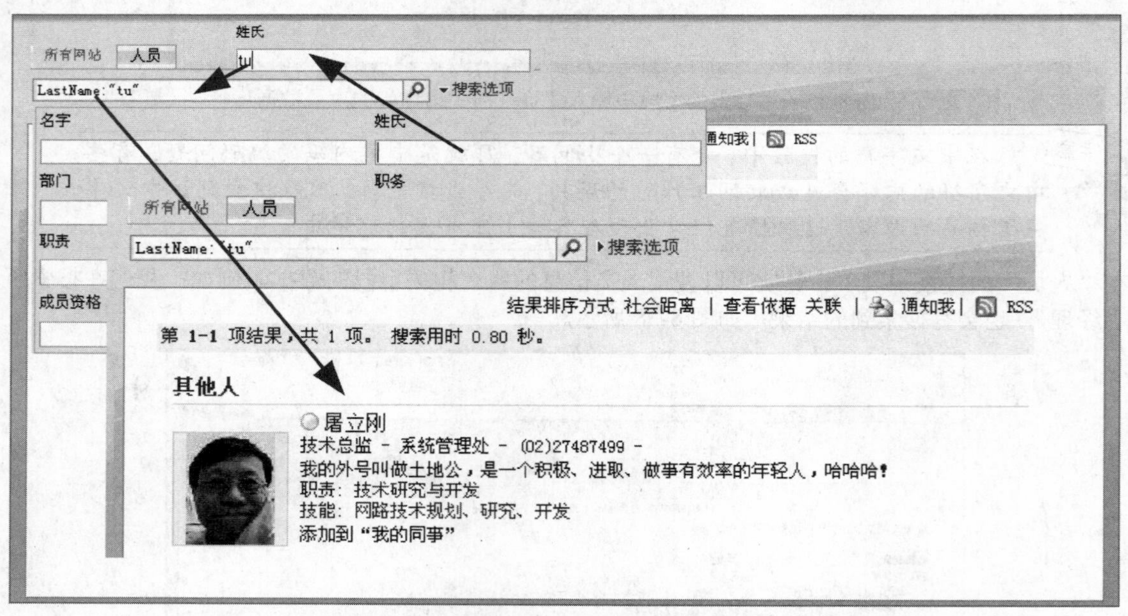

图 8-40　指定人员数据的字段，来进行人员的查询

以上这种查询是什么意思呢？表示在搜索字段上可以使用属性名称来搜索该属性的数据内容，例如：“名字”的属性名称为 FirstName，在查询字段上输入 FirstName: "jacky"，就可以找到名为 jacky 的人的数据，如【图 8-41】所示。

另外，在“职务”和“技能”字段右边还有一个 按钮，当单击此按钮后系统会将所有人员数据中，有关“职务”和“技能”字段的内容全部清单列举出来，供您选择查询。【图 8-42】所示的是在“职务”字段上，单击 按钮所出现的“选择属性值”网页对话框。

图 8-41 使用"名字"作为指定搜索字段的内容来寻找人员的数据

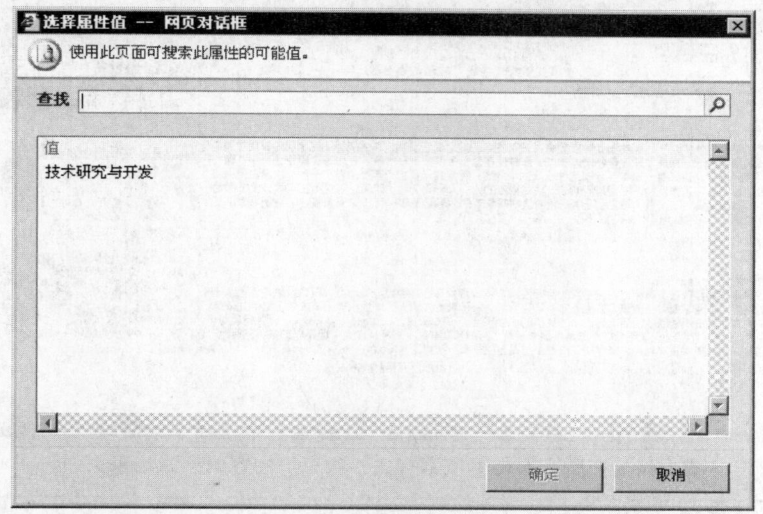

图 8-42 在单击"职务"字段的查询按钮后，所出现的"选择属性值"查询对话框

下面列出在搜索选项中，各字段所对应的指令名称：

中文名称	英文指令名称
名字	FirstName
姓氏	LastName
部门	Department
职务	JobTitle
职责	Responsibility
技能	Skills
成员资格	QuickLinks

注意：

属性查询（Properties Query）属于一种短语的爬网，所以此种查询必须输入完整的字段内容，才能搜索到正确的属性数据。

是不是只能指定上述的名称才能查询属性名称呢？再举个例子，输入 AccountName："Richard"，此属性没有列在上面的名称中，结果如【图 8-43】所示。

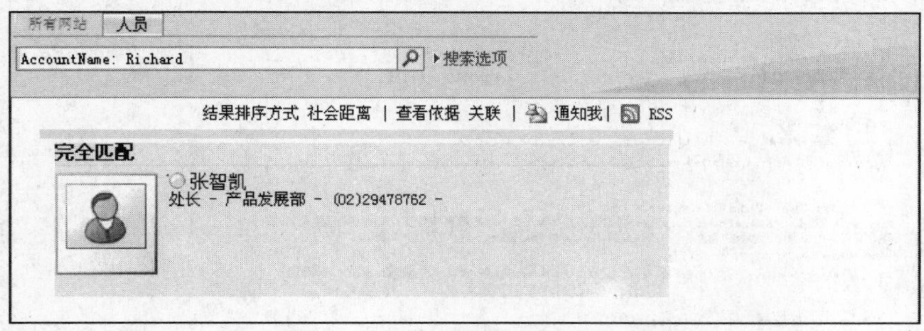

图 8-43 使用 AccountName 属性名来寻找该属性值中的内容

找到了结果，表示也可以用 AccountName 的属性名称来找啰！那到底有哪些属性名称可以查找呢？有兴趣了解的话，可以看我们所出版的 MOSS 2007 高级应用的相关书籍喔！

8.7.3 查询所有网站内容

在搜索中心，系统默认的查询范围是所有网站，除了不会搜索人员的数据外，对于其余的数据都会提供搜索的工作。例如：我们在搜索字段上，输入“教育”并单击 按钮，由于在前面的练习中，“教育”是我们所设置的同义词，所以系统除了找到两份文档之外，在搜索结果页面的右边也显示了关键字中所设置的内容，如【图 8-44】所示。

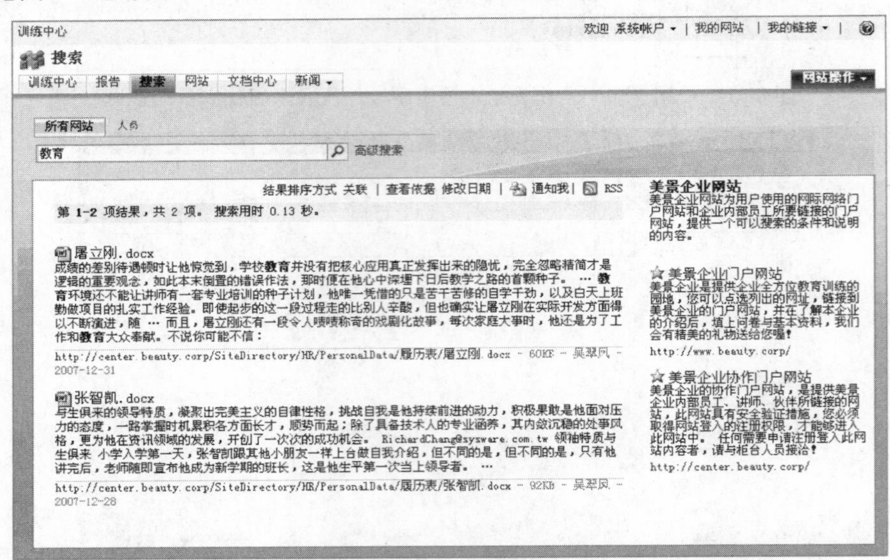

图 8-44　在所有网站下搜索有关“教育”内容的搜索结果页面

请注意看几个地方：

1. 目前登录的账户权限。
2. 查到的文件路径。

然后想一想有关查询权限的问题。

判断查询结果的读取权限

在上面所举的查询例子中，因为我们是使用系统账户登录到协作门户网站环境，所以对于查询来说，是具有最大权限的查询读取权的，可以查询到网站下所有的数据，其中也包括系统环境下的数据内容。例如：我们再次在搜索字段上，输入关键字“SharePoint”，结果返回文件的数据以及系统网站的数据，如【图 8-45】所示。

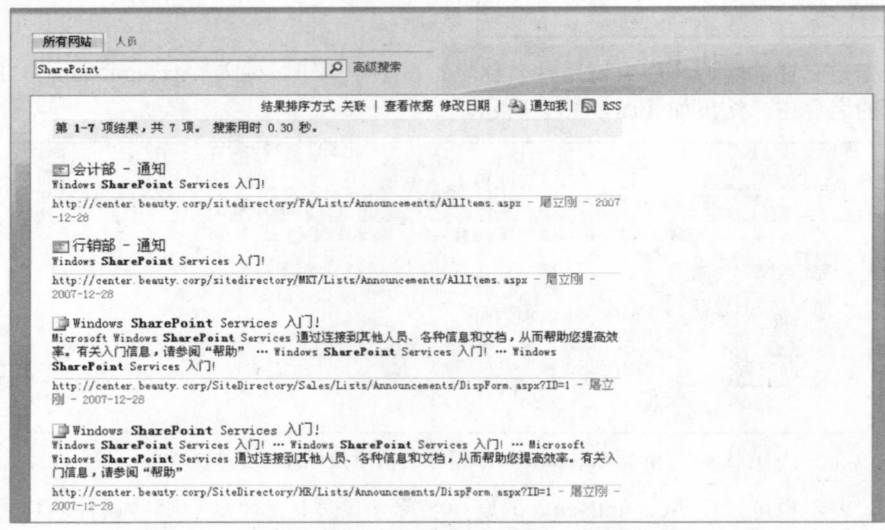

图 8-45　在所有网站下搜索到的“SharePoint”相关内容

看到这里，您可能就会担心一件事，如果设计中的内容也可以被搜索出来，那数据的访问安全是不是变得很差了呢？没错，不过 MOSS 2007 的搜索系统可是考虑了此项因素喔！

以【图 8-44】为例，找到的文件放在 http://center.beauty.corp /SiteDirectory/Sales/Shared Documents/的路径下，此路径下的内容是属于业务部人员所拥有的，所以请将业务部网站的权限上调成只有业务部成员才可访问网站内容。（考考各位读者的记忆力啰！）

“陈勇勋”是系统管理处下的用户，他不属于业务部的人员，故也不能登录到业务部的网站环境下，可是如果陈勇勋在登录协作门户网站后，在搜索中心下搜索此份文件，是否可以搜索到在业务部下的这些文件呢？请参考【图 8-46】。

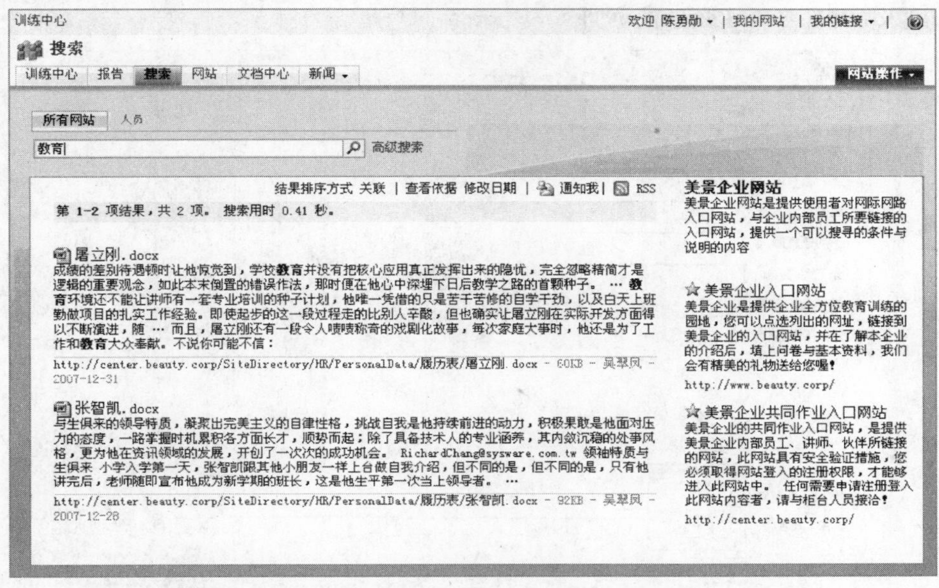

图 8-46　在“陈勇勋”登录的账户下，搜索“教育”的内容结果是什么？

从【图 8-46】可以看到，在“陈勇勋”的登录账户下，查询“教育”后的结果，没有搜索到任何的文件内容，与【图 8-44】所找到的结果是不一样的，为什么呢？这就是访问权限的判断，所以当您在使用 MOSS 2007 系统的搜索时，只要对权限进行了管制，就不用担心被权限管理的数据会从搜索的环境中泄漏出去。

同样的，我们在“陈勇勋”登录账户下的搜索字段中输入“SharePoint”搜索，然后查看一下系统响应的搜索结果是什么？请见图 8-47。

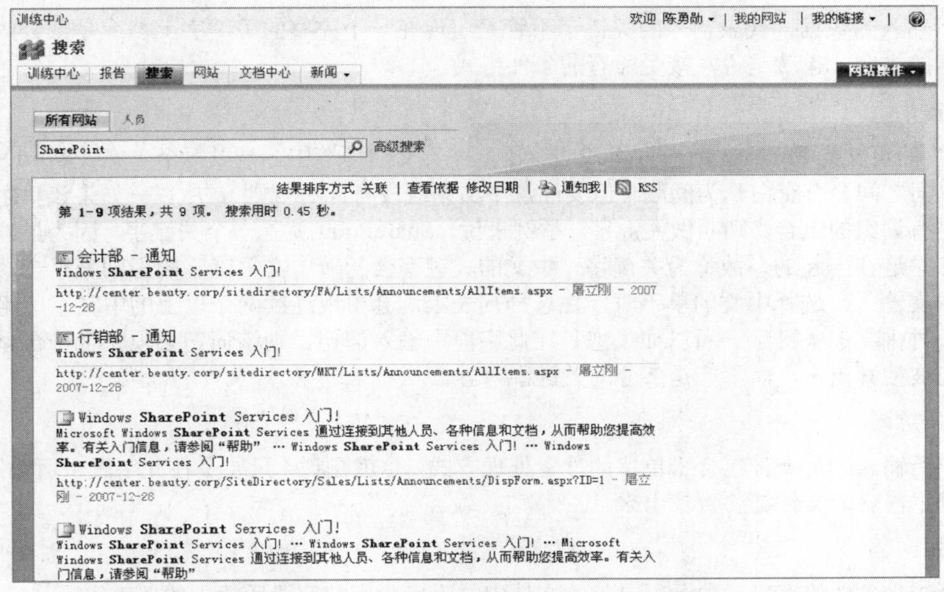

图 8-47　在“陈勇勋”登录的账户下，搜索“SharePoint”的内容结果是什么？

注意比较【图 8-47】与【图 8-45】，虽然两个环境搜索到的内容很相近，但从搜索到的结果项目来看，一个是搜索到 7 个项目，另一个是搜索到 9 个项目，所以搜索的结果内容还是不同的。

8.7.4 所有网站的高级搜索

在“所有网站搜索”中的高级搜索，是一个可以选择文件类型、语言的高级式搜索。例如：在前面【图 8-45】搜索结果中，除了找到文件的项目外，还找到了训练中心下的网站项目、各部门下的通知项目等等，如果我们希望只要寻找有关 Office Word 的文件项目，那要如何来进行搜索呢？

其中一种方式就是使用高级搜索功能，要进入高级搜索，请您移动鼠标单击在搜索字段右边的“高级搜索”项目，进入如【图 8-48】所示的页面。

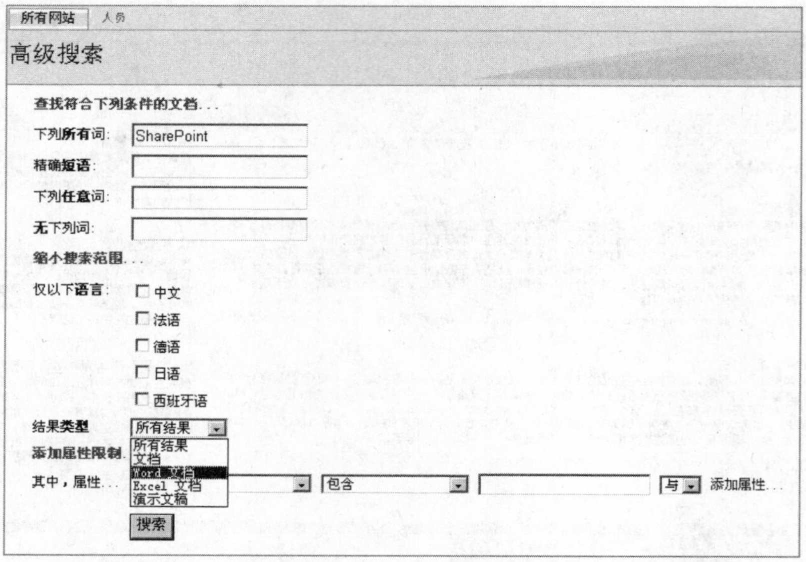

图 8-48 在单击“高级搜索”后，进入“高级搜索”的设置页面

我们可以从【图 8-48】中看到在高级搜索的设置页面上，高级搜索的条件可以分成三个部分：

查找符合下列条件的文档

第一部分是设置对搜索关键字的处理方式，可以有四种规则来处理搜索关键字的查询方式：

- 下列所有词

此字段所输入的数据，代表输入的关键字不管是出现在一个完整的关键字上，或是部分的关键字上，都视为要搜索的内容，也就是说，接受所有的条件格式。

- 精确短语

“关键字”的英文为 Phrase，叫做词组或叫短语，在英文的环境中，是以每个单字（Word）作为一个主体，单词与单词之间会有空白作为间隔（但要注意中文系统没有此种规则），所以，如果该单字或字句是连续的字句或是有词组的组合，则叫做关键字。举例来说，SharePoint 就是一个关键字，因为虽然它是两个英文单词，但却是连在一起的，故称为关键字。中文的关键字会随着中文关键字的规则来组合，最常看到的就是在进行中文输入，选择中文的单字时，在选择列表上，会出现连续两个以上的中文字所组合起来的词句，这便是一种中文的关键字。所以如果您是在此字段中输入词句，则该词句必须完全符合系统可以找到的关键字才能被搜索出来，而不能是部分的关键字内容。

- 下列任意词

此字段中所输入的是一种包含于单字的搜索处理方式，也就是说，只要是在此字段中所输入的关键字，任何有此关键字内容的文件都要查找出来。

- 无下列词

这是一个排除条件的字段，表示所寻找的文件中，不应含有此字段所输入的关键字。

缩小搜索范围

在缩小所要寻找数据的范围上，有两种方式，一种是选择所要寻找的文件的语言类型，另一种则是选择所要寻找的文件的类型。

您可以选择所要筛选文件的语言，例如：要寻找中文的文件，便可以勾选中文的项目，也可以选择所要筛选的文件类型，例如：要寻找Word的文件，所以可以单击在"结果类型"字段右边的向下按钮，在出现下拉菜单后，选择"Word 文档"。

添加属性限制

在要查询的各项文件中会附带记录各项属性字段的数据，对于这些字段数据，可以通过此类筛选设置添加逻辑的规则，来对所查询的文件进行筛选。您可以在此属性设置页面的最右边，单击"添加属性"的项目，在页面上，就会多了一个设置项目，如【图8-49】所示。

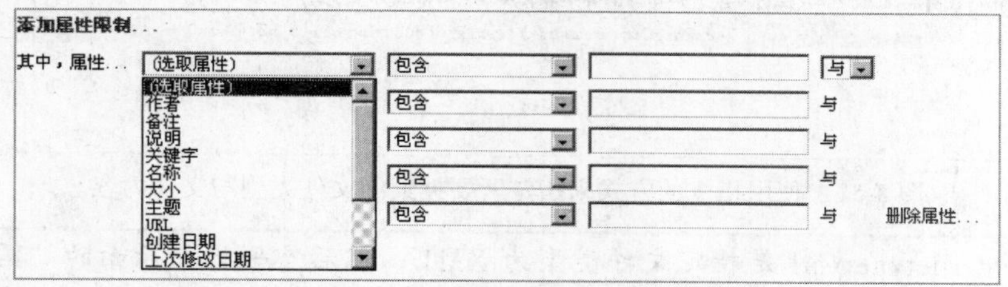

图8-49　设置属性限制的筛选条件

您可以看到如【图8-49】所示增加了5条属性限制的条件，如要删除该条件可以单击"删除属性"，便会少一条限制条件。

在属性项目上可以看到一共有9个属性字段，这些属性字段是MOSS 2007系统根据所提供的文件类型中所包含的属性字段而加入到此选项中的，所以您只能根据系统所提供的属性内容来选择属性字段，进行条件筛选。

指定文件类型的搜索范例

在了解了以上的各项高级搜索的设置内容后，我们延续前面的例子，在搜索字段中输入"SharePoint"作为搜索条件，并在"结果类型"的字段上，单击"Word 文档"选项，最后单击"搜索"按钮，来进行搜索，【图8-50】所示的则是响应搜索的结果页面。

图8-50　使用高级搜索中，选择"Word 文档"搜索后的结果

在MOSS 2007的系统中，提供了许多种不同文件类型的爬网处理，但如果所要搜索的文件类型不在"高级搜索"的"结果类型"字段上，那如何来指定所要搜索的文件类型呢？

嗯！的确是如此，在"高级搜索"的"结果类型"字段上，只提供了几种文件类型，如果我们希望指定不同文件类型的搜索方式的话，那又该如何来进行呢？

其实从前面的搜索练习中，您应该可以联想到，在搜索字段中，可以输入搜索的指令，例如：在前面的人员搜索中曾经练习过，通过输入 FirstName:"jacky"的方式来找到该用户的信息。故同样的，对于文件类型的搜索可以使用 **filetype** 指令来指定要搜索的文件类型。例如：我们要寻找 XML 文件类型的数据（此种文件数据是 InfoPath 文件，也就是表单文件），所以可以在搜索字段上输入“filetype:xml 国外”，便可以找到 XML 文件类型的数据内容。

图 8-51 使用指令的方式来指定所要搜索的文件类型与文件内容

其中 filetype:xml 是指定文件类型为 XML，然后空一格，后面的“国外”，则是要找的文件内容关键字。

耶！原来使用指令来指定文件类型的搜索方式，能够更方便且更精准地搜索所需要的文件内容。

8.7.5 高级指令型的搜索

从前面所述的高级搜索中，可以了解高级搜索使用图形接口的环境在不同的条件字段中输入要搜索的条件内容，例如：在“精确短语”或在“下列任意词”的字段中，输入所要查询的条件关键字来进行查询。可是说实话，其实像后面使用指令的方式来进行高级式的搜索，或许来得更加方便。

但是高级指令型的环境要如何来使用呢？以下我们就来了解一下如何进行高级指令型的搜索方式。有几个基本原则：

- 字符串可以是指令字符，但其后一定要带上冒号“:”，该指令字符可以是系统内置的指令关键字或属性域名，例如：filetype 是指定文件类型的指令字符，FirstName 是指定属性字段的指令字符，Site 是指定要搜索网址的指令字符，其后可接网址名称。
- 所有指令字符或搜索字符之间使用空格隔开，如要搜索精确短语，则须将关键字使用双引号括起来，例如：“share point”。
- 当有一个以上的搜索字符使用空格隔开时，在搜索中，有几项搜索的处理是您必须要注意的：
  - ➢ 搜索的内容不分大小写，也不能使用通配符，例如：星号“*”，字符之间不提供“且”、“或”的逻辑判断条件，列表项目中的附件不会出现在搜索的结果中。
  - ➢ 第一个字符为主要搜索的字符，也就是说，只要出现了第一个字符，该文件内容就会被搜索出来。
  - ➢ 第二个字符以后的所有字符则为“包含”的逻辑查询，也就是说，第二个字符以后的各项字符，如果在文件内容中出现，就会被搜索出来。
  - ➢ 第二个字符以后的字符如果为介词或助词则会被忽略，例如：a、in、the、by 等等，如在字符之间有符号也会被忽略，如果您不希望忽略该字符，则可以在字符前面加上加号。
  - ➢ 所输入的多个字符中，有关键字关系时，则会将有关键字关系的文件内容也找出来。
- 若要强迫该指令字符或是搜索字符是“且”的逻辑条件时，也就是说，它们一定要出现在文件内容中，则可以在这些字符前面加上加号“+”，例如：“ +share point”表示该文件中一定要有 share 和 point 的字符才可以被搜索出来，注意：加号前面一定要有空格，所以如果在查询字符串的一开头使用加号和没有使用是一样的。

- 如果要搜索的文件内容中必须不包含某一个字符，可以在要排除的字符前，加上减号“-”，例如：“share -point”表示要搜索文件内容中有 share 但没有 point 的文件，注意：减号前面也一定要空格，否则排除条件无效。

了解不同类型的关键字搜索范例

在上面说明了不同的关键字搜索条件后，我们来举些例子，让您对 MOSS 2007 系统的搜索工作，可以有更深一层的认识和了解。

为了要测试不同关键字搜索的条件，我们创建了 6 份文件，内容都带有不同情况的 share point 单词，以下列举这些文件的内容：

第 1 份文件的内容：

```
Office SharePoint Server Process
```

第 2 份文件的内容：

```
Please point to public share folder Server
```

第 3 份文件的内容：

```
Please share your point of device
```

第 4 份文件的内容：

```
Check share-point and point-share keyword
```

第 5 份文件的内容：

```
Please share a folder for me
```

第 6 份文件的内容：

```
This point view is very nice
```

以上的这 6 份文件中，都有 Share 或 Point 的两个单词，不同的地方在于，第 1 份文件中是连起来的关键字（SharePoint），第 2 份文件中的是将这两个字分开且颠倒（point......share），第 3 份文件是将这两个字分开（share……point），第 4 份文件是将这两个字中间加上短线（share-point and point-share），第 5 份只有单词 share，第 6 份只有单词 point。

我们使用指令的方式来进行文件的搜索，请见图 8-52 至图 8-58 这些文件都是使用 Word 2007 创建起来的，所以使用的文件类型为 docx。

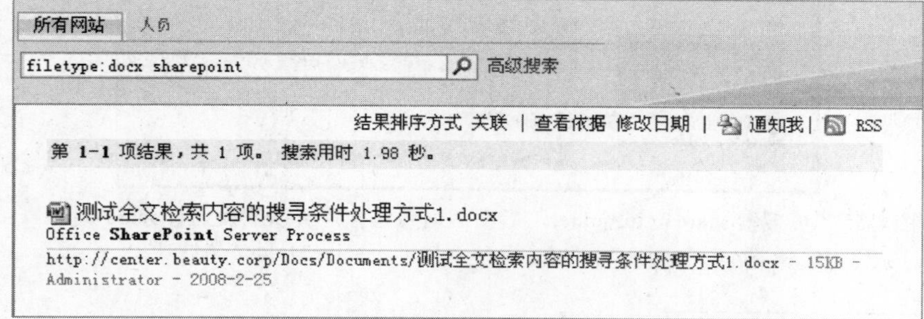

图 8-52　因为搜索的是连接起来的 sharepoint 字符，所以只搜索到 1 份文件，不分大小写

图 8-53① 搜索字符为 share point，故找出短语中有 share 也有 point 的文件，但因为 share 是主要搜索字符，所以只出现了 share 字符的文件也会被找出来

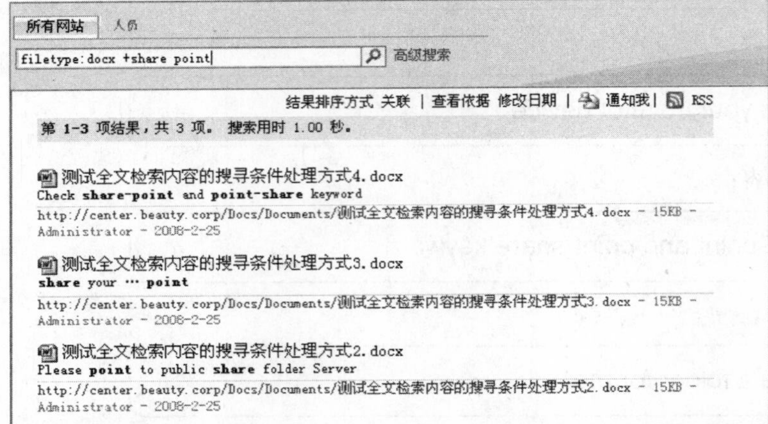

图 8-54 在主要搜索字符 share 前面加上一个加号，搜索结果就少了最后一份只含 share 字符的文件

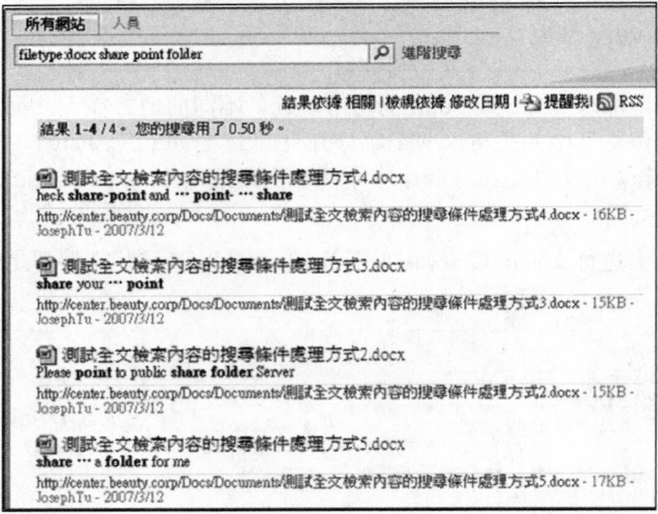

图 8-55② 再搜索 share point folder，后面两词为包含，所以就找到有 share-point、share... point、point... share folder、share... folder 文件

①，② 注：由于 MOSS 2007 简体中文版与繁体版软件对搜索指令的解释存在差异，导致在简体版中无法得出文中所述结果，故在此保留原书中的截图。

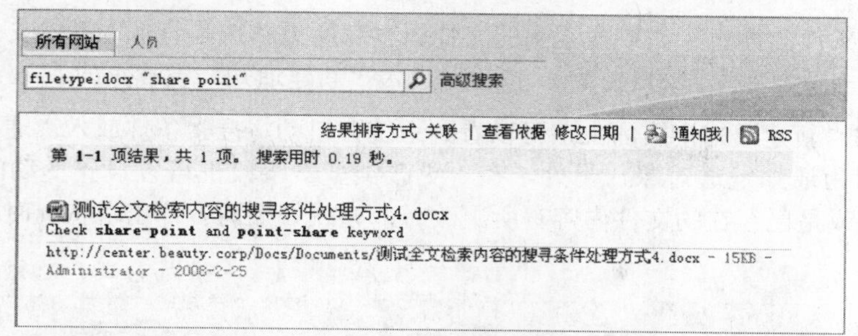

图 8-56 使用双引号括起 share point，所以只找到关键字中有 share-point 的文件，这是因为 share-point 中间的短线会被搜索系统忽略

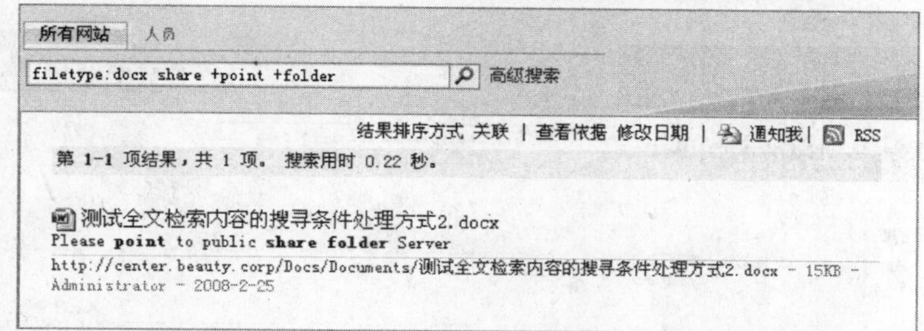

图 8-57 因为后面的 point 与 folder 字符前，都有带加号，代表文件中一定要是同时出现这两个字符的文件，才算符合条件，故只有一份文件

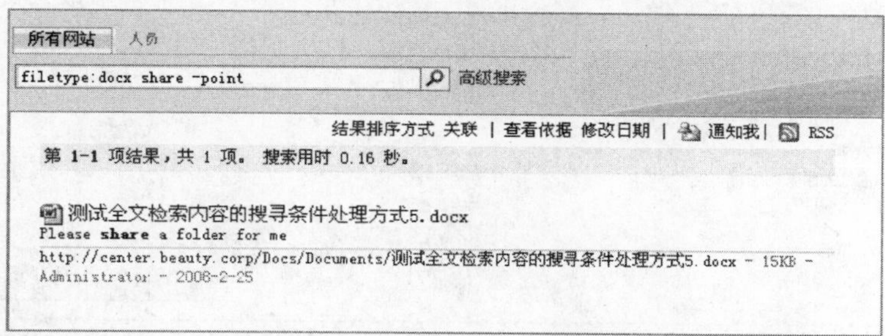

图 8-58 因为后面的 point 字符前带减号，表示要搜索不包含 point 字符的文件，故只会找到文件中只有 share 的文件

8.7.6 搜索条件的“通知我”功能

在 MOSS 2007 的搜索工作下，还提供了一个叫做“通知我”（Alert me）的功能，此项功能最主要的作用是当所设置的搜索条件查询到的文件项目或是文件内容有所改变时，及时通知用户，这样用户就可以主动地知道要搜索的文件内容有所变动，或是增加了一些相关的文件。

举例来说，我们希望搜索到所有在文件中出现 sharepoint 字符的文件，其中包括 doc 或 docx 的文件，如图 8-59 所示。

图 8-59 设置搜索 doc 和 docx 两种类型的有 sharepoint 关键字的文件，其搜索结果，上方是 doc 的文件，下方是 docx 的文件

我们希望根据此条件的搜索，如果搜索到的文件内容有所更新或是有加入新的文件时，系统会发出通知，所以移动鼠标单击页面右上方的 通知我 按钮，进入“新建通知”设置页面。

从【图 8-60】的“新建通知”页面上，可以看到系统会自动将搜索条件放入“通知标题”字段中，并设置目前登录的用户为通知发送对象，另外，在“更改类型”字段下可以设置变动的条件，您可以选择当出现新的项目时，或是已存在的文件内容有所更改时，亦或如果两者都出现状况时，要系统通知您（如【图 8-61】所示）。

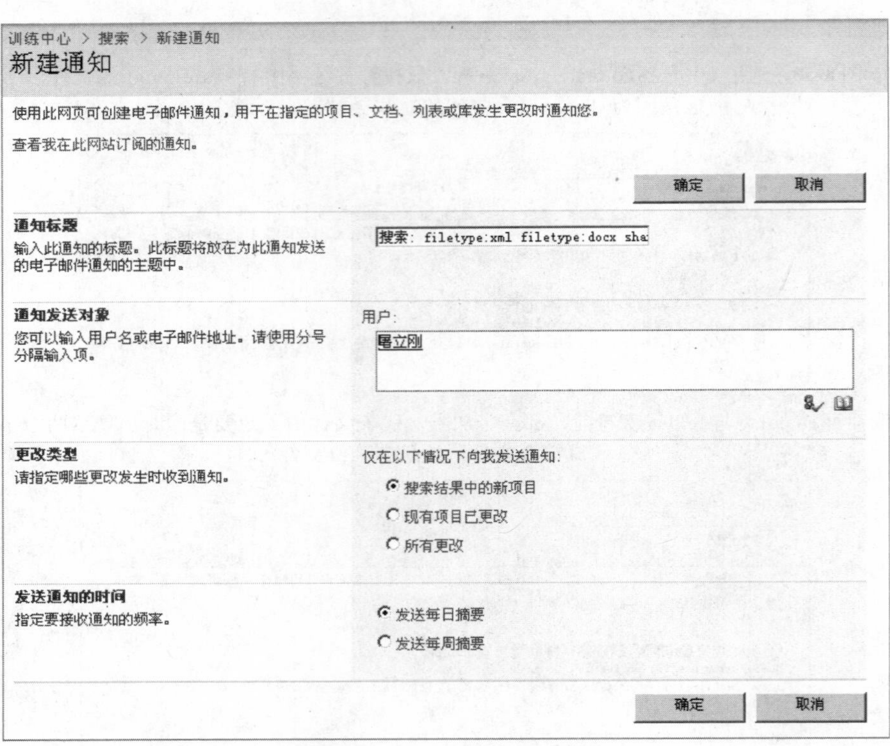

图 8-60　在“新建通知”页面上，设置通知的方式

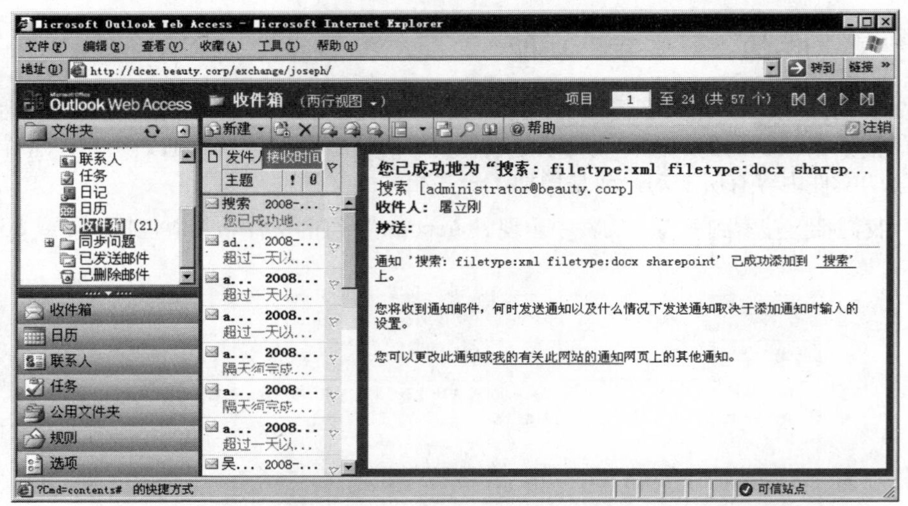

图 8-61　在创建“通知我”后，会先收到一封通知信，告知已经创建的内容

对发送摘要的时间设置则是指定要接收通知的频率，可以设置发送每日摘要或是发送每周摘要（如【图 8-62】所示）。当设置完成后，可以单击“确定”按钮，便设置好了此项通知工作。

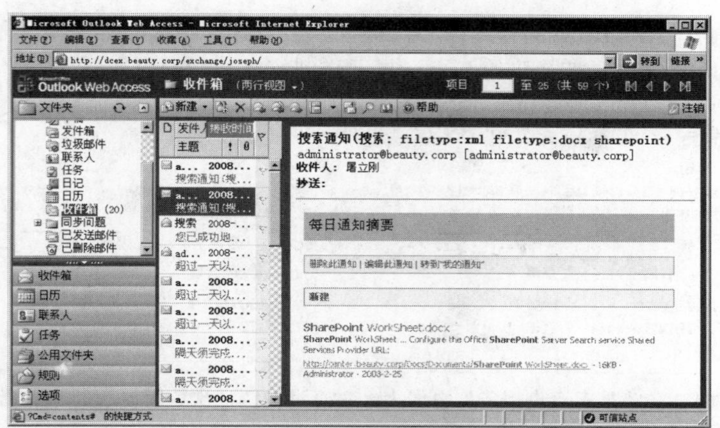

图 8-62 经过一天后，又会自动收到一封信，通知该项查询条件有新的项目

8.8 搜索流量报告

在共享服务层级所提供的搜索服务中，除了可以对搜索进行设置之外，还提供了搜索流量报告，这些报告为用户提供搜索的使用情况的统计数据，并且用图表的方式提供给用户查询。搜索流量报告中，总共提供了两种报告的内容。

搜索查询

此页面所提供的是用户使用搜索进行查询的情况，系统会统计用户在该月查询的总次数和前面各月份统计的总次数、各查询网站的查询比率，以及使用各范围查询的比率。除此之外，也会将详细的查询内容统计列举出来。

搜索结果

此页面所提供的是用户使用搜索的查询结果情况，结果情况的内容是以 30 天为统计的对象，其中包括了主要查询到的目的页面网址和被单击查询的总次数，以及反过来，没有查询到结果的条件有哪些，总次数有多少。另外，也会统计最佳匹配被点击的情况和没有查询到的最佳匹配页面的统计情况，以及低点击率的链接有哪些。

8.8.1 搜索查询的报告内容

要查看搜索流量报告可以在 SharePoint 3.0 管理中心的“共享服务管理：BeautySharedServices”的页面下，移动鼠标单击“搜索”区段下的“搜索流量报告”项目，由于系统默认显示“搜索查询报告”内容，所以进入后便看到“搜索查询报告”页面，如【图 8-63】所示。

搜索查询次数的统计图与统计表

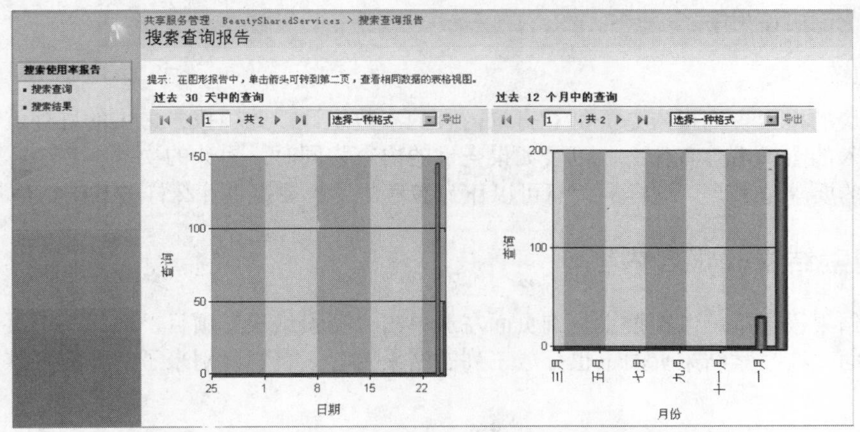

图 8-63 在“搜索查询报告”页面上，对查询的统计次数所显示的统计图表

如果您想要看查询统计次数数量的详细内容，可以单击上方页面选择键 ◀ 1 / 2 ▶ 的右键，切换到第 2 页上，【图 8-64】所示的则是切换到第 2 页，显示详细统计数量的内容。

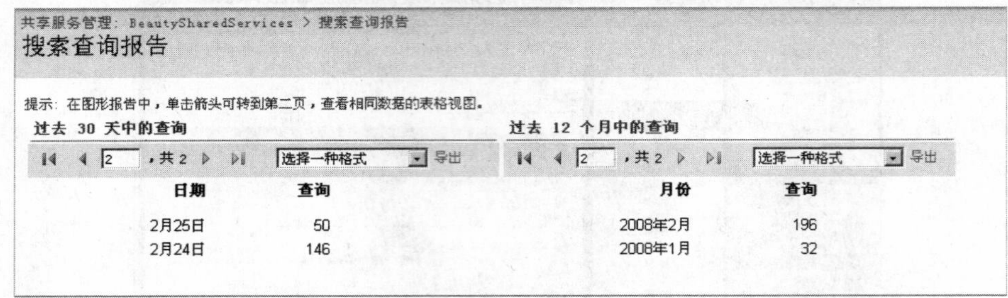

图 8-64　在“搜索查询报告”页面上，对查询的统计次数所显示的次数统计表

查询网站与范围的比率统计图与统计表

第二区块的搜索查询统计报告是，显示所查询的网站与范围的比率。此报告的目的在于了解用户所查询到的网站中，比率最多的是哪一个？另外，也可以了解用户在使用选择查询范围上，哪一种范围用得最多，如图【图 8-65】与【图 8-66】所示。

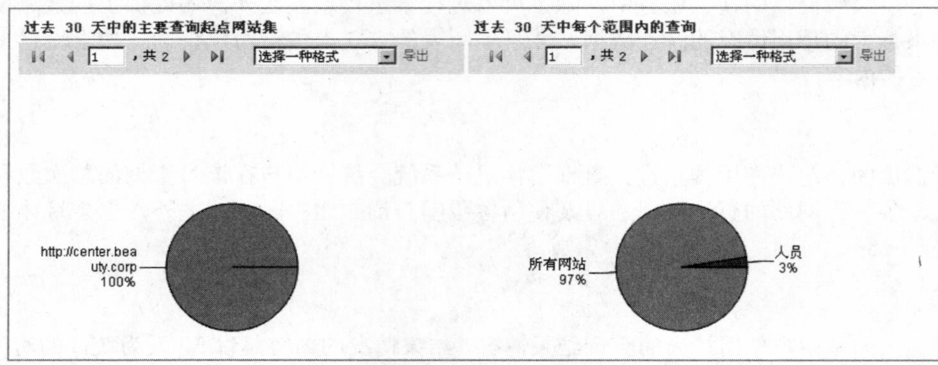

图 8-65　显示查询网站与范围的统计比率图表

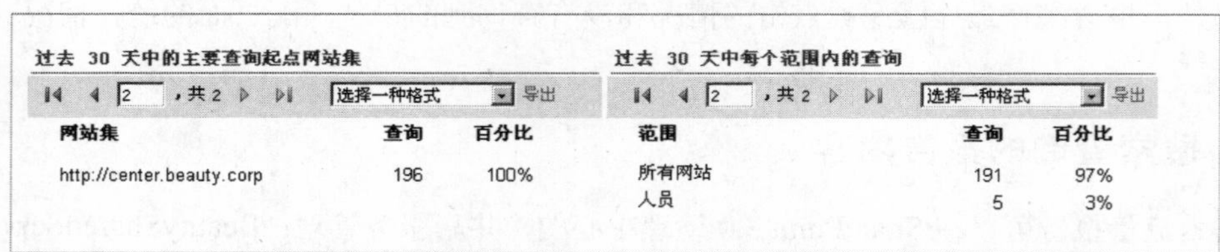

图 8-66　显示查询网站与范围的统计比率数值表

由于我们举例的网站只有一个，系统默认的范围只有两个，所以我们看到的比率统计好像没有太大的意义，但是当您设置搜索许多的网站与不同的范围时，便会显示用户对各网站与各范围所使用的情况，进而判断该网站或范围的使用率。

查询内容的统计表

最后第三区块的搜索查询报告是提供对查询内容的次数统计，此项报告最大的好处就是可以了解用户在搜索中，所输入的查询内容有什么，以及如果查询的内容相同时，累计的次数有多少，进而就可以了解用户对搜索信息的要求是什么。这样的信息可以作为参考，了解要提供什么样的数据给用户查询。

8.8.2 搜索结果的报告内容

要查看搜索结果报告，可以在搜索查询页面左边单击“搜索结果”项目，此时右边页面会切换到“搜索结果报告”页面，在搜索结果页面下也分成三列的结果内容，我们分别来了解一下各结果内容的意义是什么。

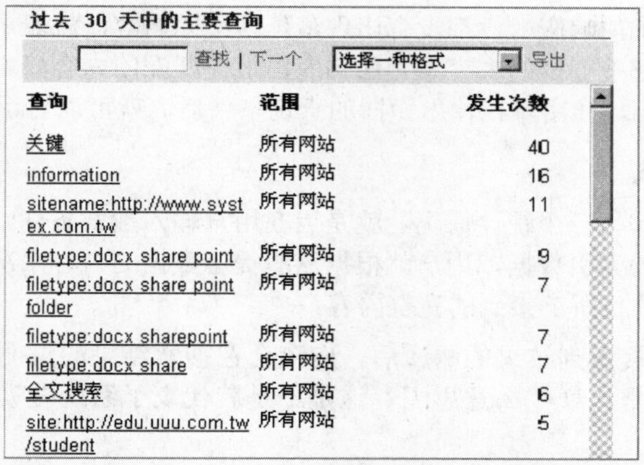

过去 30 天中的主要查询

查找 | 下一个 选择一种格式 导出

查询	范围	发生次数
关键	所有网站	40
information	所有网站	16
sitename:http://www.systex.com.tw	所有网站	11
filetype:docx share point	所有网站	9
filetype:docx share point folder	所有网站	7
filetype:docx sharepoint	所有网站	7
filetype:docx share	所有网站	7
全文搜索	所有网站	6
site:http://edu.uuu.com.tw/student	所有网站	5

图 8-67　显示关于用户查询内容与重复查询内容的统计次数

查询结果点击次数的统计与查询不到的内容统计

在查询结果左边的报告是，当用户在搜索中，输入所要查询的搜索条件，系统有结果内容的响应，并且用户也单击了响应结果的内容项目，此时这些被单击的内容项目，就会被统计在此查询结果点击次数的统计报告中。相反的，如果用户所输入的查询内容，是没有找到结果的响应，则该查询的内容与次数，便会统计在查询结果右边的报告中，如【图 8-68】所示。

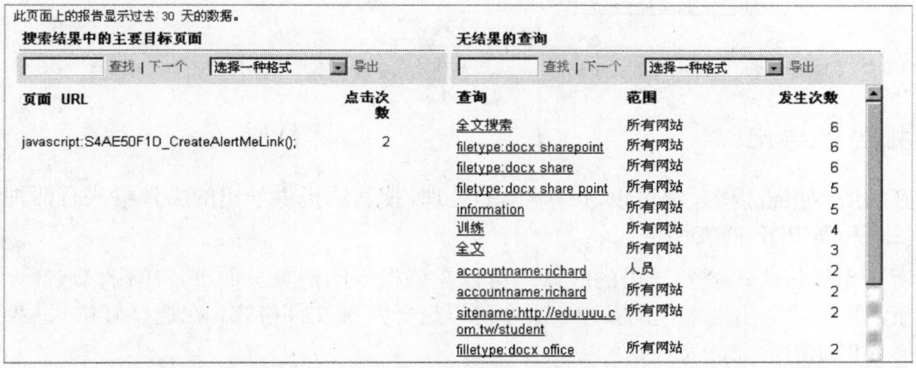

此页面上的报告显示过去 30 天的数据。

搜索结果中的主要目标页面

查找 | 下一个 选择一种格式 导出

页面 URL	点击次数
javascript:S4AE50F1D_CreateAlertMeLink();	2

无结果的查询

查找 | 下一个 选择一种格式 导出

查询	范围	发生次数
全文搜索	所有网站	6
filetype:docx sharepoint	所有网站	6
filetype:docx share	所有网站	6
filetype:docx share point	所有网站	5
information	所有网站	5
训练	所有网站	4
全文	所有网站	3
accountname:richard	人员	2
accountname:richard	所有网站	2
sitename:http://edu.uuu.com.tw/student	所有网站	2
filletype:docx office	所有网站	2

图 8-68　显示用户点击的查询结果内容、次数与没有查到结果的查询内容、次数的统计表

以上的报告内容是以过去 30 天中的内容为统计的对象，从以上的报告中，管理员就可以了解被点击的网页的统计次数和没有搜索到的条件内容次数，进而改善所提供的搜索的信息。

最佳匹配查询结果的统计

简单地说，创建关键字和最佳匹配，最主要是在搜索中提供广告或提醒的功能，所以最佳匹配的内容是否能在用户搜索的时候被响应显示出来，就表现在最佳匹配内容的出现率到底有多少。除此之外，当最佳匹配的内容一旦出现后，用户是否会点击最佳匹配的项目，也会关系到被链接的网站是否被用户点击查询，进而就可以知道这个最佳匹配广告的效应好还是不好。请参考【图 8-69】。

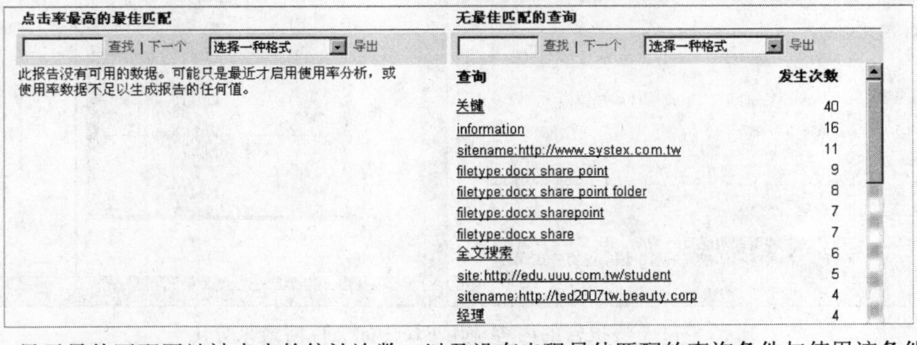

点击率最高的最佳匹配

查找 | 下一个 选择一种格式 导出

此报告没有可用的数据。可能只是最近才启用使用率分析，或使用率数据不足以生成报告的任何值。

无最佳匹配的查询

查找 | 下一个 选择一种格式 导出

查询	发生次数
关键	40
information	16
sitename:http://www.systex.com.tw	11
filetype:docx share point	9
filetype:docx share point folder	8
filetype:docx sharepoint	7
filetype:docx share	7
全文搜索	6
site:http://edu.uuu.com.tw/student	5
sitename:http://ted2007tw.beauty.corp	4
经理	4

图 8-69　显示最佳匹配网站被点击的统计次数，以及没有出现最佳匹配的查询条件与使用该条件的次数

相反的，如果用户在查询的响应上，都没有出现最佳匹配的内容，就表示用户不会看到最佳匹配的广告，所以在报告中也要显示哪些查询的内容是无法响应出最佳匹配的内容的，进而可以调整该最佳匹配项目中所设置的关键字和同义词，让用户在输入相同的查询条件后，就可以显示出最佳匹配的内容。

低点击率链接的统计

在搜索中，我们还想了解另一个统计情况，就是当在用户输入搜索条件，并响应出查询的结果时，这些响应的结果是一种提示型的索引数据，用户就根据这些提示数据的内容来决定是否要点击该项目，进行真正网站的链接，并查看该项目所链接到的完整内容。

所以通常来说，用户在搜索到结果的响应后，应该会在搜索结果的页面上点击所需要的项目，但是如果用户没有点击的话呢？是代表什么意思呢？这是不是就代表了系统搜索出来的结果并不是用户所要的内容。

的确，所以搜索报告中就提供了一个低点击率链接的统计报告，从被点击条件内容的统计中，把最低统计记录的查询项目显示出来（如【图 8-70】所示），好让您了解点击率最低的是哪些查询。

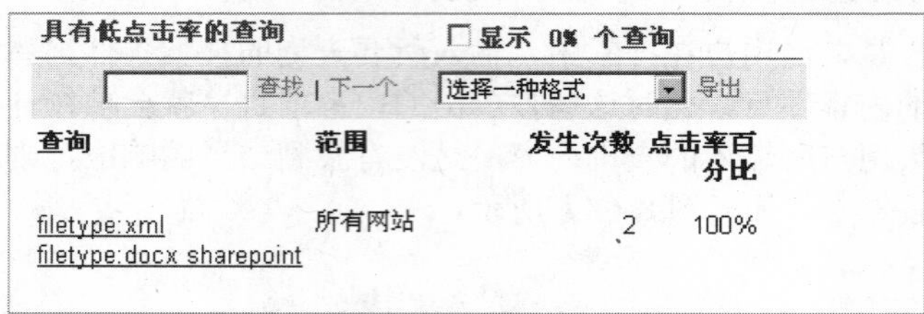

图 8-70　显示查询条件被点击响应的最低次数记录，由小到大排列出来

8.8.3 报告的导出

以上所看到的所有报告内容，都可以进行导出的处理，搜索所提供导出的文件格式有两种，一种是 Excel 的文件格式，另一种是 PDF 的文件格式。

当您要将所指定的报告内容要导出的时候，可以在该报告的网页页面上，单击“选择一种格式”字段右边的向下按钮，此时就会出现下拉的菜单，其中可以选择两种文件格式，在选择好格式后，单击“导出”，便可以将该数据导出成所需要的文件。

例如：我们将“搜索查询报告”中的“过去 30 天的查询”报告内容使用 Excel 的文件格式导出，如【图 8-71】所示。

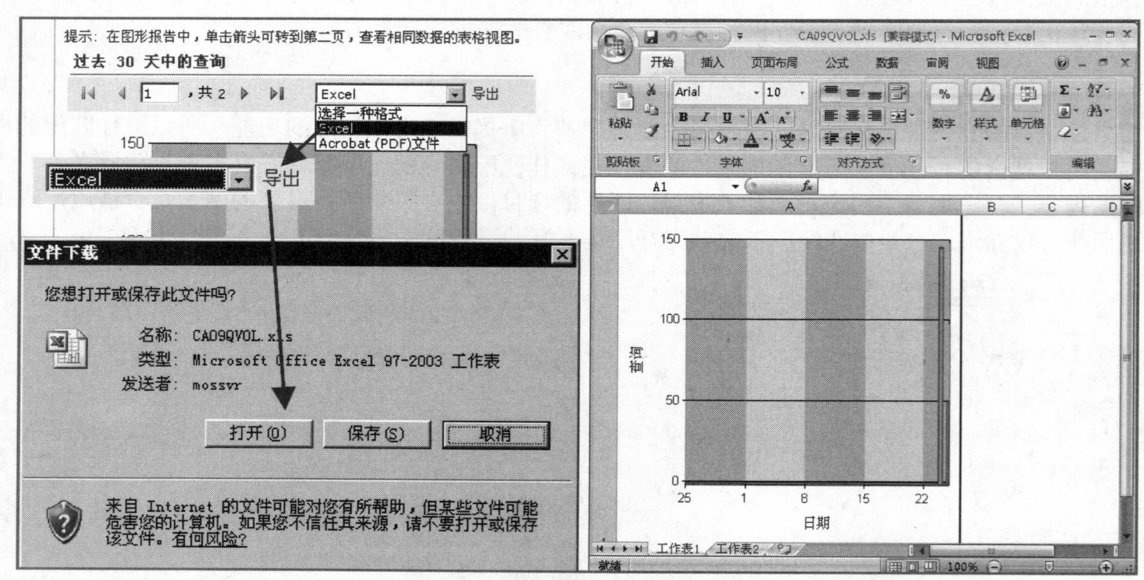

图 8-71　将报告的内容使用 Excel 的文件格式来导出

第 9 章
企业公告环境配置案例

本章提要

使用 MOSS 2007 创建的网站首页环境，通常都是用户登录网站时就会马上接触到的页面环境，所以，这些页面最适合作为企业发布消息或信息的环境，因此，如何有效地建立企业公告环境，是本章要为您介绍的内容。

本章不仅将介绍设置和使用这些建立公告环境的组件库，还将通过企业应用实例来告诉您如何建立企业所需要的公告环境，其中包括如何应用“通知”来发布信息、如何应用“链接”来建立便捷的“收藏夹”，以及如何应用“日历”来建立会议室租借应用等实例。

相信通过这些实例的讲解，您更能充分地了解 MOSS 2007 所提供的这些组件，并可以马上将这些组件应用在您企业的实际工作环境中。

本章重点

在本章，您将学会：

- 企业布告栏——通知
- “收藏夹”任你游——链接
- 部门日历与会议室租借管理——日历

9.1 企业布告栏——通知

在企业或部门中，总是会有一些需要通知全体员工或团队成员的重要信息或新闻，面对这样的需求，目前企业大都采用群发电子邮件或在固定的布告栏张贴纸质文件的方式来解决。

可是，采用群发电子邮件的方式会造成企业邮件服务器硬盘空间容量的负担。如果一封电子邮件的大小是 1MB，公司有 2000 名员工，则一次群发邮件就会给企业邮件服务器带来 2GB（=1MB×2000 人）的容量使用增长，这个数字是非常惊人的。

至于在大家经常经过的地方建立布告栏，将需要公布的事项张贴的方式，也无法保证公司的每一位员工或团队的每一位成员都会看到。如果张贴的资料没有专人负责整理或更新，布告栏就会变成一个大家都不愿意去阅读的场所，从而造成信息传递不良的问题；而且，如果有人恶意张贴一些不良言论，那又该如何收拾残局呢？

所以，对于信息系统而言，要想提供一个像布告栏一样的信息园地，就一定要具有包括公告内容的提交、审核、发布等必须的功能，以保证公告内容的质量。除此之外，公告的内容应具有时效性，一旦公告内容过期，系统就应将其自动备份。我们可以使用 MOSS 2007 提供的通知（Announcements）功能来解决这个问题。通知功能提供了类似电子布告栏的形式，让企业或部门可以有一个张贴重要信息的位置，例如张贴竞争对手的新闻或新加入成员的简介等。

在着手配置布告栏之前，我们先将企业布告栏的运行机制及功能列举如下，然后再向读者介绍如何完成下列所述的功能目标。

企业布告栏的运行机制及功能
【目标 1】公告项目要在网站首页显示，以突出其提醒作用；公告项目只需显示最新的 5 条，如果公告项目过期，则必须自动在网站首页消失。
【目标 2】公告项目的新建或编辑必须经过相应的部门主管批准后才可进行。
【目标 3】只有作者及相应的部门主管才能查看未经审核的公告项目；只有通过审的公告项目，才可让团队成员查看和读取。
【目标 4】用户只能编辑自己发布的公告项目，但可以查看所有通过审核的公告项目。
【目标 5】当企业布告栏中有新建的公告项目时，必须以电子邮件的方式实时通知相应的部门主管。

在了解了企业布告栏的运行机制及功能需求之后，我们就可以开始着手进行配置，来完成我们想要达成的目标了。

9.1.1 企业布告栏配置

默认小组网站会内置一个名为“通知”的列表，他以 Web 部件的形式显示在小组网站首页上，并且显示最近的 5 项公告信息；协作门户网站则内置了一个名为“文档中心”的子网站，在该子网站中同样也提供了一个名为“通知”的列表。当然，您也可以针对企业公告的用途及类别自行设置通知列表。本节会以业务部小组网站预置的“通知”列表及文档中心网站中的“通知”列表为对象进行介绍。

不过，系统内置通知列表的标题似乎不够传神，我们先请读者将现有通知列表的标题及描述按如下所述进行更改，更改后的文档中心及业务部网站首页的显示结果如【图 9-1】所示。

- 文档中心通知列表

标题	训练中心布告栏
描述	使用“训练中心布告栏”在网站首页上发布信息

- 业务部小组网站通知列表

标题	业务部布告栏
描述	使用“业务部布告栏”在网站首页上发布信息

其实，文档中心或业务部小组网站中内置的通知列表已经实现了我们在“目标 1”中所描述的功能，

即公告项目在网站首页显示，且只显示最新的 5 条信息，过期的公告项目会自动在网站首页消失。那么，什么是“过期公告”呢？答案将在第 9.1.2 节中揭晓。

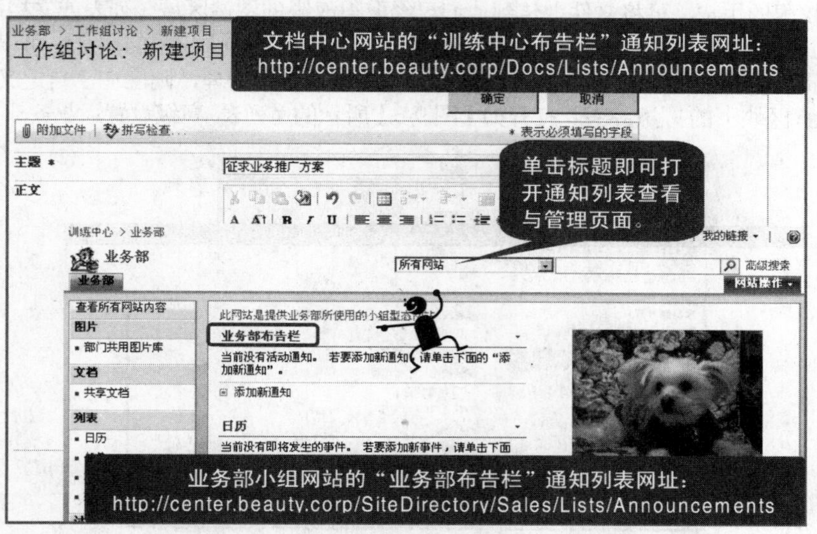

图 9-1　更改通知列表标题后的文档中心及业务部小组网站首页

启动内容审批功能　目标 2 + 目标 3

我们希望布告栏项目的新建或编辑，都必须经过相应的部门主管审核后才可让团队成员查看和读取，未经审核的公告内容只有公告项目的作者及相应的部门主管才能读取或编辑。要实现这个目标，可在“自定义业务部布告栏”配置页面单击 **常规设置** 区块下的 ▫ 版本控制设置 ，打开如【图 9-2】所示的“列表版本控制设置：业务部布告栏”配置页面。下面我们以“业务部布告栏”通知列表为例进行讲解，文档中心的“训练中心布告栏”就留给读者自己练习了。

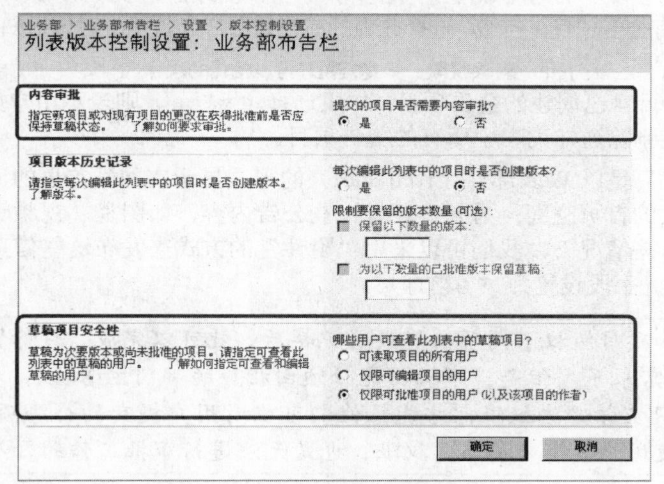

图 9-2　启动内容审批功能

请设置“内容审批”区块中的 提交的项目是否需要内容审批? 字段为 ⊙ 是 ，即当新建或编辑此组件库的数据项时，必须要经过有权限的用户审批后，其他的用户才能在这个通知列表中看到该项目的存在或更改。

请设置“草稿项目安全性”区块中的 哪些用户可查看此列表中的草稿项目? 字段为 ⊙ 仅限可批准项目的用户(以及该项目的作者)，即只有具备“批准”权限的用户和该列表项目的最后修改者（**最后修改者并不一定是原始作者哦！**）可以查看该项目被审核前的内容，大多数情况下，启动审批功能时通常选用此默认值。

虽然启动了内容审批功能，能够防止未经审核的内容被查看和读取，但是一旦公告项目被核准，则只要用户对该通知列表具有“参与”权限，即可任意修改列表中状态为“已核准”的项目内容。如果希望只有列表项目的作者才能对该项目进行编辑，又该如何实现呢？

启动项目级权限管理控制功能 目标 4

具有“参与”权限的用户，可将文件上传到他们已经取得权限的网站区域（列表或文档库），并对当前列表和文档库中的项目进行管理（编辑或删除）。所以，具有“管理层次结构”权限的用户也可以编辑或删除其他用户创建的文件。因此，如果要设置只允许作者对自己创建的项目进行管理，则应在“自定义业务部布告栏”配置页面单击 **常规设置** 区块下的 ▫ 高级设置，打开如【图 9-3】所示的“列表 高级设置：业务部布告栏”配置页面。

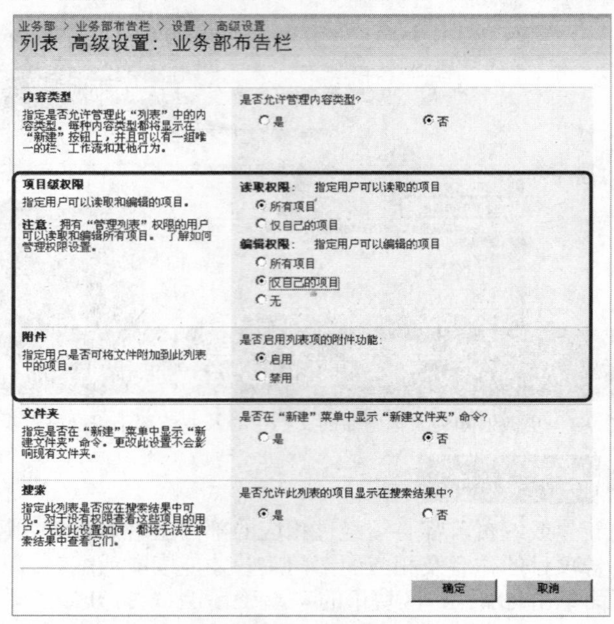

图 9-3　列表的项目级权限及附件设置

请设置“项目级权限”区块中的 **读取权限**：　指定用户可以读取的项目 字段为默认的 ⦿所有项目，表示用户可以查看及读取通知列表中的所有公告项目，当然，选择此项的前提是用户必须至少对该通知列表具有“读取”的权限。

请设置“项目级权限”区块中的 **编辑权限**：　指定用户可以编辑的项目 字段为 ⦿仅自己的项目，表示即使用户具有相应的权限，也只能编辑自己创建的公告项目，如果选择 ⦿所有项目，则表示用户如果对通知列表具有“参与”的权限，即可编辑或删除通知列表中所有的公告项目。

因为“业务部布告栏”是以 Web 部件（Web Part）的形式显示在网站首页的，所以，当公告的本文信息过长时，就会占用很大的首页空间；另外，还有一些公告内容，如图片、视频等，也无法以文本公告的形式在网站首页发布。这些情况下，我们可以采用“附件”的方式来发布这些信息，只要将“附件”区块中 是否启用列表项的附件功能: 字段设置为 ⦿启用 即可。

当审批和项目级权限两项功能设置完毕后，就可以完成“目标 2”和“目标 3”中的部分需求了。但是，审批功能必须由相应的部门主管执行。那么，我们需要授予部门主管哪些权限，才能让他们可以对用户提交的公告项目进行审批呢？因为即使用户具有“参与”权限，也是无法进行审批工作的。

网站访问安全及权限设置 目标 2 + 目标 3

一般来说，企业部门内部的信息沟通和传递，有些时候必须要经过部门主管的审核；部门网站的信息，也仅限于该部门的成员才能够查看和编辑。在满足以上要求的同时，还要保证企业的决策主管可以对公告信息进行查看、编辑和删除。在以下练习中，需要将业务部小组网站的权限设置如下：

网站用户组/SharePoint 用户组	训练中心所有者	业务服务部用户组	决策主管用户组	业务部主管
权限等级	完全控制	参与	读取	批准

有关 SharePoint 网站的权限管理，已在本书第 5 章中详细介绍过，所以本例只介绍权限分配的方法。

1 打开“权限”查看与管理页面

请依次单击 **网站操作 ▾** → 网站设置 管理此网站的网站设置。 → **用户和权限** → ▫ 高级权限 。

2 中断网站权限继承

请依次单击 操作 · → 编辑权限 从父网站复制权限，然后停止继承权限。 → 确定。

3 打开“为此网站设置用户组”配置页面

请依次单击 组 → 设置用户组 设置此网站的成员、访问者和所有者组。。

4 快速设置网站的访问者、成员及所有者用户组

请在如【图 9-4】所示的“为此网站设置用户组”配置页面中进行如下设置：

此网站的访问者	⊙新建用户组 ：将“Beauty\决策主管用户组”加入“业务部访问者”SharePoint 用户组
此网站的成员	⊙新建用户组 ：将“Beauty\业务服务部用户组”加入“业务部成员”SharePoint 用户组
此网站的所有者	⊙使用现有用户组 ：训练中心所有者

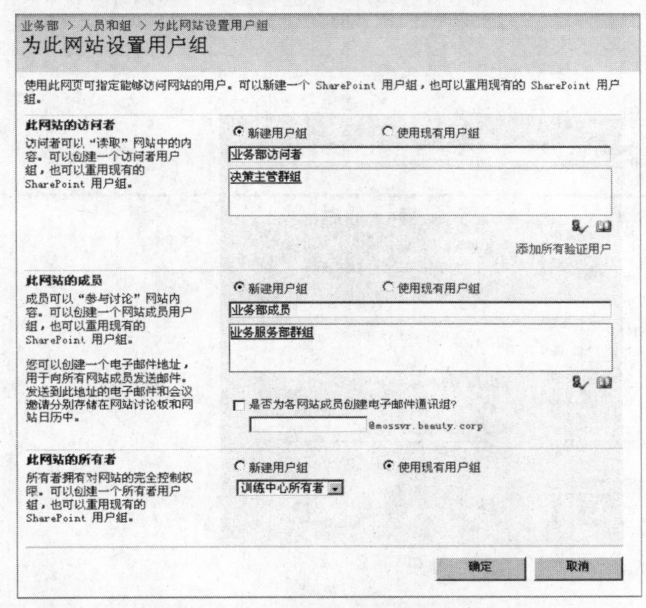

图 9-4　设置网站的访问者、成员及所有者用户组的快捷方式

系统会自动创建两个新的 SharePoint 用户组，分别是“业务部访问者”和“业务部成员”，设置完毕后，请单击 确定。

5 删除无用的权限继承项目副本

当中断与上层网站之间的权限继承关系前，系统会预先将上层网站的权限配置副本保存到中断权限继承的网站中。所以，当我们配置完需要的权限后，应将不需要保存的权限继承项目副本删除。在“权限：业务部”查看与管理页面，勾选除了“业务部访问者”、“业务部成员”、“训练中心所有者”及“系统账户”4 个 SharePoint 组及用户账户以外的所有账户，然后单击 操作 · 下的 设置用户组 设置此网站的成员、访问者和所有者组。，即可得到如【图 9-5】所示的结果。

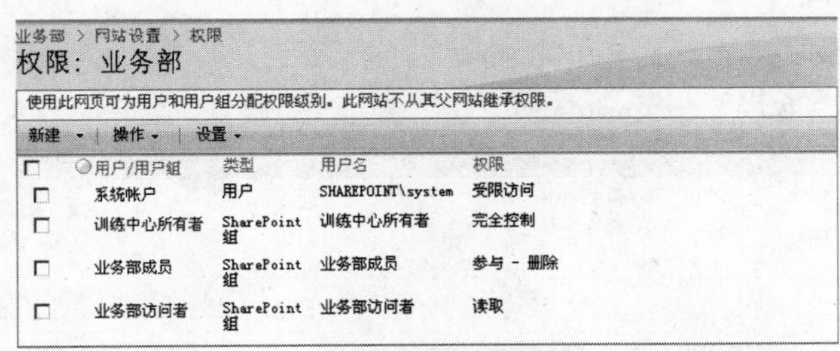

图 9-5　删除无用的权限继承项目副本后的结果

6 新建“业务部核准员”SharePoint 组，并为其分配“批准”权限

请依次单击 新建 · → 新建用户组 新建 SharePoint 用户组。，打开如【图 9-6】所示的“新建用户组”配置页面，并输入如下信息，其他设置请使用系统默认值。

名称	业务部核准员
描述	此用户组成员可对业务部需要审核确认的文件或清单项目，进行核准或拒绝的动作。
用户组所有者	吴翠凤
授予用户组对此网站的权限	☑ 批准 - 可以编辑和批准页面、列表项及文档。

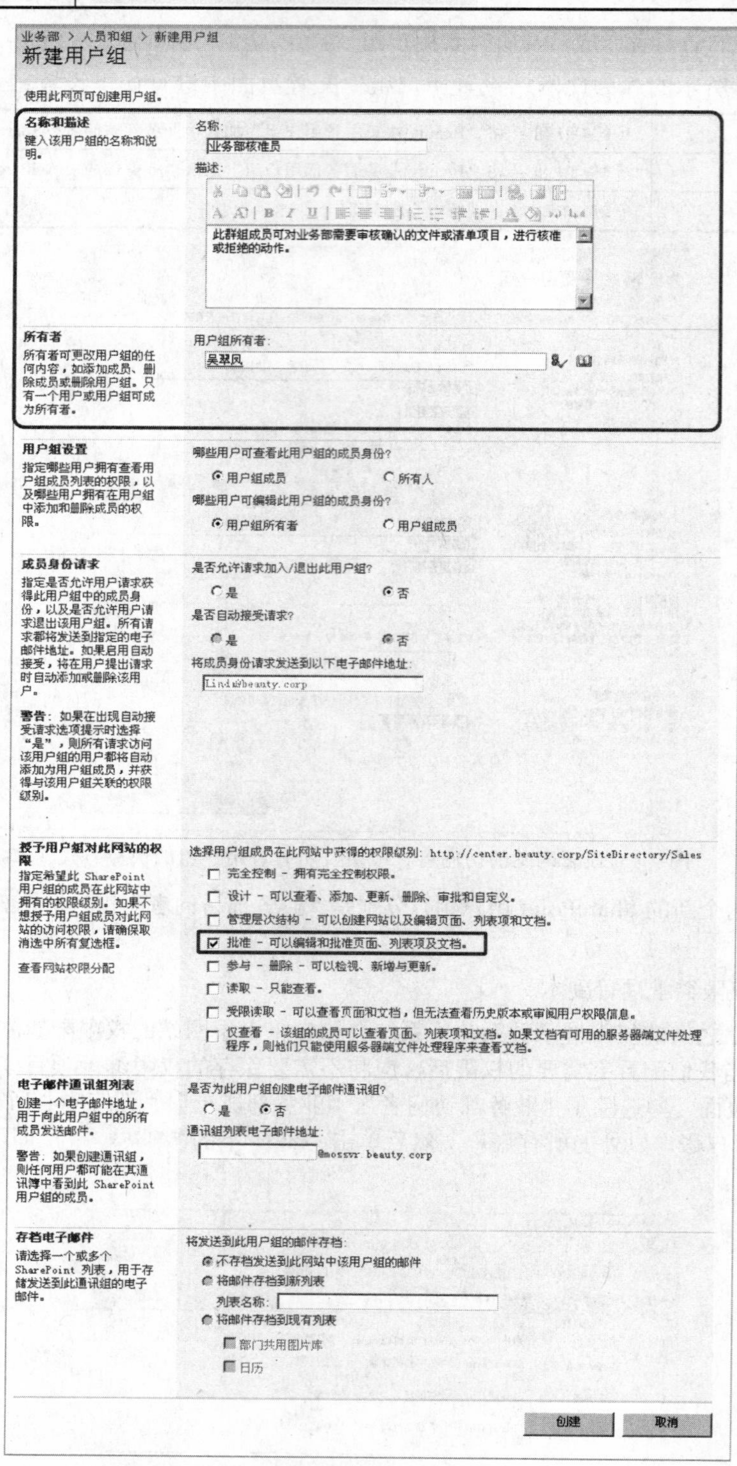

图 9-6　新建和配置 SharePoint 用户组

7 将业务部主管（Katy、Allen）添加到“业务部核准员”SharePoint 用户组中

请依次单击 新建 → 添加用户 向此网站中添加用户或用户组。，打开如【图 9-7】所示的“添加用户：业务部”配置页面，并输入如下信息，未列信息请使用系统默认值。

用户/用户组	Katy;Allen
授予权限	⊙向 SharePoint 用户组添加用户 业务部核准员［批准］

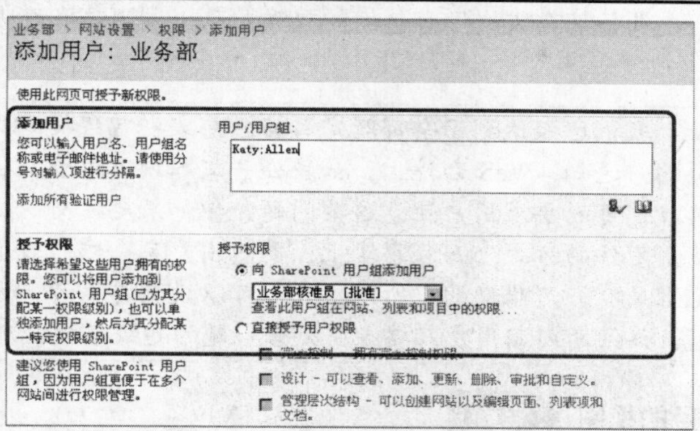

图 9-7　向 SharePoint 用户组添加用户并为用户组授予权限

电子邮件实时通知布告栏更新 目标 5

当有用户在业务部布告栏新建了公告项目或编辑了公告内容时，如果想用电子邮件的方式实时通知业务部主管（Katy 及 Allen），应该如何操作呢？首先，打开“业务部布告栏”查看与管理页面，然后依次单击 操作▾ → 通知我，打开如【图 9-8】所示的“新建通知”配置页面。

业务部 > 业务部布告栏 > 新建通知

新建通知

使用此网页可创建电子邮件通知，用于在指定的项目、文档、列表或库发生更改时通知您。

查看我在此网站订阅的通知。

确定　取消

通知标题
输入此通知的标题。此标题将放在为此通知发送的电子邮件通知的主题中。

业务部布告栏

通知发送对象
您可以输入用户名或电子邮件地址。请使用分号分隔输入项。

用户:
周惠卿；李人和

更改类型
请指定哪些更改发生时收到通知。

仅在以下情况下向我发送通知:
⊙所有更改
○添加了新项目
○修改了现有项目
○删除了项目

针对这些更改发送通知
指定是否根据特定条件筛选通知。您也可以将通知限制为只包含要在特定视图中显示的项目。

以下情况下向我发送通知:
⊙发生任何更改时
○其他用户更改了 通知
○其他用户更改了由我创建的 通知
○其他用户更改了上次由我修改的 通知
○已添加或更改了包含到期日期的通知

发送通知的时间
指定要接收通知的频率。

⊙立即发送电子邮件
○发送每日摘要
○发送每周摘要
时间:
星期五　18:00

确定　取消

图 9-8　为指定用户订阅电子邮件通知

在如【图 9-8】所示的“新建通知”配置页面中设置如下内容，各区块功能的详细说明，请读者参考本书第 4.7 节。

通知标题	业务部布告栏
通知发送对象	周惠卿；李人和
更改类型	⊙所有更改

针对这些更改发送通知	⊙ 发生任何更改时
发送通知的时间	⊙ 立即发送电子邮件

完成以上设置后，只要“业务部布告栏”有任何的风吹草动，周惠卿和李人和两位用户马上就会收到电子邮件通知了。

到目前为止，我们已经达到了全部既定目标。前文也曾经提到，公告项目的本文会显示在首页的“通知”Web 部件上，如果公告文本内容过长，将会影响首页的整体效果，虽然我们可以要求用户注意这些问题，但如果要发布的公告文本内容太长，最好还是使用附件的方式。而且事实上，要想用户完全依照我们制定的规则进行操作，在实施上是有一定难度的。所以，我们可以设置首页的“通知”Web 部件只显示公告标题，详细的内容用户只要点击公告标题的超级链接就可以查看了。

创建显示公告信息项目的视图 ◀目标 1

如果我们希望业务部小组网站首页的“通知”Web 部件只显示“标题”和“修改时间”两个字段的信息，其他的详细信息需要用户打开内容页面查看，首先要打开“业务部布告栏”查看与管理页面，然后依次单击 设置▼ → 创建视图 → ，打开“创建视图：业务部布告栏”配置页面。请读者按照【图 9-9】及【图 9-10】所示的页面配置各项，各个区块的功能将在第 12 章中进行详细探讨。

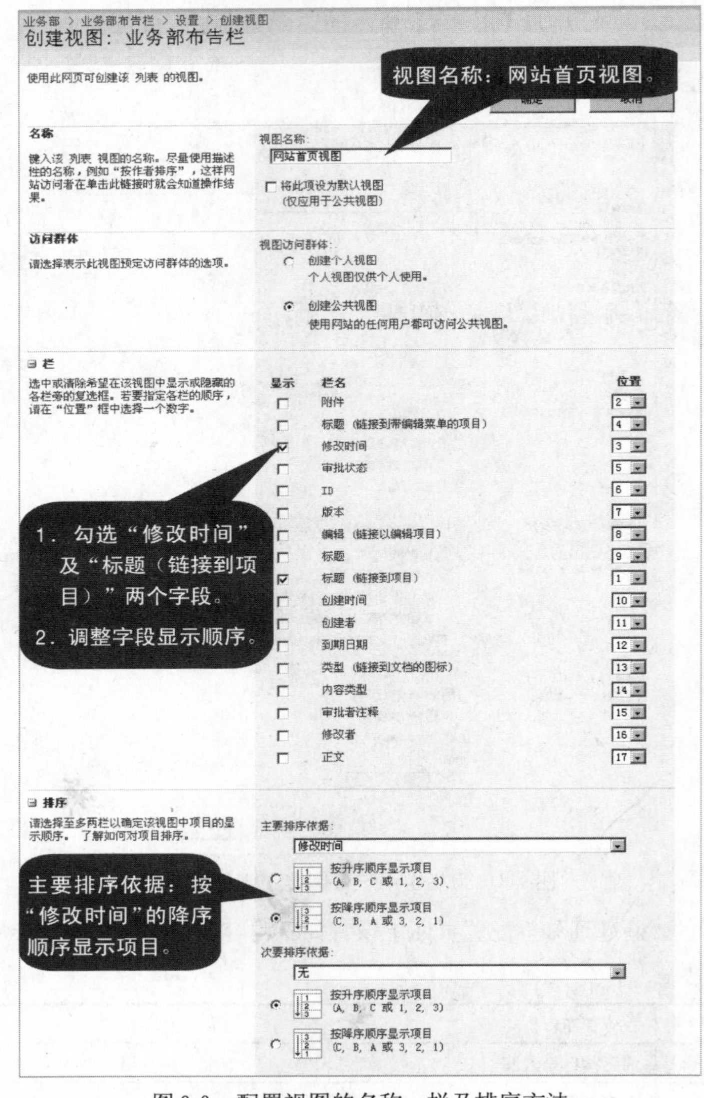

图 9-9　配置视图的名称、栏及排序方法

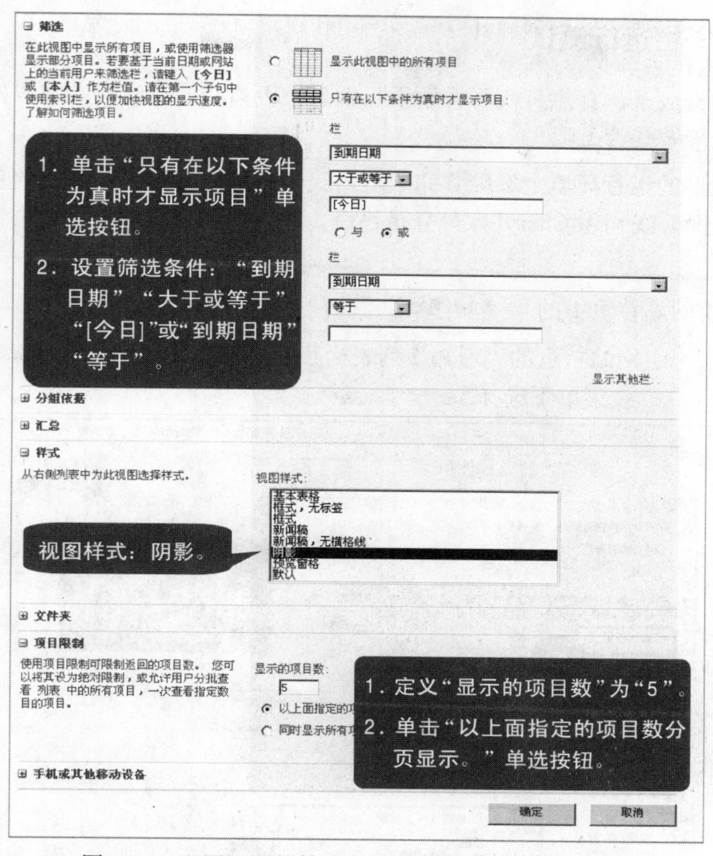

图 9-10　配置视图的筛选条件、样式及显示的项目数

自定义“通知”Web 部件 目标 1

当创建好网站首页视图后，应该如何将其套用到业务部小组网站首页的“通知”Web 部件中呢？首先，请将页面转换到业务部小组网站首页，然后按照【图 9-11】及【图 9-12】所示进行设置。

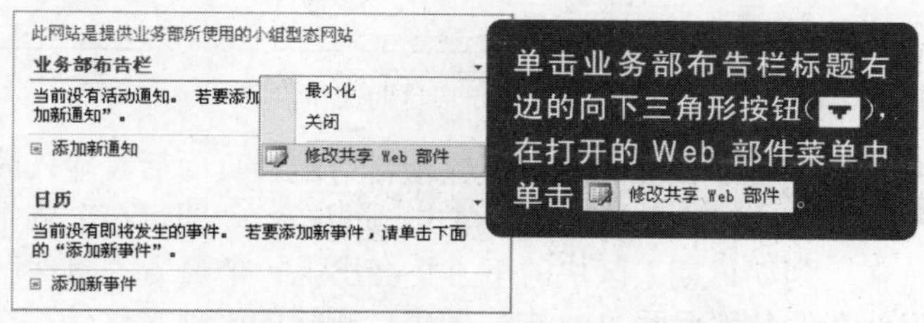

图 9-11　打开“Web 部件”配置窗口的操作步骤

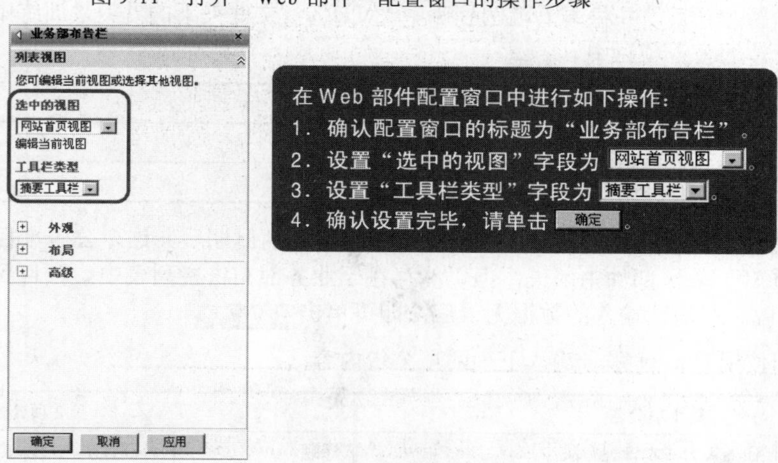

图 9-12　设置 Web 部件的视图及工具栏类型

9.1.2 企业布告栏运行测试

终于大功告成了，真想赶快看看结果！别急，因为我们还没有在布告栏中添加公告项目，所以，让我们先来做些苦工吧！

当“业务部布告栏”的运行环境全部配置完成后，我们就可以开始用他发布的重要消息及想要与小组成员分享的信息了。下面，我们用 Cheryl 账号登录系统，添加新的公告项目。新公告项目的添加有两种方法，如【图 9-13】所示。

- 单击业务部小组网站首页中的 添加新通知 。
- 直接单击业务部小组网站首页的“通知”列表标题，将网页切换到“业务部布告栏”查看与管理页面，在工具栏的 新建 菜单下选择 新建项目 向此列表添加新项目。。

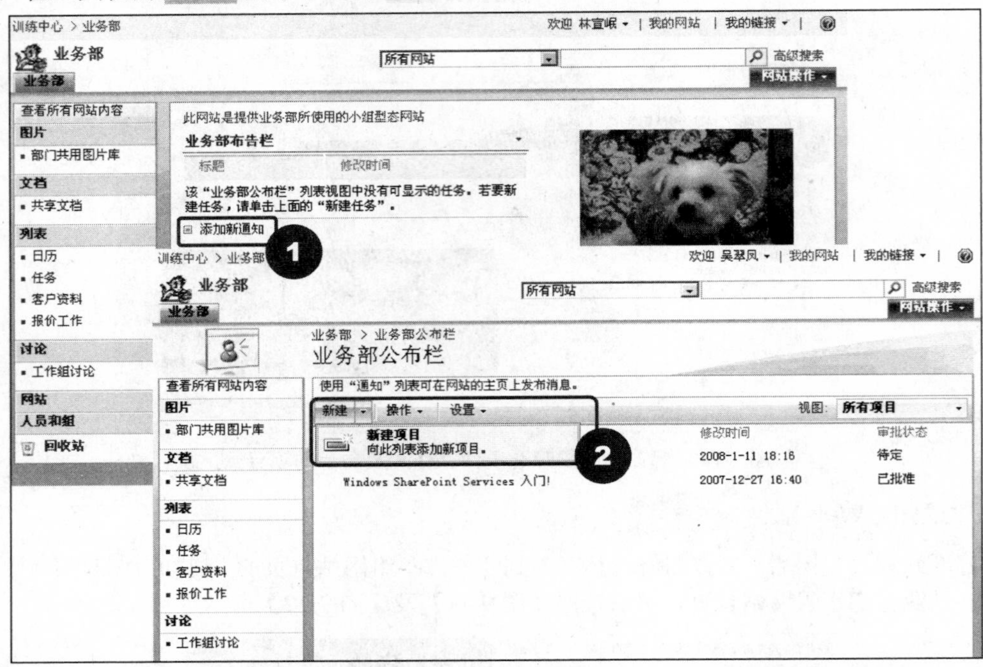

图 9-13　新建通知项目的操作步骤

在打开如【图 9-14】所示的“业务部布告栏：新建项目”配置页面后，输入简单的公告标题和正文，如果公告内容太多，建议使用“附件”的方式发布，单击 附加文件 ，即可在公告中添加附件文件。如果向公告中插入了附件，那么，在“到期日期”区块的下方将会出现一个名为“附件”的区块，如果想将已插入的附件删除，只要单击附件文件名称后面的 删除 即可，删除的附件文件保存在系统的回收站中。请读者按照下表信息新建项目，并将本书范例程序中“\CH09”文件夹下的“美景训练中心组织架构图.bmp”作为附件添加到新建的公告项目中。

标题	业务部新版业务区域分配图
正文	业务区域分配变动如附件！变动生效日自 6 月 1 日起
到期日期	2007/6/15

如果用户设置了公告项目的到期日期，那么在超过到期日期后，这个公告项目将会自动从业务部小组网站首页的“通知”Web 部件中消失，但仍然存在于业务部布告栏列表中。项目到期日期的输入，可以借助于 按钮实现。在确认输入的数据无误后，即可单击 确定 。

下面，我们使用 Cheryl 账号输入下列两项公告内容：

第 1 项公告		第 2 项公告	
标题	业务人力成本管理办法	标题	性骚扰防治及惩戒办法
到期日期	2007/6/30	到期日期	2007/6/20

当输入完上述两项公告后，使用 Nicole 账号登录系统，此时，在“业务部布告栏”查看与管理页面中看不到 Cheryl 创建的 3 个公告项目。这到底是怎么回事呢？别忘了，我们在这个布告栏环境中设置了内容审批机制，所以，在公告项目被审批之前，其他用户无法是无法看到的。不过没关系，我们先以 Nicole 的身份输入以下两项公告内容。

第 1 项公告		第 2 项公告	
标题	业务部座位名牌档案下载	标题	中英文职等职称对照表
到期日期	2007/6/15	到期日期	2007/7/10

在用 Nicole 的身份输入完公告数据后，我们改用 Katy 的账号登录，并启动 Katy 的 Outlook 应用程序，可以看到，Katy 总共收到了 5 封提醒系统中新建了公告项目的电子邮件，如【图 9-15】所示。

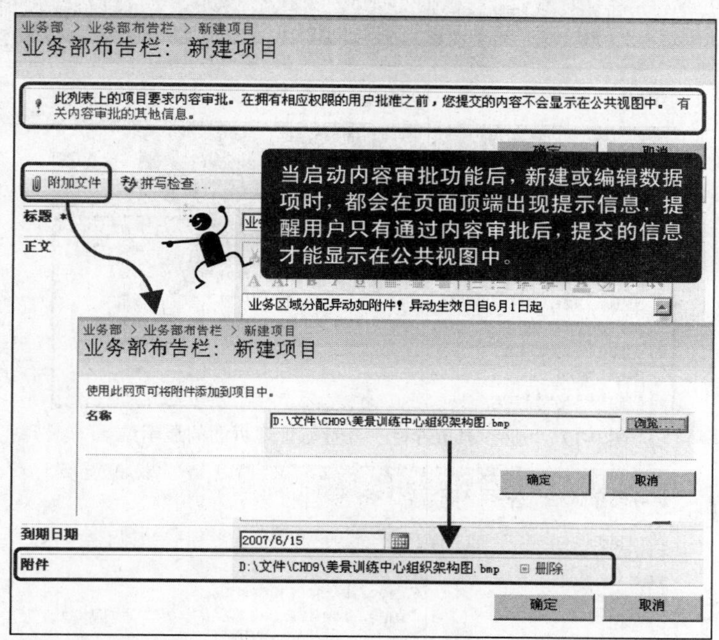

图 9-14　输入通知的标题、正文、到期日期并添加附件

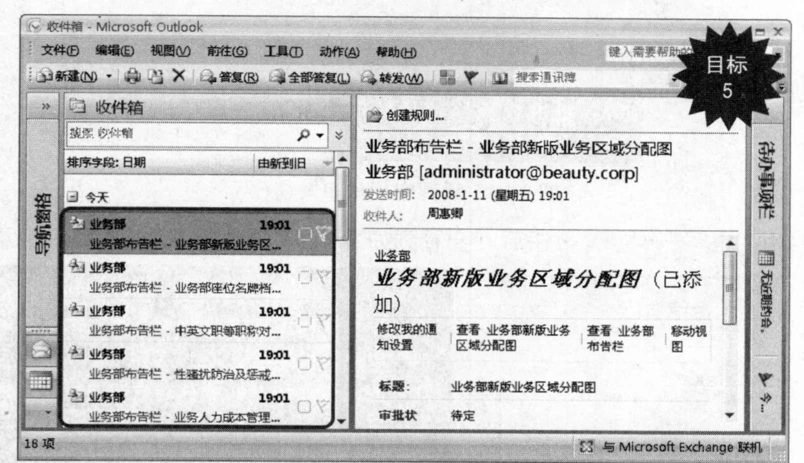

图 9-15　电子邮件实时通知新建了通知项目

请打开如【图 9-16】所示的业务部小组网站首页和如【图 9-17】所示的“业务部布告栏”查看与管理页面。

要批准或拒绝待定的公告项目，可单击该通知项目菜单中的 批准/拒绝 。这里以“中英文职等职称对照表”为例，请读者在该通知项目菜单中选择 批准/拒绝 ，打开“业务部布告栏：中英文职等职称对照表”配置页面，按照如【图 9-18】所示内容进行设置。

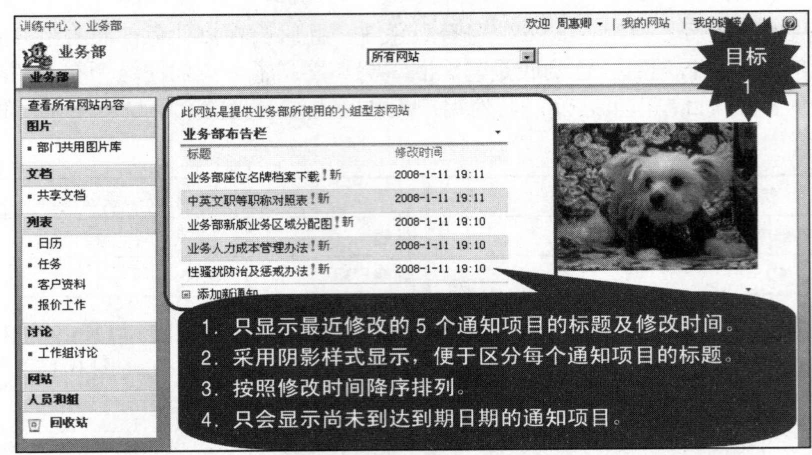

图 9-16 业务部小组网站首页“业务部布告栏”的显示结果

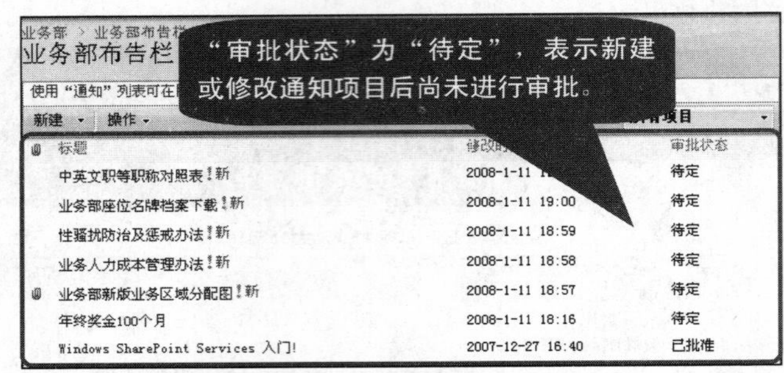

图 9-17 “业务部布告栏”查看与管理页面的显示结果

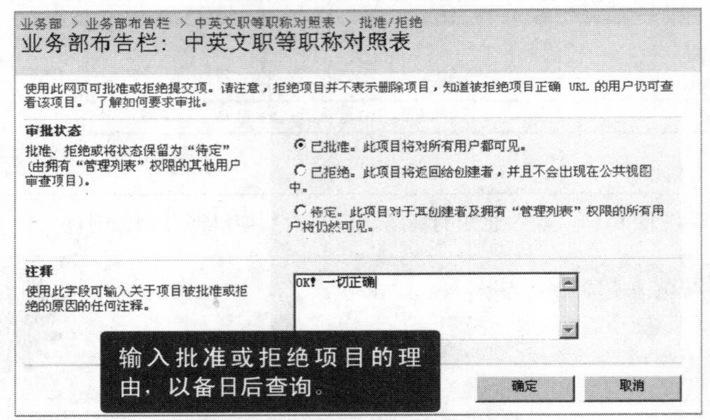

图 9-18 设置审批状态及注释

当完成以上设置并单击 确定 按钮后，会看到如【图 9-19】所示的错误提示信息。

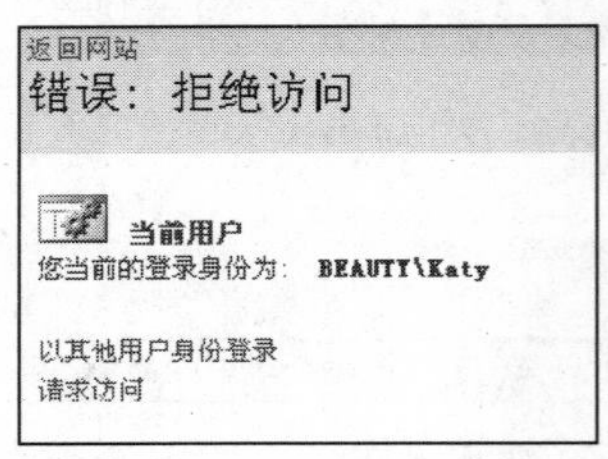

图 9-19 审批失败后的错误提示信息

有关 Linda 身份的合法性有了争议，这该如何是好，这些问题都留待后续出版的书来解决。别担心！有两个方案可以解决这个问题。一个方案是再将“管理层次结构”权限授予 Katy 及 Allen 即可，但这会使这两个用户的权限过大，可能会出现删除或修改网站中的组件库的问题；另一个方案就是配合 MOSS 2007 内置的“审批”工作流程，具体的配置方法已超出本书的讲解范围，因此不做详细介绍。

那么现在，我们只能退而求其次，改用 Linda 的账号登录，完成上述 5 个公告项目的审批工作。

虽然使用 Linda 账户登录系统解决了公告项目的审批问题，但是这样似乎与“目标 2”中规定的内容（公告项目的新建或编辑必须经过相应的部门主管批准）相违背，因为 Linda 并不是定义中相应的部门主管，所以她不应该具有任意审批“业务部布告栏”中的公告项目的权限。

既然所有的公告项目都已经审批完成，下面我们来验证一下，是否即使用户具有“参与”权限，也只能编辑自己创建的公告项目，但可以查看所有通过审批的项目内容。以 Nicole 账户登录，我们将会发现，她可以看到所有的公告项目，如果以用户 Nicole 的身份编辑由用户 Cheryl 创建的公告项目，也会看到类似【图 9-19】的错误提示信息。

目标
3 + 4

9.1.3 文本编辑按钮功能介绍

在对通知项目的文本进行编辑时，可配合使用一些特殊的编辑按钮，来帮助我们美化本文的格式、增强文本的可读性，并可以在文本中插入超级链接、表格及连接到 SharePoint 网站的图片，如【图 9-14】所示。笔者特将这些图标按钮各自的意义和功能整理如下，希望能帮助读者快速上手。

按　钮		快 捷 键	功　能
剪切（ ）		Ctrl+X	从文档中剪切所选内容，并将其放入剪贴板
复制（ ）		Ctrl+C	复制所选内容，并将其放入剪贴板
粘贴（ ）		Ctrl+V	粘贴剪贴板中的内容
清除格式（ ）		Ctrl+空格键	清除所选内容的所有格式，只留下纯文本
撤销（ ）		Ctrl+Z	还原前面的操作
恢复（ ）		Ctrl+Y	取消还原前面的操作
打开新窗口以插入表格（ ）		Ctrl+Alt+T	在文档中插入或绘制自定义的“行数×列数”表格
插入表格元素（ ）	在上方插入行	Ctrl+Alt+Up	在当前行的上方插入新的 1 行
	在下方插入行	Ctrl+Alt+Down	在当前行的下方插入新的 1 行
	在左侧插入列	Ctrl+Alt+Left	在当前列的左侧插入新的 1 列
	在右侧插入列	Ctrl+Alt+Right	在当前列的右侧插入新的 1 列
	在左侧插入单元格	Ctrl+Alt+L	在当前单元格的左侧插入 1 个新的单元格
	在右侧插入单元格	Ctrl+Alt+R	在当前单元格的右侧插入 1 个新的单元格
删除表格元素（ ）	删除行	Ctrl+Alt+Minus	删除选中的行
	删除列	Ctrl+Alt+\	删除选中的列
拆分单元格（ ）		Ctrl+Alt+S	将当前的单个单元格拆分为 2 个单元格
合并单元格（ ）		Ctrl+Alt+M	将选定的多个单元格合并为 1 个单元格
打开新窗口以插入超级链接（ ）		Ctrl+K	创建指向网页、图片、电子邮件地址或程序的链接
打开新窗口以插入图像（ ）		Ctrl+Shift+G	从网页地址或 UNC 路径插入图片
编辑 HTML 源代码（ ）			直接使用 HTML 源代码编辑文档
字体（ ）		Ctrl+Shift+F	更改字体
字号（ ）		Ctrl+Shift+P	更改字号，默认只有 7 种字号大小
加粗（ ）		Ctrl+B	将所选文字加粗
倾斜（ ）		Ctrl+I	将所选文字设置为倾斜
下划线（ ）		Ctrl+U	给所选文字加下划线
左对齐（ ）		Ctrl+L	将文字左对齐
居中（ ）		Ctrl+E	将文字居中对齐
右对齐（ ）		Ctrl+R	将文字右对齐
编号列表（ ）		Ctrl+Shift+E	以数字为序号，将所选文字编号

续表

项目符号列表（）	Ctrl+Shift+L	以"·"为项目符号样式，将所选文字编号
减少缩进量（）	Ctrl+shift+M	减少段落的缩进量
增加缩进量（）	Ctrl+M	增加段落的缩进量
文本色彩（A）	Ctrl+Shift+C	更改文字颜色
文本突出显示颜色（）	Ctrl+Shift+W	使文字看上去像是用荧光笔作了标记一样
从左向右（）	Ctrl+Shift+>	文字靠左对齐
从右向左（）	Ctrl+Shift+<	文字靠右对齐

通过企业布告栏的设置，读者对于 MOSS 2007 的整合应用应该有了概括性的了解，如果对以上的操作步骤和窗口设置有任何不熟悉的地方，可能需要读者再去复习第 1~8 章的内容哦！

9.2 "收藏夹"任你游——链接

只要是经常上网浏览或是查找资料的朋友，对于"收藏夹"这个名词和他的使用应该一点都不陌生。对于经常访问的网址，"收藏夹"提供了一种便于保存这些网址的快捷方式（Shortcut）。同时，日积月累下来，当您的"收藏夹"中保存的快捷方式比较多时，还可以创建文件夹来对快捷方式进行分类。但是，Internet Explorer（IE）浏览器有一个最麻烦的地方，就是一旦计算机操作系统崩溃（Crash），那么"收藏夹"也就香消玉殒了，另外，如果使用其他计算机，"收藏夹"也理所当然不会跟随您到您使用的其他计算机中。除了个人"收藏夹"的需求，一个小组或企业成员也经常需要访问一些内部网站、外部网站或内部资源，每次访问时都要回忆或输入那些网址或路径还真是蛮痛苦的。

以上的问题，我们都可以通过使用 MOSS 2007 所提供的"链接（Links）"功能，保存访问一些网址的快捷方式来解决。我们可以将"链接"列表中所显示的项目设置为小组成员最常浏览的内容，让他们能够方便、快速地访问需要的资源，个人用户也可以将其常用的网址快捷方式保存在"我的链接"中，如此一来，用户走到哪，"收藏夹"也就如影随形跟到哪。常用的资源对象有以下 4 种：

- 外部网站（Internet Web Sites）
- 内部网站（Internal Web Sites）
- 其他 Microsoft Office SharePoint Server 2007 网站
- 内部文件服务器资源共享路径（Universal Naming Convention，UNC）

9.2.1 小组网站链接列表的部署

默认小组网站中内置一个名为"链接"的列表，其会以 Web 部件的形式显示在小组网站首页上，本节将以业务部小组网站中预置的"链接"列表为例进行讲解。不过，系统内置链接列表的标题无法直接让用户理解其含义，所以，我们首先将现有链接列表的标题更改为"资源访问捷径"，注释更改为"使用'链接'列表可管理指向工作组成员感兴趣或觉得有用的网页链接。"

新建文件夹及链接项目

我们通常会将不同的链接进行分类，而分类的工作通常是通过文件夹的新建（请依次单击 查看所有网站内容 → 资源存取捷径 → 新建 → 新建文件夹 向此列表添加新文件夹。）来完成的。请读者新建"外部网站"、"内部网站"和"内部资源分享"3 个文件夹，创建完毕后，"资源访问捷径"链接列表查看与管理页面及业务部小组网站首页的显示如【图 9-20】所示。

文件夹新建完毕后就要开始添加链接项目了，添加链接项目的方法有以下两种，如图【图 9-21】所示：

- 单击业务部小组网站首页需要添加链接的文件夹名称后，再单击下方的 添加新链接 即可。但是，这种方法只能添加链接列表库的顶层链接，如果要在文件夹中添加链接项目，则仍需要使用下面的方法。所以，在添加链接项目时，应该首先查看内容轨迹导航是否切换到了适当的路径下。
- 单击业务部小组网站首页"链接"Web 部件的标题名称，将页面切换到"资源访问捷径"查看与管理页面，并进入需要创建链接的文件夹（例如“外部网站”）的页面，然后单击 新建 菜单下的 新建项目 向此列表添加新项目。。

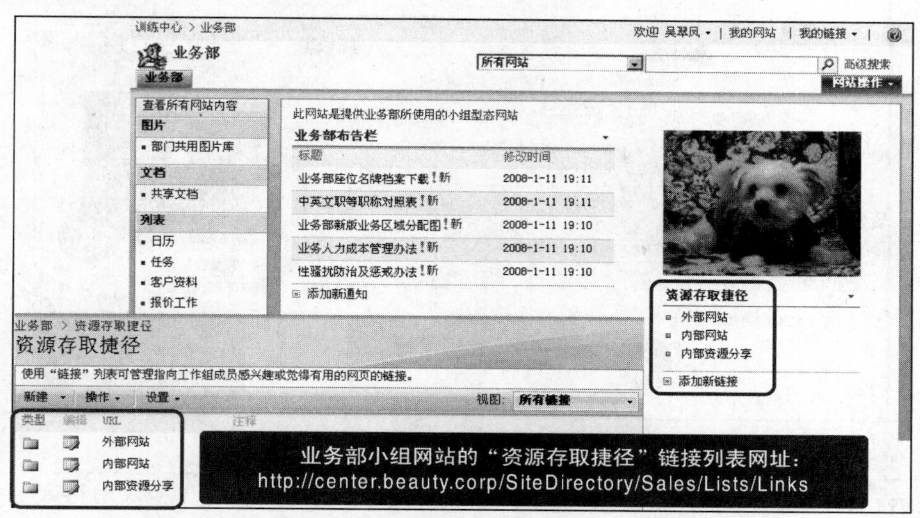

图 9-20　链接列表查看与管理页面及业务部小组网站首页组件的显示

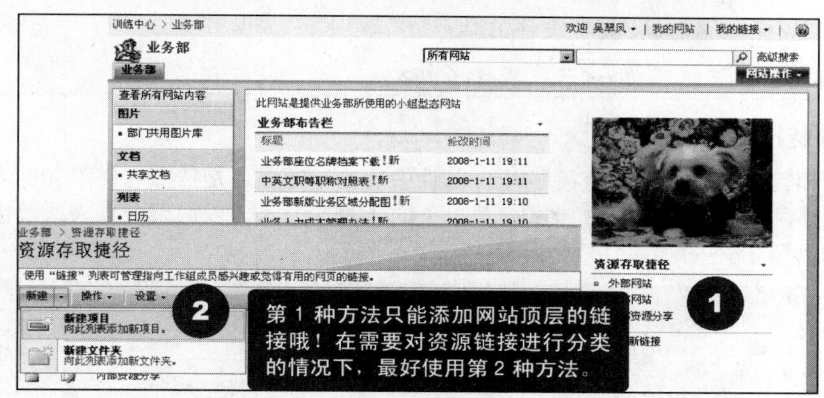

图 9-21　新建链接列表项目的两种方法

在如【图 9-22】所示的“资源存取捷径：新建项目”配置页面中，请输入想要连接网站的 URL 及简短的说明与注释，如果想确认输入的网址是否正确，可单击 (单击此处进行测试)，系统将会在新窗口中打开输入的 URL，即可确认网站地址是否正确。请读者在“资源存取捷径：新建项目”配置页面中输入以下信息：

网址及说明	http://edu.uuu.com.tw（精诚恒逸教育训练中心）
注释	业务训练签约中心

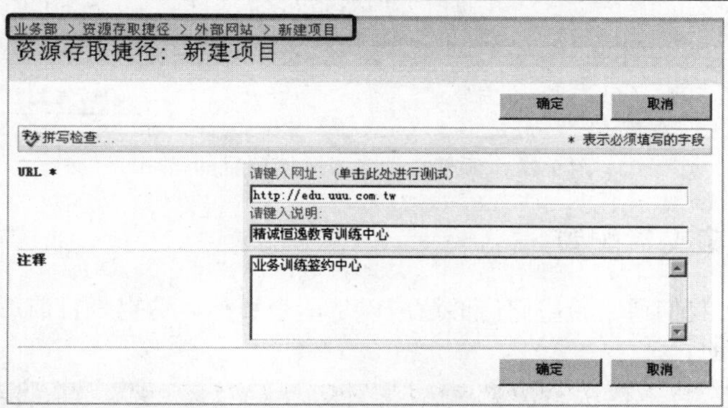

图 9-22　新建资源项目链接的快捷方式

确认输入无误后单击 确定，即可看到添加的链接项目出现在如【图 9-23】所示的“资源访问捷径”链接列表查看与管理页面及业务部小组网站首页的“资源存取捷径”Web 部件中。接下来，请读者在不同的文件夹下自行添加一些链接项目。

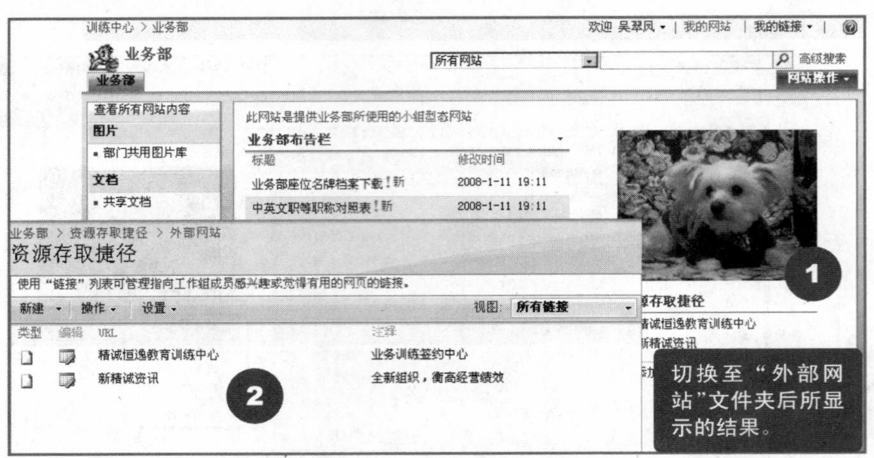

图 9-23　创建链接列表项目后的显示结果

提示　当链接项目对应到一个网络共享文件夹时，网址（URL）输入的格式可为下列两种形式（“主机名称”部分可用 IP 地址替代）：

1. \\<主机名称>\<共享文件名称>
2. file://<主机名称>/<共享文件名称>

调整文件夹和链接项目的顺序

文件夹或链接项目在“资源存取捷径”Web 部件中的显示顺序，是按照它们添加的先后顺序排列的，如果想调整排列顺序，可单击该页面中 操作▾ 菜单下的 更改顺序 更改此列表中项目的顺序。，以调整文件夹或链接项目显示的先后顺序，如【图 9-24】所示。

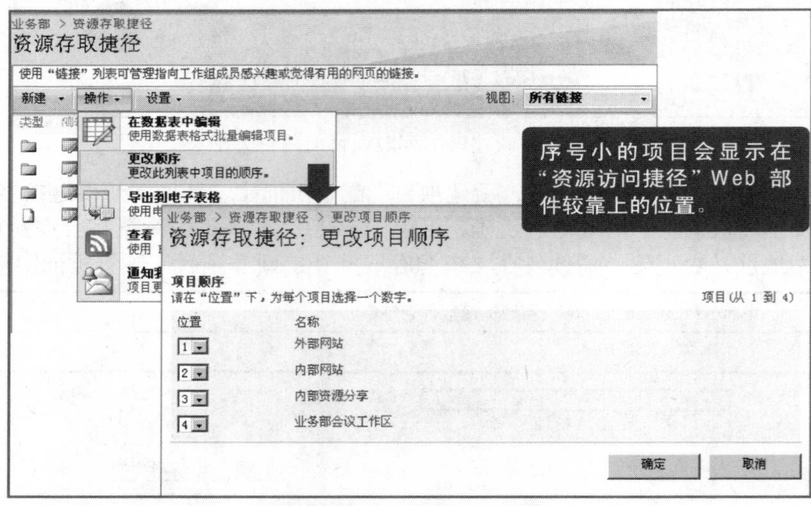

图 9-24　调整文件夹或链接项目的顺序

9.2.2　个人“收藏夹”配置

对于个人“收藏夹”，我们通常希望它能够达成以下两个目标，这也是目前 Internet Explorer 浏览器内置的“收藏夹”无法完成的。

“收藏夹”的运行目标
【目标 1】无论用户使用哪台计算机，“收藏夹”中的内容皆随手可得。
【目标 2】即使客户端计算机损坏，“收藏夹”中的内容仍然完好无缺。

配置“我的链接”

不知读者是否注意到，不管您切换到 SharePoint 网站集合中的哪个层级，在页面的右上角，都会显示类似 欢迎 吴翠凤 ▾ | 我的网站 | 我的链接 ▾ | 的区块，其中 | 我的链接 ▾ | 就是要来配置“收藏夹”的头号功臣。首先，将经常浏览的网址保存在“我的链接”中，单击 | 我的链接 ▾ | 右边的向下三角形按钮（▼），选择 添加到“我的链接”，打开如【图 9-25】所示的“添加到‘我的链接’——网页对话框”窗口。

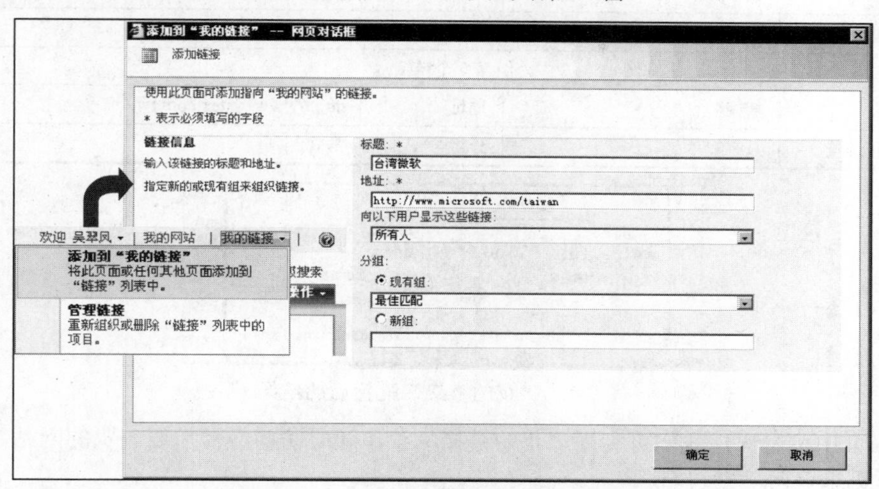

图 9-25　配置“我的链接”的相关信息

- 标题与地址

“标题”和“地址”字段主要是用来标识常用链接（网站 URL 或 UNC 路径）的，这两个字段的默认内容是当前用户所浏览的 MOSS 2007 网站的 URL 信息，用户可以自行修改。

- 向以下用户显示这些链接

指定所添加的链接信息只向特定的用户显示。MOSS 2007 将访问网站信息的用户分成了以下 5 类，各类别包括的成员如下表所示。

类　别	成　员
所有人	具有相应的网站访问权限的用户
我的同事	默认包含您的直属主管、同事及直属员工
我的工作组	默认包含您的直属主管、同事及直属员工
我的主管	您的直属主管
只有我	只有自己

- 分组

Internet Explorer 浏览器中的“收藏夹”是通过“文件夹”来对网址的快捷方式进行分类的，而 MOSS 2007 则是使用“组”的概念，其实只是换了个名词，其使用方法和目的与“收藏夹”中的“文件夹”是完全相同的。

MOSS 2007 默认内置“一般”及“首选”两个组。如果要将新建链接保存在已存在的组中，则需单击 ⊙现有组:，并在下拉菜单中选择一个组名称；如果想要将新建的链接保存在尚未分类的组中，则需单击 ⊙新组:，并在下面的字段中输入要新建组的分类名称。

当了解了以上各字段需要填写的内容之后，请依照下表在“我的链接”中新建 5 个链接项目。输入完毕后，“我的链接”菜单项目如【图 9-26】所示。

第 1 个链接			
标题	台湾微软	地址	http://www.microsoft.com/taiwan
向以下用户显示这些链接	所有人	分组	首选
第 2 个链接			
标题	MSSVR 杂志	地址	http://www.msservermag.com.tw
向以下用户显示这些链接	只有我	分组	首选

第 3 个链接			
标题	雅虎	地址	http://www.yahoo.com.tw
向以下用户显示这些链接	所有人	分组	入口网站
第 4 个链接			
标题	Google	地址	http://www.google.com.tw
向以下用户显示这些链接	所有人	分组	入口网站
第 5 个链接			
标题	精诚信息	地址	http://www.systex.com.tw
向以下用户显示这些链接	只有我	分组	常规

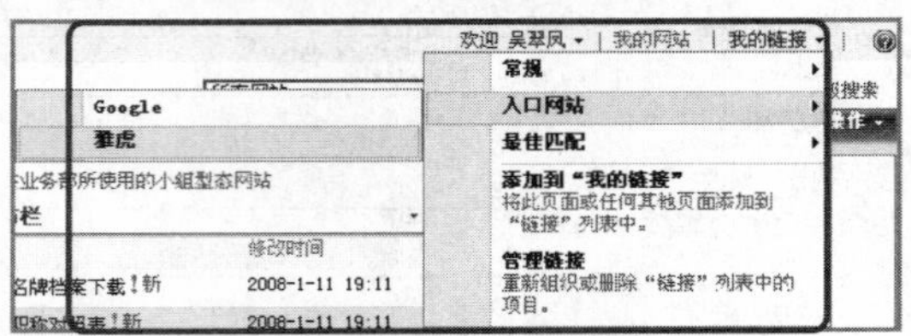

图 9-26 “我的链接”配置后的结果

从【图 9-26】中可看出，我们可利用“我的链接”菜单随时访问经常需要浏览的网站，并可使用局域网中的任何计算机来访问这些网站。

管理“我的链接”

当“我的链接”使用了一段日子之后，我们想对其中的内容重新分类或进行其他的管理工作（例如修改与删除）时，可以单击 我的链接 ▾ 右边的向下三角形按钮（▼），在其下拉菜单中选择 管理链接 重新组织或删除“链接”列表中的项目。，打开如【图 9-27】所示的“我的链接”管理页面，就可以对“我的链接”列表进行管理了。

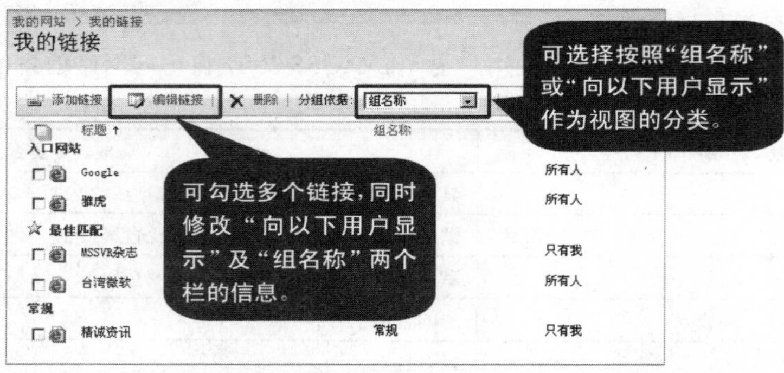

图 9-27 “我的链接”管理页面

9.3 部门日历及会议室租借管理——日历

在如今信息社会的工作环境中，日历（Calendar）几乎是每个人都需要的。以往，人们大都使用含有日历表的手写记事本进行记录。现在呢？连一些手机也提供了日历功能。不仅个人用户对日历有很大的需求，在企业中，也有非常多的协同作业环境需要用到日历。例如，开会有会议日程、上课有课程表日历、项目有进度表日历等，而这些日历与个人日历之间最大的区别，在于他们是提供给**多人共同使用**的，而且其内容是由不同的团队成员来制定的，同时，其内容也可供其他人查看、修改。

在 MOSS 2007 环境中所提供的“日历”，就是供企业或企业中的各个部门之间进行事件的记录、通知与提醒等各种的协同工作的。您可以使用日历记录部门的内部会议和外联事件，也可以跟踪提醒产品的上市日期或应付账款的截止日期等。

9.3.1 部门日历的配置与管理

基本上，部门日历的运作管理流程与第 9.1 节所提到的“企业布告栏”的运行机制及功能类似，所以，本节将以日历的基本操作与应用为主线进行介绍。“日历”在业务部小组网站首页中默认是以 Web 部件的形式显示的，显示的内容是即将发生的10个预约项目。

新建事件

如【图 9-28】所示，新建日历项目的方法有以下两种：

- 将网页切换到"日历"列表查看与管理页面（单击首页"列表"Web 部件中的标题名称即可），然后选择 新建 下的 新建项目 向此列表添加新项目。。
- 单击业务部小组网站首页下方的 添加新事件 。

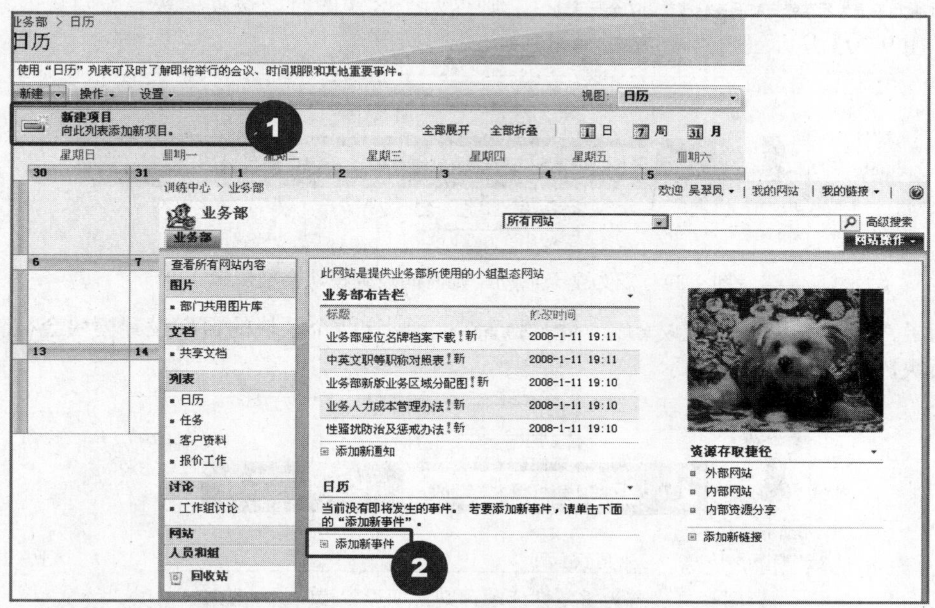

图 9-28　新建日历项目的两种方法

如【图 9-29】所示，在"日历：新建项目"配置页面中输入以下内容，未列出项目设置请使用默认值：

标题	业务部门庆功餐会
地点	爆料日本料理
开始时间	2007/6/13 下午 6:30
结束时间	2007/6/13 下午 9:30
说明	为了感谢这阵子同仁们的努力，终于破了单月千万的业绩，公司特举办庆功餐会，顺便表扬前三名最佳业务代表。至于花落谁家，将于当天公布。
附件	D:\文件\CH09\聚餐地图.docx（本书所附范例程序中有此附件文件）

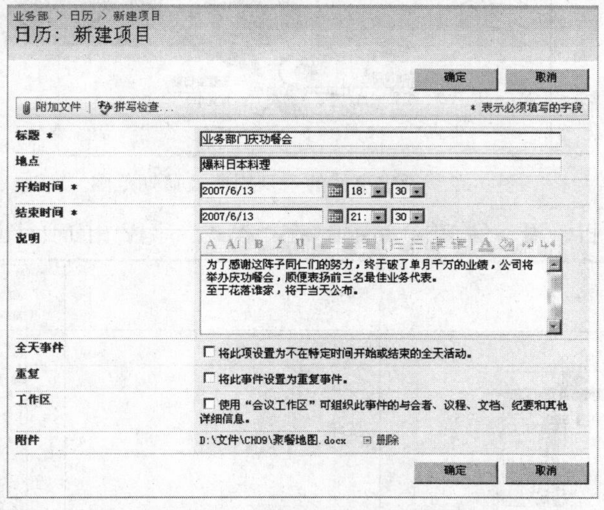

图 9-29　配置新建日历项目的信息

● 标题、地点与说明

“标题”区块主要用于描述事件举行的目的，最好简短有力，因为详细的解说可放在“说明”区块中，但如果内容过多，笔者建议还是采用附件的方式发布，当需要添加附件（单击 附加文件 即可）时，“日历：新建项目”配置页面中将会出现“附件”区块。“地点”区块用于描述事件举行的地点。

● 开始时间与结束时间

“开始时间”与“结束时间”区块用于描述事件预计发生的起止日期与时间。如果勾选了“全天事件”区块中的 ☑ 将此项设置为不在特定时间开始或结束的全天活动。，则这两个区块的时间设置模块会被隐藏，只剩下日期设置模块，如【图 9-30】所示。

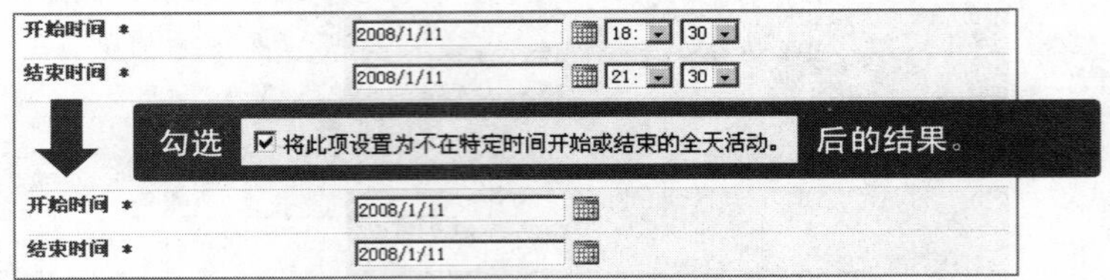

图 9-30　若为全天活动，则时间设置模块会被隐藏

如果勾选了“重复”区块中的 ☑ 将此事件设置为重复事件。，则这两个区块的日期设置模块会被隐藏，只剩下时间的设置模块，如【图 9-31】所示。

图 9-31　若为重复性活动，则日期设置模块会被隐藏

● 全天事件

“全天事件”区块用于定义事件是否持续一天或数天，例如公司周年纪念日、员工旅游或推广活动等。当这些活动没有特定的起止时间，只有特定的日期时，可勾选 ☑ 将此项设置为不在特定时间开始或结束的全天活动。。

● 重复

“重复”区块用于定义事件的发生是否具有重复性，例如每周的业务汇报等。此时不用每项事件逐个输入，只要勾选 ☑ 将此事件设置为重复事件。，即可出现如【图 9-32】所示的设置项目，可以定义事件按天、按周、按月或按年发生，并可定义事件重复发生的起止日期或发生次数。

图 9-32　设定事件的重复周期及日期范围

由于设置的重复周期（日、周、月、年）不同，在“模式”字段中的项目也会有所变化，具体如下：

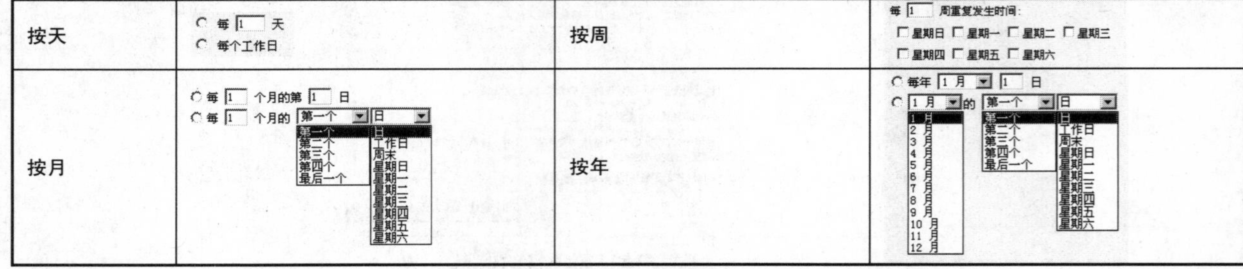

按天	○ 每 1 天 ○ 每个工作日	按周	每 1 周重复发生时间： ☐ 星期日 ☐ 星期一 ☐ 星期二 ☐ 星期三 ☐ 星期四 ☐ 星期五 ☐ 星期六
按月	○ 每 1 个月的第 1 日 ○ 每 1 个月的 第一个 日 第一个 第二个 第三个 第四个 最后一个 日 工作日 周末 星期日 星期一 星期二 星期三 星期四 星期五 星期六	按年	○ 每年 1 月 1 日 ○ 1 月 的 第一个 日 1 月 2 月 3 月 4 月 5 月 6 月 7 月 8 月 9 月 10 月 11 月 12 月 第一个 第二个 第三个 第四个 最后一个 日 工作日 周末 星期日 星期一 星期二 星期三 星期四 星期五 星期六

当输入完上述数据后，为了表现不同情况下的设置，请读者再练习新建另外两个事件项目，内容如下：

第 1 项日历项目数据（全天活动）	
标题	2007 年资讯展
地点	世贸展览厅
开始时间	2007/6/11
结束时间	2007/6/14
说明	负责产品的展售及解说
全天事件	☑ 将此项设置为不在特定时间开始或结束的全天活动。
第 2 项日历项目数据（重复事件）	
标题	业务部周会
地点	庞毕度会议室
开始时间	上午 9:30
结束时间	上午 11:30
说明	定期追踪业务进度与业绩
重复	☑ 将此事件设置为重复事件。（从 2007/6/1 开始的每星期一）

日历视图的切换

输入完以上 3 个日历项目的数据后，您将会看到如【图 9-33】和【图 9-34】所示的业务部小组网站首页的“日历”Web 部件和“日历”查看与管理页面的显示结果。

默认的“日历”查看与管理页面可让您查阅及管理每月的日程，在该页面上会显示事件标题及开始日期和时间，我们可以依据查看的需要，转换为按天或按周的显示模式，如【图 9-35】所示，以便确认各事件实际执行的时间长短。要变换查看区间的长短，请单击 1 日、 7 周或 31 月，如【图 9-36】所示。您也可以单击日历显示区域左上角的 ← →，以便浏览前后月份的日历。

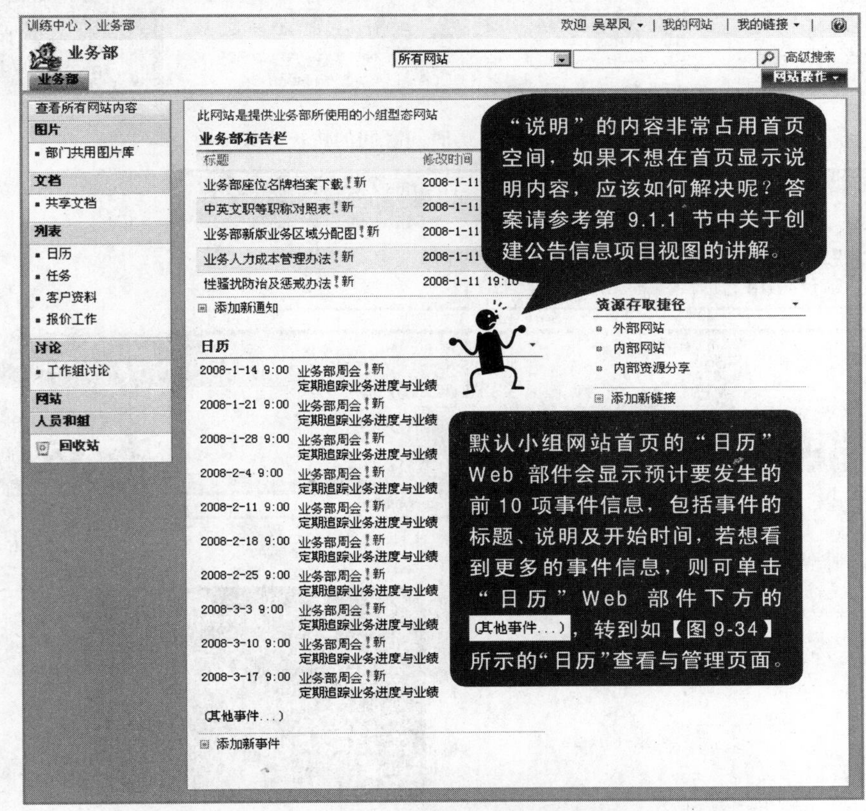

图 9-33 日历项目输入后小组网站首页的显示结果

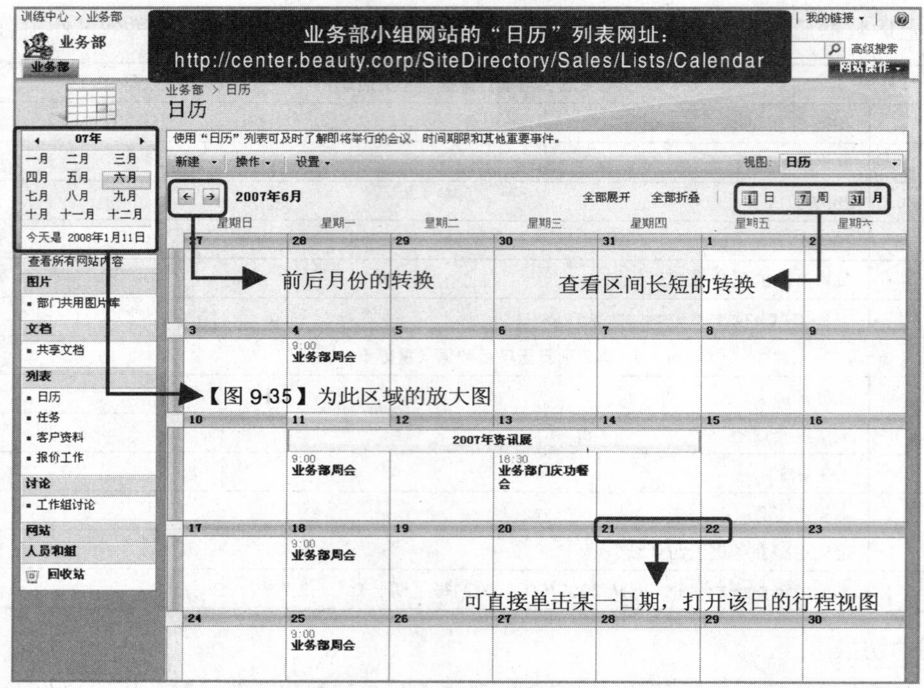

图 9-34 日历项目输入后的显示结果

图 9-35 切换日历时间区间的快捷方式

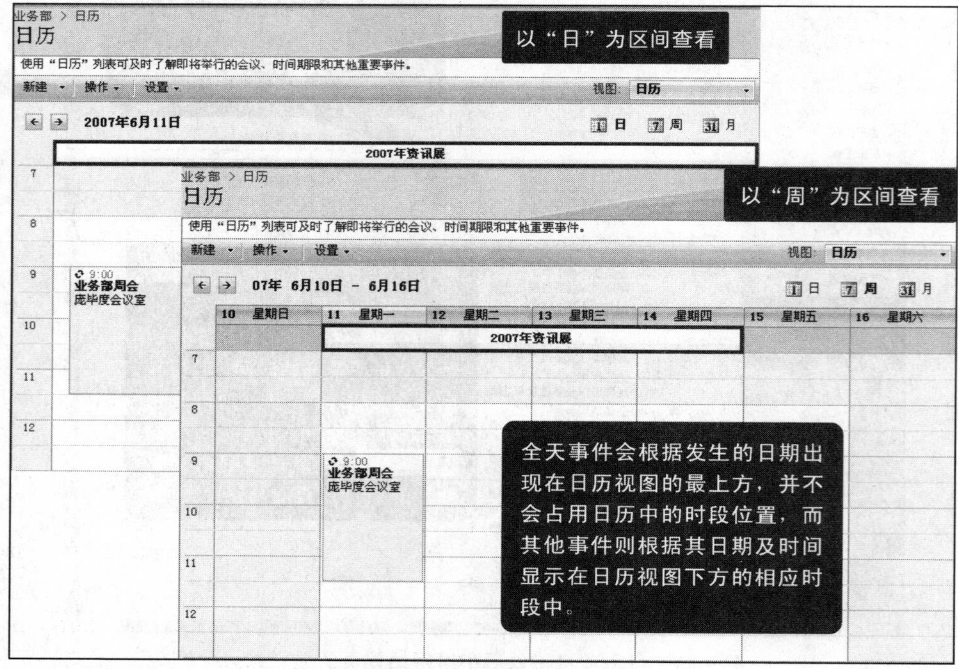

图 9-36 不同日历区间视图

在以“日”或“周”为区间来显示日历时，会显示事件的标题、地点及开始时间。但如果您想看到更详细的信息，可将视图切换为“当前事件”或“所有事件”，事件信息就会以列表方式显示，如【图 9-37】所示。

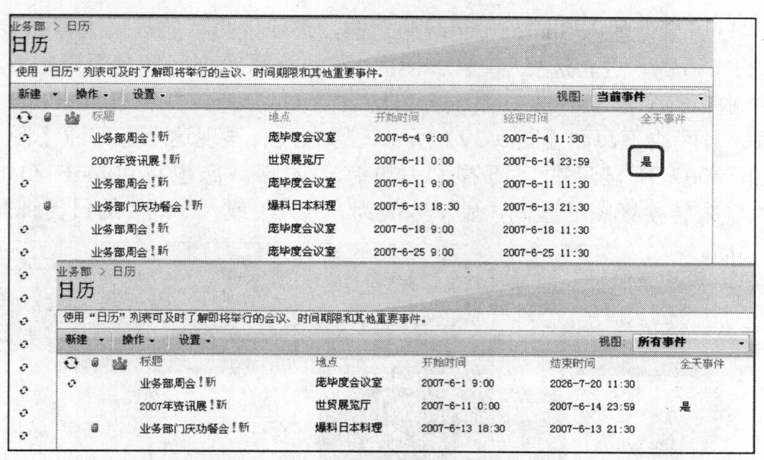

图 9-37 “当前事件”及“所有事件”日历视图

“当前事件”视图会列出所有事件的发生时间，如果是周期性事件，则会显示所有该周期事件的发生时间点，默认每页显示 100 条，因为我们设置了一个没有截止时间的周期性事件，所以会看到晕倒也看不完。“所有事件”视图则不会显示周期性事件，但会在事件名称前面用 表示此事件为周期性事件。不过，不管采用哪一种视图（日历、当前事件或所有事件），都无法看到事件的所有信息，所以，我们可以在任意视图中单击事件标题，打开如【图 9-38】所示的单一事件视图，进行查看与管理的工作。

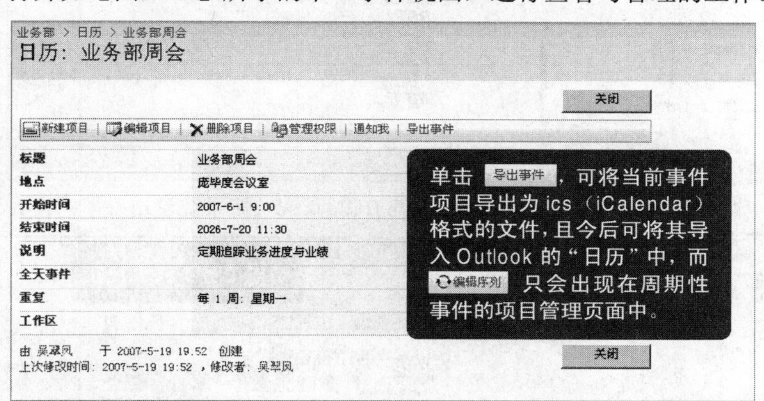

图 9-38 单一日历项目编辑页面

SharePoint 日历与 Outlook 完美结合

目前，有很多人使用 Outlook 来管理日历，当然其中可能的原因，不乏是因为他们所在的公司采用了 Exchange 邮件服务器，或是为了跟自己所拥有的 PDA、Pocket PC 或 SmartPhone 等设备同步。不过，以目前市面上的各类邮件、日历或工作列表的软件来看，如果要跟外界互通有无的话，我们大都会以 Outlook 为首选，不做他人之想。所以 MOSS 2007 的日历当然也不能例外。虽说前面谈到 MOSS 2007 的日历可以通过“导入”及“导出（ 导出事件 ）”的方式与 Outlook 互通，但是如果能够做到“同步（在 MOSS 2007 的日历中所做的修改会完全反映到 Outlook 中，反之亦然）”的话，那就太完美了。

我们在第 4.6 节中曾经谈到，MOSS 2007 的某些组件库可与 Outlook 密切配合，以提高 SharePoint 网站数据管理及使用的方便性与弹性，也提供了数据的单一访问入口。“日历”列表其实就是一个可与 Outlook 同步的 MOSS 2007 组件库。当 SharePoint 的日历与 Outlook 结合后，便可利用 Outlook 内置的日历功能，将约会、会议邀请或事件添加到 SharePoint 网站中。就前面创建的“业务部周会”这个会议邀请事件来看，我们如果采用 Outlook 来新建这个事件，则可自动搭配电子邮件功能通知相关人员；而在 SharePoint 网站添加会议邀请事件时，还需要另行手动新建电子邮件通知与会人员，要经过两道手续才能完成目标。所以，笔者建议 SharePoint 网站中的联系人、日历、讨论区等最好都能与 Outlook 同步，这样一来，我们不但能使用 Outlook 新建这些项目，而且还能使用 Outlook 针对这些项目所提供的提醒、分类及批注功能；同时，另外一个更重要的功能，就是用户可以离线处理及使用这些项目和功能，而且用户联机后，即会自动双向同步数据。

在使用 Outlook 将日历事件加入 SharePoint 网站之前，必须将两者的数据进行同步。单击“日历”查看与管理页面工具栏上的 操作▾ ，进而选择 连接到 Outlook 同步项目并设置为可以脱机使用。，当系统询问您是否确定要将 SharePoint 日历与 Outlook 联机时，请单击 是(Y) 。接下来，系统会自动启动 Outlook，并将 SharePoint 日历加入到 Outlook 日历功能窗格的 其他日历 区块下，如【图 9-39】所示。您有没有发现这个窗口跟【图 9-34】所示的页面很相似？不过，Outlook 2007 所显示的日历看上去更有立体感。您也可以单击 Outlook 日历窗格上面的 天 周 月 来转换视图的区间，显示区间为“一天”或“一周”的日历视图如【图 9-40】所示。

图 9-39　SharePoint 日历与 Outlook 结合后的显示结果

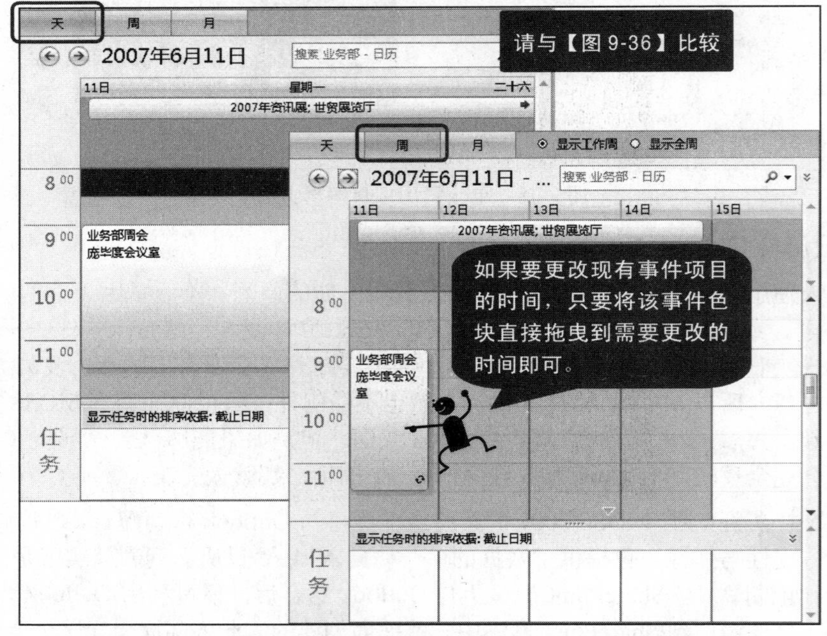

图 9-40　Outlook 环境下不同区间的日历视图

当 Outlook 与 SharePoint 网站联机之后，两者就会开始在适当的时间进行同步。我们先来练习在 Outlook 环境中新建一项会议邀请的事件。单击一般工具栏中的 新建(N)▾，在下拉菜单中选择 会议要求(Q) Ctrl+Shift+Q

（也可以选择 约会(A) Ctrl+N ），打开如【图 9-41】所示的新建会议邀请页面，输入下表所列信息，输入完毕后单击 。

主题	项目管理课程
地点	毕卡索会议中心
重复周期	从 2007/6/8（星期五）开始，连续 3 周的星期五下午 2:00 至 5:00
说明	提升所有业务主管对项目管理观念的运用
收件人	Katy@beauty.corp; Allen@Beauty.Corp; Maggie@Beauty.Corp; Timmy@Beauty.Corp

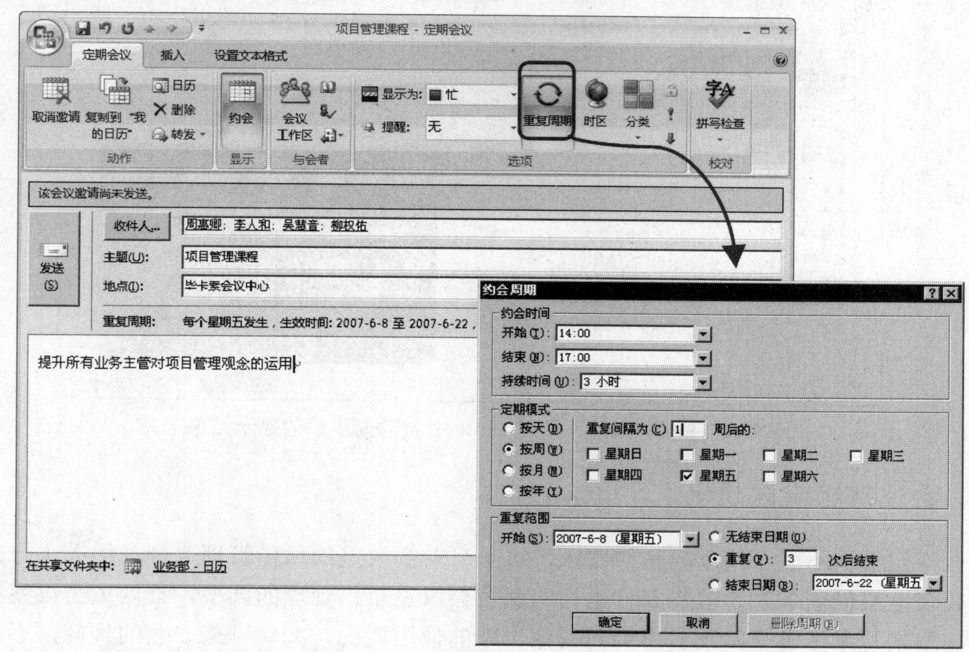

图 9-41　在 Outlook 的日历中新建会议邀请事件

顺便提醒读者，使用 Outlook 新建会议邀请时，收件人会收到如【图 9-42】所示的会议通知哦！但如果是直接在 SharePoint 网站上新建的话，就无法自动完成这项工作，只能另行创建电子邮件通知了！

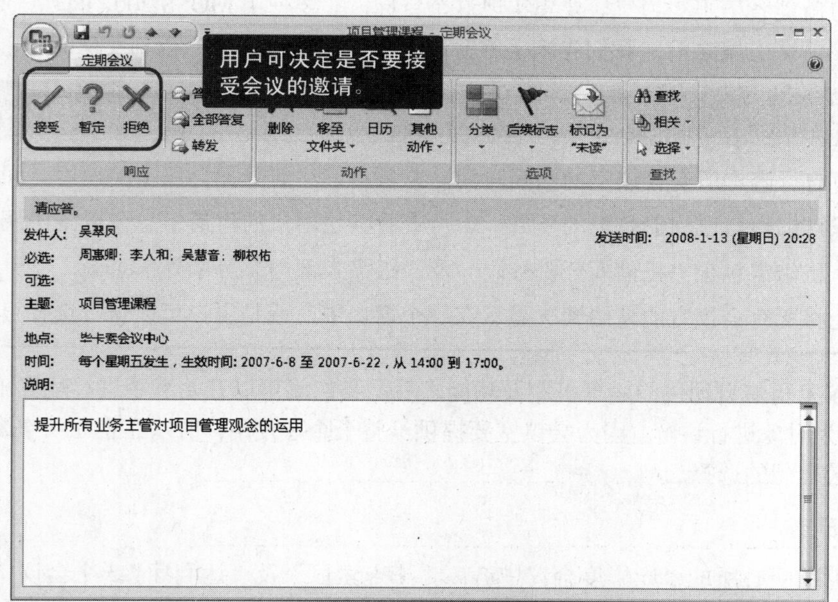

图 9-42　用户收到的会议通知邮件内容

如果想马上确认业务部小组网站中的日历是否已经出现了这个会议信息，请单击 发送/接收(C)，即可看到如【图 9-43】所示的“日历”查看与管理页面及该事件项目的“日历：项目管理课程”内容信息的结果。成功。

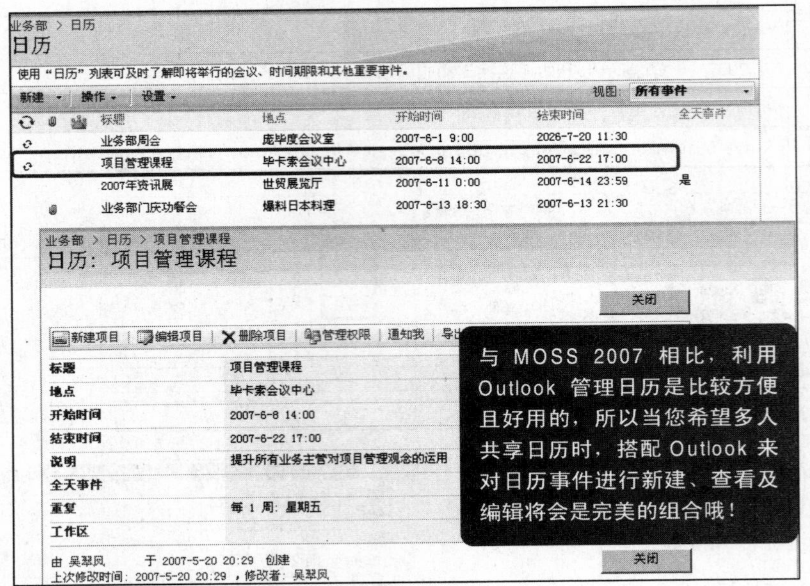

图 9-43　SharePoint 日历与 Outlook 自动同步后的显示结果

9.3.2 会议室租借自动化

每家企业组织都少不了会议室的租借需求，可是目前会议室的租借管理大都采用人工方式，也就是说，当您有会议室租借需求时，就需要打电话给负责会议室租借管理的同事，询问该会议室在特定的日期是否闲置，如果答案是没有，则要再询问其他日期的使用情况，如此一来一回的询问，不知浪费了多少时间。如果是规模稍大的企业，则可能有多间会议室，也就可能要花更多的时间才能租用到适当的会议室。

所以，如果能够让想要租借会议室的用户自行查看某间会议室在某个特定时间是否闲置，并可自行前往注册登记，那可就能省下不少力气。要想实现这个目标，非要使用 MOSS 2007 的“日历”功能不可。在讨论如何配置这个解决方案之前，我们先来了解会议室租借自动化的运行机制及功能。

会议室租借自动化的运行机制及功能
【目标 1】用户可自行查询所有会议室的空闲时间，并可自行注册登记会议室的使用时间。
【目标 2】用户只可编辑自己注册登记的项目，但可查看其他用户的租借信息，以备协调之需。
【目标 3】会议室租借需包含“租借人分机号码”及“租借人部门”等额外信息。
【目标 4】最好能将所有会议室的使用情况显示在一个窗口中，或是用户可以自行选择日历的显示方式。

当了解了会议室租借自动化的运行机制及功能之后，我们就可以开始着手进行配置工作了。本练习以“训练中心网站”为对象进行讲解。因为会议室要提供给整个企业使用，所以在企业共享资源交换中心的顶层网站创建是比较理想的选择。

配置会议室日历

首先，请为训练中心所的“庞毕度会议中心”、“毕卡索厅”及“达利厅”3 个会议室各创建一个“日历”组件库，配置完毕后，希望“快速链接栏”及各会议室的“日历”页面能显示如【图 9-44】所示的结果。

图 9-44　会议室日历配置完成后快速链接栏及网页的显示结果

提示　什么？只给结果，没有 Step by Step 的介绍吗？我的妈呀！这会不会太……别担心，笔者不是那么没良心的人，欲知答案，请参考第 4.1 节中的详细介绍，包您满意哦！

当 3 个会议室所需的日历初步配置完毕后，我们不难发现，新建的 3 个日历都位于 **列表** 分类中，可是“列表”这两个字似乎没有“**会议室租借区**”来得传神，快速链接栏的项目也是按照日历配置的先后顺序排列的，而且“毕卡索厅”会议室因为有投影仪和电子白板，所以各部门都很喜欢租借这个会议室，因此，我们希望“毕卡索厅”会议室的日历链接能显示在列表的最上方，以便用户打开这个会议室的“日历”查看与管理页面。

修改快速链接栏的标题名称及链接项目的顺序

网站中的组件库是否在快速链接栏显示，可使用组件库设置的 标题、说明和导航 来配置，但是其在快速链接栏的显示顺序是根据创建的时间先后来排列的，如果想要调整其显示的顺序，可依次单击 网站操作 → 网站设置 管理此网站的网站设置。 → 修改导航 更改此网站中的导航链接。，打开如【图 9-45】所示的“网站导航设置”配置页面，即可选择要显示的导航项目、标题并调整显示顺序。

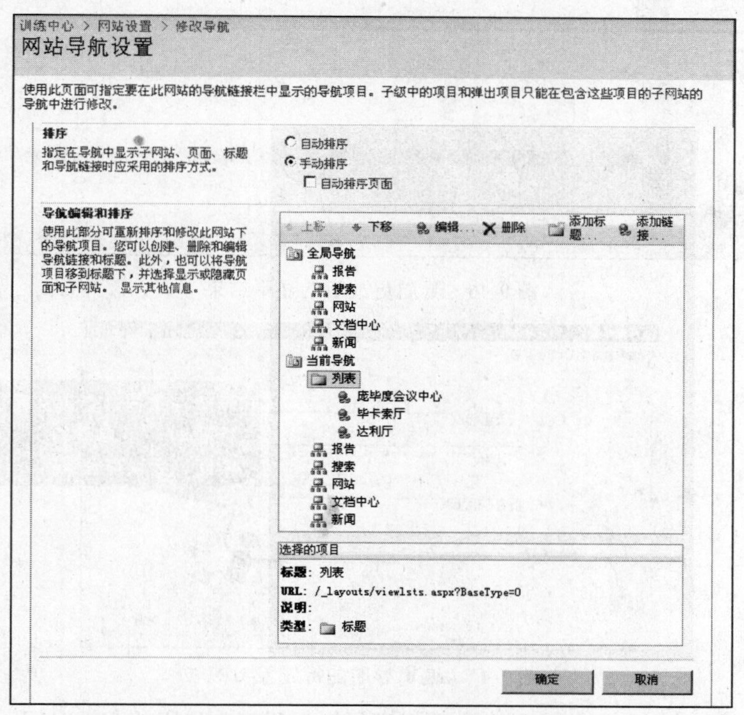

图 9-45　编辑要显示的导航项目、标题并调整显示顺序

- 排序

此区块定义快速链接栏中的导航链接项目要采取自动或手动的方式来调整上下顺序。

自动排序：如果您选择的是 自动排序，则会出现如下图所示的“自动排序”区块，此时可选择排序依据（标题、创建日期、上次修改日期）及顺序（升序或降序），设置完成后，快速链接栏的导航链接项目就会按照您所配置的内容自动完成排序，而且无法手动调整。

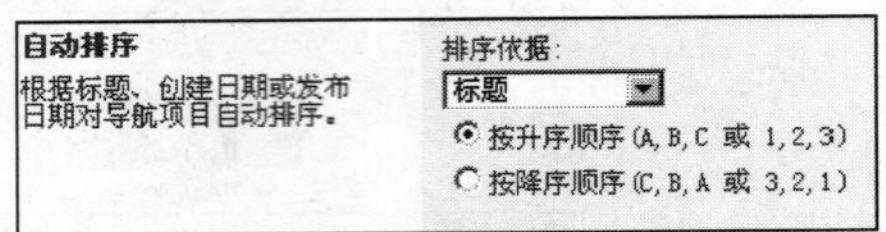

手动排序：如果您选择的是 手动排序，则可在“导航编辑和排序”区块中选择适当的导航链接项目，然后单击 上移 及 下移 来调整显示顺序。

- 导航编辑和排序

此区块可用来添加（添加标题... 及 添加链接...）、编辑（编辑...）和删除（删除）导航链接项目和标题，并能够调整显示项目的上下顺序。

本练习希望完成的目标如【图 9-46】所示，将 列表 的标题名称更改为“会议室租借区”，将“毕卡索厅”链接项目调整到“庞毕度会议中心”链接项目的上方。

首先，在“网站导航设置”页面的“导航编辑和排序”区块中选择 列表，并单击 编辑...，打开如【图 9-47】所示的“导航标题——网页对话框”窗口。

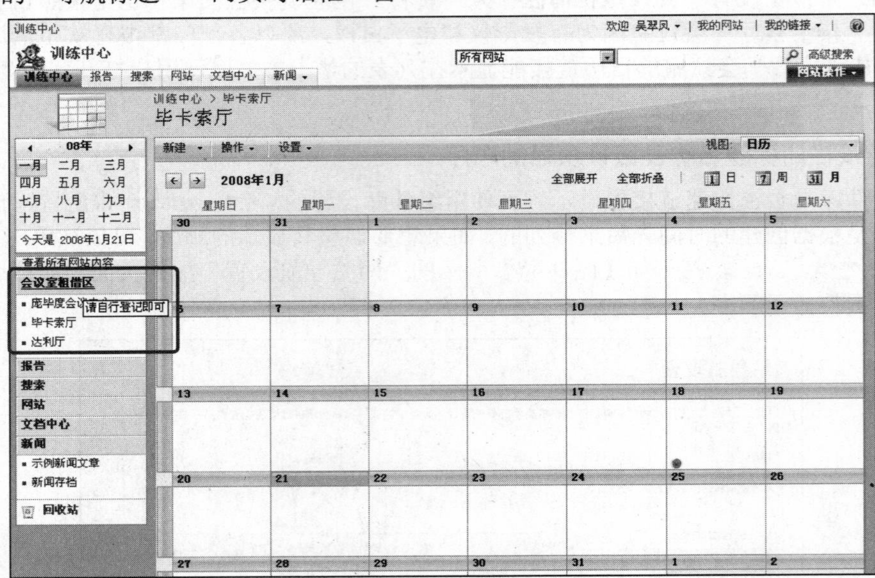

图 9-46　导航更改后的显示结果

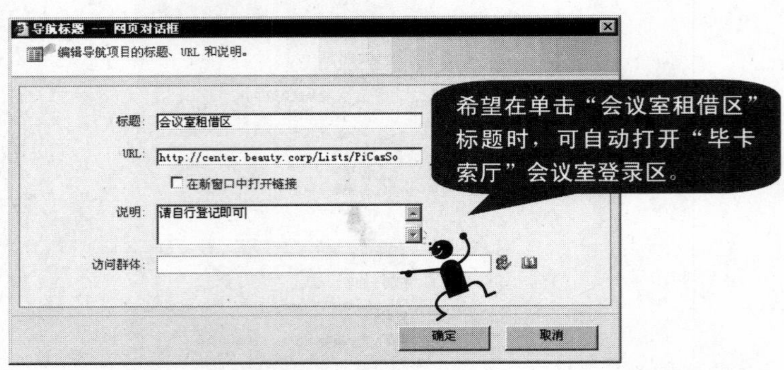

图 9-47　编辑导航的标题及 URL

嗯！这样看起来顺眼多了！而用户现在也可以自行查询所有会议室的空闲时间，并可自行注册登记会议室的使用时间了。目标 1

可是，如果想达到用户只能编辑自己注册登记的项目，但可以查看其他用户的租借信息，则需启动项目级权限管理控制功能，这个功能已在第 9.1.1 节中介绍过，请读者自行练习完成啰！目标 2

数据字段的新建和更改 目标3

当进行会议室租借登记时，需要用户输入“租借人分机号码”及“租借人部门”等额外信息，这个目标可通过列表设置中的“创建栏”来完成。首先，将页面切换到需要更改的日历列表（例如“毕卡索厅日历”）查看与管理页面，然后依次单击 设置 ▾ → 列表设置 → 栏 → 创建栏，打开如【图 9-48】所示的“创建栏：毕卡索厅”配置页面。以下为上述两个字段的配置内容，未列部分请使用系统默认值。

第 1 栏设置：租借人部门		
名称和类型	栏名	部门
	此栏中的信息类型为	⊙ 选项（要从中选择的菜单）
其他栏设置	说明	会议室租借人所属部门
	要求此栏包含信息	⊙ 是
	分行键入每个选项	人事管理部 客户服务部 业务服务部 产品发展部 行销服务部 设备服务部
	显示选项使用	⊙ 下拉菜单
	允许“填充”选项	⊙ 否
	默认值	⊙ 选项 ○ 计算值
第 2 栏设置：租借人分机号码		
名称和类型	栏名	分机号码
	此栏中的信息类型为	⊙ 单行文本
其他栏设置	说明	会议室租借人分机号码
	此栏需要包含信息	⊙ 是
	字符数最大值	4

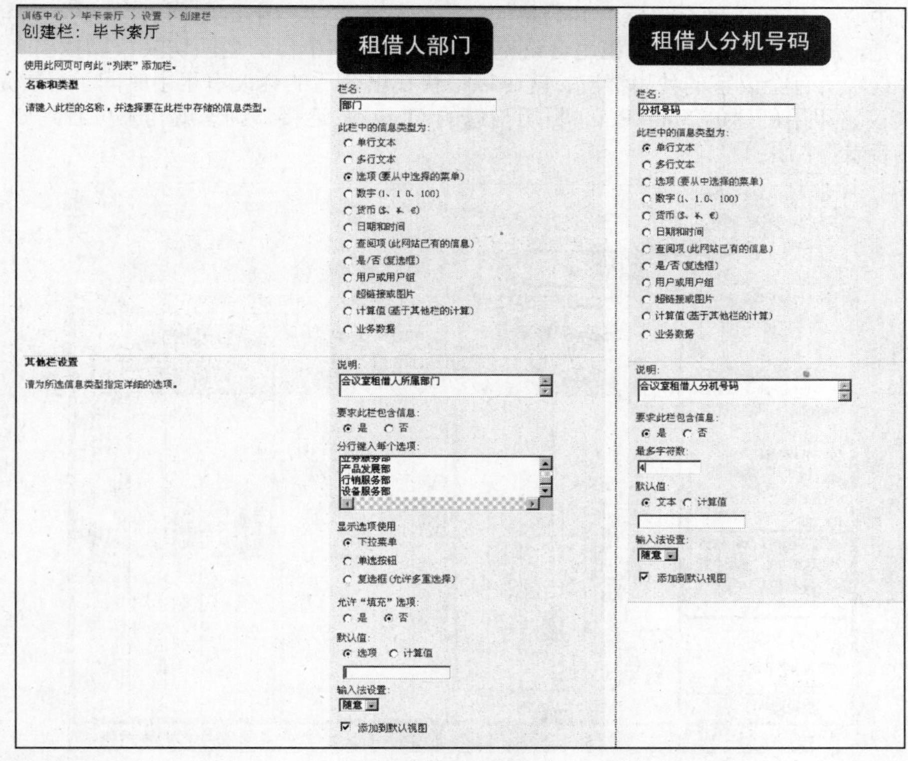

图 9-48　新建字段

哇！听说还要分别到另外两个日历环境中，把以上字段新建的操作再进行一次。不会吧！难道相同字段的定义，不能只进行一次，然后提供给其他组件库使用吗？还好我们公司的会议室不多，要不然…… 别担心，这个答案将会在第 12 章中呈现给您。

在 MOSS 2007 环境下，新建字段默认显示在新建项目页面的最下方，如此一来，用户会在输入的连贯性上感觉到有断层，所以，我们可以打开如【图 9-49】所示的“更改字段顺序：毕卡索厅”配置页面，更改新建项目页面的字段顺序。

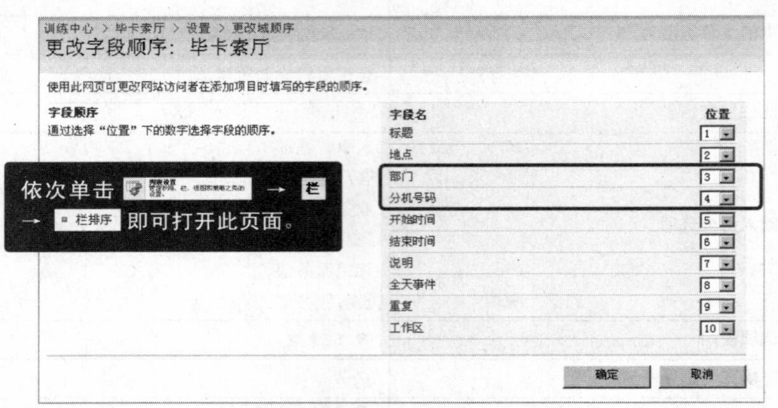

图 9-49　调整日历事件项目页面的字段顺序

OK！我们终于可以开放会议室的注册登记了，请读者自行在各个日历项目中输入一些信息。当我们在进行会议室注册登记时，可能会碰到一些问题，例如，我们已经规划了进行会议的时间，此时，便得到会议室租借区的各个日历项目中去查看，如果在规划时间内会议室都已被租借完毕，还需要重新一一查看其他时间的租借情况，这样翻来覆去地查看，着实会浪费不少时间。如果能将所有会议室的使用情况显示在一个窗口中，或是用户可以自行选择需要显示在窗口中的日历，那就方便多了。

日历的并排与重叠查看 目标 4

目前“训练中心”共有 3 间会议室，并为每间会议室各创建了一个日历列表，以展示和安排各会议室的租用情况。可是，每当用户要查看及租用会议室时，总要在 3 个日历之间切换，以找出合适的闲置会议室。如果能同时查看所有会议室的使用情况，就可以很快找出合适的会议室租用时间了。要完成这个目标，请将这 3 个为会议室租用创建的 SharePoint 日历与您的 Outlook 连接，则您就马上可看到如【图 9-50】所示的日历“并排查看”结果了。

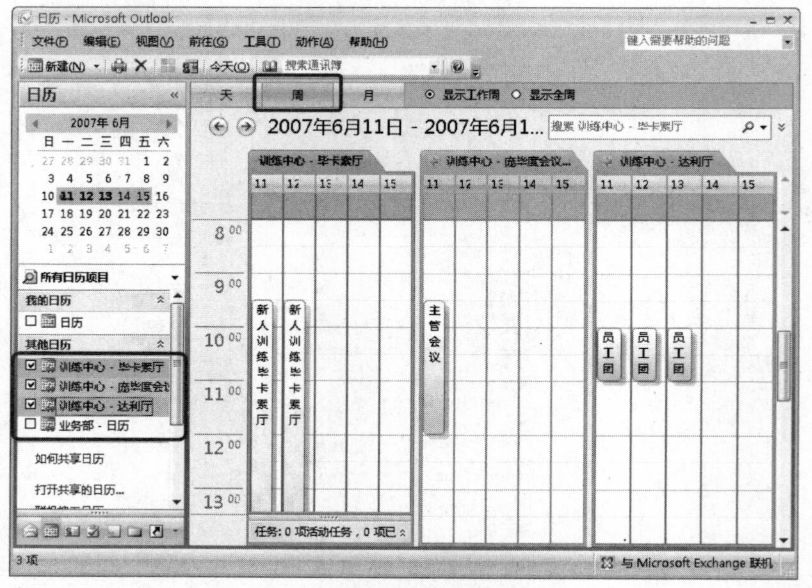

图 9-50　日历并排显示结果

从【图 9-50】中可看出，星期一（2007 年 6 月 11 日）早上已经没有会议室可租借了，而该周的星期四及星期五两天早上，3 间会议室则皆为闲置状态。可是如果星期二早上想要举行业务会议，还有可租借的会议室吗？嗯！给我一点时间瞧一下，因为画面还是蛮拥挤的。

瞧一下？时间就是金钱哦！有没有更一目了然的方法呢？当然有！您可以单击各个日历的名称（例如 训练中心 - 达利厅 ）左边的向左按钮（），启动“重叠查看”模式，所得到的窗口显示结果如【图 9-51】所示。

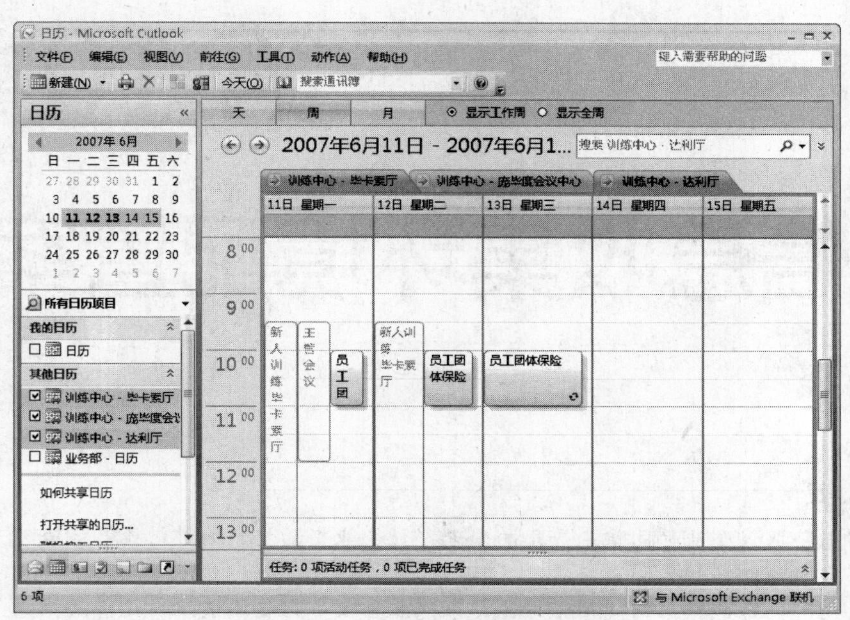

图 9-51 日历重叠显示结果

如果要将重叠显示模式更改为并排查看模式，只要反向操作即可，即单击各个日历名称（例如 训练中心 - 达利厅 ）左边的向右按钮（），就可以恢复为如【图 9-50】所示的显示形式。

谁说一个人只能拥有一个日历呢？当 SharePoint 的日历与 Outlook 结合后，就可以让您同时拥有多个日历，还可以让所有日历显示在同一个窗口中，或是由您自行挑选要显示的日历。不过，也只有 Outlook 2007 才有支持并排和重叠查看的功能哦！而且我们再也不需要像以前一样总把公司跟私人的行程都记录在同一个日历中，现在，可以将您私人的行程记录在 Outlook 我的日历 区块下的内置日历中，而有关公司工作的日历则另外独立出来进行管理，届时再将工作及个人日历重叠查看，便可快速找到冲突的安排或可用的时间，使用起来也更方便、更有弹性。

第 10 章
企业信息收集环境配置案例

本章提要

本章将与您探讨企业协同信息应用的处理，让企业中的信息通过讨论、调查充分发挥作用，并享受到共享信息的好处。

本章介绍的内容包括如何使用“讨论”来建立企业小组之间彼此讨论、交换意见及提供讨论信息的方式，如何共同使用“联系人”来建立共享的客户信息，不再需要每个人各自维护联系人信息，而造成客户信息无法统一管理的情况。

最后介绍的是 MOSS 2007 系统所提供的强大的“调查”功能，您可以快速且非常灵活地创建用于收集信息的调查问卷，并通过简单的统计分析处理，来了解信息经过讨论、沟通后的结果。

本章重点

在本章，您将学会：

- ◎ 集思广益英雄聚——讨论
- ◎ 客户数据管理——联系人
- ◎ 民主风范的最后关卡——调查

10.1 集思广益英雄聚——讨论

唉！由于今年大环境的不景气，公司的税后利润较去年大幅降低，这该如何是好呢？对了！俗话说，“三个臭皮匠，顶个诸葛亮”，发封电子邮件问问同事们有没有什么好的业务推广建议。哇！这封邮件发出去，讨论真是激烈啊，但是我们的邮件服务器可就吃不消了，因为大家为了让其他同事知道自己的热烈参与并提供了意见，都选用了“全部回复（Reply All）”的方式，如果邮件中还带有附件的话，那邮件服务器的硬盘容量可能又要消耗不少了。如果同时有好几个问题在交换意见的话，邮件的收件人或发出问题的人就可能要从一堆邮件中找出同一个问题讨论的过程，这又会是一个让人伤脑筋的问题（Mission Impossible）……。

企业环境中有许多信息交换的需求，所以，提供一个可以进行信息交流及意见发表的环境是很有必要的，MOSS 2007 的“讨论（Discussion）”便提供了这样的一个环境，使企业或小组部门的成员相互之间可以交换、查询及交流信息。在这里，可讨论团队成员共同感兴趣的主题，或是作为企业组织收集创意、团队成员头脑风暴的地方，同时可将各主题的讨论自动分类，以便用户浏览相关主题讨论过程的历史记录。

10.1.1 新建讨论主题

在 MOSS 2007 的协作门户网站与小组网站模板中，都预先建立了一个名为“工作组讨论”的讨论区，本节就将直接使用业务部小组网站中默认的“工作组讨论”组件库进行讲解。首先，我们就以公司业绩问题来跟业务部的同事们交换一下意见吧！

基本上，只要具有“参与”权限的用户（本例使用用户 Linda 的账号登录系统）都能在讨论区中新建或回复讨论主题，请选择“工作组讨论”查看与管理页面中 新建 下的 讨论 新建讨论主题。，打开如【图 10-1】所示的“工作组讨论：新建项目”配置页面，并输入以下的讨论主题与相关描述。

主题	征求业务推广方案
正文	最近大环境的改变，再加上同行的削价竞争，导致第一季的营收较同期萎缩 15%，为了提升业绩，请同仁多多贡献意见及方案，方案一经采用，将赠送贡献金 10 万元。

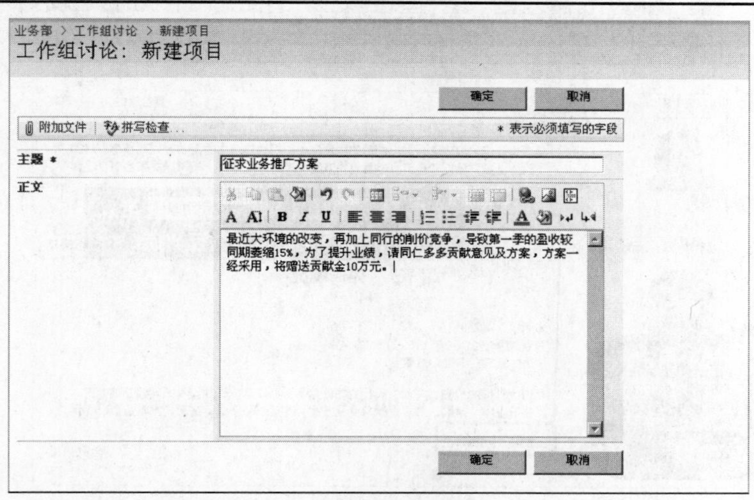

图 10-1 新建讨论主题

数据输入完毕后单击 确定，在“工作组讨论”查看与管理页面中就会出现新建讨论主题的记录。

10.1.2 答复讨论

当讨论区中出现新的主题以后，总要有人响应吧！要不然场面就太冷清了。这时，用户 Joseph（吴翠凤）已经有了一个好的建议，准备回复这个讨论主题了。首先，请用 Joseph 的账号登录系统，打开“工作组讨论”查看与管理页面，单击页面上的讨论主题，进入该主题的讨论历史记录页面，在历史记录页面上，我们看到了该讨论主题的第 1 条正文内容。请在如【图 10-2】所示的页面中单击 答复 来发表您的意见，本练习请读者输入文本“可买大楼外墙广告，提高曝光率”，并使用文本编辑按钮自行设置文本的字体和颜色，本文编辑按钮的使用方法请参考第 9.1.3 节。

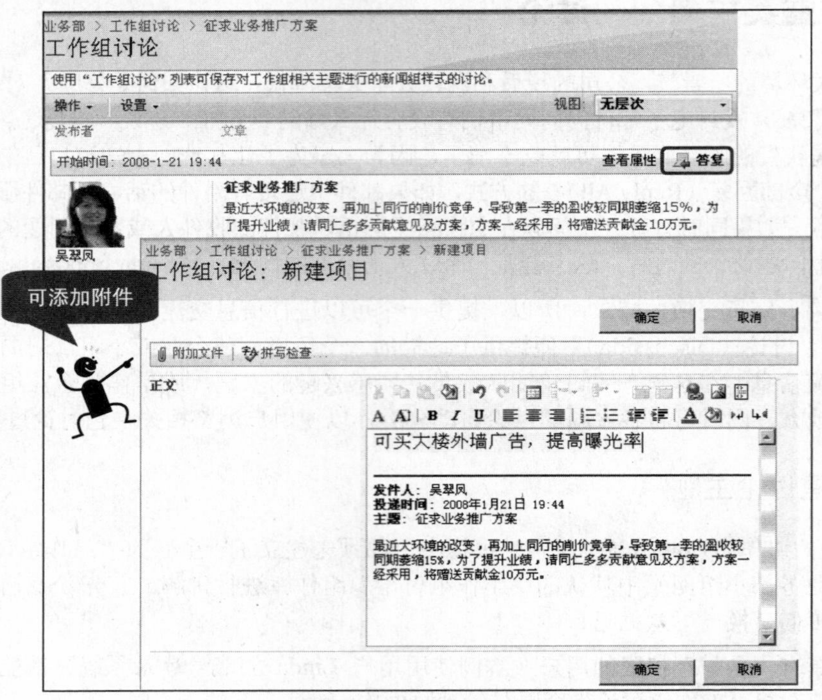

图 10-2 答复讨论

数据输入完毕后，请单击 确定 ，即可在如【图 10-3】所示的“工作组讨论”历史记录页面中看到相应的变化。

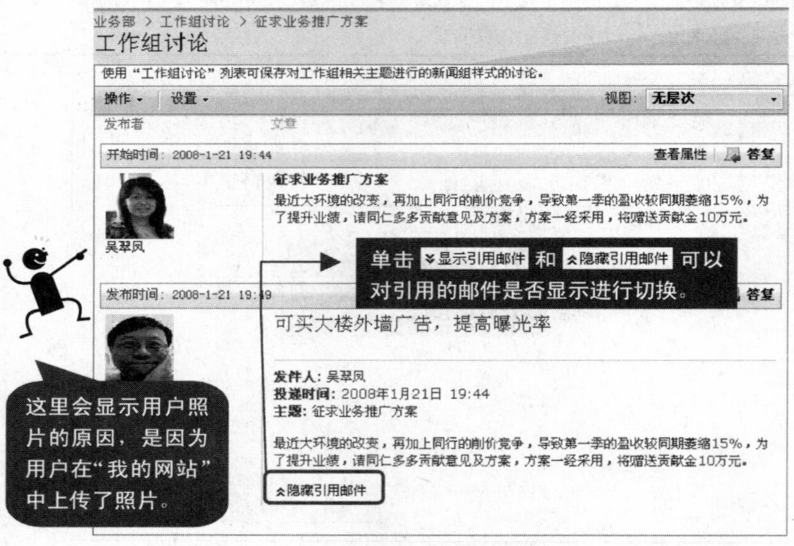

图 10-3 在“无层次”视图中查看讨论历史记录

咦！这两位用户在做什么啊！他们又不是业务部的员工，干嘛来凑热闹啊！唉哟，就让我们假装一下业务部的员工嘛！真是的，到处都看到这两位用户的相片！真是……没关系，如果觉得照片碍眼又占用空间的话，可在“工作组讨论”查看与管理页面工具栏最左边的“视图”下拉列表中选择 按线索组织，就会以【图 10-4】所示的层级方式显示讨论主题的历史记录了。这样看上去是不是清爽多了？在这个视图模式下，讨论主题会靠左边对齐，而其他的回复则会往内缩排。如果某个答复是对先前答复的回复（嘻！绕口令啊！），则这个答复会相对于先前的答复再往内缩排，这样就可以看出回复者是针对讨论主题进行答复，还是针对其他答复的观点再进行答复了。而先前的“无层次”视图模式，则是将讨论主题、对讨论主题的答复和对其他答复的观点再进行回复的答复，都采取靠左边对齐的排列方式，同时按照答复发布的时间先后排序。

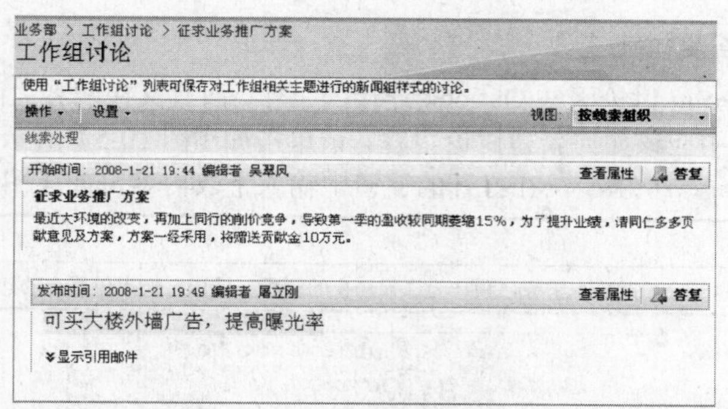

图 10-4　在“按线索组织”视图中查看讨论历史记录

10.1.3　将 SharePoint 讨论区与 Outlook 结合

回复讨论主题或查看讨论主题的历史记录，其实都是要花费一些时间的，如果可以离线处理这些事情，那就方便多了，因为一边吃着老婆的爱心晚餐，一边看着员工们苦心沥血的想法，真是完美极了！如果还能够离线答复，回到公司再将答复内容自动同步到 MOSS 2007 的讨论区，那就更是天衣无缝了，因为老板可以看到我是热爱工作的员工（同步后系统会显示发布答复的日期及时间），加薪！加薪！

这个解决方案的救星就是 Outlook。您可将先前使用 IE 浏览器查看的讨论内容更改为使用 Outlook 查看、答复和编辑，同时您也会发现，使用 Outlook 进行讨论主题的发布与答复，要比使用 IE 浏览器来得方便，因为仅就文本编辑的方便性而言，IE 浏览器就已经无法与之相比了。

请选择工具栏 操作 下的 连接到 Outlook 同步项目并设置为可以脱机使用。，当系统询问您是否确定要将 SharePoint 讨论区与 Outlook 同步时，请单击 是(Y)。接下来，系统就会启动 Outlook，并将 SharePoint 讨论区加入至 Outlook 窗口的 邮件文件夹 区块中，显示结果如【图 10-5】所示。

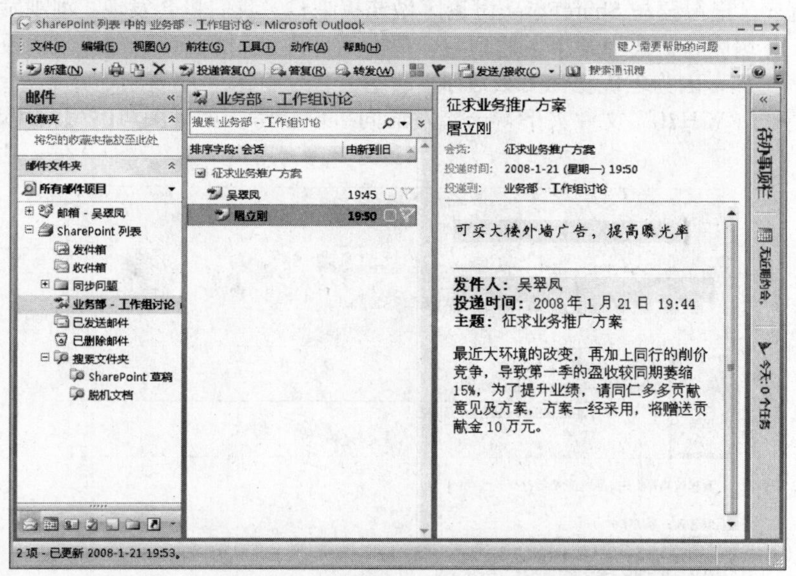

图 10-5　将 SharePoint 讨论区与 Outlook 同步后的显示结果

附注　既然使用 Outlook 进行讨论主题的发布与答复要比使用 IE 浏览器来得方便，所谓“独乐乐不如众乐乐”，您可以通过发送共享电子邮件给小组成员来邀请他们使用 Outlook 同步至 SharePoint 网站。右键单击您想要同步的 SharePoint 讨论区标题，然后在快捷菜单中选择 共享“业务部 - 工作组讨论”(S)...，在新邮件中输入收件人邮件地址及需要发送的内容之后，请单击 。

当团队成员收到共享通知后，只要单击电子邮件内容左上角的 连接到此 讨论板(N)，然后在弹出的对话框中单击 是(Y)，就完成了将 SharePoint 讨论连接到 Outlook 的工作，如此一来，大家就都在同一条船上了。

使用 Outlook 新建与答复讨论主题

当用户完成了将 SharePoint 讨论区与 Outlook 连接的工作，而且又在两者之间创建了双向同步机制，这时我们就试试看在 Outlook 中应该如何新建讨论主题。请单击如【图 10-5】所示窗口工具栏上的 新建(N)，并选择其下的 此文件夹中的公告(P) Ctrl+Shift+S ，在打开的窗口中输入下表内容，如【图 10-6】所示。

主题	第一季业务会议地点提供
正文	本年度第一季业务会议将于 2007/3/31 举行，预计为二天一夜的行程。请同仁们提供适合的建议地点，最好附近有高尔夫球场。

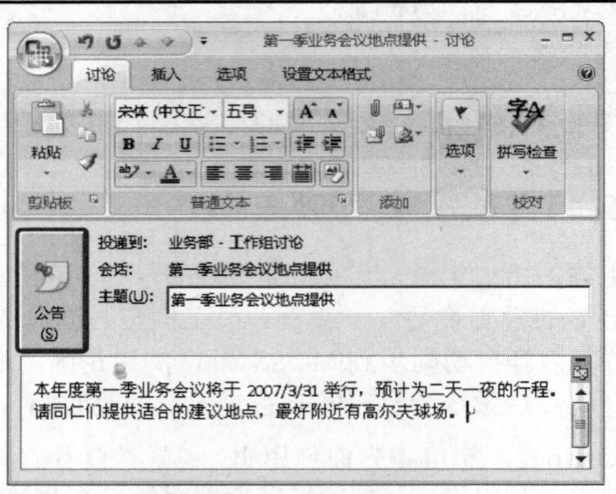

图 10-6 使用 Outlook 新建讨论主题

输入完毕后单击 ，然后切换到业务部小组网站的“工作组讨论”列表，您将会发现，刚刚在 Outlook 中新建的讨论主题已出现在 SharePoint 网站的讨论区中了。

当用户 Joseph 发布了一个讨论主题后，另一位用户也要来参与了。以用户 Linda 的身份登录系统，并启动 Outlook 应用程序（记得要与 SharePoint 讨论区做连接哦！），我们将会发现，刚刚发布的第 2 个讨论主题也出现在 Outlook 环境中了。选择某个主题项目，单击工具栏上的 投递答复(Y)，输入回复内容。本练习中请输入“我建议鸿喜山庄，因为老虎伍兹有去过哦！”，并单击 ，将“鸿喜山庄设施费用表.pdf ”（此文件在本书所附范例程序的“\CH10”文件夹下）一起发给同事们参考，如【图 10-7】所示，输入完毕后，请单击 。

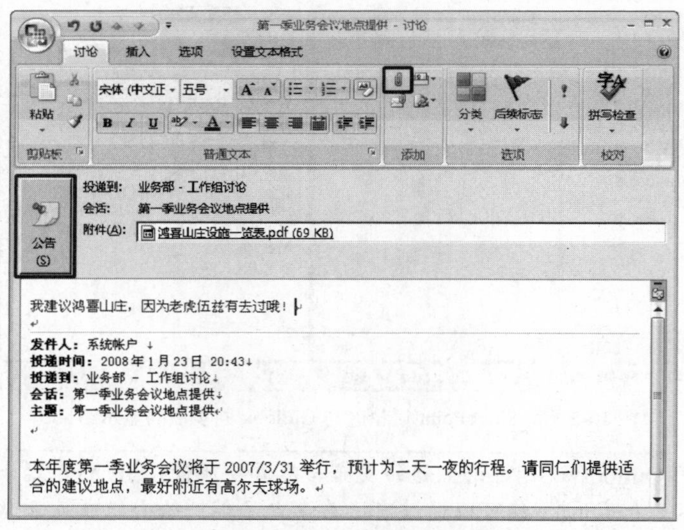

图 10-7 使用 Outlook 回复讨论

在使用 Outlook 答复讨论时，如果您选择的不是 投递答复(Y)，而是 答复(R) 的话，表示您要将该回复直接发送给发布该讨论项目的人，而不是发布到讨论区。当完成这两个主题的讨论之后，我们可看到工作组讨论区的显示结果，如【图10-8】所示。在“工作组讨论”查看与管理页面中，我们可看到最新的讨论主题是什么（最新的主题显示在最上方）？各主题的答复数是多少（可看出讨论的次数并反映出讨论主题的受欢迎程度）？进入第 2 个讨论主题的历史记录页面，可看到，如果讨论主题中含有附件，则 查看属性 前会有 标记。

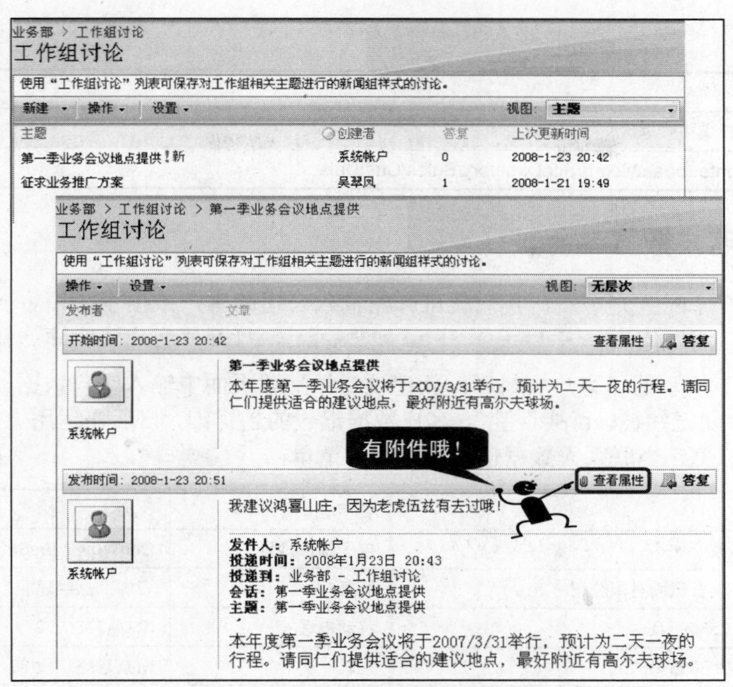

图 10-8 不同讨论视图的显示结果

如果不想将 SharePoint 讨论区与 Outlook 连接，则可以使用电子邮件提醒机制，通过电子邮件告知相关人员讨论区的变动情况，详细操作方法请读者参考第 4.7 节。

10.2 客户数据管理——联系人

Linda！你有没有微大软公司周小诚产品经理的电话和 E-Mail 啊？唉！一踏进公司，还没坐到位子上，就被那 Joseph 叫来叫去的。上次才给了他周经理的信息，今天又来问我，把我当活动电话簿啊！他不会把数据输入到他的 Outlook 联系人里面吗！

以上的场景，在您的企业环境中是不是也在上演呢？如果有一个将客户资料、供货商或外部厂商等数据集中存储的区域，那么需要相关信息的用户就可以直接到该存储区域中搜索，而且，同样的信息也不需用户各自输入到自己的 Outlook 通讯簿（联系人）列表中进行维护了。更重要的一点是，如果用户没有备份数据的习惯，万一客户端计算机的硬盘寿终正寝，就要一切重新来过，如果损失的是客户数据的话，那业绩就要准备挂蛋了。

联系人（Contacts，又称通讯簿）是每个用户用来记录自己的人际关系中需要知道的相关的朋友、客户、厂商、供货商等联系信息的地方，这些信息包括联系地址、电话、传真、电子邮件地址等，甚至包括该联系人的兴趣、注意事项及附注信息等。一般来说，在企业环境中，最麻烦的地方在于每个人都有自己联系人记录，而每个人的记录是否为最新的内容，或者是否与其他团队成员所拥有的联系人信息重复，彼此之间常常无法同步。

MOSS 2007 所提供的"联系人"功能，最主要的目的是为企业的信息工作者，尤其是业务人员，提供一个能够对客户、厂商等数据进行共享及更新的环境，以避免每个人的联系人数据有内容重复、数据不完整及不正确的情况出现。使用 MOSS 2007 的联系人列表可集中存储团队成员、客户、供货商等相关信息。而所谓的"相关信息"可涵盖住宅电话、电子邮件地址、公司名称及街道地址等，以便小组成员使用及管理这些信息。同时，也可以将联系人的信息与 Outlook 的通讯簿进行双向同步，使用户可以通过其常用的操作环境来管理联系人数据，而且备份的工作还可以交给服务器系统管理员完成。

所以，总结一句话：

只要是与"人"相关的信息，都可以存储在 MOSS 2007 的联系人列表中。

在练习开始之前，我们需要先创建一个联系人列表，所以请读者依照下列需求配置业务部小组网站所需的联系人列表：

名称	客户资料库
说明	客户资料集中管理区
网址	http://center.beauty.corp/SiteDirectory/Sales/CustData

10.2.1 新建客户数据

当联系人列表组件库配置完毕后，我们就可开始输入公司的客户数据了。请将网页切换到“客户资料库”查看与管理页面，然后依次单击 新建 → 新建项目 向此列表添加新项目。，打开“客户资料库：新建项目”配置页面。

请在如【图 10-9】所示的“客户资料库：新建项目”配置页面中输入客户数据。笔者建议客户数据应该越完整越好，所谓“知己知彼，百战百胜”，客户数据记载的越详细，日后在运用上也越能有较大的弹性。本练习中请输入下表信息，当联系人数据输入完毕后，请单击 确定 。

姓氏	周	名字	小诚
全名	周小诚	电子邮件地址	QooWow@BigSoft.com.tw
公司	微大软资讯股有限公司	职务	资深产品经理
商务电话	(02)-25389341	移动电话	(092)-7186732
传真号码	(02)-25389393	地址	南京东路二段 88 号 10 楼
市/县	台北市松山区	省/市/自治区	台湾省
邮政编码	105	国家/地区	中国
网页	http://www.BigSoft.com.tw	注释	1. 已婚，一男一女 2. 品牌爱好者 3. 杀价功力一流

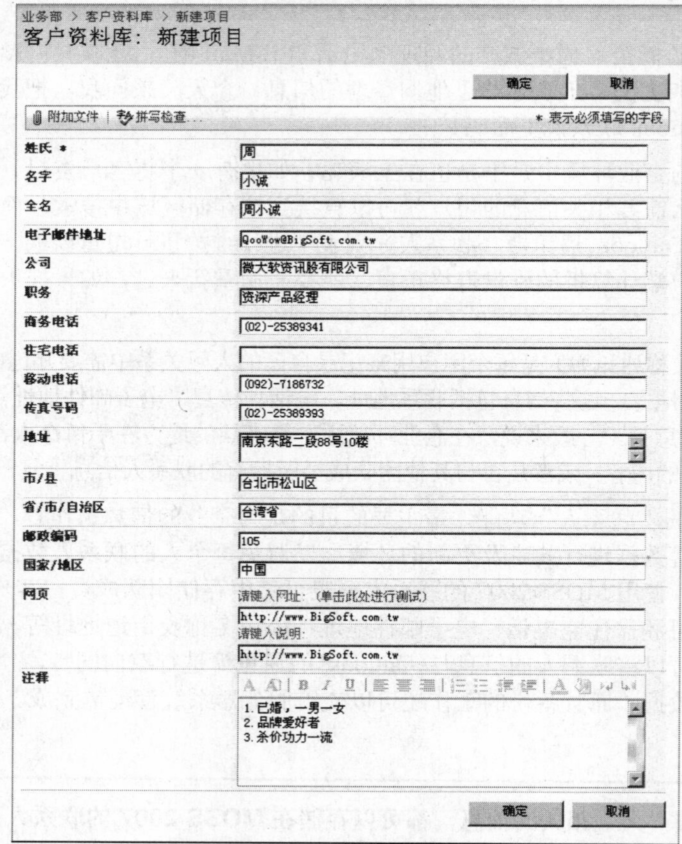

图 10-9 输入联系人信息

导出联系人

客户数据输入完毕后，突然有一天，我们手上有一个很好的产品信息要发送给客户，但是忘记了客户的电子邮件地址，此时，我们就可在联系人列表中找到答案。可是如果正在外面跑业务，无法连接到企业内部网站，那不就没辙了吗！所以，最后大家都会选择把客户数据创建在自己的 Outlook 联系人中，而不去维护小组网站上的联系人数据了。其实 MOSS 2007 提供了联系人数据的导出功能，您只需要维护 MOSS 2007 网站联系人列表中的数据，然后在联系人列表菜单中单击 导出联系人，即会打开“文件下载”对话框，导出需要的联系人数据，如【图 10-10】所示。

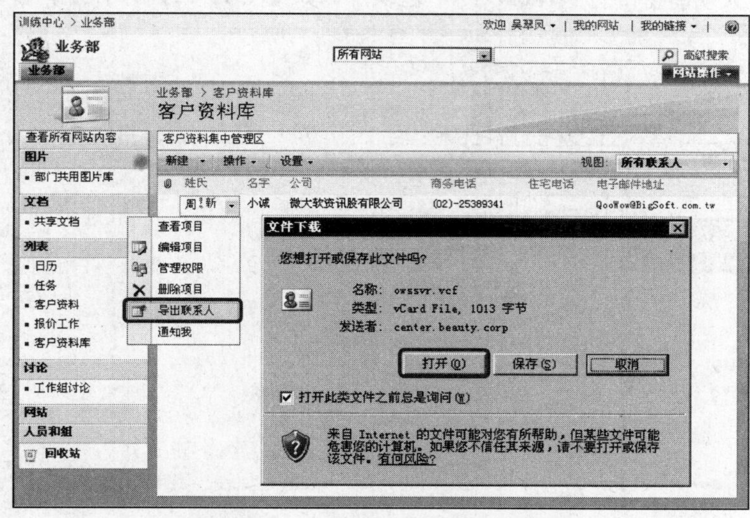

图 10-10　导出 SharePoint 网站的联系人

在“文件下载”对话框中，单击 打开(O)，将联系人信息在 Outlook 中打开，如【图 10-11】所示，然后单击 ，此时联系人的数据将被导入到 Outlook 的联系人列表中；如果单击 保存(S)，则会暂时将联系人数据存储成规范定义电子名片（vCard）格式的文件，然后再将该文件导入到相应客户端计算机的 Outlook 联系人列表中。

如果联系人列表中有 100 条数据，这个工作不就要重复 100 遍！而且如果 MOSS 2007 网站上的联系人数据有了更新，不就又要重新导出，再重新导入 Outlook 中吗？妈呀！我不要玩了。的确，别说你不想玩，我也不想玩了。

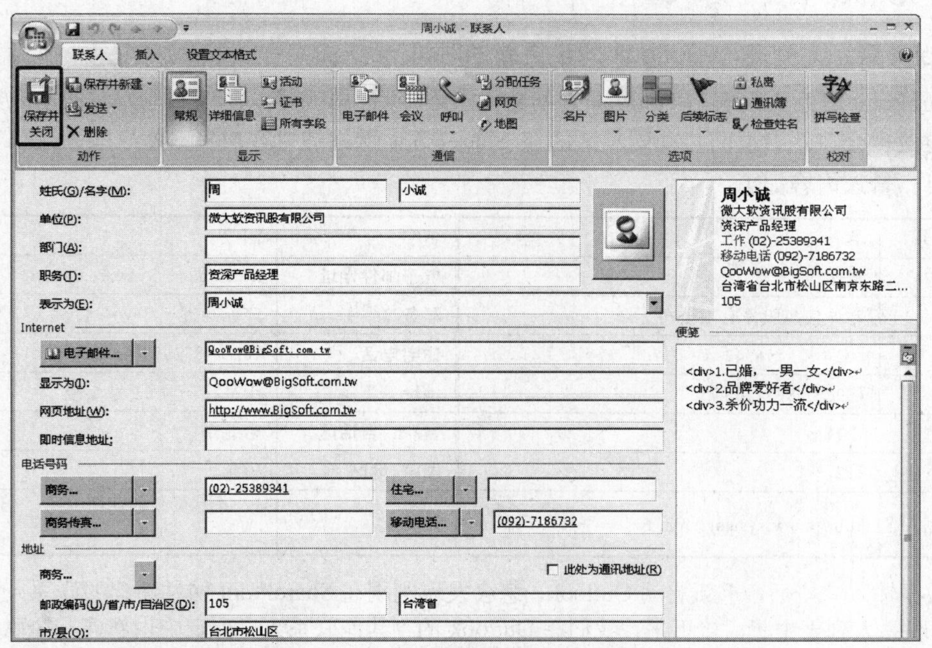

图 10-11　将联系人信息导入 Outlook 环境

10.2.2 与 Outlook 同步联系人信息

既然 MOSS 2007 和 Outlook 都提供了联系人管理功能，不知道他们是否支持互相联机同步，即是否可以在 Outlook 环境中查看、使用及更新 SharePoint 网站中的联系人信息；或是当 SharePoint 网站上的数据有了更新时，也会在合适的时间同步到 Outlook 联系人，以确保用户随时拥有最新信息，即使暂时没有连接到企业内部网络，也能**离线查看、编辑及使用**这些联系人信息，以便用户与客户或供货商随时保持联系和沟通。我想读者已经想到答案。没错！那就是将 SharePoint 联系人列表与 Outlook 连接。这样做，会将 SharePoint 联系人列表加入到 Outlook 联系人功能窗口的 其他联系人 区块下，如【图 10-12】所示。

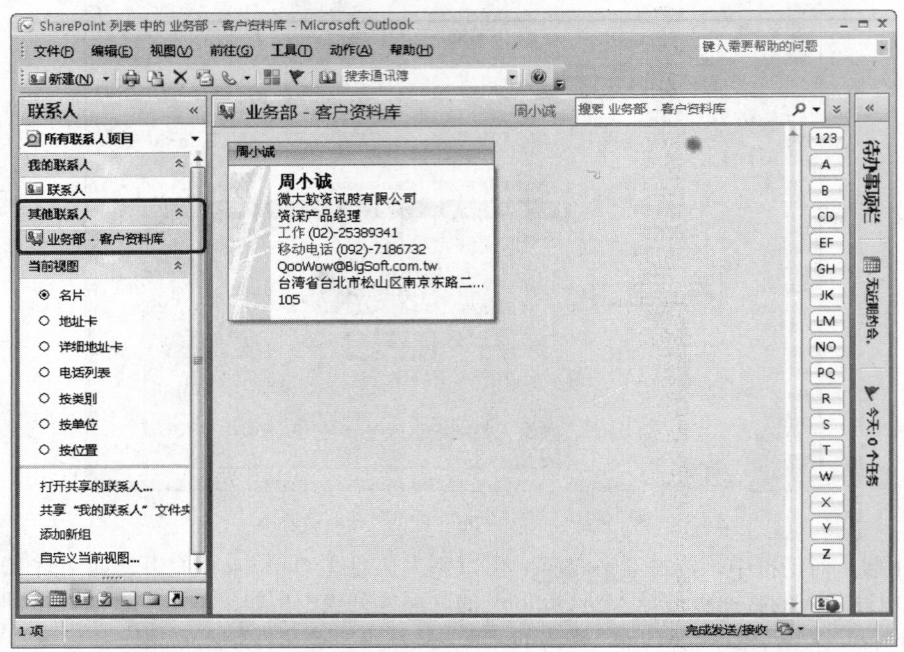

图 10-12 将 SharePoint 联系人列表与 Outlook 同步后的显示结果

附注 如果 SharePoint 网站的联系人列表中有新建的文件夹项目存在，该文件夹是不会同步到 Outlook 中的，但文件夹中的联系人还是会同步到 Outlook，只是没有了文件夹层次结构的分类而已。

SharePoint 联系人列表与 Outlook 同步更新的时机

当在 SharePoint 联系人列表与 Outlook 之间建立了连接后，您就可以在任何地方对联系人数据进行更改了，而这些更改也会在两者之间自动同步。请在 SharePoint 网站的“客户资料库”联系人列表中再新建 1 个联系人项目，输入内容如下：

姓氏	袁	名字	国茂
全名	袁国茂	电子邮件地址	AlanYuan@Sysware.com.tw
公司	精诚信息股份有限公司	职务	产品经理
商务电话	(02) -25416342	住宅电话	(02) -87209867
移动电话	(092) -8931100	地址	士林路一段 25 号 6 楼
市/县	士林区	省/市/自治区	台北市
邮政编码	112	国家/地区	中国
网页	http://www.sysware.com.tw	注释	1. 不接受任何贿赂 2. 一板一眼

联系人数据输入完毕后，重新启动 Outlook，您会发现刚刚在 SharePoint 网站新建的联系人数据已经出现在 Outlook 的联系人列表中了。接下来，我们在 Outlook 的“其他联系人”列表中也新建一个联系人项目。请单击 Outlook 工具栏上的 新建(N)，并在其下拉菜单中选择其下的 联系人(C) Ctrl+N，当打开如【图 10-13】

所示的“联系人”配置对话框后，请输入以下内容：

姓氏	许	名字	克臻
单位	佳恩科技份股份有限公司	部门	行销推广部
职务	资讯副理	表示为	许克臻
电子邮件	Jean_Hsu@Bless.com.tw	网页地址	http://www.blessgod.com.tw
即时信息地址	CuteCat@hotmail.com	商务电话	（02）-29678321
商务传真	（02）-28997733	移动电话	（092）-2367889
邮政编码	105	省/市/自治区	台北市
街道	复兴北路 340 号 1 楼	国家/地区	中国
注释	1. 长的很可爱 2. 做事条理分明	图片	\CH10\许克臻画像.gif
生日	1977/6/18	助理姓名	李苾芬

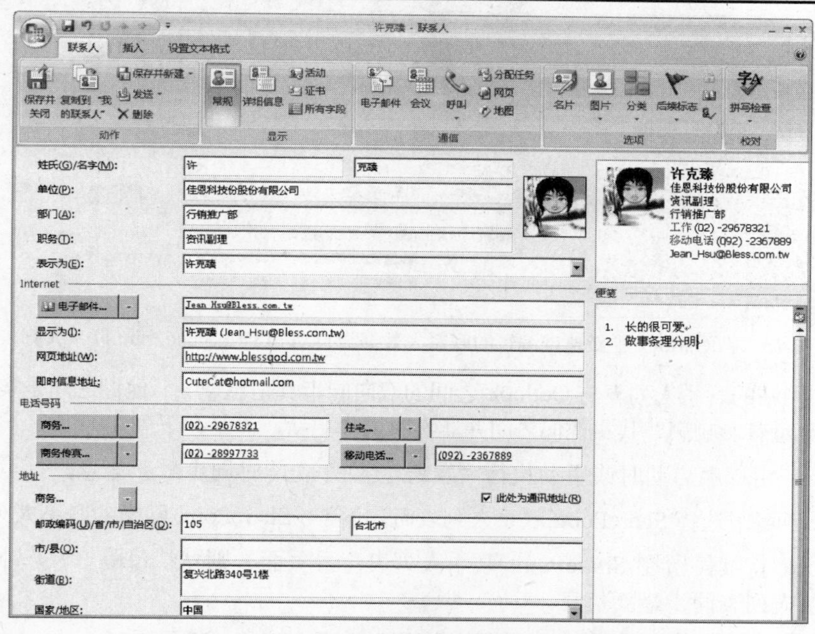

图 10-13　在 Outlook 环境中输入联系人信息

咦！“生日”及“助理姓名”两个字段在哪里呢？怎么没在窗口上看到啊！哦！原来 Outlook 提供的联系人字段太多，无法在一个窗口中全部显示出来，所以，请单击工具栏上的 ，打开如【图 10-14】所示的“联系人”详细信息配置页面。

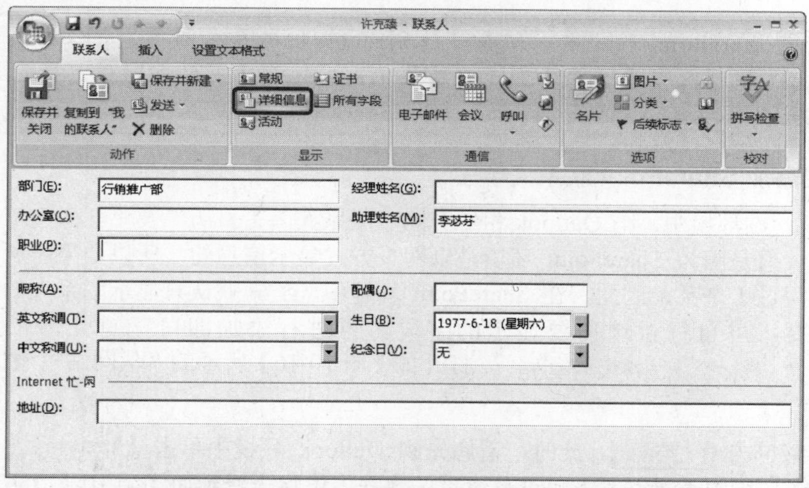

图 10-14　在 Outlook 环境中输入联系人的详细信息

从【图 10-13】和【图 10-14】中，您是否已经发现，Outlook 可供输入的联系人数据项目要比 SharePoint 网站中多，例如，在 Outlook 中可以输入联系人的多组电话号码、多个电子邮件地址、照片、即时信息地址及生日等，还可以使用不同的色彩将联系人分类。当联系人数据输入完毕后，请单击 ，然后单击 ，将“业务部－客户资料库”查看与管理页面重新整理，您将会发现，刚刚在 Outlook 中新建的联系人数据已出现在 SharePoint 网站的联系人列表中，如【图 10-15】所示。

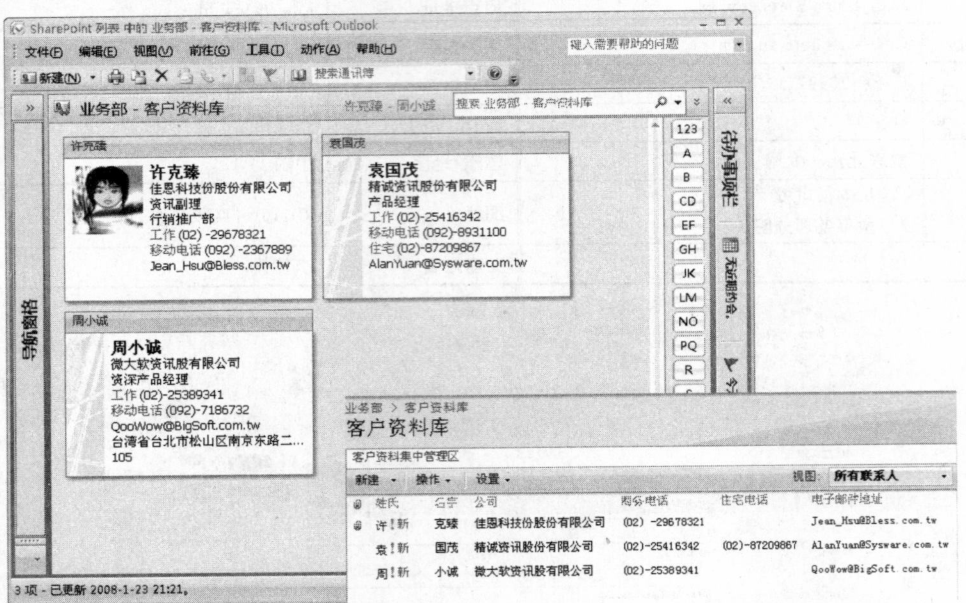

图 10-15　在 Outlook 中新建或编辑的联系人数据会自动同步至 SharePoint 联系人列表中

哇！SharePoint 网站的联系人列表与 Outlook 之间的双向同步真是迅速啊！他们之间是实时同步更新的吗？这样会不会对网络流量有影响啊？其实他们之间并非实时同步更新，而是在下列几种情况下才会同步更新：

- 在 Outlook 应用程序启动时或手动执行“发送/接收”功能时同步最新信息。
- 在 Outlook 环境中选择 SharePoint 联系人列表时，其会与 SharePoint 网站的联系人列表同步最新信息。
- 如果 Outlook 持续停留在 SharePoint 联系人列表查看页面，则默认每隔 30 分钟自动与 SharePoint 网站的联系人列表同步最新信息。
- 在如【图 10-13】和【图 10-14】所示的 Outlook 联系人新建或编辑对话框中，单击 （保存并关闭）时同步最新信息。
- 在 SharePoint 网站环境中，打开联系人列表查看与管理页面时同步最新信息。
- 在 SharePoint 网站环境中，手动重新整理（单击 ）联系人列表查看页面时同步最新信息。

既然 SharePoint 的联系人列表可与 Outlook 的联系人同步，那么应该如何在 SharePoint 联系人查看页面中显示只有在 Outlook 中才有的即时信息地址、生日及助理姓名等字段信息呢？

从现有网站栏添加 SharePoint 联系人字段

在 MOSS 2007 网站环境中，与 Outlook 相结合的“联系人”、“日历”及“任务”等功能所需要的字段早已全部配置完成。只是因为 SharePoint 环境是以网页方式显示信息的，所以如果将所有联系人字段都显示出来，页面会显得过于杂乱，因此，在 SharePoint 环境中，通常默认只显示联系人的常用字段信息。如果企业确实有需要，可自行挑选需要显示的字段，再进行添加即可。首先请依次单击 设置 → 列表设置 → 栏 → 从现有网站栏添加 ，打开如【图 10-16】所示的“从网站栏添加栏：客户资料库”配置页面。

配置完毕后，请单击 确定 。此时，请您先到 Outlook 环境中单击 发送/接收(C) ，手动同步信息，然后再到 SharePoint 环境中查看联系人“许克臻”的数据，您将会看到如【图 10-17】所示的页面。

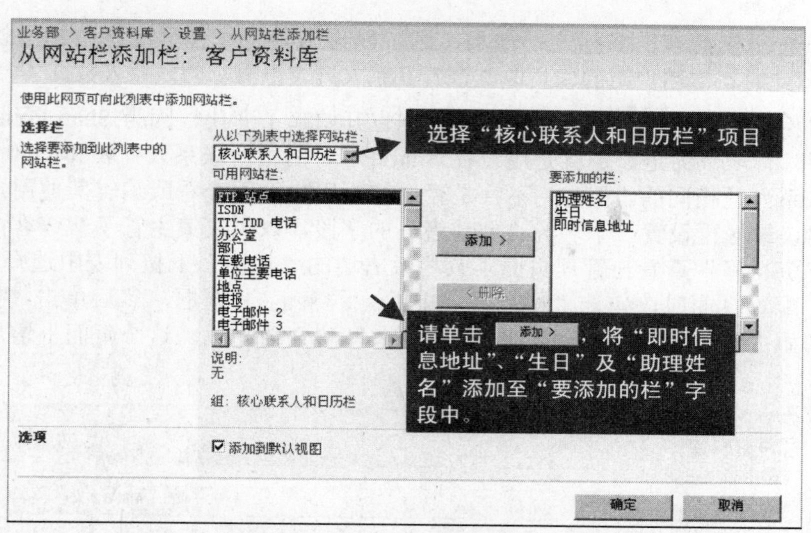

图 10-16　从现有网站栏添加 SharePoint 联系人字段

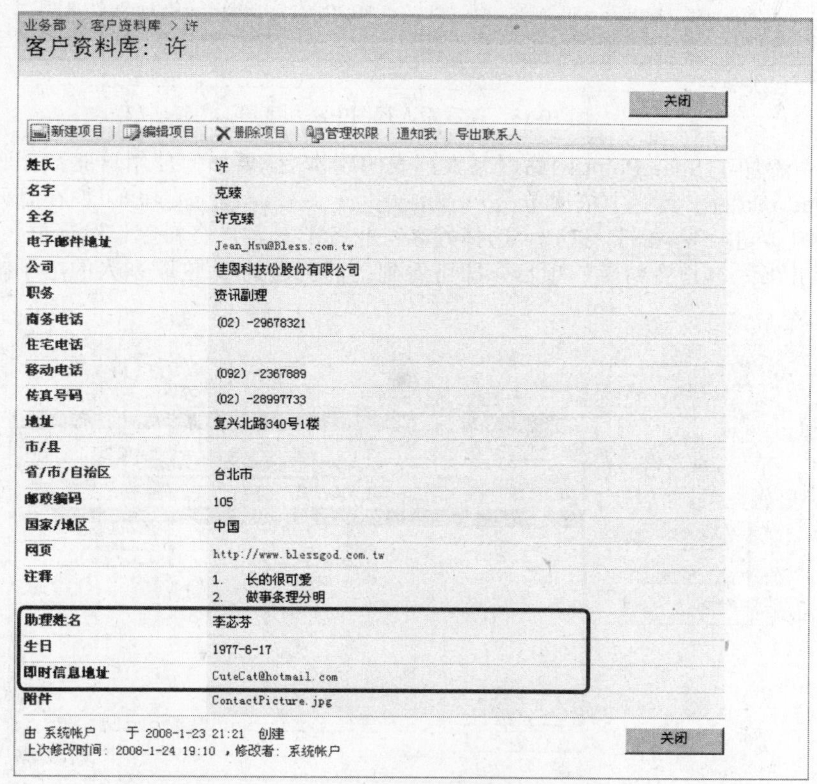

图 10-17　添加联系人字段后的同步结果

SharePoint 联系人在 Outlook 环境中的使用

除了添加联系人的操作需要在两地同步之外，有关联系人的编辑与删除也需要在两地同步响应。不过别担心，只有具有"参与"权限的用户才可以在联系人列表中执行新建、修改及删除的操作，这个网站访问权限也会同步到 Outlook 的联系人副本上。可是如果联系人列表中有多位成员可以进行对信息进行维护，是不是会误删其他的成员添加的客户数据呢？而且有些企业组织的业务员是有业绩压力的，为了防止其他业务员争抢客户，他们通常并不希望将自己的客户数据与其他业务员分享，但是业务经理又必须知道所有客户的数据，这个时候该怎么办呢？

您可能会想到，在第 5 章中所学的内容终于可以拿出来现宝了！不会吧！难道要让用户为自己添加的每一个联系人项目设置网站访问权限吗？那还不如直接叫他们放弃算了！嗯！想到了吧！解决方案就是启动项目级权限管理控制功能。这个功能已在第 9.1.1 节中介绍过，所以请读者自行完成。至于业务经理或决策主管必须能够查看所有的客户数据这一需求，则可以再另外将“**管理层次结构**”权限授予决策主管 SharePoint 用户组，此时，该用户组的成员即可查看联系人列表中所有的联系人数据了。

当完成上述目标后，用户同步到 Outlook 的数据也开始起了变化，因为 SharePoint 网站的联系人列表与 Outlook 同步时有一个约定，那就是用户在 SharePoint 网站的联系人列表和 Outlook 联系人环境中可查看或编辑的联系人是相同的。但是，不管是否要控制用户能否查看或编辑其他用户所创建的联系人数据，笔者还是建议最好再设置一个名为“创建者”的字段，以供决策主管了解该客户是由谁负责联系维护的。在“客户资料库”查看与管理页面工具栏最右边的“视图”下拉列表中选择 修改此视图，当打开“编辑窗口”配置页面时，勾选“栏”区块中的 ☑ 创建者 复选框，然后单击 确定 按钮，结束配置，即可看到如【图 10-18】所示的显示结果，与配置之前相比，这个页面上增加了一个名为“创建者”的字段。

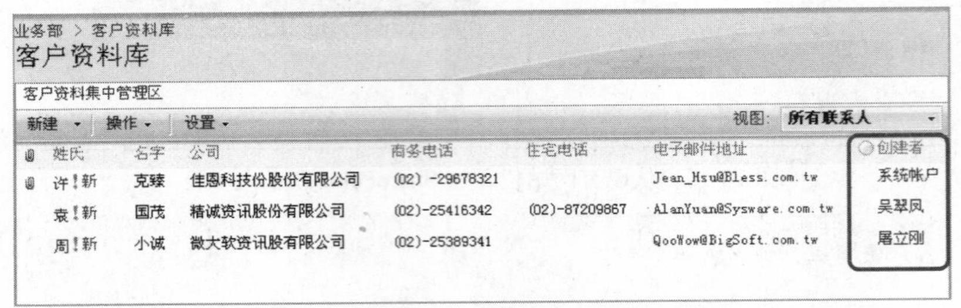

图 10-18 在联系人视图中添加字段

当在 Outlook 中添加了 SharePoint 网站联系人列表的副本后，要如何使用这些数据呢？我们来验收一下成果吧！请在 Outlook 的工具栏中依次单击 新建(N) → 邮件(M) Ctrl+Shift+M ，在打开的“未命名 - 邮件（HTML）”窗口上单击 收件人(O)...，打开“选择姓名：业务部 - 客户资料库”对话框，然后在“通讯簿”列表框中选择“业务部 - 客户资料库”项目，即可看到之前创建的 3 位联系人的电子邮件地址等信息，如【图 10-19】所示。

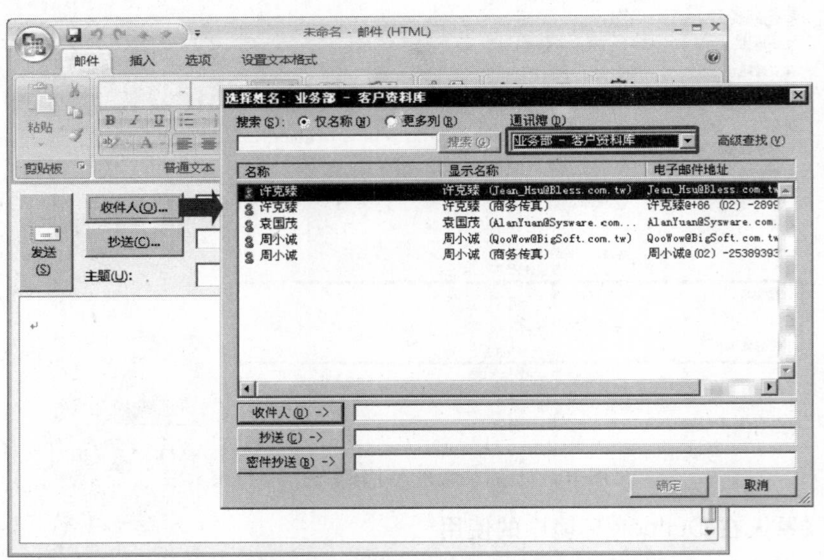

图 10-19 在 Outlook 环境中使用 SharePoint 联系人

10.3 民主风范的最后关卡——调查

微软以往在调查信息的处理上，大部分都是通过 Exchange Outlook 中的“投票”按钮作为调查的实现方法的，但是这种方法在面临信息收集爆炸的时代，就不足以供给企业使用了。企业经常会对客户、厂商、供货商或内部员工进行信息的调查，通过信息调查结果的分析与统计，为企业提供所需的正确信息，以作为商业分析或商业处理的依据。所以，一个调查环境必须能够满足定制的需求，并具有统计处理的功能及分析处理的能力，MOSS 2007 的“调查（Survey）”便提供了这样的功能，小组成员针对企业感兴趣的问题进行投票、为企业收集意见反馈等需求都可以通过“调查”功能来实现。“调查”功能还能够使企业通过图形查看调查结果，有效地为企业用户实现定制的需求和数据分析与统计的能力。

10.3.1 创建调查

目前最热门的话题是什么呢？当然是 2008 年“总统”大选到底会降落“六大天王”哪一家（不过，当本书准备付梓之际，好像只剩下“二大天王”之争 ）！下面，我们就用 MOSS 2007 所提供的“调查”功能来做个民意调查。默认“小组网站”并没有内置任何调查列表组件库，所以请读者先登录训练中心网站首页，并依次单击 查看所有网站内容 → 创建 → 跟踪 → 调查，打开如【图 10-20】所示的“新建”配置页面。

请设置调查列表的“名称”为“六大天王‘总统’之路”，在“说明”框中输入“谁会是 2008 年的‘总统’当选人”，其他设置使用默认值，最后单击 下一步，即可进入调查问题的设置页面。

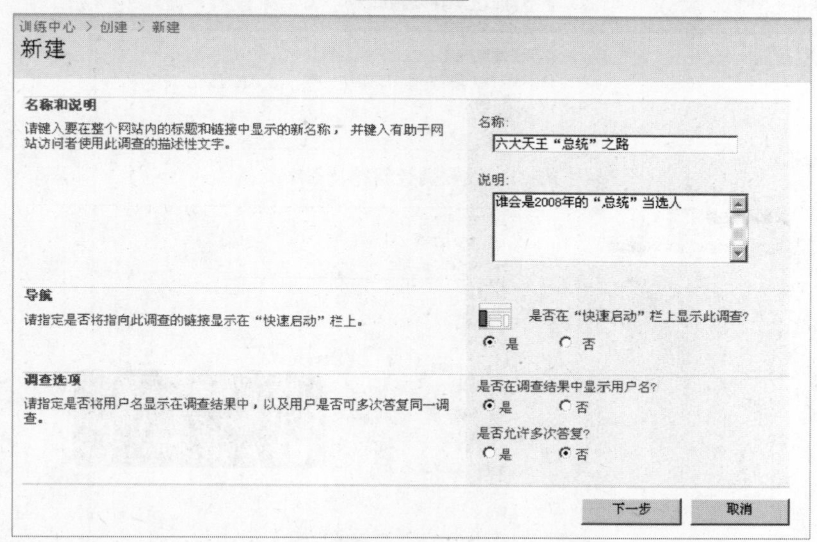

图 10-20 新建调查

● 调查选项

“调查选项”区块用于设置当用户填写完调查后，是否将填写调查的用户名称显示在调查结果中。如果想进行无记名调查或投票的话，可将 是否在调查结果中显示用户名? 设置为 ⊙否，不过系统还是会记录回复调查的用户账号。

如果创建调查的目的是举行投票的话，那可能就要防止用户多次填写调查，而发生造假灌水的情况了。所以可将 是否允许多次答复? 设置为 ⊙否，此时，当用户第 2 次填写调查时，就会看到“不允许再次答复此调查”的错误提示，如左图所示。

当您完成上述操作后，就已将“调查”列表库配置完毕了，只是顺便把这个调查所要询问的问题输入而已，毕竟一个没有提出问题的调查是没有意义的。还记得我们这次调查所要询问的问题吧！没错！“总统”落谁家？所以请在如【图 10-21】所示的“新建问题：六大天王‘总统’之路”配置页面的“问题”字段中输入“请问您认为六大天王中，谁最具有‘总统’相？”。因为大部分的调查题目都采用选择的题型(单选或多选)，所以系统以 ⊙选项(要从中选择的菜单) 为答案类型的默认值。在本练习中，请保留 此问题的答案类型为: 字段的默认值。

既然我们在 此问题的答案类型为: 中选择了 ⊙选项(要从中选择的菜单)，接下来总要定义一下可供选择的答案有哪些吧！

我们可以在“新建问题：六大天王‘总统’之路”配置页面的“其他问题设置”区块中对问题的答案类型进行详细设置，如【图 10-22】所示。

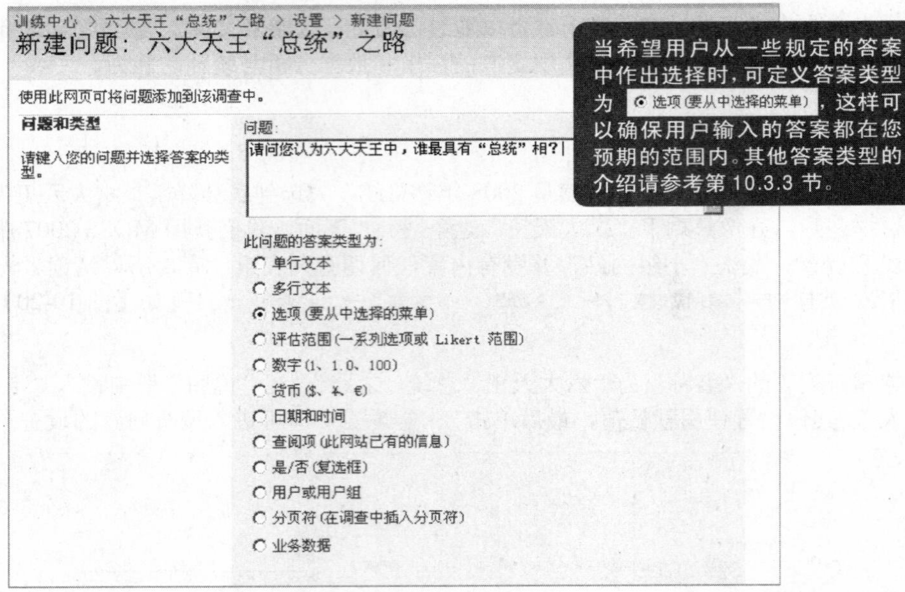

图 10-21　设置调查问题及答案类型

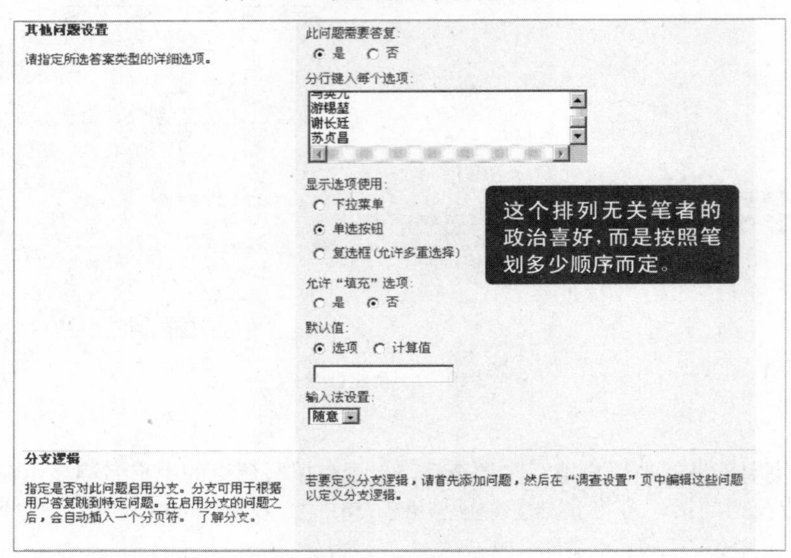

图 10-22　设置答案类型

- **此问题需要答复**

此问题需要答复：用于定义是否要强制用户回答这个问题，如果设置为 是，则表示如果用户没有针对此问题输入任何数据，则无法完成调查的填写。因为我们这份调查只有一个问题，所以请将 此问题需要答复：设置为 是。

- **分行键入每个选项**

分行键入每个选项：用于设置用户所要选择项目的值列表，规定每行只能键入一个选项值，若要换行输入其他的选项值，请按【Enter】键。在本练习中，请顺序输入“王金平”、“吕秀莲”、“马英九”、“游锡堃”、“谢长廷”及“苏贞昌”这“六大天王”的姓名。

- **显示选项使用**

显示选项使用：中提供的选择答案的方式有 下拉菜单、单选按钮 及 复选框(允许多重选择) 3 种，这 3 种答案选择方式的对应设置选项如下表所示，下拉菜单 和 单选按钮 形式都是单选模式，即只能选择 1 个答案，而 复选框(允许多重选择) 则为多重选择模式，即可选择多个答案。

下拉菜单	请问您认为六大天王中，谁最具有“总统”相？ * 王金平 吕秀莲 马英九 游锡堃 谢长廷 苏贞昌
单选按钮	请问您认为六大天王中，谁最具有“总统”相？ * ○王金平 ○吕秀莲 ○马英九 ○游锡堃 ○谢长廷 ○苏贞昌
复选框	请问您认为六大天王中，谁最具有“总统”相？ * □王金平 □吕秀莲 □马英九 □游锡堃 □谢长廷 □苏贞昌

● **允许“填充”选项**

允许“填充”选项：用于定义是否允许用户自行填写默认选项之外的内容。如果您无法针对此问题输入所有可能的答案，则可将此选项设置为 ⊙是；反之，如果您希望用户只能在您所定义的选项值之中进行选择，则应将此选项设置为 ⊙否。

在此练习中请使用系统默认值 ⊙否，意即除了这“六大天王”外，应该没有第七四“黑马”会出现吧！

● **默认值**

默认值：用于定义此问题答案的默认值为预设的某一项内容，意即当用户在回答问题时，会先看到这个题目预设的答案选项，如果用户想要选择的答案与默认值相同，则可不用另行作答，如果不同，才要自行选择答案。通常设置默认值的原因，不外乎是设计问题的人认为用户选择这个答案的比率会超过 50%，或想要故意误导回答问题的用户。

如果还有下一个问题要设置，则应单击 下一个问题 。但本调查需要回答的问题只有 1 个，所以可以单击 完成 结束调查的设计工作。

10.3.2 填写调查

当调查制作好之后，用户要如何填写调查呢？首先，请打开“六大天王‘总统’之路”查看与管理页面，映入眼帘的是如【图 10-23】所示的调查“概述”视图，这个视图可以告诉您目前查看的调查名及说明，以及该调查的创建时间和目前已有多少人答复了这个调查。

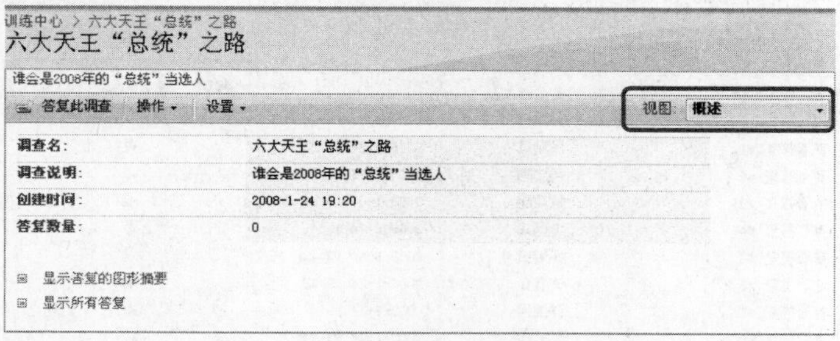

图 10-23　调查的“概述”视图

当用户要答复这个调查时，请单击工具栏上的 答复此调查，打开如【图 10-24】所示的“六大天王‘总统’之路：答复此调查”页面，在选择答案之后，请单击 完成 结束调查的填写工作。本练习请读者随意用 10 个账号登录系统，并分别进入“六大天王‘总统’之路：答复此调查”页面回答问题。

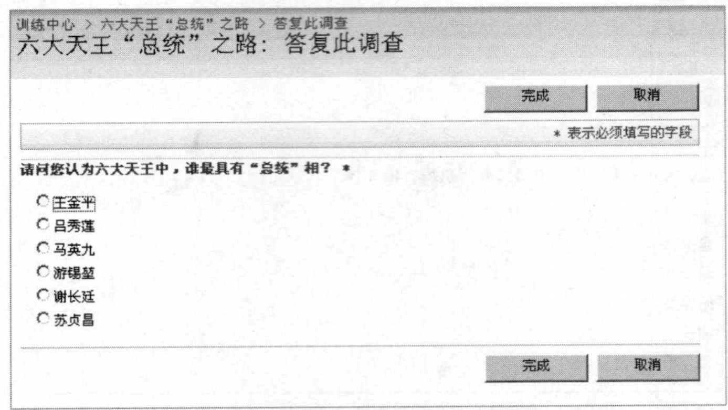

图 10-24　填写调查

当 10 位用户填写完调查后，我们可在此调查的“概述”视图中看出，已有 10 个人完成了调查的填写，但没有办法看出目前到底哪位候选人的得票率最高。此时，单击“概述”视图下方的 显示答复的图形摘要 ，或在页面工具栏最右边的“视图”下拉列表中选择 图形摘要 ，即可查看目前每位候选人的得票率及得票数。我们从【图 10-25】中可以看出，总计有 10 个人投票，其中“马英九”及“谢长廷”两位候选人的得票率较高，皆为 30%，意思是说，在目前参加投票的人心目中，这两个候选人不分轩轾，而其他 4 位候选人可能得加油啰。至于最后结果如何，就静待 2008 年的“选举”结果吧。不过，我们的民调好像还是很符合现今局势的。

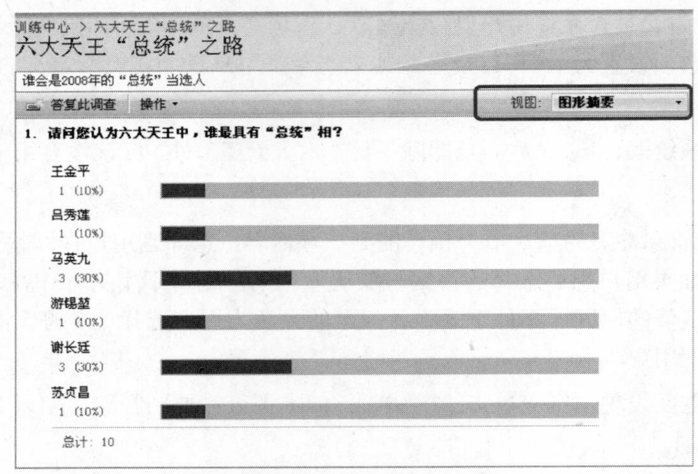

图 10-25　调查的“图形摘要”视图

可是，我们从【图 10-25】中并不能看出哪位用户投票给了哪位候选人，所以您可以单击该页面下方的 显示所有答复 ，或在工具栏最右边的“视图”下拉列表中选择 所有答复 ，打开如【图 10-26】所示的“所有答复”视图，即可查看用户所做的选择及填写调查的日期与时间了。

训练中心 > 六大天王“总统”之路

六大天王“总统”之路

谁会是2008年的“总统”当选人

答复此调查　操作　视图：所有答复

查看答复	创建者	修改时间	已完成
查看答复 #1	吴翠凤	2008-1-24 19:33	是
查看答复 #2	周立刚	2008-1-24 19:34	是
查看答复 #3	陈勇勋	2008-1-24 19:34	是
查看答复 #4	苏国林	2008-1-24 19:41	是
查看答复 #5	张智凯	2008-1-24 19:42	是
查看答复 #6	许嘉仁	2008-1-24 19:43	是
查看答复 #7	许震尹	2008-1-24 19:43	是
查看答复 #8	张书源	2008-1-24 19:44	是
查看答复 #9	苏丽莹	2008-1-24 19:46	是
查看答复 #10	李人和	2008-1-24 19:47	是

图 10-26　调查的“所有答复”视图

如果要查看、编辑或删除用户答复的调查答案时，可在“所有答复”视图中单击某个“查看答复”项目的编号，打开如【图 10-27】所示的单一调查答复查看与管理页面，进行适当的管理工作，例如，编辑已填写的调查答复或删除已填写的调查答复。

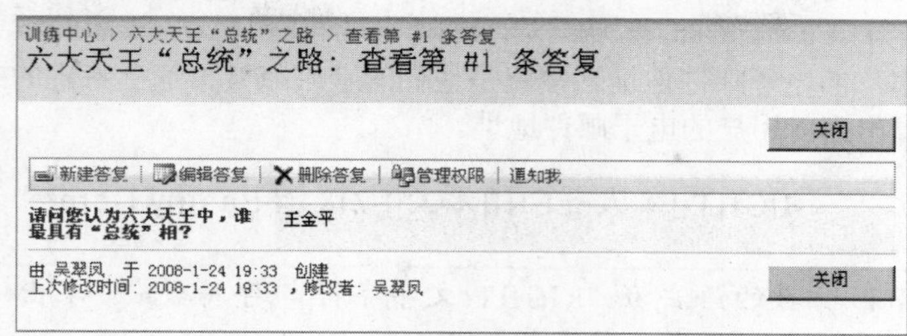

图 10-27 单一调查答复查看与管理页面

当在新建调查问题时，在“新建问题”配置页面的“此问题的答案类型为”字段中，可供选择的答案类型共有 12 种，且每一种答案类型所搭配的“其他问题设置”区块中显示的字段也不一样，而这些答案类型的定义将会影响用户答复调查时答案的输入。所以，每一种答案类型所代表的格式输入应该是什么样子的呢？而且“新建问题”配置页面显示的定义内容好像跟“新建栏”时所看到的定义内容雷同哦！

10.3.3 答案类型的介绍

各位读者的眼睛真的很尖，的确，在【图 9-48】中新建“部门”字段时所看到的配置页面，跟“新建问题”配置页面的确相似，所以在该页面的介绍中，只向读者介绍了如何配置新建字段。在本节中，我们再好好来向各位读者介绍各种信息类型（或答案类型）所表示的意义。

在“新建问题”配置页面中，所谓“答案类型”是在定义及控制用户回答问题时所输入答案的内容类型（文本、数字、货币或日期时间等），也规定了该数据在调查中的存储和显示方式。当您设置了答案类型后，还需要设置答案输入的方法是直接输入或鼠标选择（单选框、列表框或复选框），以及输入答案时的其他限制。

在“新建问题”配置页面中，可供选择的答案类型共有 12 种，其中“选项（要从中选择的菜单）”类型的设置已在第 10.3.1 节中介绍过，此处不再重复，“业务数据”类型的设置不在本书的讲解范围之内，此处不做介绍。

接下来将分别为各位读者介绍除“选项（要从中选择的菜单）”和“业务数据”外的 10 种答案类型的使用目的和相应的“其他问题设置”区块的变化，以及各种答案类型所显示的输入页面外观及数据输入限制。

单行文本

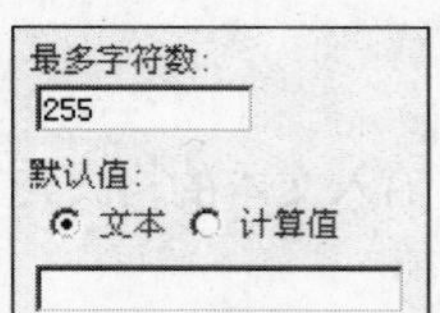

当您希望收集的信息为少量且不需格式化的文本、数字或混合型数据内容时，可选择此答案类型，例如：简短的文字内容数据（姓名、部门名称等）、不用于计算的数字内容数据（员工编号、邮政编码、电话号码等）或文本数字混合内容数据（地址、身份证号等）。“单行文本”类型最多只能存储 255 个字符，所以如果您希望用户输入的文本长度超过 255 个字符，或希望能够对文本的外观进行美化时，请您选择“多行文本”类型，或是事后再将“单行文本”类型转换为“多行文本”类型。

- **最多字符数**

用来限制可输入的字符长度，例如：身份证号最多只会有 18 个字符，故可将此值设为“18”，以防止用户输入的数据超过 18 个字符。

- **默认值**

定义用户在填写数据时显示的默认信息，可协助用户加快输入数据内容的速度，例如：当要求用户回答其电子邮件地址时，因为回答者可能都是公司的同事，所以可将 默认值: 设置为“您的名字@Beauty.Corp”

(假设公司的邮件服务器名称为“Beauty.Corp”)，此时，填写调查的用户只需更改“您的名字”的部分，同时 默认值: 也可作为提醒用户应该在此处填写哪些内容之用。

当您想提示用户某些特定的默认信息，可是该内容可能会因为新建项目的人、事、地不同而有所差异，则此时可将 默认值: 设置为 ⊙ 计算值，即 默认值: 显示的内容为使用公式计算后的结果。我们再以电子邮件地址为例，一般来说，用户的电子邮件地址通常就是他们的登录账号再加上特定的邮件服务器名称，所以我们可利用下列公式计算出当前用户的电子邮件地址。

=RIGHT([本人],LEN([本人])-7)&"@Beauty.Corp"

附注

1. RIGHT 函数的语法为“RIGHT(文字字符串,字符数)”，求出“文字字符串”最后的“字符数”长度的字符串数据。

2. LEN 函数的语法为“LEN(文字字符串)”，求出“文字字符串”的字符数。

3. “&”为文字间合并所使用的数学操作符。

4. 因为“[本人]”为当前登录的用户账号，而本练习所使用的账号皆为局域网账号，所以其表示方式为“Beauty\用户账号”，公式中所减的“7”，表示“Beauty\”这 7 个字符不需要用户输入。

- **输入页面显示样式为**

若将 默认值: 设置为“您的名字@Beauty.Corp”，则输入页面显示的样式为 您的名字@Beauty.Corp 。

若将 默认值: 设置为“=RIGHT([本人],LEN([本人])-7)&"@Beauty.Corp"，而当前登录的用户账号为“Beauty\Linda”，则通过上述公式的计算，输入页面将显示为 linda@Beauty.Corp 。

多行文本

当希望收集的信息较长且可能需要对输入的文本格式进行编辑时，可选择此答案类型，例如：经历、备注等叙述性内容。“多行文本”类型最多可以存储 63999 个字符。

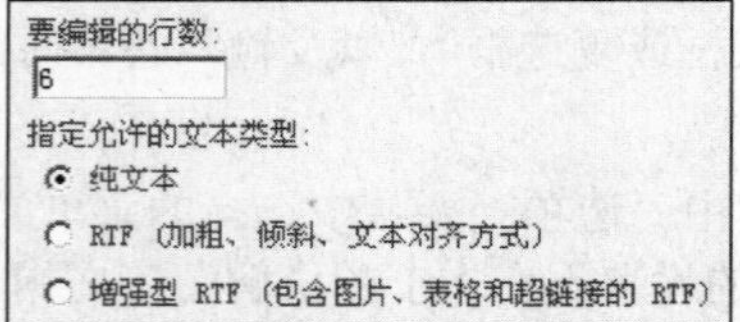

- **要编辑的行数**

定义用户在编辑内容时显示的文本行数。但事实上，此处对用户所输入的文本内容并没有进行行数的限制，只是当输入的内容超过 要编辑的行数: 所规定的数值时，在该编辑区的右边会出现滚动条，以便用户查看输入的内容。但此设置只能套用在编辑页面，当您在查看内容时，则不受此设置的限制，并会将所有输入的内容显示在页面上。

- **输入页面显示样式**

若将 指定允许的文本类型: 设置为 ⊙ 纯文本，则输入页面显示样式如下，表示无法调整输入文本的格式与外观。

若希望对输入文本的显示格式或对齐方式等进行调整，可将 指定允许的文本类型: 设置为 ⊙ RTF (加粗、倾斜、文本对齐方式)，则输入页面显示样式如下。

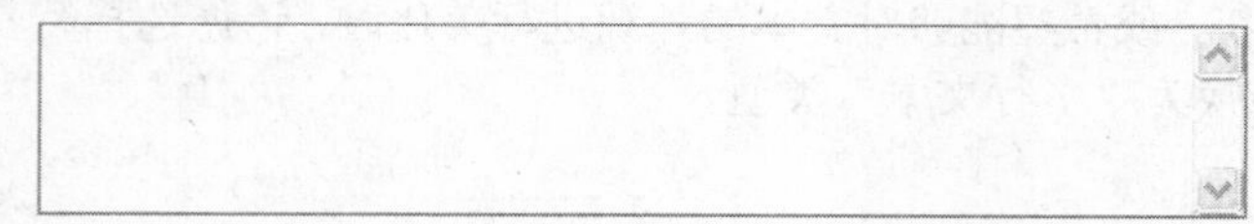

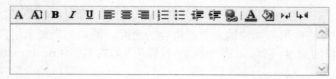

除了希望能够调整输入文本的显示格式或对齐方式之外，当需要在输入区中插入对象、表格等数据时，可配置 指定允许的文本类型: 为 ⊙ 增强型 RTF (包含图片、表格和超链接的 RTF)，则输入页面显示样式如下。

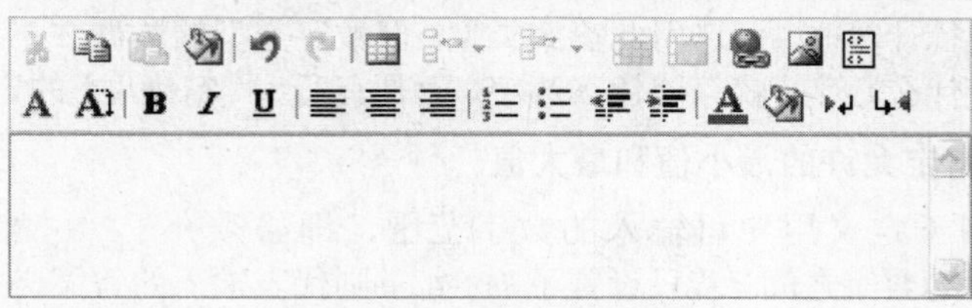

评估范围（一系列选项或 Likert 范围）

“Likert 范围”这个名词听起来很专业，所以笔者一定要为读者好好介绍一下。凡是曾经填写过调查的朋友，应该都看到过类似下表的评分表。

你觉得作者长得漂亮吗？
1. 非常丑　2. 有点丑　3. 普通　4. 有点漂亮　5. 非常漂亮

上面的评分方式被称为李克特量表（Likert Scale），其采用数个刻度来评估受访者对某件事物的“喜欢/不喜欢”、“同意/不同意”、“满意/不满意”、“重要/不重要”的程度差异。上面所举的例子是以 5 个刻度来评估的，但实际上李克特量表对评估刻度的个数并无限制，一般较常见的为 3~9 个刻度。可是到底几个刻度才能比较准确地评估出受访者真正的感觉呢？基本上有以下两种看法：

- **刻度少**：较不精确，但也因为简单，所以受访者较愿意答复。
- **刻度多**：可较精确地反映受访者的感觉，但相对的是在考验受访者的耐心。

根据学术界的研究结果，一般来讲，5~7 个刻度是较为理想的。另外，还有一个对于评价刻度设计的考量，那就是到底要取奇数刻度还是偶数刻度？学术研究报告指出：

- **偶数刻度**：由于奇数刻度有中间值，所以容易诱导一些受访者不加思考地选择中间刻度而表示无意见，所以偶数刻度的设计则可逼迫受访者偏向一方表态。
- **奇数刻度**：设计奇数刻度的评分表，主要是因为参与调查的受访者未必有任何喜好。目前常见的调查还是以奇数刻度居多。

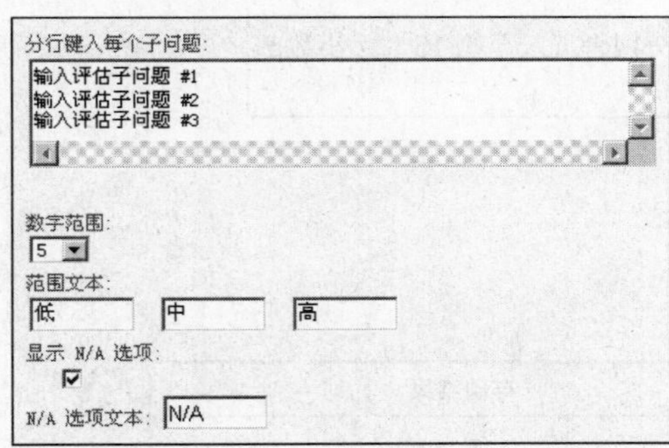

当您要收集的数据是要评估受访者对某项人、事、地或物的“喜欢/不喜欢”、“同意/不同意”、“满意/不满意”、“重要/不重要”等程度差异时，可采用此答案类型。

- **数字范围及范围文本**

数字范围: 是定义要用多少个评估刻度来让受访者对问题进行评分，而 范围文本: 则是对定义刻度的“低”、“中”及“高”进行描述。

- **显示 N/A 选项**

当受访者对于某些问题可能并没有任何的好恶时，为了防止受访者任意选取中间刻度表示其不偏不倚的态度，而造成数据收集的失真，因此可勾选 显示 N/A 选项:，并将 N/A 选项文本: 定义为“没意见”，以让受访者表示其“No Comment”的态度。

- **输入页面显示样式**（此显示结果是由上图所示的配置定义而来的）

	低 1	2	中 3	4	高 5	N/A
输入评估子问题 #1	○	○	○	○	○	○
输入评估子问题 #2	○	○	○	○	○	○
输入评估子问题 #3	○	○	○	○	○	○

数字（1、1.0、100）

您可指定所允许的最小值和最大值:
最小值: 最大值:
小数位数:
自动
默认值:
数字 计算值
以百分比显示(例如: 50%)

定义收集的数据为数字，且事后有可能会使用这些数据与其他数字型的数据数据进行计算时，可选用此答案类型。但数字类型的数据并不是指是您输入的是什么数字，就存储什么数字，而是有所谓“精确度”的定义。

- **您可指定允许的最小值和最大值**

此字段用于定义用户可输入的数字范围，即必须介于 最小值: 及 最大值: 所设置的数字之间。若只设置了 最小值:，则代表输入的答案必须大于或等于 最小值: 所设置的数字；反之，若只设置了“最大值”字段，则代表输入的答案必须小于或等于 最大值: 所设置的数字；若“最大值”及 最小值: 皆为空白，则表示可以输入任何数字。

- **小数位数**

此字段用于定义数字可显示的小数位数，所以当用户输入数字的小数位数超过 小数位数: 所规定的值时，则会将超出部分采用四舍五入的方式进位至所定义的小数位数。如果将 小数位数: 定义为“自动”，则表示输入的数字的小数位数可为任意长度。

- **以百分比显示**

此字段用于定义是否将数字以百分比形式存储或显示，同时，在计算时也会以其百分比结果为计算根据。当您勾选 ☑ 以百分比显示(例如: 50%) 时，即使输入的数据为“20”，实际上该数据应为“20%”，即“0.2”。

- **输入页面显示样式为**

如果在数字格式的字段中输入文本内容的话，则会在该字段下显示 该字段的值不是一个有效数字。的错误信息。如果勾选了 ☑ 以百分比显示(例如: 50%)，则输入页面显示样式为 %。

注意 数字类型的数据精确度仅为15位（含小数位数），笔者以下面的流程图来表示其对输入的数字会以什么样的结果进行存储。

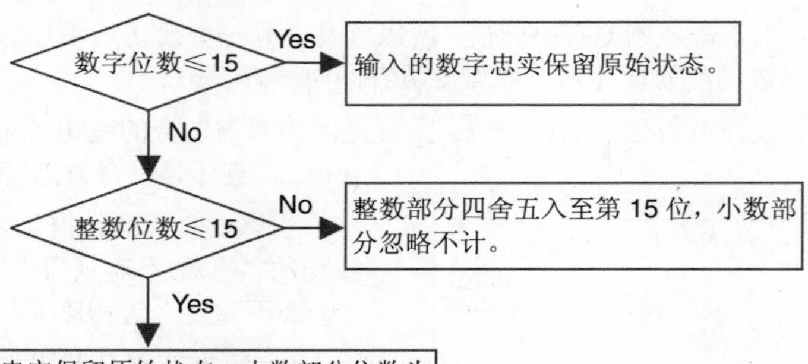

输入数字	存储结果
12345.12345	12345.12345
1234567890123456.789012	1234567890123460
123456789.123456789	123456789.123457
1234567890123.456789	1234567890123.46

如果设置了 小数位数:，则小数位数的存储结果会四舍五入至定义的长度。我们仍以上述数字为例，将 小数位数: 长度定义为“3”，看看存储结果会有什么变化。

输入数字	存储结果
12345.12345	12345.123
1234567890123456.789012	1234567890123460.000
123456789.123456789	123456789.123
1234567890123.456789	1234567890123.460

货币（$、¥、€）

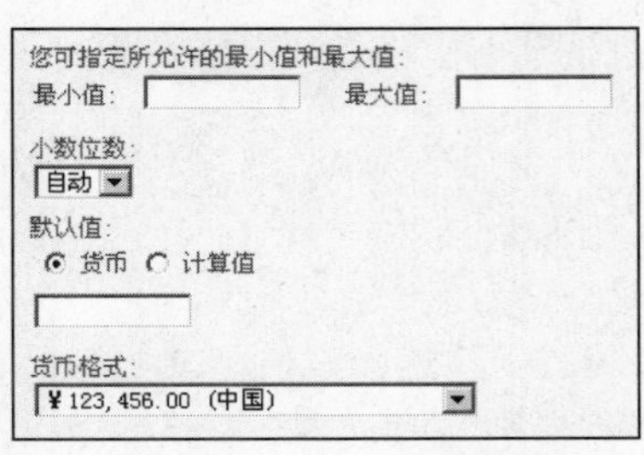

定义收集的数据为金额，且事后有可能会使用这些数据与其他数字型或货币型的数据进行计算时，可选用此答案类型。其实，货币跟数字本来就是一家，皆可用来存储数值，只是差别在于要定义所采用的货币格式是什么而已！您可以从 货币格式: 下拉列表框中选择要显示的币种，输入时仍只需输入数字即可，只是事后在如【图 10-27】所示的页面中查看受访者的回复答案时，会以选择的币种来显示。

如果在 小数位数: 下拉列表中选择“自动”项目，其存储结果与显示结果将会有一些出入。我们仍以上表中的数字为例，表现其在定义为“数字”类型和“货币”类型时的差异。

输入数字	存储结果	显示结果
12345.12345	**12345.12345**	**¥12345.12**
1234567890123456.789012	1234567890123460	¥1234567890123460.00
123456789.123456789	**123456789.123457**	**¥123456789.12**
1234567890123.456789	1234567890123.46	¥1234567890123.46

如果设置了 小数位数:，则小数位数的存储结果会四舍五入至定义的长度。我们仍以上表所举数字为例，但将 小数位数: 定义为“3”，看看存储与显示结果会有什么变化。

输入数字	存储结果	显示结果
12345.12345	12345.123	¥12345.123
1234567890123456.789012	1234567890123460.000	¥1,234,567,890,123,460.000
123456789.123456789	123456789.123	¥123,456,789.123
1234567890123.456789	1234567890123.460	¥1234567890123.460

- 输入页面显示样式为 [ ]

日期和时间

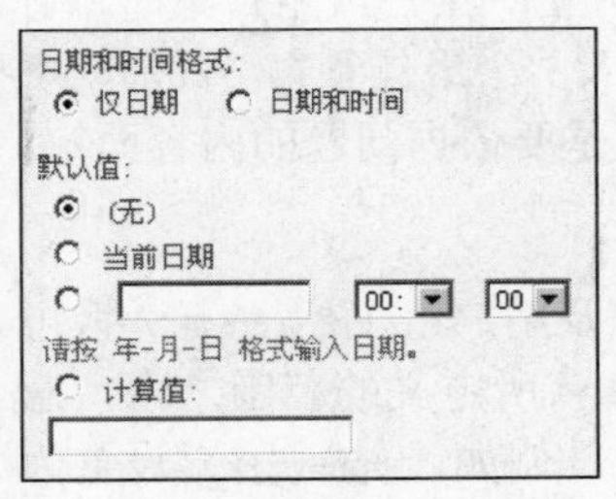

定义数据内容的收集为日期及时间形式，至于是只输入日期或同时输入日期和时间，则要通过 日期和时间格式: 来进行定义。有时，我们会希望记录调查填写的时间，但为了防止参与调查的用户不填写此项，可将 默认值: 设置为 ⊙ 当前日期。如果希望输入的日期为创建数据日期后的一星期，则可将 默认值: 设置为 ⊙ 当前日期，并定义 ⊙ 计算值 公式为“[今日]+7”。

- **输入页面显示样式**

如果将“默认值”字段设置为 ⊙ (无)，则输入页面显示样式如下：

仅日期：[ ]；

日期和时间：[ ] [上午 12] [00]。

如果将“默认值”字段设置为 ⊙ 当前日期，则输入页面显示样式如下：

仅日期：[2007/3/6]；

日期和时间：[2007/3/6] [上午 9] [00]。

查阅项（此网站已有的信息）

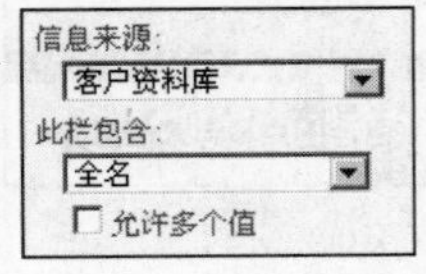

定义数据的输入可以从网站组件库中的现有字段中来选择。例如，公司发布了新产品，希望采用电话访问的方式询问现有客户的购买意愿，故分配不同的电访员负责不同的现有客户，所以在整理列表时，可以从现有客户列表中选取数据。

- **信息来源和此栏包含**

定义数据要从当前网站中的哪个列表或文档库中取得，但无法从其他网站的列表或文档库中取得。当在 信息来源: 中指定了取得数据的列表或文档库后，即可从该数据来源中选择适当的字段。若要选择的数据值不止一个，可勾选 ☑允许多个值 。

● **输入页面显示样式**

如果没有勾选 □允许多个值，则输入页面显示样式为：

如果勾选了 ☑允许多个值，则输入页面显示样式为：

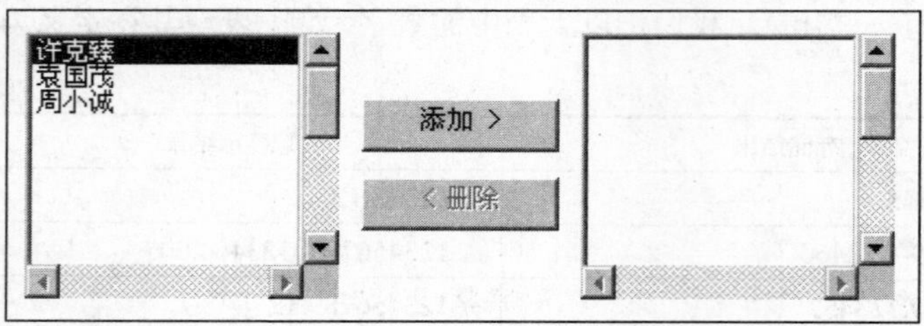

是/否（复选框）

默认值：是

当询问的问题希望得到的答案为“是”或“否”时，可选择这种答案类型。但这种答案类型并不经常用在调查页面中，因为其在输入页面的显示样式就只是一个小小的四方形框框，从页面上看很不搭调，所以如果确实需要受访者回答“是”或“否”时，笔者建议采用“选项（要从中选择的菜单）”答案类型中的 ◉单选按钮 来完成。这种类型的内容输入，常在组件库的自定义字段中使用。

● **输入页面显示样式**

默认值：设置为“**是**”时显示为：☑

默认值：设置为“**否**”时显示为：□

用户或用户组

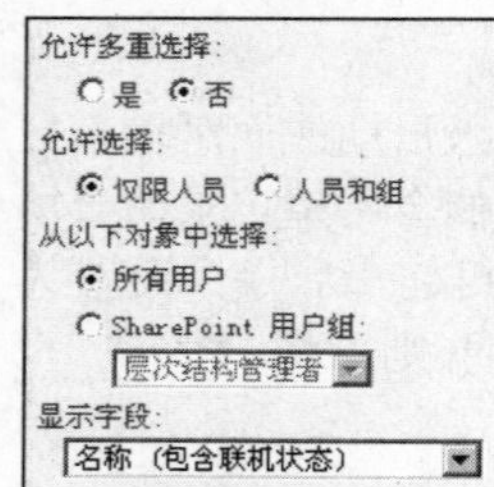

定义答案的输入内容必须以现有网络环境中的用户或SharePoint用户组为数据来源。如果需要规定受访者只能在这个问题的答案中输入1个用户或用户组时，可将 允许多重选择： 配置为 ◉否，这样可以强制受访者输入1个最佳答案，否则就可能会乱枪打鸟，使希望收集的数据失真。当然，设置时还是要依据问题的内容而定。

● **允许选择**

定义数据的输入是仅限于用户（◉仅限人员）还是用户及用户组（◉人员和组）皆可输入，但输入的用户或用户组数据必须在 从以下对象中选择： 所定义的范围之内，意即定义答案的输入必须同时符合 允许选择： 及 从以下对象中选择： 字段所定义的条件。例如，允许选择： 设置为 ◉人员和组，而 从以下对象中选择： 中设置的是 ◉所有用户，那不就产生矛盾了吗？因为在所有用户的范围中，一定不会出现用户组的数据。

● **显示字段**

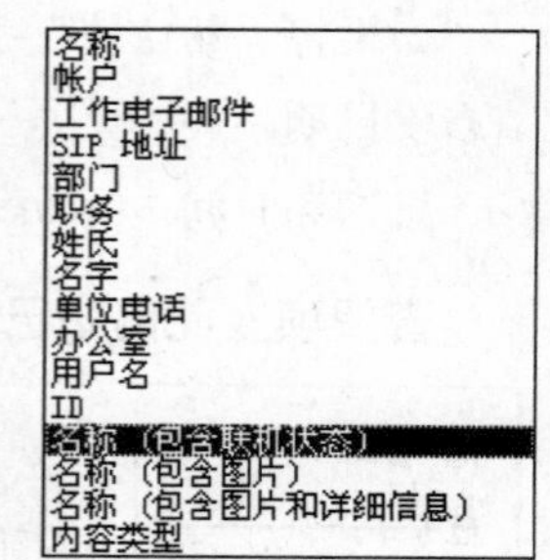

定义当以【图10-27】所示的页面显示受访者回复的答案时，则会以在 显示字段： 列表框中所定义的数据内容来显示所选择的用户或用户组信息，可供选择的字段如右图所示。笔者最喜欢选择的是“名称（包含图片）”，因为选择此项，可以把笔者美丽又可爱的照片Show出来！

● **输入页面显示样式为**

如果将 允许多重选择： 配置为 ◉是，则会在输入字段区块下显示 输入使用分号分隔的用户。的提示信息，表示在不同的用户或用户组之间需以分号（;）进行分隔。

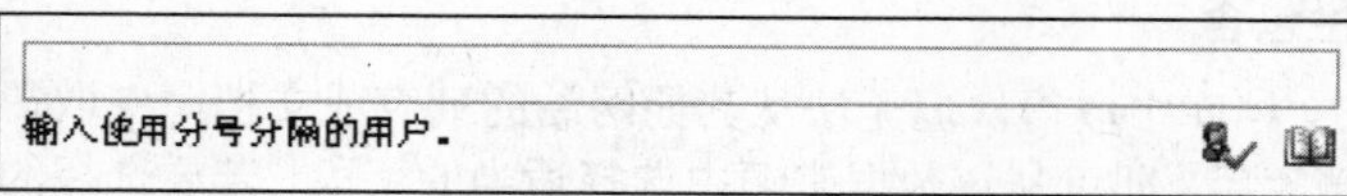

分页符（在调查中插入分页符）

当某个调查页面的长度过长，或希望将题目进行分类而放在不同的页面中，都可利用此答案类型来控制换页的位置。如果您已经启动了“分支逻辑”功能，则在启动分支逻辑题目之后，会自动加入换页符。

当定义完答案类型之后，如果事后想更改答案的类型，不知道还可不可以啊？还是要将现有定义的问题删掉，然后再重新新建问题呢？

答案类型的转换

当定义完答案类型之后，若想更改答案类型是没有问题的。但也不是所有的答案类型定义后都可以进行转换，即使可以转换，也不是想转换任意类型都可以的。下表是可以进行转换的答案类型，以及可以转换成哪些答案类型。表中未列部分，表示只能删除再重新创建啰！这就意味着，该问题的回答数据也将会烟消云散了。

答案类型	可转换的类型
单行文本	多行文本 选项（要从中选择的菜单） 数字（1、1.0、100） 货币（$、¥、€） 日期和时间
选项（要从中选择的菜单）	单行文本 多行文本 数字（1、1.0、100） 货币（$、¥、€） 日期和时间
数字（1、1.0、100）	单行文本 多行文本 选项（要从中选择的菜单） 货币（$、¥、€） 是/否（复选框）
货币（$、¥、€）	单行文本 多行文本 选项（要从中选择的菜单） 数字（1、1.0、100） 是/否（复选框）
日期和时间	单行文本 多行文本 选项（要从中选择的菜单）
是/否（复选框）	单行文本 多行文本 选项（要总中选择的菜单） 数字（1、1.0、100） 货币（$、¥、€）

10.3.4 分支调查实例

在大部分的调查中，问题的设计都采用了循序回答的方式。可是，有些问题会因上一个问题答案的不同，而影响接下来所要出现的问题及信息的收集，此时就需要使用“分支”功能。所谓“分支问题”，指的是根据受访者所提供的答案来决定是否要跳过一些特定问题。同时，一旦使用分支功能，会自动插入分页符，这样做的主要原因是因为下一个问题的提问内容取决于上一个问题的答案，所以在不确定因素下，每个分支问题都会采用分页的方式隔开。

我们先来看看在这个练习中所要完成的调查内容是什么？这份调查主要是以外星人的出现来分析恋爱倾向。有没有搞错啊！这跟我们公司的业务有什么关系啊？而且谁有见过外星人！嘻，的确没什么关系啦，只是有一位名为“糖糖”的Fans，希望我们一定要将这个调查写在书里，所以……

我是糖糖

就一般的情况来说，这份调查会设计成如下形式，然后请受访者采用手写的方式来填写。

由外星人分析恋爱倾向

姓名：________________ 生日：_______________ 年龄：_____________

性别：________________ 电话：_______________ 薪水：_____________

1. 晚上在看电视时，突然屏幕上出现一排文字写着“救救我”，您会到哪去一探究竟？
   A .... 附近大楼的屋顶上（跳到第 3 题）
   B .... 附近的公园（跳到第 5 题）
2. 隔天您拿东西给他吃，外星人很快地就吃完了，而且他说很想跟着您去学校，您该怎么办？
   A .... 把他装扮成自己的弟弟（跳到第 12 题）
   B .... 叫他躲在学校的仓库（跳到第 8 题）
3. 屋顶上有一艘故障的飞碟和一个 100 厘米高的外星人，您会怎么帮他呢？
   A .... 偷偷带他回家（跳到第 7 题）
   B .... 明天早上再来（跳到第 2 题）
4. 外星人吃完食物后，说他很孤单，那您会怎么做？
   A .... 偷偷地带他回家（跳到第 6 题）
   B .... 让他自己忍耐一点（跳到第 10 题）
5. 在公园有一个身高 100 厘米的外星人和一艘故障的飞碟，他说肚子饿，您会怎么做？
   A .... 拿食物到公园给他（跳到第 4 题）
   B .... 偷偷带他回家（跳到第 7 题）
6. 隔天您从学校回来时，外星人被大家发现了，而且聚集很多人围观，那您会怎么做？
   A .... 拉着外星人逃跑（跳到第 15 题）
   B .... 跟大家解释清楚（跳到第 9 题）
7. 您带他回家后，安顿他的食宿，隔天他说很想跟您去学校看看，那您会怎么做？
   A .... 把他装扮成弟弟带去（跳到第 12 题）
   B .... 说服他留在家里（跳到第 6 题）
8. 躲在仓库里的他还是被发现了，引起很大震惊，那您会怎么做？
   A .... 谎称只是在演戏（跳到第 11 题）
   B .... 向大家说出实情（跳到第 13 题）
9. 经过说明后，大家终于了解也愿意合力帮外星人修好飞碟让他离去，之后您想发表有关外星人的文章，您会订什么样的题目？
   A .... 宇宙来的朋友（结论 C）
   B .... UFO 大震撼（结论 E）
10. 您留下外星人独自回家，再次打开电视时，却发现一群外星人在寻找他们星球的王子，并留下了联系电话，那您会怎么做？
   A .... 马上打电话联络（跳到第 14 题）
   B .... 到公园告诉那个外星人（跳到第 16 题）

11. 可是您的谎言还是马上被拆穿，引起大骚动，当您拉着外星人逃跑时，出现了一艘超大型飞碟，原来是来接他的，有了这个奇遇，今后您会？

A ………………………………………………………………………成为活跃的外星人评论家（结论 A）

B ………………………………………………………………………一想起来就心有余悸（结论 B）

12. 可是风把他的帽子吹掉后就被拆穿了，怎么办？

A ………………………………………………………………………跟大家说出实情（跳到第 13 题）

B ………………………………………………………………………拉着外星人逃走（跳到第 15 题）

13. 您说明之后同学也都能理解，一起帮忙修好飞碟，临走前您希望跟他合照，您认为你们的合照将会是怎样呢？

A ………………………………………………………………………两个人比着 V 手势（结论 A）

B ………………………………………………………………………跟他握手的样子（结论 C）

14. 打电话过去后，飞碟母船临走前，您会想要什么样的纪念品呢？

A ………………………………………………………………………太空糖果一年份（结论 D）

B ………………………………………………………………………太空项链一条（结论 E）

15. 您和他逃走后，帮他修好飞碟，临走前他希望您别对任何人说他的事，您会怎么做？

A ………………………………………………………………………遵守约定不对任何人说（结论 B）

B ………………………………………………………………………可能会跟家人或男（女）朋友说（结论 D）

16. 去告诉他后，他终于能够返回故乡，临走前您会对他说？

A ………………………………………………………………………下次我也要去您那边玩（结论 C）

B ………………………………………………………………………您要再来地球玩喔（结论 E）

结论 A. 性感型

让人一见钟情的您最有魅力，这一个类型的地球人，如果不谈恋爱对他们来说是活不下去的，常常会有一见钟情的感觉，性感是您的秘密武器，您也会主动去约喜欢的人出去，并且处于恋情主导的地位。当然这样恋情的成功率是很高的，于是又开始寻找一个新情人。您觉得分析的答案是不是很准呢？

A.………………………………………………………………………非常准（跳到第一题）

B.………………………………………………………………………一点都不准（跳到第一题）

结论 B. 爱心型

有魅力的您，异性最心动这一个类型的地球人，谈恋爱最重视心灵深层的感受，温柔体贴的异性是您心目中的对象，当然您最大的优点就是给人那种很女性化的感觉，可以试着做一些点心或是勾条围巾，送给您心仪的人，这个办法会使你们之间成功率大为提升，可是也会陷入付出太多的深渊。您觉得分析的答案是不是很准呢？

A ………………………………………………………………………非常准（跳到第一题）

B ………………………………………………………………………一点都不准（跳到第一题）

结论 C. 健谈型

很会聊天，和异性都能成为好朋友。这一个类型的地球人，对恋情的看法是“两人在一起相处得快乐是最重要的事了！”。选择情人的时候，会考虑彼此的兴趣是否一致，因常常由友情转变为爱情。这种类型的人最大的筹码，就是随时有讲不完的话题，可以和各式各样的人都谈得来，不过对冷酷的人可能得多花一点时间。您觉得分析的答案是不是很准呢？

A.………………………………………………………………………非常准（跳到第一题）

B.………………………………………………………………………一点都不准（跳到第一题）

结论 D. 感性型

纯情的您，等待心目中异性的接近。这一个类型的地球人，比较不容易主动喜欢异性，“被动的恋情”

是你们最大的特征，通常是要靠别人主动追求或是在朋友的怂恿之下展开新恋情，但是纯情可爱也是您的秘密武器，周围的异性都能被您的气质所吸引，但是当您在异性很少的环境下，认识别人的机会就更少。您觉得分析的答案是不是很准呢？

A.……………………………………………………………………非常准（跳到第一题）

B.……………………………………………………………………一点都不准（跳到第一题）

结论 E. 知性型

冷静判断，将异性分类归档。这一个类型的地球人类，对恋情相当的慎重，对方的基本数据，包括个性、在校成绩等都要调查清楚不可，也会有一些情人候补人选。这种人最大的武器当然是他们冷静的判断能力，但是选情人如果只一味注重外在条件优劣的话，很难尝到真正爱情的甜美哟！您觉得分析的答案是不是很准呢？

A.……………………………………………………………………非常准（跳到第一题）

B.……………………………………………………………………一点都不准（跳到第一题）

一、您会把这份调查介绍给哪些同事填写？

二、试题设计调查：

	非常不满意		<- - - - ->		普通		<- - - - ->		非常满意
	1	2	3	4	5	6	7	8	9
调查排版									
表达技巧									
分析结果叙述									
整体调查满意度									
调查设计									
调查品质									

三、请说明您对这份调查设计的感觉？

在进行调查设计前，请在训练中心网站创建一个名为"由外星人分析恋爱倾向"的调查列表，并将"说明"字段设置为"了解自己，了解爱情"，其他设置使用默认值，最后单击 下一步 ，以进入调查问题的设置。请在"新建问题"配置页面上单击 取消 ，问题的新建可于事后进行。当调查列表创建完毕后，请再将调查列表的标题更改为"由外星人分析恋爱倾向"。我想读者应该知道为什么要这么做吧！因为这样做可以确定此调查的网址如下：

http://center.beauty.corp/SiteDirectry/Sales/LoveSurvey

调查列表配置的结果如【图 10-28】所示。

添加问题

当对调查设计的考虑不够周详时，事后可另行添加问题。此时请单击调查查看与管理页面的 设置 ，然后选择 添加问题 向此调查添加其他问题。，打开"新建问题"配置页面，接下来的操作就与【图 10-21】和【图 10-22】中的步骤相同了。

在我们已经了解此次调查所要询问的问题之后，接下来，必须先分析各个问题所要搭配的答案类型，以及在"其他问题设置"区块中所要搭配的设置模块。因为这是一个具有分支问题的调查，所以大部分的问题都是必须要填写答案的。因此，请将所有问题中的"其他问题设置"区块下的 此问题需要答复: 字段都设置为 ⊙ 是 。受访者在填写调查时，如果没有对问题进行回答，则会在该字段下显示 必须为此必填字段指定值。的提示信息。

OK！我们动工吧！您只要依照下表所分析的情况将所有问题一一输入即可，至于没有提到的设置值，请保留默认配置。如果在新建问题时有输入遗漏、顺序错误或多列问题的情况出现，皆可不予理会，事后再一起调整问题的顺序或删除不需要存在的问题即可。

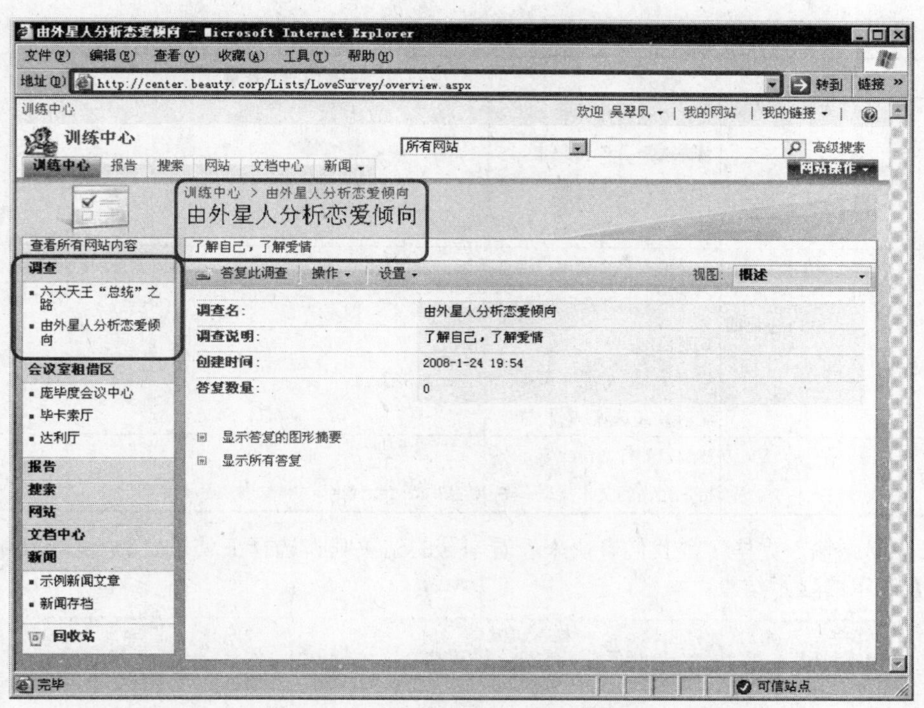

图 10-28　新建调查列表后的显示结果

喂！作者你不要闹了！这么多的字，要我输入到什么时候啊！别担心，笔者已在本书所附范例“\CH10”文件夹下的“由外星人分析恋爱倾向调查.doc”中提供了本调查的内容。

题　目	答案类型	其他问题设置
姓名	单行文本	最多字符数：30
生日	日期和时间	日期和时间格式：⊙ 仅日期
年龄	数字（1、1.0、100）	最小值：18 最大值：88 小数位数：0
性别	选项（要从中选择的菜单）	分行键入每个选择：男;女（“;”表示“换行”之意） 显示选择使用：下拉菜单 默认值：男
电话	单行文本	最多字符数：20
薪水	货币($、¥、€)	小数位数：0 货币格式：¥123, 456.00（中国）
1～16	选项（要从中选择的菜单）	（以第 1 题为例） 分行键入每个选择： A.　附近大楼的屋顶上 B.　附近的公园 显示选项使用：⊙ 单选按钮
A～E	选项（要从中选择的菜单）	（以结论 A 为例） 分行键入每个选择： A.　非常准 B.　一点都不准 显示选项使用：⊙ 单选按钮 默认值：A.非常准

续表

题　目	答案类型	其他问题设置
一	用户或用户组	允许多重选择：◉ 是 允许选择：◉ 仅限人员 从以下对象中选择：◉ 所有用户 显示字段：名称（包含图片和详细信息）
二	评估范围（一系列选项或Likert 范围）	分行键入每个选项：调查排版；表达技巧；分析结果叙述；整体调查满意度；调查设计；调查品质（“;”表示“换行”之意） 数字范围：9 范围文本：非常不满意；普通；非常满意 显示 N/A 选项：☐
三	多行文本	要编辑的行数：6 指定允许的文本类型：◉ 增强型 RTF（包含图片、表格和超链接的 RTF）

哇！终于把问题输入完毕了，我们赶快来看看辛苦的结果吧。选择工具栏上的 答复此调查 ，即可看到如【图 10-29】所示的显示结果。

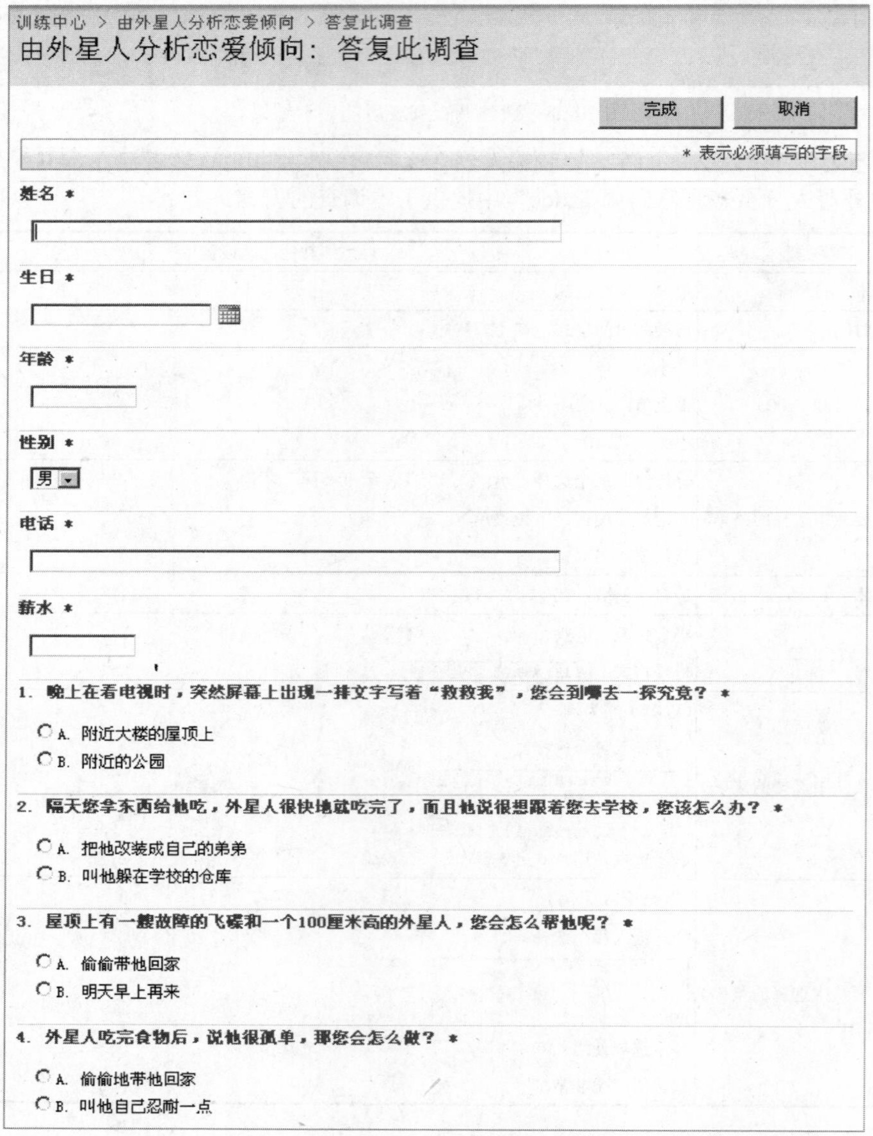

训练中心 > 由外星人分析恋爱倾向 > 答复此调查

由外星人分析恋爱倾向：答复此调查

完成　取消

* 表示必须填写的字段

姓名 *

生日 *

年龄 *

性别 *

男

电话 *

薪水 *

1. 晚上在看电视时，突然屏幕上出现一排文字写着“救救我”，您会到哪去一探究竟？ *

○ A. 附近大楼的屋顶上
○ B. 附近的公园

2. 隔天您拿东西给他吃，外星人很快地就吃完了，而且他说很想跟着您去学校，您该怎么办？ *

○ A. 把他改装成自己的弟弟
○ B. 叫他躲在学校的仓库

3. 屋顶上有一艘故障的飞碟和一个100厘米高的外星人，您会怎么帮他呢？ *

○ A. 偷偷带他回家
○ B. 明天早上再来

4. 外星人吃完食物后，说他很孤单，那您会怎么做？ *

○ A. 偷偷地带他回家
○ B. 叫他自己忍耐一点

接下页 ↓

5. 在公园有一个身高100厘米的外星人和一艘故障的飞碟，他说肚子饿，您会怎么做？ *

○A. 拿食物到公园给他
○B. 偷偷带他回家

6. 隔天您从学校回来时，外星人被大家发现了，而且聚集很多人围观，那您会怎么做？ *

○A. 拉着外星人逃跑
○B. 跟大家解释清楚

7. 您带他回家后，安顿他的食宿，隔天他说很想跟您去学校看看，那您会怎么做？ *

○A. 把他改装成弟弟带去
○B. 说服他留在家里

8. 躲在仓库里的他还是被发现了，引起很大震惊，那您会怎么做？ *

○A. 谎称只是在演戏
○B. 向大家说出实情

9. 经过说明后，大家终于了解也愿意合力帮外星人修好飞碟让他离去，之后您想发表有关外星人的文章，您会订什么样的题目？ *

○A. 宇宙来的朋友
○B. UFO大震撼

10. 您留下外星人独自回家，再度打开电视时，却发现一群外星人在寻找他们星球的王子，并留下专线协寻，那您会怎么做？ *

○A. 马上打电话联络
○B. 到公园告诉那个外星人

11. 可是您的谎言还是马上被拆穿，引起大骚动，当您拉着外星人逃跑时，出现了一艘超大型飞碟，原来是来接他的，有了这个奇遇，今后您会？ *

○A. 成为活跃的外星人评论家
○B. 一想起来就心有余悸

12. 可是风把他的帽子吹掉后就被拆穿了，怎么办？ *

○A. 跟大家说出实情
○B. 拉着外星人逃走

13. 您说明之后同学也都能理解，一起帮忙修好飞碟，临走前您希望跟他合照，您认为您们的合照将会是怎样呢？ *

○A. 两个人比着V手势
○B. 跟他握手的样子

14. 打电话过去后，飞碟母船临走前，您会想要什么样纪念品呢？ *

○A. 太空糖果年份
○B. 太空项链乙条

15. 您和他逃走后，帮他修好飞碟，临走前他希望您别对任何人说他的事，您会怎么做？ *

○A. 遵守约定不对任何人说
○B. 可能会跟家人或男（女）朋友说

16. 去告诉他后，他终于能够返回故乡，临走前您会对他说？ *

○A. 下次我也要去您那边玩
○B. 您要再来地球玩喔

结论A. 性感型让人一见钟情的您最有魅力，这一个类型的地球人，如果不谈恋爱对他们来说是活不下去的，常常会有一见钟情的感觉，性感是您的秘密武器，您也会主动去约喜欢的人出去，并且处于恋情主导的地位。当然这样恋情的成功率是很高的，于是又开始找上一个新情人。您觉得分析的答案是不是很准呢？ *

◉A. 非常准
○B. 一点都不准

结论B. 爱心型有魅力的您，异性最心动这一个类型的地球人，谈恋爱最重视有魅力的您，异性最心动这一个类型的地球人，谈恋爱最重视心灵层次的感受，温柔体贴的异性是他心目中的对象，当然您最大的优点就是那种很女生化的感觉，可以试着做一些点心或是勾条围巾，送给您心仪的人，这个办法会使您们之间成功率大为提升，可是也会陷入付出太多的深渊。您觉得分析的答案是不是很准呢？ *

◉A. 非常准
○B. 一点都不准

接下页 ↓

结论C. 健谈型很会聊天，和异性都能成为好朋友.这一个类型的地球人，对恋情的看法是“两人在一起处得快乐就最要的事了！”。选择情人的时候，会考虑彼此的兴趣是否一致，因常常由友情转变为爱情。这种类型的人最大的筹码，就是随时有讲不完的话题，可以和各式各样的人都读得来，不过对冷酷的人可能得多花一点时间。您觉得分析的答案是不是很准呢？ *

◉ A. 非常准
○ B. 一点都不准

结论D. 感性型纯情的您，等待心目中异性的接近这一个类型的地球人，比较不会主动去喜欢异性，“被动的恋情”是他们最大的特征，通常是要靠别人主动追求或是朋友的怂恿之下展开新恋情，但是纯情可爱也是您的秘密武器，围的异性都能被您的气质所吸引，但是当您在异性很少的环境下，认识别人的机会就更少。您觉得分析的答案是不是很准呢？ *

◉ A. 非常准
○ B. 一点都不准

结论E. 知性型冷静判断，将异性分类归档这一个类型的地球人类，对恋情相当的慎重，对方的基本数据，包括个性，在校成绩等等都要调查清楚不可，也列有一些情人候补人选。这种人最大的器当然是他们冷静的判断能力，但是选情人一味只注重外在条件优劣的话，是很难常到真正爱情的甜美哟！您觉得分析的答案是不是很准呢？ *

◉ A. 非常准
○ B. 一点都不准

一、您会把这份问卷介绍给那些同事填写？ *

输入使用分号分隔的用户。

二、试题设计调查： *

	非常不满意				普通				非常满意
	1	2	3	4	5	6	7	8	9
问卷排版	○	○	○	○	○	○	○	○	○
表达技巧	○	○	○	○	○	○	○	○	○
分析结果叙述	○	○	○	○	○	○	○	○	○
整体问卷满意度	○	○	○	○	○	○	○	○	○
问卷设计	○	○	○	○	○	○	○	○	○
问卷品质	○	○	○	○	○	○	○	○	○

三、请说明您对这份问卷设计的感觉？ *

完成 取消

图 10-29　填写调查的用户所看到的调查页面

的确很壮观，可是我刚刚不小心新建了不必要的问题，问题的顺序也需要重新调整，这还来不来得及啊？总不会叫我从头到尾再重新输入一遍吧！我不要玩了啦！

更改问题顺序

当上述的问题创建完毕后，您可能会发现有些问题的顺序需要调整，或者要将不需要的问题删除。请在调查组件库查看与管理页面依次单击 设置 → 调查设置 管理此调查的问题和设置。 → **问题** → 更改问题的顺序 ，打开如【图10-30】所示的“更改问题顺序：由外星人分析恋爱倾向”配置页面，您可以看到现有问题的排列顺序。若想更改问题的排列顺序，仅需调整与 **问题名称** 相应的 **位置** 的数字即可。当问题顺序调整完毕后，单击 确定 ，完成问题顺序更改工作。

训练中心 > 由外星人分析恋爱倾向 > 设置 > 更改域顺序

更改问题顺序：由外星人分析恋爱倾向

使用此网页可更改问题的顺序。

问题顺序

通过选择“位置”下的数字选择问题的顺序。

更改与分支有关的问题的顺序，可能会重置某些已定义的分支逻辑。了解分支。

问题名称	位置
姓名	1
生日	2
年龄	3
性别	4
电话	5
薪水	6
1. 晚上在看电视时，突然屏幕上出现一排文字写着「救救我」，您会到哪去一探究竟？	7
2. 隔天您拿东西给他吃，外星人很快地就吃完了，而且他说很想跟着您去学校，您该怎么办？	8
3. 屋顶上有一艘故障的飞碟和一个100厘米高的外星人，您会怎么帮他呢？	9
4. 外星人吃完食物后，说他很孤单，那您会怎么做？	10
5. 在公园有一个身高100厘米的外星人和一艘故障的飞碟，他说肚子饿，您会怎么做？	11
6. 隔天您从学校回来时，外星人被大家发现了，而且聚集很多人围观，那您会怎么做？	12
7. 您带他回家后，安顿他的食宿，隔天他说很想跟您去学校看看，那您会怎么做？	13

图 10-30　更改问题顺序

虽然问题顺序调整完毕，可是当用户填写调查时，会一次看到所有的题目，这并不符合我们想要的问题出现顺序。例如，用户如果在第 1 题中选择的答案是“A. 附近大楼的屋顶上”，则接下来应该出现的问题是第 3 题，如果选择的是“B. 附近的公园”，则接下来应该出现的问题是第 5 题，而不是像现在一样将所有的问题全部显示在一个页面上。这样就会测不出受访者的恋爱倾向啦！哇！我们的“糖糖”小姐要生气了。

分支问题的设置

要设置跳跃式问题的效果，可在调查设置页面的 **问题** 区块下，单击要设置的分支问题，例如，本练习要设置的是第 1 题，则应单击该问题的超级链接，打开如【图 10-31】所示的“编辑问题：由外星人分析恋爱倾向”配置页面。

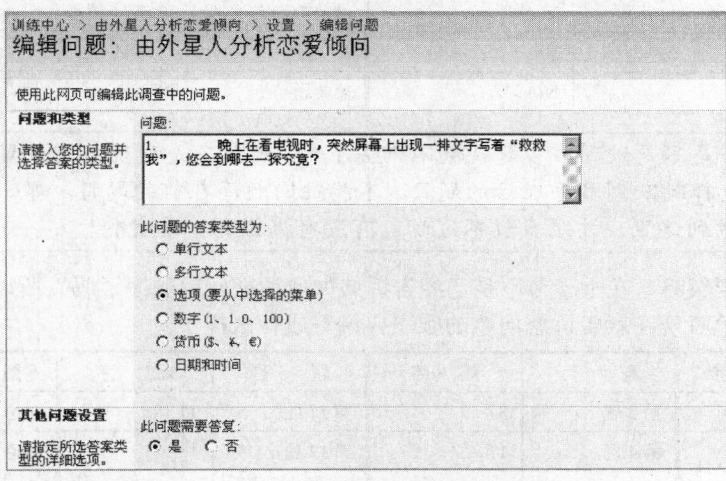

图 10-31　编辑问题

在“编辑问题：由外星人分析恋爱倾向”配置页面上，您可以修改问题的“问题和类型”及“其他问题设置”的配置值。如果想删除此问题，则可单击页面最下方的 删除 。

此页面上最特殊的区块是如【图 10-32】所示的“分支逻辑”区块，主要用于指定是否要对此问题启用分支，以根据用户的答复跳到特定的问题。在启用分支问题功能后，在此问题后面会**自动插入分页符**。在此练习中请在“A. 附近大楼的屋顶上”字段选择第 3 题的题目，而在“B. 附近的公园”字段选择第 5 题的题目。

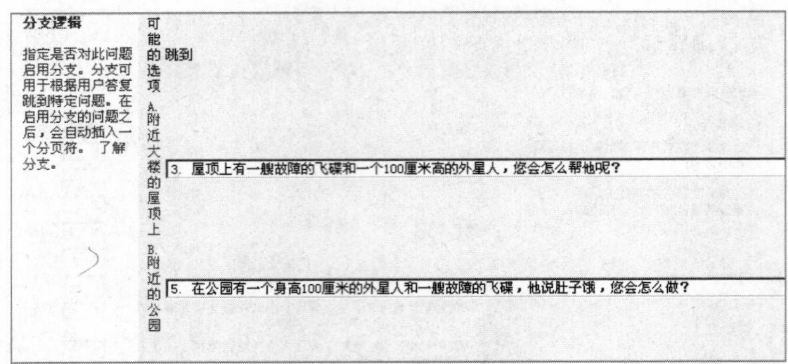

图 10-32　设置分支逻辑

我再帮各位读者整理一下哪些题目要设置分支逻辑，每个要设置分支逻辑的问题又要跳跃到哪个分支题目呢？请看下表列出的内容：

题　目	答案 A	答案 B	题　目	答案 A	答案 B
姓名	N/A	N/A	生日	N/A	N/A
年龄	N/A	N/A	性别	N/A	N/A
电话	N/A	N/A	薪水	N/A	N/A
第 1 题	第 3 题	第 5 题	第 2 题	第 12 题	第 8 题
第 3 题	第 7 题	第 2 题	第 4 题	第 6 题	第 10 题
第 5 题	第 4 题	第 7 题	第 6 题	第 15 题	第 9 题
第 7 题	第 12 题	第 6 题	第 8 题	第 11 题	第 13 题
第 9 题	结论 C	结论 E	第 10 题	第 14 题	第 16 题
第 11 题	结论 A	结论 B	第 12 题	第 13 题	第 15 题
第 13 题	结论 A	结论 C	第 14 题	结论 D	结论 E
第 15 题	结论 B	结论 D	第 16 题	结论 C	结论 E
结论 A	第 1 题	第 1 题	结论 B	第 1 题	第 1 题
结论 C	第 1 题	第 1 题	结论 D	第 1 题	第 1 题
结论 E	N/A	N/A	第 1 题	N/A	N/A
第 2 题	N/A	N/A	第 3 题	N/A	N/A

提示　嘻！是不是做到第 3 题就做不下去了啊！您是不是发现当您设置分支逻辑时，只能选择跳跃到顺序在后的题目，不能跳回顺序在前的题目。那……这该怎么办呢？做到这里，才跟我说不可以，有没有搞错啊！耍我啊！

唉哟！不要哭嘛！在上一节不是已经告诉您如何调整问题顺序了吗？所以只要稍微调整一下顺序就好了啊！笔者现在就告诉您问题的顺序要调整成什么样子。

题　目	顺　序	题　目	顺　序	题　目	顺　序	题　目	顺　序
姓名	1	第 3 题	8	第 11 题	17	结论 C	25
生日	2	第 4 题	11	第 12 题	18	结论 D	26
年龄	3	第 5 题	10	第 13 题	19	结论 E	27
性别	4	第 6 题	13	第 14 题	20	第 1 题	28
电话	5	第 7 题	12	第 15 题	21	第 2 题	29
薪水	6	第 8 题	14	第 16 题	22	第 3 题	30
第 1 题	7	第 9 题	15	结论 A	23		
第 2 题	9	第 10 题	16	结论 B	24		

YA！终于将顺序调整完毕，再来继续设置各题目的分支逻辑，是不是感觉顺畅多了啊！既然完成了，

我们就来检查一下设置是否正确吧。您可在如【图 10-33】所示的调查设置页面下的 **问题** 区块中，验证是否所有应该设置分支逻辑的问题都已经启动分支功能了，也可在如【图 10-34】所示的“更改问题顺序：由外星人分析恋爱倾向”配置页面中验证分支问题设置的正确与否。

问题

问题可存储调查中每个项目的相关信息。此调查中当前包含下列问题：

问题	答案类型	必需设置	分支逻辑
姓名	单行文本	✔	
生日	日期和时间	✔	
年龄	数字	✔	
性别	选项	✔	
电话	单行文本	✔	
薪水	货币	✔	
1. 晚上在看电视时，突然屏幕上出现一排文字写着“救救我”，您会到哪去一探究竟？	选项	✔	✔
3. 屋顶上有一艘故障的飞碟和一个100厘米高的外星人，您会怎么帮他呢？	选项	✔	✔
2. 隔天您拿东西给他吃，外星人很快地就吃完了，而且他说很想跟着您去学校，您该怎么办？	选项	✔	✔

图 10-33　确认分支逻辑是否启动

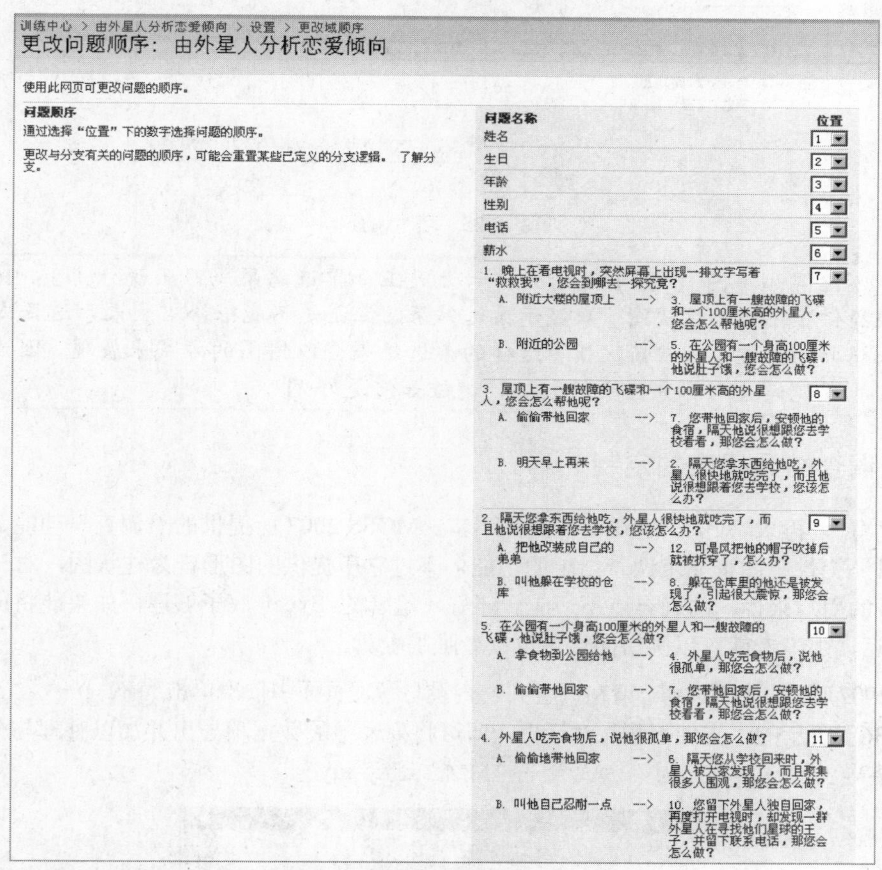

图 10-34　更改分支问题顺序

呼！整份调查设计终于完成了，赶快单击 答复此调查 来测试一下笔者的恋爱倾向吧。咦！如【图10-35】所示，第 1 题出现在第一个页面看起来有点怪怪的，通常我们会希望它出现在下一页。这个问题好解决，还记得有一个答案类型叫“分页符（在调查中插入分页符）”吧！

请再新建两个问题，答案类型都配置为“分页符（在调查中插入分页符）”，并调整其顺序编号为“**7**”及“**29**”，此时，原来编号在“6”以后的题目会全部推后一个编号，相应的分支逻辑也会自动重新调整，所以，您不用担心是不是还要调整分支逻辑的对应。再来试一遍，是不是第 1 题不再出现在第 1 页，而被换到下一页去了。请多用几个用户账号测试一下，然后再到“图形摘要”视图中查看一下统计报表，从报表中可看出每个问题的答案选择比率，尤其是评分统计结果，显示的感觉还不错哦！说实在的，能在这么短的时间做出一个调查，而且还有统计报表，不得不说，**“杰克！真是太神奇了”**。

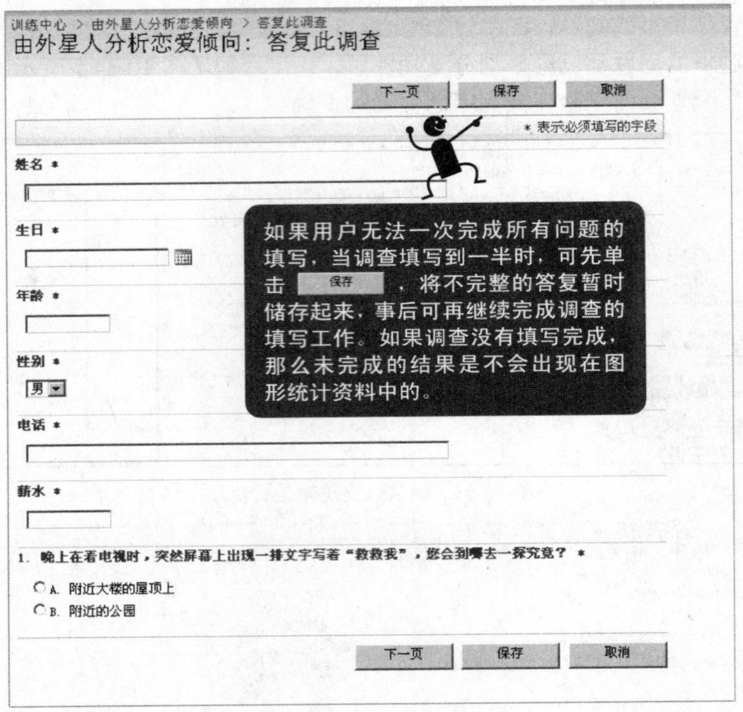

图 10-35 填写调查

还记得如【图 10-25】所示的"六大天王"票选结果吗？虽说 MOSS 2007 已经提供了图形（柱状图）来显示票选结果，但还是不能很恰当地表示选民或候选人想要的感觉，通常情况下，这样的票选结果会以饼图的方式来展现。因为饼图较能表现候选人瓜分区块的大小，这该如何是好呢？

10.3.5 调查结果报表的定制

凡事先求"有"，再求"好"。这句话一点都不错。MOSS 2007 所提供的"调查"功能，着实让人眼睛为之一亮，而且还提供了图形显示调查结果的功能，不过它所提供的图形皆为柱状图，对一般习惯以饼图来表示比率结果的用户来说，的确有点不适应。还好，笔者的 Excel 底子够厚，如果能将调查结果导出到 Excel 环境中的话，那笔者就可以画饼图给各位读者瞧瞧啦。

嗯！MOSS 2007 听到了您的心声！请在调查列表查看与管理页面中依次单击 操作 → 导出到电子表格 使用电子表格应用程序分析项目。，打开如【图 10-36】所示的"文件下载"对话框，即可将列表中的数据项导出并加以整理与分析了。请单击 保存(S) ，并将导出的文件存储为"六大天王'总统'之路.iqy"。

图 10-36 导出 Microsoft Office Excel Web Query File

咦！为什么导出文件的扩展名为"iqy"，而不是"xls"或"xlsx"呢？Microsoft Office Excel Web Query File 是什么类型的文件呢？这些我们都暂且不管，先直接打开这个导出的文件（六大天王"总统"之路.iqy），看看他会显示出什么结果。

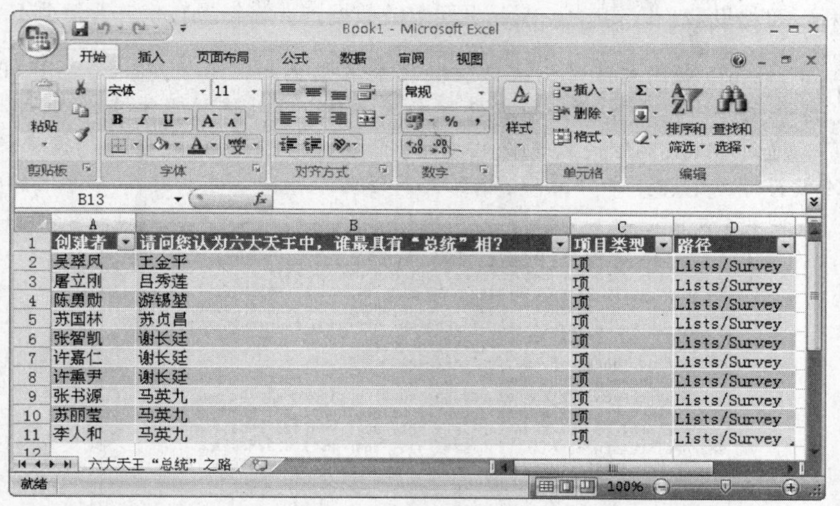

图 10-37 打开 Microsoft Office Excel Web Query File 所显示的结果

哇！跟 Excel 的电子表格环境一模一样！可是如果 MOSS 2007 网站上的调查又有了新的回复结果，我们是否要再重新导出 iqy 文件呢？还是当重新打开这个“六大天王‘总统’之路.iqy”文件时，就会显示最新的统计结果呢？

答案：重新打开“六大天王‘总统’之路.iqy”文件时，就会显示最新的统计结果。

了解外部数据连接

Excel 工作簿中的数据可以直接存储在工作簿中（最传统的模式），或是连接到外部数据来源，从该数据来源中将所需的数据导入 Excel 工作簿。通常情况下，Excel 可从下列不同的数据来源中导入数据，从而执行更进一步的分析与处理。

- Microsoft SQL Server 数据表
- Microsoft SQL Server Analysis Services Cube（OLAP 提供者）
- Microsoft Office Access
- Microsoft Office Excel
- dBASE
- XML 文件
- Web 页面
- 文本文件
- ……

提示 Excel 工作簿与外部数据来源是通过“数据连接”来进行连接的，而所谓的“数据连接”主要是定义如何寻找、登录及访问外部数据来源的一组信息，这组信息可以直接存储在 Excel 工作簿中，或是存储在连接文件中，如 Office 数据连接（Office Data Connection，ODC）文件和数据来源名称（Data Source Name，DSN）文件等。

连接外部数据的最大好处是可以随时在 Excel 环境中分析数据，而不必反复复制或重新输入要在 Excel 环境中分析的数据，因为这样的处理模式，既浪费时间，又容易产生错误。当 Excel 与外部数据来源通过“数据连接”连接之后，每当数据来源中有任何信息更新，都要自动（或手动）将这些数据更新至 Excel 工作簿，以确保 Excel 工作簿与外部数据来源中的数据保持同步。

在【图 10-36】中所导出的 Microsoft Office Excel Web Query File 属于 Microsoft 查询文件（Microsoft Query File）的一种，可协助我们取得特定 Web 页面上的数据，并将结果转换并存储到 Excel 工作表中。

提示 Microsoft 查询文件是一个包含数据来源信息的文本文件，如【图 10-38】所示，这个文件中包含了数据所在的服务器名称，以及连接数据来源时所需的联机信息。通过 Microsoft 查询文件的支持，可以让我们连接到外部数据来源，将其中的数据导入 Excel 工作簿中，并且视实际需求来更新 Excel 工作簿中的数据。

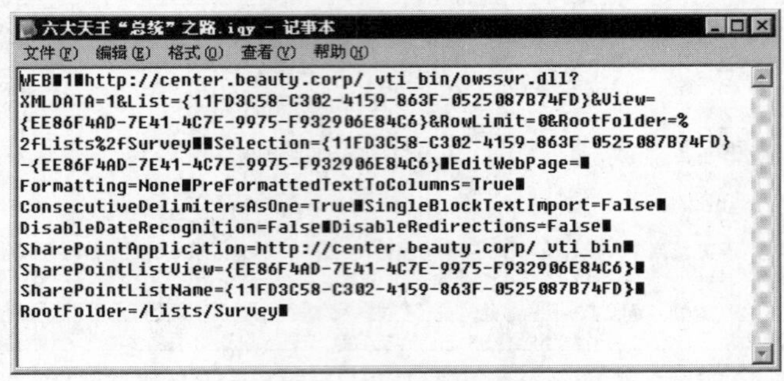

图 10-38 Microsoft Office Excel Web Query File 的内容

为了让读者能更形象地理解数据来源、连接文件及 Excel 工作表之间的关系，特以【图 10-39】来表示。

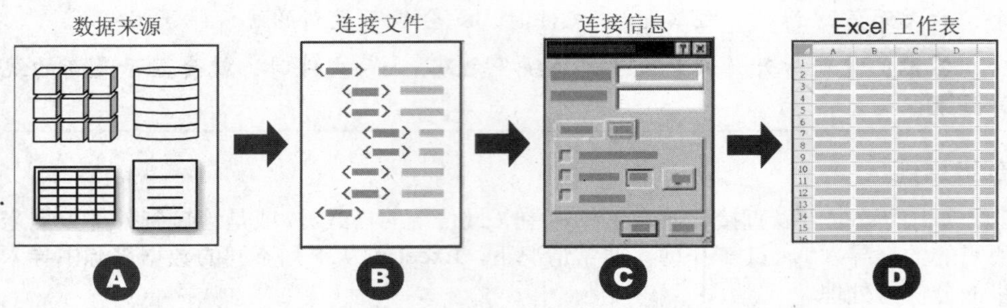

图 10-39 数据来源、连接文件及 Excel 工作表之间的关系

A．Excel 可以连接各种不同的数据来源，例如 Microsoft SQL Server、Microsoft Office Access、Microsoft Office Excel、文本文件、Web 页面及其他 OLAP 和关系型数据库等。

B．连接文件会定义如何寻找、登录及访问外部数据来源的全部相关信息。例如 Office 数据连接（odc）文件、数据来源名称（dsn）文件及查询（iqy、dqy、oqy 等）文件等。

C．连接信息会从连接文件复制到 Excel 工作簿中，并可进行高级编辑。

D．数据会被复制到 Excel 工作表中，让您使用起来就好像该数据是直接存储在 Excel 工作表中一样，所以您可以尽情将 Excel 的分析功能全部用上。

嗯！终于了解 Excel 工作簿与外部数据来源的关系了，可是应该如何使用 Microsoft Office Excel Web Query File 随时更新 Excel 工作簿的数据，并定制企业想要的统计图表或结果分析表呢？

调查报表的定制

OK！要完成这个目标其不难。首先，请在训练中心网站下的“文件中心”子网站中新建一个 Excel 文档库，配置步骤如下：

1 请依次单击 查看所有网站内容 → 创建 → 库 → 文档库，当打开“新建”配置页面时，请按照如【图 10-40】所示的内容设置各项。

2 请将环境转换到“调查果分析”查看与管理页面，依次单击 新建 → 新建文档，打开一个空白 Excel 工作簿。在该空白工作簿环境中，请依次单击 数据 → → ，打开如【图 10-41】所示的“现有连接”对话框。

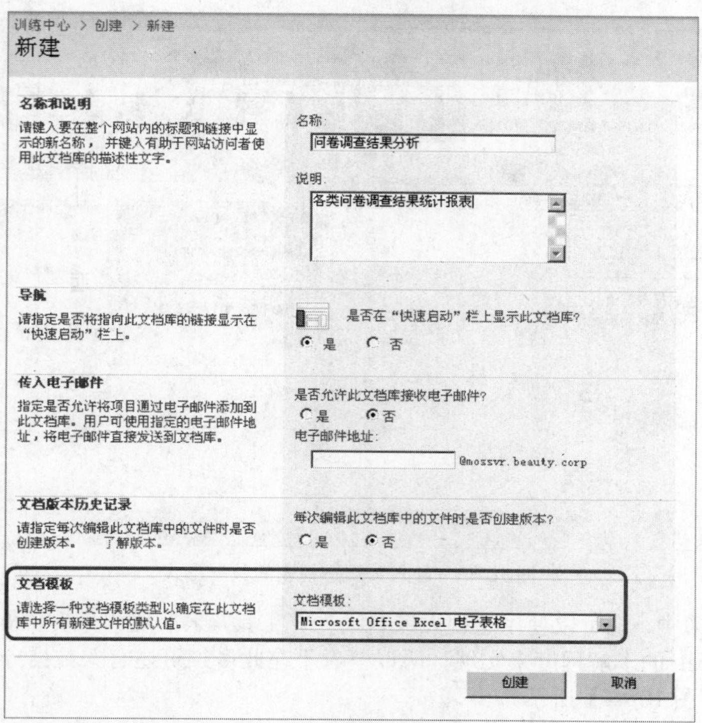

图 10-40 新建 Excel 文档库

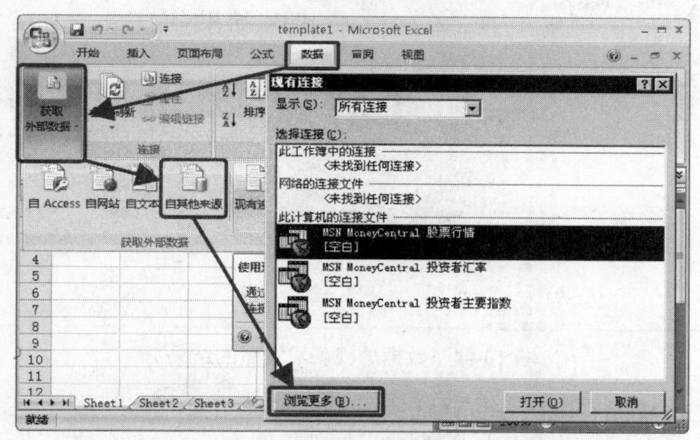

图 10-41 从现有连接文件中取得外部数据来源

3 单击"现有连接"对话框中的 浏览更多(B)... ，找到在【图 10-36】中导出的"六大天王'总统'之路.iqy"文件，打开如【图 10-42】所示的"导入数据"对话框。

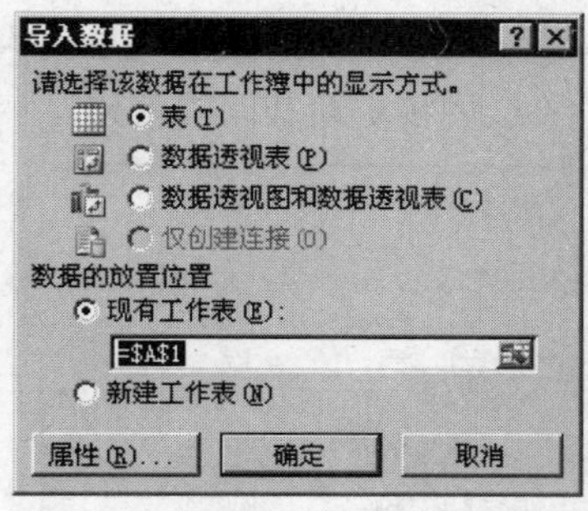

1. 设置数据导入的显示方式为 表(T)。
2. 在"数据的放置位置"区块中单击 现有工作表(E):，并设置工作表区域为 =$A$1。
3. 配置完毕后，请单击 确定。
4. 您将会看到如【图 10-37】所示的结果。

图 10-42 "导入数据"对话框

4 请将环境切换到"Sheet2"工作表，并重新依次单击 数据 → 获取外部数据 → 现有连接，进入第 3 步的操作，但这次在如【图 10-42】所示的"导入数据"对话框中要选择的是 数据透视图和数据透视表(C)，并打开如【图 10-43】所示的数据透视表配置环境。

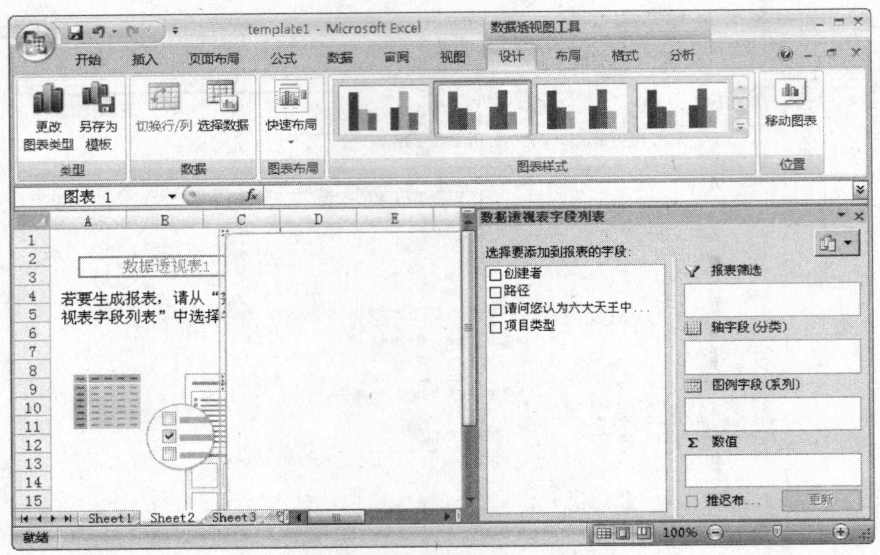

图 10-43　导入数据透视表的数据形式

5 在 Excel 工作簿中，您可以使用透视表或自动计算工具，来展现和分析从外部来源获取的数据，当然这要靠您本身对 Excel 的了解程度来实现。所以笔者不在此多加赘述有关数据分析图表的制作方法，只给出最后的结果，如【图 10-44】所示。

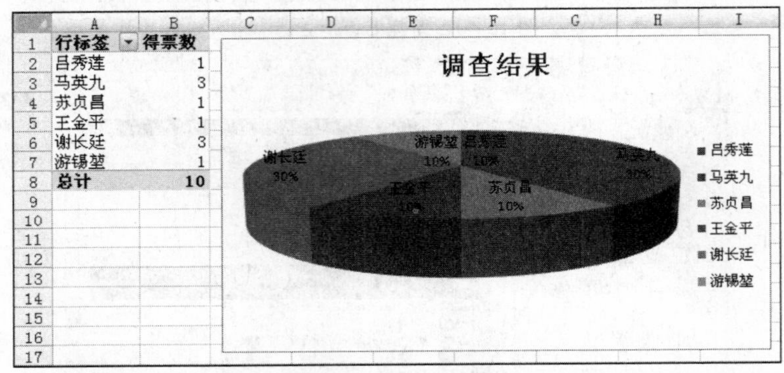

行标签	得票数
吕秀莲	1
马英九	3
苏贞昌	1
王金平	1
谢长廷	3
游锡堃	1
总计	**10**

图 10-44　数据透视表配置后的结果

瞧！这个图表是不是比较能展现出各位候选人目前的民调结果呢？既然已经完成了我们的目标，那就将此完成的结果存储为“六大天王‘总统’之路.xlsx”吧。

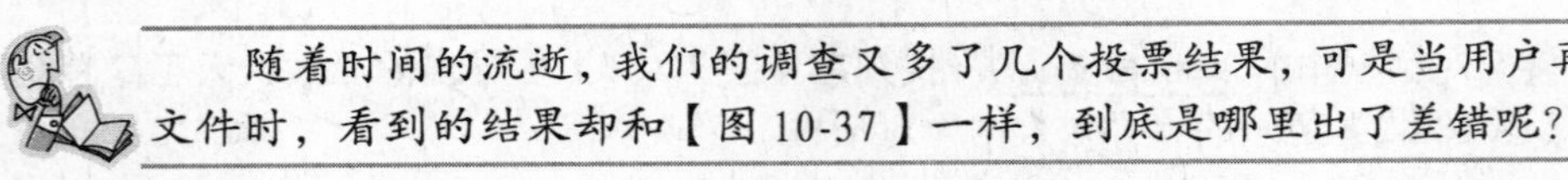

随着时间的流逝，我们的调查又多了几个投票结果，可是当用户再次打开该文件时，看到的结果却和【图 10-37】一样，到底是哪里出了差错呢？

不知读者是否看到了【图 10-45】所示表格上方的 安全警告 已禁用了数据连接 选项... 提示信息，其意为已经禁用了数据连接，所以 Excel 工作簿与外部数据来源将不会同步更新其间的差异。

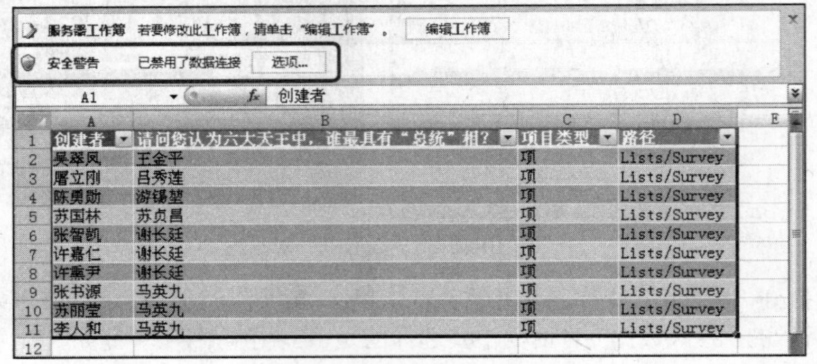

创建者	请问您认为六大天王中，谁最具有“总统”相？	项目类型	路径
吴翠凤	王金平	项	Lists/Survey
屠立刚	吕秀莲	项	Lists/Survey
陈勇勋	游锡堃	项	Lists/Survey
苏国林	苏贞昌	项	Lists/Survey
张智凯	谢长廷	项	Lists/Survey
许嘉仁	谢长廷	项	Lists/Survey
许薰尹	谢长廷	项	Lists/Survey
张书源	马英九	项	Lists/Survey
苏丽莹	马英九	项	Lists/Survey
李人和	马英九	项	Lists/Survey

图 10-45　数据连接默认为禁用状态

此时该怎么办呢？单击 选项... ，打开如【图 10-46】所示的“Microsoft Office 安全选项”对话框，并选择 ◎ 启用此内容(E)，即可重新恢复 Excel 工作簿与外部数据来源间的连接。可是这个连接的恢复，仅限于本次打开文件的这段期间，即当重新打开文件时，则又需要重新配置一次。

如果您想一劳永逸，希望只要打开这个 Excel 工作簿时即会恢复与外部数据来源间的连接关系，则请单击如【图 10-46】所示的“Microsoft Office 安全选项”对话框左下角的 打开信任中心，打开“信任中心”对话框。

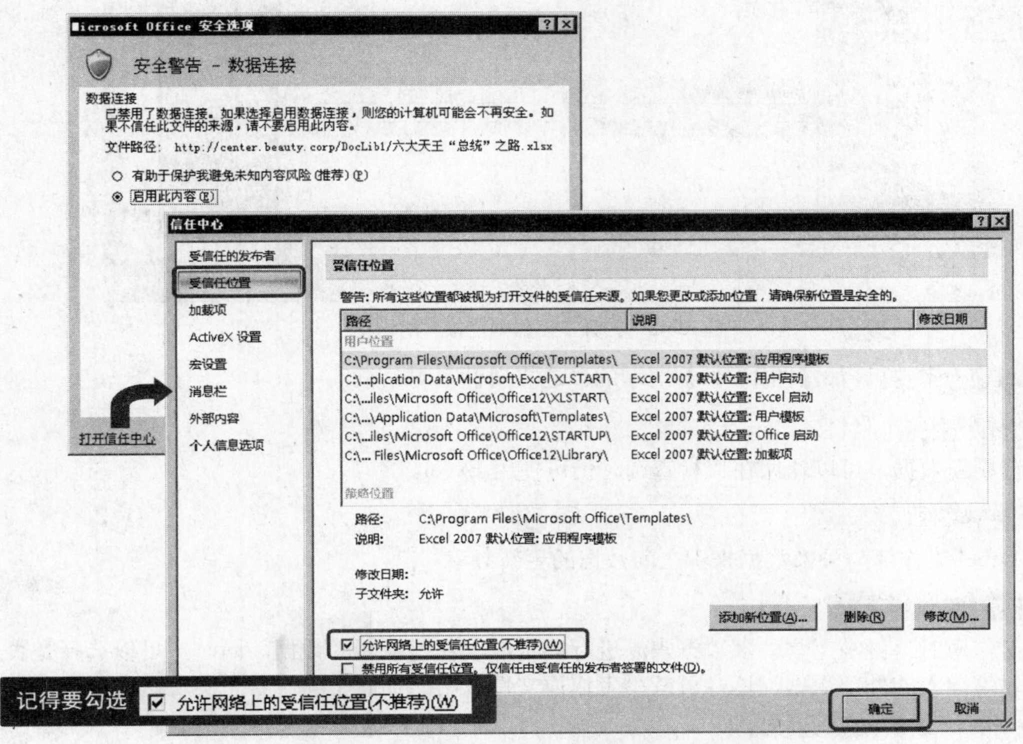

图 10-46　新建 SharePoint 网站文档库的受信任位置

请在“信任中心”对话框中依次单击 受信任位置 → 添加新位置(A)... ，打开如【图 10-47】所示的“Microsoft Office 受信任位置”对话框，将“调查结果分析”文档库的网址输入“路径”字段中，如果该路径下有子文件夹，且同时希望子文件夹也列为受信任位置，则要同时勾选 ☑ 同时信任此位置的子文件夹(S)。如此一来，下次打开此 Excel 工作簿时，即会自动恢复其与外部数据来源间的连接状态。

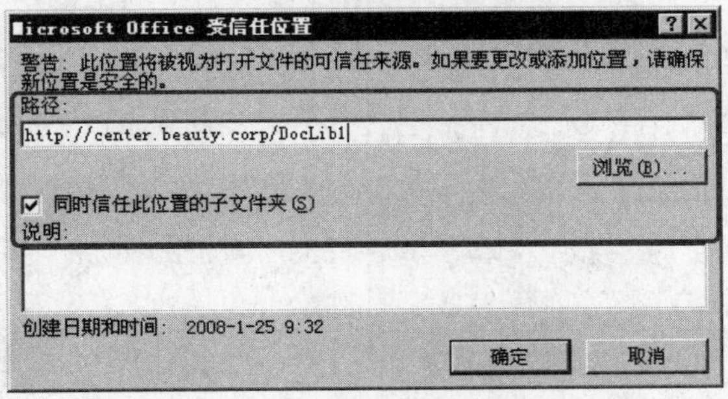

Microsoft Office 受信任位置
警告：此位置将被视为打开文件的可信任来源。如果要更改或添加位置，请确保新位置是安全的。
路径：
http://center.beauty.corp/DocLib1
浏览(B)...
☑ 同时信任此位置的子文件夹(S)
说明：
创建日期和时间： 2008-1-25 9:32
确定　取消

图 10-47　新建 Microsoft Office 受信任位置

可是完成这样的设置之后，每当重新打开 Excel 工作簿时，还是无法反映出最新的调查结果，除非您在 Excel 工作簿环境下，手动单击 数据 选项卡下的 全部刷新，才能与外部数据来源进行同步。我想，这样的操作方式是领导者们无法接受的，因为他们希望一打开文件时，就可看到最新的同步数据。

要完成这个目标，请依次单击 数据 → 连接，打开如【图 10-48】所示的“工作簿连接”对话框。因为此练习要导入的数据格式不同，所以针对 SharePoint 网站的“六大天王‘总统’之路”调查列表创建了两次数据连接操作，因此，您在“工作簿连接”对话框中会看到两条连接数据记录。

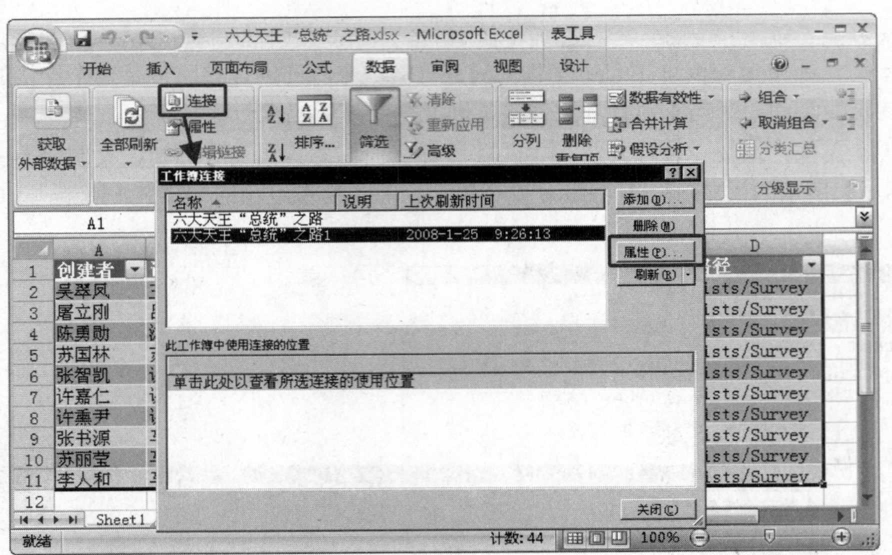

图 10-48　打开“工作簿连接”对话框

单击 属性(P)... ，打开如【图 10-49】所示的“连接属性”对话框。

- ☑ 允许后台刷新(G)

允许后台刷新数据，可以让您在执行查询时仍可使用 Excel。

- ☑ 刷新频率(R) 10 分钟

可设置 Excel 工作簿与外部数据来源之间数据的更新频率。

- ☑ 打开文件时刷新数据(O)

当打开工作簿时，就马上与外部数据来源进行同步，以获得最新的数据。同时，可以选择是否只存储工作簿而不存储导入的外部数据，这样可减少工作簿文件占用的存储空间，若想实现这个目标，只要勾选 ☑ 保存工作簿前，删除来自外部数据区域中的数据(D) 即可。

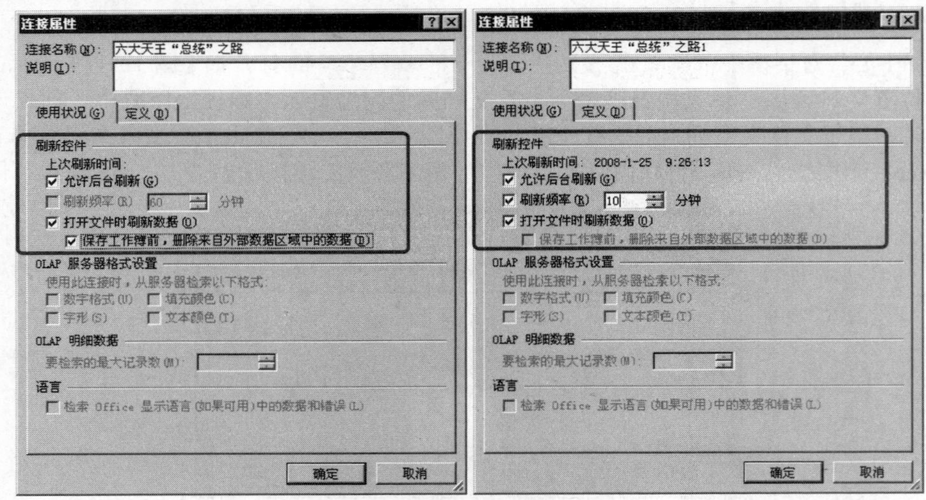

图 10-49　配置连接属性

提示　当您使用连接文件完成 Excel 工作簿与外部数据来源的连接后，Excel 就会从连接文件中将连接信息复制到 Excel 工作簿中，所以，事后在如【图 10-49】所示的“连接属性”对话框中编辑的将是存储在工作簿中的连接信息。这样做的好处是连接文件的位置或存在与否变得不重要了。但如果您的连接文件内容定义经常会有变化，则可选择“始终使用连接文件”以进行 Excel 工作簿的数据同步更新。

YA！这样一来，无论何时何地，只要您打开 Excel 工作簿，都可看到最新的投票选举结果哦！简直就是现场 Live 转播。

最后，留给读者一个练习，请根据“由外星人分析恋爱倾向”调查的结果，完成如【图 10-50】和【图 10-51】所示的分析。这些结果可不是笔者手动输入的哦！而是使用 Excel 的现有函数分析调查回复情况所得出的结论，也代表如果回复结果有任何变化，都将反映在这两张表格中。是不是觉得定制调查报告并非难事呢？（前提是 Excel 的马步要够扎实哦！）

受访者基本资料分析

性别	人数	平均年龄	平均薪资	问卷准确度	A型	B型	C型	D型	E型
男	6	26.5	NT$60,294	5（83%）	2（33.3%）		3（50%）		1（16.67%）
女	4	29.0	NT$57,272	2（50%）		1（25%）		1（25%）	2（50%）
总计	10	27.5	NT$59,085	7（70%）	2（20%）	1（10%）	3（30%）	1（10%）	3（30%）

图 10-50　调查分析结果一

从【图 10-50】可看出，“由外星人分析恋爱倾向”调查回复的结果如下：

- 受访者共有 10 人，其中男性受访者 6 人，女性受访者 4 人。
- 受访者的平均年龄为 27.5 岁，其中男性受访者的平均年龄为 26.5 岁，而女性受访者的平均年龄为 29 岁。
- 受访者的平均每月薪为 NT$59085，其中男性受访者的平均每月薪为 NT$60294，而女性受访者的则为 NT$**57272**。
- 有将近 70% 的受访者认为分析的结果蛮准的，但女性受访者中只有 5 成认为分析结果还不错，看来真是“女人心海底针”啊！
- 其中受访者中以 C 型（健谈型）及 E 型（知性型）居多，各占了 30%。

问卷总体设计分析

	1	2	3	4	5	6	7	8	9	平均
问卷排版	0	0	0	0	0	1	3	4	2	7.7
表达技巧	0	0	0	0	0	1	2	4	3	7.9
分析结果叙述	0	0	0	0	0	1	2	5	2	7.8
整体问卷满意度	0	0	0	0	0	2	2	2	4	7.8
问卷设计	0	0	0	0	0	0	4	4	2	7.8
问卷品质	0	0	0	0	0	1	2	6	1	7.7

图 10-51　调查分析结果二

从【图 10-51】可看出，受访者觉得此问卷的设计大体还可以，无论是问卷排版、表达技巧或分析结果等项目，大都得到将近 8 分的评分。

第 11 章 任务分配配置案例

本章提要

在企业信息处理过程中，信息的交流、分配、控制是很重要的。本章所探讨的就是如何利用 MOSS 2007 中的“任务”功能，来进行企业小组人与人之间的工作分配、记录、追踪，通过“任务”功能来分配并提醒信息工作者要完成的信息处理工作。

另外，在 MOSS 2007 中也提供了简易型的项目任务处理功能，您可以很轻易地通过此功能建立项目之间的工作流程，也可以快速绘制项目任务的甘特图，不再需要像许多信息工作者一样使用 Excel 来绘制项目任务的甘特图，而陷入项目任务无法动态更新的困境。使用 MOSS 2007 的项目任务环境，您可以很容易地动态调整甘特图的内容，并清楚明白地表现项目进展，有效地掌握工作进度。

本章重点

在本章，您将学会：

- 工作追踪管理——任务
- 小型项目管理——项目任务

11.1 工作追踪管理——任务

在信息爆炸的现代生活中，每个人在企业中所要执行的工作不但琐碎、多样，还必须跟时间赛跑，因此，如何有效安排或记录自己的工作，就变成信息工作者必须学习的重要课题之一。当然，在企业协同办公环境中，有效地安排工作流程，并对工作流程进行监督、提醒、状态说明，直到工作完成为止，是让用户可以有效完成这些工作的必要条件。

在 MoSS 2007 的任务功能里，不但提供了对工作流程的安排，例如通知、监控状态等功能，还可以有效地通过分配功能将工作分发给不同的用户，并对工作流程的状态进行监测，时时提醒用户。

默认小组网站会内置一个名为“任务”的列表，当然，您也可以针对企业组织需求另行设置任务列表。本节将以业务部小组网站中预置的“任务”列表为例进行讲解。

11.1.1 新建任务分配

公司 10 周年庆快到了，庆祝场地及聚餐地点都还没找好。对了，听说部门的“屠某某”对吃很有研究，请他协助处理的话，一定可以不辱使命。走！我们到任务列表中新建一个任务分配项目吧！首先，请用 Linda 账号登录，打开“业务部小组网站”查看与管理页面，单击工具栏 新建▾ 下的 新建项目 向此列表添加新项目。，打开如【图 11-1】所示的“任务：新建项目”配置页面，进行任务的分配，分配的信息内容，请按照下表所列输入。

标题	寻找公司开幕 10 周年庆场地
优先级	（2）中
状态	未启动
完成百分比	0%
分配对象	屠立刚
说明	1. 需容纳 1700 人的场地 2. 需有表演舞台 3. 每桌费用 15,000 起跳 4. 菜色一定要有四大天王——龙虾、鲍鱼、九孔、鱼翅
开始日期	2007/6/2
截止日期	2007/6/15

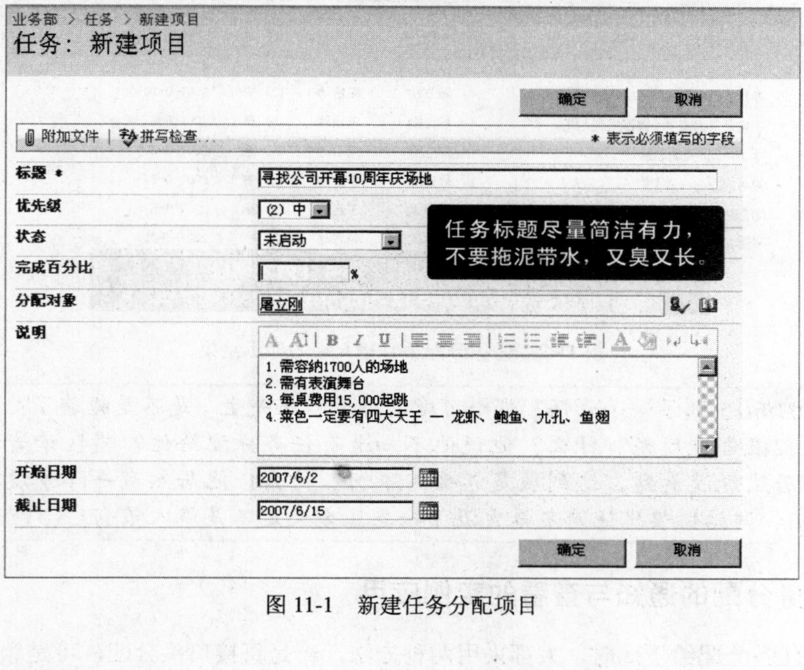

图 11-1　新建任务分配项目

- **优先级**

定义任务的优先性等级，以便将此任务的重要性告知接受任务的用户，默认任务的优先级分为“(1) 高”、“(2) 中”及“(3) 低”3 个等级，若您不喜欢默认 3 个等级的定义，可依企业的规范而自行设置。

- **状态**

定义任务进行的进度，以便分配任务的管理者可通过任务状态追踪任务进展，默认有“未启动”、“进行中”、“已完成”、“延期”及“等待其他人”5 个任务阶段定义。用户也可以根据需求而自行定义企业所需的任务状态分类。

- **开始日期与截止日期**

指定任务的预计开始日期及截止日期，通常默认新建任务分配的当天为开始日期，而截止日期则是分配任务的管理者希望此项任务的完成日期，我们可以通过单击 ▦ 快速、正确地输入日期。

请读者再新建 5 个任务分配项目，输入内容如下表所示，截止日期可视读者当时练习的日期自行调整，而“创建者”指的是谁创建了这个任务的项目分配。请使用适当的创建者账号登录，输入相关的任务分配，未列字段内容请保留默认值。

以用户 Linda 的账号登录后，请输入以下的任务分配项目：

标　题	优 先 级	截止日期	分配对象
收集呆呆训练中心课程规划	(1) 高	2007/6/6	屠立刚
申请中国电信 ADSL 专线	(3) 低	2007/6/8	屠立刚
签名会 Proposal	(2) 中	2007/6/21	屠立刚

以用户 Joseph 的账号登录后，请输入以下的任务分配项目：

标　题	优 先 级	截止日期	分配对象
缴交企业内站网站架设规划书	(1) 高	2007/6/5	吴翠凤
采买初一拜拜用品	(2) 中	2007/6/21	吴翠凤

以上内容输入完毕后，“任务”列表查看与管理页面会显示如【图 11-2】所示的结果，该页面会显示任务的标题、分配对象、状态、优先级及截止日期等信息。

图 11-2　任务分配项目输入后的显示结果

2007/6/15 到了……奇怪！那个可爱的帅哥“屠先生”是不是睡着了？怎么还没来向我报告进度呢？什么？他说他不知道有任务分配给他？咦！读者都看到了，他居然说没看到，这到底是怎么回事啊？什么！他居然有一阵子没有访问 SharePoint 网站！唉！他是不是太混了一点！今天是不是愚人节啊！

11.1.2 任务分配的通知与查看的实例应用

以往领导要将任务分配给下属时，大都采用两种方法，一是直接口头分配，可是领导常常会忘记分配了哪些任务给哪些人，而且经常是超过了截止日期，才想起工作进度还有人没有汇报，被分配任务的人也常因所谓工作繁忙，而忘记领导分配了哪些任务，反正到时可以不承认曾经被分配过任务，结果工作就这样被拖延了。第二种方法就可以用来解决以上的问题，那就是用电子邮件保留记录，一切任务采用电子邮件的方式通知，这下被分配任务的用户就没办法抵赖了吧！可是分配任务的人还是可能会忘记，因为当他想起时，必须从一堆电子邮件中找出那封分配任务的邮件，而被分配任务的人虽然无法抵赖，但又是因为工作繁忙的原因，已经忘记了任务的截止日期，还是会导致工作延误。

当您分配任务给某人后，可能直到该任务完成都需要进行监督与管理，所以任务分配者通常希望有个任务进度的状态报表和进展情况。而被分配任务的人员也希望能够随时查看自己的任务是否已快到截止日期，或有哪些任务还没完成。这些问题交给 MOSS 2007 就可以迎刃而解。接下来，我们就来一个一个地解决这些问题。不过在本章中，我们只向读者介绍如何使用新建视图或字段来解决问题，至于有关视图和字段的高级应用及详细介绍，将会在第 12 章中讨论。

提示 所谓"视图"就是显示列表项目或文档库文件信息的版面，在这个版面中，用户可自行设置希望显示的一组字段集合，还可以进一步定义显示的列表项目或文档库文件信息是否要经过排序、筛选或分类。

【目标 1】

当分配任务时，希望系统会自动以电子邮件的方式将任务的说明通知给被分配任务的用户，以免用户事后赖账。

这个目标可以通过通知功能来实现。请依次单击 操作 → 通知我 项目更改时接收电子邮件通知。，打开如【图 11-3】所示的"新建通知"配置页面，请将"通知标题"保持默认的"任务"定义名称。因为此次的目标是希望用户只会收到跟自己（"本人"）有关的任务项目的新建或更改的电子邮件通知，针对的角色是单一用户，所以在【图 11-3】中的"通知发送对象"区块中只能设置个人用户账号，不能设置用户组账号。

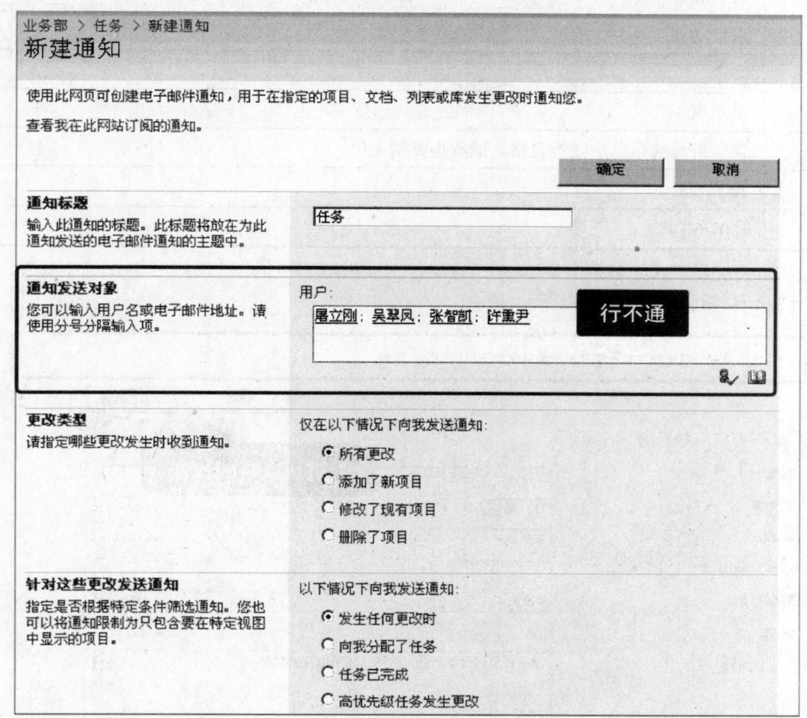

图 11-3　新建实时发送任务更改情况的电子邮件通知

不能设置用户组账号？可是我们怎么能预先知道任务会分配给哪些人呢？而且要把可能的用户账号都加入到如【图 11-3】所示页面的"通知发送对象"区块，似乎也是一件大工程。难道没有一个更弹性的方法，当只要有任务分配时，就会直接将电子邮件通知发送给被分配任务的用户吗？

针对任务列表，MOSS 2007 有另外的功能来完成此次练习的目标。请依次单击 设置 → 列表设置 → 常规设置 → 高级设置 ，打开如【图 11-4】所示的“列表 高级设置：任务”配置页面，请将 是否在分配所有权后发送电子邮件? 设置为 ⊙是 。

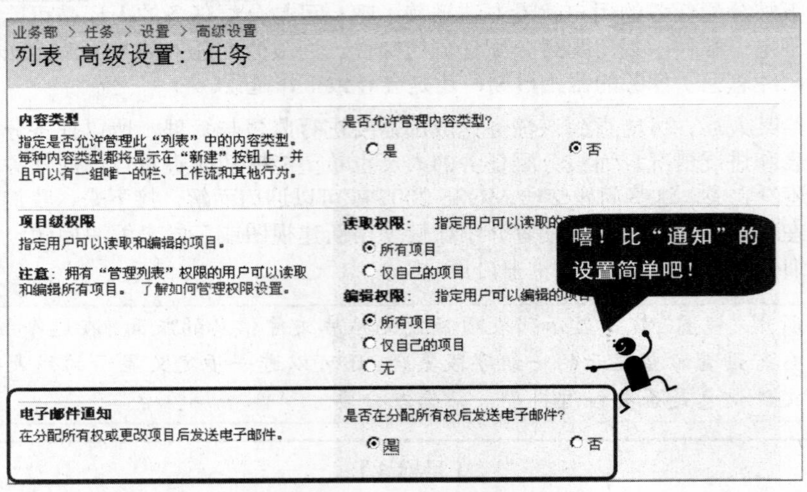

图 11-4 设置电子邮件通知

当电子邮件通知功能启动之后，一旦用户被分配任务时，系统即会自动发送电子邮件通知，而且如果该任务有任何的风吹草动，例如更改任务内容或删除任务时，也会实时通知被分配任务的用户。所以，我们再来新建 1 个任务项目，以确认这个功能是否能完成我们的预期目标。

标题	资格认证市场需求分析
优先级	（1）高
状态	未启动
完成百分比	0%
分配对象	吴翠凤
说明	请分析目前信息产业对资格认证所抱持的态度。
开始日期	2007/6/3
截止日期	2007/6/14

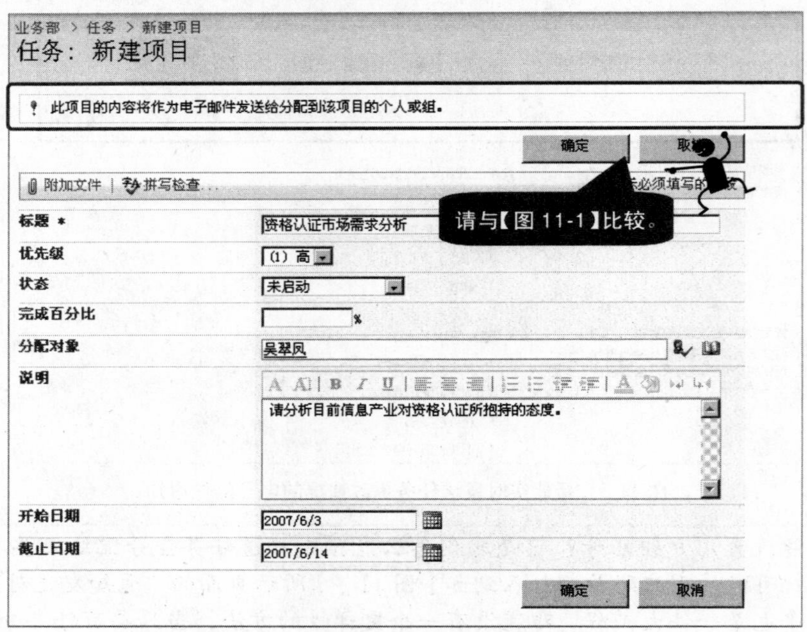

图 11-5 新建任务分配项目配置页面的变化

当完成如【图 11-5】所示的任务分配后，用户“吴翠凤”会收到如【图 11-6】所示的电子邮件通知。从邮件内容中您可以看到被分配任务的内容，也可以单击邮件左上角的 连接到此 任务列表(N)，让 Outlook 与 SharePoint 任务列表进行连接，然后就可以使用 Outlook 进行离线处理、汇报工作进度，以及使用 Outlook 内置的功能将被分配的任务进行分类标识等操作了。

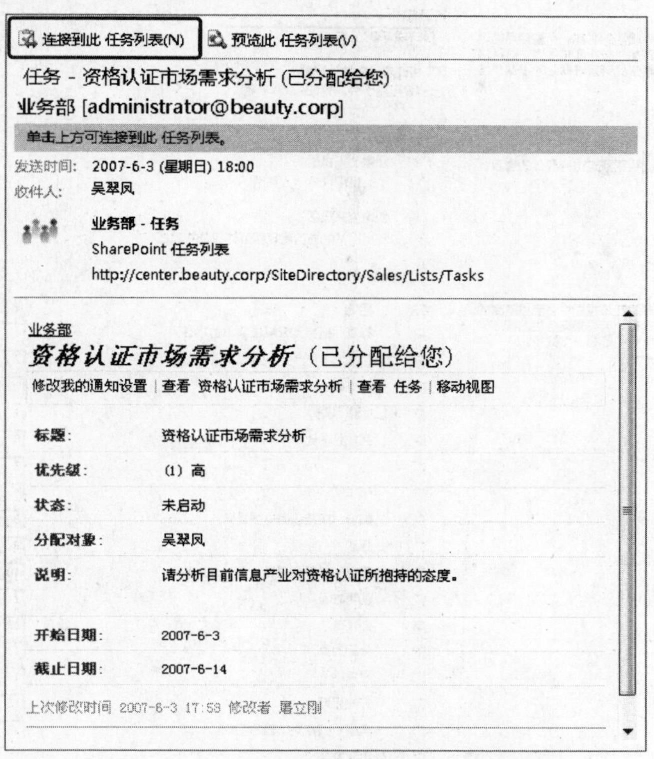

图 11-6　电子邮件通知内容

【目标 2】

用户希望能在“任务”查看与管理页面中，只查看自己目前被分配而尚未完成的任务有哪些？是哪些领导分配的？以便确认汇报对象。

1 复制任务列表内置的“**我的任务**”视图。

任务列表内置的“我的任务”视图用来显示当前用户曾经被分配的任务有哪些，包含已完成和未完成的所有任务。可是我们现在只想显示有关“我的任务”中未完成的部分，因为既然任务已经完成，就不需要占用显示版面，以致于忽略了尚未完成的任务。

请将环境换到“任务”查看与管理页面，然后依次单击 设置 → 创建视图 → 基于现有视图开始创建 → 我的任务，将内置的“我的任务”视图复制并存储为新的视图，然后再做进一步的修改，这是创建新视图的最佳快捷方式。

2 将新视图命名为“我未完成的工作”，并修改其配置内容。设置内容如【图 11-7】所示，未讨论区块的设置请都保留系统默认值。

A．定义“名称”区块中的“视图名称”字段内容为“我未完成的工作”。

B．勾选“栏”区块中“标题”、“状态”、“优先级”、“截止日期”、“完成百分比”、“创建者”及“分配对象”8 个字段前的复选框。

C．在“筛选”区块中选择 只有在以下条件为真时才显示项目，设置条件如【图 11-7】所示，意即当任务项目必须同时满足下列条件时，才会显示该任务的查看与管理页面。

- 当第 1 个“栏”字段设置为“分配对象”“等于”“[本人]”（即当前用户）时。
- 当第 2 个“栏”字段设置为“状态”“不等于”“已完成”时。

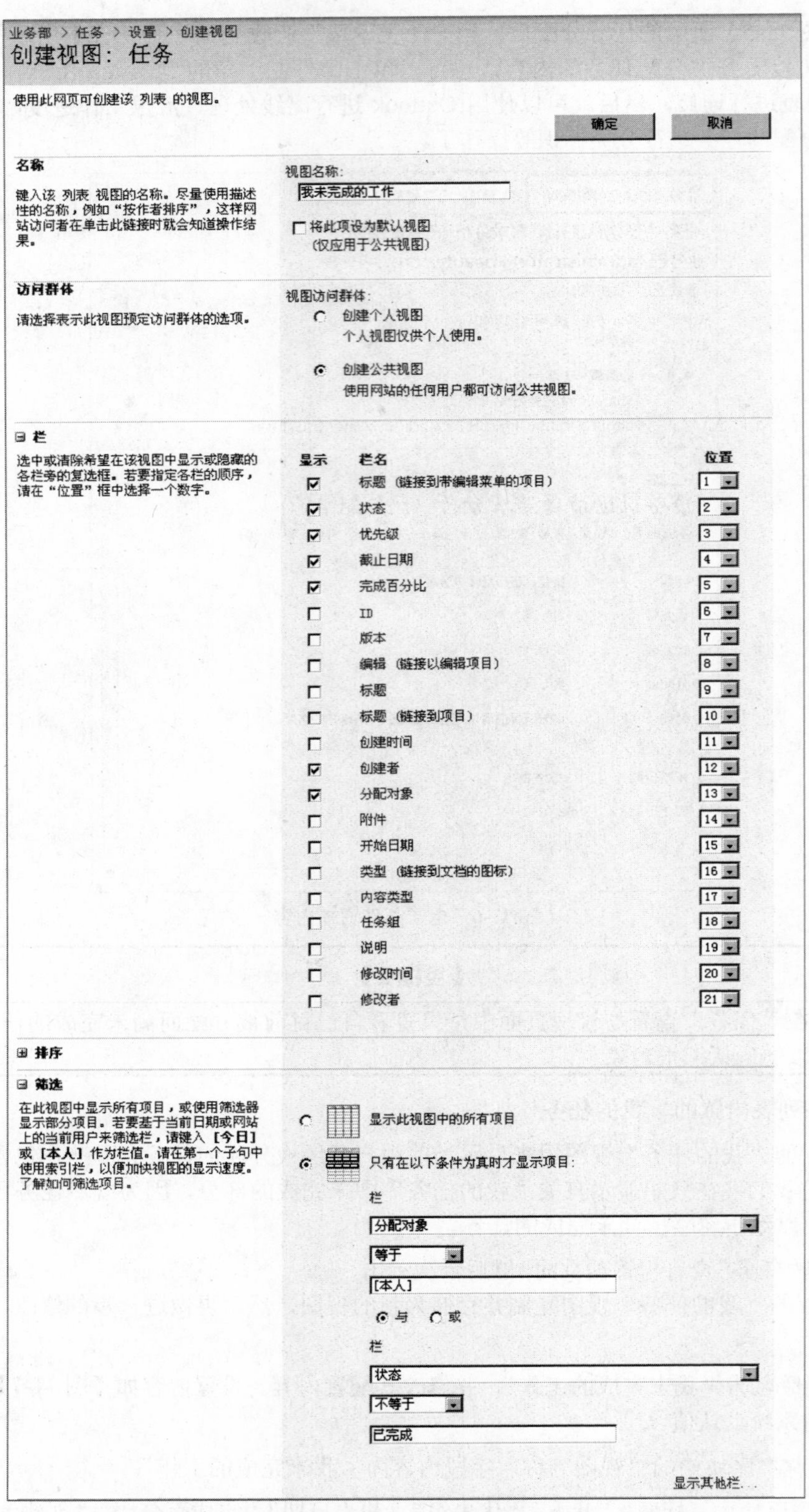

图 11-7　创建、调整显示字段及筛选显示的内容

3 使用新的视图来显示任务信息。

请用 Joseph 的账户登录，在“任务”查看与管理页面工具栏最右边的“视图”列表中选择 我未完成的工作 即可。从【图 11-8】中可以看出，此视图只列出了用户“屠立刚”未完成的任务，其他用户被分配的任务都未显示。

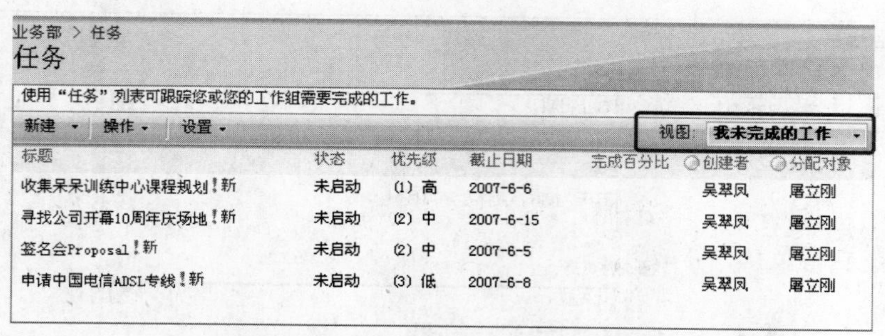

图 11-8　调整后的“任务”查看与管理页面

※ 第 1 步与第 2 步的操作要求用户必须具有适当的权限才可执行，但第 3 步则只要具有“读取”权限的用户即可执行。

【目标 3】
用户希望在进入网站首页时就能直接看到距离截止期日还差 1 周且尚未完成的任务有哪些，并将这些任务按照截止日期的先后顺序排列。

1 新建“任务”Web 部件到业务部小组网站首页

请将操作环境转换到业务部小组网站首页，并用鼠标依次单击 网站操作 → 编辑网页，打开 Web 部件编辑页面。请单击该页面**右**侧的 添加 Web 部件 按钮，打开“添加 Web 部件到右”对话框。接下来，请勾选 列表和库 区块中的 任务，然后单击 添加 按钮，结束 Web 部件的添加工作。当回到如【图 11-9】所示的 Web 部件编辑页面时，请单击“任务”Web 部件右边的 编辑，选择菜单中的 修改共享 Web 部件，打开如【图 11-10】所示的 Web 部件配置窗口。

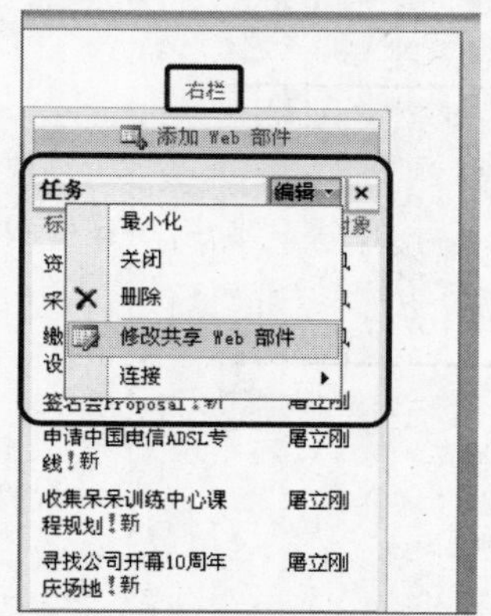

图 11-9　在网站首页添加 Web 部件

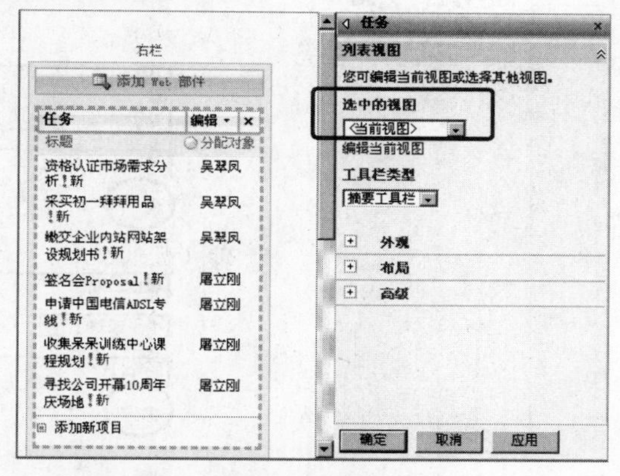

图 11-10　编辑 Web 部件视图

2 编辑“任务”Web 部件摘要视图

从【图 11-10】中可看到，“任务”Web 部件中显示了**所有**任务的“标题”和“分配对象”字段的信息，可是本练习的目标是当用户登录网站首页时，只会看到自己尚未完成的且截止日期在 1 周之内的任务，并将这些任务项目按照截止日期的先后顺序排列。

所以，我们来修改一下这个 Web 部件的视图配置。请单击“任务”Web 部件编辑窗口 **选中的视图** 下拉列表中选择“编辑当前视图”项目，在打开的“编辑视图：任务”页面中进行如【图 11-11】所示的设置。

A．勾选“栏”区块中“标题”、“截止日期”及“创建者”字段前的复选框，并取消“分配对象”字段前的复选框。

B．在“排序”区块中，设置“主要排序依据”字段为“截止日期”，“次要排序依据”字段为“优先级”，两者都采用 按升序顺序显示项目(A, B, C 或 1, 2, 3) 的方式排列。

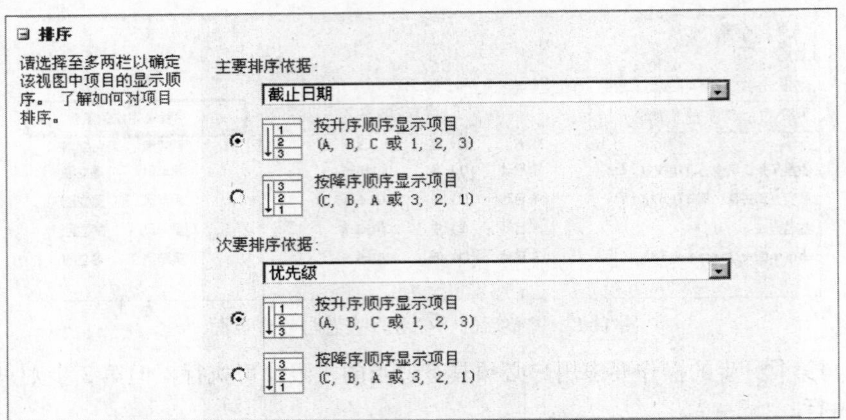

图 11-11 设置 Web 部件显示信息的排序条件

C. 在“筛选”区块中选择 只有在以下条件为真时才显示项目，设置条件如【图 11-12】所示，意即当任务项目必须同时满足下列条件时，才会在业务部网站首页显示。

- 当“分配对象”“等于”“[本人]”（即当前用户）时。
- 当“截止日期”“小于或等于”“[今日]+7”时。
- 当“状态”“不等于”“已完成”时。

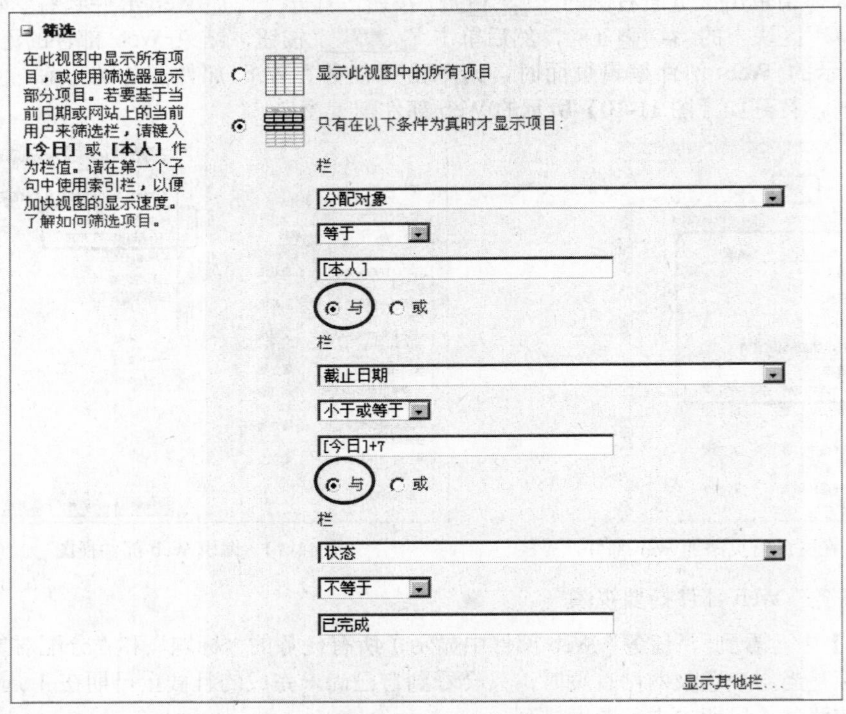

图 11-12 设置 Web 部件显示信息的筛选条件

设置完“编辑视图：任务”页面后，请单击 确定 按钮，完成 Web 部件视图的设置工作，同时也关闭了 Web 部件编辑模式。

3 调整“任务”Web 部件在首页的位置

打开 Web 部件编辑页面（网站操作 → 编辑网页），将鼠标移到“任务”Web 部件的标题处，当鼠标指针变成十字箭头（✥）的形状时，按下鼠标左键不要松开，将“任务”Web 部件移到“网站图像”Web 部件下方，如【图 11-13】所示。

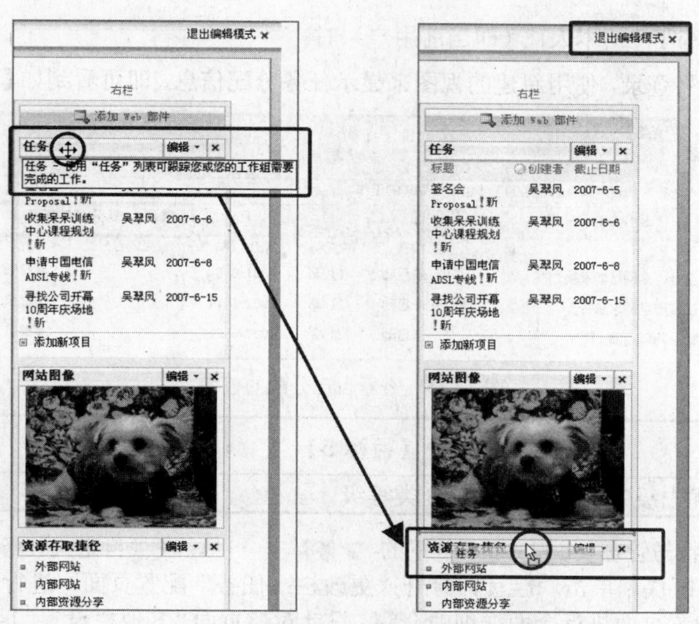

图 11-13　调整 Web 部件在首页的位置

当“任务”Web 部件的位置调整完毕后，请单击网页右上角的 退出编辑模式 × ，回到业务部小组网站首页，如【图 11-14】所示。

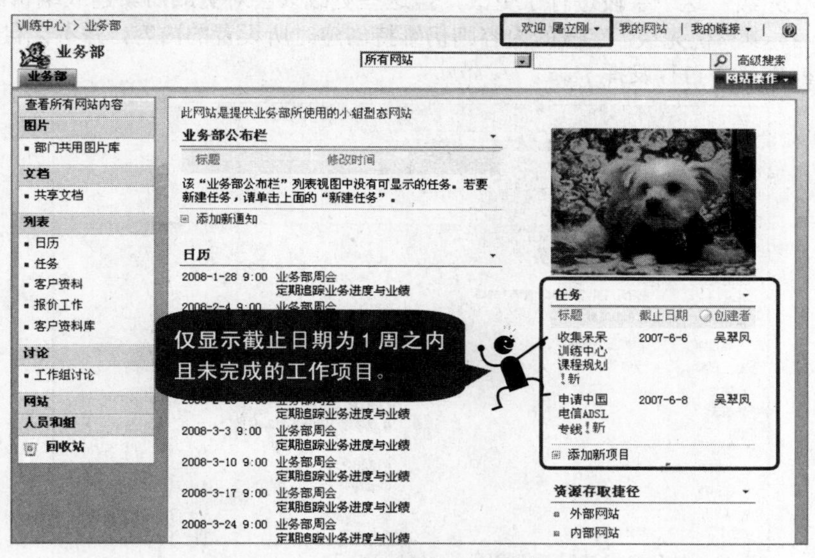

图 11-14　Web 部件的显示结果

【目标 4】
管理者希望知道自己分配了什么任务，而各项任务又分配给了哪些人，这些被分配出去的任务进度目前又如何。

※ 此练习与“目标 2”有点神似，所以不加图示，仅以步骤方式介绍，给读者一个自我练习的机会。

1 复制内置的“我的任务”视图，命名新视图为“我分派的工作”，并修改其配置内容，未讨论部分，都请保留系统默认值。

A．设置“名称”区块中的“视图名称”字段为“我分派的工作”。

B．勾选“字段”区块中“标题”、“状态”、“优先级”、“截止日期”、“完成百分比”及“分配对象”等字段前的复选框。

C．勾选“筛选”区块中的 只有在以下条件为真时才显示项目：，并进行如下设置：

- 当“创建者”“等于”“[本人]”（即当前用户）时。

2 请以 Joseph 账号登录，使用新建的视图来显示任务分配信息，即可看到如【图 11-15】所示的结果。

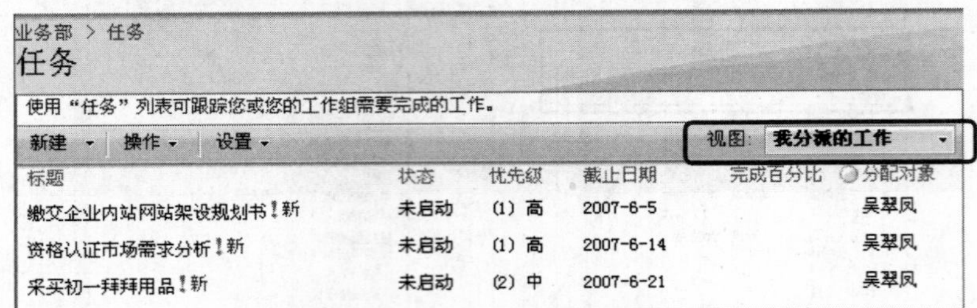

图 11-15 查看自己分配的任务

【目标 5】
如何重新定义“优先级”及“状态”的分类等级。

请选择“任务”查看与管理页面上 设置 ▾ 下的 列表设置，在“自定义任务”管理页面上，找到如【图 11-16】所示的 栏 区块，单击 优先级，打开“更改栏：任务”配置页面，进行编辑工作，在此我们先不对“更改栏：任务”配置页面进行全面详细的介绍，只针对该页面“其他栏设置”区块中的分行键入每个选项:字段进行修改即可。本例请将“优先级”字段修改为“(1) 非常紧急”、“(2) 紧急”、“(3) 普通”、“(4) 较低”及“(5) 低”5 个等级。

虽然我们对“优先级”这个字段进行了更改，但这些更改只会对更改后新建或编辑的任务项目生效，对于已有的任务项目，其“优先级”字段的内容则仍维持创建时所设置的内容，并不会自动调整。至于“状态”字段的定义，就靠读者自行发挥了。

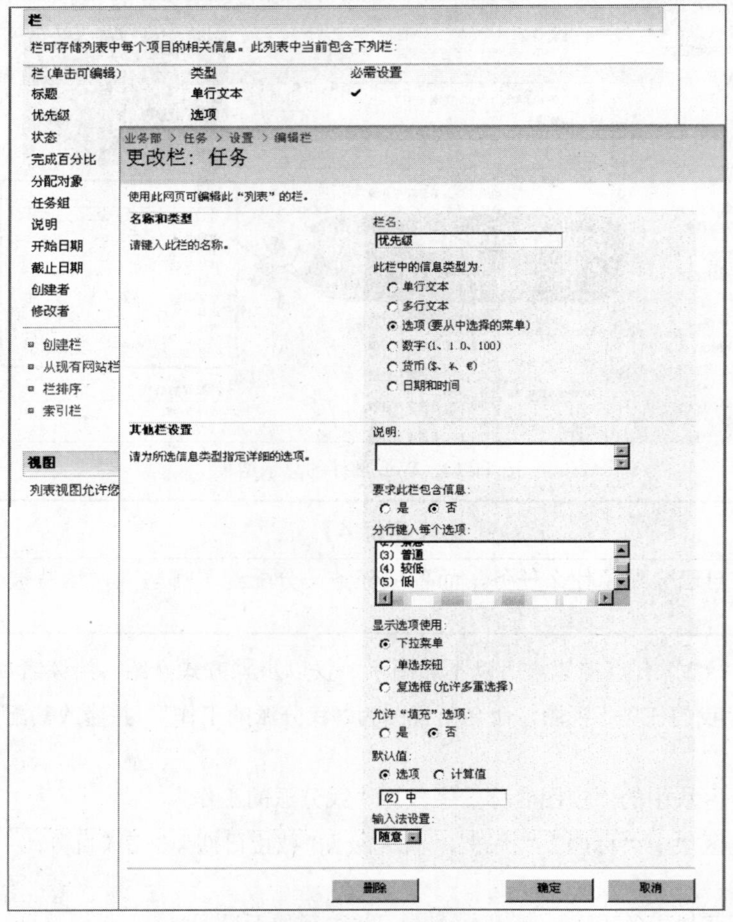

图 11-16 更改现有任务“优先级”字段的设置

11.1.3 汇报工作进度

当分配任务的管理者和被分配任务的用户都建立了适当的查看页面，且分配任务的管理者需要被分配任务的用户每隔一段时间汇报目前工作的进度时，被分配任务的用户可以到“任务”查看与管理页面中，单击要汇报进度的任务项目标题链接，打开如【图 11-17】所示的“任务”查看与管理页面。

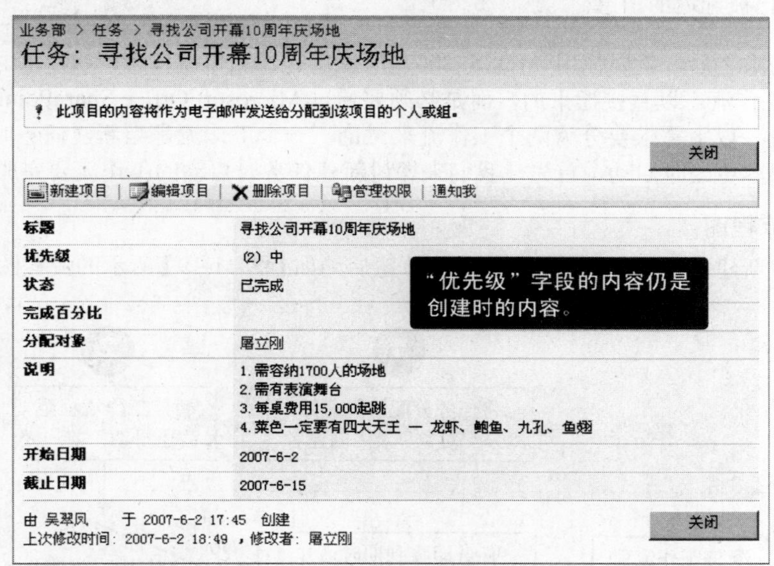

图 11-17 某项任务的查看与管理页面

如果您想汇报进度，可在如【图 11-17】所示的窗口中单击工具栏上的 编辑项目，打开如【图 11-18】所示的编辑项目页面，设置“状态”及“完成百分比”字段信息，以汇报目前被分配任务的进度。

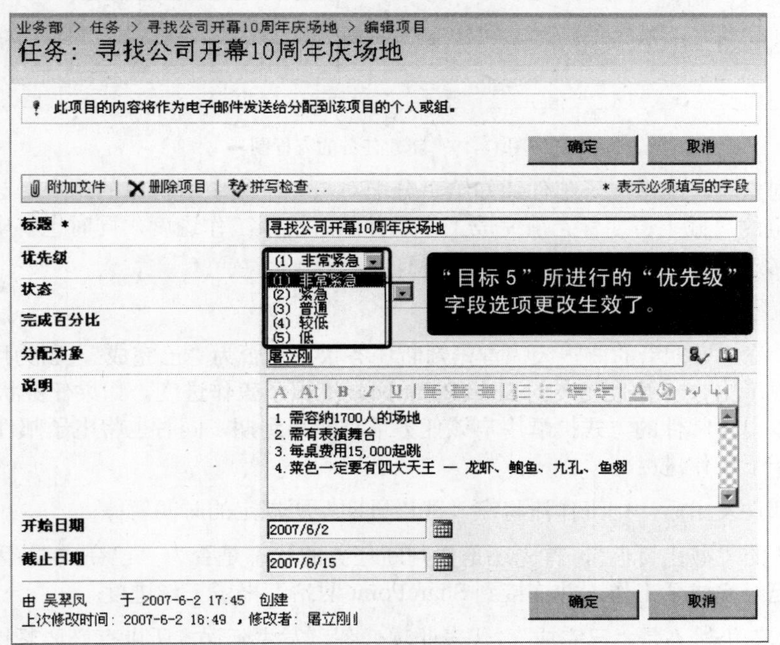

图 11-18 汇报工作进度

11.1.4 工作流的搭配

【目标 6】

1. 当用户被分配到任务时，系统虽会立即以电子邮件的方式通知用户，可是当用户工作繁忙时，还是有可能会遗忘。所以，可否在任务截止日期前一天再通过电子邮件通知一次，让被分配到任务的用户无所遁逃，同时也顺便以电子邮件的方式提醒领导某项任务快要到期，该追踪一下进度了。

2. 当被分配任务的用户完成工作，并到 SharePoint 网站汇报任务进度时，可否以电子邮件通知领导，让领导可以实时得知用户已完成任务。

3. 当用户汇报任务状态为“已完成”时，可否自动将完成百分比更改为“100%”，反之亦然。

4. 如果任务过期，而用户仍未汇报任务进度是否完成，需要通过电子邮件通知领导及被分配到任务的用户，告知任务已被延迟的消息。

当了解了上述需求之后，就要使用 MOSS 2007 所提供的“工作流”来解决，而且，这些需求也不是 MOSS 2007 内置的工作流可以直接摆平的，而是必须要通过 Microsoft Office SharePoint Designer 2007 来自行设置及启用工作流。以上需求要分为两个工作流来讨论，一个工作流是当新建任务时启动，另一个工作流则是当现有任务内容更改时启动。首先，我们来探讨新建任务时启动的工作流要完成的目标为何？

任务分配工作流程图

当在任务列表中新建了任务分配项目时，我们希望启动如【图 11-19】所示的流程图，进行任务的通知、监控和追踪。

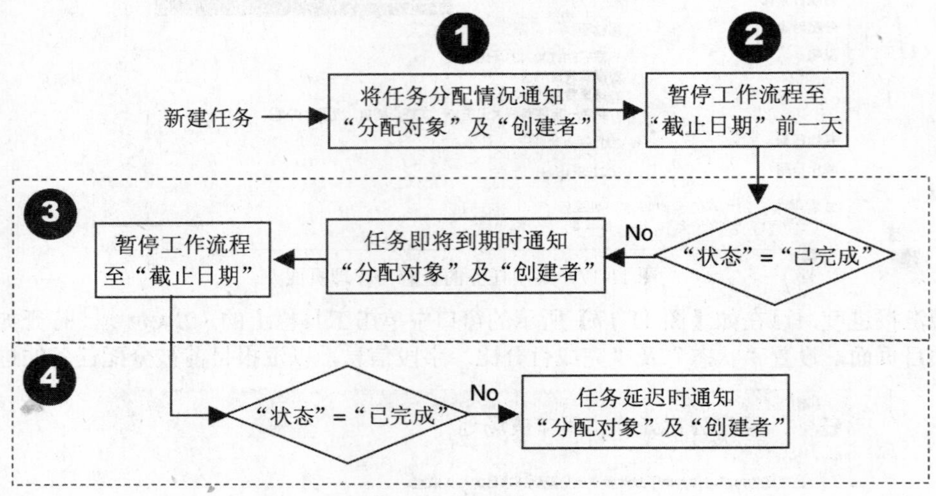

图 11-19 新建任务的流程图

1 当任务被创建时，发送电子邮件通知给“分配对象”字段中所指定的用户，让其得知有任务分配给他，希望他于指定的“截止日期”之前完成工作，并随时汇报工作进度，同时也将电子邮件抄送给“创建者”，让其得知任务通知已发送到用户的电子邮箱。

2 暂停工作流程至“截止日期”的前一天。

3 到了任务“截止日期”的前一天，首先判断任务状态是否为“已完成”，因为用户也许在“截止日期”之前就已经完成了工作，并且连接到 SharePoint 网站汇报了工作进度。如果任务状态不是“已完成”，则代表有必要再次以电子邮件的方式提醒用户该任务项目即将到期，同时也将电子邮件抄送给“创建者”，提醒其该主动追踪一下工作进度。

当提醒的电子邮件发出后，则工作流将在“截止日期”所规定的时间暂停。

4 当到了任务的“截止日期”，首先还是要判断任务的状态是否为“已完成”，因为在截止日期的前一天里，也许用户已经完成了工作，并连接到 SharePoint 网站汇报了工作进度。

如果任务“状态”仍然不是“已完成”，代表此项任务已发生延误，所以有必要赶快发送电子邮件告知创建者，说明其指派的任务已经 Delay，同时也要将此邮件抄送给“分配对象”中所指定的用户，告知其准备……

当了解了新建任务所需监控流程的大致方向之后，接下来并不是要马上打开 Microsoft Office SharePoint Designer 2007 进行工作流的配置，而是必须先思考，我们在 SharePoint Designer 环境中要建立几个步骤？各步骤需要完成的工作内容为何？因此，笔者特意把各步骤所需配置的详细流程图绘制出来，如【图 11-20】所示。

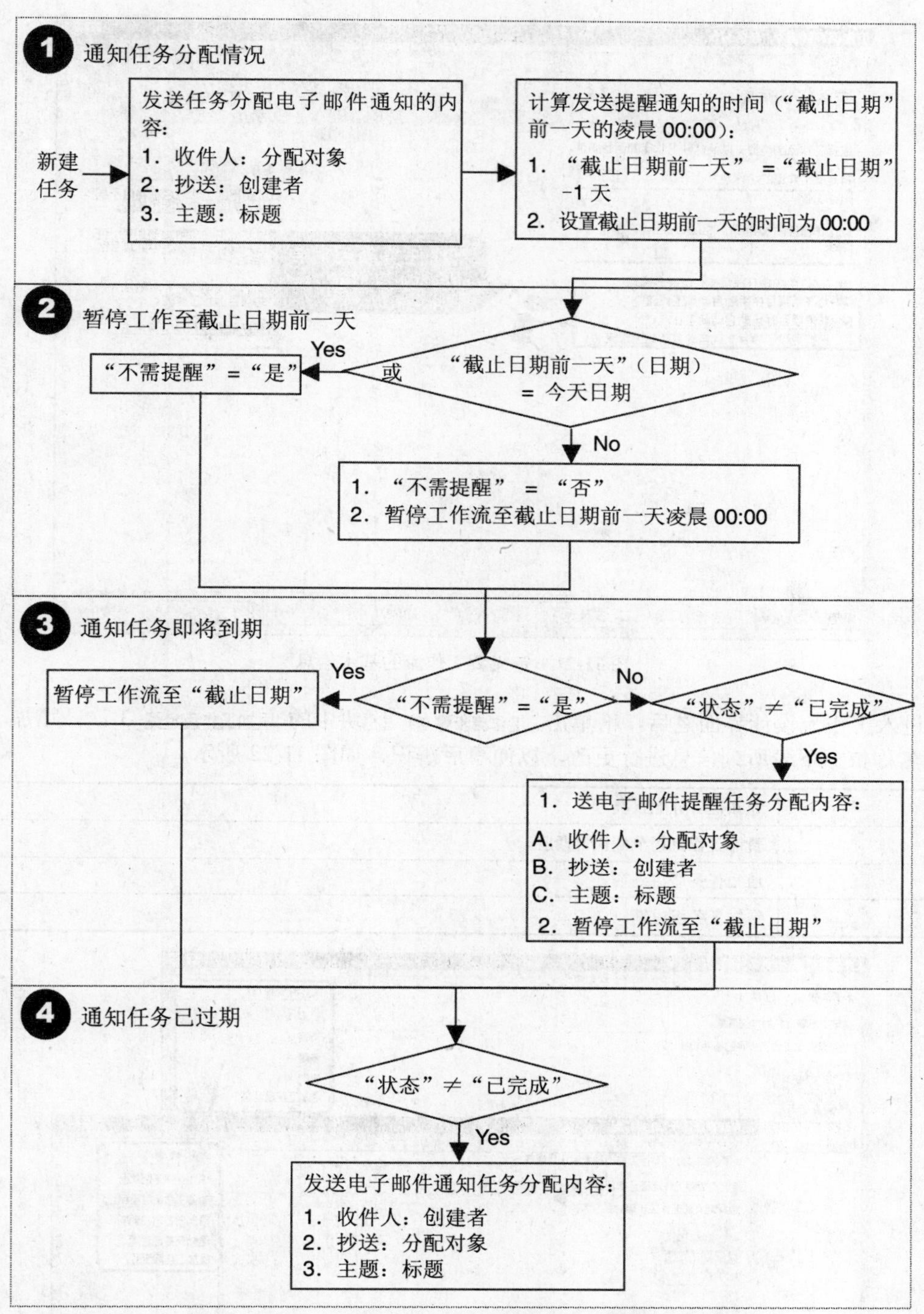

图 11-20　新建任务所搭配工作流的详细流程图

配置任务分配工作流

OK！我们终于可以开始着手进行此任务列表所需的第一个工作流的配置了。首先请启动 Microsoft Office SharePoint Designer 2007 应用程序，然后依次执行以下步骤（SharePoint Designer 的入门介绍，已在第 6.4 节中与读者讨论过，一些操作细节将不再赘述）：

1 请用鼠标依次选择 文件(F) → 打开网站(I)…，打开业务部小组网站（http://center.beauty.corp/SiteDirectory/Sales）。

2 请依次单击 文件(F) → 新建(N)… → 工作流(K)…，打开如【图 11-21】所示“工作流设计器-任务分配”对话框的“定义新工作流”界面，请勾选 ☑ 允许从项目中手动启动此工作流(A) 和 ☑ 新建项目时自动启动此工作流(T) 前的复选框，并输入工作流的名称（例如“任务分配”）及所搭配的 SharePoint 列表（例如“任务”）后，单击 下一步(N) >，进入工作流设计界面。

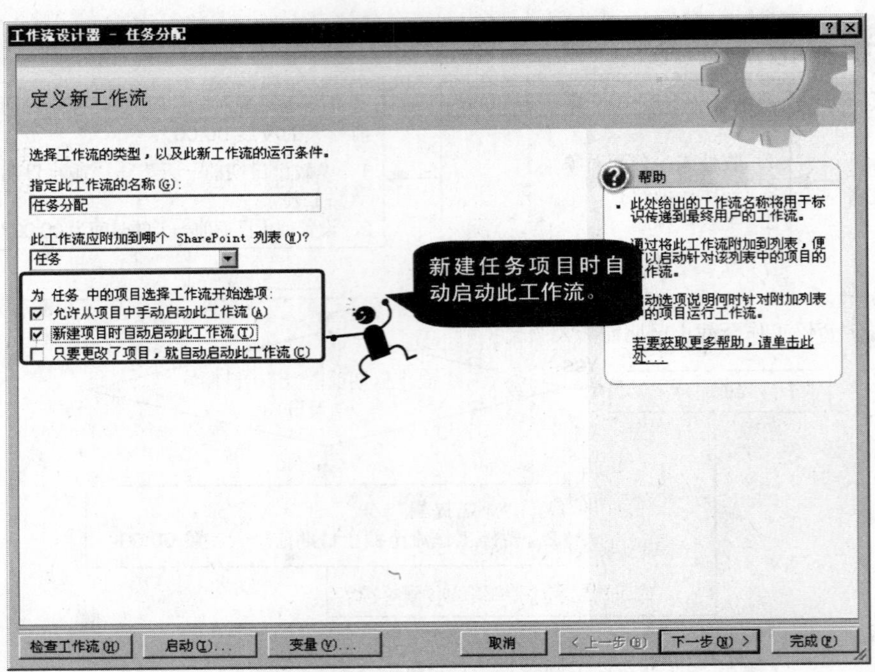

图 11-21　定义新工作流的基本信息

3 当进入工作流设计界面之后，请单击 工作流步骤(W) 区块中的 添加工作流步骤 3 次，增加 3 个步骤，并将各步骤名称依据下表所列信息进行更改，以便事后辨识，如图 11-22 所示。

步骤 1	通知任务分配状况
步骤 2	暂停工作流程至截止日期前一天
步骤 3	通知任务即将到期
步骤 4	通知任务已过期

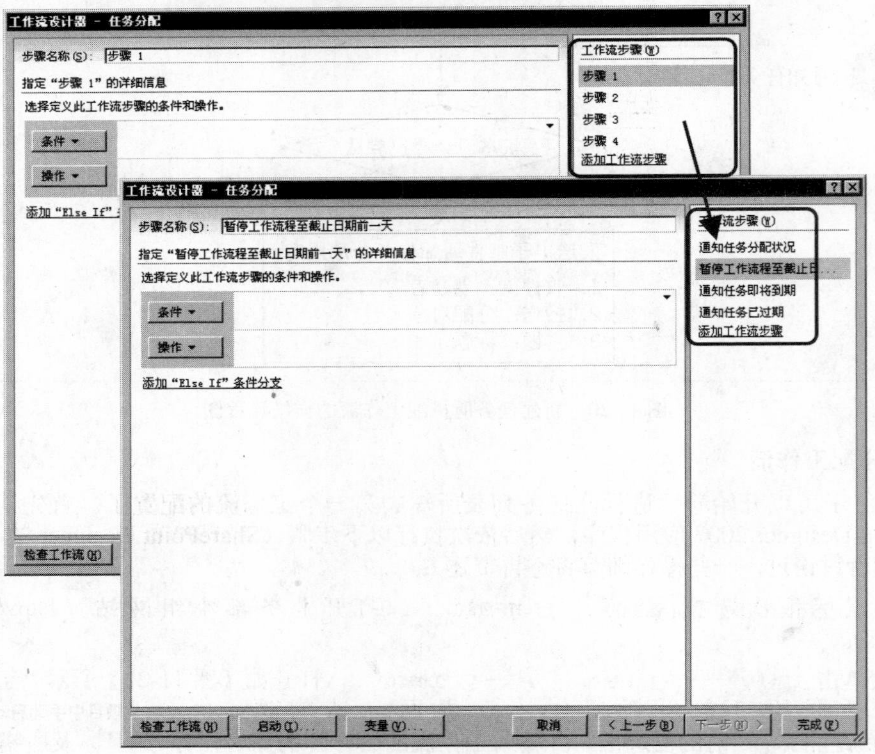

图 11-22　工作流步骤的新建和名称的更改

4 当所有步骤名称都更改完毕后，接下来，我们可开始配置各个步骤的内容了。如【图 11-23】所示为“通知任务分配状况”步骤配置完成的结果。

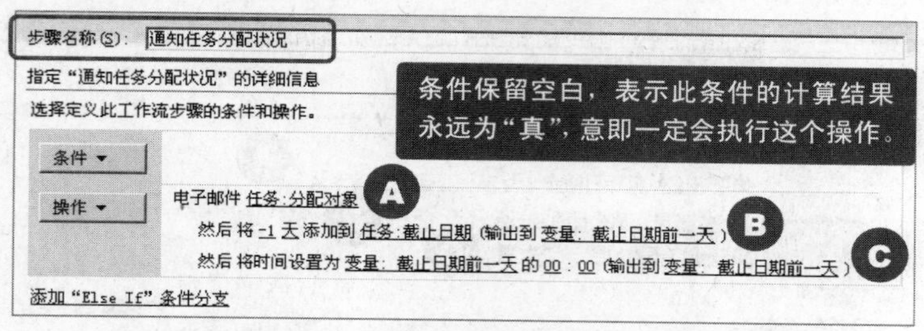

图 11-23 “通知任务分配状况”步骤的配置结果

想要完成如【图 11-23】所示的结果，请按顺序执行下列子步骤：

A. 用鼠标依次选择 操作 → 发送电子邮件，当 操作 区块右边出现 电子邮件 此电子邮件 时，请单击 此电子邮件，打开如【图 11-24】所示的“定义电子邮件”窗口，进行电子邮件收件人、抄送、主题及本文内容的定义。

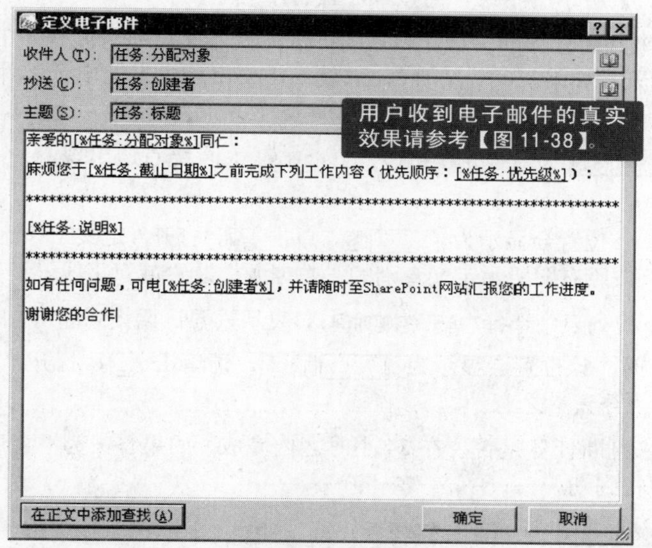

图 11-24 定义任务分配通知的电子邮件

B. 此设置的目标是求出截止日期前一天的时间，并将结果存储在变量“截止日期前一天”中，以便在后续步骤中使用。

依次选择 操作 → 将时间添加到日期，当 操作 区块右边出现 然后 将 0 分钟 添加到 日期 (输出到 变量: 日期) 时，请按顺序完成下列更改操作：

- 选择 0，并将其更改为“-1”。
- 选择时间单位 分钟，将其更改为“天”。

单击 日期 时，该位置会显示为 [ ][...][fx]，请单击 [fx]，打开“定义工作流查找”对话框，请按照右图所示定义查询的“数据源”及“域”字段。（源(S): 当前项目；域(F): 截止日期）

单击 变量: 日期 后，请选择下拉列表中的 新建变量...，打开“编辑变量”对话框，请按照右图所示定义变量的“名称”及“类型”字段。（名称(N): 截止日期前一天；类型(T): 日期/时间）

C. 此设置的目标是求出截止日期前一天凌晨 0 点 0 分的时间，以便在该时间点发送提醒电子邮件。

依次选择 操作 → 设置日期/时间域的时间部分，当 操作 区块右边出现 然后 将时间设置为 日期 的 00 : 00 (输出到 变量: 日期1) 时，请按顺序完成下列更改操作：

- 选择 日期 时，该位置会显示为 [ ][...][fx]，单击 [fx] 按钮，打开“定义工作流查找”对话框，请按照右图所示定义查询的“数据源”及“域”字段。

- 选择 变量: 日期1，在其下拉列表中选择 变量: 截止日期前一天。

5 “暂停工作流程至截止日期前一天”步骤完成后的结果如【图 11-25】所示。

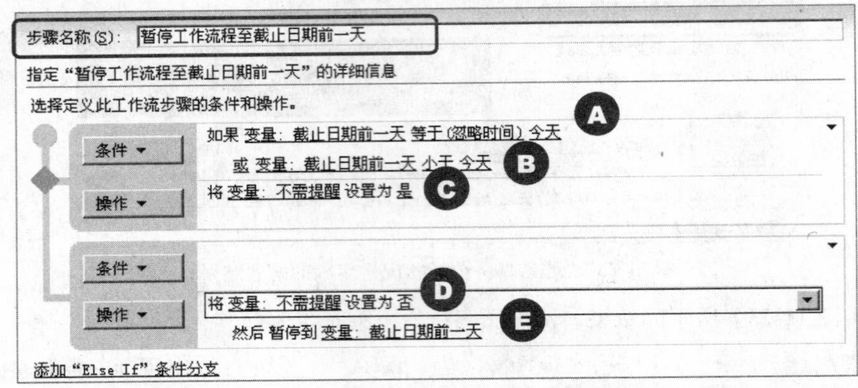

图 11-25 “暂停工作流至截止日期前一天”步骤的配置结果

想要完成如【图 11-25】所示的结果，请按顺序执行下列子步骤：

A．此设置的目标是来判断任务的“截止日期前一天”是不是就是分配任务的当天，意即“截止日期”就是任务分配日期的第二天，如果答案为“真”，那就不需要事后再发送电子邮件提醒用户任务即将到期，否则任务分配及提醒的电子邮件将会在同一天发送，实际上并没有必要。

请用鼠标依次选择 条件 → 比较任意数据源，当 条件 区块右边出现 如果 值 等于 值 时，请按顺序完成下列更改操作：

- 选择第 1 个 值 时，该位置会显示为 [ ] ，单击 ，打开“定义工作流查找”对话框，请按照右图所示定义查询的“数据源”及“域”字段。 源(S): 工作流数据 域(F): 变量: 截止日期前一天
- 选择 等于，在其下拉列表中选择 等于(忽略时间)，表示只要日期相同即可，时间先后顺序可忽略不计。
- 选择第 2 个 值 时，该位置会显示为 [ ] ，请单击 ，打开“日期值”对话框，请选择 当前日期(C)，即“今天”之意。

B．此设置的目标是来判断任务是否要在 24 小时之内完成，如果答案为“真”，那就不需要事后再发送电子邮件提醒用户任务即将到期。

请用鼠标依次选择 条件 → 比较任意数据源，当 条件 区块右边出现 且 值 等于 值 时，请按顺序完成下列更改操作：

- 选择且，其就会自动转换为或。
- 选择等于及其下拉列表中的小于。
- 其他两个值的操作同子步骤 A。

C．因为 如果 变量: 截止日期前一天 等于(忽略时间) 今天 或 变量: 截止日期前一天 小于 今天 条件表示不需在截止日期前一天发送电子邮件通知用户被分配的任务即将到期。因此定义“不需提醒”变量的值为“是”，作为下一个“通知任务即将到期”步骤判断之用。

用鼠标依次选择 操作 → 设置工作流变量，当 操作 区块右边出现 将 工作流变量 设置为 值 时，请按顺序完成下列更改操作：

- 选择 工作流变量 时，请在其下拉列表中选择 新建变量...，打开“编辑变量”对话框，请按照右图所示定义变量“名称”及“类型”字段。

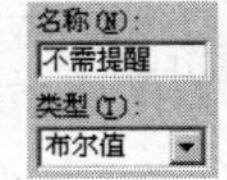

- 选择值及其下拉列表中的“是”。

D．因为只要不是在 如果 变量: 截止日期前一天 等于(忽略时间) 今天 或 变量: 截止日期前一天 小于 今天 条件定义下，则表示需要在截止日期的前一天发送电子邮件通知用户被分配的任务即将到期，因此定义“不需提醒”变量的值为“否”，相关操作同子步骤 C。

E．此设置的目标是在截止日期前一天的凌晨 0 点 0 分暂停工作流。

用鼠标依次选择 操作 ▾ → 暂停到某个日期，当 操作 ▾ 区块右边出现 然后 暂停到 此时间 时，请按顺序完成下列更改操作：

- 选择 此时间 时，该位置会显示为 [ ] … fx，请单击 fx 按钮，打开"定义工作流查询"对话框，请按照右图所示定义查询的"数据源"及"域"字段。

源(S)：工作流数据
域(F)：变量：截止日期前一天

6 "通知任务即将到期"步骤完成后的结果如【图 11-26】所示。

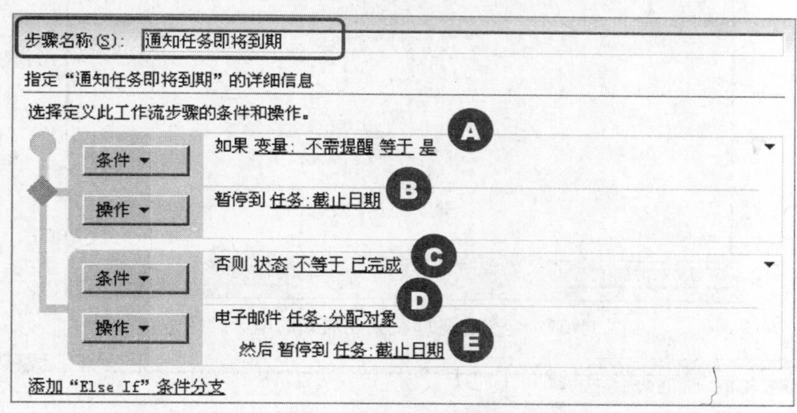

图 11-26 "通知工作即将到期"步骤的配置结果

想要完成如【图 11-26】所示的结果，请按顺序执行下列子步骤：

A．此置定的目标是判断是否需要发送任务提醒通知。

用鼠标依次选择 条件 ▾ → 比较任意数据源，当 条件 ▾ 区块右边出现 如果 值 等于 值 时，请依照第 5 步中子步骤 A 所述内容，将其更改为 如果 变量：不需提醒 等于 是 。

B．此设置的目标是在截止日期暂停工作流。

用鼠标依次选择 操作 ▾ → 暂停到某个日期，当 操作 ▾ 区块右边出现 然后 暂停到 此时间 时，请按顺序完成下列更改操作：

- 选择 此时间 时，该位置会显示为 [ ] … fx，请单击 fx，打开"定义工作流查找"对话框，请按照右图所示定义查询的"数据源"及"域"字段。

C．此设置的目标是判断工作状态是否为"已完成"。

用鼠标依次选择 条件 ▾ → 比较 任务 域，当 操作 ▾ 区块右边出现 否则 域 等于 值 时，请按顺序完成下列更改操作：

- 选择 域 及其下的 状态。
- 选择 等于 及其下拉列表中的 不等于。
- 选择 值 及其下拉列表中的 已完成。

D．发送提醒电子邮件。

请依次选择 操作 ▾ → 发送电子邮件，当 操作 ▾ 区块右边出现 电子邮件 此电子邮件 时，请单击 此电子邮件，打开如【图 11-27】所示的"定义电子邮件"窗口，进行电子邮件收件人、抄送、主题及内容的定义。

E．此设置的目标是在截止日期暂停工作流。

用鼠标依次选择 操作 ▾ → 暂停到某个日期，当动作区块右边出现 然后 暂停到 此时间 时，请按照子步骤 B 所述内容，将其更改为 然后 暂停到 任务：截止日期 。

7 "通知任务已过期"步骤完成后的结果如【图 11-28】所示。

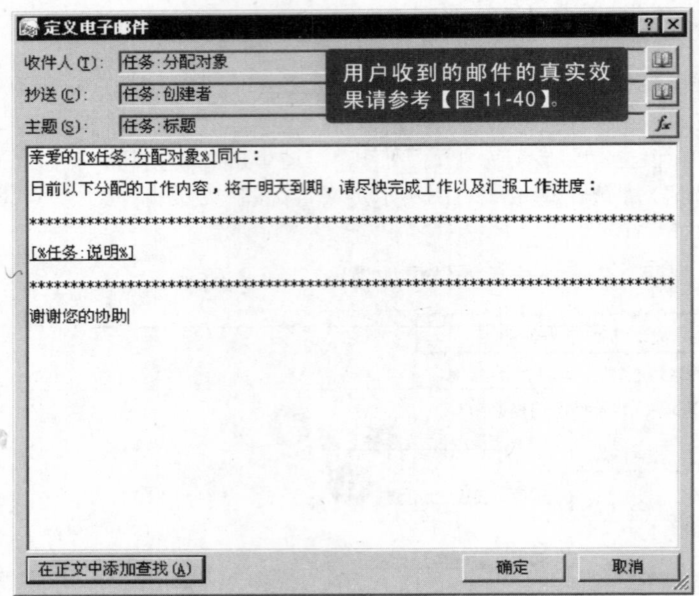

图 11-27 定义任务即将到期通知的电子邮件

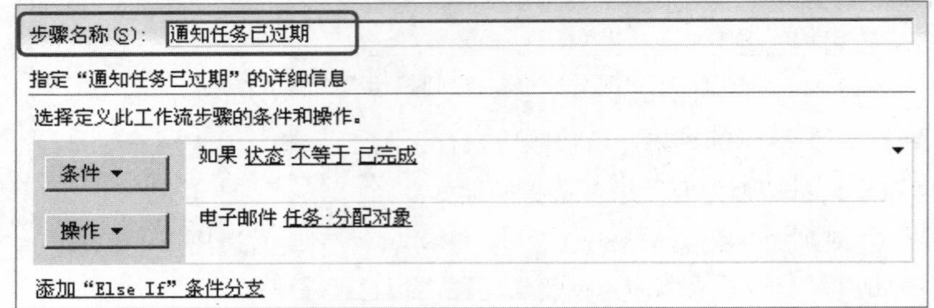

图 11-28 "通知工作已过期"步骤的配置结果

有关【图 11-28】所示的结果，请读者自行练习完成，我相信以读者的功力，一定可以独立完成的。在此仅列出电子邮件通知任务延迟的邮件内容，如【图 11-29】所示。

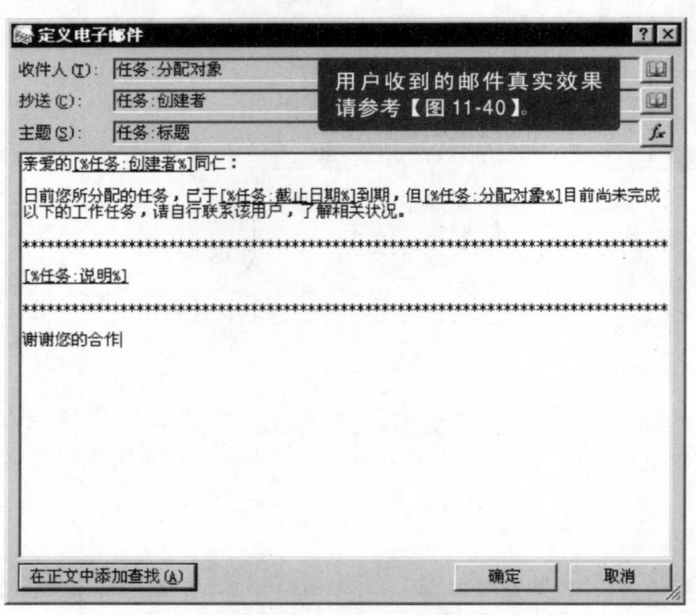

图 11-29 定义任务已过期通知的电子邮件

嗯！是不是有一种大功告成的舒畅感觉，是不是觉得 MOSS 2007 的工作流居然可以这么炫！没错，只要您确认了企业运作流程后，在不是太复杂的情况下，大部分都可以通过 SharePoint Designer 2007 来完成！

接下来，我们还要配置一个工作流，在任务更改时使用。

任务进度汇报流程图

当任务列表中的内容有所更改时，我们希望启动如【图 11-30】所示的流程图，进行任务的通知、监控与追踪。

1 当任务“状态”更改为“已完成”或“完成百分比”更改为“100%”时，表示“创建者”分配的任务已经完成。此时便可以电子邮件的方式自动向“创建者”汇报。读者可能对【图 11-30】中打“★”的部分感到纳闷，为什么要将“状态”及“完成百分比”两个字段的内容重新设置一次呢？主要原因是当用户汇报进度时，可能只汇报了“完成百分比”为“100%”，可是任务“状态”还停留在“进行中”，此时“创建者”访问 SharePoint 网站，就可能会对该项目汇报的结果感到困惑，搞不清楚这个任务到底完成了没有，所以我们大胆假设，只要这两个条件符合其一，就代表该任务是完成的，所以将“状态”及“完成百分比”两者皆自动设置为“已完成”状态。

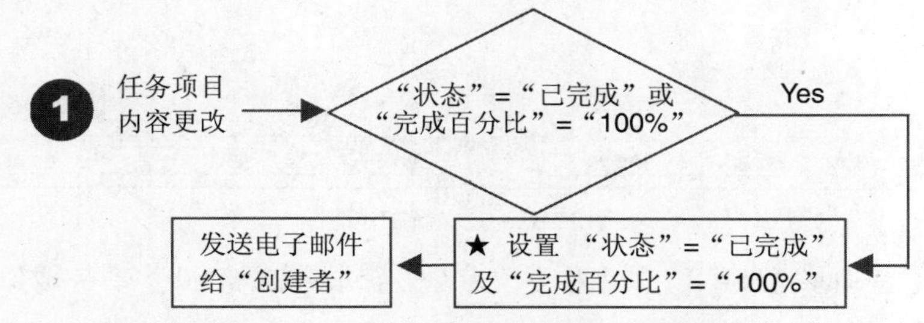

图 11-30 任务项目内容更改时的流程图

当了解了任务内容更改时所需监控流程的大致方向后，接下来，我们再把该步骤所需的配置详细流程图绘制出来，如【图 11-31】所示。

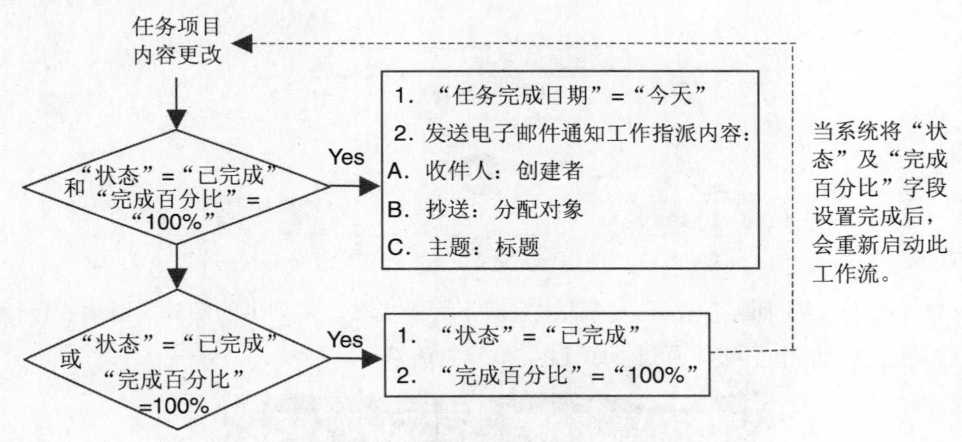

图 11-31 任务内容更改时的详细流程图

配置任务进度汇报流程

嗯！我们可以开始进行此任务列表所需的第二个工作流配置了。首先请启动 Microsoft Office SharePoint Designer 2007 应用程序，然后依次进行以下操作：

1 请用鼠标依次选择 文件(F) → 打开网站(I)...，打开业务部小组网站（http://center.beauty.corp/SiteDirectory/Sales）。

2 请用鼠标依次选择 文件(F) → 新建(N)... → 工作流(K)...，打开如【图 11-32】所示“工作流设计器-工作季度汇报”窗口的“定义新工作流”界面，请勾选 ☑ 允许从项目中手动启动此工作流(A) 和 ☑ 只要更改了项目，就自动启动此工作流(C) 前的复选框，并输入工作流的名称（例如“工作进度汇报”），选择所搭配的 SharePoint 列表（例如“任务”），单击 下一步(N) > 按钮，打开工作流设计界面。

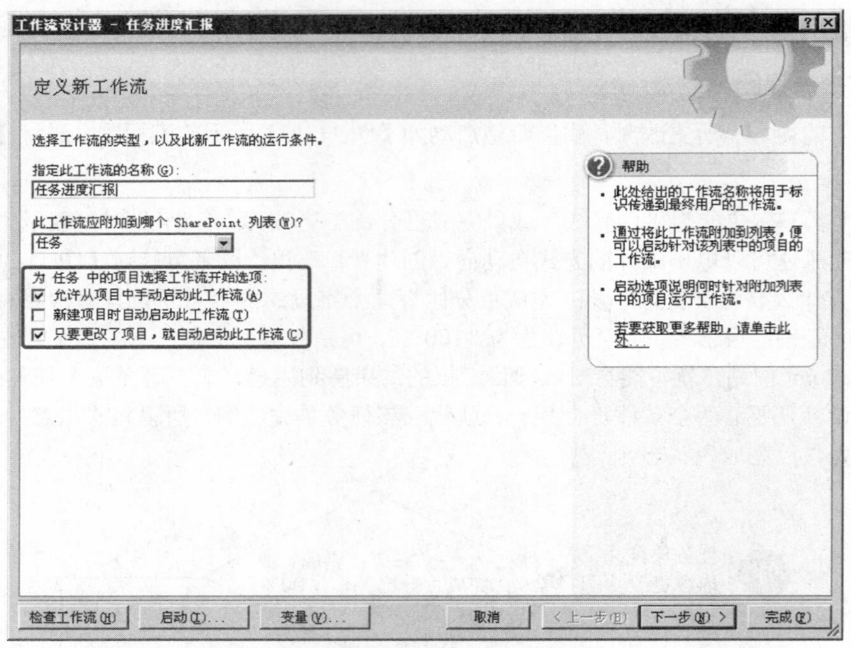

图 11-32　定义新工作流

3 在工作流设计界面将“步骤 1”的名称更改为“任务进度完成汇报”，并完成如【图 11-33】所示的配置。

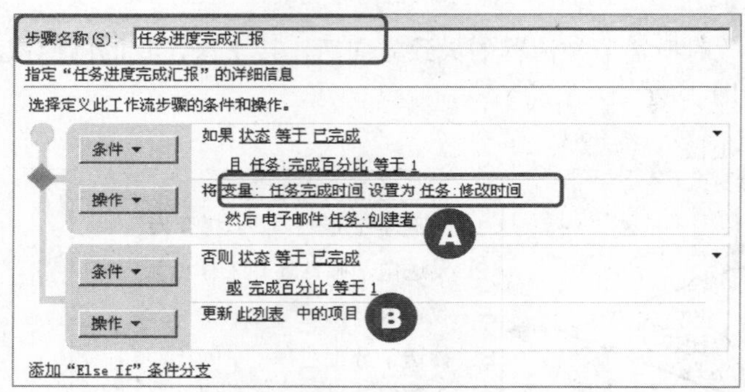

图 11-33　“工作进度完成汇报”步骤配置结果

想要完成如【图 11-33】所示的结果，请依次完成下列子步骤，未列出的部分，请读者自行练习哦！

A. 定义任务已完成的电子邮件通知，如【图 11-34】所示。

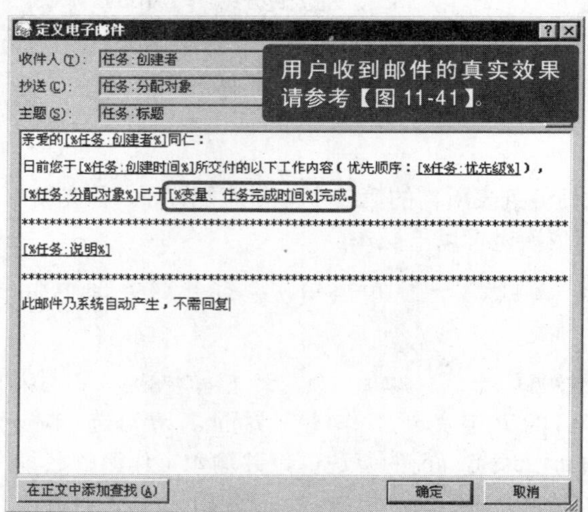

图 11-34　定义任务已完成通知的电子邮件

B．此设置的目标是在截止日期暂停工作流。

用鼠标依次选择 操作 ▾ → 更新列表项，当 操作 ▾ 区块右边出现 更新 此列表 中的项目 时，请按顺序完成下列更改操作：

- 选择此列表，打开“更新列表项”对话框，请单击 添加(A)...，打开“分配值”对话框，进行列表项目字段的设置，如【图 11-35】所示。

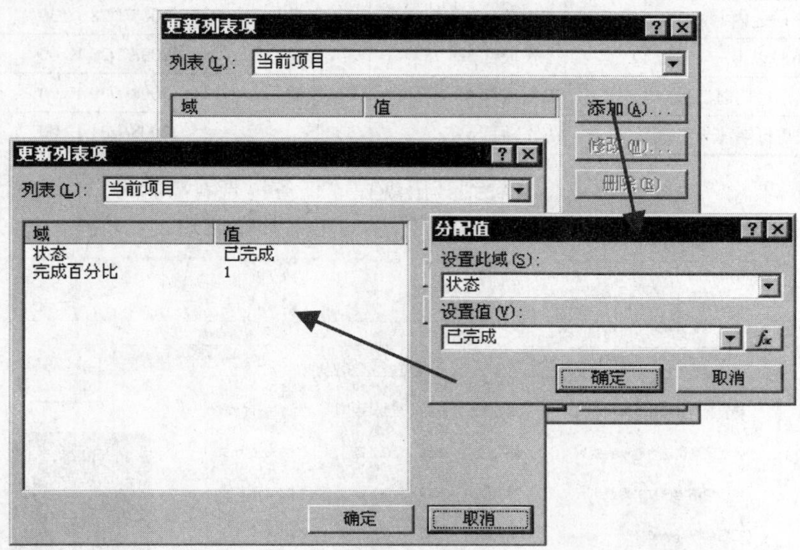

图 11-35 “更新列表项”的设置

YA！我们赶快来看看所配置的工作流是否能发挥作用，并验证我们所建立的工作流是否正确吧。不过我们需要先更改截止日期的输入格式，因为其默认只能输入日期，但是大部分的任务分配都会希望能对时间进行指定，所以请依次选择 设置 ▾ → ，在 栏 区块下选择截止日期，打开如【图 11-36】所示的“更改栏：任务”配置页面。

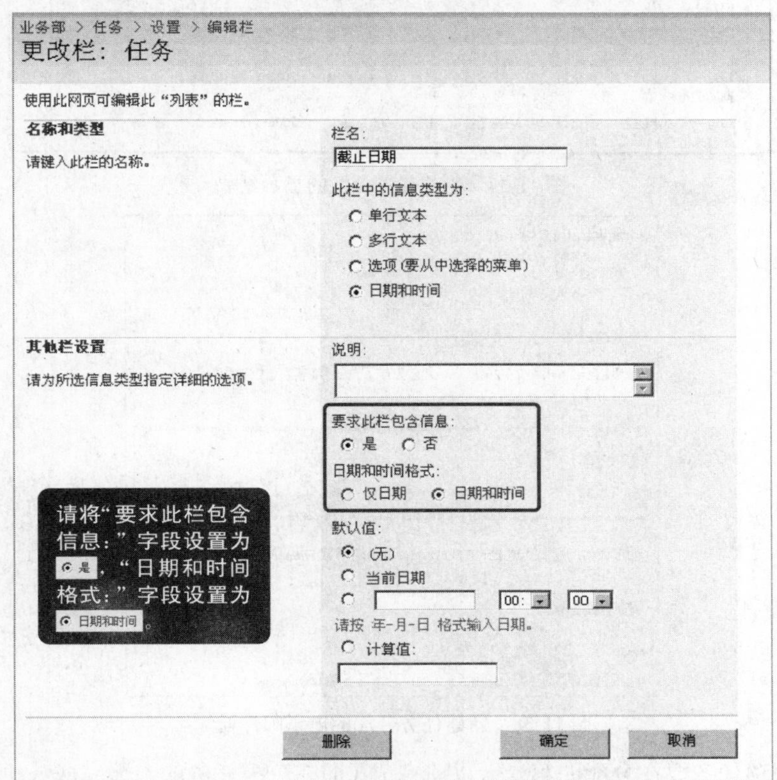

图 11-36 更改“截止日期”栏的输入类型

工作流运行测试

接下来，我们可以开始分配任务了。首先，请读者输入以下 5 项任务分配数据（当前时间为 2008/1/27 13:50 - 14:00）。

标　题	说　明	优 先 级	截止日期	分配对象
当天须完成的工作	工作项目 1	（1）非常紧急	2008/1/27 20:00	屠立刚
隔天须完成的工作（24 小时之内）	工作项目 2	（2）紧急	2008/1/28 11:30	屠立刚
隔天须完成的工作（24 小时以上）	工作项目 3	（3）普通	2008/1/28 18:00	屠立刚
超过一天以上的工作（截止日期前汇报）	工作项目 4	（4）较低	2008/1/29 17:00	屠立刚
超过一天以上的工作（截止日期前未汇报）	工作项目 5	（5）低	2008/1/31 12:00	屠立刚

当任务分配数据项输入完毕后，您将会看到其出现在“任务”查看与管理页面中的情况如【图 11-37】所示，被分配到任务的用户将会收到如【图 11-38】所示的电子邮件通知。

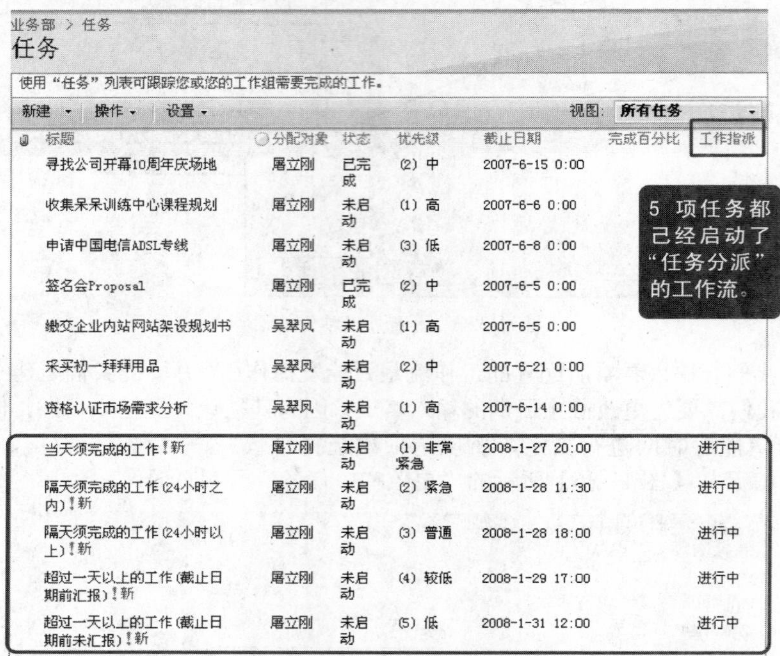

图 11-37　新建任务分配的显示结果

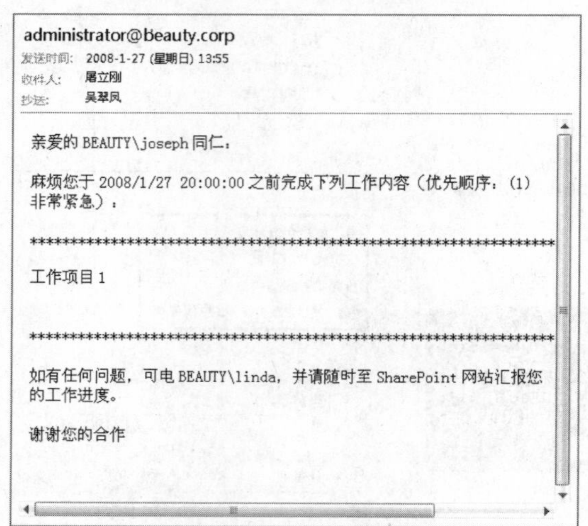

图 11-38　新建任务分配的电子邮件通知

因为上述的前 3 项任务要在分配的第二天以前完成（即在分配任务的当天完成），所以不需要发送截止日期前一天的电子邮件提醒通知，因此目前工作流都会停留在如【图 11-20】所示的步骤 3 中左边的“暂停工作流至‘截止日期’”状态，而后面两项任务则停留在如【图 11-20】所示的步骤②下方的“暂停工作流至截止日期前一天凌晨 00:00”。若想验证工作流是否能正确运行，可选择各任务名称旁边项目菜单中的 工作流，单击 工作流 区块下的“正在运行的工作流”中有一个名为“任务分配”的项目，单击此项目，打开“工作流状态：任务分配”查看与管理页面。该页面的 工作流历史记录 区块中会显示当前工作流的运行状态，【图 11-39】即为上述 5 个任务目前的进展状况。

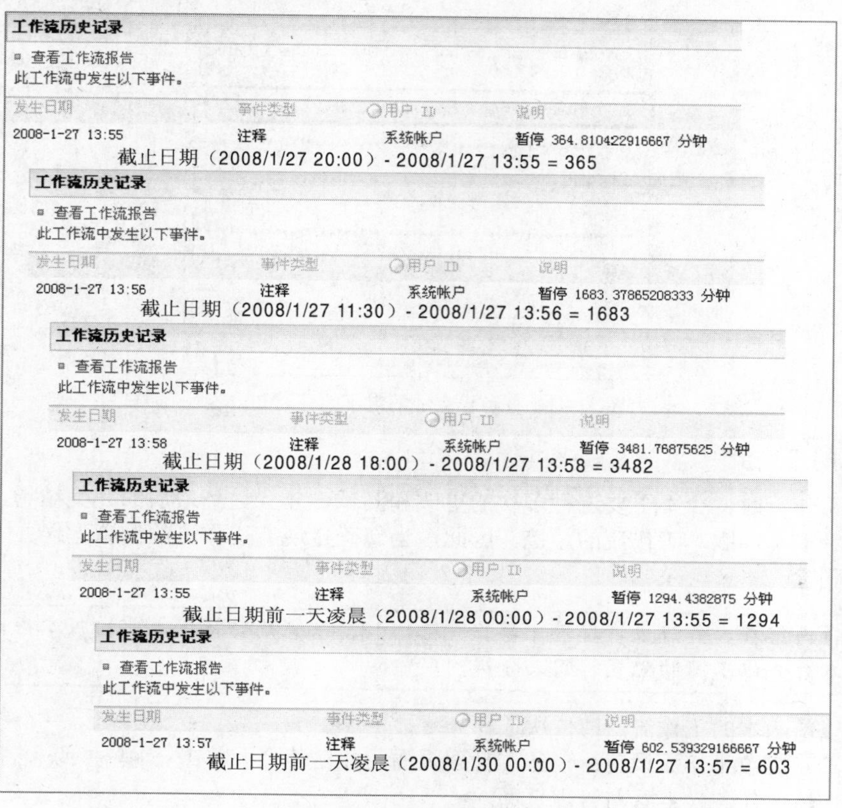

图 11-39 工作流历史记录

——现在是 2008/1/28 早上 8 点——

嗯！睡得真舒服，不知昨天交代的事情，我们的屠帅哥完成了没有？嘻！害他昨天不能去约会，不知会不会……

先收收 E-Mail 吧！ 什么……发生了什么事……唉！您自己看看【图 11-40】就知道答案了。

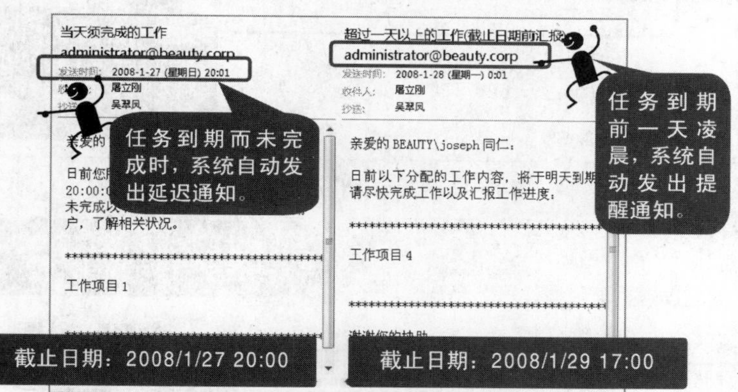

图 11-40 任务到期与即将到期的电子邮件通知内容

一场误会！原来是因为那位仁兄加班太晚，所以忘了连接到 SharePoint 网站汇报进度。不过，他说马上会进行汇报的操作。嗯！的确是一个认真负责的人。我们也去看看电子邮箱中是否已经收到了工作完成汇报的邮件，见【图 11-41】。

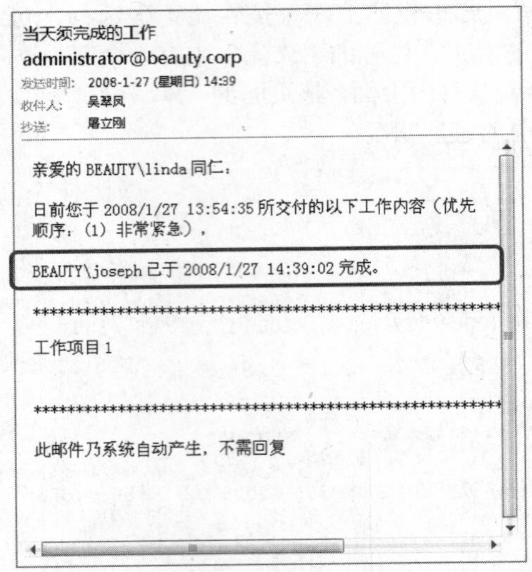
当天须完成的工作
administrator@beauty.corp
发送时间: 2008-1-27 (星期日) 14:39
收件人: 吴翠凤
抄送: 屠立刚

亲爱的 BEAUTY\linda 同仁：

日前您于 2008/1/27 13:54:35 所交付的以下工作内容（优先顺序：(1) 非常紧急），

BEAUTY\joseph 已于 2008/1/27 14:39:02 完成。

****

工作项目 1

****

此邮件乃系统自动产生，不需回复

图 11-41　任务已完成的电子邮件通知内容

删除旧版本的工作流

当您在配置工作流时，少不了要进行多次的更改和测试，才会达到最后的完美结果，但在整个配置过程中，就会留下许多不同版本工作流的足迹，因此，当您确定现有工作流的配置无误并上线后，即可把以前版本的工作流删除。

> **附注**　每当您在工作流设计环境中单击 完成(F)，系统就会将完成前的版本存储为以前版本，并以不同的配置时间来分辨。

如果要删除以前版本的工作流，请依次选择 设置 → 列表设置 → 权限和管理 → 工作流设置，打开如【图 11-42】所示的“更改工作流设置：任务”管理页面，并在该页面单击 删除工作流，打开如【图 11-43】所示的“删除工作流：任务”查看与管理页面。

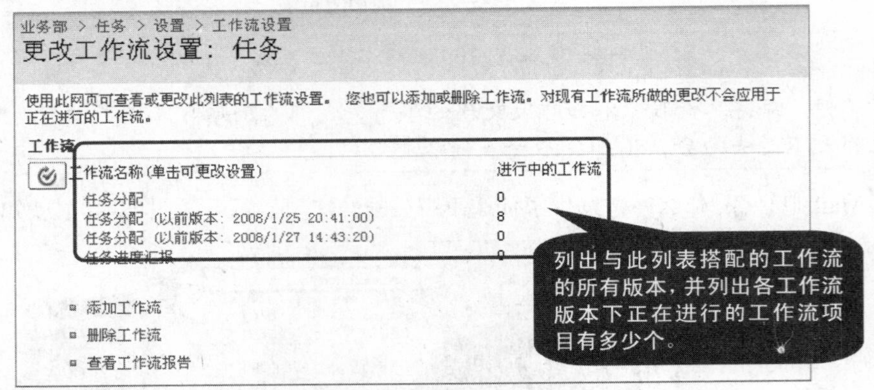

图 11-42　“更改工作流设置”管理页面

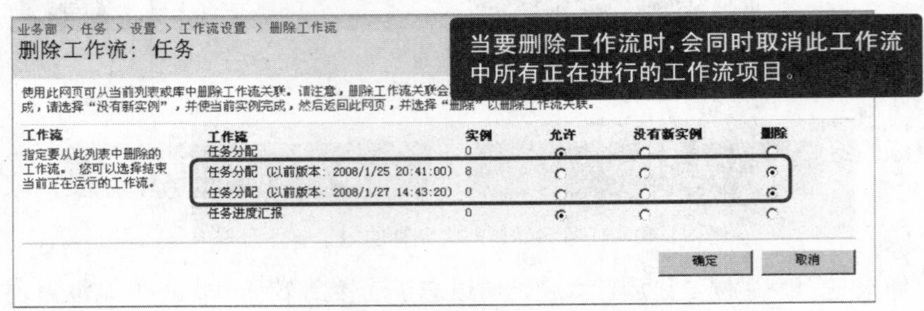

图 11-43　删除不需保存的工作流版本

11.2 小型项目管理——项目任务

讲到项目任务这件事，第一个映入脑袋的名词就是“甘特图”。甘特图（Gantt Chart）又称为条状图或长条图，是甘特（Henry L. Gantt）于 1917 年发明的管理工具，目前被广泛地应用于各种项目管理环境中，用于规划、控制及评估项目中各项任务的进度，【图 11-44】就是一个很标准的甘特图。

项目执行时程表　项目执行甘特图　添加资料　排序

项目执行甘特图

项目	起始时间		结束时间	处理事项	负责人
1	2002-11-02	~	2002-11-05	所有设备点交与安装	郑旭宏
2	2002-11-05	~	2002-11-10	安装Microsoft、Linux操作系统及相关组态设	屠立刚
3	2002-11-09	~	2002-11-13	测试所有服务器与设备运作	屠立刚
4	2002-11-12	~	2002-11-16	台北9楼系统上线	吴翠凤
5	2002-11-15	~	2002-11-17	台北14楼客户端操作系统安装与设定	赵惊人
6	2002-11-16	~	2002-11-17	高雄系统上线	郑旭宏
7	2002-11-16	~	2002-11-17	新竹客户端操作系统安装与设定	唐任威
8	2002-11-16	~	2002-11-17	高雄客户端操作系统安装与设定	郑旭宏
9	2002-11-17	~	2002-11-17	台北9楼系统测试	吴子麒
10	2002-11-17	~	2002-11-17	台北14楼系统测试	赵惊人
11	2002-11-17	~	2002-11-17	新竹系统测试	唐任威
12	2002-11-17	~	2002-11-17	高雄系统测试	郑旭宏
13	2002-11-17	~	2002-11-18	台北14楼系统上线	赵惊人
14	2002-11-18	~	2002-11-25	检视台北系统运作并待命	吴子麒
15	2002-11-18	~	2002-11-25	检视新竹系统运作并待命	唐任威
16	2002-11-18	~	2002-11-25	检视高雄系统运作并待命	郑旭宏
17	2002-11-19	~	2002-11-20	新竹系统上线	唐任威
18	2002-11-20	~	2002-11-22	台北9楼客户端操作系统安装与设定	吴翠凤

图 11-44　用 Excel 绘制的甘特图

附注　甘特图是一种用可视化方式来表现项目任务与时间的关系的图表，甘特图的横坐标表示时间的变化，他会等分为适当的时间单位，例如：小时、天、周、月、季或年，而纵坐标则记录项目所要完成的各项任务，两者搭配起来就可看出项目中各项任务的开始时间、结束时间及整个任务所持续的时间长短，并可用来监控小组工作的日期与进度。

可是要怎样才能绘制出如【图 11-44】所示的甘特图呢？目前，许许多多执行项目的朋友们大都采用 Excel 工作表来完成。没错！你没听错，【图 11-44】就是用 Excel 来展现项目进度规划的最佳甘特图范例。可是，采用 Excel 工作表来展现项目进度的规划时，最大的问题在于只要稍微调整了项目任务的开始时间或结束时间，就要花费 2~3 个小时来重新绘制右边的甘特图，搞到最后，项目只有初期规划，没有事后追踪调整，因为只要想到要重画甘特图，就觉得……还好，笔者对 Excel 研究很深，所以如【图 11-44】所示的 Excel 工作表中的甘特图已达到了出神入化的境界，您可以任意调整项目任务的开始时间及结束时间，右边的甘特图即会自动重画。可并不是所有的项目经理都有这样的功力，能够通过在 Excel 工作表中自行定义堆栈横条图的方式来建立甘特图，即在 Excel 工作表中的适当单元格中填充相应的颜色。

所以，对项目经理们来说，拥有一套方便易用的项目管理软件是非常重要的。Microsoft Office Project 算是一个不错的选择，利用它来绘制甘特图简直是轻而易举的事。除此之外，利用 Microsoft Office Project 还可以使您方便地追踪项目进度并绘制成适当的图表。可是 Microsoft Office Project 有时候让人觉得功能多到都用不到，因为，毕竟项目是可大可小的，所谓“杀鸡焉用牛刀”呢？很多项目经理其实只是想要有个甘特图来表现任务间的流程及进度，同时又能反映出任务分配的状况即可。

MOSS 2007 的项目任务（Project Tasks）列表刚好能满足项目经理对小型项目的规划需求，其提供了类似项目规划中甘特图的功能，让您不需要借助专业的项目软件即可建立起基本的项目甘特图追踪环境。可是，在这里要提醒各位，MOSS 2007 所提供的项目任务列表是绝对无法取代专业的项目管理软件的，因为其并没有提供专业项目软件都会提供的任务关联性的连接、任务等级层次化、任务分解结构的自动编码等功能。

MOSS 2007 的项目任务列表主要是在对小型项目（大约 50~100 个任务项目）进行规划时，可用来取代使用 Excel 绘制甘特图，您只需输入适当的开始日期与截止日期，系统就会自动帮您绘制好甘特图，您再也不需要自己在 Excel 的环境中配置了。

咦！笔者不是绘制了一个出神入化的Excel甘特图吗？拿出来分享就好了啊，这样的话，MOSS 2007 所提供的项目任务列表不就没有特色了吗？

您有这样的想法就错了。即便采用笔者所绘制的 Excel 工作表来绘制甘特图，一旦项目有所更改，项目经理还是要通过电子邮件将最新的文件发送给所有的项目团队成员，这种方式执行一段日子之后，项目成员就会搞不清楚到底哪一份文件才是最新的版本了。使用 MOSS 2007 的项目任务列表即可解决这个问题，因为我们可以在项目任务有所更改的时候，自动发送电子邮件通知项目成员，项目成员可随时连接到 SharePoint 网站查看项目目前最新的进度，以及各任务的其他相关信息，这些都是使用 Excel 工作表绘制甘特图较难达到的目标。

MOSS 2007 默认提供的小组网站中并没有内置任何项目任务列表组件库，所以请读者按照下列步骤完成项目任务列表的配置：

1 先登录业务部小组网站首页，并依次选择 查看所有网站内容 → 创建 → 跟踪 → 项目任务 。

2 在“新建”页面上定义项目任务列表的“名称”为“NewProduct 新产品试验评估项目”，“说明”为“新产品上市前的测试阶段评估”，其他设置值使用默认值，最后单击 创建 ，完成项目列表的创建。此项目任务列表的网址如下：

http://center.beauty.corp/SiteDirectry/Sales/NewProduct

3 依次选择 设置 ▾ → 列表设置 → 常规设置 → 标题、说明和导航 。

4 将项目任务列表的“名称”更改为“新产品试验评估项目”后，单击 保存 即可。

11.2.1 将任务加入项目任务列表

当项目任务列表配置完毕后，则要开始在项目任务列表中新建需要完成的项目任务了。所以，请在项目任务查看与管理页面的工具栏选择 新建 ▾ → 新建项目 向此列表添加新项目。，在打开的“新建项目”配置页面中进行项目任务信息的输入，如【图 11-45】所示。咦！【图 11-45】的这个页面似乎有点面熟，没错，何止面熟，简直就是跟“任务”列表的新建项目配置页面是一模一样的。其实任务与项目本就是“哥俩好”，两者最大的差别在于，**任务是单一的工作**，而**项目则是多个有关联性的工作所组成的任务集合**。MOSS 2007 所提供的“任务”列表和“项目任务”列表，两者在管理上最大的差别在于项目任务列表多了甘特图功能。

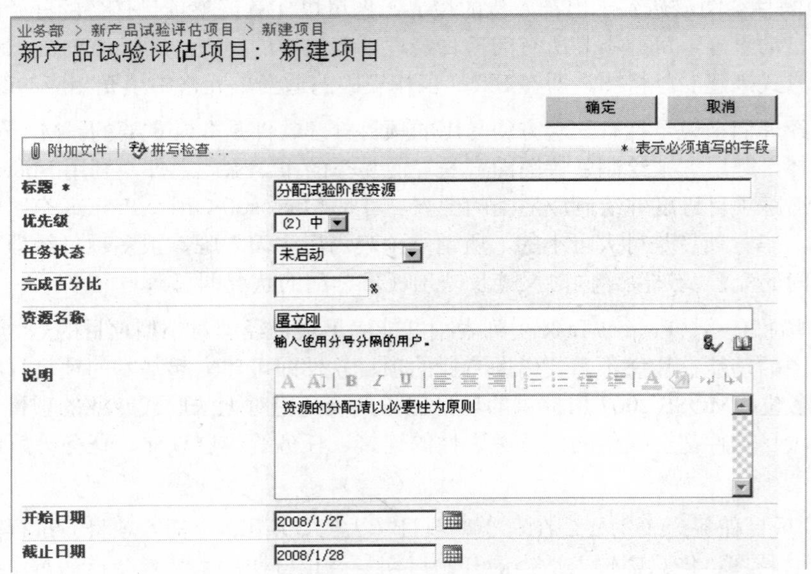

图 11-45 新建项目任务

在第 11.1.1 节中，我们已经对【图 11-45】的配置页面详细介绍过，所以不再赘述相关内容。请按照【图 11-45】所示输入数据。当完成项目任务的新建后，您将会在如【图 11-46】所示的页面中看到众所期待的甘特图。

在如【图 11-46】所示页面的“任务列表信息显示区”中，我们发现，“开始日期”并没有显示出来，因为对于单一任务来说，“开始日期”可能不是那么重要，“截止日期”才是分配工作人员追踪的重点；可是对于项目中的任务来说，“开始日期”与“截止日期”都是非常重要的，因为其都有可能会影响下一个任务的开始与结束的触发点，所以我们希望能增加“开始日期”的信息显示，同时调整字段排列顺序依次为“标题”、“开始日期”、“截止日期”、“任务状态”、“完成百分比”及“分配对象”。

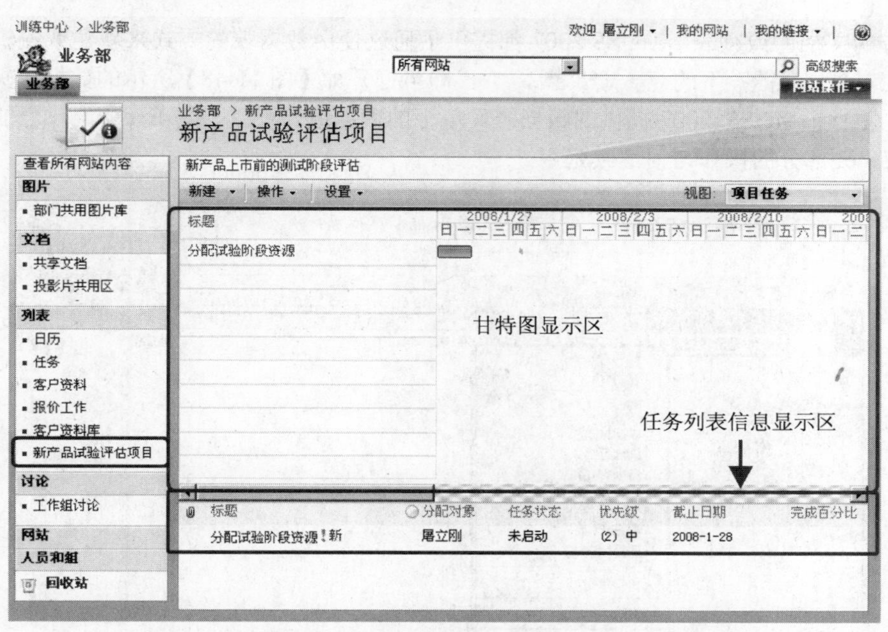

图 11-46 项目任务的查看与管理页面

请选择选择项目任务列表查看与管理页面工具栏最右边“视图”区块下的 修改此视图，当打开“编辑视图：新产品试验评估项目”配置页面时，请将“栏”区块中的字段顺序按照如【图 11-47】所示进行调整，最后单击 确定 结束编辑工作。

栏

选中或清除希望在该视图中显示或隐藏的各栏旁的复选框。若要指定各栏的顺序，请在“位置”框中选择一个数字。

显示	栏名	位置
☑	附件	1
☑	标题（链接到带编辑菜单的项目）	2
☑	分配对象	7
☑	任务状态	5
☐	优先级	8
☑	截止日期	4
☑	完成百分比	6
☐	ID	9
☐	版本	10
☐	编辑（链接以编辑项目）	11
☐	标题	12
☐	标题（链接到项目）	13
☐	创建时间	14
☐	创建者	15
☑	开始日期	3
☐	类型（链接到文档的图标）	16
☐	内容类型	17

图 11-47 项目任务查看页面字段的新建与编辑

我们在前面谈到，项目是多个有关联性的任务集合，因此，在新建项目任务初期，大多会将项目中所有的任务一起添加到项目任务列表中，可是按照如【图 11-45】所示的输入方式，单条信息的输入还算方便，但如果同时要新建多个项目，则显得有点效率不高。如果能有像 Excel 工作表一样的输入方式那该有多好。而且我已将项目任务的相关信息存储在 Excel 工作表环境中了，如果可以直接将 Excel 工作表中的数据复制到 SharePoint 网站的项目任务列表中，那就更棒了！

使用数据表输入项目任务

针对大部分的文档库或列表，MOSS 2007 都提供了通过使用数据表的方式来新建或编辑数据的功能，您只需要选择工具栏 操作 下的 在数据表中编辑 ，即可打开如【图 11-48】所示的数据表页面，来进行列表数据的编辑、更改。MOSS 2007 提供的数据表环境下的数据编辑模式，与 Excel 工作表的操作很类似，所以可将平常 Excel 部分的操作习惯继续延用。

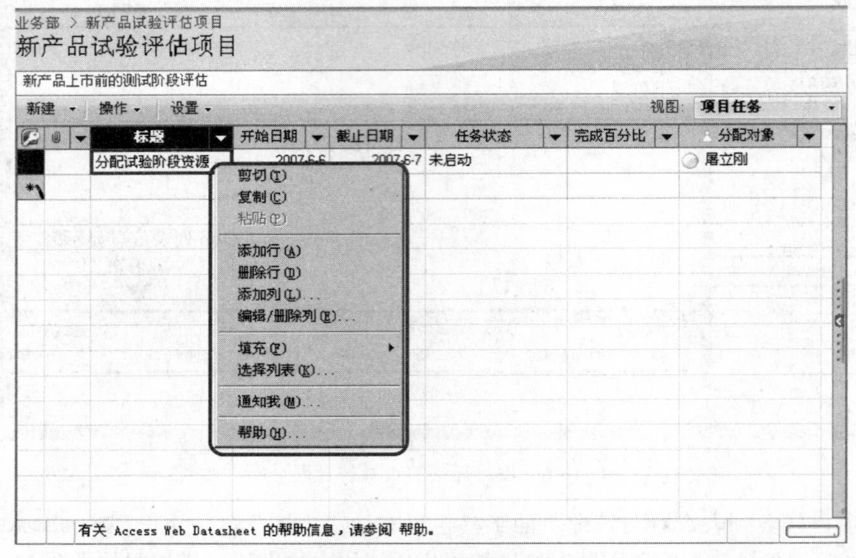

图 11-48 使用数据表输入项目任务的操作方法与 Excel 大同小异

数据表的编辑模式也支持如【图 11-48】所示的快捷菜单（即用鼠标右键单击适当的单元格）功能，至于快捷菜单中所提供的各个项目的操作功能，我想各位读者应该都很熟悉，所以笔者就不在关公面前耍大刀了。

现假设有如【图 11-49】所示的 Excel 工作表内容（本书所附范例中“\CH11”文件夹下的“新产品试验评估项目.xls”），我们希望将这些数据直接复制到“新产品试验评估项目”项目任务列表中，此时只需将 Excel 工作表中相应单元格的数据复制，然后再到如【图 11-48】所示的数据表页面上，单击鼠标右键，选择快捷菜单中的 粘贴(P) 功能，即可看到如【图 11-50】所示的结果。这样做是不是方便、快速许多啊！

	A	B	C	D
1	任务名称	开始日期	结束日期	资源名称
2	分配试验阶段资源	2007-6-6	2007-6-7	屠立刚
3	确认客户同意以加入商业化试验	2007-6-8	2007-6-15	吴翠凤
4	调度/保留试验生产设备	2007-6-16	2007-6-19	屠立刚
5	解决原料问题及完成产品后勤	2007-6-20	2007-6-21	张智凯
6	审阅试验计划及需求	2007-6-16	2007-6-19	吴翠凤
7	开始试验材料的生产	2007-6-22	2007-7-4	许熏尹
8	监控客户试验	2007-6-22	2007-6-30	屠立刚
9	审阅初步试验结果	2007-7-2	2007-7-5	张智凯
10	继续试验材料的生产	2007-7-6	2007-7-19	许熏尹
11	完成客户试验监控	2007-7-6	2007-7-16	屠立刚

图 11-49 Excel 工作表内容

图 11-50 将 Excel 工作表的内容复制到 SharePoint 数据表环境后的结果

当要在如【图 11-50】所示的数据表中逐项输入数据时，“任务状态”和“分配对象”两个字段的数据可通过单击单元格旁边的 ▼ 展开列表，直接选择适当的项目即可。

当任务数据输入完毕后，选择工具栏中 操作 下的 在标准视图中显示 以标准列表格式显示项目。，即可回到如【图 11-51】所示的含有甘特图的标准项目任务查看与管理页面。从这个页面中可以看出，其跟第 11.1 节中讨论的“任务”列表的最大差别真的是在于此页面中多了甘特图的显示，进而可以看出项目任务间的先后关系。

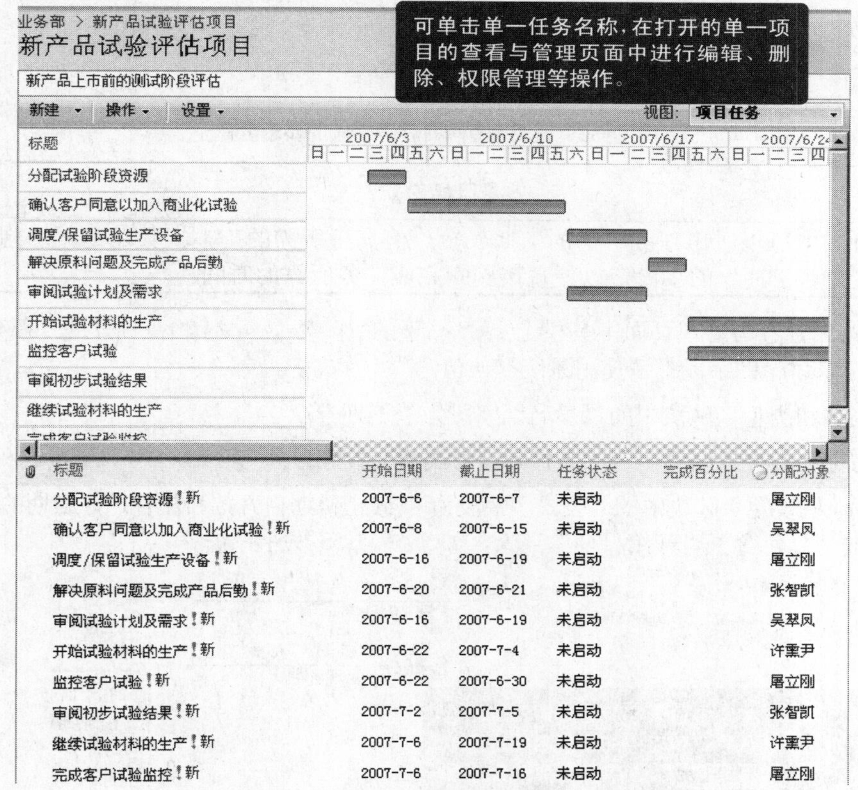

图 11-51 项目任务输入完毕后的显示结果

11.2.2 项目任务分配与查看的应用实例

【目标 1】

项目任务中所涉及的人、事、物，都可以称为“资源”，可是在 MOSS 2007 所支持的项目任务列表环境中，则称其为“分配对象”。不知是否可以这些将名称进行适当的调整，而且在“分配对象”字段中默认只能设置 1 个用户？那么，当要分配多个资源到单一任务时，又该如何处理呢？

请选择“任务”查看与管理页面上 设置 下的 列表设置，在自定义任务管理页面上，以单击 栏 区块中的 分配对象，打开如【图 11-52】所示的“更改栏：新产品试验评估项目”配置页面进行编辑工作。请将“栏名”字段更改为“资源名称”，将“允许多重选择”字段设置为 是，设置完毕后，请单击 确定，即可发现“分配对象”这个字段的名称更改为“资源名称”了。

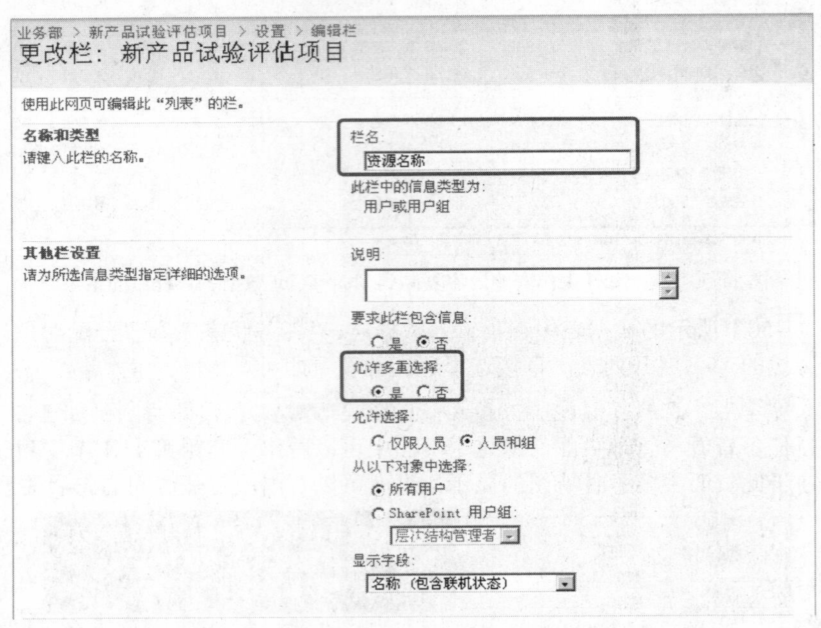

图 11-52 更改现有项目任务字段的显示名称

【目标 2】

虽说从甘特图中可以看出任务所需的工期长短，但真正所需的工期天数还是无法判断，不知是否可以新建一个名为“工期”的字段，以便直接判断完成任务所需的时间。

请选择“任务”查看与管理页面工具栏上 设置 下的 创建栏，在打开的“新建栏”配置页面中设置以下内容，未讨论的字段都请使用系统默认值：

A．定义“名称和类型”区块中的“栏名”字段为“工期”。

B．定义“名称和类型”区块中的“此栏的信息类型为”字段为 计算值(基于其他栏的计算)。

C．定义“其他栏设置”区块中的“公式”字段为“[截止日期]-[开始日期]+1”，工期的计算中需要加 1 天的原因是工期的计算包含了“开始日期”当天，如【图 11-53】所示。

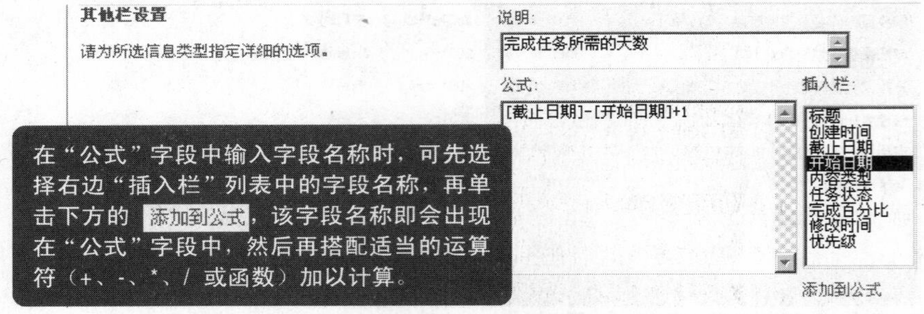

图 11-53 设置“工期”字段的计算公式

D．定义“其他栏设置”区块中的“此公式返回的数据类型为”字段为 数字(1、1.0、100)，“小数位数”字段为“0”。

配置完毕后，我们将会在“任务”查看与管理页面的“任务列表数据显示区”中看到如【图 11-54】所示的结果。

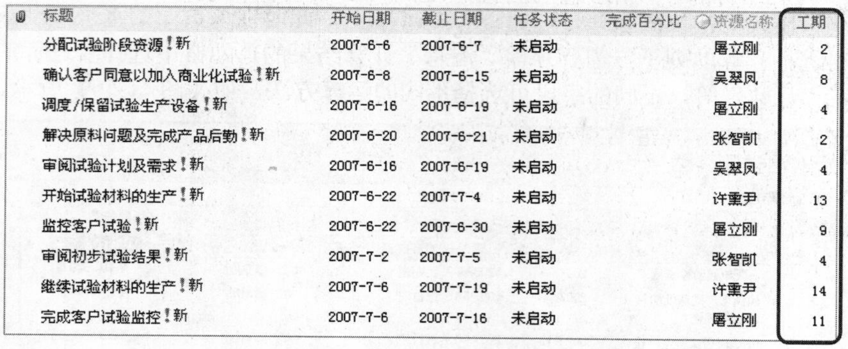

标题	开始日期	截止日期	任务状态	完成百分比	资源名称	工期
分配试验阶段资源！新	2007-6-6	2007-6-7	未启动		屠立刚	2
确认客户同意以加入商业化试验！新	2007-6-8	2007-6-15	未启动		吴翠凤	8
调度/保留试验生产设备！新	2007-6-16	2007-6-19	未启动		屠立刚	4
解决原料问题及完成产品后勤！新	2007-6-20	2007-6-21	未启动		张智凯	2
审阅试验计划及需求！新	2007-6-16	2007-6-19	未启动		吴翠凤	4
开始试验材料的生产！新	2007-6-22	2007-7-4	未启动		许熏尹	13
监控客户试验！新	2007-6-22	2007-6-30	未启动		屠立刚	9
审阅初步试验结果！新	2007-7-2	2007-7-5	未启动		张智凯	4
继续试验材料的生产！新	2007-7-6	2007-7-19	未启动		许熏尹	14
完成客户试验监控！新	2007-7-6	2007-7-16	未启动		屠立刚	11

图 11-54 新建“工期”字段后的显示结果

【目标 3】

通常项目任务都会搭配成本的花费，所以希望有“实际成本”栏的存在，并希望得知整个项目总成本是多少。

1 建立并配置额外需要的“实际成本”栏

请在“任务”查看与管理页面依次选择 设置 → 创建栏。在“新建栏”配置页面中设置以下内容，未讨论的字段都请使用系统默认值：

A．定义“名称和类型”区块中的“栏名”字段为“实际成本”。

B．定义“名称和类型”区块中的“此栏的信息类型为”字段为 ⦿ 货币($, ¥, €)。

2 更新任务的目前进度、成本花费及资源调配情况

请在“任务”查看与管理页面依次选择 操作 → 在数据表中编辑，在数据表页面中更改项目任务信息。从图中我们不难发现，“分配对象”这个字段的名称已经更改为“资源名称”，而且也可看到我们新建的“实际成本”字段也出现在数据工作表编辑页面中了。更棒的是，我们可以在单一任务上指定多个资源。请将下表中项目信息的更新情况输入，输入结果如【图 11-55】所示。

任务名称	任务状态	完成百分比	资源名称	实际成本
分配试验阶段资源	已完成	100%	屠立刚	104,543
确认客户同意加入商业化试验	进行中	90%	吴翠凤	206,741
调度/保留试验生产设备	进行中	10%	屠立刚； 陈勇勋	93,765
解决原料问题及完成产品后勤	进行中	10%	许熏尹； 张智凯	220,945

业务部 > 新产品试验评估项目

新产品试验评估项目

新产品上市前的测试阶段评估

新建 · 操作 · 设置 · 视图：项目任务

标题	开始日期	截止日期	任务状态	完成百分	资源名	工期	实际成本
分配试验阶段资源	2007-6-6	2007-6-7	已完成	100%	屠立刚	2	¥ 104,543.00
确认客户同意以加入商业化试验	2007-6-8	2007-6-15	进行中	90%	吴翠凤	8	¥ 206,741.00
调度/保留试验生产设备	2007-6-16	2007-6-19	进行中	10%	陈勇勋; 屠立刚	4	¥ 93,765.00
解决原料问题及完成产品后勤	2007-6-20	2007-6-21	进行中	10%	许熏尹; 张智凯	2	¥ 220,945.00
审阅试验计划及需求	2007-6-16	2007-6-19	未启动		吴翠凤	4	
开始试验材料的生产	2007-6-22	2007-7-4	未启动		许熏尹	13	
监控客户试验	2007-6-22	2007-6-30	未启动		屠立刚	9	

有关 Access Web Datasheet 的帮助信息，请参阅 帮助。

图 11-55 输入项目任务所花费的实际成本

3 增加字段总计数据

请在数据表编辑模式下，依次选择 操作 → 汇总 在每栏下显示汇总.，此时在该页面的水平滚动条上方会出现“汇总”行。然后在要进行计算的列下方需要存储“汇总”计算结果的单元格中选择要进行的计算方法是“求和”、“平均值”或“计数”等，不同的字段可选择不同的运算方法，如【图 11-56】所示。

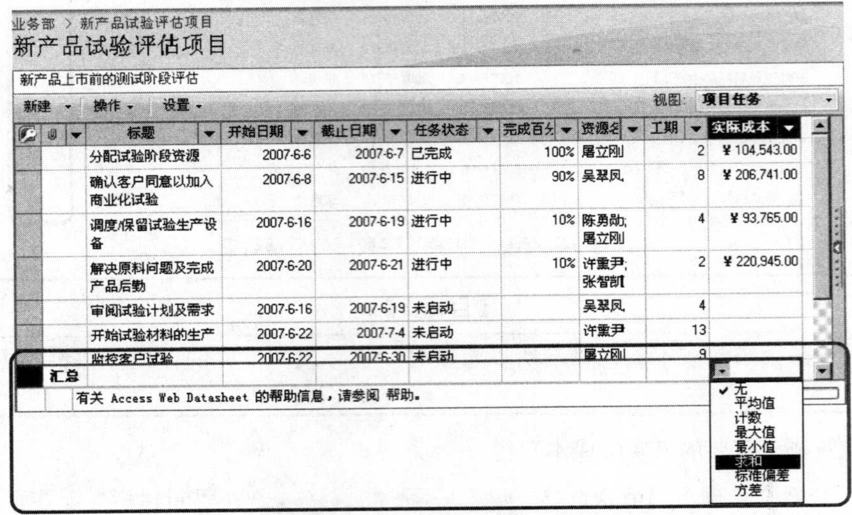

图 11-56　项目任务字段的计算

最后请再将显示模式切换到如【图 11-57】所示的标准视图模式（操作 → 在标准视图中显示 以标准列表格式显示项目。），您会发现“汇总”的计算结果停留在“任务列表数据显示区”的最上方，而且当任务的完成百分比大于 0 时，该任务的长条图就会以较深的蓝色来表示该任务进度的百分比。

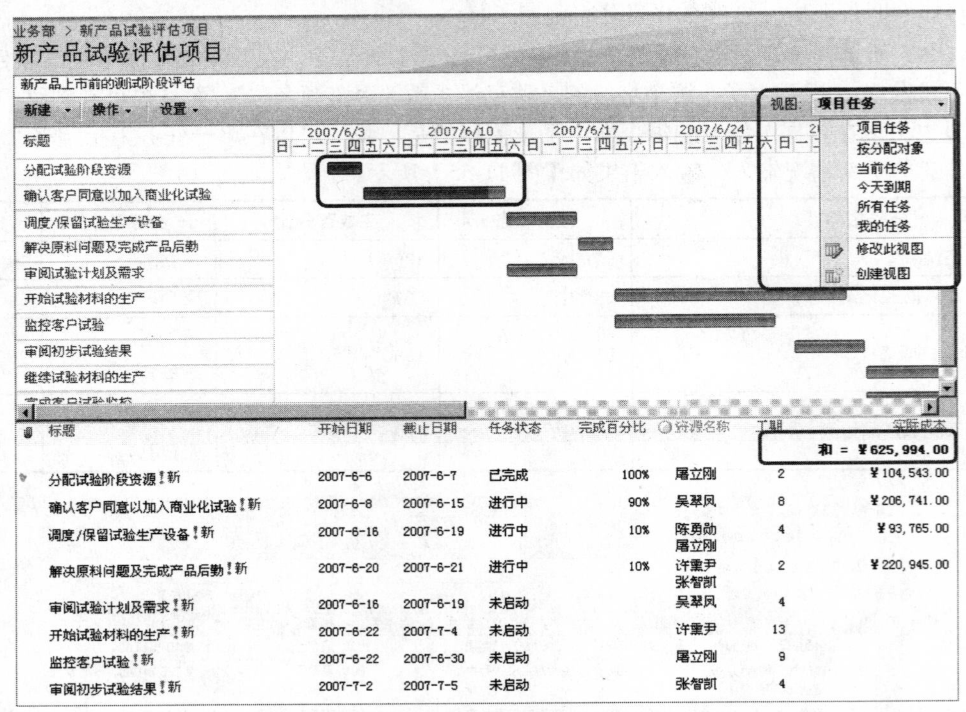

图 11-57　任务项目开始后甘特图的显示

附注　“汇总”行的显示与否，需要在数据表编辑模式下进行打开和关闭，打开和关闭的操作均为单击工具栏上 操作 下的 汇总 在每栏下显示汇总.，只是当“汇总”行打开时，执行上述步骤，则会关闭该行的显示，反之，则会打开该行的显示。

甘特图显示区会显示的图形及其所代表的意义如下：

	当“开始日期”与“截止日期”字段都有数据输入时，任务长条图会根据日期间隔显示该任务的工期
	当在“完成百分比”字段中输入了进度时，会以较深的颜色来强调目前的任务进度
◆	如果没有输入“截止日期”，或“开始日期”与“截止日期”是同一天时，会以里程碑标记来显示

如果想要快速调整任务的“开始日期”及“截止日期”，可使用鼠标水平拖拽任务以完成任务日期的调整。如果只想显示某部分的任务列表，可在工具栏最右边的“视图”列表中选择默认的视图类型来筛选要显示的任务信息，项目任务默认的各视图类型和含义如下：

当前任务	显示除了“任务状态”为“已完成”以外的任务。
今天到期	只显示“截止日期”是今天的所有任务。
所有任务	显示所有任务。
我的任务	只显示分配给当前用户的任务。

有关项目任务的进度汇报、更新、删除或视图调整等操作，都与第 11.1 节中讲解的内容近似，故不在此多做介绍。

第 12 章 列表项目的组织与管理

本章提要

MOSS 2007 系统管理的信息内容，可分成文件信息与记录信息两种，但是存放文件信息的基础还是记录信息，所以记录信息是整个 MOSS 2007 系统最基础的信息环境，在 MOSS 2007 环境中，称这些记录信息为列表项目，构成一个列表项目的最基本信息是字段。

本章主要介绍如何组织与管理所要创建的列表项目，其中包括列表项目中的字段规划、如何定制需要的列表项目、如何利用列表项目中的视图来完成各种不同的查询需求。另外，如何对列表项目的内容进行性能的调整和考核，以及如何建立离线、同步列表项目环境等内容，会让您对列表项目的应用有更深刻的了解。

本章重点

在本章，您将学会：

- 网站字段的规划
- 列表的定制
- 列表视图
- 视图列表数据项的性能考核
- 列表模板的配置与管理

12.1 网站字段的规划

当我们在 MOSS 2007 的环境下，利用不同的网站模板将所需要的网站架构配置起来后，您将会发现，在不同的网站模板下所配置起来的网站，都会默认自动建立多个不同使用目的的列表环境，例如：布告、链接、日历及讨论区等，如果您觉得默认建立的列表还不够，则可以另外依照企业的需求，再从现有的列表模板（例如：联系人、项目任务及调查等）中添加到适当的网站环境下。

MOSS 2007 系统内置的列表都有一个共通性，那就是每个列表都号称是根据企业特定需求而开发配置出来的，可是不同的企业需求绝不是靠默认的列表模板就可以满足的，例如：各列表都内置了一些字段来收集企业想要存储的信息。不过我们也从前面的章节介绍中了解到，在实际操作中，默认的字段所收集的信息还不够，或多或少都有额外添加字段的需求。

12.1.1 字段的基本管理工作

字段的存在有助于我们对信息进行快速收集、事后追踪及分类查看等，但当现有字段无法满足需求时，我们可以通过自定义字段的方式来完成。

新建字段

当您根据企业需求新建字段时，可通过下列两种操作步骤来完成：

- 打开列表或文档库的查看与管理页面，然后依次选择 设置 → 创建栏 。
- 打开列表或文档库的查看与管理页面，然后依次选择 设置 → 列表设置 ，在 栏 区块下单击 创建栏 。

当执行完上列步骤之一时，即可打开如【图 12-1】所示的“创建栏”配置页面，进行添加字段的工作。

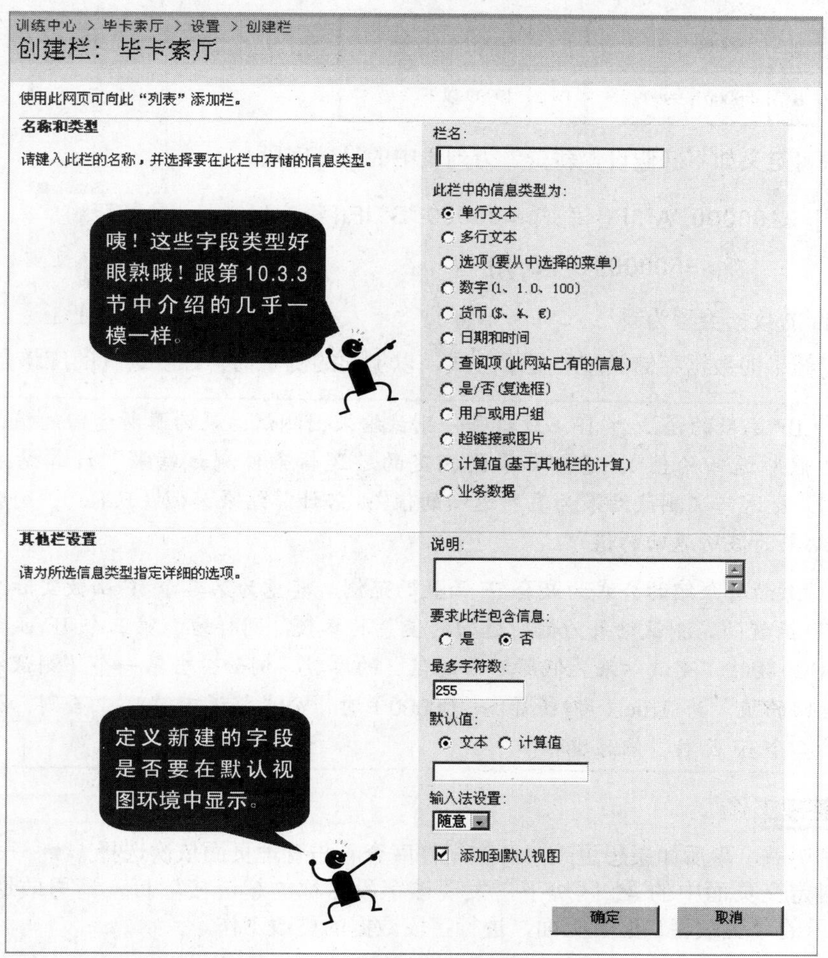

图 12-1 新建“栏”配置页面

没错！上面要定义的字段信息类型与第 10.3.3 节所介绍的答案类型大同小异。换句话说，其实在调查环境中所定义的“问题”，可以说与【图 12-1】中所定义的“栏名称”所扮演的角色是一样的。因此，就不在此赘述各字段类型的用途及使用了，但是其中有两个字段类型（⊙ 超链接或图片 及 ⊙ 计算值(基于其他栏的计算)）是在调查环境中所没有的，所以我们就花点篇幅来向读者介绍一下。

超链接或图片

可利用此类型来储存网页的链接或显示网络上的图片。不管您在 将 URL 格式设置为: 中选择的是“超链接”还是“图片”，在编辑该字段时，输入的信息均为资源所在的网址（URL）。唯一的差别是在事后查看时，如果选择的是“超链接”，则以超链接的形式显示该网址，而且可以直接单击该字段，转到该网址指向的网页；但如果选择的是“图片”，而该网址所指向的资源对象也的确是图片类型的文件，则会直接将该图片在字段所在的位置显示出来，反之，则会在该字段位置 Show 出 ⊠，表示文件格式错误。

将 URL 格式设置为: 超链接

● 输入页面显示样式

计算值（基于其他栏的计算）

当字段的信息不要求用户手动输入，而是根据其他字段输入的结果计算而来时，可采用此字段类型。例如：我们想将公司员工的薪资所得进行分类，以便将来统计分析，薪资所得分类标准如下：

A	100000 以上	C	50000 ~ 79999
B	80000 ~ 99999	D	49999 以下

此时公式区块可定义如下（假设“薪资”为列表中的另一字段）：

=IF([薪资]>=100000,"A",IF([薪资]>=80000,"B",IF([薪资]>=50000,"C","D")))

● 此公式返回的数据类型为

定义公式计算结果的数据存储类型和显示方式，以上面的例子而言，要选择的应该是 ⊙ 单行文本 。

附注

1. IF 函数的语法为 IF（逻辑条件测试结果，测试结果为真所返回的值，测试结果为假所返回的值），意即如果您指定的“逻辑条件测试结果”计算结果为真（True），会返回“测试结果为真所返回的值”；若计算结果为假（False），则会返回“测试结果为假所返回的值”。

2. 上面所介绍的公式为嵌套 IF 函数的范例。其意为第二个 IF 函数实际上是第一个 IF 函数的“测试结果为假所返回的值”的参数。同样地，第三个 IF 函数是第二个 IF 函数的“测试结果为假所返回的值”的参数。例如，当第一个“测试结果为真所返回的值”为 True（即[薪资]>=100000）时，公式将返回“A”；否则，公式将进入第二个 IF 函数，依此类推。

字段的其他管理工作

当字段定义完毕后，事后如果想更改，可在组件库查看与管理页面依次选择 设置 → 列表设置，您将会在组件库自定义页面中的 栏 区块下，发现该字段名称的超链接项目，请勇敢地点击下去，打开如【图 12-2】所示的“更改栏”配置页面，进行字段数据的更改工作。

训练中心 > 员工基本资料 > 设置 > 编辑栏

更改栏：员工基本资料

使用此网页可编辑此“列表”的栏。

名称和类型

请键入此栏的名称。

栏名：

薪资类别

此栏中的信息类型为：

计算值(基于其他栏的计算)

其他栏设置

请为所选信息类型指定详细的选项。

说明：

公式：

```
=IF([薪资]>=100000,"A",IF([薪资]>=80000,"B",IF([薪资]>=50000,"C","D")))
```

插入栏：

地址
内容类型
生日
薪资
姓名
修改日期
修改时间
学历
英文名字
职称

添加到公式

此公式返回的数据类型为：

- 单行文本
- 数字(1、1.0、100)
- 货币($、¥、€)
- 日期和时间
- 是/否

删除目前开启的字段设定。

删除　确定　取消

图 12-2　更改及删除字段配置页面

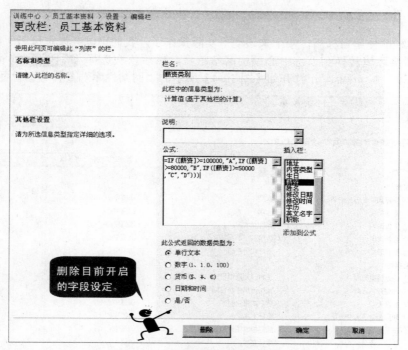

还记得在第 9.3.2 节中介绍到美景企业总共有“毕卡索厅”、“庞毕度会议中心”及“达利厅”3 个会议室，当时希望在租借过程中收集到租借者部门的信息，因而在 3 个会议室的日历中各自建立了“部门”这个字段。还好这间公司只有 3 个会议室，如果多几间的话，那笔者不就累毙了。而且“部门”这个字段其实在企业内部有很多机会用到，例如员工基本数据列表。况且如果公司部门改组，那不是要逐一到各个列表环境下进行修改？哇，我不干啦……

放心！这种事情是绝对不会发生在 MOSS 2007 的环境下的。在 MOSS 2007 的环境下提出了一个“网站栏”的概念，让您可以轻轻松松地管理网站集合下所需要的字段。

提示　所谓“网站栏”指的是在网站层级下新建的字段为可重复使用的字段（或称之为字段模板），将来可指定给多个 SharePoint 网站上的列表或文档库使用。所以当您想在列表或文档库中重复使用某个字段设置时，“网站栏”将是您的最佳选择。

12.1.2　网站栏的配置

在 MOSS 2007 的环境下，总共可在“顶层网站”、“子网站”及“组件库”3 个层级进行新建字段的工作，但在不同层级下新建的字段，可指定给组件库使用的效力范围也有所差异，如【图 12-3】所示。

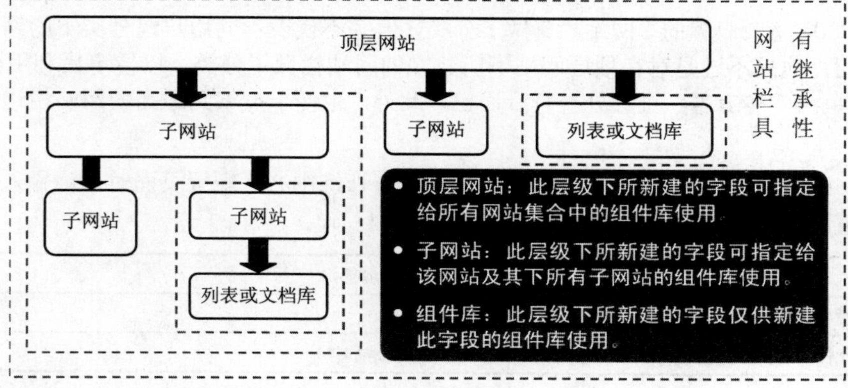

图 12-3　网站栏的影响范围

新建网站栏

当了解了网站栏的使用目标后，接下来该动手实际操作了，我们仍以会议室日历所需要的“部门”字段为例。首先，请将环境转换到训练中心顶层网站首页，然后依次选择 网站操作 ▾ → 网站设置 管理此网站的网站设置。→ 修改所有网站设置 更改此网站的所有网站设置。→ 库 → ▫ 网站栏 ，打开如【图 12-4】所示的“网站栏库”查看与管理页面。

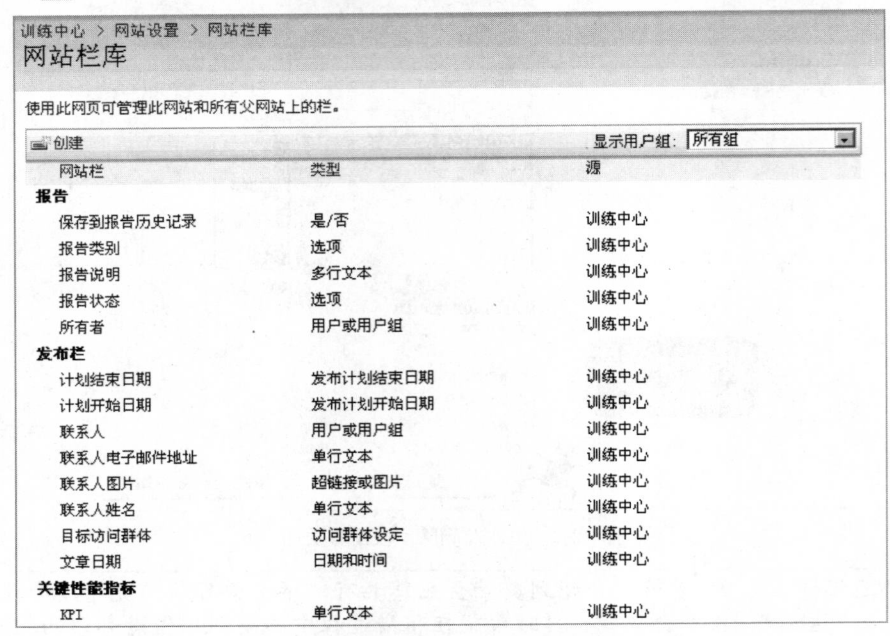

图 12-4 “网站栏库”查看与管理页面

我们可从如【图 12-4】所示的页面中看出，在顶层网站中已预先建立了许多的网站栏，同时其将内置的网站栏按照不同的需求而做了以下网站栏用户组分类。

版面配置栏	对于容纳版面配置信息很有用处的网站栏
核心工作与议题栏	对于任务、项目任务及议题列表较有用的网站栏，这些栏通常用来同步处理 Microsoft Outlook 客户端的“任务与议题”程序的中间数据
核心文件栏	Microsoft Office 核心属性集及 Dublin Core Metadata Set 中的标准文件网站栏
核心联系人与日历栏	对于联系人与日历列表较有用的网站栏，这些栏通常用来同步处理 Microsoft Outlook 客户端联系人及日历程序的中间数据
基础栏	对于许多类型的列表或文件库都很有用的网站栏
报告栏	对于报告的创建很有用处的网站栏
发布栏	对于网站发布信息很有用处的网站栏
扩充栏	用途非常特殊的一组网站栏
关键性能指标	对于显示关键性能指标数据很有用处的网站栏

虽说 MOSS 2007 将其内置的“网站栏”做了分类，但并不代表不同用户组分类下的网站栏只能在其所定义的环境中使用，他只不过是对在顶层网站下所建立的网站栏做了分类，以便事后利用如【图 12-4】所示工具栏上的 显示用户组: 所有组 进行分类查看而已，此外，也便于搜索到适当的网站栏进行查看或更改的工作。

该是单击 创建 的时候了，当您打开“新建网站栏：训练中心”配置页面时，请输入以下信息，未列部分请使用默认值，如【图 12-5】所示。

第 1 栏设置：租借者部门		
名称和类型	栏名	部门名称
	此栏中的信息类型为	⊙ 选项 (要从中选择的菜单)

续表

第 1 栏设置：租借者部门		
其他栏设置	要求此栏包含信息	⊙ 是
	分行键入每个选项	人事管理部 客户服务部 业务服务部 产品发展部 行销服务部 设备服务部
	默认值	⊙ 选项 ○ 计算值

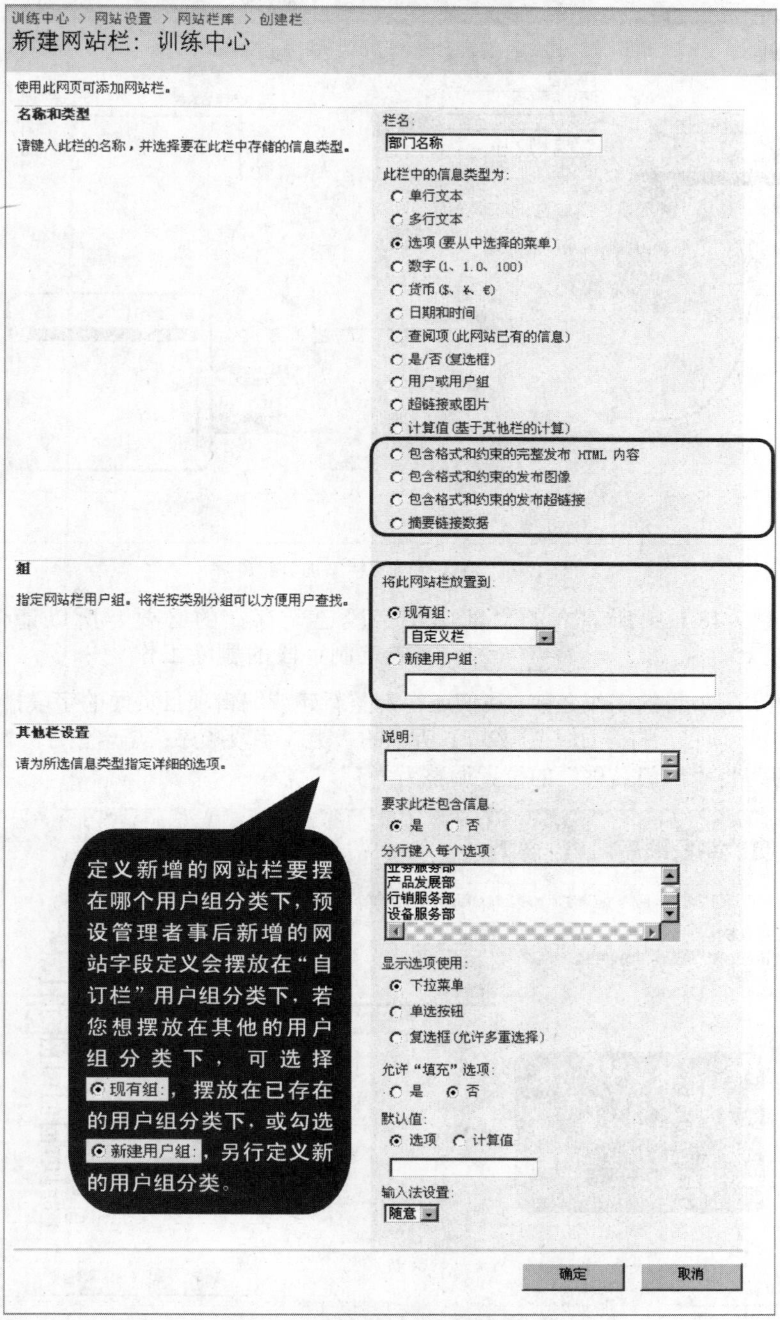

训练中心 > 网站设置 > 网站栏库 > 创建栏

新建网站栏：训练中心

使用此网页可添加网站栏。

名称和类型

请键入此栏的名称，并选择要在此栏中存储的信息类型。

栏名：

部门名称

此栏中的信息类型为：

○ 单行文本
○ 多行文本
⊙ 选项（要从中选择的菜单）
○ 数字（1、1.0、100）
○ 货币（$、¥、€）
○ 日期和时间
○ 查阅项（此网站已有的信息）
○ 是/否（复选框）
○ 用户或用户组
○ 超链接或图片
○ 计算值（基于其他栏的计算）
○ 包含格式和约束的完整发布 HTML 内容
○ 包含格式和约束的发布图像
○ 包含格式和约束的发布超链接
○ 摘要链接数据

组

指定网站栏用户组。将栏按类别分组可以方便用户查找。

将此网站栏放置到：

⊙ 现有组：

自定义栏

○ 新建用户组：

其他栏设置

请为所选信息类型指定详细的选项。

说明：

要求此栏包含信息：

⊙ 是 ○ 否

分行键入每个选项：

业务服务部
产品发展部
行销服务部
设备服务部

显示选项使用：

⊙ 下拉菜单
○ 单选按钮
○ 复选框（允许多重选择）

允许"填充"选项：

○ 是 ⊙ 否

默认值：

⊙ 选项 ○ 计算值

输入法设置：

随意

确定 取消

定义新增的网站栏要摆在哪个用户组分类下，预设管理者事后新增的网站字段定义会摆放在"自订栏"用户组分类下，若您想摆放在其他的用户组分类下，可选择 ⊙现有组:，摆放在已存在的用户组分类下，或勾选 ⊙新建用户组:，另行定义新的用户组分类。

图 12-5 "新建网站栏"配置页面

最后单击 确定 完成网站栏的新建工作。此时，您将会在如【图 12-4】所示的“网站栏库”查看与管理页面中看到新建了一个名为“自定义栏”的用户组分类，在该分类下有一个名为“部门名称”的子项目。

网站栏的使用

接下来，我们将操作环境切换到“毕卡索厅”会议室登记日历查看与管理页面，然后依次选择 设置 → 列表设置 → 栏 → 从现有网站栏添加，打开“从网站栏添加栏：毕卡索厅”配置页面。此时您将会看到【图 12-4】中现有的网站栏都会出现在可用网站栏:列表框中，但因字段太多，为了方便寻找，所以请选择从以下列表中选择网站栏:下拉列表右边的向下三角形按钮（▼），进而选择其下的“自定义栏”组类别。当看到“部门名称”出现在可用网站栏:列表框中时，请单击 添加 > 按钮，将“部门名称”移至要添加的栏:列表框中，即将网站栏添加到组件库环境了。

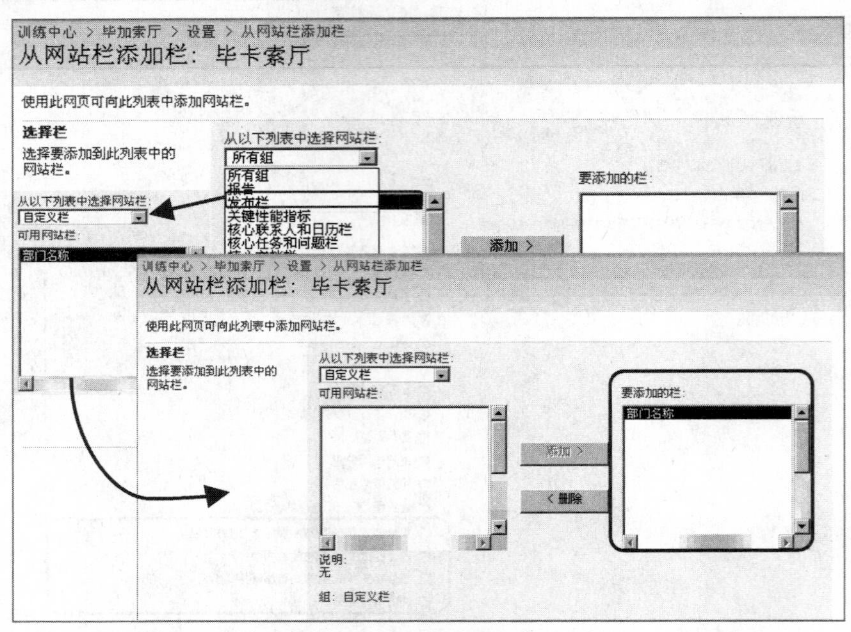

图 12-6　将现有网站栏添加到组件库

我们先前在【图 9-48】中所建立的“部门”字段已无存在的必要，所以请依次选择 设置 → 列表设置 → 栏 → 部门 → 删除，完成定制字段的删除工作。

在重新进行新建日历项目的工作之前，我们还得调整新建或编辑项目页面的字段排列顺序，请选择 栏 区块下的 栏排序 链接项目，打开如【图 12-7】所示的“更改字段顺序：毕卡索厅”配置页面，进行字段顺序的调整。本练习请将“部门名称”的位置调整为“3”。

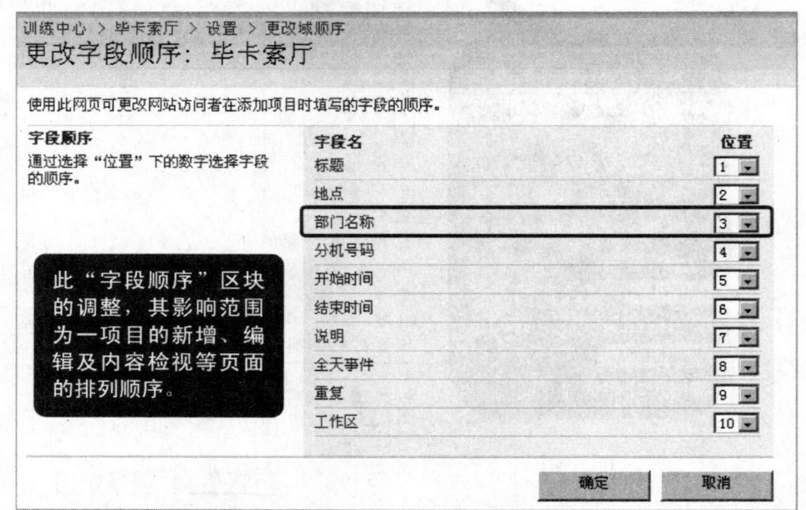

图 12-7　更改字段排列顺序

OK！到了验收成果的时候了。请打开如【图 12-8】所示的“毕卡索厅：新建项目”配置页面，您将会发现“部门名称”区块出现了，同时选择其右边的向下三角形按钮（▼），会看到我们在【图 12-5】中所定义的值列表也完美地显示出来了。

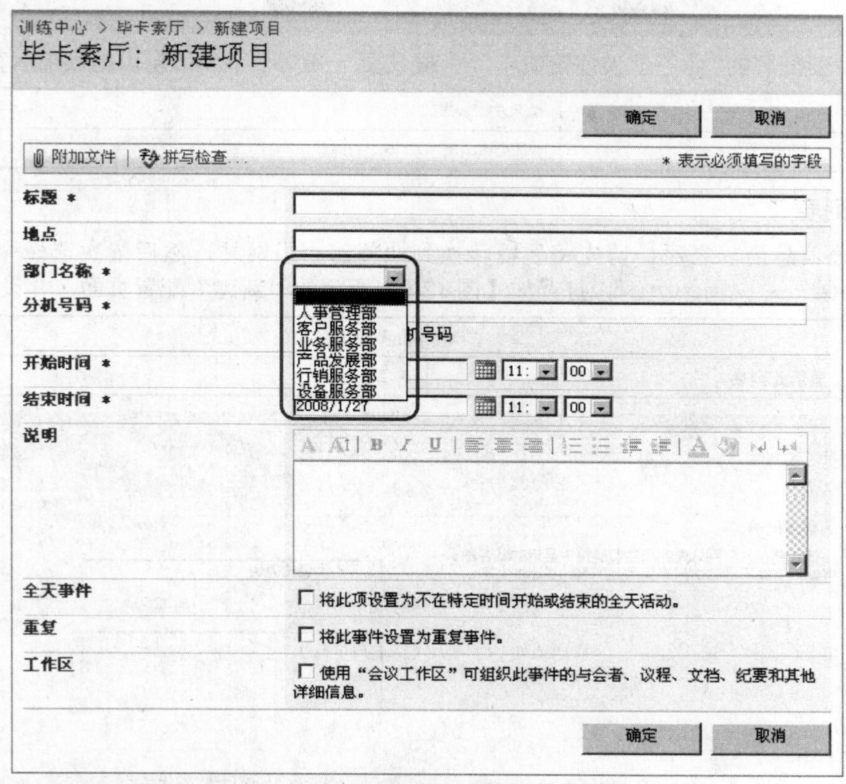

图 12-8　添加网站栏后的新建日历项目配置页面

1. 网站栏的好处是当多个组件库要使用相同的字段设置时，可统一在适当的网站层级上对适当的字段进行设置，如此一来，可确保当网站栏加入组件库时，都会有相同的设置。

2. 当将网站栏添加到组件库时，其实是将网站栏的设置**复制**到组件库，所以，如果组件库所需要的字段配置大致都跟内置的网站栏一样时，可先将网站栏添加到组件库，然后再依需求更改添加到组件库的网站栏设置，而且此更改并不会影响在原有网站层级上所建立的网站栏。这样设计的好处，在于可同时兼具方便性（省时、省力）及弹性。真是“一兼二顾，摸蛤蟆兼洗裤”。

3. **唉！可是一旦将网站栏的定义进行编辑存储后，又会将这些设置在下面所有组件库继承的网站栏中强制使用。所以，除非确定网站栏设置永不改变，否则，一旦将网站栏添加到组件库后，就不要试图进行更改了。如果真想要更改，请在“组件库”层级上，以新建自定义栏的方式完成。**

12.2　列表的定制

虽说 MOSS 2007 已依照企业需求，提出了许多具有不同使用目标的列表模板（通知、日历、任务等）供我们使用，可是这些毕竟还是不够的，所以 MOSS 2007 额外提供了自定义列表的方式，让我们可以更灵活地自行设置所需要的列表环境。

12.2.1　自定义列表——业务小天使轮值表

有些企业针对自行打电话或亲自到公司询问产品的新客户，都会指定业务人员负责新客户的招待，但为了公平起见，通常会安排业务人员轮流值班进行接待工作。所以，现在我们就来制作一个“业务小天使轮值表”。咦！这个不是可以用现有的日历列表来完成吗？理论上是可以的，但是现有的日历列表所搭配的字段太多，而且开始时间、结束时间及标题这些字段还必须要输入信息，所以还不如另起炉灶要来得好。

有关我们准备要配置的“业务小天使轮值表”，大概只要下列两个字段信息以提供事后查询及查看即可。

业务员姓名	⊙ 用户或用户组
值班日期	⊙ 日期和时间 和 ⊙ 仅日期

创建自定义列表

当确定了字段信息需求之后，请先将环境转换到业务部小组网站，然后依次选择 查看所有网站内容 → 创建 → 自定义列表 → 自定义列表，打开如【图 12-9】所示的“新建”配置页面，并设置如下信息。

名称	业务小天使轮值表
是否在“快速启动”上显示此列表？	⊙ 否

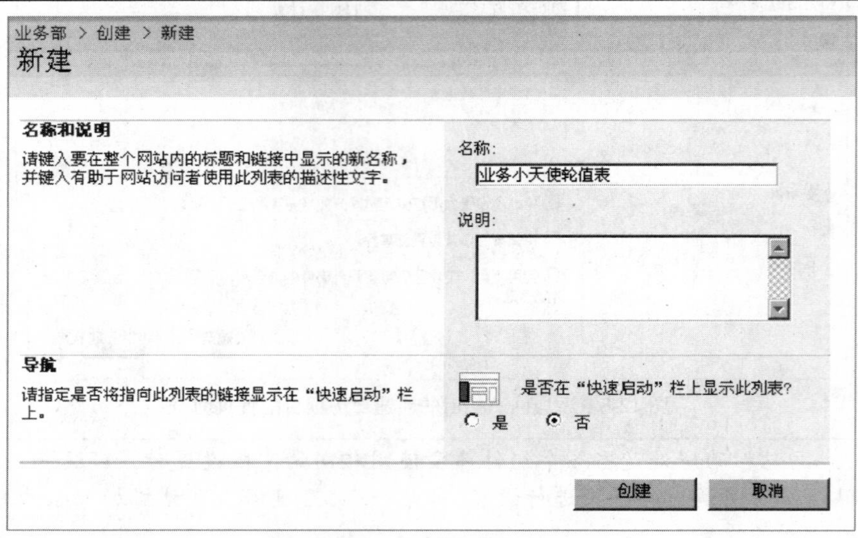

图 12-9　新建自定义列表配置页面

当在【图 12-9】中单击 创建 按钮后，系统即会打开如【图 12-10】所示的列表查看与管理页面。

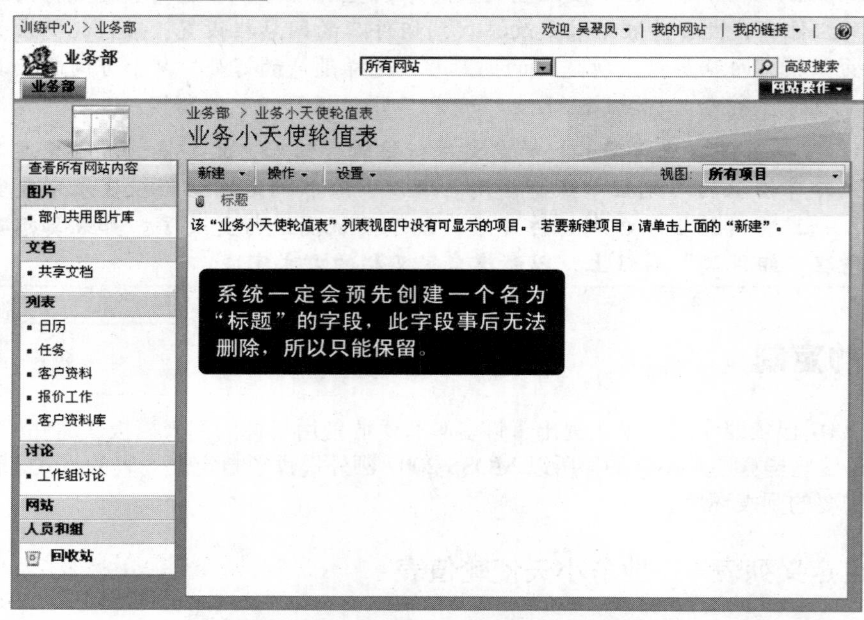

图 12-10　自定义列表初期配置的查看与管理页面

添加字段至列表

当然，这个默认环境是不能满足我们的需求的，所以，接下来请依次选择 设置 → 列表设置 → 栏 → 创建栏。有关“业务员姓名”及“值班日期”两个字段的设置，请参考如【图 12-11】所示的页面。

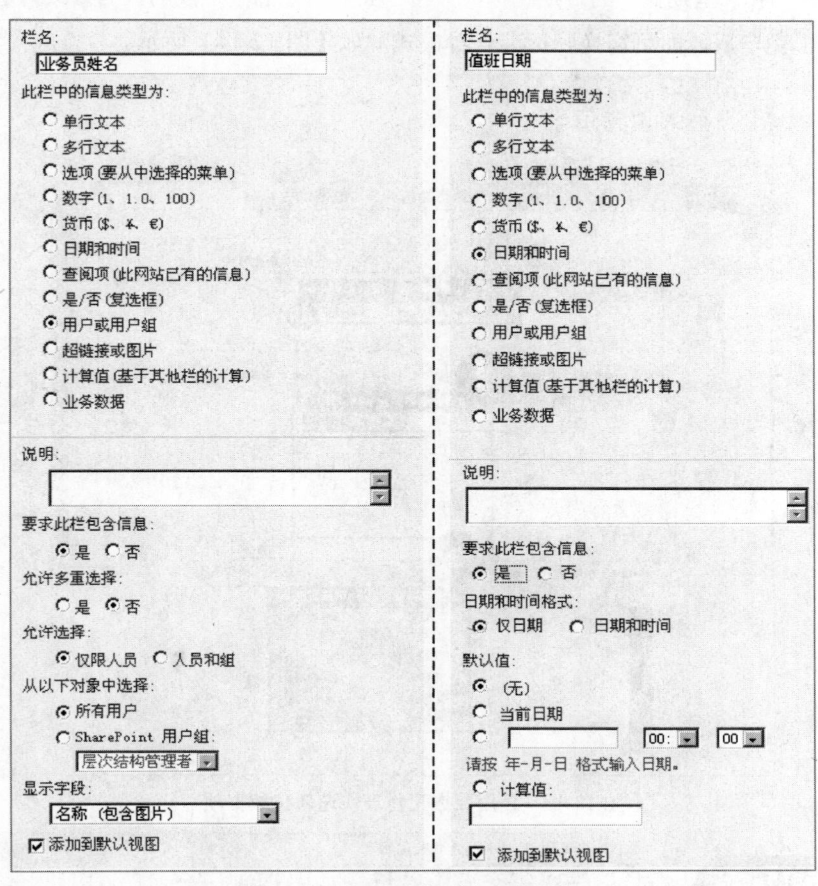

图 12-11 添加字段到自定义列表

因为“标题”是自定义列表时一定会内置的字段，而且当新建列表项目时，还会强制一定要输入信息，我们虽然不能将其删除，但还是可以调整它是否要输入信息的强制性，这个工作就交给读者自行完成啰！同时，字段的排列顺序默认是按照字段创建的先后顺序排列的，但因为“标题”字段目前没有什么特别的用途，所以请将其顺序设置到所有字段的最后，当然，这个工作也请读者自己加把劲完成啰！当列表一切就绪后，接下来的工作当然是新建列表项目，“业务小天使轮值表”的新建项目页面如【图 12-12】所示。

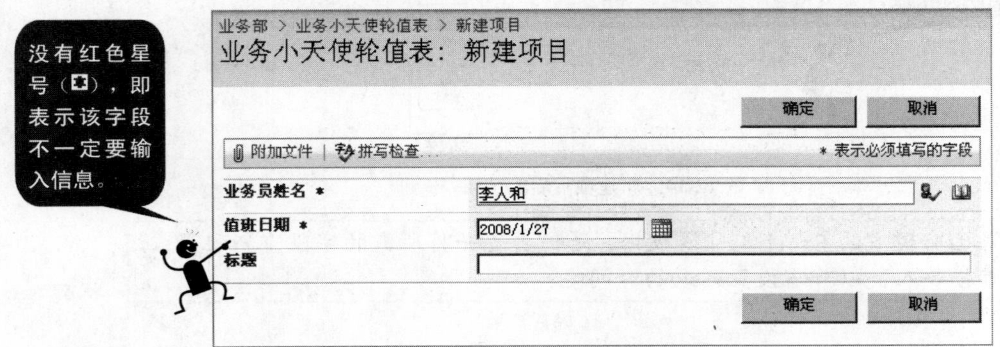

图 12-12 新建列表项目

可是以【图 12-12】这样的方式新建项目，似乎在效率上有点低，这个答案请参考第 11.2.1 节。即在列表查看与管理页面中，依次选择 操作 → 在数据表中编辑，打开如【图 12-13】所示的数据表编辑模式，进行下列操作顺序，以达到快速编辑的目的。

1 选择第一项数据内容单元格。

2 将鼠标移到当前单元格右下角的填充柄处（▪），此时鼠标指针会变成黑色十字形。然后向下拖曳填充柄，您将会发现，填充后的“值班日期”的字段数据将会逐行增加一天。

3 将“星期六”和“星期日”的日期删除，并将“业务员姓名”字段的数据修改为适当的业务员姓名。

4 当数据编辑完毕后，即可切换回标准查看模式，如【图 12-14】所示。

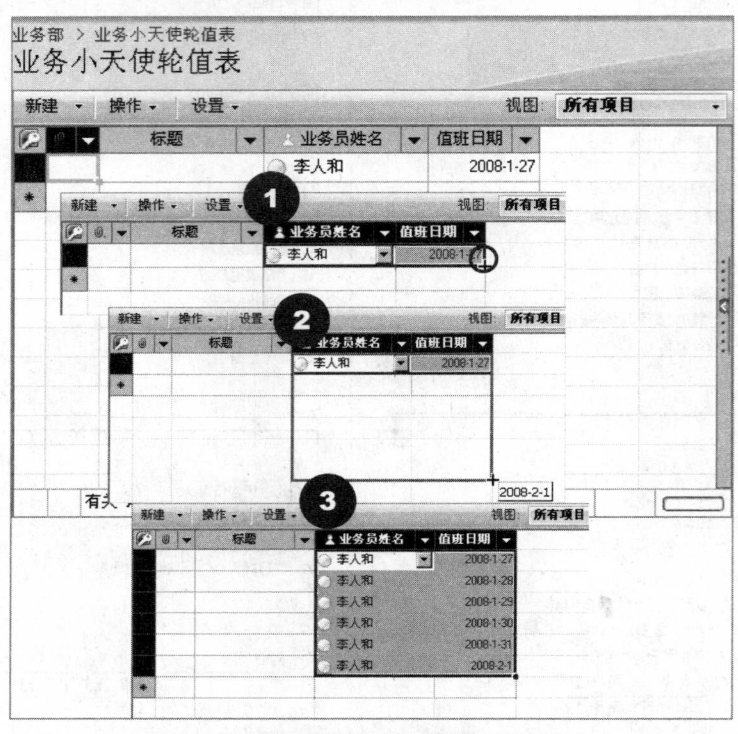

图 12-13　使用数据工作表快速新建数据项

图 12-14　新建项目后的结果

如果已有现成的 Excel 工作簿数据，是仍要逐一将所需的字段重新配置，还是可以直接导入，以节省设置列表的时间呢？

12.2.2　将电子表格中的数据导入列表——员工详细数据

MOSS 2007 支持通过将电子表格文件导入来创建列表，当数据导入时，电子表格中的第 1 行标题就会变成列表中的栏标题，而其余的数据则会直接导入成为列表中的项目。

提示 MOSS 2007 并不支持所有电子表格应用程序所制作出来的文件，而是只支持与 Windows SharePoint Services、Internet Explorer 及 Windows 兼容的电子表格应用程序。例如，您可以将在 Microsoft Office Excel 2007 中已经建立好的电子表格导入 MOSS 2007 的列表环境中。

假设目前美景企业有一个 Excel 工作簿的数据如【图 12-15】所示，其为该企业的员工基本资料，内含员工的学历、电子邮件、地址、电话及薪资等信息，现在想将该数据的维护及管理改由 MOSS 2007 的列表来完成。要实现这个目标，可采用第 12.2.1 节中所介绍的方式，手动将列表初始环境配置起来，并逐一将所需的字段定义完毕，最后再将 Excel 工作簿中的数据以复制的方式粘贴到 MOSS 2007 列表的数据表编辑模式下即可。

	A	B	C	D	E	F	G	H	I	J	K	L
1	姓名	英文名字	部门	职称	学历	电子邮件	县市	地址	住宅电话	基本薪资	伙食费	车马费
2	苏国林	Green_Su		总经理	Master	Green@be	台南市	石牌路二段666号2F	(02)281111	NT$ 180,000.00	NT$ 55,600.00	NT$ 8,000.00
3	许丽莹	Kelly_Hsu	人事管理部	处长	Master	Kelly@bea	台南市	民生东路五段246号6F	(02)212622	NT$ 45,000.00	NT$ 55,000.00	NT$ 8,000.00
4	林彦明	Alex_Lin	人事管理部	经理	University	Alex@beau	台南县	芦洲市长安路266巷26号2F	(02)828162	NT$ 558,000.00	NT$ 2,000.00	NT$ 0.00
5	张永蓁	Anita_Char	客户服务处	处长 '	College	Anita@bea	嘉义县	义竹乡义竹村164号	(02)641220	NT$ 45,000.00	NT$ 55,000.00	NT$ 8,000.00
6	杨世焕	Young_Ya	客户服务处	客服专员	University	Young@be	台南县	板桥市国庆路161巷41-6号	(02)262228	NT$ 555,000.00	NT$ 2,000.00	NT$ 0.00
7	杨怡凤	Cindy_Yan	客户服务处	客服专员	Master	Cindy@bea	台南市	大安区安居路108巷16号6F	(02)216600	NT$ 550,000.00	NT$ 2,000.00	NT$ 0.00
8	周惠卿	Katy_Chou	业务服务部	处长	University	Katy@beau	台中市	中清路124巷42-4号1F	(04)426464	NT$ 120,000.00	NT$ 55,000.00	NT$ 8,000.00
9	李人和	Allen_Lee	台南业务服	经理	University	Allen@bea	台南县	中和市兴南路一段20号6F-1	(02)264112	NT$ 50,000.00	NT$ 2,000.00	NT$ 0.00
10	林宣岷	Cheryl_Lin	台南业务服	主任	College	Cheryl@be	台南	市文山区万宁路146号14F	(02)226028	NT$ 41,000.00	NT$ 2,000.00	NT$ 0.00
11	许秀菁	Nicole_Hsu	台南业务服	主任	University	Nicole@be	台南市	木栅动物园	(01)224622	NT$ 455,000.00	NT$ 2,000.00	NT$ 0.00
12	吴慧音	Maggie_Wu	新竹业务服	经理	University	Maggie@be	台南市	信义区吴兴路118巷16弄4号2F	(02)261102	NT$ 66,000.00	NT$ 2,000.00	NT$ 0.00
13	唐佩君	Rita_Tang	新竹业务服	主任	College	Rita@beau	台南县	永康市南台路16巷61号6F-6	(06)224108	NT$ 551,000.00	NT$ 2,000.00	NT$ 0.00

图 12-15　现有 Excel 工作表的数据内容

不过，上述的方法虽可行，但有点浪费时间，如果可以将该文件中的数据（包含字段）直接导入，那不就大大节省初期配置列表的时间了吗？

要完成这个目标，请依次选择 查看所有网站内容 → 创建 → 自定义列表 → 导入电子表格，打开如【图 12-16】所示的“新建”列表配置页面。本练习所需的“员工详细资料．xlsx”Excel 电子表格文件在本书所附范例中的“\CH12”文件夹下。

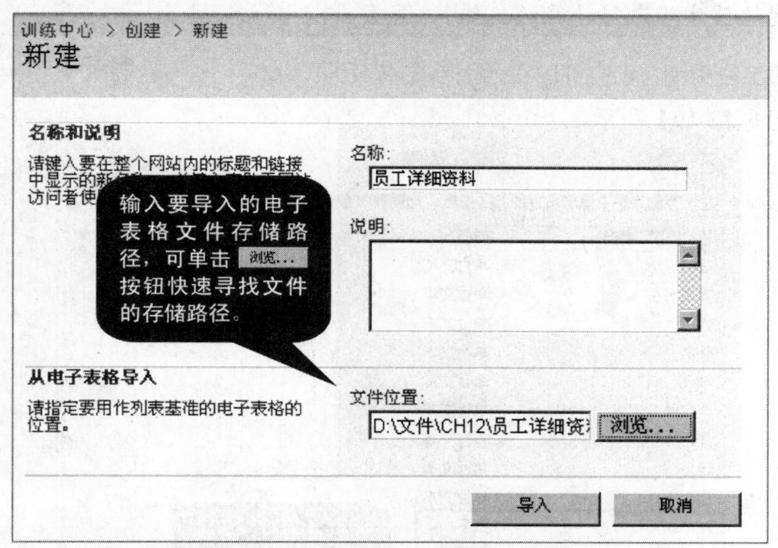

图 12-16　将 Excel 工作表中的数据导入时列表的配置页面

当“名称”及“文件位置”字段的信息定义完毕后，请单击 导入 按钮，打开如【图 12-17】所示的“导入到 Windows SharePoint Service 列表”对话框，进行数据导入的定义。

- 区域类型：定义数据的导入范围是“单元格区域”、“表格区域”或“命名区域”，一般来说，大都会选择“单元格区域”，然后直接定义导入范围。
- 选择区域：可直接在电子表格中选择需要导入数据的单元格范围。

图 12-17　定义导入数据的范围

确认导入数据定义正确后，单击 导入(I) 按钮，耐心等待一段时间（时间的长短视电子表格文件大小而定）后，将会看到如【图 12-18】所示的列表查看与管理页面。

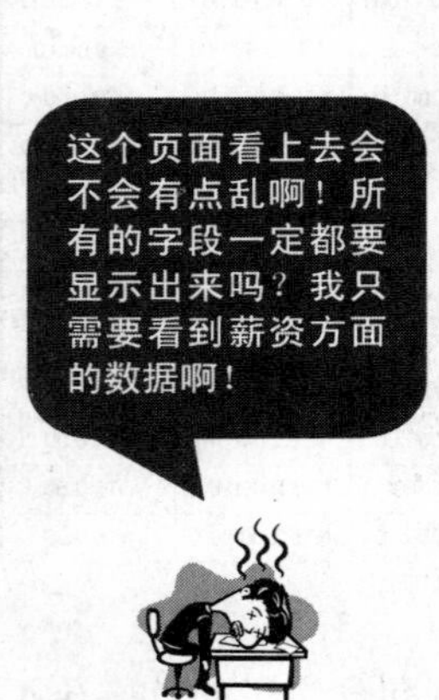

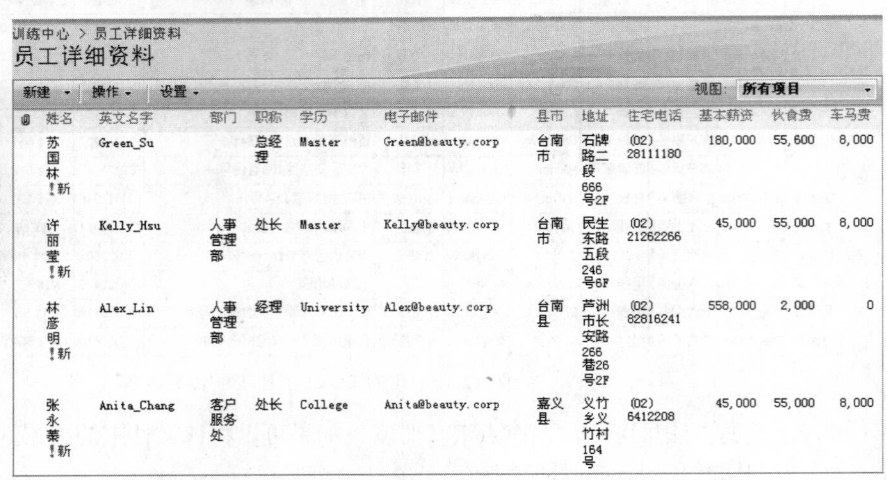

姓名	英文名字	部门	职称	学历	电子邮件	县市	地址	住宅电话	基本薪资	伙食费	车马费
苏国林 !新	Green_Su		总经理	Master	Green@beauty.corp	台南市	石牌路二段666号2F	(02) 28111180	180,000	55,600	8,000
许丽莹 !新	Kelly_Hsu	人事管理部	处长	Master	Kelly@beauty.corp	台南市	民生东路五段246号6F	(02) 21262266	45,000	55,000	8,000
林彦明 !新	Alex_Lin	人事管理部	经理	University	Alex@beauty.corp	台南县	芦洲市长安路266巷26号2F	(02) 82816241	558,000	2,000	0
张永蓁 !新	Anita_Chang	客户服务处	处长	College	Anita@beauty.corp	嘉义县	义竹乡义竹村164号	(02) 6412208	45,000	55,000	8,000

图 12-18　导入电子表格数据后的显示结果

虽然画面有点乱，但至少数据是全部导入了，所以初步的成果还算让人满意。可是在导入数据时，会把薪资部分的数据按照数字或货币字段类型看待吗？因为事后要对这些字段进行计算的工作。

有关导入数据的字段类型，我们可以在列表自定义页面（设置 → 列表设置 管理权限、栏、视图和策略之类的设置。）中的 栏 区块下找到答案，如【图 12-19】所示。

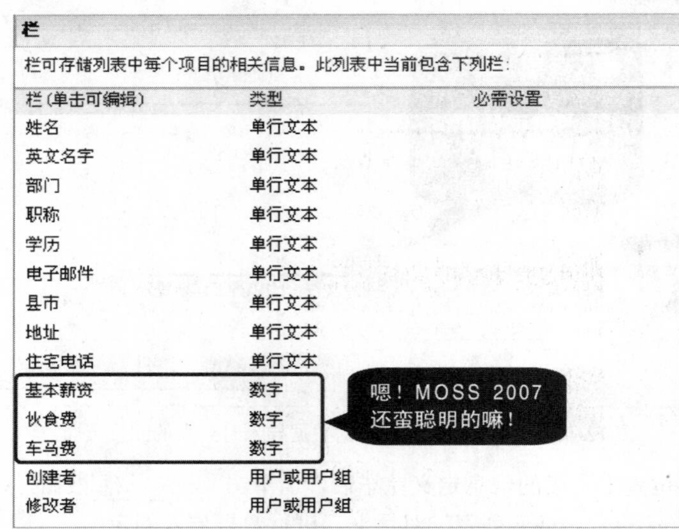

栏（单击可编辑）	类型	必需设置
姓名	单行文本	
英文名字	单行文本	
部门	单行文本	
职称	单行文本	
学历	单行文本	
电子邮件	单行文本	
县市	单行文本	
地址	单行文本	
住宅电话	单行文本	
基本薪资	数字	
伙食费	数字	
车马费	数字	
创建者	用户或用户组	
修改者	用户或用户组	

图 12-19　数据导入后字段类型的自动判断

嗯！看到这里就放心多了，通常 MOSS 2007 会根据电子表格中所包含的数据类型来决定其在 SharePoint 网站中的字段数据类型。不过，话虽如此，在导入列表之后，还是应该检查一下导入的字段和数据，以确保所有导入的数据皆如您所愿。

当数据导入以后，我们还可以针对该列表自行设置和继续添加数据。所以，接下来，请读者自行创建两个字段（“所得税”与“薪资总计”），以便自动计算出每位员工要缴纳的所得税及薪资净额，只要员工的基本薪资、伙食费及车马费有任何的增减，这两个字段都会自动计算出新的答案如【图 12-20】所示。新建计算类型字段后的显示结果如【图 12-21】所示。

第 1 栏设置		
名称和类型	栏名	所得税
	此栏中的信息类型为	⊙ 计算值(基于其他栏的计算)
其他栏设置	公式	([基本薪资]+[伙食费]+[车马费])*0.06
	此公式返回的数据类型为	⊙ 数字(1、1.0、100)
	小数位数	0
第 2 栏设置		
名称和类型	栏名	薪资总计
	此栏中的信息类型为	⊙ 计算值(基于其他栏的计算)
其他栏设置	公式	[基本薪资]+[伙食费]+[车马费]-[所得税]
	此公式返回的数据类型为	⊙ 数字(1、1.0、100)
	小数位数	0

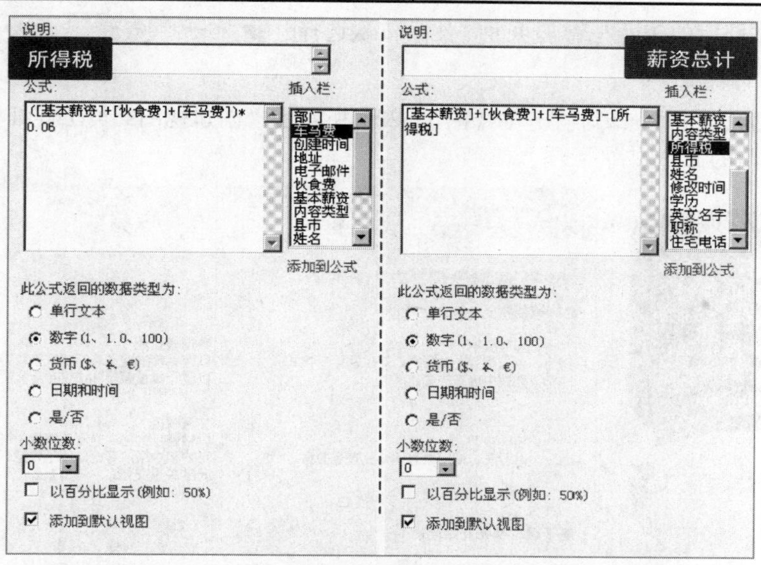

图 12-20 “所得税”及“薪资总计”字段的定义

姓名	英文名字	部门	职称	学历	电子邮件	县市	地址	住宅电话	基本薪资	伙食费	车马费	所得税	薪资总计
苏			总经理	Master	Green@beauty.corp	台南市	石牌路二段666号2F	(02) 28111180	180,000	55,600	8,000	14,616	228,984
			处长	Master	Kelly@beauty.corp	台南市	民生东路五段246号6F	(02) 21262266	45,000	55,000	8,000	6,480	101,520
林彦明 !新	x_Lin	人事管理部	经理	University	Alex@beauty.corp	台南县	芦洲市长安路266巷26号2F	(02) 82816241	558,000	2,000	0	33,600	526,400
张永蓁 !新		客户服务处	处长	College	Anita@beauty.corp	嘉义县	义竹乡义竹村164号	(02) 6412208	45,000	55,000	8,000	6,480	101,520

图 12-21 新建计算类型字段后的显示结果

12.3 列表视图

乱！乱！乱！这是得到【图 12-18】和【图 12-21】显示结果的用户的心声。的确，当一个列表中所包含的字段过多时，对事后在查看与管理页面查看数据内容这件事来说，可就有点大费周折了。因为同时查看所有字段的信息，其实并不是用户心目中所要的答案。一般来说，视图信息要能达到去芜存菁的目的，即直接可以 Get Point（抓住重点）。以上述员工详细数据列表来看，不同的人在不同的时间点，可能希望查看的数据也有所不同，例如，按照部门列出各人员的薪资状况或列出各职称分类下人员的学历状况。要完成上述目标，可通过对列表视图的配置来完成。

> **“视图”是组件库环境下的一组字段的集合，可根据组件库的字段来排序、筛选、分组及显示适当数据的一种页面显示配置。**

12.3.1 创建视图——标准视图

每个组件库至少都会内置一个视图，您事后可再根据实际需求自定义视图来查看适当的列表项目或文档。OK！既然有了解决方案，我们赶快来把数据视图修改一下，免得整个视图页面看起来杂乱无章。当新建视图时，可通过下列 3 种操作步骤来完成：

- 打开列表或文档库的查看与管理页面，然后依次选择 设置· → 创建视图 创建一个视图，用来选择栏、筛选器和其他显示设置。
- 打开列表或文档库的查看与管理页面，然后选择工具栏视图列表中的 创建视图。
- 打开列表或文档库的查看与管理页面，然后依次选择 设置· → 列表设置 管理权限、栏、视图和策略之类的设置。，在 **视图** 区块下单击 ▫ 创建视图。

当执行完以上步骤之一时，即可打开如【图 12-22】所示的“创建视图：员工详细资料”的选择视图格式页面，进行新建视图的工作。

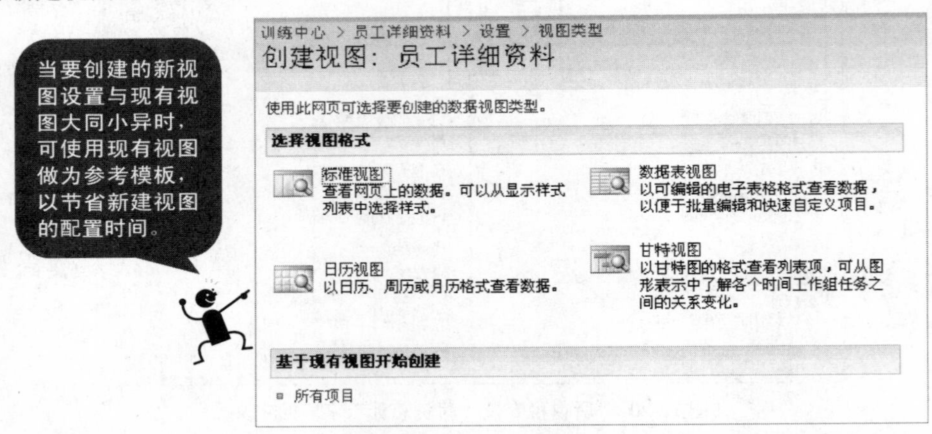

图 12-22 选择视图格式页面

当创建自定义视图时，首先，必须选择要使用何种视图格式来显示数据项。MOSS 2007 总共提供了以下 4 种视图格式：

<table>
<tr><th>视图格式</th><th>说　明</th><th>显示方式</th></tr>
<tr><td>标准视图</td><td>此视图格式是大部分组件库的默认显示形式，例如【图 12-18】所示的显示形式</td><td>
<table>
<tr><th>姓名</th><th>部门</th><th>职称</th><th>基本薪资</th><th>伙食费</th><th>车马费</th><th>所得税</th><th>薪资总计</th></tr>
<tr><td>苏国林 ! 新</td><td></td><td>总经理</td><td>180,000</td><td>55,600</td><td>8,000</td><td>14,616</td><td>228,984</td></tr>
<tr><td>许丽莹 ! 新</td><td>人事管理部</td><td>处长</td><td>45,000</td><td>55,000</td><td>8,000</td><td>6,480</td><td>101,520</td></tr>
<tr><td>林彦明 ! 新</td><td>人事管理部</td><td>经理</td><td>558,000</td><td>2,000</td><td>0</td><td>33,600</td><td>526,400</td></tr>
<tr><td>张永蓁 ! 新</td><td>客户服务处</td><td>处长</td><td>45,000</td><td>55,000</td><td>8,000</td><td>6,480</td><td>101,520</td></tr>
<tr><td>杨世焕 ! 新</td><td>客户服务处</td><td>客服专员</td><td>555,000</td><td>2,000</td><td>0</td><td>33,420</td><td>523,580</td></tr>
<tr><td>杨怡凤 ! 新</td><td>客户服务处</td><td>客服专员</td><td>550,000</td><td>2,000</td><td>0</td><td>33,120</td><td>518,880</td></tr>
<tr><td>周惠卿 ! 新</td><td>业务服务部</td><td>处长</td><td>120,000</td><td>55,000</td><td>8,000</td><td>10,980</td><td>172,020</td></tr>
<tr><td>李人和 ! 新</td><td>台南业务服务部</td><td>经理</td><td>50,000</td><td>2,000</td><td>0</td><td>3,120</td><td>48,880</td></tr>
</table>
</td></tr>
</table>

第 12 章 管理列表项目的组织与

续表

视图格式	说　明	显示方式
数据表视图	此视图格式与标准视图很类似，但最大的差别在于此视图格式可让您同时对数据进行查看与编辑	
日历视图	此视图格式有点类似 Outlook 的日历或桌上摆放的月历的显示形式，您可选择以每日、每周或每月的方式查看数据	
甘特视图	此视图格式通常在表示数据项横跨时间间隔、项目时间重迭情况及项目进度情况时使用	

本练习请选择 标准视图 视图格式，打开如【图 12-23】所示的“创建视图：员工详细资料”的配置页面。

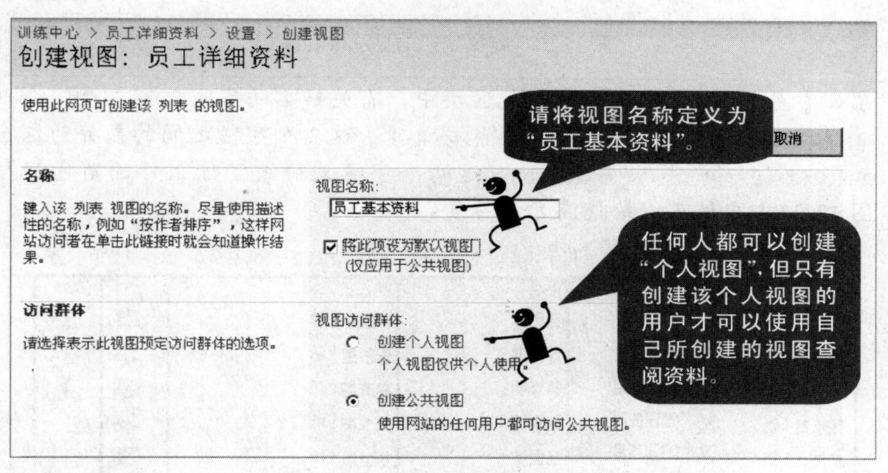

图 12-23　视图名称及对象的定义

● 将此项设为默认视图

一个组件库的默认视图只有一个，所以以最后设置为准。当我们勾选 ☑将此项设为默认视图 时，表示当切换到组件库查看与管理页面时，默认会以此视图的定义来显示适当的数据项。同时，要使 ☑将此项设为默认视图 的勾选确实发挥作用的前提是此视图必须为公共视图，否则即使勾选也无济于事。

● 视图访问群体

定义所创建的视图是要提供给个人使用，还是提供给网站的所有用户都可访问。一旦视图创建完毕后，视图的访问群体是不能更改的，除非重新创建一个新的视图。但并非人人都可以创建公共视图，而是您必须拥有“设计”的权限等级后，才有资格创建公共视图。

● 栏

“栏”在组件库中所扮演的主要角色是收集及显示信息。一个列表最多可拥有 100 个字段，但是如果这 100 个字段的信息全部显示出来，则用户可能要花费很多时间才找得到所要查看的内容。所以在定义视图环境时，必须慎重考虑哪些字段信息需要显示。如果希望显示某字段的信息，请勾选该字段前面的复选框

(☑)，若某字段信息需要隐藏，请确认该字段前的复选框没有勾选（☐）。本练习请按照【图 12-24】所示进行设置。

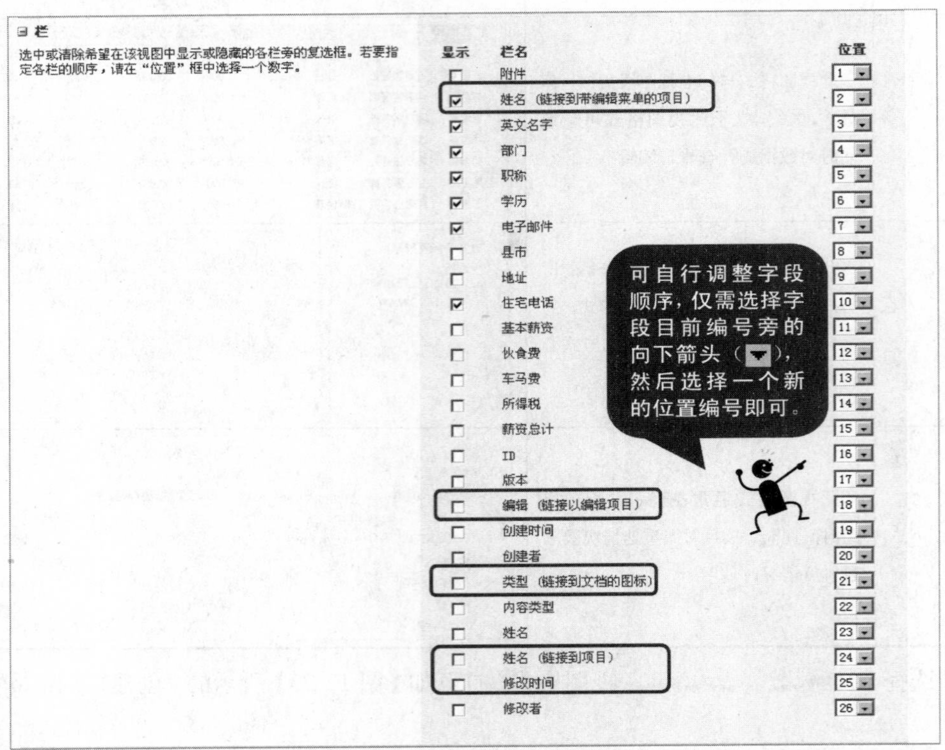

图 12-24　定义字段的显示或隐藏

附注　在如【图 12-24】所示的"栏"区块中，有关姓名的字段就有 3 个，分别为 姓名（链接到带编辑菜单的项目）、姓名 和 姓名（链接到项目），这 3 个字段之间的差异为何？而 编辑（链接以编辑项目）和 类型（链接到文档的图标）这两个字段又扮演了什么样的角色呢？我想【图 12-25】应该可以给您满意的答复。

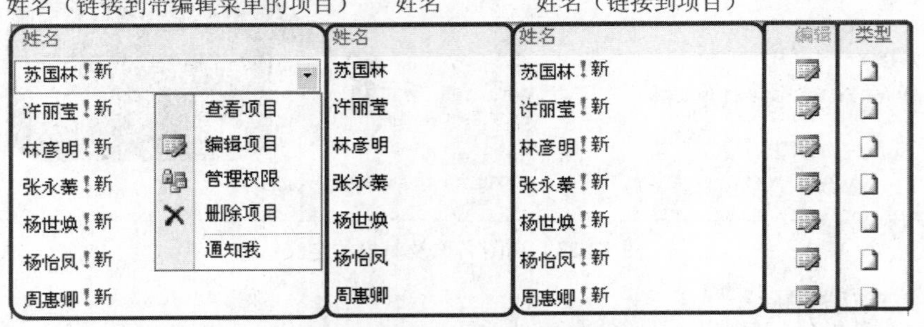

图 12-25　字段的特殊显示类型介绍

- 姓名（链接到带编辑菜单的项目）：此字段会配合带有编辑菜单的项目，以便用户选择适当的功能进行下一步的操作。
- 姓名：只是单纯显示字段数据内容。
- 姓名（链接到项目）：此字段会以超链接形式显示，当单击该字段内容时，会自动打开列表项目的查看内容页面。
- 编辑（链接以编辑项目）：选择此字段，会自动打开列表项目的编辑页面。若要显示此字段，通常建议将此字段放置到最前面。
- 类型（链接到文档的图标）：选择此字段，会自动打开列表项目的查看页面。若要显示此字段，通常建议将此字段放置在最前面，且姓名字段选择 姓名 即可。

当配置完如【图 12-23】和【图 12-24】所示的区块后，其他区块设置请先使用默认值，单击 确定 ，即可完成“员工基本资料”视图的创建。同时，也请读者自行练习再创建一个“员工薪资表”视图，但请将此视图设置为个人视图，而字段显示顺序依次为“姓名”、“部门”、“职称”、“学历”、“基本薪资”、“伙食费”、“车马费”、“所得税”和“薪资总计”。【图 12-26】即为上述两个视图配置后的结果。

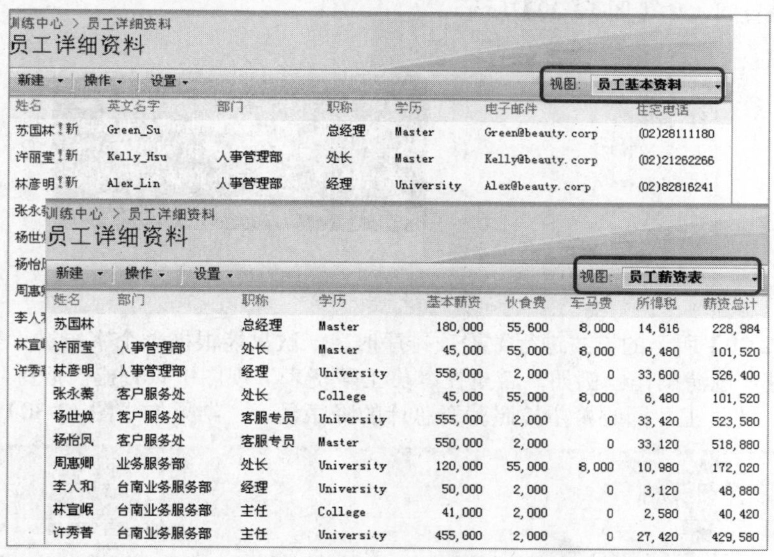

图 12-26　创建“员工基本资料”和“员工薪资表”视图后的显示结果

视图的其他管理工作

当视图定义完毕后，事后若想更改，可在组件库查看与管理页面依次选择 设置 → 列表设置 ，您将会在组件库自定义页面中的 视图 区块下发现该视图名称的超级链接，请单击该项目，打开如【图 12-27】所示的“编辑视图”配置页面，进行视图的更改工作。

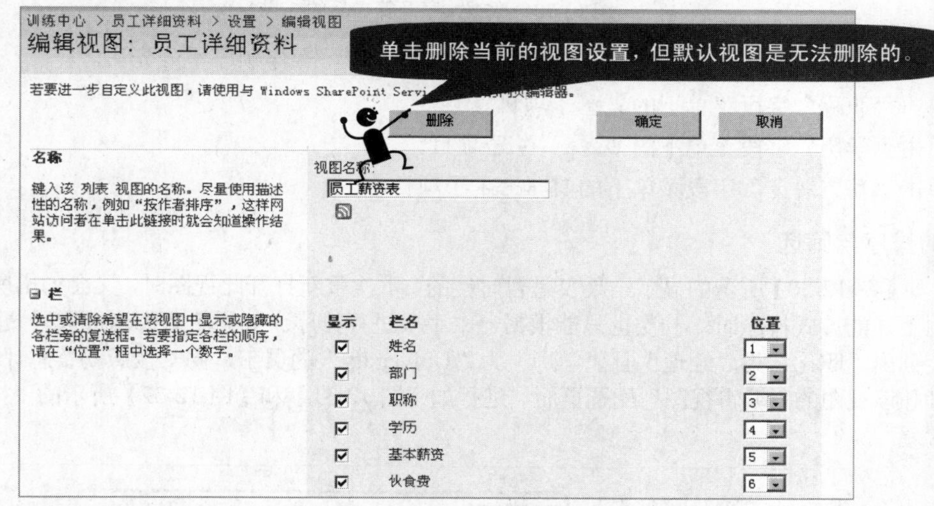

图 12-27　更改及删除视图配置页面

如果要编辑的是当前视图的设置，请选择如【图 12-28】所示窗口工具栏视图列表中的 修改此视图 ，即会打开该视图的编辑页面。

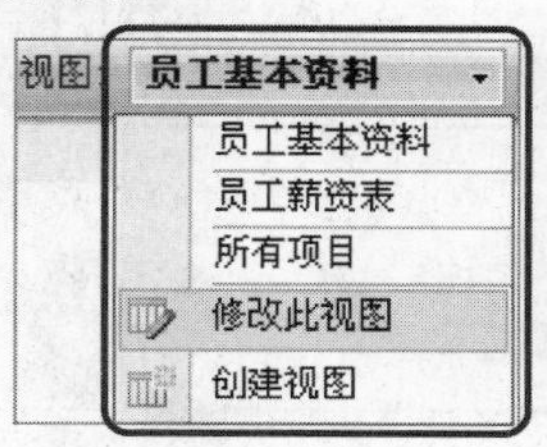

1．当列表中拥有了一个以上的视图时，可利用视图菜单来切换不同的视图，并按照默认视图、个人视图及公共视图等分类顺序由上而下排列。

2．每当创建了一个新视图时，其会自动添加到菜单中。

图 12-28　视图菜单

12.3.2 视图的高级应用

在大部分的列表视图环境下，只要将鼠标移到适当的字段，并单击字段名称旁的向下三角形按钮（▾），就可以在打开的菜单中选择希望采用的数据排序方式为升序（升序）还是降序（降序），或者只过滤筛选出适当的项目来查阅，如【图 12-29】所示。

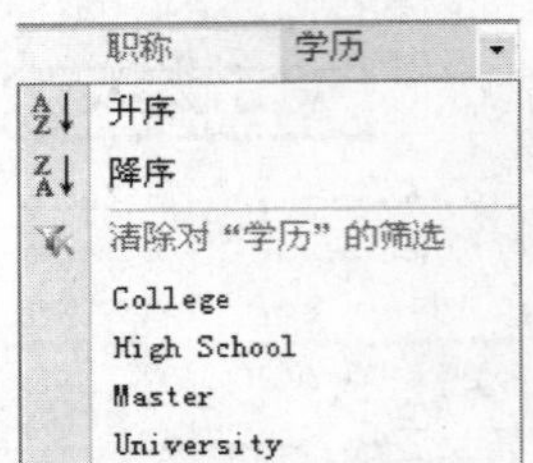

当要执行排序操作时，可直接单击字段名称，第 1 次单击时，列表项目会将该字段以升序排列，第 2 次单击时，列表项目会将该字段以降序排列。以此类推……

图 12-29　字段菜单

当采用如【图 12-29】所示的方式进行数据项排序时，一次只能根据一个字段进行排序，但数据的筛选却能根据多个字段进行过滤操作。例如，希望在“员工薪资表”视图中只列出“职称”为“经理”且“学历”为“University”的员工，同时希望按照薪资总计的降序显示，结果如【图 12-30】所示。

训练中心 > 员工详细资料

员工详细资料

新建 ▾　操作 ▾　设置 ▾　　视图：员工薪资表

姓名	部门	职称	学历	基本薪资	伙食费	车马费	所得税	薪资总计
林彦明	人事管理部	经理	University	558,000	2,000	0	33,600	526,400
吴慧音	新竹业务服务部	经理	University	66,000	2,000	0	4,080	63,920
王俊城	系统管理处	经理	University	65,000	2,000	0	4,020	62,980
杨先民	数据库技术处	经理	University	60,000	2,000	0	3,720	58,280
李人和	台南业务服务部	经理	University	50,000	2,000	0	3,120	48,880
柳权佑	高雄业务服务部	经理	University	15,000	2,000	0	1,020	15,980

图 12-30　数据排序及筛选后的结果

要完成如【图 12-30】所示的目标，请按照下列步骤操作，操作顺序不分先后。

1. 单击“职称”字段菜单下的 经理 子项目。
2. 单击“学历”字段菜单下的 University 子项目。
3. 单击“薪资总计”字段菜单下的 由大到小 子项目。

数据的排序与筛选

不过，如【图 12-30】所示的显示结果仅是暂时性的，下次重新打开此视图时，又会列出所有的列表项目。而且，采用上述的方式排序时，一次也只能根据一个字段进行排序。如果希望每当选取“员工薪资表”视图时，都只会列出“职称”为“经理”且“学历”为“University”的员工，同时按照薪资总计的降序来显示结果，则需打开该视图的“编辑视图”配置页面，进行如【图 12-31】和【图 12-32】所示的“排序”与“筛选”区块的设置。

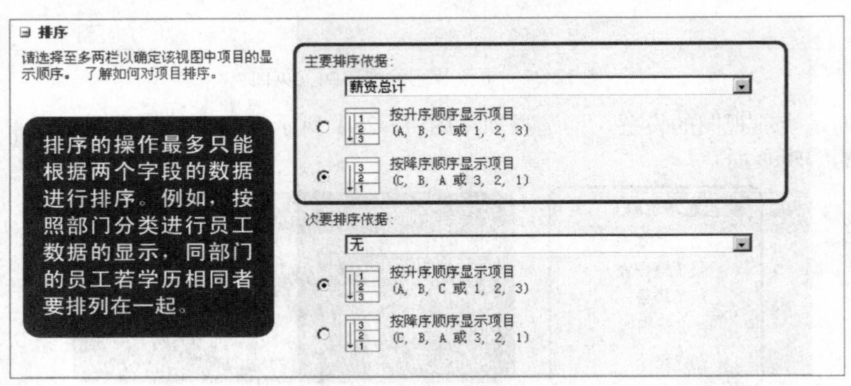

图 12-31　字段排序区块的定义

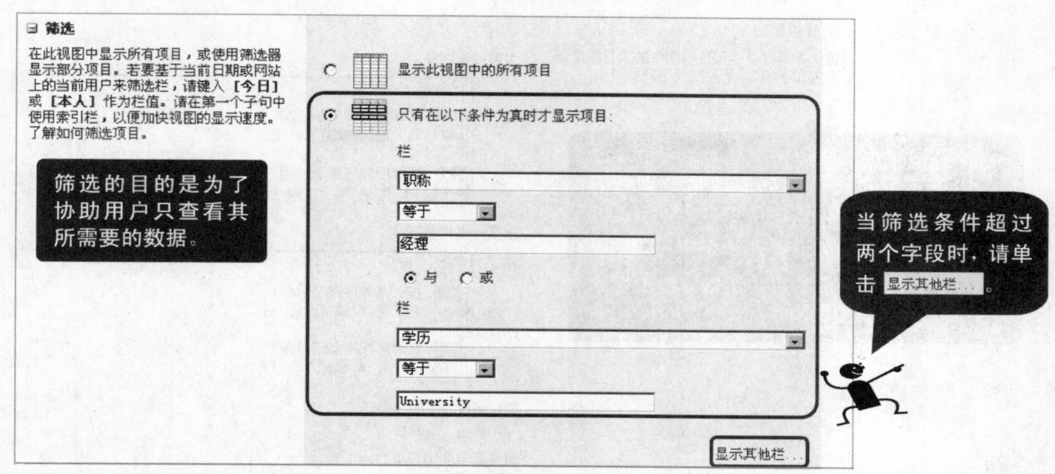

图 12-32　字段筛选区块的定义

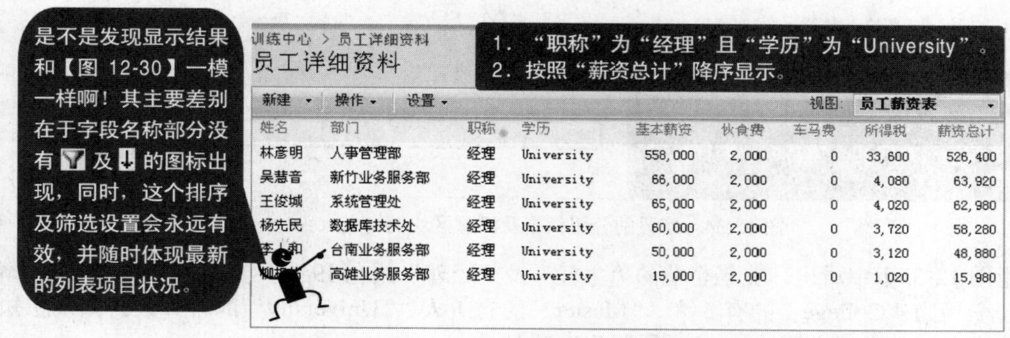

姓名	部门	职称	学历	基本薪资	伙食费	车马费	所得税	薪资总计
林彦明	人事管理部	经理	University	558,000	2,000	0	33,600	526,400
吴慧音	新竹业务服务部	经理	University	66,000	2,000	0	4,080	63,920
王俊城	系统管理处	经理	University	65,000	2,000	0	4,020	62,980
杨先民	数据库技术处	经理	University	60,000	2,000	0	3,720	58,280
李[illegible]和	台南业务服务部	经理	University	50,000	2,000	0	3,120	48,880
[illegible]	高雄业务服务部	经理	University	15,000	2,000	0	1,020	15,980

图 12-33　设置排序和筛选条件后的显示结果

分组依据与汇总

通过“排序”和“筛选”的搭配，可将适当的数据过滤出来进行显示，但是如果筛选出来的数据仍然过多，此时可能希望将过滤出来的数据再分类，并根据实际需要进行一些统计的操作，例如，现在我们要完成下面的目标，该如何设置呢？

请列出“职称”为“经理”或“主任”的人员的学历状况，并统计各学历人数有多少。

1 请依次选择视图列表中的 创建视图 → 标准视图 查看网页上的数据。可以从显示样式列表中选择样式。。

2 定义视图名称为“经理主任学历”，且将其设置为公共视图。

3 设置视图中仅显示“姓名”、“部门”、“职称”和“学历”4 个字段。

4 “筛选”区块的设置如右图所示，意即列表项目只会在“职称”字段的值等于“主任”，或“职称”字段的值等于“经理”时，才会显示出来。

只有在以下条件为真时才显示项目:
栏
职称
等于
主任
与 或
栏
职称
等于
经理

5 有关“分组依据”及“汇总”区块的设置，如【图 12-34】所示。

6 当完成如【图 12-34】所示的视图配置后，单击 确定 ，即可看到如【图 12-35】所示的结果。

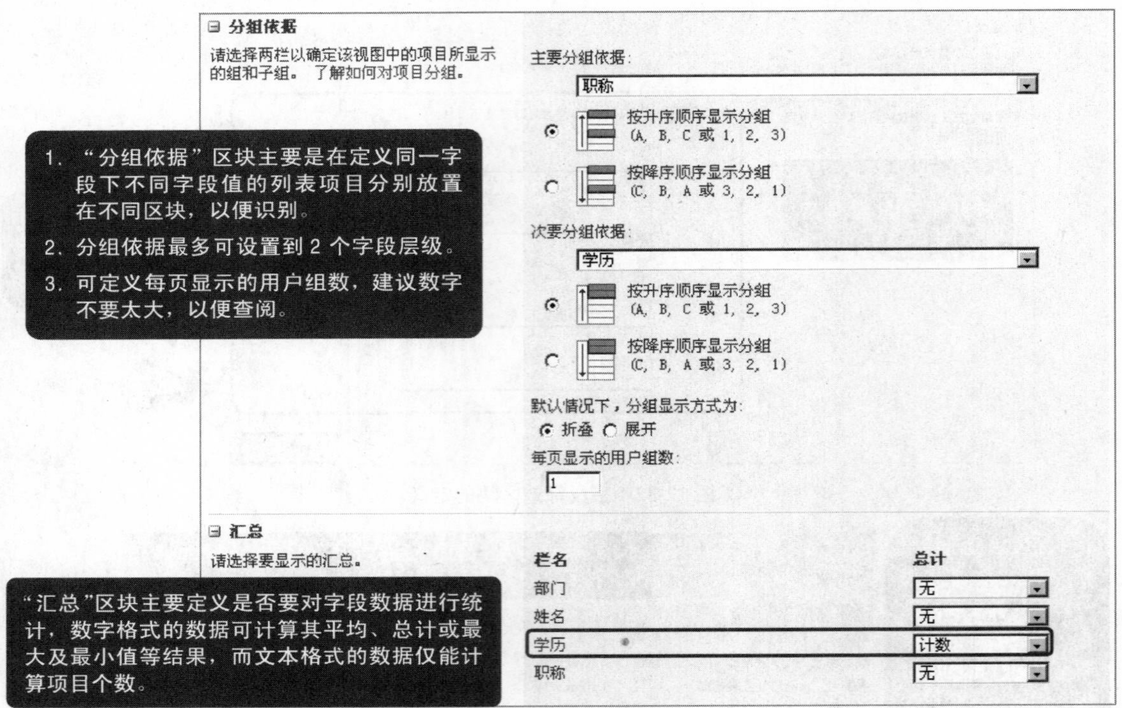

图 12-34　字段的分组依据及汇总区块的定义

我们可从【图 12-35】中看出，美景企业的“主任”及“经理”共有 19 人，其中主任只占了 6 个名额，而 6 位主任中，学历为“College”的有 3 人、“Master”的有 1 人、“University”的有 2 人。如果想知道各学历下的员工是谁，可单击该学历前的 ⊞，展开列表项目。

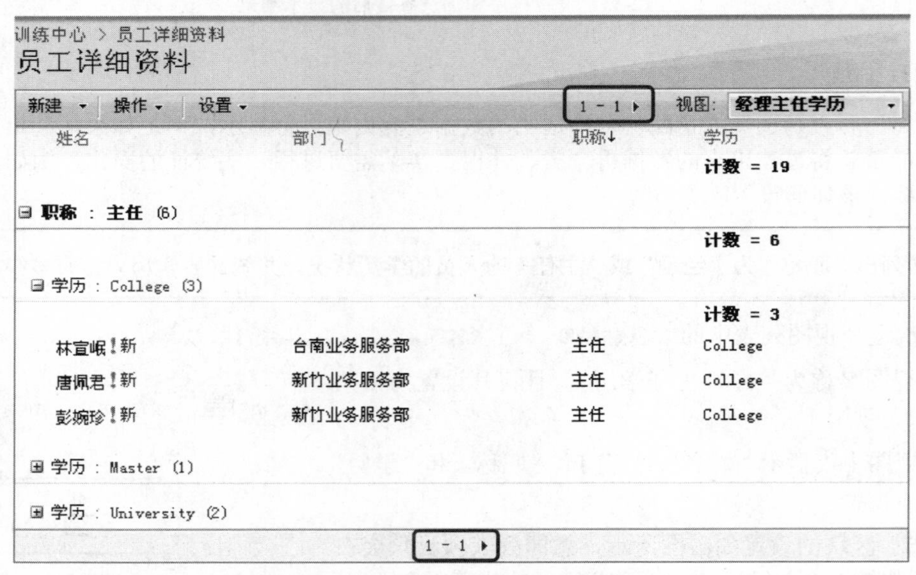

图 12-35　定义分组依据后的显示结果

因为我们在如【图 12-34】所示的配置页面中定义 每页显示的用户组数: 为“1”，所以在单一页面中，只会看到一个职称下的详细数据，如果想查看职称为“经理”的学历分布状况，可单击换页区 1 - 1 ▸ 旁的向右三角形按钮（▸），以转换到下一页，查阅职称为“经理”的项目数据。

样式、文件夹与项目限制

列表视图默认每项数据占用一行，但是当数据项众多时，可能会看得眼花缭乱，而且系统默认是将所有的数据全部显示在单一页面上，因此，数据间若能加些线条或阴影做分隔，或者限制单一页面的数据项显示行数的话，我想将会有助于数据查看的工作。

在视图的配置页面中，有“样式”、“文件夹”和“项目限制”3 个区块，可以帮我们解决上述问题，如【图 12-36】所示。

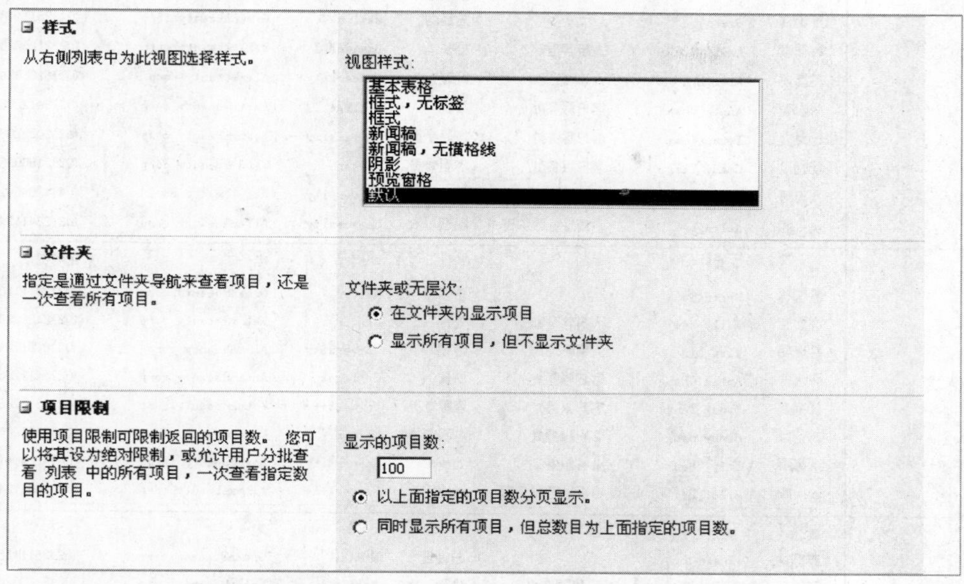

图 12-36　列表样式、文件夹及项目限制区块的定义

- 样式

MOSS 2007 默认提供了下列 8 种显示样式。

<table>
<tr><td>基本表格</td><td>
<table>
<tr><th>姓名</th><th>英文名字</th><th>部门</th><th>职称</th><th>学历</th><th>电子邮件</th><th>住宅电话</th></tr>
<tr><td>苏国林</td><td>Green_Su</td><td></td><td>总经理</td><td>Master</td><td>Green@beauty.corp</td><td>(02)28111180</td></tr>
<tr><td>许丽莹</td><td>Kelly_Hsu</td><td>人事管理部</td><td>处长</td><td>Master</td><td>Kelly@beauty.corp</td><td>(02)21262266</td></tr>
<tr><td>林彦明</td><td>Alex_Lin</td><td>人事管理部</td><td>经理</td><td>University</td><td>Alex@beauty.corp</td><td>(02)82816241</td></tr>
<tr><td>张永蓁</td><td>Anita_Chang</td><td>客户服务处</td><td>处长</td><td>College</td><td>Anita@beauty.corp</td><td>(02)6412208</td></tr>
<tr><td>杨世焕</td><td>Young_Yang</td><td>客户服务处</td><td>客服专员</td><td>University</td><td>Young@beauty.corp</td><td>(02)26222862</td></tr>
<tr><td>杨怡凤</td><td>Cindy_Yang</td><td>客户服务处</td><td>客服专员</td><td>Master</td><td>Cindy@beauty.corp</td><td>(02)21660061</td></tr>
<tr><td>周蕙卿</td><td>Katy_Chou</td><td>业务服务部</td><td>处长</td><td>University</td><td>Katy@beauty.corp</td><td>(04)4264641</td></tr>
<tr><td>李人和</td><td>Allen_Lee</td><td>台南业务服务部</td><td>经理</td><td>University</td><td>Allen@beauty.corp</td><td>(02)26411242</td></tr>
</table>
</td></tr>
<tr><td>框式，无标签</td><td>
<table>
<tr><th>姓名</th><th>英文名字</th><th>部门</th><th>职称</th><th>学历</th><th>电子邮件</th><th>住宅电话</th></tr>
</table>
<table>
<tr><td>苏国林
Green_Su
总经理
Master
Green@beauty.corp
(02)28111180</td><td>许丽莹
Kelly_Hsu
人事管理部
处长
Master
Kelly@beauty.corp
(02)21262266</td></tr>
<tr><td>林彦明
Alex_Lin
人事管理部
经理
University
Alex@beauty.corp
(02)82816241</td><td>张永蓁
Anita_Chang
客户服务处
处长
College
Anita@beauty.corp
(02)6412208</td></tr>
</table>
</td></tr>
<tr><td>框式</td><td>
<table>
<tr><th>姓名</th><th>英文名字</th><th>部门</th><th>职称</th><th>学历</th><th>电子邮件</th><th>住宅电话</th></tr>
</table>
<table>
<tr><td>苏国林
英文名字 Green_Su
部门
职称 总经理
学历 Master
电子邮件 Green@beauty.corp
住宅电话 (02)28111180</td><td>许丽莹
英文名字 Kelly_Hsu
部门 人事管理部
职称 处长
学历 Master
电子邮件 Kelly@beauty.corp
住宅电话 (02)21262266</td></tr>
<tr><td>林彦明
英文名字 Alex_Lin
部门 人事管理部
职称 经理
学历 University
电子邮件 Alex@beauty.corp
住宅电话 (02)82816241</td><td>张永蓁
英文名字 Anita_Chang
部门 客户服务处
职称 处长
学历 College
电子邮件 Anita@beauty.corp
住宅电话 (02)6412208</td></tr>
</table>
</td></tr>
</table>

续表

新闻稿

姓名	英文名字	部门	职称	学历	电子邮件	住宅电话
苏国林	Green_Su		总经理	Master	Green@beauty.corp	(02)28111180
许丽莹	Kelly_Hsu	人事管理部	处长	Master	Kelly@beauty.corp	(02)21262266
林彦明	Alex_Lin	人事管理部	经理	University	Alex@beauty.corp	(02)82816241
张永蓁	Anita_Chang	客户服务处	处长	College	Anita@beauty.corp	(02)6412208
杨世焕	Young_Yang	客户服务处	客服专员	University	Young@beauty.corp	(02)26222862
杨怡凤	Cindy_Yang	客户服务处	客服专员	Master	Cindy@beauty.corp	(02)21660061
周惠卿	Katy_Chou	业务服务部	处长	University	Katy@beauty.corp	(04)4264641
李人和	Allen_Lee	台南业务服务部	经理	University	Allen@beauty.corp	(02)26411242

新闻稿，无横格线

姓名	英文名字	部门	职称	学历	电子邮件	住宅电话
苏国林	Green_Su		总经理	Master	Green@beauty.corp	(02)28111180
许丽莹	Kelly_Hsu	人事管理部	处长	Master	Kelly@beauty.corp	(02)21262266
林彦明	Alex_Lin	人事管理部	经理	University	Alex@beauty.corp	(02)82816241
张永蓁	Anita_Chang	客户服务处	处长	College	Anita@beauty.corp	(02)6412208
杨世焕	Young_Yang	客户服务处	客服专员	University	Young@beauty.corp	(02)26222862
杨怡凤	Cindy_Yang	客户服务处	客服专员	Master	Cindy@beauty.corp	(02)21660061
周惠卿	Katy_Chou	业务服务部	处长	University	Katy@beauty.corp	(04)4264641
李人和	Allen_Lee	台南业务服务部	经理	University	Allen@beauty.corp	(02)26411242

阴影

姓名	英文名字	部门	职称	学历	电子邮件	住宅电话
苏国林	Green_Su		总经理	Master	Green@beauty.corp	(02)28111180
许丽莹	Kelly_Hsu	人事管理部	处长	Master	Kelly@beauty.corp	(02)21262266
林彦明	Alex_Lin	人事管理部	经理	University	Alex@beauty.corp	(02)82816241
张永蓁	Anita_Chang	客户服务处	处长	College	Anita@beauty.corp	(02)6412208
杨世焕	Young_Yang	客户服务处	客服专员	University	Young@beauty.corp	(02)26222862
杨怡凤	Cindy_Yang	客户服务处	客服专员	Master	Cindy@beauty.corp	(02)21660061
周惠卿	Katy_Chou	业务服务部	处长	University	Katy@beauty.corp	(04)4264641
李人和	Allen_Lee	台南业务服务部	经理	University	Allen@beauty.corp	(02)26411242

预览窗格

苏国林 / 许丽莹 / 林彦明 / 张永蓁 / 杨世焕 / 杨怡凤 / 周惠卿

姓名	许丽莹
英文名字	Kelly_Hsu
部门	人事管理部
职称	处长
学历	Master
电子邮件	Kelly@beauty.corp
住宅电话	(02)21262266

默认

姓名	英文名字	部门	职称	学历	电子邮件	住宅电话
苏国林	Green_Su		总经理	Master	Green@beauty.corp	(02)28111180
许丽莹	Kelly_Hsu	人事管理部	处长	Master	Kelly@beauty.corp	(02)21262266
林彦明	Alex_Lin	人事管理部	经理	University	Alex@beauty.corp	(02)82816241
张永蓁	Anita_Chang	客户服务处	处长	College	Anita@beauty.corp	(02)6412208
杨世焕	Young_Yang	客户服务处	客服专员	University	Young@beauty.corp	(02)26222862
杨怡凤	Cindy_Yang	客户服务处	客服专员	Master	Cindy@beauty.corp	(02)21660061
周惠卿	Katy_Chou	业务服务部	处长	University	Katy@beauty.corp	(04)4264641
李人和	Allen_Lee	台南业务服务部	经理	University	Allen@beauty.corp	(02)26411242

- 文件夹

当我们想要列出整个组件库中符合条件的数据项（文件或列表项目）时，但是通过筛选过滤出来的部分数据项是包含在组件库下某一层的文件夹中的，因此，要查看这些数据项时，可能要先切换到适当的文件夹查看视图环境下。此时可选择 ⊙ 显示所有项目，但不显示文件夹，将文件夹隐藏。

- 项目限制

如果组件库（列表或文档库）想要显示的数据项众多，则可以通过“项目限制”的定义，来限制在组件库环境中可供查看的数据项数量（⊙ 同时显示所有项目，但总数目为上面指定的项目数。），或按照指定的数量分页显示组件库中的所有数据项（⊙ 以上面指定的项目数分页显示。）。**笔者在此特别提醒读者，这个数字最好不要超过 100，因为同时查看大量数据时，系统运行速度会明显变慢**。

12.3.3 其他视图的应用

还记得我们在上节所建立的“业务小天使轮值表”列表吗？如果能采用日历中的“月历视图”来查看值班情况，会不会更符合民意呢？没错！这的确是大家的心声。那我们赶快来看看如何完成这个目标吧！

创建视图——日历视图

请将操作环境切换到业务部小组网站的“业务小天使轮值表”列表，然后依次选择 设置 → 创建视图 → 日历视图，打开“创建日历视图：业务小天使轮值表”配置页面，定义此视图名称为“值班日历”并勾选 ☑ 将此项设为默认视图，其他相关设置如【图 12-37】所示。

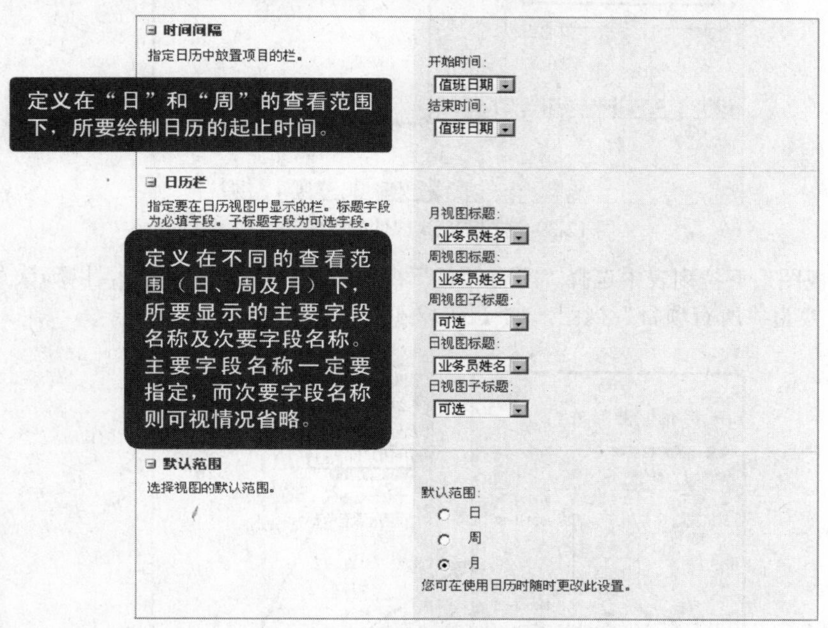

图 12-37　日历视图的配置

当视图配置完毕后，请单击 确定 按钮，完成“值班日历”视图的创建，如【图 12-38】所示。

图 12-38　“业务小天使轮值表”以日历视图形式显示的结果

嗯！这才是我们想要的效果，不过这也只完成了我们目标的一半。笔者是希望能够在业务部小组网站首页，每天自动显示当天值班同事的照片。至于另外一半的目标，请读者按照下面的步骤依次完成。

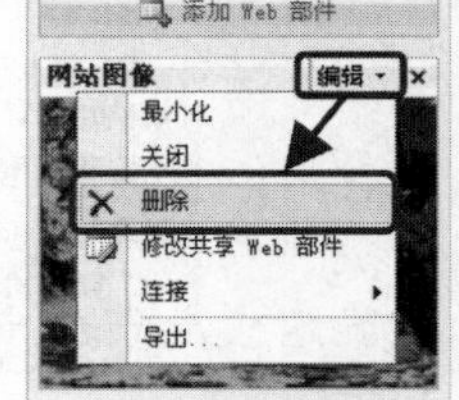

1 请打开业务部小组网站首页，并依次选择 网站操作 → 编辑网页，打开 Web 部件编辑页面。

2 从业务部小组网站首页将“网站图像”Web 部件删除，操作方法如右图所示。

3 在业务部小组网站首页右方区域新建“业务小天使轮值表”Web 部件，在“业务小天使轮值表”Web 部件 编辑 下拉列表中的 修改共享 Web 部件，打开如【图 12-39】所示的 Web 部件配置窗口。

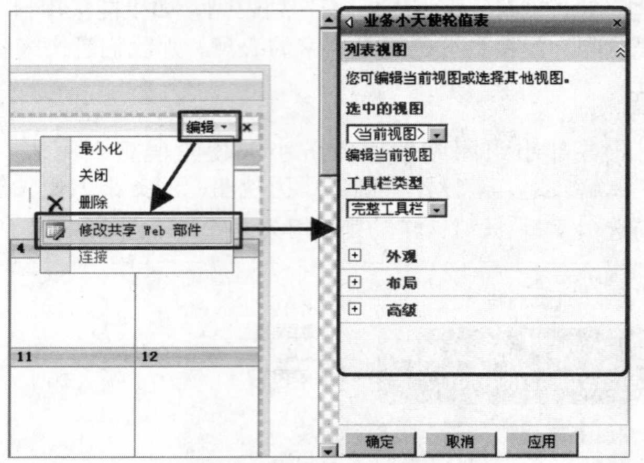

图 12-39 打开 Web 部件配置窗口

4 在“选中的视图”下拉列表中选择“所有项目”视图，然后单击 应用，以确认“业务小天使轮值表”Web 部件已转换为“所有项目”视图，如【图 12-40】所示。

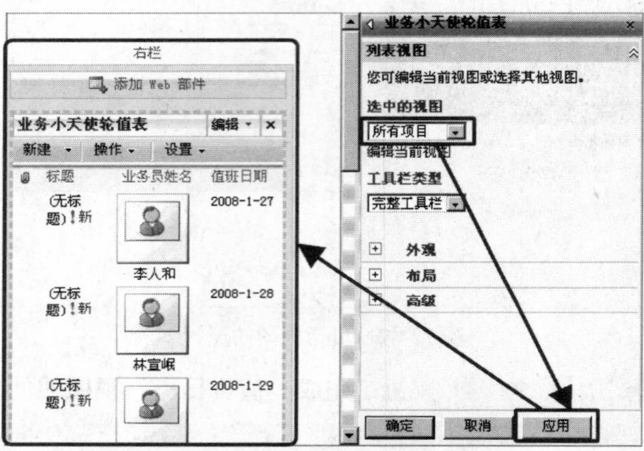

图 12-40 修改 Web 部件显示的视图类型

5 在“选中的视图”下拉列表中选择 编辑当前视图 链接项目，打开“编辑视图：业务小天使轮值表”配置页面。请取消“附件”、“标题”和“值班日期”等字段的勾选状态，只保留“业务员姓名”的勾选状态。同时请设置筛选条件为“值班日期”字段等于“今日”，以确认仅会显示当天值班业务人员的照片和姓名，最后请单击 确定 按钮完成视图的编辑工作，返回到业务部小组网站首页环境，如【图 12-41】所示。

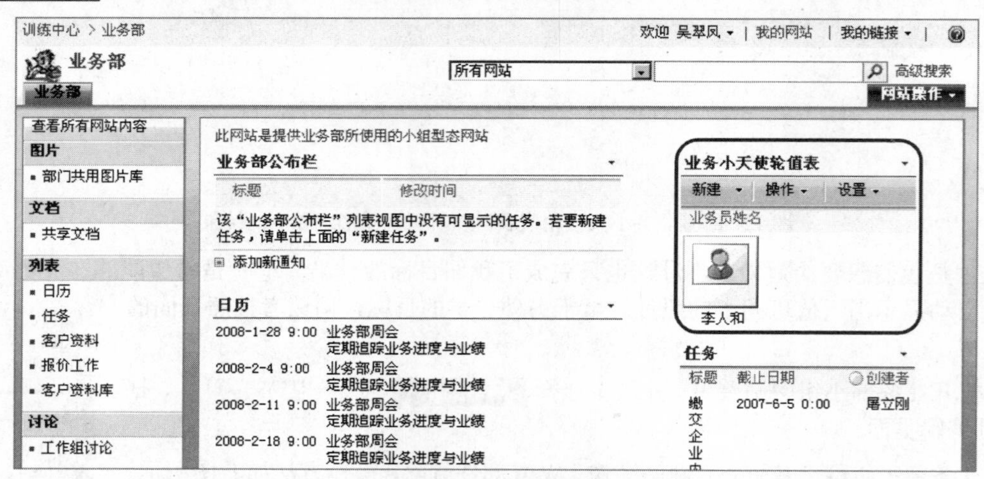

图 12-41 “业务小天使轮值表”列表以 Web 部件形式显示的结果

请读者自行练习将“业务小天使轮值表”Web 部件转换为如【图 12-42】所示的显示形式。

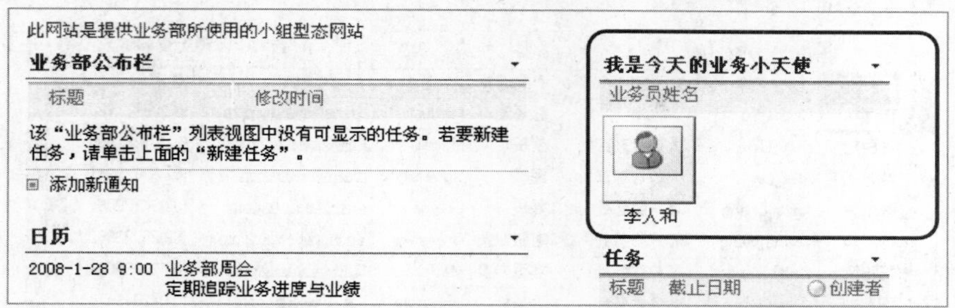

图 12-42　更改后的“业务小天使轮值表”列表在首页以 Web 部件形式显示的结果

我们曾在第 11.2 节中介绍过有关项目任务配置的内容，不过，在项目任务列表模板所内置的视图中，并没有提供以日历的形式来查看项目任务的方式。通过日历的方式来查看您的项目任务，可看出任务长条图所涵盖的工作日或星期，而且也可让您快速地查看在特定工作日、星期或月份有哪些任务在进行。所以再留给读者一个练习，请完成业务部小组网站的“新产品试验评估项目”的日历视图，部分设置如右图所示，而完成结果则如【图 12-43】所示。

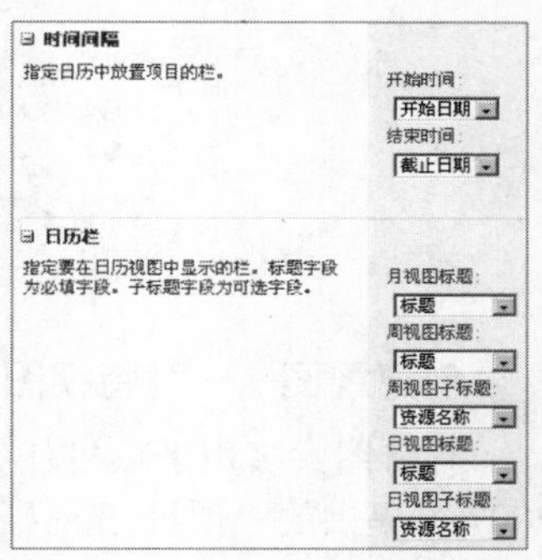

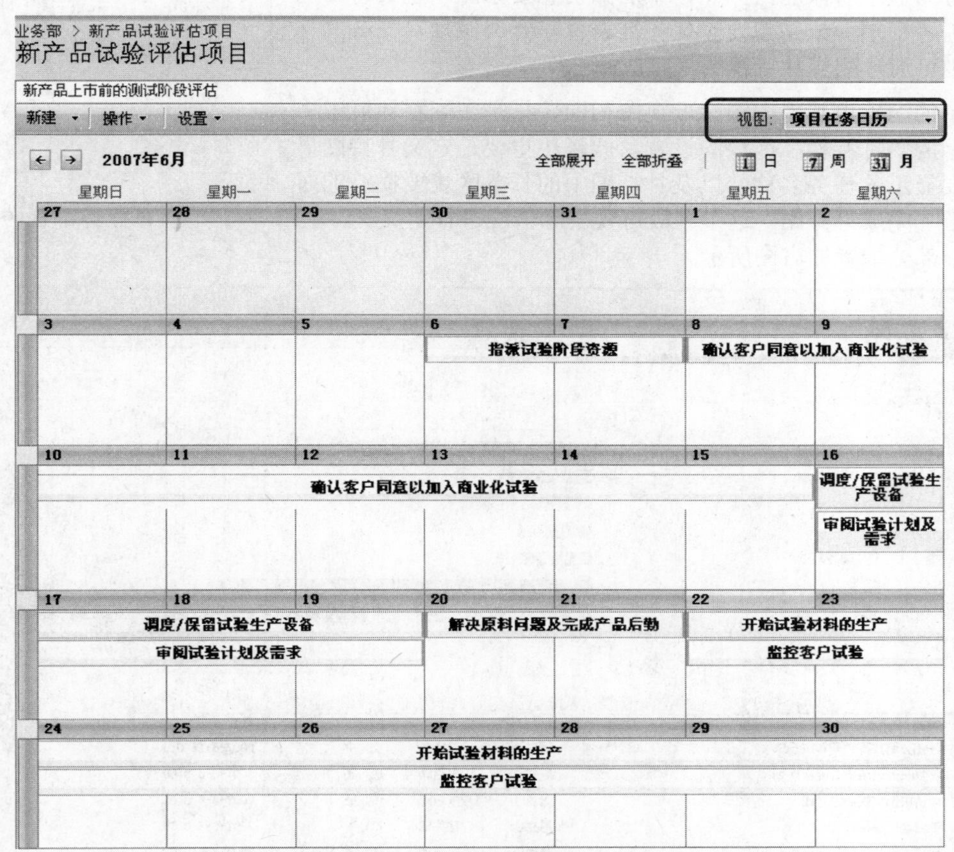

图 12-43　项目任务以日历视图显示的结果

创建视图——数据表视图

有关数据工作表类型的视图配置，基本上与标准视图的配置方法相同，差别只在配置完成后，数据表视图主要是让用户随时编辑数据，如【图 12-44】所示，而不需要使用列表项目菜单，当然，前提是用户也必须拥有适当的权限才可以进行数据的编辑。

姓名	英文名字	部门	职称	学历	电子邮件	住宅电话
苏国林	Green_Su		总经理	Master	Green@beauty.corp	(02)28111180
许丽莹	Kelly_Hsu	人事管理部	处长	Master	Kelly@beauty.corp	(02)21262266
林彦明	Alex_Lin	人事管理部	经理	University	Alex@beauty.corp	(02)82816241
张永蓁	Anita_Chang	客户服务处	处长	College	Anita@beauty.corp	(02)6412208
杨世焕	Young_Yang	客户服务处	客服专员	University	Young@beauty.corp	(02)26222862
杨怡凤	Cindy_Yang	客户服务处	客服专员	Master	Cindy@beauty.corp	(02)21660061
周惠卿	Katy_Chou	业务服务部	处长	University	Katy@beauty.corp	(04)4264641
李人和	Allen_Lee	台南业务服务部	经理	University	Allen@beauty.corp	(02)26411242
林宣岷	Cheryl_Lin	台南业务服务部	主任	College	Cheryl@beauty.corp	(02)22602812
许秀菁	Nicole_Hsu	台南业务服务部	主任	University	Nicole@beauty.corp	(01)2246222
吴慧音	Maggie_Wu	新竹业务服务部	经理	University	Maggie@beauty.corp	(02)26110222
唐佩君	Rita_Tang	新竹业务服务部	主任	College	Rita@beauty.corp	(06)2241064

图 12-44　项目任务以数据表视图显示的结果

创建视图——甘特视图

甘特图大多用于项目任务环境中，所以，如果您想配置有甘特图的项目任务环境，可以直接使用 MOSS 2007 所提供的“项目任务”列表模板，不过内置的项目任务视图是以所有项目任务为显示对象的，因此，事后如果想要添加一些具有筛选条件的项目任务视图，或是想要对任务列表也配置类似项目任务的甘特图效果，则可通过配置甘特视图来完成。

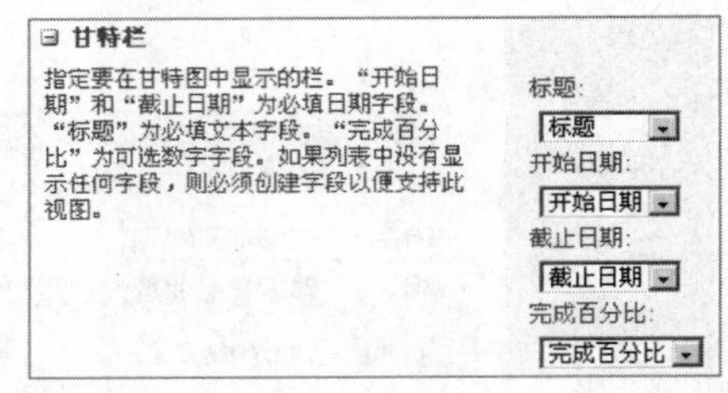

甘特视图的配置也基本上跟标准视图相同，只是在配置环境中多了如右图所示的“甘特栏”区块的设置。此区块主要是定义甘特图显示区的左边要显示的任务名称，以及甘特图中的长条区块要横跨的时间间隔，至于“完成百分比”这个字段可视实际情况进行定义。【图 12-45】是针对业务部任务列表所配置的甘特视图，部分配置如右图所示。

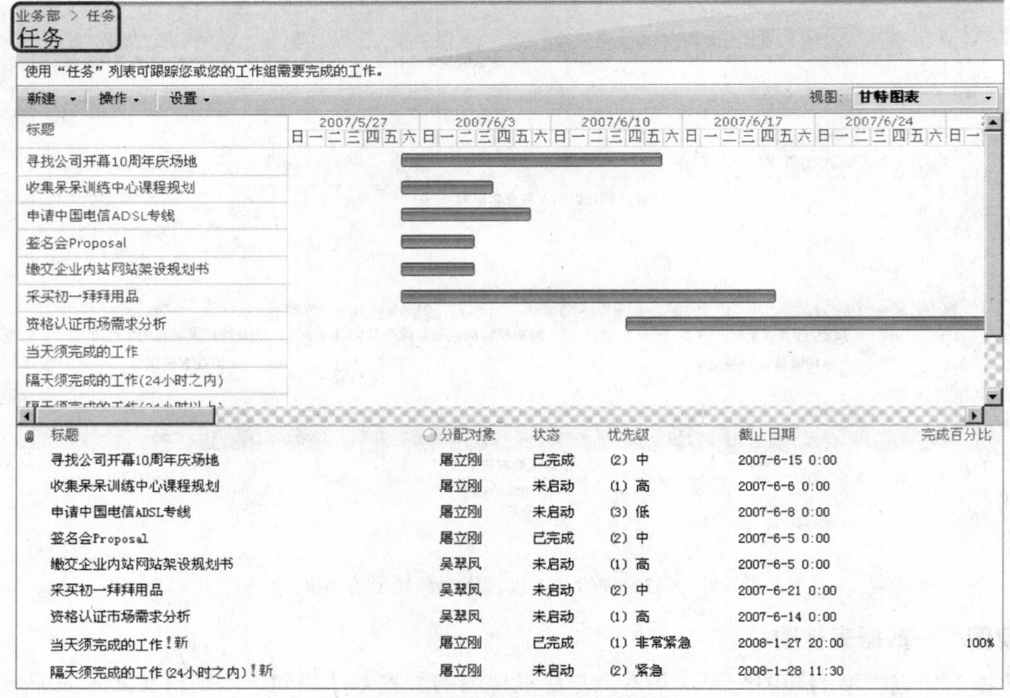

标题	分配对象	状态	优先级	截止日期	完成百分比
寻找公司开幕10周年庆场地	屠立刚	已完成	(2) 中	2007-6-15 0:00	
收集呆呆训练中心课程规划	屠立刚	未启动	(1) 高	2007-6-6 0:00	
申请中国电信ADSL专线	屠立刚	未启动	(3) 低	2007-6-8 0:00	
签名会Proposal	屠立刚	已完成	(2) 中	2007-6-5 0:00	
缴交企业内站网站架设规划书	吴翠凤	未启动	(1) 高	2007-6-5 0:00	
采买初一拜拜用品	吴翠凤	未启动	(2) 中	2007-6-21 0:00	
资格认证市场需求分析	吴翠凤	未启动	(1) 高	2007-6-14 0:00	
当天须完成的工作！新	屠立刚	已完成	(1) 非常紧急	2008-1-27 20:00	100%
隔天须完成的工作(24小时之内)！新	屠立刚	未启动	(2) 紧急	2008-1-28 11:30	

图 12-45　项目任务视图的显示效果

12.4 视图列表数据项的性能考核

当组件库（列表或文档库）经年累月地使用下来时，其中的数据项数量也会随着时间的演进而增长。微软的文件中曾经提到："当单一组件库中的数据项数量超过 1000 以上时，该组件库的读取性能'可能'就会逐渐降低……降低……"

注意 为了证明笔者是有求证及实验精神的，笔者特意在单一组件库中，新建所谓的"大量数据"，在新建第 1000 项数据之前，MOSS 2007 系统并没有发出任何警告信息，但当笔者完成第 1000 项数据的创建时，在列表配置页面（设置 → 列表设置）上出现了下面的警告信息。

此列表或库包含大量项目。了解如何管理大型列表或库并确保项目快速显示。

哇！有没有搞错啊！才 1000 项数据就算大量了！那谁还敢用 MOSS 2007 呢？等一等，别急嘛！我还没讲完呢！之所以会产生这样的问题，大都是因为组件库的数据项规划和组织不佳造成的。例如，同时针对所有的数据项进行排序，或使用单一网页同时查看 1000 条数据，以上种种不当的操作才是导致系统性能无法得到发挥的原因。换句话说，如果组件库数据项组织规划得当的话，则单一组件库存储到"数百万"的数据项都没有问题哦！而且性能处理上都是在可接受的范围内。

要如何解决这个问题呢？解决这个问题的症结点就是如何让单一网页不要同时显示大量的数据，所以笔者建议通过以下几种方法来协助解决这个问题。

- 创建多个列表

虽然数据项的使用目的可能不一样，例如，任务列表中的任务分配项目的目的都是分配任务，但是数据项之间可能有明显的差异（不同工作流所产生的任务分配项目不同），或使用及查看数据项的用户是不同用户组或是拥有不同的权限时，又或者是不同的数据项需要追踪管理的任务不一样（审批或版本控制），此时即可使用多份列表来组织管理数据项。

- 创建文件夹

当数据项无法利用创建多个列表来解决系统处理性能的问题时，则可通过在单一列表环境下创建文件夹来辅助解决。我们在第 9 章~第 11 章介绍的 MOSS 2007 所提供的列表模板中，除了日历、讨论区及调查没有提供文件夹的配置外，其他大部分的列表模板环境，都提供了文件夹的创建功能来管理列表中的数据项，而且自定义列表环境也提供了文件夹的创建功能。

附注 咦！通知、联系人、任务列表以及自定义列表环境好像无法创建文件夹哦！这跟作者的说法有出入哦！这个答案就请读者到第 4.1.4 节中找一找啰！您应该会知道需要怎么处理的。

文件夹可以帮助我们对列表项目进行分类和组织，以减少单一网页所要显示的数据项总数，如此一来，也可以提高视图数据项的性能，同时建议**单一文件夹中存储的数据项最好不要超过 2000 个，以确保系统性能的发挥**。

而且 MOSS 2007 环境还提供了树状视图（请参考第 4.1.4 节）的功能，让用户能够方便地浏览文件夹中的数据项。

- 创建视图

视图的存在可协助我们利用字段对数据项进行排序、筛选和分组显示。其中对系统性能影响最大的设置值是"项目限制"区块中的显示的项目数，通常建议这个数字介于 25 至 30 之间，大概是一个计算机屏幕可以容纳的数据项数量，而且最好不要超过 100，否则数据显示性能会严重降低。因为如果数字太大，代表 MOSS 服务器要从 SQL 服务器中读取这些数量的数据项，然后再通过网络传送到客户端，客户端再使用其 IE 浏览器将数据项显示出来，所以当此设置值的数值太大时，不但影响网络性能，也会影响数据项的显示性能。

- 创建索引栏

我们可以启动字段的索引功能来加快组件库数据项显示的速度，因为MOSS 2007会快速分析启动了索引功能的字段数据，如此便可在查看数据项时提高性能。这个功能并不会更改数据项的显示方式，但可以让组件库更容易地存储大量的数据项。不过，启动索引有一个比较大的缺点，就是会占用较多的数据库空间，因此，这可能成为是否要启动字段索引功能或是启动多少个字段的索引的考核关键点，但是目前是硬盘大又便宜的战国时代，我想……应该是……还不至于……

但是千万不要因为硬盘空间不是问题，就启动列表中所有字段的索引功能，因为如果启动了每个字段的索引，除了会占用数据库空间外，或多或少也会消耗数据库中的额外资源，所以，只有确认组件库显示时会使用该字段进行筛选时，才需启动该字段的索引功能。

创建索引栏

本练习将以训练中心网站中的“员工详细资料”列表为例进行讲解。请依次选择 设置 → 列表设置 → 栏 → 索引栏，打开如【图 12-46】所示的“索引栏：员工详细资料”配置页面，勾选需要启动索引功能字段前的复选框即可。

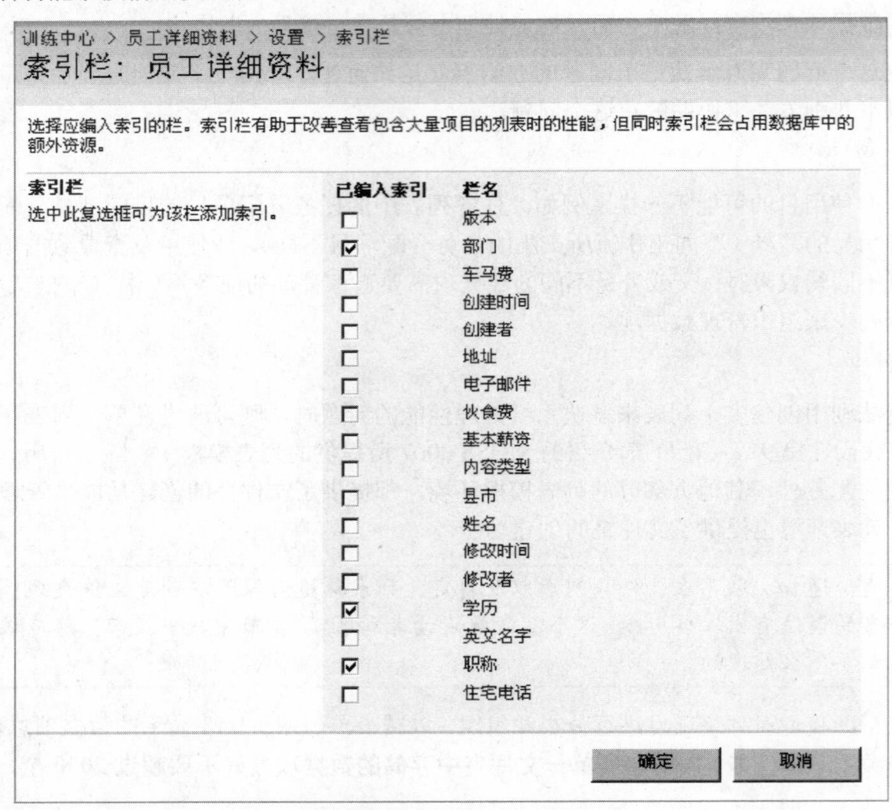

图 12-46 字段索引功能的启动与停用配置页面

当启动了字段的索引功能后，您将会发现在如【图 12-47】所示的视图配置页面的“筛选”区块中有了一些变化，那就是在字段的下拉列表中，只要是启动了索引功能的字段，在其旁都会标注“(已编入索引)”的字样。

此时，在创建数据项的字段筛选时，您可能要先了解下面两点事项：

- 当筛选组件库数据项时，如果使用了多个启动了索引功能的字段，只会有一个字段的索引功能发挥作用，所以筛选时所使用的第一个字段一定是启动了索引功能的，且是以返回最少的数据项的字段为佳。
- 使用“或”筛选逻辑运算时，对启动了索引的字段来讲，是完全没有帮助的，除非筛选的字段是同一个且与第一个筛选字段相同。

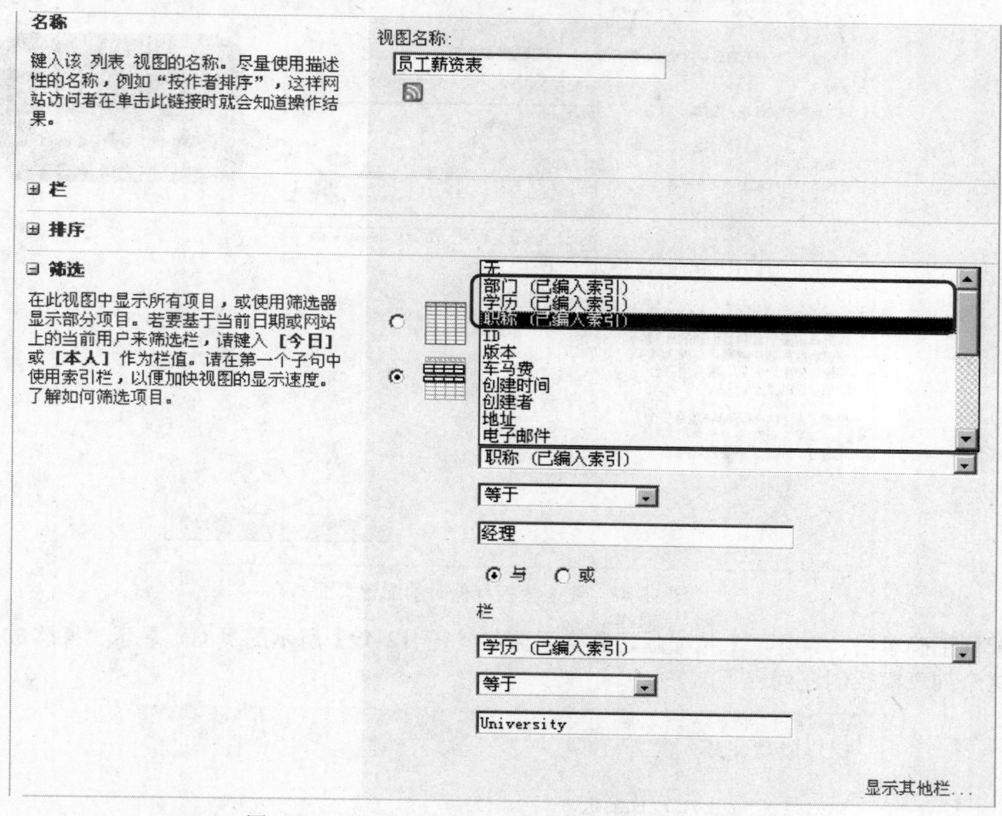

图 12-47　启动字段索引功能后筛选字段列表的变化

12.5　列表模板的配置与管理

MOSS 2007 内置了许多列表模板提供给企业使用，而我们也可以根据实际需要自定义列表（请参考第 12.2 节），可是自定义的列表环境，如果需要复制，该怎么办？例如，在第 9.3.2 节中谈到美景企业共有 3 间会议室，而每间会议室都各自创建了一个日历列表，可是这 3 个日历的配置其实是完全一样的，只是日历的名称不一样而已。所以，如果此时有一个列表复制的功能那该有多好！

别担心！MOSS 2007 的环境提供了自定义列表模板的存储功能，即如果有一个常用的列表配置，您可以先将其存储为列表模板，事后就像使用内置的列表模板（链接、通知及联系人等）一样简单了。

将现有的列表制作为列表模板时，会将该列表的字段（内置或自定义）、视图（自定义或内置）及工作流（内置）等设置都存储在列表模板中。如此一来，要想轻松复制一个一模一样的列表配置，就易如反掌了。

12.5.1　列表模板的创建

本练习将以训练中心网站中的“毕卡索厅”列表为例进行讲解。首先，请依次选择 设置 → 列表设置 管理权限、栏、视图和策略之类的设置。 → 权限和管理 → 将列表另存为模板，打开如【图 12-48】所示的“另存为模板：毕卡索厅”配置页面。请将下面的信息输入到如【图 12-48】所示的页面中。

文件名	Meeting
模板名称	会议室
模板说明	利用此列表模板可进行会议室自动 Booking 的工作

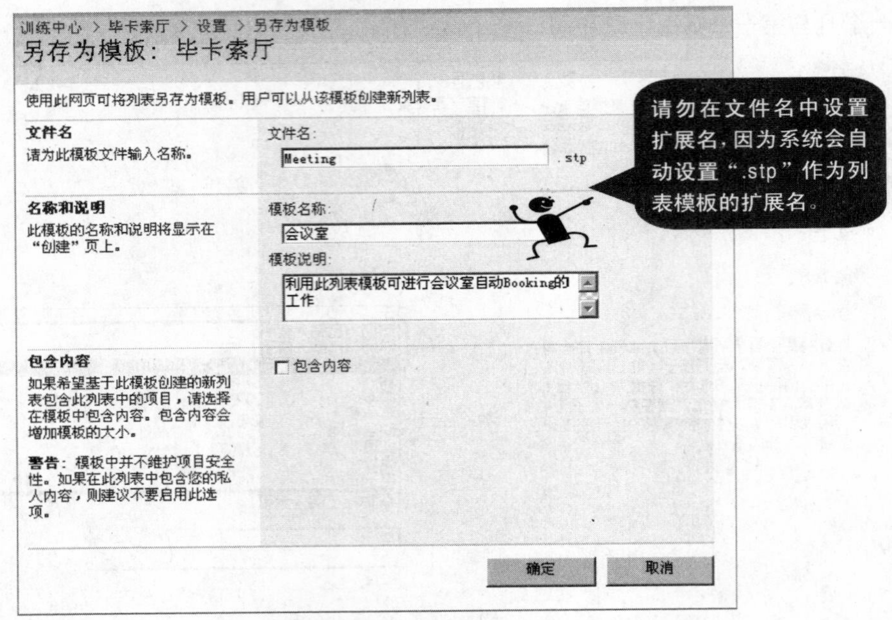

图 12-48 列表模板存储时的配置页面

确认配置正确单击 确定 按钮后，将会看到如【图 12-49】所示的页面，显示“操作成功完成”，并可基于这个列表模板创建列表了。

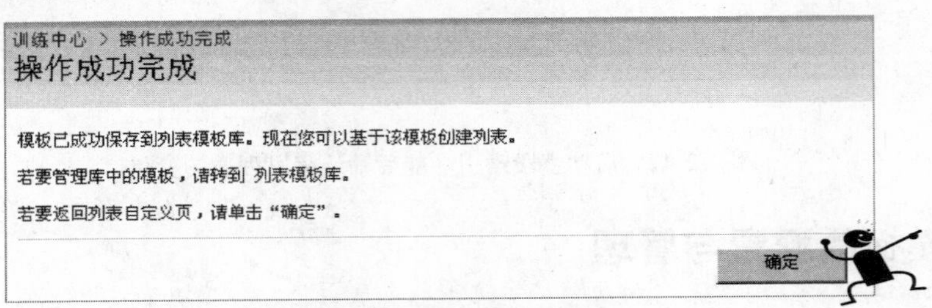

图 12-49 列表模板存储成功

12.5.2 列表模板的使用

创建列表模板之后，单击 查看所有网站内容 → 创建，打开如【图 12-50】所示的“创建”页面，您将会发现刚刚创建的“会议室”列表模板已经显示出来。接下来的工作，我想就不需再多加介绍了，因为其配置方法和系统内置的列表模板的配置方法是一样的。

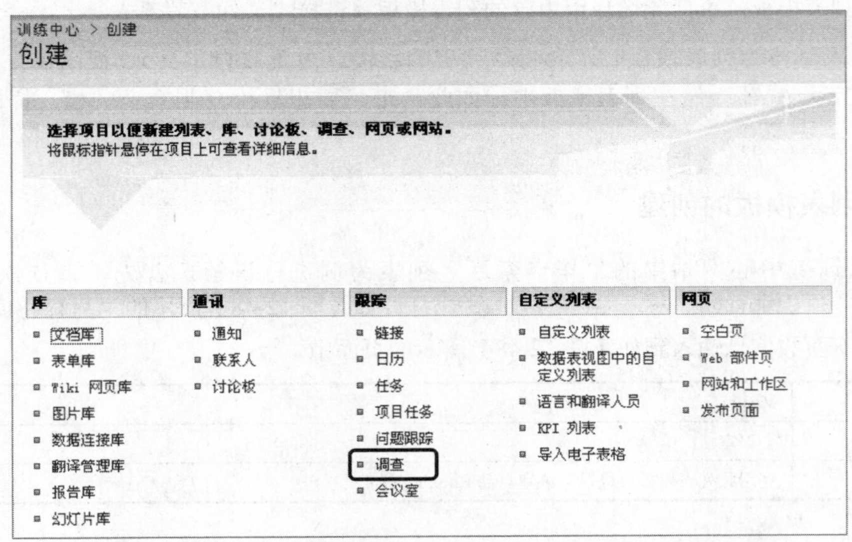

图 12-50 列表模板的选项会自动出现在组件库的创建页面中

我们新建的"会议室"列表模板为何出现在 跟踪 区块下，而不是出现在 自定义列表 区块下呢？"会议室"列表模板是在训练中心网站下配置的，业务部网站可以使用吗？

Good Question！完全命中红心。"会议室"列表模板之所以会出现在 跟踪 区块下的原因，就需要溯本求源，从头讲起了。"会议室"列表模板来自于"毕卡索厅"列表，而"毕卡索厅"列表来自于 MOSS 2007 内置的"日历"列表模板，但"日历"列表模板默认是存储在"创建"页面的 跟踪 区块下的，所以"会议室"列表模板也就会出现在 跟踪 区块下啰！如果列表模板来自于自定义列表，则其就会出现在 自定义列表 区块下。

一旦将列表环境存储为列表模板，不管此列表模板是在网站集合中的哪个网站层次创建的，都一律存储在顶层网站的"列表模板库"中，并可供网站集合中所有的网站环境使用。

12.5.3 列表模板的其他管理工作

如果列表模板过时或不符合使用目的，我们可在顶层网站首页环境中依次选择 网站操作 → 网站设置 管理此网站的网站设置。→ 修改所有网站设置 更改此网站的所有网站设置。→ 库 → 列表模板 ，打开如【图 12-51】所示的"列表模板库"查看与管理页面，对列表模板进行编辑。从该页面的组件库描述也可看出，只要将列表模板加入这个模板库后，就可以在"创建"页面找到该模板，同时，整个网站集合下的所有网站都可以使用这个列表模板库的列表模板。

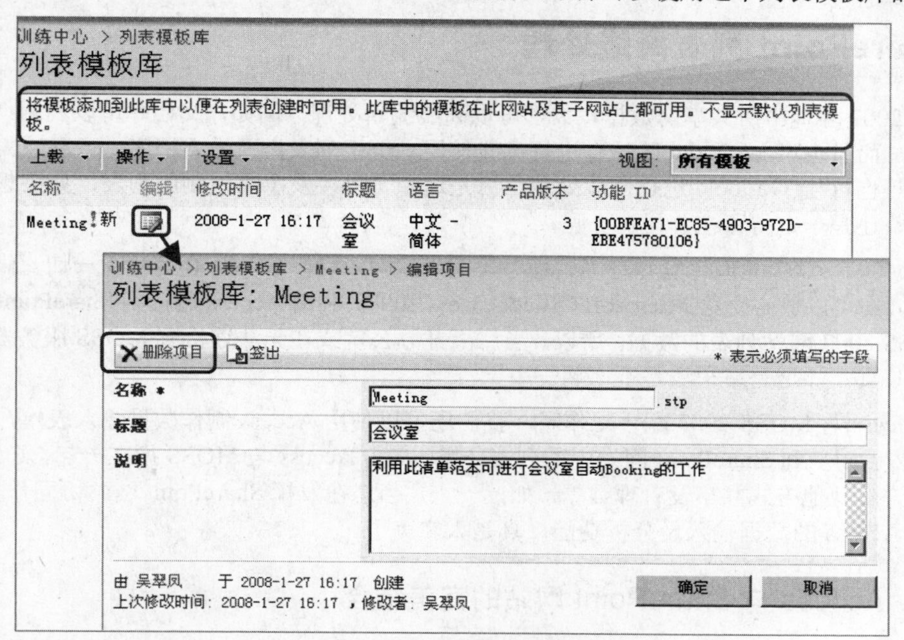

图 12-51 列表模板的编辑与删除

单击列表模板名称后的"编辑文件摘要信息"按钮（），打开"列表模板库：Meeting"配置页面，您可在此页面更改列表模板的文件名、标题以及说明等字段信息，或者单击 删除项目 ，删除当前打开的列表模板。

既然列表模板是以文件的形式存放在 MOSS 2007 的网站环境中的，那么可不可以将其从 MOSS 2007 的网站中下载到硬盘或其他的存储介质，然后再拿到其他的 MOSS 2007 网站中使用呢？

答案：……当然是可以啊……

看到上面的答案，不知读者可有灵光一现的感觉。如果列表模板可以上传到其他的 MOSS 2007 网站共享的话，那么列表模板不就可以 Follow You 了吗！您走到哪，他跟到哪，这样一来，换个东家的时候，即可将列表模板直接上传，马上使用，如此便可显示出您深厚的功力了。加薪！加薪！

列表模板的下载及上传

当您要下载列表模板时，仅需单击列表模板的文件名，即会打开如【图 12-52】所示的“文件下载”对话框，单击 保存(S) 按钮，并根据提示设置文件的存储路径，完成列表模板文件下载的工作。

事后若想将存储的列表模板上传到其他 MOSS 2007 服务器上的网站，可先切换到该环境中的顶层网站，进而打开列表模板库查看与管理页面，然后依次选择 上载 → 上载单个文档，并按照提示即可完成列表模板上传的工作，然后您就有加薪的机会啰！

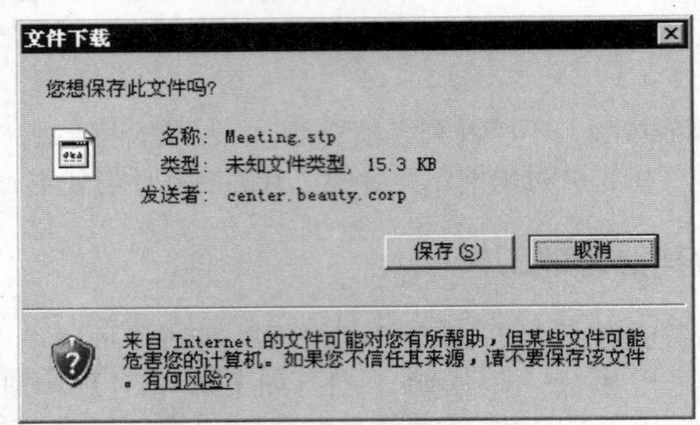

图 12-52 上传列表模板至 SharePoint 网站

12.6 SharePoint 列表离线处理

在 MOSS 2007 环境中所共享的数据，大都可以离线编辑处理，例如，文档库可以利用“取出”的方式进行离线编辑，而且也可与 Outlook 结合进行离线使用。至于列表类型的文档库，像联系人、讨论区、任务及项目任务等也可与 Outlook 进行同步处理，可是通知、链接及事后定制的列表，如果想要离线使用，那该怎么办呢？还是一定得留在公司加班呢？

别担心，MOSS 2007 的理想境界是“处处办公室”（唉！真是……），企业流程一切 e 化自动处理。所以上述的问题，您可以放心交给 Microsoft Office Access 2007。利用 Access 连接到 SharePoint 网站，可让您离线使用 MOSS 2007 网站列表的数据。所以，当您离开办公室或在无法连接到 MOSS 服务器时，仍可继续努力工作。嘻！真不知这是幸福还是不幸啊……

而且当 Access 与 MOSS 2007 配合工作时，我们还可以使用 Access 制作数据输入表单，让用户通过表单输入数据，然后同步到 SharePoint 网站中的列表环境，其实 Access 与 MOSS 搅在一起，好处不只这些呢！他们还能够以许多其他方式共享及管理数据，如此一来，当您在发挥 SharePoint 网站协同作业特性的同时，还可继续使用 Access 的数据输入及分析功能，真是太完美了。

12.6.1 Access 与 SharePoint 网站的完美结合

在通过 Access 离线使用 SharePoint 列表的数据之前，首先必须将 Access 数据表与 SharePoint 列表之间做个连接。本练习以训练中心的“员工详细资料”列表为例，请先打开该列表的查看与管理页面，并转换到“所有项目”视图，然后依次选择 操作 → 使用 Access 打开，打开“在 Microsoft Office Access 中打开”对话框，进行配置工作，如【图 12-53】所示。

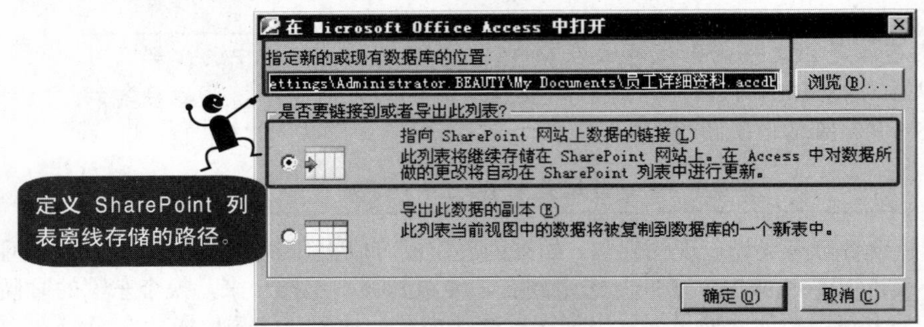

图 12-53 将 Access 与 SharePoint 列表结合

当确定 SharePoint 列表与 Access 结合后，Access 应用程序即会自动启动，并将 SharePoint 列表以数据表的形式显示出来，不过默认在 Access 应用程序自动启动时，该数据表是没有被打开的，所以您必须用鼠标右键单击该数据表，选择快捷菜单中的 打开(O)，以打开 SharePoint 列表中的数据，如【图 12-54】所示。

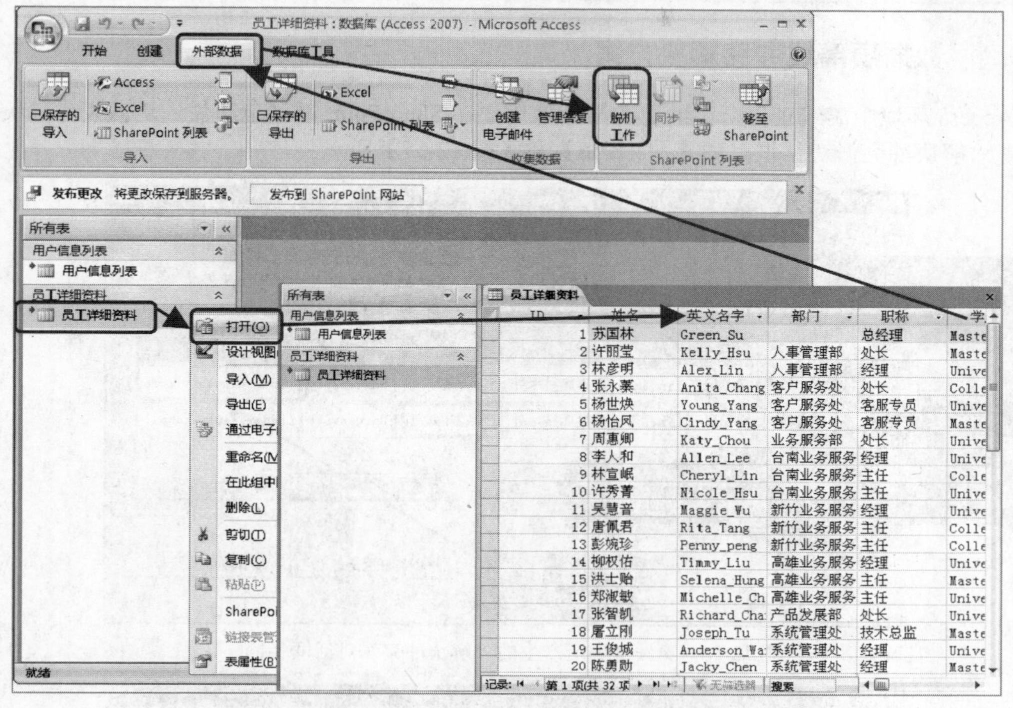

图 12-54　启动 Access 离线工作功能

让 SharePoint 列表数据离线工作

不过，这样还是无法让 SharePoint 列表数据离线工作，因为上述的操作，仅是以 Access 应用程序为接口打开 SharePoint 列表中的数据，所以一切皆需线上处理，若想离线工作，则必须将 SharePoint 列表数据项复制到本地硬盘中。

要达到 SharePoint 列表离线工作的目标，请在 Access 操作环境中选择 外部数据 页面下的 脱机工作，将列表数据项复制到 Access 数据库。接下来，您就可以使用 Access 离线更新列表数据了，如【图 12-55】所示，而且还可以根据列表数据制作查询和报表，同时还可以分析列表数据。

图 12-55　离线编辑或新建 SharePoint 列表项目

SharePoint 列表与 Access 同步的时机

当您启动 Access 的离线工作功能后，所有在 Access 环境下编辑或新建的数据都将会存储在本地计算机的副本中，并不会主动与 SharePoint 列表取得联系，而自动同步两者间的差异。因此，若想同步两者间的差异，可选择 外部数据 页面下的 同步，进行手动同步的操作，或者选择 外部数据 页面下的 联机工作，重新启动 SharePoint 与 Access 之间的数据连接，此时两者所做的任何更改，皆会实时反映到对方的环境中。

如果我们在离线工作时更新了 Access 数据库中的记录，而与 SharePoint 列表中的数据项发生冲突时（例如，同时在 SharePoint 列表与 Access 数据库中更改了同一项数据记录），此时系统会以什么方式来解决这个冲突的问题呢？

12.6.2 数据项离线冲突解决方案

当在 Access 环境中离线工作所做的更改与其他用户在 SharePoint 网站上所做的更改发生冲突时，系统会自动出现“解决冲突”对话框，如【图 12-56】和【图 12-57】所示。

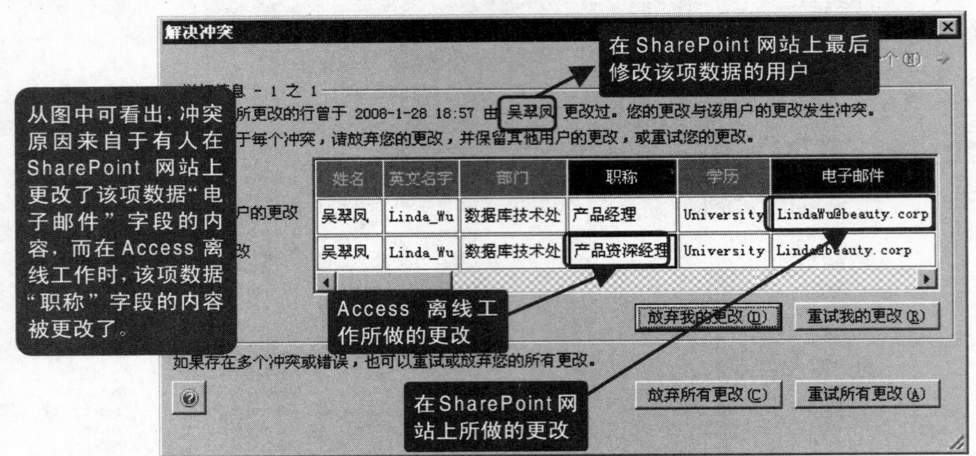

图 12-56 离线冲突所产生的“解决冲突”对话框（1）

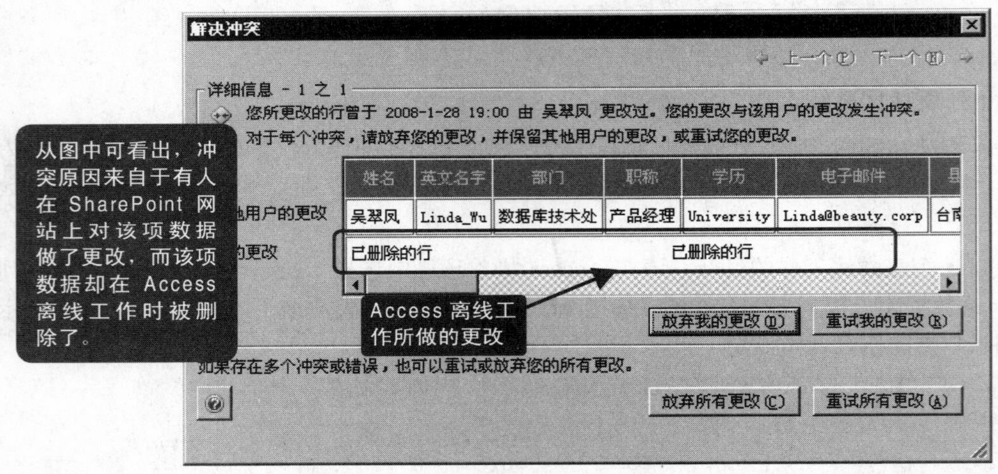

图 12-57 离线冲突所产生的“解决冲突”对话框（2）

从【图 12-56】和【图 12-57】可以看出，在“解决冲突”对话框中，会显示有问题的数据行所产生的错误或冲突为何，如果有多个数据行发生冲突，您可以单击对话框右上方的 下一个(N) 或 上一个(P) 按钮，以查看每个冲突发生问题的详细情况。“解决冲突”对话框中其他按钮的意义简述如下：

- 放弃我的更改(D)：希望保留 SharePoint 服务器对目前查看的数据项所做的更改，此时您在 Access 离线时所做的更改将会忽略不计。
- 重试我的更改(R)：希望保留在 Access 离线工作时对目前查看的数据项所做的更改，此时其他用户在 SharePoint 网站上对该数据项所做的更改将会忽略不计。
- 放弃所有更改(C)：希望保留 SharePoint 服务器对所有冲突的数据项所做的更改，此时所有在 Access 离线时所做的数据项更改将会忽略不计（如果没有冲突，则仍会将数据同步至 SharePoint 服务器）。
- 重试所有更改(A)：希望保留在 Access 离线工作时对目前有冲突数据项所做的更改，此时其他用户在 SharePoint 网站上对所有冲突项目所做的更改都将忽略不计。

提示 咦！看完上面的介绍，不知您可曾想过，在SharePoint网站中创建的列表，彼此之间如果有一定的关联性，似乎很难单纯通过MOSS 2007的环境独立完成，但是有了Access，似乎一切都将不是难事。因为我们可以通过Access创建列表间的关联性（Relation），而且还可以把输入工作交给Access环境下的自制表单来完成哦！

因此，我们可将数据表以列表的方式存储在SharePoint网站共享，而客户端的输入环境、报表处理及数据分析则交给Access处理，如此一来，既可达到数据共享的目的，也可为用户提供易于操作的接口，进行前端处理的操作。您已经看出里面的奥秘了吗？这个Idea很棒吧！

第13章 文档管理

本章提要

通过第 4 章的学习，相信您已经对文件库有了基本的认识和了解。本章将要介绍文件库中常用的几种不同文档类型的特性，以及基于这些特性可以对该文档库进行的操作和处理方式。

除了介绍基本的文档库外，还介绍了图片库、幻灯片库和翻译管理库的功能和使用方法。因为 MOSS 2007 提供的这 3 种文件库类型，对企业的信息应用来说，能够有效提升信息工作的能力和缩短信息处理的时间。

由于文件库是放置文件、文档的地方，除了提供文档存储功能之外，通常还会针对不同的商业用途来提供特定的文档模板供用户选择。我们也会介绍如何创建一个文档模板的环境，如何将一个文档模板发布到 MOSS 2007 的文件库环境，以及如何使用这些文档库的内容。

本章重点

在本章，您将学会：

- 文件服务器新秀——文档库
- 图片库再探
- 演示文稿信息的统一——幻灯片库
- 翻译工作流程再造——翻译管理库

本章仅就文档管理的配置和使用两方面来向各位读者进行介绍，至于文件管理的审批功能已在第 4.5.3 节中介绍过，而文件的版本控制、内容类型等课题将在第 15 章中探讨。

13.1 文件服务器新秀——文档库

文档库（Document Library）是在 MOSS 2007 环境下一定会使用到的组件库类型之一，他为团队成员提供了一个创建和管理文档、电子表格、演示文稿以及其他类型文件的一个集中位置，换句话说，我们可用文档库来取代传统的文件服务器所扮演的角色。MOSS 2007 环境下的文档库还提供了文档的版本管理功能，以便事后追踪及还原，审核管控文档，确认文档的正确性和有效性，这些都是传统的文件服务器所无法实现的功能。

默认小组网站会内置一个名为“共享文档”的文档库，同时该名称会显示在快速启动区及所有网站内容列表中。而协作门户网站则内置了一个名为“文档中心”的子网站，在该子网站中提供了一个名为“文档”的文档库。当然您也可以针对企业文档的实际用途而另行自定义文档库。本节以业务部小组网站中预置的“共享文档”文档库为例，讲解如何通过文档库为业务部成员存放业务推广和规划资料。业务部小组网站“共享文档”文档库的网址如下：

http://center.beauty.corp/SiteDirectory/Sales/Shared Documents/

13.1.1 通过 Office 2007 将文档发布到 SharePoint 网站

我们在第 4 章中曾谈到过如何新建文档和如何将文档上传到文档库，可是在新建文档库时，只能选择一种文档模板做搭配（新建文档库页面的“文档模板”区块，如【图 13-1】所示）。

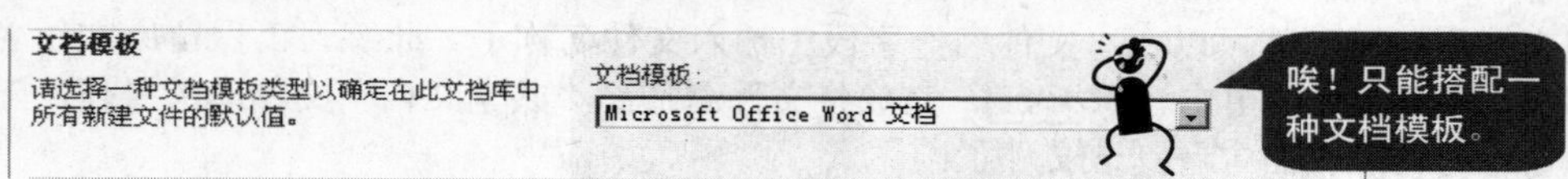

图 13-1 一个文档库只能搭配一种文档模板

以上的配置会导致在文档库中新建文档时，一定只能是该模板所属的文件类型，如【图 13-2】所示，如果是其他类型的文件，就只能通过上传的方式添加到文档库中了，所以只能先将该文件编辑完毕并存储在本地硬盘中，然后再连接到 SharePoint 网站执行上传文件的操作。这种感觉，让人真觉得有点……

图 13-2 文档库默认只搭配一种文档模板类型

其实 Microsoft Office 2007 应用程序提供了将文档发布至 SharePoint 网站的功能。当您完成一个新文档（Excel 2007 工作表、PowerPoint 2007 演示文稿、Word 2007 文档）的编辑后，可以依次执行下列步骤来完成文件的发布工作。不过，这个功能只内置在 Microsoft Office 2007 中，如果是其他的 Microsoft Office 版本，就只好跟读者说抱歉了，因为 Office 2007 之前的版本并没有提供这个好用的功能，此时，您真的只能利用上传的方式将文件传送到 SharePoint 网站共享了。

接下来，我们先来看看如何使用 Microsoft Office 2007 将文档发布到 MOSS 2007 网站。首先，请打开本书所附范例中的“\CH13”文件夹下的“业务员薪资统计表.xlsx”，单击如【图 13-3】所示的 Office 2007 应用程序窗口左上角的 Office 按钮，然后选择 发布(U)，下的 文档管理服务器(D) 通过将工作簿保存到文档管理服务器来实现共享。

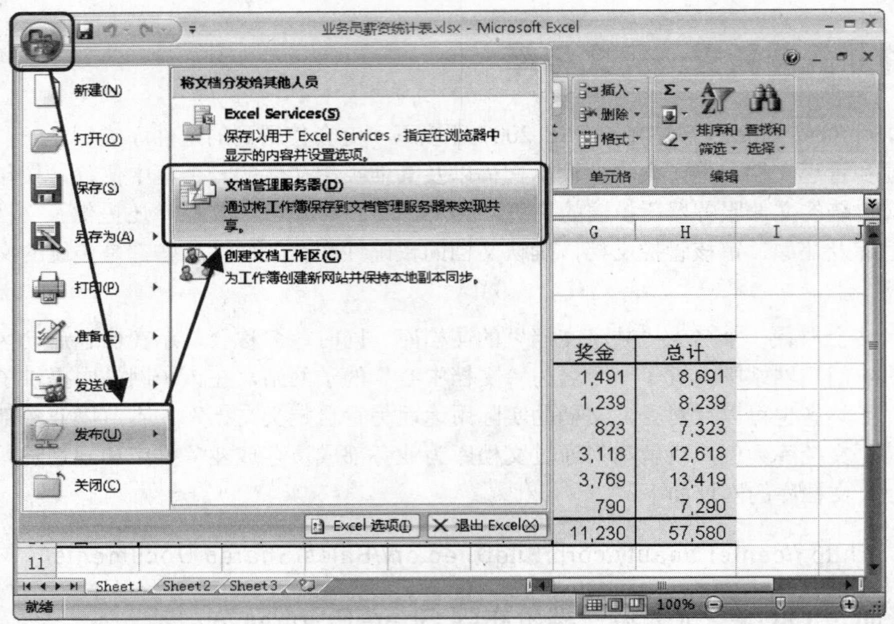

图 13-3 发布 Office 2007 文档的鼠标操作路径

当打开如【图 13-4】所示的“另存为”对话框时，请在“文件名”字段中输入业务部小组网站的网址，并按下【Enter】键，即会显示业务部小组网站中的文档库及网站列表。接下来，请用鼠标双击 共享文档，进入该文档库环境，就可以在“文件名”字段中输入文件名称了。此练习请保留原文件名“业务员薪资统计表.xlsx”即可，最后单击 保存(S)，完成将文件添加到“共享文档”文档库的操作，随即我们就可以在文档库查看与管理页面中看到该文件了。

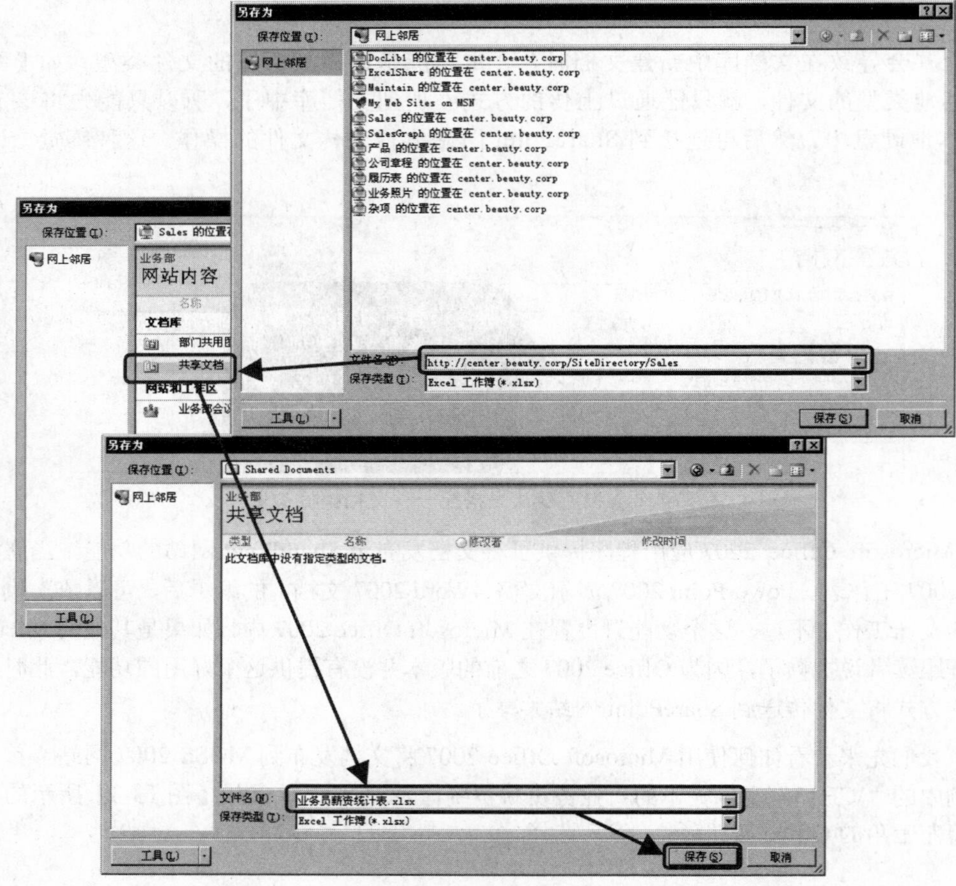

图 13-4 将 Office 2007 文件发布到 SharePoint 网站的步骤

既然名为“文档库”，为什么默认只能新建一种类型的文档呢？虽然还是可以利用上传的方式将其他类型的文档添加到文档库，但是必须要先在本地将文档编辑好后才能上传，或者使用 Microsoft Office 2007 内置的发布功能，将文件添加到 MOSS 2007 的文档库。如果客户端没有安装 Microsoft Office 2007 呢？或者用户根本不知道文档库的网址呢？所以最好的方式是在文档库的查看与管理页面中，直接单击工具栏上的 新建▾，并在其下拉菜单中选择要创建的文档类型（文档、工作表或演示文稿）或版本，进而打开适当的应用程序开始编辑，那就完美多了，因为在文档库直接新建文件时，默认会将文件存储在该文档库中，用户不需要知道文档库的网址，也不需要事先将文件暂存在客户端的本地硬盘中。

13.1.2 文档模板的新建

嗯！这真是一个很好的提议，那有没有办法实现呢？答案当然是没问题啊！但是本节只告诉读者操作步骤，以便企业在初始配置 MOSS 2007 时，可以让内部用户快速上手，以达到信息交换的目的，详细内容将会在本书第 15.2 节中讨论。

1 创建新类型的空白文档模板文件

启动 Microsoft Office Excel 2007 应用程序，打开空白工作表文件，请不要对此文件做任何的编辑和修改，直接单击 ，将此 Excel 工作表命名为“Template.xlsx”后，即可关闭此工作表文件。

2 创建新的网站内容类型

请依次选择 网站操作▾ → 网站设置 管理此网站的网站设置。 → 库 → 网站内容类型 ，打开“网站内容类型库”查看与管理页面，单击右上角的 创建，打开如【图 13-5】所示的“新建网站内容类型”配置页面。

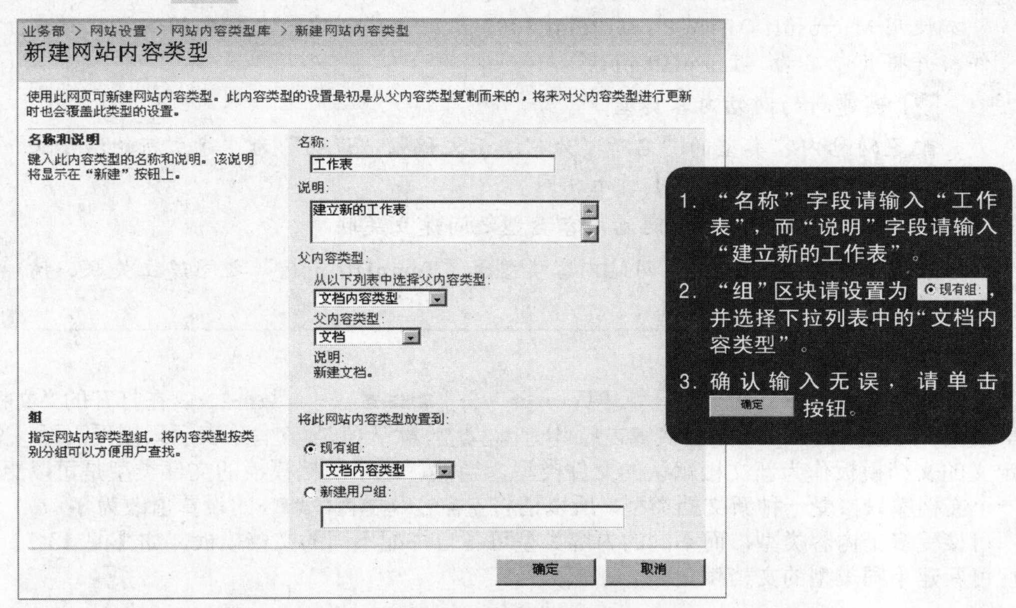

图 13-5 创建新的网站内容类型

提示 所谓“网站内容类型”指的是一组可重复使用的设置或文档类型，使企业组织可以在网站集合的不同列表及文件库之间共享、管理与组织内容，也可让单一列表或文件库能够包含多种项目类型或文档类型。

3 在文档模板和新的网站内容类型之间建立关联

当新建了第 2 步中的网站内容类型后，将会打开“网站内容类型：工作表”查看与管理页面，请选择 设置 区块下的 高级设置 。在“网站内容类型高级设置：工作表”配置页面的“文档模板”区块中选择 上载新文档模板:，并输入在第 1 步中创建的“Template.xlsx”文件的绝对路径，如【图 13-6】所示，至于其他设置请使用默认值。当确认设置无误后，单击 确定 ，完成将文档模板上传到 MOSS 2007 网站的操作，并与第 2 步中新建的网站内容类型建立关联。

业务部 > 网站设置 > 网站内容类型库 > 网站内容类型 > 高级设置

网站内容类型高级设置：工作表

使用此网页可更改此内容类型的高级设置。

文档模板
指定此内容类型的文档模板。

○ 输入现有文档模板的 URL:

⊙ 上载新文档模板:
D:\文件\Template.xlsx　浏览...

只读
选择是否可以修改该内容类型。此设置可以在稍后由对该类型拥有编辑权限的用户通过此网页进行更改。

此内容类型是否应为只读?
○ 是
⊙ 否

更新网站和列表
指定是否使用此网页上的设置更新使用此类型的所有子网站和列表内容类型。此操作可能需要花费较长时间，对子网站和列表内容类型所做的所有自定义设置都将丢失。

是否更新从此类型继承的所有内容类型?
⊙ 是
○ 否

确定　取消

图 13-6　在文档模板和新的网站内容类型之间建立关联

练习　目标：在业务部小组网站新建一个名为“演示文稿”的网站内容类型。

练习步骤：

1 创建新类型的空白文档模板文件

使用 Microsoft Office PowerPoint 2007 应用程序创建一个空白的演示文稿文件，并将其命名为“Template.pptx”。

2 创建新的网站内容类型

配置网站内容类型的“名称”为“演示文稿”，“说明”为“建立新的演示文稿”，其他设置与【图 13-5】所示相同。

3 在文档模板和新的网站内容类型之间建立关联

在新建的“演示文稿”网站内容类型和“Template.pptx”之间建立关联，请参考【图 13-6】所示的步骤。

4 启动文档库的内容类型管理

请依次选择 共享文档 → 设置 → 文档库设置 → 常规设置 → 高级设置。在打开的“文档库 高级设置：共享文档”配置页面中，可以看到 是否允许管理内容类型? 默认值是 ⊙否，表示只接受下面“文档模板”区块中所定义的文档模板作为新文档默认的文件类型，当然，这个文档模板的文件类型是可以更改的，不过，默认一个文档库只接受一种新文档类型，所以请将 是否允许管理内容类型? 的设置值改为 ⊙是，这表示允许此文档库可接受多个内容类型，而不同的内容类型可各自搭配不同的文档模板，如【图 13-7】所示。如此一来，便可新建不同类型的文档啰。

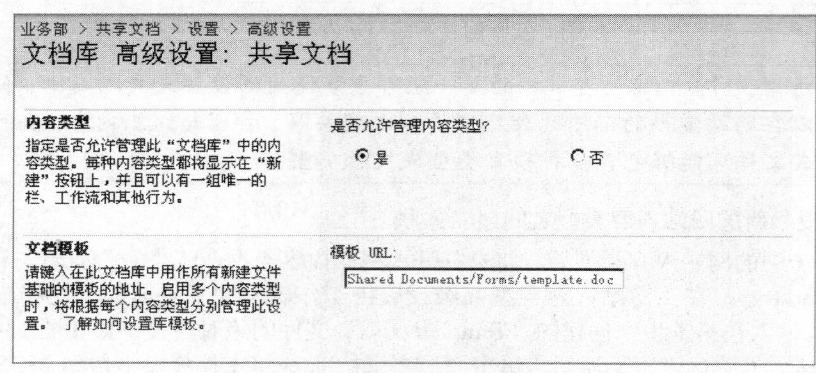

图 13-7　启动文档库的内容类型管理功能

5 在文档库中新建内容类型

请打开如【图 13-8】所示的"自定义共享文档"页面，单击 内容类型 区块中的 从现有网站内容类型添加，将所需要的网站内容类型添加到此文档库中使用。

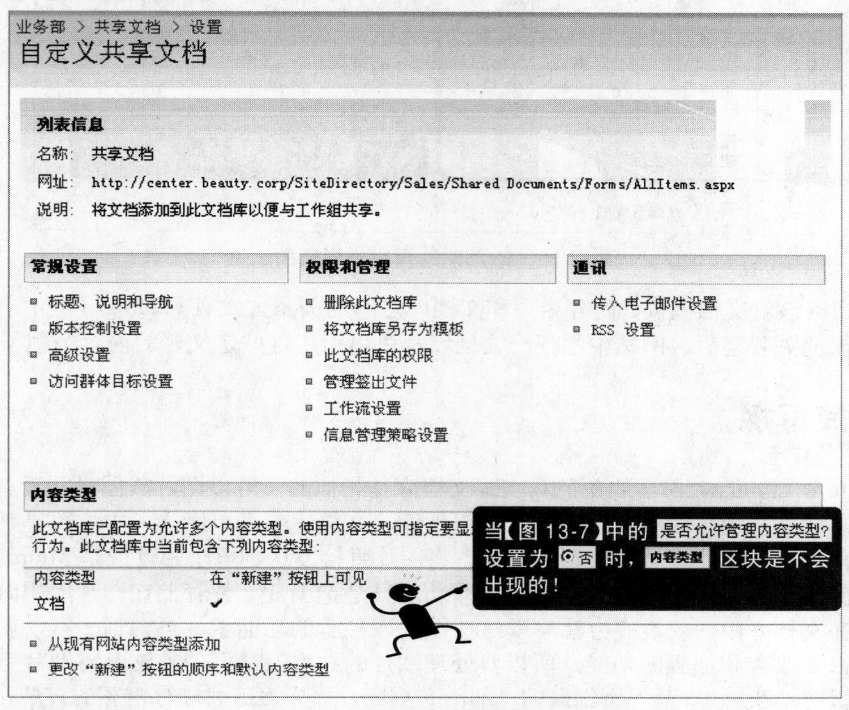

图 13-8 在文档库中新建内容类型

当打开"添加内容类型：共享文档"配置页面时，请选择要查看的网站内容类型为"文档内容类型"，此时，所有文档内容类型的信息会显示在左边的可用网站内容类型:列表框中，请搭配【Ctrl】键，选择"工作表"和"演示文稿"两种网站内容类型，并单击 添加 > ，将选取的类型添加到要添加的内容类型:列表框中，结果将如【图 13-9】所示，最后请单击 确定 完成在文档库中添加内容类型的工作。

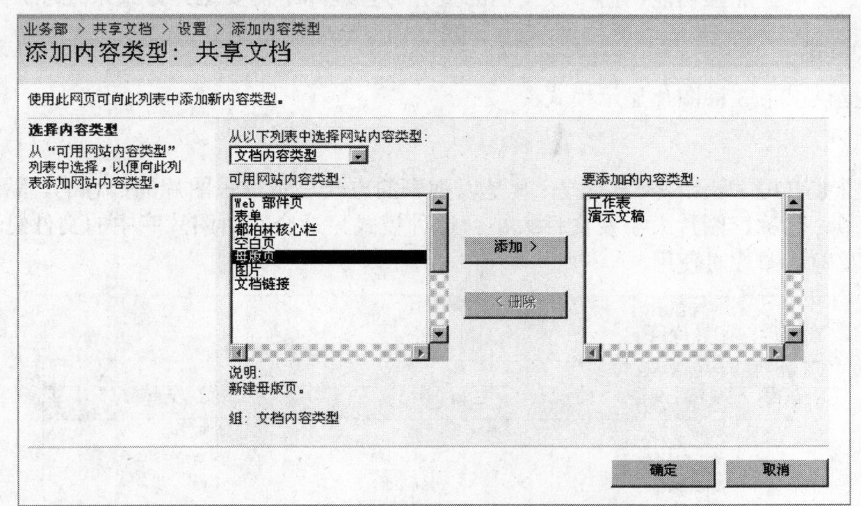

图 13-9 选择适当的网站内容类型

当您将其他内容类型添加到文档库后，就可以在此文档库工具栏的 新建 命令列表下，让用户选择所要新建的文档类型。YA！我们可以来验收成果了，请单击快速启动区的 共享文档 超级链接，打开该文档库的查看与管理页面，然后单击工具栏上的 新建，您将会看到如【图 13-10】所示的页面，就代表任务完成了。

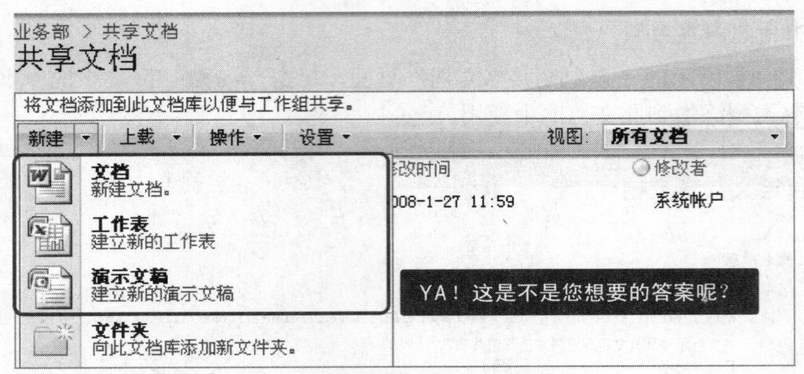

图 13-10　添加网站内容类型后的结果

看到这里，您应该对文档模板、内容类型和文档库之间的关系大致有 Feeling 了吧！一旦定义好网站内容类型与文档模板的关联之后，网站中的任一文档库都可以引用这些定义好的内容类型了。

13.2 图片库再探

图片库（Picture Library）扮演的角色其实跟文档库是相似的，所以图片或图形并没有被规定一定要存储在图片库中，事实上，也可以将其存储在其他组件库（文档库或表单库等）中。可是使用图片库来存储图片时，还可以使用幻灯片放映功能来查看图片、将图片直接发送到电子邮件或是 Microsoft Office 文件，以及将图片下载到本地计算机等特殊功能，而这些功能只是把图片文件存储在图片库中时才能够使用的；如果将图片存储在文档库中，就没有办法享受这些图片库独有的功能了。再白话一点，就是图片库针对图片的使用设置了很多改善和加强的功能，所以要处理图片的共享，最好的方法是将图片存储在图片库中。本节以业务部小组网站在第3.3节中所创建的“部门共享图片库”为延续进行内容的讲解，所以有关图片的配置和基本管理工作将不在此赘述。

13.2.1 查看图片

前面谈到图片库和文档库的存在目的大致相同，但是图片库针对图片的管理及查看（详细信息、缩略图和幻灯片）设置了一些加强功能，而一般文档的查看与管理则不需要这些方式来处理。

图片库显示模式

图片库总共提供以下 3 种图片显示模式：

● 详细信息

请参考如【图 13-11】所示的视图模式，其是以列表的方式显示每张图片的信息的，默认显示的信息包括图片文件的类型、名称、图片大小及文件大小。这种模式只适合在对图片库中的文件总览时使用，不太适合在单纯查看及确认图片时使用。

业务部 > 部门共用图片库 > 产品

部门共用图片库

业务部门图片共用分享中心

新建 上载 操作 设置　　视图: 所有图片

类型	名称	图片大小	文件大小
	法式香料羊排	248 x 196	35 KB
	海鲜炖鱼汤	234 x 202	34 KB
	龙虾套餐	300 x 200	16 KB
	罗汉锅	600 x 463	95 KB

图 13-11　详细信息显示模式

● 缩略图

此为图片库默认的显示模式，在这个模式下可同时查看和管理多张图片，当您要浏览多张图片或者寻找所需要的图片时建议使用这种模式。不过如果文件夹中含有大量图片，用户可能会看得眼花，同时，在缩略图模式下所看到的图片是不太清晰的。

● 幻灯片

请参考如【图 13-12】所示的视图模式，其会在窗口上方先显示多张较小的图片缩略图，当单击某张图片的缩略图时，下方会显示该图片的放大图片，并将该图片的名称和说明显示在大图的下方。此模式适合需要放大图片及查看相关信息时使用。

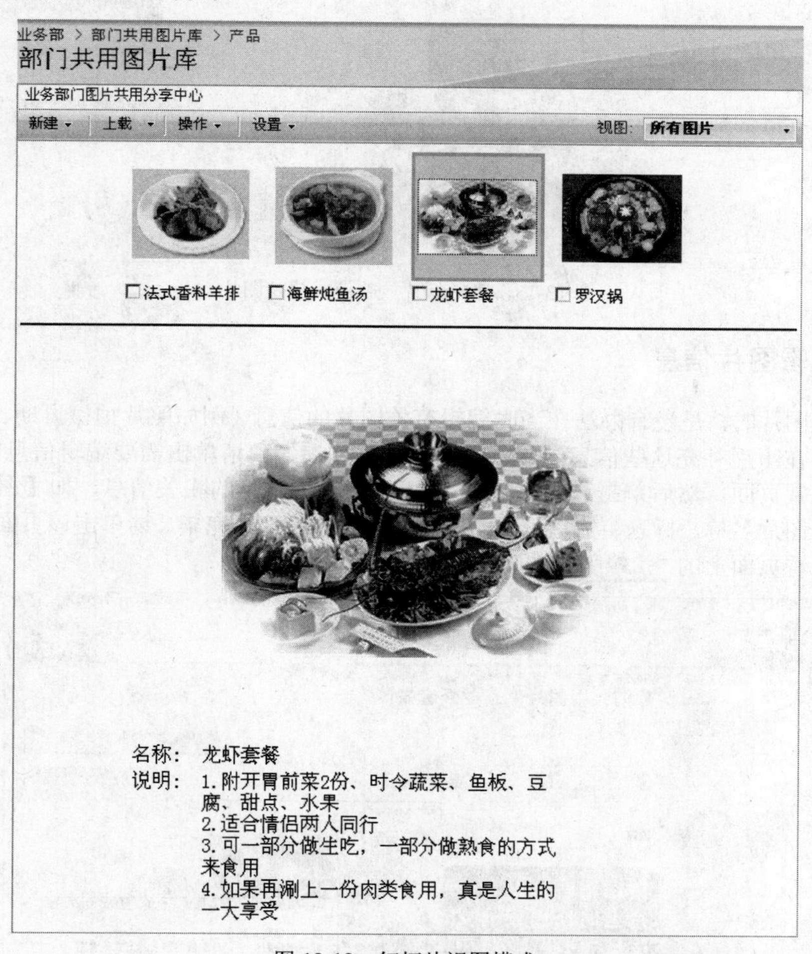

图 13-12 幻灯片视图模式

如果要更改图片库的视图模式，请选择图片库查看与管理页面中工具栏视图菜单 视图: 所有图片 右边的 ▾，选择其下 所有图片 ▸ 中的图片库显示模式类型（详细信息、缩略图或幻灯片），如右图所示。

观看幻灯片放映

当您想要快速浏览图片的放大图及其相关的说明信息，但又不想在幻灯片显示模式下逐张选择图片查看，而是希望采用自动播放的方式逐张显示时，可选用“查看幻灯片放映”功能，以达到您想要的效果。请选择 操作 · 下的 查看幻灯片放映 以幻灯片放映格式查看图片。，即会在新的浏览器窗口中显示图片，如【图 13-13】所示，查看完毕后，直接关闭窗口即可。

页面右上角的按钮功能叙述如下：

按 钮	功 能
播放（▶）	以幻灯片放映的方式一张张地播放选定文件夹中的图片
暂停（❚❚）	幻灯片放映暂停在目前的显示图片上，以便查看
停止（■）	停止以幻灯片放映的方式显示图片
下一项（▶▶）	切换到下一张图片视图
上一项（◀◀）	返回到前一张图片视图

图 13-13　以幻灯片放映模式放映图片

13.2.2 编辑图片信息

同时上传多张图片时，是没有办法在当时编辑有关图片的信息（例如照片拍摄日期、说明或关键字等）的，所以我们需要在事后补充这些信息，以备查阅、搜索和参考。请单击需要编辑信息的图片缩略图，便会进入该图片的配置页面，然后单击 编辑项目 ，即可开始编辑图片的相关信息，如【图 13-14】所示，可编辑的图片信息有图片名称、标题、拍摄日期、说明和关键字。编辑完毕，请单击该页面上的 确定 保存设置，并单击查看页面上的 关闭 ，即可完成图片的编辑工作。

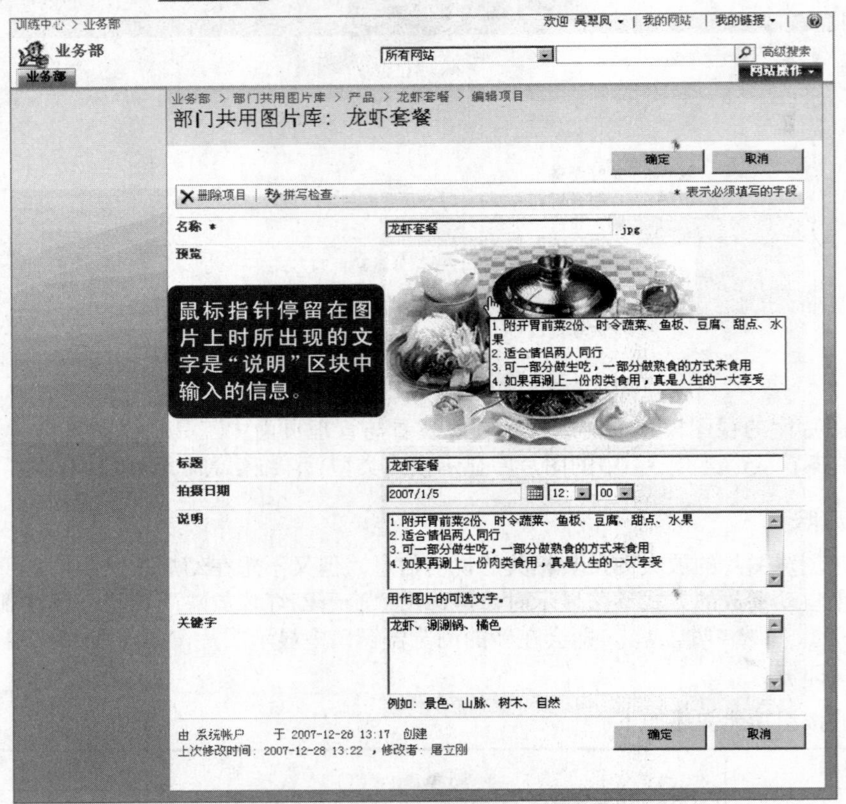

图 13-14　配置图片信息以便日后查询

如果要编辑图片，请先勾选需要编辑图片前的复选框，再选择 操作 下的 编辑 在图片编辑器中打开图片。，便会打开 Microsoft Office Picture Manager 图片编辑器来编辑图片，如【图 13-15】所示。所以，如果想要对图片加以美化，现在就可开始动手操作了，但因为这本书的主角是 MOSS 2007，在此就不详细介绍 Microsoft Office Picture Manager 的使用方法了，如果读者有兴趣，可以自己练习看看哦！

图 13-15　使用 Microsoft Office Picture Manager 编辑图片

13.2.3 下载图片

哇！工作了一天，该下班去跟我的阿娜达约会吃烛光晚餐了，可是还有一份文档没有编排完，这该怎么办呢？如果跟我的阿娜达取消约会，他准会暴跳如雷的，那……嗯！不管了，我的终身幸福重要，没做完的工作，只好带回家熬夜解决。没错！约会重于一切，下班幸福去啰。等一下，那份文档中需要的图片，在我的笔记本电脑里没有，只有公司网站的图片库才有，那回家怎么工作啊？别担心，这个好办！把图片库中的图片通通复制到笔记本电脑的硬盘中就好了啊！如此一来，鱼（公司文件）与熊掌（烛光晚餐）就可以兼得！复制图片到硬盘？您指的是逐张图片另存新文件吗？别闹了！那要多少时间啊！我跟我的阿娜达约会快来不及了，有没有比较快的方法啊？当然有啊！有还不赶快讲解一下，我的幸福约会快迟到了啦。

首先，请勾选要下载复制到计算机硬盘的图片前的复选框，然后选择 操作 → 下载 将此库中的图片复制到计算机。，进入如【图 13-16】所示的"部门共用图片库：下载图片"配置页面。

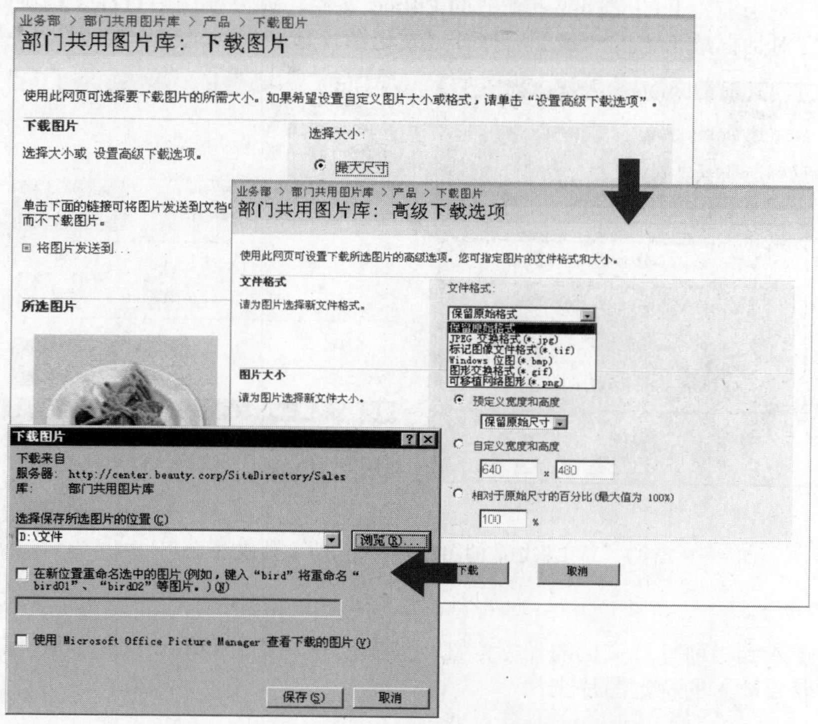

图 13-16　设置下载图片配置以将图片下载到本地硬盘

请选择要下载的图片的大小，默认只有“最大尺寸”、“预览（640×480，JPEG）”和“缩略图（160×120，JPEG）”3 种形式，如果您不喜欢默认的选项，想要自定义下载图片的大小或格式（JPEG、TIF、BMP、GIF 或 PNG），请单击 设置高级下载选项 链接，打开“部门共用图片库：高级下载选项”配置页面，自定义图片下载到本地硬盘后的存储格式和图片大小，确认无误后，单击 下载 。

在将图片下载到本地计算机之前，当然要先选择图片在本地硬盘的存储路径，同时默认下载的图片会使用其在图片库的文件名并存储在本地计算机中，如果您想重新命名图片文件的名称，则可使用一个通用的名称，如此一来，所有下载的图片将会以**“通用名称 + 序号”**的方式命名。例如，我们定义通用名称为“产品”，则下载的 4 个图片文件将会被命名为“产品 1”、“产品 2”、“产品 3”和“产品 4”。通常情况下，我们会采用原有的文件名以便辨识，所以不会勾选 在新位置重命名选中的图片(例如，键入“bird”将重命名“bird01”、“bird02”等图片。)(R) 。

13.2.4 传送图片

当您在编辑 Office 文档（Word、Excel 及 PowerPoint）或准备发送电子邮件时，突然想要使用某几张已经上传到图片库中的图片，此时该怎么办呢？咦！这个答案还不简单呢。我们先在图片库中找到该图片，然后进入如【图 13-14】所示的图片配置页面，在该图片上单击鼠标右键，选择快捷菜单中的 复制(C) ，再到 Office 文档或电子邮件中需要插入图片的位置，执行粘贴操作即可。嗯！没错，这绝对是一个很“烂”的答案，万一有多张图片要插入的话，不就累死了。

如果要插入多张图片，可以先从图片库中下载所需图片，再使用 Office 文件内置的插入图片功能（ 插入 → 图片 ），一次性将多张图片插入，不就解决问题了吗？嗯！这个答案听起来不错，表示读者学习了上一节的内容，不过，这个答案也有其缺点，因为必须要先将图片下载到本地硬盘后，才能将其插入 Office 文档中，因此，必须先行提供暂存图片文件的存储空间，使用完之后再删除不需保留的图片，可是我们常常会忘了删除，日积月累，硬盘中就会有一大堆没有用处的数据和图片。

这个答案不好，那个答案也不好，到底什么才是最好的答案呢？在 MOSS 2007 的图片库中，提供了将图片发送到电子邮件或文档的功能，可以将您所需要的图片直接插入到目前编辑的文档中，这样一来，就不需要将图片先下载下来了，同时还可以设置图片放置在文档中的大小，不过只能缩小比例，不能放大哦！

首先，请进入图片库的查看与管理页面，勾选要使用的图片前的复选框，然后选择 操作 ▾ 下的 发送到 将图片插入到电子邮件或文档中。，当“发送图片”对话框出现时，设置要将所选择的图片发送到何处，从对话框中可以看出，图片的发送目标可以是当前打开的文档或者其他的 Office 文档，如果要调整目标文档中导入图片的大小，可单击“发送图片”对话框最下方的 选项... ，打开“发送图片选项”对话框，如【图 13-17】所示。

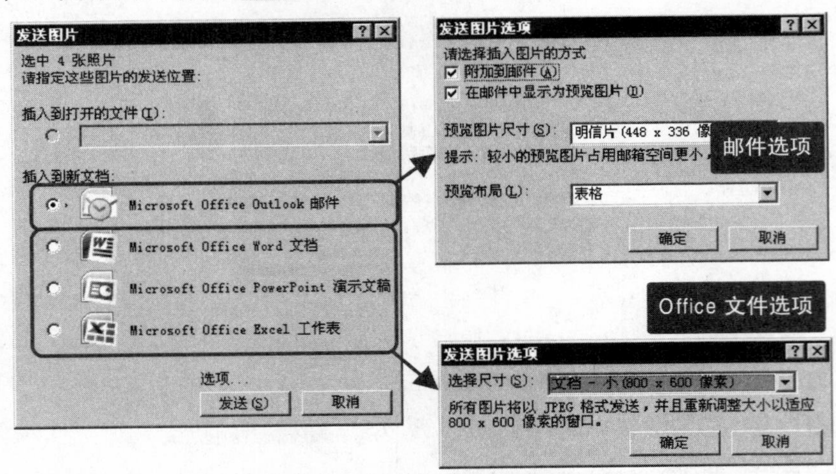

图 13-17　直接将选取的图片插入 Office 文件或电子邮件中

- 插入到打开的文件

将选定的图片插入到当前打开文档的光标位置，如果打开了多个 Office 文档（Word 或 PowerPoint），可在下方列表中选取要插入的特定图片文件。

- 插入到新文档

Office 应用程序或 Outlook 会打开一份新的文档或邮件，并且将发送的图片放置在新文档的最上方。

- 电子邮件发送图片选项

可通过 ☑ 附加到邮件(A) 和 ☑ 在邮件中显示为预览图片(D) 两个选项来设置是否要将图片以附件的方式插入邮件中，以及是否要在邮件正文中直接显示图片。同时可通过 预览图片尺寸(S): 明信片(448 x 336 像素) 来调整图片在邮件中显示的大小，默认的尺寸是“明信片（448×336 像素）”。MOSS 2007 提供了 3 种图片尺寸以供选择，而且图片会以 JPEG 的格式发送。

插入图片的预览布局有“表格”和“一行一个”两种方式，“表格”方式会根据图片的大小调整每一列可显示的图片数，至于“一行一个”这个方式，就不用多作介绍了，因为看字面意思就可以知道答案了啊。现在，请按照【图 13-17】右上角“发送图片选项”对话框中的设置配置图片的显示方式，确认一切无误后，请单击 确定 ，并在左边的“发送图片”对话框中，单击 发送(S) 后，将会看到如【图 13-18】所示的显示结果。

图 13-18 将图片插入电子邮件后的显示结果

- Office 文档发送图片选项

可通过 选择尺寸(S): 文档 - 小(800 x 600 像素) 调整图片在 Office 文档中的尺寸，默认尺寸是“文档 – 小（800×600 像素）”。除原始尺寸外，MOSS 提供了以下 6 种图片尺寸供用户选择。

① 文档 – 大（1024×768 像素）

② 文档 – 小（800×600 像素）

③ 网页 – 大（640×480 像素）

④ 网页 – 小（448×336 像素）

⑤ 电子邮件 – 大（314×235 像素）

⑥ 电子邮件 – 小（160×160 像素）

13.3 演示文稿信息的统一——幻灯片库

每一个信息工作者在其实际工作中，都需要参加各种发布会、研讨会等会议，也经常需要进行各种演讲，此时，就一定会使用 PowerPoint 制作相应的幻灯片数据文件。但是大家也都会有一个相同的困扰，就是当幻灯片文件过多时，想要在某些幻灯片文件中抓出一幅幻灯片，或是要将数个在不同幻灯片文件中的某些幻灯片摘取出来，并且合并到一个新的幻灯片文件时，大都需要将文件一个一个打开、寻找、复制、粘贴，这实在是非常耗时又耗力的事。

MOSS 2007 系统为了满足企业用户希望共享幻灯片文件中的各项幻灯片数据的需求，提供了幻灯片库（Slide Library）功能，幻灯片库最大的优点，除了能够进行快速的搜索外，最主要的是可以将幻灯片文件中的幻灯片拆分成一个一个幻灯片的内容，当用户要寻找或合并、重整幻灯片的内容时，都可以非常方便地完成。

MOSS 2007 中的幻灯片库提供了一个幻灯片集中存储的位置，其以单独的幻灯片为存储对象，如此可让企业用户轻松共享及重复使用 PowerPoint 演示文稿中的**单一**幻灯片，减少相同性质幻灯片重新创建的时间花费，即可提供统一的企业幻灯片模板。同时还可以追踪及查看用户对单一幻灯片所做的更改，确保用户可以取用最新且实时更新的幻灯片内容来保持数据的一致性。

> **注意** 若要能实现存储、共享和重复使用幻灯片库中的幻灯片的功能，用户的计算机必须安装 Microsoft Office PowerPoint 2007 应用程序。

本节练习开始之前，需要先创建一个幻灯片库，请读者按照下列步骤配置业务部小组网站所需的幻灯片库。

1 请先进入业务部小组网站，并依次选择 查看所有网站内容 → 创建 → 库 → 幻灯片库。

2 在“新建”页面上定义幻灯片库的“名称”为“SlideShare 幻灯片共享区”，而“说明”为“业务部门幻灯片共享集中区”，其他设置使用默认值，最后单击 创建 完成幻灯片库的创建。此幻灯片库的网址如下：

http://center.beauty.corp/SiteDirectory/Sales/SlideShare

3 请依次选择幻灯片库查看与管理页面的 设置 → 文档库设置 → 常规设置 → 标题、说明和导航。

4 将幻灯片库的“名称”更改为“幻灯片共享区”后，单击 保存 即可。

5 请在幻灯片库中创建“证书”及“贺卡”两个文件夹。

13.3.1 在幻灯片库中新建幻灯片

如果要将某些幻灯片提供给企业用户共享时，可先将其上传到幻灯片库中，当用户需要时可自行取用。

将幻灯片发布到幻灯片库中

接下来，就准备将现有的**单一**演示文稿文件发布到幻灯片库中。请将画面切换到“证书”文件夹查看与管理页面，然后按照下列步骤完成将幻灯片发布到幻灯片库的工作。

在工具栏上选择 上载 下的 发布幻灯片，打开“浏览”对话框，选择准备上传的演示文稿文件（本练习请使用本书所附范例的“\CH13”文件夹下的“企业共享幻灯片.pptx”演示文稿文件），确认无误后，请单击 打开(O)，将演示文稿文件打开，如【图 13-19】所示。

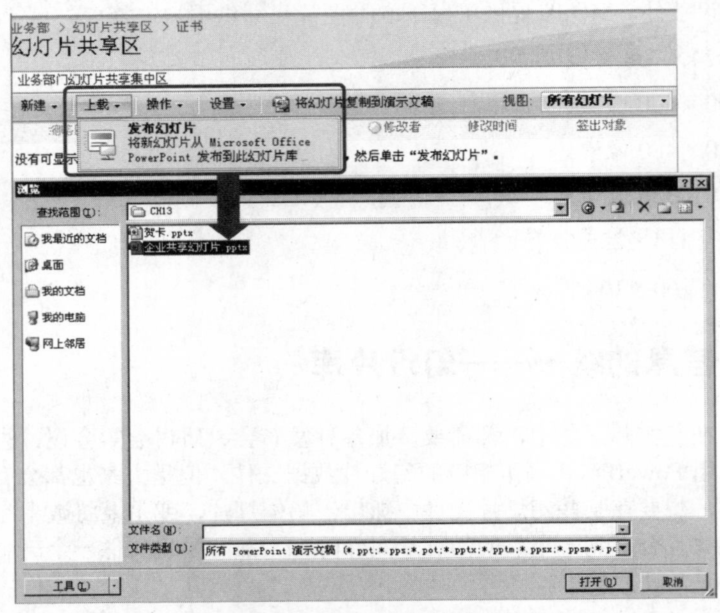

图 13-19 上传单一幻灯片文件的鼠标操作路径

在如【图 13-20】所示的“发布幻灯片”对话框中，将要上传的幻灯片前的复选框勾选，本练习仅勾选前两张幻灯片，即这两张幻灯片的内容是要供大家共享的，而其他的幻灯片则是按照当时演示文稿的对象和内容进行创建的。在这里再提醒读者一次，想要存储在幻灯片库中的幻灯片是供大家共同使用的，例如公司简介等，千万不要把整份演示文稿文件中的所有幻灯片都发布到幻灯片库中。

图 13-20　将幻灯片发布到 SharePoint 网站的幻灯片库中

如果要将演示文稿中的幻灯片全部发布到幻灯片库，直接单击 全选(S) 即可。您在“发布幻灯片”对话框中所看到的“文件名”字段的信息，默认是以“**演示文稿名 + 幻灯片编号**”作为该幻灯片的文件名的，藉以自动为每张幻灯片命名。从这里可看出，演示文稿文件中的每幅幻灯片都以一个独立文件的方式存储在幻灯库中，也因为这样，才可以根据实际需要个别取用。

“说明”字段的信息则是以该幻灯片的上方标题为默认值的。

这两个字段的信息，用户可依实际情况自行编辑。在“发布到”字段中会显示当前连接幻灯片库的位置，不需要手动输入幻灯片库下文件夹的网址，最后单击 发布(P)，即可看到如【图 13-21】所示的结果。

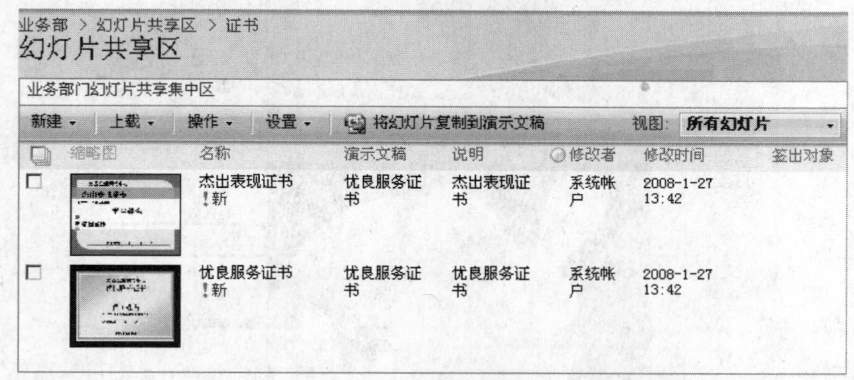

图 13-21　幻灯片上传后的显示结果

通过 Microsoft Office PowerPoint 2007 将幻灯片发布到幻灯片库

另外，我们也可以通过使用 Microsoft Office PowerPoint 2007 所提供的发布幻灯片功能，将幻灯片发布到 SharePoint 网站的幻灯片库中。首先，必须先打开想要发布到幻灯片库的演示文稿文件（本练习请打开本书所附范例中“\CH13”文件夹下的“贺卡.pptx”演示文稿文件），然后单击 Microsoft Office PowerPoint 2007 应用程序窗口左上角的 Office 按钮（ ），进而选择 发布(U) 下的 发布幻灯片(S)，如【图 13-22】所示。

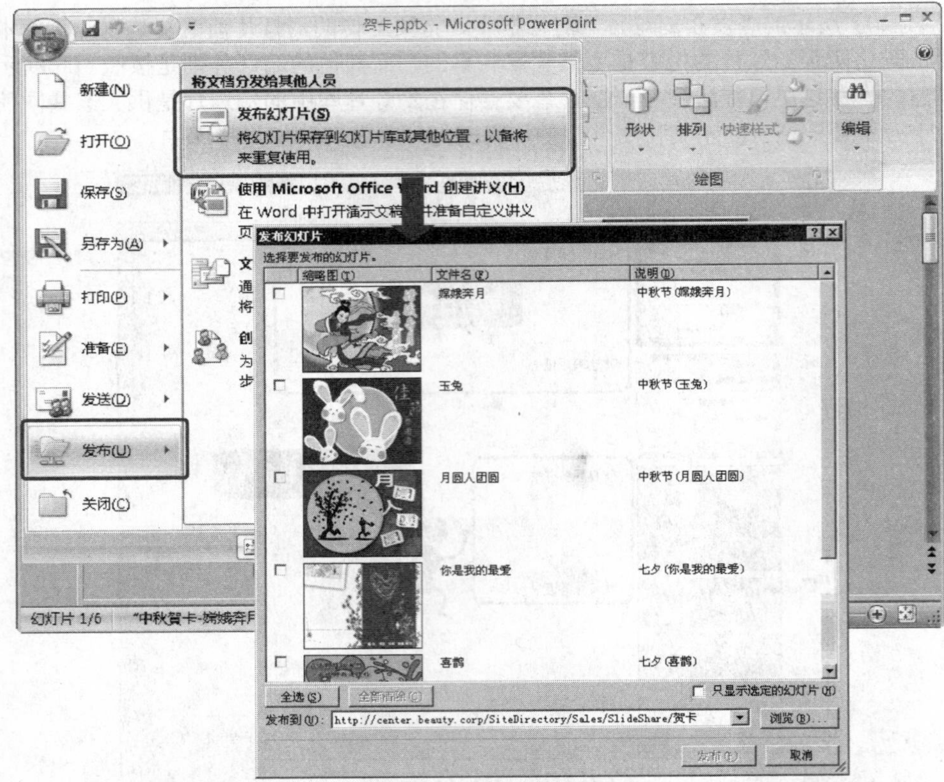

图 13-22　使用 Microsoft Office PowerPoint 2007 将幻灯片发布到幻灯片库

在“发布幻灯片”对话框中的操作如【图 13-20】所示。基本上，Microsoft Office PowerPoint 2007 会自动记住幻灯片库的网址，以免除用户每次都要手动输入幻灯片库所在位置的烦恼。所以在上面的练习中，我们将幻灯片发布到“证书”文件夹，因此，“发布到”字段会自动显示最后访问的网址：http://center .beauty.corp/SiteDirectory/Sales/ ShareSlide/证书，但此次我们要将幻灯片发布到“贺卡”文件夹，所以要将幻灯片库网址修改为“http://center.beauty.corp/SiteDirectory/Sales/ShareSlide/贺卡”，确认后单击 发布(P) 即可。

如果只是要发布单一幻灯片，可直接右键单击该幻灯片，选择快捷菜单中的 发布幻灯片(S)，如【图 13-23】所示，即会出现类似于【图 13-20】的对话框，且会自动勾选幻灯片前的复选框。

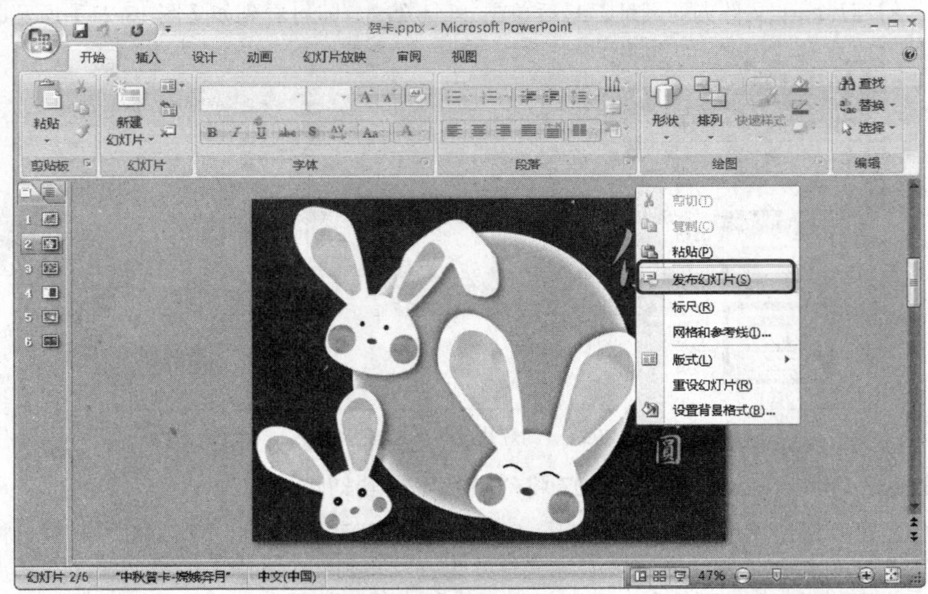

图 13-23　使用 Microsoft Office PowerPoint 2007 的快捷菜单将单一幻灯片发布到 SharePoint 网站的幻灯片库中

我们使用 Microsoft Office PowerPoint 2007 将幻灯片发布到幻灯片库的最后结果如【图 13-24】所示。

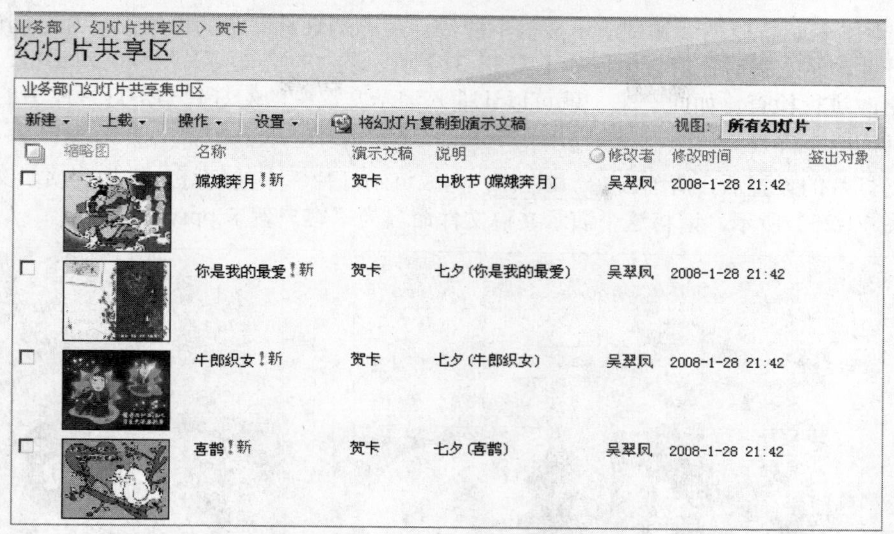

图 13-24　幻灯片发布后的显示结果

13.3.2　将幻灯片库中的幻灯片添加到演示文稿

所谓“养兵千日，用兵一时”，当我们将幻灯片上传或发布到幻灯片库之后，应该如何与我们要编辑的演示文稿结合呢？如何将幻灯片库中的幻灯片添加到我们正在编辑的演示文稿中呢？首先，请将页面切换到如【图 13-25】所示的“贺卡”文件夹查看与管理页面，然后勾选准备要插入演示文稿的幻灯片前的复选框。本练习请勾选“月圆人圆”、“玉兔”和“嫦娥奔月”3 张幻灯片，勾选完毕后，请单击 将幻灯片复制到演示文稿 ，在“将幻灯片复制到 PowerPoint”对话框中，选择插入演示文稿时所需搭配的选项。

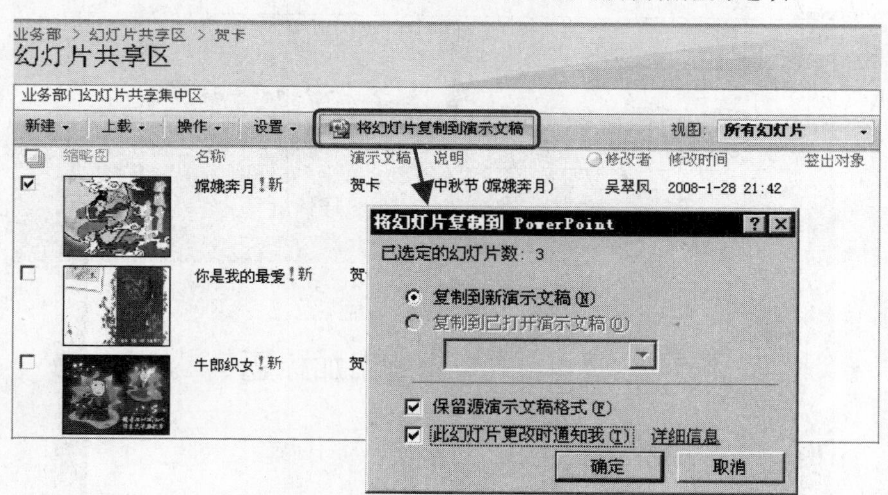

图 13-25　将勾选的幻灯片复制到演示文稿中

- 复制到新演示文稿

Microsoft Office PowerPoint 2007 应用程序会打开一份新的演示文稿，并将选取的幻灯片放置在新演示文稿中。

- 复制到已打开演示文稿

将选定的幻灯片放置在当前打开的演示文稿的最后，如果当前打开了多个演示文稿文件，可在下方列表中选取要插入幻灯片的特定演示文稿。

- 保留源演示文稿格式

使用原始幻灯片的格式插入，如果不勾选此项，则会只将原始幻灯片的内容插入，并套用当前打开的演示文稿的格式和背景。

- 此幻灯片更改时通知我

勾选这个选项，表示希望在添加到演示文稿中的幻灯片和幻灯片库中的原始幻灯片之间创建连接关系。每当您重新打开此演示文稿时，就会出现如【图 13-31】所示的“检查幻灯片更新”对话框，询问是否要对原始幻灯片的更改进行检查，如此一来，就可以让插入演示文稿中的幻灯片与幻灯片库中的幻灯片进行同步，以保持相同的版本内容。

确认插入幻灯片的设置后，请单击 确定 ，完成将幻灯片库中的幻灯片添加到演示文稿的工作，其最后结果如【图 13-26】所示，请将这个演示文稿文件命名为“客户贺卡.pptx”。

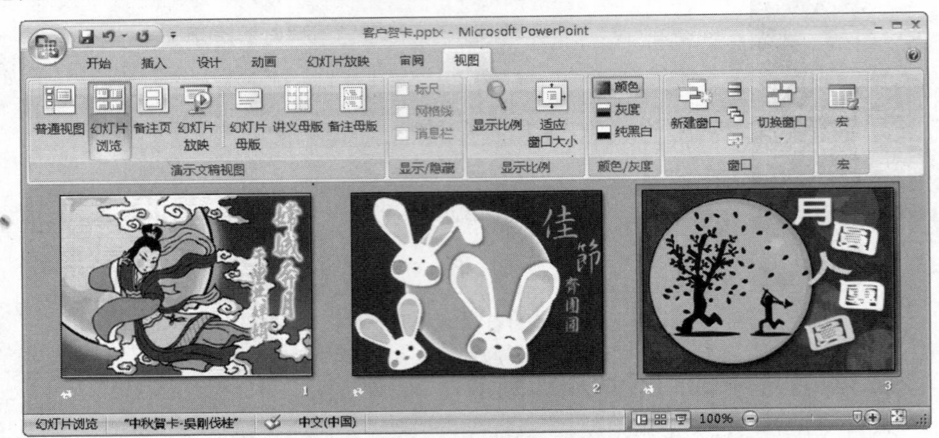

图 13-26 幻灯片成功插入到新演示文稿中

另外，当您正在使用 Microsoft Office PowerPoint 2007 编辑演示文稿文件时，如果突然想要使用幻灯片库中的某张幻灯片，而又不想打开 IE 浏览器去执行上述操作时，则可在如【图 13-27】所示窗口的 开始 标签页下单击“幻灯片”区块的 向下箭头，选择 重用幻灯片(R)... 。

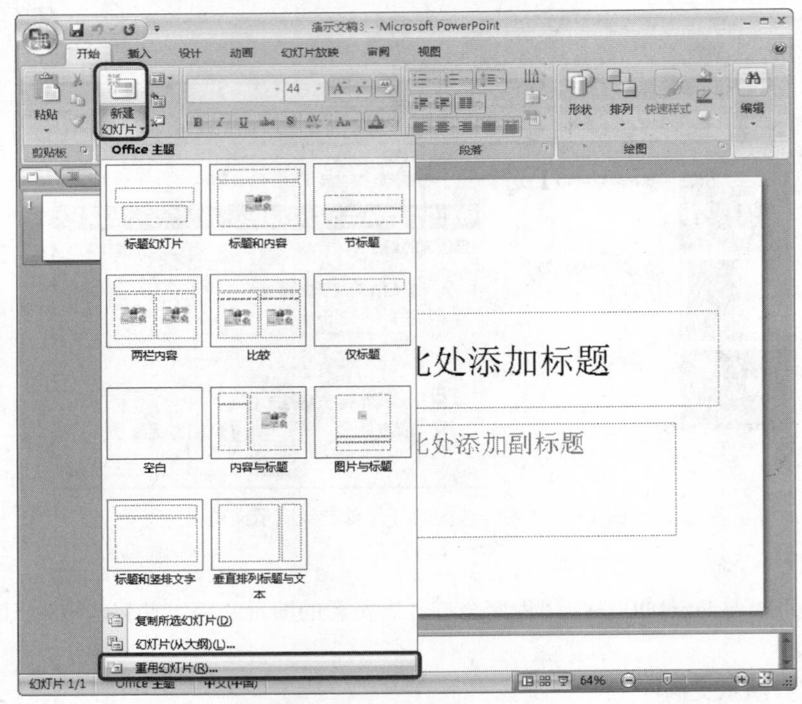

图 13-27 在现有演示文稿中插入幻灯片库中的幻灯片

当窗口右边打开如【图 13-28】所示的“重用幻灯片”窗格时，请在 从以下源插入幻灯片: 区块中输入幻灯片的网址并按下【Enter】键，此时幻灯片库中所有的幻灯片会以缩略图的方式显示在此区块下方。当您将鼠标移到适当的幻灯片上时，该幻灯片将会放大显示，单击该幻灯片的放大图，即会将其插入当前演示文稿所显示幻灯片的下方。

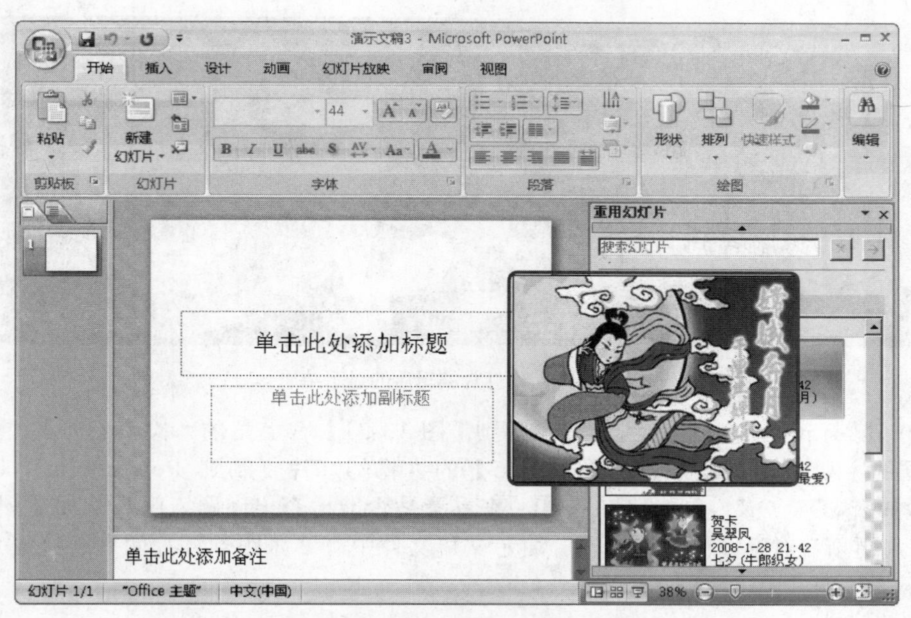

图 13-28 选择适当的幻灯片插入当前演示文稿

当对幻灯片库中的幻灯片进行了更改时，先前使用了此幻灯片的演示文稿文件将会如何变化呢？是置之不理呢？还是会自动更新演示文稿文件中的幻灯片呢？

13.3.3 演示文稿文件与幻灯片库的幻灯片之间关联性的互动

在讨论演示文稿文件与幻灯片库之间的关系之前，我们先来编辑幻灯片库中的“嫦娥奔月”和“玉兔”两张幻灯片。请单击“嫦娥奔月”的缩略图，打开如【图 13-29】所示的幻灯片查看与管理页面。若要编辑此幻灯片，请单击 编辑幻灯片，打开 PowerPoint 2007 应用程序进行编辑。默认幻灯片会以只读方式打开，即只能远看不能亵玩焉！如果确认想要编辑此幻灯片，请单击 编辑演示文稿 来启动编辑模式，当幻灯片修改完成后，请单击窗口左上角的 保存演示文稿文件。“嫦娥奔月”和“玉兔”两张幻灯片编辑后的结果如【图 13-30】所示，读者可将其与【图 13-26】进行比较。

图 13-29 编辑幻灯库中的幻灯片

图 13-30　幻灯片编辑后的显示结果

打开“客户贺卡.pptx”演示文稿，您会看到【图 13-31】右上角的“检查幻灯片更新”对话框，显示此对话框的主要原因是我们在【图 13-25】的“将幻灯片复制到 PowerPoint”对话框中勾选了 ☑ 此幻灯片更改时通知我(T)。OK！单击 检查(C)，来看看是否能检查出问题。嗯！从如【图 13-31】所示的“确认幻灯片更新”对话框中可以看出，演示文稿文件中有 2 张跟幻灯片库有连接关系的幻灯片已做了更新。

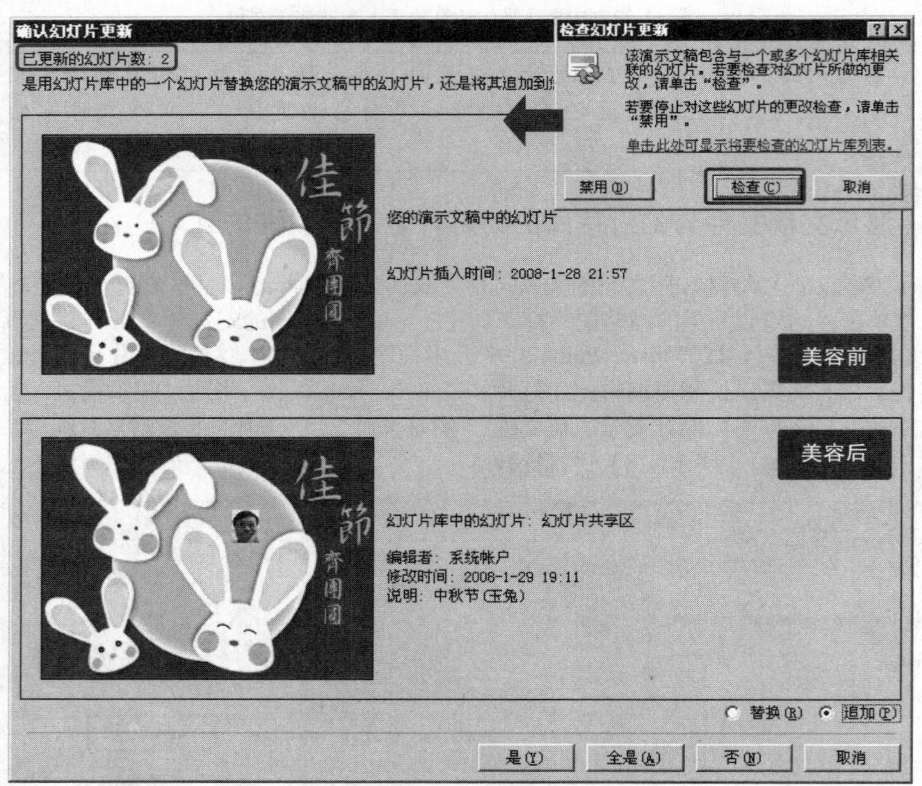

图 13-31　新旧幻灯片的比较及确认

此时可单击 否(N)，忽略更新而跳到下一张更新的幻灯片，如果单击 是(Y)，还要看搭配选择的是 ⊙ 替换(R) 和 ⊙ 追加(P) 中的哪一个选项。当想要仔细比对新幻灯片与旧幻灯片之间的差异时，请选择 ⊙ 追加(P)，即可将更新后的幻灯片附加在旧幻灯片之后。而 ⊙ 替换(R) 则表示使用新的幻灯片替代旧的幻灯片。如果每一张幻灯片所要采取的操作都一样，则可单击 全是(A) 一次完成所有幻灯片的更新工作。为了让读者了解“追加”的效果，所以此练习选择 ⊙ 追加(P)，并通过单击 全是(A) 完成幻灯片的更新工作，其结果如【图 13-32】所示。

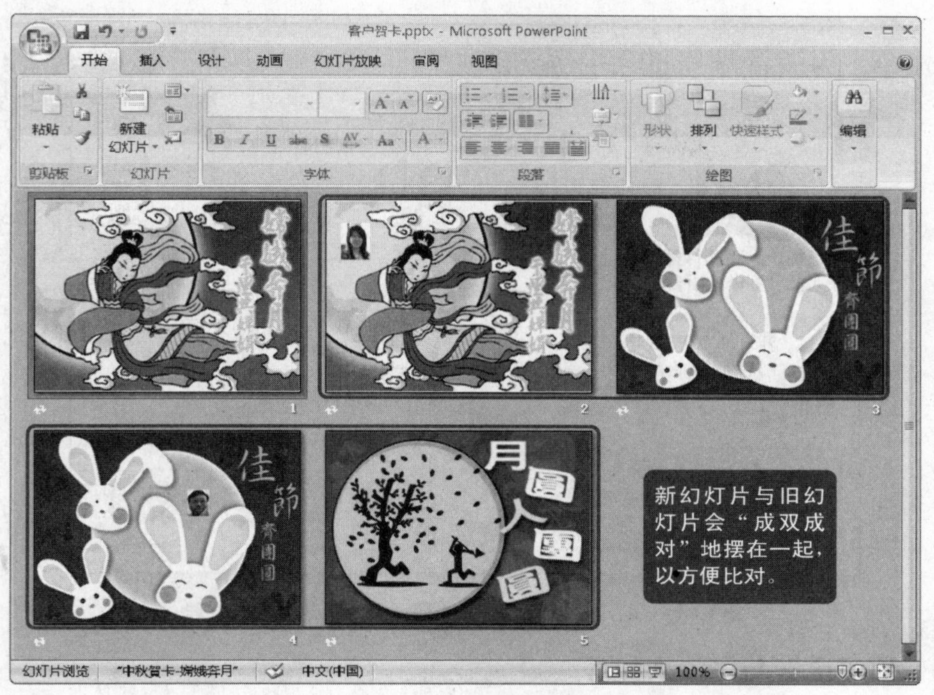

图 13-32　追加更改后的幻灯片显示结果

附注　如果想中断演示文稿文件与幻灯片库之间的连接关系，可在【图 13-31】右上角的“检查幻灯片更新”对话框中，单击 禁用(D) ，此时会出现如【图 13-33】所示的对话框，要求用户再次确认是否真的要断开该连接。

图 13-33　询问用户是否断开幻灯片与幻灯片库之间的连接

如果我们在演示文稿中对插入的幻灯片进行了更改，会影响存储在幻灯片库中的原始幻灯片吗？答案当然是不会，因为幻灯片库中的幻灯片可能会被多个演示文稿文件引用，如果这个反向关联成立的话，那可能会天下大乱哦！

提示　因为幻灯片库是以单张幻灯片为存储对象的，各张幻灯片之间互相独立，所以如果要以整份演示文稿文件为存储个体，请将该演示文稿文件发布到文档库，千万不能发布到幻灯片库中，因为幻灯片库会将所有的幻灯片各自拆开存储，如此一来，该演示文稿中的幻灯片将不再拥有原先的排列顺序且彼此各不相关了。

13.4　翻译工作流程再造——翻译管理库

翻译管理库是笔者觉得 MOSS 2007 系统中最优秀的功能之一。为什么呢？其原因在于 MOSS 2007 系统不仅仅提供系统功能环境，还考虑到企业的实际应用，将企业经常需要用到的功能在 MOSS 2007 环境下实现。翻译管理库便是 MOSS 2007 系统所提供的应用功能之一，此功能结合文档库管理与工作流处理来达到提供翻译文档管理的目标。

在翻译管理库所提供的功能中，如果有需要进行翻译的文档，可以通过翻译库所提供的工作流来定义文件翻译流程管理，所应用到的技术包括了对文档内容类型、版本、审批管理与文档自动化工作流的处理，是一个不可多得的应用实例。要了解翻译管理库的使用，就必须先了解此文档库的翻译管理流程为何？详细的工作流程如【图 13-34】所示。

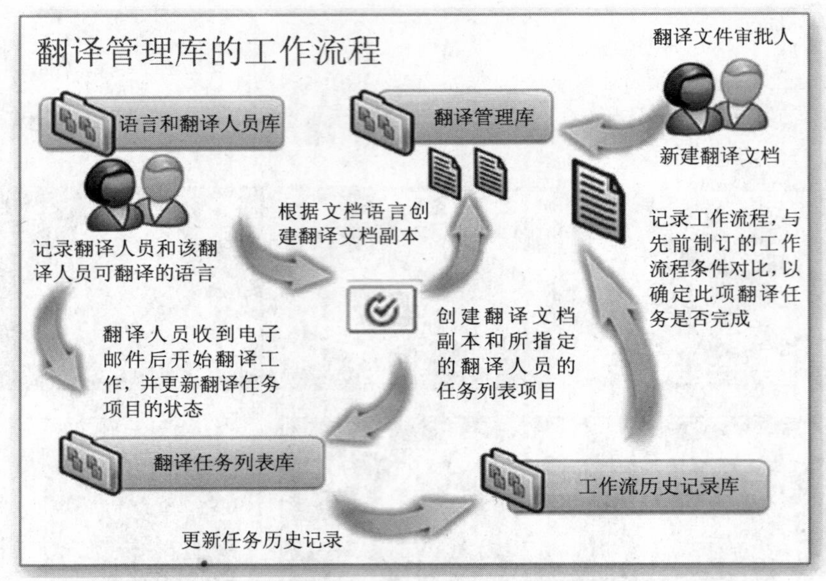

图 13-34 翻译管理库所建立的翻译文件工作流程的处理

13.4.1 创建语言与翻译人员库

首先，翻译工作必须要知道哪些语言文字的翻译可以由哪些翻译人员来进行，所以，在创建翻译管理任务之前，必须先创建一个翻译人员可以翻译语言的“翻译人员列表”，以提供翻译工作所需要的翻译信息。

翻译人员列表是用来定义负责将文件翻译成特定语言的人员名单。

MOSS 2007 系统中的语言和翻译人员库提供了创建翻译人员列表的方式，所以在配置翻译管理库之前，我们必须先将翻译人员列表规划妥当，再来着手翻译管理任务的创建与启动。

OK！既然如此，请将环境切换到训练中心下的“文档中心”子网站，并依次选择 查看所有网站内容 → 创建 → 自定义列表 → 语言和翻译人员，并设置如下内容。

名称	翻译员名单
说明	企业文件翻译负责人员名单
导航	⊙否（因为此列表不需要在快速启动区显示，也不需要让所有企业员工查看）

当“翻译员名单”列表创建完毕后，即可开始定义将来翻译任务的分配该如何进行，也就是说，不同语言的文档内容的翻译与转换，将由企业内部哪些人员负责执行。一旦规划完毕后，将来还可以搭配相应的翻译管理工作流，自动将文档的翻译任务分配给适合的翻译人员。所以请在“翻译员名单”查看与管理页面中，依次选择 新建 → 新建项目，打开“翻译员名单：新建项目”配置页面，定义负责不同特定语言文档的翻译人员为何，本例请按照【图 13-35】所示进行配置。

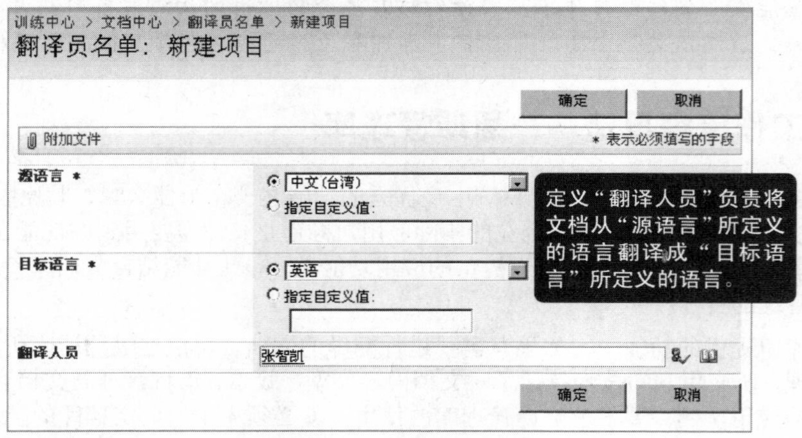

图 13-35 创建指定语言的翻译人员名单

- 源语言

定义“翻译人员”区块中所设置的用户所要翻译文档的原始语言为何？可搭配该字段右边的向下箭头（▼），方便您指定适当的原始语言；如果文档的原始语言不在系统默认的列表中，可选择 ⊙指定自定义值：，并在其下区块中定义原始语言的名称。

- 目标语言

定义“翻译人员”字段区块中所设置的用户要将文档翻译成何种语言。

- 翻译人员

定义要将文档从“源语言”所定义的语言翻译成“目标语言”所定义的语言的翻译人员的名称。

请重复如【图 13-35】所示的步骤，将下表所列的内容添加到“翻译员名单”列表中，当下述内容配置完毕后，显示结果如【图 13-36】所示（如果某种语言拥有多位翻译人员，则需为每位翻译人员分别创建一个列表项目）。

	源语言	目标语言	翻译人员
第 1 项数据	中文（台湾）	英语	张书源
第 2 项数据	英语	中文（台湾）	许熏尹
第 3 项数据	中文（台湾）	中文（中国）	王俊城
第 4 项数据	中文（台湾）	法语（法国）	陈勇勋
第 5 项数据	法语（法国）	中文（台湾）	陈勇勋
第 6 项数据	英语	中文（中国）	许嘉仁

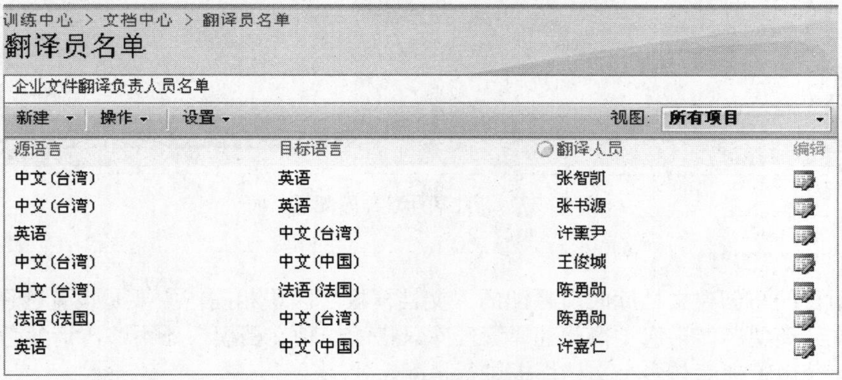

训练中心 > 文档中心 > 翻译员名单
翻译员名单
企业文件翻译负责人员名单
新建 ▾ | 操作 ▾ | 设置 ▾ 视图：所有项目

源语言	目标语言	翻译人员	编辑
中文(台湾)	英语	张智凯	
中文(台湾)	英语	张书源	
英语	中文(台湾)	许熏尹	
中文(台湾)	中文(中国)	王俊城	
中文(台湾)	法语(法国)	陈勇勋	
法语(法国)	中文(台湾)	陈勇勋	
英语	中文(中国)	许嘉仁	

图 13-36 创建各种语言与对应翻译人员的列表

13.4.2 创建翻译管理库

当翻译人员的指定已定义完成后，我们便可开始配置翻译管理库，以进行翻译任务的流程管理了。本练习依然以训练中心下的“文档中心”子网站为例进行讲解，请依次选择 查看所有网站内容 → 创建 → 库 → 翻译管理库，打开如【图 13-37】所示的“新建”配置页面，设置信息如下表所示，设置完毕后，请单击 下一步，进入翻译管理工作流的配置页面。

名称	翻译文件库
导航	⊙ 是
文档版本历程记录	⊙ 是
文档模板	Microsoft Office Word 文档 ▼
翻译管理工作流	⊙ 是

注意 如果您在“创建”页面的 库 区块中没有看到 翻译管理库 选项，请启动网站的翻译管理库功能，相关内容请参考第 6.2 节。

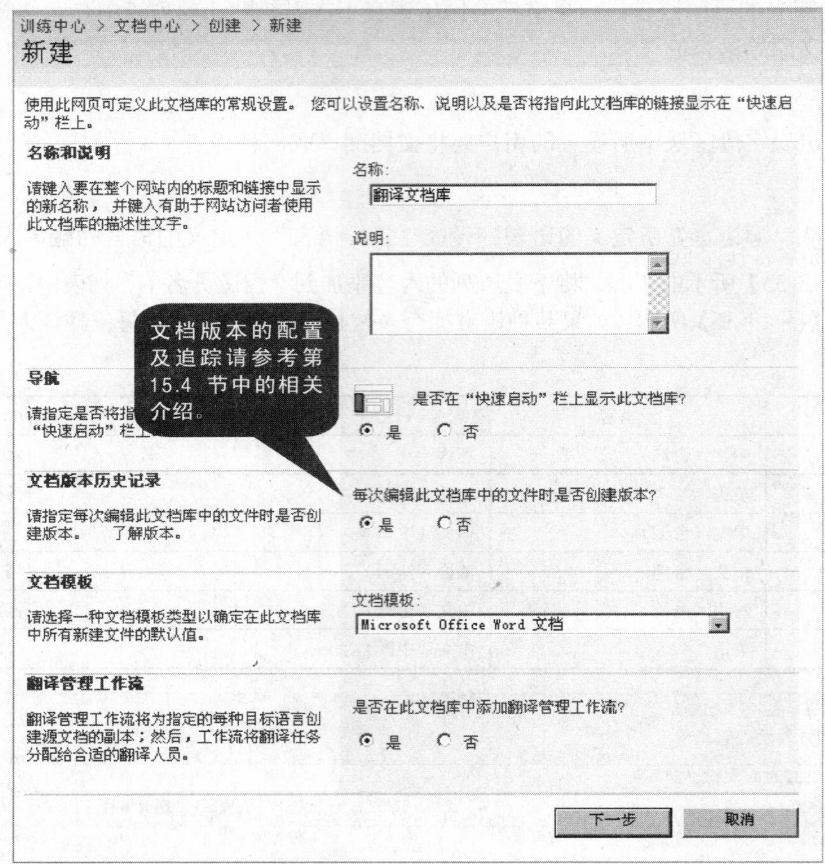

图 13-37 新建翻译管理库配置页面

● 文档模板

此区块的使用目的与创建文档库时所搭配的“文档模板”区块相同，主要是设置翻译管理库在新建文件时默认创建的文件类型。如果您觉得此翻译管理库只搭配一种文档模板还不够，请参考第 13.1.2 节的介绍，练习设置将此翻译管理库与多个文档模板进行搭配。

● 翻译管理工作流

“翻译管理工作流”区块是用来协助将以往文档翻译的人工管理流程改为自动化的翻译管理流程的。启动翻译管理工作流后，其会针对您指定的每个目标语言创建源文档副本，然后将翻译任务分配给适当的翻译人员。

如果您不想启动翻译管理工作流，则可选择 ○否，此时，如【图 13-37】所示的页面上就不会出现 下一步 按钮，而是以 创建 按钮代替。本练习请选择 ⊙是，以进入如【图 13-38】所示的“添加工作流：翻译文档库”配置页面。

在“添加工作流：翻译文档库”配置页面中输入下列信息。

名称	翻译管理
任务列表	新建任务列表
历史记录列表	工作流历史记录（新）
启动选项	☑ 允许由拥有编辑项目权限的已验证用户手动启动此工作流。 和 ☑ 新建项目时启动此工作流。

为什么要选择 新建任务列表 和 工作流历史记录（新） 呢？因为翻译任务是独立的工作，所以，最好创建一个单独放置此翻译任务的项目和任务历史记录。

训练中心 > 文档中心 > 翻译文档库 > 创建 > 新建

添加工作流：翻译文档库

使用此网页可为此文档库设置工作流。

工作流
选择要添加到此文档库的工作流。如果没有显示所需的工作流模板，请与管理员联系，以便将其添加到网站集或工作区。

选择工作流模板：
处置审批
翻译管理
三态
审批

说明：
管理文档翻译，即创建要翻译文档的副本，并将翻译任务分配给翻译人员。

名称
键入此工作流的名称。该名称将用于向此文档库的用户标识此工作流。

键入此工作流的唯一名称：
翻译管理

任务列表
选择要与此工作流一起使用的任务列表。您可以选择现有的任务列表，或者请求新建任务列表。

选择任务列表：
新建任务列表

说明：
将新建一个任务列表以供此工作流使用。

历史记录列表
选择要与此工作流一起使用的历史记录列表。您可以选择现有的历史记录列表，或者请求新建历史记录列表。

选择历史记录列表：
工作流历史记录（新）

说明：
将新建一个历史记录列表以供此工作流使用。

启动选项
指定可以启动此工作流的方式。

☑ 允许由拥有编辑项目权限的已验证用户手动启动此工作流。
☐ 要求拥有管理列表权限，以便启动此工作流。
☐ 启动此工作流，以便批准发布项目的主要版本。
☑ 新建项目时启动此工作流。
☐ 更改项目时启动此工作流。

下一步　取消

图 13-38　在翻译管理库下创建翻译文件的工作流

有关【图 13-38】中各区块功能，是工作流的通用设置内容，已经在第 6.3.4 节进行了详细介绍，而系统针对不同的工作流还有一些特殊的功能设置，则需在【图 13-38】所示的页面中单击 下一步 ，以进入各工作流的专有配置页面，如【图 13-39】所示。

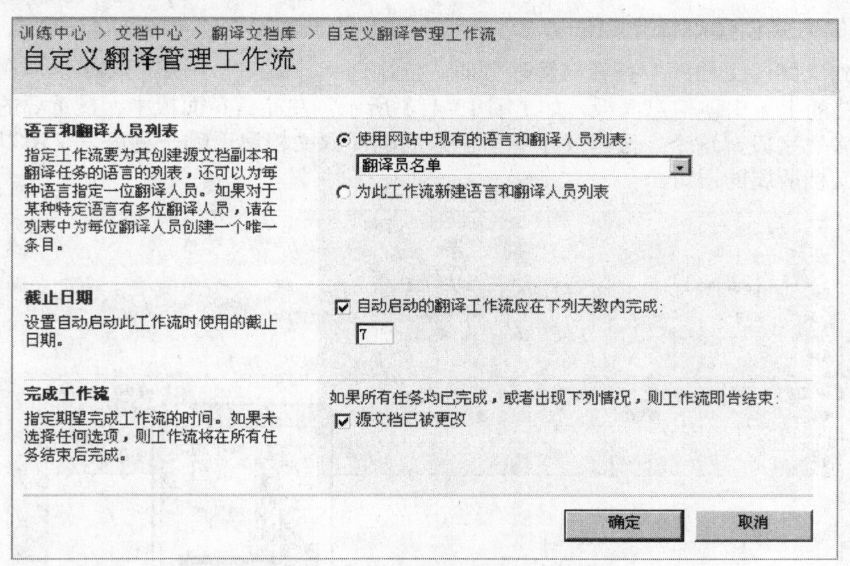

图 13-39　翻译文档工作流的专有设置

● 语言和翻译人员列表

定义要使用“语言和翻译人员”列表库中的哪个列表所设置的对应内容来管理翻译任务的进程。所以最好在创建翻译管理库之前应该先创建好“语言和翻译人员”列表库。如果您事先没有规划“语言和翻译人员”列表库，系统默认会选择 ◉ 为此工作流新建语言和翻译人员列表，然后在下方出现如右图所示的要创建的“列表名称”字段与设置选项。

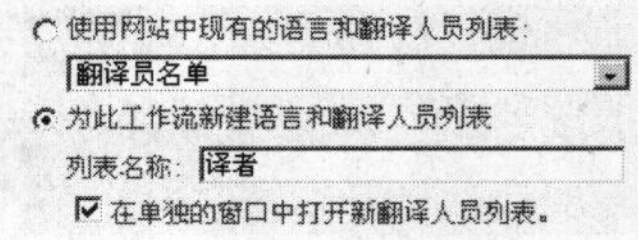

- 截止日期

此区块是设置翻译工作流启动后，限制必须在多少天内完成翻译任务，以本例来说，我们设置为 7 天。

- 完成工作流

此区块则是设置翻译工作流的另一项完成条件，除了上述的“截止日期”会在 7 天后结束此翻译任务的流程外，另一个完成翻译工作流的条件就是勾选此处的 ☑源文档已被更改，这表示当有用户更改了源文档的内容后，就可以结束翻译工作流了。

为什么源文档的更改时间有了变动，就表示翻译工作流结束呢？假设一开始创建了需要翻译的文档后，翻译人员要修改此翻译文档，那不就改变了源文档的更改时间了吗？这样一旦翻译人员对此文档进行了第一次修改，就认为该翻译工作流结束了！呵呵！这是对的吗？翻译的工作流的设计是不是有错误啊！

这样想其实没有错，但翻译工作流可不是这么做的喔！翻译工作流的做法是，当您发布了一份需要翻译的文档后，翻译工作流就会读取指定的语言和翻译人员列表（本例为“翻译员名单”），找到该源文档指定的语言的翻译人员记录，接下来，复制一份源文档，并设置该源文档的语言，此时也会创建每个对应翻译人员的任务项目。

当 ☑源文档已被更改 项目被勾选，就表示源文档的更改时间有所变动时，其他翻译人员所翻译的原文内容也会有所变动，此时，对源文档的翻译任务就不正确了，是这样吗？所以我们希望有这样一项功能，就是如果源文档内容一旦有变动，即代表此项翻译任务结束，并将所有分配出去的关于此源文档的翻译任务全部取消，同时通知翻译人员，这样一来，这些翻译人员才不会继续进行此项已经取消的翻译任务。

13.4.3 创建翻译文档任务

当创建好可以用来存放翻译文档的“翻译文档库”后，便可在此文档库下创建需要翻译的文档了。

翻译管理库中的工作流是按照您所设置的“翻译员名单”列表中的翻译人员与翻译语言为判断条件的。

以添加文档的方式创建翻译文档任务

首先，切换到“翻译文档库”查看与管理页面，依次选择 新建 → 翻译文档，在创建新的翻译文档时，会在新文档的上方出现信息面板，如【图 13-41】所示，在此信息面板中，最重要的也是必须要输入的内容就是“语言”字段，这个字段定义了您所创建的翻译源文档属于哪一种语言，所以，一定要在“语言”字段上选择文档所属的语言。

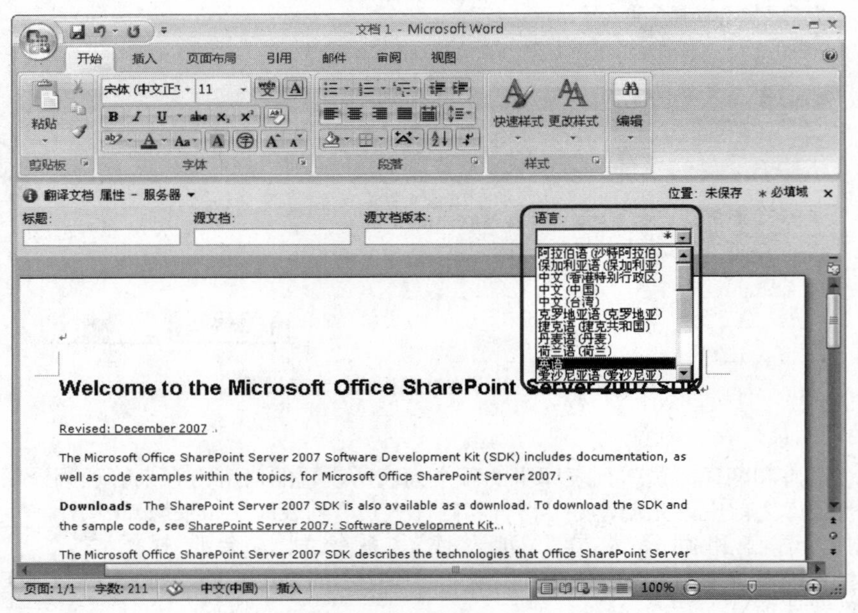

图 13-40 创建源文档时翻译信息的设置

将以上的文档内容所属的“语言”（本练习选择“英语”）字段配置完成后，保存该文档，此时就会看到在“翻译文档库”中产生了多个副本项目。

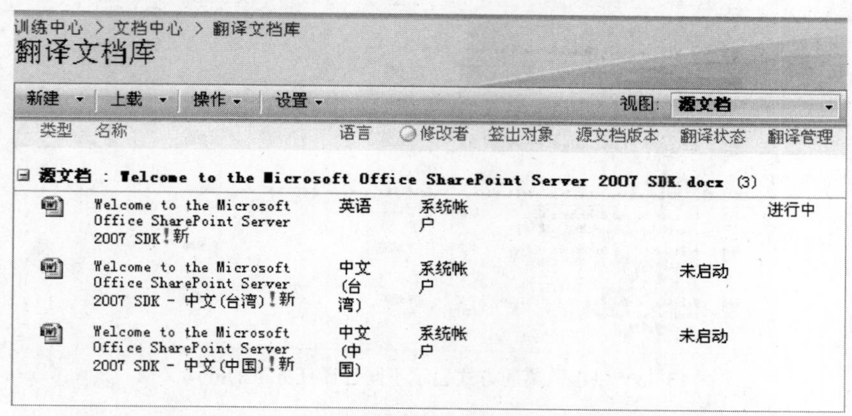

图 13-41　创建翻译源文档后会自动产生需要翻译的文档副本

我们可以从【图 13-41】中看到，产生的翻译文档项目共有 3 项，最上面一项是原始的“英语”文档，其“翻译管理”状态为“进行中”。另外，如【图 13-36】所示，英语翻译人员有 2 人，分别可以翻译“中文（中国）”和“中文（台湾）”，所以在此我们也看到产生了 2 份副本文档，并设置该文档应有的“语言”，其“翻译状态”为“未启动”。

以上传文档的方式创建翻译文档任务

您也可以在翻译文档库中使用上传文档的方式来创建该源文档的翻译任务。在完成文档上传后，单击 确定 ，会出现如【图 13-42】所示的配置页面，在此页面中，最重要的也是要设置“语言”区块。

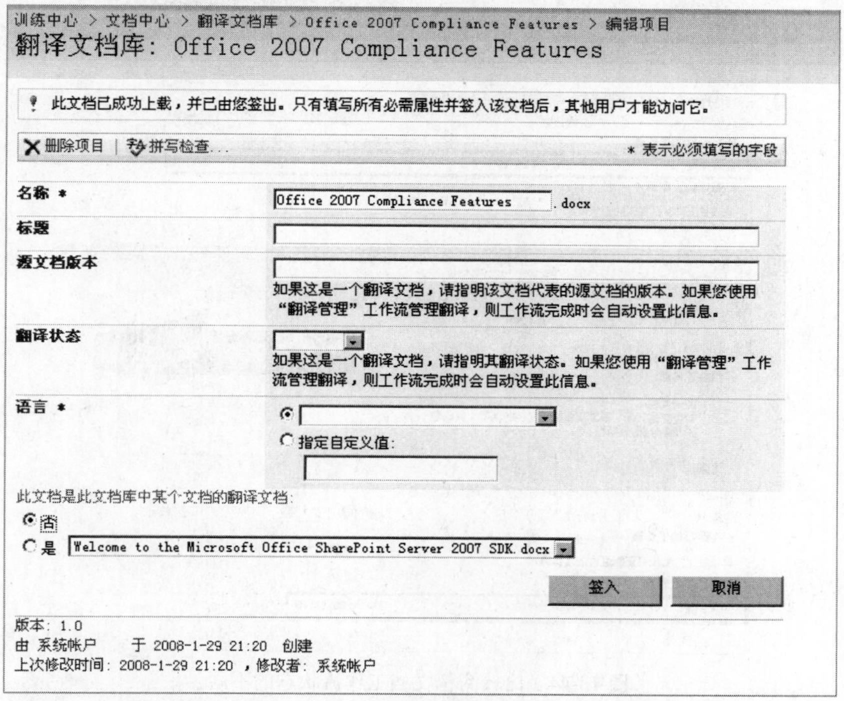

训练中心 > 文档中心 > 翻译文档库 > Office 2007 Compliance Features > 编辑项目

翻译文档库: Office 2007 Compliance Features

此文档已成功上载，并已由您签出。只有填写所有必需属性并签入该文档后，其他用户才能访问它。

删除项目 | 拼写检查...　　* 表示必须填写的字段

名称 * 　Office 2007 Compliance Features .docx

标题

源文档版本　如果这是一个翻译文档，请指明该文档代表的源文档的版本。如果您使用“翻译管理”工作流管理翻译，则工作流完成时会自动设置此信息。

翻译状态　如果这是一个翻译文档，请指明其翻译状态。如果您使用“翻译管理”工作流管理翻译，则工作流完成时会自动设置此信息。

语言 *　指定自定义值:

此文档是此文档库中某个文档的翻译文档:

否

是　Welcome to the Microsoft Office SharePoint Server 2007 SDK.docx

签入　取消

版本: 1.0
由 系统帐户　于 2008-1-29 21:20　创建
上次修改时间: 2008-1-29 21:20 ，修改者: 系统帐户

图 13-42　通过上传文档的方式创建翻译文档工作流的配置页面

在【图 13-42】的“语言”区块中，选择“英语”语言项目，并单击 签入 后，即可回到“翻译文档库”查看与管理页面，您就会看到又产生出了新的翻译文档副本，而不同的翻译文档会采用组隔离的方式显示，所以，每一个组下所代表的就是该翻译文档的任务，对应完成的源文档与复制副本要翻译的文档，如【图 13-43】所示。

训练中心 > 文档中心 > 翻译文档库

翻译文档库

新建 · 上载 · 操作 · 设置 · 视图：源文档

类型	名称	语言	签出者	签出对象	源文档版本	翻译状态	翻译管理
源文档 ：Office 2007 Compliance Features.docx (3)							
	Office 2007 Compliance Features!新	英语	系统帐户				进行中
	Office 2007 Compliance Features - 中文(台湾)!新	中文(台湾)	系统帐户			未启动	
	Office 2007 Compliance Features - 中文(中国)!新	中文(中国)	系统帐户			未启动	
源文档 ：Welcome to the Microsoft Office SharePoint Server 2007 SDK.docx (3)							
	Welcome to the Microsoft Office SharePoint Server 2007 SDK!新	英语	系统帐户				进行中
	Welcome to the Microsoft Office SharePoint Server 2007 SDK - 中文(台湾)!新	中文(台湾)	系统帐户			未启动	
	Welcome to the Microsoft Office SharePoint Server 2007 SDK - 中文(中国)!新	中文(中国)	系统帐户			未启动	

图 13-43　以组隔离的方式显示不同翻译任务下的翻译文档

13.4.4 翻译工作流处理程序

在创建了翻译任务项目后，如何让翻译人员来完成这些需要翻译文档的工作流处理程序呢？

在此，先请您比较源文档与副本文档的工作流状态。将鼠标移动到最下面一项任务的名称字段上，此时字段右边会出现向下按钮，单击该按钮，在下拉菜单中选择 工作流 ，执行同样的操作来查看第 2 项副本文档工作流项目的内容，如【图 13-44】所示。

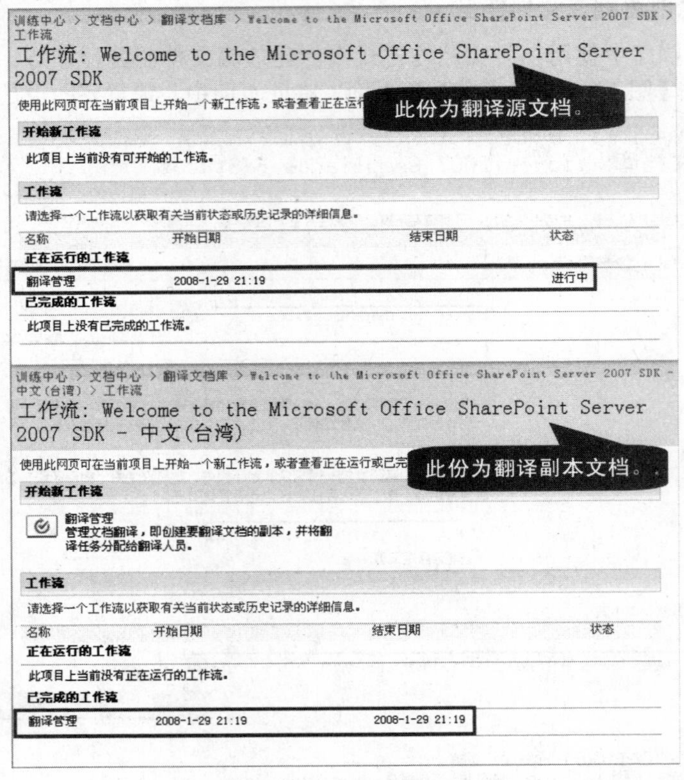

图 13-44　比较两份文档工作流状态的不同

这是怎么回事呢？副本文档的“翻译管理”工作流为什么已经完成了呢？这个答案是“翻译管理”工作流的目的是为了控制产生的副本文档任务是否完成，如果所有副本文档的任务状态全部为“已完成”时，此项“翻译管理”工作流也就会自动更新为“已完成”状态，而副本文档本身并不是执行此工作流的文档，所以副本文档中的“翻译管理”工作流是不需要执行的。但由于“翻译管理库”配置每项文档都含有“翻译管理”工作流，所以系统对副本文档处理的方式，就是在“翻译管理”工作流的程序处理中，如果判断该文档为副本文档，就直接结束“翻译管理”工作流，这也就是为什么您会在副本文档中看到“翻译管理”

工作流是在“已完成”的状态。再强调一次，这代表着副本文档是不需执行“翻译管理”工作流的，只有源文档才需要执行“翻译管理”工作流。

翻译人员应有的处理程序

接下来，翻译人员是如何得知需要翻译的信息呢？翻译人员又应该如何遵循此项工作流的处理程序呢？

当创建了源文档后，“翻译管理”工作流除了产生副本文档、翻译人员任务项目外，还会发送电子邮件给这些翻译人员，所以当翻译人员打开电子邮箱时，就会看到此项任务分配的邮件。例如前面所创建的例子，由“英语”翻译成“中文（台湾）”的翻译人员为“许熏尹”，所以许熏尹会通过她的电子邮箱接收到由工作流所发出来的邮件，如【图 13-45】所示，该翻译人员可以直接点击邮件中提供的翻译副本文档的超级链接，就能直接连接并打开该项翻译副本文档了。

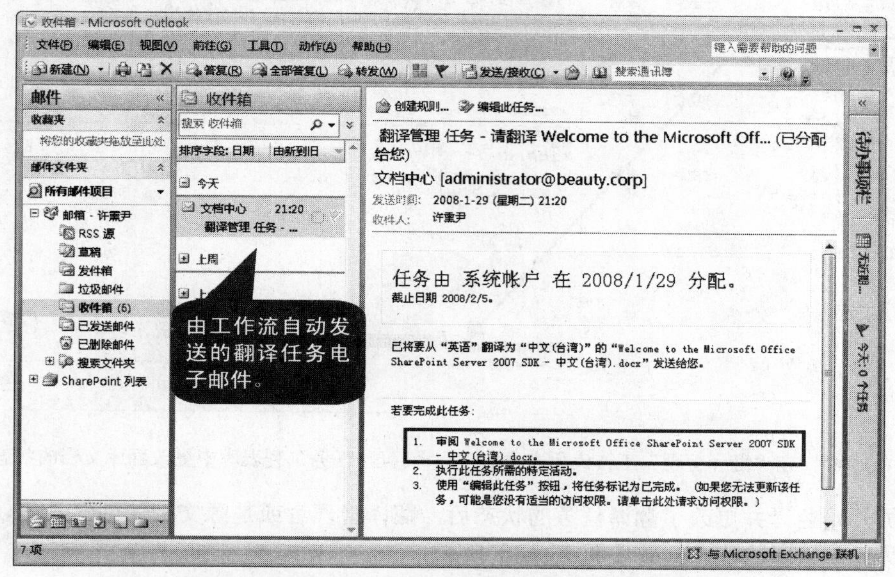

图 13-45　翻译人员接收到的由工作流发送的翻译任务通知

在打开此翻译文档副本后，会在文档上方显示此项工作流的信息，如【图 13-46】所示，您可以单击 编辑文档 ，即会出现任务信息与状态设置的对话框，如果您已经准备好进行此文件的翻译工作，可以在**将翻译状态更改为**:的下拉列表中选择“正在进行”项目，然后单击 确定 。

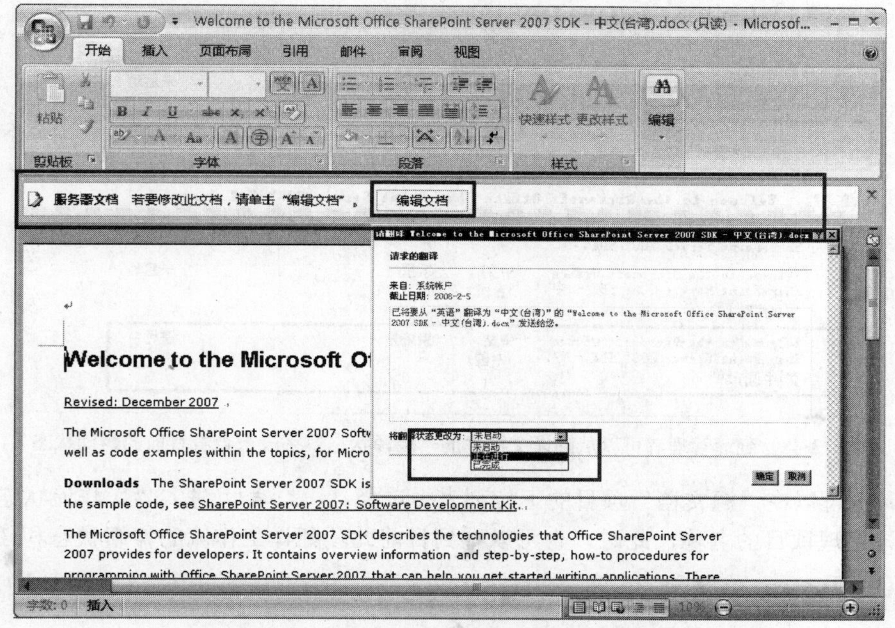

图 13-46　在文档编辑环境下更改翻译文档的状态

翻译人员也可以直接连接此翻译管理工作流所产生的“翻译管理任务”列表库，单击翻译任务项目下的 编辑项目，以更改此项工作流的状态，如【图 13-47】所示。

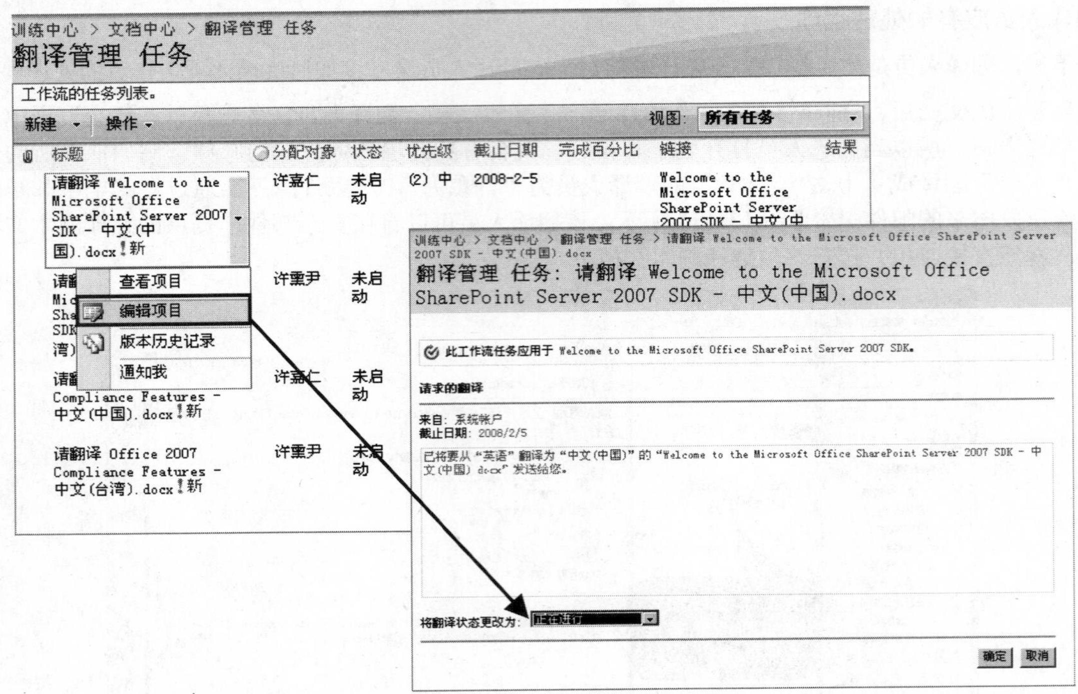

图 13-47 在“翻译管理”工作流所产生的“翻译管理 任务”列表库中更改翻译文档的状态

当翻译人员开始翻译并更改了翻译任务的状态后，翻译管理者或是源文档的创建人可以在翻译文档库中看到翻译人员目前处理的状态，如【图 13-48】所示。

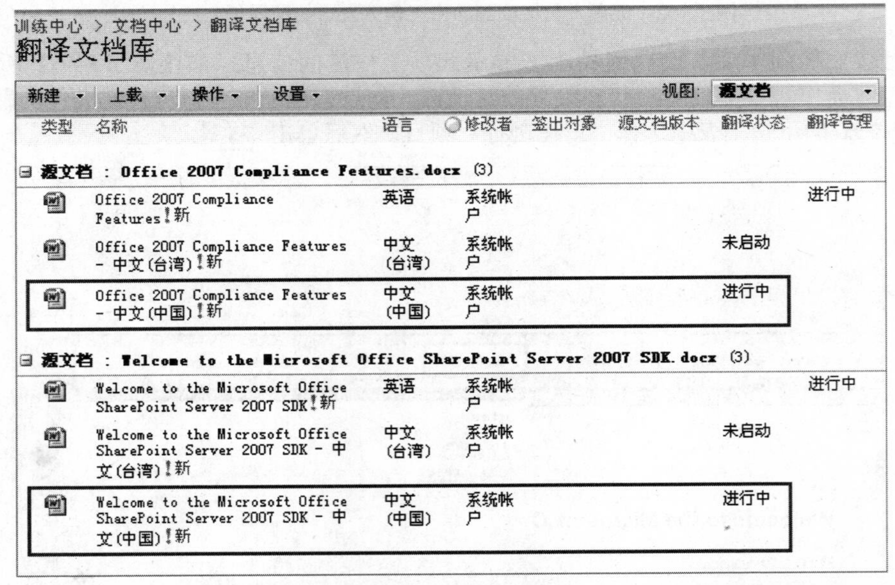

图 13-48 翻译管理者可以从翻译文档库的“翻译状态”字段下查看目前的翻译状态

翻译管理者也可以在“源文档”项目的下拉列表中选择 工作流，进入“工作流状态”查看与管理页面，单击翻译管理项目的名称，此时，也可以看到目前此项翻译工作流的详细状态和任务历史记录，如【图 13-49】所示。

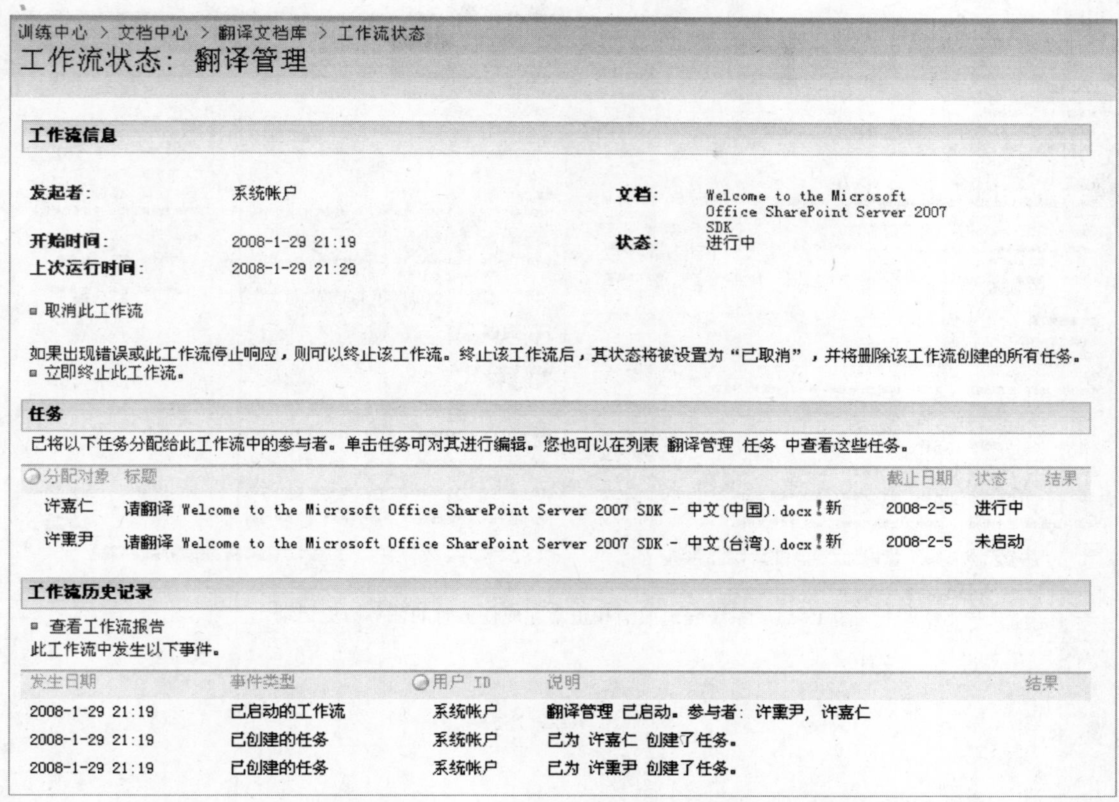

图 13-49 在源文档的工作流项目中查看此工作流的状态和任务历史记录

翻译管理工作流的完成条件，除了在达到此项翻译任务的截止日期时会强迫结束外，还有两种情况也会结束此项工作流，一种情况是复制出去的副本文档状态都更改为“已完成”，另一种情况是源文档内容被修改，此时会强迫结束此项任务，而正在执行此项翻译任务未完成的任务项目也会被强迫取消，如【图 13-50】所示，下方的翻译任务就是在两项翻译任务都完成后，显示此项工作流为“已完成”状态，上方则是在源文档内容更改后，系统强迫结束此项工作流并取消了所有相关任务项目的状态。【图 13-51】则是这两项工作流的历史记录内容。

训练中心 > 文档中心 > 翻译文档库

翻译文档库

新建 ▾ | 上载 ▾ | 操作 ▾ 视图：源文档

类型	名称	语言	修改者	签出对象	源文档版本	翻译状态	翻译管理
源文档：Office 2007 Compliance Features.docx (3)							
	Office 2007 Compliance Features !新	英语	系统帐户				已完成
	Office 2007 Compliance Features - 中文(台湾) !新	中文(台湾)	系统帐户			已取消	
	Office 2007 Compliance Features - 中文(中国) !新	中文(中国)	系统帐户			已取消	
源文档：Welcome to the Microsoft Office SharePoint Server 2007 SDK.docx (3)							
	Welcome to the Microsoft Office SharePoint Server 2007 SDK !新	英语	系统帐户				已完成
	Welcome to the Microsoft Office SharePoint Server 2007 SDK - 中文(台湾) !新	中文(台湾)	系统帐户		1.0	已完成	
	Welcome to the Microsoft Office SharePoint Server 2007 SDK - 中文(中国) !新	中文(中国)	系统帐户		1.0	已完成	

图 13-50 系统强迫取消和正常完成任务时的工作流状态

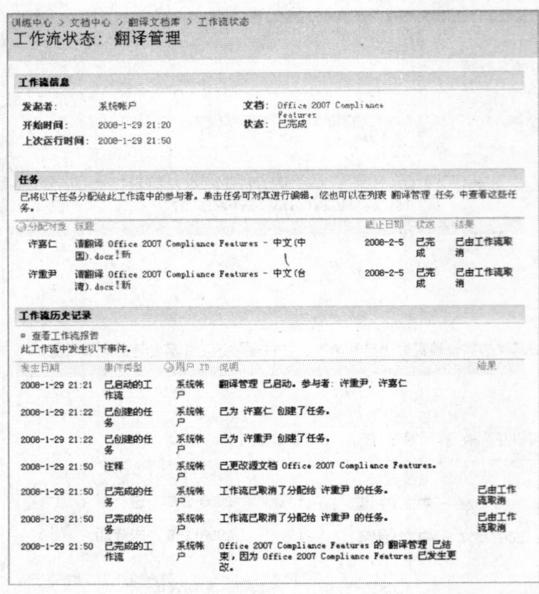

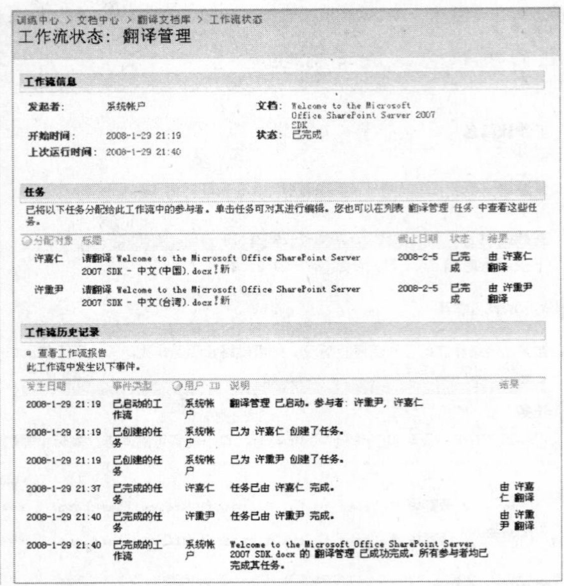

图 13-51　系统强迫取消和正常完成任务时的任务历史记录

第 14 章 表单任务

本章提要

表单（Form）任务是一个企业信息处理的主轴，也是 MOSS 2007 系统对页面信息处理和文件信息处理的重要核心部分。您在 MOSS 2007 系统中看到的许多设置页面的内容，其实都是使用表单的网页浏览模式来进行信息内容设置的接口环境，除此之外，在各项 Office 2007 文件中所提供的信息面板操作，也是通过表单来进行文件中继属性信息的创建，所以彻底了解表单任务在 MOSS 2007 系统下所扮演的角色及其使用方式，是了解 MOSS 2007 系统操作非常重要的一部分。

在其他有关 MOSS 2007 的书籍中（包括许多英文图书），都忽略了对表单任务重要性的讲解，而简略说明带过，使得许多读者不得其门而入，所以笔者在此章将为您详实说明表单任务应学习的基础与应用，相信您在看完之后，一定会觉得受益良多。

本章重点

在本章，您将学会：

- ◉ 认识表单任务环境
- ◉ 表单的设计与发布
- ◉ 网络位置的发布
- ◉ SharePoint 服务器的发布
- ◉ 制作网页浏览表单
- ◉ 管理表单服务器

14.1 认识表单任务环境

表单（Form，或称为表格），在人类经济社会的信息交换过程中扮演了非常重要的角色，例如报价单、订单、送货单等。在计算机网络技术还没有这么发达的时候，人类都采取纸张方式来展现这些表单，相互传递、交换、验证（到目前现在大部分都还是……），但是在计算机网络技术迅速发展的今天，人类可以通过使用计算机网络传递的方式来达到信息交换的目的。当然，目前这种通过计算机网络进行信息交换的方式还正在发展中，因为想要建立起这样的电子信息交换环境，最主要的是要解决包括标准文档交换、传递流程方式、验证方式以及方便填写或读取等多方面的问题，所以，在现今比较容易实现的信息交换环境，大都在企业内部的网络信息环境下。

在每个企业环境中的信息交换工作，都必须提供许多表单（或称为表格）来实现各种不同的需求，例如请假单、费用申请单等。从目前大部分企业的表单应用方式来看，多数都是使用 Word 文档将所需要的表格样式设计出来，保存成文件，让员工可以下载、填写，然后回到传统的纸张传递方式来完成一项信息处理任务。而比较大型的企业则会实施信息工作流自动化处理，员工只要连接到该企业的信息工作流环境，填写表单、传送数据，该表单就会开始处理信息交换流程，当然也大大节省了传统纸张传递信息交换时的时间成本。

而以上所讲的这两种环境优点与缺点为何？前者使用 Word 文档的优点在于成本低廉、较接近传统做法，缺点是单纯的 Word 文档不能转化为表格，无法提供自动化流程处理能力。而后者的优点在于填写方式具有过程化表格处理能力，也提供了信息工作流的自动化处理，其缺点在于必须连接到信息交换工作流系统中，表格的过程化和工作流的开发复杂且困难（以目前的情况来说，多采用网页表单的开发方式来实现），所以此自动化系统需要花费较大成本来搭建，才能为企业提供需要的环境。

当然，自动化信息交换与工作流处理方式，毕竟可以节省许多时间成本，所以全球的信息系统也都在致力于解决以上所谈到的缺点，并迈向更容易、更方便及更弹性的自动化处理方向。

微软一向是信息处理系统的龙头老大，在此方面当然也是不遗余力的，MOSS 2007 系统便是朝着这个目标前进。但不能仅仅是说说而已，要达到这样目标，不管是在服务器的应用上，或是在客户端应用程序的使用上，甚至在各种不同信息传递的环境中，都必须相互配合。

14.1.1 表单任务的需求

一个表单任务的基本需求，不仅仅只是提供服务器系统环境。微软为了能够达到信息交换工作流处理自动化的目的，提供了一个完整的基础体系结构和解决方案：在服务器系统上，主要提供了 MOSS 2007；在过程化表单上，提供了 Office 2007；在其他需求上，提供了各式各样的系统和设备等，来共同完成这项目标。

为什么我们说微软提供了完整的基础体系结构和解决方案呢？在基础体系结构上，我们不再多谈（请参考第 1 章和第 6 章中的相关内容），而就解决方案来看，微软确实提供了这样的环境，这些主要项目列举如下：

- 标准数据交换格式
- 数据源和数据连接
- 标准数据文档交换平台
- 自动化流程处理

标准数据交换格式

要想在全球互联网范围内的各种不同信息系统之间进行数据交换，就一定要有一个全球共同制定的标准数据交换格式。从 1998 年起，W3C 组织为了能够使 HTML 的数据标准交换格式具有更强大、更丰富的文档功能和交换能力，参考了 SGML 和 HTML，制定了 XML 全球数据标准交换格式，也奠定了全球数据交换格式标准的基础。

也因为如此，全球各个程序开发厂商在互联网环境下，掀起了共同支持并提供标准数据处理应用程序开发的热潮，也就是在这样的热潮下，Microsoft Office 2007 将 Office 系列所有相关文档格式，包括 Word、Excel、PowerPoint 等，都改成了可以支持 XML 数据格式的文档文件，这也就是为什么 Office 2007 的相关文档扩展名后都多加了个“x”，“doc”变成“docx”、“ppt”变成“pptx”、“xls”变成“xlsx”……让这些文档都可以纳入标准 XML 数据，以满足数据交换处理的需求。

但是 Office 的这些文档程序，都不是进行程序化表单制作的主要程序。因为 XML 标准所包含的内容非常多，其中包括了 XML Schema、CSS、XSL 等内容，所以，一个以 XML 为基础所配置出来的程序化表单环境，一定需要一个能够处理这些数据的主要程序。于是微软开发了 InfoPath（笔者觉得微软取这个名字非常的恰当喔！当您看完上面的需求时，是不是也跟笔者有一样的感觉呢？），也就是说，微软 Office 中的 InfoPath 就是提供制作 XML 标准文档与程序化表单的主要程序了。

要了解 InfoPath，就一定要知道 InfoPath 所制作出来的文档格式有哪些。在 InfoPath 的环境下，可分成两种模式，一种是设计模式、另一种是执行模式，设计模式主要提供表单的设计，在表单设计模式下，提供了各种字段、按钮、列表等控件的创建，除此之外，也提供了对各控件所需要计算处理的规则，让表单具有自动计算、自动识别的能力，另外，在设计模式下也可以加入程序设计处理，通过与 Visual Studio Tools for Applications（VSTA）的整合，通过程序让表单中的数据与 XML 数据进行连接和交换。

所有在 InfoPath 设计模式中创建的控件，主要目的是提供数据的输入与计算，而所输入的数据便是采用 XML 标准格式保存的，所以在 InfoPath 实现模式下所保存的文件，其扩展名是“xml”。您不妨试试看，当用“记事本”打开在 InfoPath 实现模式下创建的 XML 文件时，就可以看到此文件是一个纯文本的 XML 数据结构文件。

对于一个表单操作而言，XML 是信息交换的数据文件，但要能执行一个程序化的表单操作，除了必须含有 XML 数据结构外，还需要有许多结构化、格式化的数据处理内容。所以，在 InfoPath 的设计模式下所存储文件的扩展名是“xsn”，我们称之为 InfoPath 的“表单模板”文件。

图 14-1　InfoPath 程序的设计、运行环境和存储的文件格式

要了解以上说明，先来问个问题：如果您只拿到了 XML 数据文件，是否可以实现一个表单填写的操作呢？答案当然是：**不行**。如果在您的计算机环境中，要能够将一个 XML 数据文件以一个表单数据填写环境的方式来实现，就必须要有处理该 XML 数据结构内容的 XSN 表单模板文件，这样清楚了吗？

那“XSN”又是什么？XSN 是一个由各项针对不同功能所提供的标准文件格式组合起来，用来支持一项表单操作处理的组合文件，其中包括了 XSF（表单定义，Definition）文件、XSD（XML 结构，Schema）文件、XSL（样式，Stylesheet）文件、各项 XML 文件（包括模板、范例文件），以及其他需要的图片文件等，如果您在表单中编写了程序，则还会包括编写的脚本（Script）文件（js、vbs 等）或是可执行文件（dll、exe、cab 等）。

XSN 文件虽然是组合性的文件，但在标准环境下还是保存在一个文件中。如果您希望将一个 XSN 文件的组合内容拆分成各种格式的文件保存时，可以在 InfoPath 的设计模式下，选择 文件(F) 下的 另存为源文件(E)... 项目，指定一个文件夹，InfoPath 就会将 XSN 文件中的内容拆分，并将拆分出的所有文件存储到您所指定的文件夹下，如【图 14-2】所示。

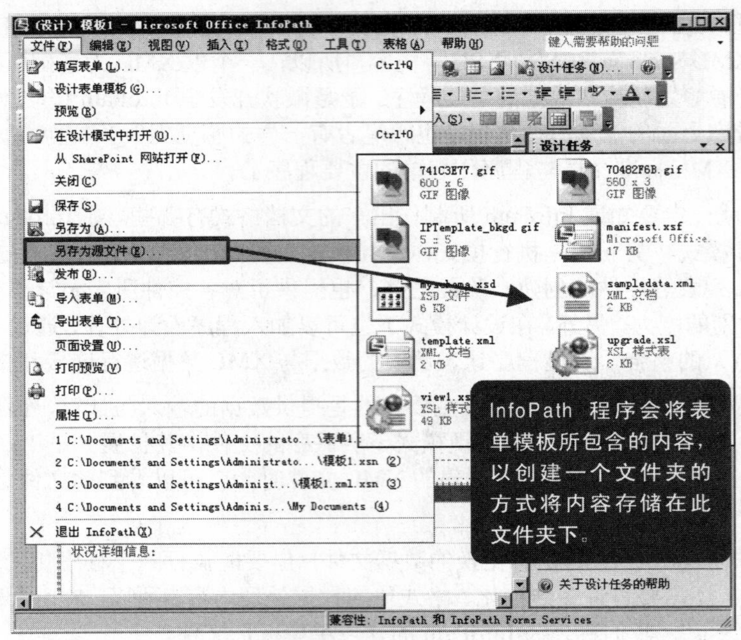

图 14-2　将一个 XSN 文件拆分后的文件内容

由于 XSN 文件是由多种标准数据交换格式文件所组成的，所以在 InfoPath 中，您也可以单独针对 XSN 组合文件中的某一标准数据格式文件进行编辑或是创建的操作。我们可以在 InfoPath 环境下，选择 文件(F) 下的 设计表单模板(G)... 项目，在打开的“设计表单模版”对话框中选择所要创建的各项标准数据格式文件，如【图 14-3】所示。

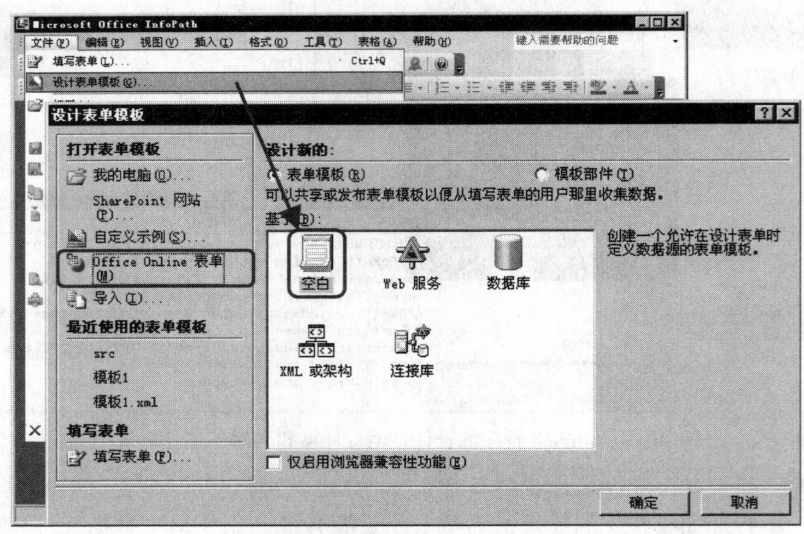

图 14-3　在 InfoPath 中选择组合的 XSN 文件或单独的标准格式文件

数据源与连接

在信息性表单处理中，功能最强大和最方便的地方，除了提供自动计算处理操作外，就是能够与数据源进行连接，以实现动态数据查询或访问。例如，在一个订单操作表单中，表单内会有产品编号的输入要求，可是如果您不知道订购产品的编号，就很难填写这项表单内容了。如果在表单中可以将供货商所提供的产品编号、产品描述直接列举出来，并采用选择的方式来输入的话，那表单输入就变得非常方便了。另外，如果表单中还能够提供产品类别的查询，当输入或选择一个产品类别时，就可以动态查询并显示该产品类别下的产品项目，这样操作起来也就更加方便了。

在 InfoPath 中提供了两种数据源，一种称为主要数据源，另一种称为次要数据源。主要数据源也就是用来访问此表单数据内容的来源结构，一个 InfoPath 表单只能匹配一个主要数据源，其数据源结构是由字段和组组合而成的，字段中输入的数据性质是单一数据，组则是一组字段的集合，而且可以满足重复多次输入数据的需求。次要数据源在 InfoPath 中可有可无，但可以是一项或多项，主要提供参考性质的数据，所以通常次要数据源都是来自于外部连接的数据，且该数据不会写入 InfoPath 数据文件中。

数据连接则是指数据源所创建的连接，主要数据源的默认连接就是 InfoPath 自身，而连接的数据可以来自外部。来自外部的数据连接称为外部数据连接，外部数据连接的方式可以是 XML 文件、Web 服务（例如 SOAP）、Microsoft Office Access 或 SQL Server 的数据库连接、MOSS 网站上的链接库或列表。主要数据源可以是 InfoPath 本体，也可以是外部数据连接，如果主要数据源是外部数据连接的话，所输入的数据会同步到外部数据连接的环境，而次要数据源的数据连接则大部分从外部数据连接取得，只能读取，不能同步保存，所以次要数据源的数据连接通常是供 InfoPath 数据查询、参考使用。

如果外部数据连接是一个 XML 文件时，此文件可以通过 InfoPath 中 工具(T) 下的 资源文件(R)... 添加到 InfoPath 文件中，这样在建立次要数据源时，就可以由此文件来提供外部数据连接的选择。

标准数据文件交换平台

表单（Form）所提供的是 XML 标准数据交换格式文件，如果只提供表单的填写，是不具有太大的信息交换意义的，要产生信息交换处理的意义，就必须提供可以进行标准数据处理的交换平台。

由于人类对于信息交换的需求非常多元化，所以，提供数据交换的信息平台不一定是服务器环境，最简单的方式就是在自己的计算机或是移动计算设备上填写完成后，将产生的 XML 文件复制出来，交给另一个用户，来完成数据交换的目的。当然，这样的做法既传统又笨拙，所以最好的方式就是可以通过现今非常发达的互联网环境来进行数据的传送或是交换处理。

如果要在一个没有服务器的数据交换平台环境下传送并交换信息，最好的方式就是使用电子邮件来传送。微软当然也想到了这点，在 Office Outlook 2007 环境中就提供了与 InfoPath 2007 整合的处理功能，让 InfoPath 所产生的 XML 数据可以在每个人的电子邮件中直接得到处理。

当然，如果要让信息交换向自动化处理的目标迈进，只是通过电子邮件由每个人自行处理是绝对不够的，此时，就必须有一个集中数据交换处理的服务器系统平台来进行数据的集中交换。

MOSS 2007 便提供了符合这样需求的集中表单信息交换处理环境。在 MOSS 2007 系统下，专门提供了“表单库”来放置这些需要交换处理的表单数据，通过表单内容类型（Content Type）的设置，让各种表单的 XSN 表单模板文件存放在表单库中，这样客户端就可以在没有 XSN 表单模板的环境下，连接到此表单库网站，进行表单的运行、填写和存储了，当然，使用这种方式的客户端中还是要有 InfoPath 程序才行。

除此之外，MOSS 2007 的表单库也提供了通过“传入电子邮件设置”的方式，将由电子邮件发送过来的附件（InfoPath 的 XML 表单数据文件）转换成所要使用的 XML 表单数据文件，这样用户就不一定需要连接到表单库网站来进行表单填写了，而是在电子邮件环境下，通过发送电子邮件附件的方式，将 XML 表单数据文件传送到 MOSS 2007 的表单库中。

那么您也就会问，不管是连接到 MOSS 2007 表单库或是在 Outlook 电子邮件中处理，客户端都需要安装 InfoPath 程序，那如果客户端没有 InfoPath 应用程序的话，是不是就不能运行表单填写处理了呢？MOSS 2007 是否提供了在客户端没有 InfoPath 程序的情况下，用户可以通过网页方式来进行表单的填写和存储呢？

答案当然也是肯定的。在 MOSS 2007 的系统中，提供了表单服务器（Form Server），让没有 InfoPath 程序的客户端，也可以通过网页访问的方式来进行表单的填写与存储。

哇！那真的太好了，如果可以从网页中直接填写处理，那就可以减少开发网页表单的工作了，只要设计好一个 InfoPath 的表单，不但可以单独使用，也可以通过电子邮件传送，更可以通过网页方式填写，这样大大节省了信息系统交换重复开发的成本。

自动化流处理

在信息交换处理中，自动化的工作流处理绝对是不可或缺的一环，通过自动化工作流（WorkFlow）处理，让表单数据中产生信息交流，通过工作流系统的通知、传送、审批等操作来完成信息交流处理的目的。

当然，在 MOSS 2007 系统中也提供了工作流处理（请参考第 6 章），让表单结合工作流来完成自动化流程处理的任务。

哇！从以上的说明看来，MOSS 2007 的确为企业在处理信息交流的操作上提供了完整的解决方案，而最重要的一点是，这样的信息交流解决方案构建在互联网的标准文档交换规范下，不但可以在企业内部整合由不同系统处理的信息交换，更可以在企业或商业之间建立标准的信息交换体系结构，让网络信息交换自动化可以真正造福于人类的信息交换处理需求。

14.1.2 MOSS 2007 的表单任务体系结构

MOSS 2007 系统既然提供了完整的表单任务解决方案，那么接下来我们就要了解一下 MOSS 2007 所提供的表单任务体系结构是怎么一回事？请先参考【图 14-4】所示的表单任务体系结构图。

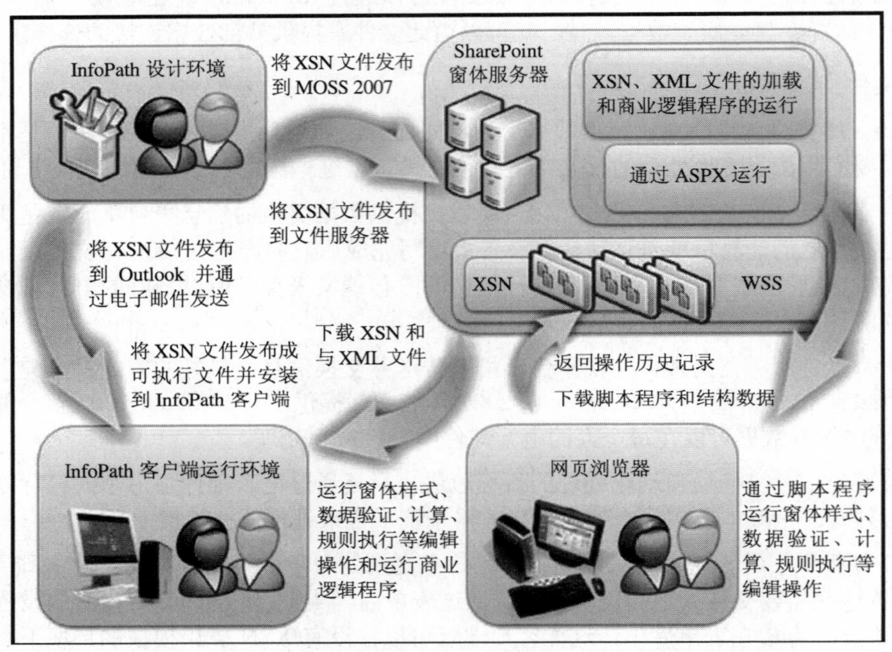

图 14-4 MOSS 2007 的表单任务体系结构

从【图 14-4】中可以看到，MOSS 2007 的表单任务体系结构分成 4 个部分，分别是：

- InfoPath 设计环境

我们在 InfoPath 设计环境中主要进行 InfoPath 表单的设计。当我们在进行表单设计时，要注意到一件事，就是在 InfoPath 的表单内容中，记录着文件的存储路径，所以如果您将 XSN 文件复制到其他计算机，那么您在其他计算机中运行此文件时，就会出现如【图 14-5】所示的错误提示，且文件无法打开。

图 14-5 将 XSN 文件复制到不同计算机访问时将会发生无法打开的错误

要将设计好的 XSN 文件分发到其他计算机或系统环境时，必须通过“发布”的方式，才可以在其他计算机或系统环境中使用，所以最好在 XSN 文件的设计阶段就将其存储在固定的网络文件服务器的共享文件夹下，这样，当您在不同的客户端上对该文件进行编辑时，才不会有以上的情况发生。

在 InfoPath 下所提供的发布方式，一共有 4 种：

- 发布到 SharePoint 服务器
- 发布到 Outlook 电子邮件环境
- 发布到网络位置，供不同的客户端进行访问
- 发布成可以安装到其他计算机的文件

- InfoPath 客户端运行环境

InfoPath 客户端指的是在客户端计算机上安装了 InfoPath 程序，可以用来运行发布的 XSN 文件，并访问 XSN 文件所产生的 XML 数据文件。XSN 文件可以存储在客户端计算机上（通过 XSN 安装程序的安装方式），也可以存储在 Outlook 电子邮件环境中（通过电子邮件的方式传送），以及存储在网络共享文件夹下，当然更可以存储在 SharePoint 服务器上。这样设计的主要目的是让表单不能够随意地被复制，因为在使用传统纸张表格进行信息交换时，是具有授权意义的，例如，我填写了一张订购单给你，就代表了我同意向你订购，所以在计算机环境中的 InfoPath 表单也就必须具有这种特征，所有可以运行表单的环境都必须通过授权的操作来完成，如果该表单还需要能够验证用户身份或需要限制没有权限的用户不能够进行传递、印表、传真等操作，就必须搭配凭证授权中心体系结构和信息授权管理环境。

如果 XSN 文件存储在网络共享文件夹或是 SharePoint 服务器，运行该 XSN 文件时，会自动下载并提供访问 XML 数据文件的环境，客户端是不会提供存储 XSN 文件的环境的。

InfoPath 程序会根据 XSN 文件中所设计的内容运行表现的样式（Rendering）、数据的验证（Validation）、计算（Calculation）、规则（Rules）的执行和编辑操作（Editing Actions）。

- 网页浏览器

网页浏览器环境指的是在客户端没有 InfoPath 程序的情况下，在 SharePoint 服务器上提供了表单服务器（Form Server）的操作环境，在 SharePoint 的表单服务器中运行 XSN 文件，并通过 ASPX 网页服务器产生浏览器所需要的脚本程序（Script）和 XML 数据，发送到客户端的浏览器上，并进行运行编辑的处理，所以，所有通过浏览器运行的表单编辑操作，包括表现样式、数据验证、计算、规则执行等，都是通过脚本程序在客户端中运行来实现的。

- SharePoint 表单服务器

SharePoint 服务器提供了 XSN 模板文件的存储与定义功能，通过“内容类型”来提供运行表单模板。表单服务器则提供了对 XSN 模板文件和 XML 文件的加载功能，并运行 XSN 文件中的商业逻辑程序的处理和计算，以及产生相关的操作历史记录。

14.2 表单的设计与发布

本书虽然不是介绍如何使用 InfoPath，但是 MOSS 2007 所提供的表单服务器其实针对的就是 InfoPath 表单操作，所以您还是必须先了解 InfoPath。

本节所要介绍的不是 InfoPath 的基本操作，而是介绍表单设计中一些最关键、最重要、与表单任务关系最密切的操作与设置。另外，在本节中所提到的“发布”操作，主要介绍在客户端环境下的两种发布方式，一种是创建安装文件的发布，另一种是电子邮件发布，至于服务器端的两种发布方式（网络共享文件夹和 MOSS 2007），我们留到下面的章节中专门介绍。

14.2.1 下载表单模板与说明

为了信息工作者能够简易快速地使用 InfoPath 表单，微软在网站上提供了非常多的表单模板，您可以在启动 InfoPath 后，选择 文件(F) → 设计表单模板(G)... ，在对话框左下方的 **打开表单模板** 区块中单击 Office Online 表单(M) 链接，便可连接到微软提供模板文件下载的网站，如【图 14-3】和【图 14-6】所示。

此处为了要说明表单模板的设计模式环境，我们下载“服务申请”XSN 表单模板文件，请注意，此模板文件是 InfoPath 2003 的版本，所以当您使用 InfoPath 2007 应用程序打开时会出现错误信息。不过没有关系，只要您在储存文件时在“保存类型”下拉列表中选择“InfoPath 表单模板（*.xsn）”，而不是“InfoPath

2003 表单模板（*.xsn）”即可，如【图 14-7】所示。

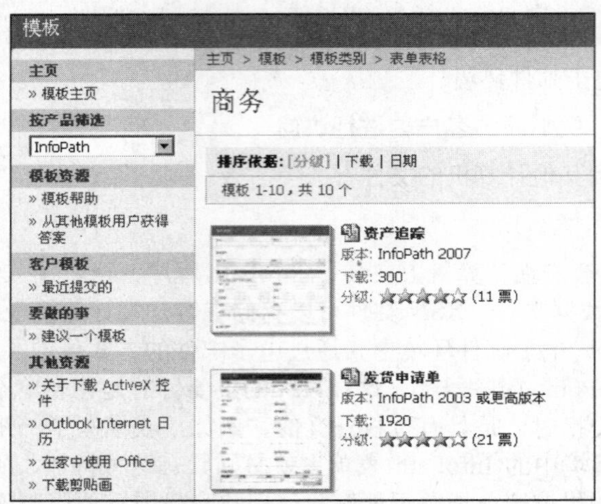

图 14-6　微软的模板网站提供了各种表单模板供用户下载

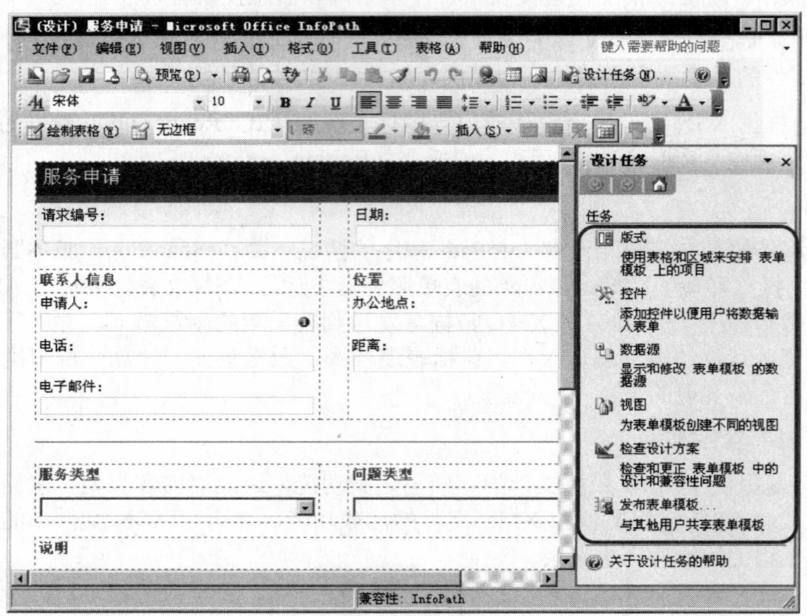

图 14-7　下载后进入“服务申请”表单的设计模式环境

在设计一个表单时，通常会在您的计算机上持续进行，所以此时不会有任何复制的操作，不过要注意的是，您可以将此表单复制到其他文件夹下，但是不要对这个被复制文件进行编辑，因为 InfoPath 会记录该文件创建时的存储路径，如果您强行打开，就会出现错误提示，然后还是会进入设计模式，但却是以只读方式打开文件，不能设计编辑，如【图 14-8】所示。

根据以上设计 InfoPath 文件的情况，您最好在创建新的 InfoPath 文件之前，要先确认文件的存储路径再进行设计编辑，并且每次打开编辑该文件前，要先复制一份到备份文件夹中再进行编辑。这样如果发生了设计错误，只要将备份的文件复制回来即可。如果您希望可以在不同的客户端计算机上进行相同的 InfoPath 文件编辑，可以将该文件存储在文件服务器上，只要存储路径相同，就可以在不同客户端计算机上对同一个文件进行编辑处理了。

在如【图 14-7】所示窗口右边的“设计任务”窗格下，我们可以看到一个表单设计的流程，开始先选择一种 版式，接下来在选择好的版式上添加各种字段 控件，在选择创建这些字段 控件 时，相关联的 数据源 便会自动创建，我们可以选择 数据源 项目来查看已经创建的所有数据源结构，有单独字段类型的、也有用户组字段类型的，此时如果需要在字段中创建次要数据源，可以新建外部数据连接，或者将已经创建好的 XML 数据文件添加到“资源文件”中，便可以进行次要数据源的创建。

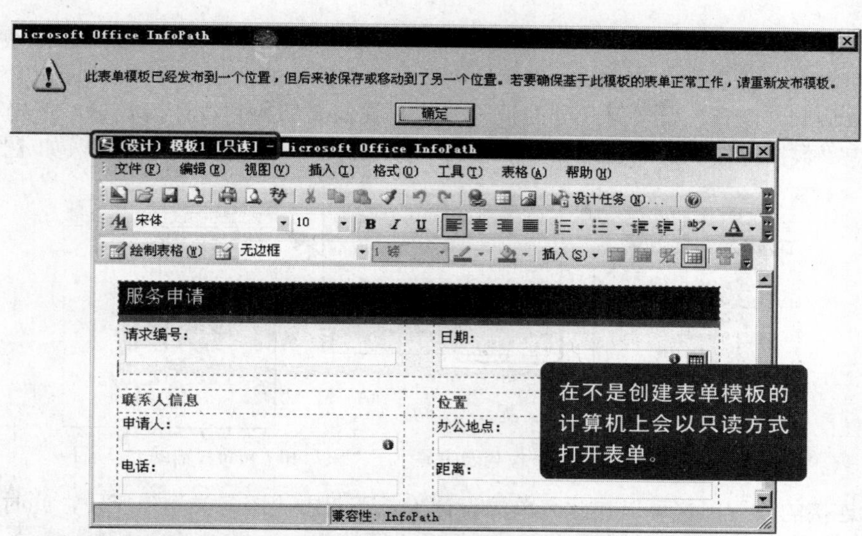

图 14-8　不在创建路径打开表单的备份文件时会出现错误信息

在完成主要的字段控件和数据源、连接设置后，您可以创建不同的视图页面，在相同数据源和连接的环境下，使用不同的字段控件，创建重复性数据源的查看页面，以提供满足分类、查询、印表、传送等不同需求，最后选择 检查设计方案 项目来确定表单设计中是否存在逻辑、规则、语法的错误（当然您也可以随时单击此项进行检查），在确认没有任何错误后，便可保存文件并通过单击 发布表单模板... 发布表单，将设计好的表单模板生成可以发布或运行的表单模板文件，或是发送到电子邮件或 MOSS 2007 的网站服务器中。

数据源和数据连接的实例说明

我们在上一节中提到，InfoPath 所提供的数据源和数据连接可以让 InfoPath 的表单更具有弹性和易用性，接下来，我们就以“服务申请”表单为例，让您更了解 InfoPath 强大的表单设计功能。

您可以在保存文件后直接双击此文件的图标，或是在设计模式下单击 预览(P) 按钮，都可以将此表单切换到运行模式。在进入“服务申请”表单的运行环境后，我们可以看到，在“日期”字段中出现了今天的日期，当您单击“服务类型”下拉列表时，会显示所有可提供的服务项目，而当您选择了其中一个项目后，再单击“问题类型”下拉列表时，就会根据您在“服务类型”列表中选择的服务项目，显示出属于该服务项目的问题列表，所以，如果您再选择其他的“服务类型”项目后，继续单击“问题类型”项目时，列表中就会显示出不一样的内容。耶！这样的表单是不是很炫呢？如【图 14-9】所示（在【图 14-9】中，由于原来的项目内容非常多，如果全部显示出来，此图会占用非常多的版面，所以笔者经过图片剪辑，将最主要的部分显示出来，让您比较容易了解讲解内容）。

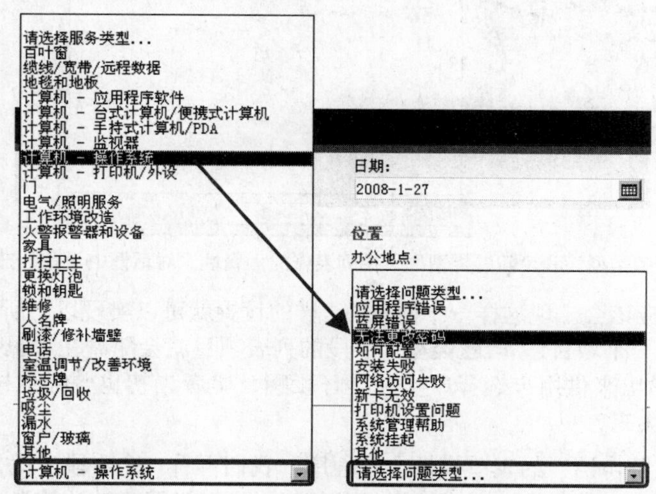

图 14-9　“问题类型”下拉列表中的选项内容会随着选择不同“服务类型”下拉列表中的项目而改变

“服务类型”和“问题类型”两个字段所显示的功能，就是提供一种次要数据源，并使用 XML 文件的外部数据连接方式产生，而该项外部 XML 文件是包含在此文件中的，名称为“map.xsd”，我们可以通过单击 工具(T) → 资源文件(R)... 查看。要学习此处的设置方式，我们要切换到设计模式下，首先单击窗口右边的 数据源 项目，在“数据源”下拉列表中，可以看到“主”和“map（辅助）”项目，如【图 14-10】所示。

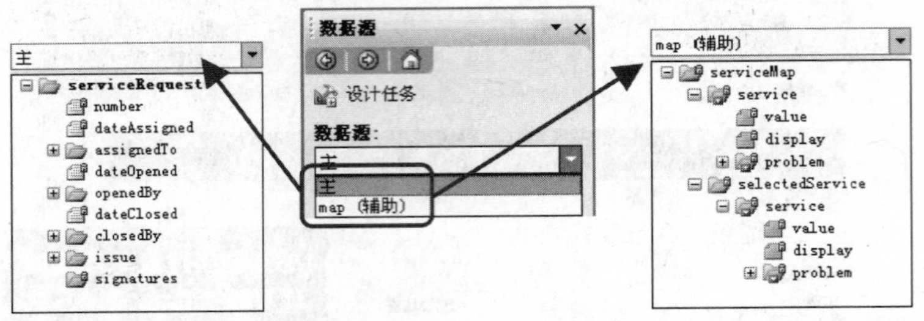

图 14-10　在“数据源”下拉列表中显示了“主”和“map（辅助）”项目

要查看数据连接的设置，您可以在此表单的设计模式下双击“服务类型”字段，此时会显示此字段的“下拉列表框属性”对话框，在此对话框的“列表框项”区块中，选择 从外部数据源查找值(X) 项目，将下方的“数据源”字段设置为“map”，在“选择存储项的重复组或域”下，设置所要访问的“项”，以及该“项”的“值”和“显示名称”，单击 ，即会出现“选择域或组”对话框便于您选择，如【图 14-11】所示，“服务类型”字段使用的结构是“ServiceMap”→“Service”下的“value”、“display”，而“问题类型”字段使用的结构是“ServiceMap”→“SelectedService”→“problem”下的“value”、“display”。

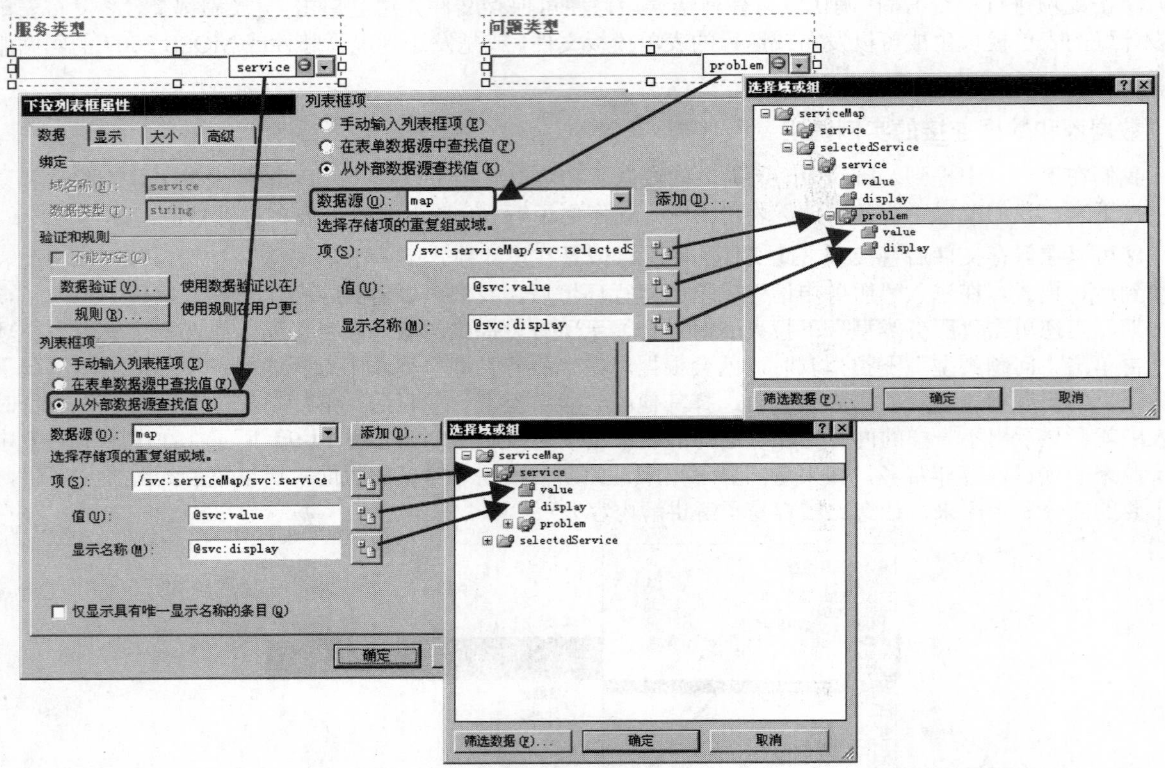

图 14-11　在“服务类型”和“问题类型”下拉列表框的“属性”对话框中设置外部数据源的查找值

在完成以上设置后，应该会出现这样一个问题，这样的设置就可以实现以上所看见的效果了吗？在“服务类型”下拉列表中选择一个项目，“问题类型”字段的列表项目就会随着在“服务类型”下拉列表中所选择的项目做更改，并列举出来供用户选择？实在是怀疑啊！笔者当初也曾经这样认为喔！实在怀疑啊！InfoPath 的功能有这么强大吗？

为了要证明这个“服务申请”的表单模板含有程序，我们再看一个字段，就是“日期”字段。打开表单后，这个字段就会显示今天的日期，通常这样的功能可以通过设置“默认值”来完成。我们切换到设计模式，双击“日期”字段来查看“默认值”的设置，结果咧……“默认值”字段竟然是空的。

好了！看到这里您就要想到，这种表单模板中，一定含有程序来执行这些数据变化的处理，所以，接下来我们再用 另存为源文件(E)... 的方式将这个“服务申请”XSN 表单模板文件另存为一个以文件夹展示的来源内容，其文件夹中的文件就是存储在 XSN 文件中的内容，如【图 14-12】所示。

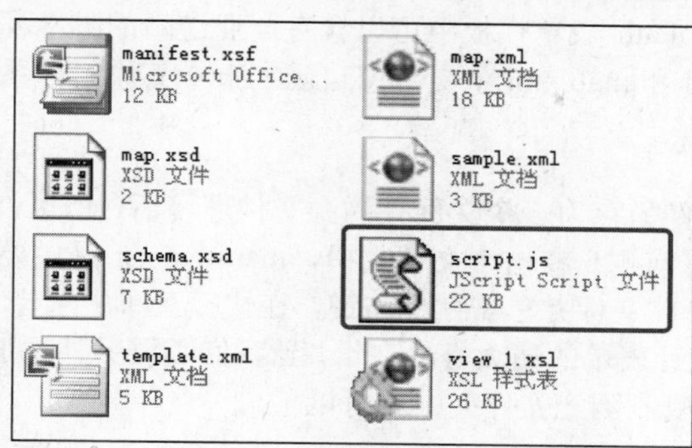

图 14-12　将“服务申请”的 XSN 表单模板文件存储为一个文件夹的内容

果然！我们在展开后的文件夹中找到了名为“script.js”的脚本文件，以下为该文件的部分内容。

Script.js 脚本文件中的部分内容

```
function XDocument::OnLoad(oEvent)
{
    updateDropDown(true /*isOnLoad*/, false /*isUndoRedo*/, XDocument.IsSigned
/*isSigned*/);
    // Avoid DOM updates when the document has been digitally signed.
    if (XDocument.IsSigned) return;
    var today = new Date();
    initializeNodeValue("/svc:serviceRequest/svc:dateOpened", getDateString(today));
    return;
}
function msoxd__service::OnAfterChange(eventObj)
{
    updateDropDown(false /*isOnLoad*/, eventObj.IsUndoRedo, XDocument.IsSigned);
}

function updateDropDown(isOnLoad, isUndoRedo, isSigned)
{
    //get the auxDOM
    var oScratchDOM = XDocument.GetDOM('map');
    oScratchDOM.setProperty("SelectionNamespaces",
'xmlns:my="http://schemas.microsoft.com/office/infopath/2003/myXSD"
xmlns:svc="http://schemas.microsoft.com/office/infopath/2003/sample/ServiceRequest"');
    //get the current service selection
    var xmlService =
XDocument.DOM.selectSingleNode("/svc:serviceRequest/svc:issue/svc:service");
    var strService = xmlService.nodeTypedValue;
    var xmlProblem =
XDocument.DOM.selectSingleNode("/svc:serviceRequest/svc:issue/svc:problem");
    var strProblem = xmlService.nodeTypedValue;
    if (!isOnLoad && !isUndoRedo && !isSigned)
    {
        //reset the problem selection
setNodeValue(XDocument.DOM.selectSingleNode("/svc:serviceRequest/svc:issue/svc:probl
em"),'');
    }
    //the rest of the changes only apply to visuals, not the document, so we can make them
    //in order to correctly display the current data
    //clean up the scratchDOM
    var oSelection = oScratchDOM.selectNodes("/svc:serviceMap/svc:selectedService/*");
    oSelection.removeAll();
    var xmlTopElement =
oScratchDOM.selectSingleNode("/svc:serviceMap/svc:selectedService");
    var xmlSelectedServiceNode =
oScratchDOM.selectSingleNode("/svc:serviceMap/svc:service[@svc:value=" +
createStringLiteral(strService) + "]");
    :
```

我们来看上述源代码：第 1 段就是在加载表单时显示今天日期的程序行；第 2 段则表示在字段内容更改后进行下拉列表内容的更新；第 3 段是更新内容的程序，包括了更新“problem”结构下的内容。

哈哈！以上便证实了“服务类型”和“问题类型”下拉列表中的内容之所以可以实现动态的数据变化，是因为此表单模板文件中含有脚本程序。当然，我们在此将源代码拿出来讲解，其目的并不是告诉您这样的文档功能必须要靠编写程序代码来实现，以“日期”字段为例，我们完全可以用“默认值”来进行设置。此处的说明是为了让您了解 InfoPath 表单模板中可以含有商业逻辑的脚本程序，当然也可以含有编译过的 dll 程序。好了，剩下的 map.xsd 和 map.xml 就交给您自己去查看其原始体系结构内容啰！

源文件的设计环境

当我们将 XSN 表单模板文件另存为一个文件夹的源文件环境后，您也许会问，可不可以在这个环境中继续进行设计呢？答案是，没有问题！在这个文件夹中，manifest.xsf 是主要的设计编辑文件，所以您要在此环境中进行设计编辑时，选择此文件并单击鼠标右键，在快捷菜单中选择 设计(D) 项目，就会进入此表单模板的设计环境。在此环境中设计表单的最大好处在于，当我们需要另外添加一些文件时（包括图片、XML 文件等），只要直接将这些文件复制到此文件夹中就可以了。

除此之外，我们可以直接使用其他的编辑工具对存储在表单模板文件源文件文件夹中的文件进行编辑，例如，在文件夹中的图片文件可以用图形编辑工具来编辑。创建使用其他工具来进行编辑的概念，最主要的目的是要介绍当您想要编辑其中相关的 xsd 结构文件时，例如 schema.xsd 或其他另外添加的结构文件（例如【图 14-12】中的 map.xsd），可以使用 Microsoft Visual Studio 2005 的编辑工具程序来进行编辑。使用这项工具的原因如【图 14-13】所示。

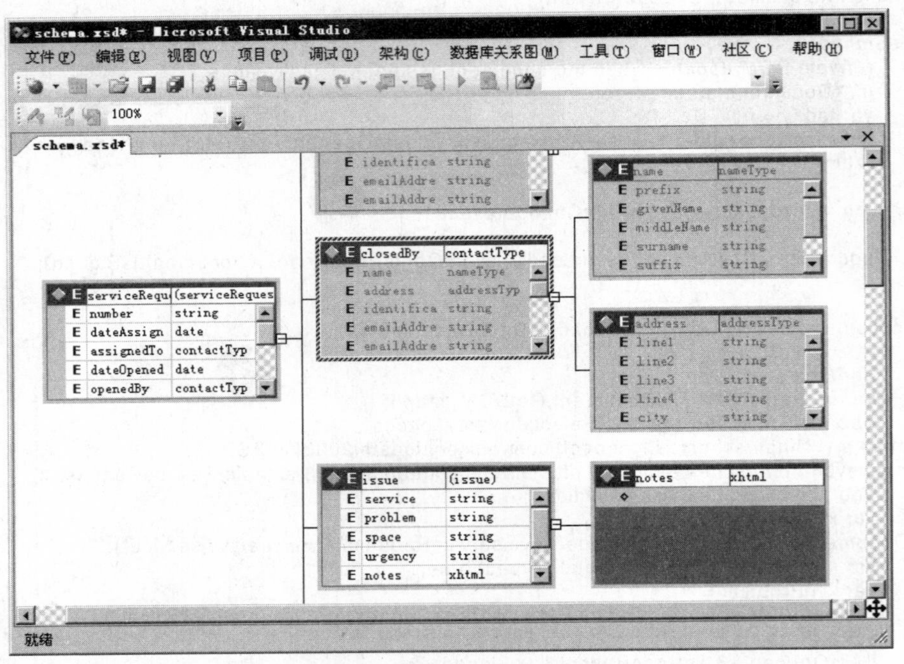

图 14-13 使用 Visual Studio 2005 的编辑工具程序编辑 XSD 结构文件

哇！在 Microsoft Visual Studio 2005 的环境中，提供了可视化的数据结构设计接口，让 XML 中的数据结构设计变得非常方便和简单，所以，当您要设计 InfoPath 表单文件中的 schema.xsd 结构文件时，就可以在结果源文件文件夹中单独通过 Visual Studio 2005 对此文件进行编辑。

接下来，我们就在源文件文件夹下选择 manifest.xsf，进入 InfoPath 设计模式，然后再举一个“数据验证”设计的例子供您在此环境中练习设计编辑。从【图 14-14】中可以看出，此表单中有一个名为“电子邮件”的字段，这个字段要输入的是一个电子邮件地址，电子邮件地址的格式应为“账户名@DNS 服务器名”，所以在输入此字段数据时，应该验证所输入的数据中是否包含“@”符号。要设置这样的数据格式验证功能，可以使用“资料验证”设置来完成。您可以在设计模式下双击“电子邮件地址”字段，在打开的“文本框属性”对话框的“数据”选项卡下方单击 数据验证(V)... 按钮，此时会打开“数据验证”对话框，单击此对话框右边的 添加(A)... 按钮，在打开的“数据验证”规则对话框中设置此字段所需要的验证规则。此字段的验证规则是在用户输入数据后，检查此字段有没有数据，如果没有数据，就略过；如果有数据，就要检查数据中是否有“@”符号，如果没有，就应该显示错误信息告知用户。

所以根据以上的验证规则，我们应该设置以下判断条件：在数据“不为空”的情况下，如果数据中“不包含”“@”符号，就必须显示错误提示信息。错误提示信息的标题在对话框下方的“屏幕提示”字段进行设置，叙述内容在下方的“消息”字段进行设置，最后勾选 ☑ 用户输入无效数据时立即显示对话框消息(D) ，如【图 14-14】所示。

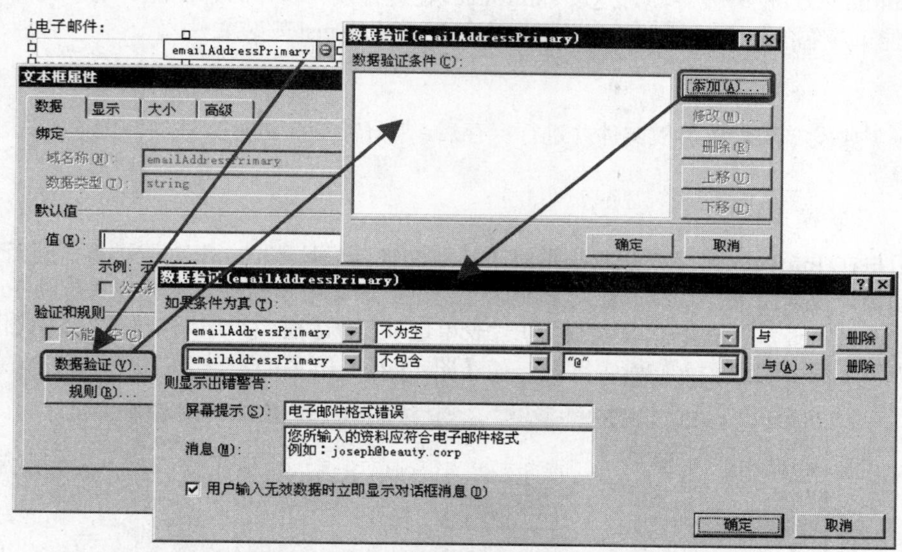

图 14-14 设置“电子邮件”字段的数据验证验证条件和错误提示信息

最后，在完成以上设置后，单击 确定 → 确定 → 确定 ，返回设计模式，再单击 预览(P) 检查此数据验证功能的设置是否产生了验证效果。

通过测试我们可以看到，如果数据格式输入错误，就会出现错误信息提示框，如【图 14-15】所示，并且无法存盘，直到数据格式修改正确为止。

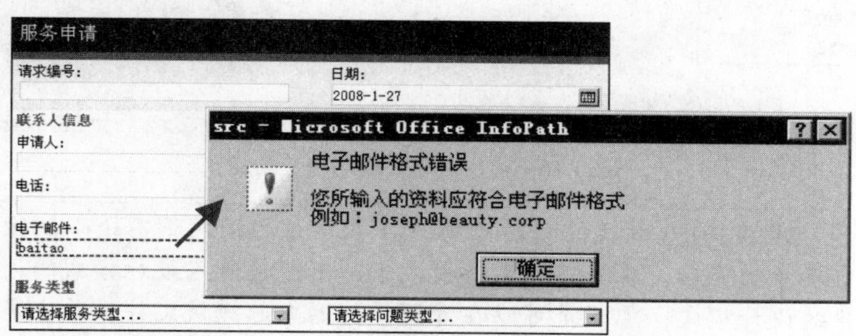

图 14-15 检查“电子邮件”字段的数据验证功能

当然，接下来您也许会问，在这种环境下设计好表单模板内容后，又该如何产生一个 XSN 表单模板文件呢？答案是“另存为”，有两种方法可以实现：一种方法是在设计模式下选择 文件(F) → 另存为(A)... ，您就可以看到要存储的文件的扩展名就是“xsn”，此时，InfoPath 又会将此文件夹下的所有文件封装成一个 XSN 表单模板文件了；另外一种方法，就是在设计模式下，选择 文件(F) 下的 发布(B)... ，这样 InfoPath 也会重新封装一个 XSN 表单模板文件，并将其发布到您指定的位置。

14.2.2 发布可安装的表单模板

在前面的章节中我们曾经讲过，一个表单模板文件要能够复制到别的计算机上使用，必须通过“发布”操作来实现。下面我们先来介绍在一个完全独立发展的环境中，使用“发布可安装的表单模板”的方式，将设计好的表单模板提供给其他用户使用的方法。

“发布可安装的表单模板”方式主要是为表单开发者提供一个在设计完成一个表单模板之后，将此项表单模板提供给其他计算机用户使用的方法，这种方法不需要借助其他环境（网络或应用程序环境）所提供的发布方式，可以直接将表单模板文件复制给用户安装使用，但使用这种方法的前提是客户端的计算机上必须要有 InfoPath 程序。

准备环境

“可安装的表单模板”的发布方式会调用 Microsoft Visual Studio 2005 中的“安装向导”功能，将您要发布的表单模板封装成一个可执行的 msi 安装文件，所以，当您要采用这种方式进行发布时，计算机中必须安装 Visual Studio 2005 的开发环境，这样，InfoPath 在进行发布操作时，才能调用 Visual Studio 2005 的“安装向导”功能，将您的表单模板文件封装成一个可以安装的 msi 安装文件。

发布步骤

在您设计好需要发布的表单模板文件并进行保存后，最好能够先进行文件的备份，然后切换到 InfoPath 的设计模式环境下。

- 启用设计保护模式

为了避免用户在 InfoPath 环境下运行表单时不小心切换到设计模式，并对表单格式进行修改，特别提供了一项切换到设计模式的保护功能，让用户在运行表单的环境中不能进入设计模式。在 InfoPath 环境下移动鼠标选择 工具(T) → 表单选项(F)...，将会打开“表单选项”对话框，移动鼠标单击“类别”区块中的 高级 选项，在“保护”区块下勾选 启用保护(R) 项目，如【图 14-16】所示。

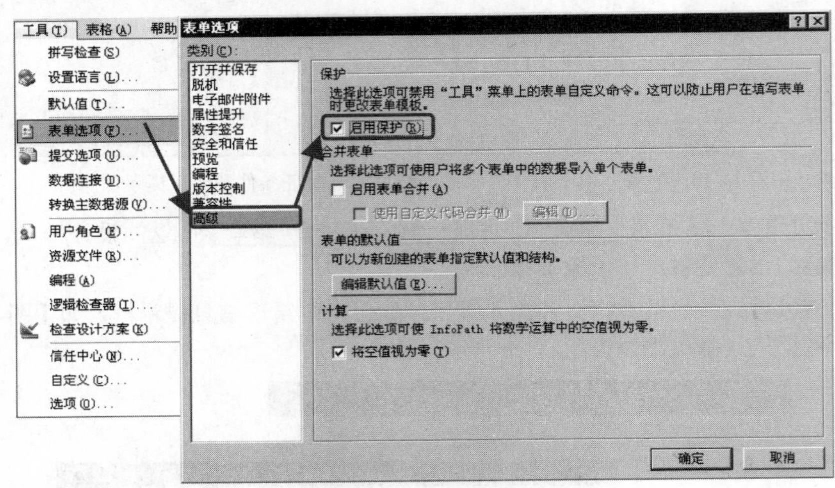

图 14-16 启用表单模板的保护功能

> **附注** 选择 启用保护(R) 的目的是防止用户在表单运行模式下不小心切换到设计模式，所以启动此功能后，在表单的运行模式下是不能够进入设计模式的，但是，要进入此表单的设计模式，您还是可以在资源管理器中选择该文件，单击鼠标右键，在快捷菜单中选择 设计(D) 项目，就可以直接进入该表单模板的设计模式了，但在进入设计模式前会出现如下图所示的警告信息。
>
> 
>
> 这项警告信息只是警告而已，单击 确定 按钮后，就可进入设计模式了。
>
> 您会不会认为此功能是用来保护设计模式环境的呢？当初笔者也是这么认为的，但后来发现 InfoPath 的设计模式在客户端中是不具有保护能力的，所以，如果您想要对设计模式内容进行保护，方法就是搭配表单服务器（Form Server）来使用，这样，在客户端环境中，连 InfoPath 应用程序都不需要了。

- 发布

接下来，请在设计模式下移动鼠标选择窗口右边“设计任务”窗格下的 发布表单模板...，如果在设计模式中更改了模板内容，就会出现询问您是否要保存文件的提示信息，单击 确定 按钮后将会出现“发布向导”对话框，如【图 14-17】~【图 14-21】所示。

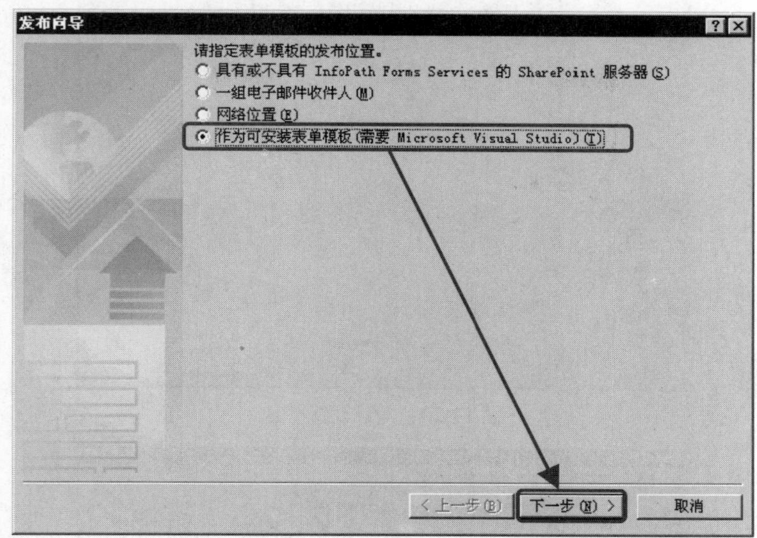

图 14-17　在“发布向导”对话框中设置发布可安装的表单模板

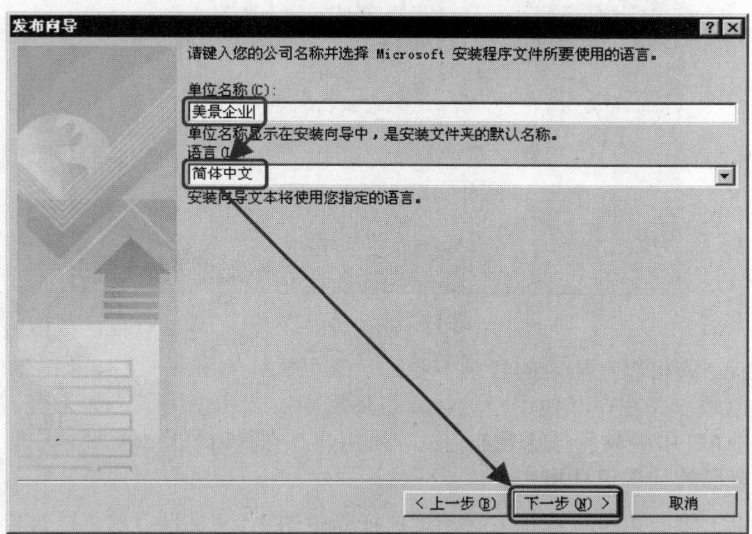

图 14-18　设置“单位名称”和“语言”

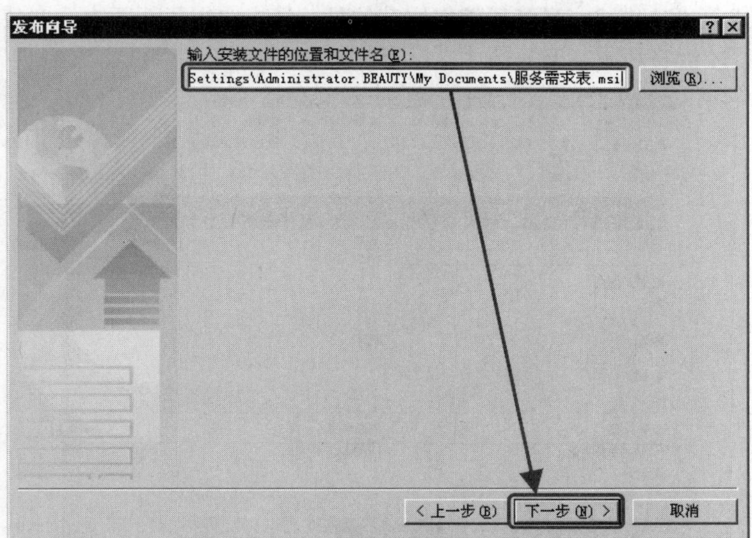

图 14-19　设置存储路径和文件名

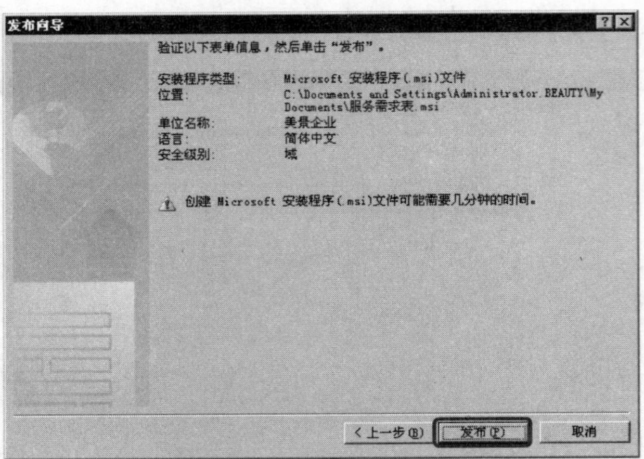

图 14-20　确认设置信息

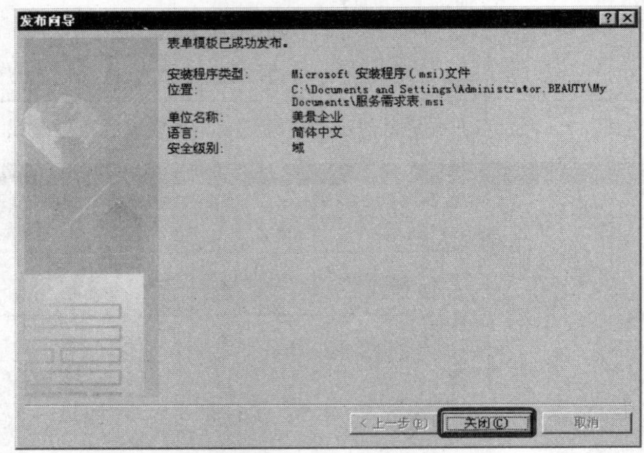

图 14-21　发布完成

在文件发布完成后，您可以在指定的目录下看到一个可执行的 msi 文件，如右图所示，此时，您就可以将此文件复制给其他用户并在在其他用户的计算机环境中安装和使用了，如果有网络环境，也可以通过 AD 中的软件派送发布方式，供用户在 添加或删除程序 环境中将该表单模板安装到自己的计算机环境中。

服务需求表.msi
Windows Installe...
135 KB

当您在其他计算机上将此可执行程序安装后，选择其中的 XSN 文件，就可以直接进入并运行填写模式了，如【图 14-22】所示。此时， 工具(T) 菜单中的 设计此表单(M)... 项目显示为灰色， 按钮也显示为灰色，表示在此环境下不能进入设计模式。另外要请您注意的是，当您取得了新版本的安装文件时，必须先将旧版本的安装文件删除，才能将新版本安装到计算机中。

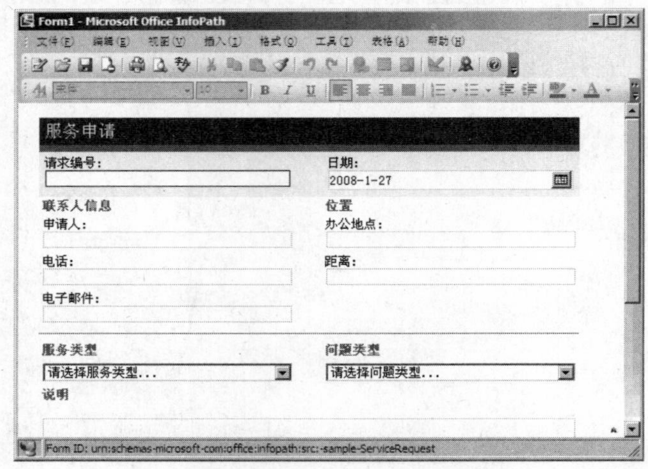

图 14-22　在其他计算机上安装完成并打开表单即可直接进入表单的填写运行模式

14.2.3 表单的安全级别设置

接下来，我们要介绍第二种 InfoPath 发布的方式，就是发布到"一组电子邮件收件人"。在 InfoPath 设计模式下移动鼠标选择"设计任务"窗格中的 发布表单模板... 项目后，在打开的"发布向导"对话框中选择 一组电子邮件收件人(M) 项目，此时系统会提示您 此表单模板只能发布到共享位置。，对话框下方的 下一步(N) > 按钮呈灰色状态，不能够往下运行，如【图 14-23】所示。

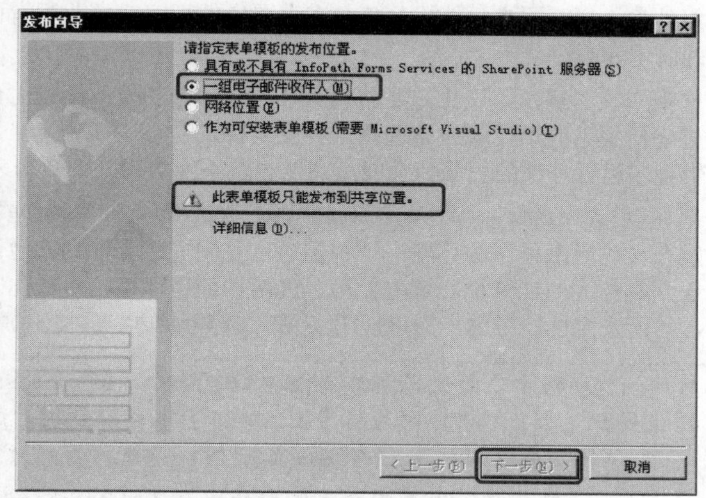

图 14-23　系统默认环境中不能够使用"一组电子邮件收件人"的发布方式

这是为什么呢？既然是要将表单发布到电子邮件中，系统提示我们只能发布在共享位置，那还要这个发布项做什么呢？

先不要这么气馁，系统之所以会设置这样的限制，当然是有原因的。由于通过运行 InfoPath 表单，用户可以访问外部数据、运行脚本程序，甚至可以运行商业逻辑程序，所以如果您在不明就里的情况下贸然运行了一项不知来源的表单，而如果这个表单在运行时将您的私密信息传送出去，或是运行了一段恶意程序，导致计算机系统产生问题，这样不就太不安全了。

所以，InfoPath 为了让表单访问具有安全性，提供了安全访问权限等级的设置。这项功能就像 IE 浏览器中的"安全"设置一样，在 IE 的安全性设置中，将网站访问的安全信任等级分成了 4 种：Internet、本地 Intranet、可信站点和受限站点，您可以在这 4 种环境中设置该区域的安全等级是低、中、还是高安全等级，以此来限制访问网站的内容。

同样地，在 InfoPath 中将可运行表单的安全等级划分为 3 种，分别是：限制、域和完全信任，您可以选择 工具(T) → 表单选项(F)... → 安全和信任，即可对运行表单的安全级别进行设置，如【图 14-24】所示。

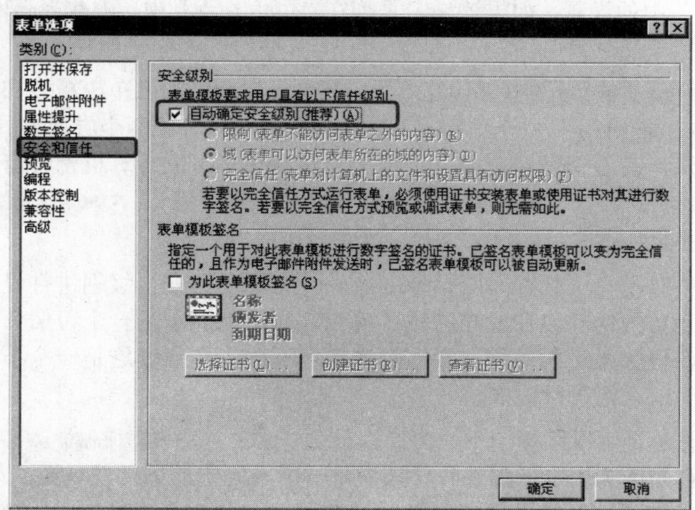

图 14-24　InfoPath 中"安全和信任"的设置界面

您可以看到，InfoPath 系统默认勾选 ☑ 自动确定安全级别(推荐)(A) 项目，由系统程序来判断表单的安全级别，下方还有 3 种安全级别设置项。下面我们将针对这 3 种安全级别的意义和使用条件分别进行说明。

"限制"安全级别

"限制"安全级别的意思是希望限制在表单操作时，用户只能对此表单内所提供的数据进行访问，而不能使用外部数据的访问功能，所有主要数据源与次要数据源都必须包含在此表单文件中才能被允许访问，另外，对运行的程序和组件也一样，用户只能运行包含在表单内的程序或商业逻辑程序，不能够调用或运行表单外计算机环境中的脚本和程序。

喔！从以上的说明您就应该了解，如果我们要创建一个完全独立的表单模板文件，而且该表单的操作与外部数据或环境都没有任何关系的话，就应该选择这种安全模式啰！这样才能保护计算机环境不被表单中的脚本程序或商业逻辑程序运行外部的程序和功能，当然也就不能访问外部数据来源。

这种安全级别适合用在 ⊙ 作为可安装表单模板(需要 Microsoft Visual Studio)(T) 和 ⊙ 一组电子邮件收件人(M) 的发布方式下，因为这两种方式发布文件后所使用的环境，一种是通过复制安装文件到其他计算机中安装使用，另一种是通过电子邮件传送到收件人的计算机环境中使用，这两种使用环境，对彼此之间在使用表单上都可能没有直接的访问关系，基于安全性的考虑，应该使用 ⊙ 限制(表单不能访问表单之外的内容)(R) 的安全级别。

嗯！既然如此，那刚才前面使用 ⊙ 作为可安装表单模板(需要 Microsoft Visual Studio)(T) 的发布方式时的设置就不太正确啰！因为从【图 14-21】中可以看到，该项的安全级别是"域"，应该将安全级别更改为 ⊙ 限制(表单不能访问表单之外的内容)(R) 才对。

答对了！您弄懂安全级别的概念了吗？

可是，还有个小问题！那就是为什么在采用 ⊙ 域(表单可以访问表单所在的域的内容)(D) 安全级别时，⊙ 作为可安装表单模板(需要 Microsoft Visual Studio)(T) 发布就可以运行，但 ⊙ 一组电子邮件收件人(M) 的发布方式就不能够运行，思考一下喔！后面再给您答案。

"域"安全级别

"域"安全级别针对的是域名称。在微软的网络系统环境中，有两种域环境，一种是 NetBIOS 域环境，另一种是 DNS 域环境。NetBIOS 域环境一般使用在企业内部的网络环境下，此环境要有 AD 域，其访问操作限制在局域网计算机之间的访问和共享文件的访问等，另一个是 DNS 域环境，主要是提供网站环境的访问。所以，当 InfoPath 的安全级别设置为 ⊙ 域(表单可以访问表单所在的域的内容)(D) 时，适合用于在 ⊙ 网络位置(E) 和 ⊙ 具有或不具有 InfoPath Forms Services 的 SharePoint 服务器(S) 的发布。如果使用"file://"的网络位置，则必须以相同的域名访问，而且以在该域下的用户为安全访问的对象；如果采用的是"http://"形式的网址，则是以相同的网址为安全的访问对象。所以，如果在 InfoPath 中是以"http://"的形式来设置发布位置，InfoPath 会参考 IE 浏览器"安全"中的设置，如果该域名是列在"可信站点"中，就代表该网站取得了"可信站点"的安全信任等级。

这么说来，⊙ 作为可安装表单模板(需要 Microsoft Visual Studio)(T) 的表单模板发布方式到底适不适合使用 ⊙ 域(表单可以访问表单所在的域的内容)(D) 安全级别呢？这个问题就必须分成两个层次来看了，如果是在域内的计算机环境中进行安装访问，其安全级别范围可以定义为在域环境下的计算机都为可信任的访问环境，所以 InfoPath 表单可以访问域内的数据，但如果是在独立计算机环境下进行 ⊙ 域(表单可以访问表单所在的域的内容)(D) 安全级别的发布，就不是很合适了。

所以，如果您的表单选用 ⊙ 域(表单可以访问表单所在的域的内容)(D) 安全级别进行设置，该表单在进行外部数据访问，或是检查运行访问的环境和发布的域环境相同时，就表示是一个可信任的环境，也就可以进行外部数据的访问或运行，但如果运行的域与发布的域环境不同，则代表这是一个不可信任的域访问环境，此时会对外部数据的访问或运行进行限制。

好了！讲到这里，您是否可以回想一下，为什么前面在运行 ⊙ 一组电子邮件收件人(M) 发布时，系统不让您继续运行下去了呢？那是因为"电子邮件收件人"是一个不确定的域环境，无法从 AD 域环境或是 IE 环境中来进行安全检查的操作，所以，如果您的表单设置为 ⊙ 域(表单可以访问表单所在的域的内容)(D) 安全级别的话，当然系统也就不会允许您以 ⊙ 一组电子邮件收件人(M) 的方式发布了。

反过来说，要想进行 ⊙ 一组电子邮件收件人(M) 的发布，应该采用哪一种安全级别的设置呢？答案是 ⊙ 限制(表单不能访问表单之外的内容)(R) 或 ⊙ 完全信任(表单对计算机上的文件和设置具有访问权限)(F)。您答对了吗？

“完全信任”安全级别

从字面的意义上就可以了解，“完全信任”的安全级别代表您所发布的表单运行环境是一个可以完全信任的环境，所以不管采用哪一种发布方式，都具有外部数据访问与运行的权利，反过来说，当表单的安全级别设置为 ⊙ 完全信任(表单对计算机上的文件和设置具有访问权限)(F) 时，可以使用任何一种方式来完成发布。

这种安全级别设置方式，从运行表单的功能方面来说，是最方便的方式，表单中的主要数据源和次要数据源都可以访问外部的数据，而在表单中的脚本程序或商业逻辑程序也都可以调用外部计算机的运行环境。但是，这种方式却是最不具安全的访问方式，除非您对运行的计算机环境有绝对完全信任的可能，才适合使用 ⊙ 完全信任(表单对计算机上的文件和设置具有访问权限)(F) 的安全级别设置。

请您思考一下，在什么样的环境下可以使用 ⊙ 完全信任(表单对计算机上的文件和设置具有访问权限)(F) 的表单运行环境呢？

答案有 3 个，第 1 个是具有通过认证体系结构对表单进行验证的环境，第 2 个是只能在网页服务器中运行表单的环境，第 3 个则是您根本就不需要对安全性进行设置的环境，是吗？

14.2.4 发布到“一组电子邮件收件人”

发布“一组电子邮件收件人”方式指的是要将设计好的表单通过电子邮件方式发送给指定收件人列表中的用户进行表单的填写。不过，由于在运行发布 ⊙ 一组电子邮件收件人(M) 的程序时，会设置一项叫做“属性提升”的内容，所以在此我们要先来谈一下什么是“属性提升”。

什么是“属性提升”

我们前面曾经提到过，Office 2007 提供的所有文档，都符合了 XML 标准交换数据的格式，也由于这些文档提供了 XML 格式设置，我们也就可以在这些文档中自行定义需要的 XML 结构属性字段，这些属性字段可以做什么用呢？他们可以提供标准数据以实现在不同系统中的交换，当然也可以在 MOSS 2007 的文档库中创建文档的字段列表，以方便列表式的列举、筛选、查询（这些内容在后面的章节中还会再介绍到）。

InfoPath 表单的内容基础，本来就是一个 XML 结构属性的内容，所以也理所当然地可以将表单中的这些属性字段提供给 MOSS 2007 的文档库，产生列表式的字段列举，而将 InfoPath 中的属性字段发布到 MOSS 2007 文档库中的列表列举字段的操作叫做“属性提升”。

那么，“属性提升”的操作应该与 MOSS 2007 有关，怎么会与发布“一组电子邮件收件人”有关呢？原因是在 Outlook 2007 中也有像这样的列表列举功能，所以，当您运行发布 ⊙ 一组电子邮件收件人(M) 时，您就会需要对“属性升级”字段进行设置。

提示 什么是“属性提升”字段？

所谓“属性提升”字段，指的就是选择要将表单中的哪一些字段，显示在发布系统的列表列举环境中。

这些“属性升级”的字段要在哪里设置呢？请您移动鼠标选择 工具(T) → 表单选项(F)...，在打开的“表单选项”对话框中选择 **属性提升** 项目，以“服务需求表”表单为例，如【图 14-25】所示，此表单中已经设置了一些要提升属性的字段。

由于此模板默认的字段名是英文，所以我们将这些要提升的字段名改成中文，会更容易列举查看。以修改“Assigned To”字段为例，选择该字段后移动鼠标单击 修改(M)... 按钮，即可打开“选择域或组”对话框，我们可以在对话框上方“要显示为列的域”区块中设置要修改的字段属性，在下方“列名称”区块中设置要显示的字段名称。

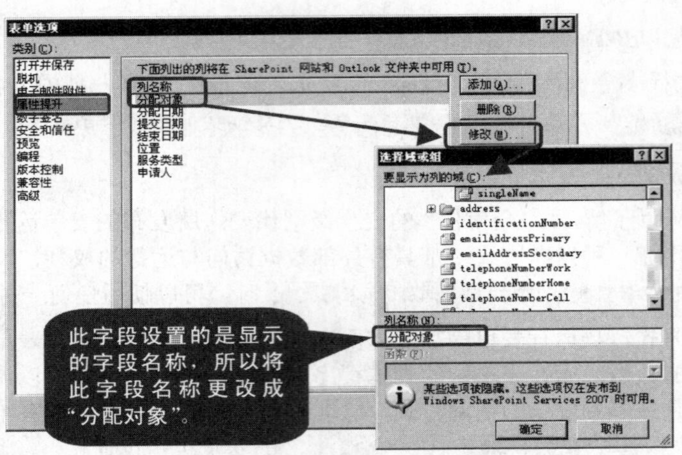

图 14-25　InfoPath 表单中“属性提升”字段的设置

以下是需要更改属性字段的中英文对照表，完成更改后的界面如【图 14-26】所示。

Assigned To	分配对象
Date Assigned	分配日期
Date Opened	提交日期
Date Closed	结束日期
Location	位置
Service Type	服务类型
Requester	申请人

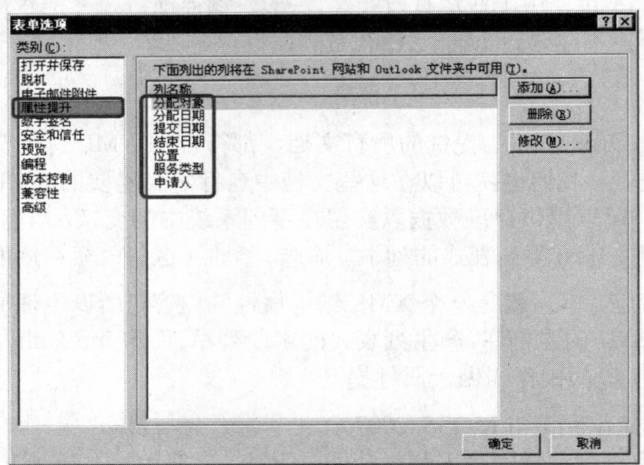

图 14-26　将原本为英文的“属性提升”字段名称改成中文

“一组电子邮件收件人”的发布操作

要进行发布“一组电子邮件收件人”的步骤如下。

- 启用设计保护模式

与之前所讲解的设置相同，考虑是否启用设计保护模式，操作步骤请参考前文的相关内容。

- 设置安全级别

使用发布“一组电子邮件收件人”功能时，要先对此表单的安全级别进行设置，通常要设置为较安全的模式，如果该表单不需要考虑是否允许外部数据访问或运行时，应采用 限制(表单不能访问表单之外的内容)(R) 的安全级别。

在表单的设计模式下，移动鼠标选择 工具(T) → 表单选项(F)...，即可打开“表单选项”对话框，选择 **安全和信任** 项目，取消勾选 自动确定安全级别(推荐)(A) 项目，选择其下的 限制(表单不能访问表单之外的内容)(R) 选项，最后单击 确定 按钮，请参考【图 14-24】。

● 设置电子邮件附件

由于 InfoPath 表单在电子邮件中是以电子邮件附件的方式进行发送的，所以电子邮件附件的设置决定了使用电子邮件发送发布后的表单时要附加到邮件中的文件为何？

注意 发布“一组电子邮件收件人”的操作，一定会将 XML 数据文件与 XSN 模板文件添加到邮件附件中。电子邮件附件的设置不会影响此发布操作，影响的是使用电子邮件发送发布后的表单时要附加到邮件中的文件。

当您选择只能发送 ⊙表单数据(F) 时，电子邮件的附件中只会附加 XML 数据文件，如果您选择了 ⊙表单数据和表单模板(T)，发送的电子邮件附件中就会包括 XML 数据文件和 XSN 模板文件。

这两种选择的差异在哪里呢？当您发送只有 XML 文件附件的电子邮件给收件人时，收件人收到邮件后，由于没有表单模板文件（XSN），所以只能对该表单进行查看操作，也就是说，此时的表单环境是只读性质。

这种发送 ⊙表单数据(F) 方式的表单模板，在什么样的表单设计下会使用呢？答案是：单一表单填写的表单操作都会用到。单一表单填写，也就是说只要在表单中填写数据之后，用户就不会、也不能再更改填写的数据内容了，这种表单的典型应用包括向厂商发送订单、向客户发送报价单等，用户对只能对发送的表单进行查看，而不能改变表单的内容。

附注 在只通过电子邮件发送 XML 数据时，因为没有该 XML 的 XSN 文件，所以收件人不能编辑表单，只能进行读取，但是如果收件人的计算机中安装该了表单环境，对只收到 XML 文件的收件人而言，就可以对该表单进行填写等操作了。

如果使用将 XML 与 XSN 一起通过电子邮件发送的模式，就代表您的收件人可以对该表单进行填写操作。此时，所有往来发送的表单数据都可以被填写、修改和编辑，也可以在收件人的电子邮箱中创建 InfoPath 表单文件夹的存储环境。

那么，这种以 ⊙表单数据和表单模板(T) 发送表单模板的方式，在什么样的表单设计情况下会使用到呢？答案是，所有需要回传审批、答复意见、继续附加数据的表单，都需要这种设计。因为在发送往来电子邮件时，就需要让收件人将数据填写到表单中，但是这样的表单环境又会产生另一个问题，就是在电子邮件传递的过程中，A 收件人将填写的数据发送给 B 收件人时，B 收件人将 A 收件人填写的数据修改了，这样的表单就会失去传送数据的公信力。

所以，如果想要在表单操作避免以上所讲到的问题，就必须要在表单环境中提供一种可以只将更改某些表单的权限提供给某些用户来使用（包括签署）的功能，没有被指定的用户或是被特别被指定的用户，就不能对该表单进行填写、修改或编辑。

要设置电子邮件附件功能，请移动鼠标选择 工具(T) → 表单选项(F)...，在打开的“表单选项”对话框中单击 **电子邮件附件** 项目，勾选 ☑总是发送当前视图及以下附件(A)，并选择 ⊙表单数据(F) 选项，下方的 ☑为此表单模板启用 InfoPath 电子邮件表单功能(E) 项目，我们保留默认的勾选状态，如【图 14-27】所示。

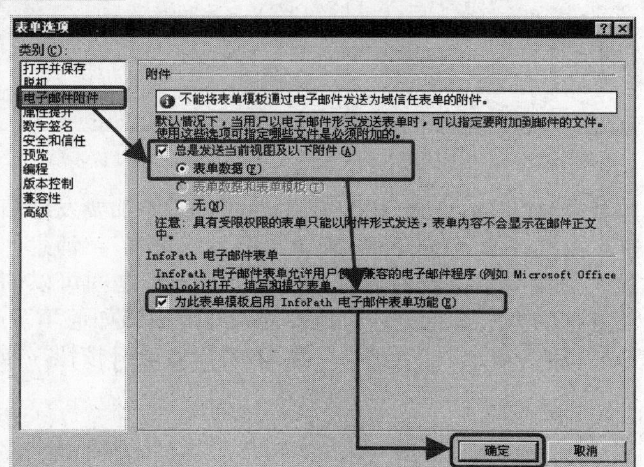

图 14-27 设置 InfoPath 表单可以在电子邮件中使用附件发送的文件格式

● 发布环境条件

在此还是要提醒读者，您所发布的表单环境必须是一个原始设计模式的环境，不能是一个安装过该表单后的环境，也就是说，您不能将其他用户的安装表单模板文件安装到您的计算机环境后，再将这个表单模板文件进行电子邮件的发布，而其他种类的发布都可以进行，就是不能通过电子邮件发布，如果您这样做了，系统就会出现以下的错误信息。

● 发布

备妥以上环境后，我们就可以来进行“一组电子邮件收件人”的发布操作了。在表单的设计模式下，选择窗口右边“设计任务”窗格下方的 发布表单模板... 项目，在出现“发布向导”对话框后选择 一组电子邮件收件人(M) 项目，单击 下一步(N) > 按钮，设置“表单模板名称”为“服务需求表”，单击 下一步(N) > 按钮，会出现“属性提升”字段的选择，保持目前的字段设置，移动鼠标单击 下一步(N) > 按钮，打开发布向导的最后一个界面，单击 发布(P) 按钮，如【图 14-28】所示。

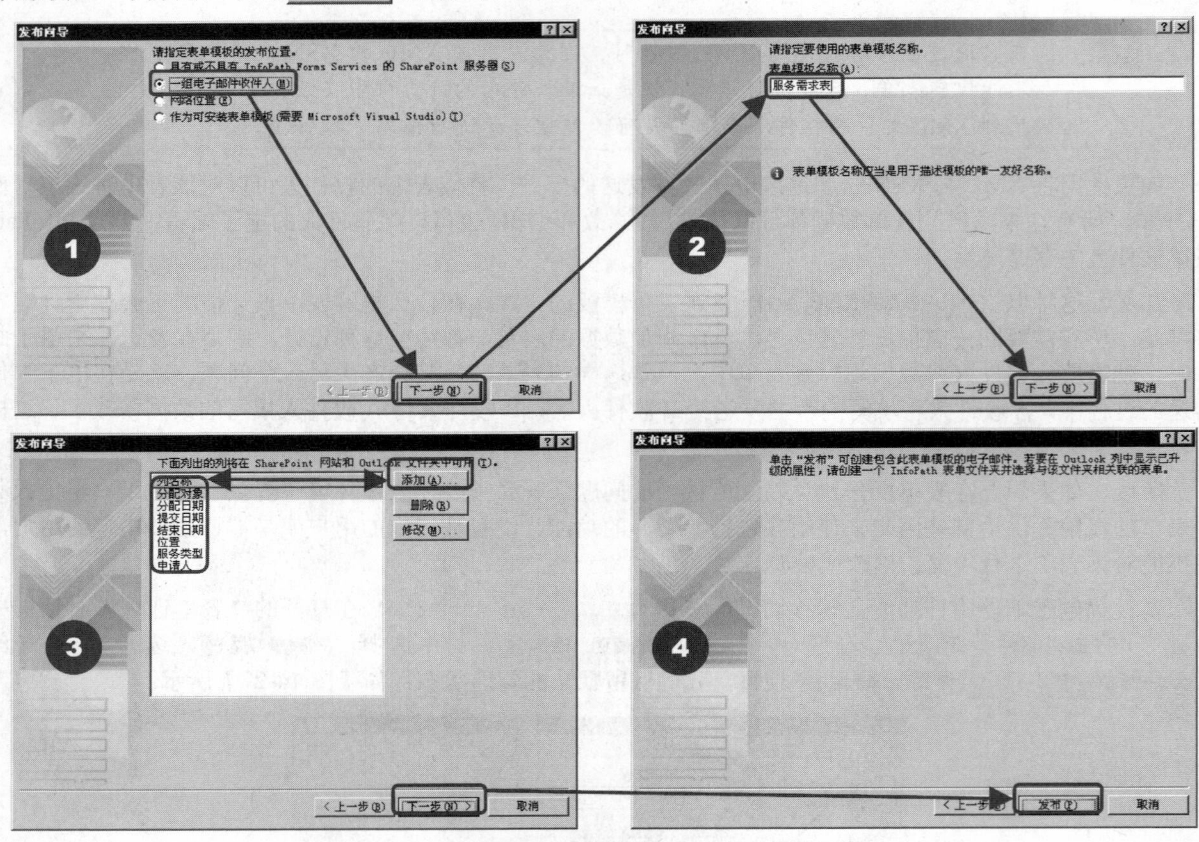

图 14-28 “一组电子邮件收件人”的发布向导设置步骤

接下来，发布向导程序就会使用 Outlook 2007 以附件的方式添加要发送表单文件，显示要发送的电子邮件，单击 提交(B) 按钮，在打开的“InfoPath 表单：服务需求表 – 消息”窗口的“收件人”字段中输入收件人的电子邮件地址，如果有多位收件人时，电子邮件地址之间可以使用分号隔开，在“主题”字段中对此表单的用途以及处理的方式进行描述，让收件人知道应该如何填写此表单，如【图 14-29】所示。单击当前“InfoPath 表单：服务需求表 – 消息”窗口的 发送(S) 按钮，即可将此电子邮件发送给指定收件人。

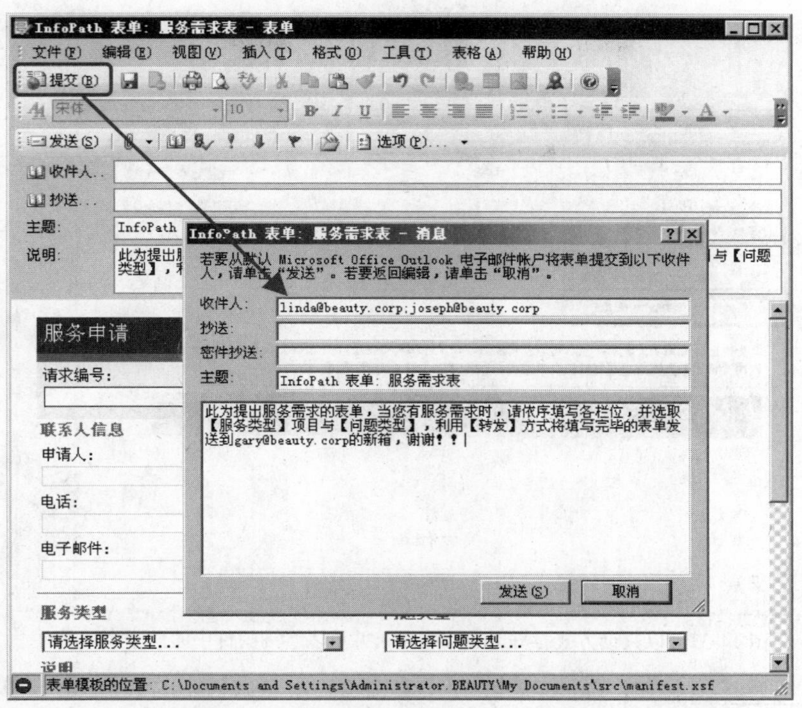

图 14-29　设置要发送的表单模板文件的电子邮件收件人、主题等项目

注意　在确认将表单文件添加到电子邮件附件中后，要单击 InfoPath 窗口中的 提交(B) 按钮，因为发布时要使用 InfoPath 在表单操作中提供的“发送”按钮，由 InfoPath 发送的电子邮件才能成功投递，然后再选择“InfoPath 表单：服务需求表 - 消息”窗口中的发送功能即可。千万不要使用 Outlook 2007 中的 发送(S) 按钮发送电子邮件，如果使用此按钮，收件人很可能收不到发送的电子邮件。

14.2.5　在电子邮件环境中使用 InfoPath 表单

当发布人将设计好的表单模板通过电子邮件的方式发送给所指定的收件人，收件人便可以在他的 Outlook 2007 环境中使用该 InfoPath 表单。例如，我们将此表单通过发布电子邮件的方式发送给 Linda，所以接下来，我们切换到 Linda 账户，打开 Outlook 2007，来说明如何在 Outlook 2007 的环境中使用接收到的 InfoPath 表单。

在进入 Outlook 2007 环境后，可以看到接收到的表单发布电子邮件，单击该电子邮件，此时您会在预览窗口中看到此电子邮件中表单的只读内容，在该邮件窗口的任一位置双击鼠标，会出现如【图 14-30】所示的提示信息。

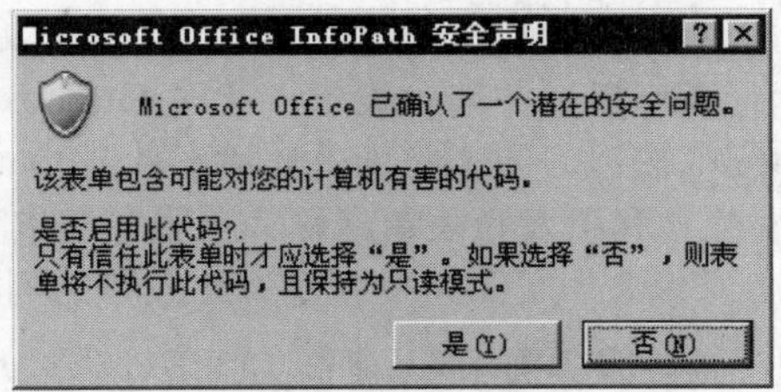

图 14-30　在 Outlook 2007 中打开 InfoPath 表单时会出现安全声明的提示信息

如果您选择的是 否(N) 按钮，则电子邮件会以标准邮件的只读打开方式显示 InfoPath 表单，此时，您可以看到此邮件的附件中有两个文件，一个是 XML 数据文件，另一个 XSN 表单模板文件，如【图 14-31】所示。

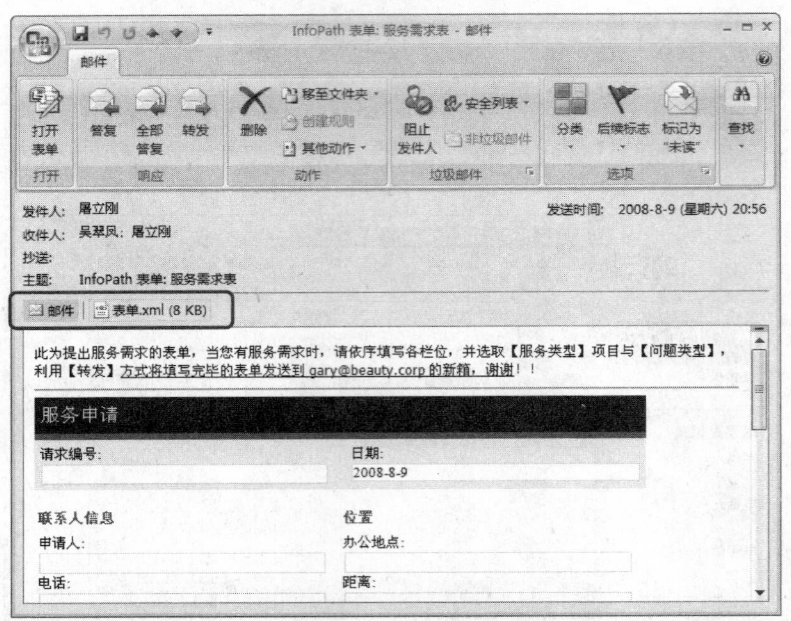

图 14-31 以只读方式打开 InfoPath 表单并可以看到附件中的两个表单文件

如果您选择了 是(Y) 按钮，Outlook 2007 会直接运行电子邮件中的 InfoPah 表单，并提供表单填写的环境，如【图 14-32】所示。

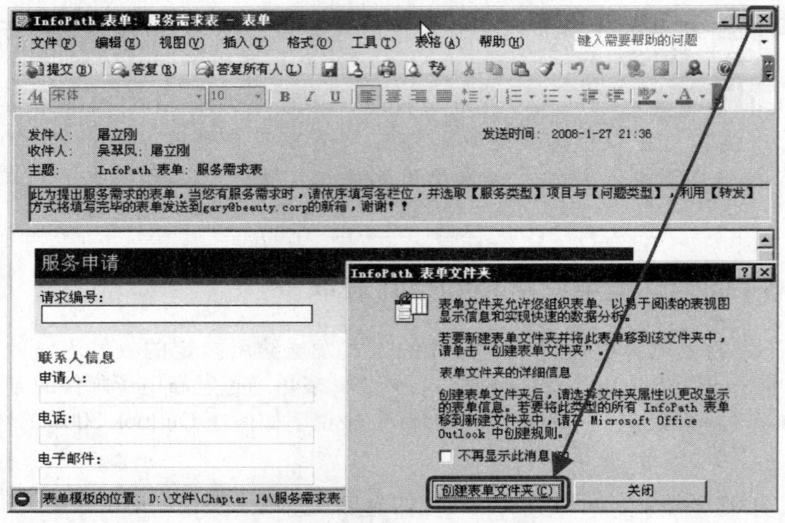

图 14-32 打开接收到的发布表单

在您第一次收到发布的 InfoPath 表单后，首先要做的并不是在该电子邮件中直接填写内容，而是应该通过接收到的表单文件创建一个可以存储、查看的电子邮件表单环境。那么，应该如何创建这样的表单环境呢？您可以在启动此项表单的运行环境后，关闭此表单，此时 Outlook 2007 中就会打开“InfoPath 表单文件夹”对话框，单击 创建表单文件夹(C) 按钮，创建此表单环境，此时 Outlook 2007 会自动根据您电子邮件中的环境，创建“InfoPath 表单”文件夹和所发布表单名称为“服务需求表”子文件夹，最后还会将表单中自定义的“属性提升”字段在“服务需求表”文件夹中创建为此表单的列举列表环境，如【图 14-33】所示。

完成以上操作后，当您要创建一项“服务需求表”时，就可以选择 InfoPath 表单 下的 服务需求表，然后单击 新建(N) 按钮即可。

在您填写完表单内容后，要发送邮件时，有两种选择。

一种选择是单击 InfoPath 表单中提供的 提交(B) 按钮，此时将启动 InfoPath 表单中的电子邮件发送功能，并会出现一个简单的邮件编辑窗口，如【图 14-34】所示。

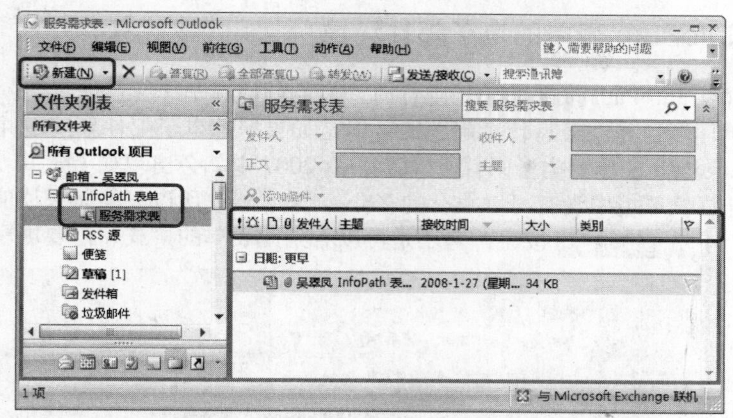

图 14-33　将发布的表单创建在 Outlook 2007 的“InfoPath 表单”文件夹下

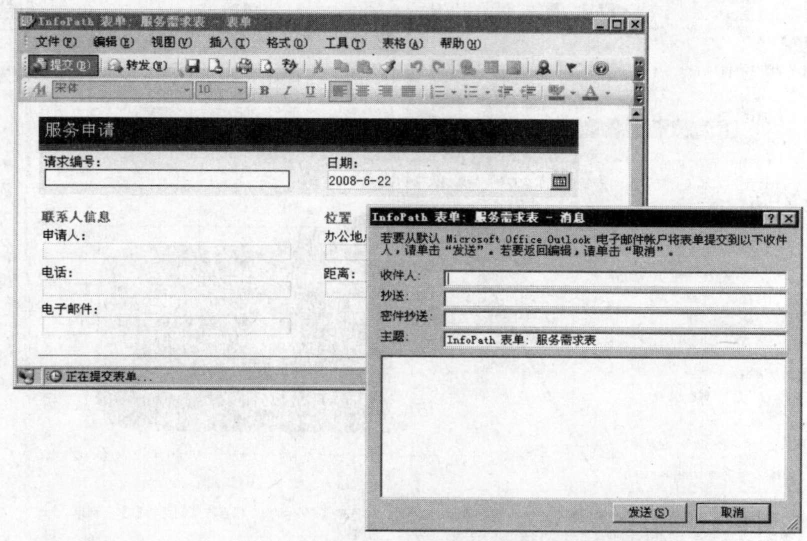

图 14-34　使用 InfoPath 表单中提供的电子邮件功能发送填写完的表单

使用 InfoPath 中的电子邮件发送功能的问题在于，我们不能像在 Outlook 2007 的电子邮件中一样，可以通过单击 收件人(O)... 按钮选择邮件的收件，而是必须在“收件人”字段中自行输入收件人的电子邮件地址，然后单击 发送(S) 按钮，完成表单的发送。

另一种方式是使用 Outlook 2007 发送填写好的表单。单击 转发(W) 按钮，此时表单就会转换到 Outlook 2007 的电子邮件环境，Outlook 的功能也就都可以使用了，如【图 14-35】所示。

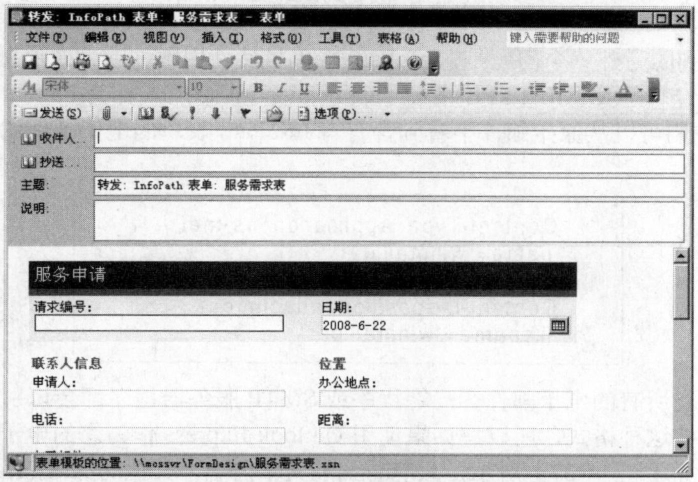

图 14-35　使用转发的方式将 InfoPath 表单转入到 Outlook 的电子邮件环境中

14.2.6 接收 InfoPath 表单的电子邮件环境

当收件人接收到含有 InfoPath 表单的电子邮件时，有几种情况是您应该注意的。如果您的电子邮件环境中已经安装了该表单环境，是不会有什么问题的，但是如果您的电子邮件环境中并没有安装该 InfoPath 表单，当您打开含有 InfoPath 表单的电子邮件时，Outlook 2007 中就会出现如【图 14-36】所示的错误信息，这个信息表示当前的计算机环境中没有可以执行的 XSN 表单模板，所以只能以只读的方式显示。所以，不必理会这个错误信息，单击 确定 按钮，您还是可以看到此表单的格式和需要填写的内容。

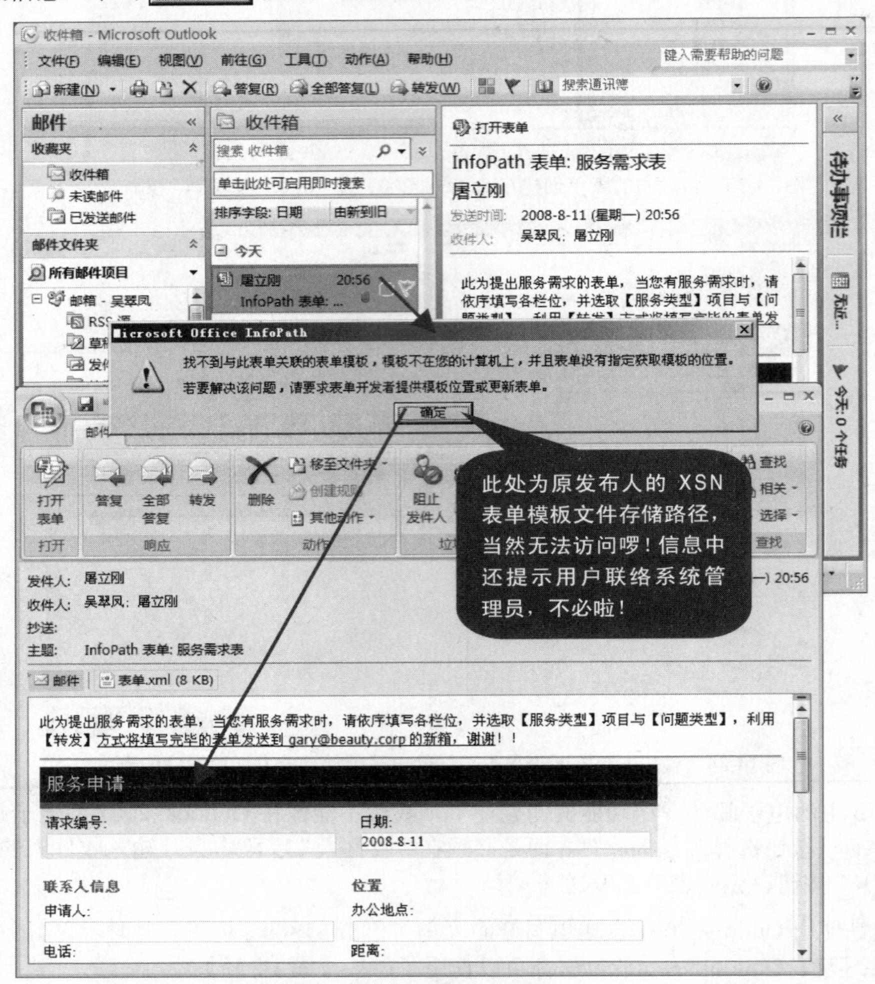

图 14-36 在没有该项 InfoPath 表单模板的环境下将以只读方式显示表单内容

另外，您还要注意到的另外一个问题是，InfoPath 表单虽然使用附件的方式通过电子邮件发送，但因为附件采用的格式是微软专有的 MIME TYPE 格式（application/ms-tnef），称为 Fentun 格式，所有的内容都包含在 winmail.dat 中。我们可以从原始邮件中看到含有有 InfoPath 表单的电子邮件的原始数据，其中有一段的表头会有以下内容：

```
Content-Type: application/ms-tnef;
name="winmail.dat"
Content-Transfer-Encoding: base64
Content-Disposition: attachment;
filename="winmail.dat"
```

这种格式表示并不是所有的电子邮件客户端程序或 SMTP 服务器程序都会识别这种格式的内容，例如，Outlook Express 就不支持这种格式，所以您如果使用 Outlook Express 作为您的电子邮件收发程序，您接收到的电子邮件内容就会如【图 14-37】所示，只能看到纯文本内容，其他的 XML 格式全都无法显示，也无法看到附件文件。

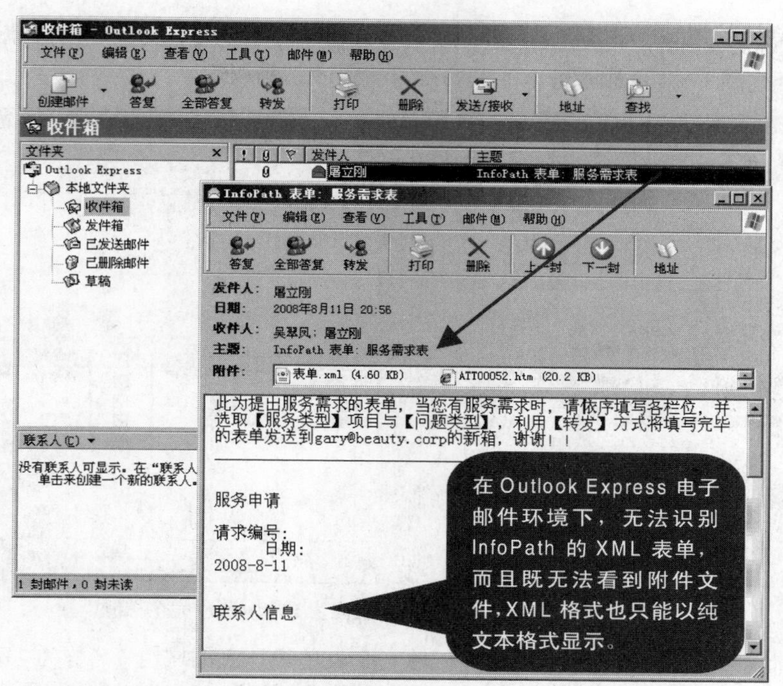

图 14-37　使用非 Outlook 电子邮件客户端可能会导致 InfoPath 表单格式无法显示

14.3　网络位置的发布

讲到这里，笔者还是不免要唠叨地说一下，虽然从本节才开始讲解到与 MOSS 2007 的表单环境有关的内容，但说实话，表单的应用就是 InfoPath 的应用，如果您没有对 InfoPath 的内容和环境有一个基本的认识，然后直接去学习 MOSS 2007 表单库和表单服务器的操作，那最后您可能就会认为表单库就是把表单显示出来并进行编辑而已，而表单服务器就是在网页中运行表单的填写而已，如果您真有这样的感觉，那就太小看表单操作的功能了。

这也是笔者将此章命名为“表单任务”的原因。因为您要了解的不只是 MOSS 2007 上的表单库，或是表单服务器怎么使用，而是要全面了解在企业中如何执行一个表单任务、如何规划表单的工作流，所以笔者在前面两节中，介绍了 InfoPath 表单的基本工作环境，以帮助您建立表单任务的基本概念。我们相信，在您阅读完上述两节的内容后，对 InfoPath 表单运作的环境已经建立了基础的认识和了解。

我们从前面的讲解中可以知道，InfoPath 表单的发布操作可以采取 4 种方式，前面介绍的两种方式（“可安装的表单模板”和“一组电子邮件收件人”）与网络服务器或网站服务器环境无关，但另外两种（“网络位置”和“SharePoint 服务器”）则与网络服务器及网站服务器环境有关。所以要将 InfoPath 表单模板发布到网络服务器或网站服务器环境，我们必须先设置网络服务器或网站服务器中表单的存储环境。

14.3.1　共享文件夹的准备

我们在前面的讲解中曾经提到，InfoPath 表单中记录着该表单模板文件的存储路径，所以，为了提供可以在不同客户端计算机上进行表单模板文件的设计、编辑或填写功能，在企业内部，可以将表单模板文件发布到文件服务器上，通过网络环境来访问该项表单模板文件。如果您需要设置这种环境，应该要先在文件服务器上创建共享文件夹，来满足 InfoPath 在“网络位置”上的发布，让用户可以通过共享文件夹访问同一份表单模板文件。

创建共享文件夹要注意访问权限的设置。我们知道，共享文件有两种权限，一种是共享访问权，另一种是 NTFS 访问权。

在共享权限设置上，由于这个共享文件夹需要满足通过网络访问的表单设计者可以指定该表单模板文件供哪些用户修改和读取，所以要设置可以通过网络方式来更改权限。要使用户获得通过网络更改 NTFS 的权限，就必须将文件夹的共享权限设置为“完全控制”。下面我们在 mossvr 的服务器上创建两个共享文件夹，名称分别为“Forms”和“FormDesign”，其共享权限的设置如【图 14-38】所示，将“everyone”组的权限设置为“完全控制”，让设计者可以通过网络方式修改访问权限。

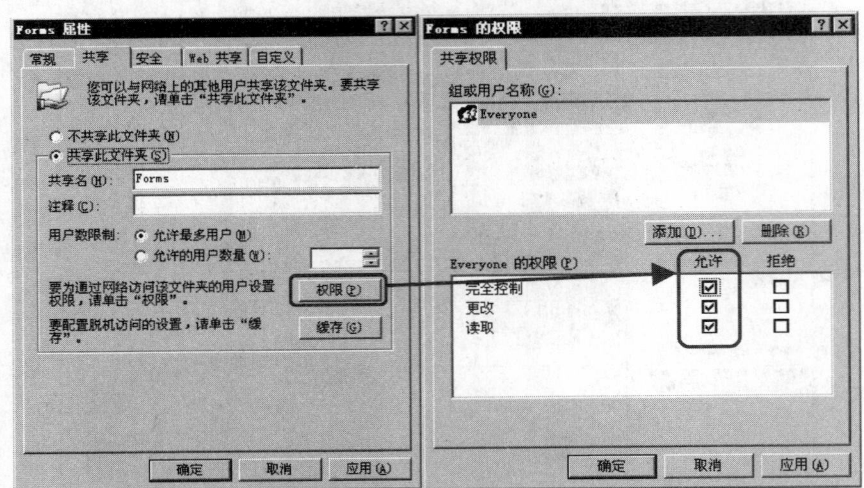

图 14-38　设置共享文件夹的共享权限为 Everyone“完全控制”

在 NTFS 的访问权中，您应该先在 AD 域上创建一个表单设计者的域组（名称为“DL-FormDesinger”），并授予“新建”访问权，而 Users 组的访问权则应为“读取”，这样一来，如果用户要在此共享文件夹下设计表单模板，即可将该用户加入 DL-FormDesinger 组，这样该用户就可将表单模板文件发布到此文件夹中，而一般的用户只能对表单模板文件进行读取和运行的操作，但不能修改或删除表单模板文件。

要更改 NTFS 中 Users 组的权限，必须在此文件夹图标单击鼠标右键，在快捷菜单中选择 属性(R)，单击“安全”选项卡上的 高级(V) 按钮，取消勾选 允许父项的继承权限传播到该对象和所有子对象。包括那些在此明确定义的项目(A)。，并用“复制”方式保留原本继承的权限，然后将 Users 组具有创建权的“特殊”权限授予 DL-FormDesigner 组使用，如【图 14-39】所示。

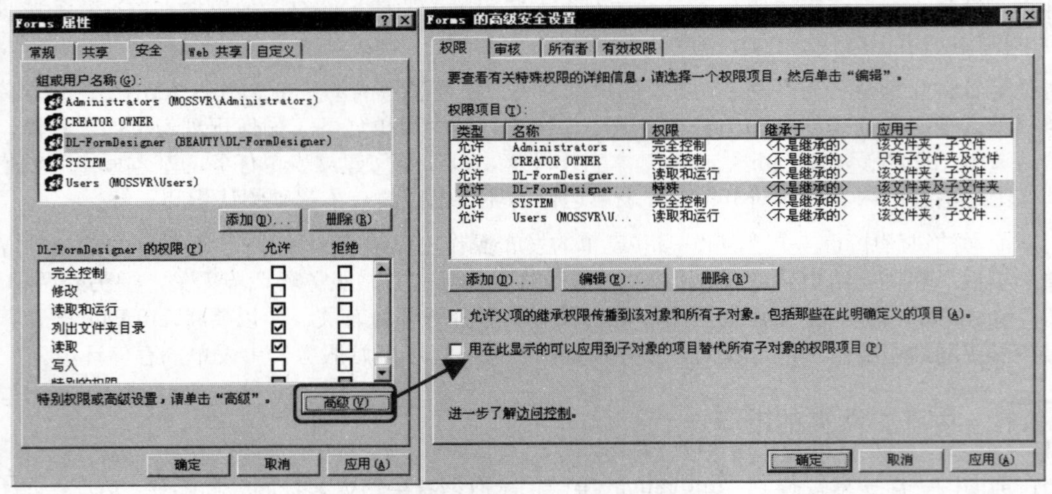

图 14-39　设置共享文件夹的 NTFS 访问权

14.3.2　表单库环境的准备

表单任务环境对一个企业来说，是一个非常重要的数据交换、工作流处理中心，通常在 MOSS 2007 的系统环境中，应该独立生成一个企业表单任务的网站，所以，我们应该在企业的协作门户网站下创建一个名为“表单工作中心”的网站环境，来提供所有与本企业相关的表单工作操作流程的处理。

创建“表单工作中心”网站

要创建表单工作网站，请打开企业协作门户网站首页，选择 网站操作 → 创建网站 在此网站下添加新网站。，在打开的

“创建 SharePoint 网站”配置页面的“标题”字段中输入“表单工作中心”，在“说明”字段中输入此网站的描述，在“URL 名”字段中输入“FormWorkCenter”，在“选取模板”列表中选择“协作”下的“工作组网站”项目，其他各项设置使用系统默认值，最后单击 创建 按钮。

创建表单库

在创建了“表单工作中心”网站后，我们要在此网站中创建文档库和表单库，这些文档库和表单库的设置详见下表：

类　别	中文名称	英文名称	用　途
文档库	表单说明	FormDocs	存储表单使用的说明文件
表单库	表单模板文件	FormTemplate	存储离线的 XSN 表单模板供用户下载
表单库	总务类	housekeeping	提供总务类的各种表单填写
表单库	人事类	human	提供人事类的各种表单填写
表单库	业务类	sales	提供业务类的各种表单填写
表单库	维护类	maintain	提供信息工程服务类的各种表单填写
表单库	福委会	welfare	提供福委类的各种表单填写

在创建表单库时，还要考虑一项功能，就是该表单库是否需要通过电子邮件附件接收文件，通常使用电子邮件附件传送的表单的填写环境有可能在企业外部或是离线操作环境，如果该表单需要比较高的安全性的话，建议不要提供通过电子邮件附件接收文件的方式，但是如果需要比较灵活的操作方式的话，就可以考虑开放电子邮件传送方式。例如，“总务类”下的表单通常是需要具有较高安全性的，所以不建议开放电子邮件传送方式，“维护类”和“福委会”性质的表单具有内部信息申请的功能，所以也不适合开放电子邮件传送方式，但是对于“人事类”（例如请假单）和“业务类”（例如订单）的表单，就需要比较灵活的操作模式，所以这些表单库就比较适合开放电子邮件传送方式。

下面以创建总务类表单库的操作步骤作为创建所有表单库的参考。在“表单工作中心”网站首页选择 网站操作 下的 创建，在出现“创建”配置页面后，单击 库 区块下的 表单库 项目，进入“新建”配置页面，在“名称”字段中输入“housekeeping 总务类”（本书曾经介绍过，名称前面设置为英文的目的是为了产生英文的名称路径，然后再将名称中的英文删除，详细内容请参考第 4.1.2 节），在“说明”字段输入上表中“用途”栏的内容，将 是否允许此文档库接收电子邮件? 字段设置为 否，其余设置使用系统默认值，最后单击 创建 按钮。

在创建完上表中所需要的文档库和表单库后，您可以分别单击各表单库和文档库，然后移动鼠标选择 设置 下的 表单库设置，进入该项设置页面，选择 常规设置 区块下的 标题、说明和导航 项目，在“名称”字段上，将原有名称中的英文部分删除，最后您应该看到如【图 14-40】所示的环境。

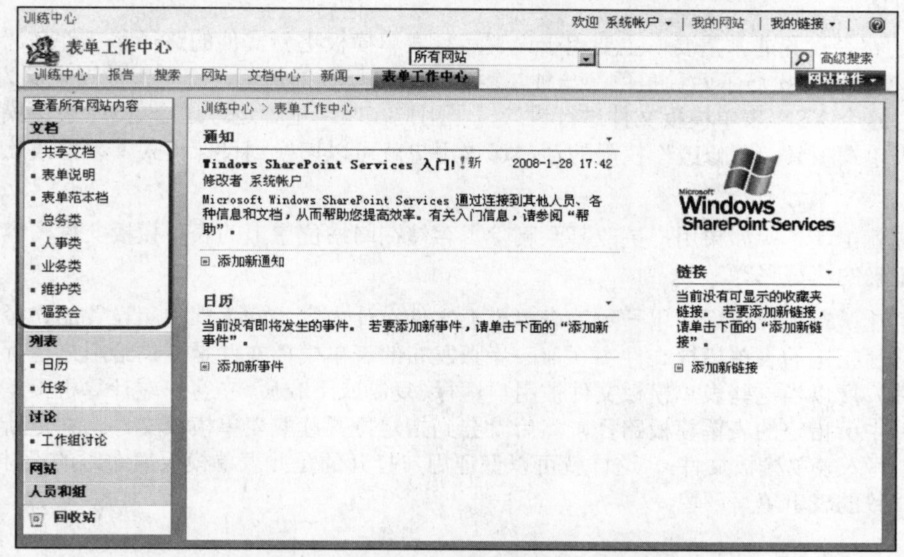

图 14-40　在“表单工作中心”网站创建各类别的表单库环境

为了在表单任务中心设置一个专用、自定义的“快速启动区”，我们在创建好各项表单库、文档库后，即可重新调整快速启动区中的内容。

请移动鼠标选择 网站操作 ▾ 下的 网站设置 项目，在打开的“网站设置”配置页面选择“外观”区块下的 导航 项目，在进入“网站导航设置”配置页面后，在“导航编辑和排序”区块中重新调整“标题”和“链接”，添加 3 项“标题”，分别为“参考区”、“填表区”和“流程进度区”，在“参考区”下放置“表单说明”和“表单范本档”，其余各类表单库则放在“填表区”标题下，至于“流程进度区”下的则暂时空置，而小组网站默认的连接项目在此先全部删除，在重新调整后，您应该看到如【图 14-41】所示的快速启动区中的内容。

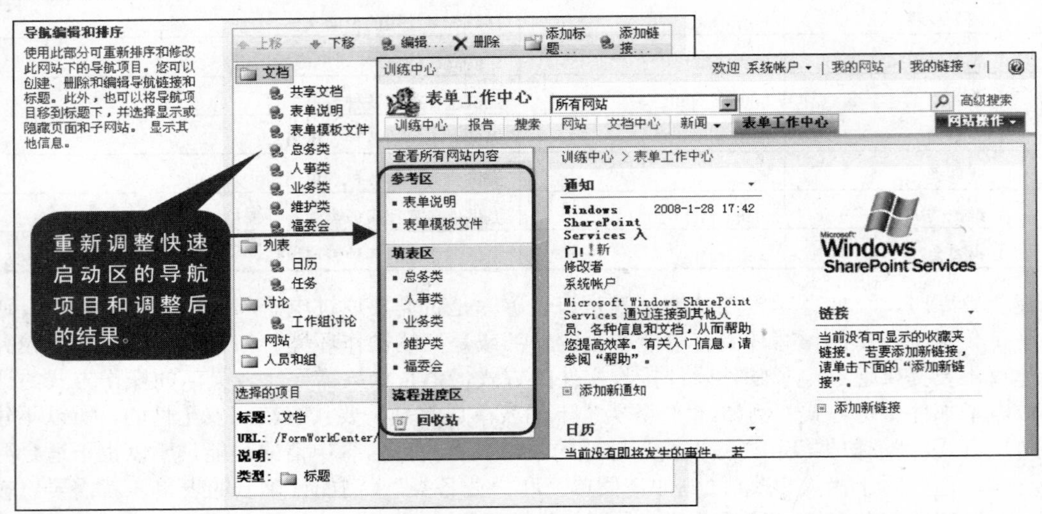

图 14-41　重新调整快速启动区中导航项目的内容

14.3.3 将表单模板发布到共享文件夹

要将表单模板文件发布到网络上的共享文件夹中，可以在 InfoPath 的表单设计模式环境下进行发布。我们还是以前面的“服务需求表.xsn”表单模板文件为例，在“服务需求表.xsn”文件图标上单击鼠标右键，选择 设计(D) 项目，直接进入“服务需求表.xsn”的设计模式环境。

选择 文件(F) 菜单下的 发布(B)... 项目，在打开的“发布向导”对话框中选择 网络位置(E) 项目，单击 下一步(N) > 按钮，打开“发布向导”第 2 步对话框，在“表单模板路径和文件名”字段中输入“\\mossvr\Forms\服务需求表.xsn”，在“表单模板名称”字段中输入“服务需求表”，然后单击 下一步(N) > 按钮，打开“发布向导”第 3 步对话框。

第 3 步骤的路径设置非常重要，主要用于设置运行表单模板更新文件的路径和文件名。什么意思呢？由于 XSN 表单模板文件扮演了两种角色，一种是运行该表单模板的填写，将填写数据存储为 XML 数据文件，另一种是对这个 XSN 表单模板文件进行设计，当用户在网络位置运行这个 XSN 表单模板文件时，如果该用户对此表单模板具有“修改”权限的话，那该用户就可以切换到设计模式下来修改此表单的设计内容了。

这时候问题就出现了：如果用户更改甚至删除了存储在网络位置上的表单模板文件内容，那这个表单应该怎样进行正确的填写呢？

所以，为了让所有用户可用使用一致的表单模板文件设计内容，此步骤中所设置的路径和文件名会写入前一步发布路径指定的表单模板文件中（前一步骤发布的表单模板文件是提供给用户运行、复制和下载的表单模板文件），所以当这些表单模板文件被用户运行、复制或下载后，在客户端计算机上运行时，InfoPath 就会读取此文件中所指定的表单模板路径，然后就会到指定位置读取表单模板文件，并更新到打开的表单模板中（但不会写入表单模板文件），这样就可以保证用户打开的是此表单模板发布时的设计内容，为所有用户提供内容一致的表单填写环境。

为了将这两个表单模板文件放置在不同的共享文件夹下，所以在第 3 步中，我们要输入的路径文件名是“\\mossvr\FormDesign\服务需求表.xsn”，然后单击 下一步(N) > 按钮，在出现“发布向导”第 4 步对话框后，单击 发布(P) 按钮，最后单击 关闭(C) 按钮。

将表单模板文件发布到共享文件夹的操作过程如【图 14-42】所示。

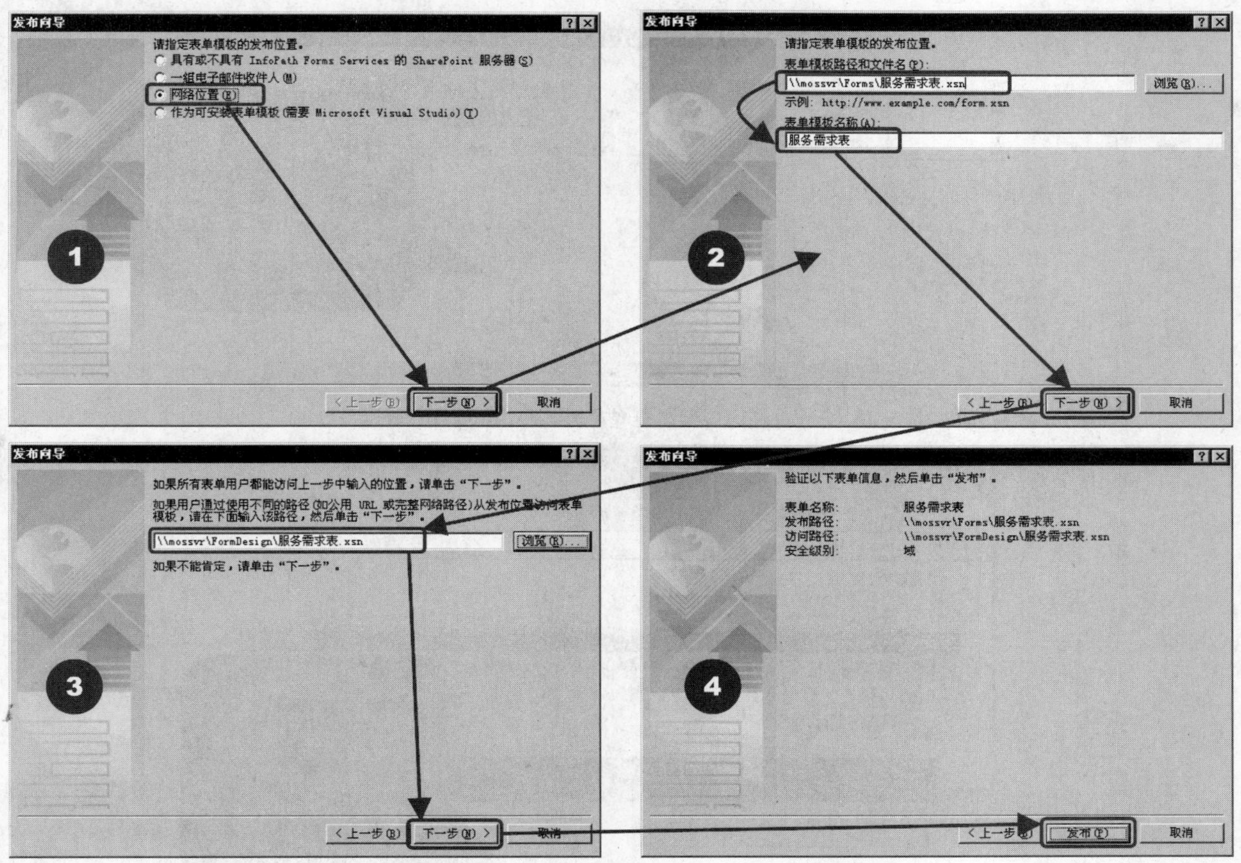

图 14-42　将表单模板文件发布到共享文件夹的步骤

注意 在第 3 步中所设置的路径上，发布向导并不会将表单模板文件发布上去，所以在完成发布向导后，在该路径上不会出现您所发布的表单模板文件。您必须要在完成发布向导后，将发布路径上的表单模板文件复制一份到第 3 步所指定的路径下（以本例来说，要手动将“\\mossvr\forms\服务需求表.xsn”文件，复制到“\\mossvr\formdesign”路径下）。

从以上的说明看起来，好像有点懂，又好像不太懂，又好像有点有趣！所以接下来，我们提出一些问题，让您了解得更清楚。

● 问题一

如果用户对“\\mossvr\forms\服务需求表.xsn”文件有“修改”权限，所以就进入“服务需求表.xsn”的设计模式下，把页面上所有字段全部都删除了，然后保存并退出，如【图 14-43】所示。请问，当另外一个用户打开此发布位置下的表单模板文件时，所看到的表单内容情况是怎样的？

这个答案是……用户还是会看到原来发布的表单内容！因为在打开表单时，InfoPath 会自动到“\\mossvr\formdesign”路径下读取“服务需求表.xsn”并进行更新，接下来，您就会看到原来的表单内容，InfoPath 窗口下方的状态栏中会显示表单模板的存储路径为“\\mossvr\formdesign\服务需求表单.xsn”，如【图 14-44】所示。

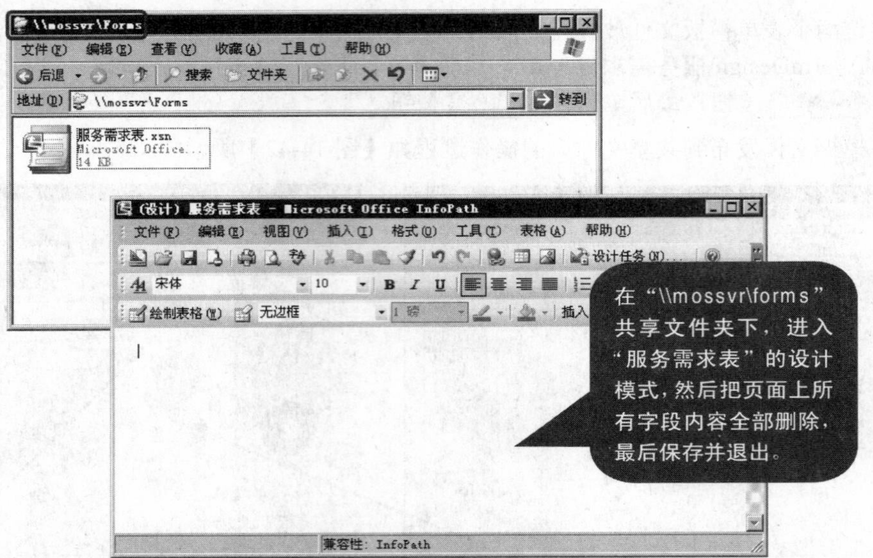

图 14-43 修改已经发布的表单模板文件的设计内容

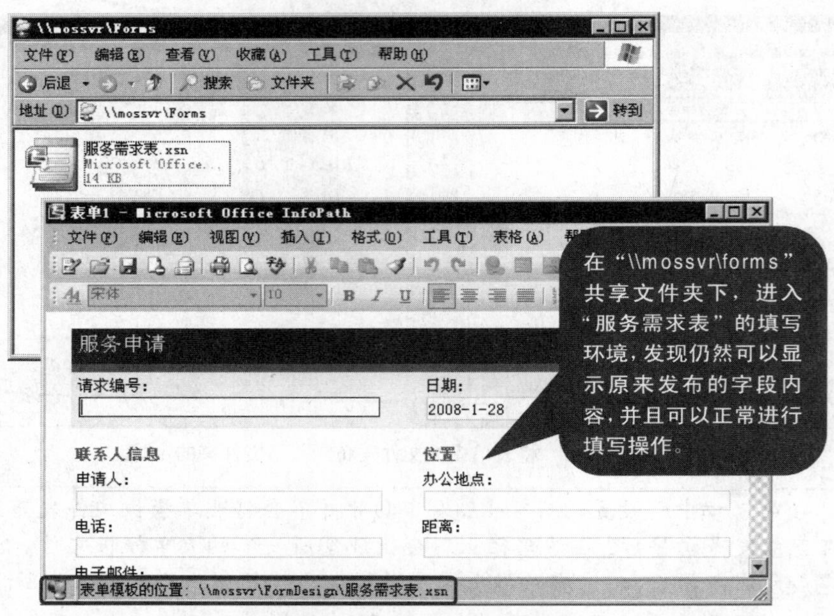

图 14-44 运行发布位置的表单模板文件还是看到与原来相同的内容

- 问题二

既然在发布位置下的表单模板内容可以是空的，那我们就创建一个空白的表单模板文件，然后在发布向导第 2 步中设置发布位置时，发布这个空白的表单模板文件，接着在第 3 步中设置"服务需求表.xsn"的存储路径，最后将"服务需求表.xsn"复制到指定路径下。这样，当用户运行这个空白的表单模板文件时，情况又是怎样的呢？是不是同样地也可以运行"服务需求表.xsn"表单模板内容环境呢？

答案是不行！这是为什么呢？要讨论这个答案，还是要先讨论 InfoPath 的结构内容。在 InfoPath 中，最主要的结构文件是"manifest.xsf"。因为这个文件中记录着 XSN 文件包含的所有相关文件和基础结构数据，所以这些相关文件和基础结构文件都必须同时存在，而表单内容中的这些字段，不过只是表单查看环境，所以只要结构文件在，即使查看环境被更改了也没有关系，此时，如果能进行更新，原来的查看环境也就会恢复。可是如果您创建的是一个空白的表单模板文件，其主要结构和内容都与参考的表单模板不同，这就无法通过更新的方式运行了，因为这是两种不同结构的表单模板内容，所以在没有任何可以参考的基础结构数据下，当然也就无法更新了。

- 问题三

如果用户从发布的共享文件夹中，将此表单模板文件复制或下载到本地计算机环境，然后在设计模式下进行内容的修改并保存，此时，如果运行这个修改后的表单模板文件，又会发生什么样的情况呢？

当用户从发布位置上将文件复制或下载后，在本地计算机使用设计模式打开文件时，会出现以下的警告信息：

此时，单击 确定 按钮进入设计模式后，您会发现设计模式是在只读状态下，所以当您进行了内容修改并要保存时，InfoPath 会要求您将更改的文件另存为一个新文件。如果您还是使用相同的文件名存储更改后的文件，在重新打开此表单模板文件，进入此表单的运行填写环境时，就会出现如【图 14-45】所示的“表单模板冲突”对话框，您可以选择要保留本地计算机上修改过的表单模板文件，还是要使用指定的表单模板文件替换本地计算机中的表单模板文件。

由于您已经改变了发布的访问路径，所以，此时在发布的“访问路径”和“打开的表单”字段都会显示在发布向导第 3 步中所设置的表单模板路径，而不会显示该表单模板发布的路径。

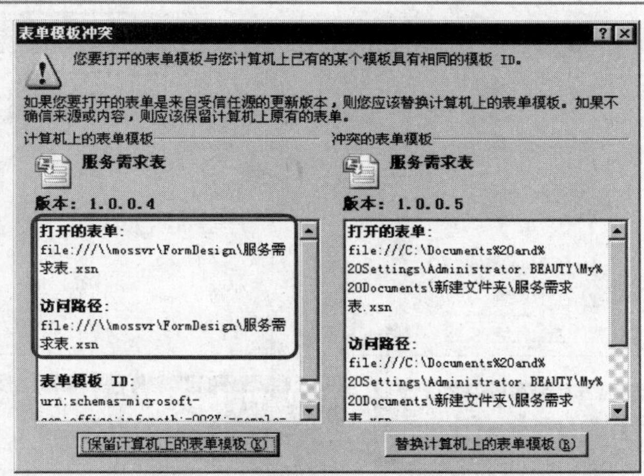

图 14-45　将表单模板文件复制或下载到本地计算机环境，并进行设计内容的修改及保存时出现的冲突情况

如【图 14-45】所示，无论您选择的是 保留计算机上的表单模板(K) 还是 替换计算机上的表单模板(R)，所运行填写表单的内容都还是从发布表单模板位置上更新下来的原始发布表单模板内容，而不是您在本地计算机上修改后的内容，而这选择这两个项的差别在于，如果您选择的是 保留计算机上的表单模板(K) 按钮，您在本地计算机上修改过后的表单模板内容不会被原始发布的表单模板内容替换，但是如果您选择的是 替换计算机上的表单模板(R) 按钮，则原始发布的表单模板内容会将您在本地计算机上修改后的表单模板内容覆盖。

14.3.4　将表单模板发布到网站

选择了 ⊙ 网络位置(E) 发布的选项，除了可以将表单模板文件发布到网络共享文件夹的环境以外，也可以发布到网站，但请不要将这种发布方式与我们后面要讲到的“网站发布”混淆在一起，这里所讲解的“发布到网站”的方式主要是在网站中可以运行或下载此 XSN 表单模板文件，但是并不提供表单模板文件在运行填写内容后存储 XML 数据文件的环境。

如果您是直接从网站中运行发布的表单模板文件，则填写的数据是存储在客户端计算机环境中的，或是将填写完的数据通过电子邮件的方式进行传送。如果您从网站上将表单模板文件下载到客户端计算机中，那也就是在客户端中运行此表单模板，并将填写的数据存储在客户端的计算机环境下，当然，您也可以将填好的数据通过电子邮件的方式发送给您指定的收件人。

提示 由于网站环境不会像共享文件夹环境一样，而是直接将表单模板文件提供给用户，只要在该文件图标上单击鼠标右键选择 设计(D)，用户即可直接进入表单模板的设计模式。所以在发布前，您最好启用要发布表单模板的保护功能。

网站的“表单模板文件”表单库主要是供用户进行表单运行或下载的操作，所以您应该更改此表单库的访问权限，将“网站成员”性质的组权限由“参与”更改为“读取”，这样才能有效防止用户随意更改此表单库的内容。有关访问权限的设置请参考第 5 章。

我们还是以“服务需求表.xsn”为例，在“服务需求表.xsn”文件图标上单击鼠标右键，选择 设计(D) 项目，直接进入“服务需求表.xsn”的设计模式环境下，然后移动鼠标选择 文件(F) 菜单下的 发布(B)... 项目，在打开的“发布向导”对话框中选择 网络位置(E) 项目，单击 下一步(N) > 按钮，在“发布向导”第 2 步对话框的“表单模板路径和文件名”字段中输入“http://center.beauty.corp/formworkcenter/formtemplate/服务需求表.xsn”，在“表单模板名称”字段中输入“服务需求表”，单击 下一步(N) > 按钮，在第 3 步骤对话框的字段中输入与第 2 步相同的路径和文件名，单击 下一步(N) > 按钮，最后单击 发布(P) 按钮，将表单发布到网站，如【图 14-46】所示。

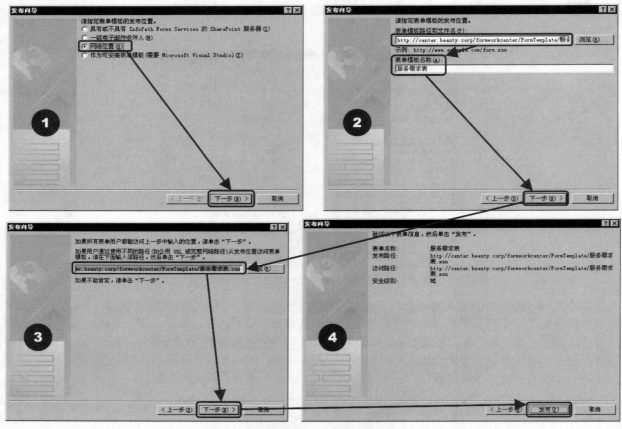

图 14-46 将表单模板文件发布到“表单模板文件”表单库下

在完成上述发布后，我们可以以普通用户的身份访问 http://center.beauty.corp/formworkcenter/formtemplate，此时就会看到发布的表单模板文件，请参考【图 14-47】。

此时，如果您直接单击“服务需求表”项目，在通过登录验证后，客户端计算机环境就会启动 InfoPath 程序，将此项目打开并进入运行填写环境，但在此环境下进行数据存储时，您会发现系统默认的存储位置是在本地计算机上。如果您要下载此表单模板文件，则可以在该项目的下拉列表中选择 发送到 ▸ 下的 下载副本 项目，将此表单模板文件下载到客户端计算机环境中。**注意：此种方式发布的表单模板是不能通过网页浏览方式激活的。**

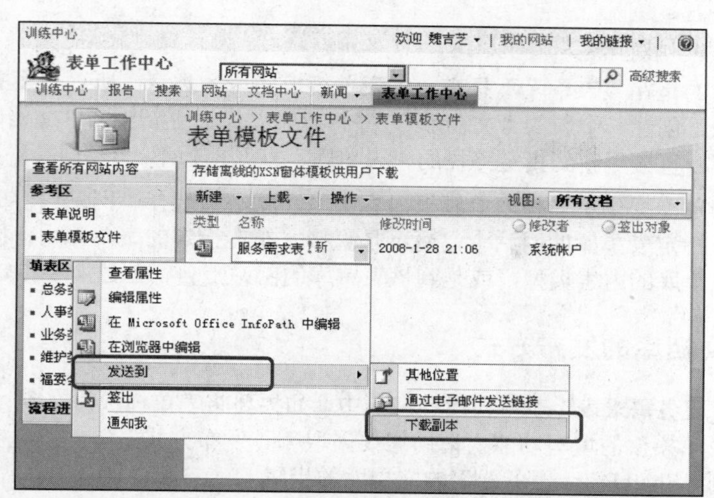

图 14-47 使用普通用户账号连接到表单模板文件表单库并下载表单模板文件的副本

14.4 SharePoint 服务器的发布

我们在上节说明了表单模板可以通过“网络位置”的发布方式将表单模板发布到网站上，但是对填写表单的用户来说，这种方法不能将所要填写存储的 XML 数据文件放置在 SharePoint 的表单库中，只能存储在本地计算机环境下或是通过电子邮件传送，这样就无法实现表单数据的集中交换处理了。

那我们是否可以通过 SharePoint 的表单库来运行 InfoPath 的表单模板文件呢？或者将填写完表单数据的 XML 数据文件存储在 SharePoint 表单库中呢？这个答案当然是肯定的哕！只是如果要采用这种方式处理表单模板和表单数据，就必须使用另一种发布方式，这种发布方式称为“SharePoint 服务器”。

14.4.1 发布表单库的准备

在我们要进行表单模板的发布前，要先准备所需要的 MOSS 环境，例如，是否采用表单服务来发布表单模板，表单模板的安全级别选择，以确定发布的文档库和内容类型等。如果您的表单要采用表单服务（Form Services）的方式交由表单服务器（Form Server）运行，表单环境则有特别的限制条件和设置，这部分内容我们留到后面一节再来讨论。在本节中，我们先来讲解表单安全级别的选择和发布的选择。

安全级别的选择

我们曾经介绍过，InfoPath 表单提供了 3 种安全级别设置，分别为限制、域和完全信任，如果是在完全独立且彼此间没有任何数据连接关系时，可采用“限制”安全级别，这种表单可以在任何独立的环境下提供安全的运行环境。可是如果表单信息交换或连接的操作都要放放到 MOSS 网站服务器中进行时，因为是网站环境，所以此时可以提供表单在 DNS 域系统的体系结构下进行安全的外部数据访问操作（文件服务器环境也可以，但文件服务器环境不一定有 DNS 域环境），此时，如果表单进行外部数据访问，您就不能再使用“限制”安全级别来操作了，为了有效建立安全的 DNS 域访问环境，使用“完全信任”的安全级别也不应该是优先考虑的方式，所以在网站服务器的访问环境中，如果表单具有外部数据访问的需求时，最适合的安全级别就是“域”。

在此还是要强调一下，虽说“域”安全级别比较适用于 MOSS 网站的表单发布，但并不代表“限制”安全级别的表单就不能发布到 MOSS 网站上，如果表单没有外部数据访问需求，您还是可以采用“限制”安全级别来进行“SharePoint 服务器”的发布方式。

“域”的安全级别用于当表单进行外部数据访问时，外部数据访问环境和表单存放环境是否属于相同的域环境，如果是通过 IE 浏览器来访问的话，就会判断外部数据与表单是否都在可信站点中，如果是，就会按照可信站点中的访问等级来提供表单对外部数据的访问方式。

文档库和内容类型的选择

当表单使用“SharePoint 服务器”的发布方式时，除了 ⊙ 经管理员核准的表单模板（高级）(F) 发布方式外，

还有 ⊙ 文档库(D) 和 ⊙ 网站内容类型(高级)(S) 两种发布方式。

发布“文档库”指的是在该表单库下只有一种表单模板的内容类型，所以当发布时可以有两种选择，第一种是在指定的路径下创建一个新的“文档库”，并将此表单模板更新到新“文档库”的默认模板下，第二种方式就是将表单模板直接更新到指定路径的“表单库”默认模板下。

如果您所设计的表单库提供了多种表单模板内容类型，就必须选择“网站内容类型”的发布方式，并将该表单模板发布在所指定表单库的网站中，而不是直接发布在指定的表单库中，并且在发布后，可以通过发布向导来设置该表单库的内容类型，或是到该表单库的网站上自行创建所要指定表单库的内容类型。

14.4.2 选择文档库的发布方式

在我们前面举的“服务需求表”表单模板的案例中，如果要将表单模板发布到“维护类”的表单库下，且该表单库只提供此表单模板的填写功能，请问您要采取哪种发布方式？答案就是文档库。所以，接下来我们来看一下在发布到“SharePoint 服务器”的文档库的步骤。

要进行“SharePoint 服务器”的发布，需要在表单模板设计模式下单击 文件(F) 菜单下的 发布(B)...，进入“发布向导”对话框，选择 ⊙ 具有或不具有 InfoPath Forms Services 的 SharePoint 服务器(S) 项目后单击 下一步(N) > 按钮，在“发布向导”第 2 步对话框中输入“http://center.beauty.corp/formworkcenter/maintain”，单击 下一步(N) > 按钮，然后在第 3 步对话框上选择 ⊙ 文档库(D) 项目，再单击 下一步(N) > 按钮，如【图 14-48】所示。

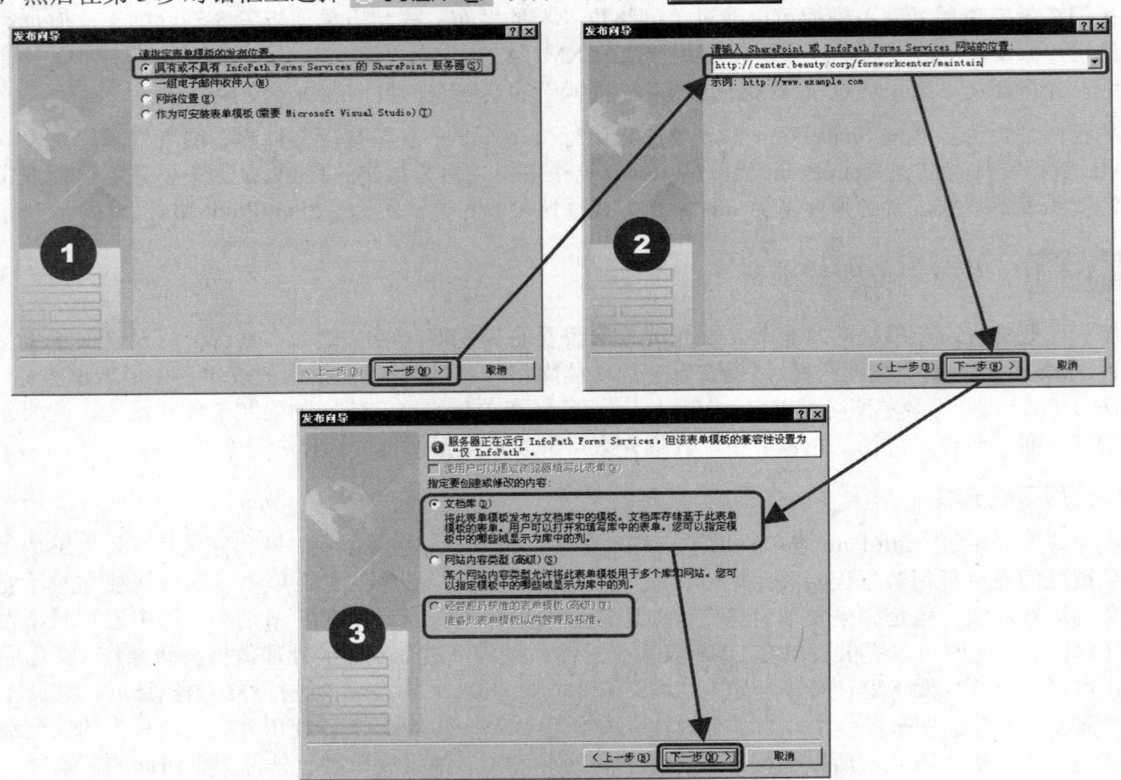

图 14-48　发布“SharePoint 服务器”的文档库类型的第 1 步到第 3 步

提示　在发布向导第 3 步中的 ○ 经管理员核准的表单模板(高级)(F) 项目之所以会显示为灰色，是因为“服务需求表”的表单模板内容不符合 ⊙ 经管理员核准的表单模板(高级)(F) 的格式，在窗口上方也有相应的提示信息，如【图 14-48】所示。

由于我们在前面已经创建了“维护类”的表单库，所以应该在“发布向导”的第 4 步对话框中选择 ⊙ 更新现有文档库中的表单模板(U)，然后在下方列表中选择“维护类”，单击 下一步(N) > 按钮，在第 5 步设置“属性提升”字段，这些字段会被提升更新为指定表单库的列表字段，单击 下一步(N) > 按钮，在向导第 6 步对话框单击 下一步(N) > → 发布(P) 按钮，如【图 14-49】所示。

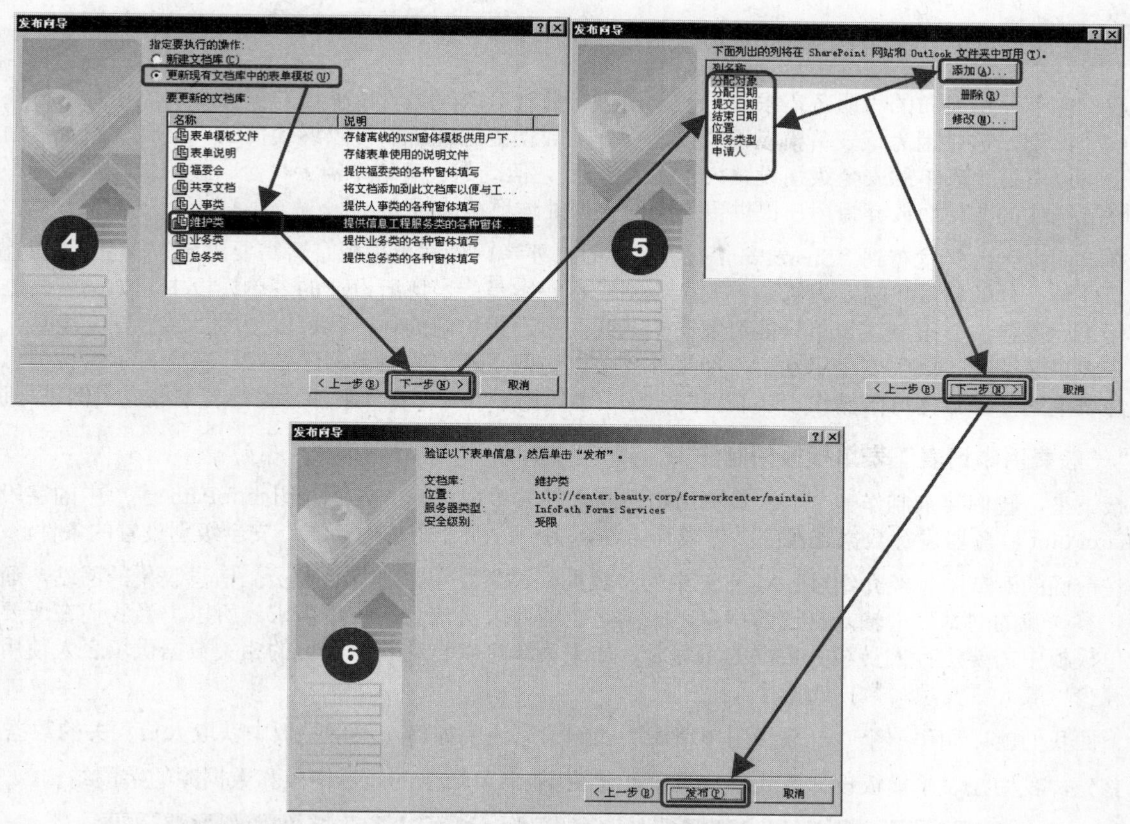

图 14-49　发布“SharePoint 服务器”的文档库类型的第 4 步到第 6 步

查看“维护类”表单库

在完成以上的发布操作后，我们切换到“维护类”表单库环境下，来看一下发布此表单模板后“维护类”表单库的环境，如【图 14-50】所示。

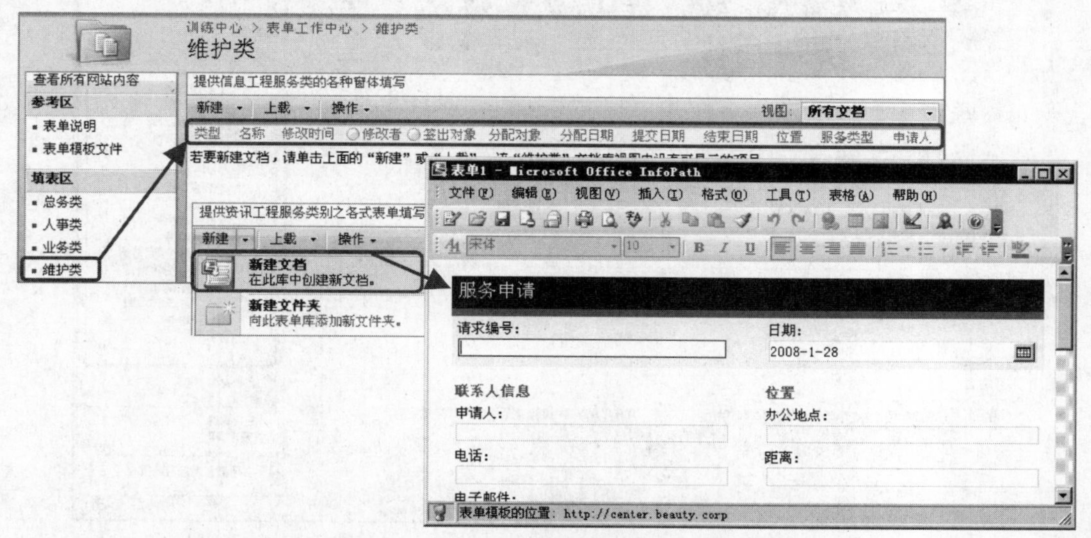

图 14-50　将“服务需求表”使用文档库类型发布到“维护类”表单库下

我们可以从【图 14-50】中看到，在发布后的“维护类”表单库下，列表字段除了基本字段外，还增加了在表单发布时所提供的“属性提升”字段，新建 菜单仍然使用了系统默认选项，表示没有新建任何特别定义的内容类型，但默认的表单模板却被替换成我们所发布的表单模板，所以当您在选择 新建 下的 新建文档 在此库中创建新文档。项目后，系统会直接打开“服务需求表”的 InfoPath 表单，从以上发布结果可看出，文档库的发布方式就是针对一个表单库发布一个表单模板的方法。

14.4.3 “域”安全级别的表单实例

我们在前面所发布的“服务需求表”表单模板，并没有改变该表单模板的安全级别，还是维持在“限制”安全级别，这是因为该表单模板不需要进行外部数据处理，所以可以继续使用“限制”安全级别，当然您也可以将这个表单的安全级别设置为“完全信任”，但既然没有这个需要，一个好的设计师，就不应该因为设置操作的方便而放弃为用户提供更安全的数据处理环境的机会。

在前面提到选择发布到“SharePoint 服务器”时，要考虑到表单模板是否需要“域”安全级别的设置。那么，在什么样的情况下需要设置这种安全级别呢？答案是：当您所设计的表单模板中，如果需要进行外部数据访问操作，要限制该表单只能对发布的域或网站进行访问的话，就可以使用“域”安全级别，一旦将这个表单设置为“域”安全级别后，如果外部数据访问了不同的域名称路径时，就会显示警告信息或是禁止此表单的外部数据访问操作。以下我们来对一个适用于“域”安全级别设置的表单模板实例进行讲解。

“一般费用申请表”表单模板的制作

接下来，我们要来制作一个“一般费用申请表”的表单模板，一方面介绍 InfoPath 表单中的字段如何与 SharePoint 服务器进行数据连接的关键设计方法，另一方面介绍使用“域”安全级别设置的条件。

在前面的章节中曾经介绍过，MOSS 中的“我的网站”是用来进行企业员工信息收集的网站，通过每个用户在“我的网站”中输入自己的信息，来满足企业对人员信息的收集需求。所以，当我们在所要设计的表单模板中需要进行人员相关数据的填写时，如果表单可以自动获得人员的相关数据供填表人使用，就可以减少填表人重复填写数据的操作。

下面我们就以制作一个“一般费用申请表”的例子来说明如何在表单模板中获取人员相关的数据。

首先，我们在表单模板设计模式下，设置如【图 14-51】所示的显示字段和数据源的字段结构。

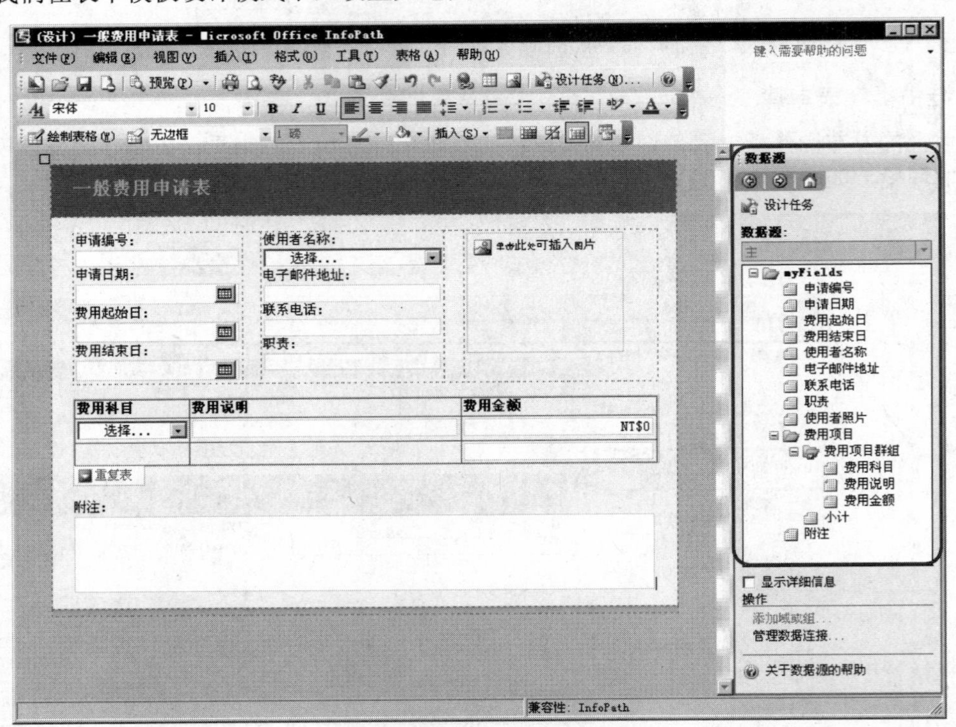

图 14-51 “一般费用申请表”所需要的基本字段定义

“申请编号”字段是一个字符型的“文本框”控件，为了要产生一个不会重复的编号，我们在此控件的“默认值”中输入“now()”函数，当产生一个新表单时，就会自动填写以目前日期时间值的编号字符串。“申请日期”、“费用起始日”和“费用结束日”都采用“日期选择器”控件，其中在“申请日期”字段的“默认值”中输入“today()”函数以自动输入创建表单当天的日期。“使用者名称”字段使用的是“下拉列表框”控件，因为我们希望这个字段可以自动获取“我的网站”中的人员名称，供填表人使用选择的方式填写。“电子邮件地址”、“联系电话”和“职责”字段都为字符型的“文本框”控件，并设置为“只读”，因为我们希望这些字段中的内容可以通过在“使用者名称”字段选择合适的使用者后，自动将该使用者的相关数据填入这些字段中。

“使用者照片”字段比较特殊，这个字段在“数据源”中的数据类型是“超级链接”，但在表单显示上则使用“图片”控件，这样设置是为了当“使用者照片”字段填入指向图片的“超级链接”路径后，就会在表单页面上显示在“我的网站”中上传的人员照片，也就是说，当“使用者名称”字段指定了人员名称后，以下的相关字段就会自动显示该用户的资料，并且还会显示该人员的照片，这样，这个表单模板设计就蛮酷的了吧！

在【图 14-51】下方是一个“重复表”控件，创建时系统默认添加 3 个字段，而我们刚好也只需要 3 个字段，所以就采用系统默认值来创建即可。在“重复表”控件中的第 1 行是显示字段，分别输入“费用科目”、“费用说明”和“费用金额”，第 2 行是字段设置，其中“费用科目”字段所选的控件是“下拉列表框”，并且采用 ⊙ 手动输入列表框项(E) 的方式来设置下拉列表中提供的选择项目，如【图 14-52】所示。

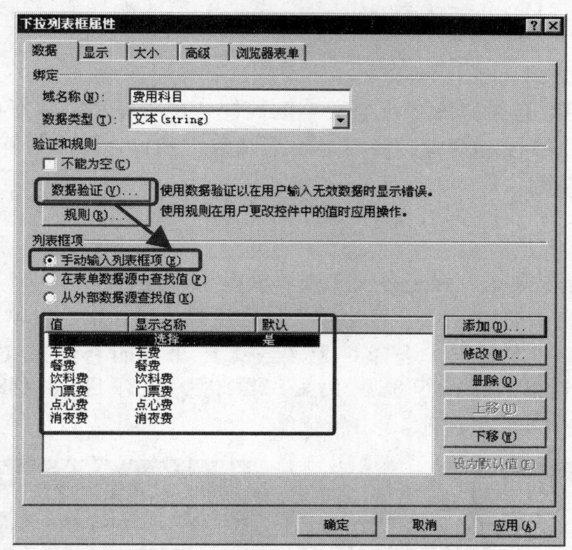

图 14-52　设置“费用科目”字段的列表项目

“费用说明”字段是一个标准的字符型文本框控件。“费用金额”则是整型的文本框控件，在此文本框属性“数据”标签页中单击 格式(F)... ，设置整型格式为 ⊙ 货币符号(C):，在“显示”标签页中将“对齐方式”设置为“右对齐”，请参考【图 14-53】。

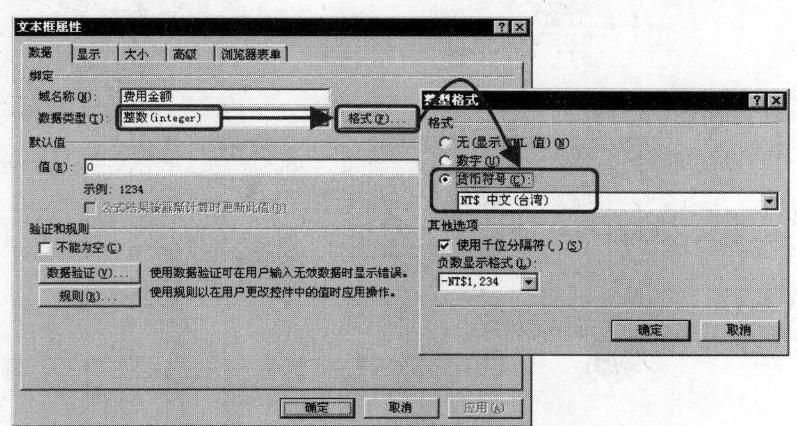

图 14-53　设置“费用金额”字段的数据类型和格式

由于 重复表 下方要设置一个将“费用金额”求和的“小计”字段，所以请将鼠标移动到 重复表 图标上，双击鼠标，此时会出现“重复表属性”对话框，然后在“显示”标签页勾选 ☑ 包含页脚(T)，此时 重复表 下方就会出现页脚行，在相对“费用金额”列的位置创建一个新的“小计”字段，设置其数据类型为“整数”，格式为 ⊙ 货币符号(C):、对齐方式为“右对齐”，并勾选“只读”项目，然后在“默认值”字段中输入

“sum(费用金额)”，并勾选 ☑ 公式结果被重新计算时更新此值(U)，请参考【图 14-54】。

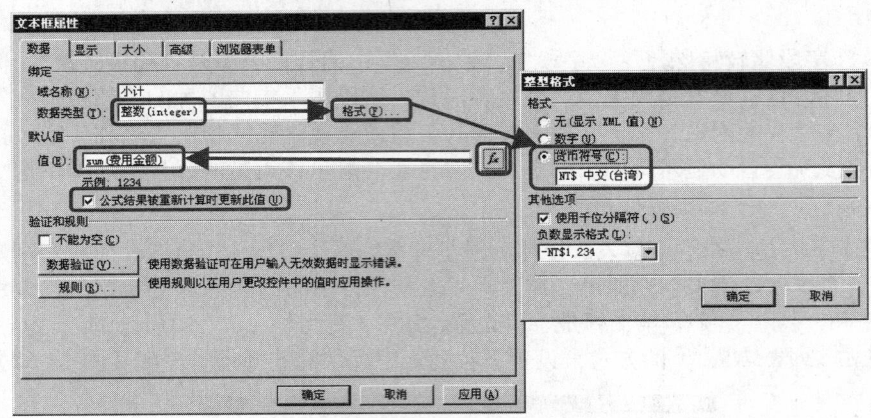

图 14-54　设置“费用金额”的“小计”字段

最后设置“附注”字段的数据类型为字符型文本框控件，在“显示”标签页中勾选“多行”、“分段符”和“自动换行”，并在“滚动”字段选择“必要时显示滚动条”项目，然后将输入字段文本框显示的范围拉开，即可作为多行输入的文本框。

创建次要数据连接

要让表单模板可以获取外部数据，首先必须在表单模板上创建一个访问外部数据的数据连接，方法是：移动鼠标选择 工具(T) 菜单中的 数据连接(D)...，在出现“数据连接”对话框后，单击 添加(A)... 按钮，打开“数据连接向导”对话框，在第 1 步对话框中选择 ⊙ 新建连接(C): 下方的 ⊙ 仅接收数据(R) 项目，移动鼠标单击 下一步(N) > 按钮，在第 2 步对话框中选择 ⊙ SharePoint 库或列表(S) 项目，并移动鼠标单击 下一步(N) > 按钮，将进入第 3 步对话框，如【图 14-55】所示。

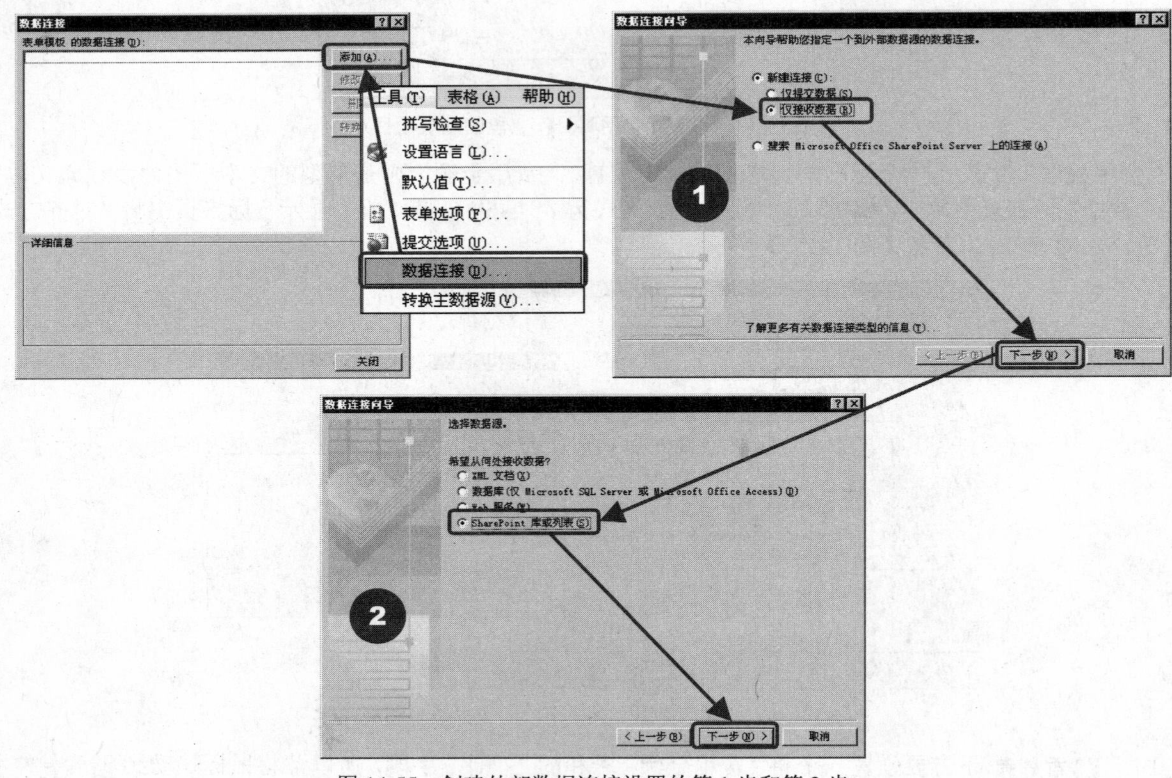

图 14-55　创建外部数据连接设置的第 1 步和第 2 步

附注　外部数据连接都属于次要数据源，每个添加进来的字段前都会出现一个锁头标志，表示该字段的设置内容是不可更改的。

在“数据连接向导”第 3 步的对话框中设置 SharePoint 网站的详细信息为“http://center.beauty.corp/”，移动鼠标单击 下一步(N) > 按钮，此时表单程序会对指定的路径进行连接，然后进入第 4 步对话框，此时，在“选择一个列表或库”区块中列举出了此网站中所有可供表单接收 XML 数据的列表和库的名称，移动鼠标选择列表中的“用户信息列表”项目，因为此项目可以提供所有用户信息的列表，单击 下一步(N) > 按钮，进入第 5 步对话框，选择要加入到表单中的字段（本例中一定要选择的字段有“名称”、“工作电子邮件”、“图片”、“部门”、“职务”、“单位电话”和“职责”，其余字段则可以视实际需求选入），选择完毕后单击 下一步(N) > 按钮，将打开第 6 步对话框，如【图 14-56】所示。

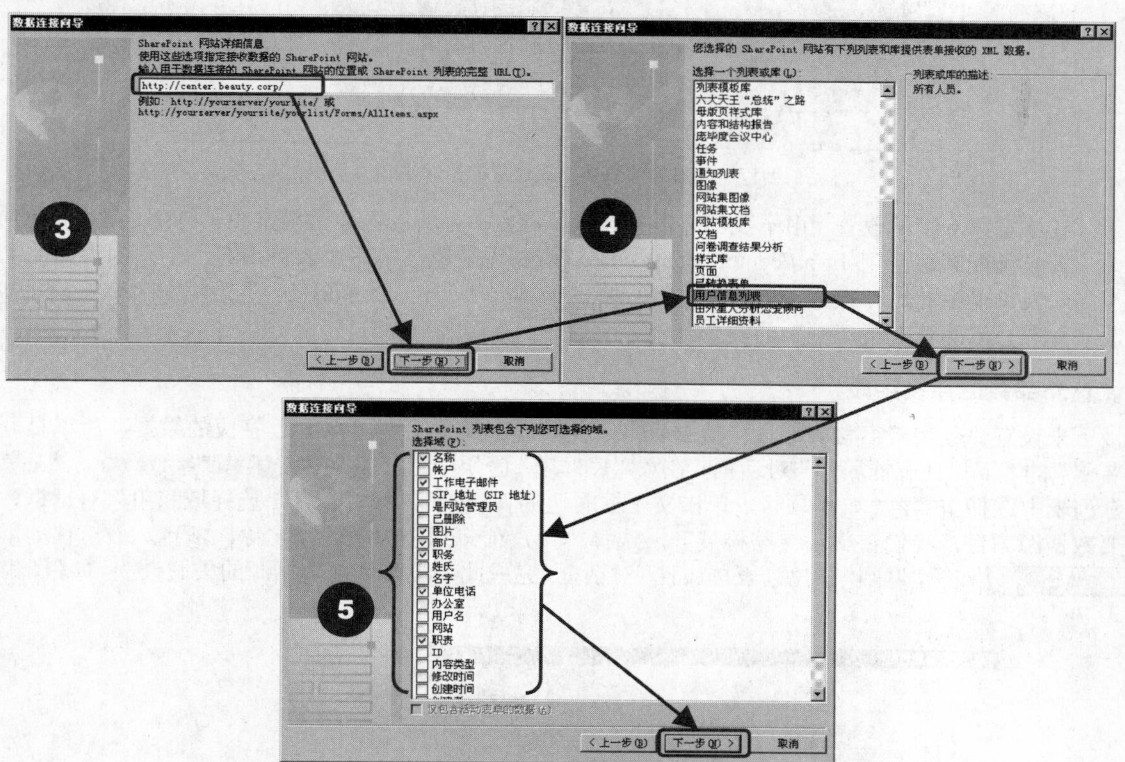

图 14-56　创建外部数据连接设置的第 3 步到第 5 步

在第 6 步对话框中设置是否要将外部数据连接所选择的数据存储在表单模板中，如果需要，即可勾选 ☑ 在表单模板中存储一份数据副本(C)，但如果不需要，则不要勾选此项（以本例来说，是不用勾选的），设置完成后，移动鼠标单击 下一步(N) > 按钮，在打开的第 7 步对话框中输入此数据连接的名称，默认名称为“用户信息列表”，并保留默认勾选的 ☑ 在打开表单时自动检索数据(R) 项目，移动鼠标单击 完成(F) 按钮，完成“数据连接向导”的设置，此时，在“数据连接”对话框中就会出现“用户信息列表”项目，最后单击 关闭 按钮，如【图 14-57】所示。

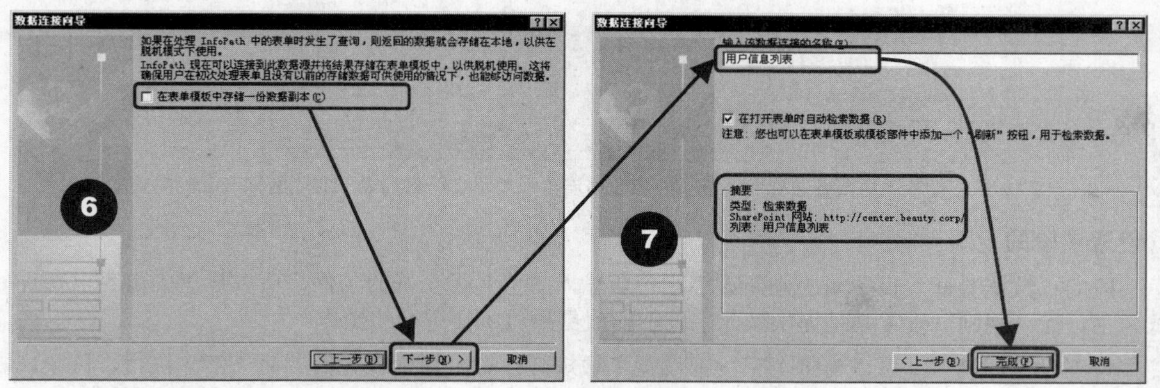

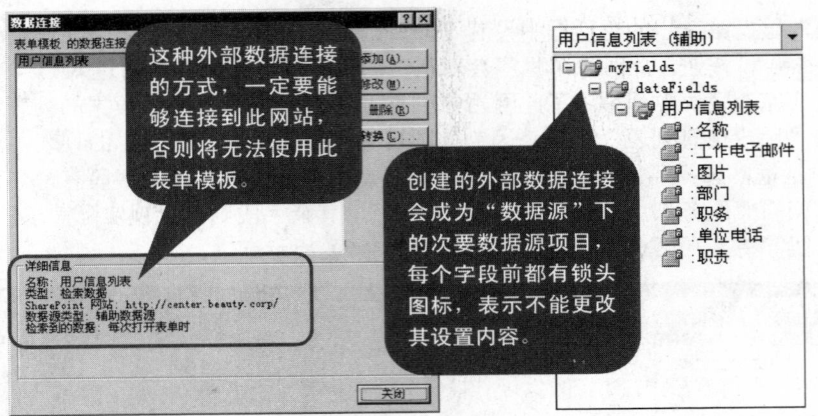

图 14-57 创建外部数据连接设置的第 6 步和第 7 步

请读者注意第 6 步的设置，由于我们并没有设置保存副本，所以当设置检索相关外部连接数据的域后，该表单模板必须能够访问到 http://center.beauty.corp，否则无法继续填写此表单内容，也正因为如此，您应该切换到此表单模板的设计模式，选择 工具(T) → 表单选项(P)... → 安全和信任，取消 自动确定安全级别(推荐)(A) 的勾选，并选择下面第 2 项"域"的安全级别。

设置外部数据连接字段

接下来设置"使用者名称"字段内容要获取"用户信息列表"中"名称"字段的数据，所以打开"使用者名称"的"下拉列表框属性"对话框，在"列表框项"区块中选择 从外部数据源查找值(K)，然后在"数据源"列表中选择 用户信息列表 项目，单击文本框右边的按钮，即可打开"选择域和组"对话框，并显示次要数据源项目，我们将文件夹结构展开，选择"用户信息列表"下的"名称"项目，然后移动鼠标单击 确定 按钮，返回"下拉列表框属性"对话框，完成此字段与外部数据源的关联设置，如【图 14-58】所示。

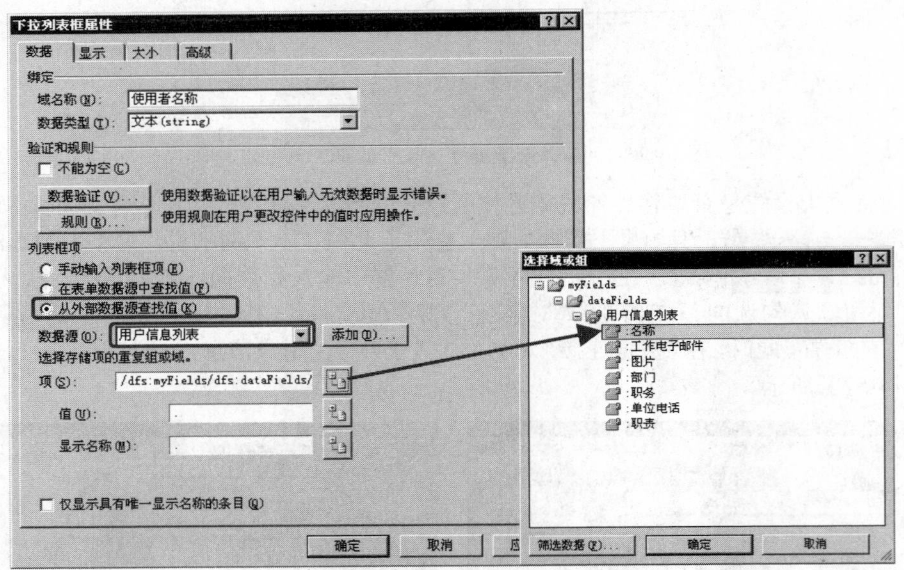

图 14-58 设置"使用者名称"字段与外部数据连接中"用户信息列表"的"名称"字段的关联

设置字段的规则

字段的"数据验证"设置用于判断该字段中所输入的值是否正确的条件，所以设置的内容以条件判断方式为主，而"规则"设置则是提供当此字段中的值更改时所要进行的操作。

在规则设置环境中，可以为每个字段都设置多项规则，每个规则项目由上而下依次执行，每个规则项目中都可以设置强迫该字段停止继续往下运行。设置规则时，可以设置一个条件和多个操作，代表当该条件成立时应该进行什么操作，当然也可以在无条件的情况下执行所设置的操作，请参考【图 14-59】。

在“操作”对话框中提供了多种操作方式以满足不同需求，而对提供的每一种操作，都可以根据其功能特性，再提供不同的条件设置或操作，如【图 14-60】所示。

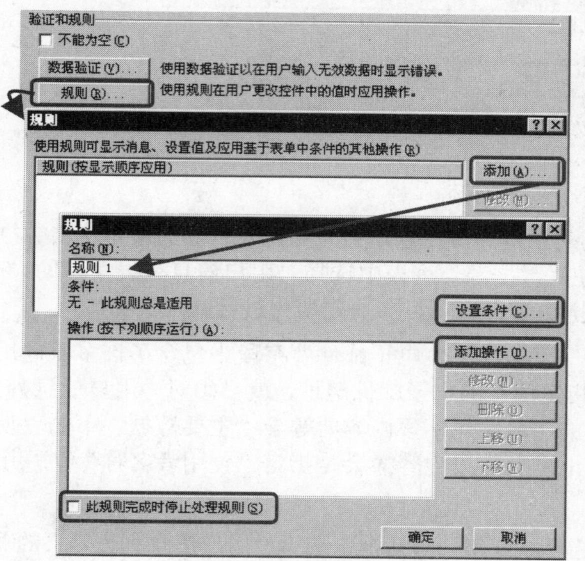

图 14-59 字段规则的设置环境

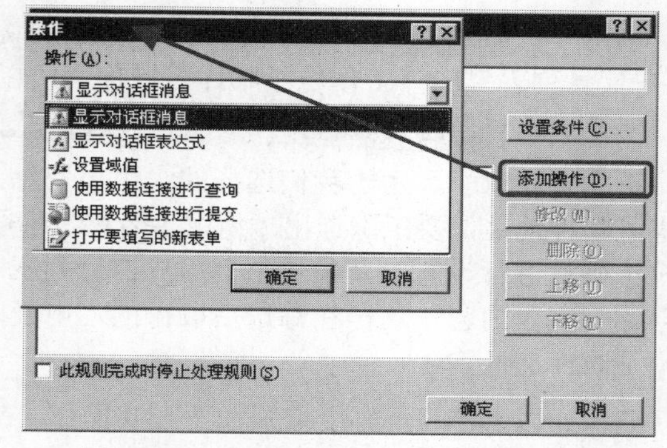

图 14-60 字段规则中可以设置操作的种类

接下来，以我们要设置的实例为例继续讲解。当填表人在“使用者名称”字段中选择了用户名称后，下方的“电子邮件地址”、“联系电话”、“职责”和“使用者照片”中就应该自动填写并显示该用户的相关数据。而要有这样的效果，就应该将“使用者名称”的“操作”字段设置为“设置域值”。

要创建“使用者名称”字段的规则，请移动鼠标双击“使用者名称”字段，在出现此字段的“下拉列表框属性”对话框后，移动鼠标单击“数据”标签页上的 规则(R)... 按钮，在打开的“规则”对话框中单击 添加(A)... 按钮，打开“规则”对话框。因为此项不需要进行有条件的判断，所以不需要单击 设置条件(C)... 按钮进行设置，移动鼠标单击 添加操作(D)... 按钮，即可打开“操作”对话框，在“操作”下拉列表中选择“设置域值”项目。“操作”对话框的下方有“域”和“值”两个字段，这两个字段用于指定哪一个“域”要设置什么“值”。

注意

请注意接下来的操作步骤，因为这里的设置有些复杂，而如果您进行了错误的操作，“操作”设置的内容就会有所错误。

我们先以设置“电子邮件地址”字段为例来说明“操作”的设置。如【图 14-61】所示，移动鼠标单击“域”字段右边的 按钮，即可打开“选择域或组”对话框，在“数据源”下拉列表中选择“主”，然后在下方区块中选择“电子邮件地址”项目，单击 确定 按钮，返回“操作”对话框。

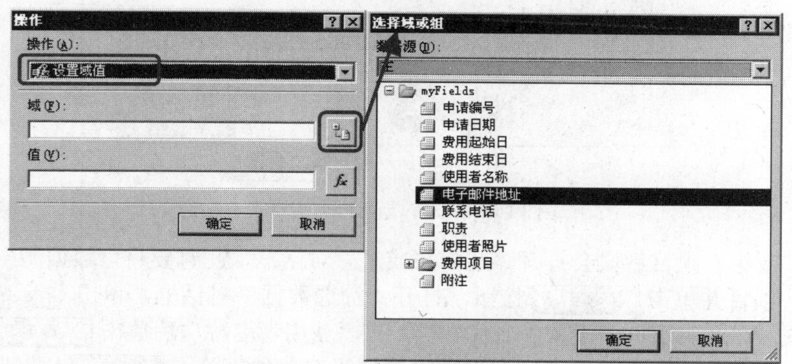

图 14-61 在字段规则中进行“设置域值”的操作

在返回“操作”对话框后，“域”字段中会出现带下划线的“电子邮件地址”项目名称，然后移动鼠标单击“值”字段右边的 按钮，即可打开“插入公式”对话框，因为此字段要设置的值是来自次要数据源“用户信息列表”的“工作电子邮件”的域值，所以我们要单击 插入域或组(I)... 按钮，如【图 14-62】所示。

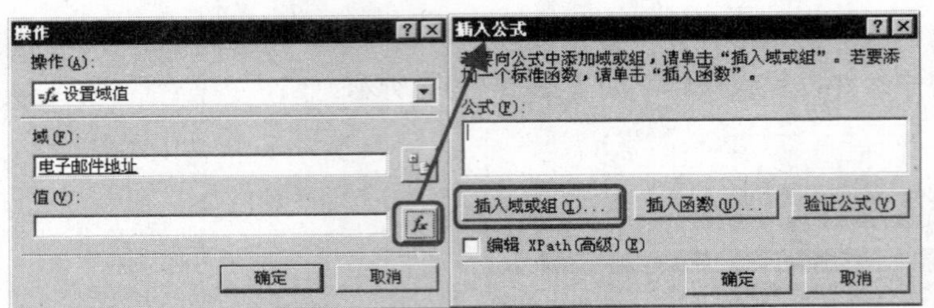

图 14-62 “插入公式”对话框

单击 插入域或组(I)... 按钮后，打开“选择域或组”对话框。请注意，因为我们要获取的值是次要数据源“用户信息列表”的“工作电子邮件”域值，所以要在“数据源”列表中选择“用户信息列表（辅助）”项目，展开“用户信息列表”文件夹结构，选择“工作电子邮件”项目（一定要先进行此项选择）。

下面要注意了，由于我们选择的“用户信息列表”下的“工作电子邮件”字段中包含了许多不同用户的电子邮件地址，要正确选出“使用者名称”字段中指定用户的电子邮件地址，就必须对“用户信息列表”的筛选条件进行设置，其条件是“用户信息列表”下的“名称”字段内容要等于“主要数据”下的“使用者名称”字段内容，这样在筛选后取得的“电子邮件地址”字段内容才会是指定“使用者名称”字段用户的电子邮件地址。

要完成以上的目标，应按照如下方式操作：在“选择域或组”对话框中选择“用户信息列表”下的“工作电子邮件”项目后，单击 筛选数据(F)... 按钮，在出现“筛选数据”对话框中单击 添加(A)... 按钮，在出现“指定筛选条件”对话框后，在第 1 项的下拉列表中选择“名称”项目，第 2 项字段保留 “等于”项目的设置，在第 3 项的下拉列表中选择“选择域或组”项目，如【图 14-63】所示。

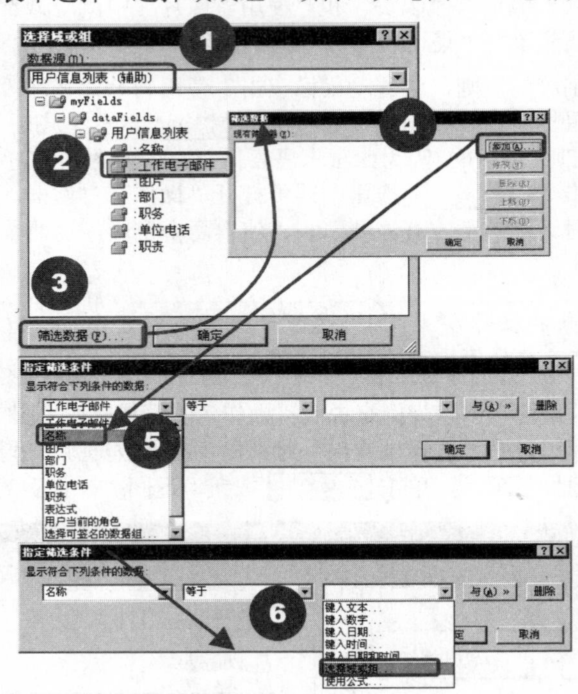

图 14-63 设置域值的计算公式 1

选择了“选择域或组”项目后又会打开“选择域或组”对话框，此时要将“数据源”设置为“主”，然后选择“使用者名称”项目并单击 确定 按钮，打开“筛选数据”对话框，单击 添加(A)... 按钮，打开“指定筛选条件”对话框，在此对话框中设置“名称”“等于”“使用者名称”后单击 确定 按钮，返回“筛选数据”对话框，此时“现有筛选器”区块中会出现设置的筛选条件，单击 确定 按钮，返回“插入公式”对话框，在此对话框的“公式”区块中会显示当前的设置的公式内容为“@工作电子邮件[@名称=使用者名称]”，单击 确定 按钮，返回“操作”对话框，此时在“值”字段中会出现“@工作电子邮件[@名称=使用者名称]”的内容，最后单击 确定 按钮，返回“规则”对话框，此时“规则”对话框的“操作”区块中会显示当前的“设置域值”内容，如【图 14-64】所示，单击 确定 按钮，完成此“操作”项目的设置。

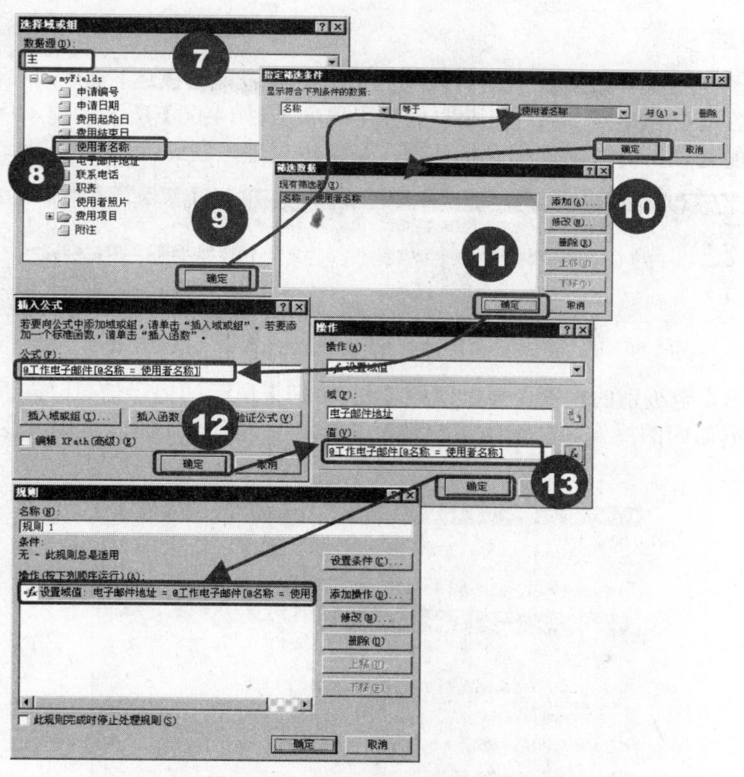

图 14-64　设置域值的计算公式 2

根据以上的步骤将“电子邮件地址”字段设置好后，“联系电话”和“职责”两个字段，也是可以通过相同的步骤设置，将“用户信息列表”下的各相对字段（联系电话 = 工作电话、职责 = 职责）的域值放入到此字段中。

“使用者图片”字段的域值比较特殊，根据测试结果，在“用户信息列表”下的“图片”字段内容是放置该用户所有图片的网址，网址之间使用逗号隔开，所以，如果不对此字段的值加以区分提取的话，“使用者图片”字段会因为网址不正确而无法显示。我们要使用一个提取字符串函数，将此字段中的第 1 段网址提取出来，所以该项的设置是：

使用者照片 = substring-before(@图片[@名称 = 使用者名称], ",")

在设置完以上 4 个字段值后，您应该会在“规则”对话框中看到如【图 14-65】所示的设置结果。

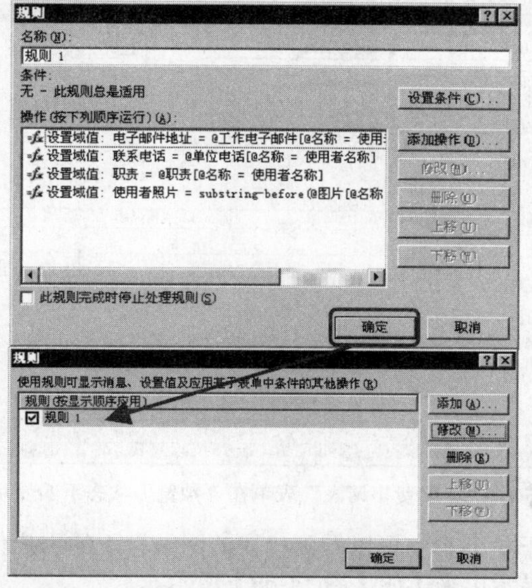

图 14-65　为“使用者名称”字段设置“规则 1”的所有“动作”后的结果

表单模板测试结果

在设置完成以上的所有操作后，我们就可以来测试一下此表单模板运行的结果。在此表单模板的设计模式下先行保存，然后单击 预览(P) 按钮，此时会先出现如【图 14-66】所示的提示信息，表示此表单需要连接到网络进行数据的处理，所以要选择联机处理还是离线处理，在此我们单击 尝试连接(C) 按钮。

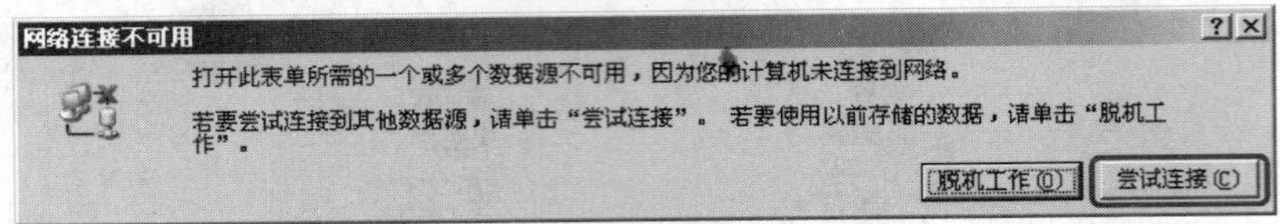

图 14-66　表单模板需要连接到网络进行外部数据连接时的提示信息

然后，因为“域”安全级别的设置，会出现如【图 14-67】所示的提示信息，告诉用户此表单模板要连接到哪个网址进行数据访问的操作，并询问用户是否了解这个访问操作的安全性，在此我们单击 是(Y) 按钮。

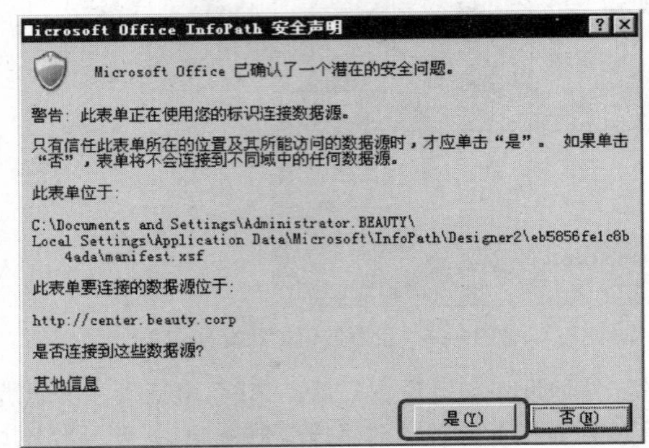

图 14-67　当表单模板需要进行外部数据连接访问时出现的提示信息

此时，将进入“一般费用申请表”的“预览”运行环境，如【图 14-68】所示。可以看到，在进入运行环境后，“申请编号”字段就会出现以当前日期和时间组合成的编号，“申请日期”字段也会自动显示当天的日期。

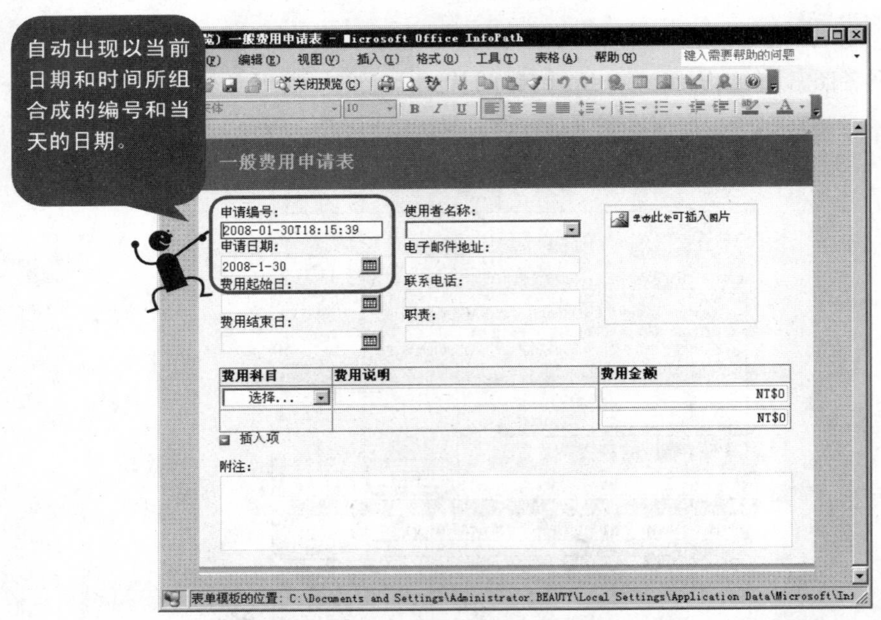

图 14-68　“一般费申请表”表单在“预览”状态下的显示情况

在“使用者名称”字段的下拉列表中可以看到“我的网站”下的用户信息，选择指定的用户名后，相关字段的信息和照片即可自动显示出来，如【图 14-69】所示。

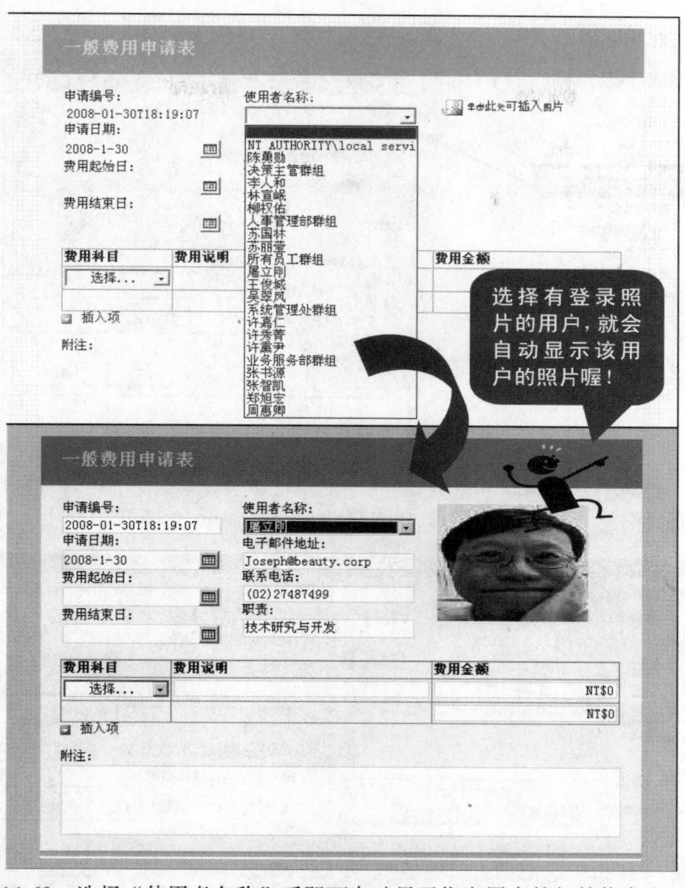

图 14-69　选择“使用者名称”后即可自动显示指定用户的相关信息和照片

在“费用科目”字段的下拉列表中可看到所有的科目项目，单击字段旁的向下箭头，就会插入一项记录，“小计”栏位也会自动求和，如【图 14-70】所示。

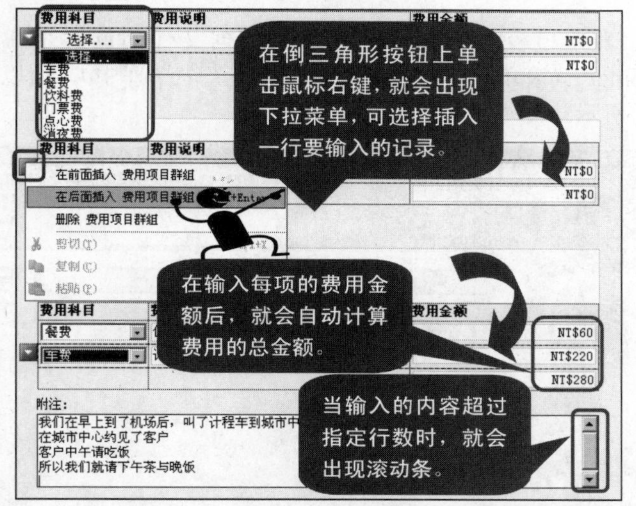

图 14-70　“一般费申请表”表单中“费用科目”字段的设置和计算

设计自动产生文件名、保存和关闭表单

哇！看到以上的设计结果，真的觉得很不错耶！而且是在没有编写任何程序的情况下就办到了耶！可是还有一个问题，在操作 MOSS 中的文档库或表单库时，最麻烦的就是当要对表单进行保存时，需要输入文件名，填表人怎么知道应该存成什么文件名啊！如果可以在填完表单后，按个按钮，该表单可以自动产生文件名、保存，然后关闭表单，这样的操作方式是不是更好呢？答案当然是肯定的啰！那又要怎么做呢？其实 InfoPath 已经帮您想到了，您只要选择 工具(T) 下的 提交选项(U)...，即可打开“提交选项”

对话框，如【图 14-71】所示。

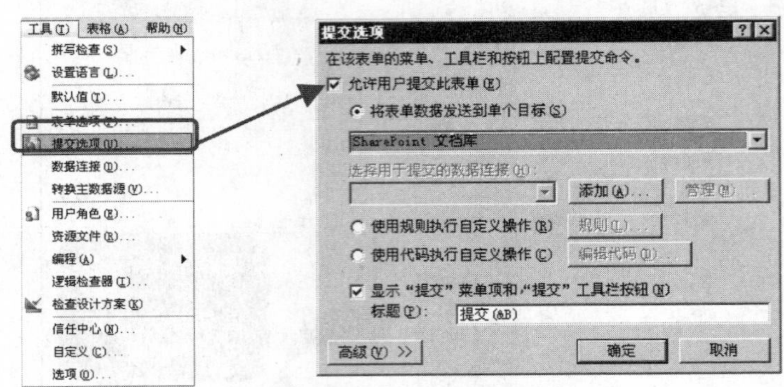

图 14-71 “提交选项”对话框

移动鼠标勾选 ☑ 允许用户提交此表单(E)，下方灰色部分就会转换为可用状态，在 ⊙ 将表单数据发送到单个目标(S) 下拉列表字段中选择“SharePoint 文档库”项目，如【图 14-72】所示。

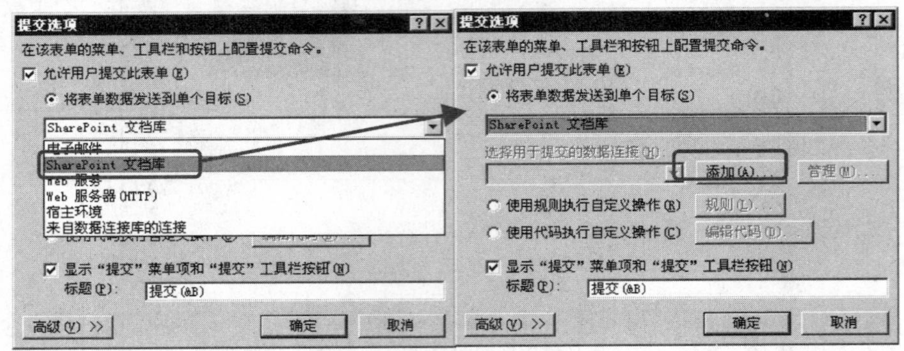

图 14-72 设置“提交选项”

接下来，移动鼠标单击 选择用于提交的数据连接(H): 字段右边的 添加(A)... 按钮，打开“数据连接向导”第 1 步的设置对话框。

由于我们默认运行此表单模板后所要放置 XML 数据文件的位置是在“http://center.beauty.corp/FormWorkCenter/housekeeping/”（表单工作中心下的“总务类”表单库中），所以要在“文档库”字段输入以上网址，如【图 14-73】所示。

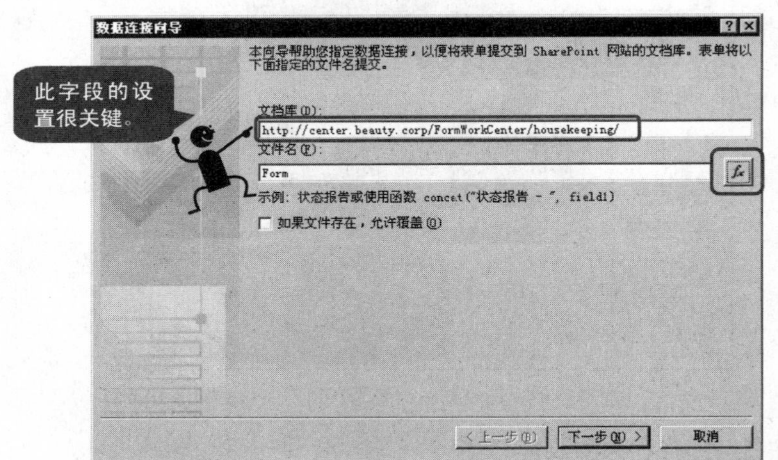

图 14-73 设置“提交选项”中“数据连接向导”操作的第 1 步

好，到这里问题来了！在“文件名”字段中需要输入一个固定的文件名称，可是我们每次填写完一个表单，都要产生一个新的文件名，也就是说，文件名是可以自动变化的，怎么办呢？您可以看到，在“文件名”字段旁边有 fx 按钮，就表示我们可以通过函数的设置来提供可以自动变化的文件名。您是否记得前面在设计此表单时，设计了一个名为“申请编号”的字段，就是自动获取系统日期和时间产生编号，这个编号的命名方式最适合用来作为文件名的命名方式了。

我们要在“文件名”字段上设置一个前面带有此表单模板类别代号“GP”加上当前填写的表单“申请编号”字段内容的编号方式。请移动鼠标单击 按钮，打开“插入公式”对话框，单击 插入函数(U)... 按钮，在打开的“插入函数”对话框中选择“分类”区块下的“文本”项目，然后再选择“函数”下的“concat”项目，并移动鼠标单击 确定 按钮，返回“插入公式”对话框，此时，“插入公式”对话框的“公式”区块中就会出现 concat 函数的参数内容，如【图 14-74】所示。

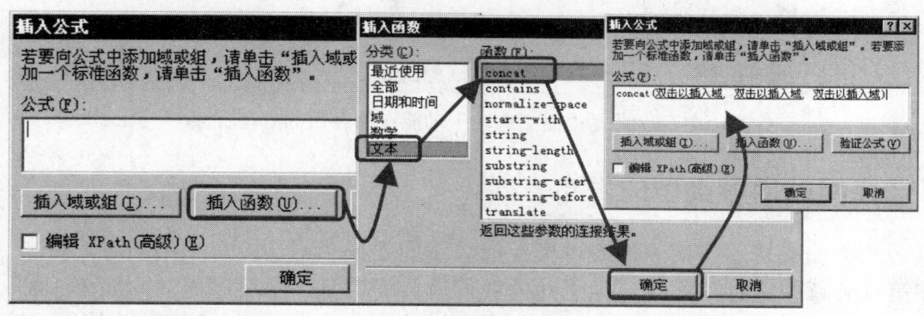

图 14-74　设置“文件名”字段中用来连结字符串的 concat 函数

先将 concat 函数中的第 1 个 双击以插入域 参数删除，然后填入“GP”（表示文件的类别代号）字符串，接下来双击第 2 个 双击以插入域 参数，打开“选择域或组”对话框，选择“主”数据源下的 申请编号 项目，然后单击 确定 按钮，返回“插入公式”对话框，最后将第 3 个 双击以插入域 参数删除，然后单击 确定 按钮，如【图 14-75】所示。

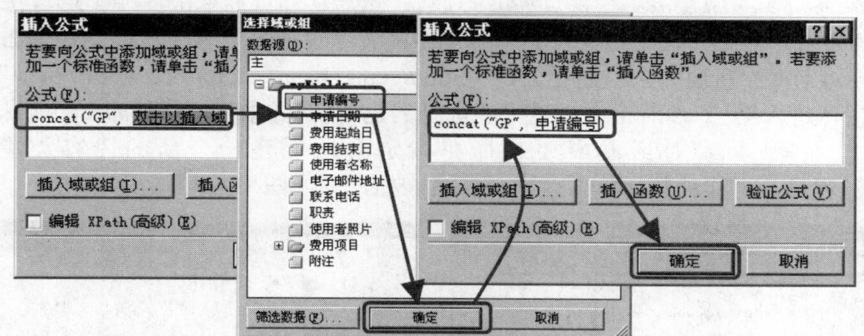

图 14-75　设置将字符串“GP”与“申请编号”字段内容连接在一起的公式

返回“数据连接向导”对话框后，您会在“文件名”字段中看到带有下划线的 concat("GP", 申请编号) 项目（GP，General Payment，一般费用），请勾选下方的 如果文件存在，允许覆盖(O) 项目，再移动鼠标单击 下一步(N) > 按钮，进入“数据连接向导”第 2 步对话框，输入“一般费用表单编号存档”，最后移动鼠标单击 完成(F) 按钮，如【图 14-76】所示。

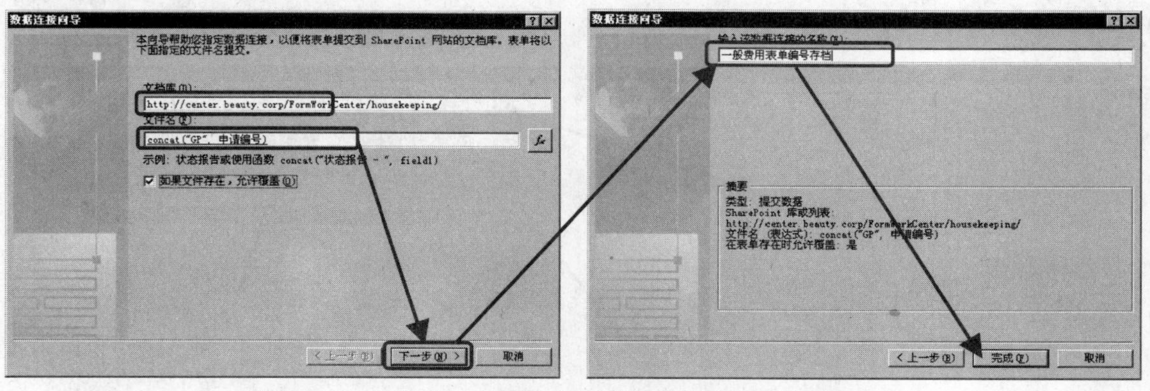

图 14-76　设置“提交选项”功能“数据连接向导”的操作步骤

在返回“提交选项”对话框后，您可以看到，在“选择用于提交的数据连接”字段中选择了您刚才创建的“一般费用表单编号存档”项目。接下来移动鼠标单击下方的 高级(V) >> 按钮，在打开的高级设置界面中，您可以自行定义保存成功和失败后要显示的信息，最后在下方“提交后”字段的下拉列表中选择“关闭表单”项目，表示在成功保存后表单将自动关闭，如【图 14-77】所示。

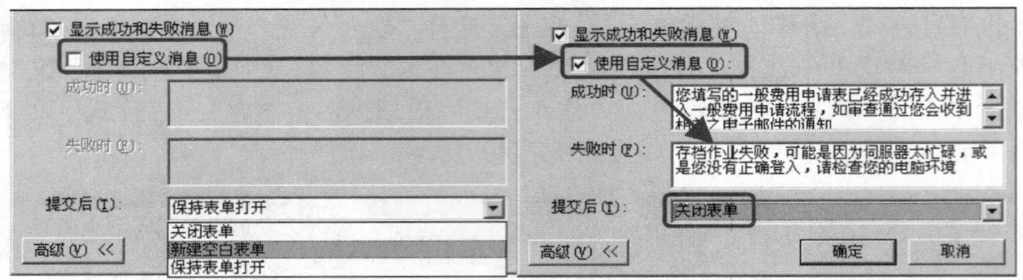

图 14-77 设置“提交选项”功能在保存后的处理程序

14.4.4 选择网站内容类型的发布方式

在设计好以上的“一般费用申请表”表单模板后，我们要采用网站内容类型的方式发布（网站内容类型的详细介绍会在第 15 章中进行，不过，由于此处我们就会使用到，您可以先在此简单了解，或是先参考第 15 章中的内容）。将此表单模板发布到“表单工作中心”的“总务类”表单库下，记得在设计模式下依次单击 表单选项(F)... → 安全和信任，将用户的信任级别字段设置成 ⊙ 域(表单可以访问表单所在的域的内容)(D)，勾选 高级 下的 ☑ 启用保护(R) 项目，最后单击“设计任务”窗格中的 检查设计方案，确定没有任何错误后，便可以开始进行表单的发布操作了。

选择 文件(F) 下的 发布(B)...，进入“发布向导”第 1 步对话框，选择 ⊙ 具有或不具有 InfoPath Forms Services 的 SharePoint 服务器(S) 项目，然后移动鼠标单击 下一步(N) > 按钮，进入第 2 步对话框。从前面的讲解中我们可以知道，网站内容类型的发布需要先将表单模板文件发布到该表单库的网站，所以在第 2 步对话框中所要输入的路径应是“http://center.beauty.corp/formworkcenter/”，请移动鼠标单击 下一步(N) > 按钮，进入第 3 步对话框，这里要选择的是 ⊙ 网站内容类型(高级)(S) 项目，移动鼠标单击 下一步(N) > 按钮，在第 4 步对话框中要选择在指定网站创建一个新的内容类型，所以请选择 ⊙ 新建内容类型(C) 项目，再移动鼠标单击 下一步(N) > 按钮，如【图 14-78】所示。

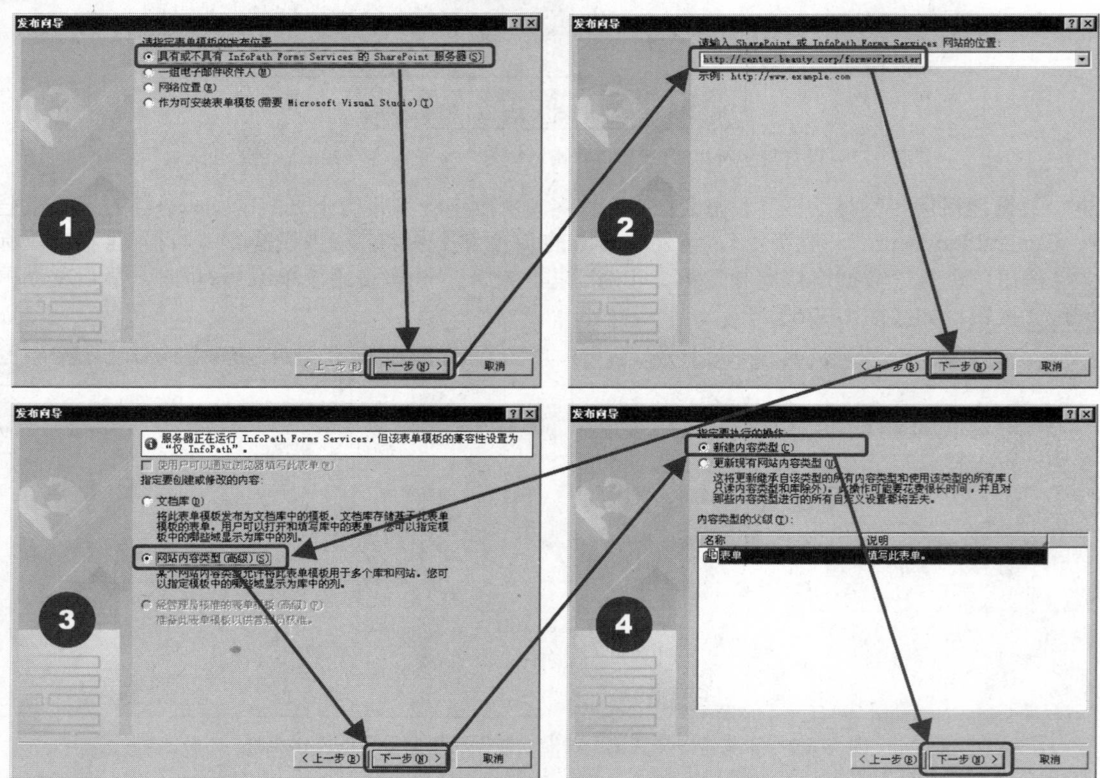

图 14-78 使用“内容类型”发布表单时“发布向导”设置的前 4 步

进入第 5 步对话框后，在“名称”字段中输入“一般费用申请表”，并在下方的“说明”字段中输入此表单的用途，然后移动鼠标单击 下一步(N) > 按钮，打开第 6 步对话框，在这里要设置此表单模板在定义成内容类型后，该表单模板文件要从何处取得？我们在前面规划“表单工作中心”时就曾经指定了一个专门存储表单模板的文档库位置，名称叫做“表单模板文件”。在“指定表单模板的位置和文件名”字段中要输入的就是前面规划中指定的“表单模板文件”文档库的位置，其网址是“http://center.beauty.corp/FormWorkCenter/FormTemplate/”，此字段要将此表单模板的文件名（“一般费用申请表.xsn”）一起输入，输入完毕后，移动鼠标单击 下一步(N) > 按钮，如【图 14-79】所示。

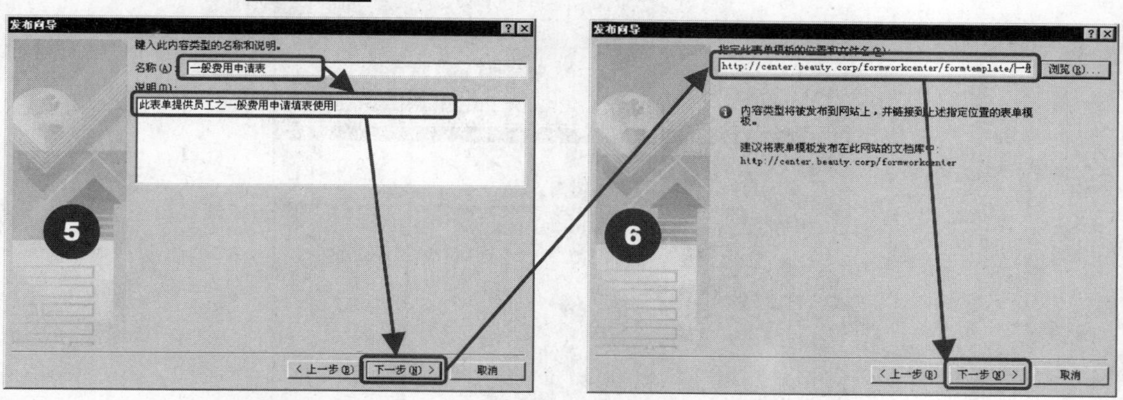

图 14-79　使用“内容类型”发布表单时“发布向导”设置的第 5 步和第 6 步

在第 7 步对话框中进行的是“属性提升”字段的设置，请移动鼠标单击 添加(A)... 按钮，在打开的“选择域或组”对话框中选择除了“使用者照片”、“费用科目”、“费用说明”和“费用金额”之外的所有字段，选择完毕后，移动鼠标单击 下一步(N) > 按钮，如【图 14-80】所示。

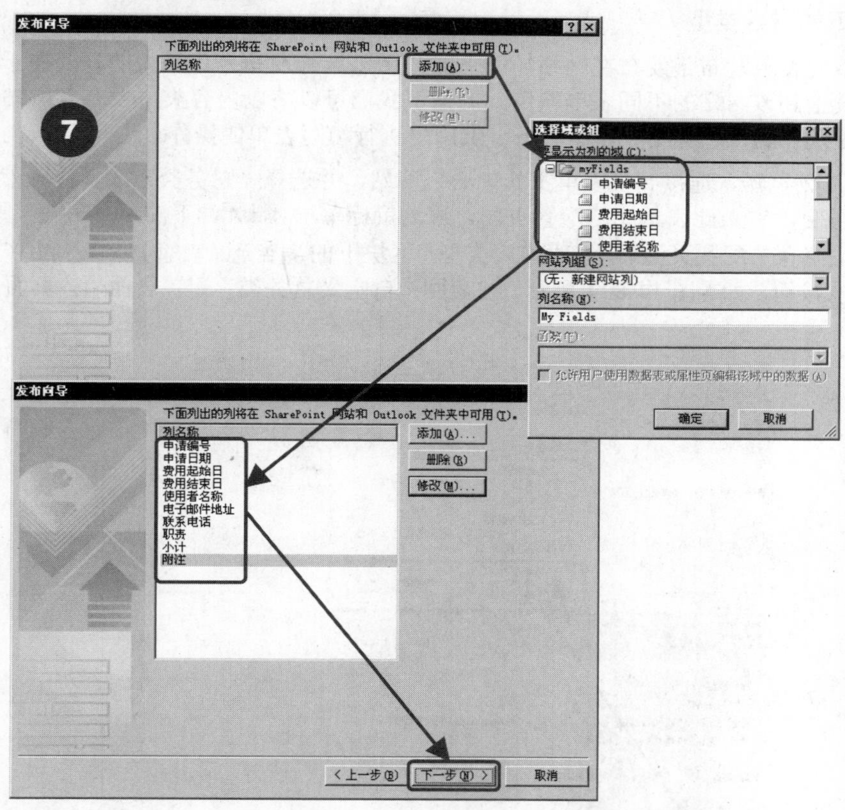

图 14-80　使用“内容类型”发布表单时“发布向导”设置的第 7 步

第 8 步对话框是最后的发布向导设置界面，请检查对话框中显示的信息是否正确，如果没有问题，移动鼠标单击 发布(P) 按钮即可，在发布操作完成后，在完成的对话框上单击 关闭(C) 按钮，如【图 14-81】所示。

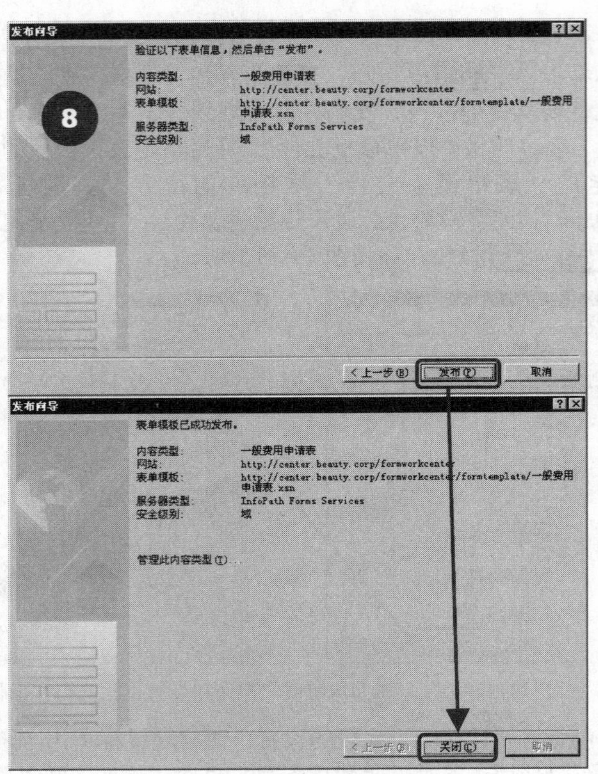

图 14-81　使用“内容类型”发布表单的完成步骤

设置表单库下的内容类型

由于内容类型的表单发布是发布在网站环境下的，所以这种发布方式最大的好处在于，发布的表单模板文件可以重复设置到该网站的不同表单库下。例如，我们可以将以内容类型发布到网站上的“一般费用申请表”表单模板设置到“总务类”表单库下，供用户进行填写表单的操作。

我们先打开 IE 浏览器，连接到“表单工作中心”网站，并选择“总务类”表单库，然后单击 设置 ▾ 下的 表单库设置 项目，进入此表单库的配置页面，移动鼠标单击 常规设置 下的 ▫ 高级设置 项目，在打开“表单库 高级设置：总务类”配置页面后，将“内容类型”区块下的 是否允许管理内容类型? 由 ⊙否 更改为 ⊙是，然后单击 确定 按钮，如【图 14-82】所示。在返回“自定义总务类”配置页面后，页面下会增加 内容类型 区块的设置。

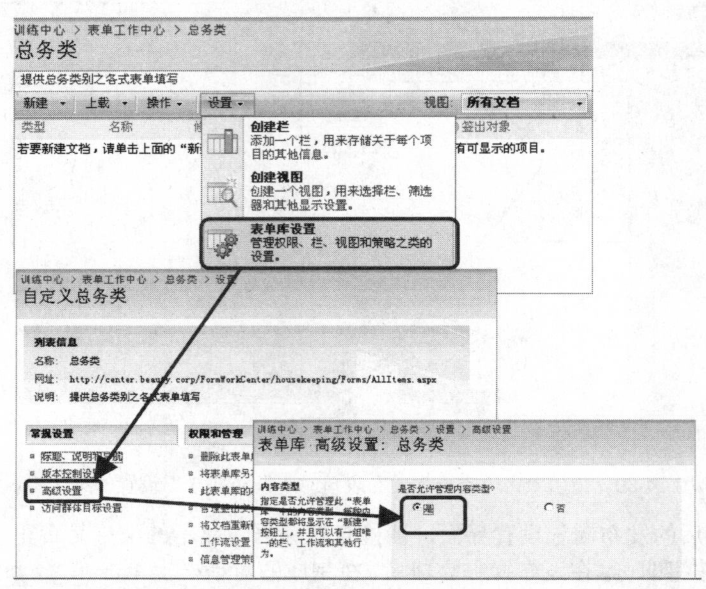

图 14-82　在“总务类”表单库中设置发布为内容类型的“一般费用申请表”表单 1

在“自定义总务类”配置页面的 内容类型 区块下，选择 从现有网站内容类型添加 项目，进入“添加内容类型：总务类”配置页面，然后在“选择内容类型”区块下的 从以下列表中选择网站内容类型: 下拉列表中选择“Microsoft Office InfoPath”，此时下方的 可用网站内容类型: 列表中就会出现“一般费用申请表”项目，选择此项目后移动鼠标单击中间的 添加 > 按钮，此项目就会从左边的列表移动到右边的列表中，如【图 14-83】所示，最后再移动鼠标单击 确定 按钮。

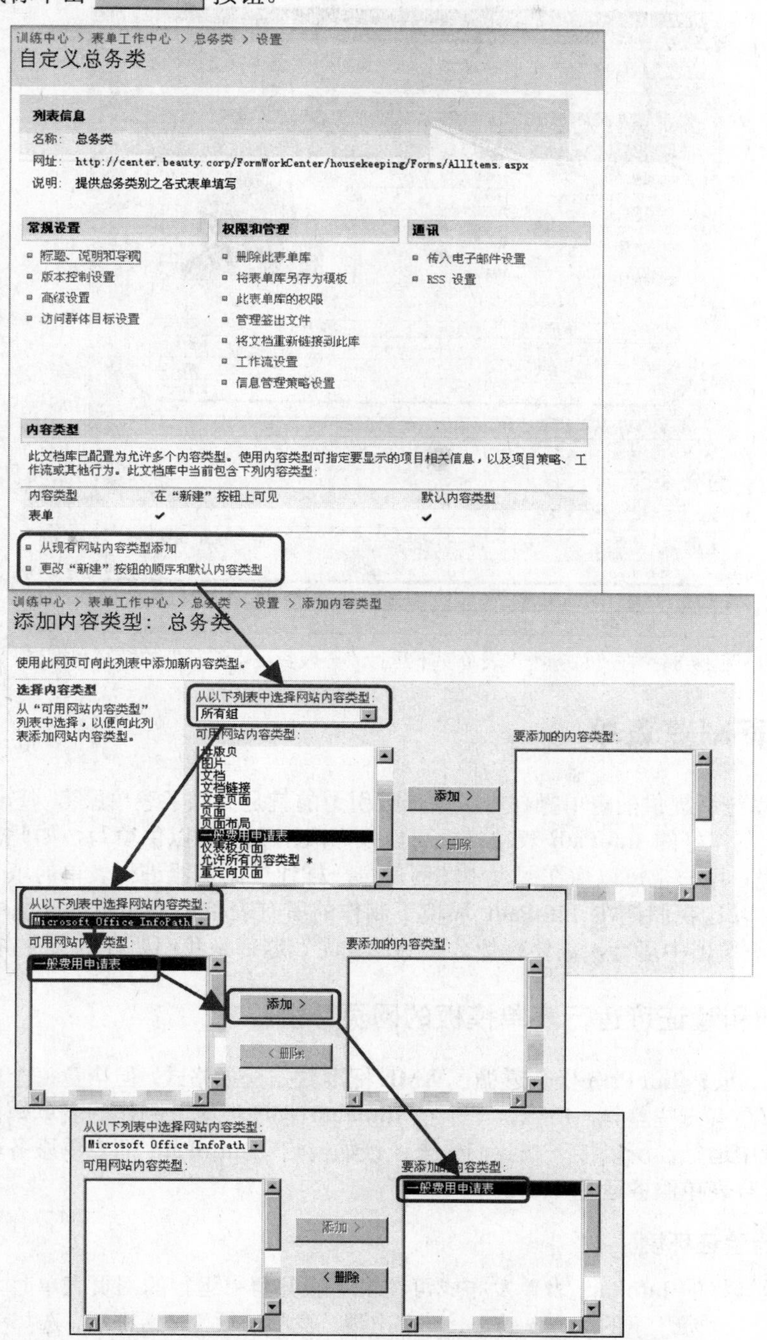

图 14-83　在“总务类”表单库中设置发布为内容类型的“一般费用申请表”表单 2

返回“自定义总务类”配置页面后，可以在 内容类型 区块下看到刚才添加的“一般费用申请表”项目，您可以将系统默认的“表单”项目删除，然后回到“总务类”表单库下，单击 新建 按钮旁的向下箭头按钮，即可看到下拉列表中显示的 一般费用申请表 项目，选择该项目后，便会直接运行该表单的填写环境，填写完毕后，还可以直接单击 提交(B) 按钮，该表单就会自动保存并将该表单关闭，在“总务类”表单库下可以看到自动产生文件名的表单文件，如【图 14-84】所示。

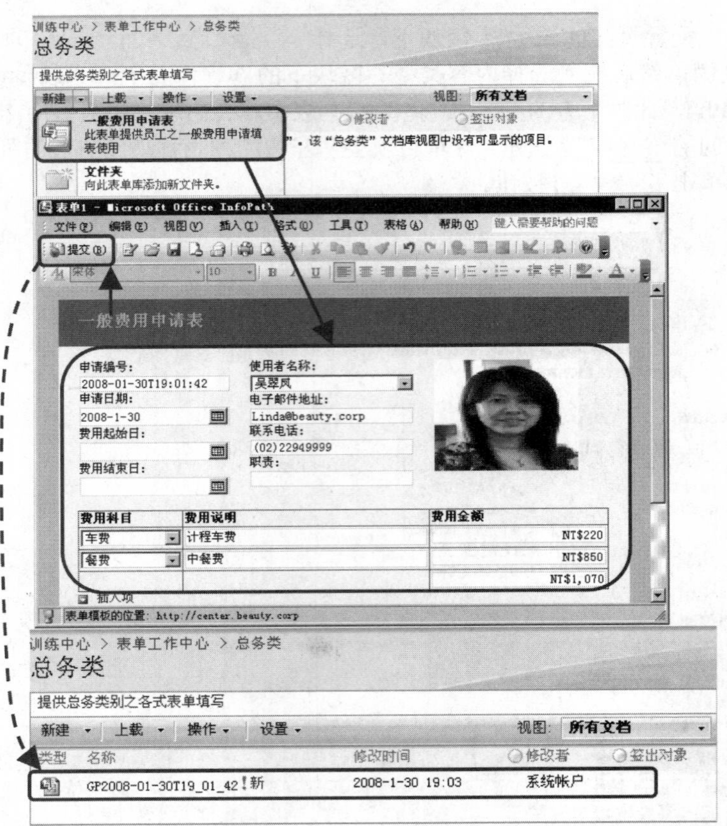

图 14-84 在“总务类”表单库下运行“一般费用申请表”的填写和提交

14.5 制作网页浏览表单

在 MOSS 2007 系统所提供的表单操作中，最具吸引力的就是提供了表单服务（Form Services）运行时的网页浏览表单，让制作好的 InfoPath 表单模板可以发布成网页型态以供填写，如此一来，如果客户端没有 InfoPath 运行环境，用户也可以像在网页中填写信息一样通过浏览器进行表单的填写。但是，表单服务所提供的功能是否可以让我们把在 InfoPath 环境下制作的所有表单都放在网页环境中运行呢？如果要让 InfoPath 表单能够在浏览器中运行，需要有什么样的设置呢？这都是我们要在本节中讲解的。

14.5.1 启动和验证可运行表单模板的网页环境

正如前面所说的，虽然 InfoPath 操作遵循了 XML 标准数据交换格式，但毕竟每个应用程序在支持这些数据格式的处理上都会有一些差异，所以，一个在 InfoPath 程序环境下制作的表单模板文件，不一定能在表单服务的网页环境中运行，所以接下来我们先来谈谈如何启动 InfoPath 的表单服务环境，以及如何验证您的表单内容是否符合表单服务运行环境。

启动表单浏览器验证环境

当您准备要将设计好的 InfoPath 表单发布成可在表单服务器中运行的网页表单时，在 InfoPath 设计模式下，请移动鼠标选择 工具(T) 下的 表单选项(F)...，在出现“表单选项”对话框后，选择 兼容性 项目，如【图 14-85】所示，勾选 浏览器兼容性 区块下的 ☑ 设计一个可在浏览器或 InfoPath 中打开的表单模板(E) 项目。接下来，在 输入运行有 InfoPath Forms Services 且可用于验证兼容性的服务器的 URL(V): 字段中输入要发布的表单库的顶层网站地址。**注意，是顶层网站地址，不是一般网站地址，更不是表单库地址哦！因为表单服务程序是加载在顶层网站下，不是加载在一般网站下，更不是加载在表单库下的**，以本例来说，是要指向协作门户网站的顶层，输入完成后，移动鼠标单击 确定 按钮。

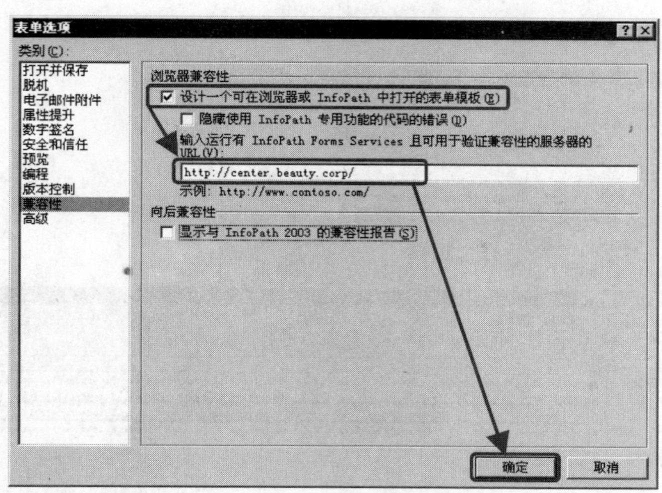

图 14-85 启动表单模板设计模式下的验证浏览器兼容性环境

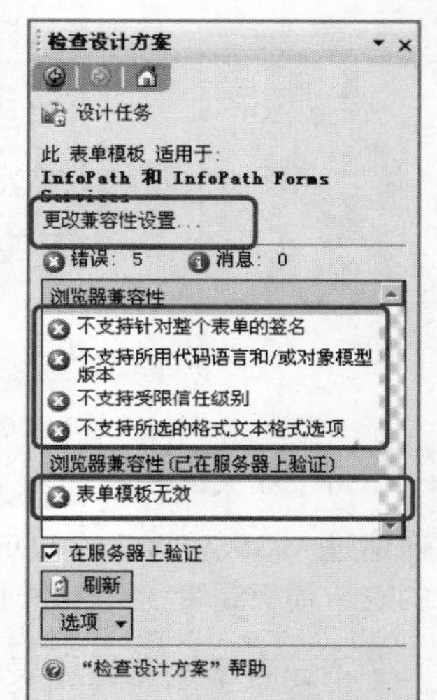

我们先以“服务需求表”表单模板为例，在此表单模板设计模式下，打开以上的浏览器兼容性设置对话框并单击 确定 按钮，InfoPath 会立即开始检查您的表单模板是否符合网页浏览运行环境，然后会返回设计模式，在窗口右边的 设计任务 中，显示了目前的错误的状况。

您可以在右图中看到，在“检查设计方案”窗格中显示了目前表单模板的设计验证是以适用在 InfoPath 和 InfoPath Forms Services 环境下为条件的，所以“服务需求表”表单模板在前面谈到的独立环境中可以正常运行的情况下，由于启动了浏览器兼容性验证功能，结果就会检查出很多不能与浏览器兼容的错误功能。

检查错误信息

在进行浏览器兼容性的验证时，InfoPath 会提供两种错误的信息，一种是“错误”，用红色的 ✖ 表示。在 InfoPath 下验证到的“错误”，代表所指出的项目绝对不支持浏览器环境，当然 InfoPath 也就不允许您进行网页形式的表单发布。但是，笔者也要在这里提醒读者，根据笔者的测试经验发现，有些错误是因为其他控件的错误而导致的，并不是该项目本身的错误，所以当您在对错误进行修改时，一定要先了解哪些环境或控件是不与浏览器兼容的，应该先对这些项目进行更改。有时将这些主要控件删除，其他错误控件的错误也就会跟着不见了，如果在更改了不兼容部分后还是出现错误的话，就应该将该控件项目重置，通常都能解决上述问题。

另一种错误信息是“消息”，用浅蓝色的 ℹ 表示。这种错误信息代表该项设置内容可以与浏览器兼容，所以也可以进行网页形式的发布，但这种表单在网页环境中运行时，该项目的显示结果不一定会与通过 InfoPath 环境运行时相同，或者可能不会出现预期的结果，甚至还会出现网页表单无法处理的错误信息提示，询问您要关闭表单还是要继续运行。

所以，根据以上的说明您就可以知道，要将 InfoPath 表单模板成功地发布成网页填写的方式，前提是该表单模板必须通过验证程序，并且在验证结果中不应该有任何的“错误”和“消息”的信息。

更改兼容性设置

在 InfoPath 表单模板中验证表单模板是否符合浏览器操作的主要程序来自于 MOSS 2007 服务器上的表单服务，还记得在【图 14-85】中指定 输入运行有 InfoPath Forms Services 且可用于验证兼容性的服务器的 URL(V): 字段时，我们特别强调所输入的地址必须是顶层网站地址，这是为什么呢？在“检查设计方案”窗格的错误窗口中，请移动鼠标单击 更改兼容性设置... 超级链接，然后选择 表单选项(F)... → **兼容性**，此时您会看到在相同字段所输入的 URL 路径中，多了“/_vti_bin/FormsServices.asmx”的内容，这个子路径不是在 MOSS 所创建的网站路径中，而是 IIS 所创建的“center.beauty.corp”网站下的虚拟子路径，此路径指向“c:\Program Files\Common Files\MicrosoftShared\Web Server Extensions\12\isapi”目录，也就是说，运行表单服务器的 FormsServices.asmx 文件是存储在此目录下的，如【图 14-86】所示。

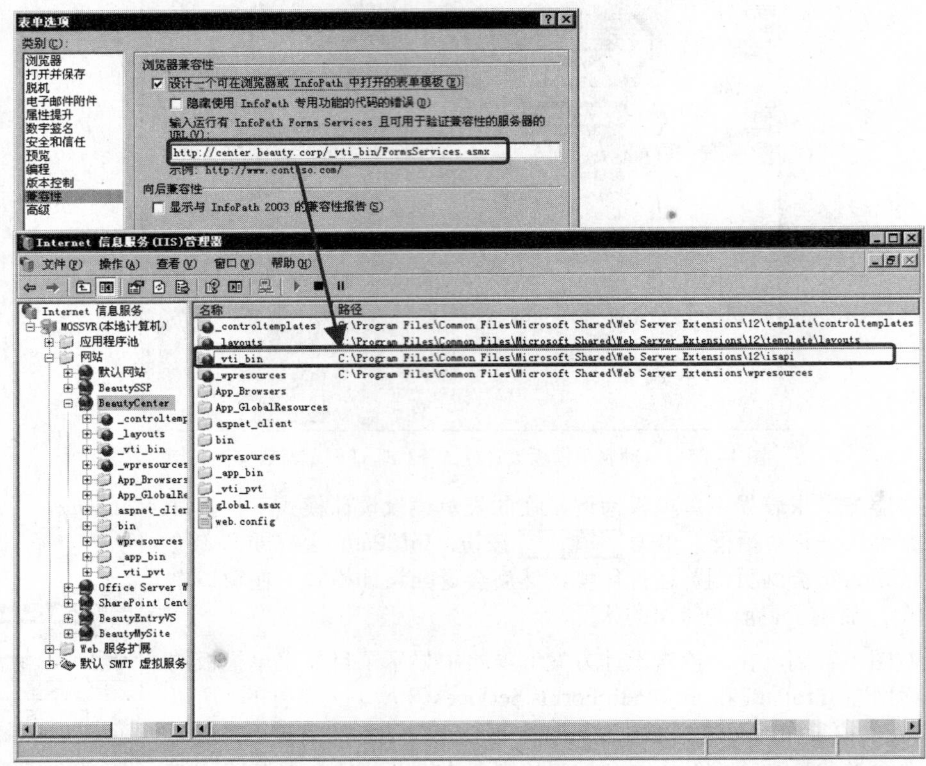

图 14-86 使用表单服务器兼容性验证程序所要指向的路径是 IIS 网站下的路径

以上这个路径是 MOSS 2007 系统默认的路径，在此路径下存储了表单服务器所提供的服务程序，除非您通过 MOSS 2007 的 SDK 创建了另外的表单服务程序，才可以指定使用不同的兼容性程序来验证所创建的表单模板是否能够兼容于浏览器环境，否则都要由 FormsServers.asmx 这个程序来进行验证。

不兼容于浏览器和表单服务的项目

因为我们在“检查设计方案”窗格可以看到，浏览器的错误验证中的错误可以分成两类，一类是 **浏览器兼容性** 错误，这类错误表示该控件不兼容于浏览器环境，表单服务器不支持在浏览器中使用这些错误控件，另一类是 **浏览器兼容性(已在服务器上验证)** 错误，代表表单中设置的访问内容无法在表单服务器中运行，例如，要在表单服务器中运行编译的脚本程序，或是访问信任受限区域的外部数据，会导致表单无法在服务器上运行。以下我们针对这些产生错误的项目，说明其发生的原因：

- 不支持对整个表单的签名

表单模板中所提供的数字签名，可以验证整个表单或表单中的部分区块是否为当前的设计人或填表人，以实现表单设计或填写的安全性验证功能。通常，如果对整个表单进行数字签名，其目的是让该表单可以通过数字签名，使填表人在获得此表单后，可以在其计算机中运行“完全信任”安全级别的环境。例如，我是开发此表单的设计人，您是使用此表单的填表人，我通过电子邮件的方式将开发好的表单发送给您使用，而我在开发此表单模板时，在此表单中加载了许多运行程序组件，这些程序组件要能够顺利运行，就必须获得“完全信任”的安全级别，而您在通过电子邮件接收到表单后，如何放心将此表单在“完全信任”的安全级别环境下运行，其重点是您要确认此表单是由我开发的，因为您信任我，所以确认由我开发的表单模板程序组件不会危害到您的计算机环境，也就可以放心地让此表单在“完全信任”的安全级别环境下运行，可是您要如何确认此表单就是由我开发的呢？答案就是通过数字签名对整个表单进行签署。如果您的计算机环境签署了此表单，在表单中的数字签名认证授权（CA）中心就可以对此数字签名进行验证，如果确认此表单中的数字签名的确就是我的数字签名，您就可以放心地将由我开发的表单在您计算机的“完全信任”安全级别环境下运行了。

可是对整个表单签署方式的表单模板运行在网页浏览器表单环境时，就会出现一个大问题，那就是运行此表单模板的对象是表单服务器，是一个服务程序，不是用户环境。由于对服务所提供的数字签名的验证和对用户所提供的数字签名的验证使用的是不同的数字签名验证方式，所以如果您的表单是对整个表单进行数字签名的话，表单服务器就不能运行正确的安全验证，也就是说，将会出现与表单服务不兼容的问题。

对整个表单进行数字签名的方式通常使用在我们前面讲到的表单独立发布环境下，当您的表单是通过封装成安装程序或是通过电子邮件的方式来提供表单模板的运行处理时就可以使用。

那么，在表单服务器环境中就不能够使用数字签名的方式啰？答案是：不完全是。在设计表单模板时，可以针对一个区块进行数字签名，不同区块可以使用不同的数字签名，以供不同用户进行填写或签署，由于区块下的内容是由填写人所填写的，所以在区块下的数字签名所针对的是用户环境，而不是表单服务器环境，所以表单服务器允许表单模板中含有区块数字签名。

那如果像“服务需求表”一样，当我们从微软或其他表单开发程序中获得这样已经设计好的表单，而设计时又对整个表单进行了数字签名，就不能将该表单模板转换成表单服务器下可在浏览器中运行的表单啰？答案是：NO。原因是您可以取消该表单模板对整个表单的数字签名啊！既然要将此表单模板发布到表单服务器处理，那就表示您已经信任了此表单模板的内容，所以就不需要数字签名了，您说是吗？

如果要解决“服务需求表”的整个表单数字签名的问题，可以移动鼠标选择 工具(T) → 表单选项(P)... → 数字签名，然后选择 不启用数字签名(D) 选项，再移动鼠标单击下方的 确定 按钮，在“检查设计方案”窗格下单击 刷新 按钮，您将发现列表中的错误项目会有所减少，如【图 14-87】所示。

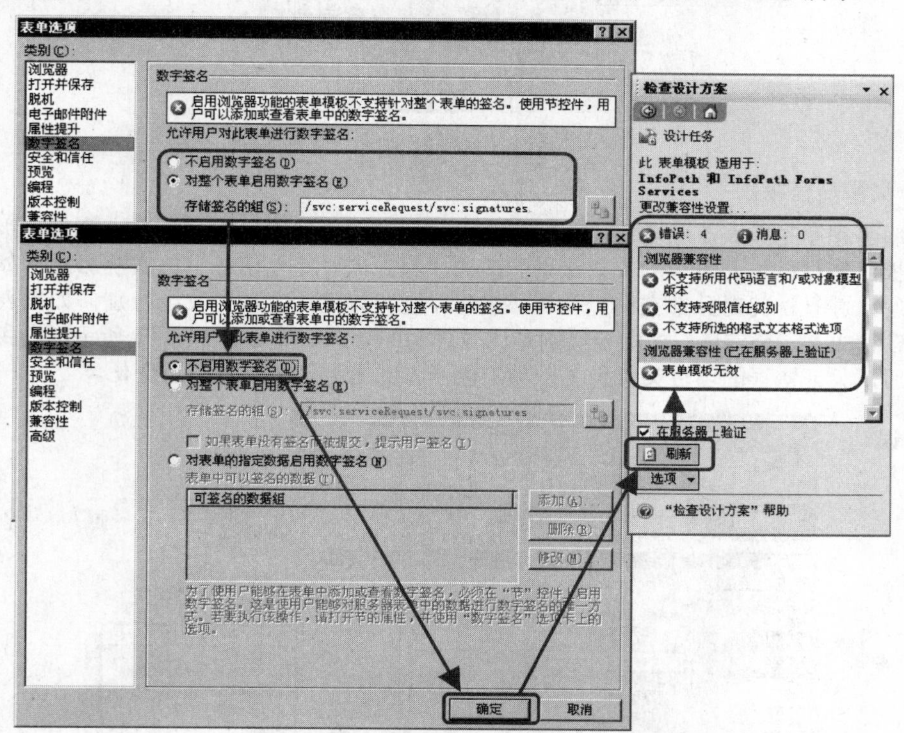

图 14-87　选择“不启用数字签名”项目来修改“不支持整个表单的数字签名”的错误

- 不支持所用代码语言和/或对象模型版本

在 InfoPath 的表单模板中可以加入多种不同性质的脚本语言程序（例如 Java Script 和 VB Script），也可以加入与 VSTA 和 VSTO 整合开发编译后的程序组件，那是因为在客户端的环境中可以有这些运行环境来支持 InfoPath 表单模板中的脚本程序或组件。但要通过表单服务程序来完全支持像运行在客户端的 InfoPath 表单模板环境，似乎就有一点困难了，至少 MOSS 2007 是如此，我们并不知道微软未来会不会将表单服务程序像基础平台一样，提供各种脚本程序或程序组件的运行环境，但至少现在不行。

在目前 MOSS 2007 的表单服务程序中，只支持由 VSTA 和 VSTO 开发环境所创建的程序组件可以由表单服务程序进行调用，除此之外，不支持其他的脚本语言程序或程序组件。OM（Object Model，对象模型版本），指的是微软在 InfoPath 2003 环境中所支持的对象模型，使用旧对象模型编写的程序则必须通过“升级”的方式，将旧对象模型和程序升级为可在 InfoPath 2007 环境下运行和调用的模型，这样表单服务程序才能支持这些对象模型在浏览器中的运行。

从前面的“服务需求表”表单模板中可以知道，此表单模板中包含 Java 脚本程序，如果您希望此表单模板在表单服务器上运行，那只有一条路，就是将 Java 脚本程序删除，然后重新更改相应功能的设计内容，如【图 14-88】所示。

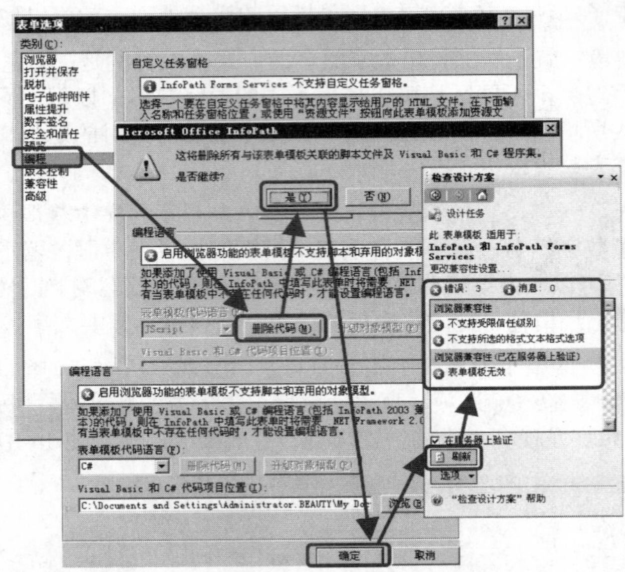

图 14-88　删除无法支持的程序代码并重新编写可支持的程序

- 不支持受限信任级别

由于表单服务程序是在表单服务环境中运行表单模板的，所以表单服务无法支持安全级别设置为“限制”的表单模板，您可以将此表单的安全级别更改为“域”或“完全信任”的安全级别。如果表单模板中没有附加的程序，并且访问对象都在同一个域环境时，您可以选用“域”安全级别，如果表单模板中有附加的程序，则设置成“完全信任”的安全级别是比较理想的方式。如【图 14-89】所示，当我们将安全级别设置成“域”后，验证错误的项目又减少了一项，但下方的错误信息也会有所变化。

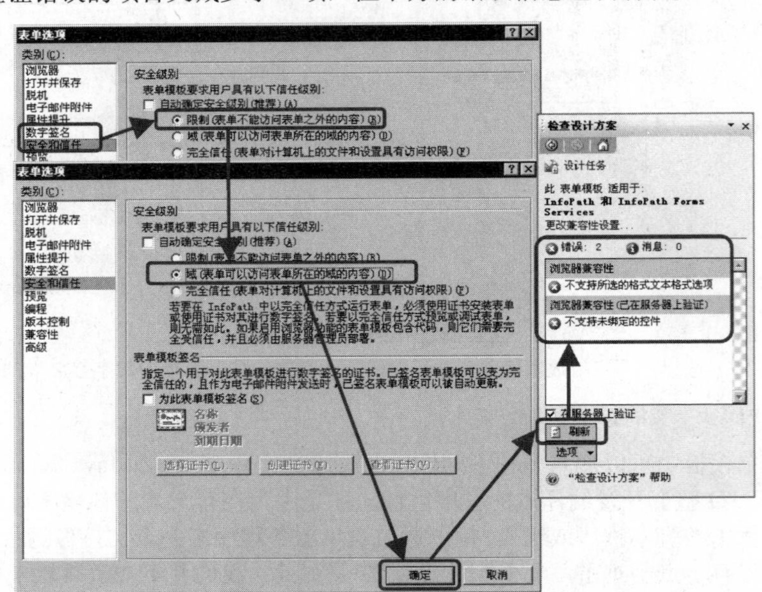

图 14-89　将“限制”安全级别更改为“域”安全级别以满足表单服务可支持的环境

- 不支持所选的格式文本格式选项

最后一个错误信息表示表单服务程序并不是全部支持 InfoPath 中的控件，有些控件在表单服务浏览器的环境下是不支持的。如果您已经注意到，当我们在【图 14-85】中将表单模板更改为支持浏览器环境后，在表单模板设计模式下的控件列表已经也会进行相应的更改。如【图 14-90】所示，您会发现，在支持浏览器的环境下，可以使用的控件数量少了很多，所以当您决定创建一个表单模板时，一定要先考虑此表单模板是要运行在表单服务的浏览器环境下，还是要运行在 InfoPath 表单运行环境中，这样才不会因为没有支持控件而造成设计上的差异。

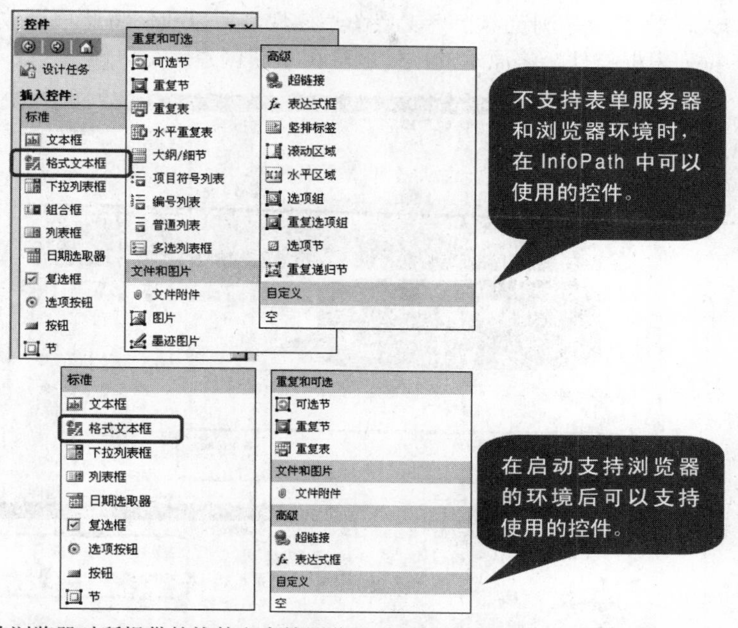

图 14-90　不支持浏览器时所提供的控件和支持浏览器时所提供的控件项目的差别

咦！问题来啰！从【图 14-90】中可以看到，在不支持浏览器环境的控件中提供了 格式文本框 控件，在支持浏览器环境的控件中，也提供了 格式文本框 控件，那为什么在“检查设计方案”窗格中，会显示“不支持所选的格式文本格式选项”的错误信息呢？

答案是，不支持浏览器环境的 格式文本框 控件可以支持嵌入图片的操作，且在此项目的属性中勾选了 ☑ 全文本(图像、表格等)(U) 选项，如【图 14-91】所示，所以 格式文本框 控件就不支持浏览器环境。那我们取消此选项不就好了吗？呵呵！根据笔者的经验，取消此项选项功能后，重新进行验证，结果还是有错误！但是如果将此控件先删除然后再重新创建，单击 刷新 进行验证时，耶！就没有错误了，这是个经验喔！与您分享！

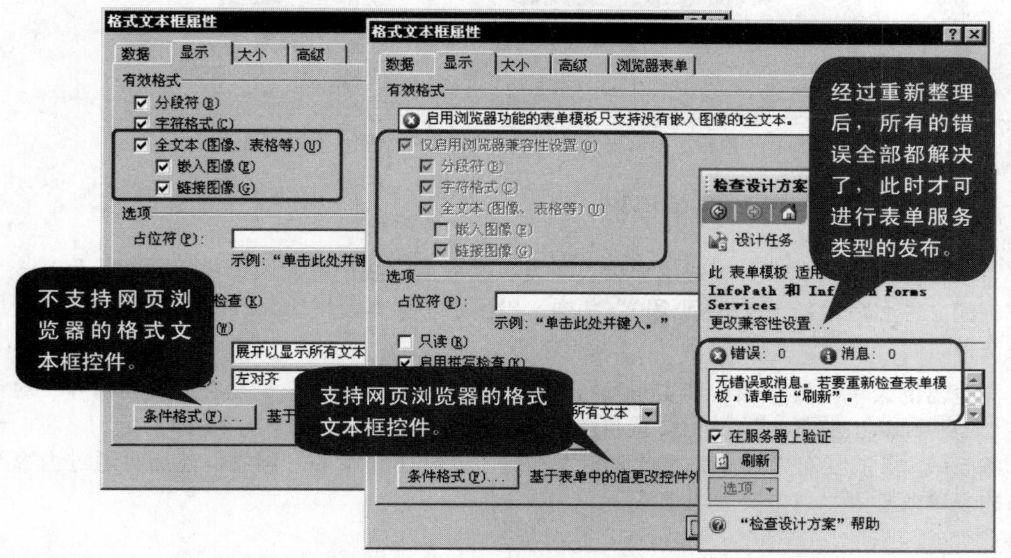

图 14-91　更改控件设置使其与网页浏览器兼容

通过以上几个错误项目的修改说明，您可以了解要应该如何设计一个支持浏览器环境的表单模板，当然，在 InfoPath 中还有许多其他的限制，但是如何修改这些错误的处理方式和上述的方法是大同小异的。

还记得我们前面讲解的“一般费用申请表”的例子吗？要将表单模板转换到可以支持浏览器的环境，同样也会产生一些错误的情况喔！您能练习修改这些错误吗？您可以从【图 14-92】中看到，此表单模板会产生 3 项错误，第 1 项是浏览器上不支持图片控件，所以我们将此项更改为 超链接 控件即可，至于第 2 项不支持下拉列表框控件，将原本的控件删除再重新创建就可以解决了。

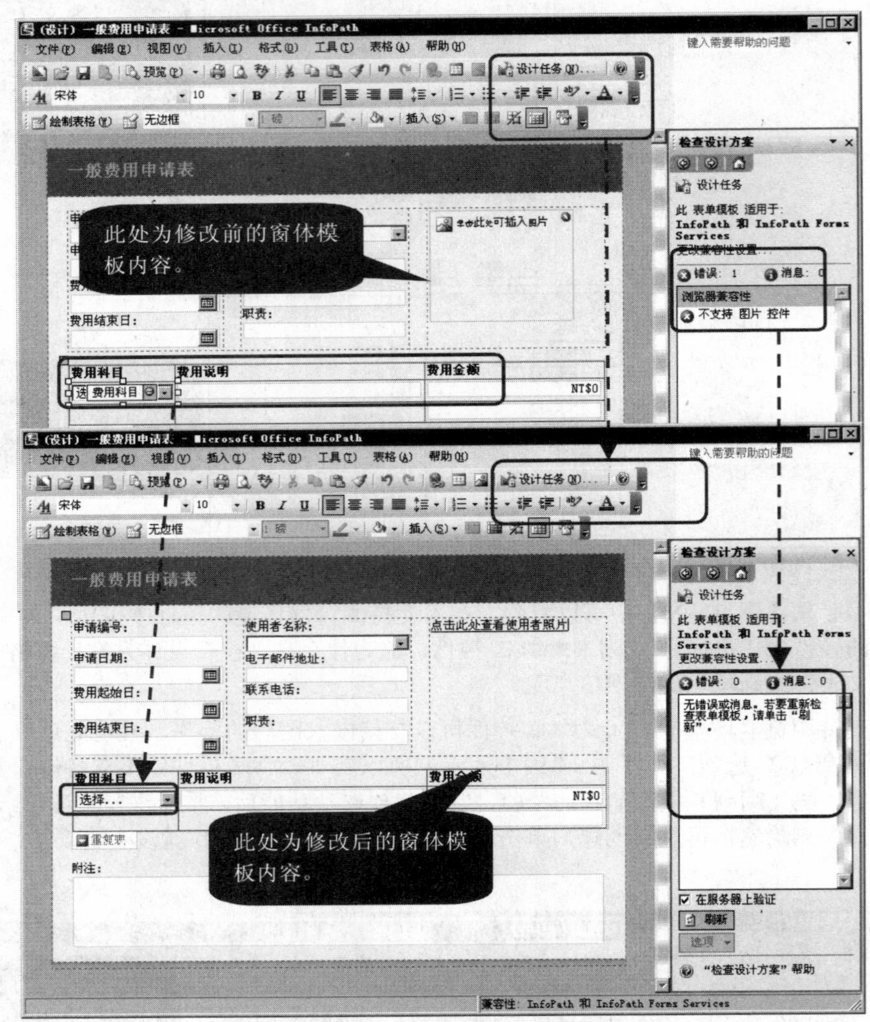

图 14-92 “一般费用申请表”设计中不支持浏览器控件项目的修改

14.5.2 发布支持浏览器的表单模板

在修改好可以支持浏览器的“一般费用申请表”表单模板后，我们将此表单模板文件另存为一个新文件，并在新文件的文件名后面加上“(网页用)”字样，以区别于原本使用 InfoPath 运行的“一般费用申请表”表单模板文件。

发布支持浏览器的表单模板步骤，其实与发布一般表单模板步骤相同，只是在“发布向导”对话框中会多了勾选 ☑ 使用户可以通过浏览器填写此表单(W) 项目的一步，如【图 14-93】和【图 14-94】所示。我们还是采用 ⊙ 网站内容类型(高级)(S) 的发布方式，先将此表单发布到“文档工作中心”网站，然后再通过内容类型的设置，将发布的表单放置到“总务类”表单库下。

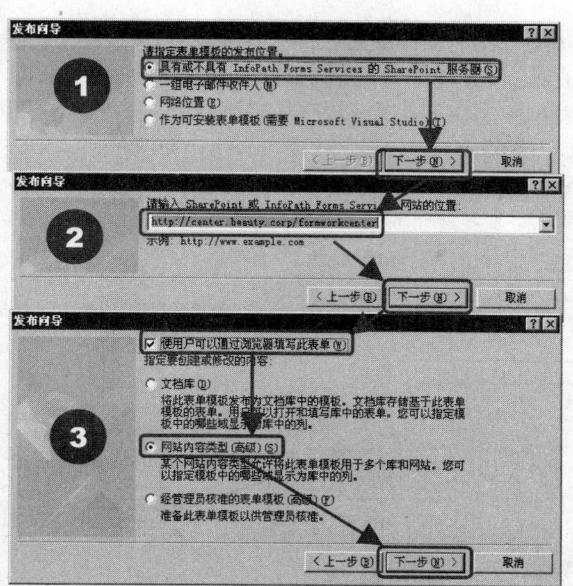

图 14-93 发布支持浏览器的表单模板的第 1 步到第 3 步

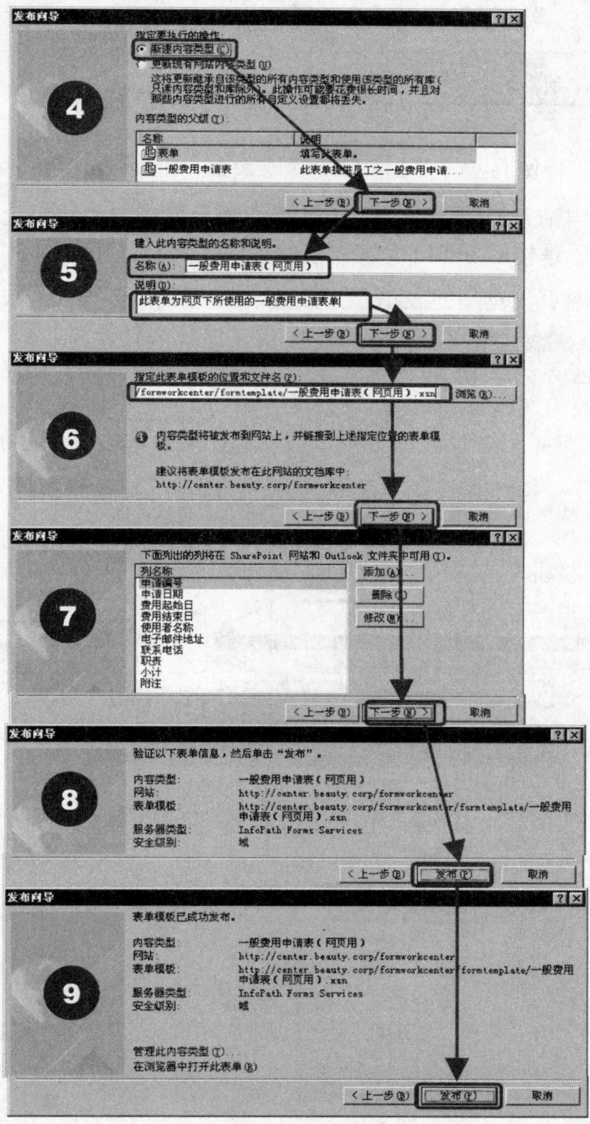

图 14-94 发布支持浏览器的表单模板的第 4 步到第 9 步

在完成发布后，我们可以到"表单工作中心"的"总务类"表单库下，选择 设置 → 表单库设置，进入"自定义总务类"配置页面，按照前面曾经说明过的步骤，将刚才发布的"一般费用申请表（网页用）"表单模板添加到"总务类"表单库的内容类型列表中，就可在"总务类"表单库中看到此项添加的表单项目了，如【图 14-95】所示。

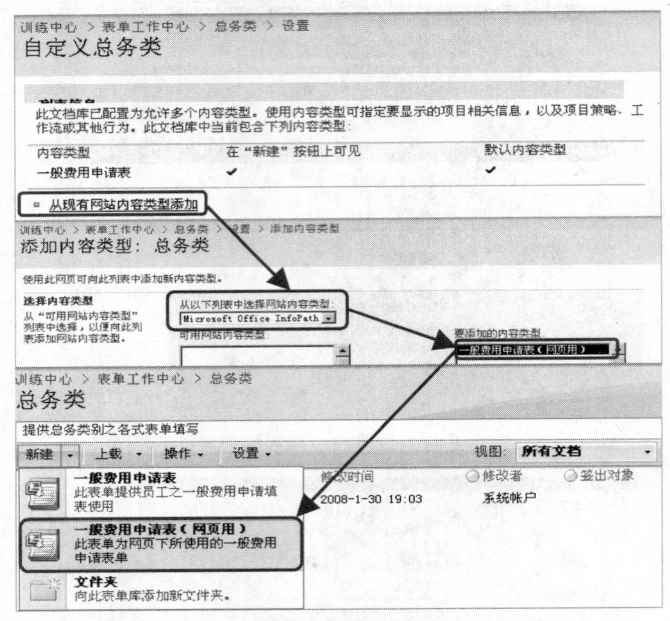

图 14-95　在表单库中添加新发布表单的内容类别

虽然网页用的一般费用申请表已经出现在"总务类"表单库中，但我们选择该项目后，却发现该表单并没有在网页环境中运行，还是使用 InfoPath 客户端的程序来运行，怎么回事呢？

其实要在表单库中运行网页浏览型的表单，必须更改此表单库打开表单的方式，其步骤是：移动鼠标在"总务类"表单库下选择 设置 → 表单库设置，在"自定义总务类"配置页面中单击 高级设置，进入"表单库　高级设置：总务类"配置页面，在"启用了浏览器的文档"区块下，将原本选择的 在客户端应用程序中打开 项目更改为选择 显示为网页 项目，并单击 确定 按钮，返回"总务类"表单库，再次选择 新建 → 一般费用申请表（网页用）后，该表单便可以成功地在网页环境中运行了，如【图 14-96】所示。

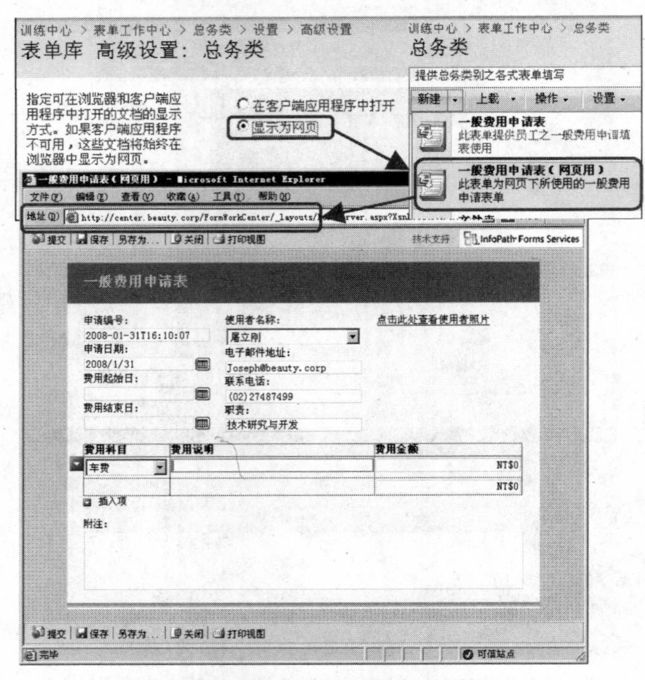

图 14-96　设置该表单可在浏览器环境下运行

为了证实此表单的确与浏览器环境兼容，如【图 14-97】所示的网页内容是使用 Firefox 浏览器运行的表单环境。

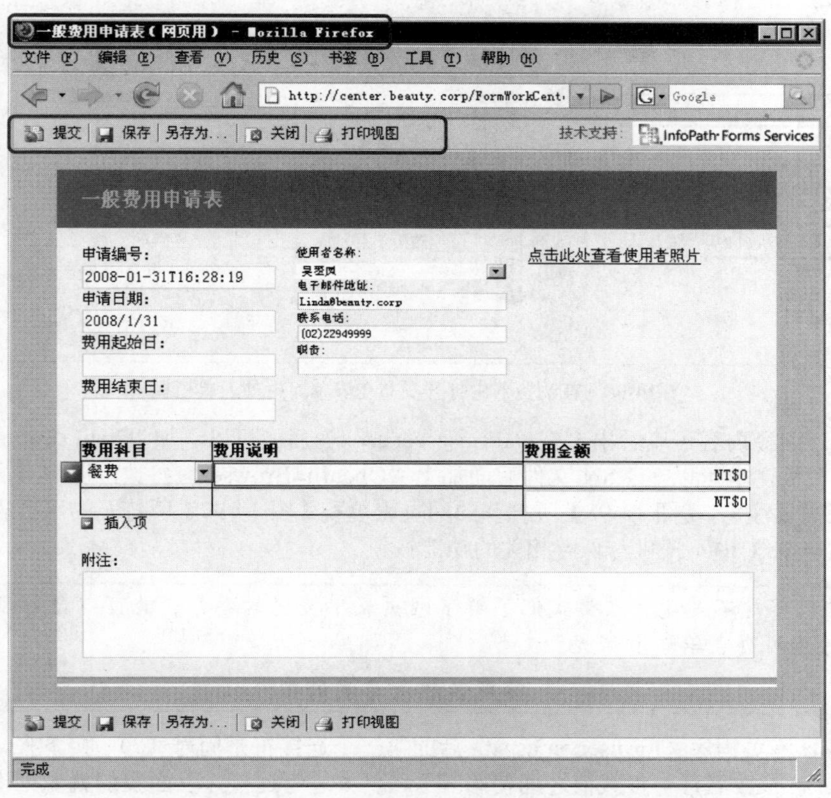

图 14-97 在 Firefox 浏览器下同样可以运行相同的表单功能

14.5.3 网页表单浏览器参数和自定义网页表单浏览环境

虽然 一般费用申请表（网页用） 可以在“总务类”表单库中以表单服务网页浏览器的方式进行填写，可是，当我们运行之前的 一般费用申请表 时，却出现了错误！为什么呢？因为前一个 一般费用申请表 的表单模板环境不能在网页浏览器环境下运行，但我们已经将“总务类”表单库的默认打开状态设置为 显示为网页，所以，当选择前一个 一般费用申请表 项目时，就会出现错误的信息啰！换句话说，在“总务类”表单库下，只适合一种打开或添加表单的方式，要么采用客户端 InfoPath 表单打开的方式，要么就采用表单网页浏览器打开的方式，二者选一。

如何使用网页表单浏览参数

如果我们将“总务类”表单库中设置成使用 InfoPath 客户端打开的方式，那么应该如何将网页浏览方式提供给用户使用呢？创建另一个表单库来并将其设置成使用网页表单浏览的方式？不好！因为我们想将同类的表单数据文件放置在同一个表单库下。那要如何来完成呢？我们先来看一个情况。

在前面我们将“一般类用申请表（网页用）”表单模板以“内容类型”方式发布时，指定该表单模板存是存储在“表单工作中心”下的“表单模板文件”中的，切换到“表单模板文件”的表单库环境，单击 一般费用申请表（网页用） 项目右边的向下箭头按钮，可以看到 在浏览器中编辑 的选项，选择该项目后，会直接以网页方式显示添加的网页表单，如【图 14-98】所示。

从【图 14-98】中可以看出，虽然“表单模板文件”表单库没有进行 显示为网页 项目的设置，但还是可以在浏览器中打开网页式的表单，也就是说，其实要以网页方式打开表单模板时，不一定要将该表单库设置成 显示为网页，其重点在于只要通过特定参数的设置，便能以网页表单方式打开指定的表单模板文件。我们先来看一下在【图 14-98】中打开网页表单时产生的 URL 路径：

```
http://center.beauty.corp/FormWorkCenter/_layouts/formserver.aspx?XsnLocation=
/FormWorkCenter/FormTemplate/一般费用申请表（网页用）.xsn&OpenIn=Browser
```

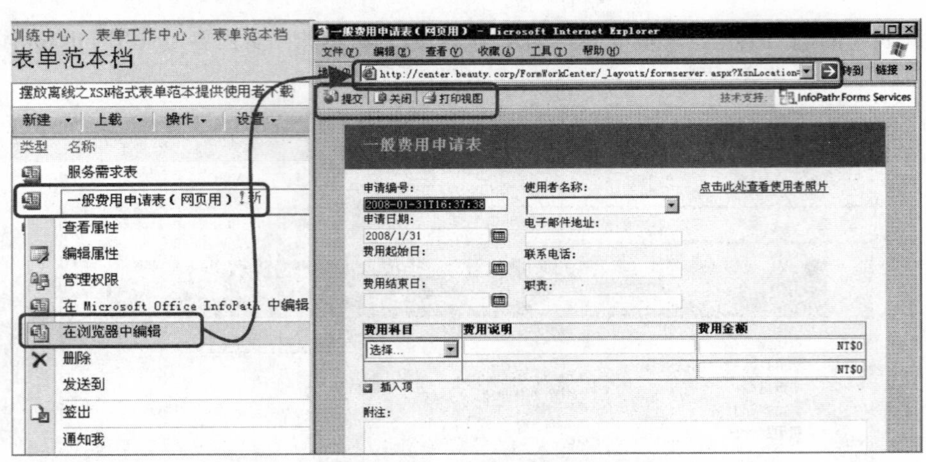

图 14-98　在浏览器中打开发布在表单库中的表单模板

从以上的 URL 路径内容可以看出，在“formserver.aspx”后面可以添加“XsnLocation”参数，指定要打开的 XSN 表单模板，也可以在 XSN 文件后面加上“OpenIn=Browser”参数，以网页表单的方式打开此表单。另外，您还需要注意，【图 14-98】所打开的网页表单和【图 14-97】所打开的网页表单提供的功能按钮是不同的，【图 14-98】中不提供与保存相关的功能按钮。

哇！那是不是说，只要我们了解了网页表单提供的参数，就可以自行设置要如何打开网页表单环境了呢？

答案当然是肯定的啰！

接在表单服务器网页程序（formserver.aspx）后的第一个连接符是问号（?），接下来，所有参数之间使用的连接符是“&”，参数名称与参数值之间使用等号（=）进行连接，下面我们就先列出表单服务器和表单模板所提供的参数功能。

参数名称	说　明
OpenIn	表示使用何种方式打开表单模板文件或表单数据文件，以下为可以设置的值： ● Browser：表示使用网页表单方式打开。 ● Client：表示使用客户端 InfoPath 程序方式打开。 ● PreferClient：表示按照该表单库所设置的方式打开。 ● Mobile：当使用此参数时，表单服务网页程序会转向使用 MoblieFormServer.aspx 来打开适用于移动设备中所设计的表单模板或数据文件
XsnLocation	此参数是为表单服务器网页程序（formserver.aspx）提供指定打开表单模板文件（XSN）的 URL 地址。 **注：** “/_layouts/”子目录的原始定义是放置在 IIS 顶层网站下的子目录，但因为 Web 应用程序提供了这些子目录的继承功能，所以这些子目录都可以加载在各网站目录名称下进行调用，其主要目的是当各网站的访问权限不同时，可以提供在该网站环境中调用 formserver.aspx 的表单服务器网页程序，以上例而言，调用 formserver.aspx 的地址为 http://center.beauty.corp/FormWorkCenter/_layouts/formserver.aspx。 但如果不考虑权限，也可以指定在 http://center.beauty.corp/_layouts/formserver.aspx 下调用。 另外还要注意到的是，表单服务器网页程序只能指定在相同“网站集”下的各网站中所发布的表单模板文件。 此参数通常在打开一个新的表单模板时使用
XmlLocation	此参数为表单服务器网页程序（formserver.aspx）提供指定打开表单数据文件（XML）的 URL 地址。在 formserver.aspx 表单服务器网页程序的后面，此参数不需配合 XsnLocation 参数，因为表单服务器网页程序会以指定 XML 文件的 URL 地址所提供的内容类型表单模板（XSN）为依据打开此表单数据文件
Source	设置当表单模板关闭后，要跳转到的下一个环境的 URL 地址

续表

参数名称	说　明
Options	此项参数是用来设置隐藏保存功能按钮的参数，所以只有一个设置值，就是"DisableSave"
SaveLocation	此项参数用来指定保存的 URL 路径
NoRedirect	此项参数用来设置禁止表单服务器网页程序（formserver.aspx）进行跳转，如果在 XsnLocatin 或 XmlLocation 后面加上此参数，则会在浏览器环境中显示文件下载的功能选项。其设置值为"**true**"或"**false**"，默认值为"**false**"
DefaultItemOpen	此参数用于设置是否要使用表单库中默认的表单浏览方式打开表单，其设置值为"0"或"1"，"0"代表不进行表单库默认值的检测、"1"则代表要以表表单库中的默认值为主

在看完以上相关参数的含义后，我们来举一些使用参数方式打开表单的例子。要准备举例的表单库内容如【图 14-99】所示，图中两个表单库都是放置在 http://center.beauty.corp/formworkcenter/网站下的，上面的"表单模板文件"表单库的目录名称是"formtemplate"，其项目都是 XSN 文件，下面"总务类"表单库的目录名称是"housekeeping"，其项目也都是 XML 文件。

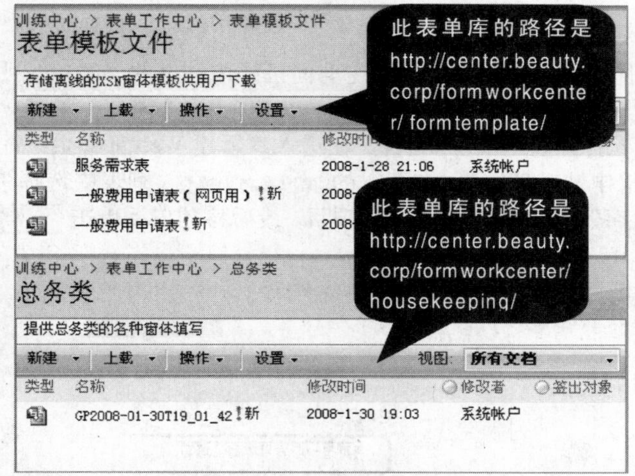

图 14-99　在"表单工作中心"下的两项表单库中的表单模板文件和表单数据文件项目的内容

- 以网页表单方式打开新表单

http://center.beauty.corp/FormWorkCenter/_layouts/formserver.aspx?XsnLocation=/FormWorkCenter/FormTemplate/一般费用申请表（网页用）.xsn&OpenIn=Browser

- 以网页表单方式打开已保存的表单

http://center.beauty.corp/FormWorkCenter/_layouts/formserver.aspx?XmlLocation=/FormWorkCenter/housekeeping/GP2006-06-14T13_57_15.xml&OpenIn=Browser

- 打开网页新表单并在保存后返回原表单库

http://center.beauty.corp/FormWorkCenter/_layouts/formserver.aspx?XsnLocation=/FormWorkCenter/FormTemplate/一般费用申请表（网页用）.xsn&OpenIn=Browser&Source=/FormWorkCenter/FormTemplate/

自定义网页浏览表单页面

在了解了以上的网页浏览表单参数后，我们可以通过"自定义 Web 部件"页面来创建一个新的网页表单的操作页面，这样就可以直接在自定义页面上添加和访问网页浏览表单，而原来的表单库就可保持在使用 InfoPath 客户端程序来打开表单数据文件的环境下了。

此项自定义页面我们称之为"网页型一般费用申请表填写"，页面采用 Web 部件形式，页面上方是简短的说明，中间创建一个超级链接项目供用户选择使用，在单击该项目后就会直接显示"一般费用申请表（网页用）"的新网页表单填写环境，在用户填写完毕并单击 提交 按钮后，就会返回原来的页面环境。页面下方是内容类型为"一般费用申请表（网页用）"项目的列表，这样用户在填写完表单返回此页面后，就可以在下方列表中看到自己刚刚的填写表单项目。

要实现以上自定义功能，首先，我们要在原来的“总务类”表单库下创建一个筛选内容类型为“一般费用申请表（网页用）”、并以“创建时间”字段降序排序的视图项目。创建视图项目的方式请参考本书第 12 章，您也可以顺便练习一下喔！我们将此视图命名为“一般费用申请表（网页用）检视”，建立此视图最重要一点的是在“排序”区块中设置“主要排序依据”为“创建时间”字段，并选择下方的“按降序顺序显示项目”，在“筛选”区块中设置“内容类型”“等于”“一般费用申请表（网页用）”（前两个字段可在下拉列表中进行选择，第 3 个字段需要手动输入），完成此筛选后的视图内容如【图 14-100】所示。

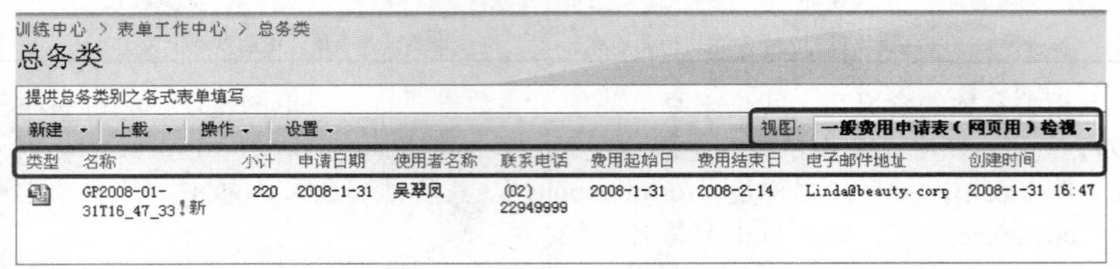

图 14-100 在“总务类”表单库下创建“一般费用申请表（网页用）检视”视图

至于自定义的 Web 部件页面，我们可以创建在前面已经规划好的“表单说明”文档库下，所以先将页面切换到“表单说明”文档库下，然后移动鼠标依次单击 网站操作 → 创建，在打开的“新建”配置页面中选择 网页 区块下的 Web 部件页 项目，在进入“新建 Web 部件页”配置页面后，在“名称”字段中输入“网页型一般费用申请表填写”，在下方的 请选择布局模板: 列表中选择 整页，垂直 项目，在“保存位置”区块的“文档库”字段中选择“表单说明“项目，最后移动鼠标单击 创建 按钮，如【图 14-101】所示。

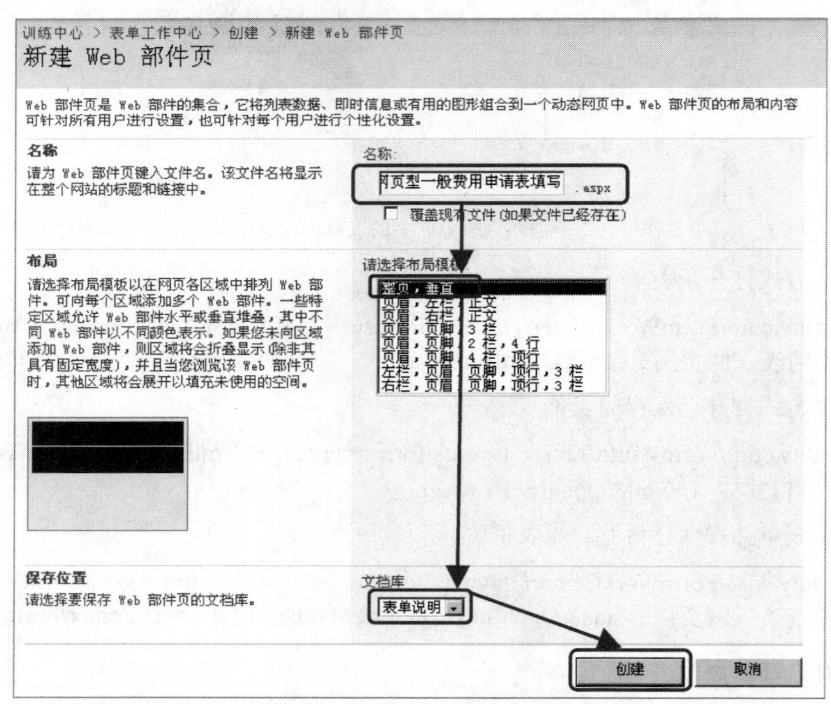

图 14-101 在〔表单说明〕文档库下创建一个新的“Web 部件”型页面

接下来页面就会切换到此 Web 部件的编辑页面，请移动鼠标单击 添加 Web 部件，此时会出现“添加 Web 部件——网页对话框”窗口，在“杂项”区块下，勾选 内容编辑器 Web 部件 项目，然后移动鼠标单击 添加 按钮，如【图 14-102】所示。

在 添加 Web 部件 下方出现 内容编辑器 Web 部件 后，单击 打开工具窗格，窗口右边就会出现工具窗格，请移动鼠标单击 RTF 编辑器... 按钮，即可打开“HTML 编辑器——网页对话框”窗口，您可以输入一段简单的说明，然后在说明文字的下方，使用大一点的字号输入“请点选我进入新增一般费用申请表填写作业”，然后选择刚刚输入的大字号文本，单击 按钮，此时会打开“编辑超级链接属性——网页对话框”窗口，然后在“选取的 URL”字段中输入以下内容：

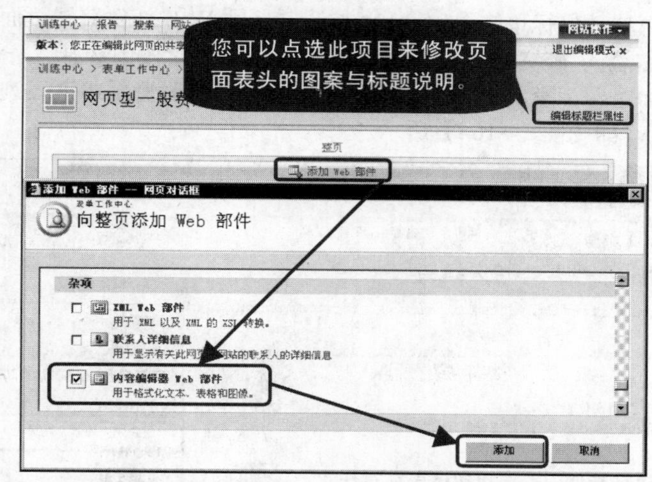

图 14-102　在 Web 部件编辑页面中添加“内容编辑器 Web 部件”

http://center.beauty.corp/FormWorkCenter/_layouts/formserver.aspx?XsnLocation=/FormWorkCenter/FormTemplate/一般费用申请表（网页用）.xsn&OpenIn=Browser&Source=/FormWorkCenter/FormDocs/网页型一般费用申请表填写.aspx

输入完毕后，移动鼠标单击 确定 按钮，返回 Web 部件编辑页面，刚才选择的字符串就会变成蓝色的超链接字符串，将“内容编辑器 Web 部件”窗格的“标题”内容更改为“一般费用申请表填写作业”，最后移动鼠标单击 确定 按钮，如【图 14-103】所示。

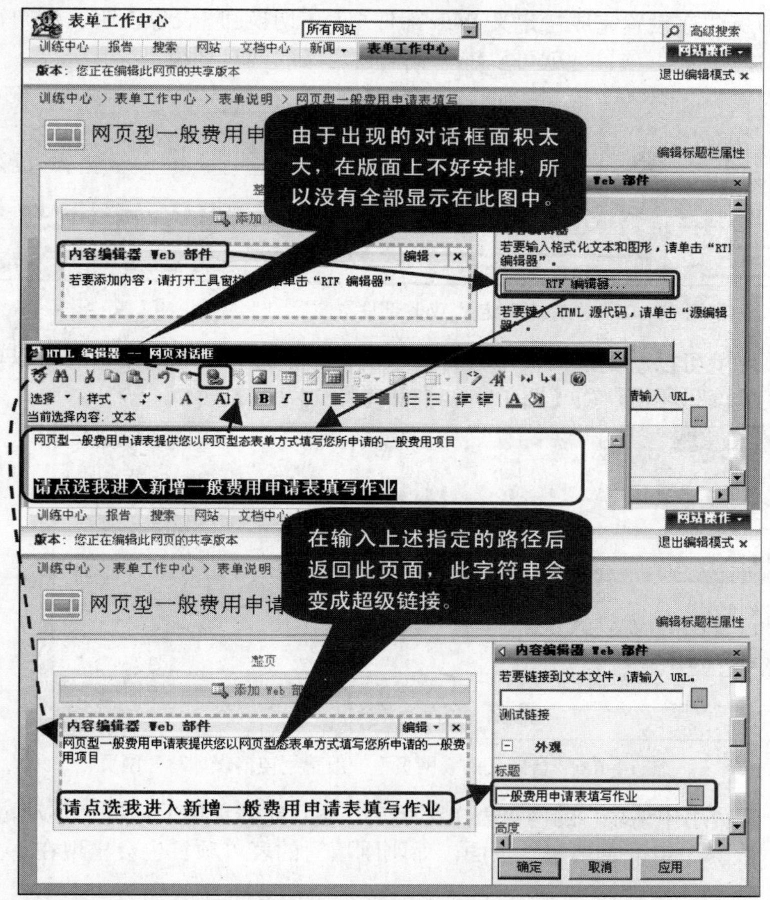

图 14-103　设置“内容编辑器 Web 部件”的简单说明内容和超级链接项目

在完成以上的Web部件设置后，接下来，我们要在页面的下半部分添加“总务类”Web部件。请移动鼠标单击 添加 Web 部件，在出现“添加Web部件——网页对话框”窗口后，移动鼠标勾选“列表和库”下的 ☑ 总务类 项目，然后再移动鼠标单击 添加 按钮，返回Web部件编辑页面，将此Web部件移动到页面的下半部分，然后在右边的 列表视图 区块的“选中的视图”字段下选择“一般费用申请表（网页用）检视”项目，将下方的“标题”字段更改为“使用网页型填写之一般费用申请表列举清单”，将“工具栏类型”设置为“没有工具栏”，如【图14-104】所示。

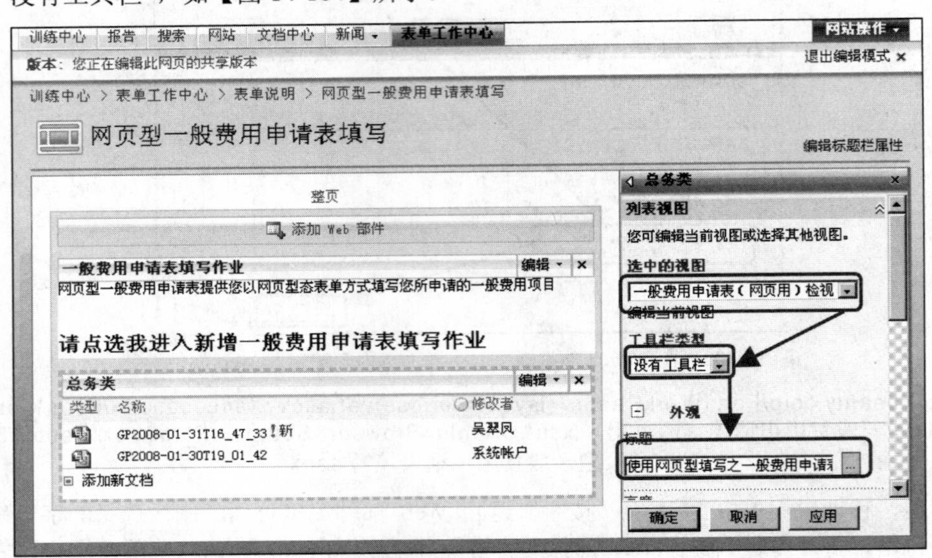

图14-104 在“总务类”表单库的页面中添加“列表”Web部件

如【图14-105】所示，在设置完成自定义Web部件页后，切换回“表单说明”文档库，在 ▪ 表单模板文件 中选择 网页型一般费用申请表填写 项目，就可以进入我们自定义的网页环境。

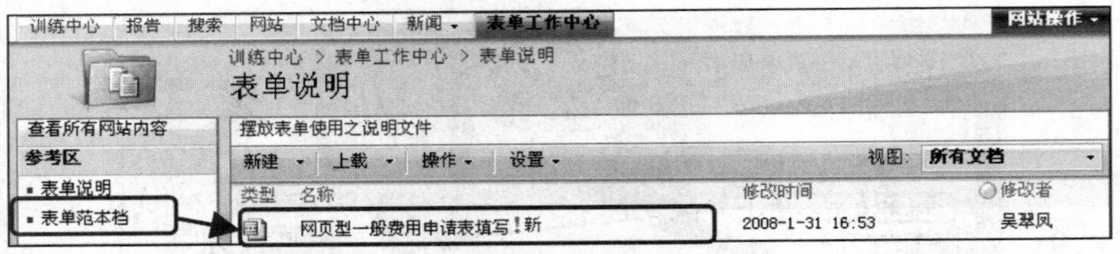

图14-105 在完成自定义Web部件页面后的“表单说明”文档库

在自定义的网页环境可以看到，网页上方有简单说明，下方有列举清单，您可以单击中间的超级连接项目进入新的网页表单填写环境，如【图14-106】和【图14-107】所示。

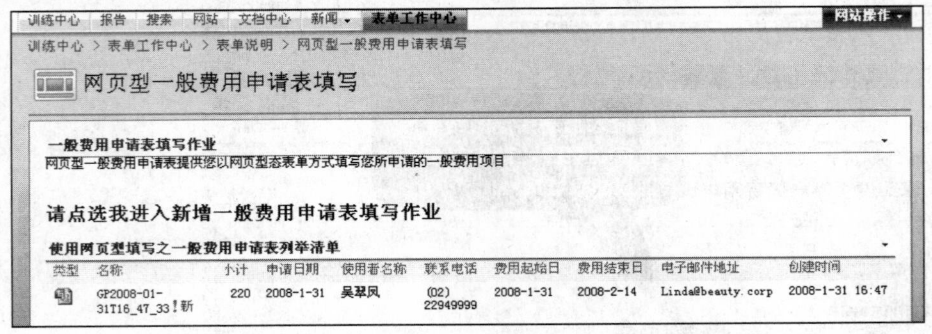

图14-106 自定义的〔网页型一般费用申请表填写〕网页

在进入填写“一般费用申请表”的网页表单环境后，填写完表单中的内容后移动鼠标单击 提交 按钮，就会返回“网页型一般费用申请表填写”页面，而刚刚填写的表单项目也会出现在下方的列表中，如【图14-108】所示。

提交 | 关闭 | 打印视图　　技术支持： InfoPath Forms Services

一般费用申请表

申请编号： 2008-02-01T13:55:49
使用者名称： 吴翠凤
点击此处查看使用者照片
申请日期： 2008/2/1
电子邮件地址： Linda@beauty.corp
费用起始日： 2008/2/1
联系电话： (02)22949999
费用结束日： 2008/2/4
职责：

费用科目	费用说明	费用金额
饮料费	请客户喝下午茶	NT$340
餐费	请客户吃晚餐	NT$1,200
车费	往来计程车资	NT$540
		NT$2,080

插入项

附注：
接待国外来的客户

提交 | 关闭 | 打印视图

图 14-107 “一般费用申请表”的网页表单填写环境

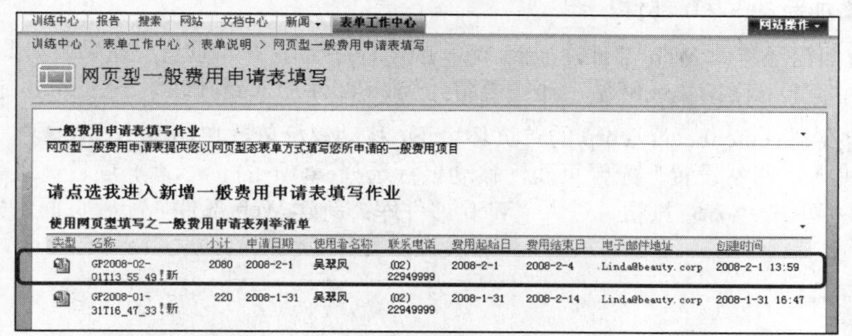

图 14-108 在完成表单填写操作后的列表显示结果

提示 一个小小的提示：我们在前面看到，在 InfoPath 网页表单的右上角会出现 技术支持 字段，其中有一个 InfoPath Forms Services 小图标，由于此项目是 MOSS 内置的，所以不容易更改，不过如果想改变这个小图标，笔者倒是可以教教你喔！

这张小图的文件名是 mergedimage1.gif，图片尺寸是 150pix×25pix，存储在 MOSS 服务器上的 “C:\Program Files\Common Files\Microsoft Shared\web server extensions\12\TEMPLATE\LAYOUTS\INC\” 目录下，这张图片（ InfoPath Forms Services）包含了其他按钮图标的 GIF 文件，不过，您可以使用图形编辑程序，将后面“InfoPath Forms Services”部分（包含前面的小图）更改为您想要的图标，这样在显示网页表单时，右边的“InfoPath Forms Services”图标就会变成您更改后的图标啰！很不错的喔！

14.5.4 创建 Web 部件型的网页表单

看到以上所显示的网页表单，您应该觉得已经相当不错了吧！通过网页表单的方式可以创建各种不同需求的表单，并在网页环境下提供表单的填写功能。如果说以上的网页表单环境还有一点让人不满意的地方，那可能是，是否可以在一个网页中将网页表单以嵌入的方式来显示。

当然笔者也想到啦！但是，MOSS 系统环境下所提供的 Web 部件中没有一个可以完成这项需求，可是笔者曾经看过微软在美国举办的 MOSS 2007 开发研讨会中有这样的设计，于是笔者又查找了许多的资料，终于找到了方法。既然笔者已经知道应该怎样操作，就绝对不会吝啬在此与读者一起分享啰！

其实，在 MOSS 系统的表单服务中提供了网页表单形式的 Web 部件，只是这项 Web 部件在 MOSS 系统默认环境中并没有注册到所产生的 Web 应用程序环境下，所以我们也就无法直接拿来使用。如果您想要使用此网页表单的 Web 部件，可以将此 Web 部件通过手动的方式注册到所需要的 Web 应用程序环境下，这样在该网站下就可以使用此项 Web 部件了。

如何操作呢？我们以 center.beauty.corp 的 Web 应用程序环境为例，首先，在 MOSS 的服务器上使用 administrator 账户登录，打开资源管理器，将目录切换到“c:\Inetpub\wwwroot\wss\VirtualDirectories\center.beauty.corp\”的子目录下，使用记事本或 Visual Studio 2005 打开 web.config 设置文件，在此设置文件内容中找到一段包含

<SafeControls> ……

</SafeControls >

的范围，这个范围中间定义着此网站可以使用已经注册的 Web 部件项目，您可以在“</SafeControls >”的上一行，也就是这个范围的最后一行加入以下内容：

```
<SafeControl Assembly="Microsoft.Office.InfoPath.Server, Version=12.0.0.0, Culture=neutral,
PublicKeyToken=71e9bce111e9429c" Namespace="Microsoft.Office.InfoPath.Server.Controls"
TypeName="XmlFormView" Safe="True" />
```

以上 Web 部件的名称叫做“XmlFormView”，是一个已经可以在 MOSS 环境下的运行 Web 部件程序，所以在您输入之后将 web.config 文件保存，然后重新启动 IIS 服务或是重新启动计算机，在重新启动 MOSS 系统环境后，此项网页表单的 Web 部件就已注册在 center.beauty.corp 的网站环境下了。

在网站集中添加新的 Web 部件

虽然我们在前面已经将此 Web 部件注册到 Web 应用程序环境下，但是，如果要将此 Web 部件提供给此 Web 应用程序环境下的网站集或网站，还需要将此 Web 部件加入到网站集下的 Web 部件的组件库中。

请先将网页切换到 center.beauty.corp 的首页环境下，移动鼠标依次单击 网站操作 → 网站设置 管理此网站的网站设置。 → 修改所有网站设置 更改此网站的所有网站设置。，进入“网站设置”配置页面，移动鼠标选择 库 下的 Web 部件 项目，进入“Web 部件库”环境，再次移动鼠标单击 新建 按钮，进入“Web 部件库：新建 Web 部件”配置页面，如【图 14-109】所示。

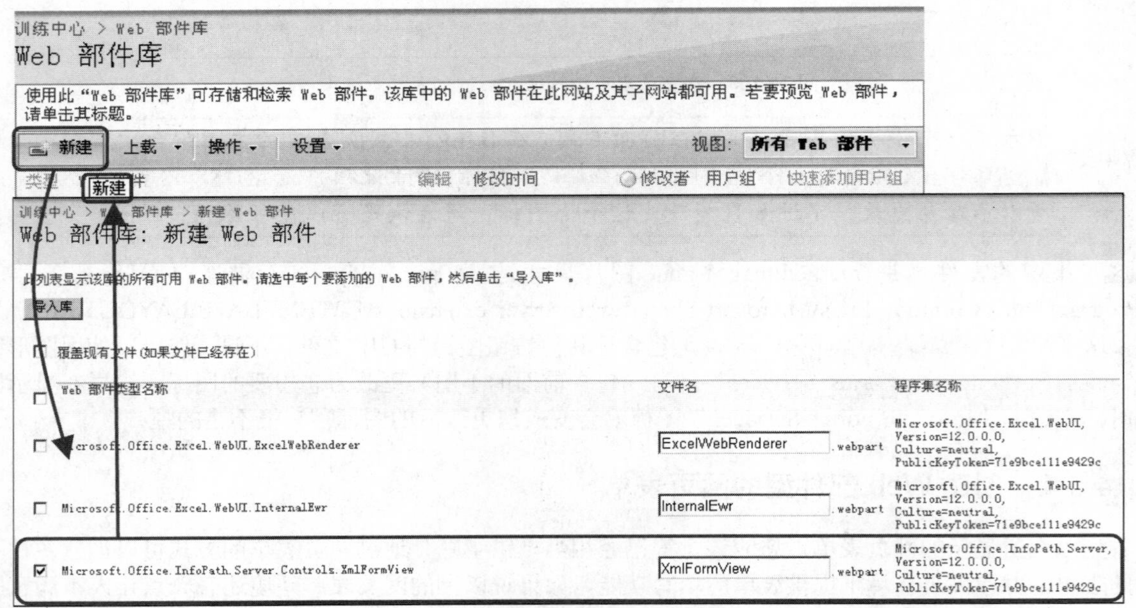

图 14-109　在指定网站集下的 Web 部件库中勾选“XmlFormView”Web 部件

在“Web 部件库：新建 Web 部件”配置页面中，找到“XmlFormView”Web 部件，并勾选该项目，然后单击 导入库 按钮，当返回 Web 部件库环境后，您就可以看到“XmlFormView”Web 部件已经出现在 Web 部件库环境中。

在 Web 部件页面中添加网页表单 Web 部件

在完成以上的 Web 部件添加操作后，我们可以到表单工作中心网站下的“表单说明”文档库中再新建一个 Web 部件页，名称为“内嵌网页型一般费用申请表”，配置模板布局为“整页，垂直”，并将其放置在“表单说明”文档库下。

在进入到 Web 部件编辑页面环境后，移动鼠标单击 [添加 Web 部件]，在出现的“添加 Web 部件——网页对话框”窗口中勾选 ☑ XmlFormView 项目，如【图 14-110】所示。

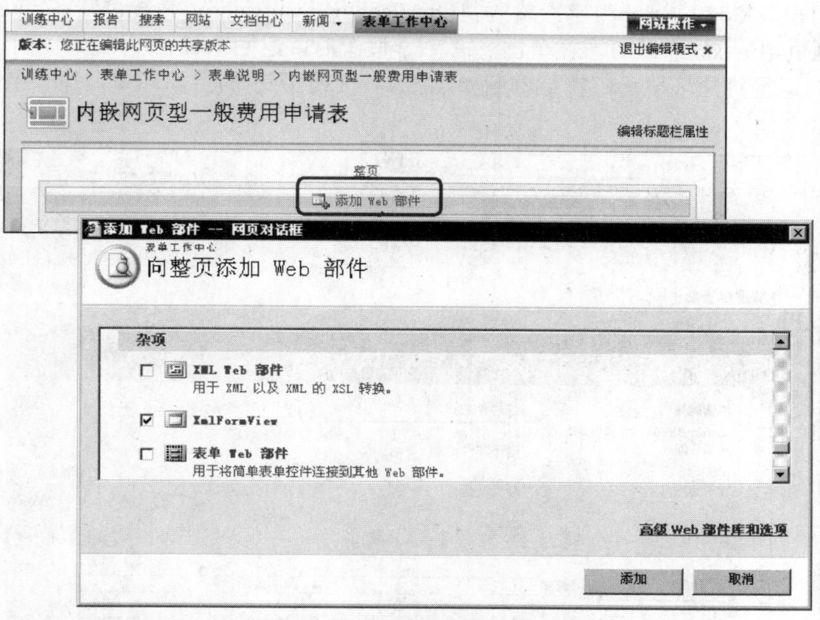

图 14-110 在 Web 部件页面中添加“XmlFormView”Web 部件

在单击 [添加] 按钮后，要注意“InfoPath Forms Services”给出的错误信息，不过没关系，这是因为我们还没有对这个 Web 部件进行打开网页表单的参数设置，所以将错误信息关闭后，重新单击此 Web 部件右边 [编辑] 下的 [修改共享 Web 部件]，此时右边就会出现此 Web 部件的属性设置窗格，然后在“标题”字段中输入“一般费用申请表”，向下拖动滚动条到“功能”区块，然后将“功能”区块和“数据绑定”区块内容展开，就可以对我们需要的属性进行设置，如【图 14-111】所示。

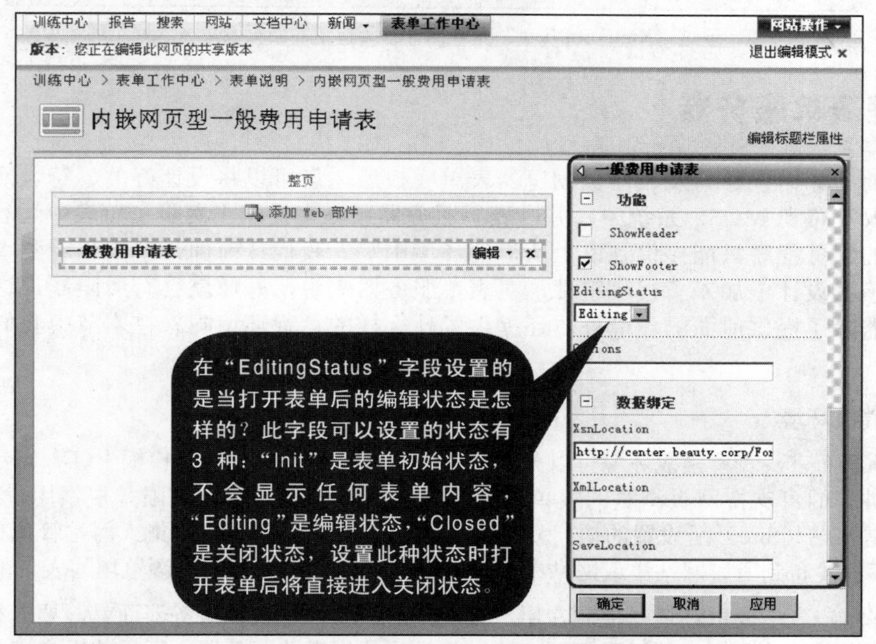

图 14-111 设置“XmlFormView”Web 部件的属性内容

我们从【图 14-111】中的“功能”区块中看到，可以设置两个选项，一个是“Show Header”，表示是否要显示网页表单的表头，也就是带有 提交、关闭 按钮和 InfoPath Forms Services 标签的表头，我们将此项目的勾选取消。另一个是“Show Footer”，表示是否要显示网页表单的页脚。如果您将两项勾选都取消的话，就必须在网页表单中另外再添加 提交 按钮，也可以完成表单提交的操作任务。

“Options”则是设置其他相关选项功能参数的字段，至于“XsnLocation”、“XmlLocation”和“SaveLocation”字段，不用我多说，请参考前节的参数说明，您便会对其进行设置了。

本例中，我们在“XsnLocation”字段输入“http://center.beauty.corp/ FormWorkCenter/FormTemplate/一般费用申请表（网页用）.xsn”即可，在单击 确定 按钮后，返回 Web 部件编辑页面，单击 退出编辑模式 ×，返回此 Web 部件的运行页面环境后，就会看到如【图 14-112】所示的页面环境，是一个嵌入网页页面的网页表单。

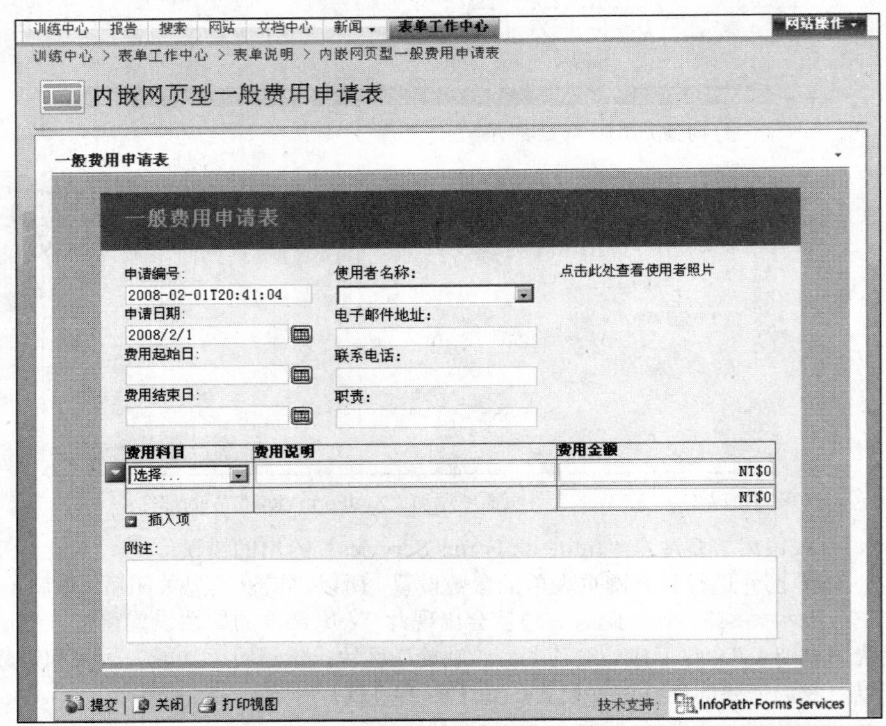

图 14-112　通过“XmlFormView”Web 部件将所指定的网页表单嵌入网页环境中

14.6　管理表单服务器

在学习完前面如何设计与发布网页浏览器表单模板后，您可以将设计好的、符合网页浏览器运行环境的表单模板发布到 MOSS 系统中，并由表单服务器服务来提供由网页浏览表单运行的填写环境，但表单服务器的服务程序只能提供到以上所讲的环境中吗？我们从前面几节中也看到了一种情况，那就是如果表单模板设计中加入了程序组件，对表单服务器来说，好像就会有所限制，这个限制是什么呢？表单服务器除了提供前面的环境外，还提供了什么样的运行环境呢？在本节中我们就来进一步讨论这些问题。

两种表单模板环境

对表单服务器而言，表单模板环境可以分成两种，一种叫做“用户表单模板”（User Form Templates），也就是前节中讲到的可支持网页浏览的表单模板，这些表单模板的运行权限是根据用户对网站集（Site Collection）或是网站（Site）所设置的访问权来决定的，所以任何取得网站集或网站管理权限的用户都可以将用户表单模板发布到所属网站集或网站中，让其他用户都可以运行网页浏览填写表单的环境。

但因为这些用户表单模板环境是控制在用户环境下的，所以对表单服务器而言，要运行一些高级功能时就会碰到表单模板的验证及访问权限问题，这也就是为什么表单服务器所运行的用户表单模板中是不能包含特殊的高级功能的，例如，不能有程序、不能有数据连接文件等。

另一种可以运行在表单服务器环境中的表单模板称为“管理员核准表单模板”（Administrator-Approved Form Templates），是一个提供运行含有商业逻辑程序组件以及外部通用数据连接文件的表单模板，这种表单模板必须设置成“完全信任”的安全级别，才能够让表单模板中的程序组件在表单服务器中访问服务器的所有环境，但也由于这种表单模板中含有重要的商业逻辑程序组件和程序代码，所以，为了要保护这些表单模板，在 MOSS 表单服务中，提供了只能够由 MOSS 系统管理员访问的表单模板发布环境，这个发布的表单模板环境在“SharePoint 3.0 管理中心”网站环境下。可是问题来了？我们要如何将发布在管理中心网站上的表单模板提供给其他网站集使用呢？MOSS 系统提供了启动表单模板的方式来将发布在管理中心网站的表单模板提供给网站集使用。

在“应用程序管理”的 InfoPath Forms Services 区块下，有两项提供给管理员核准模板发布时使用的发布环境，一个是 ▫ 上载表单模板 ，供管理员核准表单模板在发布后进行文件上传，另一个是 ▫ 管理表单模板 ，表单模板可以在上传后自动到指定的网站集下进行审批。

除此之外，管理中心网站还提供了管理员核准数据连接文件的发布中心，当管理员在管理中心网站核准表单模板发布后，如果该表单模板中有数据连接的处理，就可以设置数据连接文件，而这些需要保护的数据连接文件可以发布在管理中心网站下的管理数据连接文件中。

14.6.1 用户表单模板环境的管理

虽然在前一节中已经介绍了用户表单模板的发布操作，但是您会发现，我们并没有谈到用户表单模板发布环境的基本设置，这是因为 MOSS 默认允许用户表单模板的发布，所以在前一节里，我们没有先介绍用户表单模板的环境设置，但在了解了前一节所讲解的用户表单发布操作后，在此节中就要让您了解所有用户表单模板环境的相关设置了。

用户表单模板的基本设置大部分都在“SharePoint 3.0 管理中心”的同一个设置环境下进行，您可以先打开“SharePoint 3.0 管理中心”网页环境，然后移动鼠标选择 ▪ 应用程序管理 项目，在右边出现“应用程序管理”设置窗口后，选择 InfoPath Forms Services 区块中的 ▫ 配置 InfoPath Forms Services 项目，进入“设置 InfoPath Forms Services”配置页面。

设置供浏览器使用的表单模板

在表单服务器中所提供的两个最近本的功能就是运行表单模板中的各项计算处理和表单控件（Rendering）的功能处理。

如【图 14-113】所示，当表单模板已经存放或发布到表单服务可以运行的服务器后，是否要让表单服务提供网页表单的浏览编辑功能，就是第 1 个项目的设置。第 1 个设置项目的原文是“Allow users to broweser-enable from templates”，如果取消第 1 个项目的勾选，表单服务便不再提供网页表单的浏览编辑功能。第 2 项设置的原文是“Render form templates that are browser-enabled by users”，表示提供给用户可以对网页浏览表单进行重新整理表单的操作。

图 14-113 启动网页浏览用户表单模板运行环境时最基本的两个设置项目

设置验证数据源

在 MOSS 系统中，提供了通用数据连接文件（Universal Data Connection Files）的文档库，供文档或表单模板文件使用通用数据连接文件（UDC），在 UDC 中可以包含额外的验证信息，例如特定的用户名和密码，或单一登录验证应用程序句柄，您可以设置表单服务允许表单模板使用 UDC 时，是否含有额外用户名和密码的设置，系统默认是不勾选的状态，也就是不允许 UDC 中含有验证信息，如果您要使 UDC 中含有用户名和密码验证的信息，就必须要勾选此项，如【图 14-114】所示。

数据源的身份验证（用户表单模板）
数据连接文件可以包含身份验证信息，如显式用户名和密码或 Microsoft Office 单一登录应用程序 ID。选中此框可允许用户表单模板使用此身份验证信息。

☑ 允许用户表单模板使用数据连接文件中包含的身份验证信息

图 14-114　允许表单模板中所使用的 UDC 里可以含有用户名和密码的验证信息

此项功能其实并不只适用于用户表单模板环境中，也适用于管理员核准表单模板环境中，尤其是后者，因为用户表单模板所提供的通用数据连接文件会放置在同一个网站集下，如果通用数据连接文件中含有其他用户名和密码的验证信息，那就表示该信息也很容易让其他用户读取，但管理员核准表单模板发布在“SharePoint 3.0 管理中心”网站下，具有系统管理员账号验证的保护性，所以，如果在通用数据连接文件中含有其他用户名和密码的验证信息，就不用担心被其他用户读取了，也就是说，这样做更具有安全性。通常，在通用数据连接文件中会提供其他用户名和密码的验证信息，都是因为要对不同域下的信息内容进行访问，所以，此设置功能通常会与下一项“允许跨域访问”功能的设置配合使用。

设置用户表单模板的跨域访问

一般在表单模板文件中使用数据连接文件的目的，是希望将数据连接设置内容可以共享给发布在同网站集或网站下的多个不同表单模板，如果在数据连接文件中所设置的数据连接是在同一个网站集或网站下时，在数据连接文件中是不需要含有其他用户名和密码的验证信息的，相反的，如果含有这些用户名和密码的验证信息时，通常表示需要访问其他域的数据，为了要让用户的表单模板可以访问其他域的数据，还必须要勾选如【图 14-115】所示的功能。

用户表单模板的跨域访问
表单模板可以包含访问其他域中数据的数据连接。选中此复选框可允许用户表单模板访问其他域中的数据。

☑ 允许使用数据连接文件中的连接设置的用户表单模板跨域访问数据

图 14-115　允许表单模板中的数据连接跨域访问数据

启动表单服务的功能

在设置用户表单模板时，除了以上在“SharePoint 3.0 管理中心”网站下设置 InfoPath Forms Services 的内容外，还要启动有关表单服务的功能。表单服务功能可分成两个部分，最顶层部分是在 Web 应用程序下，依次单击 ▪ 应用程序管理 → SharePoint Web 应用程序管理 → ▫ 管理 Web 应用程序功能 ，第二部分是在运行用户表单模板的网站集下启动表单服务的网站集功能，此项设置内容是在该用户表单模板的顶层网站集下，移动鼠标依次选择 网站操作 ▾ → 网站设置 管理此网站的网站设置。 → 修改所有网站设置 更改此网站的所有网站设置。 → 网站集管理 → ▫ 网站集功能 ，如【图 14-116】所示。

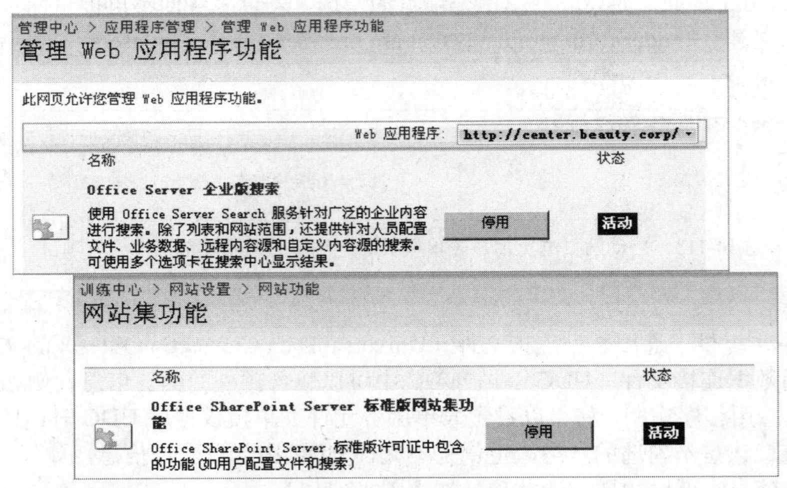

图 14-116　启动 Web 应用程序下的应用程序功能和网站集下对表单服务的网站集功能

14.6.2 通用数据连接文件的使用

在前一节中我们谈到了通用数据连接文件（Universal Data Connection Files）的设置使用，其目的是使不同的文档或表单模板可以使用相同的通用数据连接文件访问相同的数据，而当连接的数据位置有所改变时，只需要改变通用数据连接文件的内容，就可以直接改变所有使用该通用数据连接文件的文档或表单模板文件连接访问的数据位置。

基于以上的理由，提供通用数据连接文件所放置的数据连接库，最好放置在这些文档或表单模板的顶层网站下，并且不要将该数据连接库放在快速启动区，以减少用户访问这些数据连接库的机会。

要在顶层网站集下创建一个数据连接库，可以先切换到顶层网站的首页环境，移动鼠标选择快速启动区的 查看所有网站内容 项目，在进入“所有网站内容”配置页面后，单击 创建 按钮，进入“新建”配置页面，再移动鼠标选择 库 区块下的 数据连接库 项目。

在“新建”配置页面中，先在“名称”字段中输入“BeautyCenterDCL”，表示此数据连接库是在美景企业协作门户网站下的数据连接库（Data Connection Library），提供给此网站集下所有的网站使用，然后在下方的“说明”字段中输入此数据连接库的用途，如【图 14-117】所示。

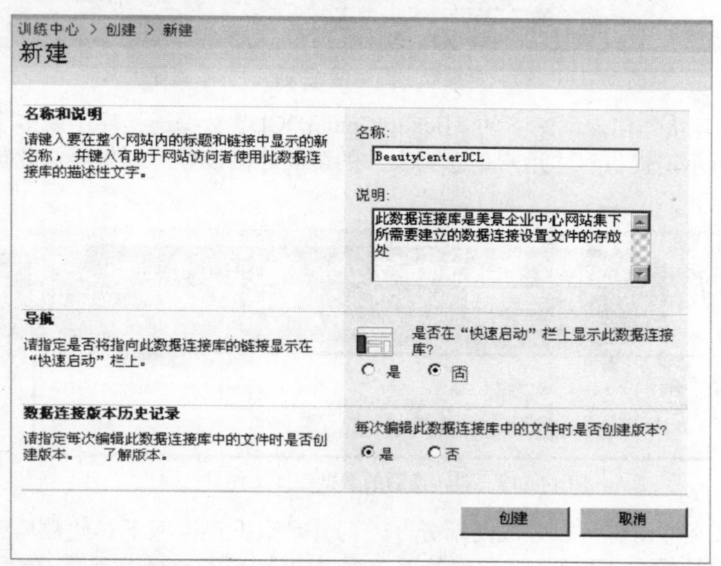

图 14-117　在美景企业网站集下创建一个名为“BeautyCenterDCL”的数据连接库

由于此数据连接库不需要用于进行新建或访问，大部分是用来提供表单模板中的数据源进行数据连接的读取，所以将 是否在“快速启动”栏上显示此数据连接库? 字段设置为 否，表示不将此数据连接库放在快速启动区中，要查看此数据连接库时，须先选择 查看所有网站内容 才能看到。

将 每次编辑此数据连接库中的文件时是否创建版本? 字段设置为 是，表示每当此数据连接库的数据有所更改时，都要记录其版本，以便让管理员知道上一个版本的连接内容，避免在连接设置上的疏失。

通过数据连接转换创建通用数据连接文件

我们在前面“一般费用申请表”的例子中，曾经创建了“用户信息列表”的数据连接，来提供此表单模板可以访问 MOSS 网站下的用户信息内容，我们可以将此项数据连接转换成数据连接文件，并将该数据连接文件放到协作门户网站下的“BeautyCenterDCL”数据连接库中，提供给此表单模板和其他表单模板共享使用。

要如何来进行转换呢？在“一般费用申请表”的设计模式环境下，移动鼠标选择 工具(T) → 数据连接(D)...，在出现“数据连接”对话框后，选择 用户信息列表 项目，然后移动鼠标单击 转换(C)... 按钮，在出现“转换数据连接”对话框后，在 指定新的或现有数据连接文件的 URL(S): 中输入“http://center.beauty.corp/BeautyCenterDCL/使用者资讯清单.udcx”，在 连接链接类型 中选择 相对于网站集(推荐)(R) 项目，然后移动鼠标单击 确定 按钮，返回“数据连接”对话框，在对话框下方的详细信息中，会显示转换成数据连接文件的连接方式，如【图 14-118】所示。

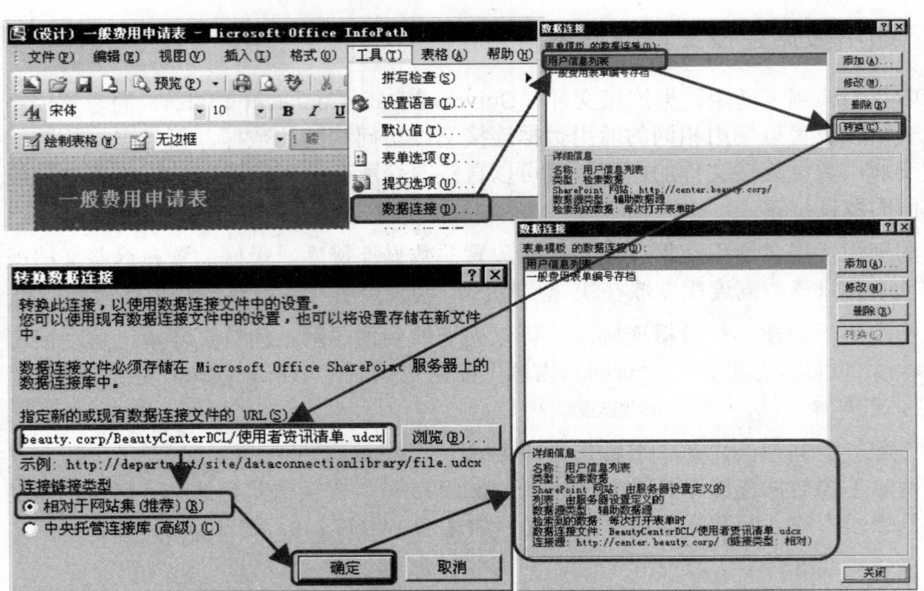

图 14-118 将表单模板中的数据连接转换成数据连接文件

在完成以上操作后，协作门户网站下的“BeautyCenterDCL”数据连接库中就多了一项通用数据连接文件，如【图 14-119】所示，提供对“用户信息列表”的访问连接设置，记得要对此数据连接文件进行审批操作。

图 14-119 对转换后的数据连接文件进行审批

此项通用数据连接文件内容可以分成两部分，一部分是数据连接库下对此数据连接文件的设置内容，单击此项“名称”字段右边的向下按钮，在出现的下拉列表中选择 编辑属性 项目，就可以看到如【图 14-120】所示的设置内容。

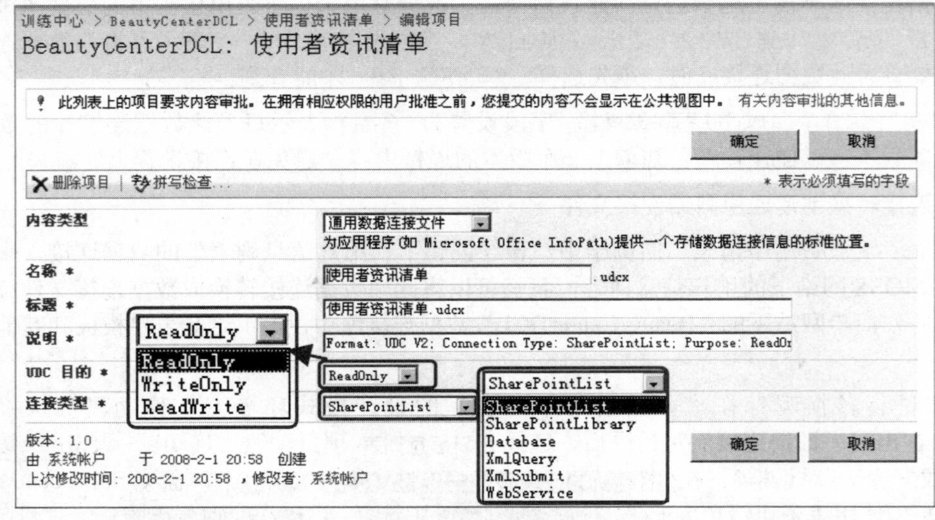

图 14-120 “BeautyCenterDCL”数据连接库下的“用户信息列表”通用数据连接文件

至于此文件中的内容，您只要单击文件名就可以查看如下的通用数据连接文件内容，这是一个使用 XML 定义的数据连接格式，在最后的几行中，就列出了与验证相关的内容，在此通用数据连接设置文件中并没有设置其他用户名和密码。

使用者资讯清单.udcx 设置内容

```
<?xml version="1.0" encoding="UTF-8" ?>
  <?MicrosoftWindowsSharePointServices
ContentTypeID="0x010100B4CBD48E029A4ad8B62CB0E41868F2B0"?>
- <udc:DataSource MajorVersion="2" MinorVersion="0"
xmlns:udc="http://schemas.microsoft.com/office/infopath/2006/udc">
  <udc:Name>使用者资讯清单</udc:Name>
  <udc:Description>Format: UDC V2; Connection Type: SharePointList; Purpose:
ReadOnly; Generated by Microsoft Office InfoPath 2007 on 2006-06-18 at 09:43:46 by
CLNT\joseph.</udc:Description>
- <udc:Type MajorVersion="2" MinorVersion="0" Type="SharePointList">
  <udc:SubType MajorVersion="0" MinorVersion="0" Type="" />
  </udc:Type>
- <udc:ConnectionInfo Purpose="ReadOnly" AltDataSource="">
  <udc:WsdlUrl />
- <udc:SelectCommand>
  <udc:ListId>{630EA67C-46EA-4CD6-9B24-1F7861575788}</udc:ListId>
  <udc:WebUrl>http://center.beauty.corp/</udc:WebUrl>
  <udc:ConnectionString />
  <udc:ServiceUrl UseFormsServiceProxy="false" />
  <udc:SoapAction />
  <udc:Query />
  </udc:SelectCommand>
- <udc:UpdateCommand>
  <udc:ServiceUrl UseFormsServiceProxy="false" />
  <udc:SoapAction />
  <udc:Submit />
  <udc:FileName>Specify a filename or formula</udc:FileName>
  <udc:FolderName AllowOverwrite="" />
  </udc:UpdateCommand>
- <!--
udc:Authentication><udc:SSO AppId=" CredentialType=" /></udc:Authentication
  -->
  </udc:ConnectionInfo>
  </udc:DataSource> :
```

在完成以上的处理操作后，对于“一般费用申请（网页用）”表单模板，也可以通过以上相同的程序将“用户信息列表”的数据连接改成使用发布在“BeautyCenterDCL”数据连接库下的“使用者资讯清单”通用数据连接文件，这样在未来如果需要引用此“使用者资讯清单”内容时，只要修改这个通用数据连接文件的内容，两个表单模板就可以同时更新所要参考的数据连接内容，这就是使用通用数据连接文件的好处。

数据连接选项

当您在设置数据连接成为通用数据连接文件后，可以再次选择 工具(T) 下的 数据连接(D)...，以本例来说，要选择“用户信息列表”项目，然后单击 修改(M)... 按钮，进入“数据连接向导”对话框，可以看到该对话框下方有一个 连接选项(C)... 按钮，单击此按钮后，会出现“连接选项”对话框，如【图 14-121】所示。

您可以看到，在“连接选项”对话框中有两项选择，一项是 ⊙ 本地数据连接库(O)，另一种是 ⊙ 集中管理的连接库(N)，这两项选择有什么不同呢？

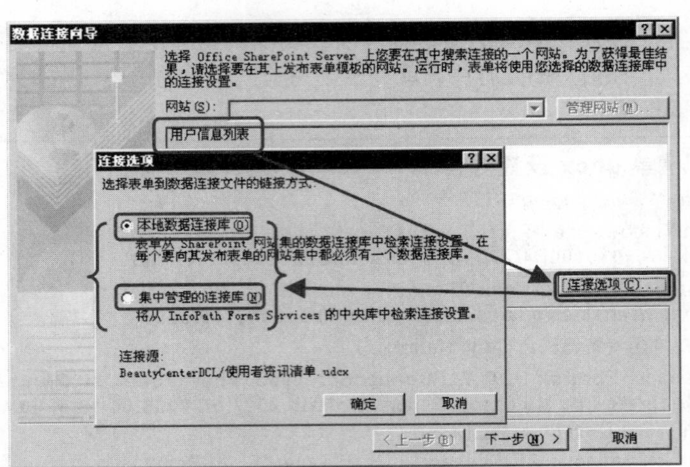

图 14-121　在“数据连接”使用通用数据连接文件后的两种连接选项设置

本地数据连接库(O) 可提供“用户表单模板”环境所使用的通用数据连接文件，在表单模板中所设置的通用数据连接文件可以存储在客户端计算机的环境下，也可以存储在 MOSS 所指定的数据连接库中，其重点是当客户端启动此项网页表单时，表单操作对此项数据连接文件的启动是由客户端环境连接到所设置的通用数据连接文件位置，再按照其连接内容获取外部数据。

集中管理的连接库(N) 则表示此通用数据连接文件是交由表单服务器并在服务器环境下来取得此通用数据连接文件，再按照其连接内容获取外部数据的。所以，如【图 14-122】所示，当您在“连接选项”对话框中选择此项目后，可以看到下方的信息是“_layouts/GetDataConnectionFile.aspx?Udc=使用者资讯清单.udcx”,表示此项目是使用服务器上的服务程序来获取此通用数据连接文件的,并且在设置完成后返回“数据连接”对话框，所出现的“链接类型”是“存储”，而选择 本地数据连接库(O) 时所出现的“链接类型”是“相对”，所以这两种连接方式是不相同的处理方式。

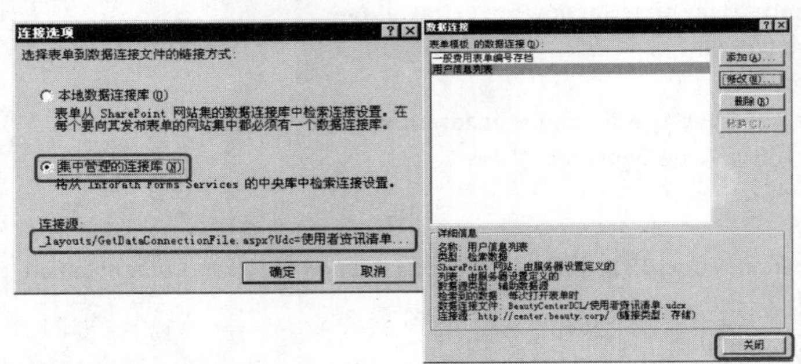

图 14-122　在“连接选项”中选择“集中管理的连接库”项目的显示情况

这时当然又会产生一个问题，表单服务器要到哪里去获取这项通用数据连接文件呢？“链接类型”显示为“存储”，又是存储在哪里呢？

这个答案是存储在 SharePoint 3.0 管理中心网站下。同样地，单击 应用程序管理，在 InfoPath Forms Services 区块下提供了 管理数据连接文件 项目，也就是说，当您在表单模板的设计模式下，将“数据连接”设置为“通用数据连接文件”并选择使用“集中管理的连接库”时，当您在表单模板设计模式下设置完成后，还必须将所设置的通用数据连接文件上传到 SharePoint 3.0 管理中心网站下的“管理数据连接文件”中，这样表单服务在启动此网页表单时，才能够成功运行此通用数据连接文件，否则此网页表单的外部数据获取就会失败。

以上例来说，我们可以选择已经发布在“http://center.beauty.corp/BeautyCenterDCL”下的“使用者资讯清单.udcx”文件，单击下拉列表中的 发送到 → 下载副本 项目，复制一个副本文件到本地计算机环境下，然后切换到 SharePoint 3.0 管理中心 → 应用程序管理 → InfoPath Forms Services → 管理数据连接文件，进入“管理数据连接文件”配置页面，如【图 14-123】所示，单击 上载，在打开的“上载数据连接文件”配置页面单击 浏览...，然后选择本地计算机的“使用者资讯清单.udcx”文件，单击 打开(O)，返回“上载数据连接文件”配置页面后，就会看到刚刚上传的文件。

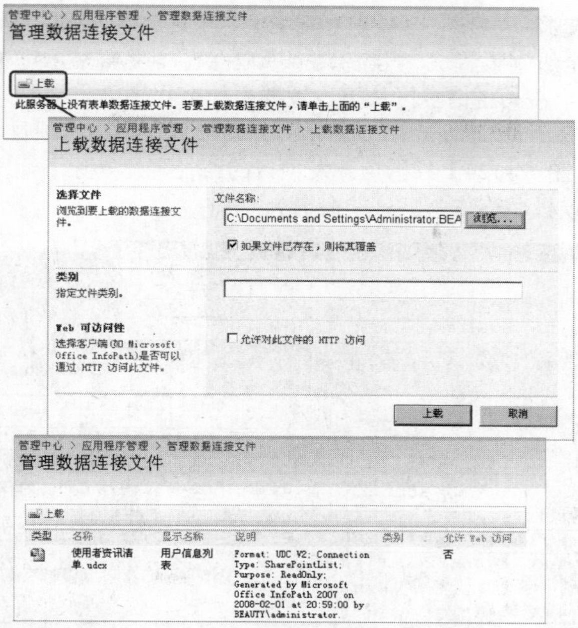

图 14-123 在管理中心网站的“管理数据连接文件”配置页面中上传“使用者资讯清单.udcx”文件

14.6.3 发布管理员核准的表单模板

要使用管理员核准表单模板来发布网页浏览表单的情况有两种，一种是在表单模板中有商业逻辑运行组件程序，此种状况必须使用（且只能使用）管理员核准表单来发布，另一种是要保护网页表单模板不提供给用户进行表单模板的下载。

管理员核准表单模板大部分所针对的是网页浏览型的表单模板，如果是 InfoPath 客户端运行的表单模板，就没有必要使用此种方式来进行表单模板的发布。

创建表单模板程序开发环境

如果您是要在表单模板中开发此表单的商业逻辑程序，首先必须在您的计算机环境中安装 Visual Studio 2005 的开发环境，并且安装 Microsoft Visual Studio Tools for Applications，简称 VSTA。

当您要在表单模板中开发程序之前，注意要先设置 InfoPath 应用程序的程序开发环境。首先进入表单模板的设计模式下，选择 工具(T) 下的 选项(O)...，即可出现“选项”对话框，在“设计”选项卡中您会看到如【图 14-124】所示的界面。在这里可以设置 InfoPath 应用程序所要采用的程序开发语言是什么？客户端要运行的程序语言是什么？表单服务器上要运行的程序语言是什么？另外，当第一次打开此表单模板创建开发项目环境时，开发项目的文件所要存储的目录在哪里？设置完成后单击 确定 按钮。

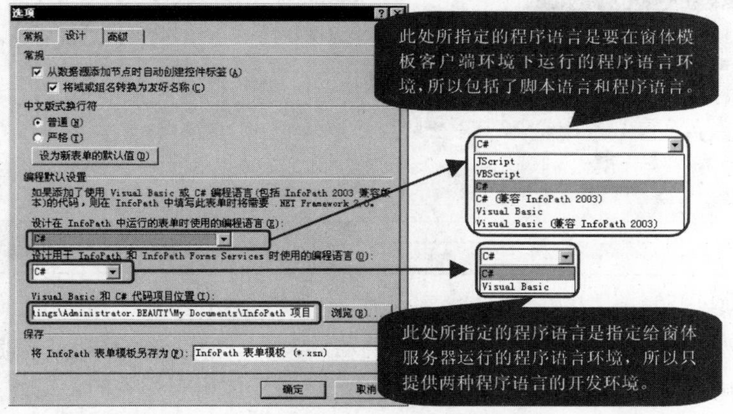

图 14-124 设置 InfoPath 程序所要运行的开发程序语言和开发项目的路径

接下来再次移动鼠标选择 工具(T) → 表单选项(F)...，此时会出现“表单选项”对话框，先选择 安全和信任，将此表单的安全级别设置成 完全信任(表单对计算机上的文件和设置具有访问权限)(F)，接下来选择 编程 项目，如【图 14-125】所示，在 编程语言 区块下设置要用什么程序语言创建此表单模板。此处的设置值会参考【图 14-124】中设置的程序语言，以及在所要创建的开发项目路径加上项目名称(注意此处与【图 14-124】指定路径不同的地方在于，【图 14-124】只指定开发项目的路径，此处除了开发项目的路径外，还会加上项目名称，项目名称会以表单模板名称作为默认的命名)。

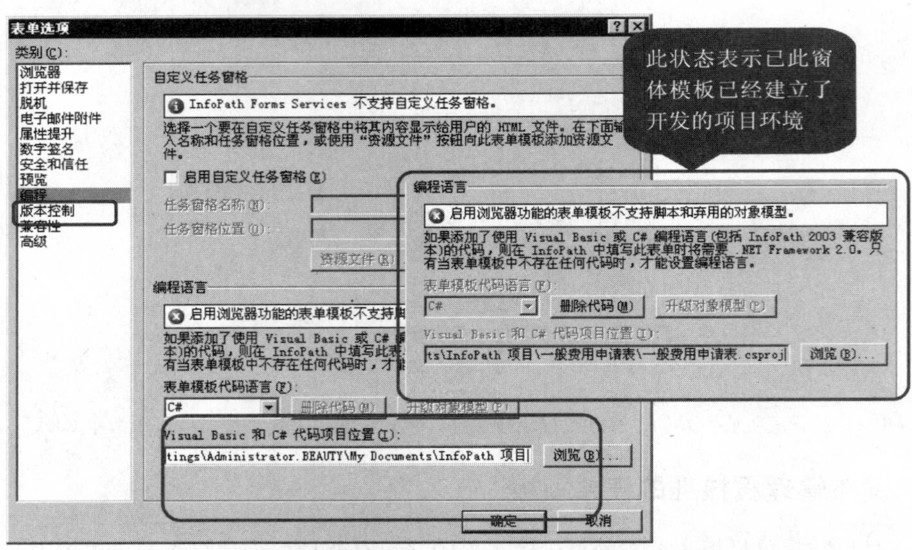

图 14-125　设置此表单模板所要运行的开发程序语言及开发项目的路径和项目名称

如果您在此界面中看到 表单模板代码语言(F): 和 Visual Basic 和 C# 代码项目位置(I): 字段都显示为可以输入的状态，就表示您的表单模板还没有创建开发项目的环境，如果您看到这两个字段都显示为灰色的不可用状态，则代表您的表单模板已经创建了开发项目的环境，此时，如果您要将此开发项目环境删除，可以单击 删除代码(M) 按钮，这样便可以重新创建新的开发项目环境。

在设置好以上所要指定的开发项目程序语言和项目环境后，请您在表单模板设计模式下选择 工具(T) → 编程(A) ▸ → Microsoft Visual Studio Tools for Applications(T) Alt+Shift+F12，如【图 14-126】所示。如果是第一次选择，InfoPath 就会自动帮您创建此表单模板的开发项目环境，并切换到 Visual Studio 2005 的环境下，因为与 VSTA 整合的关系，项目向导就会创建整合表单模板的开发基础环境，接下来您就可以编写您需要的商业逻辑程序了，请参考【图 14-127】。

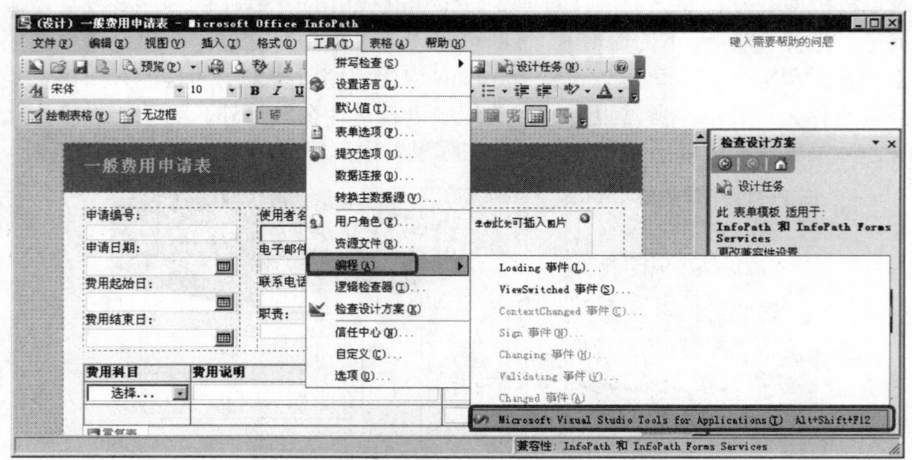

图 14-126　在表单模板设计模式下创建或切换到此表单模板的开发项目环境

当您在编写好所要开发的商业逻辑程序后，可以选择 工具(T) 下的 逻辑检查器(L)... 项目，此时会出现如【图 14-128】所示的“逻辑检查器”窗口，说明您所设计的表单模板中所有相关的 数据验证、计算默认值、规则 和 编程 所创建的内容。

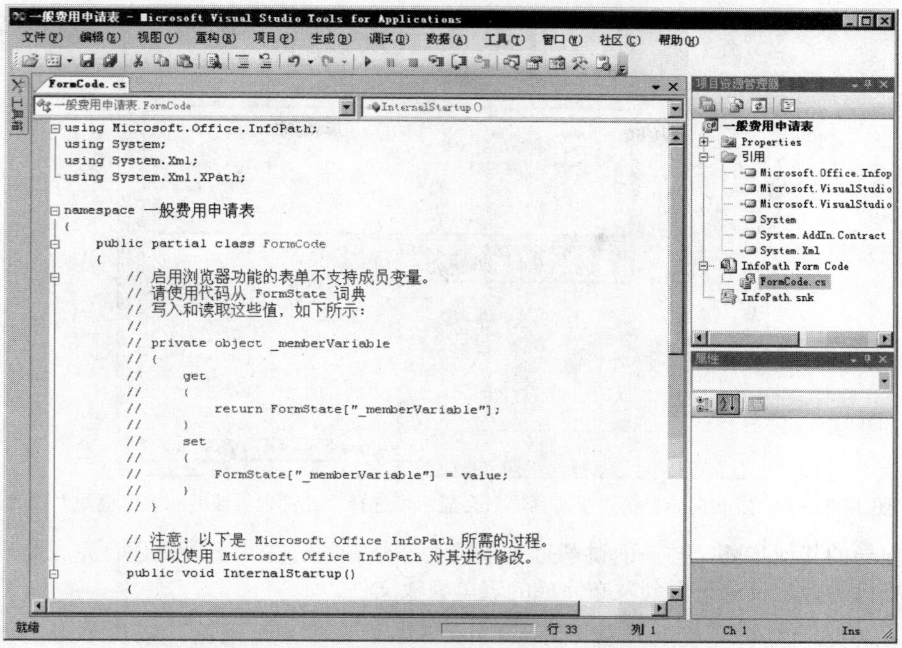

图 14-127　InfoPath 在创建表单模板的开发项目环境后会切换到 Visual Studio 2005 的开发环境下

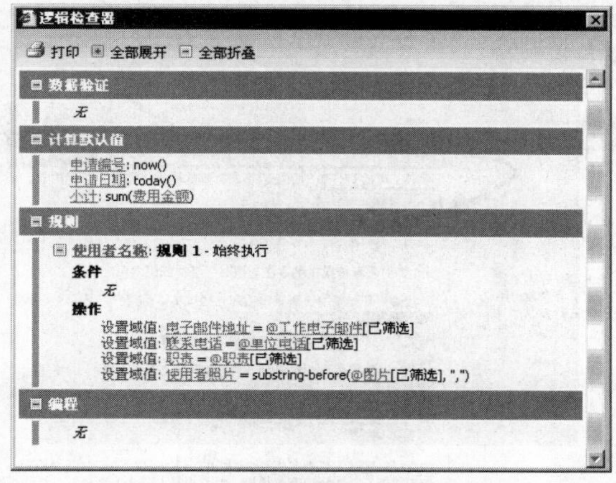

图 14-128　验证整项表单模板所创建的各项程序逻辑内容

发布经管理员核准的表单模板

当完成此表单模板的商业逻辑程序编写并保存后，我们便可以来进行管理员核准的表单模板的发布了。

移动鼠标选择 文件(F) 下的 发布(B)... 项目，进入“发布向导”对话框，在第 1 步对话框中选择的是 ⊙ 具有或不具有 InfoPath Forms Services 的 SharePoint 服务器(S) 项目，在第 2 步对话框中输入网站位置时需要注意，此处输入的是顶层网站集的网址，例如，我们要将此表单模板放置在“http://center.beauty.corp/formworkcenter/housekeeping”下，所以此处要输入的是顶层网站集的网址，也就是“http://center.beauty.corp/”。

在第 3 步骤对话框中，您会发现此时 ○ 文档库(D) 和 ○ 网站内容类型(高级)(S) 两项都呈现灰色，表示不能选择，而只剩下 ⊙ 经管理员核准的表单模板(高级)(F) 项目，如【图 14-129】所示。

这是为什么呢？读完前面的内容您应该已经知道答案了吧！这就是因为现在此项表单模板中有商业逻辑程序，而又设置成网页浏览表单，所以只能使用 ⊙ 经管理员核准的表单模板(高级)(F) 发布模式。

在第 4 步骤对话框中，在“输入表单模板的位置和文件名”字段中所要输入的是您在本地计算机中的发布路径。为什么要存储在本地计算机的目录中呢？因为此发布完成的表单模板文件是要在登录“SharePoint 3.0 管理中心”网站后通过上传的方式完成“经管理员核准的表单模板”的表单模板文件的发布，依次单击 ▪ 应用程序管理 → InfoPath Forms Services → ▫ 上载表单模板 ，将文件上传到此表单库环境下。

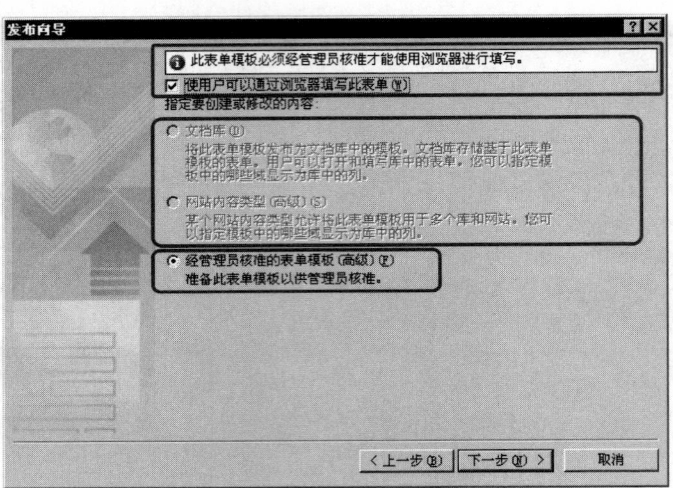

图 14-129 “发布向导”第 3 步对话框只会显示可选择“经管理员核准的表单模板”项目

至于发布向导的其他步骤，与前面讲解过的步骤大部分雷同，在此不再赘述。完成此项发布任务后，您会在本地计算机的指定目录下看到发布完成的表单模板文件。

接下来，在本地计算机环境下登录“SharePoint 3.0 管理中心”网站，依次单击 应用程序管理 → InfoPath Forms Services → 上载表单模板 ，进入“上载表单模板”配置页面，如【图 14-130】所示。

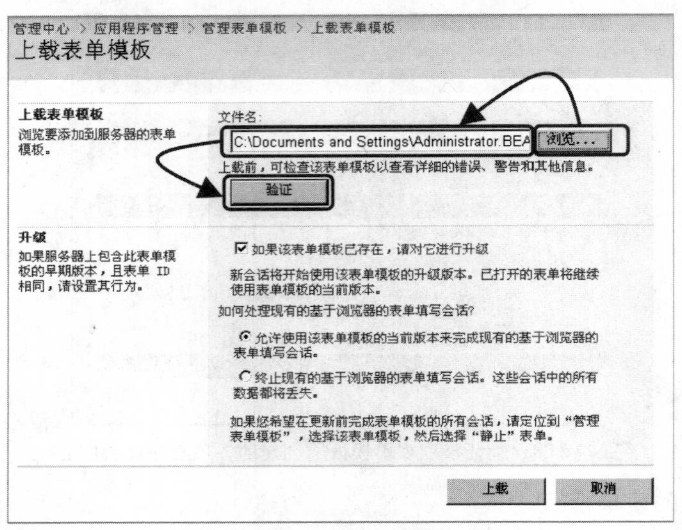

图 14-130 发布本地计算机中的表单模板文件

移动鼠标单击 浏览... 按钮，在出现的文件选择对话框中打开您之前已经完成发布的表单模板文件目录，选择该表单模板文件并单击 打开(O) 按钮，在回到“上载表单模板”配置页面后，为了确认此表单模板真的可以被表单服务运行，所以再次单击 验证 按钮，此时系统会以管理员核准表单服务运行环境来验证此表单模板是否符合要求，如果通过验证的话，就会出现如【图 14-131】所示的界面。

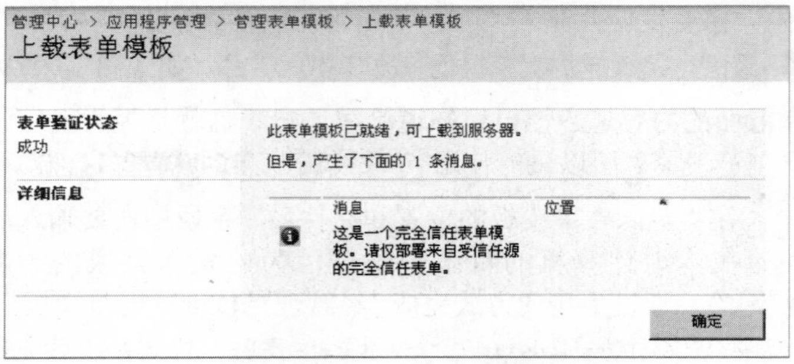

管理中心 > 应用程序管理 > 管理表单模板 > 上载表单模板

上载表单模板

表单验证状态
成功

此表单模板已就绪，可上载到服务器。
但是，产生了下面的 1 条消息。

详细信息

消息 位置
这是一个完全信任表单模板。请仅部署来自受信任源的完全信任表单。

确定

图 14-131 表单模板通过表单服务验证后显示的成功信息

在出现验证成功信息的页面单击 确定 按钮回到“上载表单模板”配置页面，要重新再选择一次要发布的文件，然后就可以单击 上载 按钮进行文件的上传了。经过一小段时间，成功将表单模板上传后，会出现如【图 14-132】所示的界面。

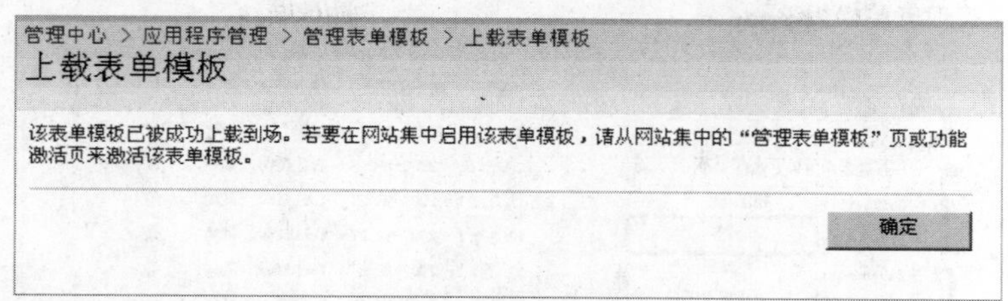

图 14-132　在“上载表单模板”配置页面中成功上传将表单模板后的显示结果

在完成管理员核准的表单模板上传后，关闭“上载表单模板”配置页面，回到“应用程序管理”页面，然后选择 ▫ 管理表单模板 项目，进入“管理表单模板”配置页面，此时就应该会看到您所成功上传的表单模板文件。您可以单击该项表单模板“名称”字段右边的向下按钮，在出现下拉列表后，选择 视图属性 项目，此时会出该表单模板内容发布的状态说明，您也可以在此配置页面的“类别名称”字段中输入一个表单模板的类别名称，例如“总务类”，如【图 14-133】所示。

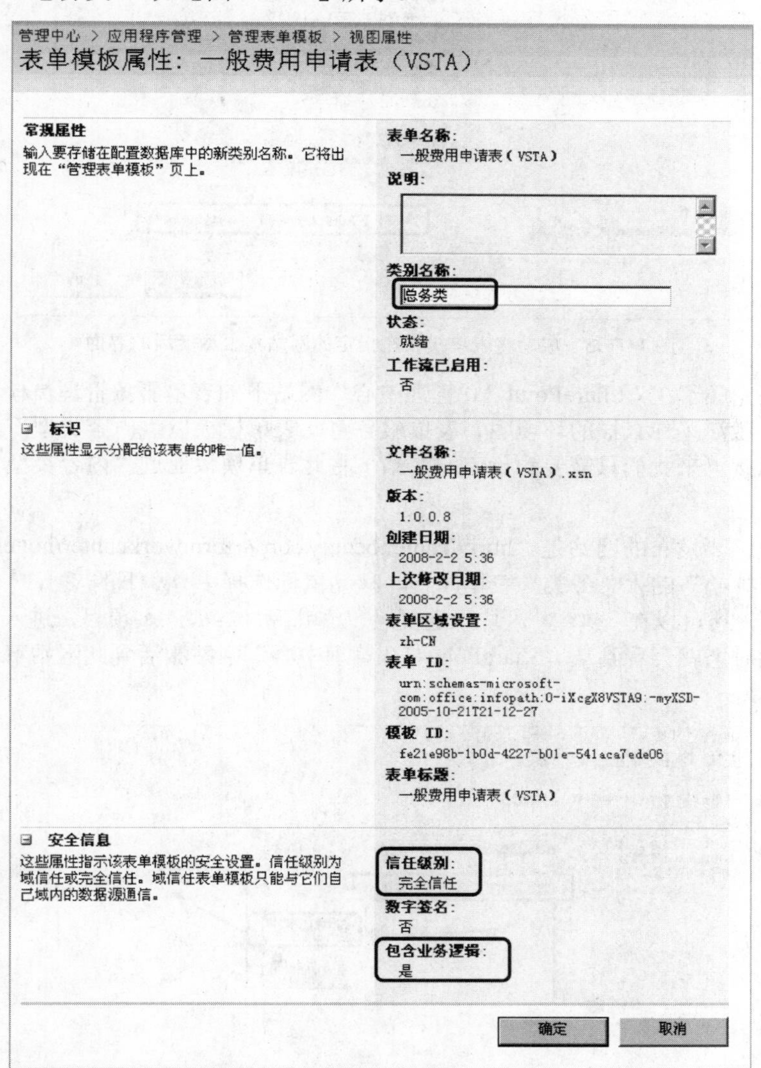

图 14-133　将管理员核准表单模板上传后表单库中的表单模板设置内容

再接下来，如果要确保此项发布在“SharePoint 3.0 管理中心”网站上的表单模板能够在所指定的网站中被使用，就必须对此表单模板文件进行“激活到网站集”的设置，设置的方法是单击此表单模板“名称”

字段右边的向下按钮，在出现下拉列表后，选择 激活到网站集 项目，如【图 14-134】所示。如果成功将此表单模板在指定的网站集上启动起来，就会出现如【图 14-135】所示的界面。

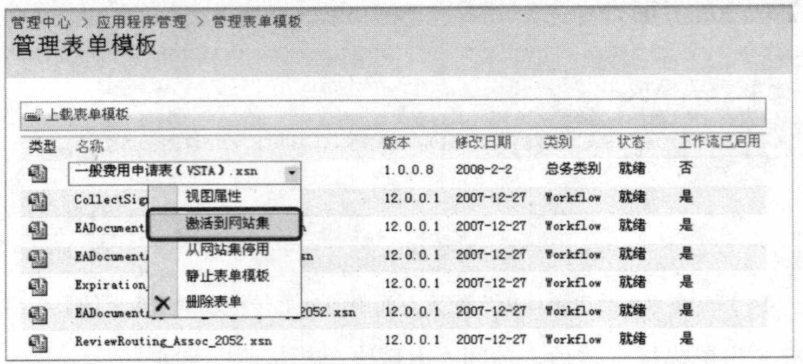

图 14-134 在启动的表单模板项目上选择下拉列表中的“激活网站集”项目

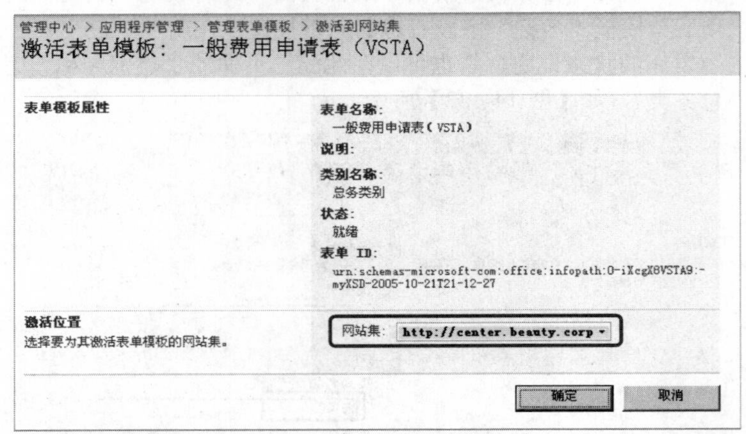

图 14-135 成功将表单模板在指定的网站集上激活后的界面

到了此处才算是完成了在“SharePoint 3.0 管理中心”网站下的表单服务管理员核准的表单模板发布操作，而表单服务系统激活了什么样的环境呢？表单服务将此表单模板以“内容类型”的方式注册到指定的网站集环境下，所以接下来我们只需要到指定的网站下将此表单模板通过“内容类型”添加到所要指定的表单库下即可。

以本例来说，我们要发布的网站是“http://center.beauty.corp/ formworkcenter/houekeeping/”，所以将页面切换到“表单工作中心”的“总务类”表单库下，移动鼠标选择 设置 下的 表单库设置，进入“自定义总务类”配置页面，您可以在 内容类型 区块下选择 从现有网站内容类型添加 项目，进入“添加内容类型：总务类”配置页面，此时您就会看到从“SharePoint 3.0 管理中心”网站激活到此网站下的表单模板文件，如【图 14-136】所示。

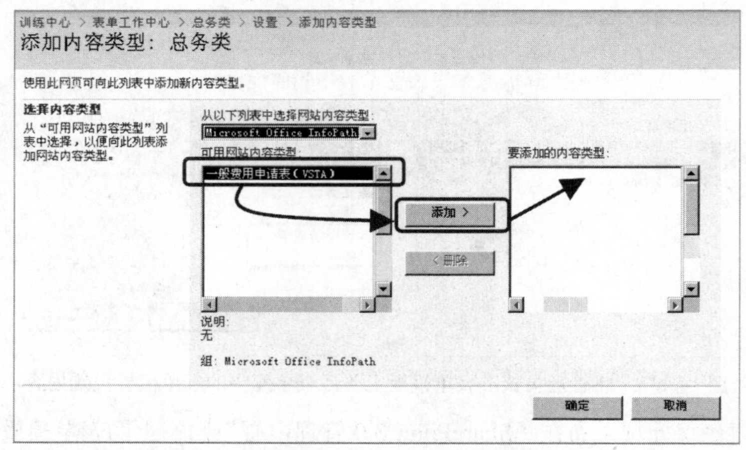

图 14-136 在所指定的网站集下可以看到来自于管理员核准的表单模板

在看到管理员核准的表单模板后，选择该项目然后移动鼠标单击 添加 > 按钮，将此项目从左边移动到右边的列举列表中，最后单击 确定 按钮，完成网站下的表单模板注册。但请注意，此项表单只能在网页浏览环境中使用，所以您必须将此表单库设置成 ⊙显示为网页 的状态，如果您的“总务类”表单库选择的是 ⊙在客户端应用程序中打开 项目，在此表单库下，此表单模板就无法被打开。在成功注册内容类型后，便可以选择此管理员核准的表单模板，如【图 14-137】所示。

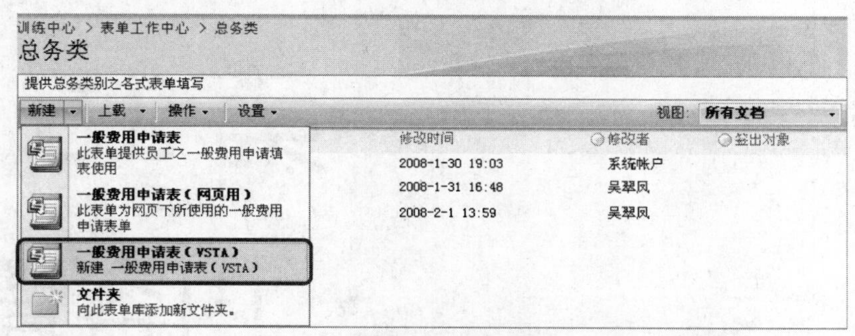

图 14-137 在“总务类”表单库下所设置的第 3 种管理员核准的表单模板

停用、删除、静止管理员核准的表单模板

我们从【图 14-134】中看到，“管理表单模板”的每个项目上，都还有其他几项功能，从网站集停用 表示管理员不再将此表单模板提供给网站集下的用户运行，所以，如果您将指定的表单模板运行 从网站集停用 的功能后，虽然在网站集下的用户还是可以看到注册的表单，但是当选择该项网页表单运行时，就会出现网页表单错误的信息，表示无法运行。

✕ 删除表单 项目，从字面上就知道其含义，就是将上传的表单模板文件从“管理表单模板”中删除，但要注意，如果您已经使用了该表单模板创建网页表单，这些表单在访问时就会出现问题。

静止表单模板 是一项特殊的设置项目，当您选择 从网站集停用 或是 ✕ 删除表单 项目时，此表单模板的作用立即生效，例如，用户在使用该表单模板时马上就不能访问。这两种方式并不是好方法，最好的方式是让已经在使用此表单模板的用户还可以继续进行填写，但新的用户要使用此表单模板时，系统不再提供填写环境，然后在等待一段时间后，完全停止提供此表单模板的运行环境。

所以当您选择 静止表单模板 项目后，会进入“静止表单模板”配置页面，您可以在“静止”区块的字段中输入静止的时间，以分钟为单位计算，并单击 开始静止 按钮，系统便会进入倒数计时的状态，最后到达所设置的静止时间后，此表单模板便不再供用户进行表单填写了，如【图 14-138】所示。

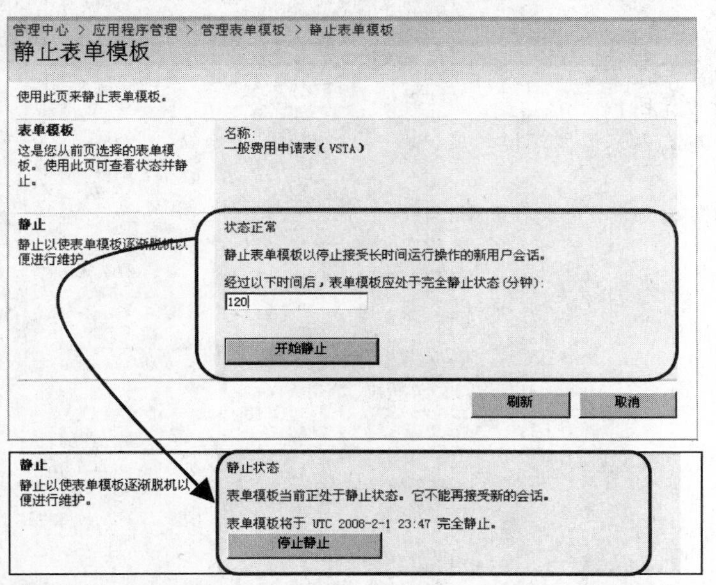

图 14-138 使用“静止表单模板”方式延长可以继续使用此表单模板的时间

第 15 章 内容管理

本章提要

在看完前面的章节后，您应该已经了解到，MOSS 2007 是一个企业文档处理的中心，当您创建了各式各样的文档环境，并要想对它们进行妥善地运用与管理，让这些列表、文档、表单具有更高的商务处理效率，就必须对这些文档环境和内容进行管理。

为了提供强大的文档内容管理功能，微软在 MOSS 2007 系统中提供了企业内容管理（Enterprise Content Management，ECM）功能，可以将所有相关的文档创建在一个密切整合的平台上，轻松地将内容管理延伸至企业的每位信息工作者，使每位信息工作者都可以充分应用文档处理环境。本章所要介绍的就是如何在 MOSS 2007 系统中来完成企业的内容管理工作。

本章重点

在本章，您将学会：

- 什么是内容管理
- 内容类型的管理
- 设计一个基本内容类型环境的实例
- 版本管理
- 信息管理策略

15.1 什么是内容管理

内容管理（Content Management）指的是一个信息管理系统对于文档数据的定义、配置、处理程序所提出有效的策略、政策与方法，实现对信息应用处理的有效控制的目的。由于 MOSS 2007 所提供的就是信息处理系统平台，所以，要想在 MOSS 2007 系统中有效管理存储在系统中的文档数据和信息，就必须通过内容管理的规划来达到信息管理的目的。

在信息管理规划中，首先必须先了解的是一项文档数据在整个信息处理过程中所创建的信息使用的生命周期（Life Cycle）是什么？通过文档数据的生命周期运作来了解一个具有完整性的内容管理程序需要具有什么样的功能？要运行什么样的信息处理程序，才能达到信息管理的目的？【图 15-1】正是对一项文档数据在创建信息处理程序时的生命周期的描述。

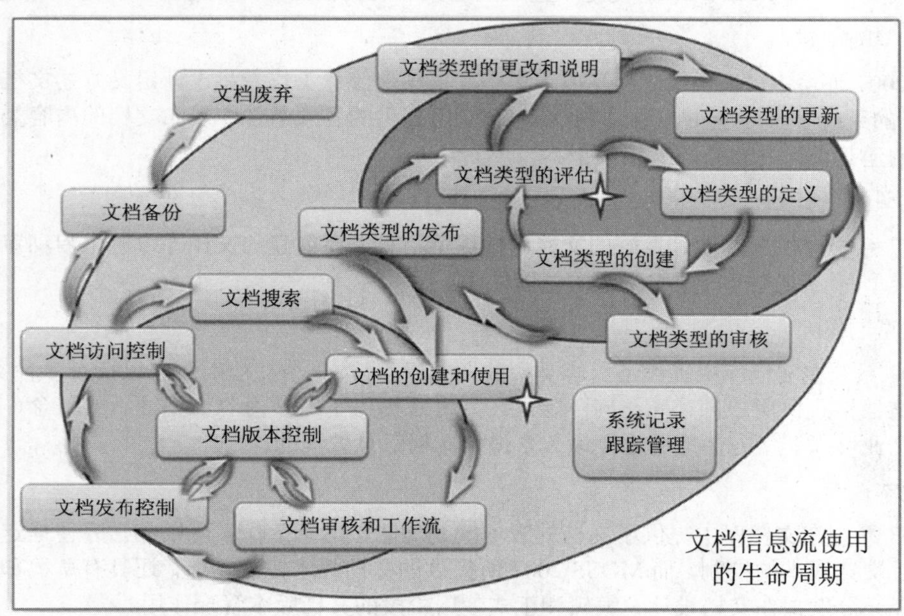

图 15-1　一项文档数据在创建信息处理程序时的生命周期流程

从【图 15-1】中可以了解到，当信息人员在设计一项文档信息流通操作时，其操作程序可以分成两个阶段。

第一个阶段是文档类型的设计、创建、改善的流程。当企业要使用一份文档来完成一项信息处理的工作时，必须从文档使用的目的评估开始，设计并定义这份文档的用途与目标，在确定了文档类型的格式之后，企业应对该项文档类型的格式进行审核处理，在通过审核程序后，便可以对此文档格式类型进行发布操作了。

发布后的文档格式类型为各企业用户提供对该项文档进行的处理与应用。在用户使用的过程中必定会发现不适合或不适用的地方，此时，对于此格式类型的文档又会再进行适用性文档类型评估，创建文档类型的批注与修订，在确认修订文档的格式后，应规划文档类型更新的处理程序，并再次进入文档类型的审核流程。

而在文档类型发布后，则进入文档信息流通操作程序的第二个阶段。在此阶段，用户可以创建并使用该文档。对于一个完善的文档管理系统而言，一定要提供对文档版本的控制功能，让文档具有记录、跟踪、回复、备份和发布的能力。

要让一份文档具有信息处理程序的功能，就要在信息系统中提供信息工作流程的处理功能。所以，通常在用户创建一份文档后，该份文档就应该进入信息工作流程处理，当文档在进行工作流程处理或在同时处理完毕后，该文档是否可以公告或发布，以及可以提供给谁进行访问，则是在整个文档处理程序中，每个参与该文档工作流程处理的用户都需要进行的工作。

当文档的信息处理程序不断发展时，一个信息系统也要能够充分地提供文档的查看和搜索功能，以提高对文档信息的处理效率。除此之外，对文档的备份以及设置文档信息应用的有效期限，进而对过期的文档进行备份并删除的程序，也是在信息系统管理中必须共同管理规划的部分。

信息操作功能

从以上对文档信息管理的叙述中可以了解到，一项信息管理系统环境所需要的文档管理功能非常的多，而 MOSS 2007 就是用来提供这些功能的信息管理系统。下面我们来介绍一下 MOSS 2007 系统提供了哪些功能来满足这些信息管理的需求。

- 文档类型的评估与定义

在文档类型的提供上，微软 Office 2007 产品囊括了企业所需要评估和创建的各种文档类型，您可以通过 Word、Excel、PowerPoint、Access、Outlook、InfoPath、Visio、OneNote 等不同的文档工具，来创建所需要的文档格式类型，而 MOSS 2007 便是放置这些定义后的文档类型与进行文档处理的信息系统平台。

- 文档类型的创建

在 MOSS 2007 环境中，提供了"网站内容类型"来满足信息工作者将设计定义好的文档格式类型放置到 MOSS 2007 的系统平台环境中，通过 MOSS 2007 所提供的各项组件库发布文档的内容类型，让用户可以非常方便地创建其设计并发布的文档类型。

- 文档类型的审核

MOSS 2007 系统提供了方便且良好的文档审核环境，只要在创建的文档库设置中启动审核功能，相关的文档或文档类型都会进入审核操作流程的处理程序。

- 文档类型的发布

MOSS 2007 系统在文档库中提供了内容类型的发布操作，让一个文档库下可以拥有多种文档内容类型，以提供不同的文档格式供用户创建和访问。除此之外，还提供了网站内容类型继承的概念，让具有层次组织体系结构的企业可以非常方便地通过继承关系提供文档信息处理的程序。

- 文档版本控制

MOSS 2007 系统在文档库中提供了文档的版本控制功能，信息工作者可以非常方便地定义所使用的文档库是否要进行文档版本的控制，而 MOSS 2007 所提供的文档版本控制功能，还具有草稿和正式版本访问控制的功能，能充分发挥在文档设计、编辑和正式使用阶段的文档版本管理作用。

- 文档工作流

此项功能不用笔者多说了，在前面的章节中都已经提到了文档的工作流处理功能。强大的工作流处理功能是 MOSS 2007 系统中最重要的特色之一。

信息管理操作

一个信息系统除了应提供文档信息处理的各项功能之外，当企业有非常庞大的信息内容时，如何提供有效的信息管理操作环境，是促进信息有效使用的重要指标之一，也是在降低信息使用成本中很重要的一项程序，尤其对目前所谓的电子信息（Electronic Information）而言，如何控制、记录和备份这些电子信息的使用情况，都是必须定义在信息管理操作规则中的。

目前在国际组织中，也有一些组织针对如何配置信息管理标准化操作提出了不同的操作程序和认证，以下举出两个组织的例子并提供相应的网址，您可以访问这些网站，参考有关信息管理操作标准化处理程序的概念。

 DoD 5015.2	美国军方对信息管理原则所提出的标准化处理程序 DoD 5015.2-STD – Compliant Product Registers by Joint Interoperability Test Command Records Management Application (RMA) http://jitc.fhu.disa.mil/recmgt/
	英国组织机构对国际性记录管理原则所提供的标准化处理程序 National Archives / PRO UK http://www.nationalarchives.gov.uk/electronicrecords/function.htm/

为什么我们要在此进行标准化信息管理操作呢？因为在文档信息流通处理工作中，为了能够对文档信息处理有一个标准化的操作流程，通常在一个信息管理系统中，还会提供这些标准化的信息管理原则，以符合信息管理处理的要求。

同样地，MOSS 2007 系统也参考了以上国际组织的标准规范，提供了对文档信息系统的信息管理策略（Information Management Policy）和对信息系统的记录管理（Record Management）功能，这两项管理环境各有不同的信息管理目标，如【图 15-2】所示。

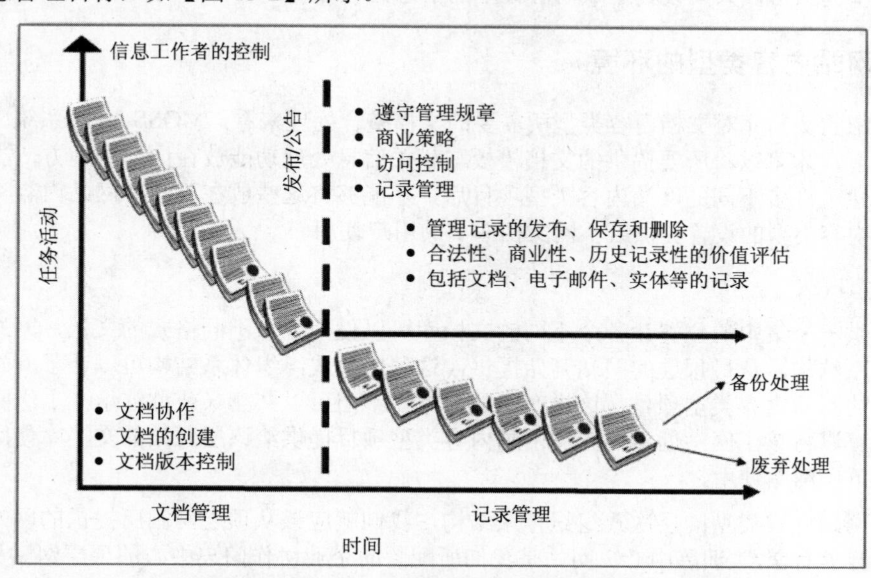

图 15-2 MOSS 2007 对文档的信息管理策略和记录管理

在 MOSS 2007 系统中，将信息管理操作分成两部分：第一个部分是对文档信息所进行的文档管理，针对的是信息工作者创建的文档数据和操作，提供信息管理策略功能，在系统中默认提供的功能包括标签、审核、过期、条码。第二个部分则是提供对 MOSS 2007 系统的记录管理，其中包括了维护系统的记录中心、企业组织的基础策略、系统基础的审核和时间管理操作等，但由于记录管理中心的创建还涉及到与管理 MOSS 2007 服务器数组、网页内容管理与系统记录路由管理相关的内容，所以在书中暂且不作介绍。

而 MOSS 2007 系统除了这些系统默认提供的管理策略与功能外，最强大的地方就在于提供了定制开发的环境，信息系统开发者可针对自己的需求，开发创建自定义的信息管理策略功能和记录管理功能。

综合以上对信息管理的需求和 MOSS 2007 系统所相对提出的功能，我们稍作整理，在内容管理上共提供 4 类管理环境，包括文档管理、信息管理策略、记录管理和网页内容管理，以下我们就来详细说明如何操作使用这些管理所提供的功能吧！

15.2 内容类型的管理

我们在前面章节中学习到，创建的各种列表、文档、表单等不同的组件库，可用来存放各种不同类型的文档。在 MOSS 2007 系统默认条件下，每一种组件库都只提供一种文档内容类型，例如，图片库放置图片文档、幻灯片库放置幻灯片文档、表单库放置表单文档等。但是在企业环境的文档管理中，有时可能会针对某种信息处理，需要将各种不同的文档内容放置在同一个组件库下，例如，一个用来存放每次举办研讨会时所需要的文档库，在这个文档库中所要包含的文档数据可能包括幻灯片、讲义、调查、上机练习文档等，此时，要如何在一个文档库下提供多种文档内容类型的输入与保存，便是一种很重要的文档管理方式。

对于整合性文档库的环境而言，还有另外一种文档管理需求，那就是需要将同一种文档放到不同的文档库中。例如，在一个按照不同业务组别所创建的文档库下，都需要有相同格式的订单文档，此时对于此订单文档所使用的设计，最好有一个统一的文档模板，放置在一个地方供不同文档库使用，这样的好处在于当要更改此文档格式内容时，只需要修改此文档模板文件即可，如此一来，在不同文档库下的用户就可立即使用修改后的订单文档，而不需要分开维护此订单文档模板了。除此之外，对于不同内容类型的文档，可能还需要有共享的信息处理策略，或者创建一组不同文档内容类型处理的工作流，来完成一项文档信息处理的工作。

为了要提供以上所说明的两种文档内容管理，MOSS 2007 系统为前者提供了“内容类型”(Content Type）方式，可以在一个文档库下提供不同的文档内容类型让用户在该文档库下选择使用，对于后者则提供了“网站内容类型”（Site Content Type）方式，将需要提供给不同文档库下的文档模板集中放置在同一个地方，并对此文档内容类型提供可以共同设置这项内容类型的信息处理环境。

15.2.1 网站内容类型的环境

从以上所介绍的文档库对文档内容类型所需要的文档整合处理来看，MOSS 2007 系统应该首先提供网站内容类型的环境，才可以将所要提供的文档模板与相关信息处理功能放在同一个地方，当我们在网站内容类型环境下创建了许多不同的网站内容类型项目后，才能够将这些放在不同“网站内容类型”项目下的文档模板，通过内容类型的设置提供给不同文档库下的用户使用。

网站内容类型

为了能够提供一个集中的位置让各个不同的文档库可以使用各个不同格式的文档，网站内容类型采用了层次式组织体系结构，从最顶层的网站开始提供，这种层次式组织体系结构可以让子网站的网站内容类型继承上级网站的网站内容类型项目，这样在子网站中，不但可以共享（或称继承）上级网站所提供的网站内容类型，还可以将该子网站创建的新的网站内容类型项目提供给该层网站的文档库使用，甚至还可以继续往下继承给下层网站使用。

要彻底了解网站内容类型的层次式组织体系结构，我们就应该从顶层网站所提供的网站内容类型开始跟踪。以本书的例子而言，“训练中心”网站是我们所配置的企业协作门户中心的顶层网站集，所以要跟踪当然要从此处开始。首先，进入“训练中心”的顶层网站，移动鼠标依次单击 网站操作 → 网站设置 管理此网站的网站设置。→ 修改所有网站设置 更改此网站的所有网站设置。，进入“网站设置”页面后，您可以选择 库 区块下的 网站内容类型 ，进入“网站内容类型库”配置页面。

在此页面中可以看到有 3 个字段，第 1 个是“网站内容类型”字段，下方以“组”的方式为各项网站内容类型分类，在各“组”下列举着各项网站内容类型；第 2 个字段为“父级”，显示着该项网站内容类型是继承于父级的网站内容类型中的哪个项目；第 3 个字段为“源”，表示着该项网站内容类型来自于父级的哪一个网站，如【图 15-3】所示。您也可以切换到下层网站的网站内容类型中查看。

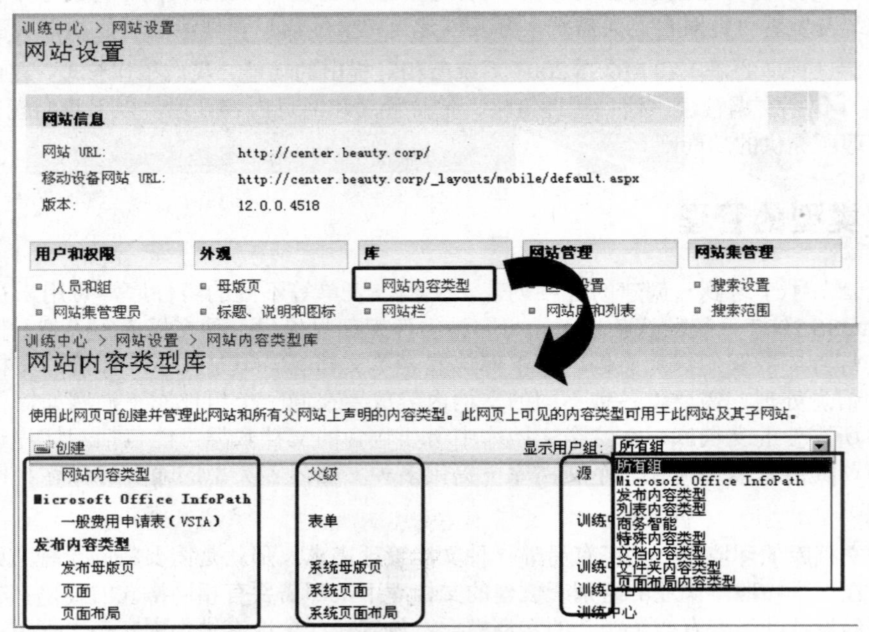

图 15-3 在顶层网站的“网站设置”下查看“网站内容类型”项目中的内容

网站内容类型的组

在网站内容类型库中，我们可以在“网站内容类型”字段中先使用“组”的方式将不同类别的“网站内容类型”项目加以分类，这些“组”项目除了由MOSS系统来提供默认的分类外，用户也可以自行定义自己所要的“组”。例如，在【图15-3】中，显示“Microsoft Office InfoPath”组就是在第14章中设置的自定义组。对于MOSS 2007系统所提供的默认组，其分类的含义是什么呢？下面用简表来作说明。

文档内容类型	使用各种文档格式所创建的网站内容类型
版式配置内容类型	使用网页式页面所创建的网站内容类型
特殊内容类型	其他特定文档所创建的网站内容类型
商务智能	有关商业智能应用页面所创建的内容类型，此项内容类型较特别，大部分都是由系统程序构造出来的页面形式的网站内容类型
列表内容类型	表示使用字段所组合成的列表网站内容类型
发布内容类型	提供版本控制与发布操作的页面网站内容类型
文件夹内容类型	以文件夹形式出现的网站内容类型

网站内容类型的等级

在这些经过“组”分类后的网站内容类型项目中，在“父级”字段上都会显示着该项网站内容类型所继承的父级网站内容类型项目是什么？例如，在【图15-3】中，“母版页”、“表单”项目所继承父级的网站内容类型是“文档”，而在上方“文档”项目所继承的父级是“项目”，“项目”所继承的父级则是“系统”（您要直接到练习的系统中查看，【图15-3】中没有列出“项目”网站内容类型项目）。

要跟踪这些网站内容类型项目所继承的父级网站内容类型，可以选择该网站内容类型项目来进行作跟踪。我们就以“母版页”项目为例，先移动鼠标选择▫ 母版页 项目后会进入“网站内容类型：母版页”页面，如【图15-4】所示，要跟踪父级的网站内容类型，可以单击“父级”字段旁的“文档”超级链接，在出现如【图15-5】所示的“网站内容类型：文档”页面后，再选择“父级”字段旁的“项目”，就会进入如【图15-6】所示的“网站内容类型：项目”页面，再次移动鼠标选择“父级”字段旁的“系统”，进入最终的“网站内容类型：系统（密封）”页面，如【图15-7】所示。

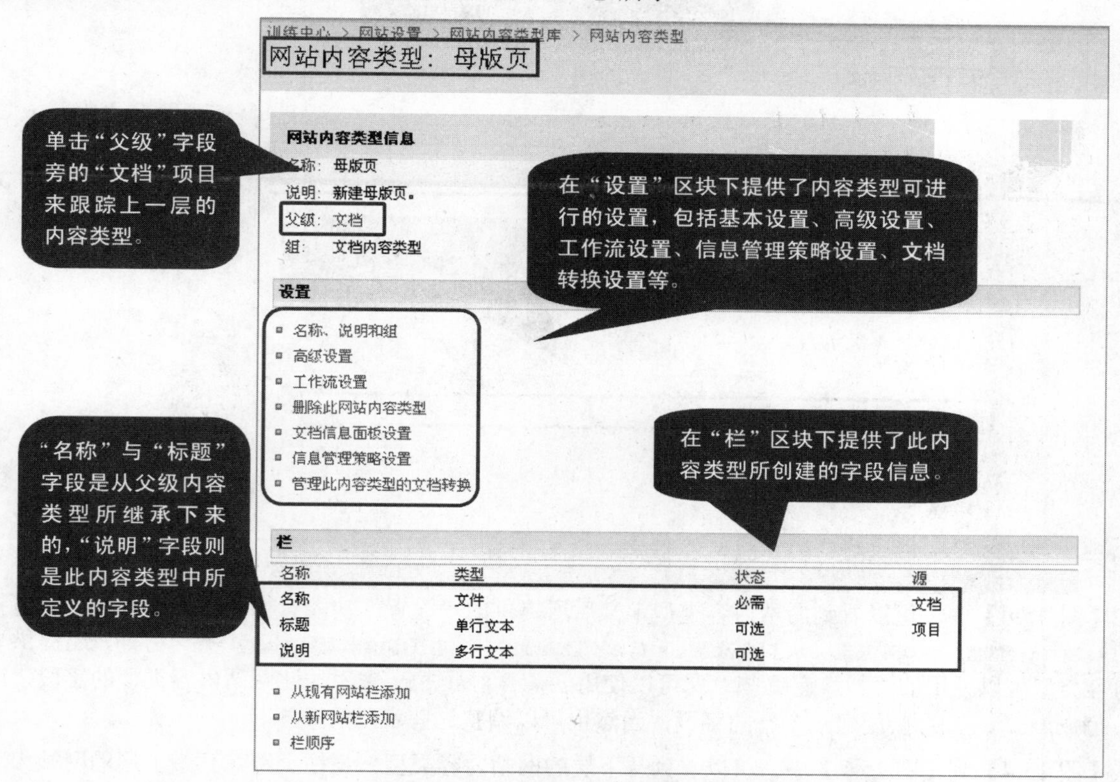

图15-4 “网站内容类型：母版页”页面中跟踪继承的父级内容类型

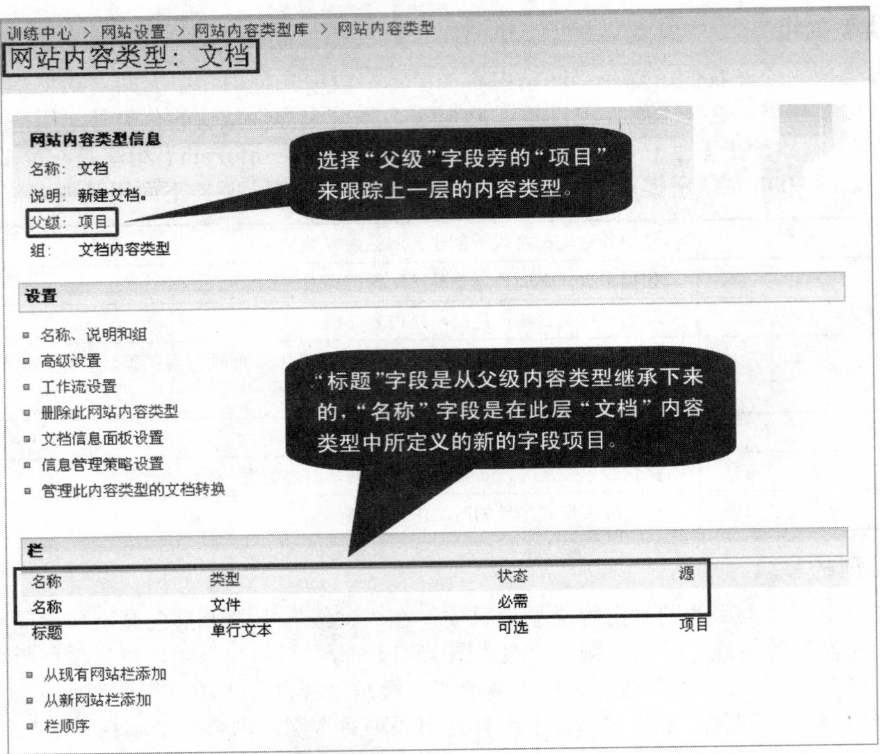

图 15-5 在“网站内容类型：文档”页面中跟踪父级内容类型

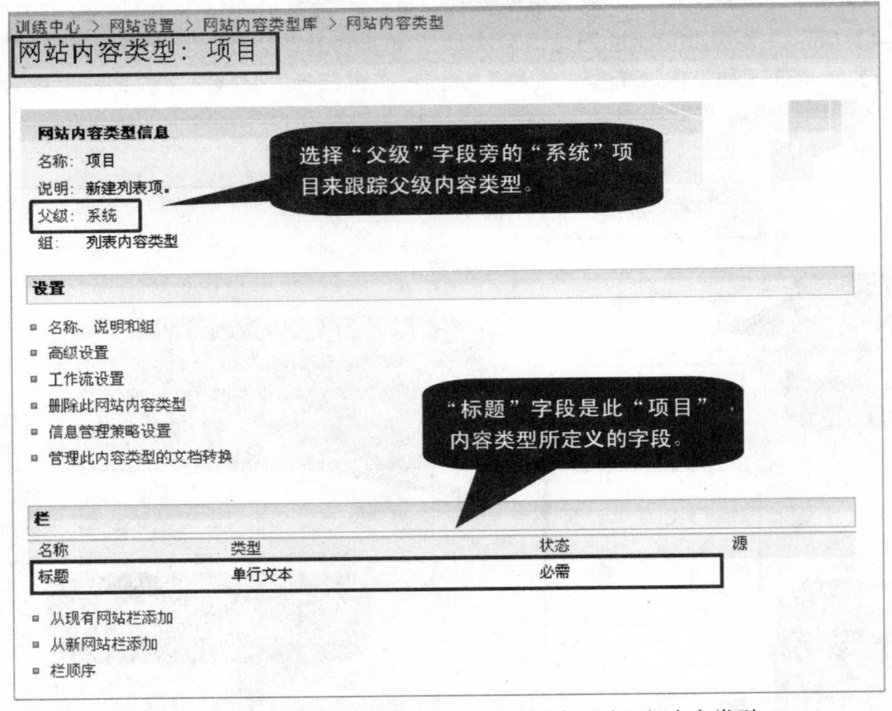

图 15-6 在“网站内容类型：项目”页面中跟踪父级内容类型

在【图 15-4】中，可以看到网站内容类型定义后所提供的“设置”功能有哪些？这些设置功能包括了基本的 名称、说明和组 、 高级设置 、 工作流设置 、 信息管理策略设置 、 管理此内容类型的文档转换 等，另外，还提供了此网站内容类型可以使用的“栏”有哪些？您可以使用 从现有网站栏添加 来添加此网站内容类型的字段，或是选择 从新网站栏添加 ，直接创建一个新的字段，当然也可以调整这些字段的顺序。

从【图 15-4】到【图 15-7】中，可以看到从下层的网站内容类型一直往上跟踪到最上层的网站内容类型，在“母版页”网站内容类型的“栏”中有 3 个字段，前两个字段（名称、标题）是从父级网站内容类型中继承下来的字段，第 3 个“说明”字段则是在此“母版页”网站内容类型中添加的字段，所以跟踪到父级“文档”网站内容类型时，剩下一项“标题”继承字段，“名称”字段是在“文档”网站内容类型中所添加定义的字段，最后到了父级“项目”网站内容类型页面，只剩下“标题”字段了。

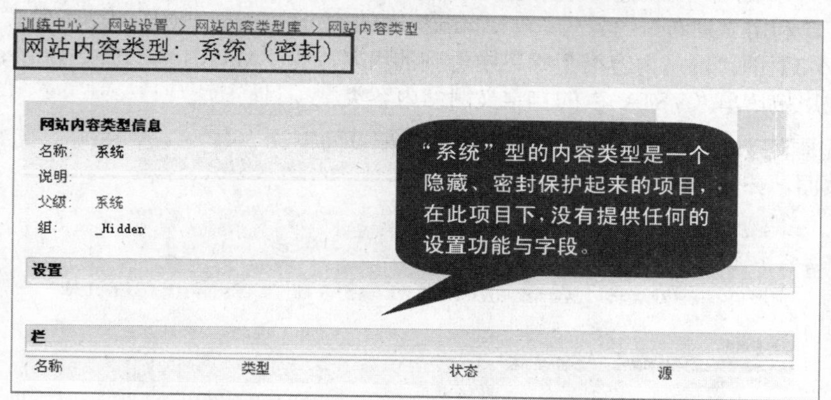

图 15-7 “系统”型的内容类型是没有任何设置项目与字段的

在【图 15-7】中，我们终于看到了 MOSS 2007 系统最顶层的网站内容类型项目，叫做“系统”的网站内容类型，在此项目中没有提供任何设置功能，也没有提供任何创建字段功能，而“_Hidden”的组名称是 MOSS 系统用来隐藏网站内容类型的特定组名称。

根据以上的网站内容类型项目跟踪，您可以告诉我最顶层的网站内容类型是什么？第 2 层的网站内容类型是什么？第 3 层的网站内容类型是什么？您可以尝试着跟踪找找看喔！并了解一下网站内容类型的层次组织体系结构！

答案：第 1 层是“系统”、第 2 层是“项目”、第 3 层的大部分都是“文档”。

下层网站的继承

在每一层网站中都提供了网站内容类型环境，下层中网站内容类型环境会继承父级网站内容类型的环境，例如，将网页切换到“表单工作中心”（“表单工作中心”网站是“训练中心”网站的子网站），移动鼠标选择 网站操作 → 网站设置 管理此网站的网站设置。，在进入到“网站设置”页面后，选择 库 区块下的 网站内容类型 ，如【图 15-8】所示。

训练中心 > 表单工作中心 > 网站设置 > 网站内容类型库

网站内容类型库

使用此网页可创建并管理此网站和所有父网站上声明的内容类型。此网页上可见的内容类型可用于此网站及其子网站。

创建　　显示用户组：所有组

网站内容类型	父级	源
Microsoft Office InfoPath		
一般费用申请表	表单	表单工作中心
一般费用申请表(VSTA)	表单	训练中心
一般费用申请表(网页用)	表单	表单工作中心
发布内容类型		
发布母版页	系统母版页	训练中心
页面	系统页面	训练中心
页面布局	系统页面布局	训练中心
列表内容类型		
联系人	项目	训练中心
联系人(中式地址)	项目	训练中心
链接	项目	训练中心
任务	项目	训练中心
通知	项目	训练中心
问题	项目	训练中心
项目	系统	训练中心

图 15-8 “表单工作中心”网站“网站内容类型库”中的“网站内容类型”项目

我们可以从如【图 15-8】所示的“Microsoft Office InfoPath”组下看到第 1 项是由父级“训练中心”网站所继承下来的网站内容类型项目（如【图 15-3】所示），第 2 项与第 3 项则是在“表单工作中心”子网站上所创建的网站内容类型项目，至于下方其他组类别的网站内容类型项目，也是继承于父级的“训练中心”网站。

添加网站内容类型

如果我们要添加一项网站内容类型项目，方法通常有两种，一种方法是通过客户端的应用程序进行“发布”添加内容类型的方法，同时创建网站内容类型与内容类型。例如，在第 14 章中，我们就在 InfoPath 表单模板设计模式下，利用“发布”的方式，在“http://center.beauty.corp/”顶层网站下发布了一项内容类型，这也就是在【图 15-3】的“网站内容类型库”中看到的组名称为“Microsoft Office InfoPath”、网站内容类型名称为“一般费用申请单（VSTA）”的自定义网站内容类型项目。

另一种方法就是直接在指定的“网站内容类型库”配页面下，单击 创建 按钮，此时会进入“新建网站内容类型”配页面，如【图 15-9】所示。

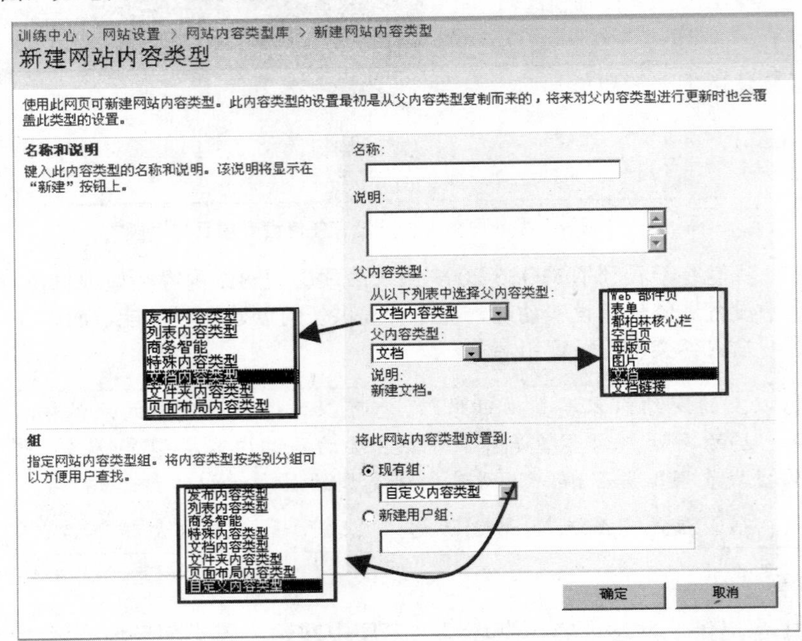

图 15-9　在“网站内容类型库”下创建一个新的网站内容类型

在“新建网站内容类型”配置页面下，有两个区块的设置：

- 名称和说明

在此区块中，除了要先在“名称”字段上输入所要创建的网站内容类型名称和在“说明”字段上输入此网站内容类型的描述外，最重要的就是选择所要继承的“父内容类型”，在“父内容类型”下的第 1 个下拉列表中选择网站内容类型的组名称，第 2 个下拉列表中选择该网站内容类型组名称下的网站内容类型项目，所以，第 2 个字段中的选择内容会随着第 1 个字段选择的不同而有不同的选择项目。其关键在于，您必须依照所要创建的文档内容类型来选择适当的组与网站内容类型项目。

- 组

在此区块中，要设置创建网站内容类型项目的组名称是什么？如果您要从已有的组名称中进行选择，可以单击 ⊙现有组:，然后在下方的下拉列表中选择已存在的组名称；如果您要创建新的组名称，则可以选择 ⊙新建用户组:，然后在下方的字段中输入新的组名称。

当您完成以上的设置并移动鼠标单击 确定 后，在“网站内容类型库”下就会增加一个网站内容类型项目，该项目中的内容就是如【图 15-4】所示的内容环境。

创建网站内容类型的目的

创建一个网站内容类型项目的目的是什么呢？简单来说，就是提供一种自定义文档内容类型可以运行信息处理的环境。运行什么样的信息处理呢？我们分成以下几点来说明。

- 提供文档的字段信息

对于文档本身来说，它是用来存放文本内容数据的地方，属于一种非结构性的数据，非结构性质的数据是不太容易进行信息性质的处理的，例如，进行数据的排序、索引、筛选、判断等的信息处理功能，所以，为了要让文档可以创建信息处理的能力，通常会对该文档提供辅助性的结构型数据域位，在“网站内容类型”配置页面下方提供了字段的创建功能，便是要让该文档有附属的字段信息为信息处理所用。

- 提供自定义文档模板

网站内容类型最主要的目的之一，就是供文档库来选择不同的网站内容类型项目设置文档内容类型，关键在于在网站内容类型项目中，可以设置所要使用的自定义文档模板文档是什么？

此项设置在“网站内容类型”项目配置页面中的“高级设置”下，我们以第 14 章中在“表单工作中心”网站下创建“一般费用申请表”网站内容类型项目为例，如【图 15-10】所示。

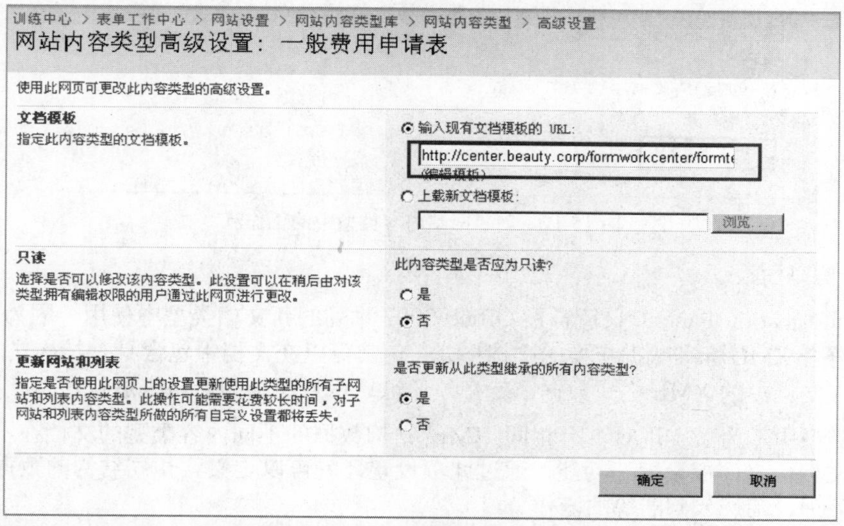

训练中心 > 表单工作中心 > 网站设置 > 网站内容类型库 > 网站内容类型 > 高级设置

网站内容类型高级设置：一般费用申请表

使用此网页可更改此内容类型的高级设置。

文档模板
指定此内容类型的文档模板。

◉ 输入现有文档模板的 URL:
http://center.beauty.corp/formworkcenter/formte
(编辑模板)
○ 上载新文档模板:
浏览...

只读
选择是否可以修改该内容类型。此设置可以在稍后由对该类型拥有编辑权限的用户通过此网页进行更改。

此内容类型是否应为只读?
○ 是
◉ 否

更新网站和列表
指定是否使用此网页上的设置更新使用此类型的所有子网站和列表内容类型。此操作可能需要花费较长时间，对子网站和列表内容类型所做的所有自定义设置都将丢失。

是否更新从此类型继承的所有内容类型?
◉ 是
○ 否

确定 取消

图 15-10 在“网站内容类型高级设置：一般费用申请表”页面设置所要提供的文档模板路径

如果您已经将窗体模板文件放到网站下，则可以在 ◉ 输入现有文档模板的 URL: 字段上输入该网站的网址；如果目前窗体模板还是存储在您的计算机中，就可以选择 ◉ 上载新文档模板:，并单击 浏览...，将所要发布的窗体模板上传。

当您将此网站内容类型设置为“只读”后，此网站内容类型将只提供读取功能，其余的功能会全部停止使用，此时再回到内容设置页面时，发现在 设置 区块下只剩下 ▫ 高级设置 项目，其余的设置功能都会消失，标题也会注明是“只读”状态，如【图 15-11】所示。

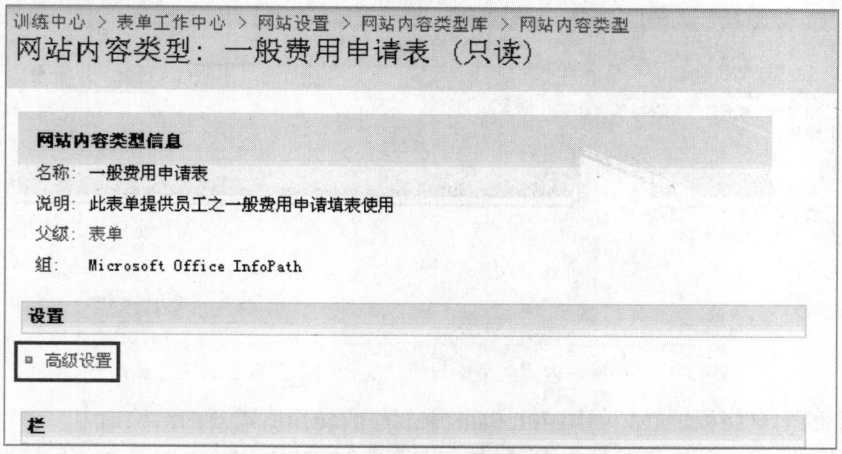

训练中心 > 表单工作中心 > 网站设置 > 网站内容类型库 > 网站内容类型

网站内容类型：一般费用申请表 （只读）

网站内容类型信息
名称: 一般费用申请表
说明: 此表单提供员工之一般费用申请填表使用
父级: 表单
組: Microsoft Office InfoPath

设置
▫ 高级设置

栏

图 15-11 网站内容类型更改成“只读”的显示结果

当您所更改的“网站内容类型”设置已经有子层环境时，如果您要将子层项目所继承的内容一起更改的话，可以在“是否更新从此类型继承的所有内容类型”中选择 ◉ 是，这样在单击 确定 后，系统便会自动更新所有继承此项网站内容类型中更改的设置，此项系统默认值为 ◉ 是。

- 提供工作流处理

在网站内容类型项目中，也提供了创建工作流的处理，此处提供工作流最大的好处是在不同文档库下创建相同的文档时，都可启动同一个工作流的处理，除此之外，从另一个角度来看，此处的工作流可以进行跨文档库之间、甚至跨网站之间的信息处理。

要创建此网站内容类型项目的工作流，可以在此“网站内容类型”配置页面下，单击 工作流设置 ，进入“更改工作流设置：一般费用申请表”配置页面，如【图 15-12】所示。

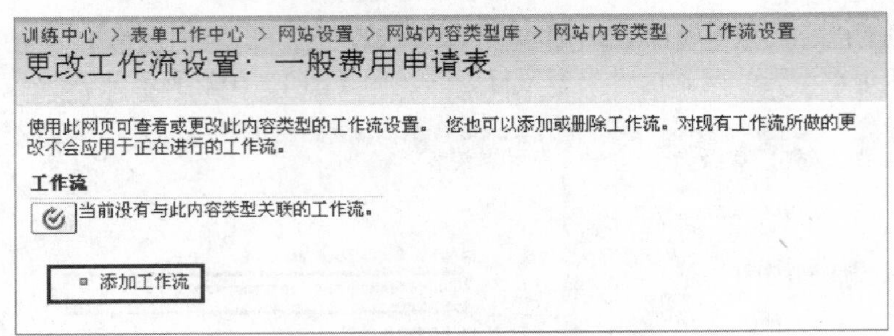

图 15-12 创建网站内容类型中的工作流

- 提供文档信息面板

信息面板（Information Panel）只适合在 Office 2007 系列的新文档类型中使用，因为 Office 2007 的新文档类型提供了符合 XML 标准数据交换的文档格式，使其可以在文档中包含具有结构式的 XML 数据，而要访问这些包含在文档中的 XML 格式数据，就必须通过这信息面板的接口来进行。

在网站内容类型中，为了实现对具有相同 XML 结构数据的不同内容类型的文档在不同的文档中的访问，也提供了“文档信息面板设置”功能，通过此项设置，就可以定义将相同结构的数据添加到不同文档中时，进行信息处理、筛选、判断等的操作。

要设置网站内容类型的文档信息面板，可以在“网站内容类型”配置页面下，选择 文档信息面板设置，就会进入“文档信息面板设置：一般费用申请表”配置页面，如【图 15-13】所示。

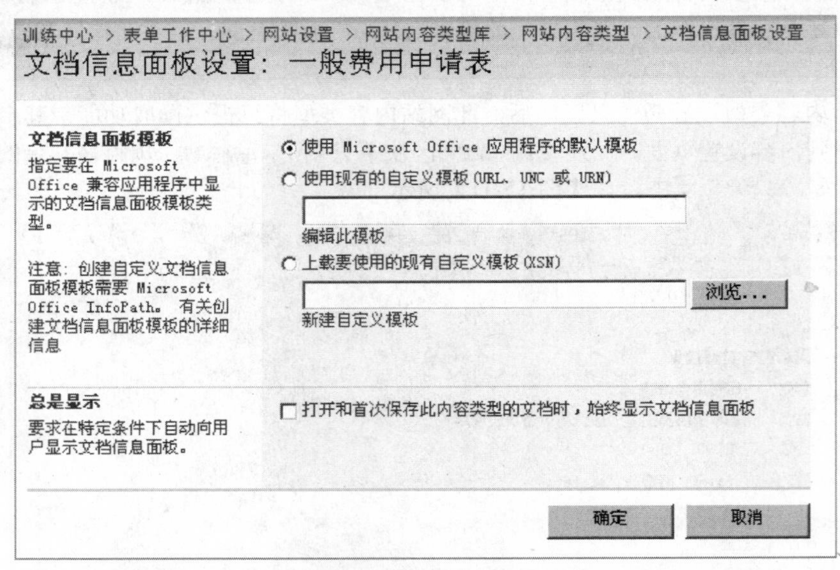

图 15-13 在网站内容类型中设置“文档信息面板”的配置页面

要创建文档中的信息面板，必须使用 InfoPath 来创建或转换所需要的结构内容，当您的计算机环境中安装了 InfoPath 程序后，您可以选择【图 15-13】页面中的 新建自定义模板，此时就会自动调用安装在客户端的 InfoPath 程序，并根据网站内容类型中所提供的字段，创建在该文档中可以填写的信息面板环境。

- 提供信息管理策略

信息管理策略（Information Management Policy）主要提供在网站内容类型中可以创建的管理信息策略

有哪些？系统内置的管理信息包括：

标签：创建可打印的标签格式到您所创建的文档中，以确保在打印时可以包含正确的重要文档信息。

审核：启动对文档信息处理操作的记录功能，这些会被记录的信息处理操作包括打开或下载文档、编辑项目、签入或退出、移动或复制、删除或还原等。

过期：指定文档保留的期限或设置文档的过期时间，以及对该文档应该进行后续信息处理的操作。

条码：此项信息管理策略最主要是提供列表记录或在存储文档时自动创建在系统下的唯一记录或文档识别码，以提供记录或文档识别的能力，此识别码采用条码方式实现，而识别码的值在创建后是不能修改的。

当您要设置网站内容类型中的信息管理策略时，可以在“网站内容类型”配置页面中选择 ▫ 信息管理策略设置 ，就可以进入“信息管理策略设置：一般费用申请表”配置页面，如【图 15-14】所示。

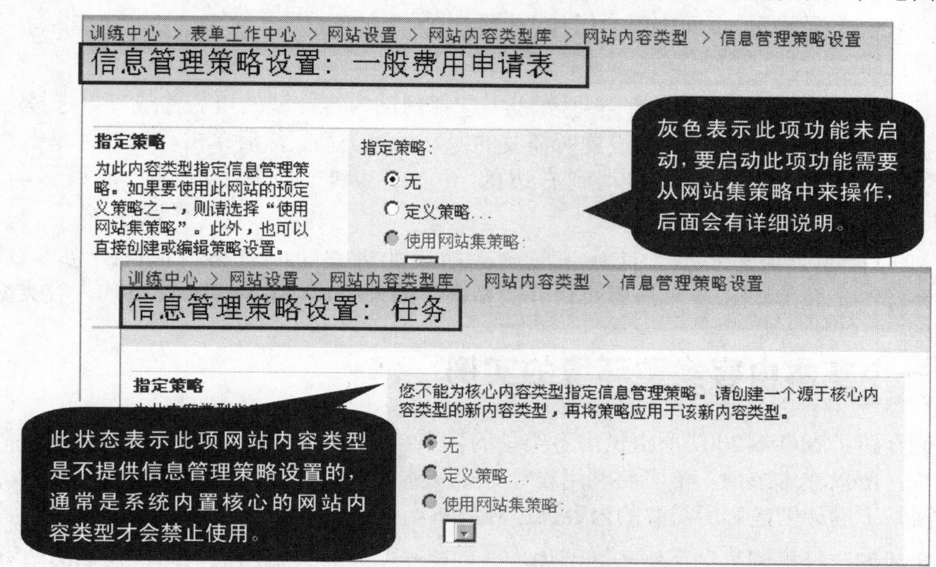

图 15-14 “信息管理策略”配置页面中的设置状态

● 提供文档转换处理

所谓文档转换（Document Conversion）指的是提供由网站内容类型创建的文档可以进行不同文档类型的转换，其目的就是希望能够通过文档类型的转换而达到信息交流的目的。MOSS 系统所提供的文档转换处理大多是将不同文档类型转换成 HTML 的网页文档数据类型。

当您要设置网站内容类型中的文档转换处理时，请先注意两件事：第 1 件，只有在顶层网站下所定义的网站内容类型中才提供文档转换处理功能，在下层网站中定义的网站内容类型不提供此项功能；第 2 件，使用文档转换处理功能的前提是必须在 MOSS 2007 的服务器上启动文档转换服务，并经过启动操作后才可以运行；否则，当您选择 ▫ 管理此内容类型的文档转换 时，就会显示如【图 15-15】所示的错误信息。

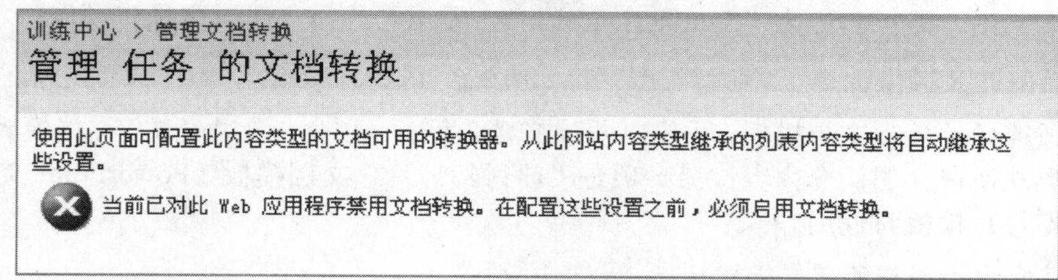

图 15-15 在未启动文档转换服务的情况下“文档转换”配置页面是无法使用的

从以上介绍我们可以了解到，网站内容类型是一个放置内容类型项目并对其进行定义、设置的环境，从顶层网站开始，每一个向下延伸的子网站，都会有一个设置网站内容类型的环境，供每个网站继承上一层网站的网站内容类型，且该层网站可以以添加自定义内容类型项目的方式来提供给网站下各种类型的文档库，以创建不同的文档内容类型和该文档内容类型所需要的信息处理工作内容。

15.2.2 设置文档库的内容类型

当您在指定的网站上创建好所需要的网站内容类型后，就可以在指定的文档库下将此网站内容类型提供给文档库的内容类型使用。

创建文档库中的内容类型，其实我们在前面章节中都已经提到过了（例如第 13 章和第 14 章），在此我们当做复习，以文字叙述方式说明其步骤。

要创建文档库的内容类型，首先将网页切换到指定的文档库下，移动鼠标选择 设置 → 文档库设置，进入“自定义文档库”配置页面。

1 单击 高级设置，进入文档库的高级配置页面，在 内容类型 区块下，将 是否允许管理内容类型? 设置为 是，然后单击 确定。

2 回到文档库配置页面后，页面中间会增加 内容类型 区块，然后选择 从现有网站内容类型添加，进入“添加内容类型”配置页面。

3 先在 从以下列表中选择网站内容类型: 的下拉列表中选择网站内容类型的组名称或直接选择“所有组”项目，在下方的 可用网站内容类型: 列表字段中设置所需要的网站内容类型，然后单击移动鼠标单击 添加 >，此时左边选中的网站内容类型项目会移动到右边的 要添加的内容类型: 列表字段中，最后移动鼠标单击 确定，返回文档库配置页面。

4 此时，就应该在“内容类型”区块下看到先前添加进来的内容类型项目，您可以通过单击 更改“新建”按钮的顺序和默认内容类型 来调整多个内容类型项目的顺序，以及删除不需要的内容类型。

15.3 设计一个基本内容类型环境的实例

在上节中我们介绍了 MOSS 2007 所提供内容类型的体系结构，但或许因为没有实际的例子，您可能还是会觉得模糊一片，所以在本节中，笔者将利用设计一个基本的内容类型环境实例来进行说明，您就可以更加了解如何在网站下设计创建您所需要的内容类型环境了。

在前一节其实我们已经提到了这个例子，例如，要创建一个研讨会资源的网站，在该网站下除了要提供广告宣传信息处理、报名信息处理、参加厂商信息处理等功能之外，还要提供研讨会信息的处理功能。

我们就以创建研讨会场次信息的部分环境作为本节说明的实例。一个研讨会场次信息，主要部分之一就是提供各场次的演讲者设计并存放该场次需要用到的相关文档数据，其中包括场次研讨简介文档、演讲幻灯片文档、要提供给观众的讲义文档、上机练习手册文档、该研讨会的问卷调查文档等。由于本书的出版时间是 2007 年，我们就以“TechED 2007 台湾”研讨会作为例子吧！（本书在此强调，以下设计内容主要目的是用来举例，纯属虚构，与微软真实举办的“TechED 2007 台湾”会议无关），根据这样的需求，下面列出要完成这项需求所需要的设计步骤。

1 创建顶层网站与子网站

我们创建一个网址为“http://ted2007tw.beauty.corp”的 Web 应用程序顶层网站，然后再创建一个用来放置文档数据的子网站，路径名称为“SeminarDocsLib”、显示名称为“研讨文件资源”。

2 创建所需要的文档模板

创建研讨会所需要的各项文档模板，我们以两项文档为例，一项是“研讨简述”文档模板（Word 文档），用来填写说明各场次研讨会的简介内容；另一项是“研讨幻灯片”文档模板（PowerPoint 文档），供演讲者设计该场研讨会幻灯片模板时使用。

3 创建网站内容类型与所属文档模板

在顶层网站下创建名称为“研讨公告栏位”的网站内容类型，目的是创建所有子网站都可以继承的公告字段，其中最基本的字段包括“场次”、“研讨主题”和“演讲者”，为了使这 3 个字段的数据可以同时放置在文档库字段和文档属性中，所以我们真正要对应的字段是“主题”、“标题”和“作者”，而要更改的是这 3 个字段的显示名称。如何实现自动化处理，请继续往下看。

接下来切换到“研讨文件资源”网站下，创建“研讨简述”、“研讨幻灯片”两项网站内容类型，父级继承者为“研讨共同字段”，然后将两项文档模板分别上传到相应的网站内容类型中。

除此之外，为了说明网站内容类型的继承差异，我们在“研讨幻灯片”的网站内容类型下，再添加“幻灯片数量”和“总编辑时间”两个自定义字段。

4 创建“研讨公告栏”的信息面板

由于“研讨公告栏”要出现在场次研讨会的所有文档中，供撰写该场次研讨会的演讲者填写，所以我们应该在“研讨公告栏”的网站内容类型中创建此项需求的信息面板。

5 创建研讨文档库

创建路径名称为“TED2007TW_DOCS”、显示名称为“研讨场次文件”的文档库，并将前面定义好的两项网站内容类型设置到此文档库中。

6 测试文档库环境

在完成以上的设计规划和设置后，测试文档库下可以使用的文档编辑环境，如果测试有错误，又应该如何修改呢？

好啦！通过以上的设计步骤，您应该更了解前节各项内容说明的基本应用需求了吧！接下来要讲解的是如何来完成以上的6个步骤。

15.3.1 创建顶层网站与子网站

此研讨会网站创建在一个名称为“http://ted2007tw.beauty.corp”的 Web 应用程序下，其顶层网站的创建采用 发布 下的“协作门户”类型，名称为“TechED2007台湾-共同作业网站”，但在创建了顶层网站后，除了保留顶层网站和搜索外，要将其余默认的网站环境全部删除。而在顶层网站中，默认有一个子目录为“PublishingImages”的“图像”图片库，我们将所有本次研讨会需要共享的图片都放到此“图像”图片库中，这样各项内容需要用到的图片才可提供绝对路径，如【图15-16】所示。有关图片文件上传的步骤，请参考第3.3.2节。

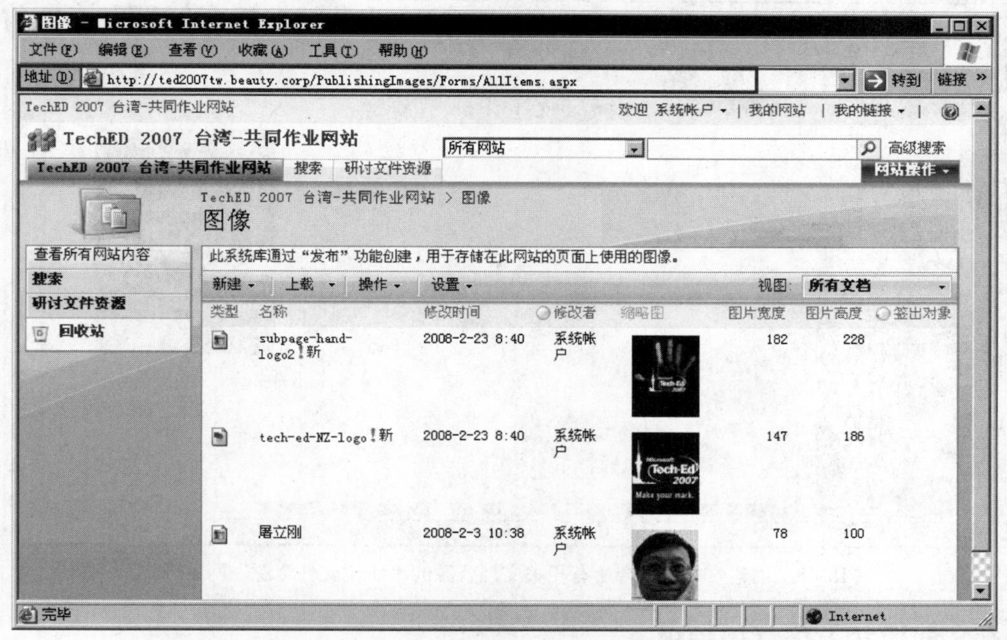

图 15-16 供整个研讨会网站使用的“图像”图片库环境

另外，我们要在顶层网站下创建一个用来收集研讨会所有相关文档资源的子网站，路径为“http://ted2007tw.beauty.corp/SeminarDocsLib”，名称为“研讨文件资源”，以下是创建此子网站的操作步骤。

先切换到顶层网站，移动鼠标选择 网站操作 → 创建网站，进入“创建SharePoint网站”配置页面后，在“标题”字段中输入“研讨文件资源”，并在“说明”字段中输入此文档库的说明，在“URL名称”字段中输入“SeminarDocsLib”，移动鼠标单击“共同作业”下的“空白网站”，最后移动鼠标单击 创建 。

在创建了顶层网站和子网站环境后，重新调整网站首页的样式，并将研讨会的主题与图像标签放置到首页环境中。在完成以上步骤后，我们可以看到此“TechED 2007 台湾 – 共同作业网站”的样式和“研讨文件资源”网站的样式，如【图 15-17】和【图 15-18】所示。

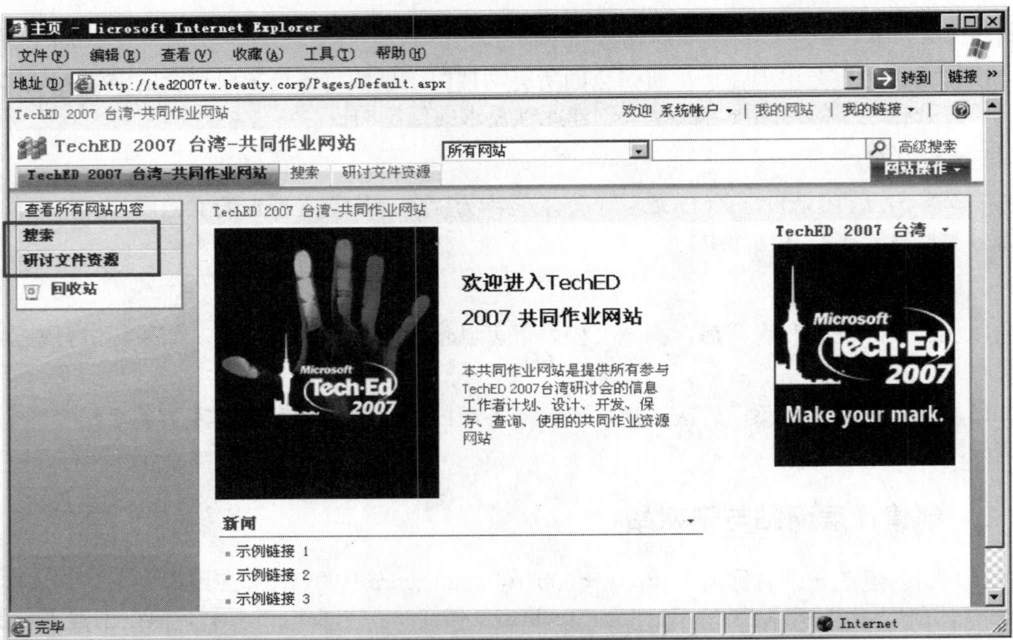

图 15-17 设计“TechED 2007 台湾-共同作业网站”的首页环境

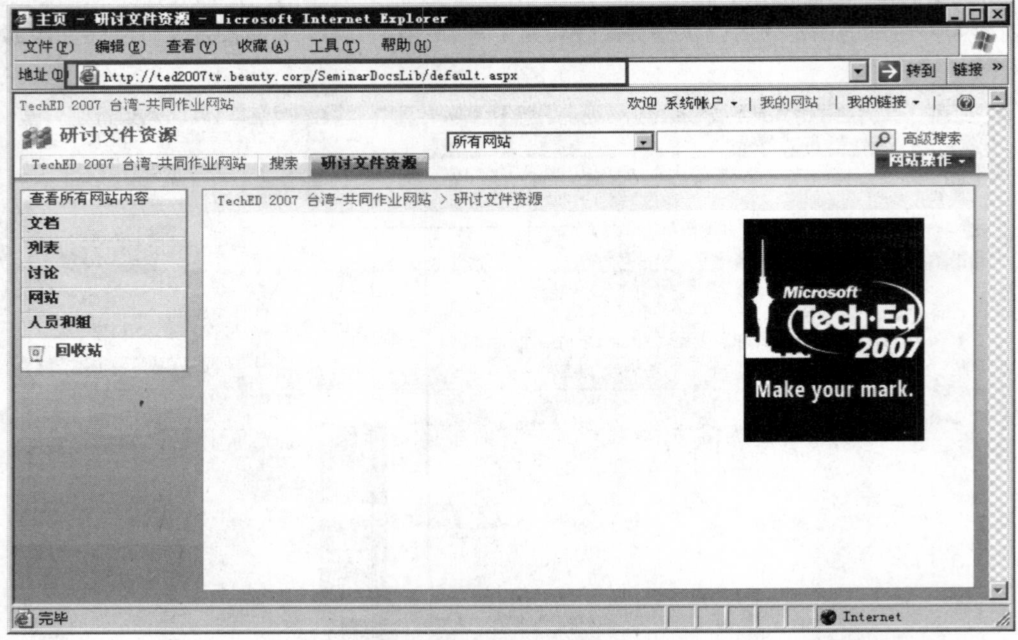

图 15-18 创建收集研讨会所有相关文档资源的“研讨文件资源”网站样式

15.3.2 创建并上传文档模板

在文档模板设计上，我们举两个文档模板的例子，一个是用来提供研讨会的简介的文档模板，其文档名称为“TED2007TW_Capsule.docx”，您可以从【图 15-19】中看到文档中标记的 3 个区块，为了能够达到自动填写数据的目标，所以在这 3 个区块中都插入了“文本框”，然后在这 3 个文本框中，插入特定的“文档属性”，这 3 个字段名称，按照编号顺序分别是“主题”（场次）、“标题”（研讨主题）、“作者”（演讲者），在 Word 中移动鼠标选择 插入 → 文档部件 → 文档属性(D)，即可选择这些字段。

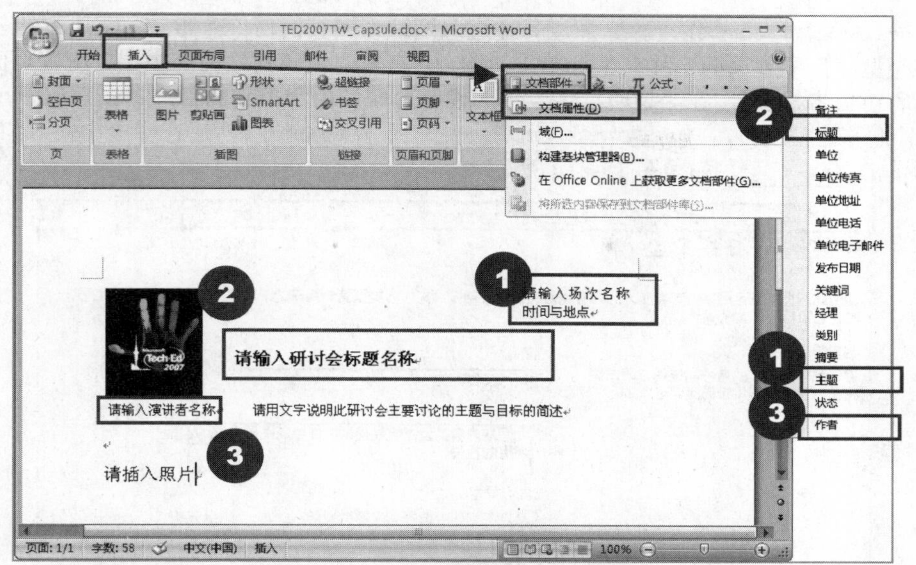

图 15-19　设计“研讨简述”文档模板

所谓自动填写的意思是当我们在最后完成后，演讲者在此文档库下通过添加“研讨简述”文档而进入新文档内容时，在文档上方会出现信息面板，在信息面板中会出现我们所设置的需要填写数据的字段，而当演讲者在信息面板中输入字段数据时，按下【Tab】键后，该字段数据就会自动更新到指定的文本框位置上，相当不错吧！而且在填写完成进行数据存储时，这些字段数据不但会更新文档库中的字段数据，也会自动更新到文件的属性字段数据中。

设计中的另一个文档模板实例是演讲者所要设计的“研讨幻灯片”文档模板，名称为“TED2007TW_Slide.pptx”，其内容是此研讨会所要使用到的基本幻灯片模板，包括了“欢迎”、“研讨会题目”、“问题讨论”、“结束”等幻灯片模板的内容，如【图 15-20】所示。

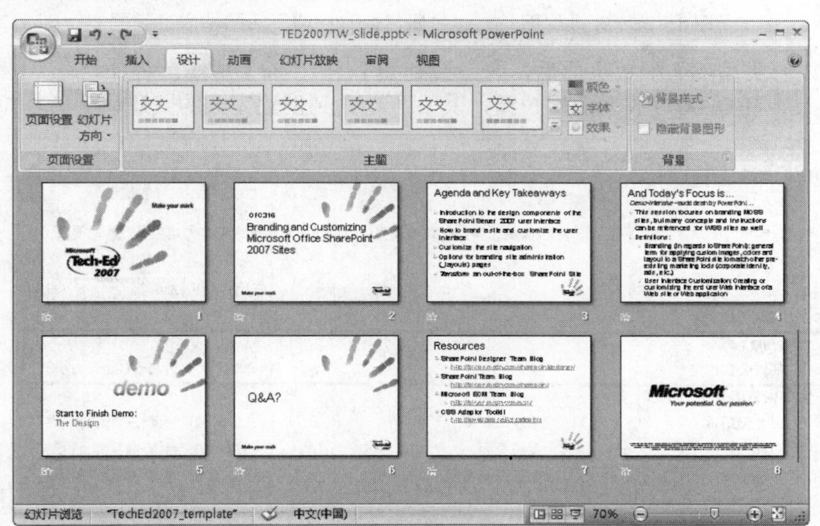

图 15-20　设计“研讨会幻灯片”模板文档

对于幻灯片中的内容和信息面板之间的自动更新处理，那就非常可惜了，因为 PowerPoint 2007 中并没有像 Word 2007 一样可以设置“功能变量”，所以要达到像 Word 2007 中的自动更新功能，就必须在 Visual Studio 2005 的环境下，通过 VSTO 来编写 Office Add-In 的组件程序，然后将编写好的组件程序通过“加载项”功能，加入到 PowerPoint 2007 的环境下，才能够通过程序将信息面板中的数据自动更新到幻灯片中设置研讨会主题、场次、演讲者的相关内容中。

15.3.3 创建文档内容类型

在准备好以上的内容后，接下来就是重头戏了。将页面切换到顶层网站首页环境下，移动鼠标依次单

击 网站操作 → 网站设置 → 修改所有网站设置，在进入网站设置页面后，选择 库 区块下的 网站内容类型 ，进入“网站内容类型库”配置页面，移动鼠标单击 创建，打开“新建网站内容类型”配置页面，在“名称”字段中输入“研讨公告栏位”，在“说明”字段输入设置此网站内容类别的目的，在 父内容类型: 中选择“文档内容类型”下的“文档”项目，在 将此网站内容类型放置到: 中选择 新建用户组: ，然后在字段中输入“TED2007TW”，最后移动鼠标单击 确定 ，如【图 15-21】所示。

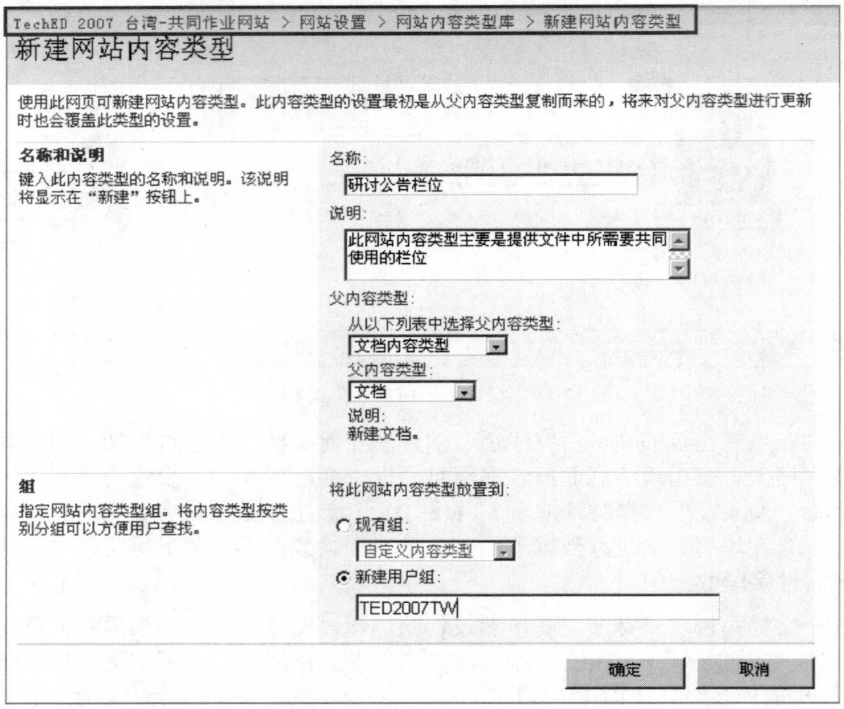

TechED 2007 台湾-共同作业网站 > 网站设置 > 网站内容类型库 > 新建网站内容类型

新建网站内容类型

使用此网页可新建网站内容类型。此内容类型的设置最初是从父内容类型复制而来的，将来对父内容类型进行更新时也会覆盖此类型的设置。

名称和说明
键入此内容类型的名称和说明。该说明将显示在“新建”按钮上。

名称:
研讨公告栏位
说明:
此网站内容类型主要是提供文件中所需要共同使用的栏位
父内容类型:
从以下列表中选择父内容类型:
文档内容类型
父内容类型:
文档
说明:
新建文档。

组
指定网站内容类型组。将内容类型按类别分组可以方便用户查找。

将此网站内容类型放置到:
现有组:
自定义内容类型
新建用户组:
TED2007TW

确定 取消

图 15-21 在顶层网站创建“研讨公告栏位”的网站内容类型

在回到“网站内容类型库”配置页面后，您会看到如【图 15-22】所示的界面，在“网站内容类型”字段下，会增加一个名为“TED2007TW”的用户组，其下可以看到创建完成的“研讨公告栏位”网站内容类型。

TechED 2007 台湾-共同作业网站 > 网站设置 > 网站内容类型库

网站内容类型库

使用此网页可创建并管理此网站和所有父网站上声明的内容类型。此网页上可见的内容类型可用于此网站及其子网站。

创建　显示用户组: 所有組

网站内容类型	父级	源
TED2007TW		
研讨公告栏位	文档	TechED 2007 台湾-共同作业网站
发布内容类型		
发布母版页	系统母版页	TechED 2007 台湾-共同作业网站
页面	系统页面	TechED 2007 台湾-共同作业网站
页面布局	系统页面布局	TechED 2007 台湾-共同作业网站
列表内容类型		
联系人	项目	TechED 2007 台湾-共同作业网站
联系人(中式地址)	项目	TechED 2007 台湾-共同作业网站

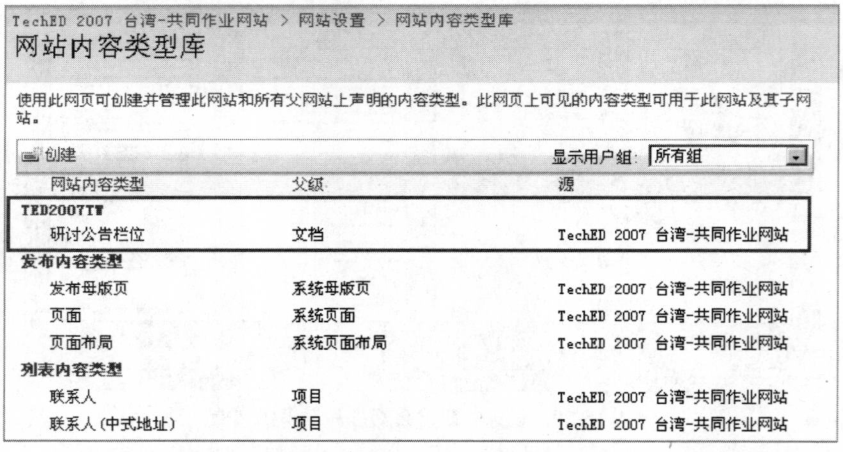

图 15-22 在顶层网站创建完成的“研讨公告栏位”网站内容类型项目

移动鼠标单击“研讨公告栏位”项目，进入此项网站内容类型的配置页面，将页面滚动到下方的“栏”区块，默认已经有“标题”字段的设置，此字段的状态默认是 可选(可以包含信息)，但是我们需要的状态是 必需(必须包含信息)，所以选择此项目，进入“更改网站内容类型栏”配置页面，选择 必需(必须包含信息)，如【图 15-23】所示。

从【图 15-23】中可以看到此栏的设置内容，在“栏设置”和“更新列表和网站内容类型”区块下的设置属于此网站内容类型中的设置，不是原来“文档”网站内容类型的设置，但默认值会被继续使用。所以，当您将“栏设置”字段设置为 必需(必须包含信息) 后，不妨回到“文档”网站内容类型项目中，可以看到，

此选项还是保留在 ⊙可选(可以包含信息) 状态下。但是，如果您选择上方的 在新窗口中编辑网站栏，此时所出现的窗口会切换回原来的"文档"网站内容类型项目中进行编辑，这样就会更改为原来在"文档"网站内容类型中的设置值了，您一定要将这两种关系区分出来喔！

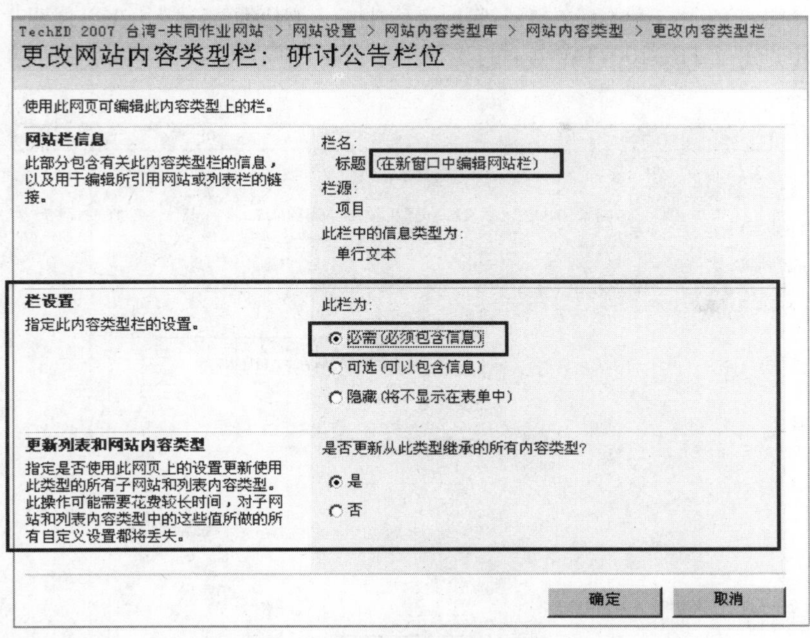

图 15-23　更改"标题"字段的状态

接下来的两个字段则选择 ▫ 从现有网站栏添加，在进入"添加栏到网站内容类型"配置页面后，在 从以下列表中选择栏：的下拉列表中选择"核心文档栏"项目，然后在下方列表字段中，选择"主题"和"作者"两栏，并单击 添加 > ，此两项字段就会移动到右边的列表字段中，最后单击 确定 ，在返回此项的网站内容类型配置页面后，由于此两栏默认的状态也是 ⊙可选(可以包含信息)，所以，您需要再次分别选择这两个字段，将状态都更改为 ⊙必需(必须包含信息)。在完成字段添加后，可以看到所设置的 3 个字段，如【图 15-24】所示。

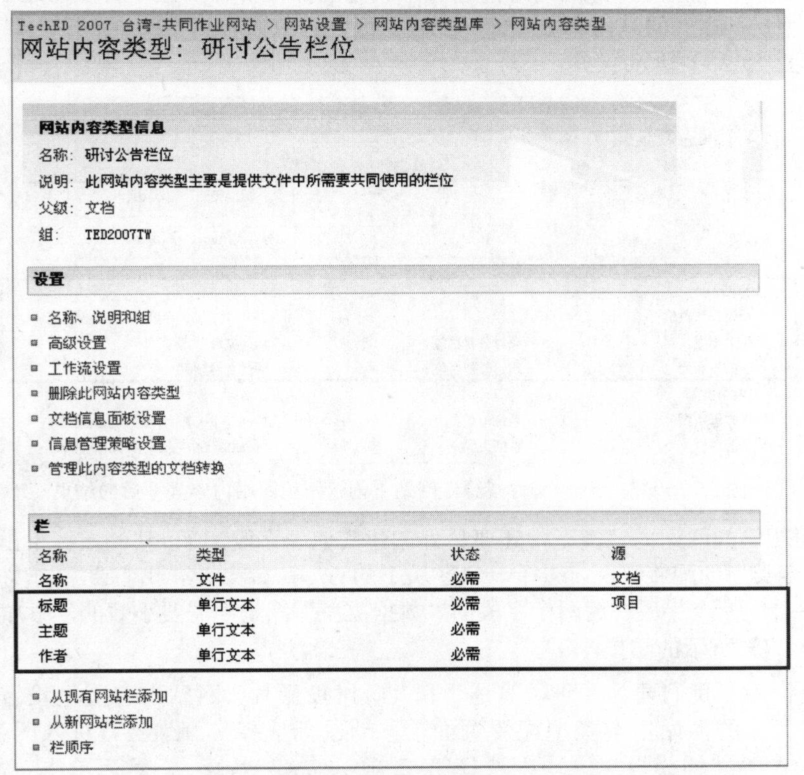

图 15-24　在创建完成的"研讨公告栏位"的网站内容类型中设置需要的字段

在顶层网站上创建好“研讨公告栏位”的网站内容类型后，将网页切换到“研讨文件资源”子网站首页，然后选择 网站操作 下的 网站设置 管理此网站的网站设置。，在出现的页面中选择 库 区块下的 网站内容类型 ，进入“网站内容类型库”配置页面。同样，我们要在此网站下创建两个网站内容类型，且都继承“研讨公告栏位”的网站内容类别。移动鼠标单击 创建 ，在“名称”字段中输入“研讨简述”，在“说明”字段中输入说明，在“父内容类型”中选择“TED2007TW”下的“研讨公告栏位”，以及 现有组: 下的“TED2007TW”，如【图 15-25】所示。

TechED 2007 台湾-共同作业网站 > 研讨文件资源 > 网站设置 > 网站内容类型库 > 新建网站内容类型

新建网站内容类型

使用此网页可新建网站内容类型。此内容类型的设置最初是从父内容类型复制而来的，将来对父内容类型进行更新时也会覆盖此类型的设置。

名称和说明

键入此内容类型的名称和说明。该说明将显示在“新建”按钮上。

名称:

研讨简述

说明:

此网站内容类型提供【研讨简述】文件档案格式，提供给演讲者撰写所演讲之简述内容

父内容类型:

从以下列表中选择父内容类型:

TED2007TW

父内容类型:

研讨公告栏位

说明:

此网站内容类型主要是提供文件中所需要共同使用的栏位

组

指定网站内容类型组。将内容类型按类别分组可以方便用户查找。

将此网站内容类型放置到:

现有组:

TED2007TW

新建用户组:

确定 取消

图 15-25 在“研讨文件资源”网站下创建“研讨简述”的网站内容类型

另外一个名称为“研讨投影片”的网站内容类型创建的操作步骤同上，所以在此不再多作说明。创建好两项网站内容类型后，在“网站内容类型库”配置页面下，应该看到“TED2007TW”组下的 3 个网站内容类型项目，如【图 15-26】所示。

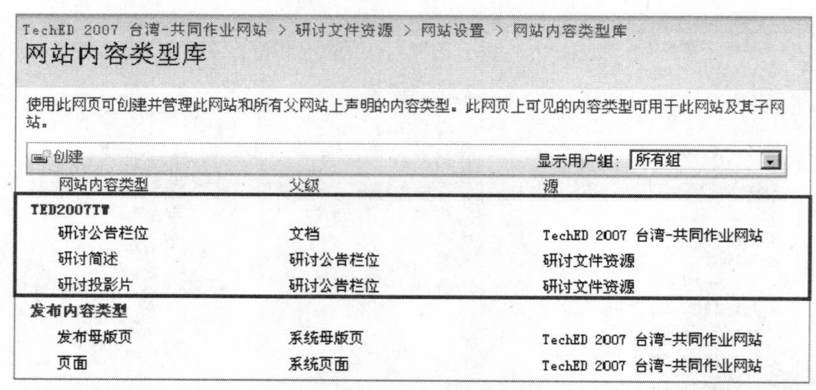

图 15-26 在“研讨文件资源”网站下创建两项网站内容类型后的结果

由于“研讨投影片”的网站内容类型中还要另外创建其他的字段，所以移动鼠标单击 研讨投影片 项目，进入此项的网站内容类型的配置页面，选择 栏 区块下的 从新网站栏添加，我们要添加“投影片数量”和“总编辑时间”（以分钟计）两个字段，这两个字段的“数据类型”都是不需要小数的，添加完毕后在 栏 区块下应看到如【图 15-27】所示的结果。

完成以上的操作后，我们要为“研讨简述”和“研讨投影片”网站内容类型设置所属的文档模板。先进入“研讨投影片”的网站内容类型配置页面，移动鼠标选择 高级设置，进入网站内容类型高级配置页面，移动鼠标在“文档模板”区块中选择第 2 项 上载新文档模板:，然后单击 浏览...，在“选择

文件”对话框中选择前面所设计好的“研讨简述”文档模板文件，最后单击 确定，如【图 15-28】所示。

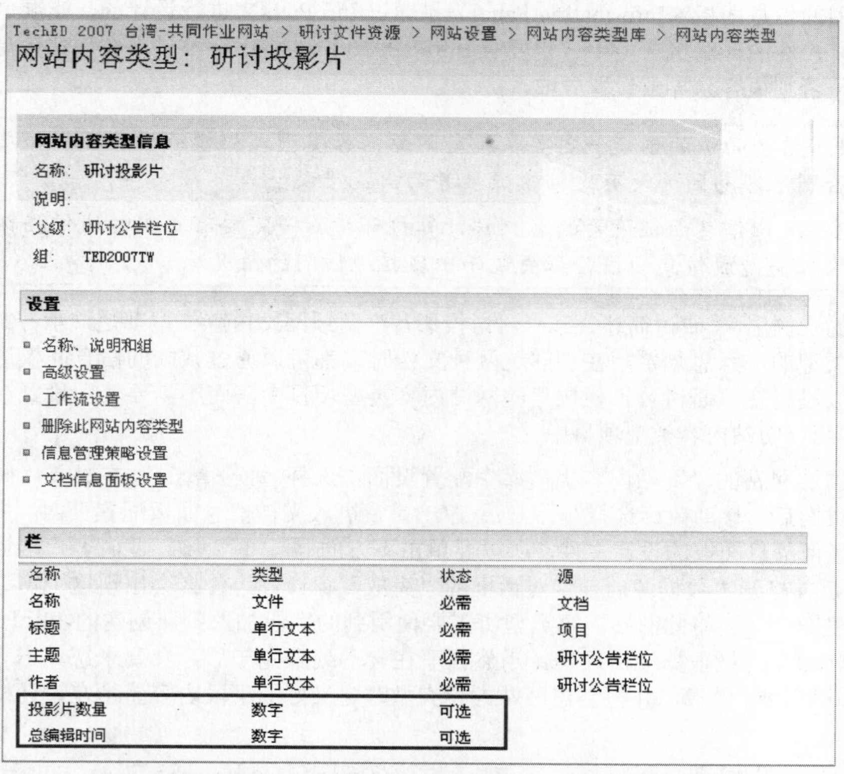

图 15-27 在“研讨文件资源”网站下的“研讨投影片”网站内容类型中添加两个字段

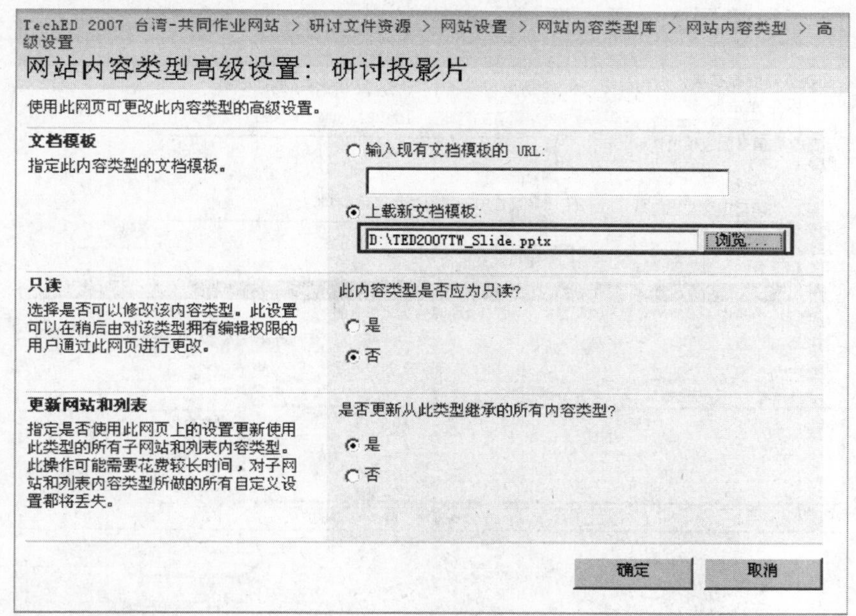

图 15-28 设置网站内容类型所要指定的文档模板路径和文档名称

另一项“研讨简述”网站内容类型的文档模板设置，步骤与设置“研讨投影片”相同，但所要选择的文档名称是“TED2007TW_Capsule.docx”，最后单击 确定，完成网站内容类型的文档模板指定操作。

附注 当单击 确定 完成处理后，会返回此项的网站内容配置页面，此时，最好再次选择 高级设置，打开高级设置页面，检查一下所选择的文档模板的文件名是否已经出现在第 1 项的字段中，如果有，就代表上传成功。

15.3.4 创建网站内容类型的信息面板

网站内容类型的信息面板（Information Panel）是通过 InfoPath 来进行设计的，当要创建内容类型的信息面板时，在您客户端的计算机环境中一定要有 InfoPath 2007 的程序，不过，在创建信息面板处理之前，请注意以下事项，否则很容易导致设置失败。

1. 信息面板的创建一定要在指定网站内容类型文档模板的处理程序之后进行，否则很容易因为没有文档模板参考而出现错误。

2. 进行信息面板设置的客户端计算机环境，一定要有正确的域信任环境，否则很容易造成信息面板验证失败而出现拒绝访问的情况。

在本节所举的实例中，“研讨简述”和“研讨投影片”两项网站内容类型都是继承并共享“研讨公告栏位”的网站内容类型的，意思是希望在创建这两种文档时，都可以通过共同的信息面板进行输入，此时这个信息面板就可以设置在“研讨公告栏位”的网站内容类型项目中，而不需要分别设置在“研讨简述”和“研讨投影片”的两项网站内容类型项目中。

我们切换回顶层网站的“网站内容类型库”配置页面，选择 研讨公告栏位，在进入“研讨公告栏位”网站内容类型配置页面后，移动鼠标选择 文档信息面板设置，进入文档信息面板配置页面，由于先前并没有使用 InfoPath 创建任何信息面板的设计文件，所以要单击下方的 新建自定义模板，此时客户端计算机环境中会启动 InfoPath 程序，并打开“数据源向导”对话框的“完成”窗口，为什么会出现这个窗口呢？因为服务器上的信息面板创建操作，会将此网站内容类型所需要使用到的字段加入到新创建的 InfoPath 表单中，所以会启动“数据源向导”进行数据连接处理，当然程序在自动处理完毕后，会要求您单击 确定，接下来就会进入 InfoPath 的设计模式，并将创建网站内容类型时定义好的字段内容显示在设计模式的环境中，如【图 15-29】所示。

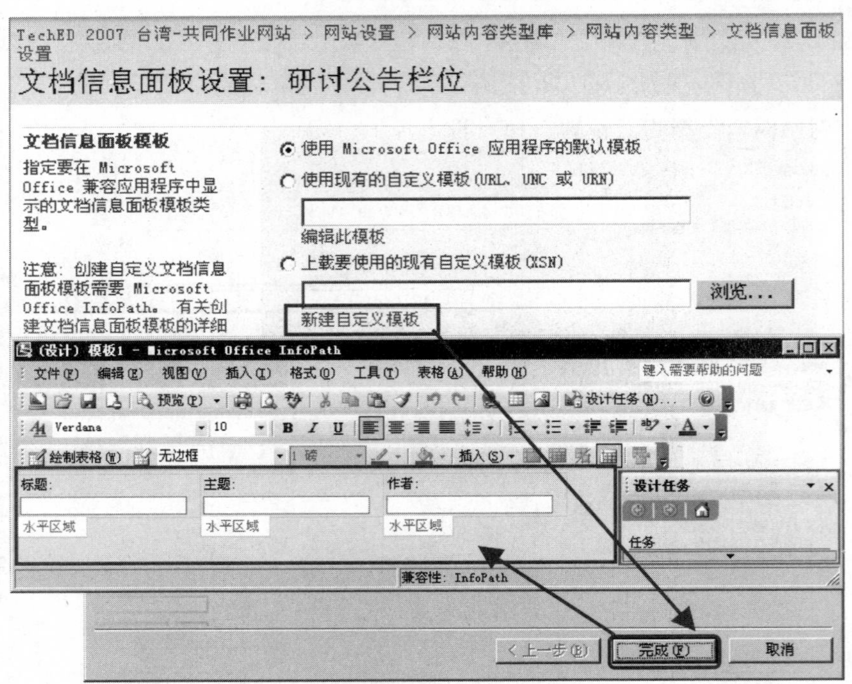

图 15-29　在 Infopath 中的使用网站内容类型中的字段

在进入 InfoPath 设计模式环境后，首先要注意的是，依次选择 工具(T) → 表单选项(F)... → 安全和信任，将 自动确定安全级别(推荐)(A) 的勾选取消，并选择 域(表单可以访问表单所在的域的内容)(D)，这很重要喔！因为信息面板的访问需要能够访问文档库中的字段数据，所以，安全性级别至少要在“域”的安全级别下（有关 InfoPath 表单安全级别的设置在第 14 章中有详细的说明）。接下来，您可以再次选择表单模板设计模式右边“设计任务”窗格下的 数据源。

如右图所示，“主”项目呈现灰色，表示不能更改此处的数据源结构，因为这些数据是服务器的网站内容类型中所提供的，而数据最后也是要签入服务器的，所以在客户端的 InfoPath 表单中，是不能更改此数据来源的。

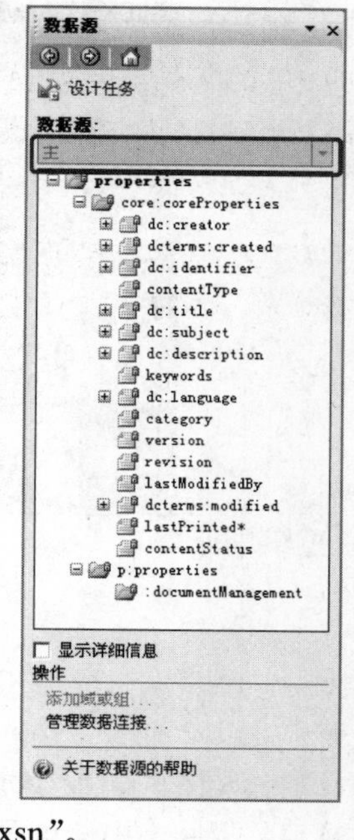

这些数据来源结构中所提供的字段，可以分成两个部分，上半部提供的是所有文档中都有的标准属性字段，从 p:properties 以下，则是此网站内容类型中自定义的字段，由于此实例所使用的都是文档中的标准属性字段，所以在 :documentManagement 项目下是没有任何一项自定义字段的，但是如果您在网站内容类型中创建了自定义字段，就会显示在此组中。

接下来，我们要对创建的 3 个字段进行输入位置的调整。因为“标题”字段要输入的数据比较多，所以我们将此字段放在第 1 行，其余两个项字段放在第 2 行，然后将这 3 个字段的显示名称，分别更改为“研讨主题”（对应“标题”）、“场次”（对应“主题”）和“演讲者”（对应“作者”），如【图 15-30】所示。

调整完成并单击“设计任务”窗格下的 检查设计方案，确认没有错误后，便可以单击 发布表单模板...，此时会出现将此表单模板文件保存后才能发布的对话框，请单击 确定，将创建的文档模板保存在本地计算机中。要注意喔！不要随便保存，要确定保存在指定的目录下，因为我们在第 14 章中讲过，InfoPath 会保存存储路径，将来在进行修改编辑时，如果本地计算机的编辑文件指定的路径有误，则在重新发布时可是又会出现问题的喔！我们将存储的表单模板文件命名为“研讨会公告栏位.xsn”。

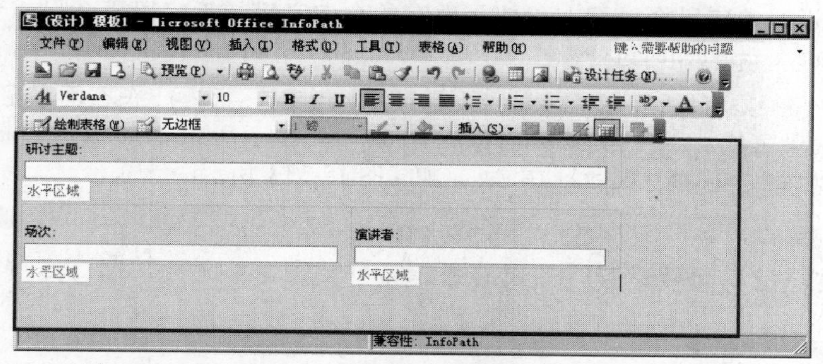

图 15-30 重新调整自动创建的字段位置并更改字段的显示名称

将创建的表单模板保存后，会立即进入“发布向导”对话框，注意看【图 15-31】，在此处会增加一个“发布选项”，此选项在标准的表单模板发布操作中是不会出现的，只有在此时才会出现，当然也要选择此项目。注意！不要进行任何更改，移动鼠标单击 下一步(N) >，接下来会出现发布的说明内容，在确认没有问题后，单击 发布(P)，InfoPath 在处理完成发布操作后，出现成功发布的提示信息，最后移动鼠标单击 关闭(C)，如【图 15-32】所示。

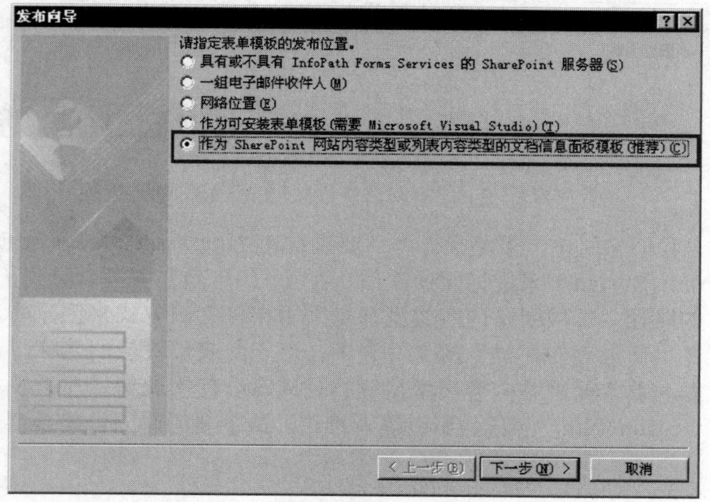

图 15-31 “发布向导”对话框中会增加一个选项

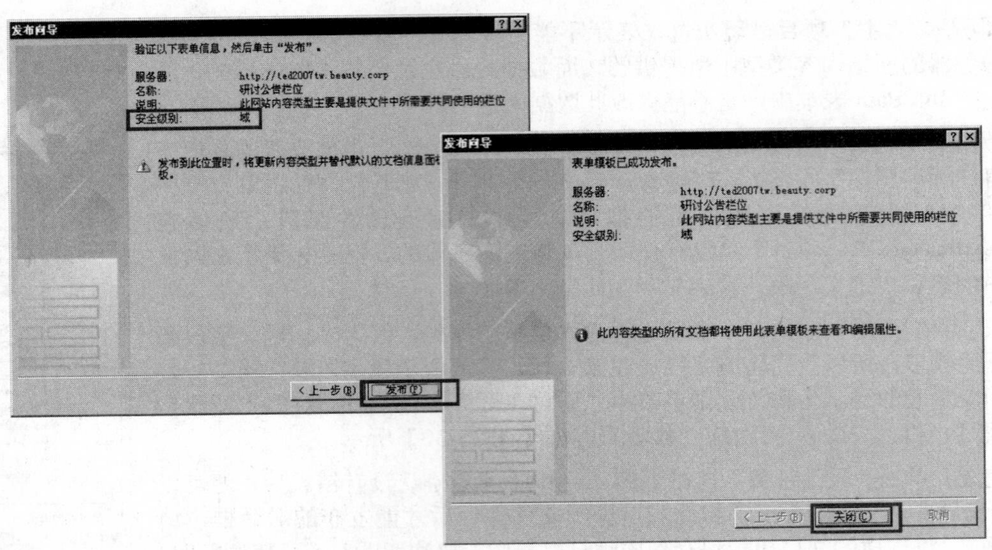

图 15-32　完成“研讨公告栏位”表单模版的发布

在关闭了存储在客户端环境下的 InfoPath 表单模板文件后，返回服务器网页，选择 返回到文档信息面板设置页项目，返回文档信息面板配置页面。您要注意一件事，那就是网站内容类型所定义的信息面板表单是发布在哪里？此时，所设置的字段会显示在“使用现有的自定义模板”字段下，以本例而言，其路径为“http://ted2007tw.beauty.corp/_cts/研讨公告栏位/79a82cb7d5866467customXsn.xsn”。

系统设置的这个路径好奇怪喔！文档名称也不是我们所指定的名称啊！怎么回事呢？嗯！等一下再说，我们先将最后的步骤完成。为了让文档模板在添加时会显示所设置的信息面板，请勾选下方的 ☑ 打开和首次保存此内容类型的文档时，始终显示文档信息面板，如【图 15-33】所示。

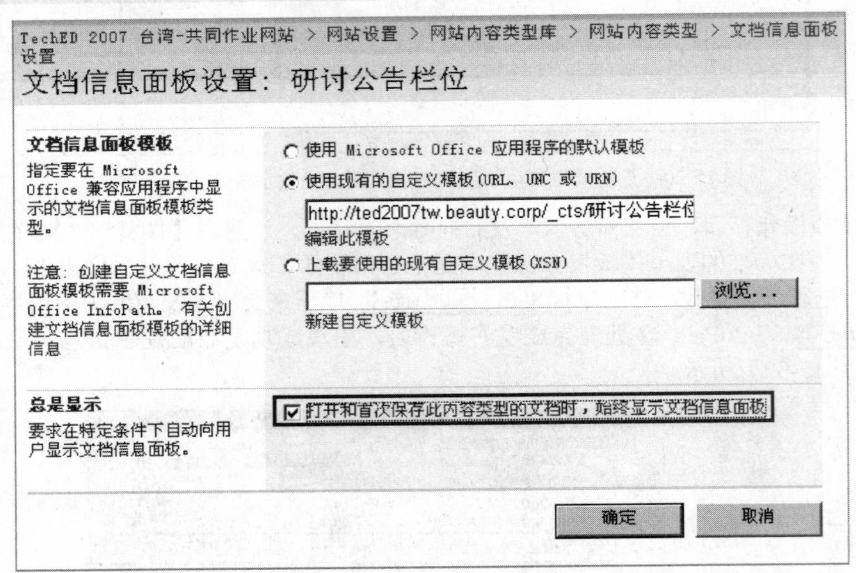

图 15-33　完成“研讨公告栏位”信息面板的设置

在完成上述操作后，我们来讨论一下路径。为了要查看在“http:// ted2007tw.beauty.corp/_cts”路径下的内容，我们使用 SharePoint Designer 来进行此项操作。在【图 15-34】中可以看到，子目录“_cts”原来是放置网站内容类型项目的路径，每项网站内容类型都是采用文件夹的方式来创建的，所以，我们所创建的信息面板表单也是放置在“研讨公告栏位”的文件夹下。至于此表单模板的名称，存盘时我们设置的名称是在本地计算机保存时的名称，而网站内容类型在发布处理时会使用此信息面板表单的识别码来作为此表单的名称，然后再加上“customXsn”字样，所以笔者推论，最主要的原因可能是要避免有重复名称出现的关系吧！

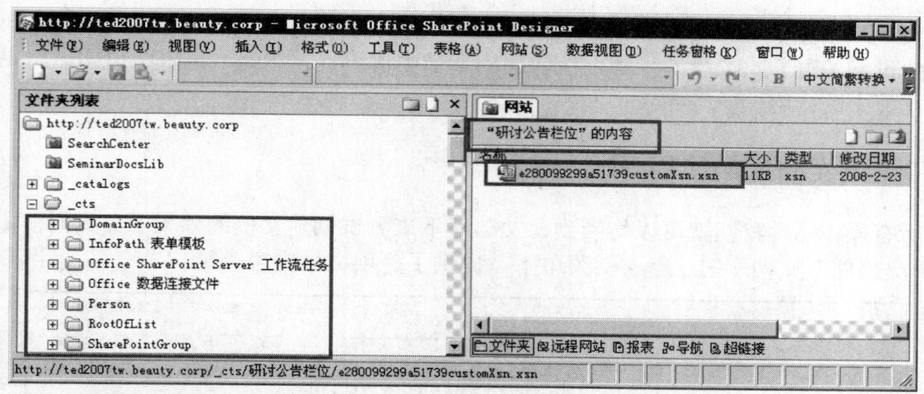

图 15-34　通过 SharePoint Designer 可以知道“_cts”子目录是放置网站内容类型定义的目录

接下来，我们再切换到“研讨文件资源”网站和“研讨简述”网站内容类型的配文档信息面板配置页面，您可以从【图 15-35】中看到，下层网站内容类型的信息面板设置会继承父级“研讨公告栏位”网站内容类型的信息面板设置环境，所以，当我们在父级的网站内容类型中设置一次后，下层所有被继承的网站内容类型就可以直接使用了，但是如果您不想使用父级的信息面板环境，也可以重新更改此网站内容类型的信息面板设置。

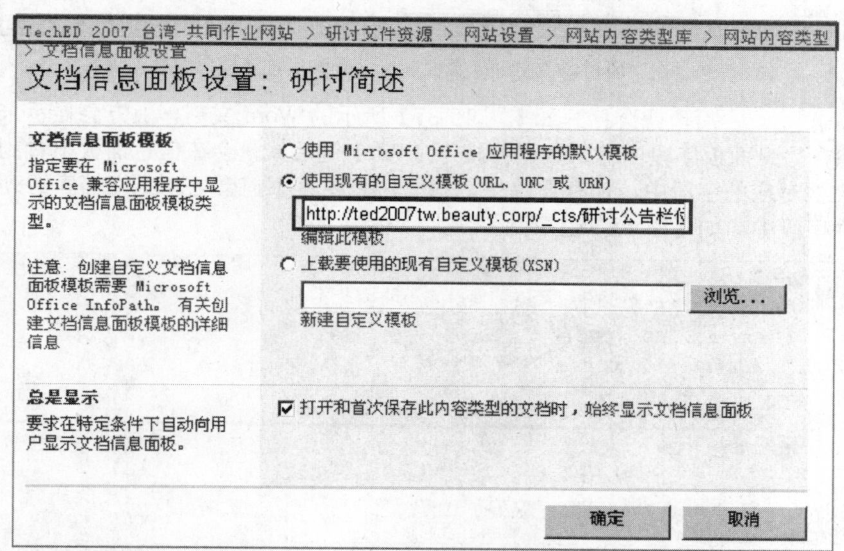

图 15-35　下层网站内容类型中的信息面板会继承父级信息面板的设置

15.3.5　创建文档库和所属的内容类型

完成以上网站内容类型的设置后，接下来就可以根据研讨会所要研讨主题的分类，分别创建不同的文档库了，例如信息工作平台类、程序开发类、系统管理类等，在这些不同分类的文档库下，都可以创建所要使用的文档内容类型。以本例来说，我们在“研讨文件资源”网站下，要创建路径为“TED2007TW_DOCS”、显示名称为“研讨场次文件”的文档库。先将网页切换到“研讨文件资源”网站首页下，移动鼠标单击 查看所有网站内容，当进入“所有网站内容”配置页面后，单击 创建，在新建页面的 库 区块下选择 文档库，进入“新建”配置页面，在“名称”字段中输入“TED2007TW_DOCS”，将“文档模板”字段设置为“无”，然后单击 创建。在创建完成后，再选择 设置 → 文档库设置，进入设置页面，单击 标题、说明和导航，将“名称”字段更改为“研讨场次文件”，然后单击 保存，返回此文档库配置页面。

接下来则是设置此文档库所要提供的内容类型。在设置页面下先单击 高级设置，进入高级设置页面后，将 是否允许管理内容类型？ 设置为 是，并单击 确定。

返回此文档库的配置页面后，在 内容类型 区块下选择 从现有网站内容类型添加，进入添加内容类型配置页面，选择“TED2007TW”项目，此时下方的 可用网站内容类型: 中会出现 3 个选项，请选择“研讨投影片”和“研讨简述”两项，单击 添加 >，即可将这两项添加到右边的列表字段中，最后单击 确定。

在返回此文档库设置页面后，将系统默认的“文档”内容类型删除，这样就完成了在此文档库中选择多项内容类型的设置（由于此阶段的步骤已在前面的章节中讲解过，在此不再附图说明，如果您还不清楚，可以翻阅前面章节中的内容）。

15.3.6 测试文档库的使用环境

完成以上所有操作后，我们就可以切换到此文档库下来测试创建文档的效果了。我们在【图 15-36】中看到，“研讨场次文件”文档库的 新建 菜单下，提供了两项文档内容类型。

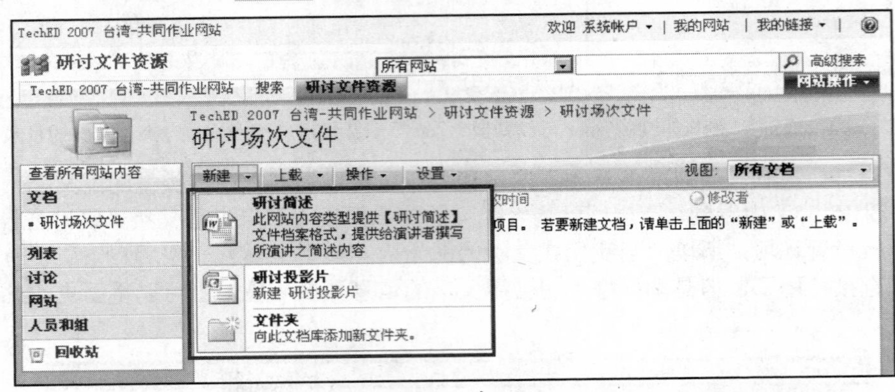

图 15-36　在“研讨场次文件”页面中可以看到多种文档内容类型项目

当选择新建 研讨简述 后，就会打开如【图 15-37】所示的 Word 文档，上方会显示来自服务器的信息面板，然后，当您在信息面板字段中输入数据并按下【Tab】键后，就会在信息面板上看到所输入的内容自动更新到服务器文档对应的字段中，保存文件后，相关信息内容不但会更新到文档库的列表字段上，也会更新到存盘的属性字段中，如【图 15-38】所示。

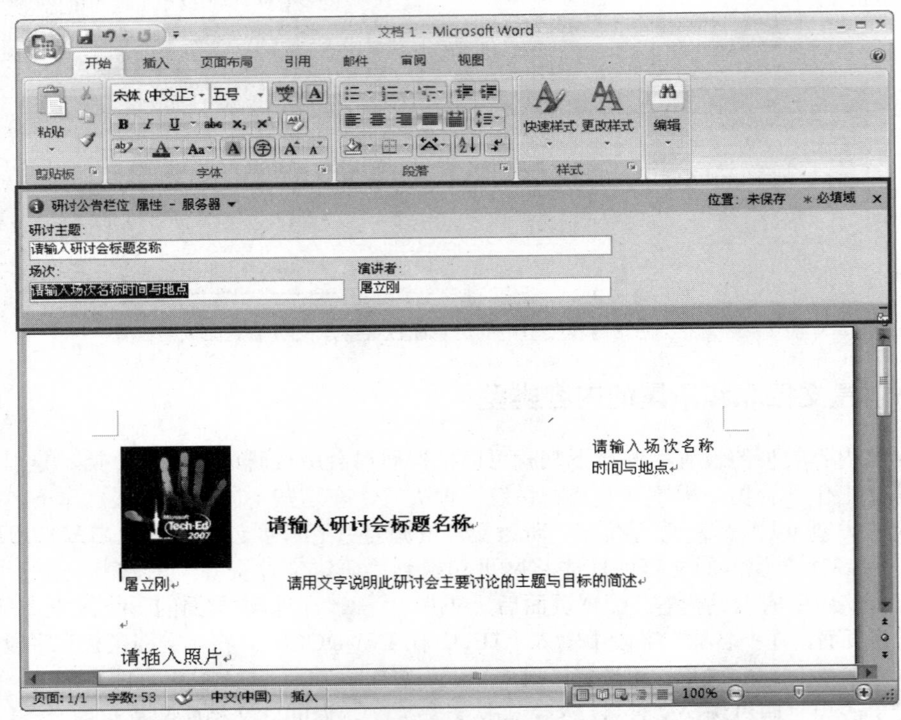

图 15-37　添加“研讨简述”文档后，会自动出现信息面板内容与文档中的内容同步

当您将研讨会简介内容输入完毕后进行保存，当此文件签入文档库后，为了要验证信息面板的数据是否已经更新到文档库所定义的字段中，我们在“研讨场次文件”文档库下，定义一项可以查看 3 个字段的“研讨简述”视图项目。另外，切换到 使用 Windows 资源管理器打开 将文件拖放到此库中。 查看在保存文件，文件属性字段中的数据是否也已经更新，如【图 15-39】所示。

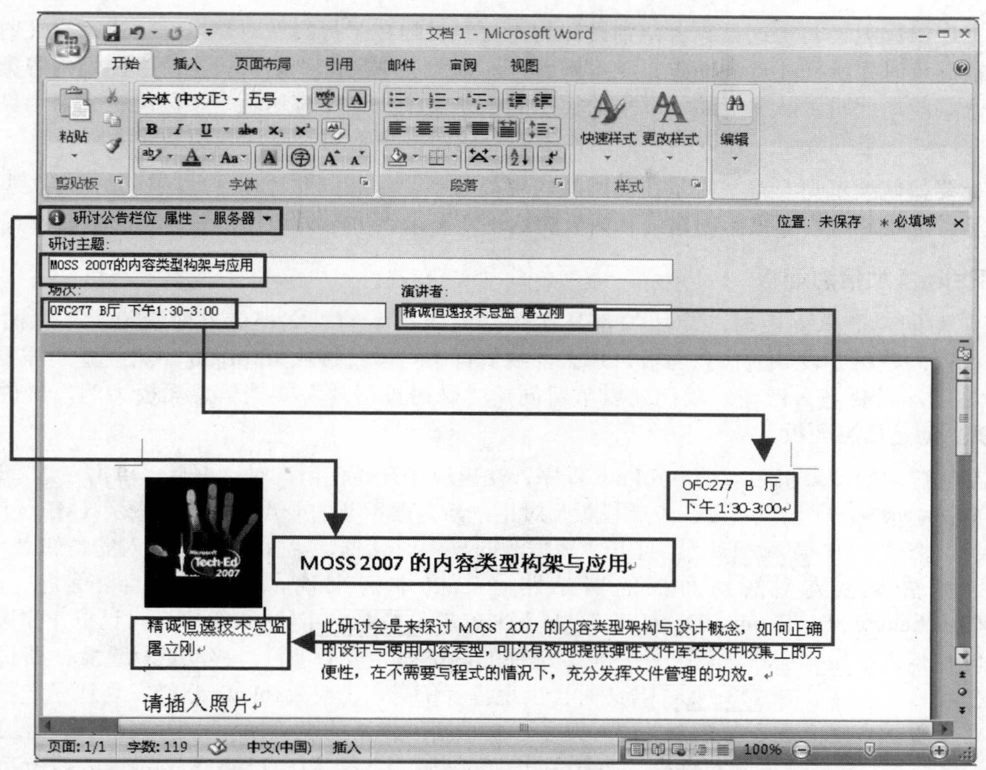

图 15-38 在新建“研讨简述”文档后会自动出现信息面板内容与文档中的内容同步

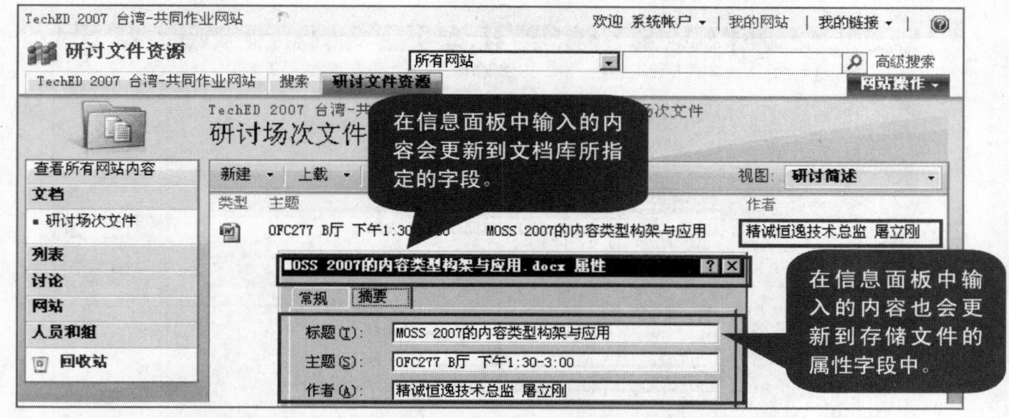

图 15-39 保存文件后会更新文档库所指定的字段数据和文件属性中的字段数据

设计的错误

接下来，我们再来运行新建“研讨投影片”内容类型的文档，同样地，选择“研讨场次文件”文档库的 新建 → 研讨投影片 ！

哇！结果出现了以下的错误信息！我们打开错误的详细信息查看，怎么会这样！虽然在单击 确定 后，还是可以打开幻灯片文档，但是信息面板就显示不出来了！

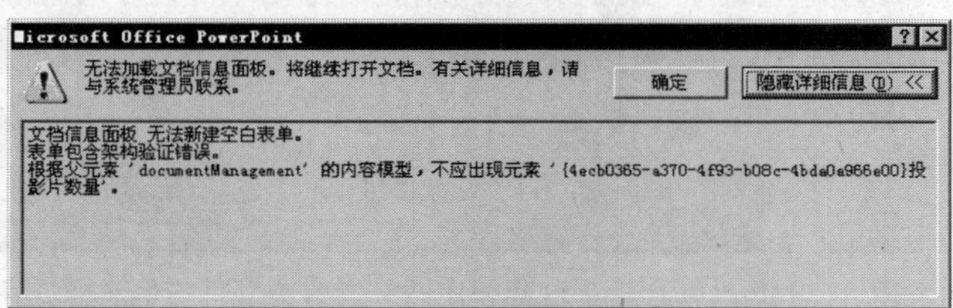

怎么会出现错误呢？其实这是笔者特别设计的，主要目的在于提醒您对信息面板进行设计时，尤其是有上下层次被继承时要特别注意的地方！以本例而言，因为在下层的“研讨投影片”网站内容类型中，我们增加了两个字段，此时，从父级继承下来的信息面板定义中，却没有这两个字段的定义，当创建此内容类型的文档而启动信息面板时，在数据来源结构上就会创建不正确的对应，因而创建了错误！

这种情况要如何改正呢？答案就是在此网站内容类型中，重新创建适用于此项网站内容类型运行的信息面板，而笔者也要通过需要重新创建信息面板的这种情况来告诉您另一种创建信息面板的方式。

从 InfoPath 添加信息面板

我们在前面创建信息面板时，使用的都是在网站内容类型的“文档信息面板设置”页面中，选择 新建自定义模板，以创建所要设计的信息面板。那么，我们可不可以直接从 InfoPath 中来创建所需要的信息面板呢？如果可以，又要怎么做呢？我们就以重新创建“研讨投影片”文档信息面板为例，来说明如何从 InfoPath 环境下创建信息面板。

首先，在客户端的计算机中启动 InfoPath 程序，在出现“开始使用”对话框后，单击左边“设计表单”窗格下的 设计表单模板...，在出现“设计表单模板”对话框后，很重要的一点是您要选择“XML 或架构”项目，然后单击 确定，会打开“数据源向导”对话框，第 1 步中要输入的是您所要创建的网站内容类型信息面板的网站路径，以本例来说，要输入的路径是“http://ted2007tw.beauty.corp/SeminarDocsLib/”，接下来单击 下一步(N) >，进入第 2 步对话框，如果成功连接到指定网站，在列表字段中会出现该网站下可以选择的网站内容类型项目，移动鼠标选择“研讨投影片”网站内容类型项目，然后单击 下一步(N) >，此时会出现提示信息，说明 InfoPath 已经发现您所选择的网站内容类型上已经设置了自定义的表单模板，询问您是否要重新创建新的表单模板，当然我们的目的就在此啰！在单击 确定 后，进入第 3 步对话框，直接单击 完成(F)，如【图 15-40】所示，之后 InfoPath 就会将所选择的网站内容类型定义的字段添加到 InfoPath 的设计模式环境下，如【图 15-41】所示。

XML 或架构

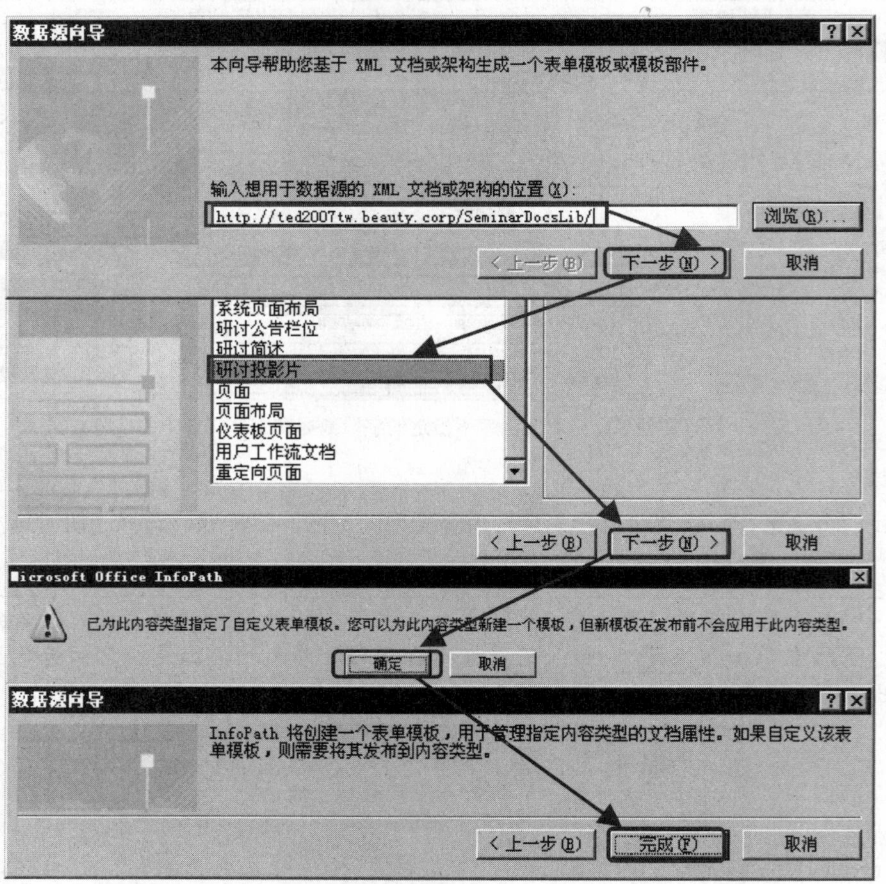

图 15-40 在 InfoPath 程序下创建指定网站内容类型下的信息面板步骤

图 15-41　根据选择的网站内容类型所定义的字段创建信息面板

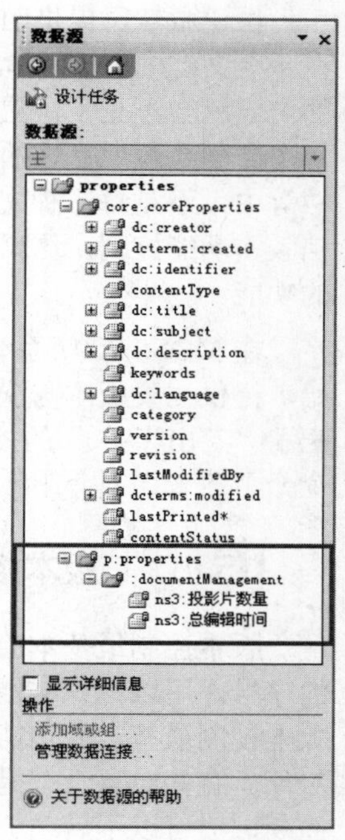

在进入 InfoPath 设计模式后，您可以看到如【图 15-41】所示的内容，InfoPath 将会自动创建“研讨投影片”网站内容类型下所定义的字段，然后单击右边“设计任务”窗格下的 数据源，即可看到如右图所示的内容，您可以与前面的“数据源”对比，由于在此网站内容类型中，我们添加了两项自定义字段，所以这两项字段被加入列举在“p:properties”下的“:documentManagement”目录中。

别忘了！先将安全级别设置成 ⊙ 域(表单可以访问表单所在的域的内容)(D)，然后重新调整设置页面下的输入排列顺序，其排列方式按照上例进行修改，将“标题”更改为“研讨会主题”、“主题”更改为“场次”、“作者”更改为“演讲者”，自定义字段的名称则不变，并放置在第 3 行，最后保存，其文档名称为“研讨幻灯片信息面板”。

在完成保存后，单击“设计任务”窗格下的 发布表单模板...，进入“发布向导”对话框，其方法与前述相同，请参考前面的说明。在发布成功后，先返回“文档信息面板设置：研讨投影片”配置页面，查看一下在“使用现有的自定义模板”字段上的路径是不是在“http://ted2007tw.beauty.corp /SeminarDocsLib/_cts/研讨投影片/”的目录下。

在确认信息面板重新修改设置完毕后，再到“研讨场次文件”文档库下选择 新建 ▾ → 研讨投影片，此时就可以成功创建新的研讨会幻灯片，并且在幻灯片中显示信息面板环境了，如【图 15-42】所示。

图 15-42　在“研讨场次文件”文档库下添加“研讨投影片”内容类型的文档

15.4 版本管理

当企业面临众多繁杂的文档时，对文档内容管理而言，最基本的就是要创建文档的版本管理。在企业环境中，一份文档的创建与使用，通常可以分成 3 个阶段：草稿设计阶段、发布使用阶段和持续修改更新阶段，在这 3 个阶段中，如果对文档没有一个良好又方便的版本管理，就很容易造成混淆、遗失、无法跟踪等的重复操作成本。

例如，从文档的草稿设计阶段开始，草稿设计会经过许多人的修改，在修改的过程中，常常会出现反复不定的情况，一会要增加一些内容，一会又要删除这些内容，过一段时间又要把以前删除的内容再添加到文档中，由于传统的文件管理中并不提供版本控制的管理，所以经常会创建修改的争议，主管不承认现在的修改是之前已有的设计，而您也因为没有文档版本的控制而拿不出修改前的证据，只好将苦水往肚子里吞。

虽说微软所提供的 Office 文档（例如 Word 文档）在以往就提供了文档内的草稿版本，但毕竟它包含在一个文档中，任何参与修改的人都可以做一件事，就是将该文件进行合并 Word 草稿的操作，那之前修改的内容就会不见了，更何况也不是所有的人都会使用这项功能。另外，由于没有发布公告的地方，使得哪一个文件是最后完成的文件也很容易被混淆。除此之外，在其他形式的 Office 文档或纯文本文档、网页文档等中，不是每一种文档的编辑程序都提供了版本控制功能，如果要对所有文档类型都能够提供有效的文档版本功能控制，这就非得由文档管理系统来实现了。当然，MOSS 2007 系统就提供了这项文档版本管理的功能。

在 MOSS 2007 系统中所提供的文档版本管理，提供了完整的文档版本控制功能，从版本编号的规划开始，提供主要版本与次要版本的概念，也结合了草稿与正式文档发布功能，并结合访问权限的设置，还搭配了“签出/签入”的控制，更提供了文档版本历史记录功能供查询和跟踪等。这么多的功能，我们还是一个一个地来详细介绍吧。

15.4.1 版本控制编号与对象

版本控制最基本的就是使用编号的方式，将新建、上传、更新的文档，按照其编号顺序不断生成累计的序号，用以标识文档更新的过程，也通过编号的方式创建不同的文档版本进行存储。所以，编号处理是版本控制最基本的功能，也是版本控制的必要要件。而要提供版本控制处理，则必须提供需要版本控制的对象，有些对象没有提供版本控制，有些对象则提供了不同形式的版本控制，而有些对象虽然提供了版本控制，但可以不启动版本控制的功能，所以要了解版本控制，在一开始就要先了解系统所提供的版本编号格式是什么样子，以及可以对哪些对象进行版本控制。

版本编号的种类

MOSS 2007 系统所提供的版本控制编号有两种，一种是用来识别和累计主要版本控制的编号，这种编号的版本控制，我们称为主要版本（Major Versions）编号，这种编号以整数方式进行累计，例如：1、2、3、4、5 等，如果版本控制只提供主要编号版本的累计，我们称这种版本控制为“简单式版本控制”。另一种版本控制编号，除了提供主要版本编号外，还提供另一组称为次要版本（Minor Versions）的编号，这种编号采用小数方式进行累计，并跟随在主要版本编号的后面，例如：1.0、1.1、1.2、1.3……2.0、2.1 等，这种具有主要版本编号和次要版本编号的版本控制，我们又称之为“复合版本控制”，其主要的目的是为文档提供草稿版本和正式版本的版本编号控制。

从以上的说明我们可以知道，使用文档版本控制的方式有两种，一种是“简单式版本控制”，如果您只是希望每一次对文档内容进行修改、保存并关闭后，能够将上一版本的内容记录下来，这样就可以采用此种“简单式版本控制”的方式，使用这种版本控制方式对使用文档的环境来说是非常简单的，所以也没有太多太复杂的版本控制操作。

但第 2 种“复合式版本控制”的使用就有其使用环境的要求了。“复合式版本控制”将文件的版本分成主要版本和次要版本，而主要版本和次要版本之间是没有累加关系（例如次要版本的内容累加到某个值后要累加到主要版本中）的，而将版本分成主要与次要的目的是主要版本累计所提供的版本控制是提供发布文档时的版本控制，次要版本累计所提供的版本控制是提供文档在发布前（称为文档的“草稿”期），对文档的撰写、修改过程中所进行的累计版本控制。所以“复合式版本控制”会创建两种访问环境的控制，一种是只能在“发布”版本下看到的文档环境，另一种是可以在“草稿”版本下看到的文档环境，此时版本环境的部署就会变得比较复杂。

在版本编号的累计备份数量的限制上，对于主要版本的累计备份数量并没有明确的规定，不过次要版本累计备份数量就明确规定限制在 511 个版本之内，您也可以使用手动设置的方式来限制主要版本或次要版本累计备份数量的值，详细内容我们稍后再来说明。

版本控制对象

在 MOSS 2007 系统中，绝大多数所创建的文档类型都提供了版本控制功能，以目前来说，唯一没有版本控制功能的文档是“调查”，其余的文档都提供了这项功能。对于版本控制所提供的文档对象种类来说，大致上可以分成 3 类：文档类、列表类和网页类。

- 文档类

此文档类型包括文档库、表单库、图片库、翻译管理库、报告库、数据连接库和幻灯片库等，此类型的文档所提供的版本控制是“复合式版本控制”。

我们要如何看出这个组件库是支持“复合式版本控制”的呢？当您创建了不同的文件库后，先切换到该组件库的设置页面，在 常规设置 区块下选择 ▫ 版本控制设置，打开版本控制配置页面，此时，您会看到在“文档版本历史记录”区块下的设置内容，如果出现了 ⊙ 创建主要版本和次要(草稿)版本 的话，就代表此组件库提供了“复合式版本控制”功能，如【图 15-43】所示。

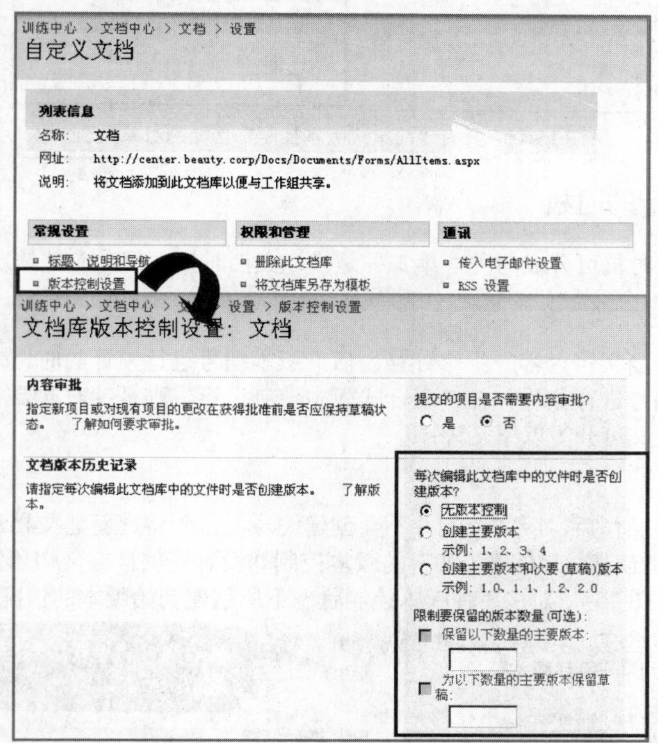

图 15-43　具有“复合式版本控制”功能的对象类别

- 列表类

此文档类型包括声明、联系人、讨论区、链接、日历、任务、项目任务、议题跟踪、调查、会议室、自定义列表等，此类文档所提供的版本控制是“简单式版本控制”。

要查看此组件库是否支持“简单式版本控制”，我们以“自定义任务”为例，同样地，也可以进入“自定义任务”的配置页面，选择 常规设置 区块下的 ▫ 版本控制设置，在进入版本控制配置页面后，该页面的“项目版本历史记录”区块中只有简单的版本启动功能设置，此种版本控制便是“简单式版本控制”，如【图 15-44】所示。

- 网页类

MOSS 2007 的网页类型有 3 种：基本页面、Web 部件页面和 Microsoft Office SharePoint Designer 网页，

这 3 种网页类型所代表的是一种文档类型，并不是一种组件库，所以当您选择创建此种文档类型时，您会发现在创建页面上，必须选择要放置的“文档库”位置，所以我们把它归类在“**文档类**”的版本控制中，但是 Wiki 页面例外，虽然系统对 Wiki 页面提供了“复合式版本控制”，但是只能使用主要版本控制的方式来提供版本历史记录。

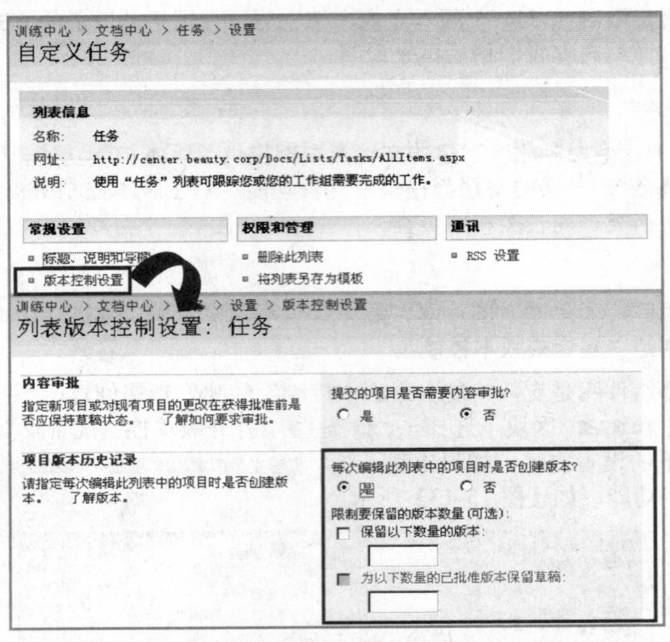

图 15-44 具有“简单式版本控制”功能的对象类别

15.4.2 版本累计的时机

版本编号的自动累计时机可分成两种：第 1 种是修订文档时机，第 2 二种是发布文档时机。

修订文档时机

修订文档时机指的是当文档内容产生修订存盘后，版本编号进行累计的时机。在“简单式版本控制”下，会直接对主要版本编号进行累计；在“复合式版本控制”下，则是针对次要版本编号进行累计，而对版本编号进行累计的情况又可分为以下几种：

- 创建文档

当进行“新建”文档操作后，版本控制并不会创建编号，直到将此新建文档进行存盘后，版本控制才会进行初始编号值“1”的创建。MOSS 2007 的版本控制并没有提供自定义初始值的功能，所以初始编号一定是从“1”开始的。【图 15-45】是 3 种版本控制状态下所创建初始版本的情况。

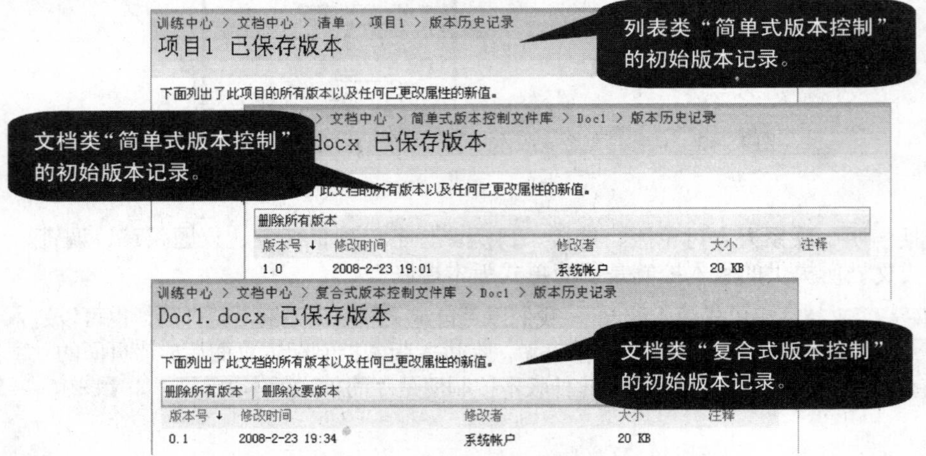

图 15-45 3 种版本控制状态下所创建的初始版本记录

从【图 15-45】中可以看出，“简单式版本控制”在两种类别环境中的初始版本编号都是“1.0”，“复合式版本控制”的初始版本编号则为“0.1”。

● 更改文档内容

在对一份已经创建的文档进行内容更改时，MOSS 2007 的版本控制并不是在每次将修订后的文档内容存盘时，就会累计版本编号。当您打开一份文档并进行编辑时，虽然每次在修订内容后就会进行存盘操作，但对于 MOSS 2007 的版本控制而言，只要您没有将该文档关闭，每次修订存盘的文档都属于同一份版本记录，所以版本控制不会将每次修订的内容都记录下来，这是特别需要注意的地方，如【图 15-46】所示。

在【图 15-46】中，我们再次打开文档，修订内容后存盘，第一次会创建新的版本编号累计，可是，接下来第二次修订内容后存盘、第三次修订内容后存盘，此时都没有关闭文档，所以版本编号没有改变，但文档内的修订次数更改为“4”。但是，真的就是如此吗？**答案是不然。经过笔者实际测试，其实 MOSS 2007 的版本控制会随着数据存储情况而自动创建新的版本，您不妨可以多做几次，就会发现这种结果了。**

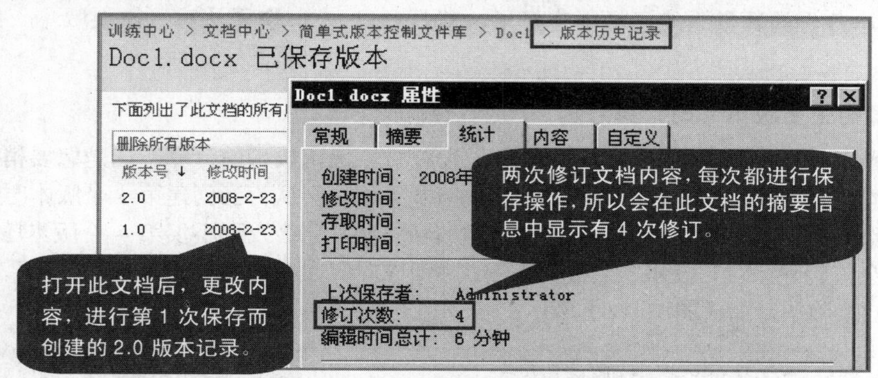

图 15-46　第 2 次修订文档内容存盘而不关闭不会创建版本编号的累计

发布文档时机

发布文档的版本控制是在“复合式版本控制”下才有的功能，在“复合式版本控制”中的主要版本编号，初始值是“0”，而要让主要版本编号可以进行累计的操作，必须通过手动的方式，在该文档“名称”字段右边单击向下按钮，选择下拉列表中的 发布主要版本 ，将会打开“发布主要版本”配置页面，您可以在“注释”字段中输入此次主要版本发布的说明，然后单击 确定 ，如果为第 1 次发布，此版本编号则会变成“1.0”，而“次要版本”编号也就被归“0”，如【图 15-47】所示。在发布主要版本后，下拉列表中的“发布主要版本”项目会变更为 取消发布此版本 ，表示可以取消此版本的发布，下次修订此文件后选项就会恢复为 发布主要版本 。

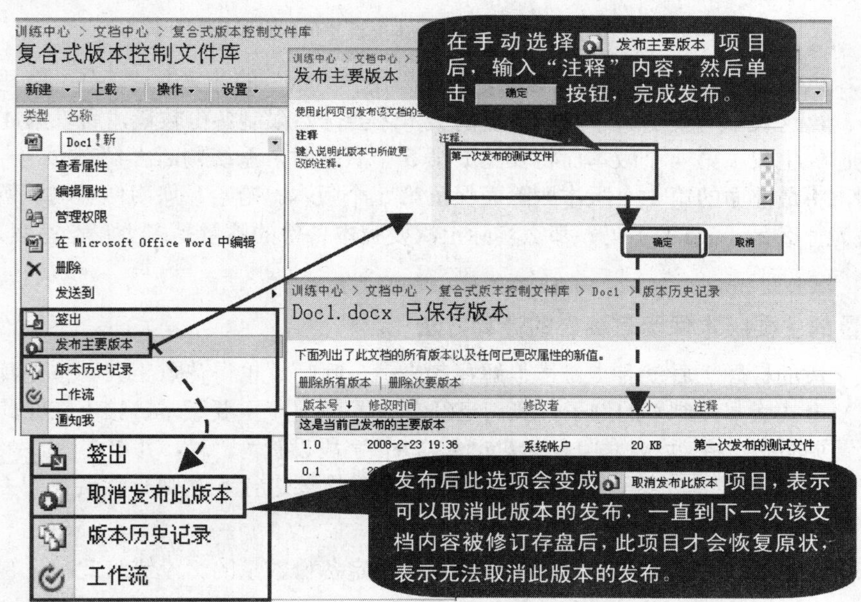

图 15-47　在“复合式版本控制”下通过发布主要版本来累计主要版本的编号

15.4.3 版本累计备份数量的限制

为了有效控制版本备份的数量，以保证系统存储空间的有效运用，我们可以对版本控制备份的数量进行限制。请注意喔，是版本备份的数量，而不是版本编号的累计值！版本编号累计值是一直往上累加的，但要留下多少版本备份的数量则是可以被限定的。例如，系统明确规定次要版本的备份数量不能超过 511 个（**你有没有觉得为什么是“511”不是“512”呢？这可是有点玄机的喔！**）。

设置版本累计备份数量

如果您想限制版本累计的备份数量，可以切换到“文档库版本控制设置”配置页面下，如【图 15-43】和【图 15-44】所示，在该页面下有两个字段，限制要保留的版本数量(可选)：字段是限定主要版本备份数量的设置字段，而 ☑ 为以下数量的主要版本保留草稿：字段可就特别了，它是一种对主要版本是否保留次要版本的限定方式，待会再来详细说明。所以要注意了！这两种备份数量的限定针对的都是主要版本而不是次要版本，次要版本备份的数量系统已经限定好了，就是 511 个，您无法对“次要版本”的备份数量再进行限定。

“保留以下数量的主要版本”的计算方法

当我们在 ☑ 保留以下数量的主要版本：中进行限定数量的设置时，保留数量的计算方法是您要稍微留意的地方。举例来说，我们在此字段中设置数值为“3”，您的直觉是不是会认为当创建第 4 个版本时，第 1 个版本的备份就会被删除呢？笔者本来也是这么认为的，但其实不然，您会发现不仅第 4 个版本还会存在，而且第 1 个版本也不会被删除。对！没错！当我们再一次修订文档，创建第 5 个版本时，此时，您才会发现第 1 个版本的备份被删除了，如【图 15-48】所示。

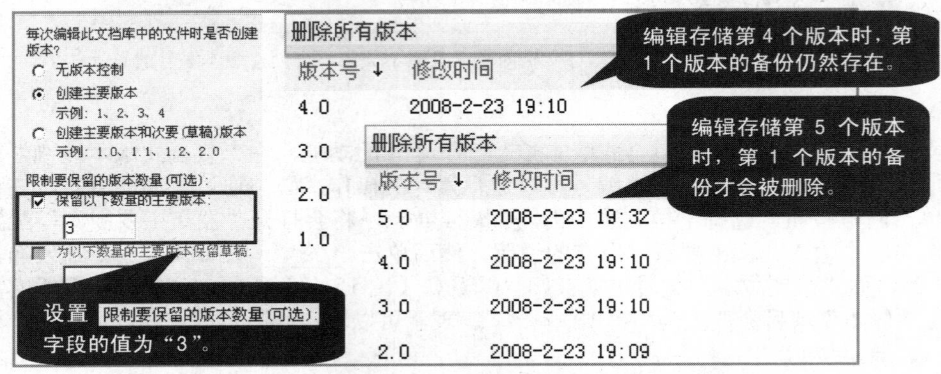

图 15-48 “保留以下数量的主要版本”设置值的备份保留计算方法

喔！原来 ☑ 保留以下数量的主要版本：所设置的值，是采用“大于”的计算方法。什么意思呢？例如，我们所设置的值是“3”，这表示对大于 3 个版本以后的版本才会开始限制备份数量，所以第 4 个版本是会被保留下来的，而在已经生成了第 4 个版本而将要生成第 5 个版本时，系统判断“4”是大于“3”的，所以才会启动备份限制，将最前面的第 1 个版本删除而保留第 5 个版本。哈哈！您明白了吗？所谓的次要版本限定的备份数量值为什么是“511”了吗？那么实际上次要版本备份的数量是多少呢？答案是“512”（16 进位的倍数）。

“为以下数量的主要版本保留草稿”的计算方法

这项设置从字段的标题上看就有点难懂，解释起来……呵呵！也得花点工夫。首先我们先来看一种情况，延续前面“复合式版本控制”的例子，我们已经发布了第 1 个主要版本，接下来在此项的“文档库版本控制设置”配置页面中，将 ☑ 为以下数量的主要版本保留草稿：字段设置为“3”，并单击 确定，之后继续对此文档进行修订、存盘、关闭，连续进行 5 次，您知道为什么要进行 5 次吧！然后我们去查看版本历史记录，如【图 15-49】所示。

由此可知，此字段的设置绝对不是针对次要版本的限定备份数量的。没错！此项设置针对的还是主要版本。

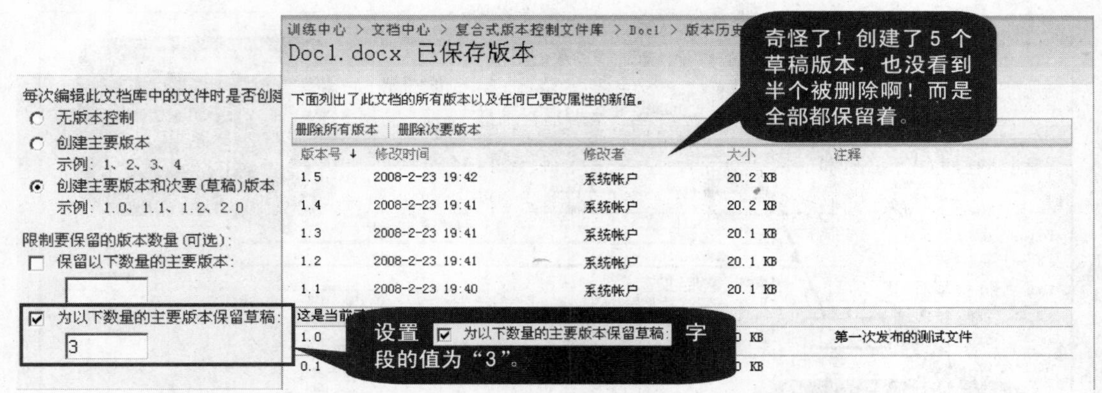

图 15-49　使用“为以下数量的主要版本保留草稿”设置值的一种情况

先来想一下，当您采用“复合式版本控制”时，如果在没有限定备份数量的情况下，是不是会先创建很多次要版本呢？“发布”之后便会创建主要版本，而这种操作持续进行下去，就会创建很多主要版本，而在每个主要版本下，也保留了很多该主要版本的次要版本，对吧！此时，您觉得之前在主要版本下的次要版本的备份还有保留的意义吗？因为这些次要版本都是发布该主要版本之前工作过程中的版本，既然您都已经进行了该主要版本的发布，那这个主要版本下的次要版本还有保留的必要吗？

没错！除非您希望将所有过程中的版本都备份下来，否则是否有一种折中的方式呢？那就是将以往主要版本下的次要版本备份全部删除，只保留该主要版本就好了。嗯！此字段值的设置意义就是这个意思啦！如【图 15-50】所示，我们将此字段值设置为“3”，当在第 3 个主要版本下创建了次要版本后，第 1 个主要版本下的次要版本就全部被删除了，换句话说，此字段值的设置，所表示的就是要保留最后多少个主要版本下的所有次要版本，其余都只保留主要版本。

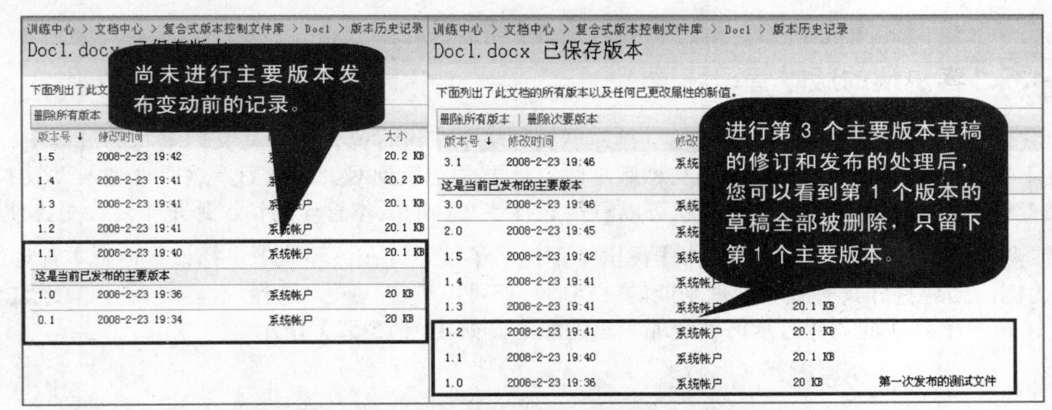

图 15-50　使用“为以下数量的主要版本保留草稿”设置值的正确情况

15.4.4　版本的取消、还原和重新发布

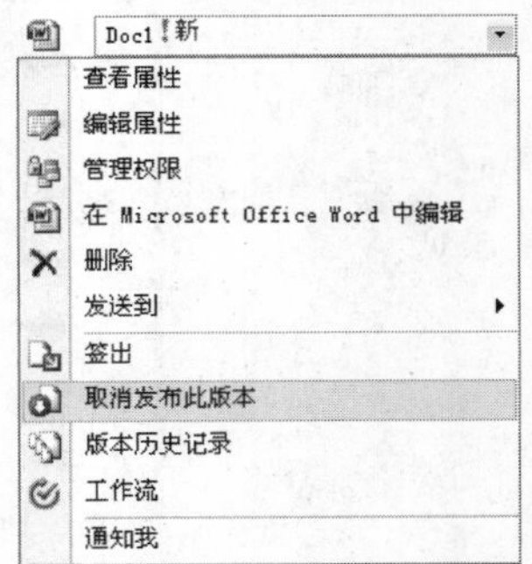

在前一节的发布说明中，您有没有注意到当我们将文档发布后，在还没有创建下一个草稿版本前，该文档的下拉列表中都会出现 取消发布此版本 ，如右图所示，这代表您可以对此文档进行取消发布的处理。

但是如果在文档设计或使用的过程中，发现所发布的文档不适用，反而在前面过程中的某一项发布时的主要版本，甚至是某项主要版本下的次要版本才是要发布的对象，我们是否可以追溯既往，将之前的版本重新发布呢？答案当然是肯定的啰！

要如何操作呢？答案是要先还原版本。首先，切换到该文档的“版本历史记录”页面下，将鼠标移动到准备要还原的版本备份项目上，在该项目右边会出现向下按钮，单击此按钮，在出现的下拉列表中选择 还原 ，此时，版本控制操作就会将您所选取的版本项目重新创建为一个新的版本，这样您就可以重新对此版本进行发布处理了，如【图 15-51】所示。

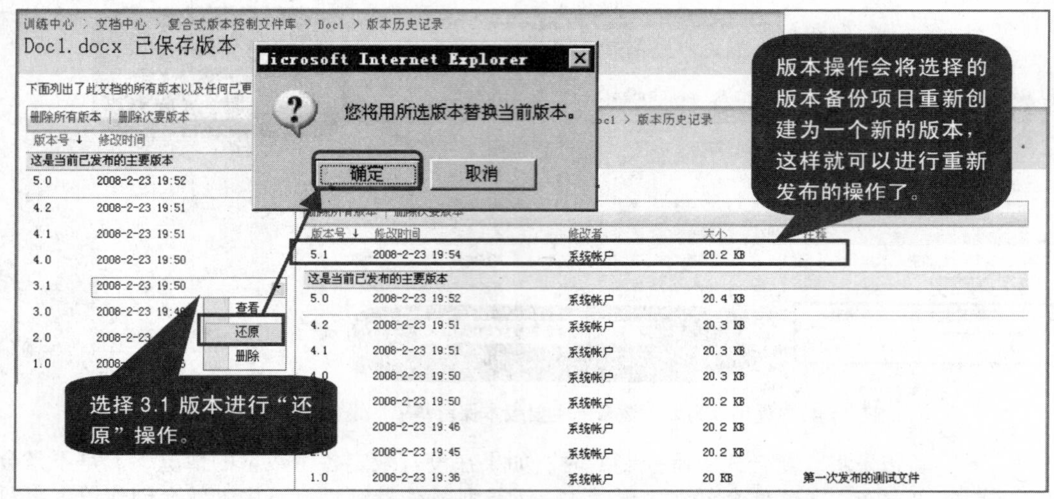

图 15-51　选择“还原”之前的版本来进行重新发布的操作

15.4.5 搭配审核、草稿项目安全性和签出/签入及操作

版本控制还可以搭配审核操作，让“发布”处理必须通过“审批”的操作流程，才能让用户查看、使用，要区分用户是否可以使用草稿文档或只能看到发布的文档，甚至只能看到审核后的文档，所要搭配的设置都是“草稿项目安全性”的设置。当您启动“复合式版本控制”功能后，可以选择 仅限可编辑项目的用户来区分；当您启动“审核”操作后，可以选择 仅限可批准项目的用户(以及该项目的作者) 来再次区分。最后，您还可以启动“签出/签入”功能来避免共享用户在编辑相同文档时的冲突问题，这些内容在第 4.5 节中有详细的说明。

15.4.6 客户端的版本管理环境

以上我们看到文档版本的管理都是在文档库网页环境下来进行操作的，在文档编写的过程中，这种环境有时并不一定非常方便，因为要检查文档版本时，还要先切换到网页环境下，然后再进入“版本历史记录”中来查看，如果在文档编辑环境中就可以直接进行该文档的版本管理的话，那是不是会更方便呢？

没错。所以 Office 2007 的所有相关文档程序，都提供了可直接在该环境下进行该文档版本管理的环境。以 Word 为例，当您打开具有版本管理功能的文档后，您可以单击 ，选择 服务器(R) → 查看版本历史记录(V)，此时就会出现一个对话框，并显示您曾经编辑过的版本，如【图 15-52】所示。

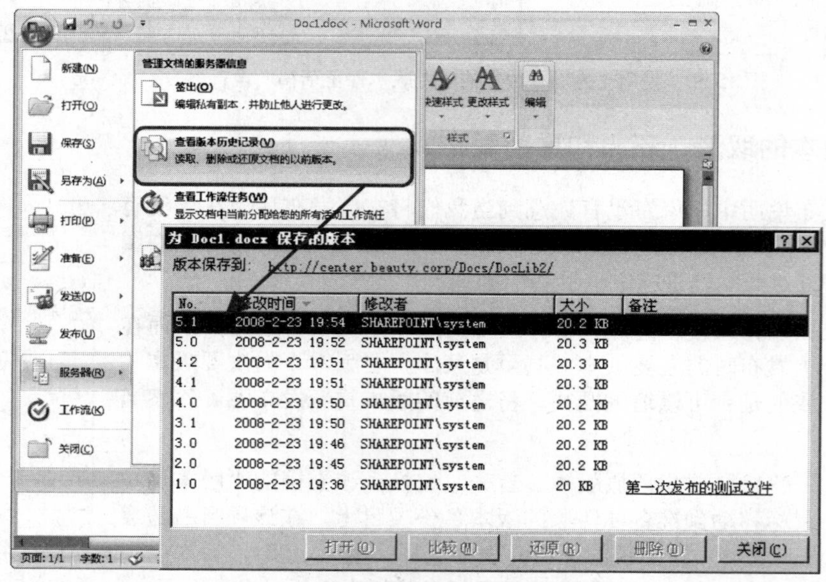

No.	修改时间	修改者	大小	备注
5.1	2008-2-23 19:54	SHAREPOINT\system	20.2 KB	
5.0	2008-2-23 19:52	SHAREPOINT\system	20.3 KB	
4.2	2008-2-23 19:51	SHAREPOINT\system	20.3 KB	
4.1	2008-2-23 19:51	SHAREPOINT\system	20.3 KB	
4.0	2008-2-23 19:50	SHAREPOINT\system	20.2 KB	
3.1	2008-2-23 19:50	SHAREPOINT\system	20.2 KB	
3.0	2008-2-23 19:46	SHAREPOINT\system	20.2 KB	
2.0	2008-2-23 19:45	SHAREPOINT\system	20.2 KB	
1.0	2008-2-23 19:36	SHAREPOINT\system	20 KB	第一次发布的测试文件

图 15-52　在 Word 文档环境下直接管理编辑此文档版本的内容

如果您想在 Word 的版本管理窗口中查看之前的版本，可以选择要查看的项目，然后单击 打开(O) ，您也可以在此对之前的版本进行还原或删除的操作。

而笔者觉得最方便的地方是可以在 Word 环境下直接使用“比较”功能，将此版本中的内容直接与想要比较的版本内容进行对比，当目前的版本与前面版本进行比较时，您可以在选择之前的版本项目后，单击“比较”按钮，进入文档版本比较结果界面，如【图 15-53】所示，最左边显示的是选择的版本和当前正在编辑的版本中的差异统计，中间显示的是两个版本差异的内容，差异部分会用下画线标记，右边的上半部分显示的是选择的版本，右边的下半部分是当前正在编辑的版本。

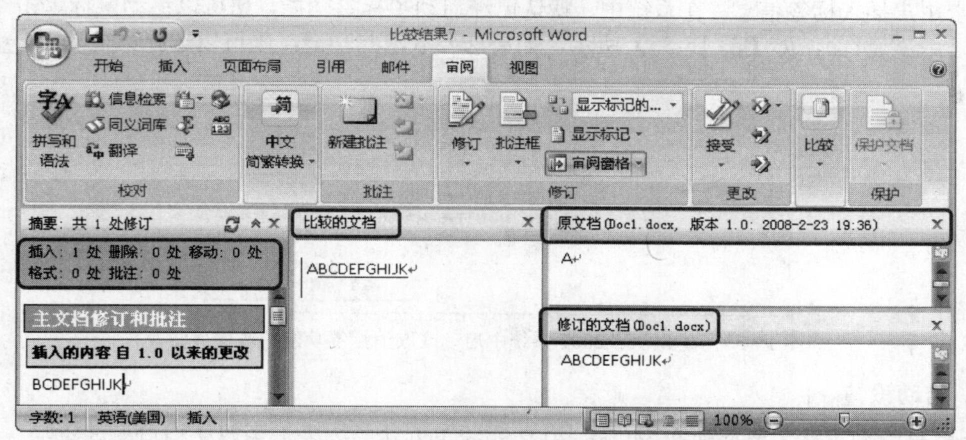

图 15-53　在 Word 环境下进行新旧版本文档的比较

15.5　信息管理策略

信息管理策略（Information Management Policy）的意义我们在第 15.1 节中已进行了简单的讲解，其目的是希望企业信息工作流能够符合企业制定的规范，MOSS 2007 系统在信息管理策略的功能上，提供了许多预先定义好的功能策略，企业可以个别使用或结合使用这些功能。

15.5.1　系统信息管理策略的启动设置

要了解 MOSS 2007 系统下提供了哪些信息工作策略，您可以在“SharePoint 3.0 管理中心”中查看。在进入“SharePoint 3.0 管理中心”页面后，单击 操作 ，在打开的“操作”页面中选择 安全性配置 区块下的 信息管理策略配置 ，进入“信息管理策略配置”页面，如【图 15-54】所示。

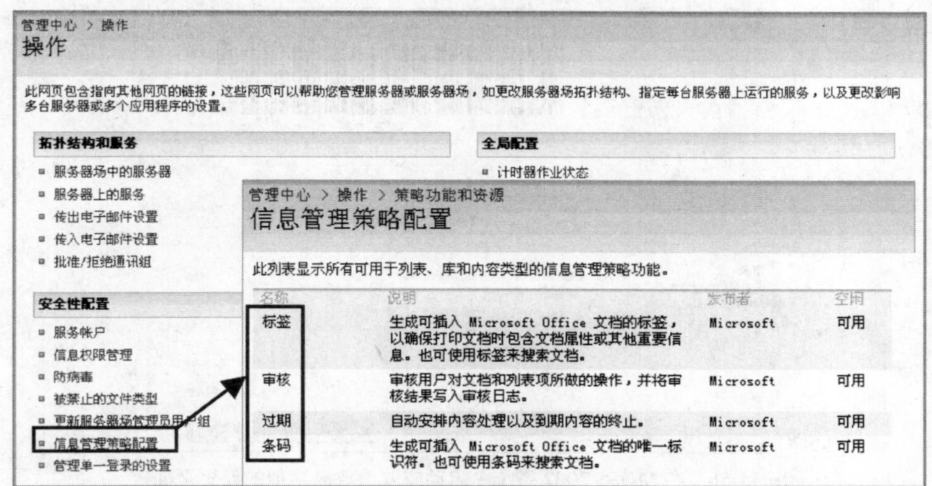

图 15-54　MOSS 2007 系统中提供的信息管理策略功能

在“信息管理策略配置”页面中所看到的功能项目，便是 MOSS 2007 系统默认提供的功能，如果您有合作厂商针对 MOSS 2007 系统所开发的信息管理策略功能，当将这些功能安装到 MOSS 2007 系统后，也可以在此页面中看到。

系统默认提供的信息管理策略设置功能有 4 项：标签、审核、过期和条码，要提供这 4 项策略功能，您可以单击这 4 个项目的名称，分别进入他们各自的启动设置环境。

“标签”启动设置

“标签”策略对文档提供了必要性的标签信息，例如在文档中的公司抬头或文档应有的相关信息。标签功能是针对 Word 文档来进行标签插入的，而插入标签的时机最好是在存盘前或打印前，如果设置了标签，系统就会要求用户插入标签信息。在系统中，默认已经启动了标签功能，您可以移动鼠标单击 **标签** 项目，打开“配置 标签”页面，如【图 15-55】所示，如果您要取消此功能，则可以选择第 2 项 ◉已取消：。

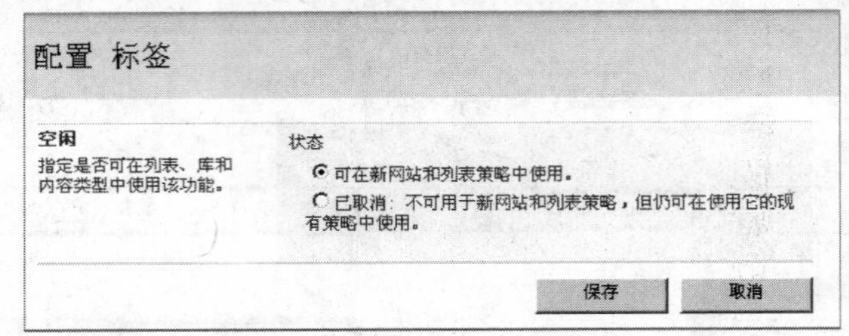

图 15-55　在 MOSS 2007 系统中启动或取消标签功能的设置页面

“条码”启动设置

“条码”信息管理策略主要是使在 MOSS 2007 系统下创建的列表记录或文档自动创建唯一的条码用于识别，采用条码识别的好处在于系统除了自动提供唯一识别码外，也提供条码的识别方式，这些条码的内容就可以在自动创建后，插入文档中或打印到文档标签中了，在实际环境中可以使用条码扫描仪来识别这些文档或文档标签所标记的设备。条码策略在 MOSS 2007 的系统默认环境下，只提供 ANSI/AIM 一种格式，如果想生成其他类型的条码，则必须自行编写 MOSS 2007 的活动组件并进行安装。在此格式下提供了两种编码方式，一种是纯数字的编码方式，另一种可以含有文本和数字的编码方式，但笔者要在此特别强调，此项条码策略并不提供条码内容的编辑功能，也就是说，您不能自定义编号的格式，例如自定义想要的产品编号，也不能更改由系统自动创建的编号内容。

系统对此功能默认也是启动的，您可以移动鼠标选择 **条码** 项目，进入“配置 条码”页面，如【图 15-56】所示。

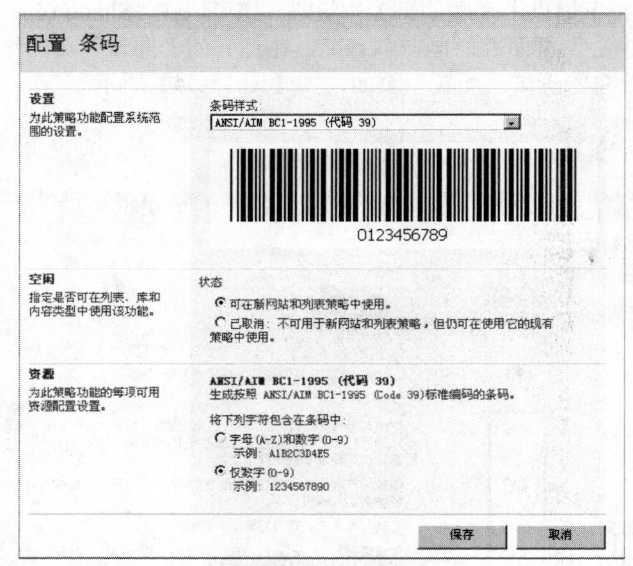

图 15-56　在 MOSS 2007 系统中启动或取消条码功能的设置页面

“审核”启动设置

“审核”策略是对文档、列表和非列表的访问情况进行记录的工作，可记录的文档类型几乎包含所有类型，例如文档、任务、议题、日历等，审核的设置必须配合相关的“审核日志报告”设置，才能够将审核到的状态记录到指定的报告中。另外，系统默认也已经启动了审核功能，您可以移动鼠标单击 审核 项目，进入“配置 审核”页面，如【图 15-57】所示。

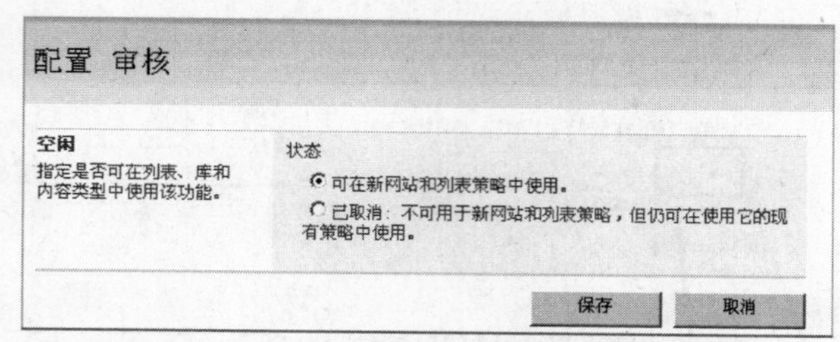

图 15-57 在 MOSS 2007 系统中启动或取消审核功能的设置页面

“过期”启动设置

系统默认也已经启动了过期功能，此功能主要用于设置处理过期的周期和时间，您可以移动鼠标单击 过期 项目，进入“配置 过期”页面，如【图 15-58】所示。

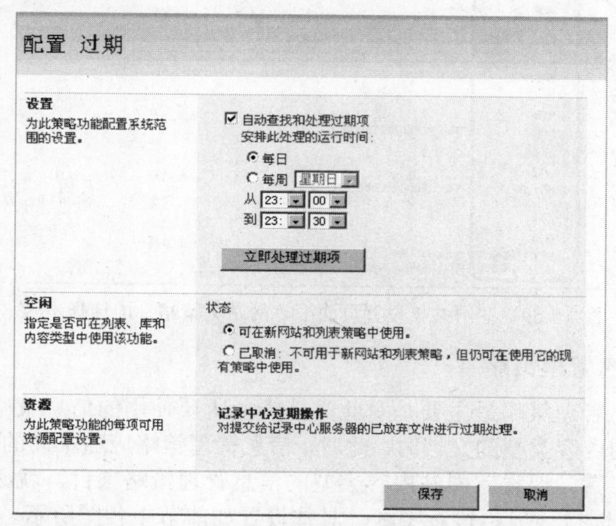

图 15-58 在 MOSS 2007 系统中启动或取消过期功能的设置页面

“过期”策略提供对文档使用期限的设置。当我们对文档设置了过期功能后，当系统检测到文档符合了“过期”的条件后，就会按照在“过期”功能中设置的操作进行处理。“SharePoint 3.0 管理中心”的过期设置主要是对系统处理过期检测的时间进行设置，默认每天的设置时间范围为启动检测的时段，这个时段应尽量设置在每天系统使用的低峰期，例如凌晨的时间，您也可以设置在每周的星期几进行过期检测操作。

15.5.2 可设置的层次环境

信息管理策略的设置在 MOSS 2007 的系统中提供了 3 个层次环境的设置，分别是“网站集”、“网站内容类型”和“组件库”，这 3 种环境的信息管理策略设置用途都各有不同。

网站集策略

“网站集策略”的设置主要是提供该网站集下所有网站可以使用选择的信息管理策略项目有哪些？所以，在此环境下可以创建或导入许多不同的信息管理策略项目，让下层的网站内容类型或组件库可以选择此处所创建的信息管理策略项目。

要进入“网站集策略”配置页面，先要切换到顶层网站页面下，选择 网站操作 → 网站设置 管理此网站的网站设置。→ 修改所有网站设置 更改此网站的所有网站设置。，在 网站集管理 区块下单击 网站集策略，进入“网站集策略”配置页面，您可以单击 创建 来新建信息管理策略项目，也可以从其他的网站集将信息管理策略项目导出，接着在此处使用 导入 功能将导出的设置文档导入。在导入信息管理策略设置文档时，您唯一要注意到的是，每项信息管理策略在系统中被创建时，都会创建具有唯一性的 GUID 识别码，所以每一个“信息管理策略”项目在同一个网站集下也必须是唯一的。此时，如果您在进行导入操作时，系统出现了重复的错误信息，就表示您在此网站集环境下一定曾经创建或导入过此项目，此时，您就要决定是要将原来的项目删除，然后导入此项目，还是要创建新的项目，如【图 15-59】所示。

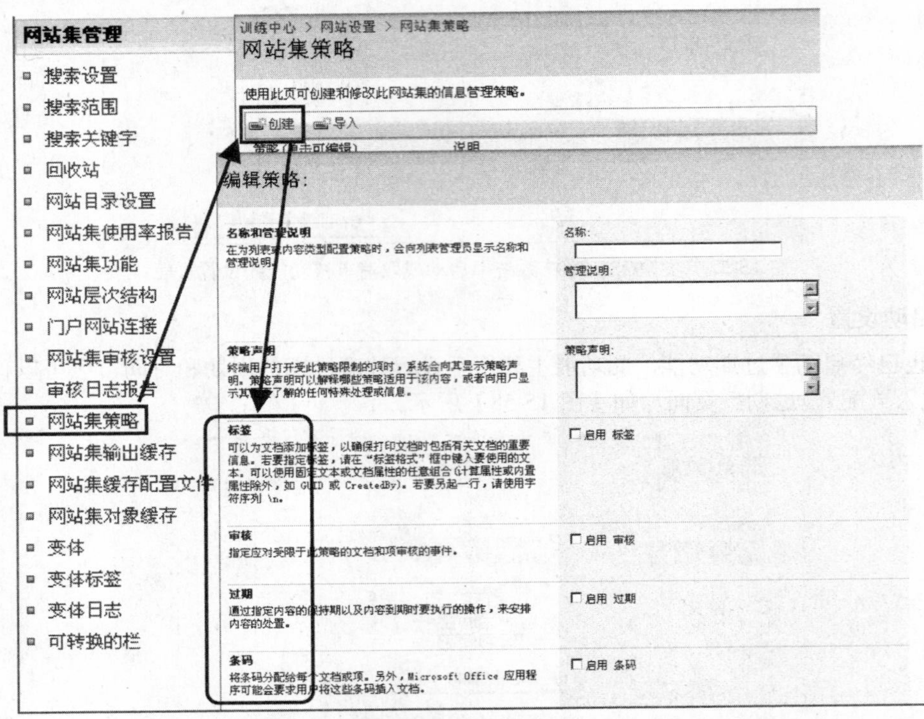

图 15-59 在网站集设置页面下“网站集策略”的选择步骤

网站内容类型下的信息管理策略

网站内容类型下的信息管理策略最主要是对此文档类型所要使用的信息策略项目的设置，通常如果在一个文档库中具有多种不同内容类型的文档时，此时，信息管理策略应随不同的网站内容类型来进行设置，而不会针对组件库来进行设置。要设置网站内容类型的信息管理策略项目，就必须切换到网站内容类型配置页面下，在 设置 区块中选择 信息管理策略设置 ，具体设置如前节中各图所示。

请注意，在网站内容类型下对信息管理策略进行设置时，上下层次之间的继承关系，说明如下：

- 具有子项继承的网站内容类型

如果您在具有子项继承的网站内容类型中设置信息管理策略，则下层所继承的网站内容类型的信息管理策略就不能再进行设置了，此时您所看到的情况会是选项显示为灰色，并有提示说明。例如，在前节的例子中，如果我们在“研讨公告栏位”的网站内容类型中设置了信息管理策略，则下层“研讨简述”网站内容类型的信息管理策略设置功能就会被锁定，如【图 15-60】所示。

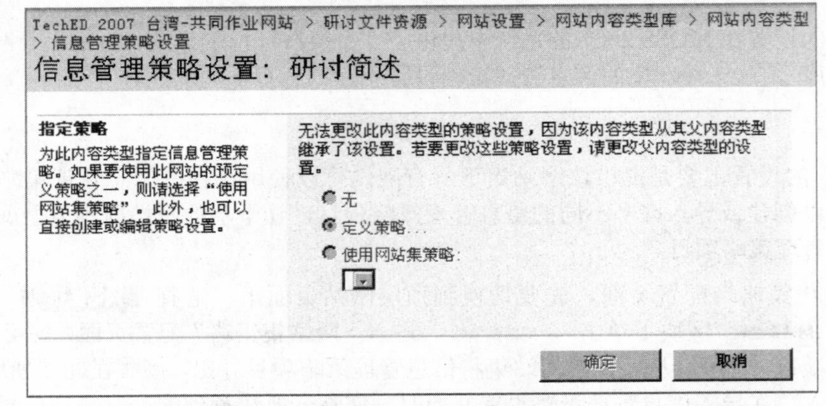

图 15-60 继承“研讨公告栏位”的“研讨简述”网站内容类型设置

组件库下的信息管理策略

当组件库中尚未设置多种内容类型的文档时，您可以针对此组件库来设置信息管理策略。例如，在前节的例子中，我们还要创建一个“研讨上线练习文件”的文档库（hand-on Lab，上线练习），此文档库中只会存在一种上线练习的 Word 文档，此时，切换到此文档库页面后，选择 设置 → 文档库设置，进入文档库设置页面，在 权限和管理 区块下选择 信息管理策略设置，打开“信息管理策略设置：文档”配置页面，如【图 15-61】所示。

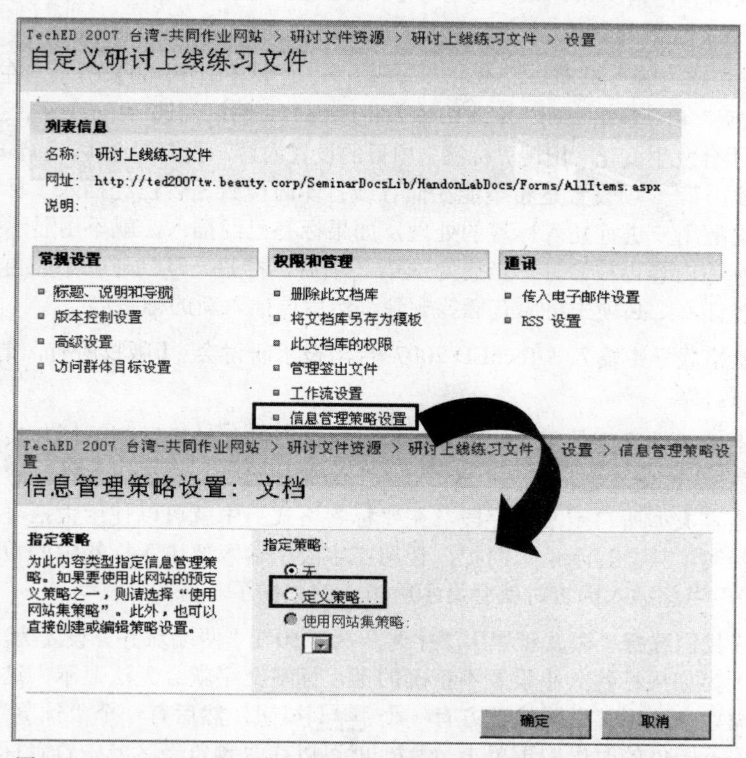

图 15-61　对只包括单一文档内容类型的文档库进行信息管理策略的设置

可是，如果您所创建的文档库具有多种文档内容类型时，就不能对此文档库进行信息管理策略的设置了。例如，上节例子中创建的“研讨场次文件”文档库中有多种文档内容类型，当您进入此文档库的“信息管理策略设置”页面后，会显示与【图 15-61】不同的内容，此时显示的是各文档内容类型项目，信息管理策略的设置也必须在各个内容类型中来进行，如【图 15-62】所示。

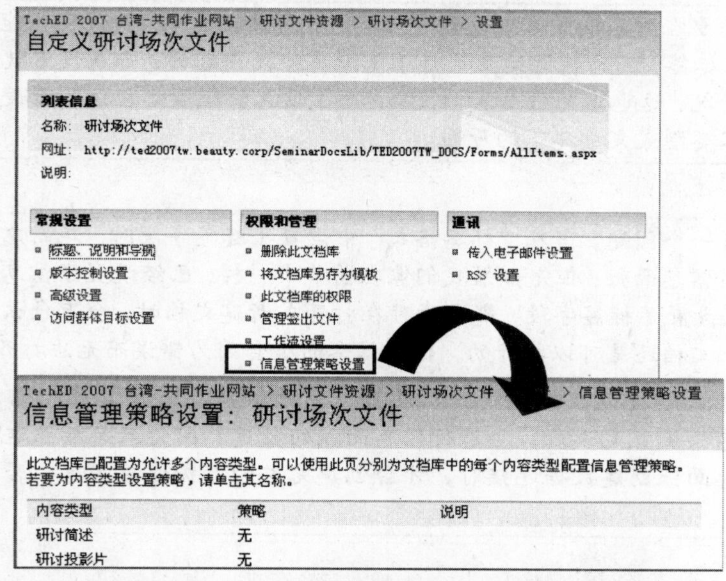

图 15-62　不能直接对含有多种文档内容类型的文档库进行信息管理策略的设置

15.5.3 使用“标签”信息管理策略

由于“标签”信息管理策略是在文档中插入必要信息的标签，所以，我们建议不要在父级网站的网站内容类型项目中设置此项，应尽量设置在该网站的网站内容类型中或文档库下。例如前节所举的例子，我们要在“研讨上线练习文件”文档库中，设置在此文档库下所创建的文档页眉第 1 行都要加上“TechED 2007 台湾技术研讨会【版权所有，请勿带出或自行影印】”的标签，在第 2 行显示此上线练习的“标题”，当然我们也制作了上线练习的文档模板。

在进入“信息管理策略设置”页面后，单击 定义策略... ，如【图 15-60】所示。在进入信息管理策略设置页面后，在“管理说明”和“策略声明”字段中输入说明内容，然后勾选 启用 标签，当您在勾选此项目后，“标签”区块下的内容才会发生变化，出现“标签”项目的设置内容。我们勾选 在保存或打印前，提示用户插入标签 和 添加标签后禁止更改标签 两项，第 1 项设置是希望能在储存或打印时检查是否已经插入了标签，如果没有插入标签，就要显示对话框提醒用户进行插入标签的处理，如果标签已经插入，就不用显示提醒对话框了。至于第 2 项则是设置不让标签内容再被修订，当您勾选第 2 项后，标签一旦创建就不能再被修订了，如果确实需要进行标签内容的修订，则必须先将原有标签删除，然后再插入新的标签。

接下来，在“标签格式”中输入“TechED 2007 台湾技术研讨会 【版权所有，请勿带出或自行影印】 \n 上线练习主题：{标题}”。

在“标签格式”中，我们看到使用了“**\n**”符号，这是表示此处换行到下行开头的特殊符号，您也可以使用“**\t**”特殊符号作为在字符之间插入一个“Tab”间隔。另外，您还可以在标签中加入字段内容，如果设置了此文档库或内容类型所自定义的字段，在“标签格式”中就可以使用大括号将自定义字段名称括起来，这样在添加文档时，就会显示信息面板，让您在字段中输入要填入标签中的数据（**注意：我们没有设置信息面板的内容**），当您插入标签时就会显示所填入的数据了。

对“字体”的设置我们选择“微软雅黑”，“字号”为“10”，“两端对齐”设置为“靠左”，而最重要的是标签大小的设置，因为如果标签大小设置不正确的话，标签文字就会无法显示，这是要特别注意的。如何来调整标签的大小呢？在“标签”区块下方有一个 刷新 按钮，然后有一个“预览”区，当您在“高度”和“宽度”字段中输入不同值的时候，再单击 刷新，就可以在“预览”区域中查看标签的显示内容有没有被遮盖掉了；如果您在“高度”或“宽度”字段中不输入值，则就交由系统自动调整了。

在此笔者有一个经验与您分享，就是在中文标签的设置中很容易造成中文标签字体无法显示，解决的办法就是重新调整标签的大小和字体，如果还不能显示，就很有可能是中文字码问题了。以上设置如【图 15-63】所示。

如果您要在网站集策略中设置“标签”信息管理策略，请记住不能设置“字段”形式的标签，因为在网站集策略下是没有字段内容的，如果设置就会造成错误处理的情况，这也是为什么我们说“标签”信息管理策略应该尽量设置在该层的网站内容类型或文档库下的原因。

请思考一个问题，当在“标签格式”中设置了标签字段时，在新建文档后就会自动出现信息面板；但是如果我们像在前节中一样，已经设置了信息面板的内容，在此又设置了标签字段，那么此时在打开或新建文档时，会有什么结果呢？答案就是，文档还是可以打开的，但是信息面板会因为错误而无法打开。

应该怎么解决呢？答案是，在设置信息面板前要先设置此项信息管理策略，并在确认设置无误后，再进行信息面板的创建，因为只有按照这种顺序操作，在信息面板创建数据连接时，才会创建完整的数据连接字段，否则就会出现问题。

编辑策略：文档

名称和管理说明

在为列表或内容类型配置策略时，会向列表管理员显示名称和管理说明。

名称：

文档

管理说明：

此文件必须加入上线练习的警语与标题说明

策略声明

终端用户打开受此策略限制的项时，系统会向其显示策略声明。策略声明可以解释哪些策略适用于该内容，或者向用户显示其需要了解的任何特殊处理或信息。

策略声明：

请一定要加入页首标签

标签

可以为文档添加标签，以确保打印文档时包括有关文档的重要信息。若要指定标签，请在“标签格式”框中键入要使用的文本。可以使用固定文本或文档属性的任意组合(计算属性或内置属性除外，如 GUID 或 CreatedBy)。若要另起一行，请使用字符序列 \n。

☑ 启用 标签

☑ 在保存或打印前，提示用户插入标签

☑ 添加标签后禁止更改标签

标签格式

TechED 2007台湾技术研讨会 【版权所有，请

示例：

- 项目{项目名称}\n管理者：{项目经理}
- 机密 — {日期}

外观：

字体： 微软雅黑

字号： 10

样式： 常规

两端对齐： 靠左

标签大小：

高度： 1.1 厘米

宽度： 厘米

预览：

TechED 2007台湾技术研讨会 【版权所有

上线练习主题：{标题}

刷新

图 15-63　在 MOSS 2007 环境下设置网站内容类型或文档库中的“标签”信息管理策略内容

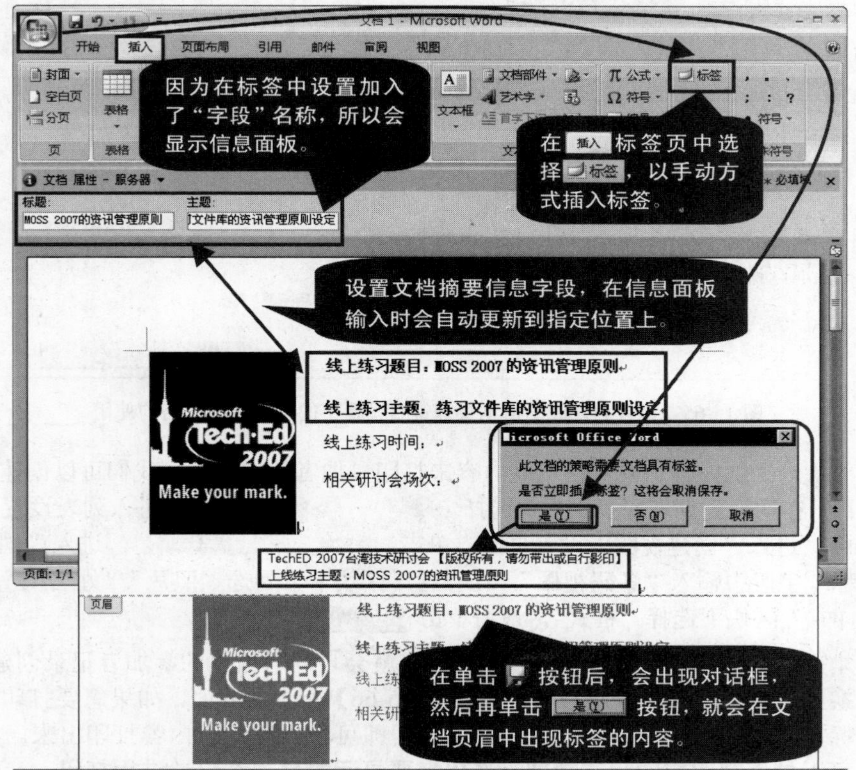

图 15-64　在 Word 环境下设置网站内容类型或文档库中的“标签”信息管理策略内容

15.5.4 使用“条码”信息管理策略

“条码”信息策略管理主要是对列表记录或文档项目的一种识别方式，其条码编号是由系统自动创建的，用户不能自定义也不能修改。下面我们就来针对列表记录环境和文档内容环境分别举例说明“条码”信息管理策略的应用。

列表记录的条码应用

我们还是以前节 TechED 2007 台湾研讨会内容为例，希望创建一个“参加者咨询”记录的列表库，用以记录参加者的信息，您可以使用“联系人”列表库创建，除了创建参加者的信息外，还希望可以打印参加者的识别卡，其中包含每位参加者的“条码”，以便对参加者的身份进行扫描识别。

在创建好“参加者咨询”列表库后，切换到该列表库页面下，选择 设置 → 列表设置，进入设置页面后选择 权限和管理 区块下的 信息管理策略设置，进入信息管理策略设置页面，单击 定义策略...，然后单击 确定，进入“编辑策略：联系人”配置页面后，勾选“条码”区块下的 启用 条码，最后单击 确定，如【图 15-65】所示。**当您在启用了条码功能后，不妨到此列表库“所有项目”的视图环境下查看，此时会增加“条码”和“条码值”两项内置字段。**

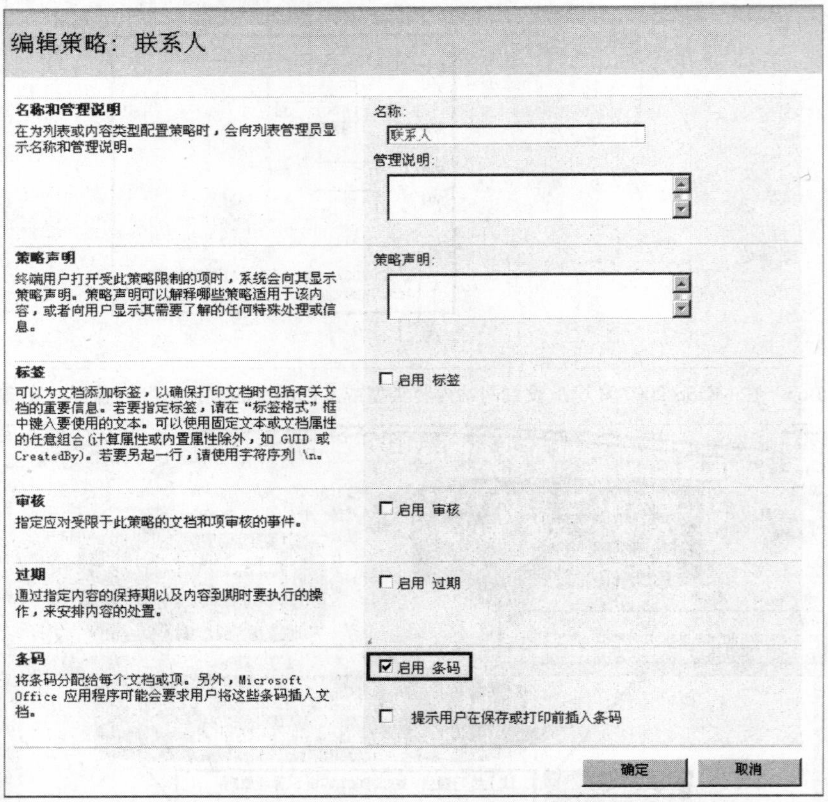

编辑策略：联系人

名称和管理说明
在为列表或内容类型配置策略时，会向列表管理员显示名称和管理说明。
名称：
联系人
管理说明：

策略声明
终端用户打开受此策略限制的项时，系统会向其显示策略声明。策略声明可以解释哪些策略适用于该内容，或者向用户显示其需要了解的任何特殊处理或信息。
策略声明：

标签
可以为文档添加标签，以确保打印文档时包括有关文档的重要信息。若要指定标签，请在“标签格式”框中键入要使用的文本。可以使用固定文本或文档属性的任意组合(计算属性或内置属性除外，如 GUID 或 CreatedBy)。若要另起一行，请使用字符序列 \n。
☐ 启用 标签

审核
指定应对受限于此策略的文档和项审核的事件。
☐ 启用 审核

过期
通过指定内容的保持期以及内容到期时要执行的操作，来安排内容的处置。
☐ 启用 过期

条码
将条码分配给每个文档或项。另外，Microsoft Office 应用程序可能会要求用户将这些条码插入文档。
☑ 启用 条码
☐ 提示用户在保存或打印前插入条码

确定　取消

图 15-65　设置列表库中信息管理策略设置下的“条码”策略的使用

为了要查看“条码”的内容，并可使用此内容来打印参加者的识别卡，我们可以创建一个针对条码内容信息的视图项目，在切换到列表库页面后，选择 设置 → 列表设置，进入列表设置页面，选择 视图 区块下的 创建视图，进入“创建视图”设置页面，单击 标准视图，进入“创建视图”设置页面，在“视图名称”字段中输入“条码视图”，在“栏”区块下，勾选“照片”、“姓名”、“公司”和“条码”项目，然后在“样式”区块下选择“框式”，最后单击 确定。

然后当您新建完 1 条参加者数据记录后，条码策略就会自动对新建的参加者记录创建一个识别条码，您可以将视图切换到 条码检视 下，就可以看到如【图 15-66】所示的界面，如果您要打印，可以直接在显示页面上单击鼠标右键，在快捷菜单中选择 打印(I)...，即可将 条码检视 内容打印出来。**如果要进行选择式的多项打印，可以使用视图中的筛选功能筛选出您要显示的参加者记录进行打印。**

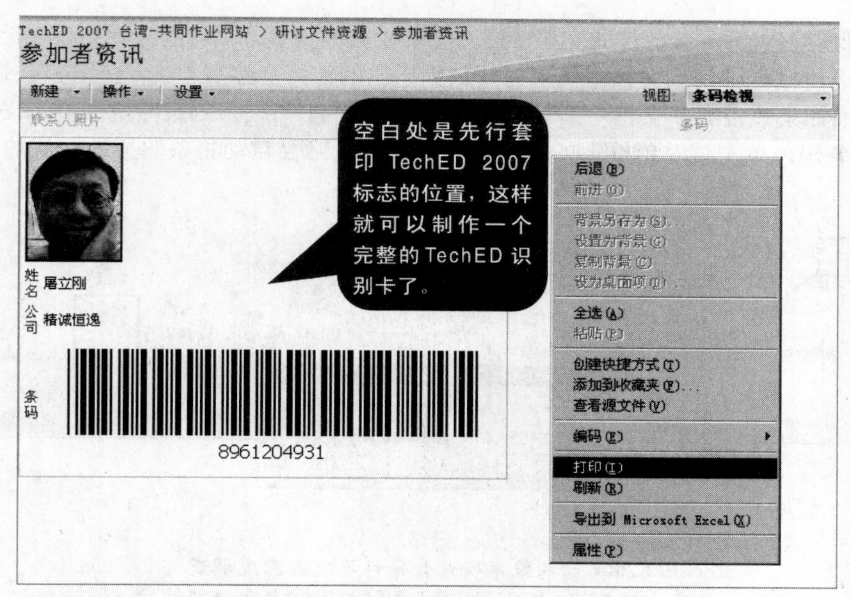

图 15-66　利用“条码”策略来自动创建参加者识别卡的打印内容

文档内容的条码应用

“条码”信息管理策略除了可以使用在列表项目记录上，也可以使用在文档内容上，例如，当我们在“研讨问卷调查”文档库中创建每场研讨会所要使用的调查文档时，希望能够在文档内容中插入可识别此文档的唯一的条码，这样在统计问卷数量和对问卷进行场次分类时，就可以采用条码扫描的方式来分类和统计了。设置方式与前述相同，在“研讨问卷调查”文档库中，选择 设置 → 文档库设置 → 权限和管理 → 信息管理策略设置，然后选择 ⊙定义策略...，并勾选 ☑启用 条码 和 ☑ 提示用户在保存或打印前插入条码，最后单击 确定。

在使用条码信息管理策略时，请永远记得一件事，就是条码是在第一次存盘后才创建出来的，所以对文档中插入条码策略而言，在创建一个新的文档时，是无法使用“条码”策略的。也就是说，上述的 ☑ 提示用户在保存或打印前插入条码 功能，并不会在您创建新文档的第一次储存时创建提示，要一直到您将此文档存盘、关闭后，再次打开文档时，因为“条码”信息已经创建了，所以此时插入的“条码”策略才会有效，请参考【图 15-67】。

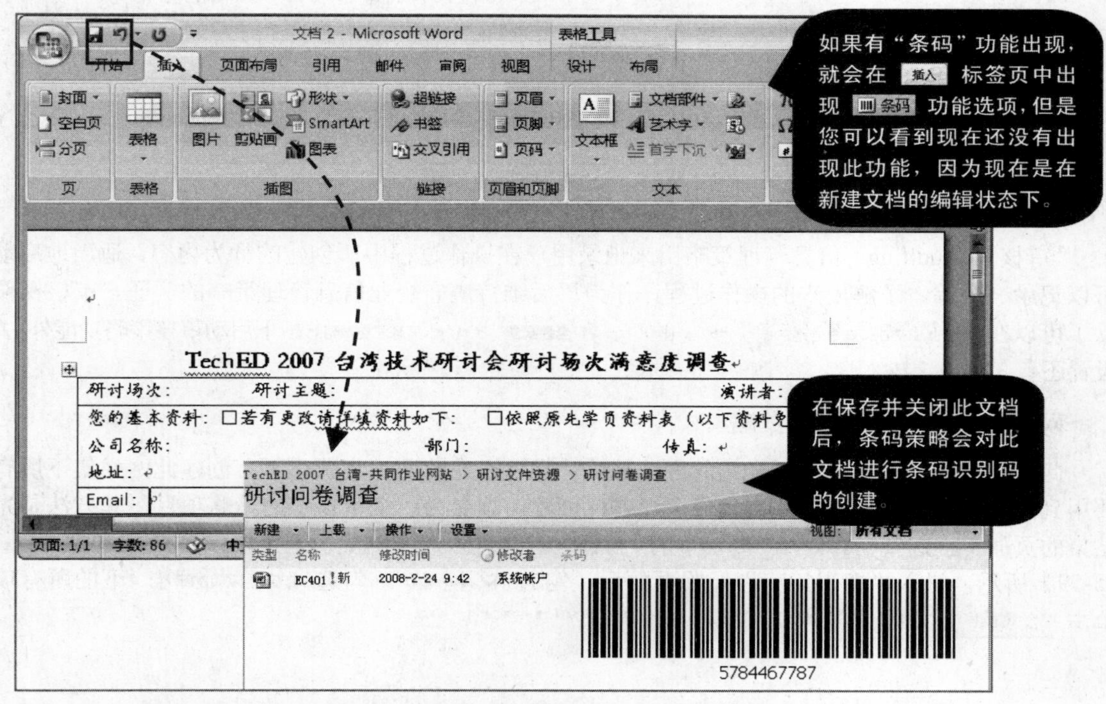

图 15-67　在新建文档并存盘关闭后“条码”策略才会自动对该文档生效

当您将文档保存后，再重新打开此文档，进入此文档的编辑状态后，就会看到在功能面板上出现“条码”功能，您可以将鼠标移动到文档中任何需要放置条码的位置，然后单击 条码 按钮，“条码”就会出现在光标处；而如果您没有在文档中插入“条码”就单击 时，条码策略就会显示提示对话框，要求您插入此文档的条码，单击该对话框上的 是(Y)，条码策略会自动将条码插入文档的页眉中，请参考【图 15-68】。

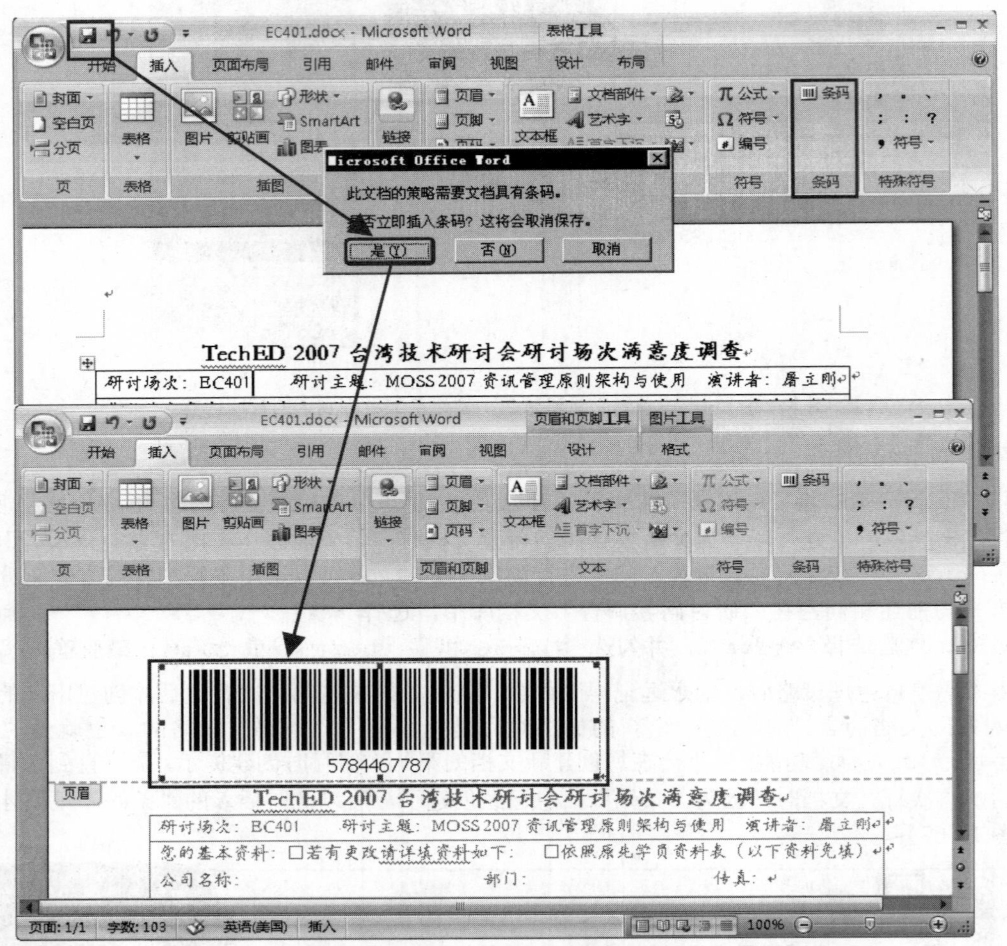

图 15-68　在文档中插入由“条码”策略创建的条码作为此文档的识别标志

15.5.5 设置“审核”信息管理策略

“审核”(Auditing) 信息管理策略用来记录用户在操作过程中所创建的行为内容，适当地启动审核操作可以记录、跟踪、了解用户的操作过程，作为日后维持遵守企业信息管理策略的例证。审核操作的使用，除了可以在 SharePoint 3.0 管理中心 → 操作 → 安全性配置 → 信息管理策略配置 下启动审核策略功能外，审核策略的设置还有 3 处：

网站集管理下的网站集策略

此处的策略设置和前面所介绍的方法相同，您可以在此网站集策略下，创建此网站集下所有子网站需要用到的策略分类项目。例如，我们可以在此创建一项名为“全审核”的策略项目，其方法是先切换到网站集的页面下，选择 网站集管理 区块下的 网站集策略，进入“网站集管理策略”页面，单击 创建，如【图 15-59】所示，进入“编辑策略”配置页面后，勾选 启用 审核，勾选 指定要审核的事件: 下的所有项目，最后单击 确定，如【图 15-69】所示。

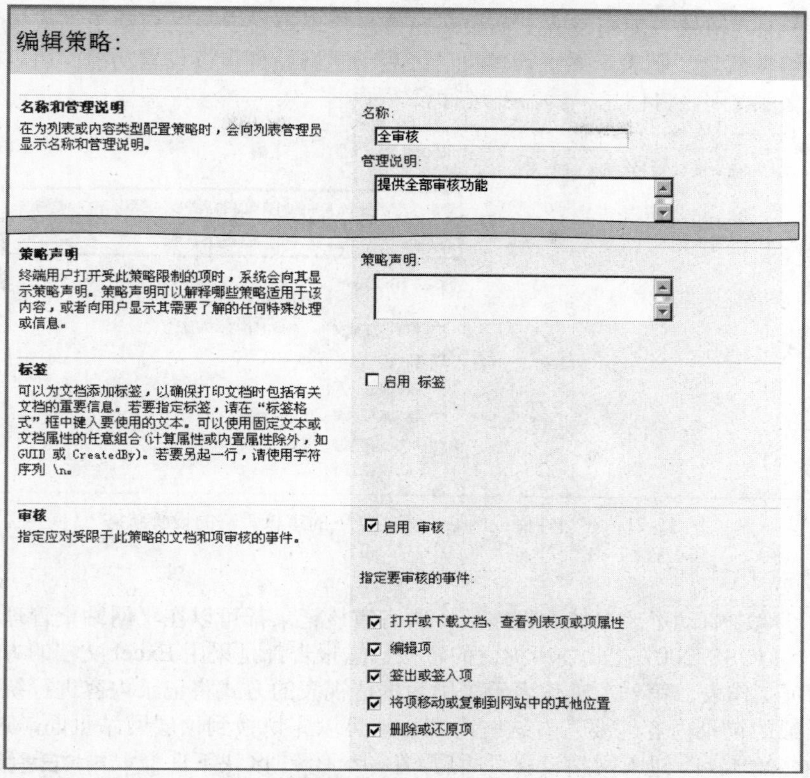

编辑策略:

名称和管理说明

在为列表或内容类型配置策略时，会向列表管理员显示名称和管理说明。

名称:

全审核

管理说明:

提供全部审核功能

策略声明

终端用户打开受此策略限制的项时，系统会向其显示策略声明。策略声明可以解释哪些策略适用于该内容，或者向用户显示其需要了解的任何特殊处理或信息。

策略声明:

标签

可以为文档添加标签，以确保打印文档时包括有关文档的重要信息。若要指定标签，请在“标签格式”框中键入要使用的文本。可以使用固定文本或文档属性的任意组合(计算属性或内置属性除外，如 GUID 或 CreatedBy)。若要另起一行，请使用字符序列 \n。

☐ 启用 标签

审核

指定应对受限于此策略的文档和项审核的事件。

☑ 启用 审核

指定要审核的事件:

☑ 打开或下载文档、查看列表项或项属性

☑ 编辑项

☑ 签出或签入项

☑ 将项移动或复制到网站中的其他位置

☑ 删除或还原项

图 15-69 在网站集管理下创建一项网站集策略的设置项目

此处最主要的是提供了子层网站可以使用的“审核策略”设置项目，并不是真正的设置审核处理。

网站集管理下的网站集审核设置

在顶层网站设置页面下的 **网站集管理** 区块中，除了会看到 ▫ 网站集策略 项目外，还会看到 ▫ 网站集审核设置 项目，移动鼠标单击此项后会进入“配置审核设置”页面，如【图 15-70】所示。

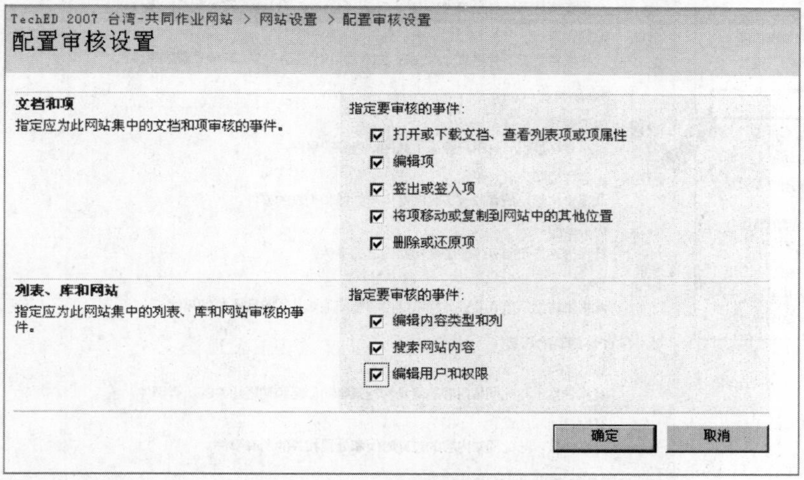

TechED 2007 台湾-共同作业网站 > 网站设置 > 配置审核设置

配置审核设置

文档和项

指定应为此网站集中的文档和项审核的事件。

指定要审核的事件:

☑ 打开或下载文档、查看列表项或项属性

☑ 编辑项

☑ 签出或签入项

☑ 将项移动或复制到网站中的其他位置

☑ 删除或还原项

列表、库和网站

指定应为此网站集中的列表、库和网站审核的事件。

指定要审核的事件:

☑ 编辑内容类型和列

☑ 搜索网站内容

☑ 编辑用户和权限

确定　取消

图 15-70 在网站集下的审核策略

此处的审核策略设置的目的与前面不同，前者是提供网站集下所有子网站都可以设置选择的审核策略项目，此处则是直接设置此网站集下所要启动的审核功能。通常在此处设置审核功能就表示此网站集下所有网站内容的访问都是非常重要的，所以一旦在此处对审核功能进行了设置，就不需要到此网站集下的任何子网站中再去设置审核策略了，因为所有子网站下的内容访问都会进行审核处理。

组件库和网站内容类型下的“审核”信息管理策略

如果您没有在“网站集审核设置”下设置审核功能，那么就可以针对组件库或网站内容类型来进行“信息管理策略设置”下的“审核”策略设置。如果您在信息管理策略中，在启动了“审核”功能后，出现如【图 15-71】所示的警告信息，则表示系统管理员已经启动了网站集审核设置功能，所以您也就可以不用重复设置了；但如果没有看到警告信息，就需要进行设置了。

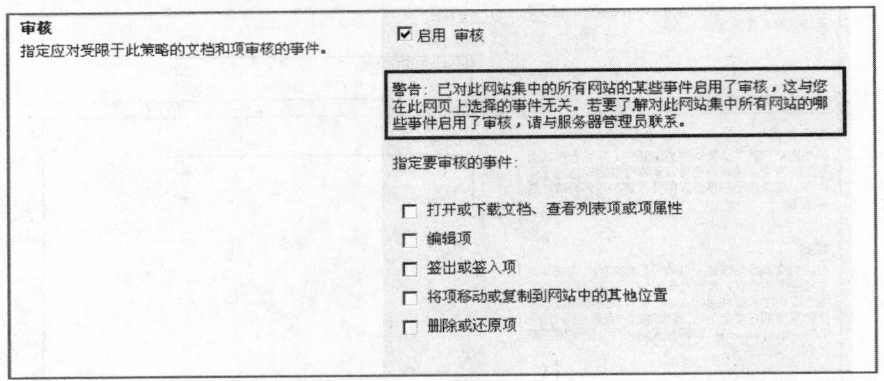

图 15-71 在组件库或网站内容类型下的审核策略的设置状态

审核日志报告

当您在前述的环境中启动了“审核”策略后，所有审核记录都可以在“网站集管理”下的“审核日志报告”中进行查看。MOSS 2007 在此处所提供的审核日志报告都是采用 Excel 文档的方式来提供的，所有的内容大致分为两项工作表，第一项工作表示采用数据透视表的方式将记录内容进行统计分析的处理，第二项工作表则是详细的记录内容。要查看这些内容，您可以先切换到顶层网站页面，选择 网站操作 → 网站设置 → 修改所有网站设置，进入网站设置页面后，在 网站集管理 区块下选择 审核日志报告，进入“查看 审核 报告”页面，如【图 15-72】所示。

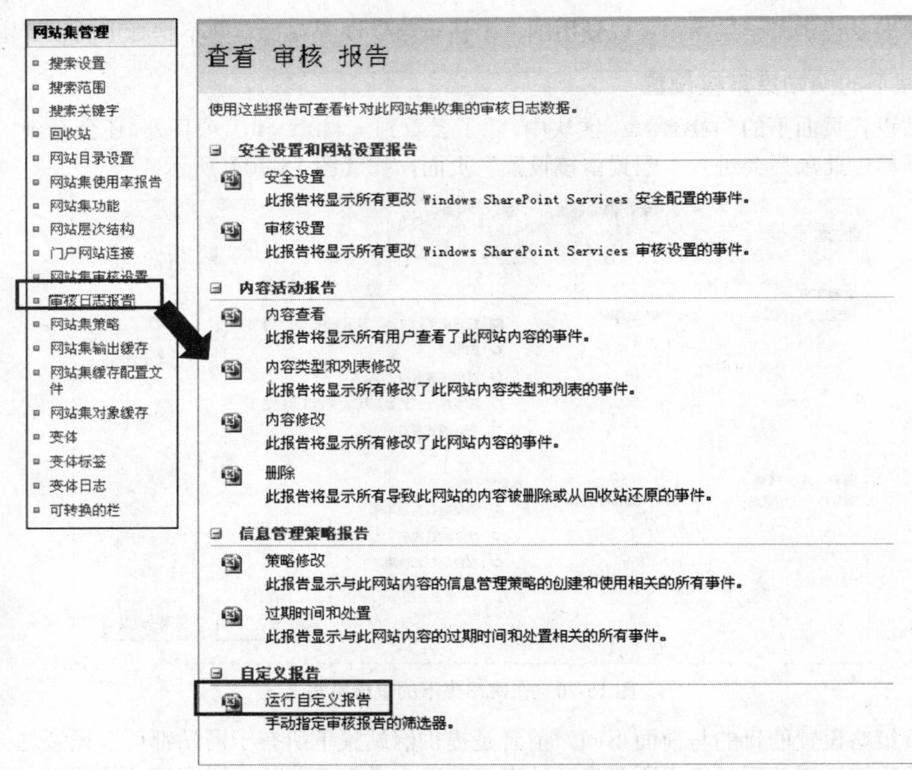

图 15-72 在“网站集管理”下的“审核日志报告”所提供的报告项目

在审核报告中，报告内容可分为 4 类，包括 **安全设置和网站设置报告**、**内容活动报告**、**信息管理策略报告** 和 **自定义报告**，当您选择这些类别下的报告项目后，如果出现网页错误信息的话，则代表该项审核并没有报告内容；如果该项审核有报告内容的话，就会出现对话框，询问您要将创建报告的 Excel 文件进行下载还是打开的操作。【图 15-73】所示就是以 Excel 文件形式显示的审核报告内容。

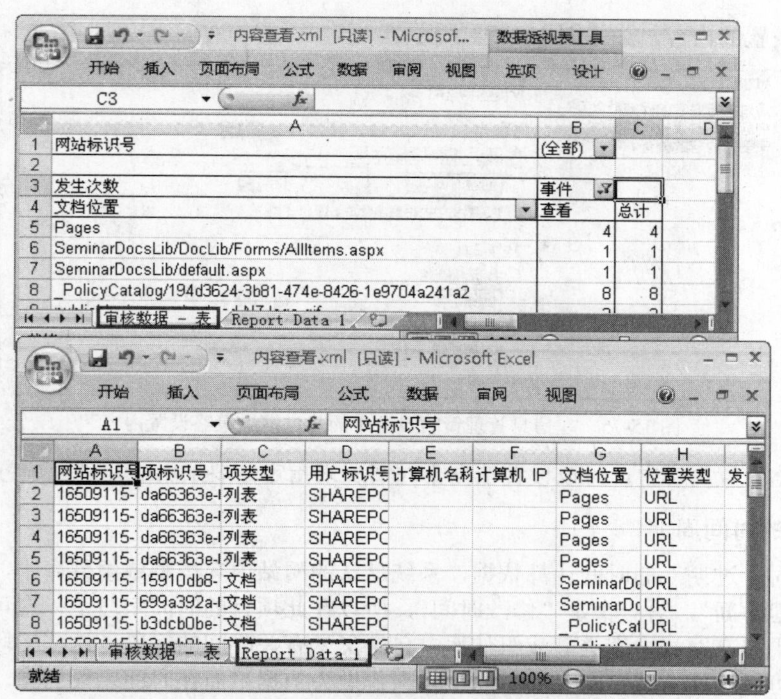

图 15-73　查看“审核报告”内容中的两种工作表记录

在审核报告中，有一个比较特殊的项目，就是 运行自定义报告 ，在选择此项目后，会进入自行设置审核报告的设置页面，您可以指定所要筛选的网站、列表、开始日期、结束日期、用户和事件来查看报告，如【图 15-74】所示。

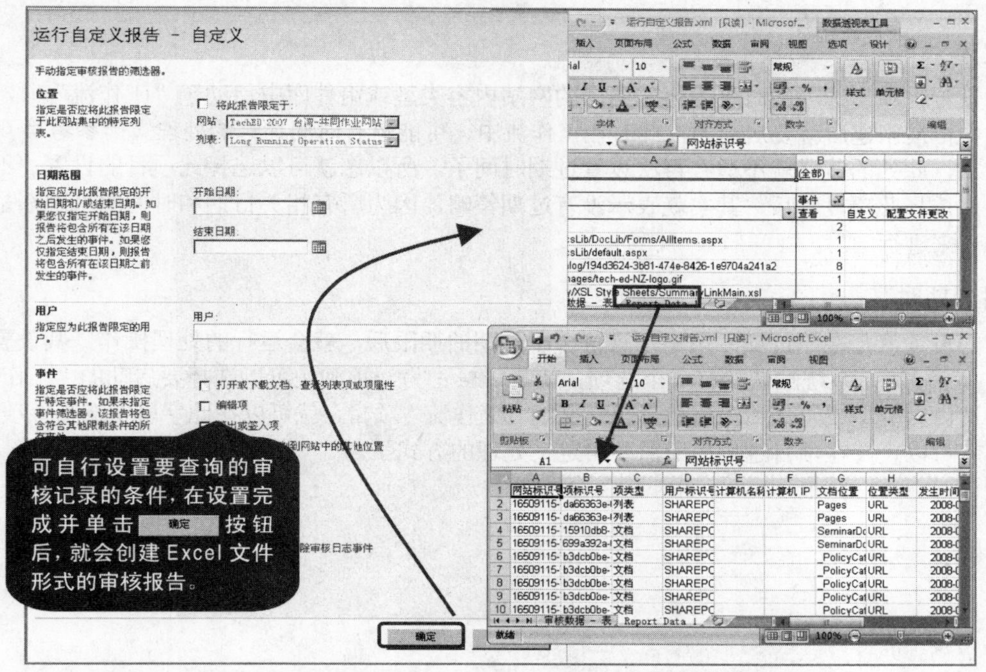

图 15-74　自定义的“审核报告”可以筛选自定义的条件来创建所要查看的审核报告内容

15.5.6　设置“过期”信息管理策略

“过期”（Expiration）策略主要用于设置列表记录和文档的有效期限，以及该列表记录或文档在超过设置期限后应进行的操作，例如删除或进行某项工作流的处理等。

当您在进入“信息管理策略设置”项目的设置页面，并勾选了☑启用 过期 策略项目后，在“过期”区块下就会出现可供设置的内容，如【图 15-75】所示。

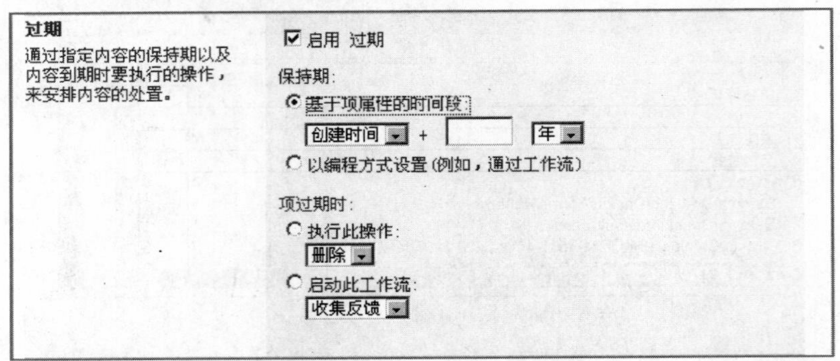

图 15-75 在信息管理策略设置中的“过期”策略设置内容

在“过期”策略设置内容中，可以设置依据不同情况来指定需要采用的几种处理方式。

根据项目属性的时间周期

此项目是提供对“过期”的时间计算依据，系统默认的网站内容类型或组件库中，有两项有关时间的字段，一个是“创建时间”，另一个是“修改时间”，所以在此项目的时间字段上，您可以选择这两项字段中的其中一项，如果您在网站内容类型或组件库中自定义了有关时间的字段，这些字段也会在此设置字段中列举出来，您也可以选择这些自定义的时间字段来作做为依据。而在时间字段后面，则是根据您所选择的时间字段可加入的差异时间，其单位可以选择“日”、“月”或“年”。例如，有一种文档库，在创建文档后，如果该文档曾经被打印，则该文档就必须在一天后被删除。此时，我们就可以在网站内容类型或组件库中创建一个名为“上次打印”的时间字段，在此处选择“上次打印”字段，接着在后面的字段中设置“+1天”，并在其后的 执行此操作: 中设置为 删除，那么在这份文档被打印过后的 1 天，就会进行删除该文档的处理。

设置程序

选择“设置程序”选项的时机为何？当您的网站内容类型或组件库中启动了“工作流”时，例如，该工作流是在文档被创建后就要启动的，此时在工作流中，可能也有时间计算的处理（请参考第 6 章中的相关内容）需求，此处的策略就不适合再次设置过期时间了，所以您就可以选择此项目的设置。不过要注意的是，如果您选择此项设置后，其实就表示没有过期策略，因为所有相关日期和时间的处理都是交由正在运行的工作流来进行的。

当项目到期时

此项目的设置就是在“过期”策略一旦符合了过期的期限后，就会运行的处理操作，其设置有两项：一项是 执行此操作:，系统默认只有一个选项，就是 删除；另一项则是可以选择要启动的“工作流”项目，如果您在网站内容类型或组件库中创建了自定义的“工作流”项目，就可以在此字段中选择该项“工作流”项目，这样就可以设置在项目过期后所需要自定义处理的方式了。

第 16 章

搜索的高级应用

本章提要

我们在第 8 章中介绍了 MOSS 2007 的基本搜索功能，可是搜索功能可不是一章就可以介绍完的，所以在本章中，将为您介绍搜索的高级应用，其中包括了如何让您的可以对原本不支持搜索的 PDF、JPG、XPS 等格式的文件都可以进行搜索操作外，还将深入探讨搜索的中继管理属性与中继爬网属性是怎么回事，这部分可是连英文书籍都没有详细说明的喔！

除此之外，本章也将介绍如何对各种不同目标数据，包括共享文件、Exchange 公用文件夹、互联网网站，如何创建搜索操作，以及定制搜索环境与高级搜索环境的应用，让您对 MOSS 2007 的搜索操作有更深一层的认识，并发挥其搜索强大的功能。

本章重点

在本章，您将学会：

- 自定义爬网文件类型
- 自定义搜索的内容来源
- 自定义搜索范围
- 自定义基本的搜索页面
- 元数据属性映射的使用
- 高级搜索应用

16.1 自定义爬网文件类型

当您在 MOSS 2007 的索引操作中启动了爬网（Crawl）处理功能后，有没有想过爬网处理功能到底爬网了哪些数据类型的内容呢？在 MOSS 2007 各项文档库中所存放的各种文档都被爬网处理了吗？我们又该如何确定哪一些类型的文档数据可以进行爬网呢？

要了解 MOSS 2007 可以爬网的文件类型，请依次单击 搜索 → 搜索设置，在打开的“设置搜索设置”页面中选择 爬网设置 下的 文件类型，单击此项目后会进入“管理文件类型”设置页面，如【图 16-1】所示。

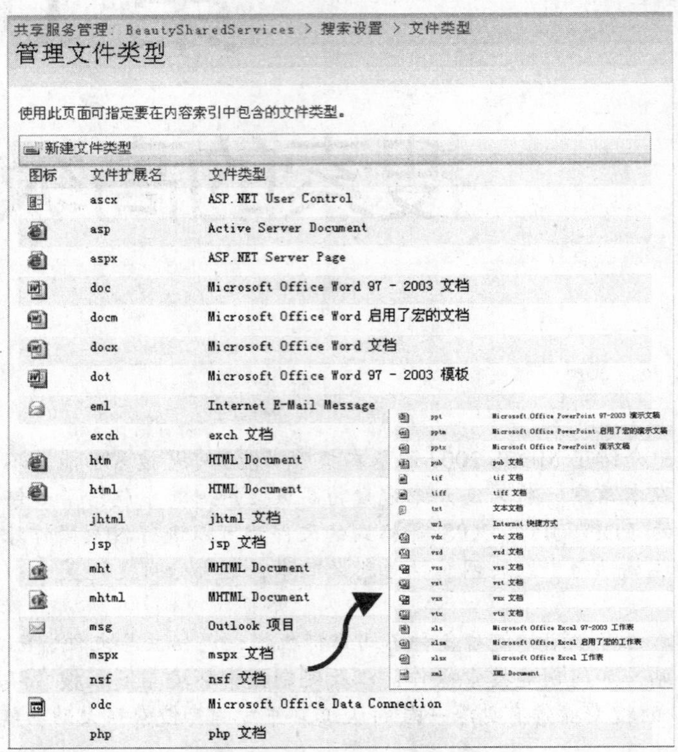

图 16-1 MOSS 2007 系统默认可以进行爬网处理的文件类型

从【图 16-1】中可以看到，MOSS 2007 系统提供了许多可以进行爬网的文件类型，乍看之下，会觉得系统提供可以爬网的文件类型非常多，所以应该够了吧！如果您是这么认为的话，那就太……太天真了。

举个例子，在互联网环境中，我们经常也会使用一种文档文件类型，叫做 PDF（Portable Document Format），此种文档是由 Adobe 公司所提供的文件类型，扩展名为“pdf”，让我们来查看一下系统默认有没有此种类型？

哇！没有耶！不过，我看到在“管理文件类型”页面上有 新建文件类型 的功能啊！我把这个扩展名的类型加进去就可以啦！

如果您还是这么想的话！笔者就要说：您还非常天真无邪耶！没错，虽然 MOSS 2007 的默认文件类型很多，但大部分是以互联网标准文档类型（例如 HTML、EML 等）和微软 Office 系列软件所提供的主要文件类型（例如 DOC、XLS 等）为主，至于其他厂商开发的文件类型，在 MOSS 2007 的系统默认环境中是无法识别的，而对没有提供文件类型的文档是不会进行索引操作和爬网处理的。

MOSS 2007 的搜索引擎通过 IFilter 筛选组件来对不同文件类型的内容进行爬网处理，也就是说，每种可以被爬网处理的文件类型必定有其对应要使用的 IFilter 筛选组件，如果没有 IFilter 筛选组件，就无法对该文件类型的内容进行爬网处理，所以，即使您在 MOSS 2007 系统中添加了此类文件的扩展名，对系统来说，还是不会对该文档内容进行爬网操作。

那要如何来产生并注册 IFilter 筛选组件呢？IFilter 筛选组件必须是通过程序开发编写出来的 dll 运行文件，然后将编写好的 IFilter 组件添加到 MOSS 2007 系统的注册表中，最后才能在 MOSS 2007 的搜索设置环境下，添加该项 IFilter 组件可以处理的扩展名。

16.1.1 安装 Adobe 的 IFilter 筛选组件

重点来了，到底 PDF 文档可不可以放到 MOSS 2007 的索引爬网操作中来进行文档搜索呢？答案当然是可以的啰！

Adobe 公司为了要让自己的文档可以在微软的索引爬网操作中进行处理，自行开发了爬网操作所需要使用的 IFilter 筛选组件，如果您希望 MOSS 2007 的搜索引擎可以对 PDF 文件进行爬网处理，就必须安装此项 IFilter 筛选组件，您可以先在 IE 浏览器的 URL 地址字段中输下网址“http://www.adobe.com/support/downloads/detail.jsp?ftpID=2611”，如【图 16-2】所示。

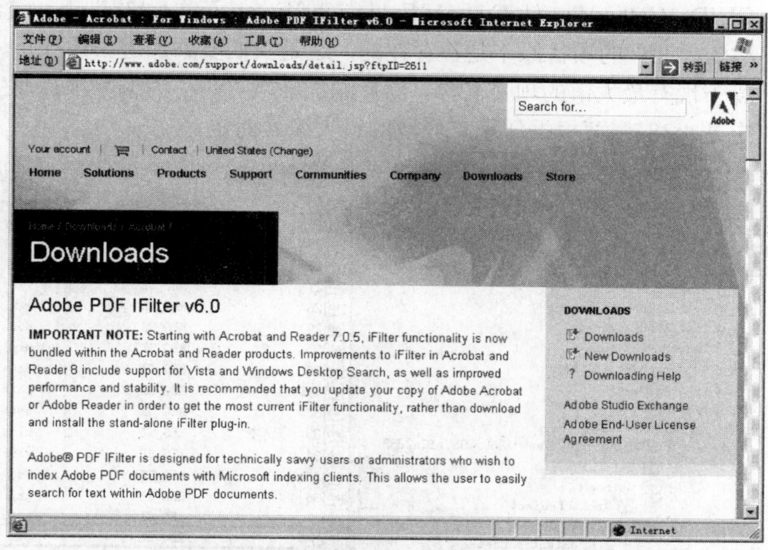

图 16-2 Adobe 公司提供的 IFilter 筛选组件

从【图 16-2】中可以看到，在本书截稿时，Adobe 公司所提供的 IFilter 筛选组件是 6.0 版本，此项 IFilter 筛选组件是免费下载的，所以，您可以将此筛选组件下载到 MOSS 2007 服务器上，下载安装的文件名称是“ifilter60.exe”（听说 Adobe Reader 8 的程序包中也提供了 IFilter 筛选组件），以下是安装此 IFilter 筛选组件的步骤。

- 在安装此 IFilter 筛选组件前要先停止 MOSS 2007 的索引搜索服务。您可以打开在 MOSS 2007 搜索服务器上的“服务”管理页面，找到 Office SharePoint Server Search 服务并单击“停止服务”按钮，如果您已经启动了 Windows SharePoint Services Search 服务，也要将该服务停止（您也可以直接在 Windows 操作系统的命令提示符环境中，运行“net stop osearch”和“net stop spsearch”）。
- 接下来，运行 IFilter60.exe 安装程序，请参考【图 16-3】，按照该安装程序的安装向导步骤单击 Next > 并依次完成设置，其默认安装路径为“%SystemDrive%\Program Files\Adobe\PDF IFilter 6.0”。

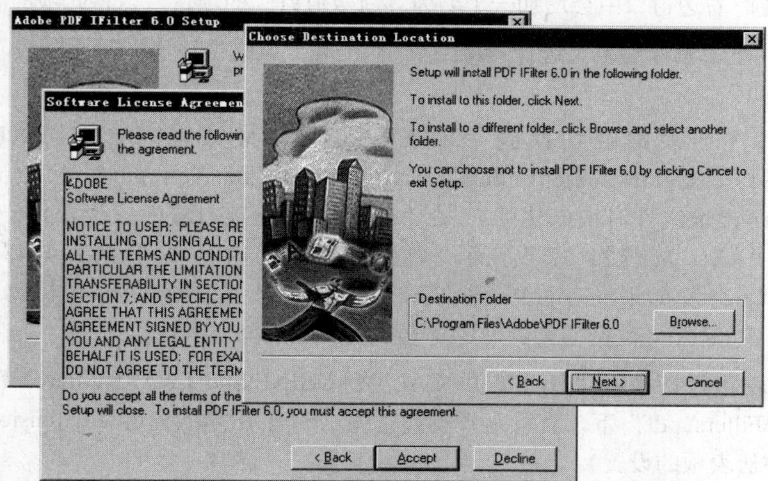

图 16-3 安装 Adobe 公司所提供的 IFilter 6.0 筛选组件

16.1.2 注册 PDF IFilter 筛选组件

在安装好 Adobe 的 IFilter 筛选组件后，要将此筛选组件的使用环境添加到 MOSS 2007 系统的注册表环境下，才能够让 MOSS 2007 的搜索引擎爬网功能运行使用。

- 使用 MOSS 2007 服务器的系统管员账户登录，单击 开始 → 运行(R)...，在“命令提示符”对话框中输入“regedit”，启动注册表编辑器。
- 将注册表路径切换到“HKEY_LOCAL_MACHINE\SOFTWARE\Microsoft\Office Server\12.0\Search\Applications\<GUID>\Gather\Portal_Content\Extensions\ExtensionList\38”下，请注意，如【图 16-4】所示，右边名称为“38”的项目原本是不存在的，这是我们要添加进去的项目，而该“38”的名称是依据在该环境下现有最大值的项目名称，然后添加一项“+1”的编号项目而生成的，所以，在您的系统中不一定是“38”，要根据您现有环境的最大编号而定。

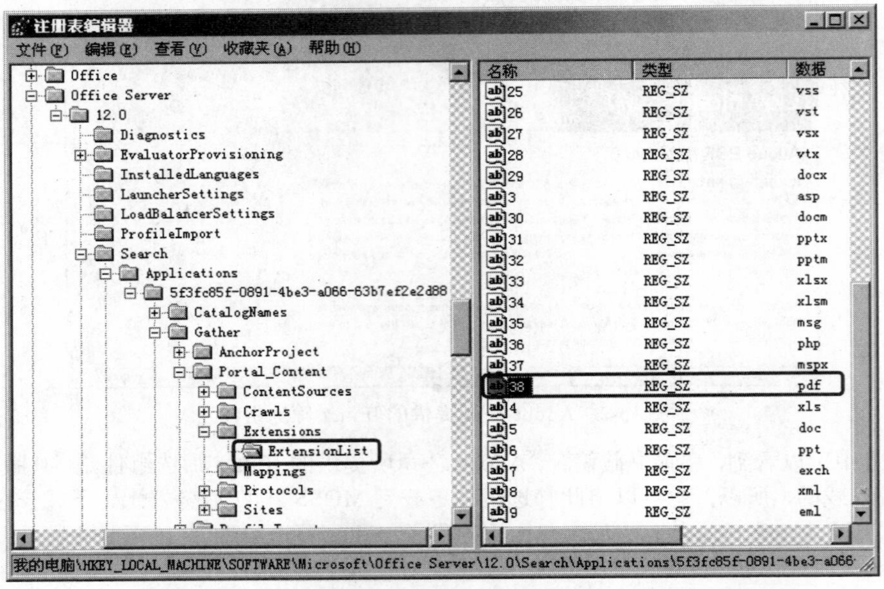

图 16-4 注册 Adobe 公司所提供的 IFilter 6.0 筛选组件

如【图 16-4】所示，“37”项目值为系统默认最大值，所以会在右边窗口中新建一个“名称”为“38”、“类型”为“REG_SZ”（字符串值）、“数据”为“pdf”的项目，其余大于 38 的值为笔者后续加入的注册表项。

- 将注册表路径切换到如【图 16-4】所示的“ExtensionList”路径下，单击 编辑(E) → 新建(N) → 字符串值(S)，此时右边窗口中会增加一个名为“新数值#1”的项目，请将此项的名称改为“38”。
- 选择此项目并单击鼠标右键，选择 修改(M)，在出现“编辑字符串”对话框后，在“数值数据”字段中输入“pdf”。
- 接下来，将注册表路径切换到“HKEY_LOCAL_MACHINE\SOFTWARE\Microsoft\Office Server\12.0\Search\Setup\ContentIndexCommon\Filters\Extension\.pdf”下（“pdf”的注册表项是在安装 IFilter 筛选组件时被创建的），在“pdf”注册表项右边应该会看到一项 (默认) 项目，其“类型”为“REG_MULTI_SZ”，而“数据”字段的内容为“{4C904448-74A9-11D0-AF6E-00C04FD8DC02}”，如果没有看到，请在 Extension 目录下添加一项.pdf 机码，然后新建一个“类型”为“REG_SZ”，“数据”为此 GUID 值的注册表项。
- 请再将注册表路径切换到“HKEY_LOCAL_MACHINE\SOFTWARE\Microsoft\Office Server\12.0\Search\Setup\Filters\.pdf”下，查看是否有如【图 16-5】所示的内容（Extension、FileTypeBuket、MimeType 注册表项的设置）。

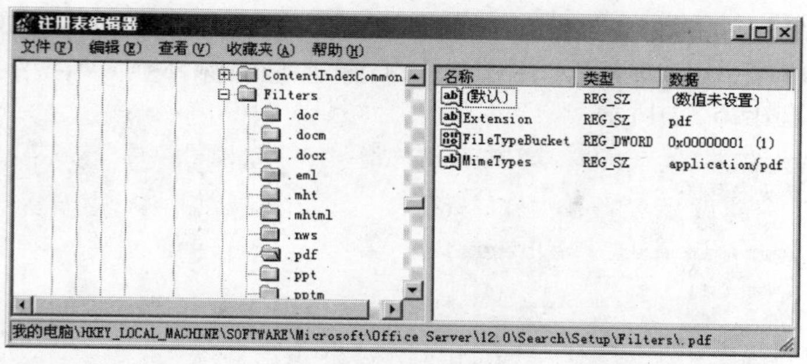

图 16-5 注册 Adobe 公司所提供的 IFilter 6.0 筛选组件时的设置值

在确定以上的注册表项设置完成后，重新启动 Windows SharePoint Services Search 服务和 Office SharePoint Server Search 服务，也可以在命令提示字符环境下运行“net start spsearch”和“net start osearch”（请注意：如果您最后在测试时发现没有爬网 PDF 文档，那就要请您重新启动计算机，让系统的 IFilter 筛选组件重新加载运行就可以了）。

16.1.3 添加 PDF 文件类型

将以上安装、注册操作完成后，要到 MOSS 2007 系统中添加 PDF 文件类型后才算完成自定义 PDF 文件类型的安装设置。

- 请在“SharePoint 3.0 管理中心”环境中切换到 共享服务管理 下的 BeautySharedServices 项目，然后依次单击 搜索 → 搜索设置 → 文件类型，在“管理文件类型”配置页面下单击 新建文件类型。
- 在“添加文件类型”配置页面中的 文件扩展名: 字段中输入“pdf”并单击 确定，回到“管理文件类型”配置页面，如【图 16-6】所示。

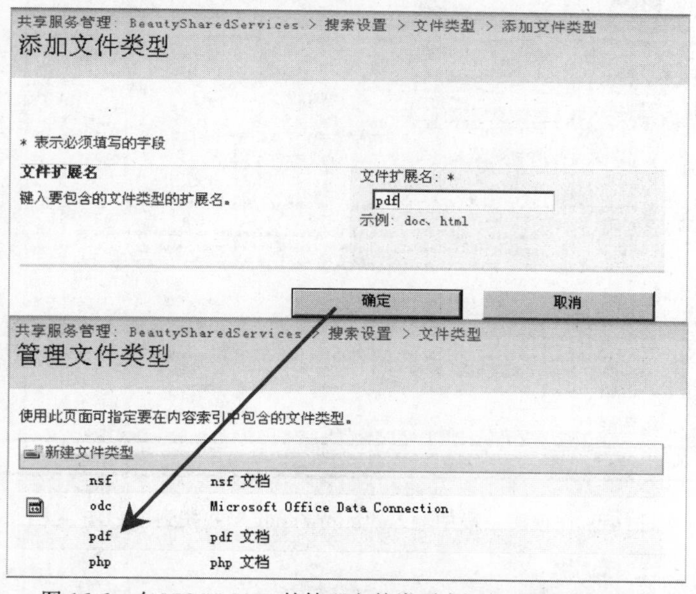

图 16-6 在 MOSS 2007 的管理文件类型中添加 PDF 文件类型

16.1.4 测试 PDF 爬网搜索文档

为了测试 PDF 文件类型是否已经被 MOSS 2007 的搜索功能进行了爬网处理，我们先向文档库中上传一些 PDF 文档，然后重新启动爬网功能，再进行搜索 PDF 文档内容的操作来进行验证，如【图 16-7】所示。

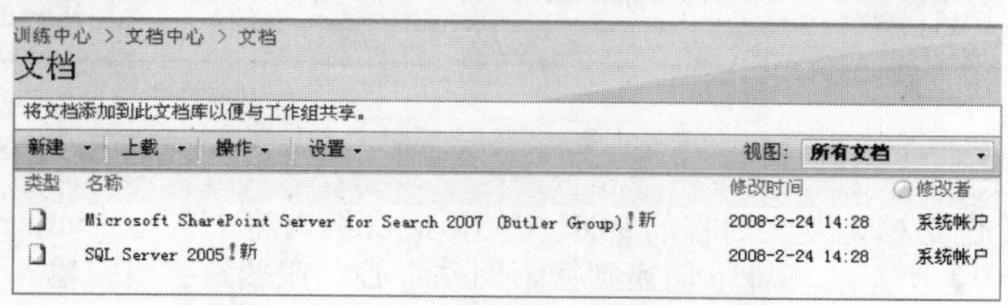

图 16-7 在文档库中上传一些 PDF 文档

请将环境切换到“SharePoint 3.0 管理中心”，依次单击 共享服务管理 → BeautySharedServices → 搜索 → 搜索设置 → 内容源和爬网计划 ，重新运行系统默认的 本地 Office SharePoint Server 网站 下的 启动完全爬网 ，然后等待处理完成，如【图 16-8】所示。

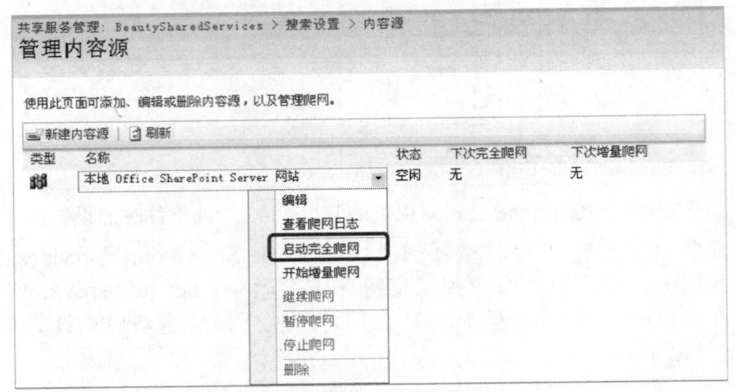

图 16-8 启动默认的本地 Office SharePoint 服务器网站下的完全爬网功能

注意 在运行 启动完全爬网 处理操作时，请注意对文档爬网的处理性能问题，如果在完成 完全爬网 处理后，出现了许多警告或错误信息时，就必须重新调整爬网功能的性能，此部分的详细内容请参考第 8 章中的说明。

在完成 完全爬网 处理后，就可以切换到搜索中的新页面输入您所要查询的内容，两项搜索条件和结果如【图 16-9】和【图 16-10】所示。

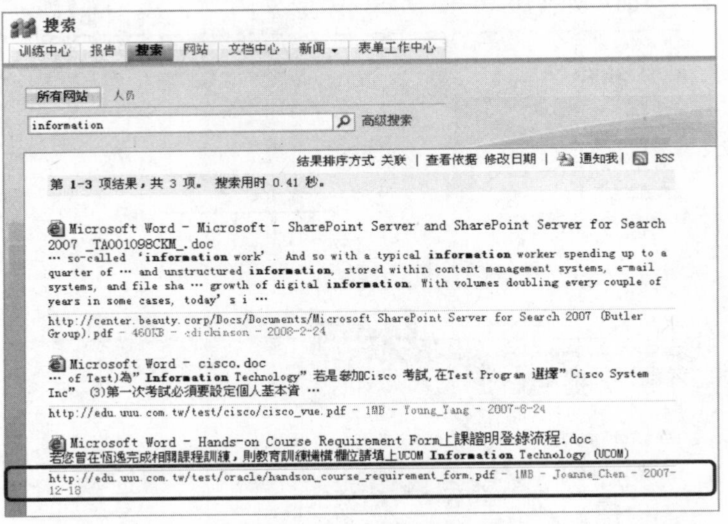

图 16-9 在搜索字段中输入“information”并找到该 PDF 文档

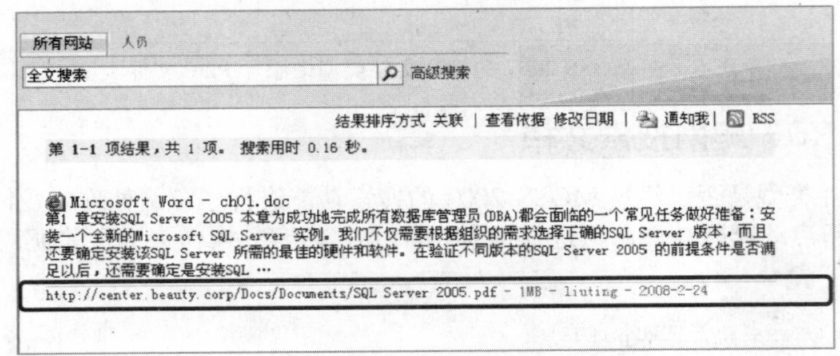

图 16-10 在搜索字段中输入“全文搜索”并找到该中文的 PDF 文档

【图 16-7】中的第 1 份文档是英文内容的 PDF 文档，此文档内容中含有“information”这个英文文本，所以，我们在如【图 16-9】所示的环境下切换到搜索网站中心，在搜索字段中输入“information”，并按下【Enter】键后，搜索操作便成功地将此 PDF 文档找出来了，这也表示了 PDF 筛选组件安装设置成功。

如【图 16-7】所示的第 2 份文档内容是中文的 PDF 文档，此文档内容中含有“全文搜索”的中文文本，所以我们在如【图 16-10】所示的环境下切换到搜索网站中心，在搜索字段中输入“全文搜索”，并按下【Enter】键，搜索操作也成功地将此中文 PDF 文档找到，这表示中文内容的 PDF 文档也可以进行爬网处理。

16.1.5 其他 IFilter 筛选组件

看完以上的 PDF 自定义文件类型索引爬网处理后，您是不是觉得很兴奋呢？现在我们就可以针对 PDF 文档来进行全文检索啰！但人总是不满足，因为您可能会再问：还有许多其他的文件类型，例如，可不可以对 ZIP 压缩文件的文档内容进行全文检索爬网操作呢？Start Office、Open Office、GIF、JPG 等的文件类型是不是也可以进行全文检索爬网操作呢？

其实，我们在第 8 章及本章前面就讲到过，在 MOSS 2007 的搜索功能中，只要提供该文件类型的 IFilter 筛选组件，MOSS 2007 便能够运行该文档所需要的索引爬网处理操作，也就可以搜索该文档的内容了。

在互联网上有许多第三方开发厂商（Third-Party）提供了各种文件类型的 IFilter 筛选组件，例如，其中有一家叫做 IFilterShop 的网站，您不妨到该网站查找一些不错的 IFilter 筛选组件，如【图 16-11】所示。

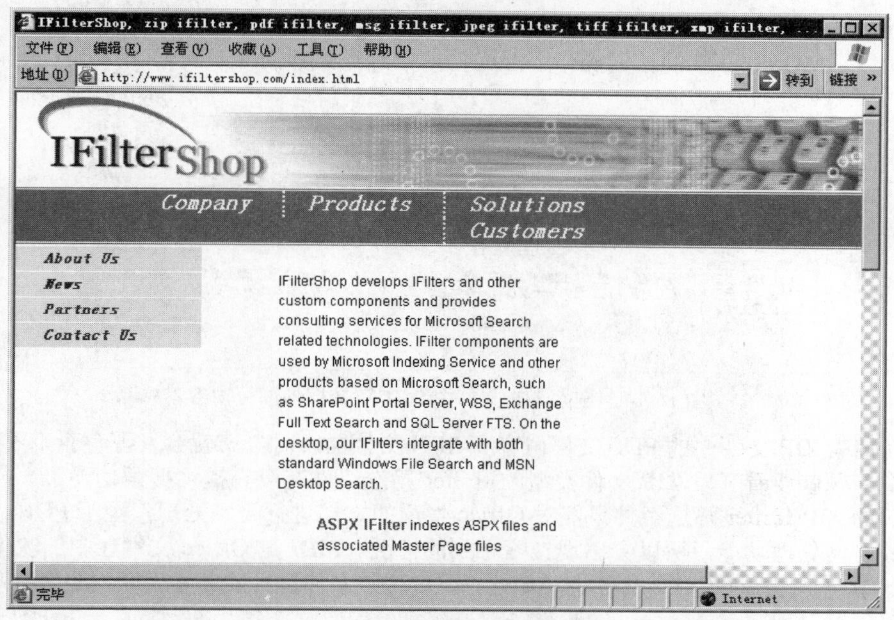

图 16-11 由第三方开发厂商所开发的 IFilter 筛选组件

将【图 16-11】网站所提供的 ZIP 文件类型的 IFilter 筛选组件安装到 MOSS 2007 系统之后（其步骤请参考 PDF 文件类型的安装程序），我们在文档库中上传了一份 ZIP 文件，这份 ZIP 文件中有 3 种不同类型的文档（PDF、DOCX 和 MDI），如【图 16-12】所示，其中 PDF 和 DOCX 两种在系统中有默认的 IFilter 筛选组件，而 MDI 文件目前在系统没有提供 IFilter 筛选组件。

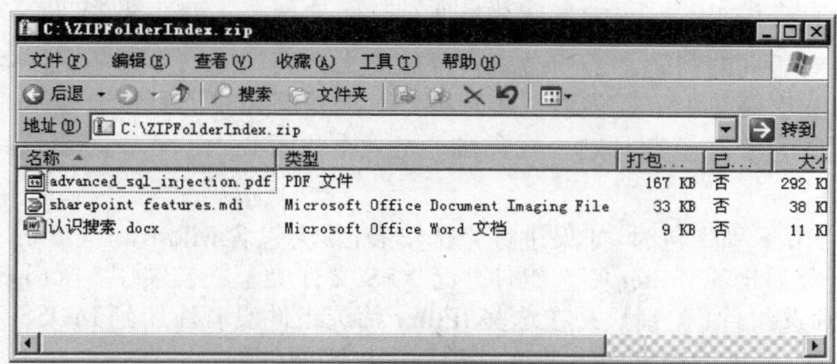

图 16-12 ZIP 文件中包含了 3 种不同类型的文档

我们将包含 3 份文档（如图【16-13】所示）的 ZIP 文件上传到文档库并重新进行 启动完全爬网 （添加新的文档类型设置后的第一次要进行完全爬网处理）的操作，在处理完毕后，切换到搜索中心，进行这 3 份文档的搜索。

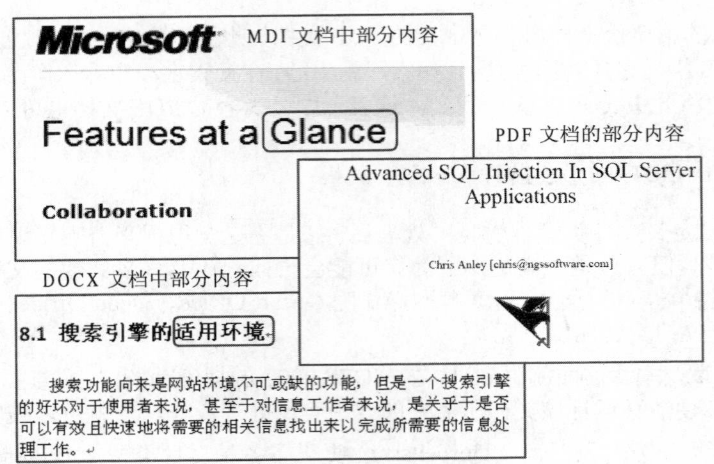

图 16-13 在 ZIP 文件中 3 份文档的部分内容

我们从【图 16-14】看到，在搜索字段中输入“适用环境”，这些内容从【图 16-13】是 ZIP 文件中 DOCX 文档的内容，所以，MOSS 2007 的搜索操作已经成功搜索到在 ZIP 文件中的 DOCX 文档的内容。

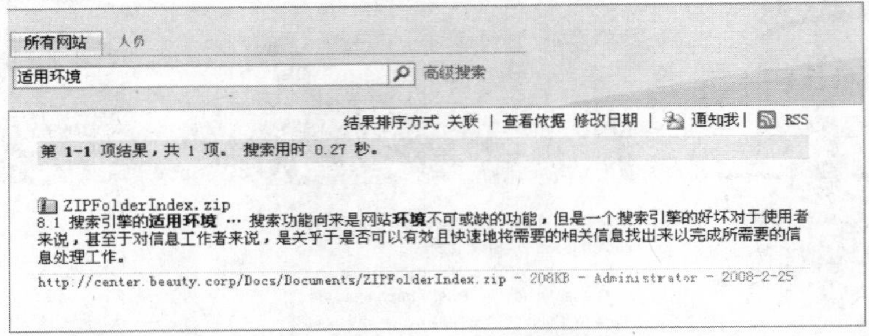

图 16-14 搜索 ZIP 文件中 DOCX 文档的部分内容

但接下来在搜索 ZIP 文件中的 PDF 文档内容和 MDI 文档内容时，您就会发现有查询不到的情况发生，为什么呢？这个问题就要看开发 ZIP 文件类型的 IFilter 筛选组件有没有提供搜索功能了。从以上例子可以发现，我们举例的 ZIP IFilter 筛选组件只能对 Office 性质的文档进行爬网处理，至于 PDF、MDI 的文件类型则没有提供其爬网处理功能，所以会出现搜索不到的情况。MDI 是 Office 文件包中的映像文件，还有另一种在 Office 2007 下所提供的 XPS 文件也是如此，要对这些文件进行能够索引爬网也需要有他们的 IFilter 筛选组件才能够运行。

16.1.6 注册已有的 IFilter 筛选组件

上面我们又提到了微软 Office 中的另外两种文件类型，一个是 MDI，另一个是 XPS。你知道吗？MDI 文件类型可是 Office 的映像文件喔！难道 Office 没有提供 IFilter 筛选组件吗？XPS 是 Office 2007 所提供的映像文件喔！难道也没有提供吗？这两种文件都是通过打印处理产生的文件类型。

嘿嘿！笔者当初也有相同的问题，心想微软自己做的文档应该提供了这些文件类型的 IFilter 筛选组件吧！否则又如何在桌面索引服务中来提供索引爬网呢？可能是因为我们不知道他们的 IFilter 筛选组件在哪里？又应该如何来设置呢？于是笔者开始查找资料，皇天不负苦心人，笔者终于找到解决方案了，下面就告诉您如何来操作喔！

其实，当您在安装 Office 程序包时，如果进行完全安装，就会包含 Microsoft Office Document Imaging File Reader 程序，其中就包含了此项 IFilter 筛选组件，而 XPS 文件类型在安装了 Microsoft .NET Framework 3.0 后，也会提供此 IFilter 筛选组件，差别只是在这些 IFilter 筛选组件没有注册到 MOSS 2007 的系统注册表中，所以 MOSS 2007 的搜索引擎就没办法对这些文件类型进行爬网处理。

注册这些 IFilter 组件的程序与上述说明的注册程序几乎完全相同（请参考前面注册步骤的叙述），而区别在于，在前面有些注册内容是该项 IFilter 安装程序在安装时就帮您自动设置好的，可是要使系统下在其他环境所创建好的 IFilter 筛选组件在 MOSS 2007 系统下运行，就必须要用手动的方式到 MOSS 2007 的注册表中进行注册。

手动注册时最需要了解的就是这些文件类型 IFilter 组件的注册内容是什么？从前面的注册步骤中可以知道该项 IFilter 组件的扩展名，而要添加的文件类型编号是可以依次增加的，所以在上述第 1 步的注册设置步骤应该是没问题的，但第 2 步注册设置中就需要 IFilter 的类别识别码（ClassID），我们怎么知道 MDI 与 XPS 的类别识别码是什么呢？第 3 步的注册则是设置该文件类型的扩展名、文件类型的分类编号和该文件类型 MIME 的文档叙述。以下列出这两种文件类型注册时需要内容。

MDI	类别识别码：{62160CBE-AFCB-4795-9B68-DDE5BA6D2524} Extension：mdi FileTypeBucket：1 MimeTypes：image/vnd.ms-modi;image/mdi
XPS	类别识别码：{0B8732A6-AF74-498C-A251-9DC86B0538B0} Extension：xps FileTypeBucket：1 MimeTypes：application/vnd.ms-xpsdocument

【图 16-15】、【图 16-16】和【图 16-17】分别为 3 个注册位置所设置的内容，供您参考。

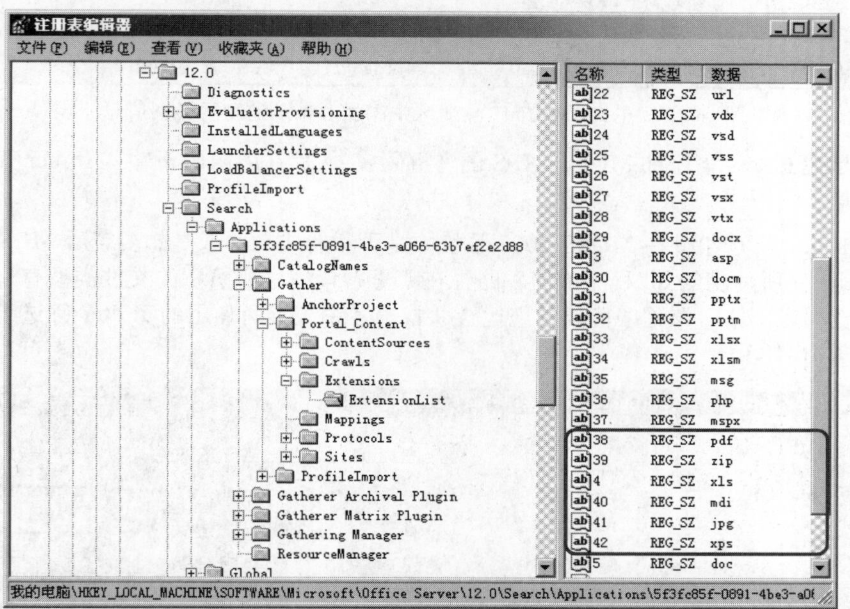

图 16-15　在 MOSS 2007 注册区中添加注册文件类型编号

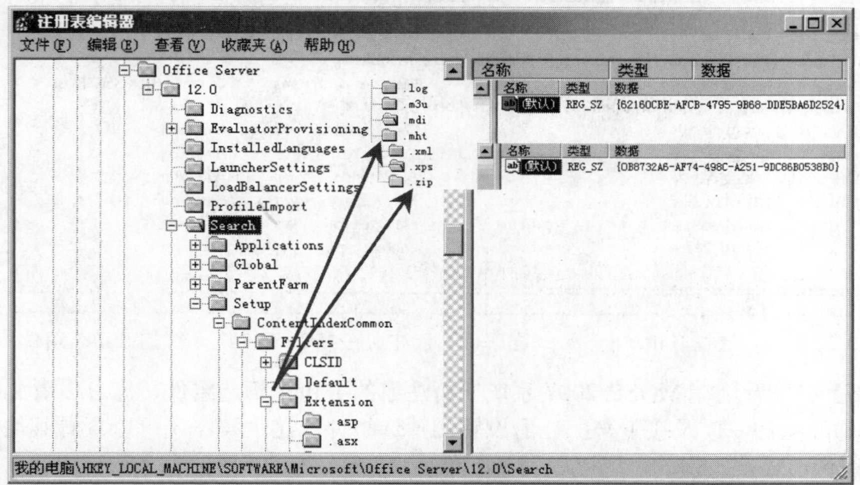

图 16-16　在 MOSS 2007 注册区中添加 IFilter 的类别识别码

【图 16-16】的意思是在 Extension 下添加 MDI 与 XPS 的〔机码〕，然后在“默认”项目下设置个别 IFilter 筛选组件的类别识别码，其“类型”原本是“REG_MULTI_SZ”，但“REG_SZ”也可以，所以不用担心也不用将默认项目删除（不过您也删不掉默认项目），直接使用即可。

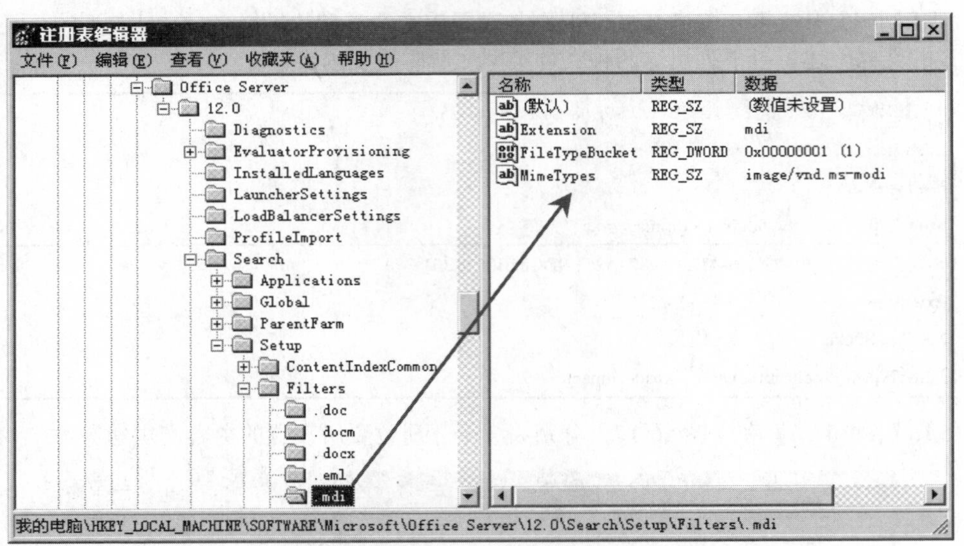

图 16-17　在 MOSS 2007 注册区中添加 IFilter 的爬网类别信息

【图 16-17】是在 Filters 下添加 MDI 与 XPS 的〔机码〕，然后在各机码下输入 IFilter 筛选组件所需要提供的爬网类别信息。

要检查以上 IFilter 筛选组件在 MOSS 2007 系统中是否注册成功，或是想要查看 MOSS 2007 系统下有哪些 IFilter 筛选组件，所使用的 dll 程序为何？路径在哪里？该程序所负责的文件类型有哪些？笔者找到了一个工具程序，觉得还不错，该程序可以帮您检查并找出各系统下所使用的 IFilter 筛选组件和设置的相关信息，请参考【图 16-18】。

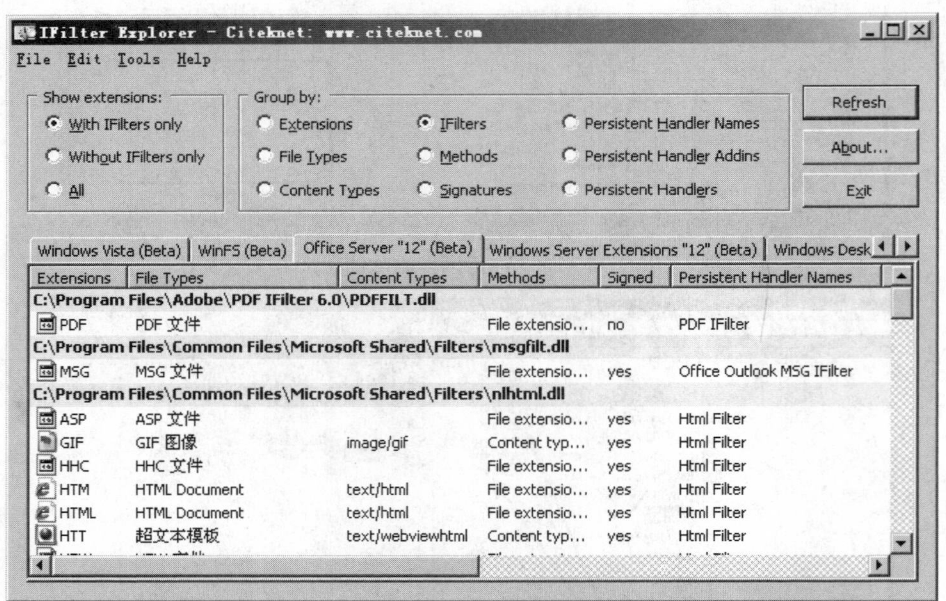

图 16-18　通过 IFilter Explorer 程序可知已注册在 MOSS 2007 系统的 IFilter 组件

从【图 16-18】可以看到在 MOSS 2007 系统下所注册的 IFilter 筛选组件，您可以看到，我们前面已安装的 PDF IFilter 筛选组件，以及接下来所注册设置的筛选组件，这个程序还可以查看其他搜索环境下所注册的 IFilter 筛选组件，还蛮不错的，您可以到 http://www.citeknet.com 网站上下载试用版。但请注意喔！要正式合法使用，还是要付费的喔！

16.1.7 测试 MDI、XPS 文档的全文检索

以上在注册好 MDI 与 XPS 的 IFilter 筛选组件后，我们将 MDI 与 XPS 的文档再上传到文档库中，请参考【图 16-19】。

训练中心 > 文档中心 > 文档
文档
将文档添加到此文档库以便与工作组共享。
新建 ▾ 上载 ▾ 操作 ▾ 设置 ▾ 视图: 所有文档

类型	名称	修改时间	修改者
	Autumn !新	2008-2-25 19:13	系统帐户
	Enterprise Search Architecture !新	2008-2-25 19:17	系统帐户
	Microsoft SharePoint Server for Search 2007 (Butler Group) !新	2008-2-24 14:28	系统帐户
	sharepoint features !新	2008-2-25 19:05	系统帐户
	SharePoint WorkSheet !新	2008-2-25 18:12	系统帐户
	SQL Server 2005 !新	2008-2-24 14:28	系统帐户
	ZIPFolderIndex !新	2008-2-25 18:57	系统帐户

图 16-19　在上传的文档中，第 2 项是 XPS 文档、第 3 项是 MDI 文档

在上传完这些文件类型的文档后，单击 搜索设置 下的 内容源和爬网计划，打开“管理内容源”配置页面，对默认项目进行 启动完全爬网 处理。

经过一段时间，在爬网完成后，如果您想查看有没有爬网失败的情况，可以单击 查看爬网日志，默认查看爬网操作中所有日志，记录非常多，查看起来非常麻烦，所以如果您只想查看存放在文档库环境下的文档爬网操作是否有错误，可以在 查找以下面的主机名称/路径开头的 URL: 字段上输入该文档库的路径，这样可以看到针对该文档库所运行的爬网处理的情况记录。

例如，在【图 16-20】中，我们输入了“http://center.beauty.corp/docs/ documents”并按下【Enter】键后，以下内容就是该文档库下的爬网日志了，我们可以看到其中没有显示任何错误，并且各种不同的文件类型都成功地完成了爬网操作。

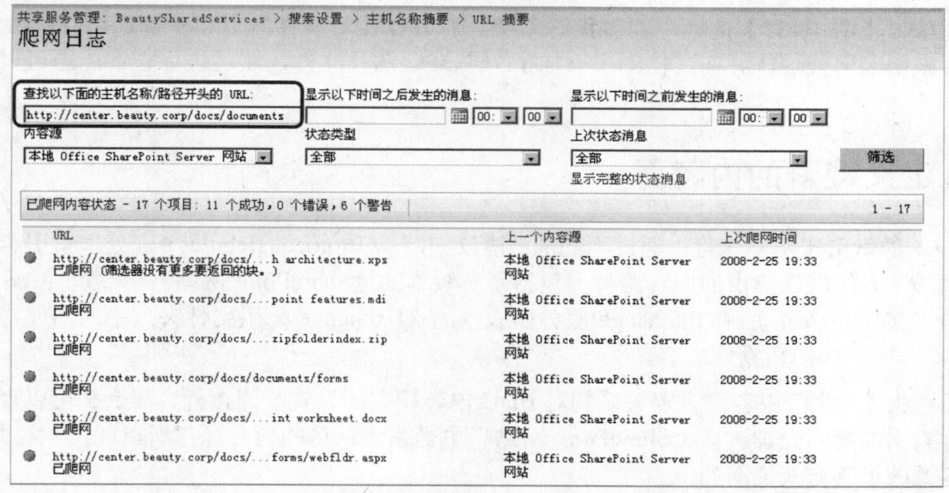

图 16-20　筛选查询指定文档库下的爬网处理日志

确认正确地完成爬网操作后，就可以来进行各文件类型文档内容的搜索了，如【图 16-21】、【图 16-22】和【图 16-23】所示是搜索不同文件类型的结果。

图 16-21　输入 XPS 文档中的单词“experiences”来找到该 XPS 文档

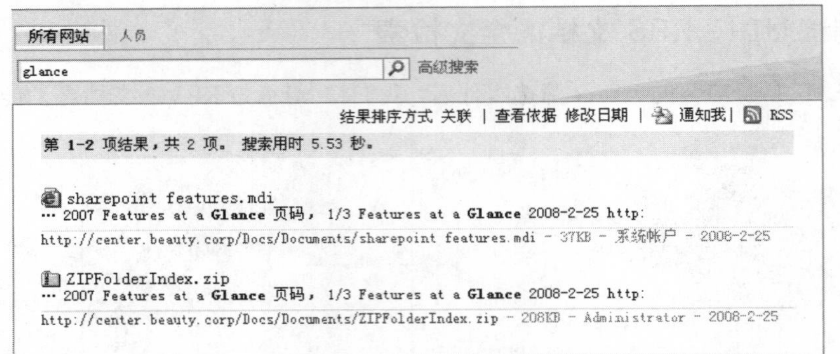

图 16-22　输入单词“glance”找到该 ZIP 文件中的 MDI 文档和直接上传的 MDI 文档

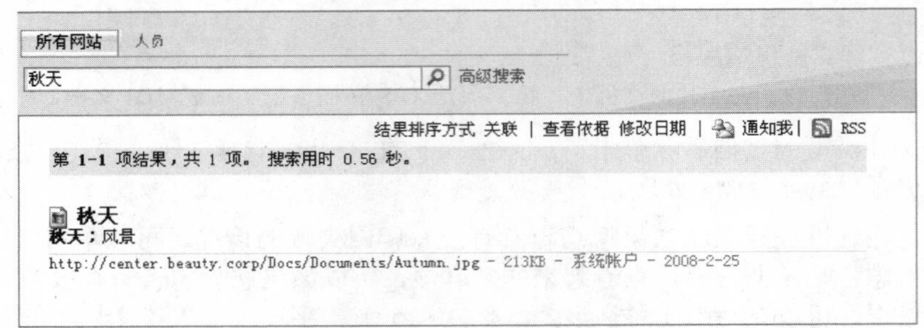

图 16-23 在 JPG 图片文件属性字段中输数据便可搜索此图片文件

如【图 16-22】所示，我们输入单词“glance”（请参考【图 16-13】）。由于此文档一份放置在 ZIP 文件中，另一份放置在文档库中，所以当搜索时，【图 16-22】中就出现了两项 MDI 文档，一份在 ZIP 文件中，另一份在文档库中，这也表示 ZIP 文件中的 MDI 文档也运行索引爬网了。

如果您注意了【图 16-15】的话，其实我们还设置了 JPG 图片文件的 IFilter 筛选组件，针对 JPG 图片属性内容进行索引爬网处理，并在文档库中添加了一个 JPG 图片文件，然后进行查询，您可以练习看看如何操作喔！

16.2　自定义搜索的内容源

MOSS 2007 的索引爬网操作可以通过不同的“协议控制”（Protocol Handler）来处理索引爬网的内容源（请参考第 8 章），系统默认提供的内容源种类包括了各版本的“SharePoint 网站”、一般“网站”、NetBIOS 网络环境下的“文件共享”、所有 Exchange 服务器版本的“Exchange 公用文件夹”中的邮件、自定义“业务数据”（BDC）所对应的数据库内容。

以上除了“业务数据”内容源设置关系到对 BDC 内容相关的设置与连接外，其余都可以直接指定这些内容源以进行索引的爬网处理，而“SharePoint 网站”更是系统默认的内容源，所以此两项在此暂不说明，其余各项内容源的设置方式说明如下。

16.2.1　“文件共享”内容源

“文件共享”内容源是针对 NetBIOS 网络环境的共享文件夹下的目录文件内容来进行索引爬网处理，当您要将指定的共享文件夹作为 MOSS 2007 索引爬网内容源时，最重要的就是在该项共享文件夹的访问权中要有 搜索设置 下 默认内容访问帐户 中指定账户的访问权。相反地，如果该共享文件夹下的子文件夹不希望被 MOSS 2007 索引爬网，则可以将该项账户设置为拒绝访问或是不提供访问权。

例如，我们在 MOSSVR 服务器下，创建一项名称为“share”的共享文件夹，该文件夹下包含了各种不同类型的文件，要对此共享文件夹进行索引爬网处理设置，可以先切换到“配置搜索设置”配置页面，单击 内容源和爬网计划 ，进入“管理内容源”配置页面，单击 新建内容源 ，进入“添加内容源”配置页面，如【图 16-24】所示的是此文件共享设置的内容。

共享服务管理: BeautySharedServices > 搜索设置 > 内容源 > 添加内容源

添加内容源

使用此页面可添加内容源。

* 表示必须填写的字段

名称

键入用于说明该内容源的名称。

名称: *

档案共用资源

内容源类型

选择将被爬网的内容的类型。

注意: 创建该内容源之后，由于其他设置依赖于内容类型，因此将无法更改内容类型。

选择要被爬网的内容的类型:

- ○ SharePoint 网站
- ○ 网站
- ◉ 文件共享
- ○ Exchange 公用文件夹
- ○ 业务数据

开始地址

键入作为搜索系统爬网起始位置的 URL。

其中包括文件共享内容，例如文档和其他文件。

在下面键入开始地址(一行一个地址): *

file://mossvr.beauty.corp/share

示例:
\\server\directory，或
file://server/directory

爬网设置

指定该类型内容的爬网行为。

选择爬网中要包含的文件夹。

选择用于该内容源中所有开始地址的爬网行为:

- ◉ 每个开始地址的文件夹和所有子文件夹
- ○ 仅每个开始地址的文件夹

图 16-24　设置共享文件夹的“文件共享”内容源

设置文件共享内容时，在“开始地址”区块中可以输入多行的共享文件夹路径，输入的格式可以有两种，这两种设置的主要差别在于使用的域名解析方式不同，如果输入“\\server\directory”，则使用采用 WINS 的方式进行域名解析，如果输入“file://server/directory”，则采用 DNS 域名解析方式，所以，我们建议采用第 2 种输入方式，通过 DNS 域名解析的方式来进行，但如果选择第 2 种方式，主机名最好采用完整的 DNS 名称比较妥当，当然也可以使用指定 IP 地址的方式来进行，但最好还是使用域名的方式具有更大的灵活性。

在“爬网设置”区块中，可以选择是否要包含指定共享文件夹下的子文件夹，如果您不想包含该共享文件夹的子文件夹，则可以选择第 2 项。

另外，下方还有“完全爬网”和“增量爬网”区块的设置，您可以自行设置爬网操作的调度时间，在此不多赘述。设置完成后，可以勾选下方的 ☑ 对该内容源启动完全爬网，并单击 确定，此时会直接启动完全爬网操作（第 1 次指定内容源时一定要进行一次完全爬网的操作），运行完成后，您可以单击 查看爬网日志，查看对共享文件夹的索引爬网处理是否有错误。

在如【图 16-25】所示的“share”共享文件夹中，将前面所使用过的各种图片文件放置到“picture”子文件夹下，我们再存放一个名为“Radiance.jpg”的月球图片文件，并在该图片文件的相关属性字段中输入该图片的内容描述，以供共享文件搜索测试时使用。

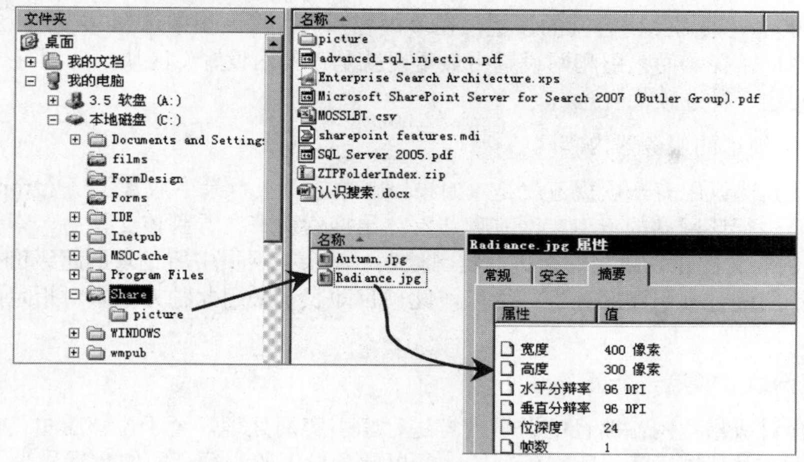

图 16-25　共享文件夹中的文件内容

共享文件搜索测试的结果请参考【图 16-26】和【图 16-27】。

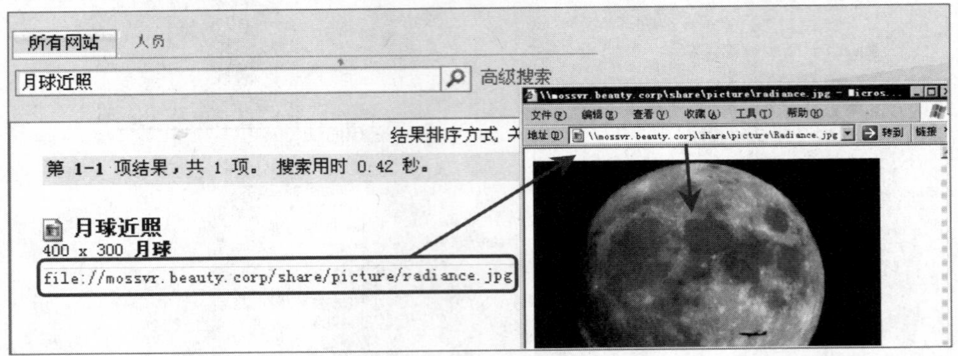

图 16-26　在搜索字段中输入“月球近照”找到共享文件夹下子文件夹中的图片文件

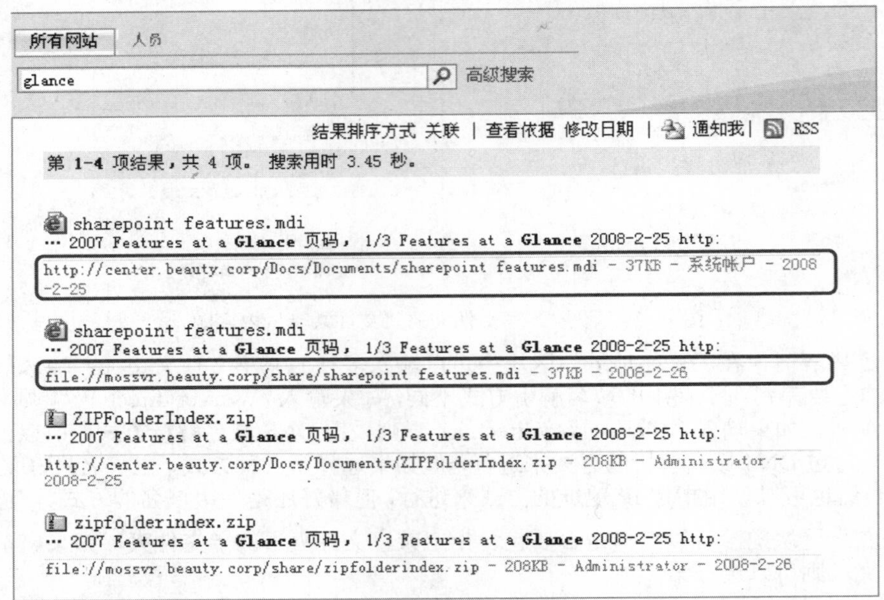

图 16-27　再次输入“glance”来找出在共享文件夹中的相关文件

16.2.2 “网站”内容源

MOSS 2007 的索引爬网处理也可以对一般互联网型的网站网页内容进行索引爬网处理，其添加步骤请参考之前的介绍，进入“添加内容源”配置页面，并在“名称”字段中输入所要创建的搜索项目名称，如【图 16-28】所示。

【图 16-28】是指定一项网站内容源的设置，在“内容源类型”区块中选择 ⊙网站，在“开始地址”区块中可以输入多项网址路径，而索引爬网设置中最重要就是“爬网设置”区块，此项目一共有 3 种选择，以下我们来分别说明这 3 种选项的含意。

- 仅在每个开始地址的服务器内爬网

在互联网标准搜索协议中有一项规范就是，如果该网站的首页目录下放置了一个 robots.txt 文件，代表该网站可供搜索引擎进行该网站的索引爬网有哪些？如果搜索引擎在看到该文件后，索引爬网的内容只能以 robots.txt 中所提供的文件路径或文件来进行爬网处理，其余在网页中所记录的超级链接数据路径或没有公开的数据路径则不应进行索引爬网处理，所以，此项目即表示采用此种方式来对指定的网站进行索引爬网处理。

- 仅对每个开始地址的第一个页面爬网

此选项表示只会对所指定网站路径的首页内容进行索引爬网处理，至于由该首页延伸出去的超级链接地址网页，系统是不会对其进行索引爬网处理的，所以此项设置所进行爬网的数据最少。

共享服务管理：BeautySharedServices > 搜索设置 > 内容源 > 添加内容源

添加内容源

使用此页面可添加内容源。

* 表示必须填写的字段

名称

键入用于说明该内容源的名称。

名称：*

精诚网站

内容源类型

选择将被爬网的内容的类型。

注意：创建该内容源之后，由于其他设置依赖于内容类型，因此将无法更改内容类型。

选择要被爬网的内容的类型：

○ SharePoint 网站
◉ 网站
○ 文件共享
○ Exchange 公用文件夹
○ 业务数据

开始地址

键入作为搜索系统爬网起始位置的 URL。

其中包括从单个网页到整个网站的任何内容。

在下面键入开始地址(一行一个地址)：*

http://edu.uuu.com.tw
http://www.systex.com.tw

示例：
http://example.microsoft.com/my_page.htm，
或
http://example.microsoft.com

爬网设置

指定该类型内容的爬网行为。

页面深度是指从内容源中的链接开始跟踪每个链接系列能走多远。

当链接从一个网站指向另一台服务器上的网站/网页时，会发生服务器跃距。

选择用于该内容源中所有开始地址的爬网行为：

○ 仅在每个开始地址的服务器内爬网
○ 仅对每个开始地址的第一个页面爬网
◉ 自定义 - 指定页面深度和服务器跃距：
☑ 限制页面深度
2
☑ 限制服务器跃距
2

图 16-28　添加一项网站内容源

- 自定义 - 指定页面深度和服务器跃距

自定义索引爬网项目是我们最经常选择的方式，您可以针对指定网站页面中所延伸出去的网页深度来设置，所以“限制页面深度”是指对同一网站下所延伸出去页面的数量的设置，“限制服务器跃距”是指当页面中的超级链接路径不在同一网站时，可以往下跃距不同网站的深度数量有多少？【图 16-28】的位置表示当网页超级链接中的路径是不同网站时最多进行两层，而网页内容中的超级链接路径在同一网站下的链接网页内容只往下索引爬网两层。

下方还有“完全爬网”和“增量爬网”区块，请自行设置，完成后勾选下方的 ☑ 对该内容源启动完全爬网，并单击 [确定]。以下是索引爬网完成后进行搜索测试的结果，请参考【图 16-29】和【图 16-30】。

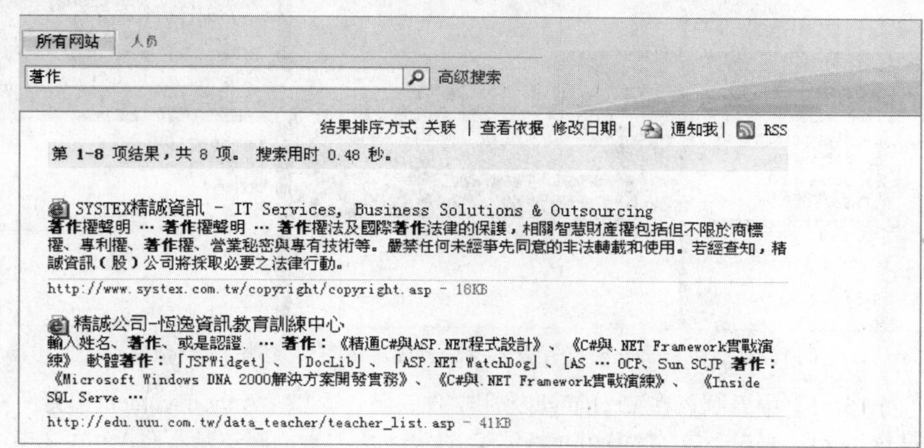
所有网站　人员
著作
高级搜索
结果排序方式 关联 | 查看依据 修改日期 | 通知我 | RSS
第 1-8 项结果，共 8 项。 搜索用时 0.48 秒。
SYSTEX精誠資訊 - IT Services, Business Solutions & Outsourcing
著作權聲明 … 著作權聲明 … 著作權法及國際著作法律的保護，相關智慧財產權包括但不限於商標權、專利權、著作權、營業秘密與專有技術等。嚴禁任何未經事先同意的非法轉載和使用。若經查知，精誠資訊(股)公司將採取必要之法律行動。
http://www.systex.com.tw/copyright/copyright.asp - 18KB
精誠公司-恆逸資訊教育訓練中心
輸入姓名、著作、或是認證. … 著作：《精通C#與ASP.NET程式設計》、《C#與.NET Framework實戰演練》 軟體著作：「JSPWidget」、「DocLib」、「ASP.NET WatchDog」、[AS … OCP、Sun SCJP 著作：《Microsoft Windows DNA 2000解決方案開發實務》、《C#與.NET Framework實戰演練》、《Inside SQL Serve …
http://edu.uuu.com.tw/data_teacher/teacher_list.asp - 41KB

图 16-29　搜索“网站”内容源索引爬网后的结果

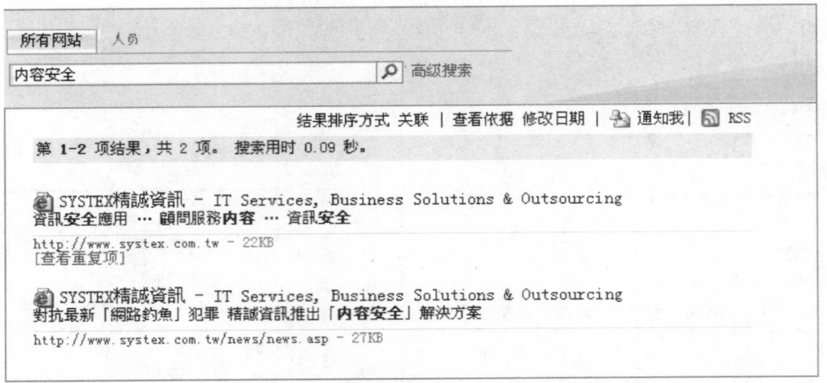

图 16-30　索引爬网最多两层网页数据，所以在找寻时也只找到两层的网页

16.2.3 “Exchange 公用文件夹”内容源

Exchange 服务器的公用文件夹向来是企业放置文档数据的重要位置，但由于 Exchange 服务器所提供的全文检索功能只能从 Outlook 的客户端环境下来进行搜索，从使用的方便性来说，就差了许多，如果可以从网页的环境下来搜索在 Exchange 公用文件夹下的邮件数据，以及邮件附件中的文档数据，那就太完美了，而 MOSS 2007 的索引爬网操作便可以将心愿美梦成真。

为了确认 MOSS 2007 所指向的 Exchange 公用文件夹的内容来源可以对不同的数据类型内容进行索引爬网处理，我们特别在 Exchange 的公用文件夹中放置了 3 种不同类型的邮件数据，请参考【图 16-31】。

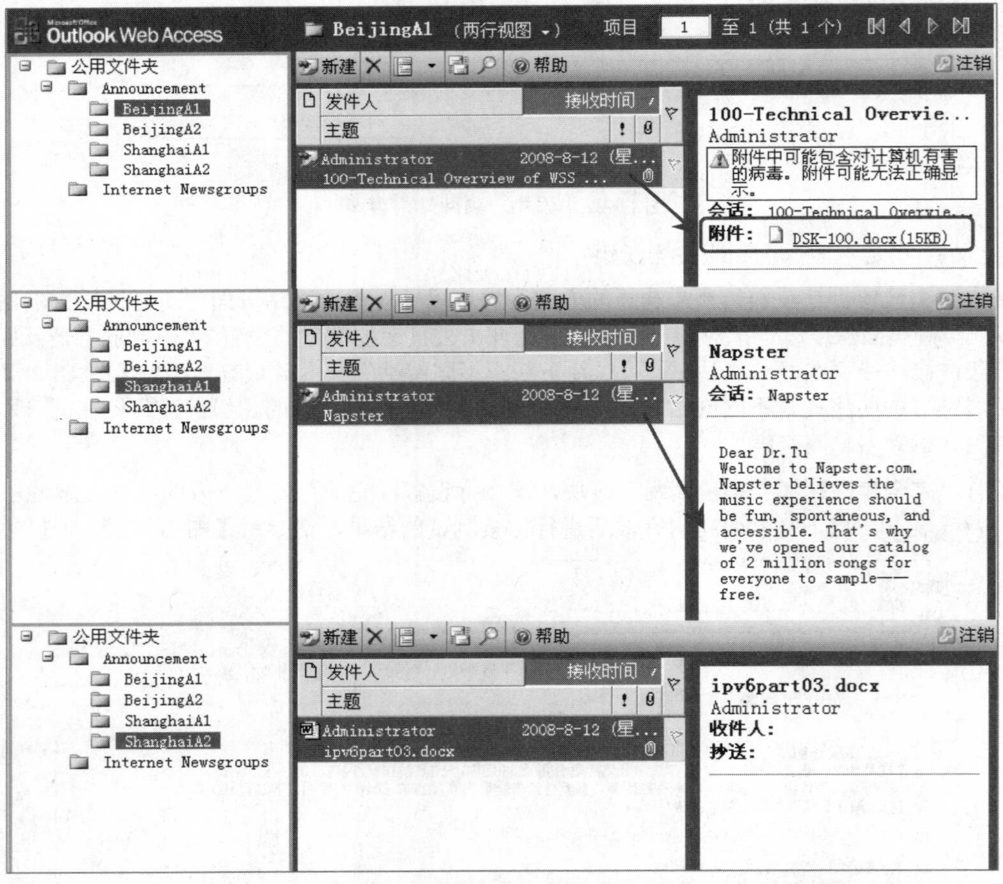

图 16-31　在 Exchange 公用文件夹中创建 3 种不同类型的邮件数据

您可以从【图 16-31】中看到，在 Exchange 公用文件夹下，先以“Announcement”文件夹作为顶层文件夹（Top-Level Folder），而在下方的“BeijingA1”文件夹下所放置的邮件是带有 Word 文档附件的邮件，在“ShanghaiA1”文件夹下的邮件则是一般性的邮件内容，在“ShanghaiA2”文件夹下则是直接放置了 Word

文档。接下来，我们对 Exchange 公用文件夹的内容源进行设置，创建方式请参考前面步骤，即可进入“添加内容源”配置页面，请参考【图 16-32】。

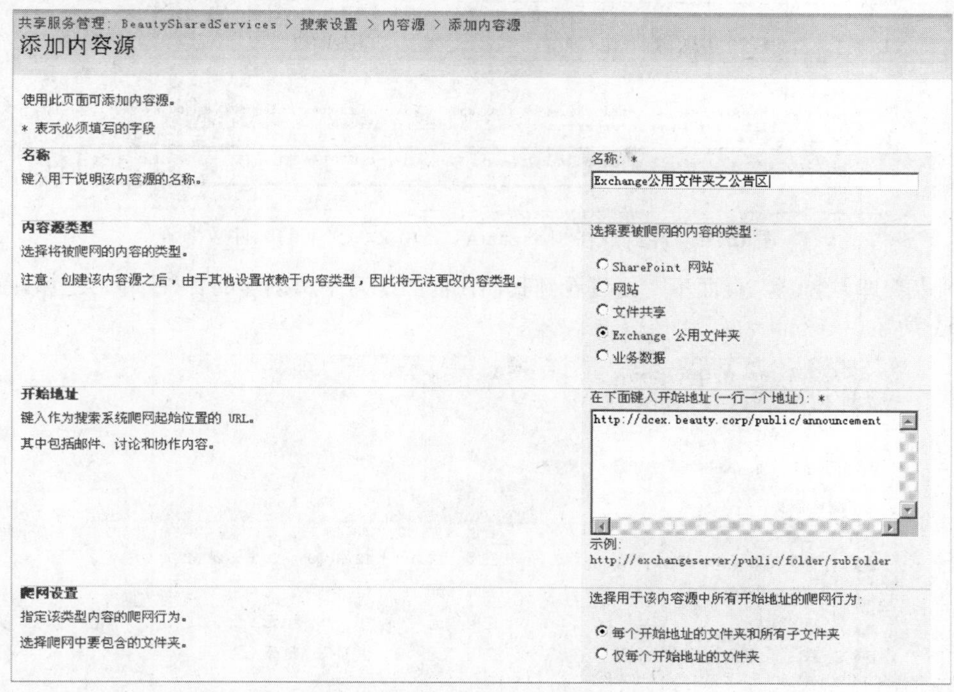

图 16-32　设置 Exchange 公用文件夹的内容源

如图【图 16-32】所示，我们设置需要索引爬网的 Exchange 公用文件夹是在 Announcement 的顶层文件夹下，故将此网址输入在 在下面键入开始地址(一行一个地址): 字段上，并在下方的“爬网设置”区块中选择 ⦿ 每个开始地址的文件夹和所有子文件夹，表示索引爬网该文件夹下的所有子文件夹的内容，最后勾选 ☑ 对该内容源启动完全爬网，并单击 确定，进行此内容源设置的爬网操作处理。

在完成此项完全爬网操作后，切换到搜索中心来进行搜索 Exchange 公用文件夹中数据查询的测试。

从如【图 16-33】、【图 16-34】和【图 16-35】所示的搜索测试中可以看到，MOSS 2007 对 Exchange 公用文件夹的内容源可以进行多种存放文档类型的索引爬网处理，所以，不管是属于公用文件夹中的邮件，还是采用直接将文档放置在公用文件夹上，还是将文档利用邮件附件的方式放置在公用文件夹上，都可以通过 MOSS 2007 的搜索操作进行全文检索的查询。

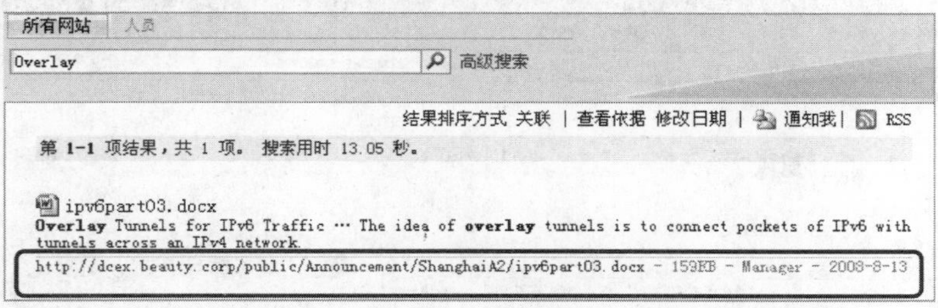

图 16-33　找到直接放在 ShanghaiA2 公用文件夹下的 Word 文档数据

图 16-34　找到放在 BeijingA1 公用文件夹下的邮件中附件的 Word 文档数据

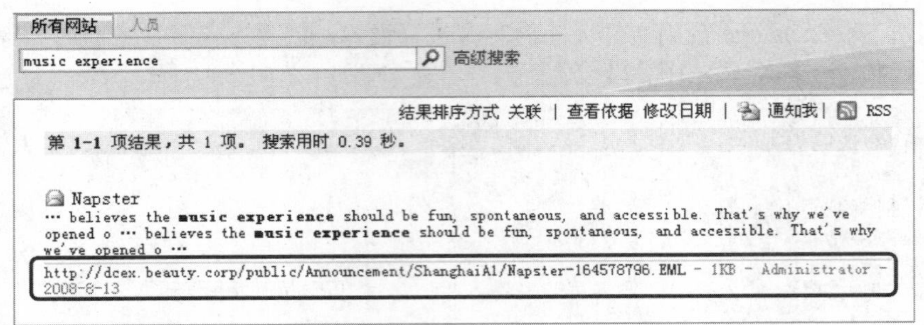

图 16-35　找到放在 ShanghaiA1 公用文件夹下的邮件数据

最后回到“管理内容源”页面下，便可看到我们在前面练习中所创建的各种不同类型的内容源项目，如【图 16-36】所示。

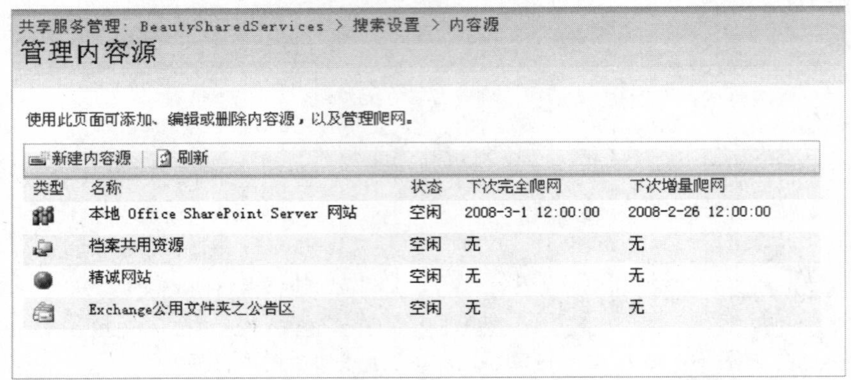

图 16-36　在“管理内容源”下所创建的各项内容源

16.3 自定义搜索范围

MOSS 2007 的搜索引擎可以分成两个部分，一个是对数据的索引爬网处理，另一个是对数据的查询及响应，前面对数据爬网的应用处理已经谈得差不多了，所以接下来要谈谈数据搜索应用的部分了。

在协作门户网站页面右上角默认设置的搜索字段上，或是在搜索中心网站上，可以看到有两个搜索标签页，一个是 所有网站，另一个是 人员，以下我们在 所有网站 与 人员 的搜索字段中分别输入“经理”的查询，两个环境所得到的搜索响应结果会完全不一样，如【图 16-37】和【图 16-38】所示。

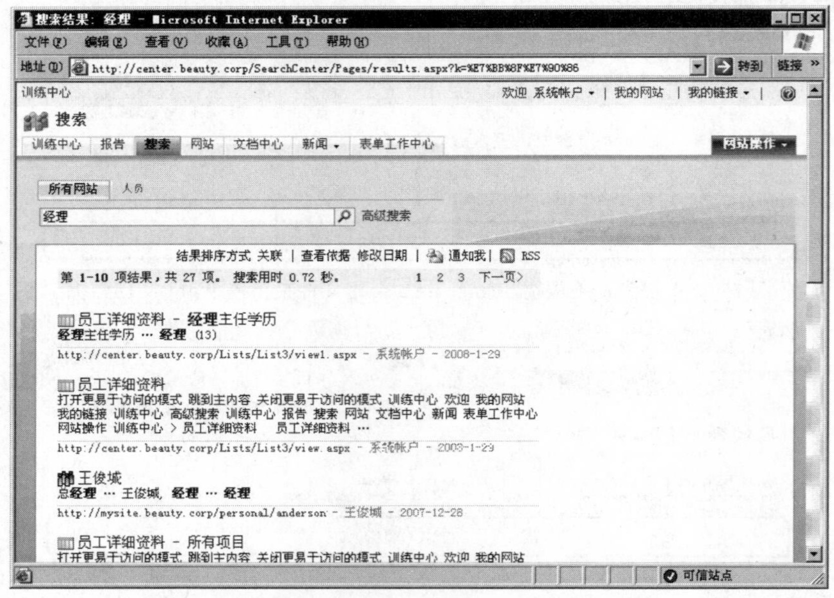

图 16-37　在“所有网站”标签页下搜索“经理”的响应结果

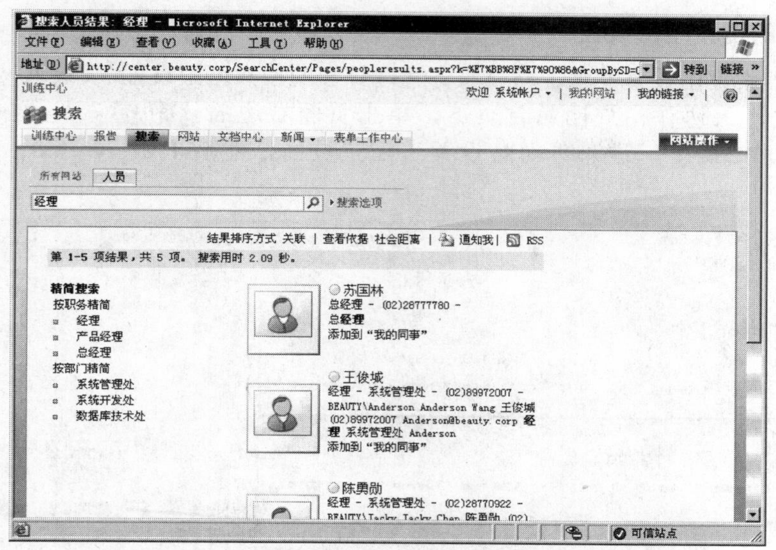

图 16-38　在“人员”标签页下搜索“经理”的响应结果

为什么在这两项页面环境中输入相同的搜索内容，却得到了不同的搜索结果呢？这个原因是 MOSS 2007 在定义这两项搜索页面的环境时，使用了不同搜索范围的定义，所以在各页面上进行搜索时，由于搜索的数据范围不相同，所以得到响应的结果也就当然不一样啰！

搜索范围的定义对创建一个搜索操作环境来说，其实是非常重要的，为了要让用户可以更快速且顺利找到所要搜索的数据，我们可以在搜索操作中，通过定义搜索范围（Search Scope）供搜索操作进行特定性范围的搜索。

16.3.1　搜索范围设置等级

搜索范围的设置环境可以分成两种等级（Level），一种是属于共享服务管理下的搜索范围等级，在此等级下所设置的搜索范围适用在该共享服务管理下所创建的所有网站集（Site Collection）上，另一种是属于网站集下的搜索范围等级，在此等级下所设置的搜索范围则只适用在所指定网站集下的所有网站上，除此之外，在网站集下的搜索范围设置中多了一项可以群体搜索范围的“显示组”设置。

共享服务管理等级下的搜索范围设置

MOSS 2007 默认的两项搜索范围定义在“共享服务管理”等级下，如果要查看这两项搜索范围的设置，可以依次选择 共享服务管理 → BeautySharedServices → 搜索 → 搜索设置，在“范围”区块下单击 查看范围，进入“查看范围”管理页面，如【图 16-39】所示。

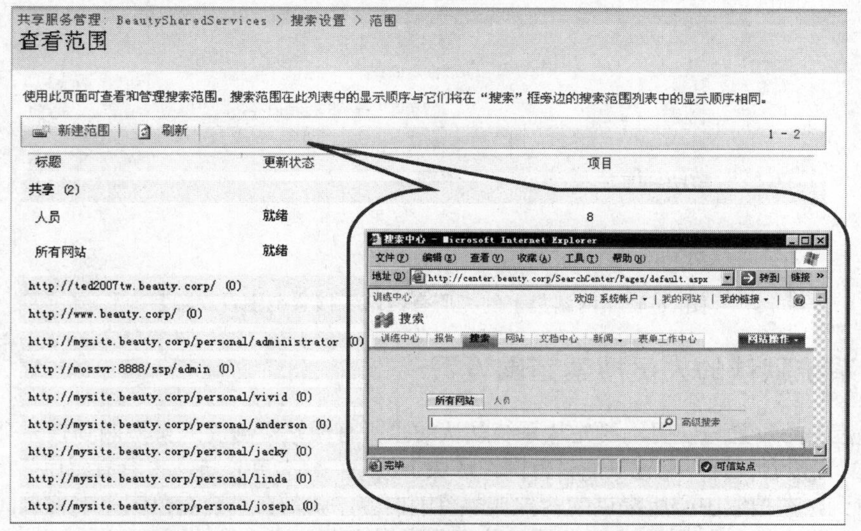

图 16-39　在系统默认环境中所提供的两种搜索范围

网站集等级下的搜索范围设置

网站集等级的搜索范围设置继承了共享服务管理等级的搜索范围设置，要进入网站集等级下的搜索范围设置，可以先进入协作门户网站首页下，单击页面右边的 网站操作 ，在该下拉菜单中选择 网站设置 下的 修改所有网站设置 ，进入“网站设置”配置页面，然后单击 网站集管理 下的 搜索范围 ，如【图 16-40】所示。

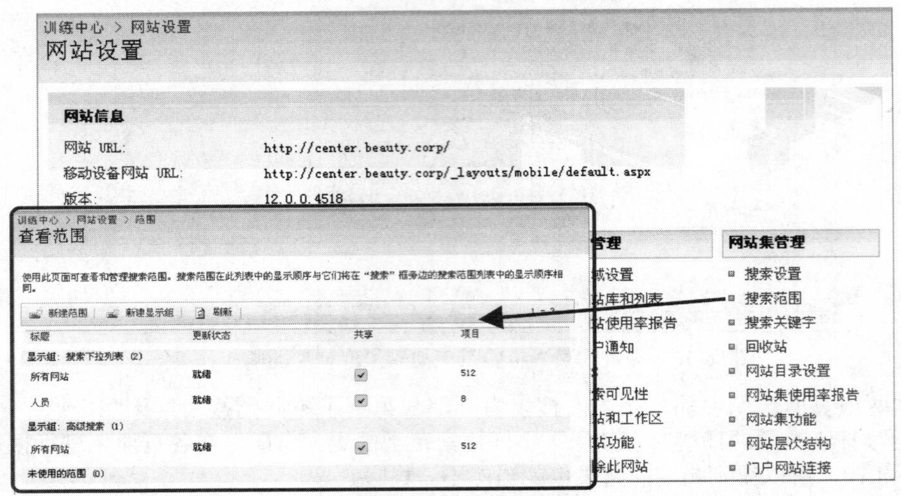

图 16-40　网站集下的搜索范围设置环境

从【图 16-40】可以看到，在网站集下的搜索范围设置和【图 16-39】中共享服务管理下的搜索范围相比是有一些差异的，在网站集下的搜索范围设置除了可以选择 新建范围 外，还多了一个 新建显示组 选项，而在共享服务管理下的搜索范围设置只有 新建范围 选项。但是，我们在网站集下所看到的 所有网站 、人员 等搜索范围项目，其实都是在共享服务管理的搜索范围下设置的，您可以单击在网站集下所看到的 所有网站 项目，进入该项的“范围属性和规则”配置页面，系统在页面的上方显示了您不能编辑设置此项目的警告信息，如果您要对此项进行设置，则必须切换到共享服务管理下的搜索设置环境才可以进行，如【图 16-41】所示。

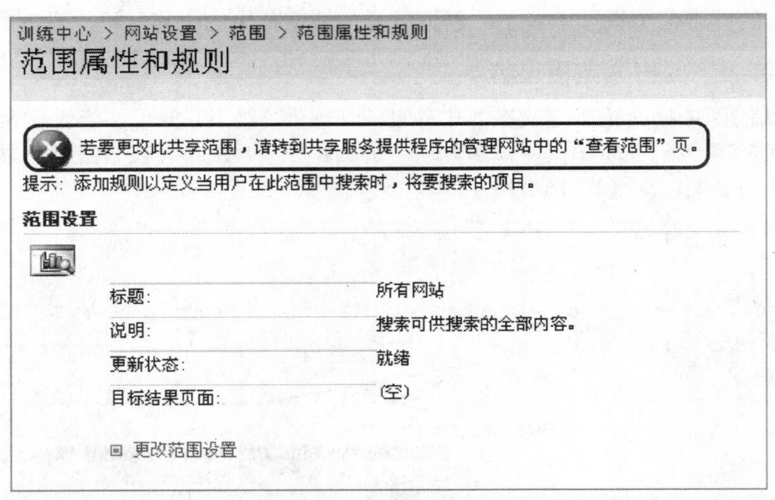

图 16-41　网站集下的“所有网站”搜索范围设置项目

16.3.2　系统默认的人员搜索范围设置

要了解搜索范围的设置与使用，要先从系统默认的“所有网站”与“人员”两项搜索范围设置着手。首先，请您单击“配置搜索设置”配置页面“范围”区块下的 查看范围 ，进入“查看范围”配置页面。从【图 16-39】中可以看到，在搜索中心所提供的两种搜索范围内容，就是在“查看范围”配置页面下所设置的两项搜索范围项目，第 1 项是“人员”，人员范围的信息是以用户在创建“我的网站”环境后，“我的网站”下的人员信息为搜索范围，第 2 项是“所有网站”，此项范围指的是在此服务器下创建的所有网站范围，所以我们也看到在所有网站项目下，列举了所有在此服务器上所添加的网址。

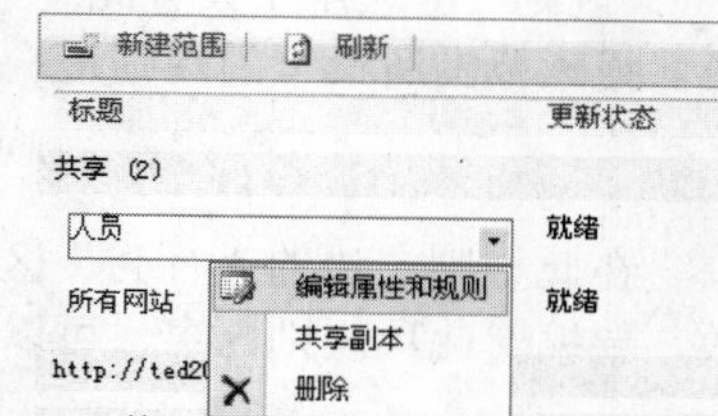

接下来，我们先进行“人员”范围的设置。请单击 人员 右边的向下按钮，在出现下拉菜单后，选择 编辑属性和规则 ，进入“范围属性和规则”配置页面，如【图 16-42】所示。

从【图 16-42】中可以看到，在共享服务管理下的设置页面上就没有如【图 16-41】所示的错误信息，表示在此环境是可以进行编辑设置的。在“范围属性和规则”配置页面上，有两项主要设置，第 1 项是“范围设置”，主要用于设置响应页面的模板文档名称，第 2 项是“规则”，主要用于设置可以搜索的内容范围或类型有哪些？或是需要排除的内容范围或类型有哪些？

共享服务管理：BeautySharedServices > 搜索设置 > 范围 > 范围属性和规则

范围属性和规则

提示：添加规则以定义当用户在此范围中搜索时，将要搜索的项目。

范围设置

标题:	人员
说明:	搜索人员。
更新状态:	就绪
目标结果页面:	peopleresults.aspx

更改范围设置

规则

规则	行为	项目计数 (近似)
contentclass = urn:content-class:SPSPeople	包含	8
		总计：8

新建规则
删除所有规则

图 16-42 “人员”搜索项目的“范围属性和规则”设置页面

范围设置的内容

当您单击“范围设置”区块下方的 更改范围设置 ，进入“编辑范围”配置页面后，可以看到如【图 16-43】所示的设置内容，其中包括了标题、说明和目标结果页面的设置，在此页面中最重要的设置就是要定义此搜索范围所要提供响应的搜索结果的网页文件为何？在【图 16-43】中可以看到，系统默认的目标结果页面是“peopleresults.aspx”，此项为一个自定义搜索结果页面，但在输入自定义的页面文件名前，必须先行创建指定的网页文件才能进行设置，当然，您也可以选择系统默认的 使用默认搜索结果页面 。

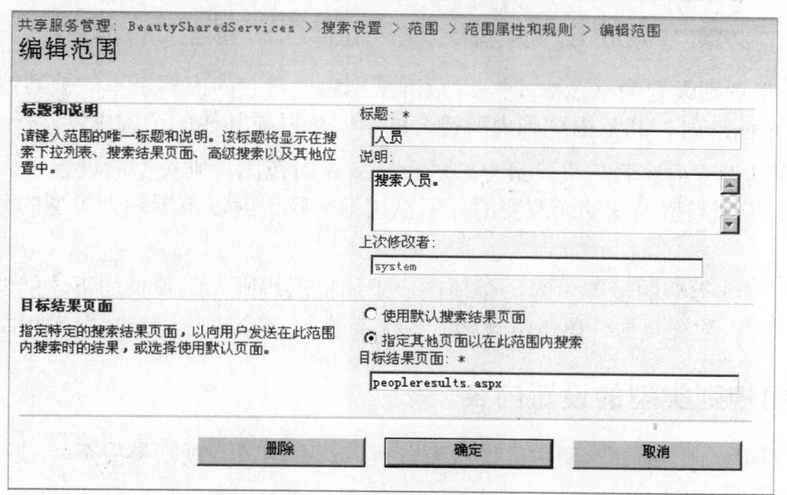
共享服务管理：BeautySharedServices > 搜索设置 > 范围 > 范围属性和规则 > 编辑范围

编辑范围

标题和说明

请键入范围的唯一标题和说明。该标题将显示在搜索下拉列表、搜索结果页面、高级搜索以及其他位置中。

标题：*
人员
说明：
搜索人员。
上次修改者：
system

目标结果页面

指定特定的搜索结果页面，以向用户发送在此范围内搜索时的结果，或选择使用默认页面。

使用默认搜索结果页面
指定其他页面以在此范围内搜索
目标结果页面：*
peopleresults.aspx

删除　确定　取消

图 16-43 系统默认“人员”的范围设置内容

规则的内容

“规则”区块用于设置此搜索范围的规则是什么？我们在【图 16-42】的“规则”区块下可以看到，“人员”搜索范围所设置的规则是：

contentclass = urn:content-class:SPSPeople

在此规则右边的“行为”区块下选择 ⊙包含，在“项目计数”字段下显示着符合此规则的索引项目总数，要编辑此项规则内容，可以单击此规则项目，进入“编辑范围规则”配置页面，如【图 16-44】所示。

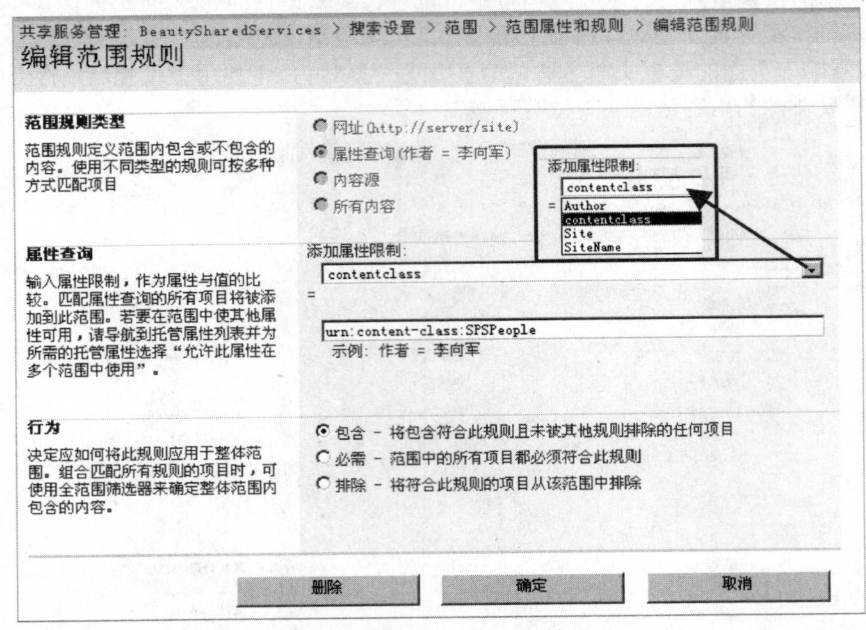

图 16-44　系统默认“人员”的规则设置内容

此项规则设置表示此范围所搜索到的内容类别必须是 MOSS 2007 系统所创建的人员信息。从现有例子中可以看到，要设置一项范围规则，其内容包含了 3 大部分：范围规则类型、属性查询和行为，其中第 2 项的设置内容其实会随着第 1 项所选择类型的不同而有所改变。

从“人员”所设置的范围规则上来看，在“范围规则类型”区块中，如果选择了 ⊙属性查询，那么第 2 项的设置内容就会是“属性查询”，以此类推，如果在“范围规则类型”区块中选择了 ⊙网址，第 2 项的设置内容就会显示“网址”的设置内容。

第 3 部分“行为”(Behavior）区块的设置则是定义所设置范围规则是包含（Include)、必需（Require）还是排除（Exclude)，这三者之间的优先级顺序为：

必需（Require） > 排除（Exclude） > 包含（Include）

意思也就是说，当规则设置为 ⊙必需 时，此范围规则内所符合的内容是不能被其他的范围规则 ⊙排除 的，但如果设置成 ⊙包含 时，其范围规则内所符合的内容可以被其他的范围规则 ⊙排除。

从以上的范围规则设置内容看起来，最复杂的设置就是对范围规则类型的设置了，由于第 2 项设置内容是随着第 1 项范围规则类型的变动而改变的，所以接下来我们就以范围规则类型的分类来说明各项类型中的设置内容。

要查看各项范围规则类型的设置内容，必须在“添加范围规则”配置页面下才能够进行，所以您可以回到“范围属性和规则”配置页面，单击“规则”区块下的 新建规则，进入“添加范围规则”配置页面。

16.3.3 范围规则类型的设置内容

我们在“添加范围规则”配置页面中可以看到，可以选择的范围规则类型有 4 项，以下我们分别对这 4 项的设置内容进行说明。

网址范围规则类型

网址（Web Address）范围规则类型主要是指定在一个网址的“文件夹”、“主机名称”和“域或子域”下所设置的范围规则（如图【16-45】所示），选择 ⊙主机名称: 和 ⊙域或子域: 时，最大的区别在于 ⊙域或子域: 下的域名是通过 DNS 域名服务器来进行查询连接的，所以输入的内容要符合 DNS 的域名结构。

在设置“域或子域”字段的名称时要注意的是，通常此项范围规则所针对的内容源（请参考上节内容源的讲解），是以网站类型的内容源为主，例如在 SharePoint 网站、网站和 Exchange 公用文件夹下所设置的域名。

而“主机名称”（HostName）字段下的内容则是通过 NetBIOS（WINS 域名服务器）来进行查询连接的，所以只需要输入主机的 NetBIOS 域名即可，通常此项范围规则所针对的内容源是文件共享。

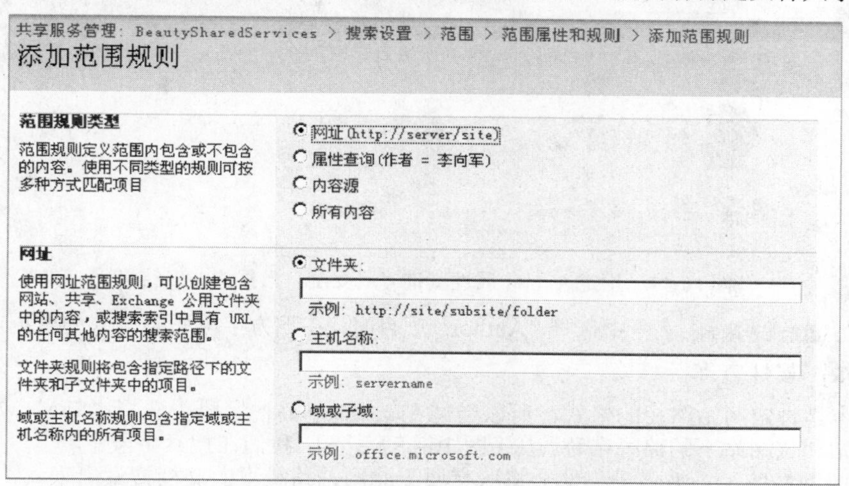

图 16-45　选择范围规则类型为“网址”的设置页面内容

“文件夹”（Folder）字段的选项设置则是针对所指定的资源路径（Resource Path），其设置的访问协议可以是“http://”或“file://”，其范围规则是包含所指定资源路径下的所有子文件夹，设置文件夹路径时，要注意的是所带的主机名称与路径必须与“内容源”字段所设置的主机名称与路径相同，否则会因规则内容不符而使得此规则失效。举例来说，在【图 16-24】中设置的“file://mossvr.beauty.corp/share”文件共享内容源，在该“share”路径下有一个名为“picture”的子文件夹，如果我们想将此子文件夹排除，则可以选择 ⊙文件夹: 的设置，可是如果您将路径设成“file://mossvr/share/picture”，则会因规则内容不符而导致其排除规则失效，要使此规则有效，则路径名称应设置成“file://mossvr.beauty.corp/share/picture”。

属性查询范围规则类型

属性查询（Property Query）的范围规则类型在设置上就有些麻烦了，因为要设置属性规则，必须先了解 MOSS 2007 所支持的属性结构，要了解属性结构，还必须要了解在 MOSS 2007 中的“元数据属性映射”（此内容是下一节所要讲解的重点），所以此处我们先从最基本的讲起。

当您在“添加范围规则”配置页面上选择“范围规则类型”区块下的 ⊙属性查询 时，第 2 项设置会变成“属性查询”，请参考【图 16-44】，在“属性查询”区块中所设置的规则是“添加属性限制”=“属性格式内容”。

在 添加属性限制: 字段中，系统已经默认创建了一些属性字段名称，例如【图 16-44】中包括的 Author、ContenetClass、Site 和 SiteName，此字段中的属性还可以通过 元数据属性映射 的设置产生新的属性项目，例如【图 16-46】中所出现新的属性项目，就是通过 元数据属性映射 的设置产生的。

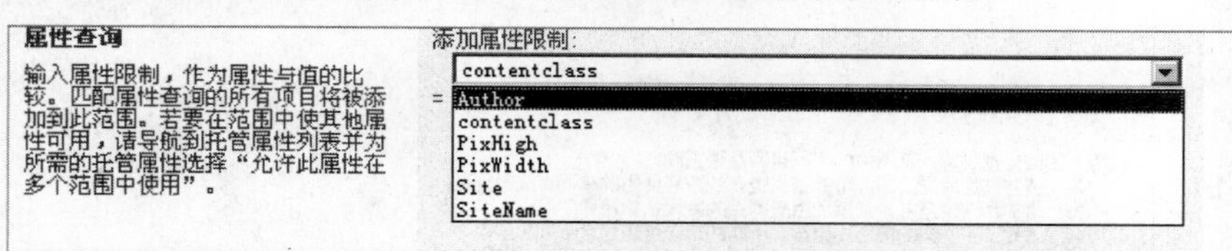

图 16-46　通过“元数据属性映射”设置所产生出的新属性项目

“属性格式内容”的项目会随着选择的属性项目的不同而显示不同的格式内容，以系统默认的 4 项属性来说，比较难懂的是 ContentClass 属性，因为 ContentClass 属性采用了一种特别的格式来叙述其内容类别。

在 添加属性限制: 字段中所看到的属性项目，都可以在搜索字段中使用该属性名称来指定所要查询的内容，以下我们先分别对系统所提供的 4 种属性项目的内容进行说明。

- 作者（Author）属性查询

Author 属性包括了在人员数据与文档数据中作者的属性数据，例如，我们在搜索栏中输入“author:屠立刚”时，搜索功能会将人员数据中属于“屠立刚”的数据和系统文档数据中包含“屠立刚”的数据搜索出来，如【图 16-47】所示。

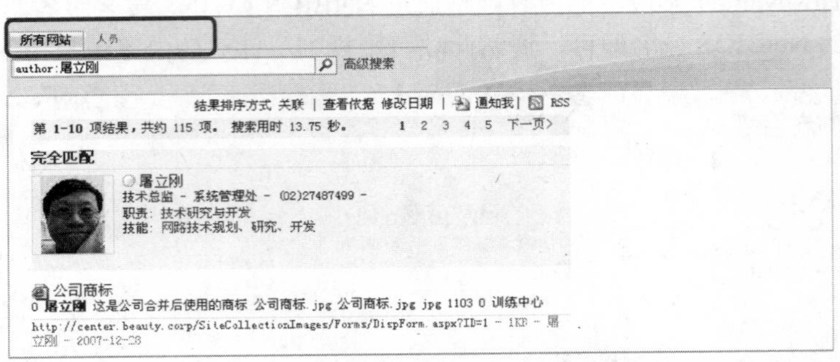

图 16-47 指定 Author 属性查询“屠立刚”数据的响应结果

所以，当您在 添加属性限制: 字段中选择“Author”项目时，在下方字段所要输入的数据就是作者的名称。

- 网站（Site）属性查询

Site 属性内容是指定网站路径的格式，所以当您在 添加属性限制: 字段中选择“Site”项目时，可以在下方字段上输入网站和该网站下的路径名称，如【图 16-48】所示，我们在搜索字段中输入“site:http://edu.uuu.com.tw/student”的网站路径，搜索操作便会将所有属于此网站路径下的文档搜索出来。

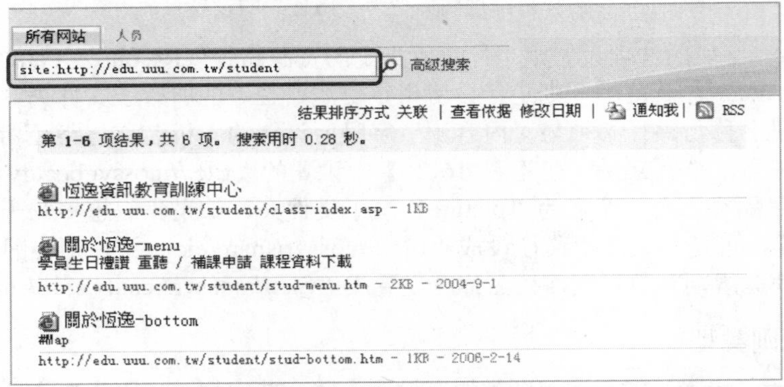

图 16-48 指定 Site 属性查询“http://edu.uuu.com.tw/student”网站下的数据响应结果

- 网站名称（SiteName）属性查询

SiteName 的属性查询与网站的属性查询不一样的地方在于，网站名称属性是不包含路径的，如果您使用上例 Site 属性查询的网站路径，但输入的是“sitename:”时，您会发现，搜索操作是找不到数据的，如【图 16-49】所示。

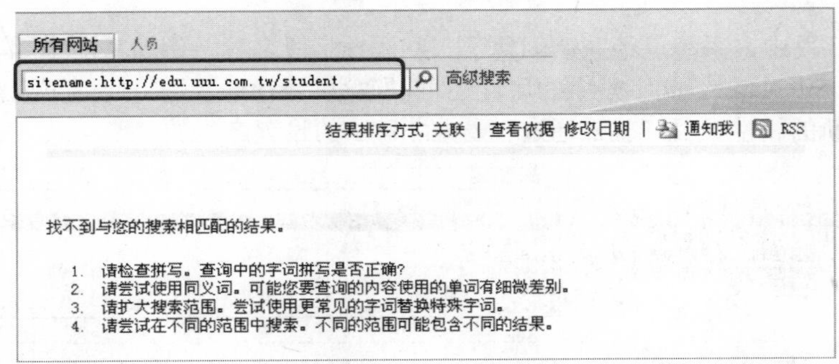

图 16-49 错用 SiteName 属性查询“http://edu.uuu.com.tw/student”的数据响应结果

所以，正确使用 SiteName 属性的查询内容所输入的应该只有网站名称，如【图 16-50】所示，另外请注意，SiteName 只在对 http 类型的网站名称查询时有效，而在如 file 类型的主机名称查询时无效，但 site 属性设置时也可以输入“file://”的路径名称。

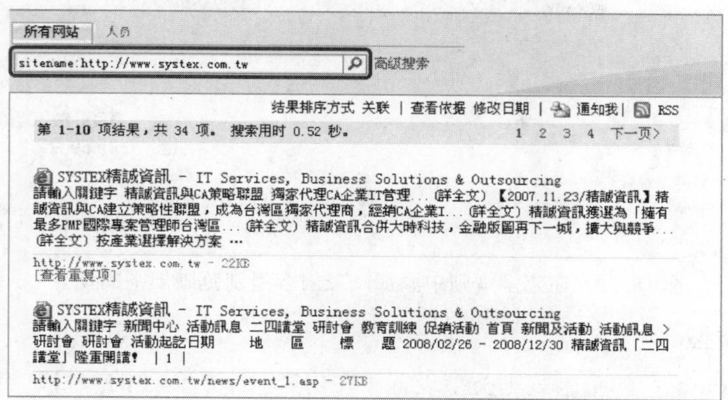

图 16-50　使用 SiteName 属性查询“http://www.systex.com.tw”的数据响应结果

● 内容类别（ContentClass）属性查询

ContentClass 属性查询的设置内容并不是一项可以搜索的结果数据，而是定义内容的类型是什么？所以内容类别并不像前面所举的例子，可以在搜索字段下直接输入查询，而内容类别的内容是有一定格式的，这个格式采用了标准 XML 结构定义法来定义，就像在【图 16-44】中的设置内容一样，其中“urn”（Uniform Resource Name）代表统一资源名称的语法，其后接的就是在内容类别下所指定的属性类别名称是什么？在“urn:”下可以定义的内容非常多，如果所要指出的是内容类别的结构，则必须使用 content-class 的关键词，所以在【图 16-44】中，定义 MOSS 2007 中的人员数据内容类别时使用了“urn:content-class:SPSPeople”来作为该内容类别的描述，而在 MOSS 2007 的环境中，还有哪些属性内容类别名称可以使用呢？以下列举出了在 MOSS 2007 系统下，相关属性字段的内容类别名称。

属性类别名称	描　述
Search Query	urn:content-class:SPSSearchQuery
News Listing	urn:content-class:SPSListing:News
People	urn:content-class:SPSPeople
Category	urn:content-classes:SPSCategory
Listing	urn:content-classes:SPSListing
Person Listing	urn:content-classes:SPSPersonListing
Text Listing	urn:content-classes:SPSTextListing
Site Listing	urn:content-classes:SPSSiteListing
Site Registry Listing	urn:content-classes:SPSSiteRegistry
Site	STS_Web
List	STS_List
List Item	STS_ListItem
Events	STS_List_Events
Tasks	STS_List_Tasks
Announcements	STS_List_Announcements
Discussions	STS_List_DiscussionBoard
Contacts	STS_List_Contacts
Links	STS_List_Links
Document Library	STS_List_DocumentLibrary
Document Library Items	STS_ListItem_DocumentLibrary
Picture Library	STS_List_PictureLibrary
Picture Library Items	STS_ListItem_PictureLibrary

上面表格左边的内容是该属性类别的名称，为了保持该项属性类别原有的含义，所以笔者直接用原文来表示，表格右边的内容则是属性类别内容真正的格式描述。【图 16-51】是在“所有网站”范围规则下，添加一项“排除”的范围规则项目内容。

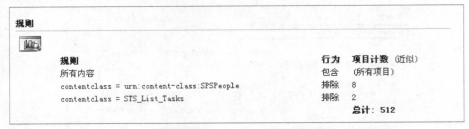

图 16-51　在范围规则中添加一项内容类别范围规则的设置

内容源范围规则类型

内容源（Content Source）的范围规则类型设置了在内容源中所创建的项目，当您选择此项目后，第 2 项便会显示可以选择的内容源项目，如【图 16-52】所示。

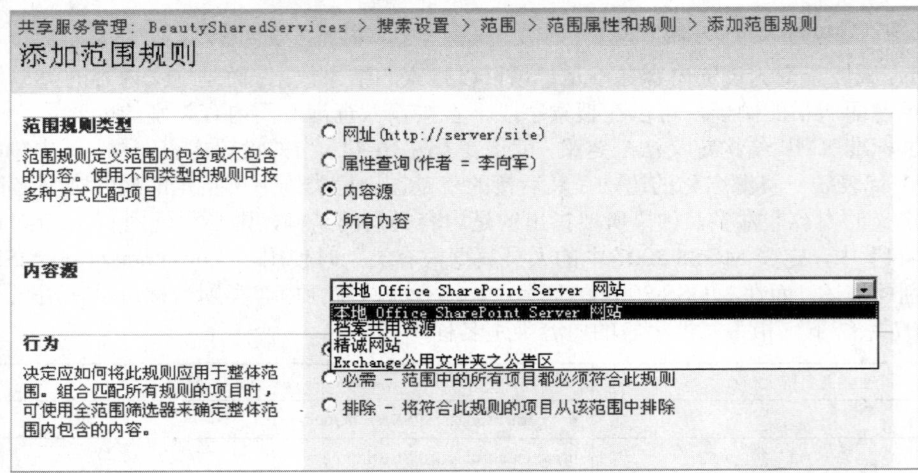

图 16-52　在范围规则类型中选择“内容源”后可供选择的内容来源项目

所有内容范围规则类型

所有内容（All Content）的范围规则类型中没有类似在设置其他范围规则类型时需要进行的第 2 项和第 3 项的选择设置，所代表的就是所有的内容，如【图 16-53】所示。

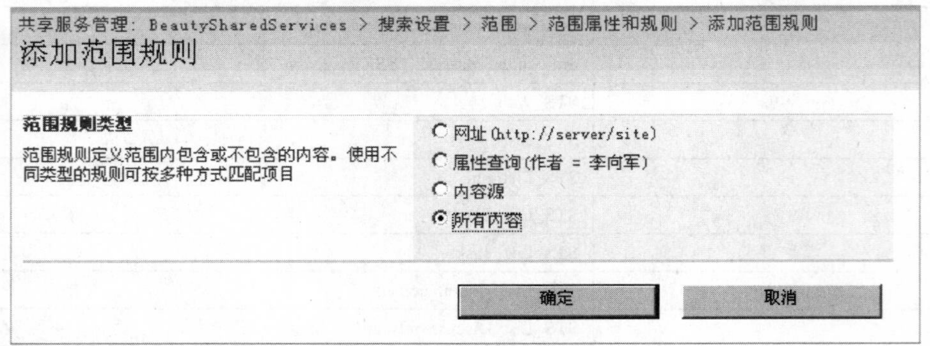

图 16-53　在范围规则类型中选择“所有内容”选项

16.3.4　范围状态的更新

从上面两节的说明中，您应该了解在“共享服务管理”下的搜索范围（Scopes）设置可以分成两个部分，第一部分是设置范围所要使用的搜索响应网页为何，第二部分是设置该项范围的规则为何。而这两项内容的更新并不是在变更或添加后立即进行的，而是使用调度的方式进行更新，所以，当您更改此两项内容的任何一项后，系统都会告知您此项的更新会在几分钟后进行。

我们拿系统默认的“所有网站”范围项目来进行练习。请在“查看范围”配置页面下，单击 所有网站 右边的向下按钮，在出现的下拉列表中单击 编辑属性和规则 项目，进入“范围属性和规则”配置页面，您可以从【图 16-54】中看到，在“所有网站”的规则设置上，创建了两项规则，第 1 项的范围规则类型是 所有内容，行为是“包含”，第 2 项的范围规则类型是 属性查询，并设置“ContentClass = urn:content-class:SPSPeople”，行为是“排除”，从这里就可以了解为什么在 所有网站 的搜索环境下是找不到人员相关的数据的。

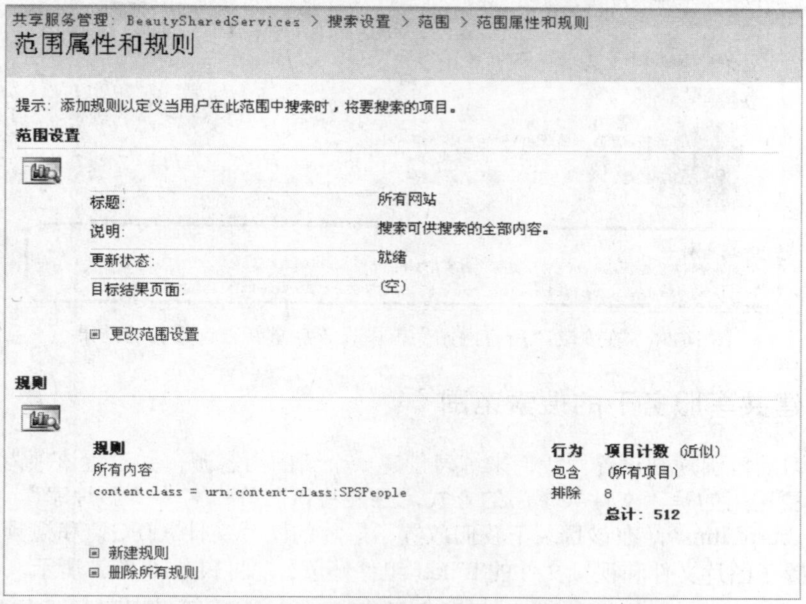

共享服务管理: BeautySharedServices > 搜索设置 > 范围 > 范围属性和规则

范围属性和规则

提示：添加规则以定义当用户在此范围中搜索时，将要搜索的项目。

范围设置

标题:	所有网站
说明:	搜索可供搜索的全部内容。
更新状态:	就绪
目标结果页面:	(空)

更改范围设置

规则

规则	行为	项目计数 (近似)
所有内容	包含	(所有项目)
contentclass = urn:content-class:SPSPeople	排除	8
		总计: 512

新建规则

删除所有规则

图 16-54　系统默认“所有网站”的范围规则设置内容

接下来我们将第 2 项范围规则，也就是排除人员数据的范围规则删除。单击“ContentClass=urn:content-class:SPSPeople”项目，在进入此项的“编辑范围规则”配置页面后，单击 删除 即可。

如果您不想等待下一个调度时间才进行更新的话，可以将页面切换回“配置搜索设置”配置页面，如【图 16-55】所示，在“范围设置”区块下单击 立即开始更新，系统便会立即进入更新范围规则的处理操作。

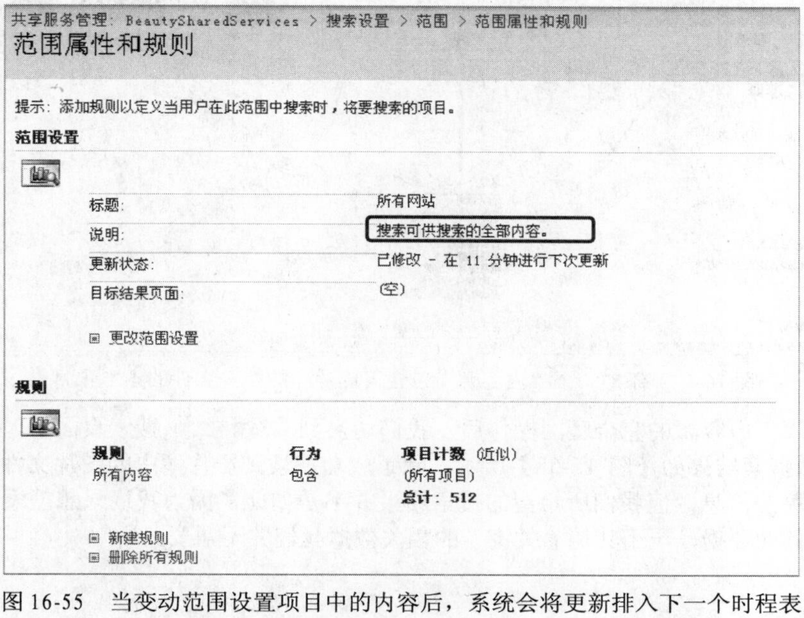

共享服务管理: BeautySharedServices > 搜索设置 > 范围 > 范围属性和规则

范围属性和规则

提示：添加规则以定义当用户在此范围中搜索时，将要搜索的项目。

范围设置

标题:	所有网站
说明:	搜索可供搜索的全部内容。
更新状态:	已修改 - 在 11 分钟进行下次更新
目标结果页面:	(空)

更改范围设置

规则

规则	行为	项目计数 (近似)
所有内容	包含	(所有项目)
		总计: 512

新建规则

删除所有规则

图 16-55　当变动范围设置项目中的内容后，系统会将更新排入下一个时程表

当我们将“所有网站”的人员范围规则删除并更新完毕后，回到 所有网站 的搜索页面下，输入“屠立刚”来进行搜索，您就会发现，在 所有网站 的搜索结果中，除了找到相关的文档之外，也找到了相关的人员数据，如【图 16-56】所示。

在做完以上的练习后，再次练习。请您到“所有网站”的范围规则设置环境下，将原本删除的人员排除范围规则添加回去，并进行立即更新，最后再到 所有网站 的搜索页面上再搜索一次，其结果应该是又无法搜索到人员的相关数据了。

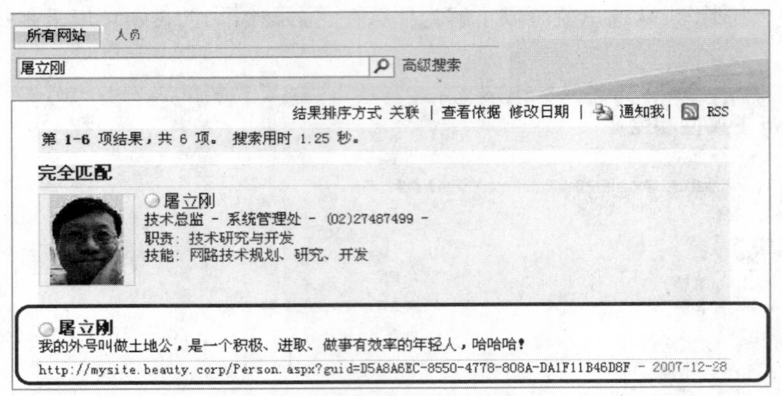

图 16-56 在变动“所有网站”范围设置后重新查询数据的结果

16.3.5 创建共享服务下的搜索范围

根据以上所学习的范围规则设置，我们来练习创建一个新的内容源，并设置该项内容源的范围规则查询。此项内容源需要采用的是“文件共享”的方式，且要将该名称命名为“影片库”，同时将路径指定到“file://mossvr.beauty.corp/films”，在该目录下我们放置了影片的图片文件（JPG）和视频文件（WMV）（当然我们也安装并设置了图片文件和视频文件的 IFilter 组件环境），如【图 16-57】所示。

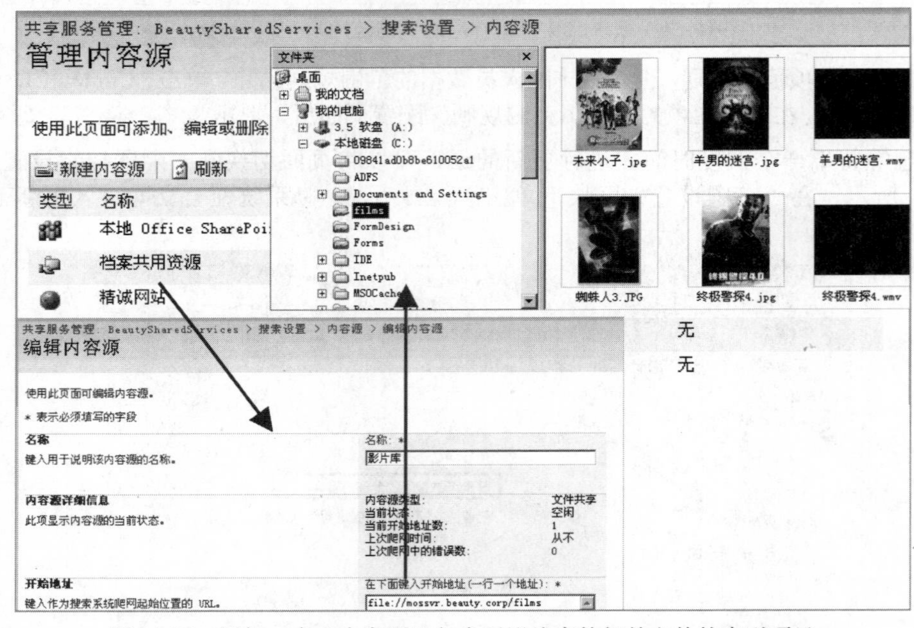

图 16-57 添加一个“内容源”包含了影片库的相关文件的索引项目

在进行“影片库”内容源的完全爬网操作后，我们切换到 所有网站 搜索页面下，在搜索字段上输入“关键”的查询，而搜索结果如【图 16-58】所示，除了成功搜索到影片库中的图片文件和视频文件外，还搜索到其他一些相关的信息，但我们所希望的搜索结果并不是如此，因为我们只想搜索到影片库中相关的图片文件和视频文件的数据，至于其他“关键”的相关数据我们并不需要。

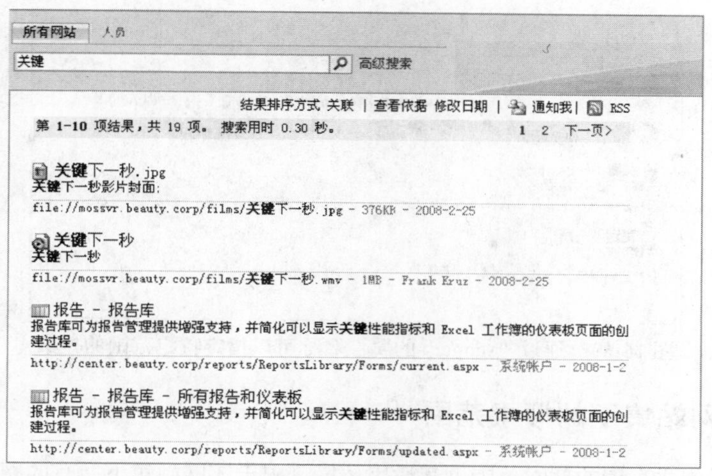

图 16-58　在“所有网站”搜索下查找所有关于“关键”的相关数据

要实现只对“影片库”下的数据进行搜索，就必须增加一项搜索范围，并在该项目中设置范围规则，所以请先切换到共享服务管理环境下，依次单击 搜索 → 搜索设置，在“范围”区块下单击 查看范围，在“查看范围”页面下单击 新建范围，打开“创建范围”配置页面，在“标题”字段上输入“影片”，在“目标结果页面”区块中选择 使用默认搜索结果页面，最后单击 确定，回到“查看范围)”面，此时列表中会出现“影片”项目，“更新状态”字段显示为 空 - 添加规则，请单击 添加规则，进入“添加范围规则”配置页面，在“范围规则类型”区块下选择 内容源，此时会出现“内容源”区块，在“内容源”区块中选择 影片库，在“行为”区块中选择 包含 - 将包含符合此规则且未被其他规则排除的任何项目，最后单击 确定，返回“查看范围”页面，如【图 16-59】所示。

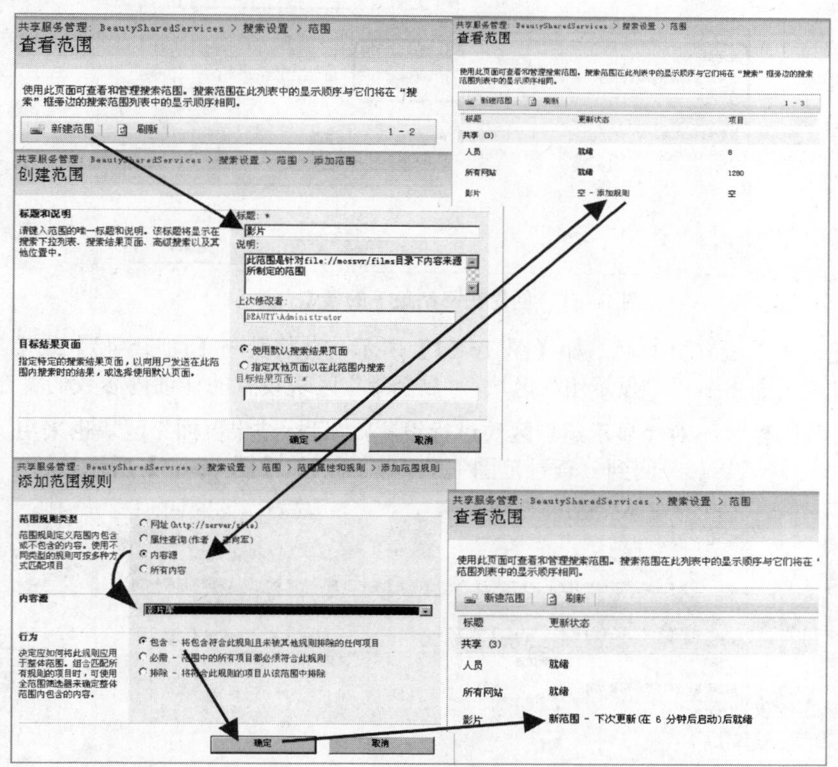

图 16-59　创建一个新的“内容源”范围规则项目

使用范围属性名称进行指定范围的查询

在设置好以上的范围规则并完成更新操作后，在搜索字段上可以使用范围的属性名称来进行特定范围的查询，此项属性名称叫做“scope”。所以我们再次切换到 所有网站 搜索页面下，在搜索字段上输入“关键 scope:影片”，您就会看到搜索结果中只会出现影片库下的图片文件和视频文件，如【图 16-60】所示。

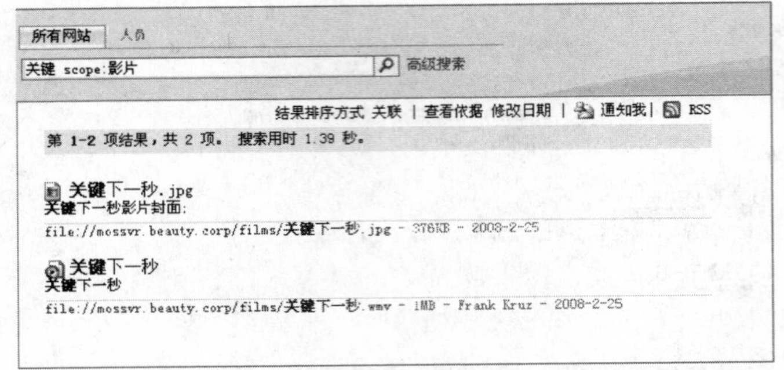

图 16-60 通过“scope”的属性名称可以指定特定范围的搜索

16.3.6 创建网站集下的搜索范围

在网站集下也可以创建查询的搜索范围，其适用环境只限于该网站集下所有的网站。要创建网站集下的搜索范围，请先切换到协作门户网站首页（例如 http://center.beauty.corp）。单击首页右方的 网站操作 → 网站设置 管理此网站的网站设置。→ 修改所有网站设置 更改此网站的所有网站设置。，进入到网站集下的“网站设置”查看与管理页面，在右方 网站集管理 下单击 搜索范围，在进入“查看范围”页面后，单击 新建范围，打开如【图 16-61】所示的“创建范围”配置页面。

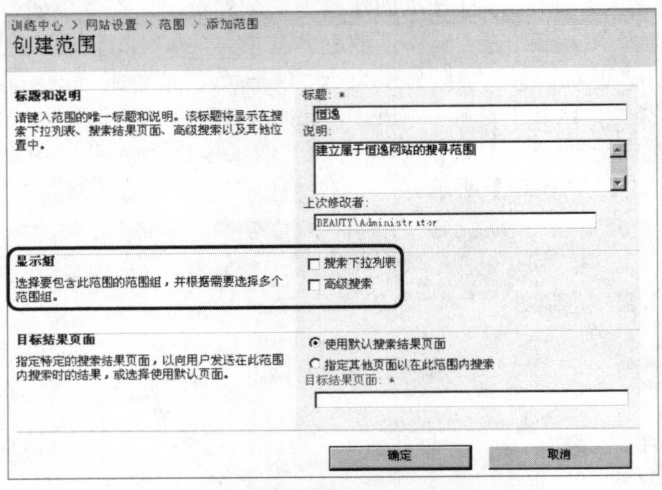

图 16-61 创建在网站集下的搜索范围项目

在进入“创建范围”配置页面后，如【图 16-61】所示，并将其与【图 16-43】或【图 16-59】比较，可以看到，在此设置页面上多了“显示组”区块（“显示组”区块设置的详细内容我们将在下一节中说明）。

在此练习中，我们暂且不对“显示组”区块进行设置，“目标结果页面”区块也采用 使用默认搜索结果页面，设置完成后单击 确定，回到“查看范围”配置页面，如【图 16-62】所示。

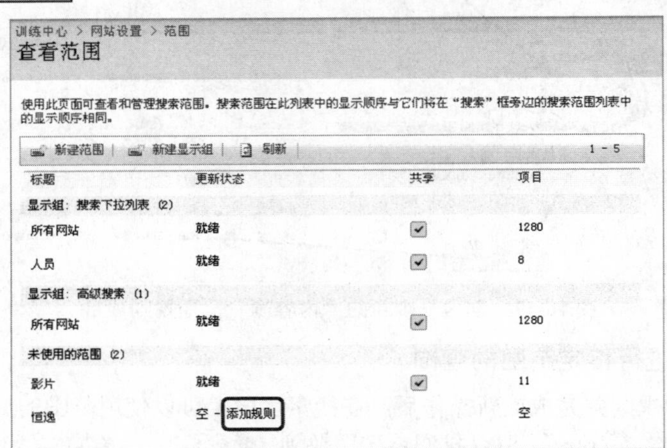

图 16-62 网站集下的“查看范围”配置页面

接下来，要在创建好的范围项目上添加规则，请单击 添加规则，进入“添加范围规则”配置页面，我们可以从【图 16-63】看到，网站集下的“范围规则类型”区块的设置项目比在共享服务下少了 ⊙内容源 项目，所以前面的搜索范围例子就不能创建在网站集下的搜索范围中。

此例我们创建一个网址范围规则类型下的“uuu.com.tw” ⊙域或子域: 设置，并将“行为”区块设置为 ⊙包含。

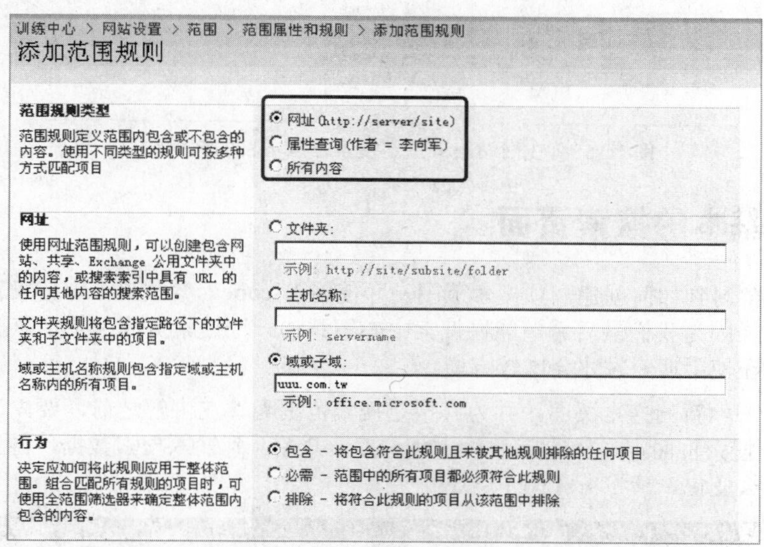

图 16-63　网站集下的“添加范围规则”配置页面

设置好以上的内容后单击 确定，回到“查看范围”配置页面后，如【图 16-63】所示，您会发现，该范围项目会显示下一次刷新的调度时间，但要注意的是，在该网站集下不提供立即更新的处理功能。

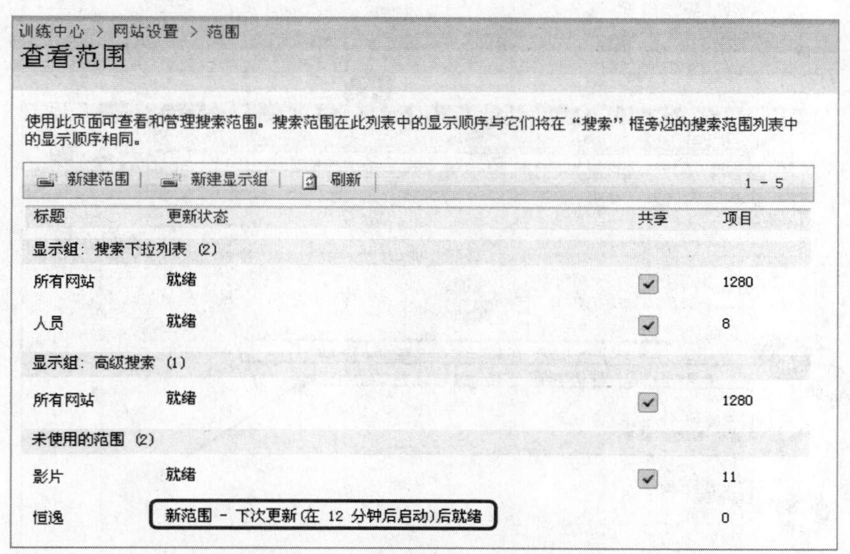

图 16-64　在网站集下创建好新规则后的“查看范围”配置页面

附注　此处更新调度的状态也会直接显示在共享服务下的“设置搜索设置”页面上，所以管理员也可以从该处查询哪些网站集下的搜索范围内容进行了更改。

在完成范围规则更新后，将页面切换到 所有网站 搜索页面下，在搜索字段上输入“scope:恒逸 关键”(注意：“scope”可以放在搜索关键字的前面或后面)，您会发现搜索的结果会只显示 uuu.com.tw 网站下的数据，如【图 16-65】所示。

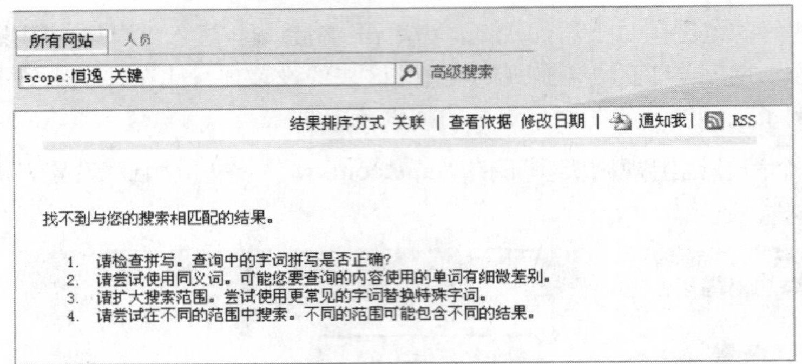

图 16-65　在网站集下指定搜索范围项目的搜索结果

16.4　自定义基本的搜索页面

在上节中，我们学习到如何创建一项搜索范围，并使用“scope”参数来指定搜索范围。当然，您是绝对不会因此而满足的，因为我们最后希望能在搜索中心下添加一个搜索页面，指定该搜索页面只能搜索特定的范围，这样用户在使用搜索时才会比较方便。

那如何来自定义一项新的搜索页面，并为其指定搜索范围呢？在讲解之前，要先请您仔细观察前面在 所有网站 和 人员 搜索页面上，从选择 所有网站 搜索开始，到输入搜索数据，再到系统响应搜索数据结果的程序上，有什么变化？请参考【图 16-66】。

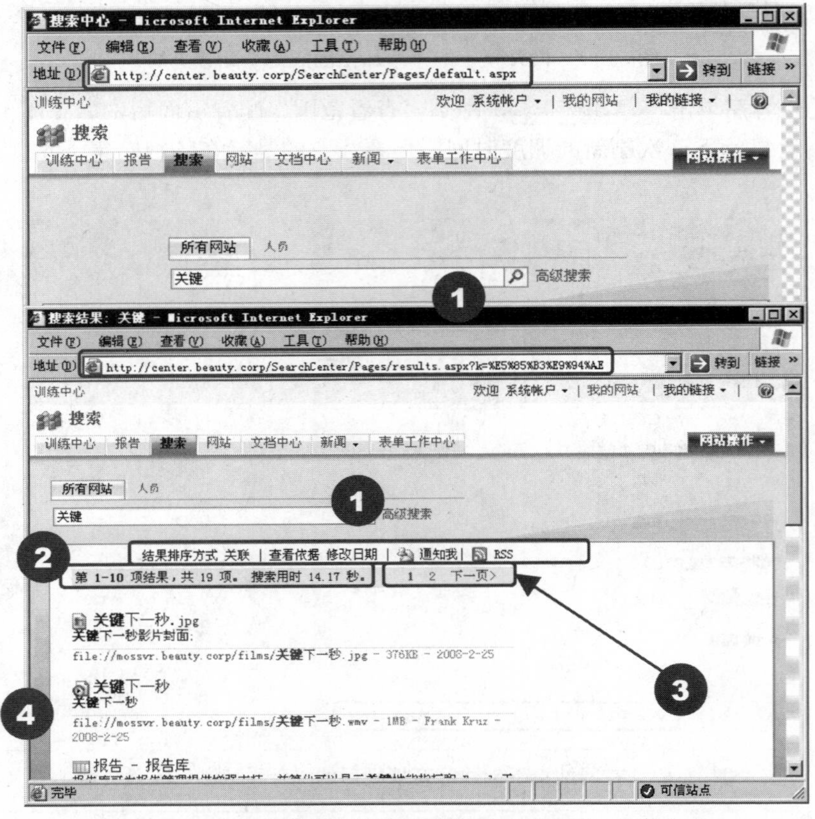

图 16-66　观察“所有网站”搜索页面有哪些不一样的地方

看到了吗？在【图 16-66】的上半部分是 所有网站 默认的搜索页面，下半部是输入搜索关键词后的响应结果页面，所以一个搜索字段在中间，另一个搜索字段在左边。其实观察的重点不是这些，而是网址的内容，上半部分的网页名称为“default.aspx”，下半部分的网页名称为“results.aspx”，表示这是两个不同的网页，如果您在已响应结果的网页上继续输入不同的搜索关键词进行查询时，再次响应结果的网页还是“results.aspx”。

初始搜索网页 → 响应搜索网页

从以上的意思，您就应该了解搜索页面的处理是分成两部分来进行的，第一部分是初始的搜索网页处理，此项搜索处理只发生在第一次进入的搜索页面上，第二部分是响应的搜索网页处理，此项搜索处理是在响应搜索结果后持续提供搜索网页的处理，所以，当我们要创建一项新的搜索网页时，其实是要创建两项网页，一项是搜索页面，另一项是搜索结果页面。

16.4.1 创建搜索页面

要在搜索中心下创建一项新的搜索页面，首先应该考虑的是新的搜索页面是否要沿用默认的搜索页面，其关键在于搜索页面的内容是否与默认的搜索页面相同。以我们所要举的例子来说，此项搜索页面是要指定特定的搜索范围，所以与默认的搜索页面不同，需要创建新的搜索页面，但反过来说，如果您没有这样的需求，则可使用默认的搜索页面。

我们在前一节例子中已经创建了一项“影片”的搜索范围，所以接下来要举的例子就是为这项“影片”搜索范围创建新的搜索页面。我们先定义搜索页面的网页名称，初始的搜索页面名称为“FilmsSearch.aspx”，响应结果的搜索页面名称为“FilmResults.aspx”。

要创建新的搜索页面，先要切换到搜索中心的首页，选择右方的 网站操作 下的 创建页面 在此网站中创建页面。，进入“创建页面”配置页面，如【图 16-67】所示，在“标题”和“说明”字段中分别输入页面标题名称和说明内容，在“URL 名称”字段中输入所要定义的网页名称，在“页面布局”区块中选择 (欢迎页面) 搜索页，确认设置完成后，单击 创建 。

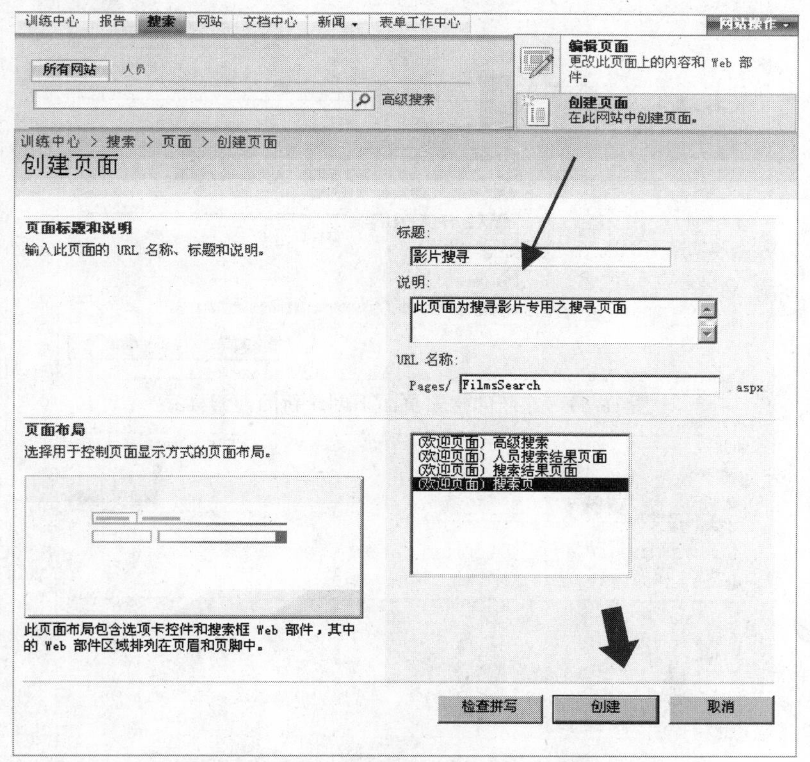

图 16-67 创建一个新的搜索页面

在单击 创建 后，系统会产生一个新的搜索网页并切换到该搜索网页的 Web 部件（Web Part）编辑模式下，如【图 16-68】所示。

由于我们希望在搜索中心标签上添加一项“影片”标签，所以请在如【图 16-68】所示的编辑页面上，单击 添加新选项卡 。

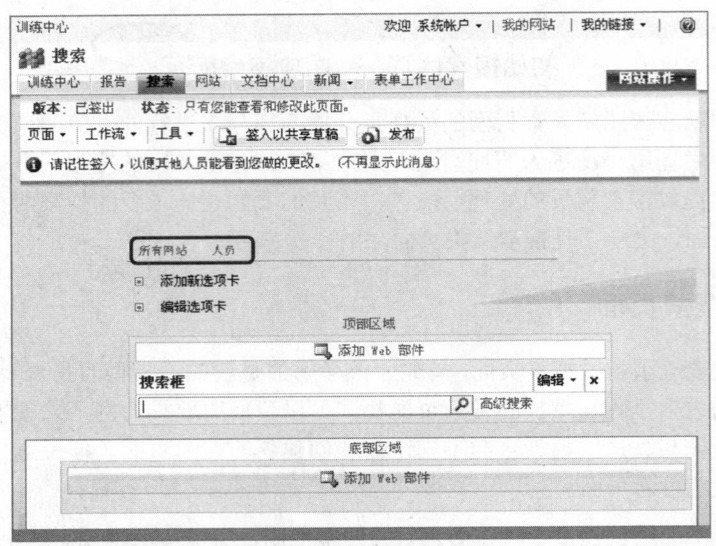

图 16-68　在创建新的搜索页面后会自动切换到该搜索页面的 Web 部件编辑环境

在进入“搜索页中的选项卡：新建项目”配置页面后，如【图 16-69】所示，在“选项卡名称”区块中输入所要显示的标签名称，在“页面”区块中输入刚才设置的搜索网页名称，在“工具提示”区块中输入需要提示的内容，最后设置完成后，单击 确定 ，回到添加搜索页面的 Web 部件编辑环境，如【图 16-70】所示。

训练中心 > 搜索 > 搜索页中的选项卡 > 新建项目

搜索页中的选项卡：新建项目

确定 取消

* 表示必须填写的字段

选项卡名称 *	影片 这是选项卡标签文本。
页面 *	FilmsSearch.aspx 键入将显示在该选项卡上的页面名称。如果尚未创建页面，请使用“网站操作”中的“创建页面”选项创建页面。
工具提示	请输入影片相关之搜寻字词 这是用户在此选项卡上移动鼠标指针时将显示的工具提示。

确定 取消

图 16-69　在新的搜索页面下创建新的搜索标签

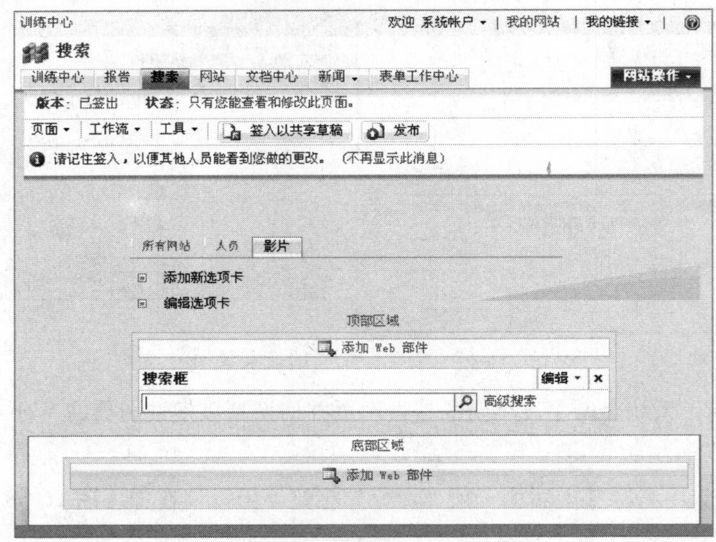

图 16-70　添加搜索标签后回到新建的搜索页面编辑环境

在回到如【图 16-70】所示的添加搜索页面编辑环境后，我们暂时不往下设置，所以先单击 签入以共享草稿，回到搜索中心网页上，如【图 16-71】所示。

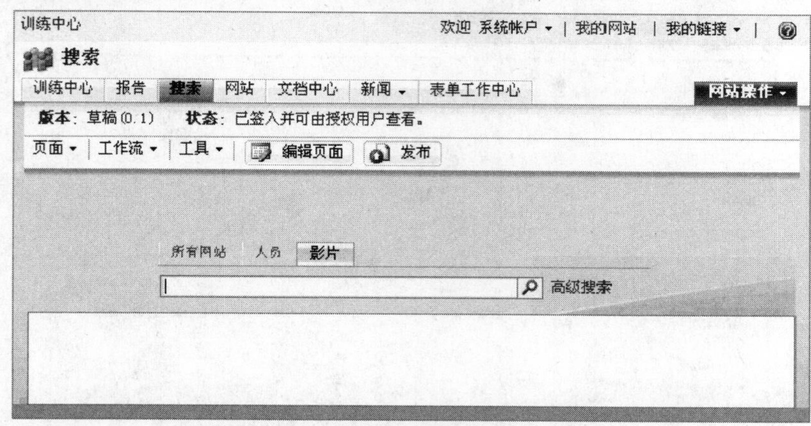

图 16-71　完成添加搜索网页和搜索标签后的搜索首页显示结果

在初始的搜索页面设置完成后，还要再添加搜索结果页面，所以重复以上的步骤，进入“创建页面”配置页面时，进行如【图 16-72】所示的内容设置。

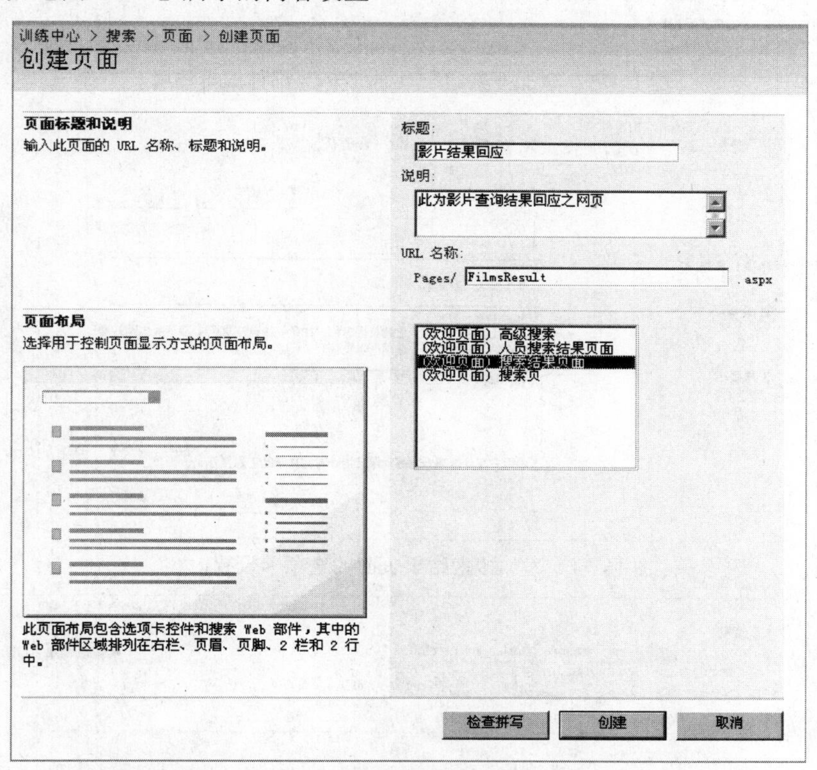

图 16-72　创建一个搜索结果页面的设置内容

在【图 16-72】中，单击 创建，回到添加搜索结果页面的 Web 部件编辑环境后，如【图 16-73】所示，注意，搜索结果页面和搜索页面的内容是不太一样的，在搜索结果页面上并不会出现在搜索页面上所创建的搜索标签，这表示搜索页面和搜索结果页面所使用的搜索标签并不是同一组，所以我们还要在搜索结果页面上，创建新的搜索结果页面标签。请在搜索结果页面上单击 添加新选项卡，按照如【图 16-74】和【图 16-75】所示内容完成添加搜索结果页面和搜索结果页面标签的操作，最后单击 签入以共享草稿，完成设置。

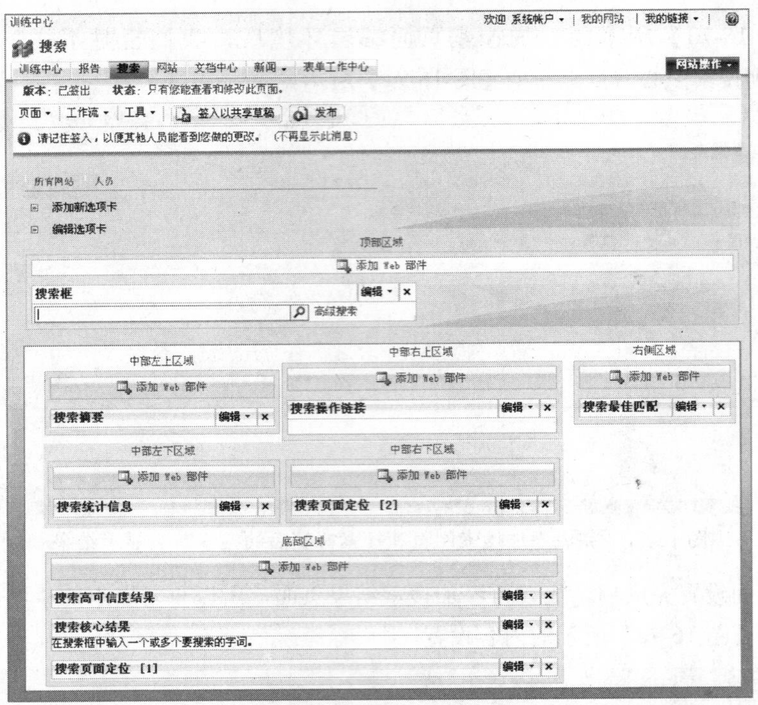

图 16-73 添加搜索结果页面的 Web 部件编辑环境

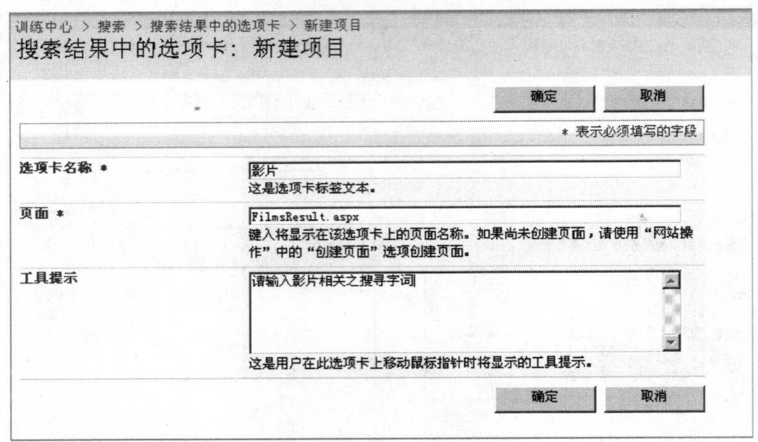

图 16-74 添加搜索结果页面的选项卡设置内容

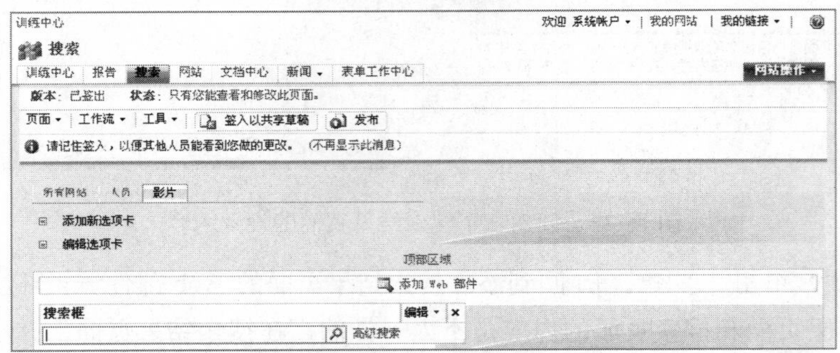

图 16-75 在添加搜索结果页面的选项卡后，回到搜索结果页面的 Web 部件编辑环境

16.4.2 设置搜索页面的关联和范围

在创建好新的搜索页面与搜索结果页面后，根据上节所说明的流程，初始搜索页面所要设置的是在搜索字词输入后如何关联到搜索结果页面上，而搜索结果页面则要设置搜索结果的范围（Scope）设置与下次搜索所关联的搜索结果页面。

设置搜索页面的搜索结果关联

要设置搜索页面的搜索结果页面关联是在搜索页面的 Web 部件中来设置的，所以我们要切换到搜索页面的 Web 部件编辑环境。首先，请先切换到搜索中心的 影片 搜索页面上，然后单击右上方 网站操作 下的 创建页面，进入搜索页面的 Web 部件编辑环境，如【图 16-70】所示。

从【图 16-70】中可以看到，在顶部区域下有一个名为“搜索框”的 Web 部件，但底部区域下是没有任何 Web 部件的，也就是说，我们在初始搜索网页的搜索字段下所看到的白色方框，其实是没有意义的空白框架。所以，请单击“搜索框”Web 部件右边 编辑 旁的向下按钮，在出现下拉菜单后，单击 修改共享 Web 部件，如【图 16-76】所示。

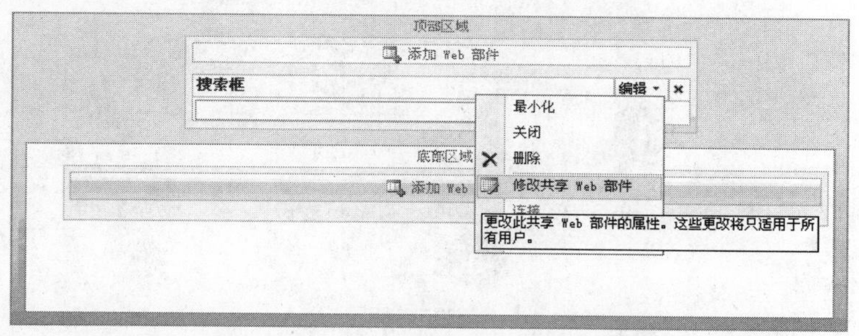

图 16-76　进入“搜索框”Web 部件的编辑环境

附注　由于此处 Web 部件的属性设置内容放置在底部区域右边的框架中，在进入修改共享 Web 部件环境前，您应该将浏览器窗口最大化，进入此后，才会比较容易选择和编辑。

当进入“搜索框”的修改共享 Web 部件环境后，您会在底部区域右边的窗口中看到“搜索框”Web 部件的属性编辑设置区，请将 ⊞杂项 项目展开，往下滚动找到 目标搜索结果页面 URL 的属性字段，此字段的默认值是“results.aspx”，请改成我们在前面已经创建好的“FilmsResult.aspx”网页名称，如【图 16-77】所示。

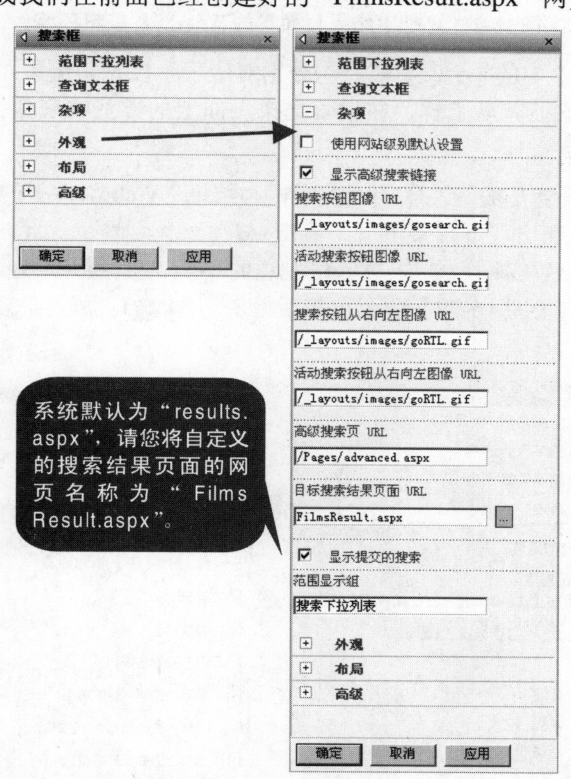

图 16-77　设置“搜索框”Web 部件的“目标搜索结果页面”网页名称

设置完成后单击 确定，并在搜索页面 Web 部件编辑环境中，单击 发布，完成搜索页面关联搜索结果页面的设置。

练习 目标：请将搜索结果页面中，“搜索框”Web 部件下的 目标搜索结果页面 URL 属性字段的内容更改为“FilmsResult.aspx”。

设置搜索结果页面的范围

搜索结果页面的 Web 部件编辑环境，看起来似乎比较复杂，但其实稍微与【图16-66】对比查看，应该就会很容易地了解了，如【图 16-78】所示。

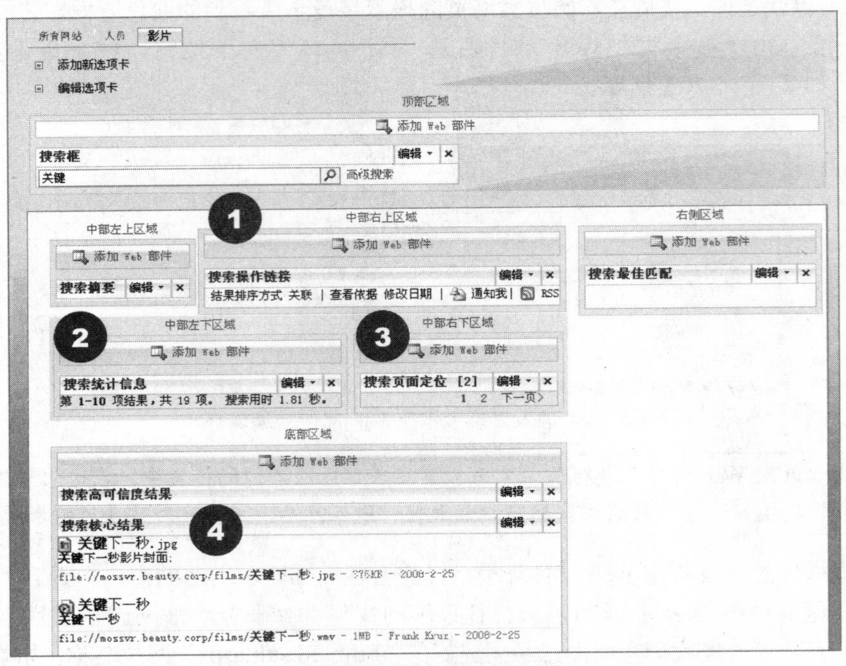

图 16-78 “搜索结果页面”的 Web 部件编辑环境

【图 16-78】和【图 16-66】中的①、②、③、④分别对应表示在搜索结果页面上有响应数据对应的 Web 部件，您稍微对比一下就应该很容易了解，在搜索结果页面上的哪些响应数据是由哪一项 Web 部件来负责的。

搜索结果页面上的范围设置是放置在④的“搜索核心结果”Web 部件上的，所以请您单击该项 Web 部件 编辑▾ 右边的向下按钮，在出现下拉菜单后，单击 修改共享 Web 部件 ，此时窗口右边会出现“搜索核心结果”Web 部件的属性内容设置窗框，单击 ⊞杂项 左边的 ⊞，使其展开，在“范围”字段中输入“影片”(前面所创建的搜索范围)，如【图 16-79】所示，最后单击 确定 ，回到“搜索结果页面”Web 部件编辑环境，单击 发布 。

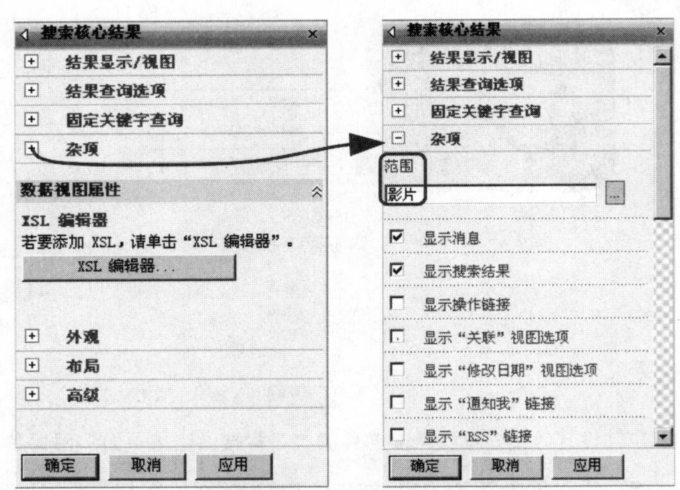

图 16-79 设置“搜索核心结果”中“范围”属性字段的值

由于初始的搜索页面会将搜索数据传给搜索结果页面中的“搜索核心结果”Web 部件，而此组件又指定了搜索范围，所以初始搜索页面也就被限定了搜索范围。另外，在搜索结果页面上继续输入不同的搜索关键词时，搜索结果页面下的“搜索框”Web 部件会在 目标搜索结果页面 URL 字段设置指向自己的结果网页，就会产生循环查询的模式。当然，您也就可以设置在指定的搜索范围下，继续查询不同的信息内容。【图 16-80】是在创建并设置好 影片 搜索页面环境后，进行数据搜索的响应结果。

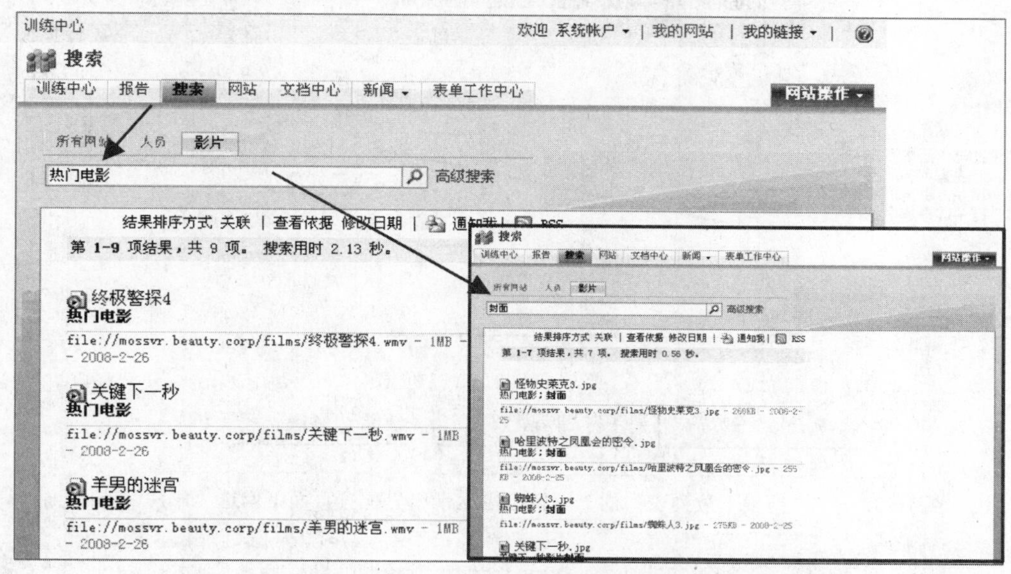

图 16-80　进入“搜索框”Web 部件的编辑环境

16.4.3 范围下拉列表

在协作门户网站首页，除了提供搜索中心的专门页面外，在网站首页的右上方，提供了数据搜索字段，用户也可通过此处进行搜索，如【图 16-81】所示。

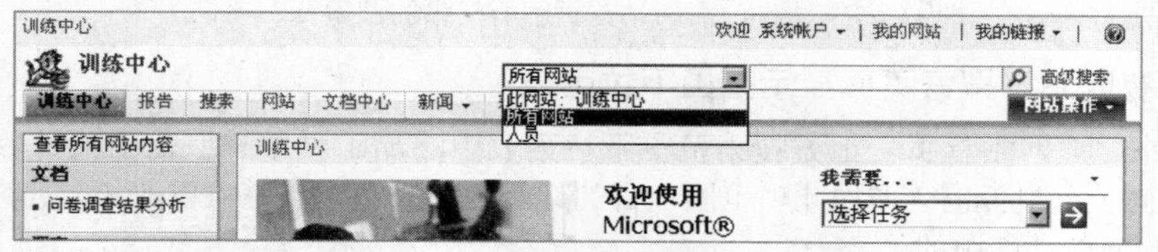

图 16-81　协作门户网站首页下所提供的搜索字段

从【图 16-81】中可以看到，在首页右上方有一个搜索字段，此字段与搜索页面下的搜索字段的区别在于前面多了一个下拉列表字段，展开后还可以看到有“所有网站”与“人员”两项搜索范围的选择，系统称之为范围下拉列表。如果您想将创建好的“影片”搜索范围加入到范围下拉列表中，可以依照以下步骤来进行设置：

修改范围显示组

先进入协作门户网站首页，依次单击 网站操作 → 网站设置 → 修改所有网站设置，进入“网站设置”配置页面，切换到“网站集设置”配置页面，单击 网站集管理 下的 搜索范围，进入“查看范围”配置页面。在【图 16-62】中，第 1 项显示组的名称为“搜索下拉列表”，此项便是提供首页搜索字段上的范围下拉列表设置项目，请单击 搜索下拉列表，进入“编辑范围显示组”配置页面。

在【图 16-82】中可以看到，在“搜索下拉列表”显示组的“编辑范围显示组”配置页面下，会显示所有已创建的范围项目，所以如果您要将“影片”范围项目加入，就请勾选“范围名称”为“影片”，最后单击 确定。在设置完成后，回到协作门户网站首页下，展开范围下拉列表，就可以看到其中增加了一项名为“影片”的范围项目供用户选择，如【图 16-83】所示。

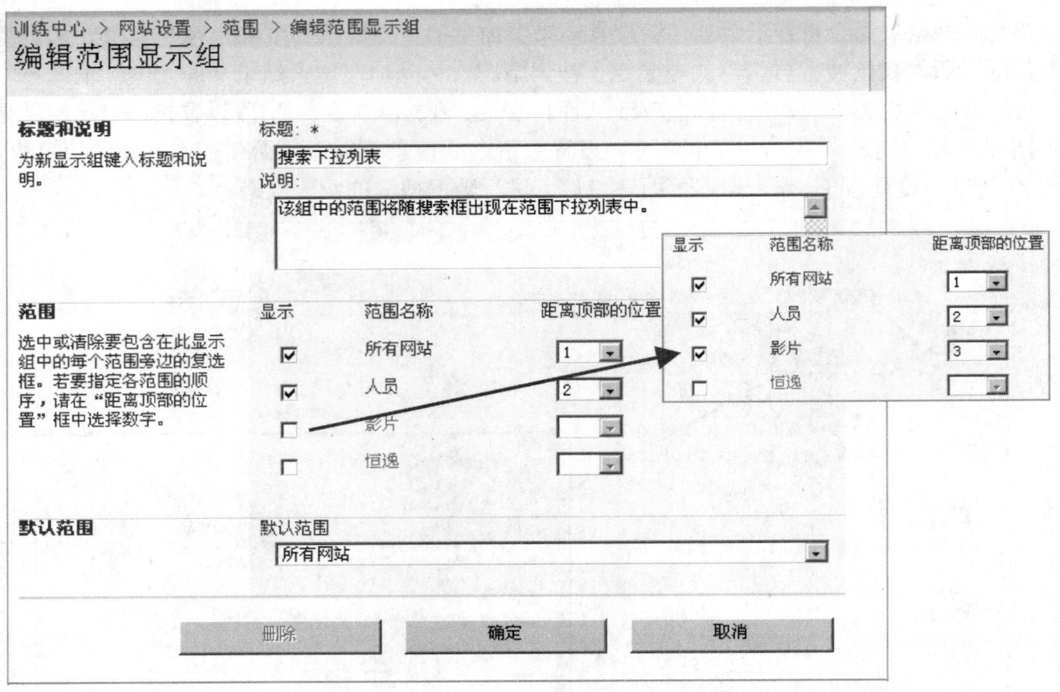

图 16-82 在“搜索下拉列表”的“编辑范围显示组”配置页面下勾选“影片”范围

图 16-83 协作门户网站首页下所提供的搜索范围项目

设置在“所有网站”搜索页面显示范围下拉列表

当我们在协作门户网站首页右上方搜索范围下拉列表中添加了“影片”范围项目后，在搜索中心的 所有网站 搜索页面上，是否也会增加此项范围项目的选择呢？答案当然是可以的啰！因为此项功能是附加在“搜索框”Web 部件功能中的。

要设置此功能，我们先切换到“所有网站”的 Web 部件编辑环境下，然后单击“搜索框”Web 部件的 修改共享 Web 部件 项目，进入“搜索框”Web 部件的属性编辑环境，展开 范围下拉列表 项目，在 下拉列表模式 字段上设置是否要显示范围下拉列表，此字段也是一个下拉列表字段，当您展开后可以看到其他的设置项目，我们所要选择的是“显示范围下拉列表”项目，您不妨都选择一下，以了解各设置项目的结果，如【图 16-84】所示。

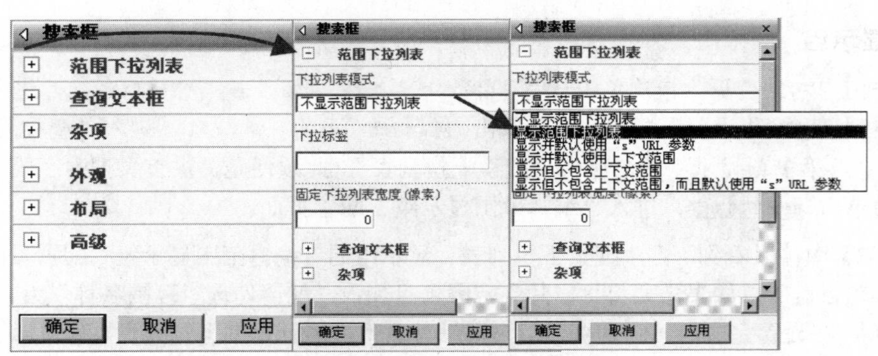

图 16-84 设置“所有网站”显示“范围下拉列表”

在设置完成单击 确定 后，回到“所有网站”Web 部件编辑页面，此时您就会看到，在搜索框左边增加了范围下拉列表的选择字段，最后单击 发布，回到 所有网站 搜索页面，设置完成后的效果如【图16-85】所示。

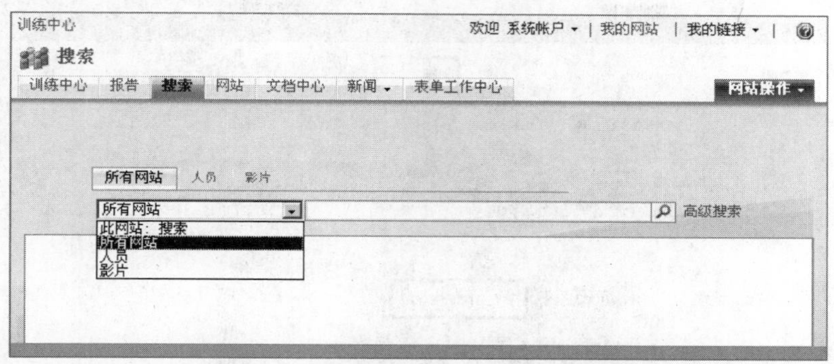

图 16-85　成功地在“所有网站”搜索页面下显示“范围下拉列表”选择字段

别忘记了！搜索结果页面与搜索页面是两个页面，如果您要在搜索结果页面上也显示范围下拉列表的话，那就还要在搜索结果页面设置所要加入的范围下拉列表项目。

16.4.4 固定搜索条件的搜索结果网页

搜索结果页面的响应数据并不一定都要通过搜索页面中输入的搜索关键词查询产生，有时候我们会希望通过设置固定搜索条件，在搜索结果页面上显示固定搜索条件的结果，或在同一页面上显示不同类别的固定搜索结果。举例来说，我们希望在一个搜索结果页面上可以同时显示各种图片（JPG、GIF）、影片（WMV）分类的搜索结果，要如何实现呢？其关键就是通过多个“搜索核心结果”Web 部件以及在该 Web 部件中所提供的“跨 Web 部件查询 ID”和“固定关键字查询”属性设置来完成。下面我们就来学习如何创建这样的固定搜索条件的搜索结果网页。

首先，在搜索中心下创建一个新的搜索结果网页，操作步骤请参考上节创建搜索结果页面的相关内容，设置此搜索结果页面的文件名为“PictureFixedResult.aspx”，如【图16-86】所示。在创建此页面后，请分别在搜索页面与搜索结果页面上，创建名称为“所有图片分类”的选项卡。

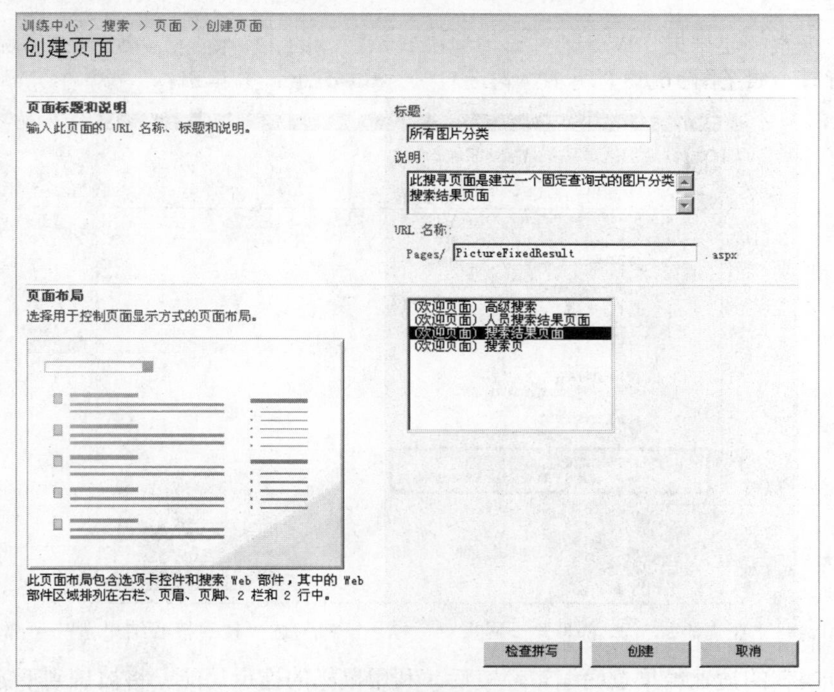

图 16-86　创建一个新的搜索结果页面

新建的搜索结果页面如【图 16-87】所示，由于此页面采用固定式查询条件，所以并不提供输入搜索关键词的功能，当然我们也就不需要设置“搜索框”Web 部件，所以应在“搜索框”Web 部件上单击 ×。

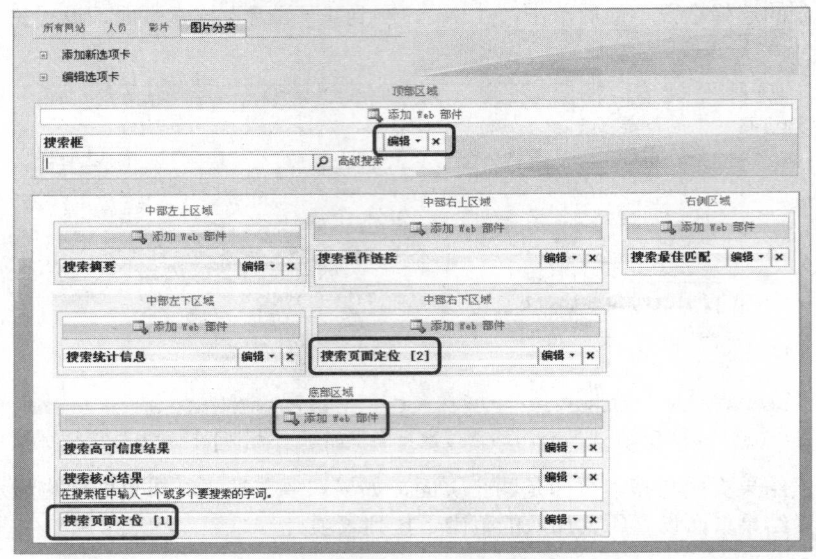

图 16-87 “搜索结果页面”的 Web 部件编辑环境

另外，在默认的搜索结果页面下，系统已经产生了一组“搜索核心结果”Web 部件，用来显示一组搜索结果，但在此页面下，我们希望不只显示一组搜索结果，所以要在底部区域中添加另一项“搜索核心结果”Web 部件，此时添加的“搜索核心结果”Web 部件名称会显示为“搜索核心结果[2]”，之前的“搜索核心结果”Web 部件名称会变成“搜索核心结果[1]”。

在此练习中，我们先在搜索结果页面上，添加两组“搜索核心结果”Web 部件，将新添加的“搜索核心结果[2]”Web 部件设置成只显示 WMV 影片的搜索结果，而之前的“搜索核心结果[1]”Web 部件则设置成只显示 JPG 图片的搜索结果，至于其余图片分类的“搜索核心结果”Web 部件的添加，就交给您练习时来完成啰！

另外，“搜索页面定位[2]”Web 部件会改成只支持“搜索核心结果[2]”Web 部件的分页处理，“搜索页面定位[1]”Web 部件会上移到“搜索核心结果[1]”Web 部件的上方，并设置只支持“搜索核心结果[1]”Web 部件的分页处理。

要添加一项“搜索核心结果”Web 部件，请单击底部区域的 添加 Web 部件，此时会出现“添加 Web 部件——网页对话”窗口，如【图 16-88】所示，勾选 ☑ 搜索核心结果，并单击 添加。

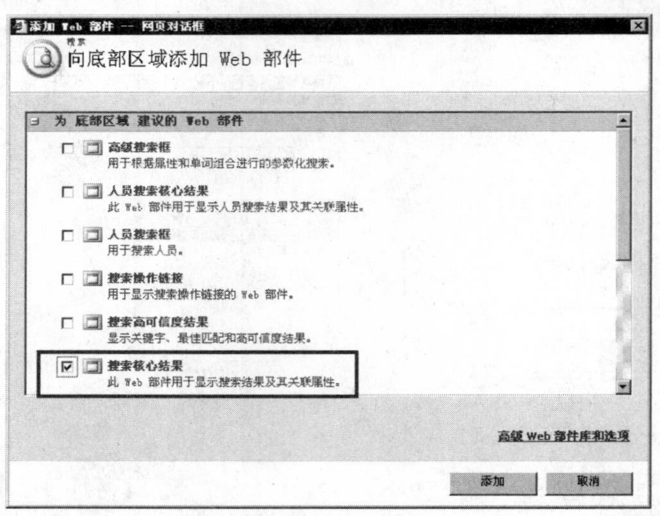

图 16-88 在“添加 Web 部件——网页对话框”窗口勾选“搜索核心结果”Web 部件

回到“图片分类”的搜索结果页面编辑环境后，利用鼠标的拖曳功能，将被挤到下方的“搜索高可信度结果”Web 部件调整到原来的位置，并将“搜索页面定位[1]”Web 部件移动到“搜索核心结果[1]”Web 部件的上方，最后的显示结果如【图 16-89】所示。

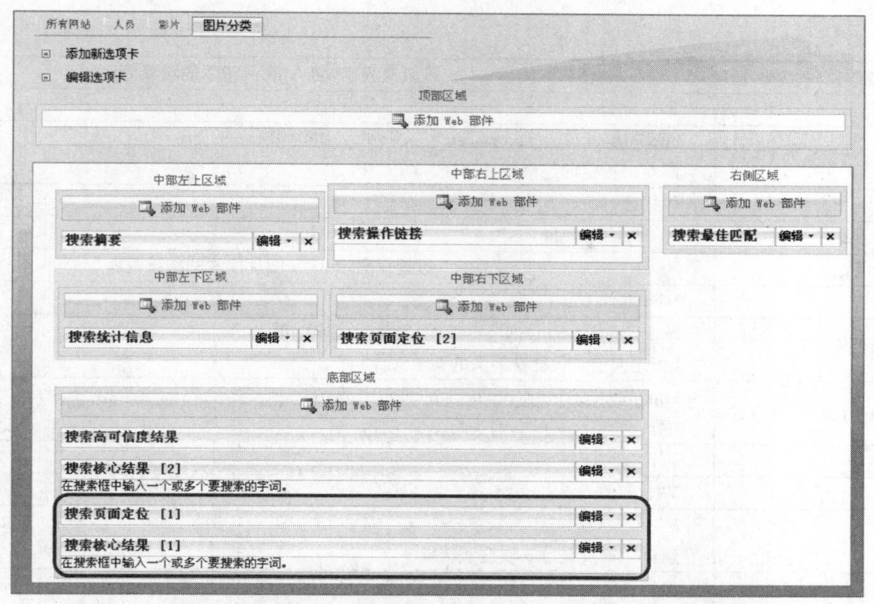

图 16-89 在添加“搜索核心结果”Web 部件后调整各 Web 部件的位置

Web 部件属性的设置

从如【图 16-89】所示的页面中可以看到，我们现在有两组“搜索核心结果”Web 部件，可是接下来您就应该会想到，如何将“搜索页面定位[2]”Web 部件与“搜索核心结果[2]”Web 部件设置成一组，将“搜索页面定位[1]”Web 部件与“搜索核心结果[1]”Web 部件设置成另一组呢？

这个答案就是通过“跨 Web 部件查询 ID”的属性设置，将要设置成一组的 Web 部件设置为相同的 ID，便可完成不同 Web 部件的组合。

为了将这些 Web 部件中的属性内容详细列出，以作为后面讲解的参考，在【图 16-90】和【图 16-91】中，我们列出了“搜索页面定位”Web 部件与“搜索核心结果”Web 部件的所有属性内容。而我们也可以从这两张图中找到一个共同的 跨 Web 部件查询 ID 属性设置项目，其系统默认值是“用户查询”，另外还提供了 4 组（查询 2、查询 3、查询 4、查询 5）ID，只要将两项 Web 部件的此字段指定在相同的 ID 上，就表示这两项 Web 部件是属于同一组的查询结果。

以下使用列表的方式列出这两组对其中两项 Web 部件要更改设置的属性字段与内容。

第 1 组	设置只显示 WMV 影片搜索的结果内容
搜索页面定位[2]	Web 部件
上一个链接图像的 URL	http://center.beauty.corp/docs/picture/arrowleft.gif （指定向前一页的左箭头的图像文件）
下一个链接图像的 URL	http://center.beauty.corp/docs/picture/arrowright.gif （指定向下一页的右箭头的图像文件）
跨 Web 部件查询 ID	查询 2
搜索核心结果[2]	Web 部件
每页显示的结果	2 解释：每页显示两项搜索结果
清除重复的结果	将勾选清除 解释：因为影片搜索的数据是文件属性中的数据，而在图片文件属性中的数据很容易发生内容重复的情况，但该影片播放的内容却是不相同（影片有相同的文件名，但文件被拆成好多段）的，故应不要清除重复的结果
跨 Web 部件查询 ID	查询 2
固定的关键词查询	filetype:wmv 解释：“搜索核心结果[2]”Web 部件要显示的只有影片的搜索结果，所以要在此字段中设置固定的影片文件的筛选类型（此字段可以设置为任何需要加入的固定查询内容）
更多结果文本链接标签	如果您要查询更多有关影片的资料，请点选我... 解释：此字段是输入显示在搜索核心结果下方的提示更多可参考链接的说明

续表

第 1 组	设置只显示 WMV 影片搜索的结果内容
标题	影片分类
更多结果链接的目标结果页面 URL	http://center.beauty.corp/searchcenter//Pages/FilmsSearch.aspx 解释：指定的超级链接路径
组件区块类型	仅标题
标题图标图像 URL	/docs/picture/film1.gif
第 2 组	设置只显示 JPG 图片搜索的结果内容
搜索页面定位[1]	Web 部件
上一个链接图像的 URL	http://center.beauty.corp/docs/picture/arrowleft.gif （指定向前一页的左箭头的图像文件）
下一个链接图像的 URL	http://center.beauty.corp/docs/picture/arrowright.gif （指定向下一页的右箭头的图像文件）
跨 Web 部件查询 ID	查询 3
搜索核心结果[1]	Web 部件
每页显示的结果	3 解释：每页显示 3 项搜索结果
清除重复的结果	将勾选清除 解释：同前一组
跨 Web 部件查询 ID	查询 3
固定的关键词查询	filetype:jpg 解释：同前一组
更多结果文本链接标签	如果您要查询更多有关图片的资料，请点选我… 解释：同前一组
更多结果链接的目标结果页面 URL	http://center.beauty.corp/searchcenter//Pages/FilmsSearch.aspx 解释：指定的超级链接路径
标题	图片分类
组件区块类型	仅标题
标题图标图像 URL	/docs/picture/film2.gif

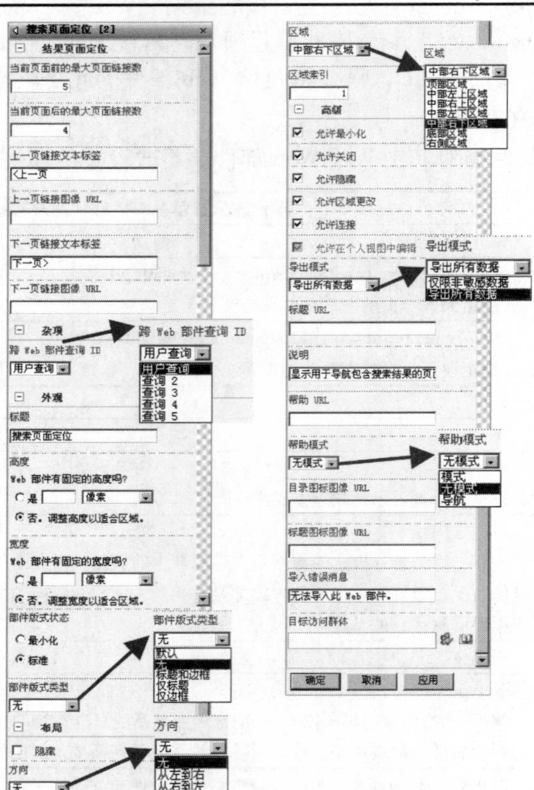

图 16-90 “搜索页面定位”Web 部件中所有属性设置的内容

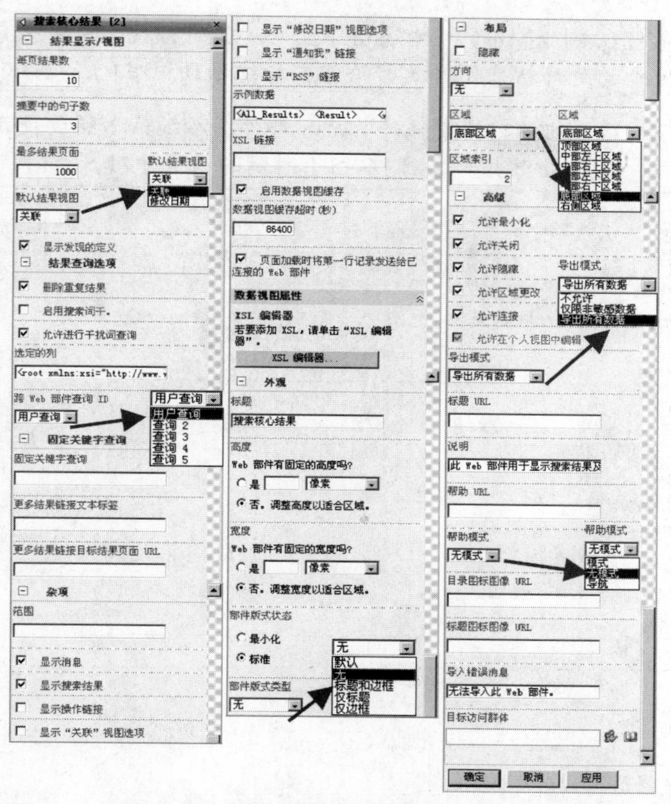

图 16-91 “搜索核心结果”Web 部件中所有属性设置的内容

设置好以上的 Web 部件属性并单击 发布 后，回到 影片 搜索页面，输入搜索的关键词，搜索后的结果如【图 16-92】所示。

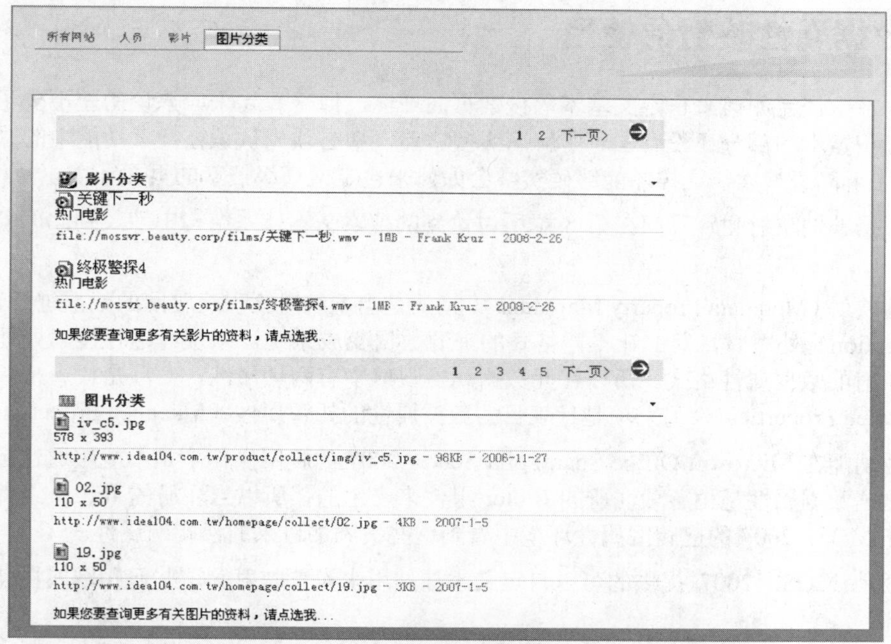

图 16-92 创建两组“搜索核心结果”Web 部件作为搜索结果的分类

您可以从【图 16-92】中看到，在此页面中并没有输入搜索关键词的字段，而搜索结果分成上下两类，上边显示的是影片搜索的结果，每次显示 2 项，分页总数量为 2 页，下边显示的是图片搜索的结果，每次显示 3 项，分页数量为 5 页。另外，您还可以看到两组不同的搜索标题和标题的图像，在各分页中显示了左右箭头图像，各组下方也出现结果提示的说明和链接。

练习 请注意喔！在【图 16-92】中还留下了一些设计缺陷，不知您有没有发现？那就是没有搜索的统计结果，这就留给您自行练习设置啰！

目标：修改第 1 组的“搜索统计”Web 部件，添加第 2 组要使用的“搜索统计”Web 部件，最后应出现如【图 16-93】所示的结果才对。

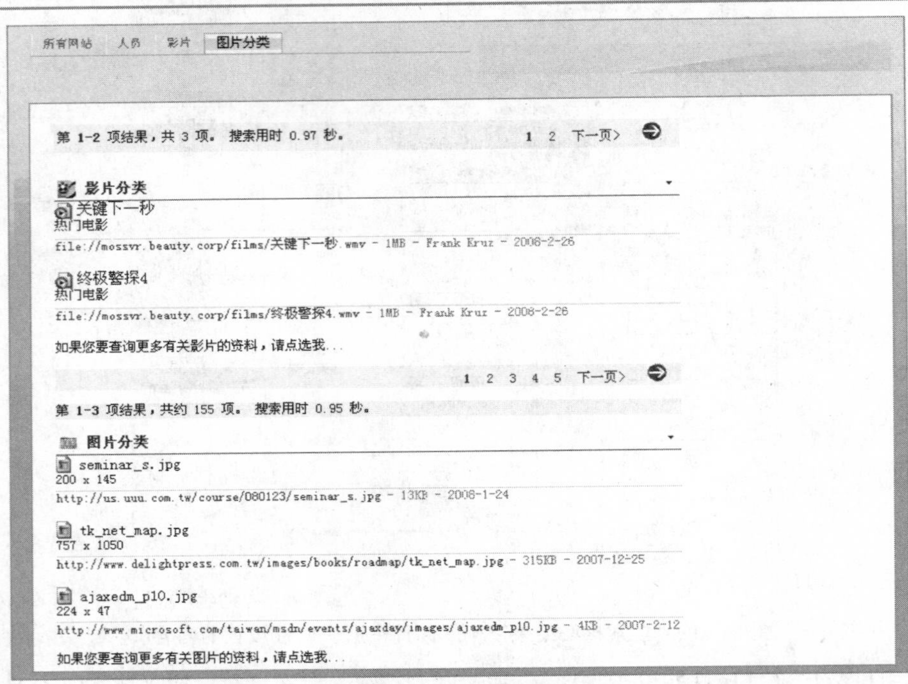

图 16-93 练习修改“影片”搜索结果页面最后应显示的内容

16.5 元数据属性映射的使用

我们在上一节中谈完如何来自定义基本的搜索页面环境，似乎看起来应该谈的差不多了，但其实还有一项叫做“高级搜索”的部分还没有谈。了解高级搜索前，您必须先认识在搜索功能中的“元数据属性映射”，然后再来了解高级搜索，这样才能够确实学会如何来自定义高级搜索的页面环境。

什么是元数据属性映射呢？我们在第 8 章所讨论到的搜索基本体系结构中涉及到此部分的基础，请参考该章的内容。

元数据属性映射（Metadata Property Mappings），指的是当系统对索引或爬网的数据进行转换（Transfer）或传递（Propagation）处理时，能够让不同格式的来源数据变成系统可以统一进行搜索处理的目标数据，并设置其需要映射的数据属性格式。所以在元数据属性映射中有两项属性，一项是代表来源数据属性的已爬网属性（Crawled Properties），另一项是代表目的数据属性的托管属性（Managed Properties）。

已爬网属性功能在 Microsoft Office SharePoint Server 2007 的爬网操作中是不能够通过自定义的方式来添加的，因为这些数据属性是由各项注册的 IFilter 组件来产生的，所以当注册的 IFilter 组件进行了文档爬网后，您就会在 MOSS 2007 的已爬网属性环境中看到这些被添加进来的已爬网属性。

托管属性则是 MOSS 2007 提供的可以自定义添加并用来设置映射到这些已爬网属性使用的元数据属性托管属性。

在 MOSS 2007 系统中使用元数据属性映射的处理，其好处在于：

- 可以将不同 IFilter 组件所定义的已爬网属性正确地映射成 MOSS 2007 系统可以使用的托管属性，来供用户指定属性数据的查询，在系统在搜索时也不会产生数据格式错误的搜索。
- 可以将多个不同 IFilter 组件所定义的已爬网属性映射到相同一个托管属性上，使得我们在进行搜索时，当指定某一个托管属性查询时，搜索系统可以到多个不同的已爬网属性中来查询所需要的数据。

16.5.1 元数据属性映射的查询

要看到元数据属性映射的内容，请依次单击 共享服务管理 → 搜索 → 搜索设置 ，在打开的“配置搜索设置”配置页面单击 元数据属性映射 ，进入“元数据属性映射”配置页面，系统默认的托管属性共有 127 项，页面左边“属性名称”字段下的各项是托管属性，页面右边“映射”字段下的各项是已爬网属性，如【图 16-94】所示。

共享服务管理: BeautySharedServices > 搜索设置 > 托管属性

元数据属性映射

将自动从已爬网内容中提取已爬网属性。用户可对托管属性执行查询。使用此页面可创建和修改托管属性，并将已爬网属性映射到托管属性。对属性所做的更改将在下一次完全爬网后生效。

托管属性视图

新建托管属性 | 总数 = 127 | 1 - 100 ▸

属性名称	类型	可删除	使用范围	映射
AboutMe	文本	是	否	人员:AboutMe(文本), ows_Notes(文本)
Account	文本	是	否	ows_Name(文本)
AccountName	文本	是	否	人员:AccountName(文本)
AssignedTo	文本	是	否	ows_AssignedTo(文本), ows_Assigned_x0020_To(文本)
Assistant	文本	是	否	人员:Assistant(文本)
Author	文本	否	是	邮件:6(文本), Office:4(文本)
Authority	小数	是	否	

图 16-94　元数据属性映射的设置页面

查看托管属性的内容

我们先来浏览一下这些属性的设置内容。首先来看托管属性的设置内容。为了说明属性数据的内容，我们找一项已经有索引数据的属性，请单击属性名称为“FirstName”的项目，进入此项的属性编辑页面，如【图 16-95】所示。

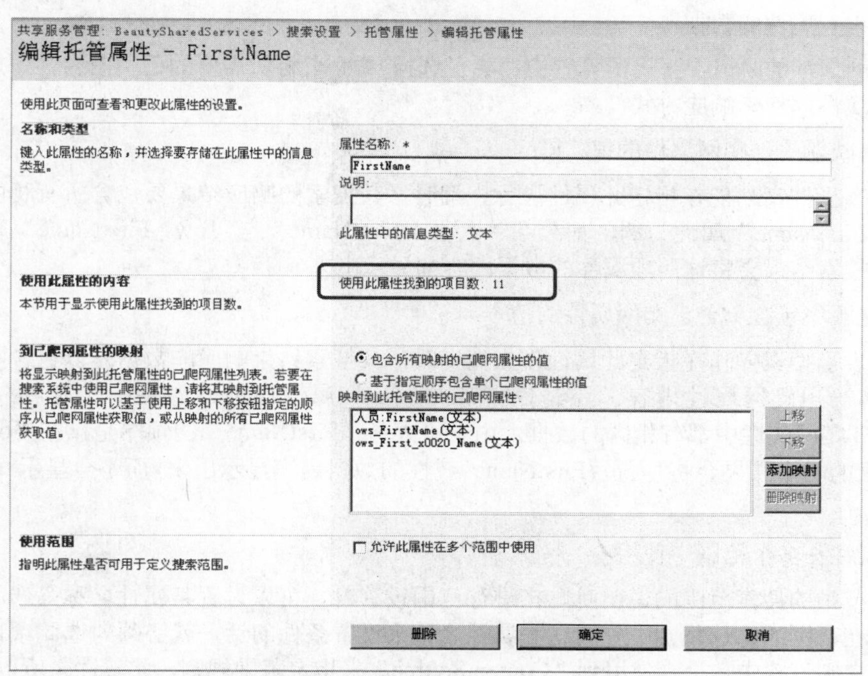

图 16-95　映射到已爬网属性的托管属性配置页面

托管属性是 MOSS 2007 系统生成的属性，此属性在 MOSS 2007 系统中不但可以供用户自定义添加，还可以对应到需要的已爬网属性，属于 MOSS 2007 系统内所定义的属性也列在托管属性中，所以当我们在查看系统默认的托管属性时，有时也会看到没有对应已爬网属性的托管属性，例如“ContentSource”属性项目，如【图 16-96】所示。

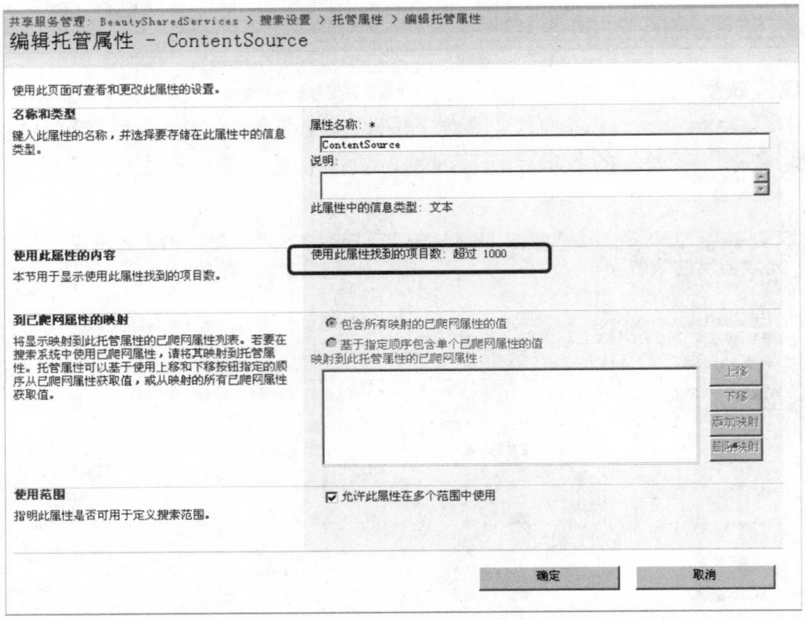

共享服务管理：BeautySharedServices > 搜索设置 > 托管属性 > 编辑托管属性

编辑托管属性 - ContentSource

使用此页面可查看和更改此属性的设置。

名称和类型

键入此属性的名称，并选择要存储在此属性中的信息类型。

属性名称：*

ContentSource

说明：

此属性中的信息类型：文本

使用此属性的内容

本节用于显示使用此属性找到的项目数。

使用此属性找到的项目数：超过 1000

到已爬网属性的映射

将显示映射到此托管属性的已爬网属性列表。若要在搜索系统中使用已爬网属性，请将其映射到托管属性。托管属性可以基于使用上移和下移按钮指定的顺序从已爬网属性获取值，或从映射的所有已爬网属性获取值。

包含所有映射的已爬网属性的值

基于指定顺序包含单个已爬网属性的值

映射到此托管属性的已爬网属性：

上移 下移 添加映射 删除映射

使用范围

指明此属性是否可用于定义搜索范围。

允许此属性在多个范围中使用

确定 取消

图 16-96　没有映射到已爬网属性的托管属性配置页面

从【图 16-95】和【图 16-96】的 使用此属性找到的项目数: 字段中可以看到，这两项属性都有索引的数据，“FirstName”属性有 11 项索引数据，“ContentSource”属性有超过 1000 项的索引数据。

“到已爬网属性的映射”区块用于设置此托管属性指定要包含的已爬网属性有哪些？例如，在【图 16-95】的“FirstName”属性中就包含了 3 项已爬网属性，这表示在“FirstName”属性下，索引内容除了系统内置的“FirstName”属性索引到的数据外，还包含 3 项已爬网属性的索引内容（不过您可以查看一下这 3 项爬网属性，在系统默认环境中都没有任何的数据，所以我们可以确定在“FirstName”属性中索引出来的 11 项数据都是系统内置属性的数据）。

在“到已爬网属性的映射”区块的设置中，除了选择 添加映射 将所需要的已爬网属性添加进来之外，还可以设置此托管属性的搜索响应方式：

- 包括所有映射的已爬网属性的值

此项设置代表当搜索功能在指定此属性进行查询时，其搜索的响应结果要包含所有爬网属性可以查找到的数据，以“FirstName”属性为例，如果在“人员：FirstName”与“ows_FirstName”爬网属性中都有相同的数据，则搜索结果会将这两项属性的数据内容都显示出来。

- 基于指定顺序包含单个已爬网属性的值

此项设置代表当搜索操作在指定此属性作为查询时，其搜索结果响应的数据是以包含顺序来决定要响应的数据属于哪一项爬网属性内容。还是以“FirstName”属性为例，如果在“人员：FirstName”与“ows_FirstName”爬网属性中都有相同的数据，由于“人员：FirstName”的顺序是排在“ows_FirstName”的前面，所以搜索的响应结果会将“人员：FirstName”属性的数据内容显示出来，而不会显示“ows_FirstName”的数据。

- 允许此属性在多个范围中使用

还记得前一节中的搜索范围的说明吗？在进行范围设置时，可以设置某属性名称筛选的条件规则是什么？所以要提供在范围的筛选规则中使用这些属性名称来设置条件的话，就必须勾选此项目。您可以回顾一下前面的范围规则设置中，是否使用到“ContentSource”来指定范围规则，此属性之所以可以设置使用，是因为在如【图 16-96】所示的界面中勾选了此属性项目功能。

查看已爬网属性的内容

已爬网属性的产生，诚如前面所讲，是由 IFilter 组件所产生的，用户不能对其进行自定义添加。我们也来挑选一项有索引数据的已爬网属性，请您在“映射”字段中找到“人员：PreferredName（文本）”项目，单击该项目后，会进入此项目的“编辑已爬网属性”配置页面，如【图 16-97】所示。

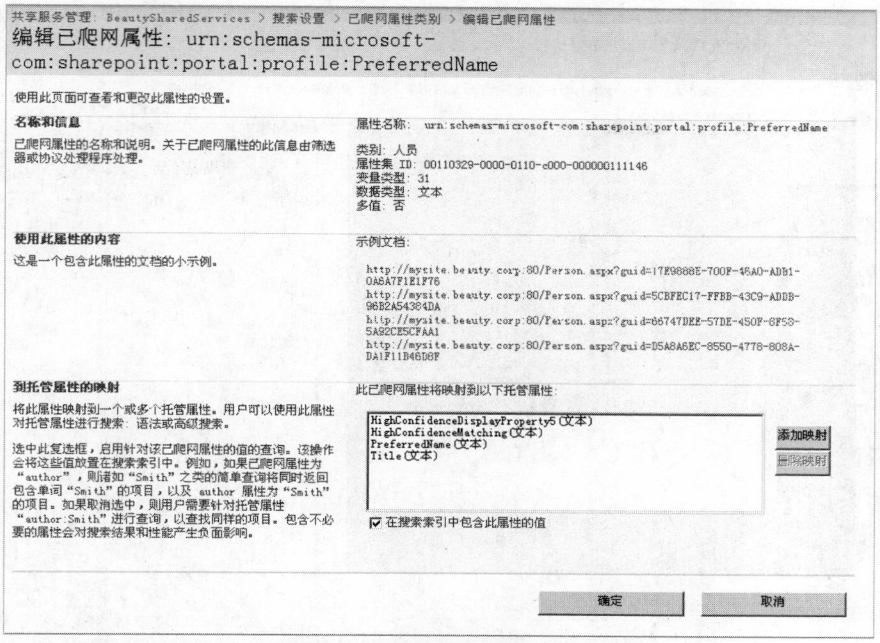

共享服务管理：BeautySharedServices > 搜索设置 > 已爬网属性类别 > 编辑已爬网属性

编辑已爬网属性：urn:schemas-microsoft-com:sharepoint:portal:profile:PreferredName

使用此页面可查看和更改此属性的设置。

名称和信息

已爬网属性的名称和说明。关于已爬网属性的此信息由筛选器或协议处理程序处理。

属性名称：urn:schemas-microsoft-com:sharepoint:portal:profile:PreferredName

类别：人员
属性集 ID：00110329-0000-0110-c000-000000111146
变量类型：31
数据类型：文本
多值：否

使用此属性的内容

这是一个包含此属性的文档的小示例。

示例文档：

http://mysite.beauty.corp:80/Person.aspx?guid=17E9888E-700F-46A0-ADB1-0A8A7F1E1F76
http://mysite.beauty.corp:80/Person.aspx?guid=5CBFEC17-FFBB-43C9-ADDB-96B2A54384DA
http://mysite.beauty.corp:80/Person.aspx?guid=66747DEE-57DE-450F-8F53-5A92CE5CFAA1
http://mysite.beauty.corp:80/Person.aspx?guid=D5A8A6EC-8550-4778-808A-DA1F11B46D8F

到托管属性的映射

将此属性映射到一个或多个托管属性。用户可以使用此属性对托管属性进行搜索：语法或高级搜索。

选中此复选框，启用针对该已爬网属性的值的查询。该操作会将这些值放置在搜索索引中。例如，如果已爬网属性为“author”，则诸如“Smith”之类的简单查询将同时返回包含单词“Smith”的项目，以及 author 属性为“Smith”的项目。如果取消选中，则用户需要针对托管属性“author:Smith”进行查询，以查找同样的项目。包含不必要的属性会对搜索结果和性能产生负面影响。

此已爬网属性将映射到以下托管属性：

HighConfidenceDisplayProperty5(文本)
HighConfidenceMatching(文本)
PreferredName(文本)
Title(文本)

添加映射 删除映射

☑ 在搜索索引中包含此属性的值

确定 取消

图 16-97　已爬网属性的配置页面

从【图 16-97】中可以看到，已爬网属性通常必须含有该属性所指定的类别、属性设置 ID、变量类型、数据类型等的定义数据，这些数据都是在 IFilter 组件中，通过 XML 格式将所要爬网的属性定义其内容的，这些 XML 所定义的内容会通过互联网上的公开组织共同来制定。例如我们在互联网上经常使用到的图片文件（JPG、GIF 等），其属性数据格式定义就是通过 Microsoft 公司、Kodak 公司、JEIDA 组织等共同制定的 EXIF（Exchangeable Image File Format）规格来完成的，您可以在网上查询 EXIF，就可以知道此规格大致的含意是什么了。顺便提醒一下，您要特别注意有关属性设置 ID 的定义。

- 使用此属性的内容

当您查看到此区块下有数据内容时，如【图 16-97】所示，就是 MOSS 2007 系统的索引操作成功爬网到此属性的数据的实例（注意：此处并不会列举出所有的索引数据，只会显示最前面的几项当作范例）。

- 到托管属性的映射

此区块则设置此已爬网属性要映射的托管属性为何？对于托管属性而言，一个托管属性可以映射到多个已爬网属性，同样地，对于已爬网属性而言，也可以映射到多个托管属性。如【图 16-97】所示，此已爬网属性就映射了 4 项托管属性，也就是说，用户可以通过指定这 4 项托管属性名称来查询此已爬网属性的数据内容。

- 在搜索索引中包含此属性的值

通常此项目都是要勾选的，因为勾选此项后，系统才会对此已爬网属性提供搜索的处理，除非您不想将此已爬网属性提供给用户进行搜索，才要将此项目的勾选取消。

查看爬网属性类别

前面我们查看已爬网属性的内容，是在“元数据属性映射”配置页面下单击指定的已爬网属性项目查看到的，如果我们想查看 MOSS 2007 系统下所有的已爬网属性内容，又应该如何操作呢？

当您进入“元数据属性映射”配置页面后，您可以注意到左边会增加两项功能选项，一项是托管属性、另一项是已爬网属性。要查看系统所有的已爬网属性，可单击此已爬网属性项目，由于已爬网属性是必须定义其爬网类别的，所以 MOSS 2007 的已爬网属性是先以已爬网属性类别文件夹进行分类，再将各项已爬网属性放在各属性类别的文件夹下，所以在进入已爬网属性页面后，先看到的是已爬网属性视图，如【图 16-98】所示。

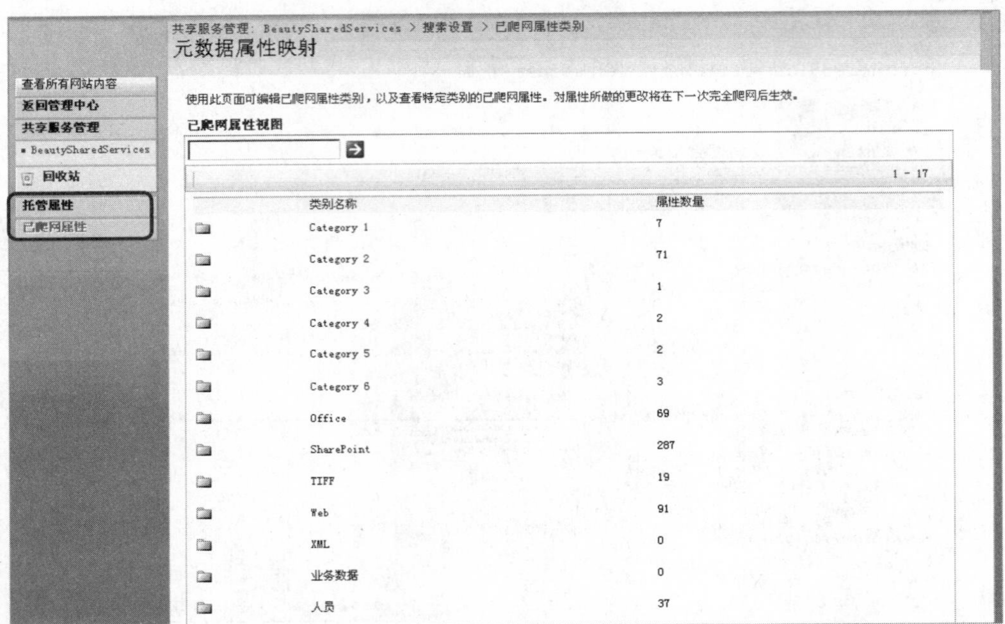

图 16-98　已爬网属性类别的查看页面

从【图 16-98】可以看到，系统默认的已爬网属性类别有哪些？在各项类别下各有多少个已爬网属性项目？要看到该类别的已爬网属性，可以单击该类别名称文件夹，例如，我们可以单击“SharePoint”类别，进入该类别的已爬网属性视图，如【图 16-99】所示。

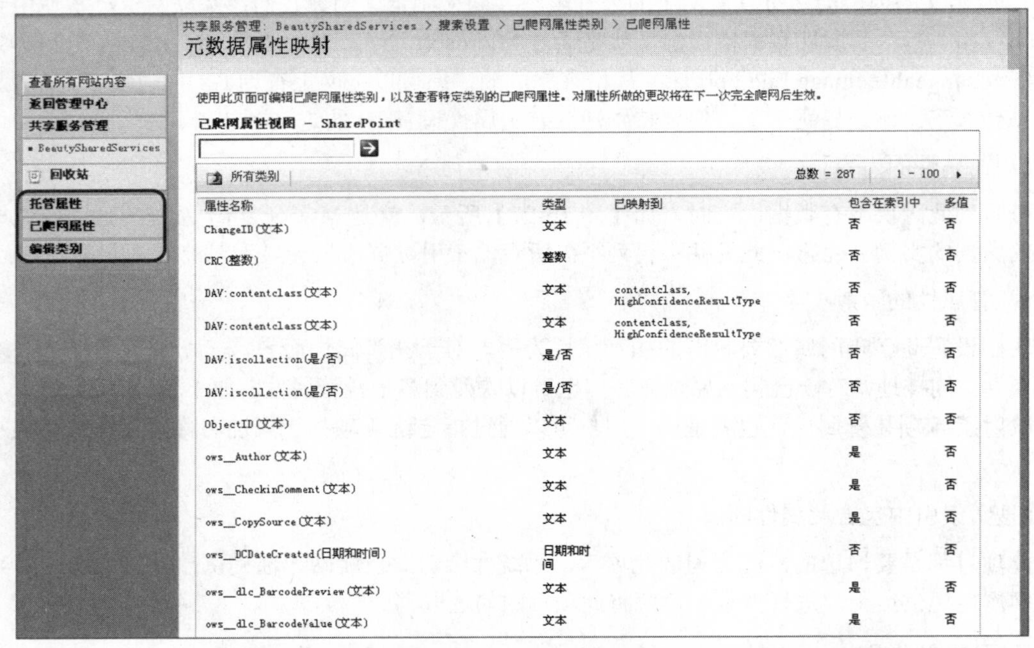

图 16-99　已爬网属性类别文件夹下所列举的已爬网属性项目

注意　在已爬网属性类别的查看环境中是不能够进行添加操作的，已爬网属性类别的文件夹是由系统发现 IFilter 组件中所定义的类别，当系统中不存在此类别时则会自动的创建。如果您修改属性类别，可以单击右边的 **编辑类别** 项目。已爬网属性也是不能进行添加操作的。在已爬网属性内容中唯一可以修改数据的区块，就是“添加至托管属性”区块。

如果您想快速查找所要查询的已爬网属性，可以在已爬网属性视图下方的搜索字段中输入您所要查询的已爬网属性名称，例如，我们要搜索有“FirstName”关键词的已爬网属性，查询结果如【图 16-100】所示。

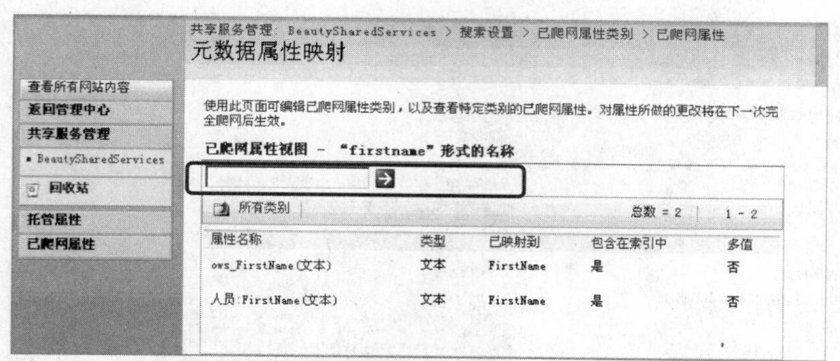

图 16-100　通过已爬网属性视图字段查询已爬网属性项目

查询自定义 IFilter 组件后的已爬网属性类别内容

当您按照前节的讲解添加了自定义的 IFilter 组件，并运行爬网处理操作后，由于系统的索引爬网操作会发现到新的已爬网属性，所以会产生新的已爬网属性以及这些已爬网属性的已爬网属性类别。此时，当您切换到已爬网属性类别环境后，就会看到如【图 16-101】所示的内容，您可以将【图 16-101】与【图 16-98】相互比较一下，就可看出不同的地方。但笔者要在此说明一下，您的已爬网属性类别环境并不一定会跟【图 16-101】所显示的一样，因为不同的 IFilter 组件会产生出不同的已爬网属性类别和已爬网属性，如【图 102】和【图 6-103】所示。

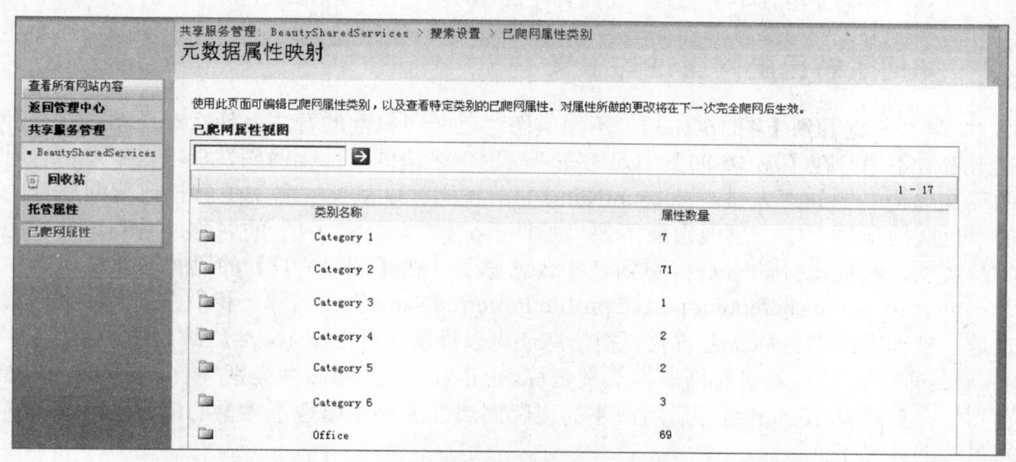

图 16-101　自定义 IFilter 组件后系统新产生出的已爬网属性类别项目

例如，由于我们在所举的例子中，已经安装了 TIFF 文件的 IFilter 组件，所以可以在【图 16-101】的 TIFF 类别下看到 19 项属于 TIFF 类别的已爬网属性，但在如【图 16-98】所示的系统默认环境中，在 TIFF 类别下是没有任何已爬网属性项目的。

共享服务管理: BeautySharedServices > 搜索设置 > 已爬网属性类别 > 已爬网属性

元数据属性映射

使用此页面可编辑已爬网属性类别，以及查看特定类别的已爬网属性。对属性所做的更改将在下一次完全爬网后生效。

已爬网属性视图 - Category 2

所有类别　总数 = 71　1 - 71

属性名称	类型	已映射到	包含在索引中	多值
Category 2:20515(整数)	整数		否	否
Category 2:20521(整数)	整数		否	否
Category 2:20525(小数)	小数		否	否
Category 2:20526(小数)	小数		否	否

图 16-102　查看“Category 2”的爬网属性类别文件夹中的已爬网属性列举项目

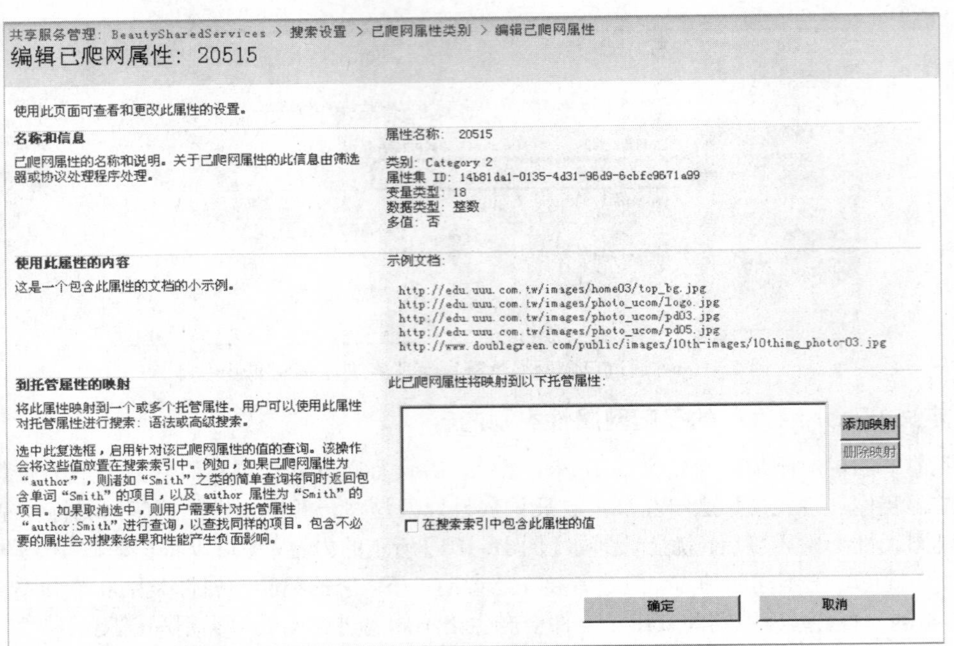

图 16-103　查看“Category 2：20515”的已爬网属性内容

16.5.2 如何了解已爬网属性的意义

从【图 16-94】一直看到【图 16-103】，不知道您对已爬网属性的看法是什么？会不会有一种感觉，那就是……越来越看不懂！在【图 16-94】中，您在“映射”区块的“已爬网属性”项目中还可以看到一些有实际意义的英文单词（例如“人员：AccountName”），我们可以从英文名中了解该已爬网属性的意义，但在最下方的“已爬网属性”中，已经出现了像“邮件：6”、“办公室：4”的名称，看到这些使用编号方式命名的已爬网属性，我们就开始有点猜不到是什么意思了。在【图 16-97】的已爬网属性内容中，出现了“urn:schemas-microsoft-com:sharepoint:portal: profile:PreferredName”的名称，我们在前节中曾经说明过，这种命名方式是一种标准数据名称命名方式。相信您还可以理解，从【图 16-98】到【图 16-101】中的已爬网属性名称中，冒号前面的名称是已爬网属性类别名称，可以在“已爬网属性类别”页面中看到，在【图 16-103】中，我们看到了在自定义 IFilter 组件后所产生的已爬网属性名称中出现了大量的编号，哇！就更看不出来这些已爬网属性的意义了。

从以上的整理中您就应该可以了解到，已爬网属性其实会有各式各样的命名方式，最难的地方在于，如果该名称是由某项 IFilter 组件产生出来的，而如果这些名称又是编号的话，那还真不容易猜透该项已爬网属性到底是代表什么样的数据，又表示什么样意义？如果不知道这些已爬网属性的意义，又该如何创建一个具有意义的托管属性来映射到这些已爬网属性呢？

其实要了解这些已爬网属性名称的意义，您可以到互联网上来搜索各项文档属性的意义，不过，如果这些已爬网属性名称是编号的话，您就很难搜索了。那么应该怎样查找呢？告诉各位一个小技巧，就是所有文档类型在定义该文档可以使用的属性时，国际标准组织为了要能够确认每一种文档类型所定义的属性都有一个可以唯一识别的方式，对每种文档类型都会定义一项唯一的属性集 ID，您可以在【图 16-97】和【图 16-103】的已爬网属性内容中看到，所以，您可以使用这些属性集 ID 来查找该文档类型，找到了该文档类型的定义说明后，就可以找到在该文档类型下所定义的各项属性名称以及该属性的意义了。

以下我们列出在微软 MSDN 网站上提供支持 WDS（Windows Desktop Search）的各项文档属性定义，以及该属性在定义结构中的属性集 ID 和已爬网属性名称，这些内容同样也支持 MOSS 2007 的搜索爬网操作，其中也额外的包含了一些 EXIF（Exchangeable Image File Format）规格定义的已爬网属性的名称和意义。

不要小看这些列表喔！笔者可是花了许多工夫才找到的喔！这些列表内容除了在此提供给您做参考外（这些内容会在创建托管属性映射时用到），对 IFilter 组件程序开发者也有莫大的帮助，因为要编写一个文档属性进行爬网处理的 IFilter 组件，就非要先了解文档属性的定义才行。

属性设置 ID	（MIMETYPE 类别） 0B63E350-9CCC-11D0-BCDB-00805FCCCE04	
属性名称	显示名称	属性描述
4	GatherTimeModified	Time the indexer last crawled the document for catalog update
5	DocFormat	Document format or MIMETYPE（for example 'message/rfc822' for an EML file）

属性集 ID	（EXIF 图片类别） 14B81DA1-0135-4D31-96D9-6CBFC9671A99	
属性名称	显示名称	属性描述
270	ExifImageDescription	A character string giving the title of the image
271	ExifCameraMake	Manufacturer of camera
272	ExifCameraModel	Model of camera
274	ExifOrientation	Orientation
282	ExifXResolution	The number of pixels per ResolutionUnit in the ImageWidth direction
283	ExifYResolution	The number of pixels per ResolutionUnit in the ImageLength direction
296	ExifResolutionUnit	The unit for measuring XResolution and YResolution
305	ExifSoftware	This tag records the name and version of the software or firmware of the camera or image input device used to generate the image
306	ExifDateTime	The date and time of image creation
514	ExifJPEGInterchangeFormatLength	The number of bytes of JPEG compressed thumbnail data
20512	ExifThumbnailImageWidth	Number of pixels per row in the thumbnail image
20513	ExifThumbnailImageHeight	Number of pixel rows in the thumbnail image
20514	ExifThumbnailBitsPerSample	Number of bits per color component in the thumbnail image
20515	ExifThumbnailCompression	Compression scheme used for thumbnail image data
34850	ExifExposureProg	The class of the program used by the camera to set exposure when the picture is taken
34855	ExifISOSpeed	Indicates the ISO Speed and ISO Latitude of the camera or input device as specified in ISO 12232
40962	ExifPixXDim	Information specific to compressed data. When a compressed file is recorded, the valid width of the meaningful image shall be recorded in this tag, whether or not there is padding data or a restart marker
40963	ExifPixYDim	Information specific to compressed data. When a compressed file is recorded, the valid height of the meaningful image shall be recorded in this tag, whether or not there is padding data or a restart marker

属性集 ID	（音乐类别） 56A3372E-CE9C-11D2-9F0E-006097C686F6	
属性名称	显示名称	属性描述
2	MusicArtist	Name of the artist
4	MusicAlbum	Album name
5	MusicYear	Year in which the album was recorded
7	MusicTrack	Number of tracks in the album
8	AudioTimeLength	Length in milliseconds of the audio file
11	MusicGenre	Genre of the album

属性集 ID	（影音类别） 6444048F-4C8B-11D1-8B70-080036B11A03	
属性名称	显示名称	属性描述
3	ImageCX	X complexity for the image
4	ImageCY	Y complexity for the image
5	ImageResX	X resolution for the image
6	ImageResY	Y resolution for the image
7	ImageBitDepth	The number of bits per image
12	ImageFrameCount	Frame Count of the image
13	ImageDimensions	Dimensions of the image
2	AudioFormat	Audio file format
3	AudioTimeLength	Time of length for the audio file
4	AudioAvgDataRate	Average data rate in Kbps for the audio file
5	AudioSampleRate	Sample data rate in Kbps for the audio file
6	AudioSampleSize	Size of sample data rate for the audio file
7	AudioChannelCount	The number of audio channel
2	VideoStreamName	The name of the video stream
3	VideoFrameWidth	Frame width for the video stream
4	VideoFrameHeight	Frame height for the video stream
6	VideoFrameRate	Frame rate in frames per millisecond for the video stream
8	VideoDataRate	The data rate for video
9	VideoSampleSize	Size of sample data rate for the video
10	VideoCompression	The compression level of video

属性设置 ID	（程序函数类别） 8DEE0300-16C2-101B-B121-08002B2ECDA9	
属性名称	显示名称	属性描述
class	Class	Class name
component	Component	Component name
const	Const	Const name
def	Define	Define name
delegate	Delegate	Delegate name
enum	Enum	Enum name
event	Event	Event name
field	Field	Field name
func	Function	Function name
interface	Interface	Interface name
project	Project	Project name
property	Property	Property name
solution	Solution	Solution name
struct	Struct	Structure name

属性集 ID	（文件类别） B725F130-47EF-101A-A5F1-02608C9EEBAC	
属性名称	显示名称	属性描述
10	FileName	Name of the file

续表

属性集 ID	（文件类别） B725F130-47EF-101A-A5F1-02608C9EEBAC	
属性名称	显示名称	属性描述
12	Size	Size of a file
14	Write	Date and time of the last write to the file
15	Create	Date and time the file was created
20	ShortName	Short (8.3) file name for the file

属性集 ID	（文件属性类别） F29F85E0-4FF9-1068-AB91-08002B27B3D9	
属性名称	显示名称	属性描述
2	DocTitle	Title
3	DocSubject	Subject of file. NOTE: Currently, e-mail subjects map to PrimaryTitle today and don't get duplicated due to their length
4	DocAuthor	Author of the document
5	DocKeywords	Keywords
6	DocComments	Comments
8	DocLastAuthor	User the doc wa last saved by
11	DocLastPrinted	Last Printed
13	DateSaved	the date and time the document was last saved

属性集 ID	（Microsoft Documents 类别） D5CDD502-2E9C-101B-9397-08002B2CF9AE	
属性名称	显示名称	属性描述
2	DocCategory	Category
3	DocPresentationFormat	PresentationTarget
7	DocSlideCount	Slides
14	DocManager	Manager
15	DocCompany	Company
Anniversary	Anniversary	Anniversary date
AssistantName	AssistantName	Assistant name
AssistantTelephone	AssistantTelephone	Assistant telephone
AttachmentNames	AttachmentNames	Names of attachments in a message
BccAddress	BccAddress	Addresses in Bcc: field
BccName	BccName	Person names in Bcc: field
Birthday	Birthday	Birthday of contact
BusinessAddressCity	BusinessAddressCity	Business address info
BusinessAddressCountry	BusinessAddressCountry	Business address info
BusinessAddressPostalCode	BusinessAddressPostalCode	Business address info
BusinessAddressPostOfficeBox	BusinessAddressPostOfficeBox	Business address info
BusinessAddressState	BusinessAddressState	Business address info
BusinessAddressStreet	BusinessAddressStreet	Business address info
BusinessFaxNumber	BusinessFaxNumber	Facsimile info
CallbackTelephone	CallbackTelephone	Call back telephone info

续表

属性集 ID	（Microsoft Documents 类别） D5CDD502-2E9C-101B-9397-08002B2CF9AE	
属性名称	显示名称	属性描述
CarTelephone	CarTelephone	Telephone info
CcAddress	CcAddress	Addresses in Cc: field
CcName	CcName	Person names in Cc: field
Children	Children	Children's names for contact
CompanyMainTelephone	CompanyMainTelephone	Telephone info
ContainerHash	ContainerHash	Hash code that identifies attachments to be deleted based on a common container URL
ConversationID	ConversationID	Unique ID for a conversation in e-mail threads
DateTaken	DateTaken	FILETIME of data taken
DisplayFolder	DisplayFolder	User-friendly folder for item
DocTitlePrefix	DocTitlePrefix	Prefix of subject (Re:, Fw:, etc.)
DueDate	DueDate	Date an item is due
Duration	Duration	Length of meeting in minutes
EmailAddress	EmailAddress	Contact e-mail name
EmailName	EmailName	Display name for e-mail address
EndDate	EndDate	End time (usually for meetings/events)
FileExt	FileExt	File extension
FileExtDesc	FileExtDesc	User-friendly description of the file type from the registry(Ex: .psq --> Product Studio Query File)
FirstName	FirstName	Contact's first name
FlagText	FlagText	Text displayed for the flag, e.g., Review, Follow up, etc.
FolderName	FolderName	Name of the parent folder
FromAddress	FromAddress	Addresses in From: field
FromName	FromName	Person name in From: field
FullName	FullName	Contact's full name
FwdRply	FwdRply	Indicates mail was replied to or forwarded (cdoPR_ACTION=261 262)
Gender	Gender	Male/female/other
HasAttach	HasAttach	Indicates mail has an attachment (T or F)
Hobby	Hobby	Contact info
HomeAddressCity	HomeAddressCity	Home address info
HomeAddressCountry	HomeAddressCountry	Home address info
HomeAddressPostalCode	HomeAddressPostalCode	Home address info
HomeAddressState	HomeAddressState	Home address info
HomeAddressStreet	HomeAddressStreet	Home address info
HomeFaxNumber	HomeFaxNumber	Facsimile info
HomeTelephone	HomeTelephone	Telephone info
Identity	Identity	Identity for OE users
IMAddress	IMAddress	Instant message info
Importance	Importance	MAPI importance or priority
IsAttachment	IsAttachment	Indicates item is an attachment
IsDeleted	IsDeleted	Indicates item is marked for deletion (Recycle bin, deleted items, etc.)

续表

属性集 ID	（Microsoft Documents 类别） D5CDD502-2E9C-101B-9397-08002B2CF9AE	
属性名称	显示名称	属性描述
IsFlagged	IsFlagged	Indicates item is flagged
IsFlaggedCompleted	IsFlaggedCompleted	Indicates item is flagged as completed
IsIncomplete	IsIncomplete	Indicates item is not fully available
IsRead	IsRead	Indicates item has been read
IsRecurring	IsRecurring	Indicates item is recurring (e.g., meetings)
JobTitle	JobTitle	Contact's job title
LastName	LastName	Contact info
LastViewed	LastViewed	Date the item was last viewed by user
Location	Location	Location where item (like a meeting) occurs
MiddleName	MiddleName	Contact info
MobileTelephone	MobileTelephone	Telephone info
NickName	NickName	Contact info
Office	Office	Contact info
OfficeTelephone	OfficeTelephone	Telephone info
PagerTelephone	PagerTelephone	Telephone info
People	People	People involved with this item
PerceivedType	PerceivedType	PerceivedType of the object NOTE: This is only for retrieval
PerceivedTypeName	PerceivedTypeName	Display name of the PerceivedType. Never displayed or queried
PersonalTitle	PersonalTitle	Profession title (Dr., Mr., Mrs., Ms.)
PrimaryDate	PrimaryDate	Most interesting date (Last write time for files, date received for e-mail)
PrimaryTelephone	PrimaryTelephone	Telephone info
Profession	Profession	Contact info
ReceivedDate	ReceivedDate	Delivery time
Spouse	Spouse	Contact info
StartDate	StartDate	Start time (usually for meetings/events)
Store	Store	The store or protocol handler (FILE, MAIL, OUTLOOKEXPRESS)
Suffix	Suffix	Contact info
TaskStatus	TaskStatus	Status of a task
TelexNumber	TelexNumber	Telex info
ToAddress	ToAddress	Addresses in To: field
ToName	ToName	Person names in To: field
TTYTDDTelephone	TTYTDDTelephone	TTY/TDD info
WebPage	WebPage	Contact web page

以上列表的内容，您如何来应用查阅并对应到系统的已爬网属性中呢？首先，您可以先查看列表内容中的属性名称字段，找到想要查看的属性名称，并了解该属性的意义，例如，在“文件属性类别”列表中，我们看到在文件属性中有一项“关键词”（Keywords）的属性，其属性名称为“5”、显示名称为“DocKeywords”。

如果想要查看该属性是否产生在系统的已爬网属性中，您可以将页面切换到“爬网属性类别”页面，在“爬网属性视图”下的字段中输入在上面列表中您要查询的属性名称，如果有结果显示，则代表可能在您的系统中有该项属性（因为在不同类别下有许多相同的属性名称）的设置，您必须一个一个单击显示项目，进入“编辑已爬网属性”页面中查看该项属性名称所定义的属性集 ID 是不是您要查询的类别，如果是，就代表该项类别的属性已经在您的索引爬网系统中产生了。

例如：刚才我们看到的“关键词”属性，其属性名称是“5”，所以我们在“已爬网属性类别”页面中的“已爬网属性视图”区块下的字段中输入“5”并按下【Enter】键，如果有查询结果，您可能会看到如【图16-104】所示的界面。

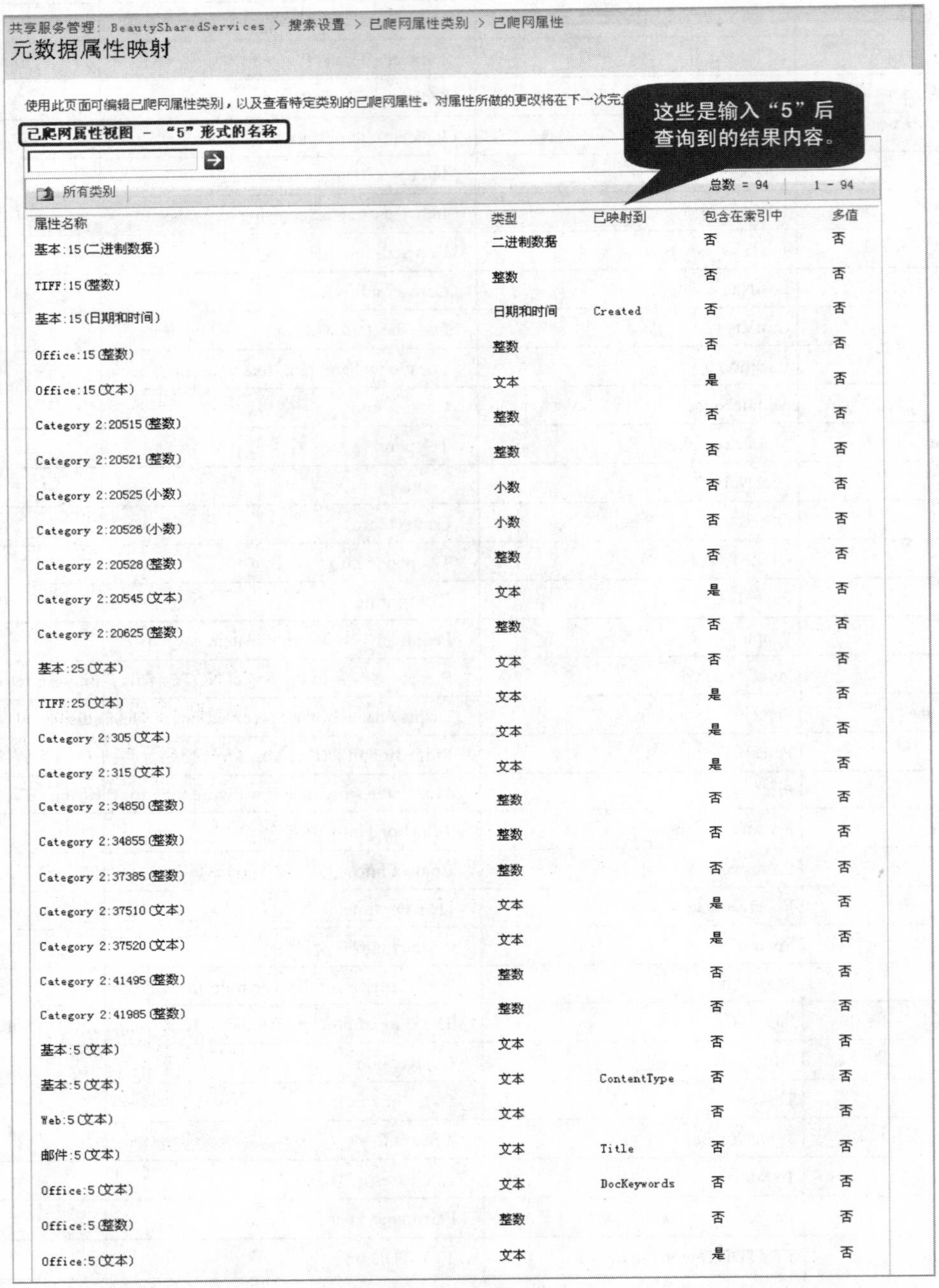

共享服务管理：BeautySharedServices > 搜索设置 > 已爬网属性类别 > 已爬网属性

元数据属性映射

使用此页面可编辑已爬网属性类别，以及查看特定类别的已爬网属性。对属性所做的更改将在下一次完...

已爬网属性视图 － “5”形式的名称

这些是输入“5”后查询到的结果内容。

所有类别 | 总数 = 94 | 1 - 94

属性名称	类型	已映射到	包含在索引中	多值
基本:15(二进制数据)	二进制数据		否	否
TIFF:15(整数)	整数		否	否
基本:15(日期和时间)	日期和时间	Created	否	否
Office:15(整数)	整数		否	否
Office:15(文本)	文本		是	否
Category 2:20515(整数)	整数		否	否
Category 2:20521(整数)	整数		否	否
Category 2:20525(小数)	小数		否	否
Category 2:20526(小数)	小数		否	否
Category 2:20528(整数)	整数		否	否
Category 2:20545(文本)	文本		是	否
Category 2:20625(整数)	整数		否	否
基本:25(文本)	文本		否	否
TIFF:25(文本)	文本		是	否
Category 2:305(文本)	文本		是	否
Category 2:315(文本)	文本		是	否
Category 2:34850(整数)	整数		否	否
Category 2:34855(整数)	整数		否	否
Category 2:37385(整数)	整数		否	否
Category 2:37510(文本)	文本		是	否
Category 2:37520(文本)	文本		是	否
Category 2:41495(整数)	整数		否	否
Category 2:41985(整数)	整数		否	否
基本:5(文本)	文本		否	否
基本:5(文本)	文本	ContentType	否	否
Web:5(文本)	文本		否	否
邮件:5(文本)	文本	Title	否	否
Office:5(文本)	文本	DocKeywords	否	否
Office:5(整数)	整数		否	否
Office:5(文本)	文本		是	否

图16-104　在已爬网属性类别下查询属性名称为“5”的项目

接下来就比较可怜了！因为MOSS 2007系统没有提供属性集ID内容的查询，所以您要使用鼠标一项一项单击查看该项目是不是您要查询的项目。本例所要查找的项目在下方页面上，为了讲解方便，所以截取的【图16-104】实际是一个缩减图样，表示滚动到下方页面上，找到“Office：5（文本）”项目，并单击进入该项目的“编辑已爬网属性”配置页面中，如【图16-105】所示。

您可以比对【图16-105】中的属性集ID与列表中的属性ID，结果是相同的，表示此属性名称为“5”，属性集ID为“f29f85e0-4ff9-1068-ab91-08002b27b3d9”的爬网属性项目，的确就是我们要找的“关键词”属性，此属性是每个Windows文件都有的属性字段。

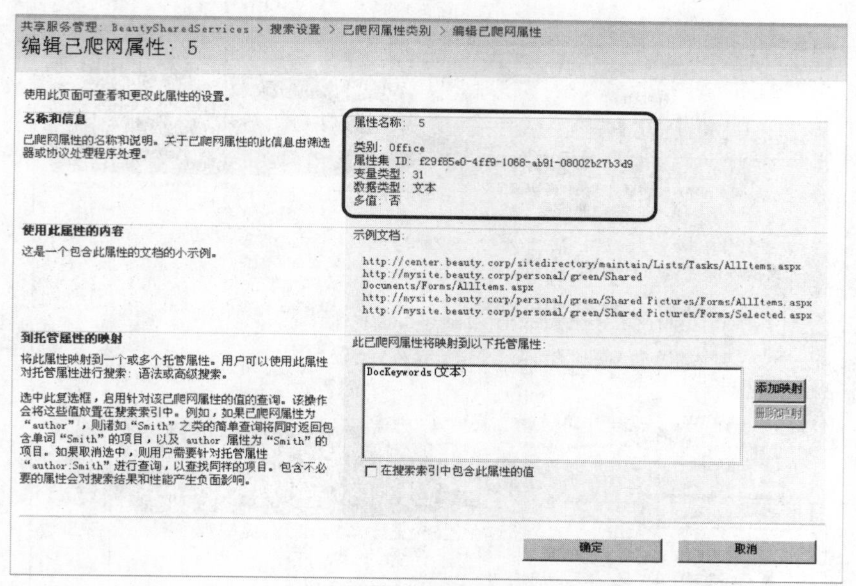

图 16-105 “关键词”已爬网属性的设置内容

从【图 16-105】中，我们也可以看到，此已爬网属性设置映射到一项名称为“DocKeywords”的托管属性项目，而这个名称正好是我们在上述列表中的显示名称，另外，您也可以看到，在“使用此属性的内容”区块下显示了多项文档范例，就代表此爬网属性在系统中索引爬网到此爬网属性的内容。

最后 □在搜索索引中包含此属性的值 项目并没有被勾选，这表示只能够使用指定“托管属性”字段名称的方式，才能查询此属性内容，在一般查询的结果内容中是不会包含此属性中的数据的。

根据上面我们所举的例子，文件属性的“关键词”字段在索引爬网的已爬网属性名称为“5”，系统默认也创建了一个“DocKeywords”的托管属性，所以在【图 16-106】中，我们在一些图片文件的“关键词”属性中添加一些内容（加入了“科幻”的关键词），并进行重新爬网处理，看看通过搜索操作中是否可以正确将此“关键词”的数据搜索出来。

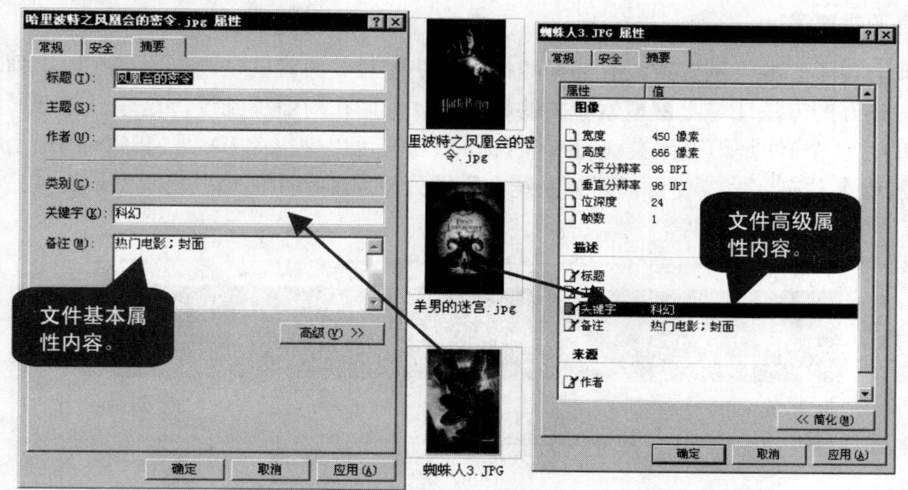

图 16-106 图片文件中“关键词”属性内容的设置

当完成了重新爬网处理操作后，回到搜索中心的 影片 搜索下，在搜索字段中输入“科幻”，并按下【Enter】键，结果您会发现如【图 16-107】的上半部分所示，没有找到数据！这样是对还是错呢？您能判断出来吗？

想出以上的答案了吗？这个没有搜索到结果的答案是对的。因为我们没有勾选【图 16-105】中的 □在搜索索引中包含此属性的值，所以在基本的搜索方法下是搜索不到数据的。那要如何正确的搜索出数据呢？答案就是如【图 16-107】下半部分所示的方式，输入“DocKeywords”的托管属性，然后在此字段后面加上冒号，再输入“科幻”，便可正确的搜索到【图 16-106】中将“关键词”属性中设置为“科幻”的两个图片文件。

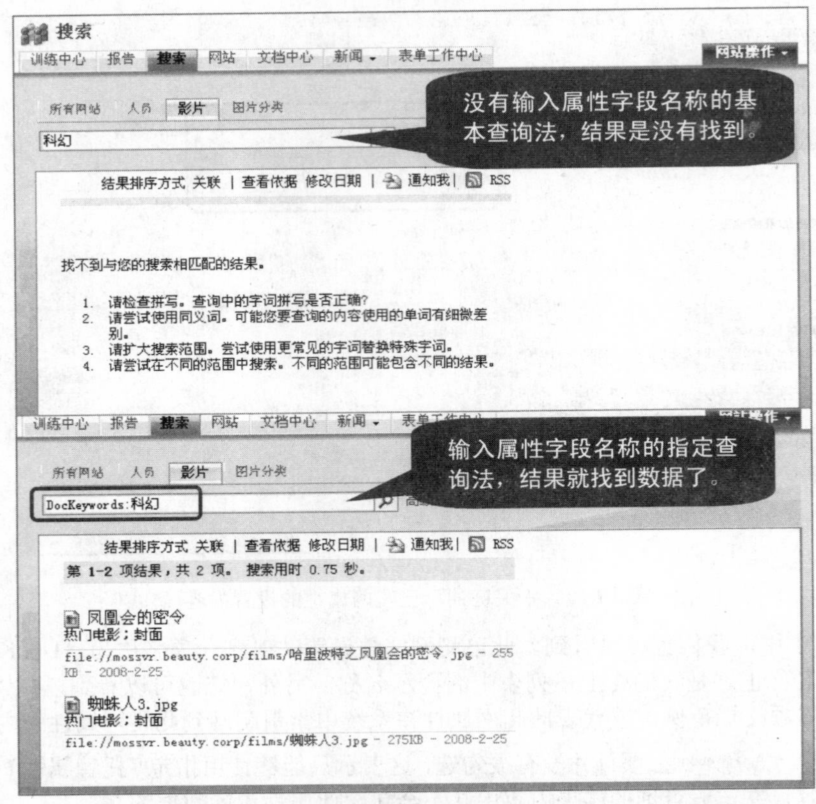

图 16-107　没有指定“属性名称”和指定了“属性名称”搜索方式的区别

如何查询未知的已爬网属性内容

以上各种类别的列表其实并没有将所有内容列举出来，大约列出了最常用的 50%～60%，这 50%～60% 是从微软 MSDN 网站中查找到的和笔者找到的内容，也就是说，这些内容大致上应该能够满足您在设置元数据属性映射时的需要了。

但您可能又会说了！如果刚好要设置的元数据属性映射相关内容就是没有出现在以上列表中，那又该怎么办呢？此时最好的方法还是上网搜索相关的数据啰！我们在前面提到过，这些已爬网属性都会含有该属性的属性集 ID，这个 ID 是识别该类别的唯一 ID，所以您可以使用此 ID 到 MSDN 网站上找寻在该类别 ID 下所拥有的属性名称有哪些？便可以了解系统在爬网处理后所产生的这些已爬网属性的意义了，如【图 16-108】所示。

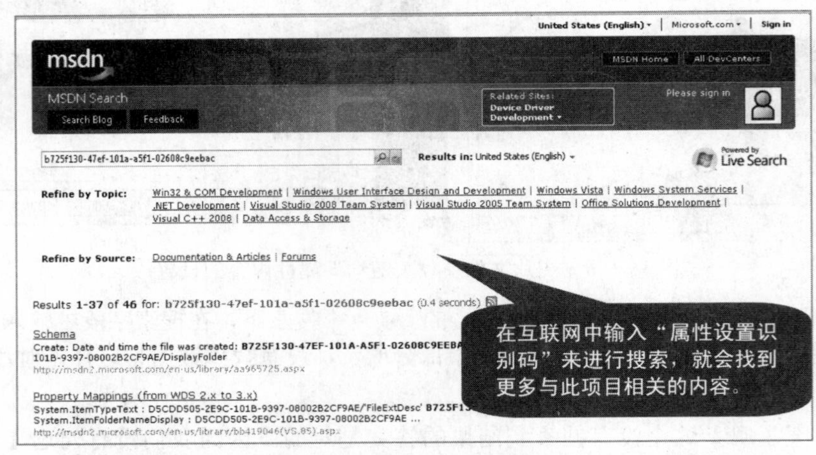

图 16-108　将属性集 ID 输入到网站的搜索字段中，搜索相关的数据

16.5.3 创建元数据映射的托管属性

在了解以上已爬网属性与托管属性的关系后，当我们发现在索引爬网处理后，系统在元数据属性映射环境下，增加了一项已爬网属性，经过查询并了解了该项属性的意义后，如果要将该已爬网属性提供到搜索操作中进行查询，有两种做法，第 1 种方式是勾选该已爬网属性在“编辑已爬网属性”配置页面下的 ☑ 在搜索索引中包含此属性的值，因为在勾选此项目后，用户便可以通过基本的查询方式，查询到此爬网属性中的内容，这种方法不需要创建映射托管属性。

第 2 种方式则是通过创建托管属性来产生与该已爬网属性的元数据属性映射关系，这样我们便可以通过所创建的托管属性名称，来进行指定属性字段的查询。

继续以影片库中的 JPEG 图片文件为例，由于我们安装了 JPEG 的 IFilter 筛选组件，所以对于 JPEG 图片文件中有关图片的信息（请参考【图 16-106】右边图片的高级属性内容），例如图像的宽度、高度、分辨率等的相关信息，在 JPEG 的 IFilter 组件中提供这些字段的爬网属性，而这些属性字段的类别应该被列举在“EXIF 图片类别”中。经过上表列举的查询，我们看到了属性名称为“40962”与“40963”的两项属性是表示图像的“宽度”和“高度”像素的内容字段，经过系统的已爬网属性查询，的确也找到了此字段，并且在此已爬网属性下也查找到了数据内容，“40962”已爬网属性的内容如【图 16-109】所示。

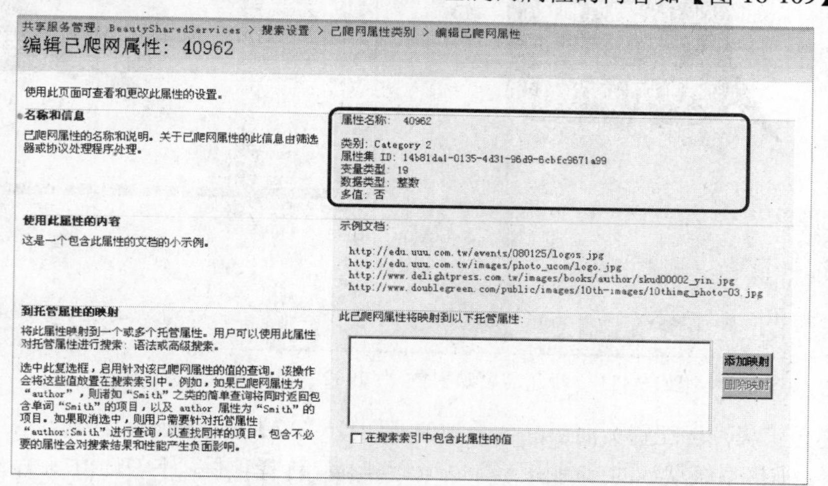

图 16-109　查看“40962”已爬网属性的内容，请注意“属性名称”和“属性集 ID”

为了要能够使用户可以藉由此两项（“40962”和“40963”）属性内容的查询找到这些图片文件，我们必须提供元数据映射的托管属性。请依次单击 **共享服务管理** → BeautySharedServices → 搜索设置 → 元数据属性映射，进入“元数据属性映射”配置页面，单击 新建托管属性，进入“新建托管属性”配置页面，输入要创建的属性名称、说明和此属性中的信息类型，如【图 16-110】所示。

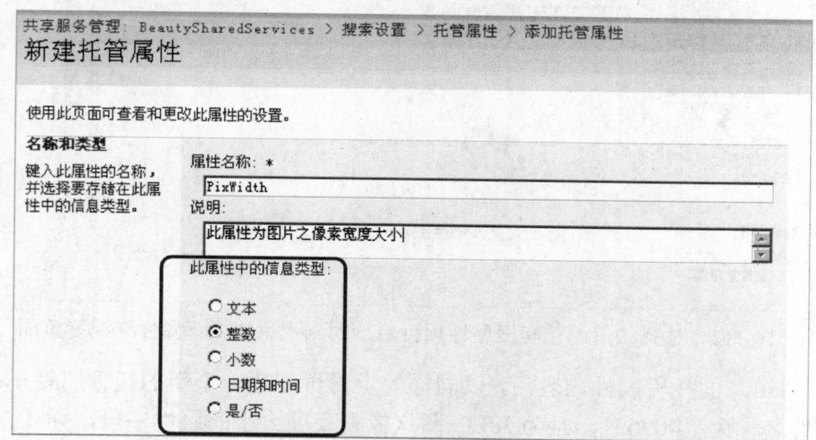

图 16-110　新建一项名称为“PixHigh”的托管属性项目

> **注意** 设置托管属性中的“信息类型”，必须与所要映射已爬网属性的“数据类型”相同，否则在下方进行元数据映射设置时，就会因为与已爬网属性数据类型设置不同而找不到该已爬网属性项目。例如，在【图16-109】中显示该项属性的数据类型是“整数”，那么在【图16-110】中，就必须选择 ⊙整数 项目的设置。

将页面向下滚动到“到已爬网属性的映射”区块上，单击 添加映射，就会出现如【图 16-111】左半部分所示的“爬网属性选择——网页对话框”窗口，系统默认的选择类别是“所有类别”，不过，您可以从 选择已爬网属性 列表中看到所显示的项目都是“整数”数据类型的项目。

请单击 选择类别: 字段右边的向下按钮，选择 Category 2，此时就会显示此类别下的已爬网属性项目，如【图 16-111】右半部分所示，选择 Category 2:40962(整数) 项目并单击 确定 。

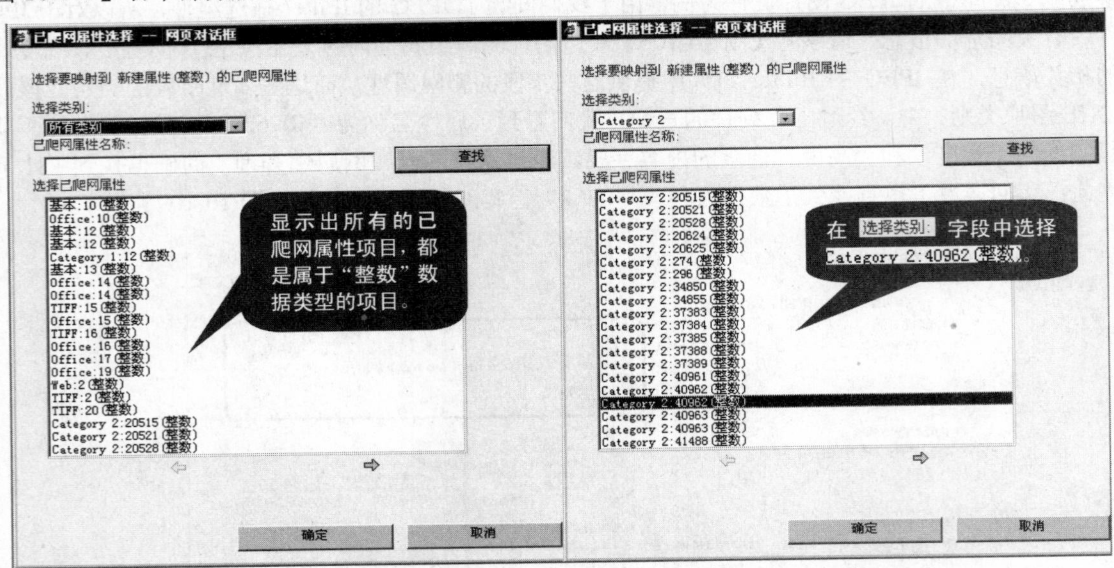

图 16-111　新建需要映射的“40962”已爬网属性项目

再回到“新建托管属性”配置页面后，会看到如【图 16-112】所示的设置内容，在“到已爬网属性的映射”区块设置下，维持系统默认的 ⊙ 包含所有映射的已爬网属性的值 选择项目，不勾选 □ 允许此属性在多个范围中使用 项目，最后单击 确定 。

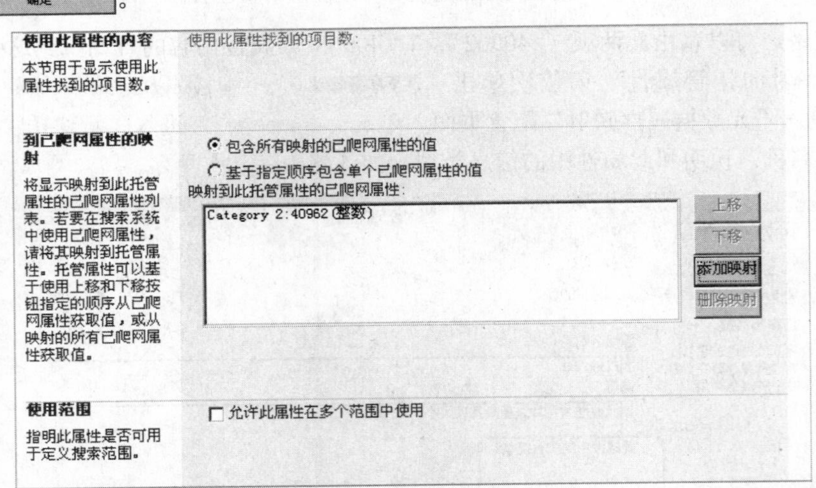

图 16-112　选择映射的已爬网属性项目后，回到“添加托管属性”配置页面

在设置完“PixWidth”的托管属性内容后，以同样的步骤再创建一个新的托管属性，名称为“PixHigh”，映射到的已爬网属性名称为“40963”，且为 JPEG 图片像素高度大小的属性字段，如【图 16-113】所示。

共享服务管理：BeautySharedServices > 搜索设置 > 托管属性 > 添加托管属性

新建托管属性

使用此页面可查看和更改此属性的设置。

名称和类型

键入此属性的名称，并选择要存储在此属性中的信息类型。

属性名称：*

PixHigh

说明：

此属性为图片之像素高度大小

此属性中的信息类型：

○ 文本
◉ 整数
○ 小数
○ 日期和时间
○ 是/否

使用此属性的内容

本节用于显示使用此属性找到的项目数。

使用此属性找到的项目数：

到已爬网属性的映射

将显示映射到此托管属性的已爬网属性列表。若要在搜索系统中使用已爬网属性，请将其映射到托管属性。托管属性可以基于使用上移和下移按钮指定的顺序从已爬网属性获取值，或从映射的所有已爬网属性获取值。

◉ 包含所有映射的已爬网属性的值
○ 基于指定顺序包含单个已爬网属性的值

映射到此托管属性的已爬网属性：

Category 2:40963(整数)

上移 下移 添加映射 删除映射

使用范围

指明此属性是否可用于定义搜索范围。

☐ 允许此属性在多个范围中使用

确定 取消

图 16-113　将“PixHigh”的托管属性映射到“40963”的已爬网属性

在完成以上两项元数据属性映射的设置后，并重新启动爬网功能完成索引爬网处理后，便可进行搜索测试。请将页面切换到搜索中心下的 影片 搜索页面，在搜索字段中输入“pixwidth:450”并按下【Enter】键，然后输入“pixhigh:665”后按下【Enter】键，都可以搜索到如【图 16-114】所示的 JPEG 图片文件。

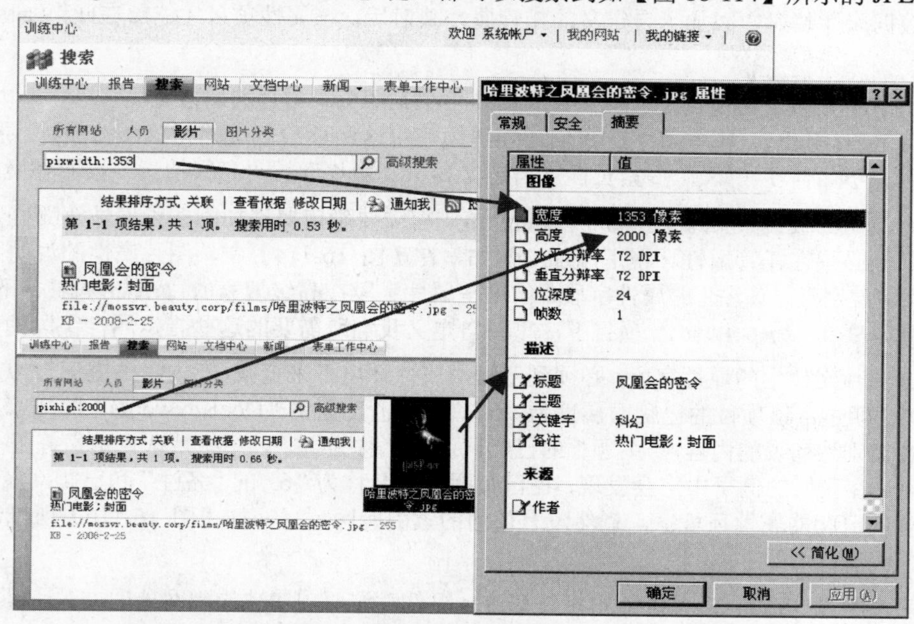

图 16-114　通过指定的托管属性来查询特定的已爬网属性内容

16.6 高级搜索应用

我们在上一节中介绍了什么是元数据属性映射，以及如何来设置这些元数据属性映射的内容后，本节就要回到前面谈到的自定义高级搜索的应用了。为什么要在了解高级搜索应用之前，先要了解元数据属性映射呢？在搜索中心的 所有网站 搜索页面下，您可以看到，在输入搜索关键词字段右边有一个 高级搜索 选项，单击此项目后，将切换到“高级搜索”页面（高级搜索的使用我们在第 8 章中已经介绍过），会看到许多指定性的搜索筛选字段，有 **精确短语**:、 **无下列词**: 等，另外还有搜索语言的选择、结果类型的选择以及最重要的 **添加属性限制**... 的选择，如【图 16-115】所示。

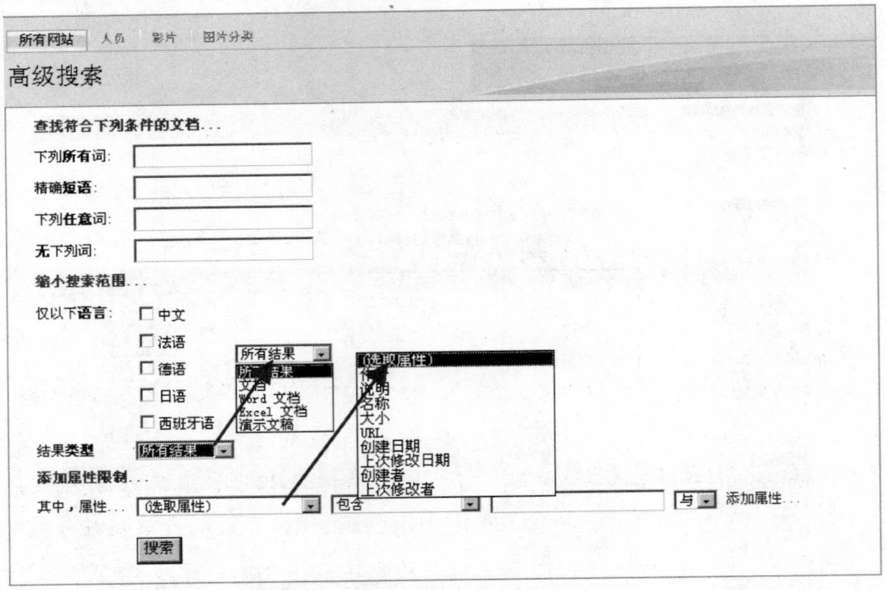

图 16-115 “高级搜索”页面所提供的各项特定属性搜索筛选内容

16.6.1 自定义搜索属性

在高级搜索中，自定义变化最多的就是 **添加属性限制**... 项目了，因为如果我们想添加自定义的属性项目筛选，都是要在这个项目中添加的，而要添加一个新的自定义属性项目，您就必须先了解元数据属性映射的性质。在元数据属性映射中添加了自定义的托管属性映射后，该属性项目才能够在此 **添加属性限制**... 项目中自定义。

我们在前一节中介绍了两项自定义的托管属性，一个是 JPEG 图片的像素宽度（PixWidth），另一个是图片的像素高度（PixHigh）。在本节中，我们还要继续使用这两项自定义的托管属性项目，再加上其他图片相关的项目，介绍如何在 影片 搜索页面下自定义属于“影片”的“高级搜索”页面环境。

要创建自定义的高级搜索 **添加属性限制**... 项目，首先您需要确定要添加的托管属性有哪些？如果该属性项目没有定义，则必须在托管属性环境下添加。例如，在【图 16-114】中，图片属性的说明区块下有“标题”、“主题”、“关键字”、“备注”的属性字段，但这些属性字段在高级搜索的 **添加属性限制**... 下都没有看到，而我们的目的就是要在 **添加属性限制**... 项目下，重新自定义我们所需要的这些指定属性字段的筛选查询。

要找到这些图片文件中的属性字段，必须到已爬网属性环境下来查找，例如“关键词”。我们在前面【图 16-105】中举例说明过，该项目的已爬网属性为“5”，系统也设置了“DocKeywords”的托管属性）根据前一节“文件属性类别”列表的内容，“主题”的已爬网属性名称为“3”，系统默认也定义好了“DocSubject”的托管属性，但是在我们的例子中您会发现，在已爬网属性名称为“6”的“备注”和已爬网属性名称为“2”的“标题”两项的已爬网属性环境下，竟然没有任何的索引爬网项目，如【图 16-116】所示。这又是怎么回事呢？

其实，这就表示 MOSS 2007 系统中的相关 IFilter 组件对这两项属性的爬网处理，不是用上述列表中的定义内容。那您接下来一定会问：为什么不用上述定义的内容呢？是上述列表的内容有错误吗？还是 IFilter 组件有错误呢？

答案都不是，真正的答案是这些 IFilter 组件使用了自定义的已爬网属性类别与名称，所以您会在以上表格所列的这些标准定义已爬网属性上找到该项属性名称，但是到 MOSS 2007 的已爬网属性环境下找到该项目后，却发现并没有索引爬网的数据。

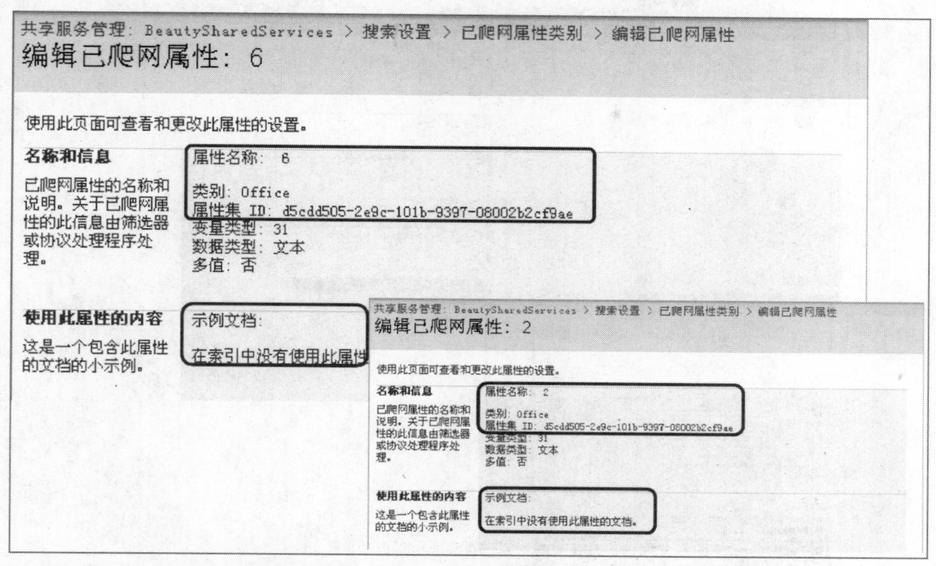

图 16-116　在文件属性类型下的“6”与“2”的爬网属性都没有索引爬网的数据

从以上的例子，我们也学习了一件事情，那就是当您使用额外的 IFilter 组件时，一定要先去查看此组件的文档，通常在这些文档中会说明此组件所提供的已爬网属性有哪些，名称是什么，属性集 ID 是什么，这样您才可以在 MOSS 2007 的搜索环境中，创建正确的元数据属性映射的托管属性环境。

但问题还没解决啊！以上两项属性的已爬网属性名称到底是什么呢？经过文档的查阅后，我们发现“标题”是创建在“基本：displaytitle”的已爬网属性名称上，该项属性名称的全名为“urn:schemas.microsoft.com:fulltextqueryinfo:displaytitle”，此已爬网属性系统也有默认映射的托管属性共有两项，分别是“Title”与“DisplayTitle”。另外一项“备注”的已爬网属性名称是“Discription”，系统默认映射的托管属性名称也是“Description”。

好了，有了以上所需要的各项托管属性后，接下来就可以进入自定义“影片”的高级搜索环境了。在设置前，我们还是列一张表，让您清楚知道所要设置的托管属性有哪些？以及这些托管属性所映射的已爬网属性是什么？

图片文件中的属性名称	托管属性名称	爬网属性类别和名称	属性设置 ID
标题	TitleDisplayTitle	基本：displaytitle	0b63e350-9ccc-11d0-bcdb-00805fccce04
主题	DocSubject	办公室：3	f29f85e0-4ff9-1068-ab91-08002b27b3d9
关键词	DocKeywordsDescription	办公室：6	f29f85e0-4ff9-1068-ab91-08002b27b3d9
备注	Description	Web：Description	d1b5d3f0-c0b3-11cf-9a92-00a0c908dbf1
图像宽度	PixWidth	Category 2：40962	14B81DA1-0135-4D31-96D9-6CBFC9671A99
图像高度	PixHigh	Category 2：40963	14B81DA1-0135-4D31-96D9-6CBFC9671A99

16.6.2 高级搜索页面的创建

在前面介绍创建 影片 搜索页面的小节中，我们并没有创建高级搜索环境，所以虽然在 影片 搜索页面下有“高级搜索”项目，但是当您单击该项目后，会出现找不到该网页的错误信息，所以，如果您要设置此处的“高级搜索”页面，就必须先创建一项新的“高级搜索”页面，并将该页面的 URL 设置连接到“搜索页面”项目环境下。

首先在 影片 搜索页面下，单击页面右上方 网站操作 下的 创建页面，进入"创建页面"配置页面，并输入相关设置内容，我们指定此高级搜索页面的名称为"FilmsAdvanceSearch.aspx"，最后单击 创建，如【图 16-117】所示。

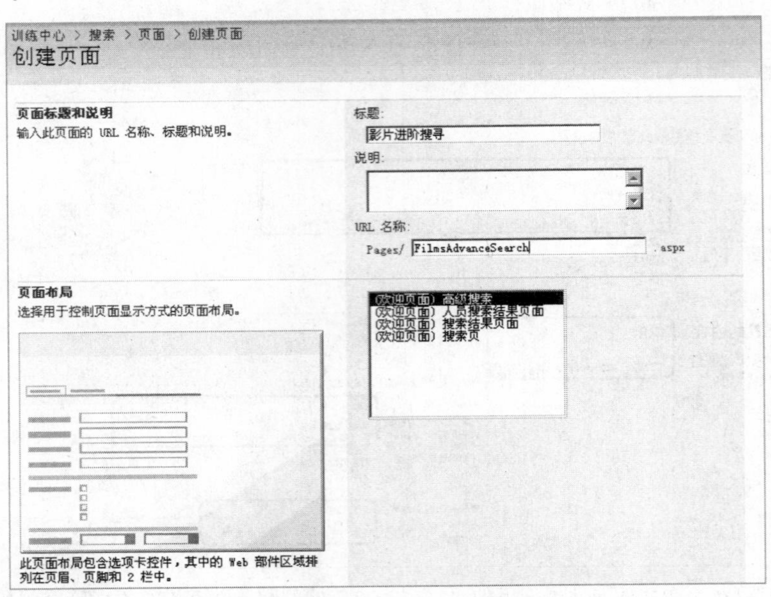

图 16-117　创建一项新的"高级搜索"页面

在创建好"高级搜索"页面后，系统会进入"高级搜索"Web 部件的编辑页面环境，我们先单击 签入以共享草稿，先将此页面内容保存。

接下来，重新切换回 影片 搜索页面，并单击 网站操作 下的 编辑页面，进入"影片"搜索页面的 Web 部件编辑环境，单击"搜索框"区块右边 编辑 下的 修改共享 Web 部件，此时，在下方会显示"搜索框"Web 部件的属性设置环境，我们在高级搜索页 URL字段中输入"/SearchCenter/Pages/FilmsAdvanceSearch .aspx"，输入完毕后单击 确定，最后单击 发布，回到 影片 搜索页面下。此时您再单击 高级搜索 项目时，就会出现空的"高级搜索"页面，如【图 16-118】所示。

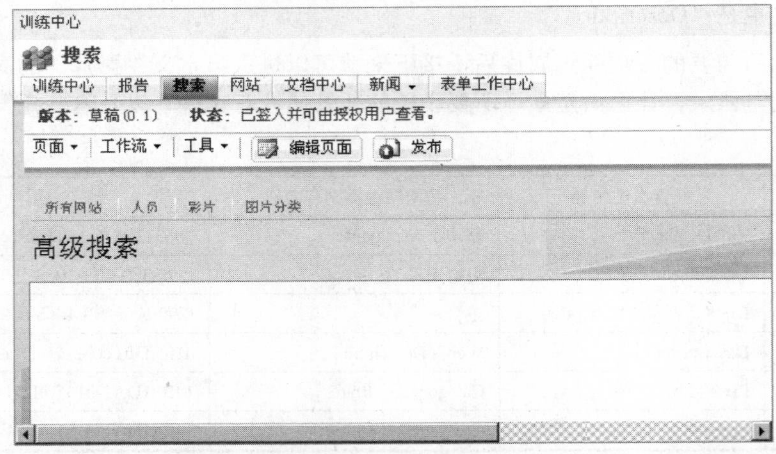

图 16-118　在"影片"搜索页面下测试单击"高级搜索"并成功进入新的"高级搜索"页面

在测试"高级搜索"页面已经成功连接后，直接单击上方的 编辑页面 项目，再次进入"高级搜索"Web 部件编辑环境。单击底部区域下的 添加 Web 部件，此时会出现"新建 Web 部件到底部区域"对话窗口，请勾选 高级搜索框 项目，最后单击 添加，之后回到"高级搜索"Web 部件的编辑页面环境后，便会看到系统默认设置的"高级搜索框"内容显示在页面上。

接下来，最主要的就是设置"高级搜索框"的属性内容，请单击此 Web 部件右边 编辑 下的 修改共享 Web 部件，此时在页面右下方，就会显示可以编辑的属性列表，【图 16-119】将此属性设置内容全部列举出来提供您参考。

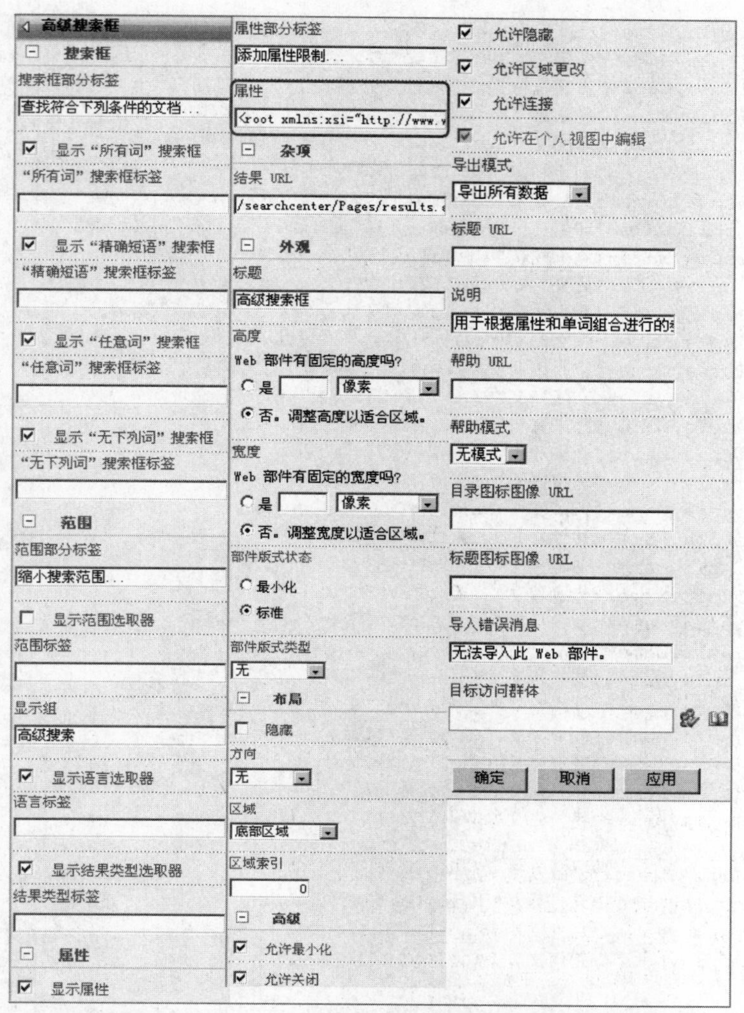

图 16-119 “高级搜索框”Web 部件的设置属性内容

高级搜索框的属性结构

如【图 16-119】所示，从语言设置项目以上的内容是静态属性，您可以依据实际的需要勾选要显示的项目，或是取消该项目的显示。但在语言设置项目以下的内容，是可以依据设置的属性结构内容，决定要显示的语言项目或是要自定义的 **添加属性限制...** 项目。

此项属性结构内容的设置是在“属性”字段中来设置的，您可以单击此字段右边的 ... 按钮，此时会显示较大的编辑窗口出来，由于此字段中不易编排，笔者建议您使用“复制/粘贴”功能，将此字段内容内容复制到“记事本”中，重新调整并修改编辑，最后在将修改后的结果“复制/粘贴”回此字段中，这样会比较容易查看，修改起来也比较方便。以下我们将此字段中的内容重新调整位置并列出来提供您参考。

```
<root xmlns:xsi="http://www.w3.org/2001/XMLSchema-instance">
  <LangDefs>
      <LangDef DisplayName="阿拉伯文" LangID="1"/>
      <LangDef DisplayName="孟加拉文" LangID="69"/>
      <LangDef DisplayName="保加利亚文" LangID="2"/>
      <LangDef DisplayName="卡达隆尼亚文" LangID="3"/>
      <LangDef DisplayName="中文" LangID="4"/>
      <LangDef DisplayName="克罗埃西亚文/塞尔维亚文" LangID="26"/>
      <LangDef DisplayName="捷克文" LangID="5"/>
      <LangDef DisplayName="丹麦文" LangID="6"/>
      <LangDef DisplayName="荷兰文" LangID="19"/>
      <LangDef DisplayName="芬兰文" LangID="11"/>
      <LangDef DisplayName="法文" LangID="12"/>
```

第 1 段
语言属性的定义
<LangDefs>
</LangDefs>

```
    <LangDef DisplayName="德文" LangID="7"/>
    <LangDef DisplayName="希腊文" LangID="8"/>
    <LangDef DisplayName="古吉拉特文" LangID="71"/>
    <LangDef DisplayName="希伯来文" LangID="13"/>
    <LangDef DisplayName="印度文" LangID="57"/>
    <LangDef DisplayName="匈牙利文" LangID="14"/>
    <LangDef DisplayName="冰岛文" LangID="15"/>
    <LangDef DisplayName="印尼文" LangID="33"/>
    <LangDef DisplayName="意大利文" LangID="16"/>
    <LangDef DisplayName="日文" LangID="17"/>
    <LangDef DisplayName="坎那达文" LangID="75"/>
    <LangDef DisplayName="韩文" LangID="18"/>
    <LangDef DisplayName="拉脱维亚文" LangID="38"/>
    <LangDef DisplayName="立陶宛文" LangID="39"/>
    <LangDef DisplayName="马来文" LangID="62"/>
    <LangDef DisplayName="马来亚拉姆文" LangID="76"/>
    <LangDef DisplayName="马拉提文" LangID="78"/>
    <LangDef DisplayName="挪威文" LangID="20"/>
    <LangDef DisplayName="波兰文" LangID="21"/>
    <LangDef DisplayName="葡萄牙文" LangID="22"/>
    <LangDef DisplayName="旁遮普文" LangID="70"/>
    <LangDef DisplayName="罗马尼亚文" LangID="24"/>
    <LangDef DisplayName="俄文" LangID="25"/>
    <LangDef DisplayName="斯洛伐克文" LangID="27"/>
    <LangDef DisplayName="斯洛维尼亚文" LangID="36"/>
    <LangDef DisplayName="西班牙文" LangID="10"/>
    <LangDef DisplayName="瑞典文" LangID="29"/>
    <LangDef DisplayName="坦米尔文" LangID="73"/>
    <LangDef DisplayName="特拉古文" LangID="74"/>
    <LangDef DisplayName="泰文" LangID="30"/>
    <LangDef DisplayName="土耳其文" LangID="31"/>
    <LangDef DisplayName="乌克兰文" LangID="34"/>
    <LangDef DisplayName="乌都文" LangID="32"/>
    <LangDef DisplayName="越南文" LangID="42"/>
</LangDefs>

<Languages>
  <Language LangRef="4"/>
  <Language LangRef="12"/>
  <Language LangRef="7"/>
  <Language LangRef="17"/>
  <Language LangRef="10"/>
</Languages>

<PropertyDefs>
  <PropertyDef Name="Path" DataType="text" DisplayName="URL"/>
  <PropertyDef Name="Size" DataType="integer" DisplayName="大小"/>
  <PropertyDef Name="Write" DataType="datetime" DisplayName="上次修改日期"/>
  <PropertyDef Name="FileName" DataType="text" DisplayName="名称"/>
  <PropertyDef Name="Description" DataType="text" DisplayName="描述"/>
  <PropertyDef Name="Title" DataType="text" DisplayName="标题"/>
  <PropertyDef Name="Author" DataType="text" DisplayName="作者"/>
  <PropertyDef Name="DocSubject" DataType="text" DisplayName="主旨"/>
  <PropertyDef Name="DocKeywords" DataType="text" DisplayName="关键词"/>
  <PropertyDef Name="DocComments" DataType="text" DisplayName="批注"/>
  <PropertyDef Name="Manager" DataType="text" DisplayName="管理员"/>
  <PropertyDef Name="Company" DataType="text" DisplayName="公司"/>
  <PropertyDef Name="Created" DataType="datetime" DisplayName="创建日期"/>
  <PropertyDef Name="CreatedBy" DataType="text" DisplayName="创建者"/>
  <PropertyDef Name="ModifiedBy" DataType="text" DisplayName="上次修改者"/>
</PropertyDefs>

<ResultTypes>
```

第 2 段
语言属性使用的定义
<Language>
</Language>

第 3 段
可查询属性的定义
<PropertyDefs>
</PropertyDefs>

```
<ResultType DisplayName="所有结果" Name="default">
  <Query/>
  <PropertyRef Name="Author" />
  <PropertyRef Name="Description" />
  <PropertyRef Name="FileName" />
  <PropertyRef Name="Size" />
  <PropertyRef Name="Path" />
  <PropertyRef Name="Created" />
  <PropertyRef Name="Write" />
  <PropertyRef Name="CreatedBy" />
  <PropertyRef Name="ModifiedBy" />
  <PropertyRef Name="HResolution" />
</ResultType>

<ResultType DisplayName="文档" Name="documents">
  <Query>IsDocument=1</Query>
  <PropertyRef Name="Author" />
  <PropertyRef Name="DocComments"/>
  <PropertyRef Name="Description" />
  <PropertyRef Name="DocKeywords"/>
  <PropertyRef Name="FileName" />
  <PropertyRef Name="Size" />
  <PropertyRef Name="DocSubject"/>
  <PropertyRef Name="Path" />
  <PropertyRef Name="Created" />
  <PropertyRef Name="Write" />
  <PropertyRef Name="CreatedBy" />
   <PropertyRef Name="ModifiedBy" />
  <PropertyRef Name="Title"/>
  <PropertyRef Name="Manager" />
  <PropertyRef Name="Company"/>
</ResultType>
<ResultType DisplayName="Word 文件" Name="worddocuments">
  <Query>FileExtension='doc' Or FileExtension='docx' Or FileExtension='dot'</Query>
  <PropertyRef Name="Author" />
  <PropertyRef Name="DocComments"/>
  <PropertyRef Name="Description" />
  <PropertyRef Name="DocKeywords"/>
  <PropertyRef Name="FileName" />
  <PropertyRef Name="Size" />
  <PropertyRef Name="DocSubject"/>
  <PropertyRef Name="Path" />
  <PropertyRef Name="Created" />
  <PropertyRef Name="Write" />
  <PropertyRef Name="CreatedBy" />
  <PropertyRef Name="ModifiedBy" />
  <PropertyRef Name="Title"/>
  <PropertyRef Name="Manager" />
  <PropertyRef Name="Company"/>
</ResultType>

<ResultType DisplayName="Excel 文件" Name="exceldocuments">
  <Query>FileExtension='xls' Or FileExtension='xlsx' Or FileExtension='xlt'</Query>
  <PropertyRef Name="Author" />
  <PropertyRef Name="DocComments"/>
   <PropertyRef Name="Description" />
  <PropertyRef Name="DocKeywords"/>
  <PropertyRef Name="FileName" />
  <PropertyRef Name="Size" />
  <PropertyRef Name="DocSubject"/>
  <PropertyRef Name="Path" />
  <PropertyRef Name="Created" />
  <PropertyRef Name="Write" />
```

第 4 段
设置查询项目、类别、筛选条件与可限制的属性。
<ResultTypes>
</ResultTypes>

第 5 段
个别查询项目内容的设置，包括显示的名称、查询条件以及可选择的属性字段。

第 6 段
Word 文件的属性。

第 7 段
Excel 文件的属性。

```
      <PropertyRef Name="CreatedBy" />
      <PropertyRef Name="ModifiedBy" />
      <PropertyRef Name="Title"/>
      <PropertyRef Name="Manager" />
      <PropertyRef Name="Company"/>
    </ResultType>

    <ResultType DisplayName="演示文稿" Name="presentations">
      <Query>FileExtension='ppt'</Query>
       <PropertyRef Name="Author" />
      <PropertyRef Name="DocComments"/>
      <PropertyRef Name="Description" />
      <PropertyRef Name="DocKeywords"/>
      <PropertyRef Name="FileName" />
      <PropertyRef Name="Size" />
      <PropertyRef Name="DocSubject"/>
      <PropertyRef Name="Path" />
      <PropertyRef Name="Created" />
      <PropertyRef Name="Write" />
      <PropertyRef Name="CreatedBy" />
      <PropertyRef Name="ModifiedBy" />
      <PropertyRef Name="Title"/>
      <PropertyRef Name="Manager" />
      <PropertyRef Name="Company"/>
    </ResultType>

  </ResultTypes>
</root>
```

第 8 段
PowerPoint 演示文稿的属性。

从以上所列举的内容您可以看到，“高级搜索框”Web 部件中的选择属性是由 XML 的定义来决定的，所以，如果您要自定义不同查询的选择属性字段，便可以通过修改此 XML 结构来完成。

在此 XML 结构中的主体是：

```
<root xmlns:xsi="http://www.w3.org/2001/XMLSchema-instance">

</root>
```

所有定义的 XML 内容都放置在此主体中，在此主体内又分成 4 大类：分别是“语言的定义”、“语言使用的提供”、“属性的定义”、“属性类别使用的提供”，其结构依次如下：

```
<LangDefs> 「语言的定义」
     <LangDef DisplayName="{语言名称}" LangID = "{语言 ID}"/ >
     …
</LangDefs>

<Languages>  「语言使用的提供」
     <Language LangRef="{语言 ID}"/>
     …
</Languages>

<PropertyDefs> 「属性的定义」
  <PropertyDef Name="{托管属性名称}"
               DataType="{托管属性信息类型}"
               DisplayName="{在属性位置字段上的显示名称}"
  />
  …
</PropertyDefs>

<ResultTypes> 「属性类别使用的提供」
   <Query
     FileExtension='{扩展名}' …
   />
   <PropertyRef Name="{托管属性名称}" />
   …
</ResultType>
```

根据以上的结构，我们重新设计提供给“影片”高级搜索框的属性结构内容如下：

```
<root xmlns:xsi="http://www.w3.org/2001/XMLSchema-instance">
  <LangDefs>
      <LangDef DisplayName="中文" LangID="4"/>
      <LangDef DisplayName="日文" LangID="17"/>
      <LangDef DisplayName="韩文" LangID="18"/>
  </LangDefs>

  <Languages>
    <Language LangRef="4"/>
    <Language LangRef="17"/>
    <Language LangRef="18"/>
  </Languages>

  <PropertyDefs>
    <PropertyDef Name="FileName" DataType="text" DisplayName="文档名称"/>
    <PropertyDef Name="Title" DataType="text" DisplayName="标题"/>
    <PropertyDef Name="DocSubject" DataType="text" DisplayName="主旨"/>
    <PropertyDef Name="DocKeywords" DataType="text" DisplayName="关键词"/>
    <PropertyDef Name="Description" DataType="text" DisplayName="批注"/>
    <PropertyDef Name="Author" DataType="text" DisplayName="作者"/>
    <PropertyDef Name="Path" DataType="text" DisplayName="URL"/>
    <PropertyDef Name="Size" DataType="integer" DisplayName="大小"/>
    <PropertyDef Name="Created" DataType="datetime" DisplayName="创建日期"/>
    <PropertyDef Name="CreatedBy" DataType="text" DisplayName="创建人者"/>
    <PropertyDef Name="ModifiedBy" DataType="text" DisplayName="上次修改者"/>
    <PropertyDef Name="Write" DataType="datetime" DisplayName="上次修改日期"/>
    <PropertyDef Name="PixWidth" DataType="text" DisplayName="图片像素宽度"/>
    <PropertyDef Name="PixHigh" DataType="text" DisplayName="图片像素高度"/>
  </PropertyDefs>

  <ResultTypes>
    <ResultType DisplayName="所有结果" Name="default">
      <Query/>
      <PropertyRef Name="FileName" />
      <PropertyRef Name="Title" />
      <PropertyRef Name="DocSubject" />
      <PropertyRef Name="DocKeywords" />
      <PropertyRef Name="Description" />
      <PropertyRef Name="PixWidth" />
      <PropertyRef Name="PixHigh" />
      <PropertyRef Name="Size" />
      <PropertyRef Name="Path" />
      <PropertyRef Name="Author" />
      <PropertyRef Name="Created" />
      <PropertyRef Name="Write" />
      <PropertyRef Name="CreatedBy" />
      <PropertyRef Name="ModifiedBy" />
    </ResultType>



    <ResultType DisplayName="图片" Name="Pictures">
      <Query>FileExtension='jpg' Or FileExtension='jpeg'</Query>
      <PropertyRef Name="FileName" />

      <PropertyRef Name="Title" />
      <PropertyRef Name="DocSubject" />
      <PropertyRef Name="DocKeywords" />
      <PropertyRef Name="Description" />
      <PropertyRef Name="PixWidth" />
      <PropertyRef Name="PixHigh" />
    </ResultType>

    <ResultType DisplayName="影片" Name="videos">
      <Query>FileExtension='wmv'</Query>
```

```
      <PropertyRef Name="FileName" />
      <PropertyRef Name="Title" />
      <PropertyRef Name="DocSubject" />
      <PropertyRef Name="DocKeywords" />
      <PropertyRef Name="Description" />
    </ResultType>

  </ResultTypes>
</root>
```

将以上的内容粘贴到“属性”字段后，其他相关字段与字段内容的修改如下表所示：

字段名称	字段设置内容
搜索框区块标签	指定影片属性方式来寻找影片...
显示[下列所有词]搜索框	取消勾选
显示[精确短语]搜索框	取消勾选
[下列任意词]搜索框标签	任何与影片相关的字或词
显示[无下列词]搜索框	取消勾选
语言标签	请勾选特定搜索关键词的语言
结果类型标签	请选择搜索属性的类型
属性区块标签	添加指定属性的筛选字段……
结果 URL	/searchcenter/Pages/FilmsResult.aspx
标题	影片高级搜索框

在完成以上的相关属性设置环境后，单击 确定 ，离开属性设置页面，回到“高级搜索”Web 部件编辑页面，单击 签入以共享草稿 ，此时有可能会产生页面错误的情况，这是没有关系的，您可以重新回到默认的搜索页面下，然后再次进入“影片”搜索的“高级搜索”页面下，最后单击 发布 ，完成 影片 搜索页面的自定义“高级搜索”页面环境设置。

16.6.3 使用自定义的高级搜索

当我们将“影片”的自定义“高级搜索”环境设置好后，进入“影片”搜索的“高级搜索”环境，可以看到如【图 16-120】所示的自定义“高级搜索”页面。

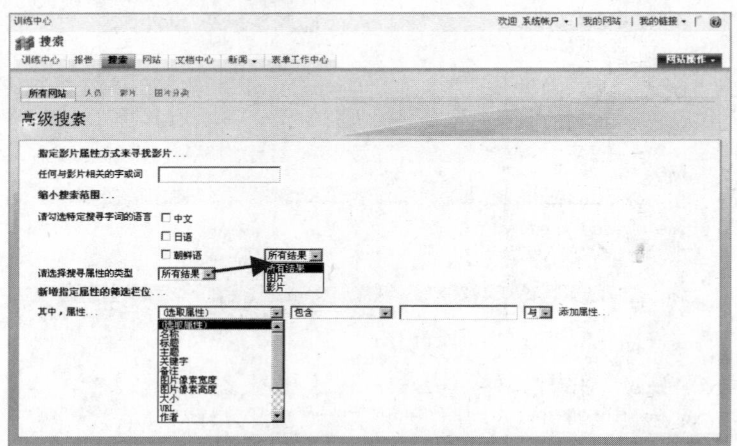

图 16-120 自定义“影片”高级搜索页面

您可以在【图 16-120】中看到，自定义的“高级搜索”页面与【图 16-115】系统默认的“高级搜索”环境不太相同了，搜索影片的输入字段只剩下 1 个，各标题名称变成了我们自行设置的内容，可以选择的语言项目只剩下 3 个，而且语言项目内容也不一样了，而在 请选择搜寻属性的类型 字段上，也提供了不同的自定义类型，除了默认的“所有结果”外，单击此字段右边向下的按钮，也可以看到自定义的“图片”和“影片”的选择类型，当您单击这些不同的类型后，下方的属性选择内容也会变得不一样，例如，在“所有结果”类型下，可以选择的属性字段与系统默认排列的位置不相同，并且还多了一些新的属性项目，另外，当您单击“图片”或“影片”类型后，下方属性项目的选择也会变成不一样的选项属性内容，如【图 16-121】所示。

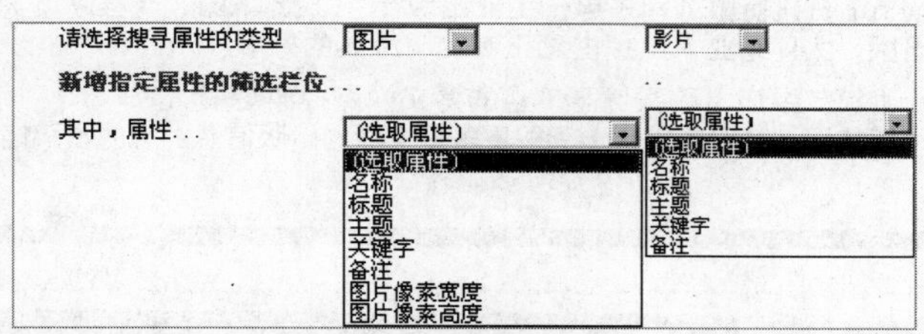

图 16-121　在自定义的不同类型选择会对应不同的属性项目选择

在创建好自定义的高级搜索环境后，输入以下几种不同的查询并查看搜索结果（如【图 16-122】、【图 16-123】和【图 16-124】所示），以测试自定义的高级搜索的设置是否正确。

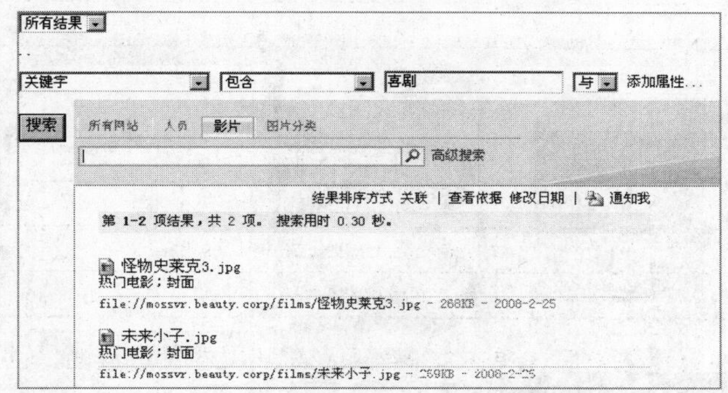

图 16-122　在“所有结果”类型上单击“关键词”属性字段输入“喜剧”的查询关键词

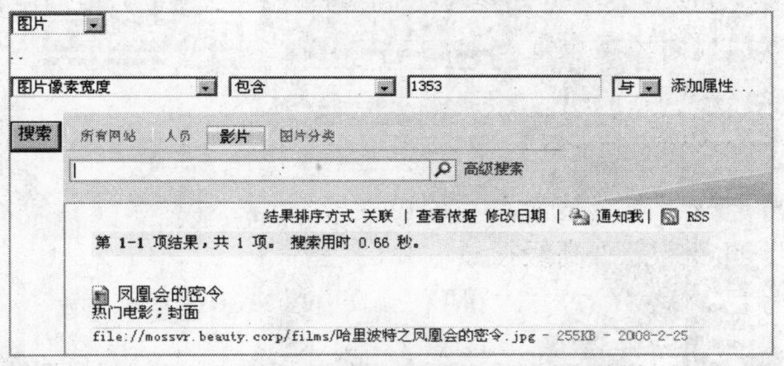

图 16-123　选择“图片”类型，单击“图片像素宽度”属性字段，输入“450”的查询数字进行搜索，您可以看到查到的结果内容以 JEPG 图片为限，不会有其他类型的文件

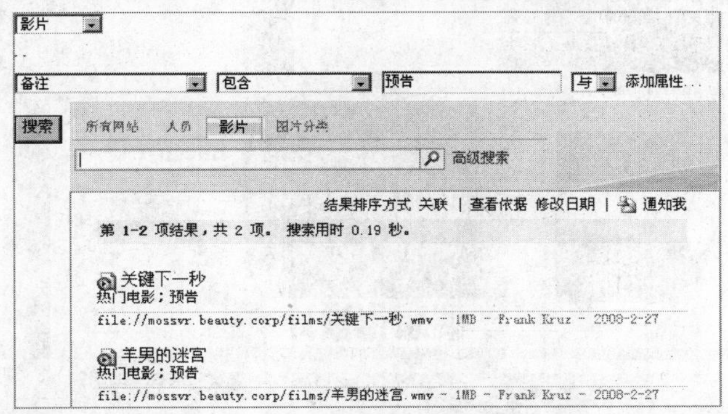

图 16-124　选择“影片”类型，单击“备注”属性字段，输入“预告”的查询关键词，其查询结果会以 WMV 影片文件为限

《Microsoft Office SharePoint Server 2007 管理大全》读者交流区

尊敬的读者：

感谢您选择我们出版的图书，您的支持与信任是我们持续上升的动力。为了使您能通过本书更透彻地了解相关领域，更深入的学习相关技术，我们将特别为您提供一系列后续的服务，包括：

1. 提供本书的修订和升级内容、相关配套资料；
2. 本书作者的见面会信息或网络视频的沟通活动；
3. 相关领域的培训优惠等。

请您抽出宝贵的时间将您的个人信息和需求反馈给我们，以便我们及时与您取得联系。

您可以任意选择以下三种方式与我们联系，我们都将记录和保存您的信息，并给您提供不定期的信息反馈。

1. 短信

您只需编写如下短信：B07307+您的需求+您的建议

发送到1066 6666 789（本服务免费，短信资费按照相应电信运营商正常标准收取，无其他信息收费）

为保证我们对您的服务质量，如果您在发送短信24小时后，尚未收到我们的回复信息，请直接拨打电话（010）88254369。

2. 电子邮件

您可以发邮件至jsj@phei.com.cn或editor@broadview.com.cn。

3. 信件

您可以写信至如下地址：北京万寿路173信箱博文视点，邮编：100036。

如果您选择第2种或第3种方式，您还可以告诉我们更多有关您个人的情况，及您对本书的意见、评论等，内容可以包括：

（1）您的姓名、职业、您关注的领域、您的电话、E-mail地址或通信地址；

（2）您了解新书信息的途径、影响您购买图书的因素；

（3）您对本书的意见、您读过的同领域的图书、您还希望增加的图书、您希望参加的培训等。

同时，我们非常欢迎您为本书撰写书评，将您的切身感受变成文字与广大书友共享。我们将挑选特别优秀的作品转载在我们的网站（www.broadview.com.cn）上，或推荐至CSDN.NET等专业网站上发表，被发表的书评的作者将获得价值50元的博文视点图书奖励。

我们期待您的消息！

博文视点愿与所有爱书的人一起，共同学习，共同进步！

通信地址：北京万寿路173信箱　博文视点（100036）　　电话：010-51260888

E-mail：jsj@phei.com.cn，editor@broadview.com.cn

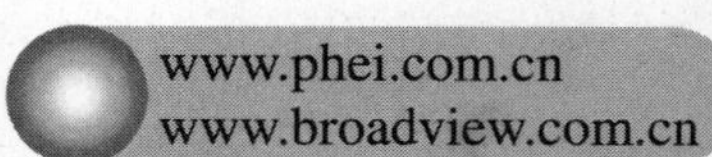

反侵权盗版声明